数字流域和智慧水利系列丛书

水利水务数据字典

孙世友　庞进武◎主编

中国环境出版集团·北京

图书在版编目（CIP）数据

水利水务数据字典 / 孙世友, 庞进武主编. -- 北京:
中国环境出版集团, 2024.3
（数字流域和智慧水利系列丛书）
ISBN 978-7-5111-5796-6

Ⅰ. ①水… Ⅱ. ①孙… ②庞… Ⅲ. ①水利工程—数据字典 Ⅳ. ①TV-39

中国国家版本馆 CIP 数据核字(2024)第 040254 号

出 版 人　武德凯
责任编辑　曹　玮
封面设计　宋　瑞

出版发行　中国环境出版集团
（100062　北京市东城区广渠门内大街 16 号）
网　　址：http://www.cesp.com.cn
电子邮箱：bjgl@cesp.com.cn
联系电话：010-67112765（编辑管理部）
010-67113412（第二分社）
发行热线：010-67125803，010-67113405（传真）
印　　刷　北京盛通印刷股份有限公司
经　　销　各地新华书店
版　　次　2024 年 3 月第 1 版
印　　次　2024 年 3 月第 1 次印刷
开　　本　880×1230　1/16
印　　张　44.25
字　　数　1450 千字
定　　价　480.00 元

作者简介

首席顾问：刘昌明

刘昌明：中国科学院院士，历任中国科学院石家庄农业现代化研究所所长，北京师范大学地学、资源与环境学部主任，中国地理学会副理事长，国际地理联合会（IGU）副主席，国际水文计划（IHP）中国国家委员会副主席等职务。长期从事水文、水资源等方面研究，是我国地理水文研究领域的倡导者与开拓者，发展了水文学和水资源研究，在水循环、产汇流模式、水文试验、农业水文、森林水文、生态与环境水文、气候变化与人类活动对水文水资源影响等方面多有建树。

多次作为首席或负责人承担国家“973”、重大与重点自然科学基金项目。发表论文、著作400余篇，其中SCI论文100余篇，国内外论文引用上万次，获国家级、院（省、部）级科技成果奖16次。

主　编：孙世友

孙世友：教授级高级工程师，北京市百千万人才，北京师范大学中国绿色发展协同创新中心副主任，水科学研究院专职研究员，国家测绘地理信息标准化工委会委员，教育部工程教育国际认证（测绘）专家，中国城市科学研究会数字孪生与未来城市专委会委员。长期从事智慧城市、水利水务、生态环境、乡村振兴等领域时空信息技术科学研究和应用实践。

参加国家科技支撑计划、国家水专项、国家电子发展基金等研究工作30多项。参编《智慧城市时空基础设施评价指标体系》（GB/T 35775—2017）等国标、行标4项。出版《大地图测绘地理信息大数据理论与实践》等专著7部。拥有专利20多项，发表论文30余篇。荣获生态环境部“第九届青年科技奖”和自然资源部“中国测绘青年科技创新人才奖”等省部级奖项8项。

主　编：庞进武

庞进武：教授级高级工程师，北京师范大学中国绿色发展协同创新中心首席专家。曾任水利部副总工程师、水利部规划计划司巡视员，国务院第一次全国水利普查办公室副主任。长期从事水利水电规划设计工作，先后参与过水利发展“八五”至“十三五”规划编制。长期从事全国水利有关规划、建设项目审批、技术协调和相关投资计划管理工作。

参与组织完成了第一次全国水利普查。曾三次获国家科技进步二等奖，一次获大禹科技一等奖。出版《水利发展战略规划理论应用与实践》等专著、译著若干。

编委会

“数字流域和智慧水利系列丛书”编委会

《水利水务数据字典》编委会

丛书序

水利是国民经济和社会发展以及生态环境保护的重要基础。从战国时期著名的水利专家李冰父子修建都江堰水利工程开始，中国水利发展已有2 000多年的历史。“除害兴利”一直是水利人孜孜不倦的追求。为了保障经济社会的健康发展，中国人坚持不懈地兴修了大量的防洪、航运、灌溉、供水、发电等水利工程，为中华民族的繁衍与发展做出了不朽的贡献。都江堰水利工程至今仍然发挥着巨大的生态效益、经济效益和社会效益。进入中国特色社会主义新时代后，2014年3月4日，习近平总书记提出“节水优先、空间均衡、系统治理、两手发力”的治水方针，服务于国家生态文明建设的主旋律。2018年，水利部印发了《加快推进新时代水利现代化的指导意见》，切实抓好工作落实，加快推进新时代水利现代化建设。2019年7月，水利部印发《加快推进智慧水利的指导意见》，细化实化建设措施，保障《智慧水利总体方案》的落地见效。水利现代化作为国家现代化的重要组成部分，对于我国全面建设小康社会、逐步走上现代化道路、实现中华民族伟大复兴中国梦将起到重要的、基础性作用。

水利现代化包括理论现代化和科学技术现代化，前者是基础，后者是手段。理论现代化遵循“人与自然和谐共生”的重要理念，具体到水利工作，就是要“人水和谐，科学发展”，以水资源的可持续利用支撑经济社会的可持续发展。数字水利和智慧水利是实现水利现代化的主要手段。

水利工作需要在水利基础设施网络、水资源合理配置与有效保护、山水林田湖草综合体等方面具体体现“生态优化、绿色发展”的重要理念，同时还需要大力推进水利信息化、数字化，在完成先进的顶层设计和平台架构的基础上，建设包括大感知、大地图、大数据、大模型和大应用等功能在内的数字流域平台。这个平台不仅可以服务于水利，还可以延伸服务于生态环境、农业农村、交通、公安、城市、数字乡村、乡村振兴、绿色发展、数字中国、“一带一路”等众多领域。在数字流域基础上，结合研发大技术和大知识等关键技术，融会贯通，建立水利大脑，大体可以形成未来的智慧水利。智慧水利为实时科学管控各种风险提供高科技平台工具，随着时代的进步，其功能会越来越强大。

过去在水利信息化和数字化方面我们做了大量工作，取得了很大的进步。但由于数据、软件、通信网络、系统维护等方面不断出现的一些新问题未得到及时解决，再加上新技术、新装备、新方法的不断涌现，使新研发的系统投入运行不久就过时或者“瘫痪”，目前正在或者即将被广泛应用的互联网、物联网、大数据、大地图、地理信息系统（GIS）、云平台、人工智能、第五代移动通信技术（5G）、卫星遥感与航空遥测等高新技术，为水利信息化、数字化以及数字流域、智慧水利的研发与推广奠定了重要基础。

十多年前，我曾受邀担任北京师范大学水科学研究院名誉院长，目睹了一批又一批青年科技教育工作者奔向社会，也感受到一些新理论、新方法和新技术的萌芽气息。特别是 2008 年在国内成立的第一个数字流域实验室，不仅承担了国家“十二五”科技支撑项目“数字流域关键技术研究”的重要课题，还开展了之后的示范性项目研发，开始了在数字流域领域的科学探索，并取得了一批有突破性进展的成果。“数字流域和智慧水利系列丛书”就是这些科研成果的集中展示，涉及从顶层设计到实际应用的一些关键技术与方法，可供从事数字流域、智慧水利以及“数字+”“智慧+”的广大科技、教育工作者参考和分享。

我相信，经过一代又一代水利科技工作者的不懈努力和奋勇拼搏，理论与实践相结合，水利人的智慧水利梦一定能实现！

水利部原部长 汪恕诚

2019 年 7 月于北京

序

党的二十大以来，数字时代正通过智慧赋能使我国生产和生活方式发生革命性变化，随着数字中国建设的深入推进，我国进入了新发展阶段，为实现数字中国和社会主义现代化的发展目标，夯实数字基础设施和数据资源体系两大基础，水利部积极贯彻新发展理念，构建新发展格局，推动水利水务工作绿色、高质量发展，2021 年以来，相继印发《关于大力推进智慧水利建设的指导意见》《“十四五”期间推进智慧水利建设实施方案》，提出开展数字孪生流域、孪生水网、孪生工程和业务“四预”等建设工作，并取得了丰硕的阶段成果。水利水务数据化是智慧化、孪生化和现代化的核心基础，但由于水利水务工作是一项多学科、多领域交叉，且起点高、内容多、覆盖面广的复杂系统工程，目前仍存在部分信息分类依据和分析维度不统一，各类型业务数据的产生和流动脉络不清晰等数据孤岛问题，难以发挥数据的真正价值。因此，目前亟须开展水利水务业务多源、多维和多尺度数据的物理、逻辑统一规范化工作，进行科学合理的数据字典标准体系建设，助力水利水务数据资源的建设和价值挖掘利用。

《水利水务数据字典》的编制，目标是构建服务于水务业务建设、管理和应用的数据“新华字典”。编制工作结合业务实际需求，遵循和参考已颁布的涉水相关标准，找出差距，梳理关系，补齐短板，构建以数据源、数据流、业务流和工作流为核心，面向场景应用的数据模型体系，有效解决数据孤岛问题，打破部门数据壁垒，盘活数据资产；通过数据字典科学构建业务数据模型，实现全要素、全过程和全周期的数字化映射，服务建设真正符合智慧化、孪生化的数据基础底座，实现数据交叉共享、业务间融会贯通。

本书的研究成果，可高效便捷地为水资源、水生态、水环境、水安全和水灾害的数据分析和综合决策提供重要支撑，有利于推动行业精细化管理，服务于科学研究和信息共享，可为提高水利水务工作效率和服务能力起到良好的支撑作用。

中国科学院院士 [signature]

2023 年 9 月于北京

编者序

党的二十大明确提出，实现全面建成社会主义现代化强国的第二个百年奋斗目标，2023年2月，中共中央、国务院印发《数字中国建设整体布局规划》，指出“建设数字中国是数字时代推进中国式现代化的重要引擎”。水利部按照“需求牵引、应用至上、数字赋能、提升能力”要求，统筹数字孪生流域、数字孪生水网、数字孪生工程等建设工作，构建具有“四预”功能的数字孪生水利体系，实现数字化、智慧化和科学化，积极探索数据资产由数字化、信息化向知识化转化的实现路径，助力实现数字中国和社会主义现代化的发展目标。

2023年9月，在第18届世界水资源大会中国专场会议上，水利部部长李国英强调，围绕全面提升国家水安全保障能力总体目标，完善流域防洪工程体系、实施国家水网重大工程、复苏河湖生态环境、推进数字孪生水利建设、建立健全节水制度政策、强化体制机制法治管理，扎实推动新阶段水利高质量发展。由此可见，水利现代化建设工作将进一步加快推进以自然地理、干支流水系、水利工程、经济社会等信息为主要内容，建立全要素、全周期、全方位的数据资源映射，构建数字孪生水利（点-线-面）数据资源体系；在此基础上集成耦合多维度、多时空尺度的高保真数学模型，构建在数字化映射中实现物理水利管理过程的水利模拟仿真平台；将物理参数实时映射到数字孪生平台，实现服务“预报、预警、预演、预案”全过程，构建水利业务智能协同应用体系；在防洪抗旱科学调度、水资源管理与调配、水生态修复过程调节等业务应用领域，提前规避风险、制定预案，生成决策建议方案等提供超前、快速、精准的知识图谱服务能力体系。因此，亟须开展涉水业务数据资源建设规范化以及数据治理科学化方法论、关键技术和实现路径的研究。

数据资源体系和数据治理规范化、科学化和智慧化是实现水利信息化、促进水利现代化发展的关键环节，《水利水务数据字典》则是实现这一目标的重要手段。编制规范、可持续的数据字典，有利于实现数据资产科学管控、数据价值高效挖掘和数据能力动态赋能。《水利水务数据字典》的研究与编制，是通过全面分析水利水务业务和政务相关工作的数据源、数据流、业务流和工作流，研制科学的水利水务数据智慧化治理体系，实现水利业务数据唯一性、科学性、实用性、准确性、完整性和延续性，是实现数据全生命周期管理的关键，是信息化、智慧化的基础，是科学有效的数据组织、治理和应用，是实现智慧化应用、构建数字孪生应用场景、强化质量管理数字赋能的核心基础。《水利水务数据字典》的编制，可更好地落实《中共中央 国务院关于构建数据基础制度更好发挥数据要素作用的意见》，充分发挥水利水务数据要素乘数效应，盘活涉水数据，赋能经济社会发展。

北京师范大学中国绿色发展协同创新中心技术团队成员参与了第一次全国水利普查以及多项全国水资源调查等相关工作，深入分析水利水务数据资源建设行业现状、业务应用需求和发展需求，经过多年持续研究、攻坚克难，开展《水利水务数据字典》的编制工作，目标是解决数据孤岛、打破部门壁垒、盘活数据资产，解决数出多源、口径不一、标准不一等问题，从数据源头、顶层设计、价值挖掘和智能应用等层面探索数据治理的新思路、新技术、新方法和新模式。

《水利水务数据字典》的编制，参考了国际国内水利行业有关规范标准，以“水文自然循环、水资源社会循环”为基础理论，遵循“数据唯一性、数据科学性、数据实用性、数据准确性、数据完整性、数据延续性”六大原则，在国内率先提出以涉水实体对象为数据基本单位，以数据源、数据流、业务流和工作流为核心，构建“时间-空间-知识”多维度数据引擎；《水利水务数据字典》编制以解决数据孤岛为目标，构建符合水利水务业务需求的“全业务、全周期、全要素”数据模型体系；《水利水务数据字典》编制成果形成了统一、标准、可持续的数据库结构、标识体系和知识图谱模型，以满足水利水务业务数据（结构化、非结构化）汇聚、存储、应用的动态要求；《水利水务数据字典》编制有利于水利水务数据实现数据价值智能挖掘、业务协同智慧融合，管理精细化和流程优化，为“感知水、分析水、模拟水、水决策”奠定基础，服务推动水利现代化可持续发展，实现水治理体系科学化和能力现代化。

水利水务数据相关研究涉及的专业广、学科多，由于研究时限和能力等原因，仍有很多的科学问题需要进一步探讨研究，如以工作流驱动的数据责任机制指标体系的研究、以专业模型应用为导向的数据体模型服务体系构建方法研究和服务涉水全业务链的“水利数据盒子”动态服务模式研究等。希望本书的出版，能起到水利水务数据“新华字典”的作用，为涉水相关领域的从业人员、研究人员和社会服务人员提供一本数据建设、管理、应用和共享的基础工具书。

本书作为北京师范大学水科学研究院建院 20 年系列研究成果，在编制过程中，得到了中国科学院刘昌明院士的多次悉心教导，得到了北京师范大学水科学研究院多位专家、教授的关怀与帮助，得到了北京市水务局有关专家的支持与指导，并在北京市智慧水务项目建设中取得了较好的应用验证，这都对本书的研究编制、方向把控起到了关键作用，在此致以最诚挚的感谢！

由于编者编写时间仓促，水平有限，难免有谬误与不足之处，敬请广大读者批评指正。

编　者

2024 年 1 月

目 录

第一篇 编制说明

第二篇　字典体系

第三篇 业务常量表

第一篇　编制说明

本篇系统阐述了《水利水务数据字典》的编制背景、目标、原则、方法、内容和应用范围等，可供读者快速了解本书研究背景基础、服务对象、技术路线、体系划分、技术约定和成果应用等相关内容；也便于涉水业务从业人员快速进行字典体系的选取和应用，进行数据建设、治理和应用工作。

本篇从编制背景入手，深入分析了数字中国、水利现代化建设国家政策要求、发展状况和行业需求；提出了字典编制的数据“唯一性、科学性、实用性、准确性、完整性、延续性”6 项原则；提出了基于时间（time）、空间（space）和知识（knowledge）（BNU-TSK[①]）数据模型及字典编制的方法。在遵循国家标准、行业标准的基础上，找出数据规范的差距、补齐数据结构规范的短板，对业务分类、结构缺项进行系统梳理，对涉水数据按业务数据、政务数据、公共数据和常量数据进行分类；结合数据源、数据流确定了数据字典核心要素业务表的“实体、载体、关系、监测、管理、常量”6 种数据模型划分方法；遵循数据库设计规范要求，结合业务流和工作流对各类型的数据表的编号、标识、说明、结构和字段填写规范进行了规范设计，形成了一套完整的数据关系模型体系。

本篇指出了数据字典研究成果的适用范围和下一步研究方向：成果不仅可以作为水利水务从业人员、科学研究人员和社会服务人员进行水资源、水生态、水环境和水灾害研究的参考工具书，也可以作为水利水务信息化（如智慧水利、智慧水务、数字孪生流域、数字孪生水网、数字孪生工程和数字孪生灌区等）数据资源体系和数据库建设的参考标准。同时指出，由于研究过程需要的知识面较广、需攻克的技术难点多，并且编写时间仓促，研究工作尚有许多领域未涉及，只能在后续研究工作中进一步开展，欢迎有兴趣的专家学者共同探讨。

① BNU 代表北京师范大学，TSK 代表时间、空间、知识。

一、编制背景

（一）领导重视，社会需求，探索涉水数据要素建设新方式

党的二十大报告提出加快建设数字中国，加快发展数字经济。习近平总书记强调，“高质量发展是全面建设社会主义现代化国家的首要任务。”2023 年 9 月 4 日，习近平总书记指出，中国高度重视数字经济发展，持续促进数字技术和实体经济深度融合，协同推进数字产业化和产业数字化，加快建设网络强国、数字中国。中共中央、国务院制定的《数字中国建设整体布局规划》中指出，加快数字中国建设，对全面建设社会主义现代化国家、全面推进中华民族伟大复兴具有重要意义和深远影响。为更好贯彻习近平总书记“节水优先、空间均衡、系统治理、两手发力”的治水思路，2023 年 9 月 12 日，在第 18 届世界水资源大会中国专场会议上，水利部部长李国英强调：“围绕全面提升国家水安全保障能力总体目标，完善流域防洪工程体系、实施国家水网重大工程、复苏河湖生态环境、推进数字孪生水利建设、建立健全节水制度政策、强化体制机制法治管理，扎实推动新阶段水利高质量发展。”由此可见，对于水利水务业务来说，实现这一目标的基础之一就是构建高质量水利水务数据资源和数据结构字典体系。通过编制高度融合水利水务现行标准及业务发展需求的全业务链条的数据字典，可构建服务涉水业务包括水文、水资源、水利工程等方面数据在内的统一规范体系，实现涉水数据资源“源头化感知采集、规范化存储管理、科学化价值挖掘、泛在化共享服务”创新模式。数据字典的构建与应用，可为水利水务领域的管理、研究、决策提供数据支持服务；可为水资源税、用水指标等水资源管理政策的制定与优化提供服务；更好地通过数据分析，为水利工程设计、施工、运行等方面的决策提供支持、服务，提高水利工程的效率和质量；更好地通过数据分析，为水资源利用（如水资源监测、水资源配置等）提供支持，助力水利水务领域更好实现可持续发展目标。

（二）需求引领，应用导向，推进涉水数据资源体系规范化方法

水利现代化是社会主义现代化和数字中国建设与发展的重要组成部分，实现用水利信息化促进水利现代化的发展、水利现代化带动水利信息化双方面提升。自 2018 年 2 月起，水利部相继印发了《加快推进新时代水利现代化的指导意见》《智慧水利总体方案》《数字孪生流域共建共享管理办法（试行）》；2023 年 6 月，发布基于数据资源建设基础的数字孪生平台及“全国水利一张图”，都是准确把握了水利现代化建设与可持续发展的总基调。水利现代化具备“智能化、数字化、信息化、智慧化、现代化”五大特征，是“补短板、强监管”的重要理论与方法抓手。水利现代化在大力推进水利业务管理“五化”特征的同时，更发挥着数据模型与知识图谱的核心作用。为具体贯彻“生态优先、绿色发展”的理念，水利部相关业务部门围绕全面提升国家水安全保障能力总体目标，扎实推动新阶段水利高质量发展需求，统筹建设数字孪生流域、数字孪生水网、数字孪生工程等建设工作，构建具有“四预”功能的数字孪生水利体系，致力于实现数字孪生数据底座的数字化、智慧化和科学化，积极探索涉水数据资产“由数字化、信息化向知识化”转化实现路径，助力实现数字中国和社会主义现代化发展目标。因此，推进数字孪生水利相关工作建设，以数据源、数据流为核心的数字化是水利现代化主要特点之一。数据资源体系和数据治理规范化、科学化、智慧化是实现水利信息化、促进水利现代化发展的关键环节。本书则是实现这一目标的重要手段之一，有助于实现打造一个数字化、智慧化、孪生化的人机协同的知识映射智能交互界面；有助于完成“数据-信息-知识”的转化；有助于实现感知水及涉水活动数据源的“脉搏”律动，体验水

文自然循环、水资源社会循环的全过程数据流的“神经”反应，体会“感知水、分析水、模拟水、水决策”泛在化“意识”服务价值。在水利水务数据资源基础底座上，统一数据字典资源目录和数据结构，整合水利水务行业数据，可高质量实现知识图谱智慧分析、快速响应和科学决策，服务水治理体系科学化和管理能力现代化。

（三）成果颇丰，空间尚存，构建涉水数据治理及建设新模式

水利信息化起步于 20 世纪 70 年代，当时主要是围绕水情信息汇总、处理展开的。1979 年水利信息化开始一些信息源的处理，属于工程水利信息服务阶段。20 世纪 90 年代前后，水利信息化逐步向以微机和网络为平台转型，1998 年洪水之后，国家防汛指挥系统工程加快了进程，属于资源水利数字化服务阶段。2001 年水利部党组确立了“以水利信息化带动水利现代化”的发展思路，将水利信息化建设定名为“金水工程”，至“十一五”末期，我国已初步建成了由基础设施、应用系统和保障环境组成的水利信息化综合体系，开始由数字化阶段步入信息化阶段。党的二十大以来，水利部大力推进数字孪生流域、数字孪生水网、数字孪生工程建设，取得了阶段性成果，信息化工作进入智慧化、现代化快速发展阶段。水利水务研究和管理是多学科融合、多领域交叉且覆盖面广的复杂系统工程。历经多年的努力，涉水数据治理与应用取得了阶段性成果，但目前仍存在部分信息分类依据和分析维度不统一，各类型业务数据的产生和流动脉络不清晰等数据孤岛问题，从而无法发挥数据的真正价值。

目前来看，水利水务信息化数据资源规范化建设，仍有以下薄弱环节。

1. 数据源不统一

基础采集能力弱，覆盖面不全，自动采集效率低。由于项目建设的时期、目标和管理对象的不同，仍存在重复采集、采集标准不统一等情况，造成部分自动采集仅成为物理上多库的大汇集，无法推动数据唯一性、准确性和可持续性应用共享服务建设。

2. 数据孤岛重视不够

通过统一门户、统一权限、统一应用等建设，虽然有效地解决了信息孤岛的部分问题，如对已建、新建系统进行了门户层面信息集成等，但就数据层面，各业务库仍相对独立，没有形成数据血脉关系模型，在数据孤岛方面集成效率不高，应用服务在数据组织与治理方面仍存在各自为政现象，造成数据无法高效利用。

3. 数据应用效率亟须提高

水利水务管理和应用是一项多学科、多领域交叉的系统工程，尤其在数据治理与应用效率方面起点高、内容多、覆盖面广，而且由于没有跨专业、跨部门、跨系统的数据统一建库标准规范，致使在数据构建及数据治理应用方面，部分涉水业务的软件厂商建设能力、业务能力参差不齐，效果差距明显。缺乏数据源则无源可溯，缺乏数据流则无脉可查。因此在构建涉水业务、数据间关联模型和知识图谱构建水平及应用效率方面亟须提高。由于多种原因，往往建设中容易出现“用最先进的技术，做着最传统的工作”，形成了新型的数据孤岛现象。

4. 数据标准不统一

水利水务相关标准是涉水业务和工作的重要技术支撑。经过多年的发展，水利标准数量、质量

及体系日趋完善，在支撑水利事业发展方面发挥了越来越重要的作用。但不同技术标准由相应的主管部门独立或联合制定，且标准制定时期、针对的建设目的、选定的业务角度、涵盖的业务范围、依据的分析维度等不同，致使不同标准间存在信息交叉重复、信息矛盾错误、信息缺失、关联性较差等问题。因此，标准体系的建立并不是将涉水国家标准和行业标准做简单的整合堆积，应该是将一定范围内标准按其内在联系形成有机整体。没有建立关联的局部标准不会对全局标准有指导作用，而只能作为统筹全局标准体系建立的参考。

因此，针对部门业务壁垒、数出多源、口径不一、标准不一等造成的数据共享服务能力薄弱问题，目前亟须开展水利水务业务多源、多维和多尺度数据的物理、逻辑统一规范化工作，进行科学合理的数据字典标准体系建设，助力水利水务数据资源的建设和价值挖掘利用。

（四）构建图谱底座，规范数据模型，创新涉水数据字典体系

本书的研究与编制，通过全面分析水利水务业务和政务相关工作的数据源、数据流、业务流和工作流，依据业务数据唯一性、科学性、实用性、准确性、完整性和延续性等原则，深入研制数据的治理体系。数据字典是实现数据全生命周期管理的关键，是信息化、智慧化的基础，是科学有效地组织、治理和应用数据的重要手段；是实现智慧化应用、构建数字孪生施工场景、强化质量管理数字赋能的核心基础之一。我国水资源时空分布极不均衡、水旱灾害多发频发，是世界上水情最复杂、江河治理难度最大、治水任务最繁重的国家之一，因此面对的也是世界级水利水务管理难题。多年来，水利行业相关部门为规范数据建设先后颁布了多个数据标准，构建了多个业务数据仓库，发挥了重要的作用。但由于各自建设的部门业务需求不同、阶段目标不同、技术水平阶段不同等，虽有效地解决了信息孤岛问题，但在数据融合方面仍存在孤岛现象。

因此，本书的研究与编制是从数据源头、顶层设计、价值挖掘和智能应用等层面探索数据治理的新思路、新技术、新方法和新模式。以涉水实体对象为数据基本单位，以数据源、数据流、业务流和工作流为核心，构建“时间-空间-知识”多维度数据引擎；以解决数据孤岛为目标，构建符合水利水务业务需求的“全业务、全周期、全要素”数据模型体系；形成了统一、标准、可持续的数据库结构、标识体系和知识图谱模型，以满足水利水务业务数据（结构化、非结构化）汇聚、存储、应用的动态要求。

二、编制目标

本书编制以国家、水利部现行的标准及有关规范为基础，梳理分析并结合水利相关部门实际业务系统和业务工作，编制水利水务数据资源体系建设和数据质量治理等规范，形成一套服务水利水务数据科学管理、价值挖掘和科学决策数据字典工具书，目标是成为一本具有涉水数据“新华字典”作用的基础工具书。主要目标如下。

（一）规范涉水数据资源体系建设

以“水文自然循环+水资源社会循环”为主线，以水利行业全局思想统筹分析局部概念，从数据源、数据流、业务流和工作流深入分析涉水业务数据分类、层级和血脉模型的体系建设方法，根据业务流、工作流进行“业务数据、政务数据、公共数据和业务常量”数据分类分级，根据数据源、数据流进行数据字典核心要素表的“实体、载体、关系、监测、管理、常量”数据要素划分，服务全面、科学、规范的水利水务数据资源和数据仓库体系建设。

（二）支持涉水数据资产科学治理

根据“数据-信息-知识”全过程质量需求，进行业务数据逻辑模型、关系模型和质量控制规范设计，构建各业务数据表的编号、标识、说明、结构和字段填写规范，形成一套完整的数据质量管控关系模型体系，规范数据采集、管理、应用和知识挖掘各环节数据的“唯一性、科学性、实用性、准确性、完整性和延续性”，服务涉水业务数据全生命周期的质量管控与科学治理工作。

（三）助力涉水数据价值挖掘应用

数据知识图谱模型构建。充分考虑水利水务数据涉及多学科、多对象、多尺度、多过程的特点，以科学的数据体系建设结合水利行业最前沿的研究成果，构建“数据结构+关系模型+调用方法”深度融合的涉水实体时空数据结构关系模型，构建服务数据动态组合抽取、数据价值挖掘、科学决策服务的数据知识图谱模型，实现服务数据孪生可视、价值挖掘、知识发现和动态需求评估评价，为上层应用、下层执行提供数据支撑体系建设规范。

（四）服务涉水数据服务和知识共享

《水利水务数据字典》可以解决数据孤岛，打破部门壁垒，盘活数据资产，实现数据服务共享的数据资源体系、关系图谱，不仅可以作为水利水务从业人员、科学研究人员等进行水资源、水生态、水环境和水灾害研究的数据建设、管理和应用参考书和工具书，也可提供涉水业务数据网络化、社会化和安全化共享数据资源体系和数据库建设的参考标准。

（五）助力涉水数据要素规范化建设

《水利水务数据字典》的编制，有助于规范涉水数据分类分级管理，推进互联互通，打破“数据孤岛”，可更好地落实《中共中央　国务院关于构建数据基础制度更好发挥数据要素作用的意见》，助力水利水务数据要素规范化建设，充分发挥水利水务数据要素乘数效应，盘活涉水数据，赋能经济社会发展。

三、编制原则

本书编制围绕水文、水资源、水灾害、水生态、水环境、水文化和水利工程等方面进行逐级业务梳理，以数据源为核心，以数据流驱动为主线，梳理涉水业务流程中各节点的数据建设与应用情况，通过构建数据图谱模型体系，研制数据的物理结构模型、逻辑关系和约束关系等，进行字典要素规范设计。编制工作遵循以下六大原则。

（一）数据唯一性

一数一源。深入分析水务工作业务数据采集感知现状、厘清指标、确定源头，一数一源，建立源头采集规范及审核机制，保证数据准确、可信、全面、有用。

（二）数据科学性

四位一体。以水文自然循环、水资源社会循环为核心，深入分析数据流、业务流和工作流，明确数据流向、厘清水务数据血脉关系模型，构建数据链路和新型数据仓库数据结构模型。

（三）数据实用性

多维合一。以“时间-空间-知识”三个维度组织数据关系模型，体现不同空间模型关系、不同时空维度序列关系，按业务需求进行多维数据动态抽取与应用。

（四）数据准确性

生命周期。以应用为导向，确定水务数据全生命周期管理模型，实现水务数据资产价值数据采集、存储、处理、传输、交换、销毁各阶段质量控制模型。

（五）数据完整性

灯笼理论。“数据-信息-知识”的转化过程是实现数据价值过程，结合知识管理理论灯笼模型方法，构建水务数据知识获取、知识存储、知识共享、知识应用、知识创新关系模型。

（六）数据延续性

动态更新。数据延续性体现在数据动态更新机制构建与执行，谁产生、谁负责和谁审核，按业务和工作职能模型，确定数据更新规范与能力模型。

四、编制方法

水利现代化体系是以自然水循环全过程、全方位、全要素为核心的智慧管控模式，以“水文自然循环”和“水资源社会循环”的业务单元和工作流程节点为研究对象，包括以自然水文循环为主体的信息化-智慧水利建设和以社会水资源循环为主体的信息化-智慧水务建设两方面，两者互为辅助、互联互通。如图 0-1 所示。

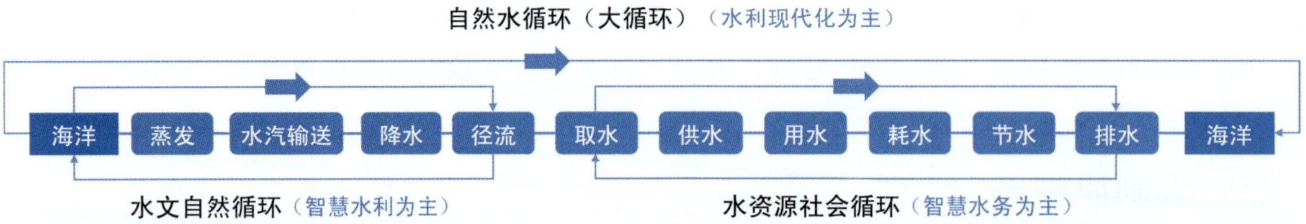

图 0-1 智慧水利与智慧水务关系

本书的编制，是基于自然水循环构建水利水务全过程、全方位、全要素的数据图谱结构化设计过程。编制技术路线是：遵循现行的国家标准和行业标准，根据业务流、工作流的实际需求，在引用标准的同时，对标准中未涉及环节、规范不统一部分等进行差异自研，适当修订与增补，按数据 BNU-TSK 模型（图 0-2）3 个维度进行梳理，从而确定数据体系的分类分级，并以涉水实体构建数据关系图谱模型，结合数据源、数据流进行数据表格和字段的结构化设计和填写规范的编制。

本书编制则以水循环数据流为分析主线，以涉水对象为分析单元构建数据血缘关系模型，以业务流程优化为目标，实现涉水业务数据的全方位融会贯通，以数据源、数据流、业务流和工作流“四位一体”的分析方法为技术支撑，对涉水业务数据进行 BNU-TSK 模型多维度、全过程、全周期的数据模型构建，结合水利水务相关标准进行数据物理、逻辑和关系模型设计，建设水利水务数据资源体系和数据质量治理规范，形成一套服务水利水务数据科学管理、价值挖掘和科学决策的数据字典工具书。技术路线流程如图 0-3 所示。

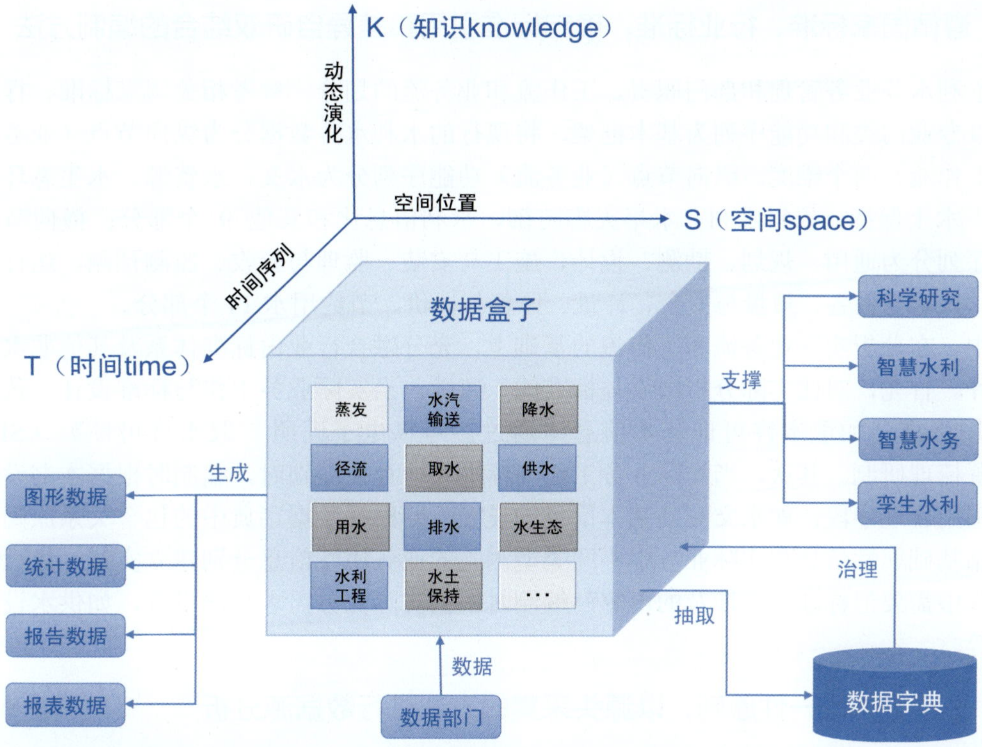

图 0-2 BNU-TSK 模型

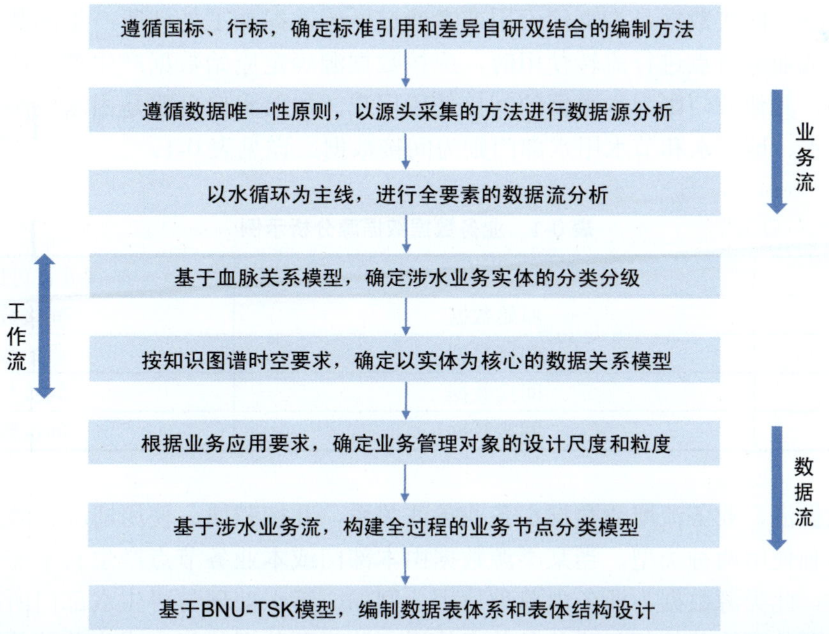

图 0-3 编制技术路线流程

基于以上方法模型和研制流程，本书按以下步骤进行编制。

（一）遵循国家标准、行业标准，确定标准引用和差异自研双结合的编制方法

结合水利水务业务管理和部门职责、工作流和业务流的划分，参考相关国家标准、行业标准内容要求，以专业门类和功能序列为基本框架，将现行的水利水务数据分为纵向节点（业务流）和横向节点（工作流）两个维度。纵向节点（业务流）功能序列分为水文、水资源、水生态环境、水利水电工程、水土保持、农村水利、水旱灾害防御、水利信息化和其他 9 个部分；横向节点（工作流）功能序列分为通用、规划、勘测、设计、施工与安装、监理与验收、监测预测、运行维护、材料与试验、仪器与设备、质量与安全、计量、监督与评价、节约用水 14 个部分。

编制中，在分析实际业务流和工作流的基础上，充分融合行业内标准体系及其他非水利领域标准进行设计。首先，对比实际分析结果与标准的一致性，当实际业务工作与标准设计一致时，编制时参考引用标准，如取水许可证基本信息即通过参考《电子证照　取水许可证》（SL/T 816—2021）设置梳理研制。其次，当实际业务工作与标准设计存在差别时，编制时根据本书设计原则酌情保留并引用合理字段，如水文测站基本信息的设置，即根据数据字典中的包含关系原则，融合标准中的测站基础属性信息和实际业务中不同类型测站的业务属性信息分别建立实体。最后，分析实际业务工作中需要但标准中未涉及的内容，编制时根据实际业务需求自研设置，如供水设施与取水户的关系等。

（二）遵循数据唯一性原则，以源头采集的方法进行数据源分析

以水文自然循环和水资源社会循环为基础，以“一数一源”为原则，分析不同类型水务数据的数据源头，以此作为后续业务应用的唯一数据来源。本书从以下两个方面分析“数据源”的含义。

一是根据数据产生部门，将源数据分为原始数据和间接数据两种，原始数据是指本部门或本业务节点产生的数据，间接数据是指直接引用或者通过原始数据加工处理所产生的数据。当同一数据在多个业务部门或业务节点进行流转使用时，应按数据源确定原始数据产生部门或业务节点；本着数据唯一性原则，其他部门则为本数据的间接使用用户。如取水口台账是由水资源部门产生的原始数据，相对于供水、地下水和节水用水部门则为间接数据。详见表 0-1。

表 0-1　业务数据数据源分析示例

	取水口台账	凿井许可证台账
水资源	原始数据	间接数据
地下水	间接数据	原始数据
供水	间接数据	间接数据
节约用水	间接数据	间接数据

二是通过数据流、业务流厘清数据在各业务间关系，并按归属、使用情况将源数据共享方式分为共享使用和单独使用两种类型。当某类源数据由本部门或本业务节点产生且不需要共享给其他部门或业务节点时，此类源数据为业务内单独使用。例如，污水处理与再生水部门所产生的污泥处置量源数据，不需要共享给其他部门或业务节点使用，此类源数据共享方式为单独使用。当某类源数据由本部门或本业务节点产生，且需提供给其他部门或业务节点使用，则源数据共享方式为业务间共享使用。例如，污水处理与再生水部门所产生的再生水量源数据，需要提供给供水、水资源等部

门使用，此类源数据共享方式为共享使用。详见表 0-2。

表 0-2　业务数据数据源共享方式示例

	再生水量	污泥处置量
污水处理与再生水	共享使用	单独使用
供水	使用	—
水资源	使用	—

（三）以水循环为主线，进行全要素的数据流分析

原始数据会通过不同方式、不同维度在业务内和业务间进行应用，并在不同业务节点，根据业务的不同应用需求，进行加工处理，形成间接数据。因此，数据流分析过程中，通过对源数据整个生命周期涉及的所有业务节点、每个业务节点涉及该源数据的先后顺序以及该源数据在每个业务节点的变换过程和呈现形式进行分析，厘清源数据采集、存储、处理、传输、交换、销毁各阶段的时间和空间脉络，建立该要素数据的逻辑关系模型，支持不同业务的数据流分析。

本书编制以水循环数据流为分析主线，以涉水对象为分析单元，全面梳理各业务环节的职能、用户、功能、性能和安全等需求，确立各业务数据流转过程和数据节点，并与如洪水、干旱、水利工程安全运行、水利工程建设、水资源开发利用、城乡供水、节水、江河湖泊、水土流失、水利监督等业务进行关联分析，研制原始数据在采集感知、网络通信、数据资源、应用支撑、业务应用、性能和安全等各环节的数据流向、管理颗粒度和质量控制规范，进行全过程和全要素的数据流分析。

（四）基于血脉关系模型，确定涉水业务实体的分类分级

数据的产生和流动均围绕管理对象进行，并存在血脉关联关系。确定涉水血脉关系图谱首先要梳理业务管理对象，即分析确定每个业务节点内的所有管理对象。数据字典将业务管理对象称为实体，并将水利水务对象实体按功能分为四类：自然实体、管理实体、水利工程（设施）实体和测站（点），并确定涉水业务实体和对象的层级。其中：

自然实体是指具有空间属性且自然客观存在的涉水对象，如河流、湖泊、水景观等；

管理实体是指具有空间属性且有统计或评价意义的管理单元，如行政区划、流域分区、水资源分区、水功能分区等；

水利工程（设施）实体是指用于控制和调配自然界的地表水和地下水，达到除害兴利目的而修建的各类工程设施，如水库、大坝、堤防、海堤、蓄滞洪区、防洪保护区、洪泛区、灌区、水土保持工程等；

测站（点）是指安放仪器进行测量的设施（空间位置），是为收集水文数据和用水计量而在河、渠、湖、库上或流域内设立的各种观测场所的总称，如蒸发测站、气象测站、雨量测站、水文水质测站、地下水测站、墒情测站、积水测站以及各行业用水观测仪器设备等。

（五）按知识图谱时空要求，确定以实体为核心的数据关系模型

涉水对象实体均具有时空属性，根据知识图谱关联关系分析需求，按空间维度将实体空间关系分为包含关系、依附关系、对等关系、混合关系等；按业务维度又分为业务内关系和业务间关系两种。

1. 包含关系

具有包含关系的实体主要为管理实体，如行政区划单元、管理机构单元、水资源分区单元、流域单元等。一般地，这些实体本身是分级的，具有递归性。它们有本身不同级别间的包含关系，如一级流域包含二级流域，也有不同管理实体间的包含关系，如流域包含行政区划等，这种包含关系在建立时要遵从最小包含原则，即选择统计单元的级别是包含该水务实体而且是最小的统计单元。

2. 依附关系

依附关系是指一个实体依附于另一个实体而存在，即所属关系，如水文测站与河流、水库、湖泊的依附，取水口与水源地的依附，水表与用水户的依附等。依附关系有一对一、一对多和多对多3 种情况。其中，一对一依附指两个实体双方均具有唯一映射，如取水项目和取水许可证的关系；一对多依附指两个实体一方是唯一映射，另一方为非唯一映射，如取水口和水源地的关系；多对多依附指两个实体双方均为非唯一映射，如用水户和供水户的关系。

3. 对等关系

对等关系是指同一个实体在不同的范畴中，具有不同的功能属性。例如，水库作为一个独立的水务实体，在水利工程业务板块中属于一项水利工程，而在取水业务板块中又属于一个地表水源地。这种情况需分析数据源，厘清基础属性信息和业务属性信息，将基础属性信息在数据源表中描述，通过关联关系带入其他数据表，尽量不出现冗余信息，做到“一数一源”。

4. 混合关系

混合关系是指两个实体同时具有两种或两种以上的相互关系，一般多出现在业务间。在进行独立业务分析时，一些实体是简单的。但进入上一个层面我们在做综合分析时，需要横向对比，此时就需要对其建立横向关系。不同业务管理的颗粒度不同，而实体与实体间的关系往往也是复杂的，既有包含又有对等。比如，有的企业既是独立的取水户，又是独立的用水户，还是独立的排水户，这种关系是对等的，也是比较容易建立的。但有的用水户是一个企业，而排水户是一个区域，此时其关系就是包含关系，需考虑在哪个颗粒度上建立关联关系。

5. 业务内关系

业务内关系是指一个业务环节内实体间的关系，包括空间上的关联关系，也包括业务流程和业务分类维度上的逻辑关系。一般地，业务内实体通过业务内关系可形成完整的关联体系，即业务单元。例如，在取水业务环节内，取水许可证、取水建设项目、取水单位、取水工程、取水户、取水口、取水井等所有实体均通过业务内的关联关系紧密地结合在一起；在水资源开发利用章节内，一方面从分类维度上按利用方式分为河道内开发利用和河道外开发利用，另一方面从业务流程上又存在取水、供水、用水、耗水、排水的业务逻辑关系。

6. 业务间关系

业务间关系是指一个业务环节和另一个业务环节间的关系。由于业务节点是分级的，因此业务间关系又分为同级业务节点间的关联关系和不同级业务节点间的包含关系。例如，供水业务环节和用水业务环节之间通过供水设施与用水户建立关联关系，水资源开发利用业务环节又包括取水、供水、用水等业务环节。

（六）根据业务应用需求，确定业务管理对象的设计尺度和颗粒度

确定业务管理对象实体后，为满足业务工作需求还须对业务对象时间维度、空间尺度和业务维度进行分析，按时间、空间和业务维度，从属性、颗粒度等方面进行梳理，确定数据管理尺度。

1. 属性分析

通过实际业务和工作需求分析确定实体范畴，即确定该实体满足实际业务需求的基本属性信息，包括基础属性信息和业务属性信息。一般情况下，一个实体仅建立一张实体表，存储该实体的基本属性信息，但当某个业务节点需对该实体有特殊的属性描述时，则通过建立扩展表对特殊业务属性信息进行描述，基本属性信息通过引用方式得到。例如，取水井基本信息表存储取水井在井基本信息表基础上扩展的业务属性信息，并主要在取水业务环节内部使用。

2. 颗粒度分析

颗粒度分析是指对涉水数据满足不同业务节点需求的颗粒度的分析。颗粒度分析涉及两个维度，即空间维度和时间维度。其中，空间维度指数据统计或评价的空间单元，不同级别业务部门在实际业务工作中对数据空间颗粒度的需求不同。以取水口统计为例，北京市水务局关注的行政区划单元为市，而海淀区水务局关注的行政区划单元则为区县。时间维度指数据的变化周期。数据是对实体属性的描述，有的属性随实体共生且不变，有的属性随实体变化周期较长且随机，以上两种情况均可称为基本属性信息，而有的属性随时间变化周期较短且固定，对于这种数据，需分析数据本身在业务应用过程中呈现的所有颗粒度、最小颗粒度以及应用频率较高的颗粒度，并通过不同方式分别管理，以便更准确、高效地组织数据，在做到“一数一源”的同时消除数据冗余。

（七）基于涉水业务流，构建全过程的业务节点分类模型

水利水务数据是指水利水务业务、政务管理中产生，并通过对相关涉水对象信息的数字化记录来描述水利水务业务、政务工作过程、状态或最终成果信息的载体。主要包括涉水对象的基础信息以及在此基础上开展数据分析和统计汇总等工作形成的业务、政务专题或主题信息。通过深入分析水利水务业务流、工作流，将数据分为业务数据、政务数据、公共数据和业务常量四大部分。其中，公共数据指水利水务业务、政务工作过程中所涉及的基础数据，如基础地理、经济社会等数据。业务常量是数据字典的代码表，描述了水利实体或数据的分类标准，对应水利水务业务、政务和公共数据。业务体系节点具体划分见表 0-3。

表 0-3 业务体系节点分类

序号	分类	一级业务节点	二级业务节点	三级业务节点
1	业务数据	江河湖泊	流域	
2			河流	
3			湖泊	
4			水资源分区	
5			水功能区	

序号	分类	一级业务节点	二级业务节点	三级业务节点
6	业务数据	水文	蒸发	蒸发监测
7				蒸发统计
8			水汽输送	
9			降水	降水监测
10				降水统计
11				洪水预警
12			径流	径流监测
13				径流统计
14				水情预报预警
15		水资源	水资源开发利用	取水
16				供水
17				用水
18				耗水
19				排水
20				水力发电
21				内河航运
22			水资源保护	水资源总量保护
23				水资源质量保护
24			水资源评价	总量评价
25				质量评价
26				承载能力评价
27			水资源配置	河道内外水资源配置
28				区域水资源配置
29				不同水源水资源配置
30				不同用水行业水资源配置
31			水资源管理	水权管理
32				水执法管理
33			节约用水	节水
34				非常规水资源
35		水旱灾害防御	防灾规划	防洪规划
36				抗旱规划
37			灾情监测	汛情监测
38				旱情监测
39				凌汛监测
40			灾情预报	河道洪水预报
41				洪水风险图
42				洪水影响评价
43				枯季径流预报
44				干旱风险评价
45			防灾调度	应急预案
46				防洪调度
47				抗旱调度
48			应急管理	抗灾人员管理
49				抗灾经费管理

序号	分类	一级业务节点	二级业务节点	三级业务节点
50	业务数据	水旱灾害防御	应急管理	抗灾物资管理
51				抗灾文档管理
52			灾情评估	灾情调查
53				灾情评估
54				防洪工程经济效益分析
55				旱情分析
56				旱灾损失及抗旱效益评价
57		水利工程	规划计划	
58			基建投资	项目投资
59				资金管理
60				工程量核算
61				工程效益
62			工程移民	移民调查
63				移民安置
64				资金管理
65			项目建设	
66			工程信息	
67			安全运行	工程运行
68				险情管理
69		水生态环境	水生态	水生态监测
70				水生态调查
71				水生态治理
72				水生态评价
73			水环境	水环境监测
74				水环境调查
75				水环境治理
76				水环境评价
77		水土保持	水土保持规划	
78			水土保持管理	
79			水土保持监测	
80			土壤侵蚀管理	
81			水土保持治理	
82			水土保持评价	
83		水文化及景观	水文化遗产	
84			水文化景观	
85	政务数据	人事教育		
86		国际合作与科技管理		
87		安全监督		
88		纪检监察		
89		综合办公		
90		机关管理		
91		财务审计		
92		政务公开		
93		行政许可		

序号	分类	一级业务节点	二级业务节点	三级业务节点
94	公共数据	基础地理	行政区划	
95			基础设施	
96			道路交通	
97			地质地貌	
98			土壤植被	
99		经济社会	人口	
100			产业	
101			经济	

（八）基于 BNU-TSK 模型，编制数据表体系和表体结构设计

按照数据字典数据结构模型要求，对涉水业务数据进行 BNU-TSK 模型多维度、全过程、全周期的数据模型体系分析与表体结构设计，进行数据表和指标字段物理模型、逻辑结构、逻辑关系和约束关系的设计。

1. 数据表体系划分

对涉水业务数据进行 BNU-TSK 模型多维度、全过程、全周期的数据模型体系分析与构建，将数据表按性质和功能分为实体类数据表、载体类数据表、关系类数据表、监测类数据表、管理类数据表和常量类数据表 6 种类型。

（1）实体类数据表

实体是指业务管理对象，实体类数据主要指业务管理对象的基本属性信息或管理对象本身随时间变化频率较小的特性信息。

（2）载体类数据表

包括与实体相关的涉水数据的载体，如规划、项目、证件、文件等，也包括客观存在的涉水现象或事件，如洪水、凌汛、工程险情、污染事件等。

（3）关系类数据表

指各水务业务实体间的关联关系信息，从业务角度包括业务内实体关系和业务间实体关系，从实体角度包括级别上的隶属关系、对等关系，空间上的包含关系、相邻关系等，是业务数据融会贯通的基础和纽带。

（4）监测类数据表

指水务管理对象的状态在运行过程中随时间不断变化而产生的数据，一般按时间或过程进行记录，是满足不同业务场景分析和应用的基础数据。

（5）管理类数据表

指在前四类基表数据的基础上，水务业务运行过程中产生的所有数据，包括汇总数据、分析过程数据、分析结果数据、管理过程数据、管理结果数据等。

（6）常量类数据表

主要指水利实体或数据的分类标准代码，例如，功能、型号、种类、材质、级别、性能等，是数据规范化所必须遵守的一套数据与数据实体分类的标准。

2．数据表结构设计

通过设计数据表来进行数据物理结构模型的建设，数据表的设计精确至每个字段及其详细描述，包括表名、表编号、表标识、表说明、表体。

（1）表名

表名指表的中文名称，是表内容及属性的简单概括，前缀增加表类型。实体表命名为“×××基本信息表”，关系表命名为“×××关系表”，监测表命名为“×××监测信息表”，管理类数据表根据具体内容进行命名。

（2）表编号

表编号遵循唯一性原则，即表编号与表名一一对应，由 9 位数字组成。前两位为水利水务数据大类代码，第三位和第四位为一级业务分类代码，第五位和第六位为二级业务分类代码，最后三位为该数据表在三级业务分类下的序列号。表编号组成如图 0-4 所示。

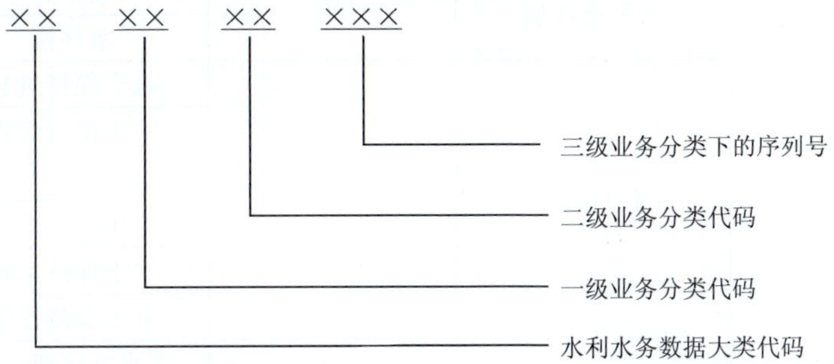

图 0-4　表编号编码组成

如 010201001 代表水务业务（01）-水文（02）-蒸发（01）-水文测站基本信息表（001）。具体业务节点编号设置方式见表 0-4。

表 0-4　业务节点编号设置方式

序号	业务分类	代码	一级业务	一级业务代码	二级业务	二级业务代码
1	业务数据	01	江河湖泊	01	流域	01
2					河流	02
3					湖泊	03
4					水资源分区	04
5					水功能区	05
6			水文	02	蒸发	01
7					水汽输送	02
8					降水	03
9					径流	04
10			水资源	03	水资源开发利用	01
11					水资源保护	02
12					水资源评价	03
13					水资源配置	04
14					水资源管理	05
15					节约用水	06

序号	业务分类	代码	一级业务	一级业务代码	二级业务	二级业务代码
16	业务数据	01	水旱灾害防御	04	防灾规划	01
17					灾情监测	02
18					灾情预报	03
19					防灾调度	04
20					应急管理	05
21					灾情评估	06
22			水利工程	05	规划计划	01
23					基建投资	02
24					工程移民	03
25					项目建设	04
26					工程信息	05
27					安全运行	06
30			水生态环境	06	水生态	01
31					水环境	02
32			水土保持	07	水土保持规划	01
33					水土保持管理	02
34					水土保持监测	03
35					土壤侵蚀管理	04
36					水土保持治理	05
37					水土保持评价	06
38			水文化及景观	08	水文化遗产	01
39					水文化景观	02
40	政务数据	02	人事教育	01		
41			国际合作与科技管理	02		
42			安全监督	03		
43			纪检监察	04		
44			综合办公	05		
45			机关管理	06		
46			财务审计	07		
47			政务公开	08		
48			行政许可	09		
49	公共数据	03	基础地理	01	行政区划	01
50					基础设施	02
51					道路交通	03
52					地质地貌	04
53					土壤植被	05
54			经济社会	02	人口	01
55					产业	02
56					经济	03

（3）表标识

表标识即表的西文表名，采用表中文表名拼音首字母（大写），由西文字母构成，遵循唯一性原则。相同的实体和实体特征在数据表中应尽量采用一致的标识，表标识与表名应一一对应。例如，取水户基本信息表的表标识为“QSHJBXXB”。

1）汉语拼音缩写取每个汉字首辅音顺序排列，当汉字拼音以元音开始时，应保留该元音。当形成的标识符重用或易引起异义时，可取某些字的全拼作为标识符的组成成分。

2）表标识的长度宜不超过 20 位字符，20 位不能满足时可向后依次扩展，但最长不应超过 30 位。

（4）表说明

表说明是指表内容及属性的简单描述，即该表主要存储什么信息。

（5）表体

即以表格的形式列出该表所包含的字段及字段基本属性信息，包括字段描述（含义）、字段标识（字段名）、字段类型及长度（数据类型）、单位、必填、主键、外键等。

1）字段描述（含义）。用简洁的中文描述每个字段的含义，即中文字段名。

2）字段标识（字段名）。本数据字典用于数据库建设时，用作字段的真实名称，作为该数据表中字段的唯一标识，由中文字段名每个字的拼音首字母大写组成，若同一个表中的字段标识存在重复现象，则根据拼写酌情采用全拼或增加数字加以区分。

3）字段类型及长度（数据类型）。用来描述该字段的数据类型和填写过程中可能的最大数据位数。

4）单位。当该字段的数据类型为数值型时，描述该字段填入数据的计量单位。

5）必填。描述该字段信息对于该表是否为必要信息。用“Y”表示该字段必须填写。

6）主键。描述该字段是否作为主键。用“Y”表示该字段为主键字段。

7）外键。描述该字段是否为引用字段，当被引用表被引用字段存在该值时为有效值，确保数据一致性。

3. 填写说明

填写说明用来详细描述每个字段的基本含义、填写内容和填写规则等，确保数据填写的规范有效。

（1）涉及流域、河流、湖泊、水资源分区、水功能区、行政区划等管理单元或统计单元时，字段均设置为“××代码”形式以保证数据的唯一性，填写说明中填写规则限制为两种形式：若该字段的性质为管理单元，则填写规则描述为“按包含最小原则填写”，含义为将对象进行完整管理的最小单元；若该字段的性质为统计单元，则填写规则描述为“精确至××级”，明确统计单元的级别。

（2）涉及引用外键的字段，填写说明根据引用表的类型描述为两种形式。当引用表为实体表时，描述为“引用×××表”。当引用表为代码表时，描述为“取值及其含义见×××代码表”。

（3）涉及管理单位、负责单位、所属单位、评价单位等单位信息的字段，均将字段名统一为“单位代码”，在填写说明处写明引用单位在该表中的功能或性质加以区分。

（4）本书表体仅从业务和空间维度进行数据存储，而从时间维度记录的“时间戳”信息以及从工作维度记录的“填报人”“填报单位”“审核人”“审核单位”等信息目前尚未涉及。

（5）当对个人进行描述时，字段统一为“有效证件号”，填写说明中详细描述该人员的性质加以区分。

（6）涉及实体经纬度信息的字段，当实体为点要素时用“经度”“纬度”描述，当实体为面要素时用“中心经度”“中心纬度”描述，含义为该实体中心点的经纬度信息，参照标准描述为“采用 2000 国家大地坐标系（CGCS2000）”。

（7）当字段的数据类型为数值型时，填写说明中对数据限制描述为“计量单位为××，计至××（汉字描述）位小数”。

（8）当字段为时间型或日期型时，填写说明中详细说明时间精度，描述为“计至××（年/月/日/时/分/秒）”。

（9）字段类型及长度：字段类型主要有字符、数值、日期、时间、二进制等类型，其类型及长度应按以下格式描述。

1）字符类型。其描述格式为：C（d）。其中：

✧ C ——定长字符串型的类型标识；

✧ （）——固定不变；

✧ d ——十进制数，用以定义字符串长度，或最大可能的字符串长度。

2）数值类型。其描述格式为：N（D[，d]）。其中：

✧ N ——数值型的类型标识；

✧ （）——固定不变；

✧ [ ] ——小数位的描述，里面的内容可选，在实际填写时，不出现；

✧ D ——描述数值型数据的总位数（不包括小数点位）；

✧ d ——描述数值型数据的小数位数，若小数位数为 0，则省略；

✧ ，——分隔符，若小数位数为 0，则省略。

3）日期时间型字段

①日期型 D[（d）]：表示日期型数据，缺省为 8 位，即 YYYYMMDD（年-月-日）；6 位，即 YYYYMM（年-月）；4 位，即 YYYY（年）。

②时间型 T[（d）]：表示时间型数据，14 位，即 YYYYMMDD hh：mm：ss（年-月-日 时：分：秒）；缺省为 12 位，即 YYYYMMDD hh：mm（年-月-日 时：分）。

③日期时间型数据可采用降低精度表示法，如果在某些特定的应用中，采用比上述精度低的表示，足以表示一个日历日期或时间，则可以从日期或时间最右边开始省略两位或四位，所构成的表达式可表示年月或年月日时分。示例：年月为 D（6），年为 D（4），年月日时分秒为 T（14）。

4）二进制类型。用于存储音频、视频、图片及文档等多媒体数据，其描述格式为：B。

五、编制内容

本书按水利水务业务数据、政务数据、公共数据和业务常量 4 种类型，构建监测、实体、载体、管理、关系和常量 6 种数据模型，对各类型的数据表的编号、标识、说明、结构和字段填写规范进行设计，形成一套完整的数据关系模型体系成果。将涉水行业数据划分为业务数据、政务数据、公共数据和业务常量四大部分，分为 19 个一级业务节点、45 个二级业务节点和 68 个三级业务节点。设计数据结构，数据表 781 张，含 8 448 个字段，设置主键 1 440 个，外键 1 295 个。其中业务常量表 138 张，包含 372 个字段，138 个主键，并设置常量数据项 1 687 个。

（一）水利水务业务表分类及数据项统计

水利水务业务是指通过人工干涉，基于水利专业理论、有效计算分析与合理决策，实现对水资源的科学精细化管理。本书在业务模块深入分析江河湖泊、水文、水资源、水旱灾害防御、水利工程、水生态环境、水土保持和水文化及景观 8 个业务环节，共整理数据表 559 张，包含 6 910 个字段，设置主键 1 144 个、外键 1 138 个，具体分类及内容见表 0-5。

表 0-5 业务数据表分类及数据统计

序号	业务节点	表数	字段数	主键数	外键数	主要内容
1	江河湖泊	12	196	18	43	整理了自然形成的河湖、人为划定的水资源分区、水功能区等涉水管理单元的自然特征数据以及在管理过程中所涉及的基础数据，是本书涉水管理单元的核心
2	水文	88	887	184	145	整理了水在自然界循环过程中以及对其进行感知、汇总、分析、管理所涉及或产生的数据，是水资源社会循环、水旱灾害防御等一系列水利工作的基础
3	水资源	174	2 154	331	304	整理了水资源在人类社会局部循环体系中循环利用所产生的感知、管理、评价、决策等数据
4	水旱灾害防御	67	834	148	115	整理了水循环过程中产生的水旱灾害基础数据，以及人类为兴利除害而做出预防和治理措施时所产生的数据
5	水利工程	128	1 737	277	383	整理了水利工程、设施的基础属性数据，以及工程、设施在规划、建设、运行、管理等整个过程中所产生的数据
6	水生态环境	45	564	94	85	整理了水生态、水环境保护治理所涉及的各项监测、管理指标数据
7	水土保持	43	523	90	61	整理了水土保持治理所涉及的各项监测、管理指标数据
8	水文化及景观	2	15	2	2	整理了现存的水文化、水景观的基础属性信息
合计		559	6 910	1 144	1 138	

注：该章节分类和内容设置仅为本部分涉及的主要信息，各地在使用过程中可根据实际业务需求酌情增加或补充相关信息。

（二）水利水务政务表分类及数据项统计

水利水务政务是指由各级政府水行政主管部门，以及法律法规授权具有水行政职能的事业单位和社会组织等提供并开展的行政工作。本书中政务模块主要指行政部分，详细梳理人事教育、国际合作与科技管理、安全监督、纪检监察、综合办公、机关管理、财务审计、政务公开和行政许可 9 个业务单元，共整理数据表 53 张，包含 782 个字段，设置主键 107 个、外键 96 个，具体分类及内容见表 0-6。

表 0-6 政务数据表分类及数据统计

序号	业务节点	表数	字段数	主键数	外键数	主要内容
1	人事教育	12	171	22	20	整理了水利人事部门产生和处理的相关人事机构信息
2	国际合作与科技管理	7	127	9	17	整理了科技管理部门产生和处理的水利行业相关科技成果信息
3	安全监督	4	56	12	6	整理了水利安全监督管理部门产生和处理的相关水利安全监督类信息
4	纪检监察	6	74	10	8	整理了水利监察部门产生和处理的相关监察信息

序号	业务节点	表数	字段数	主键数	外键数	主要内容
5	综合办公	3	63	5	8	整理了水利综合部门和各政务管理部门产生和处理的相关信访信息和公文信息
6	机关管理	5	67	7	13	整理了水利党群部门产生和处理的相关党群信息
7	财务审计	8	97	21	8	整理了水利财务部门产生和处理的相关财务信息
8	政务公开	3	53	4	5	整理了水利综合部门和各政务管理部门产生和处理的相关政务公开信息
9	行政许可	5	74	17	11	整理了水利综合部门和各政务管理部门产生和处理的相关行政许可信息
合计		53	782	107	96	

注：该章节分类和内容设置仅为本部分涉及的主要信息，各地在使用过程中可根据实际业务需求酌情增加或补充相关信息。

（三）公共数据表分类及数据项统计

公共数据是指非水利水务对象基础和管理，且在此基础上开展数据分析、统计汇总和评价决策等工作所结合或产生的其他相关领域的数据。本书在公共数据章节主要设置了基础地理和经济社会两个业务单元，共整理数据表 31 张，包含 384 个字段，设置主键 51 个、外键 61 个，具体分类及内容见表 0-7。

表 0-7　公共数据表分类及数据统计

序号	业务节点	表数	字段数	主键数	外键数	主要内容
1	基础地理	16	173	23	31	整理了用于对水利对象进行空间定位和空间统计分析的基础地理单元，包括自然地理信息中的地貌、植被、矿产以及社会地理信息中的行政区划、居民地、交通、基础设施等
2	经济社会	15	211	28	30	整理了用于对水利对象或水利工作进行评价决策等所结合或参考的指标数据，包括人口、产业、产值等
合计		31	384	51	61	

注：该章节分类和内容设置仅为本部分涉及的主要信息，各地在使用过程中可根据实际业务需求酌情增加或补充相关信息。

（四）业务常量表分类及数据项统计

业务常量是指代码类数据，是对业务数据、政务数据、公共数据表中部分字段的限定和说明信息。本书中业务常量表分类方式和业务数据表的分类方式一致。共整理常量表 138 张，包含字段 372 个，数据项 1 687 个，具体分类及内容见表 0-8。

表 0-8　业务常量表分类及数据统计

序号	分类	业务节点	表数	字段数	数据数
1	业务数据	江河湖泊	7	17	71
2		水文	22	59	251
3		水资源	19	53	277
4		水旱灾害防御	1	3	4

序号	分类	业务节点	表数	字段数	数据数
5	业务数据	水利工程	45	109	461
6		水生态环境	3	7	17
7		水土保持	7	24	53
8		小计	104	272	1 134
9	政务数据	人事教育	3	9	23
10		国际合作与科技管理	8	16	106
11		安全监督	2	4	32
12		纪检监察	1	4	16
13		机关管理	2	6	17
14		政务公开	2	6	29
15		小计	18	45	223
16	公共数据	基础地理	11	38	204
17		经济社会	5	17	126
18		小计	16	55	330
合计			138	372	1 687

六、成果应用

本书以水文自然循环和水资源社会循环的涉水实体、管理对象为基本单元，依据“唯一性、科学性、实用性、准确性、完整性和延续性”原则，进行涉水业务数据多维度、全过程、全周期数据模型构建，形成一套服务水利水务数据科学管理、价值挖掘和科学决策的数据字典工具书。作为涉水行业基础工具书，不仅可以服务水利水务行业数据资源建设、智慧应用和管理决策，也可以面向社会化应用，服务涉水业务科学研究与公众服务需求。

（一）作为涉水行业基础工具书，服务水利水务数据资源的建设与智慧应用

1. 构建数据库模型架构与表结构规范，服务水利水务数据资源建设与治理相关工作

近年来水利水务信息化建设得到长足发展，建立了一系列应用系统，取得了很大成果。但受实施方式的限制，这些系统或数据库都是局限于某个业务或某个方面的应用领域而建立的，其设计建设是独立的，缺少统一标准。一方面系统之间数据难以共享，另一方面系统与系统交叉建设，数据重复，造成一数多源，数据难以统一、可信性与可用性大大降低。

本书研究成果实现了涉水全业务的数据资源梳理、整合架构设计，厘清了数据源头，做到“一数一源”，对水利水务管理对象进行了统一的定义、编码和命名。为数据的连通、抽取提供了技术条件，建立了完整的数据资产管理模型。可有效地解决涉水数据“一数多源”、数据不统一情况，打破了业务边界，建立起统一的数据资源环境，可作为涉水数据资源构建涉水数据仓库，如基础库、主题库和专题库等的参考标准，服务高标准、高质量和高效率的水利水务数据资源建设与科学治理工作。

2. 构建数据字典体系模型，服务水利水务数字孪生和智慧应用相关软件研发

水利水务业务数字孪生和智慧应用效果在于数据质量和数据价值，业务数据库的构建要实现数

据的智慧应用和孪生可视，实现数据在“数据-信息-知识”3 个数据层级的转换，以数据字典知识图谱模型为基础，如数字孪生水利系列（如数字孪生流域、数字孪生水网、数字孪生工程和数字孪生灌区等），均可参考本书体系定制符合自身建设的数据结构模型，以此构建符合其应用需求的业务数据库模型。本书研制以解决数据孤岛为目标，构建符合水利水务业务需求的“全业务、全周期、全要素”数据模型体系；本书研制成果形成了统一、标准、可持续的数据库结构、标识体系和知识图谱模型，以满足水利水务业务数据（结构化、非结构化）汇聚、存储、应用的动态要求。其主要作用如下。

（1）数据库构建的标准指导作用

本书设立于全业务的角度，对水利水务管理实体对象范畴、命名、编码进行了统一定义。这种统一定义如同测量中统一定义了基准点，为各业务的数据共享奠定了基础。因此，在建立各自业务数据库时应该遵循数据字典对管理实体对象的范畴、命名和编码定义，为消灭“信息孤岛”，实现数据的共享服务提供基础。因此，数据字典对业务数据库建设具有指导作用。

（2）动态抽取定制专题或项目库

本书内容是全业务的成果数据。各个业务数据库在应用到其他业务库的数据时，不需要链接众多其他业务库，直接可以从水利水务数据库中抽取。不用再去分析各个数据产生的源头，也不用因数据的多源性而担心数据的一致性。

3. 构建数据知识图谱模型，服务水利水务业务智慧管理科学决策

水利水务管理决策需要“质量、数据和知识模型”的支撑。本书涵盖所有水利业务数据范围，以数据资产和价值体现为建设目标，以数据源、数据流、业务流和工作流为核心，构建“时间-空间-知识”多维度数据引擎；通过数据图谱模型构建，构建“数据结构+关系模型+调用方法”深度融合的涉水实体时空数据结构关系模型，构建服务动态数据组合抽取、数据价值挖掘、科学决策服务的数据知识图谱模型，实现服务数据价值挖掘、孪生可视、知识发现和评估评价动态需求能力模型；数据字典研制有利于水利水务数据实现数据价值智能挖掘、业务协同智慧融合，管理精细化和流程优化，为综合应用、综合分析、管理决策提供数据支撑。研究成果不仅可以作为水资源、水生态、水环境和水灾害管理、应用和决策的参考，更为“感知水、分析水、模拟水、水决策”的实现奠定基础，服务完善流域防洪工程体系、实施国家水网重大工程、复苏河湖生态环境、推进数字孪生水利建设，助力推动新阶段水利高质量发展，推动水利现代化可持续发展，实现水治理体系科学化和能力现代化。

（二）面向社会化应用，服务涉水业务关键技术科学研究与社会公众

1. 服务涉水相关业务关键技术科学研究

科学研究离不开数据的支撑，根据研究需求，建立相应的专题库或主题库是科学研究的起点，而收集组织数据往往占据科研工作者大量时间。本书从数据仓库的角度进行数据管理，涵盖所有业务的成果数据，保证了数据的全面性。科学研究需要的数据正是各业务成果数据的不同组合，从这个角度而言，数据字典的内容几乎涵盖了所有专题、主题应用所需要的数据。只是数据需要抽取重新组织，而在数据字典设计中，这点也进行了充分的考虑，通过时间-空间-知识 3 个维度能够快速为科学研究抽取组织其所需要的数据。

（1）按空间进行抽取组织数据

本书建设过程中，充分分析了水利水务管理实体对象的空间属性以及实体之间的空间关联关系，这就为我们通过空间关系抽取数据组织数据提供了便利条件。例如，可以按行政区划、流域分区、水资源分区和水功能分区进行数据抽取，也可以按研究区域进行定义、抽取、组织研究基础数据体。

（2）按业务抽取组织数据

本书的组织分类就是按业务进行划分的，因此按业务抽取数据便是水到渠成。用户可以根据资源目录抽取数据，可高效便捷地为水资源、水生态、水环境、水安全和水灾害的数据分析和综合决策提供重要支撑，服务于科学研究和信息共享，为提高水利水务工作效率和服务能力起到良好的支撑作用，如建立水资源管理数据库、洪灾旱灾数据库等。

（3）按时间抽取组织数据

本书在编制过程中充分考虑了时间要素。对于实体的基本信息数据，都设立了该实体注册（产生、建设）时间、实体注销（消亡、撤销）时间；对于实体的变更或事件的随机发生，建立了变更数据表或事件发生情况表，记录了变更（发生）时间；对于连续变化的数据，数据字典根据要素变化对水环境影响的速度，采用不同频率进行采集数据，记录了采样、监测、评估、评价时间，也就是说几乎所有的数据都有时间戳。因此，通过数据字典根据时间抽取数据组织数据具有固有的便利条件。

2. 服务跨业务、跨部门类涉水业务相关协同研究

根据跨业务、跨部门类涉水业务科学研究的需求，按研究对象如河流、湖泊等定制抽取组织专题研究数据库，服务水利、生态环境、城市管理和自然资源等不同业务部门的水体综合治理与生态修复类相关研究。在数据字典建设过程中，建立了河流与其他实体的关系，如河流上的测站、流入该河流的河流、该河流流出的河流、河流上的水库、堤坝、水闸、排水口、取水口、河流邻近的蓄滞洪区、保护区等。通过这些实体，就可以抽取与河流有关的历年降雨情况数据、河流水情数据、堤防运行数据、防洪规划数据、蓄水情况数据、保护区发展情况数据，通过这些数据的综合分析，提出河流的治理措施与方案。

3. 服务不同区域、不同尺度涉水类相关研究

因为所有的水利水务管理对象都与行政区划进行了关联，可通过研究不同行政区域（省、市、县、乡镇等）或不同城市主体的不同尺度，进行数据组织和专题数据体建设。字典结构设计过程中，针对不同要素、不同实体对象，如河流、水库、湖泊、测站、水源地、取水口、供水设施、用水户、排水户等，都有所属行政区划属性。通过该线索用户就能够找到该区域的所有实体，通过这些实体，用户就能够抽取监测数据、评价数据以及管理数据，组织不同区域研究数据库。应用时可根据行政区划、功能区划或城市主体进行涉水对象知识图谱模型建设，定制抽取组织区域涉水实体、载体、关系、监测、管理和常量等数据模型，构建以水为主线，从流域、城市视角，构建服务涉水数据模型及数据体，服务“以水定地、以水定城、以水定产、以水定人”的不同区域、不同尺度涉水类相关研究。

4. 构建涉水数据共享模型，服务公众服务

根据数据社会化、泛在化共享的需求，为社会公众提供的涉水数据相关信息，可结合字典构建

共享动态专题数据模型，通过“空间维、时间维、知识维”进行动态涉水信息社会化服务共享专题库结构构建，服务公众百姓生产生活，如根据数据字典构建不同区域周围的河流水库的实时水情与水情变化趋势，城市内涝积水状况、涉水应急事件、水文化遗产保护和水科普教育等不同需求专题数据模型，动态生成专题数据字典结构体系，服务涉水信息社会公众服务等。

七、后续研究工作展望

众所周知，水利水务数据资源体系研究和科学治理是一项系统工程，研究涉及的专业广、部门多、学科交叉强。由于编著的时间仓促，以及人员水平等原因，导致研究尚有许多科学问题、业务领域仍未涉及。如以工作流驱动的数据责任机制指标体系的研究、以专业模型应用为导向的数据体模型服务体系构建方法研究和服务涉水全业务链的“水利数据盒子”动态服务模式研究等，只能在后续研究工作中进一步开展，欢迎有兴趣的专家学者共同参与探讨。

第二篇　字典体系

本篇以国家、水利部现行有关规范标准为基础，将水利水务数据划分为业务数据、政务数据、公共数据和业务常量四大类；基于 BNU-TSK 模型的数据分析方法，按水循环过程节点，进行了业务分类分级及编码；结合数据流将数据表分为实体、载体、关系、监测、管理和常量 6 种类型；以数据源为主线，按“数据唯一性原则、数据科学性原则、数据实用性原则、数据准确性原则、数据完整性原则、数据延续性原则”进行水文自然循环、水资源社会循环两大业务数据知识图谱的构建；结合业务流和知识图谱关系模型，对各类型的数据表的编号、标识、说明、结构和字段填写规范进行设计，形成一套完整的数据关系模型体系成果。

体系划分：本书深入分析江河湖泊（包括流域、河流、湖泊、水资源分区、水功能区）、水文自然循环（包括蒸发、水汽输送、降水、径流）、水资源社会循环（包括水资源开发利用、保护、评价、配置、管理和节约）、水旱灾害防御（包括防灾规划和灾情监测、预报、调度、管理和评估）、水利工程（包括规划计划、基建投资、工程移民、项目建设、工程信息、安全运行）、水生态环境（包括水生态、水环境）、水土保持（包括水土保持规划、水土保持管理、水土保持监测、土壤侵蚀管理、水土保持治理、水土保持评价）、水文化景观（包括水文化遗产、线路和景观）等八大部分，详细梳理人事教育、国际合作与科技管理、安全监督、纪检监察、综合办公、机关管理、财务审计、政务公开和行政许可九个部分政务数据。

研究成果：结合两大循环和实际涉水业务工作，以水利行业数据源、数据流、业务流和工作流为核心，梳理数据源头，将涉水行业数据划分为业务数据、政务数据、公共数据和业务常量 4 种类型，并细分为 19 个一级业务节点、45 个二级业务节点和 68 个三级业务节点，共完成数据表 781 张，含 8 448 个字段，设置主键 1 440 个、外键 1 295 个。

第一章 业务数据

第一节 江河湖泊

本节为江河湖泊信息，存储涉及江河湖泊的相关信息表。江河湖泊章节的内容包括流域、河流、湖泊、水资源分区、水功能分区等多方面的内容。建立了 8 张实体表，4 张管理表。实现了对流域、河流、湖泊、水资源分区、水功能区等多方面内容的基本属性信息以及业务属性信息的管理，包括流域的面积、名称、水准基面、经纬度、河流的级别、河口位置、河流长度、湖泊的水面面积、库容、所在位置、蓄水量、水功能区的界碑、区划登记等内容。共整理了 12 张表，196 个字段。江河湖泊实体关系如图 1-1 所示。

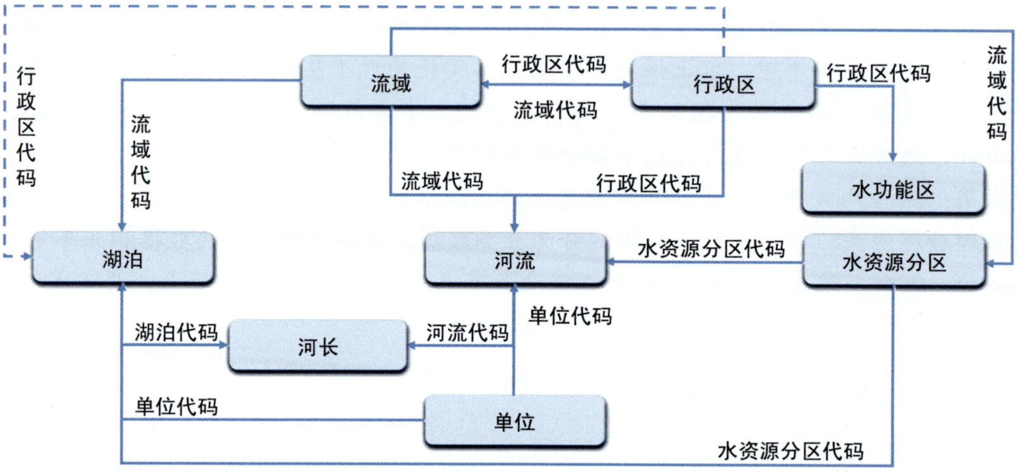

图 1-1 江河湖泊实体关系

一、流域

1. （实体）流域基本信息表

[1] 表编号：010101001

[2] 表标识：LYJBXXB

[3] 表说明：描述流域的基本属性信息。流域指由分水线所包围的河流集水区，分地面集水区和地下集水区两类。如果地面集水区和地下集水区相重合，称为闭合流域；如果不重合，则称为非闭合流域。

序号	含义	字段名	数据类型	单位	必填	主键	外键
1	流域代码	LYDM	C（10）		Y	Y	
2	流域名称	LYMC	C（50）		Y		
3	流域级别代码	LYJBDM	C（1）				Y
4	流域面积	LYMJ	N（10，2）	km^2			
5	河系总河长	HXZHC	N（8，2）	km			
6	最高点高程	ZGDGC	N（7，2）	m			
7	最低点高程	ZDDGC	N（7，2）	m			
8	水准基面代码	SZJMDM	C（2）				Y
9	行政区划代码	XZQHDM	C（10）				Y
10	跨界类型	KJLX	C（16）				
11	跨界情况	KJQK	C（256）				
12	所属流域代码	SSLYDM	C（10）				Y
13	备注	BZ	C（255）				

[4] 填写说明：

1）流域代码：流域的代码，参考《中国河流代码》（SL 249—2012）填写，未列入标准之内的流域，代码按照相应要求填写。

2）流域名称：指流域代码所代表流域的中文名称。

3）流域级别代码：流域的等级，取值及其含义见流域级别代码表。

4）流域面积：流域的面积，计量单位为 km^2，计至两位小数。

5）河系总河长：流域内六级及以上河流总长度，计量单位为 km，计至两位小数。

6）最高点高程：该流域内最高点高程值，计量单位为 m，计至两位小数。

7）最低点高程：该流域内最低点高程值，计量单位为 m，计至两位小数。

8）水准基面代码：最高点、最低点高程所对应的基面类型，取值及其含义见水准基面代码表。

9）行政区划代码：引用行政区划基本信息表。该流域所处行政区，按最小包含原则填写。

10）跨界类型：指该流域跨界类型，填写跨国并跨省、跨国、跨省、跨县或县界内。

11）跨界情况：根据“跨界类型”填写该流域跨界情况。若流域跨国并跨省，先列出该流域分布的所有省级行政区名称，再列出分布的所有国家名称，各省级行政区及各国家名称间用“，”隔开，省级行政区和国家名称间用“；”隔开；若该流域跨国，列出其分布的所有国家名称，各国家名称间用“；”隔开；若该流域跨省，列出其分布的所有省级行政区名称，各省级行政区名称间用“；”隔开；若该流域跨县，则列出其分布的所有县名称，各县名称之间用“；”隔开；若该流域位于县界内，仅填写该县名称。

12）所属流域代码：引用流域基本信息表，填写上一级流域代码。

13）备注：其他补充说明信息。

2. （实体）小流域基本信息表

[1] 表编号：010101002

[2] 表标识：XLYJBXXB

[3] 表说明：小流域是指二、三级支流以下以分水岭和下游河道出口断面为界集水面积在 50 km^2 以下的相对独立和封闭的自然汇水区域。本表存储监测、治理所在小流域或最小单元基本情况数据。

序号	含义	字段名	数据类型	单位	必填	主键	外键
1	小流域代码	XLYDM	C（16）		Y	Y	
2	小流域名称	XLYMC	C（40）		Y		
3	行政区划代码	XZQHDM	C（10）				Y
4	流域代码	LYDM	C（10）				Y
5	总人口	ZRK	N（5，2）	万人			
6	户数	HS	N（4）	户			
7	人均收入	RJSR	N（6，2）	万元			
8	耕地面积	GDMJ	N（4，2）	km^2			
9	林地面积	LDMJ	N（6，2）	km^2			
10	园地面积	YDMJ	N（6，2）	km^2			
11	草地面积	CDMJ	N（6，2）	km^2			
12	水域面积	SYMJ	N（6，2）	km^2			
13	其他面积	QTMJ	N（6，2）	km^2			
14	多年平均年降水量	DNPJNJSL	N（5，1）	mm			
15	多年平均气温	DNPJQW	N（3，1）	℃			
16	多年平均蒸发量	DNPJZFL	N（5，1）	mm			
17	多年平均风速	DNPJFS	N（5，2）	m/s			
18	土壤侵蚀模数	TRQSMS	N（7，2）	t/（km^2·a）			
19	中心经度	ZXJD	N（10，6）	（°）			
20	中心纬度	ZXWD	N（10，6）	（°）			
21	日期	RQ	D（4）				
22	备注	BZ	C（255）				

[4] 填写说明：

1）小流域代码：小流域的识别代码，参考《中国河流代码》（SL 249—2012）填写，未列入标准之内的流域，代码按照相应要求填写。

2）小流域名称：指小流域代码所代表小流域的中文名称。

3）行政区划代码：引用行政区划基本信息表，小流域的所属行政区，精确到县级。

4）流域代码：引用流域基本信息表，该小流域范围所处流域的识别代码，按最小包含原则填写。

5）总人口：表示小流域范围内总人口数量，计量单位为万人，计至两位小数。

6）户数：表示小流域范围内居民住户数量，计量单位为户，计至整数。

7）人均收入：表示小流域范围内人均年收入，计量单位为万元，计至两位小数。

8）耕地面积：表示小流域范围内耕地总面积，计量单位为 km^2，计至两位小数。

9）林地面积：表示小流域范围内林地总面积，计量单位为 km^2，计至两位小数。

10）园地面积：表示小流域范围内园地总面积，计量单位为 km^2，计至两位小数。

11）草地面积：表示小流域范围内牧草总面积，计量单位为 km^2，计至两位小数。

12）水域面积：表示小流域范围内水域总面积，计量单位为 km^2，计至两位小数。

13）其他面积：表示小流域范围内除以上用途之外的土地总面积，计量单位为 km^2，计至两位小数。

14）多年平均年降水量：表示小流域范围内观测的降水量多年平均值，计量单位为 mm，计至一位小数。

15）多年平均气温：表示小流域范围内观测的气温多年平均值，计量单位为℃，计至一位小数。

16）多年平均蒸发量：表示小流域范围内观测的蒸发量多年平均值，计量单位为 mm，计至一位小数。

17）多年平均风速：表示小流域范围内观测高度处的风速多年平均值，计量单位为 m/s，计至两位小数。

18）土壤侵蚀模数：单位时段内单位水平面积地表土壤及其母质被侵蚀的总量，计量单位为 t/（km^2·a），计至两位小数。

19）中心经度：小流域中心点的经度，采用 2000 国家大地坐标系（CGCS2000）。

20）中心纬度：小流域中心点的纬度，采用 2000 国家大地坐标系（CGCS2000）。

21）日期：调查资料的年份，计至年。

22）备注：必要的相关内容注解、描述。

二、河流

1.（实体）河流基本信息表

[1] 表编号：010102001

[2] 表标识：HLJBXXB

[3] 表说明：河流是指降水或由地下涌出地表的水汇集在地面低洼处，在重力作用下经常地或周期地沿流水本身造成的洼地流动，本表存储河流的基本属性信息，包括编码、位置属性、级别、跨界情况等。

序号	含义	字段名	数据类型	单位	必填	主键	外键
1	河流代码	HLDM	C（8）		Y	Y	
2	河流名称	HLMC	C（30）		Y		
3	曾用名	CYM	C（64）				
4	行政区划代码	XZQHDM	C（10）				Y
5	跨界类型	KJLX	C（16）				
6	跨界情况	KJQK	C（128）				
7	流域代码	LYDM	C（10）		Y		Y
8	水资源分区代码	SZYFQDM	C（12）				Y
9	上一级河流代码	SYJHLDM	C（8）				Y
10	河流类别代码	HLLBDM	C（1）				Y
11	河流级别代码	HLJBDM	C（2）		Y		Y
12	河源位置	HYWZ	C（128）				
13	河源高程	HYGC	N（7，2）	m			
14	河口位置	HKWZ	C（128）				
15	河口高程	HKGC	N（7，2）	m			
16	水准基面代码	SZJMDM	C（2）				Y
17	河流长度	HLCD	N（9，2）	km			
18	平均比降	PJBJ	N（6，3）	‰			
19	流域面积	LYMJ	N（10，2）	km^2			
20	多年平均径流量	DNPJJLL	N（10，2）	10^4 m^3			
21	年径流量标准差	NJLLBZC	N（10，2）	10^4 m^3			

序号	含义	字段名	数据类型	单位	必填	主键	外键
22	河流概况	HLGK	C（255）				
23	单位代码	DWDM	C（18）				Y
24	河源经度	HYJD	N（10，6）	（°）			
25	河源纬度	HYWD	N（10，6）	（°）			
26	河口经度	HKJD	N（10，6）	（°）			
27	河口纬度	HKWD	N（10，6）	（°）			
28	备注	BZ	C（255）				

[4] 填写说明：

1）河流代码：河流的识别代码，参考《中国河流代码》（SL 249—2012）填写。

2）河流名称：河流代码所代表河流的中文名称。

3）曾用名：河流的曾用名或惯用名等别称。有多个时，用“、”分开。

4）行政区划代码：引用行政区划基本信息表。河流所在地的行政区划代码按最小包含原则填写。

5）跨界类型：指该河流跨界类型，填写跨国并跨省、跨国、跨省、跨县或县界内。

6）跨界情况：根据“跨界类型”填写该河流跨界情况。若河流跨国并跨省，先列出该河流流经的所有省级行政区名称，再列出流经的所有国家名称，各省级行政区及各国家名称间用“，”隔开，省级行政区和国家名称间用“；”隔开；若该河流跨国，列出其流经的所有国家名称，各国家名称间用“；”隔开；若该河流跨省，列出其流经的所有省级行政区名称，各省级行政区名称间用“；”隔开；若该河流跨县，则列出其流经的所有县名称，各县名称之间用“；”隔开；若该河流位于县界内，仅填写该县名称。

7）流域代码：引用流域基本信息表。河流所属流域的识别代码，按《水利对象分类与编码总则》（SL/T 213—2020）中流域（水系）分区编码填写，遵循最小包含原则。

8）水资源分区代码：引用水资源分区基本信息表。河流所在的水资源分区代码，按最小包含原则填写。

9）上一级河流代码：指该河流上一级河流的代码，引用本表。

10）河流类别代码：河流的类别代码，取值及其含义见河流类别代码表。

11）河流级别代码：河流的级别代码，取值及其含义见河流级别代码表。

12）河源位置：河源所在地点的名称。河源指河流补给的源头，一般按唯长唯远原则确定，精确到乡镇。

13）河源高程：河源的中泓高程，计量单位为 m，计至两位小数。

14）河口位置：河口所在地点的名称。河口指河流注入海洋、湖泊或上一级河流的终端，分为入海河口、入湖河口及支流河口；对消失于沙漠的内陆河，则为河流的末端，精确到乡镇。

15）河口高程：河口的中泓高程，计量单位为 m，计至两位小数。

16）水准基面代码：河流参照的高程基准面代码，取值及其含义见水准基面代码表。

17）河流长度：河流由河源至河口的中泓长度，计量单位为 km，计至两位小数。

18）平均比降：河流河源至河口的平均比降，计量单位为‰，计至三位小数。

19）流域面积：整个河流流域分水线所包围的平面面积，计量单位为 km^2，计至两位小数。

20）多年平均径流量：多年径流量的算术平均值，计量单位为 $10^4\ m^3$，计至两位小数。

21）年径流量标准差：多年径流量的标准差，计量单位为 $10^4\ m^3$，计至两位小数。

22）河流概况：概述河流的基本情况。

23）单位代码：引用单位基本信息表，指河流隶属行政管理单位。

24）河源经度：河流源头所在东经度数，采用 2000 国家大地坐标系（CGCS2000）。

25）河源纬度：河流源头所在北纬度数，采用 2000 国家大地坐标系（CGCS2000）。

26）河口经度：河流河口所在东经度数，采用 2000 国家大地坐标系（CGCS2000）。

27）河口纬度：河流河口所在北纬度数，采用 2000 国家大地坐标系（CGCS2000）。

28）备注：其他补充说明信息。

2. （实体）河长基本信息表

[1] 表编号：010102002

[2] 表标识：HZJBXXB

[3] 表说明："河长制"指由中国各级党政主要负责人担任"河长"，负责组织领导相应河湖的管理和保护工作，本表存储"河长"的基本属性信息，包括负责河湖、所属单位、级别关系等。

序号	含义	字段名	数据类型	单位	必填	主键	外键
1	河长代码	HZDM	C（18）		Y	Y	Y
2	河长名称	HZMC	C（32）				
3	出任河长时间	CRHZSJ	D（8）		Y	Y	
4	（拟）卸任河长时间	NXRHZSJ	D（8）				
5	河长级别	HZJB	C（6）				
6	上级河长代码	SJHZDM	C（18）				Y
7	行政区划代码	XZQHDM	C（10）				Y
8	河长行政职务	HZXZZW	C（64）				
9	负责河流代码	FZHLDM	C（255）				Y
10	负责河流名称	FZHLMC	C（255）				
11	负责湖泊代码	FZHPDM	C（255）				Y
12	负责湖泊名称	FZHPMC	C（255）				
13	单位代码	DWDM	C（18）				Y
14	备注	BZ	C（255）				

[4] 填写说明：

1）河长代码：指"河长制"中负责组织领导相应河湖的管理和保护工作负责人代码，引用人员基本信息表。

2）河长名称：指河长代码所对应的河长名称，即河长的姓名，由人员基本信息表带入。

3）出任河长时间：指该河长出任河长职务的开始时间，计至日。

4）（拟）卸任河长时间：若该河长仍在担任该职务，填写拟卸任时间，若该河长已卸任，填写卸任时间，计至日。

5）河长级别：指该河长的级别，填写省级、市级、县级或乡级。

6）上级河长代码：指该河长的上级河长代码，引用本表。

7）行政区划代码：指该河长所负责范围的行政区划代码，引用行政区划基本信息表，行政区划级别根据河长级别确定。

8）河长行政职务：指河长同时担任的行政职务。

9）负责河流代码：指该河长所负责所有河流的代码，引用河流基本信息表。若该河长负责行政区划内多条河流，需填写多条河流代码，各河流代码间用"，"隔开。

10）负责河流名称：指该河长所负责河流代码对应的河流或河段名称，河段填写格式建议为"××河××段"。若该河长负责行政区划内多条河流，河流名称需对应河流代码顺序依次列出，各河流名称间用"，"隔开。

11）负责湖泊代码：指该河长所负责所有湖泊的代码，引用湖泊基本信息表。若该河长负责行政区划内多个湖泊，需填写多个湖泊代码，各湖泊代码间用“，”隔开。

12）负责湖泊名称：指该河长所负责湖泊代码对应的湖泊名称。若该河长负责行政区划内多个湖泊，湖泊名称需对应湖泊代码顺序依次列出，各湖泊名称间用“，”隔开。

13）单位代码：指该河长的管理单位代码，引用单位基本信息表。

14）备注：其他补充说明信息。

3. （管理）巡河记录表

[1] 表编号：010102003

[2] 表标识：XHJLB

[3] 表说明：本表为巡河记录表，属管理表，存储河长在时段内对负责河湖的巡查记录信息。统计指标为巡河的时间、类型、名称、里程、图片等。

序号	含义	字段名	数据类型	单位	必填	主键	外键
1	河长代码	HZDM	C（18）		Y	Y	Y
2	河长名称	HZMC	C（32）				
3	巡河开始时间	XHKSSJ	T（12）		Y	Y	
4	巡河结束时间	XHJSSJ	T（12）		Y	Y	
5	行政区划代码	XZQHDM	C（10）				Y
6	主要巡河人员	ZYXHRY	C（128）				
7	巡河类型	XHLX	C（6）				
8	巡查河段（湖泊）	XCHD	C（60）				
9	巡河里程	XHLC	N（8，3）	km			
10	巡河图片	XHTP	B				
11	巡河记录	XHJL	B				

[4] 填写说明：

1）河长代码：指巡河人的代码，引用河长基本信息表。

2）河长名称：指河长代码对应的河长名称，由河长基本信息表带入。

3）巡河开始时间：巡河开始的时间，计至分钟。

4）巡河结束时间：巡河结束的时间，计至分钟。

5）行政区划代码：指巡查河段或湖泊所在行政区划代码，引用行政区划基本信息表，按最小包含原则填写。

6）主要巡河人员：指记录时段内巡查河湖的主要人员姓名，多个主要人员姓名间用“，”隔开。

7）巡河类型：指巡河类型，填写河段或湖泊。

8）巡查河段（湖泊）：指记录时段内巡查的所有河段或湖泊名称，多个河湖名称间用“，”隔开。

9）巡河里程：指时段内的巡河里程，计量单位为 km，计至三位小数。

10）巡河图片：指巡河过程中记录的图片。

11）巡河记录：指巡河内容、现象及问题的详细记录文件。

4. （管理）日巡河事件统计表

[1] 表编号：010102004

[2] 表标识：RXHSJTJB

[3] 表说明：本表为日巡河事件统计表，属管理表，存储统计区域内的日巡河事件记录信息。统计指标为巡河的人数、次数、里程等。

序号	含义	字段名	数据类型	单位	必填	主键	外键
1	行政区划代码	XZQHDM	C（10）		Y	Y	Y
2	行政区划名称	XZQHMC	C（32）				
3	日期	RQ	D（8）		Y	Y	
4	巡河人数	XHRS	N（6）	人			
5	巡河里程	XHLC	N（10，3）	km			
6	巡河条数	XHTS	N（10）	条			
7	巡河次数	XHCS	N（6）	次			
8	发现问题条数	FXWTTS	N（10）	条			
9	计划整治条数	JHZZTS	N（10）	条			
10	办结事件数	BJSJS	N（10）	件			
11	备注	BZ	C（255）				

[4] 填写说明：

1）行政区划代码：指统计的行政区划单元，引用行政区划基本信息表，精确至乡级。

2）行政区划名称：行政区划的代码对应的中文名称，由行政区划基本信息表带入。

3）日期：指数据统计日期，计至日。

4）巡河人数：指统计日内统计区总的巡河人数，计量单位为人，计至整数。

5）巡河里程：指统计日内统计区所有的巡河里程，计量单位为 km，计至三位小数。

6）巡河条数：指统计日内统计区巡查所有河流（段）条数，计量单位为条，计至整数。

7）巡河次数：指统计日内统计区所有巡河次数，计量单位为次，计至整数。

8）发现问题条数：指统计日内统计区内发现的所有问题条数，计量单位为条，计至整数。

9）计划整治条数：指统计日内统计区内计划整治的河流条数，计量单位为条，计至整数。

10）办结事件数：指统计日内统计区内办结的所有事件数，计量单位为件，计至整数。

11）备注：其他补充说明信息。

三、湖泊

1．（实体）湖泊基本信息表

[1] 表编号：010103001

[2] 表标识：HPJBXXB

[3] 表说明：描述湖泊的基本属性信息。湖泊是湖盆及其承纳的水体，湖盆是地表相对封闭可蓄水的天然洼池。湖泊按成因可分为构造湖、火山口湖、冰川湖、堰塞湖、喀斯特湖、河成湖、风成湖、海成湖和人工湖（水库）等。本表中的湖泊不包含水库。

序号	含义	字段名	数据类型	单位	必填	主键	外键
1	湖泊代码	HPDM	C（7）		Y	Y	
2	湖泊名称	HPMC	C（64）		Y		
3	行政区划代码	XZQHDM	C（10）				Y
4	流域代码	LYDM	C（10）		Y		Y
5	水资源分区代码	SZYFQDM	C（12）				Y

序号	含义	字段名	数据类型	单位	必填	主键	外键
6	中心经度	ZXJD	N（10，6）	（°）			
7	中心纬度	ZXWD	N（10，6）	（°）			
8	所在位置	SZWZ	C（64）				
9	跨界类型	KJLX	C（16）				
10	跨界情况	KJQK	C（128）				
11	水面面积	SMMJ	N（6，2）	km^2			
12	湖泊库容	HPKR	N（9，2）	$10^4 m^3$			
13	平均水深	PJSS	N（6，2）	m			
14	最大水深	ZDSS	N（6，2）	m			
15	最高蓄水位	ZGXSW	N（7，2）	m			
16	最大蓄水量	ZDXSL	N（10，2）	$10^4 m^3$			
17	最大蓄水面积	ZDXSMJ	N（10，3）	km^2			
18	正常调蓄水位	ZCTXSW	N（7，2）	m			
19	最低调蓄水位	ZDTXSW	N（7，2）	m			
20	调蓄水量	TXSL	N（10，2）	$10^4 m^3$			
21	水准基面代码	SZJMDM	C（2）				Y
22	湖泊性质代码	HPXZDM	C（1）				Y
23	单位代码	DWDM	C（18）				Y
24	备注	BZ	C（255）				

[4] 填写说明：

1）湖泊代码：湖泊的识别代码。参考《湖泊代码》（SL 261—2017）填写，未列入该标准的湖泊，参考《水利对象分类与编码总则》（SL/T 213—2020）的规定编制并填写。

2）湖泊名称：湖泊代码所代表的中文名称。

3）行政区划代码：引用行政区划基本信息表。湖泊所在行政区划代码，按最小包含原则填写。

4）流域代码：引用流域基本信息表。所处流域代码，按最小包含原则填写。

5）水资源分区代码：引用水资源分区基本信息表。湖泊所在的水资源分区代码，按最小包含原则填写。

6）中心经度：湖泊中心点的经度，采用 2000 国家大地坐标系（CGCS2000）。

7）中心纬度：湖泊中心点的纬度，采用 2000 国家大地坐标系（CGCS2000）。

8）所在位置：湖泊代表点所在地详细地址，精确到乡镇。

9）跨界类型：指该湖泊跨界类型，填写跨国并跨省、跨国、跨省、跨县或县界内。

10）跨界情况：根据“跨界类型”填写该湖泊跨界情况。若该湖泊跨国并跨省，先列出该湖泊分布的所有省级行政区名称，再列出分布的所有国家名称，各省级行政区及各国家名称间用“，”隔开，省级行政区和国家名称间用“；”隔开；若该湖泊跨国，列出其分布的所有国家名称，各国家名称间用“；”隔开；若该湖泊跨省，列出其分布的所有省级行政区名称，各省级行政区名称间用“；”隔开；若该湖泊跨县，则列出其分布的所有县名称，各县名称之间用“；”隔开；若该湖泊位于县界内，仅填写该县名称。

11）水面面积：湖泊常水位对应的水面面积，计量单位为 km^2，计至两位小数。

12）湖泊库容：湖泊常水位对应的湖泊容积，计量单位为 $10^4 m^3$，计至两位小数。

13）平均水深：多年湖泊的水深平均值，计量单位为 m，计至两位小数。

14）最大水深：湖泊的最大水深数值，计量单位为 m，计至两位小数。

15）最高蓄水位：湖泊允许的最高蓄水位，计量单位为 m，计至两位小数。

16）最大蓄水量：对应最高蓄水位下的湖泊蓄水量，计量单位为 $10^4\ m^3$，计至两位小数。

17）最大蓄水面积：对应最高蓄水位下的湖泊水面面积，计量单位为 km^2，计至三位小数。

18）正常调蓄水位：湖泊的正常调蓄水位，计量单位为 m，计至两位小数。

19）最低调蓄水位：湖泊的最低调蓄水位，计量单位为 m，计至两位小数。

20）调蓄水量：正常调蓄水位与最低调蓄水位之间的湖泊调蓄的水体总量，计量单位为 $10^4\ m^3$，计至两位小数。

21）水准基面代码：湖泊的高程基准面，取值及其含义见水准基面代码表。

22）湖泊性质代码：湖泊的咸淡水性质，取值及其含义见湖泊性质代码表。

23）单位代码：引用单位基本信息表，湖泊行政管理隶属单位的代码。

24）备注：其他补充说明信息。

四、水资源分区

1. （实体）水资源分区基本信息表

[1] 表编号：010104001

[2] 表标识：SZYFQJBXXB

[3] 表说明：水资源分区是指以流域水系为基础，尽量照顾水文地质单元，能反映水资源和其他自然条件地区差别，适当考虑行政区划且便于水资源评价和水资源规划的单元划分。本表存储水资源分区的基本属性信息。

序号	含义	字段名	数据类型	单位	必填	主键	外键
1	水资源分区代码	SZYFQDM	C（12）		Y	Y	
2	水资源分区名称	SZYFQMC	C（64）		Y		
3	水资源分区级别	SZYFQJB	C（6）				
4	所属水资源分区代码	SSSZYFQDM	C（12）				Y
5	水资源分区面积	SZYFQMJ	N（8，2）	km^2			
6	行政区划代码	XZQHDM	C（10）				Y
7	流域代码	LYDM	C（10）				Y
8	山丘区面积	SQQMJ	N（8，2）	km^2			
9	平原区面积	PYQMJ	N（8，2）	km^2			
10	备注	BZ	C（255）				

[4] 填写说明：

1）水资源分区代码：按《国家水资源监控能力建设项目标准——信息分类及编码规定》第 5 章执行。

2）水资源分区名称：指《国家水资源监控能力建设项目标准——信息分类及编码规定》中代码所对应的水资源分区名称。

3）水资源分区级别：水资源分区的等级，填写一级分区、二级分区和三级分区。

4）所属水资源分区代码：引用水资源分区基本信息表，填写其所属上级水资源分区代码。

5）水资源分区面积：水资源分区的面积，计量单位为 km^2，计至两位小数。

6）行政区划代码：引用行政区划基本信息表。水资源分区所属行政区划代码，按最小包含原则填写。

7）流域代码：引用流域基本信息表。水资源分区所属流域代码，按最小包含原则填写。

8）山丘区面积：水资源分区内属于山地、丘陵地区范畴的总面积，计量单位为 km^2，计至两位小数。

9）平原区面积：水资源分区内属于平原地区范畴的区域面积，计量单位为 km^2，计至两位小数。

10）备注：其他补充说明信息。

五、水功能区

1. （实体）水功能区基本信息表

[1] 表编号：010105001

[2] 表标识：SGNQJBXXB

[3] 表说明：水功能区是指根据流域或区域的水资源条件与水环境状况，考虑水资源开发利用现状和经济社会发展对水量和水质的需求，在相应水域内划定的具有特定功能的区域。本表存储水功能区的基本属性信息。

序号	含义	字段名	数据类型	单位	必填	主键	外键
1	水功能区代码	SGNQDM	C（14）		Y	Y	
2	水功能区名称	SGNQMC	C（100）		Y		
3	行政区划代码	XZQHDM	C（10）				Y
4	上级水功能区代码	SJSGNQDM	C（14）				Y
5	起始断面	QSDM	C（100）				
6	终止断面	ZZDM	C（100）				
7	起始断面经度	QSDMJD	N（10，6）	（°）			
8	起始断面纬度	QSDMWD	N（10，6）	（°）			
9	终止断面经度	ZZDMJD	N（10，6）	（°）			
10	终止断面纬度	ZZDMWD	N（10，6）	（°）			
11	水功能区范围	SGNQFW	C（100）				
12	水功能区分类	SGNQFL	C（8）				
13	水功能区水体类型	SGNQSTLX	C（8）				
14	水功能区类型代码	SGNQLXDM	C（2）				Y
15	水功能区级别	SGNQJB	C（8）				
16	水功能区长度	SGNQCD	N（7，2）	km			
17	水功能区面积	SGNQMJ	N（9，2）	km^2			
18	水质目标	SZMB	C（2）				
19	埋藏条件代码	MCTJDM	C（2）				Y
20	备注	BZ	C（255）				

[4] 填写说明：

1）水功能区代码：水功能区代码，按《国家水资源监控能力建设项目标准——信息分类及编码规定》第 5 章执行。

2）水功能区名称：水功能区代码对应的中文名称。

3）行政区划代码：引用行政区划基本信息表，水功能区所属行政区代码，按最小包含原则填写。

4）上级水功能区代码：指该水功能区所属上级水功能区代码，引用本表。

5）起始断面：水功能区的起始断面名称，简要描述。

6）终止断面：水功能区的终止断面名称，简要描述。

7）起始断面经度：起始断面的经度，采用 2000 国家大地坐标系（CGCS2000）。

8）起始断面纬度：起始断面的纬度，采用 2000 国家大地坐标系（CGCS2000）。

9）终止断面经度：终止断面的经度，采用 2000 国家大地坐标系（CGCS2000）。

10）终止断面纬度：终止断面的纬度，采用 2000 国家大地坐标系（CGCS2000）。

11）水功能区范围：水功能区的范围，简要说明。

12）水功能区分类：水功能区的分类，根据水体赋存形式填写地表水功能区和地下水功能区。

13）水功能区水体类型：水功能区的水体类型，填写河道型、湖泊型或水库型。

14）水功能区类型代码：水功能区按功能划分的类型，取值及其含义见水功能区类型代码表。

15）水功能区级别：水功能区级别，填写一级区和二级区。

16）水功能区长度：河流水功能区的长度，计量单位为 km，计至两位小数。

17）水功能区面积：湖库水功能区的面积，计量单位为 km^2，计至两位小数。

18）水质目标：指水功能区确定的水质类别管理目标，“1”表示Ⅰ类水质目标，“2”表示Ⅱ类水质目标，“3”表示Ⅲ类水质目标，“4”表示Ⅳ类水质目标，“5”表示Ⅴ类水质目标，“6”表示劣Ⅴ类水质目标。

19）埋藏条件代码：若该水功能区类型为地下水功能区，填写其地下水埋藏条件代码，取值及其含义见埋藏条件分类代码表。

20）备注：其他补充说明信息。

2.（实体）水功能区界碑基本信息表

[1] 表编号：010105002

[2] 表标识：SGNQJBJBXXB

[3] 表说明：水功能区界碑是指水功能区的分界界碑，本表存储水功能区界碑基本属性信息，包括位置属性、分界属性等。

序号	含义	字段名	数据类型	单位	必填	主键	外键
1	水功能区界碑代码	SGNQJBDM	C（9）		Y	Y	
2	水功能区界碑名称	SGNQJBMC	C（100）		Y		
3	上游水功能区代码	SYSGNQDM	C（14）		Y		Y
4	上游水功能区名称	SYSGNQMC	C（100）				
5	下游水功能区代码	XYSGNQDM	C（14）		Y		Y
6	下游水功能区名称	XYSGNQMC	C（100）				
7	立碑时间	LBSJ	D（8）				
8	单位代码	DWDM	C（18）				Y
9	经度	JD	N（10，6）	（°）			
10	纬度	WD	N（10，6）	（°）			
11	备注	BZ	C（255）				

[4] 填写说明：

1）水功能区界碑代码：水功能区界碑的代码，按《国家水资源监控能力建设项目标准——信息分类及编码规定》第 5 章执行。

2）水功能区界碑名称：立碑单位给定的水功能区界碑名称。

3）上游水功能区代码：引用水功能区基本信息表，水功能区界碑所属上游水功能区代码。

4）上游水功能区名称：指上游水功能区代码对应的水功能区名称，由水功能区基本信息带入。

5）下游水功能区代码：引用水功能区基本信息表，水功能区界碑所属下游水功能区代码。

6）下游水功能区名称：指下游水功能区代码对应的水功能区名称，由水功能区基本信息带入。

7）立碑时间：立碑时间，计至日。

8）单位代码：引用单位基本信息表，指立碑单位。

9）经度：水功能区的经度，采用 2000 国家大地坐标系（CGCS2000）。

10）纬度：水功能区的纬度，采用 2000 国家大地坐标系（CGCS2000）。

11）备注：其他补充说明信息。

3. （管理）水功能区划登记表

[1] 表编号：010105003

[2] 表标识：SGNQHDJB

[3] 表说明：本表为水功能区划登记表，属管理表，存储流域机构水功能区划登记信息。

序号	含义	字段名	数据类型	单位	必填	主键	外键
1	水功能区代码	SGNQDM	C（14）		Y	Y	Y
2	水功能区名称	SGNQMC	C（100）				
3	日期	RQ	D（4）		Y	Y	
4	水体类型	STLX	C（2）				
5	所在河流名称	SZHLMC	C（50）				
6	是否列入国家重要水功能区名录	SFLRGJZYSGNQML	C（2）				
7	国家重要水功能区索引码	GJZYSGNQSYM	C（12）				
8	是否为省级政府批复水功能区	SFWSJZFPFSGNQ	C（2）				
9	河长	HC	N（7，2）	km			
10	湖泊水面面积	HPSMMJ	N（9，2）	km^2			
11	水库蓄水量	SKXSL	N（6，2）	$10^6 m^3$			
12	测站代码	CZDM	C（8）				Y
13	代表河流长度	DBHLCD	N（7，2）	km			
14	代表湖泊水面面积	DBHPSMMJ	N（7，2）	km^2			
15	代表水库蓄水量	DBSKXSL	N（6，2）	$10^6 m^3$			
16	水质类别代码	SZLBDM	C（2）				Y
17	富营养化状况	FYYHZK	C（128）				
18	备注	BZ	C（255）				

[4] 填写说明：

1）水功能区代码：所登记的水功能区代码，引用水功能区基本信息表。

2）水功能区名称：指水功能区代码所对应的水功能区名称，由水功能区基本信息带入。

3）日期：水功能区信息登记的时间信息，计至年。

4）水体类型：该水功能区的水体类型，填写河流、湖泊或水库。

5）所在河流名称：填写该水功能区所在河流或湖泊名称。

6）是否列入国家重要水功能区名录：属于《国务院关于全国重要江河湖泊水功能区划（2011—2030 年）的批复》（国函〔2011〕167 号）水功能区名录的，填写“是”，且相关其信息应与国务院名录信息保持一致。

7）国家重要水功能区索引码：若该水功能区已列入国家重要水功能区名录，填写国家重要水功能区索引码。

8）是否为省级政府批复水功能区：是否为省级政府批复水功能区，填写是或否。

9）河长：水功能区河流总长，计量单位为 km，计至两位小数。

10）湖泊水面面积：指登记年度常水位状态下水功能区总湖泊水面面积，计量单位为 km^2，计至两位小数。

11）水库蓄水量：指登记年度常水位状态下水功能区水库蓄水总量，计量单位为 $10^6 m^3$，计至两位小数。

12）测站代码：引用水质测站基本信息表，指水功能区代表水质测站代码。

13）代表河流长度：若该代表测站监测水体为河流，填写其所代表河流长度，计量单位为 km，计至两位小数。

14）代表湖泊水面面积：若该代表测站监测水体为湖泊，填写其所代表湖泊水面面积，计量单位为 km^2，计至两位小数。

15）代表水库蓄水量：若该代表测站监测水体为水库，填写其所代表水库蓄水量，计量单位为 $10^6 m^3$，计至两位小数。

16）水质类别代码：指登记年度该水功能区的水质类别代码，取值及其含义见水质类别代码表。

17）富营养化状况：指登记年度该水功能区富营养化状况。

18）备注：其他补充说明信息。

4. （管理）水功能区管理信息表

[1] 表编号：010105004

[2] 表标识：SGNQGLXXB

[3] 表说明：存储水功能区的评价信息，评价的时间单元由评价年份和该年份的评价时段确定，空间单元为水功能区，统计指标为水功能区的测站总数量、达标的数量、评价河长、达标河长、评价面积、达标面积和水质达标率等。

序号	含义	字段名	数据类型	单位	必填	主键	外键
1	水功能区代码	SGNQDM	C（14）		Y	Y	Y
2	水功能区名称	SGNQMC	C（100）				
3	评价时间	PJSJ	D（4）		Y	Y	
4	评价时段	PJSD	C（64）		Y	Y	
5	评价方法	PJFF	C（64）				
6	超标项目与倍数	CBXMYBS	C（255）				
7	水功能区测站总数	SGNQCZZS	N（2）	个			
8	水功能区达标测站个数	SGNQDBCZGS	N（2）	个			
9	水功能区总评价河长	SGNQZPJHC	N（7，2）	km			
10	水功能区达标河长	SGNQDBHC	N（7，2）	km			
11	水功能区总评价面积	SGNQZPJMJ	N（9，2）	km^2			
12	水功能区达标面积	SGNQDBMJ	N（9，2）	km^2			
13	水功能区水质达标率	SGNQSZDBL	N（8，2）	%			
14	备注	BZ	C（255）				

[4] 填写说明：

1）水功能区代码：指评价的水功能区代码，引用水功能区基本信息表。

2）水功能区名称：指水功能区代码所对应的水功能区名称，由水功能区基本信息带入。

3）评价时间：水功能区信息评价的时间，计至年。

4）评价时段：水功能区评价时段，填写全年、汛期或其他，若填写其他，需注明具体的评价时段。

5）评价方法：对水功能区进行评价的方法，根据情况填写单因子评价方法、以评价河长为权重的综合评价方法或其他评价方法（需在备注中说明）。

6）超标项目与倍数：以字符串方式描述的水质项目浓度超过标准限值的项目及其超标倍数，如主要超标项目为氨氮和 COD，其对应超标倍数为 1.2 和 1.5，则表述为“氨氮（1.2），COD（1.5）”。

7）水功能区测站总数：指水功能区内水质测站总数目，计量单位为个，计至整数。

8）水功能区达标测站个数：指水功能区内水质达到标准要求的测站数目，计量单位为个，计至整数。

9）水功能区总评价河长：指水功能区内所有测站评价河长的总和，计量单位为 km，计至两位小数。

10）水功能区达标河长：指水功能区内水质达到标准要求的测站的评价河长总数，计量单位为 km，计至两位小数。

11）水功能区总评价面积：指在湖库水质评价中，水功能区内所有测站所代表的水体表面积总和。计量单位为 km^2，计至两位小数。

12）水功能区达标面积：指在湖库水质评价中，水功能区内所有水质达到标准要求的测站的评价面积总和，计量单位为 km^2，计至两位小数。

13）水功能区水质达标率：指水功能区认证点位按各水功能区划标准监测达标的频次占各认证点位监测总频次的百分比，计量单位为%，计至两位小数。

14）备注：水功能区管理信息的补充说明。

主要参考资料

[1] 水利部. 水资源监控管理数据库表结构及标识符标准[S]：SL 380—2007，2007.

[2] 水利部. 水利对象基础数据库表结构及标识符[S]：SL/T 809—2021，2021.

[3] 水利部. 基础水文数据库表结构及标识符[S]：SL 324—2005，2005.

[4] 住房和城乡建设部，国家质量监督检验检疫总局. 水资源规划规范[S]：GB/T 51051—2014，2015.

[5] 水利部. 水资源监控管理数据库表结构及标识符标准[S]：SL 380—2007，2007.

[6] 水利部. 实时雨水情数据库表结构与标识符[S]：SL 323—2011，2011.

[7] 水利部. 水利政务信息数据库表结构及标识符[S]：SL 707—2015，2015.

[8] 水利部. 江河流域规划编制规范[S]：SL 201—97，1997.

[9] 水利部. 中国河流代码[S]：SL 249—2012，2012.

[10] 水利部. 湖泊代码[S]：SL 261—2017，2017.

[11] 水利部. 水利对象分类与编码总则[S]：SL/T 2013—2020，2020.

[12] 水利部. 水利空间数据交换协议[S]：SL/T 797—2020，2020.

[13] 水利部. 水利空间要素数据字典[S]：SL 729—2016，2016.

[14] 水利部. 水质数据库表结构及标识符[S]：SL 325—2014，2014.

第二节 水文

水文循环指地球上的水分通过蒸发、水汽输送、降水、截流、下渗、渗透、径流、土壤或水体中蓄积等过程不断转化、迁移的现象。太阳辐射使水从海洋表面、陆地表面或植物表面等蒸散发变为水汽，成为大气的一部分，即蒸发。在气压差的作用下，水汽随着气流从一个地区被输送至另一个地区，或由低空输送至高空，即水汽输送。进入大气的水汽在适当条件下凝结，并在重力的作用下以雨、雪和冰雹等形态降落，即降水。降水在下落过程中一部分蒸发并返回大气，另一部分经植物截留、下渗、填洼及地面滞留后，通过不同途径形成地表径流、壤中流和地下径流，即径流。因此，本节围绕水文自然循环设置了蒸发、水汽输送、降水、径流 4 个部分，共整理 88 张表，887 个字段。水文自然循环实体关系如图 1-2 所示。

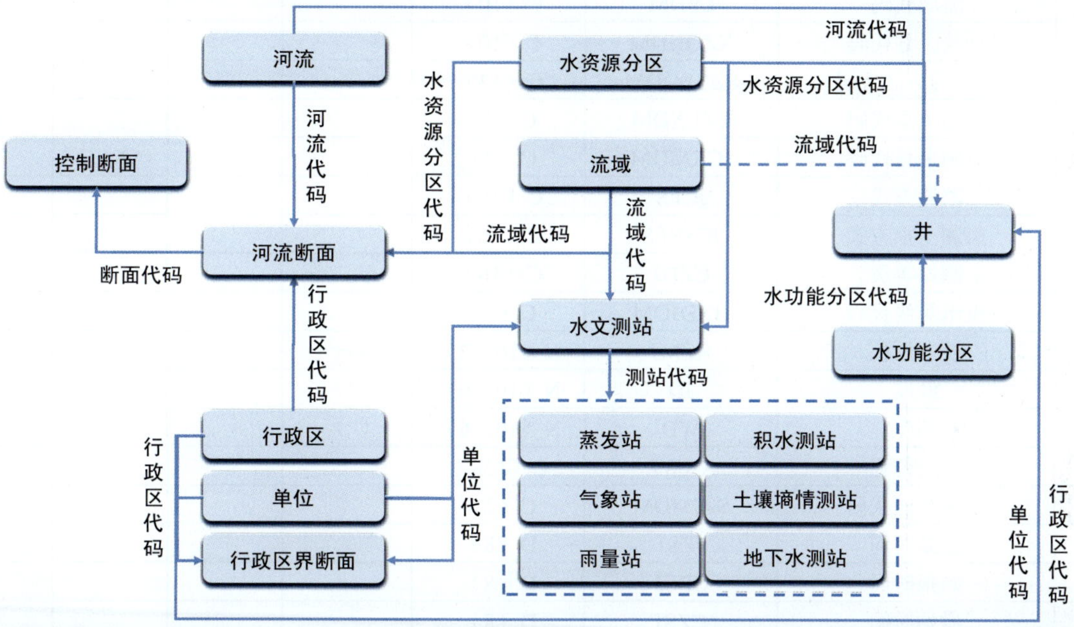

图 1-2 水文自然循环实体关系

一、蒸发

（一）蒸发监测

1. （实体）水文测站基本信息表

[1] 表编号：010201001

[2] 表标识：SWCZJBXXB

[3] 表说明：指为收集水文数据和用水计量而在河、渠、湖、库上或流域内设立的各种观测场所的总称，如蒸发测站、气象测站、雨量测站、水文水质测站、地下水测站、墒情测站、积水测站以及各行业用水观测仪器设备等。本表存储水文测站相关的基本属性信息。

序号	含义	字段名	数据类型	单位	必填	主键	外键
1	测站代码	CZDM	C（8）		Y	Y	
2	测站名称	CZMC	C（30）		Y		
3	流域代码	LYDM	C（10）				Y
4	行政区划代码	XZQHDM	C（10）				Y
5	水资源分区代码	SZYFQDM	C（12）				Y
6	测站类型代码	CZLXDM	C（2）				Y
7	监测项目代码	JCXMDM	C（2）				Y
8	监测方式	JCFS	C（16）				
9	监测上报方式	JCSBFS	C（16）				
10	测站等级	CZDJ	C（16）				
11	报汛等级代码	BXDJDM	C（2）				Y
12	控制面积	KZMJ	N（10，2）	km^2			
13	经度	JD	N（10，6）	（°）			
14	纬度	WD	N（10，6）	（°）			
15	详细位置	XXWZ	C（128）				
16	水准基面代码	SZJMDM	C（2）				Y
17	建站时间	JZSJ	D（8）				
18	始报时间	SBSJ	D（8）				
19	撤站时间	CZSJ	D（8）				
20	单位代码	DWDM	C（18）				Y
21	备注	BZ	C（255）				

[4] 填写说明：

1）测站代码：是由全国统一编制的，用于标识涉及报送降水、蒸发、河道、水库、闸坝、泵站、潮汐、沙情、冰情、墒情、地下水、水文预报等信息的各类测站的站码。测站代码具有唯一性，由数字和大写字母组成的 8 位字符串，按《全国水文测站编码》执行。

2）测站名称：测站代码所代表测站的中文名称。

3）流域代码：指该测站所在流域，引用流域基本信息表，精确至五级流域。

4）行政区划代码：该测站所在行政区划代码，引用行政区划基本信息表，精确至县级以下。

5）水资源分区代码：指该测站所在的水资源分区代码，引用水资源分区基本信息表，精确至三级区。

6）测站类型代码：指水文测站的类型，本字段参考《实时雨水情数据库表结构与标识符》（SL 323—

2011），增加了“地面沉降量测站”“水质站”和“其他测站”等类型，取值及其含义见测站类型代码表。

7）监测项目代码：指该测站监测的项目类型代码，取值及其含义见水文站监测项目代码表。当该测站监测多类项目时，各项目代码之间用“，”隔开。

8）监测方式：指测站的监测方式，填写驻测、巡测或驻测与巡测相结合。

9）监测上报方式：指测站的监测上报方式，填写自动、人工或自动人工相结合。

10）测站等级：水文测站的重要性等级标志，填写国家重要站、省级重要站、一般站或未规定等级。

11）报汛等级代码：指测站报汛的级别代码，取值及其含义见报汛级别代码表。

12）控制面积：指该水文测站的控制面积，计量单位为 km^2，计至两位小数。

13）经度：测站的经度，采用 2000 国家大地坐标系（CGCS2000）。

14）纬度：测站的纬度，采用 2000 国家大地坐标系（CGCS2000）。

15）详细位置：该测站位置的详细描述。

16）水准基面代码：测站的高程基准面，其取值及其含义见水准基面代码表。

17）建站时间：测站完成建站的时间，计至日。

18）始报时间：测站监测数据开始上报的时间，计至日。

19）撤站时间：测站撤销的时间，计至日。

20）单位代码：测站的行政隶属单位的涉水组织机构代码，引用单位基本信息表。

21）备注：其他补充说明信息。

2. （实体）蒸发站基本信息表

[1] 表编号：010201002

[2] 表标识：ZFZJBXXB

[3] 表说明：蒸发站指主要观测水面蒸发和陆面蒸发相关要素的观测站。本表存储蒸发测站在水文测站基本信息表基础上的扩展信息，包括蒸发器的类型属性和蒸发观测场情况等。

序号	含义	字段名	数据类型	单位	必填	主键	外键
1	测站代码	CZDM	C（8）		Y	Y	Y
2	测站名称	CZMC	C（30）		Y		
3	蒸发监测类型	ZFJCLX	C（4）				
4	蒸发器类型	ZFQLX	C（2）				Y
5	蒸发器距观测面高度	ZFQJGCMGD	N（5，2）	m			
6	观测场气候特征	GCCQHTZ	C（128）				
7	观测场周围障碍物	GCCZWZAW	C（128）				
8	观测场面积	GCCMJ	N（5，2）	m^2			
9	备注	BZ	C（255）				

[4] 填写说明：

1）测站代码：指该蒸发站的代码，引用水文测站基本信息表。

2）测站名称：测站代码所代表测站的中文名称，由水文测站基本信息表带入。

3）蒸发监测类型：指蒸发监测的类型，包括地面蒸发和水面蒸发。

4）蒸发器类型：引用蒸发器类型代码表。填写蒸发器类型代码，取值及其含义见蒸发器类型代码表。

5）蒸发器距观测面高度：指蒸发器距离水面或地面的高度，计量单位为 m，计至两位小数。

6）观测场气候特征：观测场气候特征的简单描述。

7）观测场周围障碍物：观测场周围障碍物描述。

8）观测场面积：观测场的面积，计量单位为 m^2，计至两位小数。

9）备注：关于该测站的其他补充说明信息。

3. （实体）气象站基本信息表

[1] 表编号：010201003

[2] 表标识：QXZJBXXB

[3] 表说明：气象站指主要观测气象要素的观测站。本表存储气象站在水文测站基本信息表基础上的扩展信息，包括气象站的类型属性、监测指标、气象观测场情况等。

序号	含义	字段名	数据类型	单位	必填	主键	外键
1	测站代码	CZDM	C（8）		Y	Y	Y
2	测站名称	CZMC	C（30）		Y		
3	观测场周围障碍物	GCCZWZAW	C（128）				
4	观测场面积	GCCMJ	N（5，2）	m^2			
5	气象站类别	QXZLB	C（16）				
6	监测指标项	JCZBX	C（128）				
7	备注	BZ	C（255）				

[4] 填写说明：

1）测站代码：指该气象站的代码，引用水文测站基本信息表。

2）测站名称：测站代码所代表测站的中文名称，由水文测站基本信息表带入。

3）观测场周围障碍物：观测场周围障碍物情况的简单描述。

4）观测场面积：观测场的面积，计量单位为 m^2，计至两位小数。

5）气象站类别：指气象站的类别，根据气象站承担的观测业务属性和作用填写国家基准气象站、国家基本气象站和国家一般气象站。

6）监测指标项：指该气象站的监测指标项，当指标项为多个时，项目之间用“，”隔开。

7）备注：关于该测站的其他补充说明信息。

4. （监测）地面蒸发信息表

[1] 表编号：010201004

[2] 表标识：DMZFXXB

[3] 表说明：本表为地面蒸发信息表，属监测表，监测指标为地面蒸发量，存储地面蒸发量实时监测数据。

序号	含义	字段名	数据类型	单位	必填	主键	外键
1	测站代码	CZDM	C（8）		Y	Y	Y
2	测站名称	CZMC	C（30）				
3	时间	SJ	T（14）		Y	Y	
4	蒸发量	ZFL	N（6，1）	mm			

[4] 填写说明：

1）测站代码：引用蒸发站基本信息表。

2）测站名称：测站代码所代表测站的中文名称，由蒸发站基本信息表带入。

3）时间：观测时间，计至秒。

4）蒸发量：本次观测时间至上次观测时间时段测得的蒸发量，计量单位为 mm，计至一位小数。

5. （监测）水面蒸发信息表

[1] 表编号：010201005

[2] 表标识：SMZFXXB

[3] 表说明：本表为水面蒸发信息表，属监测表，监测指标为水面蒸发量，存储水面蒸发量实时监测数据。

序号	含义	字段名	数据类型	单位	必填	主键	外键
1	测站代码	CZDM	C（8）		Y	Y	Y
2	测站名称	CZMC	C（30）				
3	时间	SJ	T（14）		Y	Y	
4	水面蒸发量	SMZFL	N（6，1）	mm			
5	是否为冰期	SFWBQ	C（2）				

[4] 填写说明：

1）测站代码：引用蒸发站基本信息表。

2）测站名称：测站代码所代表测站的中文名称，由蒸发站基本信息表带入。

3）时间：观测时间，计至秒。

4）水面蒸发量：本次观测时间至上次观测时间时段的累计蒸发量，计量单位为 mm，计至一位小数。

5）是否为冰期：指观测水面是否处于封冻状态。填写是或者否。

6. （监测）0 cm 地温信息表

[1] 表编号：010201006

[2] 表标识：LMDWXXB0

[3] 表说明：本表为 0 cm 地温信息表，属监测表，监测指标为地表温度，存储地表温度实时监测数据。

序号	含义	字段名	数据类型	单位	必填	主键	外键
1	测站代码	CZDM	C（8）		Y	Y	Y
2	测站名称	CZMC	C（30）				
3	时间	SJ	T（14）		Y	Y	
4	地温	DW	N（5，2）	℃			

[4] 填写说明：

1）测站代码：引用气象站基本信息表。

2）测站名称：测站代码所代表测站的中文名称，由气象站基本信息表带入。

3）时间：观测时间，计至秒。

4）地温：观测时间地表气温，计量单位为℃，计至两位小数。

7. （监测）水面水温表

[1] 表编号：010201007

[2] 表标识：SMSWB

[3] 表说明：本表为水面水温表，属监测表，监测指标为水面水温，存储水面的水温实时监测信息。

序号	含义	字段名	数据类型	单位	必填	主键	外键
1	测站代码	CZDM	C（8）		Y	Y	Y
2	测站名称	CZMC	C（30）				

序号	含义	字段名	数据类型	单位	必填	主键	外键
3	时间	SJ	T（14）		Y	Y	
4	水温	SW	N（6，2）	℃			

[4] 填写说明：

1）测站代码：引用气象站基本信息表。

2）测站名称：测站代码所代表测站的中文名称，由气象站基本信息表带入。

3）时间：观测时间，计至秒。

4）水温：指观测日测站所监测水体的温度，计量单位为℃，计至两位小数。

8．（监测）风向风速信息表

[1] 表编号：010201008

[2] 表标识：FXFSXXB

[3] 表说明：本表为风向风速信息表，属监测表，监测指标为风向、风速、风力、风浪，存储风向、风速、风力、风浪实时监测信息。

序号	含义	字段名	数据类型	单位	必填	主键	外键
1	测站代码	CZDM	C（8）		Y	Y	Y
2	测站名称	CZMC	C（30）				
3	时间	SJ	T（14）		Y	Y	
4	风速	FS	N（7，3）	m/s			
5	风力等级代码	FLDJDM	C（2）				Y
6	风向代码	FXDM	C（1）				Y
7	浪高	LG	N（6，2）	m			

[4] 填写说明：

1）测站代码：引用气象站基本信息表。

2）测站名称：测站代码所代表测站的中文名称，由气象站基本信息表带入。

3）时间：观测时间，计至秒。

4）风速：观测得到的风速值，计量单位为 m/s，计至三位小数。

5）风力等级代码：观测得到的风力等级，风力等级的计量标准为蒲福氏风力计，取值为 1～12，取值及其含义见风力等级代码表。

6）风向代码：观测得到的风吹来的方向，分别用 8 个数字来代表 8 个不同的方向，取值及其含义见风向代码表。

7）浪高：测站观测得到的风浪浪高，计量单位为 m，计至两位小数。

9．（监测）相对湿度信息表

[1] 表编号：010201009

[2] 表标识：XDSDXXB

[3] 表说明：本表为相对湿度信息表，属监测表，监测指标为相对湿度，存储空气相对湿度实时数据信息。

序号	含义	字段名	数据类型	单位	必填	主键	外键
1	测站代码	CZDM	C（8）		Y	Y	Y
2	测站名称	CZMC	C（30）				

序号	含义	字段名	数据类型	单位	必填	主键	外键
3	时间	SJ	T（14）		Y	Y	
4	相对湿度	XDSD	N（6，2）	%			

[4] 填写说明：

1）测站代码：引用气象站基本信息表。

2）测站名称：测站代码所代表测站的中文名称，由气象站基本信息表带入。

3）时间：观测时间，计至秒。

4）相对湿度：观测得到的空气相对湿度，计量单位为%，计至两位小数。

10. （监测）日照时数信息表

[1] 表编号：010201010

[2] 表标识：RZSSXXB

[3] 表说明：本表为日照时数信息表，属监测表，监测指标为日照时数，存储每日的日照时数信息。

序号	含义	字段名	数据类型	单位	必填	主键	外键
1	测站代码	CZDM	C（8）		Y	Y	Y
2	测站名称	CZMC	C（30）				
3	日期	RQ	D（8）		Y	Y	
4	日照时数	RZSS	N（4，2）	h			

[4] 填写说明：

1）测站代码：引用气象站基本信息表。

2）测站名称：测站代码所代表测站的中文名称，由气象站基本信息表带入。

3）日期：观测日期，计至日。

4）日照时数：观测日日照时间长度，计量单位为 h，计至两位小数。

（二）蒸发统计

1. （管理）日蒸发量统计表

[1] 表编号：010201011

[2] 表标识：RZFLTJB

[3] 表说明：本表为日蒸发量统计表，属管理表，存储测站列报的日蒸发量统计信息。统计的时间单元为日，空间单元为测站，统计指标为蒸发量。

序号	含义	字段名	数据类型	单位	必填	主键	外键
1	测站代码	CZDM	C（8）		Y	Y	Y
2	测站名称	CZMC	C（30）				
3	日期	RQ	D（8）		Y	Y	
4	蒸发器类型	ZFQLX	C（10）				
5	蒸发监测类型	ZFJCLX	C（10）				
6	日蒸发量	RZFL	N（6，2）	mm			

[4] 填写说明：

1）测站代码：引用蒸发站基本信息表。

2）测站名称：测站代码所代表测站的中文名称，由蒸发站基本信息表带入。

3）日期：数据统计日期，计至日。

4）蒸发器类型：观测蒸发量所使用的蒸发器类型，包括大型蒸发器和小型蒸发器。

5）蒸发监测类型：蒸发量统计的类型信息，包括地面蒸发和水面蒸发。

6）日蒸发量：观测日所统计的日蒸发量，计量单位为 mm，计至两位小数。

2. （管理）月蒸发量统计表

[1] 表编号：010201012

[2] 表标识：YZFLTJB

[3] 表说明：本表为月蒸发量统计表，属管理表，存储测站列报的月蒸发量统计信息。统计的时间单元为月，空间单元为测站，统计指标为蒸发量。

序号	含义	字段名	数据类型	单位	必填	主键	外键
1	测站代码	CZDM	C（8）		Y	Y	Y
2	测站名称	CZMC	C（30）				
3	日期	RQ	D（6）		Y	Y	
4	蒸发器类型	ZFQLX	C（10）				
5	蒸发监测类型	ZFJCLX	C（10）				
6	月蒸发量	YZFL	N（6，2）	mm			

[4] 填写说明：

1）测站代码：引用蒸发站基本信息表。

2）测站名称：测站代码所代表测站的中文名称，由蒸发站基本信息表带入。

3）日期：统计日期，计至月。

4）蒸发器类型：观测蒸发量所使用的蒸发器类型，包括大型蒸发器和小型蒸发器。

5）蒸发监测类型：蒸发量统计的类型信息，包括地面蒸发和水面蒸发。

6）月蒸发量：统计月统计得的月蒸发量，计量单位为 mm，计至两位小数。

3. （管理）年蒸发量统计表

[1] 表编号：010201013

[2] 表标识：NZFLTJB

[3] 表说明：本表为年蒸发量统计表，属管理表，存储测站列报的年蒸发量统计信息。统计的时间单元为年，空间单元为测站，统计指标为蒸发量。

序号	含义	字段名	数据类型	单位	必填	主键	外键
1	测站代码	CZDM	C（8）		Y	Y	Y
2	测站名称	CZMC	C（30）				
3	日期	RQ	D（4）		Y	Y	
4	蒸发器类型	ZFQLX	C（10）				
5	蒸发监测类型	ZFJCLX	C（10）				
6	年蒸发量	NZFL	N（6，2）	mm			

[4] 填写说明：

1）测站代码：引用蒸发站基本信息表。

2）测站名称：测站代码所代表测站的中文名称，由蒸发站基本信息表带入。

3）日期：统计日期，计至年。

4）蒸发器类型：观测蒸发量所使用的蒸发器类型，包括大型蒸发器和小型蒸发器。

5）蒸发监测类型：蒸发量统计的类型信息，包括地面蒸发和水面蒸发。

6）年蒸发量：统计年统计得的年蒸发量，计量单位为 mm，计至两位小数。

4．（管理）日气象信息表

[1] 表编号：010201014

[2] 表标识：RQXXXB

[3] 表说明：本表为日气象信息表，属管理表，存储测站列报的日气象数据统计信息。统计的时间单元为日，空间单元为测站，统计指标为气温、湿度、风速、日照相关特征值。

序号	含义	字段名	数据类型	单位	必填	主键	外键
1	测站代码	CZDM	C（8）		Y	Y	Y
2	测站名称	CZMC	C（30）				
3	日期	RQ	D（8）		Y	Y	
4	日平均气温	RPJQW	N（5，2）	℃			
5	日最高气温	RZGQW	N（5，2）	℃			
6	日平均湿度	RPJSD	N（4，1）	%			
7	日最大湿度	RZDSD	N（4，1）	%			
8	平均风速	PJFS	N（7，3）	m/s			
9	最大风速	ZDFS	N（7，3）	m/s			
10	最大风速的风向代码	ZDFSDFXDM	C（1）				Y
11	极大风速	JDFS	N（7，3）	m/s			
12	极大风速的风向代码	JDFSDFXDM	C（1）				Y
13	日照时数	RZSS	N（5，2）	h			

[4] 填写说明：

1）测站代码：引用气象站基本信息表。

2）测站名称：测站代码所代表测站的中文名称，由气象站基本信息表带入。

3）日期：观测日的时间，以 8：00 为日分界的日期，观测日的 8：00 至下一日 8：00 为一个周期，计至日。

4）日平均气温：观测日的平均气温，计量单位为℃，计至两位小数。

5）日最高气温：观测日的最高气温，计量单位为℃，计至两位小数。

6）日平均湿度：观测日空气的平均干湿程度，计量单位为%，计至一位小数。

7）日最大湿度：观测日的最大湿度，计量单位为%，计至一位小数。

8）平均风速：观测日的平均风速，计量单位为 m/s，计至三位小数。

9）最大风速：观测日的最大风速，指在给定时段内的 10 min 平均风速的最大值。计量单位为 m/s，计至三位小数。

10）最大风速的风向代码：观测日最大风速的风向，取值及其含义见风向代码表。

11）极大风速：观测日的极大风速，指给定时段内的瞬时风速的最大值。计量单位为 m/s，计至三位小数。

12）极大风速的风向代码：观测日极大风速的风向，取值及其含义见风向代码表。

13）日照时数：指观测日的日照时数，计量单位为 m，计至两位小数。

5. （管理）月气象信息表

[1] 表编号：010201015

[2] 表标识：YQXXXB

[3] 表说明：本表为月气象信息表，属管理表，存储测站列报的月气象数据统计信息。统计的时间单元为月，空间单元为测站，统计指标为气温、湿度、风速、日照相关特征值。

序号	含义	字段名	数据类型	单位	必填	主键	外键
1	测站代码	CZDM	C（8）		Y	Y	Y
2	测站名称	CZMC	C（30）				
3	日期	RQ	D（6）		Y	Y	
4	月平均气温	YPJQW	N（3，1）	℃			
5	月最高气温	YZGQW	N（3，1）	℃			
6	月最高气温出现时间	YZGQWCXSJ	D（8）				
7	月平均湿度	YPJSD	N（4，1）	%			
8	月最大湿度	YZDSD	N（4，1）	%			
9	月最大湿度出现时间	YZDSDCXSJ	D（8）				
10	平均风速	PJFS	N（7，3）	m/s			
11	最大风速	ZDFS	N（7，3）	m/s			
12	最大风速的风向代码	ZDFSDFXDM	C（1）				Y
13	极大风速	JDFS	N（7，3）	m/s			
14	极大风速的风向代码	JDFSDFXDM	C（1）				Y
15	日照时数	RZSS	N（5，2）	h			

[4] 填写说明：

1）测站代码：引用气象站基本信息表。

2）测站名称：测站代码所代表测站的中文名称，由气象站基本信息表带入。

3）日期：观测月的时间，以每月 1 日为月分界的日期，观测月的 1 日 8：00 至下月的 1 日 8：00 为一个周期，计至月。

4）月平均气温：观测月的平均气温，计量单位为℃，计至一位小数。

5）月最高气温：观测月最高的日平均气温，计量单位为℃，计至一位小数。

6）月最高气温出现时间：观测月最高的日平均气温初现时间，计至日。

7）月平均湿度：观测月空气的平均干湿程度，计量单位为%，计至一位小数。

8）月最大湿度：观测月最大的日平均湿度，计量单位为%，计至一位小数。

9）月最大湿度出现时间：观测月最大的日平均湿度初现时间，计至日。

10）平均风速：观测月的平均风速，计量单位为 m/s，计至三位小数。

11）最大风速：观测月的最大风速，计量单位为 m/s，计至三位小数。

12）最大风速的风向代码：观测月最大风速的风向，取值及其含义见风向代码表。

13）极大风速：观测月的极大风速，计量单位为 m/s，计至三位小数。

14）极大风速的风向代码：观测月极大风速的风向，取值及其含义见风向代码表。

15）日照时数：指观测月的日照时数，计量单位为 h，计至两位小数。

6. （管理）年气象信息表

[1] 表编号：010201016

[2] 表标识：NQXXXB

[3] 表说明：本表为年气象信息表，属管理表，存储测站列报的年气象数据统计信息。统计的时间单元为年，空间单元为测站，统计指标为气温、湿度、风速、日照相关特征值。

序号	含义	字段名	数据类型	单位	必填	主键	外键
1	测站代码	CZDM	C（8）		Y	Y	Y
2	测站名称	CZMC	C（30）				
3	日期	RQ	D（4）		Y	Y	
4	年平均气温	NPJQW	N（5，2）	℃			
5	年最高气温	NZGQW	N（5，2）	℃			
6	年最高气温出现时间	NZGQWCXSJ	D（8）				
7	年平均湿度	NPJSD	N（4，1）	%			
8	年最大湿度	NZDSD	N（4，1）	%			
9	年最大湿度出现时间	NZDSDCXSJ	D（8）				
10	平均风速	PJFS	N（7，3）	m/s			
11	最大风速	ZDFS	N（7，3）	m/s			
12	最大风速的风向代码	ZDFSDFXDM	C（1）				Y
13	极大风速	JDFS	N（7，3）	m/s			
14	极大风速的风向代码	JDFSDFXDM	C（1）				Y
15	日照时数	RZSS	N（8，2）	h			

[4] 填写说明：

1）测站代码：引用气象站基本信息表。

2）测站名称：测站代码所代表测站的中文名称，由气象站基本信息表带入。

3）日期：观测年的时间，以每年 1 月 1 日为年分界的日期，观测年的 1 月 1 日 8：00 至下一年的 1 月 1 日 8：00 为一个周期，计至年。

4）年平均气温：观测年的平均气温，计量单位为℃，计至两位小数。

5）年最高气温：观测年最大的月平均气温，计量单位为℃，计至两位小数。

6）年最高气温出现时间：观测年最大的月平均气温初现时间，计至日。

7）年平均湿度：观测年空气的平均干湿程度，计量单位为%，计至一位小数。

8）年最大湿度：观测年最大的月平均湿度，计量单位为%，计至一位小数。

9）年最大湿度出现时间：观测年最大的月平均湿度初现时间，计至日。

10）平均风速：观测年的平均风速，计量单位为 m/s，计至三位小数。

11）最大风速：观测年的最大风速，计量单位为 m/s，计至三位小数。

12）最大风速的风向代码：观测年最大风速的风向，取值及其含义见风向代码表。

13）极大风速：观测年的极大风速，计量单位为 m/s，计至三位小数。

14）极大风速的风向代码：观测年极大风速的风向，取值及其含义见风向代码表。

15）日照时数：指观测年的日照时数，计量单位为 h，计至两位小数。

二、水汽输送

（一）（监测）气温信息表

[1] 表编号：010202001

[2] 表标识：QWXXB

[3] 表说明：本表为气温信息表，属监测表，监测指标为气温，存储气温实时监测数据。

序号	含义	字段名	数据类型	单位	必填	主键	外键
1	测站代码	CZDM	C（8）		Y	Y	Y
2	测站名称	CZMC	C（30）				
3	时间	SJ	T（14）		Y	Y	
4	气温	QW	N（5，2）	℃			

[4] 填写说明：

1）测站代码：引用气象站基本信息表。

2）测站名称：测站代码所代表测站的中文名称，由气象站基本信息表带入。

3）时间：观测时间，计至秒。

4）气温：观测时间的气温值，计量单位为℃，计至两位小数。

（二）（监测）气压信息表

[1] 表编号：010202002

[2] 表标识：QYXXB

[3] 表说明：本表为气压信息表，属监测表，监测指标为气压，存储气压实时监测数据。

序号	含义	字段名	数据类型	单位	必填	主键	外键
1	测站代码	CZDM	C（8）		Y	Y	Y
2	测站名称	CZMC	C（30）				
3	时间	SJ	T（14）		Y	Y	
4	气压	QY	N（7，3）	Pa			

[4] 填写说明：

1）测站代码：引用气象站基本信息表。

2）测站名称：测站代码所代表测站的中文名称，由气象站基本信息表带入。

3）时间：观测时间，计至秒。

4）气压：观测时间测站测得的气压值，计量单位为 Pa，计至三位小数。

三、降水

（一）降水监测

1. （实体）雨量站基本信息表

[1] 表编号：010203001

[2] 表标识：YLZJBXXB

[3] 表说明：雨量站是指在选定的固定观测场使用雨量计（人工或自记）进行降水量观测的水文测站。本表存

储雨量站基本信息，包括雨量计的类型、监测指标、精度、频率及观测场情况等。

序号	含义	字段名	数据类型	单位	必填	主键	外键
1	测站代码	CZDM	C（8）		Y	Y	Y
2	测站名称	CZMC	C（30）		Y		
3	雨量计类型代码	YLJLXDM	C（1）				Y
4	计量精度	JLJD	C（6）				
5	监测频率	JCPL	C（16）				
6	上传频率	SCPL	C（16）				
7	上传指标项	SCZBX	C（128）				
8	观测场周围障碍物	GCCZWZAW	C（128）				
9	观测场面积	GCCMJ	N（5，2）	m^2			
10	备注	BZ	C（255）				

[4] 填写说明：

1）测站代码：指该雨量站的代码，引用水文测站基本信息表。

2）测站名称：测站代码所代表测站的中文名称，由水文测站基本信息表带入。

3）雨量计类型代码：指雨量计的类型，取值及其含义见雨量计类型代码表。

4）计量精度：根据观测场地的多年平均降雨量等因素确定。需要控制雨日地区分布变化的雨量站必须计至 0.1 mm。不需要雨日资料的雨量站，可计至 0.2 mm；多年平均降雨量大于 800 mm 地区，可计至 0.5 mm；多年平均降雨量大于 400 mm，小于 800 mm 地区，如果汛期雨强特别大，且降雨量占全年 60% 以上，亦可计至 0.5 mm。多年平均降雨量大于 800 mm 地区，可计至 1 mm。

5）监测频率：指该雨量站的数据监测频率。

6）上传频率：指该雨量站的数据上传频率。

7）上传指标项：指该雨量站监测上报的雨量指标类型，当上传多个指标项时，各指标间用“，”隔开。

8）观测场周围障碍物：观测场周围障碍物情况的简单描述。

9）观测场面积：观测场的面积，计量单位为 m^2，计至两位小数。

10）备注：其他补充说明信息。

2. （监测）雨量监测信息表

[1] 表编号：010203002

[2] 表标识：YLJCXXB

[3] 表说明：本表为雨量监测信息表，属监测表，监测指标为降雨量，存储测站列报的降雨实时监测数据。

序号	含义	字段名	数据类型	单位	必填	主键	外键
1	测站代码	CZDM	C（8）		Y	Y	Y
2	测站名称	CZMC	C（30）				
3	时间	SJ	T（14）		Y	Y	
4	当前降雨量	DQJYL	N（6，1）	mm			
5	降雨量累计值	JYLLJZ	N（6，1）	mm			
6	5 分钟时段雨量	FZSDYL5	N（6，1）	mm			

[4] 填写说明：

1）测站代码：引用雨量站基本信息表。

2）测站名称：测站代码所代表测站的中文名称，由雨量站基本信息表带入。

3）时间：指监测要素的观测时间，计至秒。

4）当前降雨量：指最近日起始时间（最近日的 8：00）开始统计至当前时刻的降雨总量，计量单位为 mm，计至一位小数。

5）降雨量累计值：指从当年 1 月 1 日 8 时至当前时刻的降雨量总值，计量单位为 mm，计至一位小数。

6）5 分钟时段雨量：指观测时间起前推 5 min 的时段降雨总累计量，计量单位为 mm，计至一位小数。

3. （监测）降雪监测信息表

[1] 表编号：010203003

[2] 表标识：JXJCXXB

[3] 表说明：本表为降雪监测信息表，属监测表，监测指标为积雪深度和积雪密度，存储测站列报的降雪实时监测数据。

序号	含义	字段名	数据类型	单位	必填	主键	外键
1	测站代码	CZDM	C（8）		Y	Y	Y
2	测站名称	CZMC	C（30）				
3	时间	SJ	T（14）		Y	Y	
4	积雪深度	JXSD	N（3）	cm			
5	积雪密度	JXMD	N（3，2）	g/cm^3			

[4] 填写说明：

1）测站代码：引用水文测站基本信息表。

2）测站名称：测站代码所代表测站的中文名称，由水文测站基本信息表带入。

3）时间：测验积雪情况的时间，计至秒。

4）积雪深度：地面积雪的厚度，计量单位为 cm，计至整数。

5）积雪密度：地面积雪的密度，计量单位为 g/cm^3，计至两位小数。

4. （监测）冰雹监测信息表

[1] 表编号：010203004

[2] 表标识：BBJCXXB

[3] 表说明：本表为冰雹监测信息表，属监测表，监测指标为冰雹粒径和降雹历时，存储测站列报的冰雹基础监测数据。

序号	含义	字段名	数据类型	单位	必填	主键	外键
1	测站代码	CZDM	C（8）		Y	Y	Y
2	测站名称	CZMC	C（30）				
3	时间	SJ	T（14）		Y	Y	
4	雹粒直径	BLZJ	N（3）	mm			
5	降雹历时	JBLS	N（5，2）	h			

[4] 填写说明：

1）测站代码：引用水文测站基本信息表。

2）测站名称：测站代码所代表测站的中文名称，由水文测站基本信息表带入。

3）时间：冰雹停止的时间，计至秒。

4）雹粒直径：目估或测量冰雹雹粒直径，计量单位为 mm，计至整数。

5）降雹历时：降雹的持续时间，计量单位为 h，计至两位小数。

（二）降水统计

1. （管理）降水过程统计表

[1] 表编号：010203005

[2] 表标识：JSGCTJB

[3] 表说明：本表为降水过程统计表，属管理表，存储摘录的降水过程和典型降水过程信息，强调降水过程，中间无降水间断。统计的时间单元为时段，通过“降水开始时间”和“降水结束时间”确定，统计的空间单元为测站，统计指标为降雨过程。

序号	含义	字段名	数据类型	单位	必填	主键	外键
1	测站代码	CZDM	C（8）		Y	Y	Y
2	测站名称	CZMC	C（30）				
3	降水开始时间	JSKSSJ	T（14）		Y	Y	
4	降水结束时间	JSJSSJ	T（14）		Y	Y	
5	降水笼罩范围	JSLZFW	C（128）				
6	降水笼罩面积	JSLZMJ	N（10，4）	km^2			
7	降水总量	JSZL	N（9，4）	$10^4 m^3$			

[4] 填写说明：

1）测站代码：降水统计的空间单元，引用水文测站基本信息表。

2）测站名称：测站代码所代表测站的中文名称，由水文测站基本信息表带入。

3）降水开始时间：描述的降水过程开始的时间，计至秒。

4）降水结束时间：描述的降水过程结束的时间，计至秒。

5）降水笼罩范围：降水全过程的降水所覆盖的区域的行政区的中文名称。

6）降水笼罩面积：降水全过程的降水所笼罩的面积，计量单位为 km^2，计至四位小数。

7）降水总量：降水全过程降水覆盖范围内的降水总量，计量单位为 $10^4 m^3$，计至四位小数。

2. （管理）时段降水量统计表

[1] 表编号：010203006

[2] 表标识：SDJSLTJB

[3] 表说明：本表为时段降水量统计表，属管理表，存储时段降水过程数据，强调时段过程。统计的时间单元为时段，通过“开始时间”和“结束时间”确定，统计的空间单元为测站，统计指标为降水量。

序号	含义	字段名	数据类型	单位	必填	主键	外键
1	测站代码	CZDM	C（8）		Y	Y	Y
2	测站名称	CZMC	C（30）				
3	开始时间	KSSJ	T（14）		Y	Y	
4	结束时间	JSSJ	T（14）		Y	Y	
5	时段水量	SDSL	N（6，1）	mm			

[4] 填写说明：

1）测站代码：降水统计的空间单元，引用水文测站基本信息表。

2）测站名称：测站代码所代表测站的中文名称，由水文测站基本信息表带入。

3）开始时间：时段水量开始的时间，计至秒。

4）结束时间：时段水量结束的时间，计至秒。

5）时段水量：开始时间至结束时间的降水量累计值，计量单位为 mm，计至一位小数。

3. （管理）人工降水量表

[1] 表编号：010203007

[2] 表标识：RGJSLB

[3] 表说明：本表为人工降水量表，属管理表，存储人工填报的降水量信息。统计的时间单元为时段，通过“时间”和时段长确定，统计的空间单元为测站，统计指标为降水量。

序号	含义	字段名	数据类型	单位	必填	主键	外键
1	测站代码	CZDM	C（8）		Y	Y	Y
2	测站名称	CZMC	C（30）				
3	时间	SJ	T（12）		Y	Y	
4	时段长	SDC	N（4，1）	h	Y	Y	
5	降水历时	JSLS	N（4，1）	h			
6	时段降水量	SDJSL	N（5，1）	mm			
7	日降水量	RJSL	N（5，1）	mm			
8	天气状况	TQZK	C（16）				

[4] 填写说明：

1）测站代码：指人工填报降水数据统计的空间单元，引用水文测站基本信息表。

2）测站名称：测站代码所代表测站的中文名称，由水文测站基本信息表带入。

3）时间：指统计起始时间，计至分。

4）时段长：指统计的时段长，计量单位为 h，计至一位小数。

5）降水历时：指统计时段内有降水的时段长，计量单位为 h，计至一位小数。

6）时段降水量：指统计时段内的累计降水量，计量单位为 mm，计至一位小数。

7）日降水量：指统计日的累计降水量，计量单位为 mm，计至一位小数。

8）天气状况：指统计时段末的天气状况描述。

4. （管理）小时降水量统计表

[1] 表编号：010203008

[2] 表标识：XSJSLTJB

[3] 表说明：本表为小时降水量统计表，属管理表，存储雨量站以小时为单位的时间序列数据。统计的时间单元为小时，空间单元为测站，统计指标为降水量。

序号	含义	字段名	数据类型	单位	必填	主键	外键
1	测站代码	CZDM	C（8）		Y	Y	Y
2	测站名称	CZMC	C（30）				
3	时间	SJ	T（10）		Y	Y	
4	小时水量	XSSL	N（6，1）	mm			

[4] 填写说明：

1）测站代码：降水统计的空间单元，引用水文测站基本信息表。

2）测站名称：测站代码所代表测站的中文名称，由水文测站基本信息表带入。

3）时间：降水量统计的起始时间，计至时。

4）小时水量：小时内降水量累计值。记录时间点前一个小时时段降水量累计值，计量单位为 mm，计至一位小数。

5. （管理）日降水量统计表

[1] 表编号：010203009

[2] 表标识：RJSLTJB

[3] 表说明：本表为日降水量统计表，属管理表，存储雨量站以日为单位的时间序列数据。统计的时间单元为日，空间单元为测站，统计指标为降水量。

序号	含义	字段名	数据类型	单位	必填	主键	外键
1	测站代码	CZDM	C（8）		Y	Y	Y
2	测站名称	CZMC	C（30）				
3	日期	RQ	D（8）		Y	Y	
4	日降水量	RJSL	N（6，1）	mm			
5	降水时段长	JSSDC	N（4）	min			
6	最大小时降水量	ZDXSJSL	N（6，1）	mm			
7	最大小时降水量发生时间	ZDXSJSLFSSJ	T（10）				

[4] 填写说明：

1）测站代码：降水统计的空间单元，引用水文测站基本信息表。

2）测站名称：测站代码所代表测站的中文名称，由水文测站基本信息表带入。

3）日期：观测日的时间，以 8：00 为日分界的日期，观测日的 8：00 至下一日 8：00 为一个周期，计至日。

4）日降水量：日内 24 小时降水量累计值，计量单位为 mm，计至一位小数。

5）降水时段长：日内有降水的时段长总和，计量单位为 min。

6）最大小时降水量：日内小时降水量的最大值，计量单位为 mm，计至一位小数。

7）最大小时降水量发生时间：指日内最大小时降水量初现时刻对应的时间，计至小时。

6. （管理）旬月降水量统计表

[1] 表编号：010203010

[2] 表标识：XYJSLTJB

[3] 表说明：本表为旬月降水量统计表，属管理表，存储雨量站以月为单位的时间序列数据。统计的时间单元为月，空间单元为测站，统计指标为降水量。

序号	含义	字段名	数据类型	单位	必填	主键	外键
1	测站代码	CZDM	C（8）		Y	Y	Y
2	测站名称	CZMC	C（30）				
3	日期	RQ	D（6）		Y	Y	
4	统计时段标志	TJSDBZ	C（6）		Y	Y	
5	降水量	JSL	N（6，1）	mm			
6	降水日数	JSRS	N（2）	d			
7	最大日降水量	ZDRJSL	N（6，1）	mm			
8	最大日降水量出现日期	ZDRJSLCXRQ	D（8）				

[4] 填写说明：

1）测站代码：降水统计的空间单元，引用水文测站基本信息表。

2）测站名称：测站代码所代表测站的中文名称，由水文测站基本信息表带入。

3）日期：观测月的时间，以每月 1 日为月分界的日期，观测月的 1 日 8：00 至下月的 1 日 8：00 为一个周期，计至月。

4）统计时段标志：指旬月统计时段标志，填写上旬、中旬、下旬、全月。

5）降水量：月内各日降水量之和，计量单位为 mm，计至一位小数。

6）降水日数：月内有降水的日数，计量单位为 d，计至整数。

7）最大日降水量：月内各日降水量的最大值，计量单位为 mm，计至一位小数。

8）最大日降水量出现日期：月内降水量最大值初现时刻对应日的日期，计至日。

7. （管理）年降水量统计表

[1] 表编号：010203011

[2] 表标识：NJSLTJB

[3] 表说明：本表为年降水量统计表，属管理表，存储雨量站以年为单位的时间序列数据。统计的时间单元为年，空间单元为测站，统计指标为降水量。

序号	含义	字段名	数据类型	单位	必填	主键	外键
1	测站代码	CZDM	C（8）		Y	Y	Y
2	测站名称	CZMC	C（30）				
3	日期	RQ	D（4）		Y	Y	
4	年降水量	NJSL	N（6，1）	mm			
5	降水日数	JSRS	N（2）				
6	最大日降水量	ZDRJSL	N（6，1）	mm			
7	最大日降水量出现日期	ZDRJSLCXRQ	D（8）				
8	最大月降水量	ZDYJSL	N（6，1）	mm			
9	最大月降水量出现月份	ZDYJSLCXYF	D（6）				

[4] 填写说明：

1）测站代码：降水统计的空间单元，引用水文测站基本信息表。

2）测站名称：测站代码所代表测站的中文名称，由水文测站基本信息表带入。

3）日期：观测年的时间，以每年 1 月 1 日为年分界的日期，观测年的 1 月 1 日 8：00 至下一年的 1 月 1 日 8：00 为一个周期，计至年。

4）年降水量：年内各月降水量之和，计量单位为 mm，计至一位小数。

5）降水日数：年内有降水的日数。

6）最大日降水量：年内日降水量的最大值，计量单位为 mm，计至一位小数。

7）最大日降水量出现日期：年内日降水量最大值初现时刻对应日的日期。

8）最大月降水量：年内月降水量的最大值，计量单位为 mm，计至一位小数。

9）最大月降水量出现月份：指年内月降水量的最大值初现时刻对应的月份。

（三）洪水预警

1. （管理）暴雨监测信息表

[1] 表编号：010203012

[2] 表标识：BYJCXXB

[3] 表说明：存储测站的短历时暴雨加报信息。暴雨是指短时间内产生较强降雨（24 h 降雨量≥50 mm）的天气现象（中国气象局，2018），暴雨预警是气象部门通过气象监测在暴雨到来之前作出的预警信号，暴雨预警信号分四级，分别以蓝色、黄色、橙色、红色表示。在中国大陆，红色暴雨预警信号为最高级，表示在刚过去的 3 h 内本地部分地区降雨量已达 100 mm 以上，且雨势可能持续。

序号	含义	字段名	数据类型	单位	必填	主键	外键
1	测站代码	CZDM	C（8）		Y	Y	Y
2	测站名称	CZMC	C（30）				
3	时间	SJ	T（14）		Y	Y	
4	暴雨历时	BYLS	N（5，2）	h	Y	Y	
5	暴雨量	BYL	N（4，1）	mm			
6	天气状况	TQZK	C（6）				

[4] 填写说明：

1）测站代码：监测该暴雨的主要测站的代码，引用雨量站基本信息表。

2）测站名称：测站代码所代表测站的中文名称，由雨量站基本信息表带入。

3）时间：加报的暴雨量开始时间，计至秒。

4）暴雨历时：加报的暴雨持续时间，计量单位为 h，计至两位小数。

5）暴雨量：暴雨加报的降水量，计量单位为 mm，计至一位小数。

6）天气状况：加报的暴雨截止时间的天气情况，填写雪、雨夹雪、雨、阴、晴或其他。

2. （管理）暴雨笼罩面积表

[1] 表编号：010203013

[2] 表标识：BYLZMJB

[3] 表说明：本表为暴雨笼罩面积表，属管理表，存储不同历时雨量等值线图中各条等值线内暴雨笼罩面积。统计的时间单元为时段，通过“暴雨开始时间”和“暴雨历时”确定，统计的空间单元为测站所代表暴雨的某量级等值线所圈定的区域，统计指标为暴雨等值线笼罩的面积。

序号	含义	字段名	数据类型	单位	必填	主键	外键
1	测站代码	CZDM	C（8）		Y	Y	Y
2	测站名称	CZMC	C（30）				
3	暴雨开始时间	BYKSSJ	T（14）		Y	Y	
4	暴雨历时	BYLS	N（5，2）	h	Y	Y	
5	等值线量级	DZXLJ	N（5）	mm	Y	Y	
6	暴雨笼罩面积	BYLZMJ	N（10，4）	km^2			

[4] 填写说明：

1）测站代码：监测该暴雨的主要测站的代码，引用雨量站基本信息表。

2）测站名称：测站代码所代表测站的中文名称，由雨量站基本信息表带入。

3）暴雨开始时间：本次暴雨记录开始的时间，计至秒。

4）暴雨历时：同暴雨监测信息表中“暴雨历时”字段，计量单位为 h，计至两位小数。

5）等值线量级：雨量等值线的标识值，计量单位为 mm，计至整数。

6）暴雨笼罩面积：某一雨量等值线标识值的雨量等值线所覆盖范围的面积。暴雨笼罩面积为 0 值表示暴雨中心点的雨量。计量单位为 km^2，计至四位小数。

3. （管理）暴雨时面深关系表

[1] 表编号：010203014

[2] 表标识：BYSMSGXB

[3] 表说明：本表为暴雨时面深关系表，属管理表，存储暴雨涉及范围的暴雨历时、面积、雨深之间的关系。评价的时间单元为时段，通过“开始时间”和“暴雨历时”确定，评价的空间单元为测站，即测站所代表的暴雨，评价内容为暴雨历时、面积、雨深之间的关系。

序号	含义	字段名	数据类型	单位	必填	主键	外键
1	测站代码	CZDM	C（8）		Y	Y	Y
2	测站名称	CZMC	C（30）				
3	开始时间	KSSJ	T（14）		Y	Y	
4	暴雨历时	BYLS	N（5，2）	h	Y	Y	
5	暴雨笼罩面积	BYLZMJ	N（10）	km^2			
6	雨深	YS	N（6，1）	mm			

[4] 填写说明：

1）测站代码：监测该暴雨的主要测站的代码，引用雨量站基本信息表。

2）测站名称：测站代码所代表测站的中文名称，由雨量站基本信息表带入。

3）开始时间：暴雨开始统计的时间，计至秒。

4）暴雨历时：同暴雨监测信息表中“暴雨历时”字段。

5）暴雨笼罩面积：同暴雨笼罩面积表中“暴雨笼罩面积”字段。

6）雨深：某一降雨历时和笼罩面积下的平均雨深，计量单位为 mm，计至一位小数。

4. （管理）最近雨量情况表

[1] 表编号：010203015

[2] 表标识：ZJYLQKB

[3] 表说明：存储测站整点测量的数据，最小单位为小时，逐小时进行抽取，更新迭代。统计的空间单元为测站，统计指标为最近不同时段截止到该时间点的雨量

序号	含义	字段名	数据类型	单位	必填	主键	外键
1	测站代码	CZDM	C（8）		Y	Y	Y
2	测站名称	CZMC	C（30）				
3	观测时间	GCSJ	T（10）		Y		
4	1 小时时段雨量	XSSDYL1	N（5，1）	mm			
5	2 小时时段雨量	XSSDYL2	N（5，1）	mm			
6	3 小时时段雨量	XSSDYL3	N（5，1）	mm			
7	6 小时时段雨量	XSSDYL6	N（5，1）	mm			
8	12 小时时段雨量	XSSDYL12	N（5，1）	mm			

序号	含义	字段名	数据类型	单位	必填	主键	外键
9	24 小时时段雨量	XSSDYL24	N（5，1）	mm			
10	48 小时时段雨量	XSSDYL48	N（5，1）	mm			
11	72 小时时段雨量	XSSDYL72	N（5，1）	mm			

[4] 填写说明：

1）测站代码：引用雨量站基本信息表。

2）测站名称：测站代码所代表测站的中文名称，由雨量站基本信息表带入。

3）观测时间：最近雨量统计的整点时刻，计至时。

4）1 小时时段雨量：观测时间前 1 小时累计的降雨量值，计量单位为 mm，计至一位小数。

5）2 小时时段雨量：观测时间前 2 小时内累计的降雨量值，计量单位为 mm，计至一位小数。

6）3 小时时段雨量：观测时间前 3 小时内累计的降雨量值，计量单位为 mm，计至一位小数。

7）6 小时时段雨量：观测时间前 6 小时内累计的降雨量值，计量单位为 mm，计至一位小数。

8）12 小时时段雨量：观测时间前 12 小时内累计的降雨量值，计量单位为 mm，计至一位小数。

9）24 小时时段雨量：观测时间前 24 小时内累计的降雨量值，计量单位为 mm，计至一位小数。

10）48 小时时段雨量：观测时间前 48 小时内累计的降雨量值，计量单位为 mm，计至一位小数。

11）72 小时时段雨量：观测时间前 72 小时内累计的降雨量值，计量单位为 mm，计至一位小数。

5. （管理）降雨预警结果表

[1] 表编号：010203016

[2] 表标识：JYYJJGB

[3] 表说明：本表为降雨预警结果表，属管理表，存储降雨预警结果信息。预警的空间单元为行政区划，预警时间精确至秒。

序号	含义	字段名	数据类型	单位	必填	主键	外键
1	行政区划代码	XZQHDM	C（10）		Y	Y	Y
2	依据时间	YJSJ	T（14）		Y	Y	
3	发布时间	FBSJ	T（14）				
4	告警状态	GJZT	C（2）				Y
5	告警起始时间	GJQSSJ	T（10）				
6	预警时段长	YJSDC	N（4，1）	h			
7	预报单位	YBDW	C（32）				
8	备注	BZ	C（255）				

[4] 填写说明：

1）行政区划代码：指预警的行政区划，引用行政区划基本信息表，按最小包含原则填写。

2）依据时间：预报制作所依据的实时资料的最新时间，计至秒。

3）发布时间：发布预报的时间，计至秒。

4）告警状态：本次预报所代表的提示性标志，根据实测资料和降雨预警级别及标准确定告警值，取值及其含义见降雨预警级别及标准代码表。

5）告警起始时间：指本次降雨预警的起始时间，计至小时。

6）预警时段长：该告警状态所持续的时段长度，计量单位为 h，计至一位小数。

7）预报单位：发布本次预报的单位的中文名称。

8）备注：简要描述本次预警的其他补充信息。

四、径流

（一）径流监测

1. （实体）河道断面基本信息表

[1] 表编号：010204001

[2] 表标识：HDDMJBXXB

[3] 表说明：此处河道断面指河槽中某处垂直于流向的断面。本表存储河道监测断面的基本属性信息，包括位置属性、时间属性、等级等。

序号	含义	字段名	数据类型	单位	必填	主键	外键
1	断面代码	DMDM	C（8）		Y	Y	
2	断面名称	DMMC	C（32）		Y		
3	流域代码	LYDM	C（10）				Y
4	行政区划代码	XZQHDM	C（10）				Y
5	河流代码	HLDM	C（8）				Y
6	水资源分区代码	SZYFQDM	C（12）				Y
7	经度	JD	N（10，6）	（°）			
8	纬度	WD	N（10，6）	（°）			
9	所在位置	SZWZ	C（128）				
10	水准基面代码	SZJMDM	C（2）				Y
11	断面等级	DMDJ	C（2）				
12	设置日期	SZRQ	D（8）				
13	备注	BZ	C（255）				

[4] 填写说明：

1）断面代码：按《国家水资源监控能力建设项目标准——信息分类及编码规定》第 5 章执行。

2）断面名称：断面的中文名称。取最近行政村名称。

3）流域代码：引用流域基本信息表。该河流监测断面所处流域代码，按最小包含原则填写。

4）行政区划代码：引用行政区划基本信息表。该河流监测断面所在行政区划代码，计至县级以下。

5）河流代码：引用河流基本信息表，该断面所在河流代码，精确至最小支流。

6）水资源分区代码：引用水资源分区基本信息表，指该断面所属水资源分区，按最小包含原则填写。

7）经度：断面经度，采用 2000 国家大地坐标系（CGCS2000）。

8）纬度：断面纬度，采用 2000 国家大地坐标系（CGCS2000）。

9）所在位置：断面所在地详细地址，精确至村庄。

10）水准基面代码：河道断面的高程基准面，取值及其含义见水准基面代码表。

11）断面等级：断面的重要性等级，填写一级、二级或三级。

12）设置日期：指该断面的设置日期，计至日。

13）备注：其他补充说明信息。

2. （实体）行政区界断面基本信息表

[1] 表编号：010204002

[2] 表标识：XZQJDMJBXXB

[3] 表说明：行政区界断面指跨行政区的河道断面，本表存储行政区界断面在河道基本信息表基础上的扩展信息，包括上下游行政区、考核指标、开始考核时间等。

序号	含义	字段名	数据类型	单位	必填	主键	外键
1	断面代码	DMDM	C（8）		Y	Y	Y
2	断面名称	DMMC	C（32）				
3	行政区界断面级别	XZQJDMJB	C（2）				
4	上游行政区划代码	SYXZQHDM	C（10）				Y
5	下游行政区划代码	XYXZQHDM	C（10）				Y
6	上级主管单位代码	SJZGDWDM	C（18）				Y
7	开始考核日期	KSKHRQ	D（8）				
8	主要考核指标	ZYKHZB	C（128）				
9	备注	BZ	C（255）				

[4] 填写说明：

1）断面代码：指行政区界断面的代码，引用河道断面基本信息表。

2）断面名称：断面的中文名称。取最近行政村名称，由河道断面基本信息表带入。

3）行政区界断面级别：行政区界断面的级别，填写国际行政区界断面、省际行政区界断面、市际行政区界断面、县际行政区界断面。

4）上游行政区划代码：指对应断面级别的上游行政区划代码，引用行政区划基本信息表，区划级别根据断面级别确定。

5）下游行政区划代码：指对应断面级别的下游行政区划代码，引用行政区划基本信息表，区划级别根据断面级别确定。

6）上级主管单位代码：指水行政主管部门代码，引用单位基本信息表。

7）开始考核日期：指该断面确定为行政区界断面后开始考核的日期，计至日。

8）主要考核指标：主要用来考核的项目指标。

9）备注：其他补充说明信息。

3. （关系）水文测站与河道断面关系表

[1] 表编号：010204003

[2] 表标识：SWCZYHDDMGXB

[3] 表说明：存储水文测站与河道断面关系信息。

序号	含义	字段名	数据类型	单位	必填	主键	外键
1	测站代码	CZDM	C（8）		Y	Y	Y
2	断面代码	DMDM	C（8）		Y	Y	Y

[4] 填写说明：

1）测站代码：引用水文测站基本信息表。

2）断面代码：引用河道断面基本信息表。

4. （关系）水文测站与水库关系表

[1] 表编号：010204004

[2] 表标识：SWCZYSKGXB

[3] 表说明：存储水文测站与水库的关系信息。

序号	含义	字段名	数据类型	单位	必填	主键	外键
1	测站代码	CZDM	C（8）		Y	Y	Y
2	水库代码	SKDM	C（11）		Y	Y	Y
3	入出库标志	RCKBZ	C（6）				
4	是否是水库代表站	SFSSKDBZ	C（2）				

[4] 填写说明：

1）测站代码：引用水文测站基本信息表。

2）水库代码：引用水库基本信息表。

3）入出库标志：指关联测站在水库中的地位和资料性质，I 指关联测站的流量作为水库入库流量，O 指关联测站的流量作为水库的出库流量，Z 指关联测站的水位用于计算水库的平均水位。

4）是否是水库代表站：是或否。

5. （关系）水文测站与湖泊关系表

[1] 表编号：010204005

[2] 表标识：SWCZYHPGXB

[3] 表说明：存储水文测站与湖泊的关系信息。

序号	含义	字段名	数据类型	单位	必填	主键	外键
1	测站代码	CZDM	C（8）		Y	Y	Y
2	湖泊代码	HPDM	C（7）		Y	Y	Y
3	入出标志	RCBZ	C（6）				

[4] 填写说明：

1）测站代码：引用水文测站基本信息表。

2）湖泊代码：引用湖泊基本信息表。

3）入出标志：指关联测站在湖泊中的地位和资料性质，I 指关联测站的流量作为湖泊入库流量，O 指关联测站的流量作为湖泊的出库流量，Z 指关联测站的水位用于计算湖泊的平均水位。

6. （关系）水文测站与水闸关系表

[1] 表编号：010204006

[2] 表标识：SWCZYSZGXB

[3] 表说明：存储水文测站与水闸的关系信息。

序号	含义	字段名	数据类型	单位	必填	主键	外键
1	测站代码	CZDM	C（8）		Y	Y	Y
2	水闸代码	SZDM	C（11）		Y	Y	Y
3	关系标志	GXBZ	C（6）				

[4] 填写说明：

1）测站代码：引用水文测站基本信息表。

2）水闸代码：引用水闸基本信息表。

3）关系标志：指测站与水闸的上下游关系，D 指关联测站代表水闸的闸下站，U 指关联测站代表水闸的闸上站，L 指关联测站与水闸在同一断面。

7. （关系）水文测站与泵站关系表

[1] 表编号：010204007

[2] 表标识：SWCZYBZGXB

[3] 表说明：存储水文测站与泵站的关系信息。

序号	含义	字段名	数据类型	单位	必填	主键	外键
1	测站代码	CZDM	C（8）		Y	Y	Y
2	泵站代码	BZDM	C（11）		Y	Y	Y

[4] 填写说明：

1）测站代码：引用水文测站基本信息表。

2）泵站代码：引用泵站基本信息表。

8. （监测）河道水情表

[1] 表编号：010204008

[2] 表标识：HDSQB

[3] 表说明：本表为河道水情表，属监测表，监测指标为河流水位、流量、流速、水势等，存储河道水文监测站测报的河道水情实时监测数据。

序号	含义	字段名	数据类型	单位	必填	主键	外键
1	测站代码	CZDM	C（8）		Y	Y	Y
2	测站名称	CZMC	C（30）				
3	时间	SJ	T（14）		Y	Y	
4	河流名称	HLMC	C（30）				
5	水位	SHUIW	N（7，3）	m			
6	流量	LL	N（9，1）	m^3/s			
7	断面过水面积	DMGSMJ	N（9，3）	m^2			
8	断面平均流速	DMPJLS	N（5，2）	m/s			
9	断面最大流速	DMZDLS	N（5，2）	m/s			
10	河水特征码	HSTZM	C（1）				Y
11	水势	SS	C（2）				
12	测流方法	CLFF	C（16）				
13	测积方法	CJFF	C（16）				
14	测速方法	CSFF	C（16）				

[4] 填写说明：

1）测站代码：引用水文测站基本信息表。

2）测站名称：指测站代码所对应的测站名称，由水文测站基本信息表带入。

3）时间：观测时间，计至秒。

4）河流名称：指该测站所属的河流名称，由河流基本信息表带入。

5）水位：监测断面对应观测时间的水位，计量单位为 m，计至三位小数。

6）流量：监测断面对应观测时间的瞬时流量，计量单位为 m^3/s，计至一位小数。

7）断面过水面积：流量通过时相应的过流面积，计量单位为 m^2，计至三位小数。

8）断面平均流速：指上次监测时间至本次监测时间的时间段内河道水文站实测断面的平均流速，计量单位为 m/s，计至两位小数。

9）断面最大流速：指上次监测时间至本次监测时间的时间段内河道水文站实测断面的最大流速，计量单位为 m/s，计至两位小数。

10）河水特征码：给定时间河道洪水起涨、流向、干枯、断流和峰值等特征的描述代码，取值及其含义见河水特征代码表。

11）水势：河道洪水水位的涨落信息，根据变化趋势填写涨、落或平。

12）测流方法：流量的施测方法，填写水位流量关系曲线法、浮标及溶液测流法、流速仪及量水建筑物法、估算法、ADCP 法、电功率反推法或其他方法。

13）测积方法：过流断面面积的测量方法，填写水位面积关系曲线法，使用测深杆或测深锤、铅鱼，回声探测仪。

14）测速方法：水流速度的测量方法，填写流速仪法、浮标法、声学法、ADCP 法或其他方法。

9. （监测）水库水情表

[1] 表编号：010204009

[2] 表标识：SKSQB

[3] 表说明：本表为水库水情表，属监测表，监测指标为水库水位、流量、蓄水量、水势等，存储水库水文站测报的水库水情信息。

序号	含义	字段名	数据类型	单位	必填	主键	外键
1	测站代码	CZDM	C（8）		Y	Y	Y
2	测站名称	CZMC	C（30）				
3	时间	SJ	T（14）		Y	Y	
4	水库名称	SKMC	C（40）				
5	库水位	KSW	N（7，3）	m			
6	入库流量	RKLL	N（9，1）	m^3/s			
7	蓄水量	XSL	N（10，3）	$10^6\ m^3$			
8	库下水位	KXSW	N（7，3）	m			
9	出库流量	CKLL	N（9，3）	m^3/s			
10	库水特征码	KSTZM	C（1）				Y
11	库水水势	KSSS	C（2）				
12	入流时段长	RLSDC	N（5，2）	h			
13	测流方法	CLFF	C（16）				

[4] 填写说明：

1）测站代码：引用水文测站基本信息表，指报送水库水情信息代表站的测站代码。

2）测站名称：指测站代码所对应的测站名称，由水文测站基本信息表带入。

3）时间：观测时间，计至秒。

4）水库名称：指测站所属的水库名称，由水库基本信息表带入。

5）库水位：相应时间的库上水位，计量单位为 m，计至三位小数。

6）入库流量：汇入水库的流量总和，计量单位为 m^3/s，计至一位小数。

7）蓄水量：水库测站所代表的水库蓄水量，计量单位为 10^6 m^3，计至三位小数。

8）库下水位：相应时间的库下水位，计量单位为 m，计至三位小数。

9）出库流量：单位时间内通过各疏水设备下泄的水量之和，计量单位为 m^3/s，计至三位小数。

10）库水特征码：同河道水情表中“河水特征码”字段，取值及其含义见河水特征代码表。

11）库水水势：水库坝前水位的变化趋势，具体含义同河道水情表中“水势”字段。

12）入流时段长：反推入库流量时所采用的时段长度，计量单位为 h，计至两位小数。

13）测流方法：水库入库流量的测验方法，同河道水情表中“测流方法”字段。

10. （监测）堰闸水情表

[1] 表编号：010204010

[2] 表标识：YZSQB

[3] 表说明：本表为堰闸水情表，属监测表，监测指标为堰闸水位、水势、过闸流量、闸门开启情况等，存储河道上水文测站测得的堰闸水情实时数据。

序号	含义	字段名	数据类型	单位	必填	主键	外键
1	测站代码	CZDM	C（8）		Y	Y	Y
2	测站名称	CZMC	C（30）				
3	时间	SJ	T（14）		Y	Y	
4	水闸名称	SZMC	C（64）				
5	闸上水位	ZSSW	N（7，3）	m			
6	闸下水位	ZXSW	N（7，3）	m			
7	过闸总流量	ZGZLL	N（9，1）	m^3/s			
8	闸水特征码	ZSTZM	C（1）				Y
9	闸上水势	ZSSS	C（2）				
10	闸下水势	ZXSS	C（2）				
11	设备类别	SBLB	C（2）				Y
12	设备编号	SBBH	C（32）				
13	开启孔数	KQKS	N（3）	个			
14	开启高度	KQGD	N（5，2）	m			
15	测流方法	CLFF	C（16）				

[4] 填写说明：

1）测站代码：引用水文测站基本信息表，本表指堰闸代表站的测站代码。

2）测站名称：指测站代码所对应的测站名称，由水文测站基本信息表带入。

3）时间：观测时间，计至秒。

4）水闸名称：指测站所属水闸名称，由水闸基本信息表带入。

5）闸上水位：闸上或闸上游的水位，计量单位为 m，计至三位小数。

6）闸下水位：闸下或闸下游的水位，计量单位为 m，计至三位小数。

7）过闸总流量：通过该闸所有闸门下泄的流量总和，计量单位为 m^3/s，计至一位小数。

8）闸水特征码：闸坝上游洪水起涨、流向、峰值和干枯等特征信息，同河道水情表中“河水特征码”字段，取值及其含义见河水特征代码表。

9）闸上水势：闸门上游水位变化趋势，具体含义同河道水情表中“水势”字段。

10）闸下水势：闸门下游水位变化趋势，具体含义同河道水情表中“水势”字段。

11）设备类别：闸门输水设备类别，取值及其含义见设备类别代码表。

12）设备编号：输水设备的编号。

13）开启孔数：设备类别及设备编号所指定的闸门的开启孔数，计量单位为个，计至整数。

14）开启高度：设备类别及设备编号所指定的闸门的开启高度，计量单位为 m，计至两位小数。

15）测流方法：过闸流量的测验方法，同河道水情表中“测流方法”字段。

11. （监测）泵站水情表

[1] 表编号：010204011

[2] 表标识：BZSQB

[3] 表说明：本表为泵站水情表，属监测表，监测指标为水位、水势、流量等，存储水文监测站报送的泵站水情实时监测数据。

序号	含义	字段名	数据类型	单位	必填	主键	外键
1	测站代码	CZDM	C（8）		Y	Y	Y
2	测站名称	CZMC	C（30）				
3	时间	SJ	T（14）		Y	Y	
4	泵站名称	BZMC	C（64）				
5	站上水位	ZSSW	N（7，3）	m			
6	站下水位	ZXSW	N（7，3）	m			
7	前池水位	QCSW	N（7，3）	m			
8	开机台数	KJTS	N（3）	台			
9	开机功率	KJGL	N（5）	kW			
10	抽水流量	CSLL	N（7，3）	m^3/s			
11	站水特征码	ZSTZM	C（1）				Y
12	站上水势	ZSSS	C（2）				
13	站下水势	ZXSS	C（2）				
14	测流方法	CLFF	C（16）				
15	引排特征码	YPTZM	C（2）				
16	工作状态	GZZT	C（64）				

[4] 填写说明：

1）测站代码：指泵站水情监测的水文测站代码，引用水文测站基本信息表。

2）测站名称：指测站代码所对应的测站名称，由水文测站基本信息表带入。

3）时间：观测时间，计至秒。

4）泵站名称：指测站所属的泵站名称，由泵站基本信息表带入。

5）站上水位：泵站上游水位，计量单位为 m，计至三位小数。

6）站下水位：泵站下游水位，计量单位为 m，计至三位小数。

7）前池水位：指泵站的请前池水位，计量单位为 m，计至三位小数。

8）开机台数：观测时间泵站正在运行的抽水机台数，计量单位为台，计至整数。

9）开机功率：观测时间泵站正在运行的抽水机的功率总和，计量单位为 kW，计至整数。

10）抽水流量：观测时间泵站正在运行的所有抽水机抽水流量的总和或泄水设备泄水流量的总和，计量单位为 m^3/s，计至三位小数。

11）站水特征码：泵站水情的起涨、洪峰等变化趋势，同河道水情表中“河水特征码”字段，取值及其含义见河水特征代码表。

12）站上水势：泵站上游水位的变化趋势，具体含义同河道水情表中“水势”字段。

13）站下水势：泵站下游水位的变化趋势，具体含义同河道水情表中“水势”字段。

14）测流方法：过站流量的测验方法。

15）引排特征码：描述抽水泵站所报流量的引排类型，根据情况填写引水或排水。

16）工作状态：指统计时间内泵站的工作状态描述。

12. （监测）潮汐水情表

[1] 表编号：010204012

[2] 表标识：CXSQB

[3] 表说明：本表为潮汐水情表，属监测表，监测指标为潮位、气压、潮势等，存储水文监测站报送的潮汐水情实时监测数据。

序号	含义	字段名	数据类型	单位	必填	主键	外键
1	测站代码	CZDM	C（8）		Y	Y	Y
2	测站名称	CZMC	C（30）				
3	时间	SJ	T（14）		Y	Y	
4	潮位	CW	N（7，3）	m			
5	气压	QY	N（9，3）	10^3 Pa			
6	潮水特征码	CSTZM	C（1）				Y
7	潮势	CS	C（2）				
8	高低潮标志	GDCBZ	C（6）				

[4] 填写说明：

1）测站代码：引用水文测站基本信息表。

2）测站名称：指测站代码所对应的测站名称，由水文测站基本信息表带入。

3）时间：观测时间，计至秒。

4）潮位：潮位站的潮水位，计量单位为 m，计至三位小数。

5）气压：潮位站的大气压力，计量单位为 10^3 Pa，计至三位小数。

6）潮水特征码：潮水的特征描述，同河道水情表中“河水特征码”字段，取值及其含义见河水特征代码表。

7）潮势：潮位变化的趋势，同河道水情表中“水势”字段。

8）高低潮标志：描述潮位在一日中高低潮的情况，填写日高高潮、日低高潮、日高低潮或日低低潮。

13. （监测）定性冰情表

[1] 表编号：010204013

[2] 表标识：DXBQB

[3] 表说明：本表为定性冰情表，属监测表，监测指标为定性冰情，存储测站的定性凌汛信息。

序号	含义	字段名	数据类型	单位	必填	主键	外键
1	测站代码	CZDM	C（8）		Y	Y	Y
2	测站名称	CZMC	C（30）				
3	时间	SJ	T（14）		Y	Y	

序号	含义	字段名	数据类型	单位	必填	主键	外键
4	定性冰情现象	DXBQXX	C（2）				Y
5	相对位置	XDWZ	C（64）				
6	相对距离	XDJL	N（3，1）	km			
7	定性冰厚	DXBH	N（4，1）	cm			
8	冰上雪深	BSXS	N（2）	cm			
9	冰下冰花厚	BXBHH	N（2）				

[4] 填写说明：

1）测站代码：指监测冰情的测站代码，引用水文测站基本信息表。

2）测站名称：指测站代码所对应的测站名称，由水文测站基本信息表带入。

3）时间：冰情发生的时间，计至秒。

4）定性冰情现象：定性冰情现象代码，引用定性冰情现象代码表。

5）相对位置：指冰情发生地点和指定测站测验河段的位置关系，根据情况填写测验河段、测验河段的上游、测验河段的下游。

6）相对距离：冰情发生地距测站测验断面的距离，计量单位为 km，计至一位小数。

7）定性冰厚：定性冰情现象中冰的厚度，计量单位为 cm，计至一位小数。

8）冰上雪深：定性冰情现象中冰面上的积雪深度，计量单位为 cm，计至整数。

9）冰下冰花厚：定性冰情现象中冰下冰花厚度与冰下水深的比例关系，冰下冰花厚的描述方法为冰花厚占冰下水深的十分之几，取值为 0～10。

14. （监测）定量冰情表

[1] 表编号：010204014

[2] 表标识：DLBQB

[3] 表说明：本表为定量冰情表，属监测表，监测指标为定量冰情，存储测站的定量凌汛信息。

序号	含义	字段名	数据类型	单位	必填	主键	外键
1	测站代码	CZDM	C（8）		Y	Y	Y
2	测站名称	CZMC	C（30）				
3	时间	SJ	T（14）		Y	Y	
4	定量冰情现象	DLBQXX	C（1）				Y
5	相对位置	XDWZ	C（64）				
6	相对距离	XDJL	N（3，1）	km			
7	左岸冰宽	ZABK	N（3，1）				
8	右岸冰宽	YABK	N（3，1）				
9	岸冰厚度	ABHD	N（4，1）	cm			
10	流冰密度	LBMD	N（4，2）	g/cm^3			
11	流冰厚度	LBHD	N（4，1）	cm			
12	最大冰块面积	ZDBKMJ	N（5，1）	m^2			
13	最大冰块流速	ZDBKLS	N（4，1）	m/s			
14	冰流量	BLL	N（9，3）	m^3/s			
15	封冻性质	FDXZ	C（6）				
16	解冻性质	JDXZ	C（6）				

序号	含义	字段名	数据类型	单位	必填	主键	外键
17	流水堆积	LSDJ	N（3，1）				
18	冰坝发展	BBFZ	C（6）				
19	冰坝高度	BBGD	N（3，1）	m			
20	冰坝宽度	BBKD	N（7，3）	m			
21	冰坝上游水位	BBSYSW	N（7，3）	m			
22	冰坝下游水势	BBXYSS	C（6）				
23	高程类型	GCLX	C（1）				Y
24	冰流量性质	BLLXZ	C（6）				

[4] 填写说明：

1）测站代码：指监测冰情的测站代码，引用水文测站基本信息表。

2）测站名称：指测站代码所对应的测站名称，由水文测站基本信息表带入。

3）时间：冰情发生的时间，计至秒。

4）定量冰情现象：定量冰情现象代码，引用定量冰情现象代码表。

5）相对位置：指冰情发生地点和指定测站测验河段的位置关系，根据情况填写测验河段、测验河段的上游、测验河段的下游。

6）相对距离：冰情发生地距测站测验断面的距离，计量单位为 km，计至一位小数。

7）左岸冰宽：左岸边冰宽和水面宽度的比，用岸冰占水面宽的十分之几来描述，计至一位小数。

8）右岸冰宽：右岸边冰宽和水面宽度的比，用岸冰占水面宽的十分之几来描述，计至一位小数。

9）岸冰厚度：岸冰的平均厚度，计量单位为 cm，计至一位小数。

10）流冰密度：流冰花或流冰占水面的宽度比，流冰密度用流冰花或流冰占水面宽的十分之几来描述，计量单位为 g/cm^3，计至两位小数。

11）流冰厚度：流冰的平均厚度，计量单位为 cm，计至一位小数。

12）最大冰块面积：流冰中最大冰块的面积，计量单位为 m^2，计至一位小数。

13）最大冰块流速：最大冰块的流动速度，计量单位为 m/s，计至一位小数。

14）冰流量：单位时间流过测验断面的冰量，计量单位为 m^3/s，计至三位小数。

15）封冻性质：河面封冻结冰的性质，根据情况填写平封为主或立封为主。

16）解冻性质：河面封冰解冻的性质，根据情况填写文开、武开或半文半武开。

17）流水堆积：流冰堆积的宽度占河面的宽度比，流冰堆积密度用流冰堆积的宽度占河宽的十分之几来描述，小于 0.5 记为 0。

18）冰坝发展：冰坝发展变化的趋势，根据情况填写稳定、增强或减弱。

19）冰坝高度：冰坝高出上游水位的平均高度，计量单位为 m，计至一位小数。

20）冰坝宽度：冰坝顺河流方向的长度，计量单位为 m，计至三位小数。

21）冰坝上游水位：冰坝上游的水位或水面距高程类型的高差，计量单位为 m，计至两位小数。

22）冰坝下游水势：冰坝下游水位的变化趋势，根据情况填写落、涨或平。

23）高程类型：冰坝上游水位的度量基准代码，取值及其含义见高程类型代码表。

24）冰流量性质：指明冰流量为日均冰流量还是最大冰流量。

15. （实体）控制断面基本信息表

[1] 表编号：010204015

[2] 表标识：KZDMJBXXB

[3] 表说明：控制断面指为监测评价控制河段特定水体的状况，包括水环境质量（理化指标）、生态流量保障、洪水发生情况等，以及了解特定人类活动对水体的影响设置的监测断面，属河道断面的一种。本表存储控制断面在河道断面基本表基础上的扩展信息，包括控制断面性质、控制目标、断面代表长度等。

序号	含义	字段名	数据类型	单位	必填	主键	外键
1	断面代码	DMDM	C（8）		Y	Y	Y
2	断面名称	DMMC	C（32）				
3	设置日期	SZRQ	D（8）				
4	监测内容	JCNR	C（255）				
5	控制最低水位	KZZDSW	N（7，3）	m			
6	控制最小流量	KZZXLL	N（9，1）	m^3/s			
7	控制水质目标	KZSZMB	C（64）				
8	断面性质	DMXZ	C（64）				
9	断面代表长度	DMDBCD	N（7，3）	km			
10	备注	BZ	C（255）				

[4] 填写说明：

1）断面代码：作为控制断面的河道断面的代码，引用河道断面基本信息表。

2）断面名称：断面的中文名称。取最近行政村名称，由河道断面基本信息表带入。

3）设置日期：指该控制断面设置的时间，计至日。

4）监测内容：描述该控制断面的监测内容，如水位、流量、水质及监测频次等。

5）控制最低水位：控制最低水位，计量单位为 m，计至三位小数。

6）控制最小流量：控制最小流量，计量单位为 m^3/s，计至一位小数。

7）控制水质目标：指考核断面水质类别管理目标，“1”表示Ⅰ类水质目标，“2”表示Ⅱ类水质目标，“3”表示Ⅲ类水质目标，“4”表示Ⅳ类水质目标，“5”表示Ⅴ类水质目标，“6”表示劣Ⅴ类水质目标。

8）断面性质：指考核断面的性质，包括水利国考、环保国考和环保市考断面。其中，水利国考断面是指水利部水功能区考核断面，环保国考断面是指生态环境部考核断面，环保市考断面是指省/市生态环境局考核断面。

9）断面代表长度：指该控制断面所代表的河段长度，计量单位为 km，计至三位小数。

10）备注：其他补充说明信息。

16. （监测）控制断面径流瞬时水位流量数据表

[1] 表编号：010204016

[2] 表标识：KZDMJLSSSWLLSJB

[3] 表说明：本表为控制断面径流瞬时水位流量数据表，属监测表，监测指标为控制断面处流量、水位，存储控制断面流量、水位实时监测数据。

序号	含义	字段名	数据类型	单位	必填	主键	外键
1	断面代码	DMDM	C（8）		Y	Y	Y

序号	含义	字段名	数据类型	单位	必填	主键	外键
2	断面名称	DMMC	C（32）				
3	时间	SJ	T（12）		Y	Y	
4	瞬时水位	SSSW	N（7，3）	m			
5	瞬时流量	SSLL	N（9，1）	m^3/s			

[4] 填写说明：

1）断面代码：控制断面代码，引用控制断面基本信息表。

2）断面名称：断面的中文名称。取最近行政村名称，由控制断面基本信息表带入。

3）时间：开展本次观测的时间，计至分。

4）瞬时水位：水体的自由水面高出基面以上的高程。计量单位为 m，计至三位小数。

5）瞬时流量：在单位时间内通过控制站的水量。计量单位为 m^3/s，计至一位小数。

17. （实体）积水测站基本信息表

[1] 表编号：010204017

[2] 表标识：JSCZJBXXB

[3] 表说明：积水测站是对城市内涝情况进行实时监控和预警，指导相关部门及时制定相应管控措施，以减少城市内涝带来的灾难和损失而设置的测站。本表存储积水测站在水文测站基本信息表基础上的扩展信息，包括警戒积水深度、交通管制积水深度等。

序号	含义	字段名	数据类型	单位	必填	主键	外键
1	测站代码	CZDM	C（8）		Y	Y	Y
2	测站名称	CZMC	C（30）		Y		
3	警戒积水深度	JJJSSD	N（6）	cm			
4	交通管制积水深度	JTGZJSSD	N（6）	cm			
5	备注	BZ	C（255）				

[4] 填写说明：

1）测站代码：指积水测站的代码，引用水文测站基本信息表。

2）测站名称：测站代码所代表测站的中文名称，由水文测站基本信息表带入。

3）警戒积水深度：指该积水测站所在位置的警戒积水深度，计量单位为 cm，计至整数。

4）交通管制积水深度：指该积水测站所在位置的交通管制积水深度，计量单位为 cm，计至整数。

5）备注：关于该测站的其他补充说明信息。

18. （监测）积水监测信息表

[1] 表编号：010204018

[2] 表标识：JSJCXXB

[3] 表说明：本表为积水监测信息表，属监测表，监测指标为积水深度，存储积水测站实时监测数据信息。

序号	含义	字段名	数据类型	单位	必填	主键	外键
1	测站代码	CZDM	C（8）		Y	Y	Y
2	测站名称	CZMC	C（30）				
3	时间	SJ	T（14）		Y	Y	
4	积水	JS	N（6）	cm			

[4] 填写说明：

1）测站代码：引用积水测站基本信息表。

2）测站名称：测站代码所代表测站的中文名称，由积水测站基本信息表带入。

3）时间：指具体的观测时间，计至秒。

4）积水：观测时间对应的积水深度值，计量单位为 cm，计至整数。

19. （实体）土壤墒情测站基本信息表

[1] 表编号：010204019

[2] 表标识：TRSQCZJBXXB

[3] 表说明：土壤墒情指田间土壤含水量及其对应的作物水分状态，由国家或地方统一规划和建设用于长期连续收集固定地块墒情信息的监测站称为土壤墒情监测站。本表存储土壤墒情测站在水文测站基本信息表基础上的扩展信息，包括监测指标、监测土壤特征等。

序号	含义	字段名	数据类型	单位	必填	主键	外键
1	测站代码	CZDM	C（8）		Y	Y	Y
2	测站名称	CZMC	C（30）		Y		
3	监测指标项	JCZBX	C（128）				
4	土壤类别	TRLB	C（1）				Y
5	土壤质地	TRZD	C（2）				Y
6	土壤结构	TRJG	C（20）				
7	土壤比重	TRBZ	N（4，2）	g/cm^3			
8	土壤干容重	TRGRZ	N（4，2）	g/cm^3			
9	土壤孔隙度	TRKXD	N（4，2）	%			
10	饱和含水率	BHHSL	N（4，2）	%			
11	垂线平均田间持水率	CXPJTJCSL	N（4，2）	%			
12	凋萎含水率	DWHSL	N（4，2）	%			
13	监测深度	JCSD	N（3）	cm			
14	10 cm 深度田间持水率	LMSDTJCSL10	N（3，1）	%			
15	20 cm 深度田间持水率	LMSDTJCSL20	N（3，1）	%			
16	30 cm 深度田间持水率	LMSDTJCSL30	N（3，1）	%			
17	40 cm 深度田间持水率	LMSDTJCSL40	N（3，1）	%			
18	50 cm 深度田间持水率	LMSDTJCSL50	N（3，1）	%			
19	60 cm 深度田间持水率	LMSDTJCSL60	N（3，1）	%			
20	80 cm 深度田间持水率	LMSDTJCSL80	N（3，1）	%			
21	100 cm 深度田间持水率	LMSDTJCSL100	N（3，1）	%			
22	备注	BZ	C（255）				

[4] 填写说明：

1）测站代码：指土壤墒情测站的代码，引用水文测站基本信息表。

2）测站名称：测站代码所代表测站的中文名称，由水文测站基本信息表带入。

3）监测指标项：指该测站的监测指标项，当监测指标项为多个时，各项目之间用“，”隔开。

4）土壤类别：测站观测土壤的类别，取值及其含义见土壤类别代码表。

5）土壤质地：测站观测土壤的质地，取值及其含义见土壤质地代码表。

6）土壤结构：描述测站观测土壤为何种结构层次等。

7）土壤比重：描述测站观测土壤的比重，计量单位为 g/cm^3，计至两位小数。

8）土壤干容重：描述测站观测土壤的干容重，计量单位为 g/cm^3，计至两位小数。

9）土壤孔隙度：描述测站观测土壤的孔隙度，计量单位为%，计至两位小数。

10）饱和含水率：描述测站观测土壤的饱和含水率，计量单位为%，计至两位小数。

11）垂线平均田间持水率：描述测站观测土壤的垂线平均田间持水率，计量单位为%，计至两位小数。

12）凋萎含水率：描述测站观测土壤的凋萎含水率，计量单位为%，计至两位小数。

13）监测深度：填写测站监测土壤的最大深度，计量单位为 cm，计至整数。

14）10 cm 深度田间持水率：描述测站观测土壤 10 cm 深度田间持水率，计量单位为%，计至一位小数。

15）20 cm 深度田间持水率：描述测站观测土壤 20 cm 深度田间持水率，计量单位为%，计至一位小数。

16）30 cm 深度田间持水率：描述测站观测土壤 30 cm 深度田间持水率，计量单位为%，计至一位小数。

17）40 cm 深度田间持水率：描述测站观测土壤 40 cm 深度田间持水率，计量单位为%，计至一位小数。

18）50 cm 深度田间持水率：描述测站观测土壤 50 cm 深度田间持水率，计量单位为%，计至一位小数。

19）60 cm 深度田间持水率：描述测站观测土壤 60 cm 深度田间持水率，计量单位为%，计至一位小数。

20）80 cm 深度田间持水率：描述测站观测土壤 80 cm 深度田间持水率，计量单位为%，计至一位小数。

21）100 cm 深度田间持水率：描述测站观测土壤 100 cm 深度田间持水率，计量单位为%，计至一位小数。

22）备注：关于该测站的其他补充说明信息。

20. （监测）土壤墒情监测信息表

[1] 表编号：010204020

[2] 表标识：TRSQJCXXB

[3] 表说明：本表为土壤墒情监测信息表，属监测表，监测指标为不同深度土层含水率、温度、电导率、水势等，存储土壤墒情实时监测数据。

序号	含义	字段名	数据类型	单位	必填	主键	外键
1	测站代码	CZDM	C（8）		Y	Y	Y
2	测站名称	CZMC	C（30）				
3	时间	SJ	T（14）		Y	Y	
4	垂线平均含水率	CXPJHSL	N（3，1）	%			
5	表层含水率	BCHSL	N（3，1）	%			
6	10 cm 处土壤含水率	LMCTRHSL10	N（3，1）	%			
7	20 cm 处土壤含水率	LMCTRHSL20	N（3，1）	%			
8	30 cm 处土壤含水率	LMCTRHSL30	N（3，1）	%			
9	40 cm 处土壤含水率	LMCTRHSL40	N（3，1）	%			
10	50 cm 处土壤含水率	LMCTRHSL50	N（3，1）	%			
11	60 cm 处土壤含水率	LMCTRHSL60	N（3，1）	%			
12	80 cm 处土壤含水率	LMCTRHSL80	N（3，1）	%			
13	100 cm 处土壤含水率	LMCTRHSL100	N（3，1）	%			
14	测量方法	CLFF	C（1）				Y
15	10 cm 层地温	LMCDW10	N（4，1）	℃			
16	20 cm 层地温	LMCDW20	N（4，1）	℃			
17	40 cm 层地温	LMCDW40	N（4，1）	℃			
18	水势	SS	N（3，1）	Pa			

序号	含义	字段名	数据类型	单位	必填	主键	外键
19	电导率	DDL	N（5，2）	μS/cm			
20	作物种类	ZWZL	C（1）				Y
21	作物生长期	ZWSZQ	C（2）				Y
22	作物水分状态	ZWSFZT	C（1）				Y

[4] 填写说明：

1）测站代码：引用土壤墒情测站基本信息表。

2）测站名称：测站代码所代表测站的中文名称，由土壤墒情测站基本信息表带入。

3）时间：指土壤含水量具体观测的时间，计至秒。

4）垂线平均含水率：土壤的垂线平均重量含水率［含水重/干土重×100（%）］，计量单位为%，计至一位小数。

5）表层含水率：表层土壤的重量含水率，计量单位为%，计至一位小数。

6）10 cm 处土壤含水量：指测得的垂向 10 cm 深度处土壤含水量，计量单位为%，计至一位小数。

7）20 cm 处土壤含水量：指测得的垂向 20 cm 深度处土壤含水量，计量单位为%，计至一位小数。

8）30 cm 处土壤含水量：指测得的垂向 30 cm 深度处土壤含水量，计量单位为%，计至一位小数。

9）40 cm 处土壤含水量：指测得的垂向 40 cm 深度处土壤含水量，计量单位为%，计至一位小数。

10）50 cm 处土壤含水量：指测得的垂向 50 cm 深度处土壤含水量，计量单位为%，计至一位小数。

11）60 cm 处土壤含水量：指测得的垂向 60 cm 深度处土壤含水量，计量单位为%，计至一位小数。

12）80 cm 处土壤含水量：指测得的垂向 80 cm 深度处土壤含水量，计量单位为%，计至一位小数。

13）100 cm 处土壤含水量：指测得的垂向 100 cm 深度处土壤含水量，计量单位为%，计至一位小数。

14）测量方法：土壤含水率的测验方法，取值及其含义见土壤含水率测验方法代码表。

15）10 cm 层地温：指地表以下 10 cm 深度处土壤的温度，计量单位为℃，计至一位小数。

16）20 cm 层地温：指地表以下 20 cm 深度处土壤的温度，计量单位为℃，计至一位小数。

17）40 cm 层地温：指地表以下 40 cm 深度处土壤的温度，计量单位为℃，计至一位小数。

18）水势：土壤水分饱和，水势为 0；含水量低于饱和状态，水势为负值，土壤越干旱，负值越大。计量单位为 Pa，计至一位小数。

19）电导率：测站观测土壤的电导率，计量单位为μS/cm，计至两位小数。

20）作物种类：观测土壤含水率地点的作物种类，取值及其含义见作物种类代码表。

21）作物生长期：观测地点作物的生长阶段，取值及其含义见作物生长期代码表。

22）作物水分状态：观测地点作物的水分状态，取值及其含义见作物水分状态代码表。

21. （实体）井基本信息表

[1] 表编号：010204021

[2] 表标识：JJBXXB

[3] 表说明：描述井的基本信息。井的功能本来是供取水，后来一些形状像水井，乃至像井架的东西也称为井。如采矿的矿井，采石油的油井。在本表中指所有取水井、机井和人力井。

序号	含义	字段名	数据类型	单位	必填	主键	外键
1	井代码	JDM	C（12）		Y	Y	
2	井名称	JMC	C（64）				
3	行政区划代码	XZQHDM	C（10）				Y

序号	含义	字段名	数据类型	单位	必填	主键	外键
4	流域代码	LYDM	C（10）				Y
5	水资源分区代码	SZYFQDM	C（12）				Y
6	水功能区代码	SGNQDM	C（14）				Y
7	经度	JD	N（10，6）	（°）			
8	纬度	WD	N（10，6）	（°）			
9	位置	WZ	C（128）				
10	井用途	JYT	C（16）				
11	地形	DX	C（16）				
12	凿井日期	ZJRQ	D（8）				
13	凿井许可证代码	ZJXKZDM	C（16）				Y
14	埋藏条件代码	MCTJDM	C（2）				Y
15	井孔直径	JKZJ	N（5，3）	m			
16	井深	JS	N（6，2）	m			
17	静水位	JSW	N（5，2）	m			
18	动水位	DSW	N（5，2）	m			
19	水准基面代码	SZJMDM	C（2）				Y
20	井信息保存时间	JXXBCSJ	N（4）	a			
21	单位代码	DWDM	C（18）				Y
22	备注	BZ	C（255）				

[4] 填写说明：

1）井代码：按《国家水资源监控能力建设项目标准——信息分类及编码规定》第 5 章执行。

2）井名称：指井的中文名称。

3）行政区划代码：引用行政区划基本信息表。该井所在行政区划代码，计至县级以下。

4）流域代码：引用流域基本信息表。该井所处流域代码，按最小包含原则填写。

5）水资源分区代码：引用水资源分区基本信息表。该井所在的水资源分区代码，精确到三级区。

6）水功能区代码：引用水功能区基本信息表。该井所处水功能区代码，按最小包含原则填写。

7）经度：指地表水取水口所在点的经度，采用 2000 国家大地坐标系（CGCS2000）。

8）纬度：指地表水取水口所在点的纬度，采用 2000 国家大地坐标系（CGCS2000）。

9）位置：指该井具体的位置描述。

10）井用途：按井的用途分为监测井和开采井。

11）地形：指地下水源井所在地的地形，分为山丘区和平原两类填写。

12）凿井日期：指地下水井开凿的日期，计至日。

13）凿井许可证代码：指该井的凿井许可证代码，引用凿井许可证基本信息表。

14）埋藏条件代码：指井开采地下水的层位，取值及其含义见埋藏条件分类代码表。

15）井孔直径：指地下水井的口径大小，计量单位为 m，计至三位小数。

16）井深：指地下水井的深度，计量单位为 m，计至两位小数。

17）静水位：指水源井在没有抽水时的水位，计量单位为 m，计至两位小数。

18）动水位：指抽取一定水量时的水位，计量单位为 m，计至两位小数。

19）水准基面代码：该井的高程基准面代码，取值及其含义见水准基面代码表。

20）井信息保存时间：指井基本信息保存持续时间，计量单位为 a，计至整数。

21）单位代码：该井所属管理单位代码，引用单位基本信息表。

22）备注：该井其他补充说明信息。

22. （实体）地下水测站基本信息表

[1] 表编号：010204022

[2] 表标识：DXSCZJBXXB

[3] 表说明：地下水监测站是为获取地下水水位、开采量、泉流量、水质、水温等监测数据而设置的监测设施，包括监测井、井口装置、站房、基本水准点和校核水准点水准标石以及自动监测系统。本表存储地下水测站在水文测站基本信息表基础上的扩展信息，包括测站所在区域类型、监测指标等。

序号	含义	字段名	数据类型	单位	必填	主键	外键
1	测站代码	CZDM	C（8）		Y	Y	Y
2	测站名称	CZMC	C（30）				
3	井代码	JDM	C（12）				Y
4	基本类型区代码	JBLXQDM	C（1）				Y
5	特殊类型区代码	TSLXQDM	C（1）				Y
6	监测指标项	JCZBX	C（128）				
7	井口固定点高程	JKGDDGC	N（7，3）	m			
8	备注	BZ	C（255）				

[4] 填写说明：

1）测站代码：指该地下水测站的代码，引用水文测站基本信息表。

2）测站名称：测站代码所代表测站的中文名称，由水文测站基本信息表带入。

3）井代码：地下水测站所在井的代码，引用井基本信息表。

4）基本类型区代码：指地下水测站所在的基本类型区，基本类型区是根据地形、地貌、岩性将山区和平原进一步划分基本类型区，取值及其含义见基本类型区代码表。

5）特殊类型区代码：指地下水测站所在的特殊类型区，特殊类型区是地形地貌发生特殊情况、迹象的区域，取值及其含义见特殊类型区代码表。

6）监测指标项：地下水测站所监测的项目，多个项目之间用“，”隔开。根据情况填写水位或埋深、水温、开采量或水量、水质等。

7）井口固定点高程：地下水测站所在井的井口固定点高程，计量单位为m，计至三位小数。

8）备注：关于该测站的其他补充说明信息。

23. （监测）地下水监测信息表

[1] 表编号：010204023

[2] 表标识：DXSJCXXB

[3] 表说明：本表为地下水监测信息表，属监测表，监测指标包括地下水埋深、泉涌、水温、水势等，存储地下水实时监测数据。

序号	含义	字段名	数据类型	单位	必填	主键	外键
1	测站代码	CZDM	C（8）		Y	Y	Y
2	测站名称	CZMC	C（30）				
3	时间	SJ	T（14）		Y	Y	
4	地下水埋深	DXSMS	N（7，3）	m			
5	泉涌水流量	QYSLL	N（9，1）	m^3/s			

序号	含义	字段名	数据类型	单位	必填	主键	外键
6	地下水水温	DXSSW	N（4，1）	℃			
7	地下水水势	DXSSS	C（2）				
8	泉涌水流量测法	QYSLLCF	C（1）				Y

[4] 填写说明：

1）测站代码：引用地下水测站基本信息表。

2）测站名称：测站代码所代表测站的中文名称，由地下水测站基本信息表带入。

3）时间：观测时间，计至秒。

4）地下水埋深：地面某固定点至地下水水面的距离，计量单位为 m，计至三位小数。

5）泉涌水流量：所报时间泉水的涌水流量，计量单位为 m^3/s，计至一位小数。

6）地下水水温：指定时间的地下水的温度，计量单位为℃，计至一位小数。

7）地下水水势：地下水水位变化趋势，填写涨、落或平。

8）泉涌水流量测法：描述泉水涌水流量测验方法，取值及其含义见泉涌水流量测量方法及其代码表。

（二）径流统计

1. （管理）小时水情信息表

[1] 表编号：010204024

[2] 表标识：XSSQXXB

[3] 表说明：存储测站以小时为单位的时间序列数据，即存储测站每小时的水位流量相关信息。

序号	含义	字段名	数据类型	单位	必填	主键	外键
1	测站代码	CZDM	C（8）		Y	Y	Y
2	测站名称	CZMC	C（30）				
3	时间	SJ	T（10）		Y	Y	
4	水位	SHUIW	N（7，3）	m			
5	流量	LL	N（9，1）	m^3/s			
6	水量	SL	N（10，3）	$10^4\ m^3$			

[4] 填写说明：

1）测站代码：引用水文测站基本信息表。

2）测站名称：测站代码所代表测站的中文名称，由水文测站基本信息表带入。

3）时间：数据统计时刻，计至小时。

4）水位：统计时间对应的平均水位值，计量单位为 m，计至三位小数。

5）流量：统计时间对应的平均流量值，计量单位为 m^3/s，计至一位小数。

6）水量：统计时段内通过过流断面的水量，计量单位为 $10^4\ m^3$，计至三位小数。

2. （管理）日水情信息统计表

[1] 表编号：010204025

[2] 表标识：RSQXXTJB

[3] 表说明：存储水情测站以日为单位的时间序列数据，即存储测站每天的水位流量相关信息。

序号	含义	字段名	数据类型	单位	必填	主键	外键
1	测站代码	CZDM	C（8）		Y	Y	Y

序号	含义	字段名	数据类型	单位	必填	主键	外键
2	测站名称	CZMC	C（30）				
3	日期	RQ	D（8）		Y	Y	
4	平均水位	PJSW	N（7，3）	m			
5	平均流量	PJLL	N（9，1）	m^3/s			
6	最高水位	ZGSW	N（7，3）	m			
7	最高水位出现时间	ZGSWCXSJ	T（10）				
8	最大流量	ZDLL	N（9，1）	m^3/s			
9	最大流量出现时间	ZDLLCXSJ	T（10）				
10	最低水位	ZDSW	N（7，3）	m			
11	最低水位出现时间	ZDSWCXSJ	T（10）				
12	最小流量	ZXLL	N（9，1）	m^3/s			
13	最小流量出现时间	ZXLLCXSJ	T（10）				
14	水量	SL	N（12，3）	$10^4\ m^3$			

[4] 填写说明：

1）测站代码：引用水文测站基本信息表。

2）测站名称：测站代码所代表测站的中文名称，由水文测站基本信息表带入。

3）日期：观测日的时间，以 8：00 为日分界的日期，观测日的 8：00 至下一日 8：00（不包括该点）为一个周期，计至日。

4）平均水位：观测时段内的水位平均值，计量单位为 m，计至三位小数。

5）平均流量：观测时段内的水位流量平均值，计量单位为 m^3/s，计至一位小数。

6）最高水位：观测时段内的最高水位值，计量单位为 m，计至三位小数。

7）最高水位出现时间：最高水位出现的时间，计至小时。

8）最大流量：观测时段内的最大流量值，计量单位为 m^3/s，计至一位小数。

9）最大流量出现时间：最大流量出现的时间，计至小时。

10）最低水位：观测时段内的最低水位值，计量单位为 m，计至三位小数。

11）最低水位出现时间：最低水位出现的时间，计至小时。

12）最小流量：观测时段内的最小流量值，计量单位为 m^3/s，计至一位小数。

13）最小流量出现时间：最小流量出现的时间，计至小时。

14）水量：指统计时段内通过过流断面的水量，计量单位为 $10^4\ m^3$，计至三位小数。

3. （管理）月水情信息统计表

[1] 表编号：010204026

[2] 表标识：YSQXXTJB

[3] 表说明：存储水情测站以月为单位的时间序列数据，即存储测站每月的水位流量相关信息。

序号	含义	字段名	数据类型	单位	必填	主键	外键
1	测站代码	CZDM	C（8）		Y	Y	Y
2	测站名称	CZMC	C（30）				
3	日期	RQ	D（6）		Y	Y	
4	平均水位	PJSW	N（7，3）	m			
5	平均流量	PJLL	N（9，1）	m^3/s			

序号	含义	字段名	数据类型	单位	必填	主键	外键
6	最高水位	ZGSW	N（7，3）	m			
7	最高水位出现时间	ZGSWCXSJ	T（10）				
8	最大流量	ZDLL	N（9，1）	m^3/s			
9	最大流量出现时间	ZDLLCXSJ	T（10）				
10	最低水位	ZDSW	N（7，3）	m			
11	最低水位出现时间	ZDSWCXSJ	T（10）				
12	最小流量	ZXLL	N（9，1）	m^3/s			
13	最小流量出现时间	ZXLLCXSJ	T（10）				
14	水量	SL	N（12，3）	10^4 m^3			

[4] 填写说明：

1）测站代码：引用水文测站基本信息表。

2）测站名称：测站代码所代表测站的中文名称，由水文测站基本信息表带入。

3）日期：观测月的时间，以每月 1 日为月分界的日期，观测月的 1 日 8：00 至下月的 1 日 8：00 为一个周期，计至月。

4）平均水位：参考日水情信息表，计量单位为 m，计至三位小数。

5）平均流量：参考日水情信息表，计量单位为 m^3/s，计至一位小数。

6）最高水位：观测时段内的最高水位值，计量单位为 m，计至三位小数。

7）最高水位出现时间：最高水位出现的时间，计至小时。

8）最大流量：观测时段内的最大流量值，计量单位为 m^3/s，计至一位小数。

9）最大流量出现时间：最大流量出现的时间，计至小时。

10）最低水位：观测时段内的最低水位值，计量单位为 m，计至三位小数。

11）最低水位出现时间：最低水位出现的时间，计至小时。

12）最小流量：观测时段内的最小流量值，计量单位为 m^3/s，计至一位小数。

13）最小流量出现时间：最小流量出现的时间，计至小时。

14）水量：指统计时段内通过过流断面的水量，计量单位为 10^4 m^3，计至三位小数。

4. （管理）年水情信息统计表

[1] 表编号：010204027

[2] 表标识：NSQXXTJB

[3] 表说明：存储水情测站以年为单位的时间序列数据，即存储测站每年的水位流量相关信息。

序号	含义	字段名	数据类型	单位	必填	主键	外键
1	测站代码	CZDM	C（8）		Y	Y	Y
2	测站名称	CZMC	C（30）				
3	日期	RQ	D（4）		Y	Y	
4	平均水位	PJSW	N（7，3）	m			
5	平均流量	PJLL	N（9，1）	m^3/s			
6	最高水位	ZGSW	N（7，3）	m			
7	最高水位出现时间	ZGSWCXSJ	T（10）				
8	最大流量	ZDLL	N（9，1）	m^3/s			
9	最大流量出现时间	ZDLLCXSJ	D（8）				

序号	含义	字段名	数据类型	单位	必填	主键	外键
10	最低水位	ZDSW	N（7，3）	m			
11	最低水位出现时间	ZDSWCXSJ	T（10）				
12	最小流量	ZXLL	N（9，1）	m^3/s			
13	最小流量出现时间	ZXLLCXSJ	T（10）				
14	水量	SL	N（12，3）	$10^6 m^3$			

[4] 填写说明：

1）测站代码：引用水文测站基本信息表。

2）测站名称：测站代码所代表测站的中文名称，由水文测站基本信息表带入。

3）日期：观测年的时间，以每年 1 月 1 日为年分界的日期，观测年的 1 月 1 日 8：00 至下一年的 1 月 1 日 8：00 为一个周期，计至年。

4）平均水位：参考日水情信息表，计量单位为 m，计至三位小数。

5）平均流量：参考日水情信息表，计量单位为 m^3/s，计至一位小数。

6）最高水位：观测时段内的最高水位值，计量单位为 m，计至三位小数。

7）最高水位出现时间：最高水位出现的时间，计至年。

8）最大流量：观测时段内的最大流量值，计量单位为 m^3/s，计至一位小数。

9）最大流量出现时间：最大流量出现的时间，计至日。

10）最低水位：观测时段内的最低水位值，计量单位为 m，计至三位小数。

11）最低水位出现时间：最低水位出现的时间，计至小时。

12）最小流量：观测时段内的最小流量值，计量单位为 m^3/s，计至一位小数。

13）最小流量出现时间：最小流量出现的时间，计至小时。

14）水量：指统计时段内通过过流断面的水量，计量单位为 $10^6 m^3$，计至三位小数。

5. （管理）河流河道内径流变化情况表

[1] 表编号：010204028

[2] 表标识：HLHDNJLBHQKB

[3] 表说明：本表为河流河道内径流变化情况表，属管理表，存储河流河道内径流全年变化情况信息。统计的时间单元为年，空间单元为河流，统计评价指标包括水资源量和径流量。

序号	含义	字段名	数据类型	单位	必填	主键	外键
1	河流代码	HLDM	C（8）		Y	Y	Y
2	河流名称	HLMC	C（30）				
3	日期	RQ	D（4）		Y	Y	
4	地表水资源量	DBSZYL	N（12，2）	$10^4 m^3$			
5	地下水资源量	DXSZYL	N（12，2）	$10^4 m^3$			
6	水资源总量	SZYZL	N（15，3）	$10^4 m^3$			
7	全年天然径流量	QNTRJLL	N（12，2）	$10^4 m^3$			
8	汛期天然径流量	XQTRJLL	N（10，2）	$10^4 m^3$			
9	非汛期天然径流量	FXQTRJLL	N（10，2）	$10^4 m^3$			
10	全年实测径流量	QNSCJLL	N（12，2）	$10^4 m^3$			
11	汛期实测径流量	XQSCJLL	N（10，2）	$10^4 m^3$			
12	非汛期实测径流量	FXQSCJLL	N（10，2）	$10^4 m^3$			

序号	含义	字段名	数据类型	单位	必填	主键	外键
13	入海或下一级河流水量	RHHXYJHLSL	N（12，2）	10^4 m^3			
14	备注	BZ	C（255）				

[4] 填写说明：

1）河流代码：引用河流基本信息表。

2）河流名称：河流代码所代表河流的中文名称，由河流基本信息表带入。

3）日期：观测、调查和统计资料的年份，计至年。

4）地表水资源量：指统计年度年末该河流的地表水资源量，计量单位为 10^4 m^3，计至两位小数。

5）地下水资源量：指本年度该河流由于降水、地表水入渗补给地下水水源地含水层的动态水量，计量单位为 10^4 m^3，计至两位小数。

6）水资源总量：指统计年度年末该河流的水资源总量，计量单位为 10^4 m^3，计至三位小数。

7）全年天然径流量：全年天然径流量，计量单位为 10^4 m^3，计至两位小数。

8）汛期天然径流量：汛期天然径流量，计量单位为 10^4 m^3，计至两位小数。

9）非汛期天然径流量：非汛期天然径流量，计量单位为 10^4 m^3，计至两位小数。

10）全年实测径流量：全年实测径流量，计量单位为 10^4 m^3，计至两位小数。

11）汛期实测径流量：汛期实测径流量，计量单位为 10^4 m^3，计至两位小数。

12）非汛期实测径流量：非汛期实测径流量，计量单位为 10^4 m^3，计至两位小数。

13）入海或下一级河流水量：入海或下一级河流水量，计量单位为 10^4 m^3，计至两位小数。

14）备注：其他补充说明信息。

6. （管理）长系列水文站历年河川径流量表

[1] 表编号：010204029

[2] 表标识：CXLSWZLNHCJLLB

[3] 表说明：本表为长系列水文站历年河川径流量表，属管理表，存储长系列水文站所控制的流域面积内年河川径流量信息。统计的时间单元为年，空间单元为测站，统计指标包括水文监测站的控制面积、实测和天然的径流量。

序号	含义	字段名	数据类型	单位	必填	主键	外键
1	测站代码	CZDM	C（8）		Y	Y	Y
2	测站名称	CZMC	C（30）				
3	日期	RQ	D（4）		Y	Y	
4	控制面积	KZMJ	N（10，2）	km^2			
5	实测河川径流量	SCHCJLL	N（12，2）	10^4 m^3			
6	天然河川径流量	TRHCJLL	N（12，2）	10^4 m^3			
7	备注	BZ	C（255）				

[4] 填写说明：

1）测站代码：引用水文测站基本信息表。

2）测站名称：测站代码所代表测站的中文名称，由水文测站基本信息表带入。

3）日期：填写长系列水文站径流量的统计年度，计至年。

4）控制面积：该水文测站的控制面积，计量单位为 km^2，计至两位小数。

5）实测河川径流量：实测河川径流量，计量单位为 10^4 m^3，计至两位小数。

6）天然河川径流量：天然河川径流量，计量单位为 10^4 m^3，计至两位小数。

7）备注：必要的相关内容注解、描述。

7. （管理）湖泊水位-库容-面积关系表

[1] 表编号：010204030

[2] 表标识：HPSWKRMJGXB

[3] 表说明：本表为湖泊水位-库容-面积关系表，属管理表，存储湖泊库容与水位面积的关系信息。数据更新日期精确至日，管理对象为湖泊，管理内容为水位-库容-面积关系。

序号	含义	字段名	数据类型	单位	必填	主键	外键
1	湖泊代码	HPDM	C（7）		Y	Y	Y
2	湖泊名称	HPMC	C（64）				
3	日期	RQ	D（8）		Y	Y	
4	水位	SHUIW	N（7，3）	m	Y	Y	
5	库容	KR	N（10，2）	10^4 m^3			
6	面积	MJ	N（8，2）	km^2			

[4] 填写说明：

1）湖泊代码：引用湖泊基本信息表。

2）湖泊名称：湖泊代码所代表的中文名称，由湖泊基本信息表带入。

3）日期：湖泊水位-库容-面积关系的更新日期，计至日。

4）水位：湖泊的水位值，计量单位为 m，计至三位小数。

5）库容：湖泊水位对应的库容，计量单位为 10^4 m^3，计至两位小数。

6）面积：湖泊水位对应的水面面积，计量单位为 km^2，计至两位小数。

8. （管理）湖泊蓄水量多年日均值统计表

[1] 表编号：010204031

[2] 表标识：HPXSLDNRJZTJB

[3] 表说明：本表为湖泊蓄水量多年日均值统计表，属管理表，存储湖泊蓄水量多年的日均值统计信息。统计的时间单元为时段，通过“开始年份”和“结束年份”确定，统计的空间单元为湖泊，统计指标多年的日平均蓄水量。

序号	含义	字段名	数据类型	单位	必填	主键	外键
1	湖泊代码	HPDM	C（7）		Y	Y	Y
2	湖泊名称	HPMC	C（64）				
3	开始年份	KSNF	D（4）		Y	Y	
4	结束年份	JSNF	D（4）		Y	Y	
5	多年日平均蓄水量	DNRPJXSL	N（10，3）	10^6 m^3			
6	备注	BZ	C（255）				

[4] 填写说明：

1）湖泊代码：引用湖泊基本信息表。

2）湖泊名称：湖泊代码所代表的中文名称，由湖泊基本信息表带入。

3）开始年份：统计开始的年份，计至年。

4）结束年份：统计结束的年份，计至年。

5）多年日平均蓄水量：指统计时段湖泊每日 8 时蓄水量的算术平均值，计量单位为 10^6 m^3，计至三位小数。

6）备注：简要描述其他补充信息。

9.（管理）水库水位-库容-面积关系表

[1] 表编号：010204032

[2] 表标识：SKSWKRMJGXB

[3] 表说明：本表为水库水位-库容-面积关系表，属管理表，存储水库库容与水位面积的关系信息。数据更新日期精确至日，管理对象为水库，管理内容为水位-库容-面积关系。

序号	含义	字段名	数据类型	单位	必填	主键	外键
1	水库代码	SKDM	C（11）		Y	Y	Y
2	水库名称	SKMC	C（40）				
3	日期	RQ	D（8）		Y	Y	
4	水位	SW	N（7，3）	m	Y	Y	
5	库容	KR	N（10，2）	$10^4\ m^3$			
6	面积	MJ	N（8，2）	km^2			

[4] 填写说明：

1）水库代码：引用水库基本信息表。

2）水库名称：水库的名称，由水库基本信息表带入。

3）日期：水库水位-库容-面积关系的更新日期，计至日。

4）水位：水库的水位值，计量单位为 m，计至三位小数。

5）库容：水库水位对应的库容，计量单位为 $10^4\ m^3$，计至两位小数。

6）面积：水位库容对应的水库水面面积，计量单位为 km^2，计至两位小数。

10.（管理）水库蓄水量多年日均值统计表

[1] 表编号：010204033

[2] 表标识：SKXSLDNRJZTJB

[3] 表说明：本表为水库蓄水量多年日均值统计表，属管理表，存储水库蓄水量多年的日均值统计信息。统计的时间单元为时段，通过“开始年份”和“结束年份”确定，统计的空间单元为水库，统计指标多年的日平均蓄水量。

序号	含义	字段名	数据类型	单位	必填	主键	外键
1	水库代码	SKDM	C（11）		Y	Y	Y
2	水库名称	SKMC	C（40）				
3	开始日期	KSRQ	D（4）		Y	Y	
4	结束日期	JSRQ	D（4）		Y	Y	
5	多年日平均蓄水量	DNRPJXSL	N（10，3）	$10^6\ m^3$			
6	备注	BZ	C（255）				

[4] 填写说明：

1）水库代码：引用水库基本信息表。

2）水库名称：水库的名称，由水库基本信息表带入。

3）开始日期：统计开始的年份，计至年。

4）结束日期：统计结束的年份，计至年。

5）多年日平均蓄水量：指统计时段内水库每日 8 时蓄水量的算术平均值，计量单位为 10^6 m^3，计至三位小数。

6）备注：简要描述其他补充信息。

11. （管理）河道水情多日特征值表

[1] 表编号：010204034

[2] 表标识：HDSQDRTZZB

[3] 表说明：本表为河道水情多日特征值表，属管理表，存储河道在统计时段内的特征值信息。统计的时间单元为时段，通过“开始时间”和“结束时间”确定，统计的空间单元为河道，统计指标包括河道水位、流量特征值等。

序号	含义	字段名	数据类型	单位	必填	主键	外键
1	测站代码	CZDM	C（8）		Y	Y	Y
2	测站名称	CZMC	C（30）				
3	开始时间	KSSJ	D（8）		Y	Y	
4	结束时间	JSSJ	D（8）		Y	Y	
5	平均水位	PJSW	N（7，3）	m			
6	平均流量	PJLL	N（10，3）	m^3/s			
7	最高水位	ZGSW	N（7，3）	m			
8	最低水位	ZDSW	N（7，3）	m			
9	最大流量	ZDLL	N（10，3）	m^3/s			
10	最小流量	ZXLL	N（10，3）	m^3/s			
11	最高水位出现时间	ZGSWCXSJ	T（10）				
12	最低水位出现时间	ZDSWCXSJ	T（10）				
13	最大流量出现时间	ZDLLCXSJ	T（10）				
14	最小流量出现时间	ZXLLCXSJ	T（10）				
15	水量	SL	N（10，3）	10^4 m^3			

[4] 填写说明：

1）测站代码：指水情信息统计的空间单元，引用水文测站基本信息表。

2）测站名称：测站代码所代表测站的中文名称，由水文测站基本信息表带入。

3）开始时间：指水情统计的开始时间，计至日。

4）结束时间：指水情统计的结束时间，计至日。

5）平均水位：指测站统计的多日平均水位，计量单位为 m，计至三位小数。

6）平均流量：指测站统计的多日平均流量，计量单位为 m^3/s，计至三位小数。

7）最高水位：指测站统计的多日最高水位，计量单位为 m，计至三位小数。

8）最低水位：指测站统计的多日最低水位，计量单位为 m，计至三位小数。

9）最大流量：指测站统计的多日最大流量，计量单位为 m^3/s，计至三位小数。

10）最小流量：指测站统计的多日最小流量，计量单位为 m^3/s，计至三位小数。

11）最高水位出现时间：指测站统计的多日最高水位出现时间，计至小时。

12）最低水位出现时间：指测站统计的多日最低水位出现时间，计至小时。

13）最大流量出现时间：指测站统计的多日最大流量出现时间，计至小时。

14）最小流量出现时间：指测站统计的多日最小流量出现时间，计至小时。

15）水量：指统计时段内测站监测断面的过水总量，计量单位为 10^4 m^3，计至三位小数。

12. （管理）水库水情多日特征值表

[1] 表编号：010204035

[2] 表标识：SKSQDRTZZB

[3] 表说明：本表为水库水情多日特征值表，属管理表，存储水库在统计时段内的特征值信息。统计的时间单元为时段，由“开始时间”和“结束时间”确定，统计的空间单元为水库，统计指标包括水库水位、流量特征值等。

序号	含义	字段名	数据类型	单位	必填	主键	外键
1	水库代码	SKDM	C（11）		Y	Y	Y
2	水库名称	SKMC	C（40）				
3	开始时间	KSSJ	D（8）		Y	Y	
4	结束时间	JSSJ	D（8）		Y	Y	
5	平均库水位	PJKSW	N（7，3）	m			
6	平均入库流量	PJRKLL	N（9，3）	m^3/s			
7	平均出库流量	PJCKLL	N（9，3）	m^3/s			
8	入库水量	RKSL	N（10，2）	$10^4 m^3$			
9	出库水量	CKSL	N（10，2）	$10^4 m^3$			
10	用水量	YSL	N（10，2）	$10^4 m^3$			
11	平均蓄水量	PJXSL	N（10，2）	$10^6 m^3$			
12	最高库水位	ZGKSW	N（7，3）	m			
13	最低库水位	ZDKSW	N（7，3）	m			
14	最大入库流量	ZDRKLL	N（9，1）	m^3/s			
15	最小入库流量	ZXRKLL	N（9，1）	m^3/s			
16	最大出库流量	ZDCKLL	N（9，1）	m^3/s			
17	最小出库流量	ZXCKLL	N（9，1）	m^3/s			
18	最大蓄水量	ZDXSL	N（10，2）	$10^6 m^3$			
19	最小蓄水量	ZXXSL	N（10，2）	$10^6 m^3$			
20	最高库水位出现时间	ZGKSWCXSJ	T（10）				
21	最低库水位出现时间	ZDKSWCXSJ	T（10）				
22	最大入库流量出现时间	ZDRKLLCXSJ	T（10）				
23	最小入库流量出现时间	ZXRKLLCXSJ	T（10）				
24	最大出库流量出现时间	ZDCKLLCXSJ	T（10）				
25	最小出库流量出现时间	ZXCKLLCXSJ	T（10）				
26	最大蓄水量出现时间	ZDXSLCXSJ	T（10）				
27	最小蓄水量出现时间	ZXXSLCXSJ	T（10）				

[4] 填写说明：

1）水库代码：所统计水库的识别代码，引用水库基本信息表。

2）水库名称：水库的名称，由水库基本信息表带入。

3）开始时间：对水文要素进行统计的特定时段的截止时间或特定水情信息的指定报汛开始时间，计至日。

4）结束时间：对水文要素进行统计的特定时段的截止时间或特定水情信息的指定报汛结束时间，计至日。

5）平均库水位：统计时段内库水位的平均值，计量单位为 m，计至三位小数。

6）平均入库流量：统计时段内的平均入库流量，计量单位为 m^3/s，计至三位小数。

7）平均出库流量：统计时段内的平均出库流量，计量单位为 m^3/s，计至三位小数。

8）入库水量：指统计时段内的入库水量，计量单位为 $10^4\ m^3$，计至两位小数。

9）出库水量：指统计时段内的出库水量，计量单位为 $10^4\ m^3$，计至两位小数。

10）用水量：指统计时段内水库的水资源配置量，计量单位为 $10^4\ m^3$，计至两位小数。

11）平均蓄水量：统计时段内水库的平均蓄水量，计量单位为 $10^6\ m^3$，计至两位小数。

12）最高库水位：统计时段内的最高库水位，计量单位为 m，计至三位小数。

13）最低库水位：统计时段内的最低库水位，计量单位为 m，计至三位小数。

14）最大入库流量：统计时段内的最大入库流量，计量单位为 m^3/s，计至一位小数。

15）最小入库流量：统计时段内的最小入库流量，计量单位为 m^3/s，计至一位小数。

16）最大出库流量：统计时段内的最大出库流量，计量单位为 m^3/s，计至一位小数。

17）最小出库流量：统计时段内的最小出库流量，计量单位为 m^3/s，计至一位小数。

18）最大蓄水量：统计时段内的最大蓄水量，计量单位为 $10^6\ m^3$，计至两位小数。

19）最小蓄水量：统计时段内的最小蓄水量，计量单位为 $10^6\ m^3$，计至两位小数。

20）最高库水位出现时间：最高库水位发生的时间，计至小时。

21）最低库水位出现时间：最低库水位发生的时间，计至小时。

22）最大入库流量出现时间：最大入库流量发生的时间，计至小时。

23）最小入库流量出现时间：最小入库流量发生的时间，计至小时。

24）最大出库流量出现时间：最大出库流量发生的时间，计至小时。

25）最小出库流量出现时间：最小出库流量发生的时间，计至小时。

26）最大蓄水量出现时间：最大蓄水量发生的时间，计至小时。

27）最小蓄水量出现时间：最小蓄水量发生的时间，计至小时。

13. （管理）水位-过闸流量关系表

[1] 表编号：010204036

[2] 表标识：SWGZLLGXB

[3] 表说明：本表为水位-过闸流量关系表，属管理表，存储水位与过闸流量的关系信息。数据更新时间精确至日，管理对象为水闸，管理内容为水位和过闸流量的关系。

序号	含义	字段名	数据类型	单位	必填	主键	外键
1	水闸代码	SZDM	C（11）		Y	Y	Y
2	水闸名称	SZMC	C（40）				
3	日期	RQ	D（8）		Y	Y	
4	闸上水位	ZSSW	N（7，3）	m	Y	Y	
5	闸下水位	ZXSW	N（7，3）	m			
6	过闸总流量	GZZLL	N（9，1）	m^3/s			

[4] 填写说明：

1）水闸代码：水闸工程的识别代码，引用水闸基本信息表。

2）水闸名称：水闸的名称，由水闸基本信息表带入。

3）日期：信息的更新日期，计至日。

4）闸上水位：闸前水位，计量单位为 m，计至三位小数。

5）闸下水位：所有闸门全开时，闸下游水位，计量单位为 m，计至三位小数。

6）过闸总流量：所有闸门全开时，对应于闸上水位的过闸总流量，计量单位为 m^3/s，计至一位小数。

14.（管理）堰闸水情多日特征值表

[1] 表编号：010204037

[2] 表标识：YZSQDRTZZB

[3] 表说明：本表为堰闸水情多日特征值表，属管理表，存储堰闸水情多日的特征值信息。统计的时间单元为时段，通过“标志时间”和“统计时段标志”确定，统计的空间单元为水闸，统计指标包括水闸水位、流量、水量相关特征值。

序号	含义	字段名	数据类型	单位	必填	主键	外键
1	水闸代码	SZDM	C（11）		Y	Y	Y
2	水闸名称	SZMC	C（40）				
3	标志时间	BZSJ	D（8）		Y	Y	
4	统计时段标志	TJSDBZ	C（6）		Y	Y	
5	平均闸上水位	PJZSSW	N（7，3）	m			
6	平均闸下水位	PJZXSW	N（7，3）	m			
7	平均过闸流量	PJGZLL	N（9，3）	m^3/s			
8	时段引水量	SDYSL	N（10，3）	m^3			
9	时段排水量	SDPSL	N（10，3）	m^3			
10	最高闸上水位	ZGZSSW	N（7，3）	m			
11	最低闸上水位	ZDZSSW	N（7，3）	m			
12	最大过闸流量	ZDGZLL	N（9，3）	m^3/s			
13	最小过闸流量	ZXGZLL	N（9，3）	m^3/s			
14	最高闸下水位	ZGZXSW	N（7，3）	m			
15	最低闸下水位	ZDZXSW	N（7，3）	m			
16	最高闸上水位出现时间	ZGZSSWCXSJ	T（10）				
17	最低闸上水位出现时间	ZDZSSWCXSJ	T（10）				
18	最大过闸流量出现时间	ZDGZLLCXSJ	T（10）				
19	最小过闸流量出现时间	ZXGZLLCXSJ	T（10）				
20	最高闸下水位出现时间	ZGZXSWCXSJ	T（10）				
21	最低闸下水位出现时间	ZDZXSWCXSJ	T（10）				

[4] 填写说明：

1）水闸代码：水闸的标识码，引用水闸基本信息表。

2）水闸名称：水闸的名称，由水闸基本信息表带入。

3）标志时间：对水文要素进行统计的特定时段的截止时间或特定水情信息的指定报汛时间，计至日。

4）统计时段标志：对水文要素进行统计的标准时段长，根据标志时间和统计时段标志便可确定一个特定的统计时段。填写一日、三日、一候、一旬、一月或一年。

5）平均闸上水位：标志时间前若干时间（由统计时段长指定）内闸上水位的平均值，计量单位为 m，计至三位小数。

6）平均闸下水位：标志时间前若干时间（由统计时段长指定）内闸下水位的平均值，计量单位为 m，计至三位小数。

7）平均过闸流量：标志时间前若干时间（由统计时段长指定）内流量的平均值，计量单位为 m^3/s，计至三位小数。

8）时段引水量：标志时间前若干时间（由统计时段长指定）内的累计引水量，计量单位为 m^3，计至三位小数。

9）时段排水量：标志时间前若干时间（由统计时段长指定）内的累计排水量，计量单位为 m^3，计至三位小数。

10）最高闸上水位：统计时段内的最高闸上水位，计量单位为 m，计至三位小数。

11）最低闸上水位：统计时段内的最低闸上水位，计量单位为 m，计至三位小数。

12）最大过闸流量：统计时段内的通过闸门的最大过闸流量，计量单位为 m^3/s，计至三位小数。

13）最小过闸流量：统计时段内的通过闸门的最小过闸流量，计量单位为 m^3/s，计至三位小数。

14）最高闸下水位：统计时段内的最高闸下水位，计量单位为 m，计至三位小数。

15）最低闸下水位：统计时段内的最低闸下水位，计量单位为 m，计至三位小数。

16）最高闸上水位出现时间：统计时段内最高闸上水位出现时间，计至小时。

17）最低闸上水位出现时间：统计时段内最低闸上水位出现时间，计至小时。

18）最大过闸流量出现时间：统计时段内最大过闸流量出现时间，计至小时。

19）最小过闸流量出现时间：统计时段内最小过闸流量出现时间，计至小时。

20）最高闸下水位出现时间：统计时段内最高闸下水位出现时间，计至小时。

21）最低闸下水位出现时间：统计时段内最低闸下水位出现时间，计至小时。

15．（管理）泵站水情多日特征值表

[1] 表编号：010204038

[2] 表标识：BZSQDRTZZB

[3] 表说明：本表为泵站水情多日特征值表，属管理表，存储泵站水情多日的特征值信息。统计的时间单元为时段，通过“标志时间”和“统计时段标志”确定，统计的空间单元为泵站，统计指标为泵站水位、流量相关特征值。

序号	含义	字段名	数据类型	单位	必填	主键	外键
1	泵站代码	BZDM	C（11）		Y	Y	Y
2	泵站名称	BZMC	C（64）				
3	标志时间	BZSJ	D（8）		Y	Y	
4	统计时段标志	TJSDBZ	C（6）		Y	Y	
5	平均站上水位	PJZSSW	N（7，3）	m			
6	平均站下水位	PJZXSW	N（7，3）	m			
7	平均提水流量	PJTSLL	N（9，3）	m^3/s			
8	时段引水量	SDYSL	N（10，3）	m^3			
9	时段排水量	SDPSL	N（10，3）	m^3			
10	站上最高水位	ZSZGSW	N（7，3）	m			
11	站上最低水位	ZSZDSW	N（7，3）	m			
12	站下最高水位	ZXZGSW	N（7，3）	m			
13	站下最低水位	ZXZDSW	N（7，3）	m			
14	最大引水流量	ZDYSLL	N（9，3）	m^3/s			
15	最小引水流量	ZXYSLL	N（9，3）	m^3/s			
16	最大排水流量	ZDPSLL	N（9，3）	m^3/s			
17	最小排水流量	ZXPSLL	N（9，3）	m^3/s			

序号	含义	字段名	数据类型	单位	必填	主键	外键
18	站上最高水位出现时间	ZSZGSWCXSJ	T（10）				
19	站上最低水位出现时间	ZSZDSWCXSJ	T（10）				
20	站下最高水位出现时间	ZXZGSWCXSJ	T（10）				
21	站下最低水位出现时间	ZXZDSWCXSJ	T（10）				
22	最大引水流量出现时间	ZDYSLLCXSJ	T（10）				
23	最小引水流量出现时间	ZXYSLLCXSJ	T（10）				
24	最大排水流量出现时间	ZDPSLLCXSJ	T（10）				
25	最小排水流量出现时间	ZXPSLLCXSJ	T（10）				

[4] 填写说明：

1）泵站代码：泵站的标识码，引用泵站基本信息表。

2）泵站名称：泵站的中文名称，由泵站基本信息表带入。

3）标志时间：对水文要素进行统计的特定时段的截止时间或特定水情信息的指定报汛时间，计至日。

4）统计时段标志：对水文要素进行统计的标准时段长，根据标志时间和统计时段标志便可确定一个特定的统计时段。填写一日、三日、一候、一旬、一月或一年。

5）平均站上水位：统计时段内站上的平均水位，计量单位为 m，计至三位小数。

6）平均站下水位：统计时段内站下的平均水位，计量单位为 m，计至三位小数。

7）平均提水流量：统计时段内泵站的平均提水流量，计量单位为 m^3/s，计至三位小数。

8）时段引水量：统计时段内泵站的总引水量，计量单位为 m^3，计至三位小数。

9）时段排水量：统计时段内泵站的总排水量，计量单位为 m^3，计至三位小数。

10）站上最高水位：统计时段内站上的最高水位，计量单位为 m，计至三位小数。

11）站上最低水位：统计时段内站上的最低水位，计量单位为 m，计至三位小数。

12）站下最高水位：统计时段内站下的最高水位，计量单位为 m，计至三位小数。

13）站下最低水位：统计时段内站下的最低水位，计量单位为 m，计至三位小数。

14）最大引水流量：统计时段内泵站的最大引水流量，计量单位为 m^3/s，计至三位小数。

15）最小引水流量：统计时段内泵站的最小引水流量，计量单位为 m^3/s，计至三位小数。

16）最大排水流量：统计时段内泵站的最大排水流量，计量单位为 m^3/s，计至三位小数。

17）最小排水流量：统计时段内泵站的最小排水流量，计量单位为 m^3/s，计至三位小数。

18）站上最高水位出现时间：统计时段内泵站站上最高水位出现时间，计至小时。

19）站上最低水位出现时间：统计时段内泵站站上最低水位出现时间，计至小时。

20）站下最高水位出现时间：统计时段内泵站站下最高水位出现时间，计至小时。

21）站下最低水位出现时间：统计时段内泵站站下最低水位出现时间，计至小时。

22）最大引水流量出现时间：统计时段内泵站最大引水流量出现时间，计至小时。

23）最小引水流量出现时间：统计时段内泵站最小引水流量出现时间，计至小时。

24）最大排水流量出现时间：统计时段内泵站最大排水流量出现时间，计至小时。

25）最小排水流量出现时间：统计时段内泵站最小排水流量出现时间，计至小时。

16. （管理）潮汐水情多日特征值表

[1] 表编号：010204039

[2] 表标识：CXSQDRTZZB

[3] 表说明：本表为潮汐水情多日特征值表，属管理表，存储测站潮汐水情多日的特征值信息。统计的时间单

元为时段，通过“标志时间”和“统计时段标志”确定，统计的空间单元为测站，统计指标为潮位和风速相关特征值。

序号	含义	字段名	数据类型	单位	必填	主键	外键
1	测站代码	CZDM	C（8）		Y	Y	Y
2	测站名称	CZMC	C（30）				
3	河流名称	HLMC	C（30）				Y
4	标志时间	BZSJ	D（8）		Y	Y	
5	统计时段标志	TJSDBZ	C（6）		Y	Y	
6	平均高潮位	PJGCW	N（7，3）	m			
7	平均低潮位	PJDCW	N（7，3）	m			
8	最高潮位	ZGCW	N（7，3）	m			
9	最低潮位	ZDCW	N（7，3）	m			
10	最大风速	ZDFS	N（4，1）	m/s			
11	最高潮位出现时间	ZGCWCXSJ	T（10）				
12	最低潮位出现时间	ZDCWCXSJ	T（10）				
13	最大风速出现时间	ZDFSCXSJ	T（10）				

[4] 填写说明：

1）测站代码：监测潮位的测站的标识码，引用水文测站基本信息表。

2）测站名称：测站代码所代表测站的中文名称，由水文测站基本信息表带入。

3）河流名称：河流代码所代表河流的中文名称，由河流基本信息表带入。

4）标志时间：对水文要素进行统计的特定时段的截止时间或特定水情信息的指定报汛时间，计至日。

5）统计时段标志：对水文要素进行统计的标准时段长，根据标志时间和统计时段标志便可确定一个特定的统计时段。填写一日、三日、一候、一旬、一月或一年。

6）平均高潮位：统计时段内测站高潮位的平均值，计量单位为 m，计至三位小数。

7）平均低潮位：统计时段内测站低潮位的平均值，计量单位为 m，计至三位小数。

8）最高潮位：统计时段内测站的最高潮水位，计量单位为 m，计至三位小数。

9）最低潮位：统计时段内测站的最低潮水位，计量单位为 m，计至三位小数。

10）最大风速：统计时段内测站测得的最大风速，计量单位为 m/s，计至一位小数。

11）最高潮位出现时间：统计时段内最高潮位出现时间，计至小时。

12）最低潮位出现时间：统计时段内最低潮位出现时间，计至小时。

13）最大风速出现时间：统计时段内最大风速出现时间，计至小时。

17. （管理）控制断面日平均流量特征值表

[1] 表编号：010204040

[2] 表标识：KZDMRPJLLTZZB

[3] 表说明：本表为控制断面日平均流量特征值表，属管理表，存储控制断面日平均流量特征值情况。统计的时间单元为日，空间单元为控制断面，统计指标为日平均流量。

序号	含义	字段名	数据类型	单位	必填	主键	外键
1	断面代码	DMDM	C（8）		Y	Y	Y
2	断面名称	DMMC	C（32）				
3	日期	RQ	D（8）		Y	Y	

序号	含义	字段名	数据类型	单位	必填	主键	外键
4	日平均流量	RPJLL	N（9，1）	m^3/s			
5	备注	BZ	C（255）				

[4] 填写说明：

1）断面代码：控制断面代码，引用控制断面基本信息表。

2）断面名称：断面的中文名称。取最近行政村名称，由控制断面基本信息表带入。

3）日期：进行观测记录的日期，计至日。

4）日平均流量：一天（24 h）内径流量的平均值，计量单位为 m^3/s，计至一位小数。

5）备注：必要的相关内容注解、描述。

18. （管理）控制断面月平均流量特征值表

[1] 表编号：010204041

[2] 表标识：KZDMYPJLLTZZB

[3] 表说明：本表为控制断面月平均流量特征值表，属管理表，存储控制断面月平均流量特征值数据。统计的时间单元为月，空间单元为控制断面，统计指标包括控制断面流量特征值。

序号	含义	字段名	数据类型	单位	必填	主键	外键
1	断面代码	DMDM	C（8）		Y	Y	Y
2	断面名称	DMMC	C（32）				
3	日期	RQ	D（6）		Y	Y	
4	月平均流量	YPJLL	N（9，1）	m^3/s			
5	月最大流量	YZDLL	N（9，1）	m^3/s			
6	月最大流量日期	YZDLLRQ	D（8）				
7	月最小流量	YZXLL	N（9，1）	m^3/s			
8	月最小流量日期	YZXLLRQ	D（8）				
9	备注	BZ	C（255）				

[4] 填写说明：

1）断面代码：控制断面代码，引用控制断面基本信息表。

2）断面名称：断面的中文名称。取最近行政村名称，由控制断面基本信息表带入。

3）日期：观测、调查和统计资料的日期，计至月。

4）月平均流量：在水位-流量关系曲线上，月平均水位对应的流量，计量单位为 m^3/s，计至一位小数。

5）月最大流量：水位-流量关系曲线单一者，月最高水位推求的流量，或实测流量过程线上选取的最大流量，计量单位为 m^3/s，计至一位小数。

6）月最大流量日期：月最大流量对应的日期，计至日。

7）月最小流量：水位-流量关系曲线单一者，月最低水位推求的流量，或实测流量过程线上选取的最小流量，计量单位为 m^3/s，计至一位小数。

8）月最小流量日期：月最小流量对应的日期，计至日。

9）备注：必要的相关内容注解、描述。

19. （管理）控制断面年平均流量特征值表

[1] 表编号：010204042

[2] 表标识：KZDMNPJLLTZZB

[3] 表说明：本表为控制断面年平均流量特征值表，属管理表，存储控制断面年平均流量特征值数据。统计的时间单元为年，空间单元为控制断面，统计指标包括控制断面流量特征值。

序号	含义	字段名	数据类型	单位	必填	主键	外键
1	断面代码	DMDM	C（8）		Y	Y	Y
2	断面名称	DMMC	C（32）				
3	日期	RQ	D（4）		Y	Y	
4	年最大流量	NZDLL	N（9，1）	m^3/s			
5	年最大流量日期	NZDLLRQ	D（8）				
6	年最小流量	NZXLL	N（9，1）	m^3/s			
7	年最小流量日期	NZXLLRQ	D（8）				
8	年平均流量	NPJLL	N（9，1）	m^3/s			
9	年径流量	NJLL	N（12，3）	$10^4 m^3$			
10	年径流模数	NJLMS	N（7，2）	$m^3/（km^2·a）$			
11	年径流深度	NJLSD	N（5，1）	mm			
12	备注	BZ	C（255）				

[4] 填写说明：

1）断面代码：控制断面代码，引用控制断面基本信息表。

2）断面名称：断面的中文名称，取最近行政村名称，由控制断面基本信息表带入。

3）日期：观测、调查和统计资料的年份，计至年。

4）年最大流量：从逐日平均流量表中挑选的年内最大流量，计量单位为 m^3/s，计至一位小数。

5）年最大流量日期：年最大流量对应的日期，计至日。

6）年最小流量：从逐日平均流量表中挑选的年内最小流量，计量单位为 m^3/s，计至一位小数。

7）年最小流量日期：年最小流量对应的日期，计至日。

8）年平均流量：各月平均流量加权平均值，计量单位为 m^3/s，计至一位小数。

9）年径流量：一整年的径流总量，计量单位为 $10^4 m^3$，计至三位小数。

10）年径流模数：统计年度单位集水面积的径流量，计量单位为 $m^3/（km^2·a）$，计至两位小数。

11）年径流深度：年径流量除以集水面积所得的水层厚度，计量单位为 mm，计至一位小数。

12）备注：必要的相关内容注解、描述。

20. （管理）控制断面逐次降水水位流量数据表

[1] 表编号：010204043

[2] 表标识：KZDMZCJSSWLLSJB

[3] 表说明：本表为控制断面逐次降水水位流量数据表，属管理表，存储控制断面逐次降水水位流量数据。统计的时间单元为时段，通过“降水开始时间”和“降水结束时间”确定，统计的空间单元为控制断面，统计指标降水过程中的降水量及该控制断面的径流量和水位等。

序号	含义	字段名	数据类型	单位	必填	主键	外键
1	断面代码	DMDM	C（8）		Y	Y	Y

序号	含义	字段名	数据类型	单位	必填	主键	外键
2	断面名称	DMMC	C（32）				
3	降水开始时间	JSKSSJ	T（12）		Y	Y	
4	降水结束时间	JSJSSJ	T（12）		Y	Y	
5	降水量	JSL	N（5，1）	mm			
6	汇流起流时间	HLQLSJ	T（12）				
7	汇流止流时间	HLZLSJ	T（12）				
8	径流量	JLL	N（9，1）	m^3			
9	水位	SHUIW	N（7，3）	m			
10	备注	BZ	C（255）				

[4] 填写说明：

1）断面代码：控制断面代码，引用控制断面基本信息表。

2）断面名称：断面的中文名称，取最近行政村名称，由控制断面基本信息表带入。

3）降水开始时间：某场降水发生时段的起始时刻，计至分钟。

4）降水结束时间：某场降水发生时段的终止时刻，计至分钟。

5）降水量：降水开始时间到结束时间的降水量，计量单位为 mm，计至一位小数。

6）汇流起流时间：本次降水产生径流并开始观测流量的时间，计至分钟。

7）汇流止流时间：本次降水产生径流结束并停止观测的时间，计至分钟。

8）径流量：某时段内通过控制断面的总水量，计量单位为 m^3，计至一位小数。

9）水位：统计起止时间内控制断面的平均水位，计量单位为 m，计至三位小数。

10）备注：必要的相关内容注解、描述。

21. （管理）日墒情信息表

[1] 表编号：010204044

[2] 表标识：RSQXXB

[3] 表名称：本表为日墒情信息表，属管理表，存储土壤墒情测站以日为单位的时间序列数据。统计的时间单元为日，空间单元为测站，统计指标包括不同土层的土壤含水量、地温、水势等。

序号	含义	字段名	数据类型	单位	必填	主键	外键
1	测站代码	CZDM	C（8）		Y	Y	Y
2	测站名称	CZMC	C（30）				
3	日期	RQ	D（8）		Y	Y	
4	日平均含水量	RPJHSL	N（3，1）	%			
5	表层日平均含水量	BCRPJHSL	N（3，1）	%			
6	10 cm 处土壤日平均含水量	LMCTRRPJHSL10	N（3，1）	%			
7	20 cm 处土壤日平均含水量	LMCTRRPJHSL20	N（3，1）	%			
8	30 cm 处土壤日平均含水量	LMCTRRPJHSL30	N（3，1）	%			
9	40 cm 处土壤日平均含水量	LMCTRRPJHSL40	N（3，1）	%			
10	50 cm 处土壤日平均含水量	LMCTRRPJHSL50	N（3，1）	%			
11	60 cm 处土壤日平均含水量	LMCTRRPJHSL60	N（3，1）	%			
12	80 cm 处土壤日平均含水量	LMCTRRPJHSL80	N（3，1）	%			
13	100 cm 处土壤日平均含水量	LMCTRRPJHSL100	N（3，1）	%			
14	10 cm 层日平均地温	LMCRPJDW10	N（3，1）	℃			

序号	含义	字段名	数据类型	单位	必填	主键	外键
15	20 cm 层日平均地温	LMCRPJDW20	N（3，1）	℃			
16	40 cm 层日平均地温	LMCRPJDW40	N（3，1）	℃			
17	日平均水势	RPJSS	N（3，1）	Pa			

[4] 填写说明：

1）测站代码：引用土壤墒情测站基本信息表。

2）测站名称：测站代码所代表测站的中文名称，由土壤墒情测站基本信息表带入。

3）日期：统计时间以 8：00 为日分界的日期，观测日的 8：00 至下一日 8：00 为一个周期，计至日。

4）日平均含水量：指统计日整个土壤监测层（垂线平均）的日平均含水量，计量单位为%，计至一位小数。

5）表层日平均含水量：统计日表层土壤的平均含水量，计量单位为%，计至一位小数。

6）10 cm 处土壤日平均含水量：观测日测得的垂向 10 cm 深度处土壤含水量日平均值，计量单位为%，计至一位小数。

7）20 cm 处土壤日平均含水量：观测日测得的垂向 20 cm 深度处土壤含水量日平均值，计量单位为%，计至一位小数。

8）30 cm 处土壤日平均含水量：观测日测得的垂向 30 cm 深度处土壤含水量日平均值，计量单位为%，计至一位小数。

9）40 cm 处土壤日平均含水量：观测日测得的垂向 40 cm 深度处土壤含水量日平均值，计量单位为%，计至一位小数。

10）50 cm 处土壤日平均含水量：观测日测得的垂向 50 cm 深度处土壤含水量日平均值，计量单位为%，计至一位小数。

11）60 cm 处土壤日平均含水量：观测日测得的垂向 60 cm 深度处土壤含水量日平均值，计量单位为%，计至一位小数。

12）80 cm 处土壤日平均含水量：观测日测得的垂向 80 cm 深度处土壤含水量日平均值，计量单位为%，计至一位小数。

13）100 cm 处土壤日平均含水量：观测日测得的垂向 100 cm 深度处土壤含水量日平均值，计量单位为%，计至一位小数。

14）10 cm 层日平均地温：观测日测得地表以下 10 cm 深度处土壤温度日平均值，计量单位为℃，计至一位小数。

15）20 cm 层日平均地温：观测日测得地表以下 20 cm 深度处土壤温度日平均值，计量单位为℃，计至一位小数。

16）40 cm 层日平均地温：观测日测得地表以下 40 cm 深度处土壤温度日平均值，计量单位为℃，计至一位小数。

17）日平均水势：观测日土壤剖面水势日平均值，计量单位为 Pa，计至一位小数。

22. （管理）月墒情信息表

[1] 表编号：010204045

[2] 表标识：YSQXXB

[3] 表说明：本表为月墒情信息表，属管理表，存储土壤墒情测站以月为单位的时间序列数据。统计的时间单元为月，空间单元为测站，统计指标包括不同土层的土壤含水量、地温、水势等。

序号	含义	字段名	数据类型	单位	必填	主键	外键
1	测站代码	CZDM	C（8）		Y	Y	Y
2	测站名称	CZMC	C（30）				
3	日期	RQ	D（6）		Y	Y	
4	月平均含水量	YPJHSL	N（3，1）	%			
5	表层月平均含水量	BCYPJHSL	N（3，1）	%			
6	10 cm 处土壤月平均含水量	LMCTRYPJHSL10	N（3，1）	%			
7	20 cm 处土壤月平均含水量	LMCTRYPJHSL20	N（3，1）	%			
8	30 cm 处土壤月平均含水量	LMCTRYPJHSL30	N（3，1）	%			
9	40 cm 处土壤月平均含水量	LMCTRYPJHSL40	N（3，1）	%			
10	50 cm 处土壤月平均含水量	LMCTRYPJHSL50	N（3，1）	%			
11	60 cm 处土壤月平均含水量	LMCTRYPJHSL60	N（3，1）	%			
12	80 cm 处土壤月平均含水量	LMCTRYPJHSL80	N（3，1）	%			
13	100 cm 处土壤月平均含水量	LMCTRYPJHSL100	N（3，1）	%			
14	10 cm 层月平均地温	LMCYPJDW10	N（3，1）	℃			
15	20 cm 层月平均地温	LMCYPJDW20	N（3，1）	℃			
16	40 cm 层月平均地温	LMCYPJDW40	N（3，1）	℃			
17	月平均水势	YPJSS	N（3，1）	Pa			

[4] 填写说明：

1）测站代码：引用土壤墒情测站基本信息表。

2）测站名称：测站代码所代表测站的中文名称，由土壤墒情测站基本信息表带入。

3）日期：观测月的时间以每月 1 日为月分界的日期，观测月的 1 日 8：00 至下月的 1 日 8：00 为一个周期，计至月。

4）月平均含水量：指统计月整个土壤监测层（垂线平均）的日平均含水量，计算单位为%，计至一位小数。

5）表层月平均含水量：统计月表层土壤的平均含水量，计算单位为%，计至一位小数。

6）10 cm 处土壤月平均含水量：观测月测得的垂向 10 cm 深度处土壤含水量月平均值，计算单位为%，计至一位小数。

7）20 cm 处土壤月平均含水量：观测月测得的垂向 20 cm 深度处土壤含水量月平均值，计算单位为%，计至一位小数。

8）30 cm 处土壤月平均含水量：观测月测得的垂向 30 cm 深度处土壤含水量月平均值，计算单位为%，计至一位小数。

9）40 cm 处土壤月平均含水量：观测月测得的垂向 40 cm 深度处土壤含水量月平均值，计算单位为%，计至一位小数。

10）50 cm 处土壤月平均含水量：观测月测得的垂向 50 cm 深度处土壤含水量月平均值，计算单位为%，计至一位小数。

11）60 cm 处土壤月平均含水量：观测月测得的垂向 60 cm 深度处土壤含水量月平均值，计算单位为%，计至一位小数。

12）80 cm 处土壤月平均含水量：观测月测得的垂向 80 cm 深度处土壤含水量月平均值，计算单位为%，计至一位小数。

13）100 cm 处土壤月平均含水量：观测月测得的垂向 100 cm 深度处土壤含水量月平均值，计算单位为%，计至一位小数。

14）10 cm 层月平均地温：观测月测得地表以下 10 cm 深度处土壤温度月平均值，计量单位为℃，计至一位小数。

15）20 cm 层月平均地温：观测月测得地表以下 20 cm 深度处土壤温度月平均值，计量单位为℃，计至一位小数。

16）40 cm 层月平均地温：观测月测得地表以下 40 cm 深度处土壤温度月平均值，计量单位为℃，计至一位小数。

17）月平均水势：观测月土壤剖面水势月平均值，计量单位为 Pa，计至一位小数。

23. （管理）季度墒情信息表

[1] 表编号：010204046

[2] 表标识：JDSQXXB

[3] 表说明：本表为季度墒情信息表，属管理表，存储土壤墒情测站以季度为单位的时间序列数据。统计的时间单元为季度，空间单元为测站，统计指标包括不同土层的土壤含水量、地温、水势等。

序号	含义	字段名	数据类型	单位	必填	主键	外键
1	测站代码	CZDM	C（8）		Y	Y	Y
2	测站名称	CZMC	C（30）				
3	日期	RQ	D（4）		Y	Y	
4	季度	JD	C（1）		Y	Y	
5	季度平均含水量	JDPJHSL	N（3，1）	%			
6	表层季度平均含水量	BCJDPJHSL	N（3，1）	%			
7	10 cm 处土壤季度平均含水量	LMCTRJDPJHSL10	N（3，1）	%			
8	20 cm 处土壤季度平均含水量	LMCTRJDPJHSL20	N（3，1）	%			
9	30 cm 处土壤季度平均含水量	LMCTRJDPJHSL30	N（3，1）	%			
10	40 cm 处土壤季度平均含水量	LMCTRJDPJHSL40	N（3，1）	%			
11	50 cm 处土壤季度平均含水量	LMCTRJDPJHSL50	N（3，1）	%			
12	60 cm 处土壤季度平均含水量	LMCTRJDPJHSL60	N（3，1）	%			
13	80 cm 处土壤季度平均含水量	LMCTRJDPJHSL80	N（3，1）	%			
14	100 cm 处土壤季度平均含水量	LMCTRJDPJHSL100	N（3，1）	%			
15	10 cm 层季度平均地温	LMCJDPJDW10	N（3，1）	℃			
16	20 cm 层季度平均地温	LMCJDPJDW20	N（3，1）	℃			
17	40 cm 层季度平均地温	LMCJDPJDW40	N（3，1）	℃			
18	季度平均水势	JDPJSS	N（3，1）	Pa			

[4] 填写说明：

1）测站代码：引用土壤墒情测站基本信息表。

2）测站名称：测站代码所代表测站的中文名称，由土壤墒情测站基本信息表带入。

3）日期：墒情数据统计日期，计至年。

4）季度：观测季度的时间，将一年分为四个季度，每个季度历时 3 个月。第一季度：1—3 月；第二季度：4—6 月；第三季度：7—9 月；第四季度：10—12 月。

5）季度平均含水量：指统计季度整个土壤监测层（垂线平均）的日平均含水量，计算单位为%，计至一位小数。

6）表层季度平均含水量：统计季度表层土壤的平均含水量，计算单位为%，计至一位小数。

7）10 cm 处土壤季度平均含水量：观测季度测得的垂向 10 cm 深度处土壤含水量季度平均值，计算单位为%，计至一位小数。

8）20 cm 处土壤季度平均含水量：观测季度测得的垂向 20 cm 深度处土壤含水量季度平均值，计算单位为%，计至一位小数。

9）30 cm 处土壤季度平均含水量：观测季度测得的垂向 30 cm 深度处土壤含水量季度平均值，计算单位为%，计至一位小数。

10）40 cm 处土壤季度平均含水量：观测季度测得的垂向 40 cm 深度处土壤含水量季度平均值，计算单位为%，计至一位小数。

11）50 cm 处土壤季度平均含水量：观测季度测得的垂向 50 cm 深度处土壤含水量季度平均值，计算单位为%，计至一位小数。

12）60 cm 处土壤季度平均含水量：观测季度测得的垂向 60 cm 深度处土壤含水量季度平均值，计算单位为%，计至一位小数。

13）80 cm 处土壤季度平均含水量：观测季度测得的垂向 80 cm 深度处土壤含水量季度平均值，计算单位为%，计至一位小数。

14）100 cm 处土壤季度平均含水量：观测季度测得的垂向 100 cm 深度处土壤含水量季度平均值，计算单位为%，计至一位小数。

15）10 cm 层季度平均地温：观测季度测得地表以下 10 cm 深度处土壤温度季度平均值，计量单位为℃，计至一位小数。

16）20 cm 层季度平均地温：观测季度测得地表以下 20 cm 深度处土壤温度季度平均值，计量单位为℃，计至一位小数。

17）40 cm 层季度平均地温：观测季度测得地表以下 40 cm 深度处土壤温度季度平均值，计量单位为℃，计至一位小数。

18）季度平均水势：观测季度土壤剖面水势季度平均值，计量单位为 Pa，计至一位小数。

24. （管理）年墒情信息表

[1] 表编号：010204047

[2] 表标识：NSQXXB

[3] 表说明：本表为年墒情信息表，属管理表，存储土壤墒情测站以年为单位的时间序列数据。统计的时间单元为年，空间单元为测站，统计指标包括不同土层的土壤含水量、地温、水势等。

序号	含义	字段名	数据类型	单位	必填	主键	外键
1	测站代码	CZDM	C（8）		Y	Y	Y
2	测站名称	CZMC	C（30）				
3	日期	RQ	D（4）		Y	Y	
4	年平均含水量	NPJHSL	N（3，1）	%			
5	表层年平均含水量	BCNPJHSL	N（3，1）	%			
6	10 cm 处土壤年平均含水量	LMCTRNPJHSL10	N（3，1）	%			
7	20 cm 处土壤年平均含水量	LMCTRNPJHSL20	N（3，1）	%			
8	30 cm 处土壤年平均含水量	LMCTRNPJHSL30	N（3，1）	%			
9	40 cm 处土壤年平均含水量	LMCTRNPJHSL40	N（3，1）	%			
10	50 cm 处土壤年平均含水量	LMCTRNPJHSL50	N（3，1）	%			
11	60 cm 处土壤年平均含水量	LMCTRNPJHSL60	N（3，1）	%			
12	80 cm 处土壤年平均含水量	LMCTRNPJHSL80	N（3，1）	%			
13	100 cm 处土壤年平均含水量	LMCTRNPJHSL100	N（3，1）	%			

序号	含义	字段名	数据类型	单位	必填	主键	外键
14	10 cm 层年平均地温	LMCNPJDW10	N（3，1）	℃			
15	20 cm 层年平均地温	LMCNPJDW20	N（3，1）	℃			
16	40 cm 层年平均地温	LMCNPJDW40	N（3，1）	℃			
17	年平均水势	NPJSS	N（3，1）	Pa			

[4] 填写说明：

1）测站代码：引用土壤墒情测站基本信息表。

2）测站名称：测站代码所代表测站的中文名称，由土壤墒情测站基本信息表带入。

3）日期：观测年的时间，以每年 1 月 1 日为年分界的日期，观测年的 1 月 1 日 8：00 至下一年的 1 月 1 日 8：00 为一个周期，计至年。

4）年平均含水量：指统计年整个土壤监测层（垂线平均）的日平均含水量，计算单位为%，计至一位小数。

5）表层年平均含水量：统计年表层土壤的平均含水量，计算单位为%，计至一位小数。

6）10 cm 处土壤年平均含水量：观测年测得的垂向 10 cm 深度处土壤含水量年平均值，计算单位为%，计至一位小数。

7）20 cm 处土壤年平均含水量：观测年测得的垂向 20 cm 深度处土壤含水量年平均值，计算单位为%，计至一位小数。

8）30 cm 处土壤年平均含水量：观测年测得的垂向 30 cm 深度处土壤含水量年平均值，计算单位为%，计至一位小数。

9）40 cm 处土壤年平均含水量：观测年测得的垂向 40 cm 深度处土壤含水量年平均值，计算单位为%，计至一位小数。

10）50 cm 处土壤年平均含水量：观测年测得的垂向 50 cm 深度处土壤含水量年平均值，计算单位为%，计至一位小数。

11）60 cm 处土壤年平均含水量：观测年测得的垂向 60 cm 深度处土壤含水量年平均值，计算单位为%，计至一位小数。

12）80 cm 处土壤年平均含水量：观测年测得的垂向 80 cm 深度处土壤含水量年平均值，计算单位为%，计至一位小数。

13）100 cm 处土壤年平均含水量：观测年测得的垂向 100 cm 深度处土壤含水量年平均值，计算单位为%，计至一位小数。

14）10 cm 层年平均地温：观测年测得地表以下 10 cm 深度处土壤温度年平均值，计量单位为℃，计至一位小数。

15）20 cm 层年平均地温：观测年测得地表以下 20 cm 深度处土壤温度年平均值，计量单位为℃，计至一位小数。

16）40 cm 层年平均地温：观测年测得地表以下 40 cm 深度处土壤温度年平均值，计量单位为℃，计至一位小数。

17）年平均水势：观测年土壤剖面水势月平均值，计量单位为 Pa，计至一位小数。

25．（管理）日地下水信息统计表

[1] 表编号：010204048

[2] 表标识：RDXSXXTJB

[3] 表说明：存储地下水测站以日为单位的时间序列数据。

序号	含义	字段名	数据类型	单位	必填	主键	外键
1	测站代码	CZDM	C（8）		Y	Y	Y
2	测站名称	CZMC	C（30）				
3	日期	RQ	D（8）		Y	Y	
4	地下水埋深	DXSMS	N（7，3）	m			
5	地下水水温	DXSSW	N（5，2）	℃			
6	地下水水势	DXSSS	C（1）				
7	水井开采量	SJKCL	N（10，3）	10^4 m^3			
8	泉涌水流量	QYSLL	N（9，3）	m^3/s			
9	泉涌水流量测法	QYSLLCF	C（6）				

[4] 填写说明：

1）测站代码：指地下水测站的代码，引用地下水测站基本信息表。

2）测站名称：测站代码所代表测站的中文名称，由地下水测站基本信息表带入。

3）日期：地下水统计日期，计至日。

4）地下水埋深：统计日地下水的平均埋深，计量单位为 m，计至三位小数。

5）地下水水温：统计日地下水的平均温度，计量单位为℃，计至两位小数。

6）地下水水势：统计日地下水水位变化趋势，填写涨、落或平。

7）水井开采量：统计日地下水开采总量，计量单位为 10^4 m^3，计至三位小数。

8）泉涌水流量：统计日地下水泉涌水的平均流量，计量单位为 m^3/s，计至三位小数。

9）泉涌水流量测法：指泉涌水流量的测验方法，填写水表法、堰槽法、流速仪法、水泵法、定额法或其他方法。

26. （管理）月地下水信息统计表

[1] 表编号：010204049

[2] 表标识：YDXSXXTJB

[3] 表说明：存储地下水测站以月为单位的时间序列数据。

序号	含义	字段名	数据类型	单位	必填	主键	外键
1	测站代码	CZDM	C（8）		Y	Y	Y
2	测站名称	CZMC	C（30）				
3	日期	RQ	D（6）		Y	Y	
4	地下水埋深	DXSMS	N（7，3）	m			
5	地下水水温	DXSSW	N（5，2）	℃			
6	地下水水势	DXSSS	C（1）				
7	泉涌水流量	QYSLL	N（9，3）	m^3/s			
8	水井开采量	SJKCL	N（10，3）	10^4 m^3			
9	最大埋深	ZDMS	N（7，3）	m			
10	最小埋深	ZXMS	N（7，3）	m			
11	最高地下水水温	ZGDXSSW	N（4，2）	℃			
12	最低地下水水温	ZDDXSSW	N（4，2）	℃			
13	最大开采量	ZDKCL	N（10，3）	10^4 m^3			
14	最小开采量	ZXKCL	N（10，3）	10^4 m^3			
15	最大埋深出现时间	ZDMSCXSJ	D（8）				

序号	含义	字段名	数据类型	单位	必填	主键	外键
16	最小埋深出现时间	ZXMSCXSJ	D（8）				
17	最高地下水水温出现时间	ZGDXSSWCXSJ	D（8）				
18	最低地下水水温出现时间	ZDDXSSWCXSJ	D（8）				
19	最大水井开采量出现时间	ZDSJKCLCXSJ	D（8）				
20	最小水井开采量出现时间	ZXSJKCLCXSJ	D（8）				

[4] 填写说明：

1）测站代码：指地下水测站的代码，引用地下水测站基本信息表。

2）测站名称：测站代码所代表测站的中文名称，由地下水测站基本信息表带入。

3）日期：地下水统计日期，计至月。

4）地下水埋深：统计月地下水平均埋深，计量单位为 m，计至三位小数。

5）地下水水温：统计月地下水平均水温，计量单位为℃，计至两位小数。

6）地下水水势：统计月地下水的总体水势，填写涨、落或平。

7）泉涌水流量：统计月泉涌水的平均流量，计量单位为 m^3/s，计至三位小数。

8）水井开采量：统计月地下水平均开采量，计量单位为 $10^4\ m^3$，计至三位小数。

9）最大埋深：统计月地下水最大埋深，计量单位为 m，计至三位小数。

10）最小埋深：统计月地下水最小埋深，计量单位为 m，计至三位小数。

11）最高地下水水温：统计月地下水最高水温，计量单位为℃，计至两位小数。

12）最低地下水水温：统计月地下水最低水温，计量单位为℃，计至两位小数。

13）最大开采量：统计月地下水最大开采量，计量单位为 $10^4\ m^3$，计至三位小数。

14）最小开采量：统计月地下水最小开采量，计量单位为 $10^4\ m^3$，计至三位小数。

15）最大埋深出现时间：统计月地下水最大埋深出现时间，计至日。

16）最小埋深出现时间：统计月最小埋深出现时间，计至日。

17）最高地下水水温出现时间：统计月最高地下水水温出现时间，计至日。

18）最低地下水水温出现时间：统计月最低地下水水温出现时间，计至日。

19）最大水井开采量出现时间：统计月最大水井开采量出现时间，计至日。

20）最小水井开采量出现时间：统计月最小水井开采量出现时间，计至日。

27. （管理）年地下水信息统计表

[1] 表编号：010204050

[2] 表标识：NDXSXXTJB

[3] 表说明：存储地下水测站以年为单位的时间序列数据。

序号	含义	字段名	数据类型	单位	必填	主键	外键
1	测站代码	CZDM	C（8）		Y	Y	Y
2	测站名称	CZMC	C（30）				
3	日期	RQ	D（4）		Y	Y	
4	地下水埋深	DXSMS	N（7，3）	m			
5	地下水水温	DXSSW	N（5，2）	℃			
6	地下水水势	DXSSS	C（1）				
7	泉涌水流量	QYSLL	N（9，3）	m^3/s			
8	水井开采量	SJKCL	N（10，3）	$10^6\ m^3$			

序号	含义	字段名	数据类型	单位	必填	主键	外键
9	最大埋深	ZDMS	N（7，3）	m			
10	最小埋深	ZXMS	N（7，3）	m			
11	最高地下水水温	ZGDXSSW	N（4，2）	℃			
12	最低地下水水温	ZDDXSSW	N（4，2）	℃			
13	最大开采量	ZDKCL	N（10，3）	10^4 m^3			
14	最小开采量	ZXKCL	N（10，3）	10^4 m^3			
15	最大埋深出现时间	ZDMSCXSJ	D（8）				
16	最小埋深出现时间	ZXMSCXSJ	D（8）				
17	最高地下水水温出现时间	ZGDXSSWCXSJ	D（8）				
18	最低地下水水温出现时间	ZDDXSSWCXSJ	D（8）				
19	最大水井开采量出现时间	ZDSJKCLCXSJ	D（8）				
20	最小水井开采量出现时间	ZXSJKCLCXSJ	D（8）				

[4] 填写说明：

1）测站代码：指地下水测站的代码，引用地下水测站基本信息表。

2）测站名称：测站代码所代表测站的中文名称，由地下水测站基本信息表带入。

3）日期：地下水统计日期，计至年。

4）地下水埋深：统计年地下水平均埋深，计量单位为 m，计至三位小数。

5）地下水水温：统计年地下水平均水温，计量单位为℃，计至两位小数。

6）地下水水势：统计年地下水的总体水势，填写涨、落或平。

7）泉涌水流量：统计年泉涌水的平均流量，计量单位为 m^3/s，计至三位小数。

8）水井开采量：统计年地下水平均开采量，计量单位为 10^6 m^3，计至三位小数。

9）最大埋深：统计年地下水最大埋深，计量单位为 m，计至三位小数。

10）最小埋深：统计年地下水最小埋深，计量单位为 m，计至三位小数。

11）最高地下水水温：统计年地下水最高水温，计量单位为℃，计至两位小数。

12）最低地下水水温：统计年地下水最低水温，计量单位为℃，计至两位小数。

13）最大开采量：统计年地下水最大日开采量，计量单位为 10^4 m^3，计至三位小数。

14）最小开采量：统计年地下水最小日开采量，计量单位为 10^4 m^3，计至三位小数。

15）最大埋深出现时间：统计年地下水最大埋深出现时间，计至日。

16）最小埋深出现时间：统计年地下水最小埋深出现时间，计至日。

17）最高地下水水温出现时间：统计年最高地下水水温出现时间，计至日。

18）最低地下水水温出现时间：统计年最低地下水水温出现时间，计至日。

19）最大水井开采量出现时间：统计年最大水井日开采量出现时间，计至日。

20）最小水井开采量出现时间：统计年最小水井日开采量出现时间，计至日。

（三）水情预报预警

1. （管理）水情预报成果表

[1] 表编号：010204051

[2] 表标识：SQYBCGB

[3] 表说明：存储河道、堰闸等水文测站测验断面的水位（流量）、或水库（湖泊）的库（湖）水位、入库

（湖）流量等水情的预报信息。

序号	含义	字段名	数据类型	单位	必填	主键	外键
1	测站代码	CZDM	C（8）		Y	Y	Y
2	测站名称	CZMC	C（30）				
3	预报单位	YBDW	C（30）				
4	方案代码	FADM	C（20）				
5	依据时间	YJSJ	T（14）		Y	Y	
6	发布时间	FBSJ	T（14）				
7	发生时间	FSSJ	T（14）				
8	预报水位	YBSW	N（7，3）	m			
9	预报流量	YBLL	N（9，1）	m^3/s			

[4] 填写说明：

1）测站代码：引用水文测站基本信息表。

2）测站名称：测站代码所代表测站的中文名称，由水文测站基本信息表带入。

3）预报单位：发布本次预报的单位名称。

4）方案代码：用于描述发布本次预报所采用的方案编码。

5）依据时间：预报制作所依据的实时资料的最新时间，计至秒。

6）发布时间：发布预报的时间，计至秒。

7）发生时间：预报的水文要素发生时间，计至秒。

8）预报水位：预报站点在预报发生时间的水位预报值，计量单位为 m，计至三位小数。

9）预报流量：预报站点在预报发生时间的流量（水库入库流量）预报值，计量单位为 m^3/s，计至一位小数。

2. （管理）潮位预报成果表

[1] 表编号：010204052

[2] 表标识：CWYBCGB

[3] 表说明：本表为潮位预报成果表，属管理表，存储潮位预报成果信息。预报的空间单元为测站，预报时间精确至秒。

序号	含义	字段名	数据类型	单位	必填	主键	外键
1	测站代码	CZDM	C（8）		Y	Y	Y
2	测站名称	CZMC	C（30）				
3	预报单位	YBDW	C（30）				
4	方案代码	FADM	C（20）				
5	依据时间	YJSJ	T（14）		Y	Y	
6	发布时间	FBSJ	T（14）				
7	发生时间	FSSJ	T（14）				
8	预报潮位	YBCW	N（7，3）	m			
9	预报增水	YBZS	N（7，3）	m			
10	高低潮标志	GDCBZ	C（6）				

[4] 填写说明：

1）测站代码：引用水文测站基本信息表。

2）测站名称：测站代码所代表测站的中文名称，由水文测站基本信息表带入。

3）预报单位：发布本次预报的单位名称。

4）方案代码：用于描述发布本次预报所采用的方案编码。

5）依据时间：预报制作所依据的实时资料的最新时间，计至秒。

6）发布时间：发布预报的时间，计至秒。

7）发生时间：预报的水文要素发生时间，计至秒。

8）预报潮位：站点在预报发生时间时的综合潮水位预报值，计量单位为 m，计至三位小数。

9）预报增水：站点在预报发生时间时的增水预报值，计量单位为 m，计至三位小数。

10）高低潮标志：同潮汐水情表中“高低潮标志”字段。

3. （管理）冰情预报成果表

[1] 表编号：010204053

[2] 表标识：BQYBCGB

[3] 表说明：本表为冰情预报成果表，属管理表，存储测站测验范围内冰情预报成果信息。预报的空间单元为测站，预报时间精确至秒。

序号	含义	字段名	数据类型	单位	必填	主键	外键
1	测站代码	CZDM	C（8）		Y	Y	Y
2	测站名称	CZMC	C（30）				
3	发布时间	FBSJ	T（14）				
4	预报单位	YBDW	C（30）				
5	方案代码	FADM	C（20）				
6	依据时间	YJSJ	T（14）		Y	Y	
7	发生时间	FSSJ	T（14）				
8	预报冰情现象	YBBQXX	C（16）				
9	预报冰情位置	YBBQWZ	C（64）				
10	预报相对距离	YBXDJL	N（3，1）	km			
11	预报冰厚种类	YBBHZL	C（6）				
12	预报冰厚	YBBH	N（4，1）	cm			
13	预报冰流量	YBBLL	N（9，3）	m^3/s			
14	冰流量性质	BLLXZ	C（64）				

[4] 填写说明：

1）测站代码：引用水文测站基本信息表。

2）测站名称：测站代码所代表测站的中文名称，由水文测站基本信息表带入。

3）发布时间：发布预报的时间，计至秒。

4）预报单位：发布本次预报的单位名称。

5）方案代码：用于描述发布本次预报所采用的方案编码。

6）依据时间：预报制作所依据的实时资料的最新时间，计至秒。

7）发生时间：预报的水文要素发生时间，计至秒。

8）预报冰情现象：预报的冰情现象，参考定性冰情现象代码表和定量冰情代码表填写。

9）预报冰情位置：预报的冰情现象相对于指定点的位置，同“定性冰情表”中“相对位置”字段。

10）预报相对距离：预报的冰情现象距指定点的和段长度，计量单位为 km，计至一位小数。

11）预报冰厚种类：说明预报冰厚的特征，填写断面平均冰厚或断面最大冰厚。

12）预报冰厚：预报的冰情现象中的结冰厚度，计量单位为 cm，计至一位小数。

13）预报冰流量：预报的冰流量，计量单位为 m^3/s，计至三位小数。

14）冰流量性质：补充说明预报流冰量特征。

4. （管理）积水预警情况表

[1] 表编号：010204054

[2] 表标识：JSYJQKB

[3] 表说明：本表为积水预警情况表，属管理表，存储城市内涝积水点的预警或预报信息。预报的空间单元为测站，预报时间精确至秒。

序号	含义	字段名	数据类型	单位	必填	主键	外键
1	测站代码	CZDM	C（8）		Y	Y	Y
2	测站名称	CZMC	C（30）				
3	发布时间	FBSJ	T（14）				
4	依据时间	YJSJ	T（14）		Y	Y	
5	预报单位	YBDW	C（30）				
6	内涝风险等级	NLFXDJ	C（1）				Y
7	预警起始时间	YJQSSJ	T（14）				
8	预警时段长	YJSDC	N（4）	min			
9	交通管制路段	JTGZLD	C（64）				
10	管制路段长度	GZLDCD	N（5，1）	m			
11	备注	BZ	C（255）				

[4] 填写说明：

1）测站代码：引用积水测站基本信息表。

2）测站名称：测站代码所代表测站的中文名称，由水文测站基本信息表带入。

3）发布时间：发布预报的时间，计至秒。

4）依据时间：预报制作所依据的实时资料的最新时间，计至秒。

5）预报单位：发布本次预报的单位名称。

6）内涝风险等级：指预警路段的内涝风险等级，取值及其含义见城市内涝风险等级代码表。

7）预警起始时间：指预报积水发生的开始时间，计至秒。

8）预警时段长：指预报积水将要持续的时段长度，计量单位为 min，计至整数。

9）交通管制路段：预警交通管制的路段名称。

10）管制路段长度：预警交通管制的路段长度，计量单位为 m，计至一位小数。

11）备注：对该处城市内涝情况的补充信息。

主要参考资料

[1] 国家水资源监控能力建设项目办公室. 基础数据库表结构及标识符[S]：SZY 301—2013，2014.

[2] 国家质量监督检验检疫总局，中国国家标准化管理委员会. 地面气象观测规范[S]：GB/T 35221—2017，2018.

[3] 水利部. 基础水文数据库表结构及标识符[S]：SL 324—2005，2005.

[4] 水利部. 水面蒸发观测规范[S]：SL 630—2013，2014.

[5] 水利部. 实时雨水情数据库表结构与标识符[S]：SL 323—2011，2011.

[6] 水利部. 降水量观测规范[S]：SL 21—2015，2015.

[7] 水利部. 水文监测数据通信规约[S]：SL 651—2014，2014.

[8] 水利部. 历史大洪水数据库表结构及标识符[S]：SL 591—2014，2014.

[9] 水利部. 水土保持数据库表结构及标识符[S]：SL 513—2011，2011.

[10] 水利部. 水资源监控管理数据库表结构及标识符标准[S]：SL 380—2007，2007.

[11] 水利部. 水利工程建设与管理数据库表结构及标识符[S]：SL 700—2015，2015.

[12] 水利部. 水利政务信息数据库表结构及标识符[S]：SL 707—2015，2015.

[13] 水利部. 水利对象基础数据库表结构及标识符[S]：SL/T 809—2021，2021.

[14] 水利部. 水资源监测数据传输规约[S]：SL/T 427—2021，2022.

[15] 北京市质量技术监督局. 地下水数据库表结构[S]：DB11/T 247—2004，2005.

[16] 国家质量监督检验检疫总局，中国国家标准化管理委员会. 水文水资源基本术语[S]：BG/T 30943—2014，2015.

[17] 水利部. 水文设施工程可行性研究报告编制规程[S]：SL 505—2011，2011.

[18] 水利部. 水文站网规划技术导则[S]：SL 34—12，2012.

[19] 水利部. 水文基础测量规范[S]：SL 58—2014，2014.

[20] 水利部. 水文缆道设计规范[S]：SL 622—2014，2014.

[21] 水利部. 水文基础设施及技术装备标准[S]：SL/T 415—2019，2019.

[22] 水利部. 水文设施工程施工及验收规程[S]：SL 650—2014，2014.

[23] 水利部. 水文调查规范[S]：SL 196—2015，2015.

[24] 国家质量监督检验检疫总局，中国国家标准化管理委员会. 水位观测规范[S]：GB/T 50138—2010，2010.

[25] 水利部. 水道观测规范[S]：SL 257—2017，2017.

[26] 国家质量监督检验检疫总局，中国国家标准化管理委员会. 河流流量测验规范[S]：GB 50179—2015，2016.

[27] 水利部. 水工建筑物与堰槽测流规范[S]：SL 537—2011，2011.

[28] 水利部. 水文巡测规范[S]：SL 195—2015，2016.

[29] 水利部. 感潮河段水文测验规范[S]：SL 732—2015，2015.

[30] 国家质量监督检验检疫总局，中国国家标准化管理委员会. 地下水监测工程技术规范[S]：GB/T 51040—2014，2015.

[31] 水利部. 城市水文监测与评价分析技术导则[S]：SL/Z 572—2014，2014.

[32] 水利部. 水文应急监测技术导则[S]：SL/T 784—2019，2019.

[33] 水利部. 水文自动测报系统　技术规范[S]：SL 61—2015，2015.

[34] 水利部. 河流冰情观测规范[S]：SL 59—2015，2015.

[35] 水利部. 水情预警信号[S]：SL 758—2018，2018.

[36] 国家质量监督检验检疫总局，中国国家标准化管理委员会. 水文情报预报规范[S]：GB/T 22482—2008，2009.
[37] 水利部. 土壤墒情监测规范[S]：SL 364—2015，2015.
[38] 水利部. 水文资料整编规范[S]：SL 247—2020，2020.
[39] 水利部. 径流实验观测规范[S]：SL 759—2018，2018.
[40] 水利部. 河流泥沙颗粒分析规程[S]：SL 42—2010，2010.
[41] 国家质量监督检验检疫总局，中国国家标准化管理委员会. 水文自动测报系统通用设备[S]：GB/T 27994—2011，2012.
[42] 水利部. 水文数据库表结构及标识符[S]：SL/T 324—2019，2020.
[43] 水利部. 水利数据交换规约[S]：SL/T 783—2019，2019.
[44] 水利部. 水利信息系统运行维护规范[S]：SL 715—2015，2015.
[45] 水利部. 水库调度规程编制导则[S]：SL 706—2015，2015.
[46] 水利部. 湖泊代码[S]：SL 261—2017，2017.
[47] 水利部. 水利信息分类[S]：SL 701—2014，2015.
[48] 水利部. 水文测站代码编制导则[S]：SL 502—2010，2011.
[49] 水利部. 江河流域规划编制规范[S]：SL 201—97，1997.
[50] 水利部. 水文数据 GIS 分类编码标准[S]：SL 385—2007，2007.
[51] 水利部. 水情信息编码标准[S]：SL 330—2005，2006.
[52] 王丽晶，潘兴瑶，赵飞，等. 北京城市积水内涝风险地图编制与应用[J]. 北京水务，2022（6）：24-43.

第三节　水资源

根据世界气象组织（WMO）和联合国教科文组织（UNESCO）编写的 *INTERNATIONAL GLOSSARY of HYDROLOGY*（国际水文学名词术语，第三版，2012 年）中有关水资源的定义，水资源是指可被利用或有可能被利用的水源，这个水源应具有足够的数量和合适的质量，并满足某一地方在一段时间内具体利用的需求。

水资源的分类维度有多种，包括空间属性、地理分布、载体形式、形成条件、利用方式等。从实践应用的角度，根据《水资源规划规范》（GB/T 51051—2014），区域水资源的开发首先要进行水资源的开发利用评价，根据水资源开发利用现状和社会经济条件进行合理的水资源配置，然后进行水资源的开发利用，在水资源开发利用过程中进行事中和事后的水资源管理和保护，根据实践应用发展节水措施，因此本节从应用实践的角度设置了水资源开发利用、水资源保护、水资源评价、水资源配置、水资源管理和节约用水 6 个小节，共整理了 174 张表，2 154 个字段。水资源社会循环实体关系如图 1-3 所示。

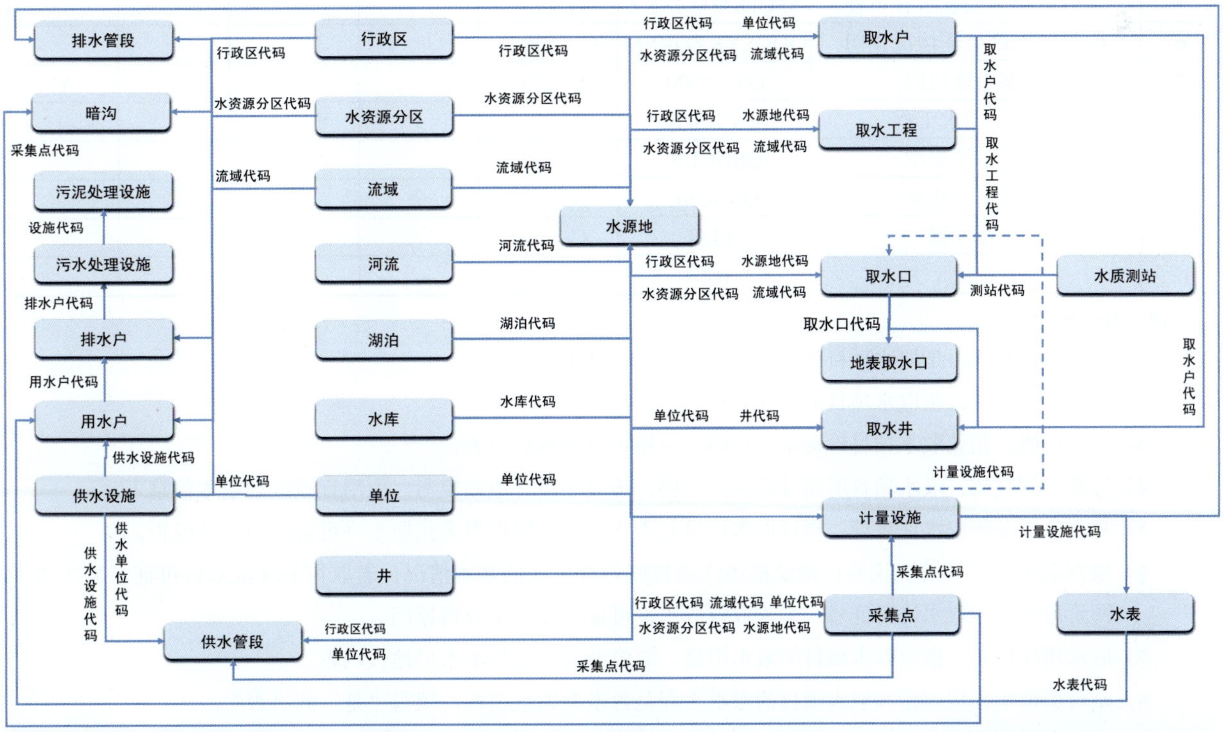

图 1-3　水资源社会循环实体关系

一、水资源开发利用

（一）取水

1. （载体）取水项目基本信息表

[1] 表编号：010301001

[2] 表标识：QSXMJBXXB

[3] 表说明：本表为取水项目基本信息表，属载体表，存储取水项目在项目基本信息表基础上的扩展信息。取水项目即取水建设项目，建设项目指按一个总体设计组织施工，建成后具有完整的系统，可以独立地形成生产能力或者使用价值的建设工程。一般以一个企业（或联合企业）、事业单位或独立工程作为一个建设项目。

序号	含义	字段名	数据类型	单位	必填	主键	外键
1	取水项目代码	QSXMDM	C（20）		Y	Y	Y
2	取水项目名称	QSXMMC	C（32）		Y		
3	单位代码	DWDM	C（18）				Y
4	行政区划代码	XZQHDM	C（10）				Y
5	是否取得多张取水许可证	SFQDDZQSXKZ	C（2）				
6	取得取水许可证情况说明	QDQSXKZQKSM	C（128）				
7	取水用途代码	QSYTDM	C（2）				Y
8	是否引调水工程	SFYDSGC	C（2）				
9	取水工程类型	QSGCLX	C（32）				
10	取水工程数量	QSGCSL	N（3）	个			
11	是否打捆	SFDK	C（2）				
12	备注	BZ	C（255）				

[4] 填写说明：

1）取水项目代码：指取水项目代码，引用工程项目基本信息表。

2）取水项目名称：指取水项目的中文名称。

3）单位代码：指该取水项目管理单位代码，引用单位基本信息表。

4）行政区划代码：取水项目所属行政区划代码，按最小包含原则填写，引用行政区划基本信息表。

5）是否取得多张取水许可证：指该取水项目是否在不同阶段取得多张取水许可证，填写是或否。

6）取得取水许可证情况说明：简要描述该项目取得许可证的基本情况，若取得多张取水许可证，需注明不同阶段所对应取水许可证号，若未取得取水许可证需注明未取得原因。

7）取水用途代码：指该取水项目的取水用途，取值及其含义见取水用途代码表。

8）是否引调水工程：指该取水项目的取水工程是否未为调水工程，填写“是”或“否”。

9）取水工程类型：指该取水项目的取水工程类型，参考“取水工程基本信息表”中的“取水工程类型”字段填写，当该项目存在多个取水工程时，各取水工程类型间用“，”隔开。

10）取水工程数量：指该取水项目所包含取水工程的数量，计量单位为个，计至整数。

11）是否打捆：当该项目存在多个取水工程时，指多个取水工程是否打捆登记。

12）备注：其他补充说明信息。

2. （实体）取水户基本信息表

[1] 表编号：010301002

[2] 表标识：QSHJBXXB

[3] 表说明：取水户指在河流（含河流上的水库）、湖泊、地下等自然水体直接获取生产生活用水的单位或个人。本表存储取水户的基本属性信息包括取水户的类型、性质、位置等。

序号	含义	字段名	数据类型	单位	必填	主键	外键
1	取水户代码	QSHDM	C（18）		Y	Y	
2	取水户名称	QSHMC	C（64）		Y		
3	是否为规模取水户	SFWGMQSH	C（2）				
4	是否为重点取水户	SFWZDQSH	C（2）				
5	取水户类型	QSHLX	C（16）				
6	行政区划代码	XZQHDM	C（10）				Y
7	流域代码	LYDM	C（10）				Y
8	水资源分区代码	SZYFQDM	C（12）				Y
9	经度	JD	N（10，6）	（°）			
10	纬度	WD	N（10，6）	（°）			
11	法人代表	FRDB	C（10）				
12	详细地址	XXDZ	C（64）				
13	邮编	YB	C（6）				
14	联系方式	LXFS	C（11）				
15	取水户创建时间	QSHCJSJ	D（8）				
16	取水户注销时间	QSHZXSJ	D（8）				
17	单位代码	DWDM	C（18）				Y
18	单位类型	DWLX	C（1）				Y
19	行业类别代码	HYLBDM	C（2）				Y
20	生产经营地址	SCJYDZ	C（64）				
21	备注	BZ	C（255）				

[4] 填写说明：

1）取水户代码：取水户的代码。作为其身份唯一代表码，取其统一社会信用代码。

2）取水户名称：指取水户单位（组织）的中文名称。

3）是否为规模取水户：年取水许可量或实际取水量超过 5 万 m^3 的用水户为规模用水户，反之为非规模用水户，填写“是”或“否”。

4）是否为重点取水户：指该取水户是否为重点取水户，填写“是”或“否”。

5）取水户类型：指该取水户的类型，包括自建供水设施取水户、村庄供水站取水户、乡镇集中供水厂取水户、城镇公共供水厂取水户。

6）行政区划代码：引用行政区划基本信息表，取水户所在行政区划代码，精确至村或街道。

7）流域代码：引用流域基本信息表，取水户所在流域代码，按最小包含原则填写。

8）水资源分区代码：引用水资源分区基本信息表，取水户所在水资源分区代码，精确至三级区。

9）经度：指取水户所在点的经度，采用 2000 国家大地坐标系（CGCS2000）。

10）纬度：指取水户所在点的纬度，采用 2000 国家大地坐标系（CGCS2000）。

11）法人代表：法人代表是指企业法人代表的姓名。

12）详细地址：指取水户的具体注册地址。

13）邮编：指该取水户注册地址的邮编。

14）联系方式：指取水户的联系电话、联系人、传真、电子邮箱等。

15）取水户创建时间：指该取水户被批准取水并成为取水户的时间，计至日。

16）取水户注销时间：若该取水户已注销，填写该取水户被批准注销的时间，计至日。

17）单位代码：取水口管理单位对应的涉水单位代码，引用单位基本信息表。

18）单位类型：指取水单位的类型，取值及其含义见单位性质代码表。

19）行业类别代码：国民经济行业（小类），取值及其含义见行业类别代码表。

20）生产经营地址：指该取水户的生产经营地址。

21）备注：其他补充说明信息。

3. （管理）取水项目管理信息表

[1] 表编号：010301003

[2] 表标识：QSXMGLXXB

[3] 表说明：本表为取水项目管理信息表，属管理表，存储取水建设项目审批过程或状态信息。数据管理的时间单元为时间点，精确至日，管理对象为取水项目，管理指标包括立项审批情况、取水许可审批情况。

序号	含义	字段名	数据类型	单位	必填	主键	外键
1	取水项目代码	QSXMDM	C（20）		Y	Y	Y
2	取水项目名称	QSXMMC	C（32）				
3	日期	RQ	D（8）				
4	立项审批情况	LXSPQK	C（16）				
5	取水许可审批情况	QSXKSPQK	C（16）				
6	登记人	DJR	C（16）				
7	登记时间	DJSJ	D（8）				
8	审核人	SHR	C（16）				
9	审核时间	SHSJ	D（8）				
10	审核状态	SHZT	C（16）				
11	审核意见	SHYJ	C（128）				
12	备注	BZ	C（255）				

[4] 填写说明：

1）取水项目代码：引用取水项目基本信息表。

2）取水项目名称：指取水项目的中文名称，由取水项目基本信息表带入。

3）日期：指该信息的填报日期，计至日。

4）立项审批情况：指该取水项目的审批情况或状态，填已通过审批、办理中或未审批。

5）取水许可审批情况：指该取水项目的取水许可审批情况，填已通过审批、办理中或未审批。

6）登记人：指该取水项目的登记人姓名。

7）登记时间：指该取水项目登记时间，计至日。

8）审核人：指该取水项目的审核人姓名。

9）审核时间：指该取水项目的审核时间，计至日。

10）审核状态：指该取水项目的审核状态，填写未提交审核、待审核、审核通过或退回重填。

11）审核意见：指该取水项目的审核意见描述。

12）备注：其他补充说明信息。

4. （关系）取水项目与取水户关系表

[1] 表编号：010301004

[2] 表标识：QSXMYQSHGXB

[3] 表说明：存储取水项目与取水户的关系信息。

序号	含义	字段名	数据类型	单位	必填	主键	外键
1	取水项目代码	QSXMDM	C（20）		Y	Y	Y
2	取水户代码	QSHDM	C（18）		Y	Y	Y

[4] 填写说明：

1）取水项目代码：引用取水项目基本信息表。

2）取水户代码：引用取水户基本信息表。

5. （实体）取水工程基本信息表

[1] 表编号：010301005

[2] 表标识：QSGCJBXXB

[3] 表说明：取水工程指为了从河流、湖泊、水库等水源引水，以满足农田灌溉、水力发电、工业及生活等用水部门的需要而在适当河段附近修建建筑物的综合体。本表存储取水工程的基本属性信息，包括不同类型取水工程所共有的基本属性信息，不同类型取水工程特有的基础属性信息通过关联关系与不同类型取水工程关联。

序号	含义	字段名	数据类型	单位	必填	主键	外键
1	取水工程代码	QSGCDM	C（12）		Y	Y	
2	取水工程名称	QSGCMC	C（32）		Y		
3	行政区划代码	XZQHDM	C（10）				Y
4	流域代码	LYDM	C（10）				Y
5	水资源分区代码	SZYFQDM	C（12）				Y
6	经度	JD	N（10，6）	（°）			
7	纬度	WD	N（10，6）	（°）			
8	水源地代码	SYDDM	C（12）				Y
9	取水工程类型	QSGCLX	C（32）				
10	水源类型	SYLX	C（32）				
11	水源名称	SYMC	C（32）				
12	取水地点	QSDD	C（64）				
13	是否为备用水源取水工程	SFWBYSYQSGC	C（2）				
14	是否属于多级取水	SFSYDJQS	C（2）				
15	上一级供水水源取水许可证编号	SYJGSSYQSXKZBH	C（17）				
16	非常规水源利用情况	FCGSYLYQK	C（128）				
17	取水口个数	QSKGS	N（3）	个			
18	备注	BZ	C（255）				

[4] 填写说明：

1）取水工程代码：指取水工程（设施）的唯一标识码，由全国取水许可电子证照系统自动生成。

2）取水工程名称：指取水工程的中文名称。

3）行政区划代码：指该取水工程所在行政区划代码，引用行政区划基本信息表，按最小包含原则填写。

4）流域代码：引用流域基本信息表，取水工程所属流域代码，精确至县级以下。

5）水资源分区代码：引用水资源分区基本信息表，取水工程所在水资源分区代码，精确至三级区。

6）经度：指取水工程所在点的经度，采用 2000 国家大地坐标系（CGCS2000）。

7）纬度：指取水工程所在点的纬度，采用 2000 国家大地坐标系（CGCS2000）。

8）水源地代码：指该取水工程所在水源地代码，引用水源地基本信息表。

9）取水工程类型：指该取水工程的类型，可分为闸、坝、渠道、人工河道、虹吸管、水泵、水井、水电站及其他。

10）水源类型：同“取水许可证基本信息表”中“水源类型”字段。

11）水源名称：水源类型为地表水时，填写江河、湖泊、水库等名称。

12）取水地点：同“取水许可证基本信息表”中“取水地点”字段。

13）是否为备用水源取水工程：指该取水工程是否为备用水源取水工程，填写是或否。

14）是否属于多级取水：指从水库等水资源配置类工程的取水情况，直接从江河、湖泊或地下取水的填写“否”，否则填写“是”。

15）上一级供水水源取水许可证编号：当该取水工程为多级取水时，应填写上一级供水水源的取水许可证编号，如存在多级嵌套关系时，只填写有直接取水关系的上一级。

16）非常规水源利用情况：当建设项目取水水源除地表水或地下水外还有非常规水源时，填写非常规水源的具体类型（再生水、矿坑排水、微咸水、苦咸水、海水淡化水、雨水等）及相应的水量。

17）取水口个数：指该取水工程的取水口个数，计量单位为个，计至整数。

18）备注：其他补充说明信息。

6. （关系）取水项目与取水工程关系表

[1] 表编号：010301006

[2] 表标识：QSXMYQSGCGXB

[3] 表说明：存储取水项目与取工程的关系信息。

序号	含义	字段名	数据类型	单位	必填	主键	外键
1	取水项目代码	QSXMDM	C（20）		Y	Y	Y
2	取水工程代码	QSGCDM	C（12）		Y	Y	Y

[4] 填写说明：

1）取水项目代码：引用取水项目基本信息表。

2）取水工程代码：引用取水工程基本信息表。

7. （实体）水源地基本信息表

[1] 表编号：010301007

[2] 表标识：SYDJBXXB

[3] 表说明：水源地指为满足饮用、工农业生产及生态环境对水资源需求，在河流、湖泊或水库上划定的地表水集中供水水源区域（包括河流型、湖库型）或地下水集中供水水源区域（包括各类地下水井、集水廊道及饮泉工程等），该区域能保证水量和水质长期、经济、安全供给。本表存储水源地的基本属性信息，包括水源地的位置、性质、规模、等级等。

序号	含义	字段名	数据类型	单位	必填	主键	外键
1	水源地代码	SYDDM	C（12）		Y	Y	

序号	含义	字段名	数据类型	单位	必填	主键	外键
2	水源地名称	SYDMC	C（64）		Y		
3	水源类型	SYLX	C（2）		Y		Y
4	行政区划代码	XZQHDM	C（10）				Y
5	流域代码	LYDM	C（10）				Y
6	中心经度	ZXJD	N（10，6）	（°）			
7	中心纬度	ZXWD	N（10，6）	（°）			
8	河流代码	HLDM	C（8）				Y
9	湖泊代码	HPDM	C（7）				Y
10	水库代码	SKDM	C（11）				Y
11	引调水工程代码	YDSGCDM	C（11）				Y
12	水资源分区代码	SZYFQDM	C（12）				Y
13	水源地等级	SYDDJ	C（4）				
14	水源地面积	SYDMJ	N（6，2）	km^2			
15	工程规模代码	GCGMDM	C（1）				Y
16	建设状况	JSZK	C（4）				
17	投产时间	TCSJ	D（8）				
18	水源供水持续状况	SYGSCXZK	C（16）				
19	供水人口	GSRK	N（6，2）	万人			
20	水质目标	SZMB	C（6）				
21	设计年供水量	SJNGSL	N（12，2）	$10^4 m^3$			
22	设计日供水量	SJRGSL	N（10，3）	$10^4 m^3$			
23	日最大供水量	RZDGSL	N（10，3）	$10^4 m^3$			
24	领导机关	LDJG	C（30）				
25	单位代码	DWDM	C（18）				Y
26	水源地审批单位代码	SYDSPDWDM	C（18）				Y
27	是否是饮用水水源地	SFSYYSSYD	C（1）				
28	是否为应急水源地	SFWYJSYD	C（1）				
29	多年平均可取水量	DNPJKQSL	N（10，3）	$10^4 m^3$			

[4] 填写说明：

1）水源地代码：水源地代码参见水利部文件“关于印发《全国城市饮用水水源地安全保障规划技术大纲》的通知”（办资源〔2005〕157 号文）中附录 1 城市饮用水水源地编码方法。

2）水源地名称：采用《全国城市饮用水水源地安全保障规划技术大纲》中的水源地名称。

3）水源类型：指水源地的类型，取值及其含义见水源类型代码表。

4）行政区划代码：引用行政区划基本信息表，水源地所在行政区划代码，按最小包含原则填写。

5）流域代码：引用流域基本信息表，水源地所在流域代码，按最小包含原则填写。

6）中心经度：指水源地所在位置的中心经度，采用 2000 国家大地坐标系（CGCS2000）。

7）中心纬度：指水源地所在位置的中心纬度，采用 2000 国家大地坐标系（CGCS2000）。

8）河流代码：指该水源地所在河流代码，引用河流基本信息表。

9）湖泊代码：指该水源地所在湖泊代码，引用湖泊基本信息表。

10）水库代码：指该水源地所在水库代码，引用水库基本信息表。

11）引调水工程代码：指该水源地所属引调水工程代码，引用引调水工程基本信息表。

12）水资源分区代码：引用水资源分区基本信息表，水源地所在水资源分区代码，按最小包含原则填写。

13）水源地等级：指饮用水水源地的水质评价等级，分为优、良、尚好、较差四级。

14）水源地面积：水源地常年水域总面积，包括一级保护区、二级保护区等水域面积，计量单位为 km^2，计至两位小数。

15）工程规模代码：对于不同工程按照相应分类依据分为大（1）型、大（2）型、中型、小（1）型、小（2）型等，取值及其含义见工程规模分类代码表。当同一水源地内有多项工程时，按照单项工程中规模最大的填写。

16）建设状况：分“已建”“在建”和“待建”三类，待建为已经批复立项的工程。

17）投产时间：已建工程填写该工程建成并投入运行的时间，在建和待建工程根据项目建设计划填报计划投产时间。

18）水源供水持续状况：分为向城市常年供水、汛期供水、非汛期供水 3 种情况。

19）供水人口：指所有使用该水源地供水的人口数，计量单位为万人，计至两位小数。

20）水质目标：水源地水质类别管理目标，以字符串标识，“1”表示Ⅰ类水质目标，“2”表示Ⅱ类水质目标，“3”表示Ⅲ类水质目标，“4”表示Ⅳ类水质目标。控制水质目标跨类别时，可以用组合码表示，如“23”表示水质目标为“Ⅱ～Ⅲ”类。

21）设计年供水量：指该水源地正常供水情况下的年供水量，计量单位为 10^4 m^3，计至两位小数。

22）设计日供水量：指该水源地正常供水情况下的日供水量，计量单位为 10^4 m^3，计至三位小数。

23）日最大供水量：指该水源地每日允许供给的最大水量，计量单位为 10^4 m^3，计至三位小数。

24）领导机关：填写流域或省自治区直辖市一级的水行政主管部门。非水文水利部门管理的站，填写直接的领导机关全称。领导机关有变动时填写当年最后一个领导机关。

25）单位代码：水源地管理单位对应的涉水组织机构代码，引用单位基本信息表。

26）水源地审批单位代码：审批水源地的设立的涉水组织机构代码，引用单位基本信息表。

27）是否是饮用水水源地：指该水源地是否为饮用水水源地，填写是或否。

28）是否为应急水源地：指该水源地是否为应急水源地，填写是或否。

29）多年平均可取水量：指水源地多年平均可取水量，对于地下水源地指多年平均可开采水量。单位为 10^4 m^3，计至三位小数。

8. （实体）取水口基本信息表

[1] 表编号：010301008

[2] 表标识：QSKJBXXB

[3] 表说明：取水口指利用取水工程或者设施从河流（含河流上的水库）、湖泊或地下取水，向河道外供水（包括工农业生产、居民生活、生态环境等用水）的取水口门，包括地表取水口和地下取水井。本表存储取水口的基本属性信息，包括取水口的位置属性、设计水量、计量情况等。

序号	含义	字段名	数据类型	单位	必填	主键	外键
1	取水口代码	QSKDM	C（12）		Y	Y	
2	取水口名称	QSKMC	C（64）		Y		
3	取水工程代码	QSGCDM	C（12）				Y
4	水源地代码	SYDDM	C（12）				Y
5	取水户代码	QSHDM	C（18）				Y
6	供水设施代码	GSSSDM	C（18）				Y

序号	含义	字段名	数据类型	单位	必填	主键	外键
7	取水口分类	QSKFL	C（6）				
8	行政区划代码	XZQHDM	C（10）				Y
9	流域代码	LYDM	C（10）				Y
10	水资源分区代码	SZYFQDM	C（12）				Y
11	详细地址	XXDZ	C（64）				
12	经度	JD	N（10，6）	（°）			
13	纬度	WD	N（10，6）	（°）			
14	设计取水能力类型	SJQSNLLX	C（16）				
15	允许年最大取水量	YXNZDQSL	N（10，3）	10^4 m^3			
16	允许日最大取水量	YXRZDQSL	N（9，3）	10^4 m^3			
17	允许最大取水流量	YXZDQSLL	N（9，3）	m^3/s			
18	枯水期最小下泄流量	KSQZXXXLL	N（9，3）	m^3/s			
19	丰水期最小下泄流量	FSQZXXXLL	N（9，3）	m^3/s			
20	计量方式	JLFS	C（3）				
21	计量器具个数	JLQJGS	N（2）	个			
22	计量器具类型	JLQJLX	C（32）				
23	一次计量量纲	YCJLLG	C（32）				
24	数据传输方式	SJCSFS	C（6）				
25	备注	BZ	C（255）				

[4] 填写说明：

1）取水口代码：按《国家水资源监控能力建设项目标准——信息分类及编码规定》第 5 章执行。

2）取水口名称：指取水口的中文名称。

3）取水工程代码：指该取水口所属取水工程的代码，引用取水工程基本信息表。

4）水源地代码：指该取水口所在水源地代码，引用水源地基本信息表。

5）取水户代码：指该取水口所属取水户代码，引用取水户基本信息表。

6）供水设施代码：指该取水口所属供水设施代码，引用供水设施基本信息表。

7）取水口分类：指取水口的取水来源分类，填写地表水（地表取水口）或地下水（地下取水口）。

8）行政区划代码：引用行政区划基本信息表，取水口所属行政区划代码，精确至村或街道。

9）流域代码：引用流域基本信息表，取水口所属流域代码。精确到最小级别流域。

10）水资源分区代码：引用水资源分区基本信息表，取水口所在水资源分区代码，精确至三级区。

11）详细地址：指取水口所在位置的详细描述。

12）经度：指取水口所在点的经度，采用 2000 国家大地坐标系（CGCS2000）。

13）纬度：指取水口所在点的纬度，采用 2000 国家大地坐标系（CGCS2000）。

14）设计取水能力类型：指该取水口的设计取水能力类型，填写允许年最大取水量或允许日最大取水量。

15）允许年最大取水量：批准文件规定的，在相应用水保证率下可用于对应用途的年最大取水量，计量单位为 10^4 m^3，计至三位小数。

16）允许日最大取水量：批准文件规定的，在相应用水保证率下可用于对应用途的日最大取水量，计量单位为 10^4 m^3，计至三位小数。

17）允许最大取水流量：批准文件规定的，在相应用水保证率下可用于对应用途的最大取水流量，计量单位为 m^3/s，计至三位小数。

18）枯水期最小下泄流量：审批机关批准的工程控制断面枯水期最小下泄流量控制指标，计量单位为 m^3/s，计至三位小数。

19）丰水期最小下泄流量：审批机关批准的工程控制断面丰水期最小下泄流量控制指标，计量单位为 m^3/s，计至三位小数。

20）计量方式：计量取用水量的方法类型，根据管道计量方式、明渠计量方式、折算方式等选取具体的计量方式，取值及其含义见计量方式代码表。

21）计量器具个数：指该取水口计量器具的个数，计量单位为个，计至整数。

22）计量器具类型：计量器具的类型，从超声波流量计、电磁流量计、机械水表、电子水表、水位计、闸位计、功率表（泵、机组）和其他中选填，选其他时应注明具体类型，当计量器具类型为多个时，各计量器具类型间用“，”隔开。

23）一次计量量纲：计量器具传感器直接获取信号物理量类型，主要有时段累计水量、瞬时流量、水位、电功率、闸位、时段总耗电量和其他，按实际情况选填，选其他时应说明具体量纲。

24）数据传输方式：计量器具计量结果传输至水资源管理系统的方式，分为“在线”和“非在线”两种。“在线”是指计量器具具有水量数据自动远程上传功能，“非在线”是指采用人工查验方式获取水量信息。

25）备注：其他补充说明信息。

9.（实体）地表取水口基本信息表

[1] 表编号：010301009

[2] 表标识：DBQSKJBXXB

[3] 表说明：地表取水口指取用地表水的取水口门，属取水口的一种，本表存储地表取水口在取水口基本信息表基础上的扩展信息，包括取水建筑物形式、取水位置等。

序号	含义	字段名	数据类型	单位	必填	主键	外键
1	取水口代码	QSKDM	C（12）		Y	Y	Y
2	取水口名称	QSKMC	C（64）				
3	取水建筑物形式代码	QSJZWXSDM	C（1）				Y
4	设计枯水位保证率	SJKSWBZL	N（6，2）	%			
5	取水口距水体底部距离	QSKJSTDBJL	N（6，2）	m			

[4] 填写说明：

1）取水口代码：指地表取水口代码，引用取水口基本信息表。

2）取水口名称：指地表取水口的中文名称，由取水口基本信息表带入。

3）取水建筑物形式代码：按结筑型式分为岸边式、河床式、斗槽式、缆车式、浮船式、低坝式和底栏栅式等，引用取水建筑物形式代码表。

4）设计枯水位保证率：该指标应根据水源情况和供水重要性选定，一般可采用 90%～99%。计量单位为%，计至两位小数。

5）取水口距水体底部距离：指取水口取水的位置距离水体（水库、河流等）底部的距离，计量单位为 m，计至两位小数。

10. （实体）取水井基本信息表

[1] 表编号：010301010

[2] 表标识：QSJJBXXB

[3] 表说明：取水井指以动力机械（含内燃机、电动机或其他动力机械）带动水泵抽取地下水的井，即作为取水口的井。本表存储取水井在井基本信息表和取水口基本信息表基础上的扩展信息，包括取水许可证情况、水泵情况、取水规模等。

序号	含义	字段名	数据类型	单位	必填	主键	外键
1	井代码	JDM	C（12）		Y	Y	Y
2	井名称	JMC	C（64）				
3	取水口代码	QSKDM	C（12）		Y		Y
4	取水户代码	QSHDM	C（18）		Y		Y
5	管理分类	GLFL	C（16）				
6	产权单位	CQDW	C（64）				
7	产权单位联系人	CQDWLXR	C（16）				
8	产权单位联系方式	CQDWLXFS	C（64）				
9	是否为规模以上取水井	SFWGMYSQSJ	C（2）				
10	水泵型号	SBXH	C（16）				
11	设计扬程	SJYC	C（6，2）	m			
12	上一级供水水源许可证编号	SYJGSSYXKZBH	C（11）				
13	流量方式	LLFS	C（32）				
14	设计取水量	SJQSL	N（10，3）	m^3/a			
15	最小下泄流量	ZXXXLL	N（7，3）	m^3/s			
16	枯水期最小下泄流量	KSQZXXXLL	N（7，3）	m^3/s			
17	丰水期最小下泄流量	FSQZXXXLL	N（7，3）	m^3/s			
18	是否从全量取水口台账信息表获取数据	SFCQLQSKTZXXBHQSJ	C（2）				
19	取水口图片上传 id	QSKTPSCID	C（36）				
20	取水口图片上传名称	QSKTPSCMC	C（64）				
21	机井码台账产权单位是否与证申请人一致	JJMTZCQDWSFYZSQRYZ	C（2）				
22	机井性质	JJXZ	C（6）				
23	井口井管内径	JKJGNJ	N（6，2）	mm			
24	井口高程	JKGC	N（6，2）	m			
25	井管材料	JGCL	C（16）				
26	井类型	JLX	C（16）				
27	井类别	JLB	C（8）				
28	取水用途代码	QSYTDM	C（2）				Y
29	井房面积	JFMJ	N（6，2）	m^2			
30	井房材料	JFCL	C（16）				
31	井房图片	JFTP	B				
32	凿井批复文号	ZJPFWH	C（16）				
33	是否取得取水许可证	SFQDQSXKZ	C（2）				

序号	含义	字段名	数据类型	单位	必填	主键	外键
34	取水许可证编号	QSXKZBH	C（16）				
35	是否安装水表	SFAZSB	C（2）				
36	井状态	JZT	C（2）				
37	计量状态	JLZT	C（6）				
38	管理单位	GLDW	C（32）				
39	建成时间	JCSJ	D（8）				
40	投产时间	TCSJ	D（8）				
41	报废时间	BFSJ	D（8）				
42	是否独立供电	SFDLGD	C（2）				
43	除铁锰装置	CTMZZ	C（64）				
44	是否位于地下水超采区	SFWYDXSCCQ	C（2）				
45	抽灌井	CGJ	C（16）				
46	是否为自流井	SFWZLJ	C（2）				
47	地热面积	DRMJ	N（7，3）	m^2			
48	处置意见	CZYJ	C（64）				
49	是否封填	SFFT	C（2）				
50	备注	BZ	C（255）				

[4] 填写说明：

1）井代码：指取水井的代码，引用井基本信息表。

2）井名称：指取水井的中文名称，由井基本信息表带入。

3）取水口代码：指取水井对应取水口代码，引用取水口基本信息表。

4）取水户代码：指该取水井所属取水户的代码，引用取水户基本信息表。

5）管理分类：指该取水井的管理类型分类，填写正常管理、军队井或地热井。

6）产权单位：指该取水井的产权单位名称。

7）产权单位联系人：指该取水井产权单位联系人的姓名。

8）产权单位联系方式：指该取水井产权单位联系人的联系方式。

9）是否为规模以上取水井：对灌溉用机电井和供水用机电井，分别按照井口井壁管内径和日取水量划分规模。规模以上机电井是指井口井壁管内径≥200 mm 的灌溉机电井和日取水量≥20 m^3 的供水机电井。

10）水泵型号：指取水井取水工作水泵的型号。

11）设计扬程：指水泵吸水高度的设计值，计量单位为 m，计至两位小数。

12）上一级供水水源许可证编号：是多级取水时必填。

13）流量方式：指取水时流量计量的方式。

14）设计取水量：指设计取水井年取水量，计量单位为 m^3/a，计至三位小数。

15）最小下泄流量：指该取水井年最小取水下泄流量，计量单位为 m^3/s，计至三位小数。

16）枯水期最小下泄流量：指取水井枯水期的最小下泄流量，计量单位为 m^3/s，计至三位小数。

17）丰水期最小下泄流量：指取水井丰水期的最小下泄流量，计量单位为 m^3/s，计至三位小数。

18）是否从全量取水口台账信息表获取数据：指该取水井信息是否在取水口中登记。

19）取水口图片上传 id：该取水井所指取水口的照片上传地址。

20）取水口图片上传名称：该取水井所指取水口的照片上传名称。

21）取水井码台账产权单位是否与证申请人一致：指机井码台账中该机井所登记的产权单位是否跟凿井许可

证申请人一致。

22）机井性质：指机井围岩的性质，填写基岩井或第四系井。

23）井口井管内径：指机井井口的内直径，单位为 mm，保留至两位小数。

24）井口高程：指井口距地面的高程，单位为 m，保留至两位小数。

25）井管材料：指井管的材质描述。

26）井类型：填写机电井或人力井。

27）井类别：指机井的类别，包括城镇公共供水厂水源井、乡镇集中供水厂水源井、自建供水设施水源井、村庄供水站水源井。

28）取水用途代码：指该机井的取水用途，取值及其含义见取水用途代码表。

29）井房面积：指机井井房的占地面积，计量单位为 m^2，计至两位小数。

30）井房材料：指井房建设所用的主要材料。

31）井房图片：指井房的图片。

32）凿井批复文号：指该机井所属凿井许可证所示的凿井批复文号，引用凿井许可证基本信息表。

33）是否取得取水许可证：指该机井所属单位组织或个人是否已取得取水许可证。

34）取水许可证编号：指该机井所属取水许可证的编号。

35）是否安装水表：指该机井是否安装水表或实现计量。

36）井状态：指该机井的运行状态，填写在用、备用、停用或报废。

37）计量状态：指机井的计量状态，填写远传计量、仅计量、位计量。

38）管理单位：指该机井的管理单位名称。

39）建成时间：指取水井的建成时间，计至日。

40）投产时间：指取水井的投产时间，计至日。

41）报废时间：若该取水井的状态为报废，填写取水井的报废时间，计至日。

42）是否独立供电：指该机井是否可以单独供电。

43）除铁锰装置：当溶解于地下水中的铁、锰的含量超过生活饮用水卫生标准时，需采用除铁、除锰措施。常用的除铁、除锰方法是氧化法和接触氧化法。前者通常设置曝气装置、氧化反应和砂滤池；后者通常设置曝气装置和接触氧化滤池。

44）是否位于地下水超采区：该取水井是否位于地下水超采区，填写“是”或“否”。

45）抽灌井：指取水井的类型，填写抽水井、回灌井、抽回两用 3 种类型。

46）是否为自流井：指该取水井是否为自流井，填写是或否。

47）地热面积：若取水井的用途为地热，填写该取水井所供地热面积，计量单位为 m^2，计至三位小数。

48）处置意见：指对于该取水井建议处置意见，填写备用水源、建议封存、建议封填、建议纳管、正常管理等。

49）是否封填：指该取水井是否已被封填。

50）备注：其他补充说明信息。

11. （实体）水质测站基本信息表

[1] 表编号：010301011

[2] 表标识：SZCZJBXXB

[3] 表说明：水质测站是进行水环境监测采样和现场测定，定期收集和提供水质、水量等环境资料的基本单元，是为动态收集和掌握水质基本资料而设置的测站。本表存储水质测站在水文测站基本信息表基础上的

扩展信息，包括监测水体、监测指标、代表区域等。

序号	含义	字段名	数据类型	单位	必填	主键	外键
1	测站代码	CZDM	C（8）		Y	Y	Y
2	测站名称	CZMC	C（30）		Y		
3	监测水体类型	JCSTLX	C（2）				Y
4	监测指标项	JCZBX	C（128）				
5	水功能区代码	SGNQDM	C（14）				Y
6	代表河长	DBHC	N（5，1）	km			
7	代表库容	DBKR	N（9，2）	10^4 m^3			
8	代表面积	DBMJ	N（9，3）	km^2			
9	监测单位	JCDW	C（32）				
10	监测频次	JCPC	C（2）				
11	备注	BZ	C（255）				

[4] 填写说明：

1）测站代码：指该水质测站的代码，引用水文测站基本信息表。

2）测站名称：该测站代码所对应的测站名称，由水文测站基本信息表带入。

3）监测水体类型：指该水质测站所监测的水体类型，取值及其含义见水体类型代码表。

4）监测指标项：指该水质测站所监测的水质指标项，监测多项指标时，各指标间用“，”隔开。

5）水功能区代码：引用水功能区基本信息表，测站所处水功能区。

6）代表河长：水质评价中，该站所代表的河流长度。计量单位为 km，计至一位小数。

7）代表库容：水库正常高水位情况下测站所对应的水库蓄水量。计量单位为 10^4 m^3，计至两位小数。

8）代表面积：在湖泊水质评价中，测站所代表的水体的表面积，取多年平均水位（或正常蓄水位）所对应的面积。对于地下水水质测站，则代表地下水水质状况统计中测井代表的平原面积。计量单位为 km^2，计至三位小数。

9）监测单位：指水质监测单位名称。

10）监测频次：按“按月”“隔月”“按季”“按水期”“按旬”填写。

11）备注：关于该测站的其他补充说明信息。

12. （关系）取水口与水质测站关系表

[1] 表编号：010301012

[2] 表标识：QSKYSZCZGXB

[3] 表说明：描述取水口与水质测站的关系信息。

序号	含义	字段名	数据类型	单位	必填	主键	外键
1	测站代码	CZDM	C（8）		Y	Y	Y
2	取水口代码	QSKDM	C（12）		Y	Y	Y

[4] 填写说明：

1）测站代码：引用水质测站基本信息表。

2）取水口代码：引用取水口基本信息表。

13．（实体）采集点基本信息表

[1] 表编号：010301013

[2] 表标识：CJDJBXXB

[3] 表说明：采集点指安装计量设施的位置，本表存储水务行业所有采集点的基本属性信息，包括采集点所属监测站、位置属性、业务功能属性、管理单位等。

序号	含义	字段名	数据类型	单位	必填	主键	外键
1	采集点代码	CJDDM	C（16）		Y	Y	
2	采集点名称	CJDMC	C（64）		Y		
3	采集点属性	CJDSX	C（128）				
4	水文测站代码	SWCZDM	C（8）				Y
5	水土保持测站代码	STBCCZDM	C（12）				Y
6	所在位置	SZWZ	C（64）				
7	流域代码	LYDM	C（10）				Y
8	行政区划代码	XZQHDM	C（10）				Y
9	水资源分区代码	SZYFQDM	C（12）				Y
10	经度	JD	N（10，6）	（°）			
11	纬度	WD	N（10，6）	（°）			
12	单位代码	DWDM	C（18）				Y
13	备注	BZ	C（255）				

[4] 填写说明：

1）采集点代码：水利要素采集点的唯一标识，由16位二进制数字组成。

2）采集点名称：采集点代码所对应的采集点中文名称。

3）采集点属性：填写该采集点的业务属性描述。

4）水文测站代码：若该采集点属水文测站，填写水文测站代码，引用水文测站基本信息表，若该采集点是独立的或属于其他类型测站，该处可不填。

5）水土保持测站代码：若该采集点属水土保持测站，填写水土保持测站代码，引用水土保持测站基本信息表，若该采集点是独立的或属于其他类型测站，该处可不填。

6）所在位置：采集点所在地详细地址，精确到村庄。

7）流域代码：引用流域基本信息表，采集点位置所在流域，按最小包含原则填写。

8）行政区划代码：引用行政区划基本信息表，采集点位置所在行政区，按最小包含原则填写。

9）水资源分区代码：引用水资源分区基本信息表，采集点位置所在水资源分区，按最小包含原则填写。

10）经度：计量设施所在位置的经度，采用2000国家大地坐标系（CGCS2000）。

11）纬度：计量设施所在位置的纬度，采用2000国家大地坐标系（CGCS2000）。

12）单位代码：该采集点的管理单位，引用单位基本信息表。

13）备注：其他补充说明信息。

14．（实体）计量设施基本信息表

[1] 表编号：010301014

[2] 表标识：JLSSJBXXB

[3] 表说明：计量设施指能直接或间接测出被测对象量值的装置、仪器仪表、量具和统一量值的标准物质。本

表存储水利行业所有计量设施的基本属性信息，包括计量设施的位置属性、所在采集点、计量内容属性、设备性能、采集频次等。

序号	含义	字段名	数据类型	单位	必填	主键	外键
1	计量设施代码	JLSSDM	C（18）		Y	Y	
2	计量设施编号	JLSSBH	C（36）		Y		
3	计量设施名称	JLSSMC	C（64）		Y		
4	采集点代码	CJDDM	C（16）				Y
5	流域代码	LYDM	C（10）				Y
6	行政区划代码	XZQHDM	C（10）				Y
7	水资源分区代码	SZYFQDM	C（12）				Y
8	经度	JD	N（10，6）	（°）			
9	纬度	WD	N（10，6）	（°）			
10	所在位置	SZWZ	C（64）				
11	安装位置	AZWZ	C（64）				
12	单位代码	DWDM	C（18）				Y
13	计量设施类型	JLSSLX	C（64）				
14	计量内容	JLNR	C（64）				
15	计量内容属性	JLNRSX	C（64）				
16	所属工程类型	SSGCLX	C（16）				
17	计量设施型号	JLSSXH	C（32）				
18	计量设施出厂序列号	JLSSCCXLH	C（32）				
19	安装检验合格日期	AZJYHGRQ	D（8）				
20	使用年限	SYNX	N（3）	a			
21	数据采集频次	SJCJPC	C（16）				
22	传输方式	CSFS	C（6）				
23	RTU 代码	RTUDM	C（10）				
24	备注	BZ	C（255）				

[4] 填写说明：

1）计量设施代码：指计量设施的唯一标识码。

2）计量设施编号：指计量设施的编号。

3）计量设施名称：指计量设施的中文名称。

4）采集点代码：指该计量设施所属采集点代码，引用采集点基本信息表。

5）流域代码：引用流域基本信息表，计量设施安装位置所在流域，按最小包含原则填写。

6）行政区划代码：引用行政区划基本信息表，计量设施安装位置所在行政区，按最小包含原则填写。

7）水资源分区代码：引用水资源分区基本信息表，计量设施安装位置所在水资源分区，按最小包含原则填写。

8）经度：计量设施所在位置的经度，采用 2000 国家大地坐标系（CGCS2000）。

9）纬度：计量设施所在位置的纬度，采用 2000 国家大地坐标系（CGCS2000）。

10）所在位置：计量设施所在地详细地址，精确至村庄。

11）安装位置：详细描述该计量设施的安装位置。

12）单位代码：计量设施所属管理单位的代码，引用单位基本信息表。

13）计量设施类型：指该计量设施的类型，填写该水文监测计量设备类型名称，如水位计、流量计等。

14）计量内容：指该计量设施所计量的指标类型，填写该水文计量监测计量设备所监测的具体内容，如水位、流量等。

15）计量内容属性：指该计量设施所计量数据的特殊属性，如取水口取水量、供水设施供水量、南水北调水量、引黄水量等。

16）所属工程类型：指该计量设施所属的工程类型，取值及其含义见工程类型代码表。

17）计量设施型号：指该计量设施的设备型号。

18）计量设施出厂序列号：指该计量设施的出厂序列号。

19）安装检验合格日期：指该计量设施安装检验合格的日期，计至日。

20）使用年限：指该计量设施的使用年限，计量单位为 a，计至整数。

21）数据采集频次：指该计量设施的数据采集频次。

22）传输方式：指该计量设施的数据传输方式，填写“在线”或“非在线”。

23）RTU 代码：若该计量设施的数据传输方式为在线传输，填写该设备传感器所属的 RTU 代码。

24）备注：其他补充说明信息。

15. （关系）取水口与计量设施关系表

[1] 表编号：010301015

[2] 表标识：QSKYJLSSGXB

[3] 表说明：存储取水口与计量设施的关系信息。

序号	含义	字段名	数据类型	单位	必填	主键	外键
1	取水口代码	QSKDM	C（12）		Y	Y	Y
2	计量设施代码	JLSSDM	C（18）		Y	Y	Y
3	取水口类别	QSKLB	C（16）				

[4] 填写说明：

1）取水口代码：引用取水口基本信息表。

2）计量设施代码：引用计量设施基本信息表。

3）取水口类别：指该计量设施所监测取水口的类别，填写总表、分口、分口上报总表水量。

16. （载体）取水许可证基本信息表

[1] 表编号：010301016

[2] 表标识：QSXKZJBXXB

[3] 表说明：本表为取水许可证基本信息表，属载体表，存储取水许可证基本属性信息。取水许可证是国家根据取水许可制度对直接从地下或江河、湖泊取水的单位或个人发放的取水许可证件。

序号	含义	字段名	数据类型	单位	必填	主键	外键
1	取水许可证号	QSXKZH	C（17）		Y	Y	
2	取水地点	QSDD	C（16）				
3	行政区划代码	XZQHDM	C（10）				Y
4	水源类型	SYLX	C（64）				
5	取水类型	QSLX	C（16）				
6	取水用途	QSYT	C（2）				Y
7	取水许可量	QSXKL	N（10，3）	10^4 m^3/d			
8	地表水取水许可量	DBSQSXKL	N（9，3）	10^4 m^3/d			

序号	含义	字段名	数据类型	单位	必填	主键	外键
9	地下水取水许可量	DXSQSXKL	N（9，3）	10^4 m^3/d			
10	水资源配置取水许可量	SZYPZQSXKL	N（9，3）	10^4 m^3/d			
11	河道内生产取水许可量	HDNSCQSXKL	N（9，3）	10^4 m^3/d			
12	基础设施或公共事业取水许可量	JCSSHGGSYQSXKL	N（9，3）	10^4 m^3/d			
13	自备水源取水许可量	ZBSYQSXKL	N（9，3）	10^4 m^3/d			
14	许可证生效日期	XKZSXRQ	D（8）				
15	许可证终止日期	XKZZZRQ	D（8）				
16	发证机关	FZJG	C（16）				
17	发证时间	FZSJ	D（8）				
18	建设项目代码	JSXMDM	C（20）				Y
19	建设项目名称	JSXMMC	C（16）				
20	建设项目性质	JSXMXZ	C（2）				
21	建设项目阶段	JSXMJD	C（16）				
22	备注	BZ	C（255）				

[4] 填写说明：

1）取水许可证号：指取水许可证的编号，编号取值由“发证机关级别代码+项目所在县级行政区划代码+水源类型代码+首次发证年份+顺序号”组成。

2）取水地点：指取水口所在地点，取水水源地为地表水的，填写取水工程（设施）取水口所在行政区（精确至村/社区）+江河/湖泊/水库名称+相对位置（或河流桩号），取水水源地为地下水的，填写取水工程（设施）取水口所在行政区（精确至村/社区）。对于具有多个取水口的，仅填写取水量最大的取水口地点+等。

3）行政区划代码：指该取水地点所在行政区划代码，引用行政区划基本信息表。

4）水源类型：指取水水源类型，当取水水源类型为地表水时填写地表水，取水水源类型为地下水时填写地下水，水源为地热水或矿泉水时，填写“地下水（矿泉水）”或“地下水（地热水）”。当取用多种水源时，按取水规模自大而小依次填写，中间使用“；”隔开。

5）取水类型：指取水的类型。根据取水特点及用途管制需要，划分为水资源配置、河道内生产、基础设施或公用事业、自备水源 4 种类型。当有多种取水类型时，中间用“；”隔开。

6）取水用途：指取水的使用范围、方面，取值及其含义见取水用途代码表。

7）取水许可量：指取水审批机关批准的许可取水量，计量单位为 10^4 m^3/d，计至三位小数。对于既有地表水又有地下水的，应在取水许可量之后分别列出地表取水量和地下取水量。

8）地表水取水许可量：指取水审批机关批准的地表水许可取水量，计量单位为 10^4 m^3/d，计至三位小数。

9）地下水取水许可量：指取水审批机关批准的地下水许可取水量，计量单位为 10^4 m^3/d，计至三位小数。

10）水资源配置取水许可量：指取水审批机关批准的水资源配置许可取水量，计量单位为 10^4 m^3/d，计至三位小数。

11）河道内生产取水许可量：指取水审批机关批准的河道内生产许可取水量，计量单位为 10^4 m^3/d，计至三位小数。

12）基础设施或公共事业取水许可量：指取水审批机关批准的基础设施或公共事业许可取水量，计量单位为 10^4 m^3/d，计至三位小数。

13）自备水源取水许可量：指取水审批机关批准的自备水源许可取水量，计量单位为 10^4 m^3/d，计至三位小数。

14）许可证生效日期：指取水许可证开始生效的日期，计至日。

15）许可证终止日期：指取水许可证终止的日期，计至日。

16）发证机关：指该取水许可证的发证机关名称。

17）发证时间：指该取水许可证的发证时间，计至日。

18）建设项目代码：指该取水许可证所对应取水建设项目的代码，引用取水项目基本信息表。

19）建设项目名称：指该取水许可证所对应取水建设项目的名称。

20）建设项目性质：指取水建设项目的性质，填写新建、改建、扩建或非新改扩建。

21）建设项目阶段：若取水建设项目分为多个阶段，对应多个取水许可证，填写该取水许可证对应的取水建设项目阶段。

22）备注：其他补充说明信息。

17. （管理）取水许可证管理信息表

[1] 表编号：010301017

[2] 表标识：QSXKZGLXXB

[3] 表说明：本表为取水许可证管理信息表，属管理表，存储取水许可证行政审批过程中产生的相关信息。

序号	含义	字段名	数据类型	单位	必填	主键	外键
1	取水许可证号	QSXKZH	C（17）		Y	Y	Y
2	技术负责人名称	JSFZRMC	C（16）				
3	技术负责人身份证号	JSFZRSFZH	C（18）				
4	技术负责人联系电话	JSFZRLXDH	C（11）				
5	技术负责人电子邮箱	JSFZRDZYX	C（32）				
6	审查负责人	SCFZR	C（10）				
7	审查负责人身份证号	SCFZRSFZH	C（18）				
8	审查负责人联系电话	SCFZRLXDH	C（11）				
9	监管单位	JGDW	C（32）				
10	监管单位联系人	JGDWLXR	C（10）				
11	监管单位联系电话	JGDWLXDH	C（11）				
12	联系人工作部门	LXRGZBM	C（32）				
13	联系人职务	LXRZW	C（16）				
14	是否通过审核	SFTGSH	C（2）				
15	批复时间	PFSJ	D（8）				
16	水影响评价报告书的批复文号	SYXPJBGSDPFWH	C（16）				
17	水影响评价报告书文件地址	SYXPJBGSWJDZ	C（64）				
18	水影响评价报告书名称	SYXPJBGSMC	C（32）				
19	报告书编制单位	BGSBZDW	C（32）				
20	核验单位	HYDW	C（32）				
21	核验结论	HYJL	C（64）				
22	核验时间	HYSJ	D（8）				
23	试运行时间	SYXSJ	D（8）				
24	签发人	QFR	C（10）				
25	取水信息修改时间	QSXXXGSJ	D（8）				
26	信息修改情况	XXXGQK	C（128）				

序号	含义	字段名	数据类型	单位	必填	主键	外键
27	是否已生成证照	SFYSCZZ	C（2）				
28	证照注销状态	ZZZXZT	C（6）				
29	证照注销原因	ZZZXYY	C（64）				
30	电子证照治理状态	DZZZZLZT	C（6）				
31	电子证照治理状态更新时间	DZZZZLZTGXSJ	D（8）				
32	整改描述	ZGMS	C（16）				
33	取水信息是否删除	QSXXSFSC	C（2）				
34	撤回状态	CHZT	C（6）				
35	撤回理由	CHLY	C（6）				
36	是否为水利部反馈	SFWSLBFK	C（2）				

[4] 填写说明：

1）取水许可证号：引用取水许可证基本信息表。

2）技术负责人名称：指取水许可证申请单位的技术负责人姓名。

3）技术负责人身份证号：指取水许可证申请单位的技术负责人身份证号。

4）技术负责人联系电话：指取水许可证申请单位的技术负责人的联系电话，可填写移动电话或固定电话。

5）技术负责人电子邮箱：指取水许可证申请单位的技术负责人的电子邮箱。

6）审查负责人：指取水许可证审查过程的负责人姓名。

7）审查负责人身份证号：指取水许可证审查过程的负责人身份证号。

8）审查负责人联系电话：指取水许可证审查过程的负责人联系电话。

9）监管单位：指取水许可证申请及运行监管单位名称。

10）监管单位联系人：指取水许可证监管单位联系人姓名。

11）监管单位联系电话：指取水许可证监管单位联系人的联系电话，可填手机号码或移动电话。

12）联系人工作部门：指取水许可证申请单位联系人的工作部门。

13）联系人职务：指取水许可证申请单位联系人的职务。

14）是否通过审核：指该取水许可证是否通过审核。

15）批复时间：指审核结果批复的时间。

16）水影响评价报告书批复文号：指该取水许可证所涉及的建设项目水影响评价报告书的批复文号。

17）水影响评价报告书文件地址：指该取水许可证所涉及的建设项目水影响评价报告书的文件地址。

18）水影响评价报告书名称；指该取水许可证所涉及的建设项目水影响评价报告书名称。

19）报告书编制单位：指该取水许可证所涉及的建设项目水影响评价报告书编制单位。

20）核验单位：指该取水许可证所涉及的建设项目水影响评价报告书核验单位。

21）核验结论：指该取水许可证所涉及的建设项目水影响评价报告书核验结论。

22）核验时间：指该取水许可证所涉及的建设项目水影响评价报告书核验时间。

23）试运行时间：指该取水许可证试运行的时间。

24）签发人：指该取水许可证签发人的姓名。

25）取水信息修改时间：若取水许可证有变更，填写变更时间。

26）信息修改情况：指取水许可证信息修改变更的基本情况。

27）是否已生成证照：指该取水许可证是否已生成证照。

28）证照注销状态：指该取水许可证证照的注销状态，包括已注销和未注销。

29）证照注销原因：若该取水许可证证照已注销，指该取水许可证证照注销原因，填写相关描述。

30）电子证照治理状态：指该取水许可证电子证照治理状态，包括初始化、暂存、整治完成。

31）电子证照治理状态更新时间：指该取水许可证电子证照治理状态更新时间，计至日。

32）整改描述：指该取水许可证的整改描述，包括补充证照信息、撤回、关闭问题、请上传取水口位置照片、请选择取水户类型、注销等。

33）取水信息是否删除：指该取水许可证的取水信息是否删除。

34）撤回状态：指该取水许可证的撤回状态，包括已撤回和未撤回。

35）撤回理由：若该取水许可证已撤回，指该取水许可证的撤回理由，包括电子治理、核实机井信息、修改、证照过期等。

36）是否为水利部反馈：指该取水许可证的处置意见是否为水利部反馈。

18. （关系）取水许可证与退水口关系表

[1] 表编号：010301018

[2] 表标识：QSXKZYTSKGXB

[3] 表说明：描述取水许可证与退水口的关系。取水许可证-退水口，一对多关系。

序号	含义	字段名	数据类型	单位	必填	主键	外键
1	取水许可证号	QSXKZH	C（17）		Y	Y	Y
2	退水口代码	TSKDM	C（16）		Y	Y	Y

[4] 填写说明：

1）取水许可证号：引用取水许可证基本信息表。

2）退水口代码：引用退水口基本信息表。

19. （载体）凿井许可证基本信息表

[1] 表编号：010301019

[2] 表标识：ZJXKZJBXXB

[3] 表说明：描述凿井许可证的基本属性信息。

序号	含义	字段名	数据类型	单位	必填	主键	外键
1	凿井许可证代码	ZJXKZDM	C（16）		Y	Y	
2	取水户代码	QSHDM	C（18）				Y
3	取水许可证号	QSXKZH	C（17）				Y
4	凿井批复文号	ZJPFWH	C（16）				
5	核验单位	HYDW	C（64）				
6	核验单位代码	HYDWDM	C（32）				
7	核验结论	HYJL	C（64）				
8	核验时间	HYSJ	D（8）				
9	试运行时间	SYXSJ	D（8）				
10	凿井批复时间	ZJPFSJ	D（8）				
11	凿井施工单位	ZJSGDW	C（64）				
12	凿井设计单位	ZJSJDW	C（64）				

[4] 填写说明：

1）凿井许可证代码：根据凿井许可证所示代码进行填写。

2）取水户代码：凿井许可证所属取水户代码，取值及其含义见取水户基本信息表。

3）取水许可证号：开凿机井所属取水许可证号，取值及其含义见取水许可证基本信息表。

4）凿井批复文号：指开凿机井审批通过的批复文号。

5）核验单位：指开凿井审批文件核验单位名称。

6）核验单位代码：指开凿井审批文件核验单位代码。

7）核验结论：指开凿井审批文件核验结论，计至日。

8）核验时间：指开凿井审批文件核验时间，计至日。

9）试运行时间：指井试运行开始时间，计至日。

10）凿井批复时间：指开凿井审批文件批复的时间。

11）凿井施工单位：指开凿井的施工单位名称。

12）凿井设计单位：指开凿井工程设计单位名称。

20. （实体）水表基本信息表

[1] 表编号：010301020

[2] 表标识：SBJBXXB

[3] 表说明：水表是测量管道水流量的仪表，大多是水的累计流量测量，从原理上一般分为容积式水表和速度式水表两类，属计量设施的一种。本表存储水表在计量设施基本信息表基础上的扩展信息，包括监测水体类型、监测水量属性等。

序号	含义	字段名	数据类型	单位	必填	主键	外键
1	水表代码	SBDM	C（18）		Y	Y	Y
2	水表名称	SBMC	C（64）				
3	所属行业	SSHY	C（2）				Y
4	监测水体类型	JCSTLX	C（6）				
5	监测水量属性	JCSLSX	C（64）				
6	备注	BZ	C（255）				

[4] 填写说明：

1）水表代码：监测管道流量信息的水表代码，引用计量设施基本信息表。

2）水表名称：指水表的中文名称，由计量设施基本信息表带入。

3）所属行业：指该水表所属行业类型，取值及其含义见行业类别代码表。

4）监测水体类型：指该水表所监测水体的类型，填写原水、新水、再生水或污水。

5）监测水量属性：指该水表所监测水量的属性，如取水口取水量、供水设施供水量等的详细描述。

6）备注：其他补充说明信息。

21. （监测）水表监测信息表

[1] 表编号：010301021

[2] 表标识：SBJCXXB

[3] 表说明：本表为水表监测信息表，属监测表，监测指标为当前水量和累计水量，存储水表的实时监测数据。

序号	含义	字段名	数据类型	单位	必填	主键	外键
1	水表代码	SBDM	C（18）		Y	Y	Y
2	水表名称	SBMC	C（64）				
3	时间	SJ	T（14）		Y	Y	

序号	含义	字段名	数据类型	单位	必填	主键	外键
4	上期记录数值	SQJLSZ	N（7，2）	m^3			
5	本期记录数值	BQJLSZ	N（7，2）	m^3			
6	流量	LL	N（7，2）	m^3/s			
7	累计水量	LJSL	N（7，2）	m^3			

[4] 填写说明：

1）水表代码：监测流量信息的水表代码，引用水表基本信息表。

2）水表名称：指水表的中文名称，由计量设施基本信息表带入。

3）时间：观测时间，计至秒。

4）上期记录数值：指上期观测时间的水表示数，计量单位为 m^3，计至两位小数。

5）本期记录数值：指观测时间的水表示数，计量单位为 m^3，计至两位小数。

6）流量：指水表监测的当前流量，计量单位为 m^3/s，计至两位小数。

7）累计水量：指该水表的当月累计水量，从本月 1 日 8：00 至本次观测时间的累计值。计量单位为 m^3，计至两位小数。

22. （管理）取水口取水量日报表

[1] 表编号：010301022

[2] 表标识：QSKQSLRBB

[3] 表说明：本表为取水口取水量日报表，属管理表，存储取水口的日取水量信息。数据统计的时间单元为日，空间单元为取水口，统计指标为取水量。

序号	含义	字段名	数据类型	单位	必填	主键	外键
1	取水口代码	QSKDM	C（12）		Y	Y	Y
2	取水口名称	QSKMC	C（64）				
3	日期	RQ	D（8）		Y	Y	
4	取水量	QSL	N（7，2）	m^3			
5	取水口类型	QSKLX	C（16）				

[4] 填写说明：

1）取水口代码：引用取水口基本信息表。

2）取水口名称：指取水口的中文名称，由取水口基本信息表带入。

3）时间：观测时间，计至日。

4）取水量：观测日的累计取水量，计量单位为 m^3，计至两位小数。

5）取水口类型：指取水口的水量数据上报类型，填写总表、分口或分口上报总表水量。

23. （管理）取水口取水量月报表

[1] 表编号：010301023

[2] 表标识：QSKQSLYBB

[3] 表说明：本表为取水口取水量月报表，属管理表，存储取水口的月取水量信息。数据统计的时间单元为月，空间单元为取水口，统计指标为取水量。

序号	含义	字段名	数据类型	单位	必填	主键	外键
1	取水口代码	QSKDM	C（12）		Y	Y	Y
2	取水口名称	QSKMC	C（64）				

序号	含义	字段名	数据类型	单位	必填	主键	外键
3	日期	RQ	D（8）		Y	Y	
4	取水量	QSL	N（7，2）	m^3			
5	取水口类型	QSKLX	C（16）				

[4] 填写说明：

1）取水口代码：引用取水口基本信息表。

2）取水口名称：指取水口的中文名称，由取水口基本信息表带入。

3）日期：统计的时间，计至月。

4）取水量：取水口在统计日期内的取水总量，计量单位为 m^3，计至两位小数。

5）取水口类型：指取水口的水量数据上报类型，填写总表、分口或分口上报总表水量。

24. （管理）取水口取水量年报表

[1] 表编号：010301024

[2] 表标识：QSKQSLNBB

[3] 表说明：本表为取水口取水量年报表，属管理表，存储取水口的年取水量信息。数据统计的时间单元为年，空间单元为取水口，统计指标为取水量。

序号	含义	字段名	数据类型	单位	必填	主键	外键
1	取水口代码	QSKDM	C（12）		Y	Y	Y
2	取水口名称	QSKMC	C（64）				
3	日期	RQ	D（8）		Y	Y	
4	取水量	QSL	N（10，2）	10^4 m^3			
5	取水口类型	QSKLX	C（16）				

[4] 填写说明：

1）取水口代码：引用取水口基本信息表。

2）取水口名称：指取水口的中文名称，由取水口基本信息表带入。

3）日期：该取水口取水量的统计年度，计至年。

4）取水量：取水户在统计日期内的取水总量，计量单位为 10^4 m^3，计至两位小数。

5）取水口类型：指取水口的水量数据上报类型，填写总表、分口或分口上报总表水量。

25. （管理）规模以上地下水取水井管理指标统计表

[1] 表编号：010301025

[2] 表标识：GMYSDXSQSJGLZBTJB

[3] 表说明：本表为规模以上地下水取水井管理指标统计表，属管理表，存储规模以上取水井的管理指标统计信息。统计时间精确至日，统计的空间单元为省/市，统计指标为规模以上取水井数量、取水量及计量设施安装情况。

序号	含义	字段名	数据类型	单位	必填	主键	外键
1	行政区划代码	XZQHDM	C（10）		Y	Y	Y
2	行政区名称	XZQMC	C（32）				
3	日期	RQ	D（8）		Y	Y	
4	自备井数量占规模以上比例	ZBJSLZGMYSBL	N（4，1）	%			

序号	含义	字段名	数据类型	单位	必填	主键	外键
5	安装水量计量设施数量占规模以上比例	AZSLJLSSSLZGMYSBL	N（4，1）	%			
6	自备井取水量占规模以上比例	ZBJQSLZGMYSBL	N（4，1）	%			
7	安装水量计量设施取水量占规模以上比例	AZSLJLSSQSLZGMYSBL	N（4，1）	%			

[4] 填写说明：

1）行政区划代码：引用行政区划基本信息表，汇总行政区的代码，精确至省/市。

2）行政区名称：行政区划的代码对应的中文名称，由行政区划基本信息表带入。

3）日期：汇总统计的时间，计至日。

4）自备井数量占规模以上比例：规模以上自备井占规模以上取水井比例，计量单位为%，计至一位小数。

5）安装水量计量设施数量占规模以上比例：安装水量计量设施的规模以上取水井占总规模以上取水井的比例，计量单位为%，计至一位小数。

6）自备井取水量占规模以上比例：规模以上自备井的取水量占规模以上取水井的取水量的比例，计量单位为%，计至一位小数。

7）安装水量计量设施取水量占规模以上比例：安装水量计量设施的规模以上取水井取水量占规模以上取水井取水量的比例，计量单位为%，计至一位小数。

26. （管理）地下水开采量按规模地貌用途统计表

[1] 表编号：010301026

[2] 表标识：DXSKCLAGMDMYTTJB

[3] 表说明：本表为地下水开采量按规模地貌用途统计表，属管理表，存储不同分类维度的地下水开采量信息。统计的时间单元为时段，通过“统计开始日期”和“统计结束日期”确定，统计的空间单元为省/市，统计指标为不同维度的地下水开采量。

序号	含义	字段名	数据类型	单位	必填	主键	外键
1	行政区划代码	XZQHDM	C（10）		Y	Y	Y
2	行政区名称	XZQMC	C（32）				
3	统计开始日期	TJKSRQ	D（8）		Y	Y	
4	统计结束日期	TJJSRQ	D（8）		Y	Y	
5	规模以上机电井地下水开采量	GMYSJDJDXSKCL	N（10，2）	$10^4\ m^3$			
6	规模以下机电井地下水开采量	GMYXJDJDXSKCL	N（10，2）	$10^4\ m^3$			
7	人力井地下水开采量	RLJDXSKCL	N（10，2）	$10^4\ m^3$			
8	山丘区地下水开采量	SQQDXSKCL	N（10，2）	$10^4\ m^3$			
9	平原区地下水开采量	PYQDXSKCL	N（10，2）	$10^4\ m^3$			
10	浅层地下水开采量	QCDXSKCL	N（10，2）	$10^4\ m^3$			
11	深层地下水开采量	SCDXSKCL	N（10，2）	$10^4\ m^3$			
12	城镇生活地下水开采量	CZSHDXSKCL	N（10，2）	$10^4\ m^3$			
13	乡村生活地下水开采量	XCSHDXSKCL	N（10，2）	$10^4\ m^3$			
14	工业地下水开采量	GYDXSKCL	N（10，2）	$10^4\ m^3$			
15	农业灌溉地下水开采量	NYGGDXSKCL	N（10，2）	$10^4\ m^3$			
16	日期	RQ	D（8）				

[4] 填写说明：

1）行政区划代码：引用行政区划基本信息表，数据统计范围的行政区划代码，按最小包含原则填写。

2）行政区名称：行政区划的代码对应的中文名称，由行政区划基本信息表带入。

3）统计开始日期：指地下水开采量统计时段的开始日期，计至日。

4）统计结束日期：指地下水开采量统计时段的结束日期，计至日。

5）规模以上机电井地下水开采量：规模以上机电井地下水的开采量，计量单位为 10^4 m^3，计至两位小数。

6）规模以下机电井地下水开采量：规模以下机电井地下水的开采量，计量单位为 10^4 m^3，计至两位小数。

7）人力井地下水开采量：人力井地下水的开采量，计量单位为 10^4 m^3，计至两位小数。

8）山丘区地下水开采量：山丘区地下水的开采量，计量单位为 10^4 m^3，计至两位小数。

9）平原区地下水开采量：平原区地下水的开采量，计量单位为 10^4 m^3，计至两位小数。

10）浅层地下水开采量：浅层地下水的开采量，计量单位为 10^4 m^3，计至两位小数。

11）深层地下水开采量：深层地下水的开采量，计量单位为 10^4 m^3，计至两位小数。

12）城镇生活地下水开采量：城镇地下水的开采量，计量单位为 10^4 m^3，计至两位小数。

13）乡村生活地下水开采量：乡村生活地下水的开采量，计量单位为 10^4 m^3，计至两位小数。

14）工业地下水开采量：工业地下水的开采量，计量单位为 10^4 m^3，计至两位小数。

15）农业灌溉地下水开采量：农业灌溉地下水的开采量，计量单位为 10^4 m^3，计至两位小数。

16）日期：汇总统计的时间，计至日。

（二）供水

1. （实体）供水管理单位基本信息表

[1] 表编号：010301027

[2] 表标识：GSGLDWJBXXB

[3] 表说明：存储供水管理单位的基本属性信息，包括水行政主管部门、水利事业单位、乡镇水利管理单位，以及为水利提供服务的企业、社会团体等单位的基本信息。

序号	含义	字段名	数据类型	单位	必填	主键	外键
1	单位代码	DWDM	C（18）		Y	Y	
2	单位名称	DWMC	C（64）		Y		
3	单位简称	DWJC	C（32）				
4	行政区划代码	XZQHDM	C（10）				Y
5	所属机构类型	SSJGLX	C（16）				
6	法人代表	FRDB	C（18）				
7	单位规格	DWGG	C（2）				Y
8	隶属关系	LSGX	C（16）				
9	地址	DZ	C（64）				
10	经度	JD	N（10，6）				
11	纬度	WD	N（10，6）				
12	网址	WZ	C（64）				
13	邮箱	YX	C（64）				
14	邮编	YB	C（6）				

序号	含义	字段名	数据类型	单位	必填	主键	外键
15	办公室电话	BGSDH	C（11）				
16	备注	BZ	C（255）				

[4] 填写说明：

1）单位代码：供水管理单位的身份代码，具有唯一性。取供水管理单位的统一社会信用代码。

2）单位名称：指供水管理单位的名称，取供水管理单位名称。

3）单位简称：指该供水管理单位的简称。

4）行政区划代码：指该供水管理单位所属的行政区划代码，引用行政区划基本信息表。

5）所属机构类型：该字段引自《组织机构类型》（GB/T 20091—2021），填写国家机关（行政主管部门）、事业单位、企业、社会团体、乡镇水利管理部门或其他。

6）法人代表：管理单位法人代表的姓名。

7）单位规格：指水行政主管机构规格，取值及其含义见机构规格代码表。

8）隶属关系：组织机构隶属关系，按《单位隶属关系代码》（GB/T 12404—1997）规定执行，填写隶属中央、隶属省（自治区、直辖市）、隶属地（区、市、州、盟）、隶属县（区、市、旗）或其他。

9）地址：填写管理单位所在位置的详细地址，应包括其所在省、市、县等。若有多个地址，则填写办公室部门所在办公地地址，应详细填写至街道一级。

10）经度：供水设施管理单位所在位置的经度，采用 2000 国家大地坐标系（CGCS2000）。

11）纬度：供水设施管理单位所在位置的纬度，采用 2000 国家大地坐标系（CGCS2000）。

12）网址：单位网站主页的网址。

13）邮箱：单位邮箱地址。

14）邮编：单位地址对应的邮政编码。

15）办公室电话：办公室部门的电话。

16）备注：其他补充说明信息。

2. （实体）供水设施基本信息表

[1] 表编号：010301028

[2] 表标识：GSSSJBXXB

[3] 表说明：供水设施指提供供水服务的城镇供水企事业及二次供水单位等，包括城镇公共供水厂、乡镇集中供水厂、自建供水设施和村庄供水站，本表存储四类供水设施共有的基本属性信息，包括供水设施的类型、位置属性、设计供水对象属性、所属单位等。

序号	含义	字段名	数据类型	单位	必填	主键	外键
1	供水设施代码	GSSSDM	C（18）		Y	Y	
2	供水设施名称	GSSSMC	C（64）		Y		
3	供水管理单位代码	GSGLDWDM	C（18）				Y
4	供水设施类型	GSSSLX	C（8）				
5	供水设施类别	GSSSLB	C（16）				
6	经度	JD	N（10，6）				
7	纬度	WD	N（10，6）				
8	行政区划代码	XZQHDM	C（10）				Y
9	流域代码	LYDM	C（10）				Y

序号	含义	字段名	数据类型	单位	必填	主键	外键
10	水资源分区代码	SZYFQDM	C（12）				Y
11	单位代码	DWDM	C（18）				Y
12	详细地址	XXDZ	C（64）				
13	设计日生产能力	SJRSCNL	N（10，3）	10^4 m^3			
14	供水对象类型	GSDXLX	C（6）				
15	设计供水人口	SJGSRK	N（8）	人			
16	设计供水范围	SJGSFW	C（128）				
17	建成时间	JCSJ	D（8）				
18	投产时间	TCSJ	D（8）				
19	取水水源类型	QSSYLX	C（16）				
20	取水口数量	QSKSL	N（6）	个			
21	水源井数量	SYJSL	N（6）	眼			
22	是否有取水许可证	SFYQSXKZ	C（2）				
23	取水许可证号	QSXKZH	C（16）				
24	是否有卫生许可证	SFYWSXKZ	C（2）				
25	卫生许可证编号	WSXKZBH	C（36）				
26	运行人员是否有健康证	YXRYSFYJKZ	C（2）				
27	水处理方式	SCLFS	C（128）				
28	消毒方式	XDFS	C（64）				
29	是否建立水质化验室	SFJLSZHYS	C（2）				
30	检测指标数量	JCZBSL	N（3）	项			
31	检测指标	JCZB	C（255）				
32	化验人员数量	HYRYSL	N（3）	人			
33	化验室是否取得 CMA 资质	HYSSFQDCMAZZ	C（2）				
34	水质化验频率	SZHYPL	C（32）				
35	有无监控系统	YWJKXT	C（2）				
36	有无视频安防系统	YWSPAFXT	C（2）				
37	负责人	FZR	C（10）				
38	联系方式	LXFS	C（32）				
39	备注	BZ	C（255）				

[4] 填写说明：

1）供水设施代码：供水设施的身份代码，具有唯一性。取供水设施单位的统一社会信用代码。

2）供水设施名称：指供水设施的名称，取供水设施单位名称。

3）供水管理单位代码：指该供水设施所属供水管理单位代码，引用供水管理单位基本信息表。

4）供水设施类型：指供水设施的分类类型，填写城镇公共供水厂、乡镇集中供水厂、村级供水站或城镇自建供水设施。

5）供水设施类别：指供水设施的管理类型分类，填写城镇-集团、城镇-各区、乡镇、村级、自建-市管、自建-区管。

6）经度：供水设施所在位置的经度，采用 2000 国家大地坐标系（CGCS2000）。

7）纬度：供水设施所在位置的纬度，采用 2000 国家大地坐标系（CGCS2000）。

8）行政区划代码：引用行政区划基本信息表，供水设施所在行政区的代码，精确至县级以下。

9）流域代码：引用流域基本信息表，供水设施所在流域的代码，按最小原则填写。

10）水资源分区代码：引用水资源分区基本信息表，供水设施所在的水资源分区代码，精确至水资源三级区。

11）单位代码：供水设施所属水利行业管理单位的代码，引用单位基本信息表。

12）详细地址：供水设施单位所在地详细地址，精确至村或街道。

13）设计日生产能力：指该供水设施的设计日生产能力，计量单位为 10^4 m^3，计至三位小数。

14）供水对象类型：供水对象的类型，包括工业、生活、公共、混合等类型。

15）设计供水人口：指该供水设施的设计供水人口，计量单位为人，计至整数。

16）设计供水范围：指该供水设施的设计供水范围描述。

17）建成时间：指该供水设施的建成时间，计至日。

18）投产时间：该供水设施开始投入使用的时间，计至日。

19）取水水源类型：指该供水设施的取水水源类型，填写地表水、地下水或混合水源。

20）取水口数量：指所属该供水设施的取水口数量，计量单位为个，计至整数。

21）水源井数量：指所属该供水设施的水源井数量，计量单位为眼，计至整数。

22）是否有取水许可证：指该供水设施是否有取水许可证，填写是或否。

23）取水许可证号：若该供水设施有取水许可证，填写取水许可证号，需要填写多个取水许可证号时，之间用“，”隔开。

24）是否有卫生许可证：指该供水设施是否有卫生许可证，填写是或否。

25）卫生许可证编号：若该供水设施有卫生许可证，填写卫生许可证号，需要填写多个卫生许可证号时，之间用“，”隔开。

26）运行人员是否有健康证：指该供水设施的运行人员是否有健康证，填写是或否。

27）水处理方式：指该供水设施的水处理方式。

28）消毒方式：若该村庄供水站配有消毒设备，填写消毒设备的消毒方式。

29）是否建立水质化验室：指该供水设施是否建立水质化验室，填写是或否。

30）检测指标数量：指该供水设施水质检测指标数量，计量单位为项，计至整数。

31）检测指标：填写该供水设施水质检测指标项。不同指标间用“，”隔开，不同类型位置间用“；”隔开。

32）化验人员数量：指水质化验人员数量，计量单位为人，计至整数。

33）化验室是否取得 CMA 资质：指该供水设施水质化验室是否取得 CMA 资质，填写是或否。

34）水质化验频率：指该供水设施的水质化验频率描述。

35）有无监控系统：指该供水设施有无监控系统，填写是或否。

36）有无视频安防系统：指该供水设施有无视频安防系统，填写是或否。

37）负责人：供水设施管理单位负责人姓名。

38）联系方式：包括供水设施单位的负责人电话、信箱等。

39）备注：其他补充说明信息。

3. （关系）供水设施与取水户关系表

[1] 表编号：010301029

[2] 表标识：GSSSYQSHGXB

[3] 表说明：描述供水设施与取水户的关系情况。供水设施-取水户，原则上一对一关系。

序号	含义	字段名	数据类型	单位	必填	主键	外键
1	供水设施代码	GSSSDM	C（18）		Y	Y	Y
2	取水户代码	QSHDM	C（18）		Y	Y	Y
3	取水与进厂水是否共用计量设施	QSYJCSSFGYJLSS	C（1）				

[4] 填写说明：

1）供水设施代码：供水设施的代码，引用供水设施基本信息表。

2）取水户代码：取水户的代码，引用取水户基本信息表。

3）取水与进厂水是否共用计量设施：如果取水与进厂水共用一套计量设施。填写是或否。

4. （实体）城镇公共供水厂基本信息表

[1] 表编号：010301030

[2] 表标识：CZGGGSCJBXXB

[3] 表说明：描述城镇公共供水厂在供水设施基本信息表基础上的扩展信息。

序号	含义	字段名	数据类型	单位	必填	主键	外键
1	供水设施代码	GSSSDM	C（18）		Y	Y	Y
2	供水设施名称	GSSSMC	C（64）				
3	清水池容积	QSCRJ	N（10，3）	m^3			
4	储水设施能力	CSSSNL	N（10，3）	10^4 m^3/d			
5	制水单位耗电量	ZSDWHDL	N（8，2）	℃/m^3			
6	投资金额	TZJE	N（8，2）	万元			
7	占地面积	ZDMJ	N（8，2）	10^4 m^2			
8	安全管理人员数量	AQGLRYSL	N（3）	人			
9	供水安全主管负责人	GSAQZGFZR	C（16）				
10	联系方式	LXFS	C（32）				
11	备注	BZ	C（255）				

[4] 填写说明：

1）供水设施代码：指城镇公共供水厂的代码，引用供水设施基本信息表。

2）供水设施名称：指供水设施的名称，取供水设施单位名称，由供水设施基本信息表带入。

3）清水池容积：指该水厂的清水池容积，计量单位为 m^3，计至三位小数。

4）储水设施能力：指该水厂储水设施的储水能力，计量单位为 10^4 m^3/d，计至三位小数。

5）制水单位耗电量：指该水厂制水的单位耗电量，计量单位为℃/m^3，计至三位小数。

6）投资金额：指该水厂建设的投资金额，计量单位为万元，计至两位小数。

7）占地面积：指该水厂的占地面积，计量单位为 10^4 m^2，计至两位小数。

8）安全管理人员数量：指该水厂安全管理人员的数量，计量单位为人，计至整数。

9）供水安全主管负责人：指该水厂供水安全主管负责人的姓名。

10）联系方式：指该水厂供水安全主管负责人的联系方式。

11）备注：其他补充说明信息。

5. （实体）乡镇集中供水厂基本信息表

[1] 表编号：010301031

[2] 表标识：XZJZGSCJBXXB

[3] 表说明：描述乡镇集中供水厂在供水设施基本信息表基础上的扩展信息。

序号	含义	字段名	数据类型	单位	必填	主键	外键
1	供水设施代码	GSSSDM	C（18）		Y	Y	Y
2	供水设施名称	GSSSMC	C（64）				
3	是否有清水池	SFYQSC	C（2）				
4	清水池容积	QSCRJ	N（10，3）	m^3			
5	干管管材	GGGC	C（16）				
6	干管总长	GGZC	N（10，3）	km			
7	干管管径	GGGJ	N（5，1）	mm			
8	是否收费	SFSF	C（2）				
9	计费方式	JFFS	C（64）				
10	是否划定保护区	SFHDBHQ	C（2）				
11	备注	BZ	C（255）				

[4] 填写说明：

1）供水设施代码：指该乡镇集中供水厂的代码，引用供水设施基本信息表。

2）供水设施名称：指供水设施的名称，取供水设施单位名称，由供水设施基本信息表带入。

3）是否有清水池：指该水厂是否有清水池，填写是或否。

4）清水池容积：指该水厂清水池的容积，计量单位为 m^3，计至三位小数。

5）干管管材：指该水厂干管的材质。

6）干管总长：指该水厂干管的总长度，计量单位为 km，计至三位小数。

7）干管管径：指该水厂的管径，计量单位为 mm，计至一位小数。

8）是否收费：指该水厂供水是否收费，填写是或否。

9）计费方式：指该水厂供水收费的计费方式描述。

10）是否划定保护区：指该水厂水源是否划定水源保护区，填写是或否。

11）备注：其他补充说明信息。

6. （实体）农村供水工程基本信息表

[1] 表编号：010301032

[2] 表标识：NCGSGCJBXXB

[3] 表说明：描述农村供水工程的基本属性信息。

序号	含义	字段名	数据类型	单位	必填	主键	外键
1	供水设施代码	GSSSDM	C（18）		Y	Y	Y
2	供水设施名称	GSSSMC	C（64）				
3	工程类型	GCLX	C（2）				Y
4	供自然村个数	GZRCGS	N（4）	个			
5	总人口	ZRK	N（8）	人			
6	户籍村民人口数	HJCMRKS	N（7）	人			

序号	含义	字段名	数据类型	单位	必填	主键	外键
7	非户籍村民人口数	FHJCMRKS	N（7）	人			
8	供水总表类型	GSZBLX	C（64）				
9	入户表类型	RHBLX	C（64）				
10	入户水量计量率	RHSLJLL	N（5，2）	%			
11	水质化验结果是否公开	SZHYJGSFGK	C（2）				
12	收费形式	SFXS	C（16）				
13	备注	BZ	C（255）				

[4] 填写说明：

1）供水设施代码：指该村庄供水站的代码，引用供水设施基本信息表。

2）供水设施名称：指供水设施的名称，取供水设施单位名称，由供水设施基本信息表带入。

3）工程类型：指该农村供水工程类型，引自《村镇供水工程技术规范》（SL 310—2019），取值及其含义见农村供水工程类型代码表。

4）供自然村个数：指该村庄供水站所供自然村个数，计量单位为个，计至整数。

5）总人口：指该村庄供水站所供自然村的总人口，计量单位为人，计至整数。

6）户籍村民人口数：指该村庄供水站所供自然村的户籍村民人口，计量单位为人，计至整数。

7）非户籍村民人口数：指该村庄供水站所供自然村的非户籍村民人口，计量单位为人，计至整数。

8）供水总表类型：指该村庄供水站的供水总表类型，需填写多种类型时，各类型之间用“，”隔开。

9）入户表类型：指该村庄供水站入户表类型，需填写多种类型时，各类型之间用“，”隔开。

10）入户水量计量率：指该村庄供水站的入户水量计量率，计量单位为%，计至两位小数。

11）水质化验结果是否公开：指该村庄供水站的水质化验结果是否公开，填写是或否。

12）收费形式：指村庄供水工程的收费形式，引自《水利普查属性字段枚举类型表文档》，填写计量收费、固定收费或不收费。

13）备注：其他补充说明信息。

7. （实体）自建供水设施基本信息表

[1] 表编号：010301033

[2] 表标识：ZJGSSSJBXXB

[3] 表说明：描述自建供水设施的基本属性信息。

序号	含义	字段名	数据类型	单位	必填	主键	外键
1	供水设施代码	GSSSDM	C（18）		Y	Y	Y
2	供水设施名称	GSSSMC	C（64）				
3	管理类别	GLLB	C（6）				
4	是否为生活饮用水	SFWSHYYS	C（2）				
5	是否接入城市公共供水	SFJRCSGGGS	C（2）				
6	接入时间	JRSJ	D（8）				
7	是否配备井房	SFPBJF	C（2）				
8	有无外供单位	YWWGDW	C（2）				
9	外供单位名称	WGDWMC	C（64）				
10	是否能正常维护自建供水设施	SFNZCWHZJGSSS	C（2）				
11	备注	BZ	C（255）				

[4] 填写说明：

1）供水设施代码：指该自建供水设施代码，引用供水设施基本信息表。

2）供水设施名称：指供水设施的名称，取供水设施单位名称，由供水设施基本信息表带入。

3）管理类别：指该自建供水设施的管理单位类别，填写市管或区管。

4）是否为生活饮用水：指该自建供水设施所供水是否为生活饮用水，填写是或否。

5）是否接入城市公共供水：指该自建供水设施是否接入城市公共供水。

6）接入时间：若该自建供水设施已接入城市公共供水，填写接入时间，计至日。

7）是否配备井房：指该自建供水设施水源井是否配备有井房，填写是或否。

8）有无外供单位：指该自建供水设施有无外供单位，填写有或无。

9）外供单位名称：若该自建供水设施有外供单位，填写外供单位名称，若有多个外供单位时，单位名称间用“，”隔开。

10）是否能正常维护自建供水设施：指管理单位是否能独立正常维护自建供水设施，填写是或否。

11）备注：其他补充说明信息。

8. （实体）供水管段基本信息表

[1] 表编号：010301034

[2] 表标识：GSGDJBXXB

[3] 表说明：存储供水管段的基本属性信息。供水管段也称给水管道，管道里面流淌的是自来水，是干净的水，是可以使用的水。

序号	含义	字段名	数据类型	单位	必填	主键	外键
1	管段代码	GDDM	C（20）		Y	Y	
2	管段名称	GDMC	C（64）		Y		
3	供水设施代码	GSSSDM	C（18）				Y
4	行政区划代码	XZQHDM	C（10）				Y
5	所属管理区域	SSGLQY	C（20）				
6	管段类型	GDLX	C（16）				
7	长度	CD	N（7，2）	m			
8	口径	KJ	N（6）	mm			
9	材质	CZ	C（16）				
10	建成日期	JCRQ	D（8）				
11	投入使用日期	TRSYRQ	D（8）				
12	报废日期	BFRQ	D（8）				
13	详细地址	XXDZ	C（64）				
14	起点经度	QDJD	N（10，6）	（°）			
15	起点纬度	QDWD	N（10，6）	（°）			
16	终点经度	ZDJD	N（10，6）	（°）			
17	终点纬度	ZDWD	N（10，6）	（°）			
18	备注	BZ	C（255）				

[4] 填写说明：

1）管段代码：指管段的唯一标识，一般为供水设施的管段编号。

2）管段名称：指该管段的中文名称。

3）供水设施代码：该管段所属供水设施的代码，引用供水设施基本信息表。

4）行政区划代码：该管段所处的行政区划的识别代码，引用行政区划基本信息表，精确至县级。

5）所属管理区域：该管段所属的管理区域，填写中心城区或郊区。

6）管段类型：指管段输配的水体类型，填写新水或再生水。

7）长度：指该管段的长度，计量单位为 m，计至两位小数。

8）口径：指该管段的口径，计量单位为 mm，计至整数。

9）材质：指该管段的材质，填写钢管、铸铁管、球墨铸铁管、灰口铸铁管、塑料管、预应力钢筋混凝土管、镀锌管或其他材质。

10）建成日期：指该管段的建成日期，计至日。

11）投入使用日期：指该管段投入使用日期，计至日。

12）报废日期：若该管段已报废，填写该管段报废日期，计至日。

13）详细地址：该管段的具体地址，详细填写到街道。

14）起点经度：供水管段的起点东经度数，采用 2000 国家大地坐标系（CGCS2000）。

15）起点纬度：供水管段的起点北纬度数，采用 2000 国家大地坐标系（CGCS2000）。

16）终点经度：供水管段的终点东经度数，采用 2000 国家大地坐标系（CGCS2000）。

17）终点纬度：供水管段的终点北纬度数，采用 2000 国家大地坐标系（CGCS2000）。

18）备注：其他补充说明信息。

9. （管理）供水厂管网信息表

[1] 表编号：010301035

[2] 表标识：GSCGWXXB

[3] 表说明：存储供水厂管网的统计信息。从水源地到水厂的管渠只起输水作用，称输水管网；自水厂出来的管道称配水管网。配水管网中主要起输水作用的管道称干管，从干管分出起配水作用的管道称支管，从支管接通用户的称用户支管。

序号	含义	字段名	数据类型	单位	必填	主键	外键
1	供水设施代码	GSSSDM	C（18）		Y	Y	Y
2	供水设施名称	GSSSMC	C（64）				
3	日期	RQ	D（4）		Y	Y	
4	输水管道长	SSGDC	N（10，2）	km			
5	配水管道长	PSGDC	N（10，2）	km			
6	管道总长度	GDZCD	N（10，2）	km			
7	钢管长度	GGCD	N（10，2）	km			
8	球墨铸铁管长度	QMZTGCD	N（10，2）	km			
9	铸铁管长度	ZTGCD	N（10，2）	km			
10	DN800 mm 以上长度	DN800HMYSCD	N（10，2）	km			
11	DN800 至 300 mm 长度	DN800D300HMCD	N（10，2）	km			
12	DN300 至 75 mm 长度	DN300D75HMCD	N（10，2）	km			
13	DN75 mm 以下长度	DN75HMYXCD	N（10，2）	km			
14	10 年以内长度	CD10NYN	N（10，2）	km			
15	10～30 年长度	CD10D30N	N（10，2）	km			
16	30～50 年长度	CD30D50N	N（10，2）	km			
17	50 年以上长度	CD50NYS	N（10，2）	km			

序号	含义	字段名	数据类型	单位	必填	主键	外键
18	供水区域面积	GSQYMJ	N（9，2）	km^2			
19	管网平均压力	GWPJYL	N（6，2）	MPa			
20	管网压力合格率	GWYLHGL	N（4，1）	%			
21	备注	BZ	C（255）				

[4] 填写说明：

1）供水设施代码：管网所属供水厂的代码。引用供水设施基本信息表。

2）供水设施名称：指供水设施的名称，取供水设施单位名称，由供水设施基本信息表带入。

3）日期：观测、调查和统计资料的年份。计至年。

4）输水管道长：指水源地至地表水水厂净化设施（或水厂地下水水厂清水池）之间所有管道的长度，包括水源井之间的井群联络管道长度，计量单位为 km，计至两位小数。

5）配水管道长：指从送水泵至用户水表之间所有管道的长度，不包括新安装尚未使用的管道，在同一条街道埋设两条或两条以上管道时，应按每条管道的长度计算，计量单位为 km，计至两位小数。

6）管道总长度：指水厂的输水管道和配水管道长度之和，计量单位为 km，计至两位小数。

7）钢管长度：指由铁和碳等元素炼制的管道的总长度之和，计量单位为 km，计至两位小数。

8）球墨铸铁管长度：指由球化和孕育处理优质铁水（其中石墨组织已由片变成球状）采用离心浇注制作的管道的总长度，计量单位为 km，计至两位小数。

9）铸铁管长度：指由含碳量在 2%以上的铁碳合金制成的管道的总长度，计量单位为 km，计至两位小数。

10）DN800 mm 以上长度：指水厂管网中直径在 800 mm 以上的管道长度，计量单位为 km，计至两位小数。

11）DN800 至 300 mm 长度：指水厂管网中直径在 300～800 mm 的管道长度，计量单位为 km，计至两位小数。

12）DN300 至 75 mm 长度：指水厂管网中直径在 75～300 mm 的管道长度，计量单位为 km，计至两位小数。

13）DN75 mm 以下长度：指水厂管网中直径在 75 mm 以下的管道长度，计量单位为 km，计至两位小数。

14）10 年以内长度：指水厂管网中使用期在 10 年以内的管道长度，计量单位为 km，计至两位小数。

15）10～30 年长度：指水厂管网中使用期在 10～30 年以内的管道长度，计量单位为 km，计至两位小数。

16）30～50 年长度：指水厂管网中使用期在 30～50 年以内的管道长度，计量单位为 km，计至两位小数。

17）50 年以上长度：指水厂管网中使用期在 50 年以上的管道长度，计量单位为 km，计至两位小数。

18）供水区域面积：供水管网环通的全部区域，单管供水的地区，按管道两侧 100 m 范围作为供水区域面积统计，计量单位为 km^2，计至两位小数。

19）管网平均压力：供水区域内各测压点各次平均的水压值。计算公式：管网水平均压力值=Σ各测压点各次压力值/各测压点测压总次数，计量单位为 MPa，计至两位小数。

20）管网压力合格率：管网服务压力的合格程度，计量单位为%，计至一位小数。

21）备注：主要用来保存对该记录进行简短描述的文字，或者是有关信息（文字、表格、图片和录像等）的超级链接。

10. （管理）供水设施经营状况表

[1] 表编号：010301036

[2] 表标识：GSSSJYZKB

[3] 表说明：本表为供水设施经营状况表，属管理表，存储供水设施管理指标以年为单位的数据信息。数据统计的时间单元为年，空间单元为供水设施，管理指标包括本年度水价、人员资产、实际供水范围、填报审

核单位 4 部分。

序号	含义	字段名	数据类型	单位	必填	主键	外键
1	供水设施代码	GSSSDM	C（18）		Y	Y	Y
2	供水设施名称	GSSSMC	C（64）				
3	日期	RQ	D（4）		Y	Y	
4	原水水价	YSSJ	N（6，2）	元/m^3			
5	综合水价	ZHSJ	N（6，2）	元/m^3			
6	污水处理费	WSCLF	N（6，2）	元/m^3			
7	城镇生活水价	CZSHSJ	N（6，2）	元/m^3			
8	农村生活水价	NCSHSJ	N（6，2）	元/m^3			
9	工业水价	GYSJ	N（6，2）	元/m^3			
10	建筑业水价	JWYSJ	N（6，2）	元/m^3			
11	经营服务业水价	JYFWYSJ	N（6，2）	元/m^3			
12	供水成本	GSCB	N（6，2）	元/m^3			
13	水费回收率	SFHSL	N（4，2）	%			
14	企业固定资产	QYGDZC	N（10，2）	万元			
15	企业从业人员数	QYCYRYS	N（10）	人			
16	公用水站	GYSZ	N（10）	处			
17	本年实际供水范围	BNSJGSFW	C（128）				
18	本年实际供水人口	BNSJGSRK	N（10）	人			
19	是否供农村	SFGNC	C（2）				
20	行政村数量	XZCSL	N（5）	个			
21	行政村名称	XZCMC	C（128）				
22	实际供水行政村常住人口	SJGSXZCCZRK	N（8）	人			
23	实际供水行政村户籍人口	SJGSXZCHJRK	N（8）	人			
24	主要用水单位总数	ZYYSDWZS	N（8）	个			
25	其中主要机关事业单位名称	QZZYJGSYDWMC	C（128）				
26	其中主要企业名称	QZYQYMC	C（128）				
27	其中主要居民小区名称	QZZYJMXQMC	C（128）				
28	其中学校名称	QZXXMC	C（128）				
29	备注	BZ	C（255）				

[4] 填写说明：

1）供水设施代码：引用供水设施基本信息表。

2）供水设施名称：指供水设施的名称，取供水设施单位名称，由供水设施基本信息表带入。

3）日期：统计日期，计至年。

4）原水水价：指由水源地取来的单位原料水需缴纳的费用，计量单位为元/m^3，计至两位小数。

5）综合水价：指以各行业用水量为权重，加权平均各行业用水水价得出的水价，计量单位为元/m^3，计至两位小数。

6）污水处理费：指综合水价中用于污水处理的费用，计量单位为元/m^3，计至两位小数。

7）城镇生活水价：指本年度该供水设施供给城镇生活用水的执行水价，计量单位为元/m^3，计至两位小数。

8）农村生活水价：指本年度该供水设施供给农村生活用水的执行水价，计量单位为元/m^3，计至两位小数。

9）工业水价：指工业生产取用单位新水需缴纳的费用，计量单位为元/m^3，计至两位小数。

10）建筑业水价：指建筑业使用单位自来水需缴纳的费用，计量单位为元/m^3，计至两位小数。

11）经营服务业水价：指商业服务业使用单位自来水需缴纳的费用，计量单位为元/m^3，计至两位小数。

12）供水成本：指供水生产过程中发生的合理支出，主要包括水费、原材料、动力、人工成本、固定资产折旧、机物料消耗、管网修理费、外购成品水费用等成本项目和管理费用、财务费用、销售费用等期间费用项目。计量单位为元/m^3，计至两位小数。

13）水费回收率：指报告期实际收回的水费与应收水费的比率。计算公式：水费回收率=实收水费/应收水费×100%，计量单位为%，计至两位小数。

14）企业固定资产：指使用年限一年以上，单位价值在规定标准以上，并在使用过程中保持原来物质形态的资产，包括企业固定资产净值、固定资产清理、在建工程、待处理固定资产净损失所占用的资金等。计量单位为万元，计至两位小数。

15）企业从业人员数：指参加供水设施的生产经营活动并取得实物或货币收入的人员总数，计量单位为人，计至整数。

16）公用水站：指设于街道用于集中供水的公共配水栓或售水站的数量，不包括居民院内的共用水龙头。计量单位为处，计至整数。

17）本年实际供水范围：指该供水设施本年度实际供水范围描述。

18）本年实际供水人口：指该供水设施本年的实际供水人口，计量单位为人，计至整数。

19）是否供农村：指该供水设施是否供农村，填写是或否。

20）行政村数量：若该供水设施供农村，填写统计年所供行政村数量，计量单位为个，计至整数。

21）行政村名称：若该供水设施供农村，填写统计年所供行政村名称，供多个村时名称间用“，”隔开。

22）实际供水行政村常住人口：若该供水设施供农村，填写统计年所供行政村常住人口数，计量单位为人，计至整数。

23）实际供水行政村户籍人口：若该供水设施供农村，填写统计年所供行政村户籍人口数，计量单位为人，计至整数。

24）主要用水单位总数：指该供水设施本年主要用水单位总数，计量单位为个，计至整数。

25）其中主要机关事业单位名称：指该供水设施本年所供主要机关事业单位名称，需填写多个名称时之间用“，”隔开。

26）其中主要企业名称：指该供水设施本年所供主要企业名称，需填写多个名称时之间用“，”隔开。

27）其中主要居民小区名称：指该供水设施本年所供主要居民小区名称，需填写多个名称时之间用“，”隔开。

28）其中学校名称：指该供水设施本年所供学校名称，需填写多个名称时之间用“，”隔开。

29）备注：其他补充说明信息。

11. （管理）供水设施运行状态信息表

[1] 表编号：010301037

[2] 表标识：GSSSYXZTXXB

[3] 表说明：本表为供水设施运行状态信息表，属管理表，存储供水设施运行过程中的状态信息。数据统计时间精确至日，统计的空间单元为供水设施，统计指标包括相关证照及运行状态照片文件等。

序号	含义	字段名	数据类型	单位	必填	主键	外键
1	供水设施代码	GSSSDM	C（18）		Y	Y	Y
2	供水设施名称	GSSSMC	C（64）				
3	日期	RQ	D（8）		Y	Y	

序号	含义	字段名	数据类型	单位	必填	主键	外键
4	配备井房情况	PBJFQK	C（64）				
5	配备井房（图片）照片	PBJFZP	B				
6	取水许可证照片	QSXKZZP	B				
7	卫生许可证照片	WSXKZZP	B				
8	健康证照片	JKZZP	B				
9	净化装置照片	JHZZZP	B				
10	消毒设备照片	XDSBZP	B				
11	水质检测化验室详情	SZJCHYSXQ	C（128）				
12	水质检测化验室照片	SZJCHYSZP	B				
13	监测报告中水质合格情况	JCBGZSZHGQK	C（128）				
14	监测水质报告照片	JCSZBGZP	B				
15	计量情况照片	JLQKZP	B				
16	审核类型	SHLX	C（64）				
17	自建供水设施维护情况	ZJGSSSWHQK	C（64）				
18	水源井周边污染源情况	SYJZBWRYQK	C（64）				
19	水源井周边污染源照片	SYJZBWRYZP	B				
20	井口安全密闭情况	JKAQMBQK	C（64）				
21	井口安全密闭照片	JKAQMBZP	B				
22	井方内干净整洁情况	JFNGJZJQK	C（64）				
23	井方内干净整洁照片	JFNGJZJZP	B				
24	消毒设备运行情况	XDSBYXQK	C（64）				
25	消毒设备运行照片	XDSBYXZP	B				
26	监控系统运行情况	JKXTYXQK	C（64）				
27	视频安防系统运行情况	SPAFXTYXQK	C（64）				
28	管理台账建立情况	GLTZJLQK	C（64）				
29	管理台账照片	GLTZZP	B				
30	信息公示情况	XXGSQK	C（64）				
31	信息公示照片	XXGSZP	B				
32	安全供水应急预案制订情况	AQGSYJYAZDQK	C（64）				
33	安全供水应急预案照片	YJYAZP	B				
34	运行管理记录填写情况	YXGLJLTXQK	C（64）				
35	运行管理记录照片	YXGLJLZP	B				
36	水源井位于地势低洼处情况	SYJWYDSDWCQK	C（64）				
37	水源井位于地势低洼处照片	SYJWYDSDWCZP	B				
38	消毒设备卫生许可证	XDSBWSXKZ	C（64）				
39	消毒设备卫生许可证照片	XDSBWSXKZZP	B				
40	备注	BZ	C（255）				

[4] 填写说明：

1）供水设施代码：供水设施的身份代码，引用自建供水设施基本信息表。

2）供水设施名称：指供水设施的名称，取供水设施单位名称，由供水设施基本信息表带入。

3）日期：指信息统计填报的日期，计至日。

4）配备井房情况：井房的配备情况。

5）配备井房图片：井房配备的图片。
6）取水许可证照片：取水许可证的照片。
7）卫生许可证照片：卫生许可证的照片。
8）健康证照片：健康证的照片。
9）净化装置照片：净化装置的照片。
10）消毒设备照片：消毒设备的照片。
11）水质检测化验室详情：水质检测化验室的详细情况。
12）水质检测化验室照片：水质检测化验室的照片。
13）监测报告中水质合格情况：监测报告中水质的合格情况。
14）监测水质报告照片：监测水质报告的照片。
15）计量情况照片：计量情况的照片。
16）审核类型：审核的类型。
17）自建供水设施维护情况：自建供水设施的维护情况。
18）水源井周边污染源情况：水源井周边的污染源情况描述。
19）水源井周边污染源照片：水源井周边污染源的照片。
20）井口安全密闭情况：井口安全密闭的情况。
21）井口安全密闭照片：井口安全密闭的照片。
22）井方内干净整洁情况：井方内干净整洁的情况。
23）井方内干净整洁照片：井方内干净整洁情况的照片。
24）消毒设备运行情况：消毒设备的运行情况。
25）消毒设备运行照片：消毒设备运行情况照片。
26）监控系统运行情况：指该供水设施的监控系统运行情况描述。
27）视频安防系统运行情况：指该供水设施的视频安防系统运行情况描述。
28）管理台账建立情况：管理台账建设的情况。
29）管理台账照片：管理台账的照片。
30）信息公示情况：信息公示的情况。
31）信息公示照片：信息公示情况照片。
32）安全供水应急预案制订情况：安全供水应急预案的制订情况。
33）安全供水应急预案照片：安全供水应急预案的照片。
34）运行管理记录填写情况：运行安全记录的填写情况。
35）运行管理记录照片：安全管理记录的照片。
36）水源井位于地势低洼处情况：水源井位于地势低洼处的情况。
37）水源井位于地势低洼处照片：水源井位于地势低洼处的照片。
38）消毒设备卫生许可证：消毒设备的卫生许可证。
39）消毒设备卫生许可证照片：消毒设备卫生许可证的照片。
40）备注：其他补充说明信息。

12. （实体）供水设施入水口基本信息表

[1] 表编号：010301038

[2] 表标识：GSSSRSKJBXXB

[3] 表说明：存储供水设施入水口基本属性信息。

序号	含义	字段名	数据类型	单位	必填	主键	外键
1	供水设施入水口名称	GSSSRSKMC	C（26）		Y	Y	
2	供水设施代码	GSSSDM	C（18）				Y
3	供水设施名称	GSSSMC	C（64）				
4	取水管道数量	QSGDSL	N（2）	个			
5	供水来源类型	GSLYLX	C（16）				

[4] 填写说明：

1）供水设施入水口名称：供水设施的入水口名称。一般取供水设施代码+入水口+编号。

2）供水设施代码：入水口所属供水设施的代码，引用供水设施基本信息表。

3）供水设施名称：指供水设施的名称，取供水设施单位名称，由供水设施基本信息表带入。

4）取水管道数量：进入该入水口取水管道数量，计量单位为个，计至整数。

5）供水来源类型：指该供水设施的供水来源类型，填写地表水、地下水或再生水，若该供水设施有多个供水来源，各供水来源间用"；"隔开。

13. （实体）供水设施出水口基本信息表

[1] 表编号：010301039

[2] 表标识：GSSSCSKJBXXB

[3] 表说明：存储供水设施出水口基本属性信息。

序号	含义	字段名	数据类型	单位	必填	主键	外键
1	供水设施出水口名称	GSSSCSKMC	C（26）		Y	Y	
2	供水设施代码	GSSSDM	C（18）				Y
3	供水设施名称	GSSSMC	C（64）				
4	供水管道数量	GSGDSL	N（2）	个			
5	供水类型	GSLX	C（16）				

[4] 填写说明：

1）供水设施出水口名称：供水设施的出水口名称，一般取供水设施代码+出水口+编号。

2）供水设施代码：出水口所属供水设施的代码，引用供水设施基本信息表。

3）供水设施名称：指供水设施的名称，取供水设施单位名称，由供水设施基本信息表带入。

4）供水管道数量：该出水口供水管道数量，计量单位为个，计至整数。

5）供水类型：指该水表的供水类型，填写自来水、市政自来水、自备井或再生水，若该供水设施有多个供水类型，各供水类型间用"；"隔开。

14. （关系）供水设施入水口与采集点关系表

[1] 表编号：010301040

[2] 表标识：GSSSRSKYCJDGXB

[3] 表说明：存储供水设施入水口与采集点的关系信息。

序号	含义	字段名	数据类型	单位	必填	主键	外键
1	供水设施入水口名称	GSSSRSKMC	C（26）		Y	Y	Y
2	采集点代码	CJDDM	C（16）		Y	Y	Y

[4] 填写说明：

1）供水设施入水口名称：供水设施的入水口名称，引用供水设施入水口基本信息表。

2）采集点代码：该入水口处的采集点代码，引用采集点基本信息表。

15. （关系）供水设施出水口与采集点关系表

[1] 表编号：010301041

[2] 表标识：GSSSCSKYCJDGXB

[3] 表说明：存储供水设施出水口与采集点的关系信息。

序号	含义	字段名	数据类型	单位	必填	主键	外键
1	供水设施出水口名称	GSSSCSKMC	C（26）		Y	Y	Y
2	采集点代码	CJDDM	C（16）		Y	Y	Y

[4] 填写说明：

1）供水设施出水口名称：供水设施的出水口名称，引用供水设施出水口基本信息表。

2）采集点代码：该出水口的采集点代码，引用采集点基本信息表。

16. （监测）供水设施入水口监测信息表

[1] 表编号：010301042

[2] 表标识：GSSSRSKJCXXB

[3] 表说明：本表为供水设施入水口监测信息表，属监测表，监测指标为水量、水质和水压，存储供水设施入水口的实时监测数据。

序号	含义	字段名	数据类型	单位	必填	主键	外键
1	供水设施入水口名称	GSSSRSKMC	C（26）		Y	Y	Y
2	时间	SJ	T（14）		Y	Y	
3	供水设施代码	GSSSDM	C（18）				Y
4	进水水压	JSSY	N（4，2）	MPa			
5	进水流量	JSLL	N（4，2）	m^3/s			
6	水表累计数	SBLJS	N（7，2）	m^3			
7	进水水质类别	JSSZLB	C（1）				Y
8	备注	BZ	C（64）				

[4] 填写说明：

1）供水设施入水口名称：供水设施入水口的名称，引用供水设施入水口基本信息表。

2）时间：测量的时间，计至秒。

3）供水设施代码：该供水设施入水口所属供水设施代码，引用供水设施基本信息表。

4）进水水压：入水口的进水水压，计量单位为 MPa，计至两位小数。

5）进水流量：入水口的进水流量，计量单位为 m^3/s，计至两位小数。

6）水表累计数：测定时刻水表的示数，即累计水量，计量单位为 m^3，计至两位小数。

7）进水水质类别：水质的类别，取值及其含义见水质类别代码表。

8）备注：需要注明的其他信息。

17. （监测）供水设施出水口监测信息表

[1] 表编号：010301043

[2] 表标识：GSSSCSKJCXXB

[3] 表说明：本表为供水设施出水口监测信息表，属监测表，监测指标为水量、水质和水压，存储供水设施出水口的实时监测数据。

序号	含义	字段名	数据类型	单位	必填	主键	外键
1	供水设施出水口代码	GSSSCSKDM	C（26）		Y	Y	Y
2	时间	SJ	T（14）		Y	Y	
3	供水设施代码	GSSSDM	C（18）				Y
4	出水水压	CSSY	N（4，2）	MPa			
5	出水流量	CSLL	N（4，2）	m^3/s			
6	水表累计数	SBLJS	N（7，2）	m^3			
7	出水水质类别	CSSZLB	C（1）				Y
8	备注	BZ	C（64）				

[4] 填写说明：

1）供水设施出水口名称：供水设施出水口的名称。

2）时间：出水口数据的测定时间，计至秒。

3）供水设施代码：指该供水设施出水口所属供水设施代码，引用供水设施基本信息表。

4）出水水压：出水口的出水水压，计量单位为 MPa，计至两位小数。

5）出水流量：出水口的出水流量，计量单位为 m^3/s，计至两位小数。

6）水表累计数：测定时刻，水表的表头数，计量单位为 m^3，计至两位小数。

7）出水水质类别：水质的类别，取值及其含义见水质类别代码表。

8）备注：需要注明的其他信息。

18. （监测）供水设施出水口水质监测信息表

[1] 表编号：010301044

[2] 表标识：GSSSCSKSZJCXXB

[3] 表说明：本表为供水设施出水口水质监测信息表，属监测表，监测指标为出厂水 9 项水质项目，存储供水设施出水口水质实时监测数据。

序号	含义	字段名	数据类型	单位	必填	主键	外键
1	供水设施出水口代码	GSSSCSKDM	C（26）		Y	Y	
2	采样时间	CYSJ	T（14）		Y	Y	
3	测定时间	CDSJ	T（14）				
4	供水设施代码	GSSSDM	C（18）				Y
5	采样方法	CYFF	C（64）				
6	测定方法	CDFF	C（64）				
7	浑浊度	HZD	N（3）	度			
8	色度	SD	N（3）	度			
9	嗅和味	XHW	C（2）				Y
10	肉眼可见物	RYKJW	N（8，3）	mg/L			

序号	含义	字段名	数据类型	单位	必填	主键	外键
11	余氯	YL	N（5，3）	mg/L			
12	细菌总数	XJZS	N（10）	个/mL			
13	总大肠菌群	ZDCJQ	N（10）	个/L			
14	耐热大肠杆菌	NRDCGJ	N（10）	个/L			
15	COD	COD	N（7，1）	mg/L			
16	备注	BZ	C（64）				

[4] 填写说明：

1）供水设施出水口名称：供水设施出水口的名称。

2）采样时间：出水口水质样品的采样时间，计至秒。

3）测定时间：出水口水质数据的测定时间，计至秒。

4）供水设施代码：指该供水设施出水口所属供水设施代码，引用供水设施基本信息表。

5）采样方法：简要说明水质样品的采集方法。

6）测定方法：简要说明测定各项目指标值的计算方法或试验方法。

7）浑浊度：指由于水体存在微细分散的悬浮性颗粒，使水的透明度降低的程度，计量单位为度，计至整数。

8）色度：指水体着色的程度，它影响着水体的透光性和水生生物的生长，计量单位为度，计至整数。

9）嗅和味：指采样水体或样品的气味，取值及其含义见嗅和味等级代码表。

10）肉眼可见物：指水中存在的、能以肉眼观察到的颗粒或其他悬浮物质，计量单位为 mg/L，计至三位小数。

11）余氯：指水样中以次氯酸、次氯酸盐和溶解的单质氯形式存在的氯总量，计量单位为 mg/L，计至三位小数。

12）细菌总数：指水中的细菌总数，计量单位为个/mL，计至整数。

13）总大肠菌群：指水中的大肠菌群总数，计量单位为个/L，计至整数。

14）耐热大肠菌群：指水中的耐热大肠菌群总数，计量单位为个/L，计至整数。

15）COD：指 1 L 水中还原性物质在一定条件下被氧化时所消耗的氧毫克数，即耗氧量，计量单位为 mg/L，计至一位小数。

16）备注：需要注明的其他信息。

19. （关系）供水管段与采集点关系表

[1] 表编号：010301045

[2] 表标识：GSGDYCJDGXB

[3] 表说明：存储管段与采集点的关系信息。

序号	含义	字段名	数据类型	单位	必填	主键	外键
1	管段代码	GDDM	C（20）		Y	Y	Y
2	采集点代码	CJDDM	C（16）		Y	Y	Y

[4] 填写说明：

1）管段代码：引用供水管段基本信息表。

2）采集点代码：引用采集点基本信息表。

20. （监测）供水管段流量监测信息表

[1] 表编号：010301046

[2] 表标识：GSGDLLJCXXB

[3] 表说明：本表为供水管段流量监测信息表，属监测表，监测指标为供水管段的流量，存储供水管段流量实时监测数据。

序号	含义	字段名	数据类型	单位	必填	主键	外键
1	采集点代码	CJDDM	C（16）		Y	Y	Y
2	时间	SJ	T（14）		Y	Y	
3	流量	LL	N（9，3）	m^3/s			

[4] 填写说明：

1）采集点代码：指供水管段上流量采集点的代码，引用采集点基本信息表。

2）时间：指管网监测数据的测定时间，计至秒。

3）流量：指监测时间所测得的管道流量，计量单位为 m^3/s，计至三位小数。

21. （监测）供水管段水压监测信息表

[1] 表编号：010301047

[2] 表标识：GSGDSYJCXXB

[3] 表说明：本表为供水管段水压监测信息表，属监测表，监测指标为供水管段水压，存储供水管段水压实时监测数据。

序号	含义	字段名	数据类型	单位	必填	主键	外键
1	采集点代码	CJDDM	C（16）		Y	Y	Y
2	时间	SJ	T（14）		Y	Y	
3	水压	SY	N（6，2）	MPa			

[4] 填写说明：

1）采集点代码：指供水管段上水压采集点的代码，引用采集点基本信息表。

2）时间：指监测数据的测定时间，计至秒。

3）水压：指监测时间所测得的采集点水压，计量单位为 MPa，计至两位小数。

22. （监测）供水管段水质监测信息表

[1] 表编号：010301048

[2] 表标识：GSGDSZJCXXB

[3] 表说明：本表为供水管段水质监测信息表，属监测表，监测指标为供水管网 7 项水质项目，存储供水管网水质实时监测数据。

序号	含义	字段名	数据类型	单位	必填	主键	外键
1	采集点代码	CJDDM	C（16）		Y	Y	Y
2	采样时间	CYSJ	T（14）		Y	Y	
3	测定时间	CDSJ	T（14）		Y		
4	采集方法	CJFF	C（64）				
5	水质测定方法	SZCDFF	C（64）				
6	色度	SD	N（3）	度			

序号	含义	字段名	数据类型	单位	必填	主键	外键
7	嗅和味	XHW	N（10）				
8	浑浊度	HZD	N（3）	度			
9	余氯	YL	N（5，3）	mg/L			
10	COD	COD	N（7，1）	mg/L			
11	总大肠菌群数	ZDCJQS	N（10）	个/L			
12	细菌总数	XJZS	N（10）	个/mL			
13	备注	BZ	C（255）				

[4] 填写说明：

1）采集点代码：指管段水质采集点的代码，引用采集点基本信息表。

2）采样时间：指水质样品采集的时间，计至秒。

3）测定时间：指水质样品测定的时间，计至秒。

4）采集方法：简要说明水质样品的采集方法。

5）水质测定方法：简要说明测定各项目指标值的计算方法或试验方法。

6）色度：指水体着色的程度，它影响着水体的透光性和水生生物的生长，计量单位为度，计至整数。

7）嗅和味：指采样水体或样品的气味，取值及其含义见嗅和味等级代码表。

8）浑浊度：指由于水体存在微细分散的悬浮性颗粒，使水的透明度降低的程度，计量单位为度，计至整数。

9）余氯：指水样中以次氯酸、次氯酸盐和溶解的单质氯形式存在的氯总量，计量单位为 mg/L，计至三位小数。

10）COD：指 1 L 水中还原性物质在一定条件下被氧化时所消耗的氧毫克数，即耗氧量，计量单位为 mg/L，计至一位小数。

11）总大肠菌群数：指水中的大肠菌群总数，计量单位为个/L，计至整数。

12）细菌总数：指水中的细菌总数，计量单位为个/mL，计至整数。

13）备注：需要注明的其他信息。

23. （管理）供水设施供水日报表

[1] 表编号：010301049

[2] 表标识：GSSSGSRBB

[3] 表说明：本表为供水设施供水日报表，属管理表，存储供水设施供水日报信息。统计的时间单元为日，空间单元为供水设施，统计指标包括气温、湿度、井数、管网压力和水量。

序号	含义	字段名	数据类型	单位	必填	主键	外键
1	供水设施代码	GSSSDM	C（18）		Y	Y	Y
2	供水设施名称	GSSSMC	C（64）				
3	日期	RQ	D（8）		Y	Y	
4	最高气温	ZGQW	N（4，1）	℃			
5	最低气温	ZDQW	N（4，1）	℃			
6	平均气温	PJQW	N（4，1）	℃			
7	白天室外相对湿度	BTSWXDSD	N（4，2）	%			
8	夜晚室外相对湿度	YWSWXDSD	N（4，2）	%			
9	运行水源井数	YXSYJS	N（3）	口			

序号	含义	字段名	数据类型	单位	必填	主键	外键
10	停用水源井数	TYSYJS	N（3）	口			
11	管网最高压力	GWZGYL	N（6，2）	MPa			
12	管网最低压力	GWZDYL	N（6，2）	MPa			
13	管网平均压力	GWPJYL	N（6，2）	MPa			
14	进厂水量	JCSL	N（12，2）	10^4 m^3			
15	出厂水量	CCSL	N（12，2）	10^4 m^3			
16	备注	BZ	C（255）				

[4] 填写说明：

1）供水设施代码：引用供水设施基本信息表。

2）供水设施名称：指供水设施的名称，取供水设施单位名称，由供水设施基本信息表带入。

3）日期：指统计的日期，计至日。

4）最高气温：指在统计时段内指定观测高度处的最高气温，计量单位为℃，计至一位小数。

5）最低气温：指在统计时段内指定观测高度处的最低气温，计量单位为℃，计至一位小数。

6）平均气温：指在统计时段内指定观测高度处气温的平均值，计量单位为℃，计至一位小数。

7）白天室外相对湿度：指当日白天室外空气中所含水汽量与该气温下饱和水汽量的百分比。计量单位为%，计至两位小数。

8）夜晚室外相对湿度：指当日夜晚室外空气中所含水汽量与该气温下饱和水汽量的百分比。计量单位为%，计至两位小数。

9）运行水源井数：指在统计时段内供水运行的水源井个数，计量单位为口，计至整数。

10）停用水源井数：指在统计时段内供水没有启用的水源井个数，计量单位为口，计至整数。

11）管网最高压力：指在统计时段内指定管网水压采集点的最高压力，计量单位为 MPa，计至两位小数。

12）管网最低压力：指在统计时段内指定管网水压采集点的最低压力，计量单位为 MPa，计至两位小数。

13）管网平均压力：指在统计时段内指定管网水压采集点的压力平均值，计量单位为 MPa，计至两位小数。

14）进厂水量：指统计时段内供水设施进厂水量，计量单位为 10^4 m^3，计至两位小数。

15）出厂水量：指统计时段内供水设施出厂水量，计量单位为 10^4 m^3，计至两位小数。

16）备注：其他补充说明信息。

24. （管理）供水设施供水月报表

[1] 表编号：010301050

[2] 表标识：GSSSGSYBB

[3] 表说明：本表为供水设施供水月报表，属管理表，存储供水设施供水月报信息。统计的时间单元为月，空间单元为供水设施，统计指标包括气温、湿度、井数、管网压力和水量。

序号	含义	字段名	数据类型	单位	必填	主键	外键
1	供水设施代码	GSSSDM	C（18）		Y	Y	Y
2	供水设施名称	GSSSMC	C（64）				
3	日期	RQ	D（6）		Y	Y	
4	最高气温	ZGQW	N（4，1）	℃			
5	最低气温	ZDQW	N（4，1）	℃			
6	平均气温	PJQW	N（4，1）	℃			
7	运行水源井数	YXSYJS	N（3）	口			

序号	含义	字段名	数据类型	单位	必填	主键	外键
8	停用水源井数	TYSYJS	N（3）	口			
9	管网最高压力	GWZGYL	N（6，2）	MPa			
10	管网最低压力	GWZDYL	N（6，2）	MPa			
11	管网平均压力	GWPJYL	N（6，2）	MPa			
12	进厂水量	JCSL	N（12，2）	10^4 m^3			
13	出厂水量	CCSL	N（12，2）	10^4 m^3			
14	备注	BZ	C（255）				

[4] 填写说明：

1）供水设施代码：引用供水设施基本信息表。

2）供水设施名称：指供水设施的名称，取供水设施单位名称，由供水设施基本信息表带入。

3）日期：指统计的日期，计至月。

4）最高气温：指在统计时段内指定观测高度处的最高气温，计量单位为℃，计至一位小数。

5）最低气温：指在统计时段内指定观测高度处的最低气温，计量单位为℃，计至一位小数。

6）平均气温：指在统计时段内指定观测高度处气温的平均值，计量单位为℃，计至一位小数。

7）运行水源井数：指在统计时段内供水运行的水源井个数，计量单位为口，计至整数。

8）停用水源井数：指在统计时段内供水没有启用的水源井个数，计量单位为口，计至整数。

9）管网最高压力：指在统计时段内指定管网水压采集点的最高压力，计量单位为 MPa，计至两位小数。

10）管网最低压力：指在统计时段内指定管网水压采集点的最低压力，计量单位为 MPa，计至两位小数。

11）管网平均压力：指在统计时段内指定管网水压采集点的压力平均值，计量单位为 MPa，计至两位小数。

12）进厂水量：指统计时段内供水设施进厂水量，计量单位为 10^4 m^3，计至两位小数。

13）出厂水量：指统计时段内供水设施出厂水量，计量单位为 10^4 m^3，计至两位小数。

14）备注：其他补充说明信息。

25. （管理）供水设施供水年报表

[1] 表编号：010301051

[2] 表标识：GSSSGSNBB

[3] 表说明：本表为供水设施供水年报表，属管理表，存储供水设施供水年报信息。统计的时间单元为年，空间单元为供水设施，统计指标包括实际供水能力、供水量和制水情况。

序号	含义	字段名	数据类型	单位	必填	主键	外键
1	供水设施代码	GSSSDM	C（18）		Y	Y	Y
2	供水设施名称	GSSSMC	C（64）				
3	日期	RQ	D（4）		Y	Y	
4	实际综合生产能力	SJZHSCNL	N（10，3）	10^4 m^3/d			
5	储水设施能力	CSSSNL	N（10，3）	10^4 m^3/d			
6	最高日供水量	ZGRGSL	N（10，3）	10^4 m^3/d			
7	平均日供水量	PJRGSL	N（10，3）	10^4 m^3/d			
8	进厂水总量	JCSZL	N（12，2）	10^4 m^3			
9	出厂水总量	CCSZL	N（12，2）	10^4 m^3			
10	制水总量	ZSZL	N（12，2）	10^4 m^3			
11	制水单位耗电量	ZSDWHDL	N（4，2）	Wh/m^3			

序号	含义	字段名	数据类型	单位	必填	主键	外键
12	制水单位成本	ZSDWCB	N（4，2）	元/m^3			
13	备注	BZ	C（255）				

[4] 填写说明：

1）供水设施代码：引用供水设施基本信息表。

2）供水设施名称：指供水设施的名称，取供水设施单位名称，由供水设施基本信息表带入。

3）日期：指统计的日期，计至年。

4）实际综合生产能力：指按水厂取水、净化、送水、出厂输水干管等环节实际测定计算的综合生产能力，计量单位为 10^4 m^3/d，计至三位小数。

5）储水设施能力：指水厂内外清水池、水厂外高地水库、水塔能力的总和。不包括水源水库的蓄水能力、水厂内冲洗水池能力和用户自行设置的储水能力。储水设施能力按有效容积计算，计量单位为 10^4 m^3/d，计至三位小数。

6）最高日供水量：指水厂在统计时段内的最高日供水量，计量单位为 10^4 m^3/d，计至三位小数。

7）平均日供水量：指水厂在统计时段内的平均日供水量。计算公式：平均日供水量＝报告期供水总量/报告期日数，计量单位为 10^4 m^3/d，计至三位小数。

8）进厂水总量：指统计年度水厂的进厂水总量，计量单位为 10^4 m^3，计至两位小数。

9）出厂水总量：指统计年度水厂的出厂水总量，计量单位为 10^4 m^3，计至两位小数。

10）制水总量：指水厂在统计时段内，供水设施和补压井生产的全部水量，包括水厂自用量和供水总量，计量单位为 10^4 m^3，计至两位小数。

11）制水单位耗电量：指水厂制水平均消耗的单位电量。计算公式：制水单位耗电量＝制水耗电量（Wh）/制水总量（m^3），计量单位为 Wh/m^3，计至两位小数。

12）制水单位成本：指水厂制水生产过程中发生的合理支出，计算公式：制水单位成本＝制水支出（元）/制水总量（m^3），计量单位为元/m^3，计至两位小数。

13）备注：其他补充说明信息。

26.（管理）水源地供水情况年报表

[1] 表编号：010301052

[2] 表标识：SYDGSQKNBB

[3] 表说明：本表为水源地供水情况年报表，属管理表，存储水源地年供水情况统计信息。统计的时间单元为年，空间单元为水源地，统计内容包括水源地本年度供给生活、工业、农业、畜牧养殖、环境等方面的水量情况。

序号	含义	字段名	数据类型	单位	必填	主键	外键
1	水源地代码	SYDDM	C（12）		Y	Y	Y
2	水源地名称	SYDMC	C（64）				
3	日期	RQ	D（4）		Y	Y	
4	年取水次数	NQSCS	N（8）	次			
5	供水范围	GSFW	C（80）				
6	供水总量	GSZL	N（12，2）	10^4 m^3/a			
7	农村生活受益人口	NCSHSYRK	N（10）	人			
8	农村生活供水量	NCSHGSL	N（12，2）	10^4 m^3/a			
9	城镇生活受益人口	CZSHSYRK	N（10）	人			

序号	含义	字段名	数据类型	单位	必填	主键	外键
10	城镇生活供水量	CZSHGSL	N（12，2）	10^4 m^3/a			
11	工业受益企业个数	GYSYQYGS	N（8）	个			
12	工业产值	GYCZ	N（12，2）	万元			
13	工业供水量	GYGSL	N（12，2）	10^4 m^3/a			
14	农田灌溉面积	NTGGMJ	N（5，2）	万亩			
15	农田灌溉供水量	NTGGGSL	N（12，2）	10^4 m^3/a			
16	林果草灌溉面积	LGCGGMJ	N（5，2）	万亩			
17	林果草灌溉供水量	LGCGGGSL	N（12，2）	10^4 m^3/a			
18	牲畜数量	SCSL	N（10）	头			
19	养殖业供水量	YZYGSL	N（12，2）	10^4 m^3/a			
20	鱼塘面积	YTMJ	N（5，2）	万亩			
21	鱼塘供水量	YTGSL	N（12，2）	10^4 m^3/a			
22	公共供水量	GGGSL	N（12，2）	10^4 m^3/a			
23	环境供水量	HJGSL	N（12，2）	10^4 m^3/a			
24	备注	BZ	C（255）				

[4] 填写说明：

1）水源地代码：引用水源地基本信息表。

2）水源地名称：水源地代码对应的中文名称，由水源地基本信息表带入。

3）日期：指统计日期，计至年。

4）年取水次数：指报告期从地表水取水口取水的次数，计量单位为次，计至整数。

5）供水范围：指受水的县级行政区名称，当供水范围为多个县级行政区，填写时用“，”隔开。

6）供水总量：指在统计时段内向用户提供的全部水量。包括有效供水量和漏损水量，计量单位为 10^4 m^3/a，计至两位小数。

7）农村生活受益人口：指受水的农村人口总数，计量单位为人，计至整数。

8）农村生活供水量：指报告期地表水取水口向农村生活供出的全部水量。计量单位为 10^4 m^3/a，计至两位小数。

9）城镇生活受益人口：指受水的城镇人口总数，计量单位为人，计至整数。

10）城镇生活供水量：指报告期地表水取水口向城镇生活供出的全部水量。计量单位为 10^4 m^3/a，计至两位小数。

11）工业受益企业个数：指受水的工业企业总数，计量单位为个，计至整数。

12）工业产值：指以货币表现的工业企业在报告期内生产的工业产品总量。以城市统计年鉴中的值为准。计量单位为万元，计至两位小数。

13）工业供水量：指报告期地表水取水口向工业供出的全部水量。计量单位为 10^4 m^3/a，计至两位小数。

14）农田灌溉面积：指受水的农田的有效灌溉面积，即具有一定的水源，地块比较平整，灌溉工程或设备已经配套，在一般年景下能够进行正常灌溉的耕地面积。计量单位为万亩（1 亩≈666.7 m^2），计至两位小数。

15）农田灌溉供水量：指报告期地表水取水口向农田灌溉供出的全部水量。计量单位为 10^4 m^3/a，计至两位小数。

16）林果草灌溉面积：指受水的经济林、果树、苗圃和人工草场、饲料基地和天然草场的有效灌溉面积，计量单位为万亩，计至两位小数。

17）林果草灌溉供水量：指报告期地表水取水口向林果草灌溉供出的全部水量。计量单位为 $10^4\ m^3/a$，计至两位小数。

18）牲畜数量：指利用粮食、牧草、工业饲料及饲料添加剂、其他农作物产品、秸秆、工业副产品、天然或人工草场等，饲喂或放牧养殖的各种畜禽类动物的总数，计量单位为头，计至整数。

19）养殖业供水量：指报告期地表水取水口向养殖业供出的全部水量。计量单位为 $10^4\ m^3/a$，计至两位小数。

20）鱼塘面积：指需要人工补水的鱼塘面积，在江河湖库中的渔业养殖不列入鱼塘统计，计量单位为万亩，计至两位小数。

21）鱼塘供水量：指报告期地表水取水口向鱼塘补水的全部水量。计量单位为 $10^4\ m^3/a$，计至两位小数。

22）公共供水量：指报告期地表水取水口向公共用水设施供出的全部水量。计量单位为 $10^4\ m^3/a$，计至两位小数。

23）环境供水量：指报告期地表水取水口向环境供出的全部水量。计量单位为 $10^4\ m^3/a$，计至两位小数。

24）备注：其他补充说明信息。

27. （管理）城镇公共供水情况月报表

[1] 表编号：010301053

[2] 表标识：CZGGGSQKYBB

[3] 表说明：本表为城镇公共供水情况月报表，属管理表，存储城镇公共供水厂的取供水量信息。统计的时间单元为月，空间单元为市，统计内容包括不同水源取水量，不同用途供水量和售水量以及管网漏损量等。

序号	含义	字段名	数据类型	单位	必填	主键	外键
1	行政区划代码	XZQHDM	C（10）		Y	Y	Y
2	行政区名称	XZQMC	C（32）				
3	日期	RQ	D（6）		Y	Y	
4	取水总量	QSZL	N（10，2）	$10^4\ m^3$			
5	地表水源取水量	DBSYQSL	N（10，2）	$10^4\ m^3$			
6	地下水源取水量	DXSYQSL	N（10，2）	$10^4\ m^3$			
7	其他水源取水量	QTSYQSL	N（10，2）	$10^4\ m^3$			
8	供水总量	GSZL	N（10，2）	$10^4\ m^3$			
9	售水供水量	SSGSL	N（10，2）	$10^4\ m^3$			
10	工业售水供水量	GYSSGSL	N（10，2）	$10^4\ m^3$			
11	建筑业售水供水量	JZYSSGSL	N（10，2）	$10^4\ m^3$			
12	服务业售水供水量	FWYSSGSL	N（10，2）	$10^4\ m^3$			
13	居民家庭售水供水量	JMJTSSGSL	N（10，2）	$10^4\ m^3$			
14	城镇居民家庭售水供水量	CZJMJTSSGSL	N（10，2）	$10^4\ m^3$			
15	环卫绿化售水供水量	HWLHSSGSL	N（10，2）	$10^4\ m^3$			
16	环卫售水供水量	HWSSGSL	N（10，2）	$10^4\ m^3$			
17	绿化售水供水量	LHSSGSL	N（10，2）	$10^4\ m^3$			
18	免费供水量	MFGSL	N（10，2）	$10^4\ m^3$			
19	产销差水量	CXCSL	N（10，2）	$10^4\ m^3$			
20	管网漏损水量	GWLSSL	N（10，2）	$10^4\ m^3$			
21	制水单位耗电量	ZSDWHDL	N（4，1）	$kW{\cdot}h/m^3$			

[4] 填写说明：

1）行政区划代码：引用行政区划基本信息表，指水量统计的行政区单元，精确至市。

2）行政区名称：行政区划的代码对应的中文名称，由行政区划基本信息表带入。

3）日期：指统计的日期，计至月。

4）取水总量：指统计月统计区域内城镇公共供水设施的取水总量，计量单位为 $10^4\ m^3$，计至两位小数。

5）地表水源取水量：指统计月统计区域内城镇公共供水设施所取地表水总量，计量单位为 $10^4\ m^3$，计至两位小数。

6）地下水源取水量：指统计月统计区域内城镇公共供水设施所取地下水总量，计量单位为 $10^4\ m^3$，计至两位小数。

7）其他水源取水量：指统计月统计区域内城镇公共供水设施所取其他水源总量，计量单位为 $10^4\ m^3$，计至两位小数。

8）供水总量：指统计月统计区域内城镇公共供水设施的供水总量，计量单位为 $10^4\ m^3$，计至两位小数。

9）售水供水量：指统计月统计区域内城镇公共供水设施售水的供水量，计量单位为 $10^4\ m^3$，计至两位小数。

10）工业售水供水量：指统计月统计区域内城镇公共供水设施售给工业企业的水量，计量单位为 $10^4\ m^3$，计至两位小数。

11）建筑业售水供水量：指统计月统计区域内城镇公共供水设施售给建筑业的水量，计量单位为 $10^4\ m^3$，计至两位小数。

12）服务业售水供水量：指统计月统计区域内城镇公共供水设施售给服务业的水量，计量单位为 $10^4\ m^3$，计至两位小数。

13）居民家庭售水供水量：指统计月统计区域内城镇公共供水设施售给居民家庭的水量，计量单位为 $10^4\ m^3$，计至两位小数。

14）城镇居民家庭售水供水量：指统计月统计区域内城镇公共供水设施售给城镇居民家庭的水量，计量单位为 $10^4\ m^3$，计至两位小数。

15）环卫绿化售水供水量：指统计月统计区域内城镇公共供水设施售给环卫绿化的水量，计量单位为 $10^4\ m^3$，计至两位小数。

16）环卫售水供水量：指统计月统计区域内城镇公共供水设施售给环卫的水量，计量单位为 $10^4\ m^3$，计至两位小数。

17）绿化售水供水量：指统计月统计区域内城镇公共供水设施售给绿化的水量，计量单位为 $10^4\ m^3$，计至两位小数。

18）免费供水量：指统计月统计区域内城镇公共供水设施的免费供水量，计量单位为 $10^4\ m^3$，计至两位小数。

19）产销差水量：指统计月统计区域内城镇公共供水设施的产销差水量，计量单位为 $10^4\ m^3$，计至两位小数。

20）管网漏损水量：指统计月统计区域内城镇公共供水设施管网漏损水量，计量单位为 $10^4\ m^3$，计至两位小数。

21）制水单位耗电量：指统计月统计区域内城镇公共供水设施平均单位制水耗电量，计量单位为 $kW{\cdot}h/m^3$，计至一位小数。

28. （管理）乡镇集中供水基本情况年报表

[1] 表编号：010301054

[2] 表标识：XZJZGSJBQKNBB

[3] 表说明：本表为乡镇集中供水厂基本情况年报表，属管理表，存储乡镇集中供水厂的取供水量信息。统计

的时间单元为年，空间单元为市，统计内容包括取水总量、不同水源取水量、水价等。

序号	含义	字段名	数据类型	单位	必填	主键	外键
1	行政区划代码	XZQHDM	C（10）		Y	Y	Y
2	行政区名称	XZQMC	C（32）				
3	日期	RQ	D（4）		Y	Y	
4	受益人口规模	SYRKGM	C（16）				
5	受益人口	SYRK	N（6，2）	万人			
6	农村受益人口	NCSYRK	N（6，2）	万人			
7	地表水取水口	DBSQSK	N（4）	个			
8	水源井数量	SYJSL	N（4）	口			
9	取水许可量	QSXKL	N（10，2）	10^4 m^3			
10	地下水取水许可量	DXSQSXKZ	N（10，2）	10^4 m^3			
11	取水总量	QSZL	N（10，2）	10^4 m^3			
12	地表水取水量	DBSQSL	N（10，2）	10^4 m^3			
13	地下水取水量	DXSQSL	N（10，2）	10^4 m^3			
14	外购净水水量	WGJSSL	N（10，2）	10^4 m^3			
15	南水北调水量	NSBDSL	N（10，2）	10^4 m^3			
16	设计生产能力	SJSCNL	N（6，2）	10^4 m^3/d			
17	地下水设计生产能力	DXSSJSCNL	N（6，2）	10^4 m^3/d			
18	供水总量	GSZL	N（10，2）	10^4 m^3			
19	地下水供水量	DXSGSL	N（10，2）	10^4 m^3			
20	供农村供水量	GNCGSL	N（10，2）	10^4 m^3			
21	覆盖行政村个数	FGXZCGS	N（4）	个			
22	制水单位耗电量	ZSDWHDL	N（4，1）	kW·h/m^3			
23	水价执行标准	SJZXBZ	C（32）				

[4] 填写说明：

1）行政区划代码：引用行政区划基本信息表，指水量统计的行政区单元，精确至市。

2）行政区名称：行政区划的代码对应的中文名称，由行政区划基本信息表带入。

3）日期：指统计日期，计至年。

4）受益人口规模：指统计年内统计区域乡镇集中供水的受益人口规模，通过文字简单描述。

5）受益人口：指统计年内统计区域乡镇集中供水的受益人口，计量单位为万人，计至两位小数。

6）农村受益人口：指统计年内统计区域乡镇集中供水的农村受益人口，计量单位为万人，计至两位小数。

7）地表水取水口：指统计年年末统计区域乡镇集中供水的地表取水口的总数，计量单位为个，计至整数。

8）水源井数量：指统计年年末统计区域乡镇集中供水具有机井产权的水源井总数，计量单位为口，计至整数。

9）取水许可量：指统计年内统计区域乡镇集中供水的取水许可总量，计量单位为 10^4 m^3，计至两位小数。

10）地下水取水许可量：指统计年内统计区域乡镇集中供水的地下水取水许可总量，计量单位为 10^4 m^3，计至两位小数。

11）取水总量：指统计年内统计区域乡镇集中供水的实际取水总量，计量单位为 10^4 m^3，计至两位小数。

12）地表水取水量：指统计年内统计区域乡镇集中供水的实际地表水取水总量，计量单位为 10^4 m^3，计至两位小数。

13）地下水取水量：指统计年内统计区域乡镇集中供水的实际地下水取水总量，计量单位为 10^4 m^3，计至两位小数。

14）外购净水水量：指统计年内统计区域乡镇集中供水的实际外购净水总量，计量单位为 10^4 m^3，计至两位小数。

15）南水北调水量：指统计年内统计区域乡镇集中供水取自南水北调的水量，计量单位为 10^4 m^3，计至两位小数。

16）设计生产能力：指统计年内统计区域乡镇集中供水的总设计生产能力，计量单位为 10^4 m^3/d，计至两位小数。

17）地下水设计生产能力：指统计年内统计区域乡镇集中供水的地下水总设计生产能力，计量单位为 10^4 m^3/d，计至两位小数。

18）供水总量：指统计年内统计区域乡镇集中供水的实际供水总量，计量单位为 10^4 m^3，计至两位小数。

19）地下水供水量：指统计年内统计区域乡镇集中供水的实际地下水供水总量，计量单位为 10^4 m^3，计至两位小数。

20）供农村供水量：指统计年内统计区域乡镇集中供水实际供给农村的水量，计量单位为 10^4 m^3，计至两位小数。

21）覆盖行政村个数：指统计年内统计区域乡镇集中供水覆盖的行政村个数，计量单位为个，计至整数。

22）制水单位耗电量：指统计年内统计区域乡镇集中供水单位水量的总耗电量，计量单位为 $kW{\cdot}h/m^3$，计至一位小数。

23）水价执行标准：文字描述统计年内统计区域乡镇集中供水执行的水价标准。

（三）用水

1. （实体）用水户基本信息表

[1] 表编号：010301055

[2] 表标识：YSHJBXXB

[3] 表说明：描述用水户的基本属性信息。用水户分为居民用水户和非居民用水户，居民用水户为一家一户，主要指城镇居民住宅家庭的日常生活用水；非居民用水户主要指工业、经营服务用水和行政事业单位用水、市政用水（环卫、绿化）、生态用水、消防用水等。

序号	含义	字段名	数据类型	单位	必填	主键	外键
1	用水户代码	YSHDM	C（18）		Y	Y	
2	用水户名称	YSHMC	C（64）				
3	用水户类型	YSHLX	C（2）				Y
4	用水行业	YSHY	C（2）				Y
5	行政区划代码	XZQHDM	C（10）				Y
6	流域代码	LYDM	C（10）				Y
7	水资源分区代码	SZYFQDM	C（12）				Y
8	经度	JD	N（10，6）	（°）			
9	纬度	WD	N（10，6）	（°）			
10	法人代表	FRDB	C（10）				
11	详细地址	XXDZ	C（128）				
12	所属节水办代码	SSJSBDM	C（18）				Y
13	所属节水办名称	SSJSBMC	C（64）				

序号	含义	字段名	数据类型	单位	必填	主键	外键
14	单位代码	DWDM	C（18）				Y
15	耗水系数	HSXS	N（3，1）	%			
16	用户状态	YHZT	C（2）				
17	设立时间	SLSJ	D（8）				
18	注销时间	ZXSJ	D（8）				
19	营销分公司	YXFGS	C（16）				
20	联系人	LXR	C（10）				
21	联系方式	LXFS	C（16）				
22	是否为规模用水户	SFWGMYSH	C（1）				
23	备注	BZ	C（255）				

[4] 填写说明：

1）用水户代码：用水户的代码，作为其身份代表码唯一。用水户为企业时取统一社会信用代码，用水户为个人时取其身份证号码。

2）用水户名称：指用水户代码所代表用水户的中文名称。

3）用水户类型：用水户类型，取值及其含义见用水户类型代码表。

4）用水行业：指该用水户的用水行业，取值及其含义见用水行业代码表。

5）行政区划代码：引用行政区划基本信息表，用水户所在行政区划代码，精确至乡级。

6）流域代码：引用流域基本信息表，用水户所在流域代码。

7）水资源分区代码：引用水资源分区基本信息表，用水户所在的水资源分区代码，精确至三级区。

8）经度：该用水户所在的经度，采用 2000 国家大地坐标系（CGCS2000）。

9）纬度：该用水户所在的纬度，采用 2000 国家大地坐标系（CGCS2000）。

10）法人代表：单位法定代表人姓名。

11）详细地址：用水户所在地详细地址，精确至乡镇。

12）所属节水办代码：指该用水户所属节水办代码，引用单位基本信息表。

13）所属节水办名称：指该用水户所属节水办的名称，由单位基本信息表带入。

14）单位代码：用水户所属水利行业单位的代码，引用单位基本信息表。

15）耗水系数：指该用水户的耗水系数，计量单位为%，计至一位小数。

16）用户状态：指该用水户的状态，填写已注销或正常。

17）设立时间：指该用水户设立的时间，计至日。

18）注销时间：若该用水户已注销，填写用水户注销时间，计至日。

19）营销分公司：指该用水户所属供水营销分公司名称。

20）联系人：负责人的姓名。

21）联系方式：负责人的联系方式。

22）是否为规模用水户：该用水户是否为规模用水户填写 1 表示是，0 表示否。

23）备注：该用水户其他补充说明信息。

2. （实体）非居民用水户信息表

[1] 表编号：010301056

[2] 表标识：FJMYSHXXB

[3] 表说明：描述非居民用水户的扩展信息。

序号	含义	字段名	数据类型	单位	必填	主键	外键
1	用水户代码	YSHDM	C（18）		Y	Y	Y
2	用水户名称	YSHMC	C（128）				
3	行业类别	HYLB	C（2）				Y
4	是否重点监控单位	SFZDJKDW	C（2）				
5	总建筑面积	ZJZMJ	N（16，2）	m^2			
6	总占地面积	ZZDMJ	N（16，2）	m^2			
7	绿化面积	LHMJ	N（16，2）	m^2			
8	供暖面积	GNMJ	N（16，2）	m^2			
9	供暖类型	GNLX	C（2）				
10	供冷面积	GLMJ	N（16，2）	m^2			
11	供冷类型	GLLX	C（2）				
12	是否建有中水设施	SFJYZSSS	C（2）				
13	中水设施运行状态	ZSSSYXZT	C（2）				
14	中水设施设计处理能力	ZSSSSJCLNL	N（12，2）	$10^4\ m^3/d$			
15	中水年利用量	ZSNLYL	N（12，2）	$10^4\ m^3/a$			
16	是否取用市政中水	SFQYSZZS	C（2）				
17	市政中水年利用量	SZZSNLYL	N（12，2）	$10^4\ m^3/a$			
18	是否建有雨水利用工程	SFJYYSLYGC	C（2）				
19	雨水工程类型	YSGCLX	C（36）				
20	雨水年利用量	YSNLYL	N（12，2）	$10^4\ m^3/a$			
21	雨水工程设计处理能力	YSGCSJCLNL	N（12，2）	$10^4\ m^3/a$			
22	是否为节水型企业	SFWJSXQY	C（2）				
23	用水人数	YSRS	N（9）	人			
24	计划年用水量	JHNYSL	N（12，2）	$10^4\ m^3/a$			
25	行业用水定额	HYYSDE	N（12，2）	$10^4\ m^3/a$			

[4] 填写说明：

1）用水户代码：引用用水户基本信息表。

2）用水户名称：指用水户代码所代表用水户的中文名称，由用水户基本信息表带入。

3）行业类别：国民经济行业（小类），取值及其含义见行业类别代码表。

4）是否重点监控单位：是或否。

5）总建筑面积：总占地面积，数字格式，最大值为千亿，计量单位为 m^2，计至两位小数。

6）总占地面积：总建筑面积，数字格式，最大值为千亿，计量单位为 m^2，计至两位小数。

7）绿化面积：绿化面积，数字格式，最大值为千亿，计量单位为 m^2，计至两位小数。

8）供暖面积：该非居民用水户的供暖面积，计量单位为 m^2，计至两位小数。

9）供暖类型：填写供暖类型名称。

10）供冷面积：该非居民用水户的供冷面积，计量单位为 m^2，计至两位小数。

11）供冷类型：填写供冷类型名称。

12）是否建有中水设施：该非居民用水户是否建有中水设施，填写是或否。

13）中水设施运行状态：中水设施运行状态，填写在用、备用、停用、报废。

14）中水设施设计处理能力：中水处理设施总的设计处理能力，计量单位为 $10^4\ m^3/d$，计至两位小数。

15）中水年利用量：该非居民用水户年中水利用总量，计量单位为 $10^4\ m^3/a$，计至两位小数。

16）是否取用市政中水：该非居民用水户是否取用市政中水，填写是或否。

17）市政中水年利用量：市政中水年利用量，计量单位为 10^4 m^3/a，计至两位小数。

18）是否建有雨水利用工程：该非居民用水户是否建有雨水利用工程，填写是或否。

19）雨水工程类型：填写雨水利用工程类型名称。

20）雨水年利用量：雨水年利用总量，计量单位为 10^4 m^3/a，计至两位小数。

21）雨水工程设计处理能力：雨水利用工程的设计处理能力，计量单位为 10^4 m^3/a，计至两位小数。

22）是否为节水型企业：该非居民用水户是否为节水型企业，填写是或否。

23）用水人数：用水人数，计量单位为人，计至整数。

24）计划年用水量：计划年用水量，计量单位为 10^4 m^3/a，计至两位小数。

25）行业用水定额：单位时间内，单位产品、单位面积或人均生活所需要的用水量，计量单位为 10^4 m^3/a，计至两位小数。

3. （关系）用水户与供水设施关系表

[1] 表编号：010301057

[2] 表标识：YSHYGSSSGXB

[3] 表说明：描述用水户与供水设施的关系。

序号	含义	字段名	数据类型	单位	必填	主键	外键
1	用水户代码	YSHDM	C（18）		Y	Y	Y
2	供水设施代码	GSSSDM	C（18）		Y	Y	Y

[4] 填写说明：

1）用水户代码：指该供水设施所供用水户的代码，引用用水户基本信息表。

2）供水设施代码：引用供水设施基本信息表。

4. （关系）用水户与水表关系表

[1] 表编号：010301058

[2] 表标识：YSHYSBGXB

[3] 表说明：描述用水户与水表的关系。用水户-水表，一对多关系，即同一用水户存在多个供水设施供水情况，关联多个水表，一般情况下为一对一关系。

序号	含义	字段名	数据类型	单位	必填	主键	外键
1	用水户代码	YSHDM	C（18）		Y	Y	Y
2	水表代码	SBDM	C（18）		Y	Y	Y
3	所属节水办	SSJSB	C（64）				
4	用水用途	YSYT	C（3）				Y
5	供水设施代码	GSSSDM	C（18）				Y
6	污水处理设施代码	WSCLSSDM	C（18）				Y
7	是否市政管网供水	SFSZGWGS	C（1）				
8	是否收费	SFSF	C（1）				
9	收费方式	SFFS	C（64）				

[4] 填写说明：

1）用水户代码：指该水表所属的用水户的代码，引用用水户基本信息表。

2）水表代码：用水户的水表代码，引用水表基本信息表。

3）所属节水办：若该水表为管户用水表，填写该水表所属节水办名称。

4）用水用途：指该水表所监测用水量的用水用途，取值及其含义见用水用途代码表。

5）供水设施代码：指该水表水量来源的供水设施的代码，引用供水设施基本信息表。

6）污水处理设施代码：指该水表所监测的用户所用再生水来自的污水处理设施代码，引用污水处理设施基本信息表。

7）是否市政管网供水：指该水表的水量来源是否为市政公共管网，填写是或否。

8）是否收费：指该水表计量的水量是否收费，填写是或否。

9）收费方式：若该水表是收费计量，填写具体的收费方式。若是阶梯收费，需详细写明阶梯水量和阶梯水价。

5. （管理）用水户用水量信息表

[1] 表编号：010301059

[2] 表标识：YSHYSLXXB

[3] 表说明：本表为用水户用水量信息表，属管理表，存储水户用水量统计信息。统计的时间单元为年，空间单元为用水户，统计指标为用水量。

序号	含义	字段名	数据类型	单位	必填	主键	外键
1	用水户代码	YSHDM	C（18）		Y	Y	Y
2	用水户名称	YSHMC	C（128）				
3	日期	RQ	D（4）		Y	Y	
4	用水用途	YSYT	C（3）		Y	Y	Y
5	用水量	YSL	N（10，2）	m^3			
6	是否为免费供水量	SFWMFGSL	C（2）				
7	备注	BZ	C（255）				

[4] 填写说明：

1）用水户代码：引用用水户基本信息表。

2）用水户名称：指用水户代码所代表用水户的中文名称，由用水户基本信息表带入。

3）日期：用水量数据统计年度，计至年。

4）用水用途：用水户用水用途，取值及其含义见用水用途代码表。

5）用水量：用水户的累计用水量，计量单位为 m^3，计至两位小数。

6）是否为免费供水量：指该水量是否为免费用水量，填写是或否。

7）备注：其他补充说明信息。

6. （管理）水表水量月报表

[1] 表编号：010301060

[2] 表标识：SBSLYBB

[3] 表说明：本表为水表水量月报表，属管理表，存储用水户水表的月水量信息。统计的时间单元为月，空间单元为水表，统计指标为水量。

序号	含义	字段名	数据类型	单位	必填	主键	外键
1	水表代码	SBDM	C（18）		Y	Y	Y
2	水表名称	SBMC	C（64）				
3	日期	RQ	D（6）		Y	Y	

序号	含义	字段名	数据类型	单位	必填	主键	外键
4	用水量	YSL	N（10，2）	m^3			
5	水表状态	SBZT	C（16）				

[4] 填写说明：

1）水表代码：指水量统计的空间单元代码，引用水表基本信息表。

2）水表名称：指水表的中文名称，由计量设施基本信息表带入。

3）日期：指统计的日期，计至月。

4）用水量：指水表的月用水量，计量单位为 m^3，计至两位小数。

5）水表状态：指水表的运行状态描述。

7. （管理）用水户用水量日报表

[1] 表编号：010301061

[2] 表标识：YSHYSLRBB

[3] 表说明：本表为用水户用水量日报表，属管理表，存储用水户水表的日水量信息。统计的时间单元为日，空间单元为用水户，统计指标为用水量。

序号	含义	字段名	数据类型	单位	必填	主键	外键
1	用水户代码	YSHDM	C（18）		Y	Y	Y
2	用水户名称	YSHMC	C（128）				
3	日期	RQ	D（8）		Y	Y	
4	用水用途	YSYT	C（3）		Y	Y	Y
5	新水用水量	XSYSL	N（10，2）	m^3			
6	再生水用水量	ZSSYSL	N（10，2）	m^3			

[4] 填写说明：

1）用水户代码：引用用水户基本信息表。

2）用水户名称：指用水户代码所代表用水户的中文名称，由用水户基本信息表带入。

3）日期：指统计的日期，计至日。

4）用水用途：指统计的用水户的用水用途，取值及其含义见用水用途代码表。

5）新水用水量：用水户在统计日期内的新水用水量，计量单位为 m^3，计至两位小数。

6）再生水用水量：用水户在统计日期内的再生水用水量，计量单位为 m^3，计至两位小数。

8. （管理）用水户用水量月报表

[1] 表编号：010301062

[2] 表标识：YSHYSLYBB

[3] 表说明：本表为用水户用水量月报表，属管理表，存储用水户月用水量的信息。统计的时间单元为月，空间单元为用水户，统计指标为新水用水量和再生水用水量。

序号	含义	字段名	数据类型	单位	必填	主键	外键
1	用水户代码	YSHDM	C（18）		Y	Y	Y
2	用水户名称	YSHMC	C（128）				
3	日期	RQ	D（6）		Y	Y	
4	用水用途	YSYT	C（3）		Y	Y	Y

序号	含义	字段名	数据类型	单位	必填	主键	外键
5	新水用水量	XSYSL	N（10，2）	m^3			
6	再生水用水量	ZSSYSL	N（10，2）	m^3			

[4] 填写说明：

1）用水户代码：引用用水户基本信息表。

2）用水户名称：指用水户代码所代表用水户的中文名称，由用水户基本信息表带入。

3）日期：指统计的日期，计至月。

4）用水用途：指统计的用水户的用水用途，取值及其含义见用水用途代码表。

5）新水用水量：用水户在统计日期内的新水用水量，计量单位为 m^3，计至两位小数。

6）再生水用水量：用水户在统计日期内的再生水用水量，计量单位为 m^3，计至两位小数。

9. （管理）用水户用水量年报表

[1] 表编号：010301063

[2] 表标识：YSHYSLNBB

[3] 表说明：本表为用水户用水量年报表，属管理表，存储用水户年用水量的信息。统计的时间单元为年，空间单元为用水户，统计指标为新水用水量和再生水用水量。

序号	含义	字段名	数据类型	单位	必填	主键	外键
1	用水户代码	YSHDM	C（18）		Y	Y	Y
2	用水户名称	YSHMC	C（128）				
3	日期	RQ	D（4）		Y	Y	
4	用水用途	YSYT	C（3）		Y	Y	Y
5	新水用水量	XSYSL	N（10，2）	m^3			
6	再生水用水量	ZSSYSL	N（10，2）	m^3			

[4] 填写说明：

1）用水户代码：引用用水户基本信息表。

2）用水户名称：指用水户代码所代表用水户的中文名称，由用水户基本信息表带入。

3）日期：指统计的日期，计至年。

4）用水用途：指统计的用水户的用水用途，取值及其含义见用水用途代码表。

5）新水用水量：用水户在统计日期内的新水用水量，计量单位为 m^3，计至两位小数。

6）再生水用水量：用水户在统计日期内的再生水用水量，计量单位为 m^3，计至两位小数。

10. （管理）工业企业用水计划管理表

[1] 表编号：010301064

[2] 表标识：GYQYYSJHGLB

[3] 表说明：本表为工业企业用水计划管理表，属管理表，存储工业企业用水户计划用水指标管理信息。统计的时间单元为年，空间单元为用水户，统计指标为计划用水总量、计划取水新水量、计划重复利用水量、计划产品年产量、计划单位产品用水量等。

序号	含义	字段名	数据类型	单位	必填	主键	外键
1	用水户代码	YSHDM	C（18）		Y	Y	Y
2	用水户名称	YSHMC	C（128）				
3	日期	RQ	D（4）		Y	Y	

序号	含义	字段名	数据类型	单位	必填	主键	外键
4	产品名称	CPMC	C（50）		Y	Y	
5	年均工业产值	NJGYCZ	N（12，2）	万元			
6	年均工业增加值	NJGYZJL	N（12，2）	万元			
7	计划用水总量	JHYSZL	N（12，2）	10^4 m^3/a			
8	计划取用新水量	JHQYXSL	N（12，2）	10^4 m^3/a			
9	计划重复利用水量	JHCFLYSL	N（12，2）	10^4 m^3/a			
10	产品用水定额	CPYSDE	N（12，2）	10^4 m^3/a			
11	计划产品年产量	JHCPNCL	N（12，2）	件/a			
12	计划单位产品用水量	JHDWCPYSL	N（7，2）	m^3/件			

[4] 填写说明：

1）用水户代码：引用用水户基本信息表。

2）用水户名称：指用水户代码所代表用水户的中文名称，由用水户基本信息表带入。

3）日期：指信息计划年份，计至年。

4）产品名称：该工业企业用水户生产的产品名称，指对工业取水有较大影响的主要产品中文名称，存在多种主要产品时，填写多条记录。

5）年均工业产值：指以货币表现的工业企业在统计年度内生产的工业产品总量，以城市统计年鉴中的值为准，计量单位为万元，计至两位小数。

6）年均工业增加值：指以货币表现的工业企业在统计年度内工业生产活动的最终成果，计算公式：工业增加值=工业总产值-工业中间投入。计量单位为万元，计至两位小数。

7）计划用水总量：指工业取用新鲜水量与工业重复用水量的总和，计量单位为 10^4 m^3/a，计至两位小数。

8）计划取用新水量：指为使企业生产正常进行，保证生产过程中对水的需要，而实际从各种水源引取的、为任何目的所用的新鲜水量，包括间接冷却水新鲜用水量、工艺水新鲜用水量、锅炉新鲜用水量及其他新鲜用水量，计量单位为 10^4 m^3/a，计至两位小数。

9）计划重复利用水量：指企业内部生活及生产用水中，循环利用的水量和直接经过处理后回收再利用的水量之和，计量单位为 10^4 m^3/a，计至两位小数。

10）产品用水定额：指取水许可证上规定的该产品的用水定额，根据具体的产品加上相应计量单位，计量单位为 10^4 m^3/a，计至两位小数。

11）计划产品年产量：指企业当年生产的产品总量，根据具体的产品加上相应计量单位，计量单位为件/a，计至两位小数。

12）计划单位产品用水量：指企业生产单位产品需要从各种水源提取的水量，根据具体的产品加上相应计量单位，计量单位为 m^3/件，计至两位小数。

11. （管理）工业企业用水情况表

[1] 表编号：010301065

[2] 表标识：GYQYYSQKB

[3] 表说明：本表为工业企业用水情况表，属管理表，存储工业企业用水户用水情况管理信息。统计的时间单元为年，空间单元为工业用水户，统计指标为用水总量、取用新水量、重复利用水量、产品年产量、单位产品用水量等。

序号	含义	字段名	数据类型	单位	必填	主键	外键
1	用水户代码	YSHDM	C（18）		Y	Y	Y

序号	含义	字段名	数据类型	单位	必填	主键	外键
2	用水户名称	YSHMC	C（128）				
3	日期	RQ	D（4）		Y	Y	
4	工业产值	GYCZ	N（12，2）	万元			
5	工业增加值	GYZJZ	N（12，2）	万元			
6	取用的新水量	QYDXSL	N（12，2）	10^4 m^3/a			
7	重复利用水量	CFLYSL	N（12，2）	10^4 m^3/a			
8	工业用水总量	GYYSZL	N（12，2）	10^4 m^3/a			
9	工业用水重复利用率	GYYSCFLYL	N（4，2）	%			
10	企业产品产量	QYCPCL	N（12，2）	万件/a			
11	单位产品用水量	DWCPYSL	N（7，2）	m^3/件			

[4] 填写说明：

1）用水户代码：引用用水户基本信息表。

2）用水户名称：指用水户代码所代表用水户的中文名称，由用水户基本信息表带入。

3）日期：指统计的日期，计至年。

4）工业产值：指以货币表现的工业企业在报告期内生产的工业产品总量。以城市统计年鉴中的值为准。计量单位为万元，计至两位小数。

5）工业增加值：指以货币表现的工业企业在报告期（年）内工业生产活动的最终成果。计算公式：工业增加值=工业总产值-工业中间投入。计量单位为万元，计至两位小数。

6）取用的新水量：指为使企业生产正常进行，保证生产过程中对水的需要，而实际从各种水源引取的、为任何目的所用的新鲜水量，包括间接冷却水新鲜用水量、工艺水新鲜用水量、锅炉新鲜用水量及其他新鲜用水量。计量单位为 10^4 m^3/a，计至两位小数。

7）重复利用水量：指企业内部生活及生产用水中，循环利用的水量和直接经过处理后回收再利用的水量之和。计量单位为 10^4 m^3/a，计至两位小数。

8）工业用水总量：指工业取用新鲜水量与工业重复用水量的总和。计量单位为 10^4 m^3/a，计至两位小数。

9）工业用水重复利用率：指报告期内工业生产过程中使用的重复用水量与用水总量的比值，计量单位为%，计至两位小数。

10）企业产品产量：指企业当年生产的产品总量，根据具体的产品加上相应计量单位为万件/a，计至两位小数。

11）单位产品用水量：指企业生产单位产品需要从各种水源提取的水量计量单位为 m^3/件，计至两位小数。

12. （管理）工业部门用水量表

[1] 表编号：010301066

[2] 表标识：GYBMYSLB

[3] 表说明：本表为工业部门用水量表，属管理表，存储一个城市中每年各主要工业部门用水情况数据。统计的时间单元为年，空间单元为行政区，统计指标为用水量。

序号	含义	字段名	数据类型	单位	必填	主键	外键
1	行政区划代码	XZQHDM	C（10）		Y	Y	Y
2	行政区名称	XZQMC	C（32）				
3	日期	RQ	D（4）		Y	Y	
4	煤炭采选业	MTCXY	N（10，2）	10^4 m^3			

序号	含义	字段名	数据类型	单位	必填	主键	外键
5	金属矿采选业	JSKCXY	N（10，2）	10^4 m^3			
6	食品制造业	SPZZY	N（10，2）	10^4 m^3			
7	纺织业	FZY	N（10，2）	10^4 m^3			
8	服装皮革制造业	FZPGZZY	N（10，2）	10^4 m^3			
9	木材加工家具制造业	MCJGJJZZY	N（10，2）	10^4 m^3			
10	化学工业	HXGY	N（10，2）	10^4 m^3			
11	非金属矿物制品业	FJSKWZPY	N（10，2）	10^4 m^3			
12	金属冶炼压延加工业	JSYLYYJGY	N（10，2）	10^4 m^3			
13	金属制品业	JSZPY	N（10，2）	10^4 m^3			
14	机械工业	JXGY	N（10，2）	10^4 m^3			
15	交通运输设备制造业	JTYSSBZZY	N（10，2）	10^4 m^3			
16	电气机械器材制造业	DQJXQCZZY	N（10，2）	10^4 m^3			
17	通信计算机电子设备制造业	TXJSJDZSBZZY	N（10，2）	10^4 m^3			
18	仪器仪表文化办公用机械制造业	YQYBWHBGYJXZZY	N（10，2）	10^4 m^3			
19	电力热力生产供应业	DLRLSCGYY	N（10，2）	10^4 m^3			
20	全市工业用水合计	QSGYYSHJ	N（10，2）	10^4 m^3			

[4] 填写说明：

1）行政区划代码：引用行政区划基本信息表，指水量统计的行政区单元，精确至市。

2）行政区名称：行政区划的代码对应的中文名称，由行政区划基本信息表带入。

3）日期：指统计的日期，计至年。

4）煤炭采选业：煤炭采选业的用水量，计量单位为 10^4 m^3，计至两位小数。

5）金属矿采选业：金属矿采选业的用水量，计量单位为 10^4 m^3，计至两位小数。

6）食品制造业：食品制造业的用水量，计量单位为 10^4 m^3，计至两位小数。

7）纺织业：纺织业的用水量，计量单位为 10^4 m^3，计至两位小数。

8）服装皮革制造业：服装皮革制造业的用水量，计量单位为 10^4 m^3，计至两位小数。

9）木材加工家具制造业：木材加工家具制造业的用水量，计量单位为 10^4 m^3，计至两位小数。

10）化学工业：化学工业的用水量，计量单位为 10^4 m^3，计至两位小数。

11）非金属矿物制品业：非金属矿物制品业的用水量，计量单位为 10^4 m^3，计至两位小数。

12）金属冶炼压延加工业：金属冶炼压延加工业的用水量，计量单位为 10^4 m^3，计至两位小数。

13）金属制品业：金属制品业的用水量，计量单位为 10^4 m^3，计至两位小数。

14）机械工业：机械工业的用水量，计量单位为 10^4 m^3，计至两位小数。

15）交通运输设备制造业：交通运输设备制造业的用水量，计量单位为 10^4 m^3，计至两位小数。

16）电气机械器材制造业：电气机械器材制造业的用水量，计量单位为 10^4 m^3，计至两位小数。

17）通信计算机电子设备制造业：通信计算机电子设备制造业的用水量，计量单位为 10^4 m^3，计至两位小数。

18）仪器仪表文化办公用机械制造业：仪器仪表文化办公用机械制造业的用水量，计量单位为 10^4 m^3，计至两位小数。

19）电力热力生产供应业：电力热力生产供应业的用水量，计量单位为 10^4 m^3，计至两位小数。

20）全市工业用水合计：全市工业用水总量，计量单位为 10^4 m^3，计至两位小数。

13. （管理）农业用水情况表

[1] 表编号：010301067

[2] 表标识：NYYSQKB

[3] 表说明：本表为农业用水情况表，属管理表，存储农业用水信息。统计的时间单元为年，空间单元为行政区，统计指标为不同农业类型的用水量。

序号	含义	字段名	数据类型	单位	必填	主键	外键
1	行政区划代码	XZQHDM	C（10）		Y	Y	Y
2	行政区名称	XZQMC	C（32）				
3	日期	RQ	D（4）		Y	Y	
4	农业用水总量	NYYSZL	N（10，2）	10^4 m^3/a			
5	水田用水量	STYSL	N（10，2）	10^4 m^3/a			
6	水浇地用水量	SJDYSL	N（10，2）	10^4 m^3/a			
7	菜田用水量	CTYSL	N（10，2）	10^4 m^3/a			
8	林果地灌溉用水量	LGDGGYSL	N（10，2）	10^4 m^3/a			
9	草场灌溉用水量	CCGGYSL	N（10，2）	10^4 m^3/a			
10	备注	BZ	C（255）				

[4] 填写说明：

1）行政区划代码：引用行政区划基本信息表，指水量统计的行政区单元，精确至市。

2）行政区名称：行政区划的代码对应的中文名称，由行政区划基本信息表带入。

3）日期：指统计的日期，计至年。

4）农业用水总量：统计区统计年内的农业用水总量，计量单位为 10^4 m^3/a，计至两位小数。

5）水田用水量：统计区统计年内的水田用水总量，计量单位为 10^4 m^3/a，计至两位小数。

6）水浇地用水量：统计区统计年内的水浇地用水总量，计量单位为 10^4 m^3/a，计至两位小数。

7）菜田用水量：统计区统计年内的菜田用水总量，计量单位为 10^4 m^3/a，计至两位小数。

8）林果地灌溉用水量：统计区统计年度林果地灌溉用水总量，计量单位为 10^4 m^3/a，计至两位小数。

9）草场灌溉用水量：统计区统计年内的草场灌溉用水总量，计量单位为 10^4 m^3/a，计至两位小数。

10）备注：其他补充说明信息。

14. （管理）生活用水情况表

[1] 表编号：010301068

[2] 表标识：SHYSQKB

[3] 表说明：本表为生活用水情况表，属管理表，存储生活的用水信息。统计的时间单元为年，空间单元为行政区，统计指标为不同生活居民的用水量。

序号	含义	字段名	数据类型	单位	必填	主键	外键
1	行政区划代码	XZQHDM	C（10）		Y	Y	Y
2	行政区名称	XZQMC	C（32）				
3	日期	RQ	D（4）		Y	Y	
4	生活用水总量	SHYSZL	N（12，2）	10^4 m^3			
5	城镇居民生活人均用水量	CZJMSHRJYSL	N（12，2）	m^3/人			
6	城镇公共人均用水量	CZGGRJYSL	N（12，2）	m^3/人			

序号	含义	字段名	数据类型	单位	必填	主键	外键
7	城镇生活综合用水定额	CZSHZHYSDE	N（12，2）	m^3/人			
8	农村居民生活人均用水量	NCJMSHRJYSL	N（12，2）	m^3/人			
9	备注	BZ	C（255）				

[4] 填写说明：

1）行政区划代码：引用行政区划基本信息表，指水量统计的行政区单元，精确至市。

2）行政区名称：行政区划的代码对应的中文名称，由行政区划基本信息表带入。

3）日期：指统计的日期，计至年。

4）生活用水总量：指居民生活年水量的总和，计量单位为 10^4 m^3，计至两位小数。

5）城镇居民生活人均用水量：城镇居民生活人均用水量=城镇居民生活用水总量/城镇人口，计量单位为 m^3/人，计至两位小数。

6）城镇公共人均用水量：城镇公共人均用水量=城镇公共用水总量/城镇人口，计量单位为 m^3/人，计至两位小数。

7）城镇生活综合用水定额：城镇生活综合用水定额=（城镇居民生活用水总量+城镇公共用水总量）/城镇人口，计量单位为 m^3/人，计至两位小数。

8）农村居民生活人均用水量：农村居民生活人均用水量=农村居民生活用水总量/农村人口，计量单位为 m^3/人，计至两位小数。

9）备注：其他补充说明信息。

15. （管理）生态环境用水情况表

[1] 表编号：010301069

[2] 表标识：STHJYSQKB

[3] 表说明：本表为生态环境用水情况表，属管理表，存储生态环境的用水信息。统计的时间单元为年，空间单元为行政区，统计指标为农业和城镇的生态环境用水量。

序号	含义	字段名	数据类型	单位	必填	主键	外键
1	行政区划代码	XZQHDM	C（10）		Y	Y	Y
2	行政区名称	XZQMC	C（32）				
3	日期	RQ	D（4）		Y	Y	
4	农业生态环境用水总量	NYSTHJYSZL	N（10，2）	10^4 m^3			
5	城镇生态环境用水总量	CZSTHJYSZL	N（10，2）	10^4 m^3			
6	备注	BZ	C（255）				

[4] 填写说明：

1）行政区划代码：引用行政区划基本信息表，指水量统计的行政区单元，精确至市。

2）行政区名称：行政区划的代码对应的中文名称，由行政区划基本信息表带入。

3）日期：指统计的日期，计至年。

4）农业生态环境总量：统计区统计时段内农村生态环境建设的用水量，计量单位为 10^4 m^3，计至两位小数。

5）城镇生态环境用水总量：统计区统计时段内城镇生态环境建设的用水量，计量单位为 10^4 m^3，计至两位小数。

6）备注：其他补充说明信息。

16. （管理）用水户用水管理表

[1] 表编号：010301070

[2] 表标识：YSHYSGLB

[3] 表说明：本表为用水户用水管理表，属管理表，存储用水户用水水价的信息。统计的时间单元为年，空间单元为用水户，统计指标为不同类型的水价。

序号	含义	字段名	数据类型	单位	必填	主键	外键
1	用水户代码	YSHDM	C（18）		Y	Y	Y
2	用水户名称	YSHMC	C（128）				
3	日期	RQ	D（4）		Y	Y	
4	地下水基本水价	DXSJBSJ	N（6，2）	元/m^3			
5	自来水基本水价	ZLSJBSJ	N（6，2）	元/m^3			
6	地表水基本水价	DBSJBSJ	N（6，2）	元/m^3			

[4] 填写说明：

1）用水户代码：引用用水户基本信息表。

2）用水户名称：指用水户代码所代表用水户的中文名称，由用水户基本信息表带入。

3）日期：指统计的日期，计至年。

4）地下水基本水价：指企业单位取用单位地下水需缴纳的费用，计量单位为元/m^3，计至两位小数。

5）自来水基本水价：指企业单位取用单位自来水需缴纳的费用，计量单位为元/m^3，计至两位小数。

6）地表水基本水价：指企业单位取用单位地表水需缴纳的费用，计量单位为元/m^3，计至两位小数。

17. （管理）村级用水户用水量月报表

[1] 表编号：010301071

[2] 表标识：CJYSHYSLYBB

[3] 表说明：本表为村级用水户用水量月报表，属管理表，存储村级用水户月用水量信息。统计的时间单元为月，空间单元为用水户，统计指标为村级用水户不同用途类型的用水量。

序号	含义	字段名	数据类型	单位	必填	主键	外键
1	用水户代码	YSHDM	C（18）		Y	Y	Y
2	用水户名称	YSHMC	C（128）				
3	行政区划代码	XZQHDM	C（10）				Y
4	日期	RQ	D（6）		Y	Y	
5	水源类型	SYLX	C（16）				
6	工业用水量	GYYSL	N（10，2）	m^3			
7	建筑业用水量	JZYYSL	N（10，2）	m^3			
8	居民用水量	JMYSL	N（10，2）	m^3			
9	服务业用水量	FWYYSL	N（10，2）	m^3			
10	园林绿化用水量	YLLHYSL	N（10，2）	m^3			
11	环境卫生用水量	HJWSYSL	N（10，2）	m^3			
12	河湖补水用水量	HHBSYSL	N（10，2）	m^3			
13	农业（水田）用水量	NYSTYSL	N（10，2）	m^3			
14	农业（水浇地）用水量	NYSJDYSL	N（10，2）	m^3			
15	农业（露地菜田）用水量	NYLDCTYSL	N（10，2）	m^3			

序号	含义	字段名	数据类型	单位	必填	主键	外键
16	农业（设施农业）用水量	NYSSNYYSL	N（10，2）	m^3			
17	农业（林地）用水量	NYLDYSL	N（10，2）	m^3			
18	农业（果园）用水量	NYGYYSL	N（10，2）	m^3			
19	农业（牧草地）用水量	NYMCDYSL	N（10，2）	m^3			
20	农业（鱼塘）用水量	NYYTYSL	N（10，2）	m^3			
21	农业（牲畜）用水量	NYSCYSL	N（10，2）	m^3			

[4] 填写说明：

1）用水户代码：指统计的空间单元代码，引用用水户基本信息表。

2）用水户名称：指用水户代码所代表用水户的中文名称，由用水户基本信息表带入。

3）行政区划代码：指该用水户所在行政区划代码，引用行政区划基本信息表，计至村。

4）日期：指统计的日期，计至月。

5）水源类型：指该用水户的供水水源类型。

6）工业用水量：指统计时间统计区内工业用水量，计量单位为 m^3，计至两位小数。

7）建筑业用水量：指统计时间统计区内建筑业用水量，计量单位为 m^3，计至两位小数。

8）居民用水量：指统计时间统计区内居民用水量，计量单位为 m^3，计至两位小数。

9）服务业用水量：指统计时间统计区内服务用水量，计量单位为 m^3，计至两位小数。

10）园林绿化用水量：指统计时间统计区内园林绿化用水量，计量单位为 m^3，计至两位小数。

11）环境卫生用水量：指统计时间统计区内环境卫生用水量，计量单位为 m^3，计至两位小数。

12）河湖补水用水量：指统计时间统计区内河湖补水用水量，计量单位为 m^3，计至两位小数。

13）农业（水田）用水量：指统计时间统计区内农业（水田）用水量，计量单位为 m^3，计至两位小数。

14）农业（水浇地）用水量：指统计时间统计区内农业（水浇地）用水量，计量单位为 m^3，计至两位小数。

15）农业（露地菜田）用水量：指统计时间统计区内农业（露地菜田）用水量，计量单位为 m^3，计至两位小数。

16）农业（设施农业）用水量：指统计时间统计区内农业（设施农业）用水量，计量单位为 m^3，计至两位小数。

17）农业（林地）用水量：指统计时间统计区内农业（林地）用水量，计量单位为 m^3，计至两位小数。

18）农业（果园）用水量：指统计时间统计区内农业（果园）用水量，计量单位为 m^3，计至两位小数。

19）农业（牧草地）用水量：指统计时间统计区内农业（牧草地）用水量，计量单位为 m^3，计至两位小数。

20）农业（鱼塘）用水量：指统计时间统计区内农业（鱼塘）用水量，计量单位为 m^3，计至两位小数。

21）农业（牲畜）用水量：指统计时间统计区内农业（牲畜）用水量，计量单位为 m^3，计至两位小数。

18. （管理）主要用水指标信息表

[1] 表编号：010301072

[2] 表标识：ZYYSZBXXB

[3] 表说明：描述主要用水指标信息，用水量指当年取用的新水量，不包括重复利用水量。

序号	含义	字段名	数据类型	单位	必填	主键	外键
1	行政区划代码	XZQHDM	C（10）		Y	Y	Y
2	行政区名称	XZQMC	C（32）				
3	日期	RQ	D（4）		Y	Y	
4	人均综合用水量	RJZHYSL	N（7，2）	m^3/人			

序号	含义	字段名	数据类型	单位	必填	主键	外键
5	万元 GDP 用水量	WYGDPYSL	N（7，2）	m^3/万元			
6	城镇居民生活人均用水量	CZJMSHRJYSL	N（12，2）	m^3/人			
7	城镇公共人均用水量	CZGGRJYSL	N（12，2）	m^3/人			
8	城镇生活综合用水定额	CZSHZHYSDE	N（12，2）	m^3/人			
9	工业万元产值用水量	GYWYCZYSL	N（7，2）	m^3/万元			
10	工业万元增加值用水量	GYWYZJZYSL	N（7，2）	m^3/万元			
11	林果灌溉用水定额	LGGGYSDE	N（7，2）	m^3/亩			
12	草场灌溉用水定额	CCGGYSDE	N（7，2）	m^3/亩			
13	鱼塘补水用水定额	YTBSYSDE	N（7，2）	m^3/亩			
14	水田用水定额	STYSDE	N（7，2）	m^3/亩			
15	水浇地用水定额	SJDYSDE	N（7，2）	m^3/亩			
16	菜田用水定额	CTYSDE	N（7，2）	m^3/亩			
17	农田灌溉用水定额	NTGGYSDE	N（7，2）	m^3/亩			
18	农村居民生活人均用水量	NCJMSHRJYSL	N（7，2）	m^3/人			
19	大牲畜用水定额	DSCYSDE	N（12，2）	m^3/头			
20	小牲畜用水定额	XSCYSDE	N（12，2）	m^3/头			

[4] 填写说明：

1）行政区划代码：引用行政区划基本信息表，指水量统计的行政区单元，精确至市。

2）行政区名称：行政区划的代码对应的中文名称，由行政区划基本信息表带入。

3）日期：观测、调查和统计资料的日期，计至年。

4）人均综合用水量：人均综合用水量=总用水量/总人口，计量单位为 m^3/人，计至两位小数。

5）万元 GDP 用水量：万元 GDP 用水量=总用水量/GDP，计量单位为 m^3/万元，计至两位小数。

6）城镇居民生活人均用水量：城镇居民生活人均用水量=城镇居民生活用水总量/城镇人口，计量单位为 m^3/人，计至两位小数。

7）城镇公共人均用水量：城镇公共人均用水量=城镇公共用水总量/城镇人口，计量单位为 m^3/人，计至两位小数。

8）城镇生活综合用水定额：城镇生活综合用水定额=（城镇居民生活用水总量+城镇公共用水总量）/城镇人口，计量单位为 m^3/人，计至两位小数。

9）工业万元产值用水量：工业万元产值用水量=工业取用的新水量/工业产值，计量单位为 m^3/万元，计至两位小数。

10）工业万元增加值用水量：工业万元增加值用水量=工业取用的新水量/工业产值，计量单位为 m^3/万元，计至两位小数。

11）林果灌溉用水定额：林果灌溉用水定额=林果灌溉用水量/林果面积，计量单位为 m^3/亩，计至两位小数。

12）草场灌溉用水定额：草场灌溉用水定额=草场灌溉用水量/草场面积，计量单位为 m^3/亩，计至两位小数。

13）鱼塘补水用水定额：鱼塘补水用水定额=鱼塘补水量/鱼塘面积，计量单位为 m^3/亩，计至两位小数。

14）水田用水定额：水田用水定额=水田用水量/水田面积，计量单位为 m^3/亩，计至两位小数。

15）水浇地用水定额：水浇地用水定额=水浇地用水量/水浇地面积，计量单位为 m^3/亩，计至两位小数。

16）菜田用水定额：菜田用水定额=菜田用水量/菜田面积，计量单位为 m^3/亩，计至两位小数。

17）农田灌溉用水定额：指同一时期各种作物灌溉定额以作物种植面积为权重的平均值，计量单位为 m^3/亩，计至两位小数。

18）农村居民生活人均用水量：农村居民生活人均用水量=农村居民生活用水总量/农村人口，计量单位为 m^3/人，计至两位小数。

19）大牲畜用水定额：大牲畜用水定额=大牲畜用水量/大牲畜头数，计量单位为 m^3/头，计至两位小数。

20）小牲畜用水定额：小牲畜用水定额=小牲畜用水量/小牲畜头数，计量单位为 m^3/头，计至两位小数。

19. （管理）计划用水指标表

[1] 表编号：010301073

[2] 表标识：JHYSZBB

[3] 表说明：本表为计划用水指标表，属管理表，存储用水户计划用水指标信息。统计的时间单元为年，空间单元为用水户，统计指标为用水户每月的用水指标量。

序号	含义	字段名	数据类型	单位	必填	主键	外键
1	用水户代码	YSHDM	C（18）		Y	Y	Y
2	用水户名称	YSHMC	C（128）				
3	日期	RQ	D（4）		Y	Y	
4	用水用途代码	YSYTDM	C（3）		Y	Y	Y
5	1 月计划指标量	YJHZBL1	N（12，2）	10^4 m^3			
6	2 月计划指标量	YJHZBL2	N（12，2）	10^4 m^3			
7	3 月计划指标量	YJHZBL3	N（12，2）	10^4 m^3			
8	4 月计划指标量	YJHZBL4	N（12，2）	10^4 m^3			
9	5 月计划指标量	YJHZBL5	N（12，2）	10^4 m^3			
10	6 月计划指标量	YJHZBL6	N（12，2）	10^4 m^3			
11	7 月计划指标量	YJHZBL7	N（12，2）	10^4 m^3			
12	8 月计划指标量	YJHZBL8	N（12，2）	10^4 m^3			
13	9 月计划指标量	YJHZBL9	N（12，2）	10^4 m^3			
14	10 月计划指标量	YJHZBL10	N（12，2）	10^4 m^3			
15	11 月计划指标量	YJHZBL11	N（12，2）	10^4 m^3			
16	12 月计划指标量	YJHZBL12	N（12，2）	10^4 m^3			

[4] 填写说明：

1）用水户代码：引用用水户基本信息表。

2）用水户名称：指用水户代码所代表用水户的中文名称，由用水户基本信息表带入。

3）日期：计划年度，计至年。

4）用水用途代码：指该取水户的用水用途，取值及其含义见用水用途代码表。

5）1 月计划指标量：该用水户统计年内 1 月的计划用水量，计量单位为 10^4 m^3，计至两位小数。

6）2 月计划指标量：该用水户统计年内 2 月的计划用水量，计量单位为 10^4 m^3，计至两位小数。

7）3 月计划指标量：该用水户统计年内 3 月的计划用水量，计量单位为 10^4 m^3，计至两位小数。

8）4 月计划指标量：该用水户统计年内 4 月的计划用水量，计量单位为 10^4 m^3，计至两位小数。

9）5 月计划指标量：该用水户统计年内 5 月的计划用水量，计量单位为 10^4 m^3，计至两位小数。

10）6 月计划指标量：该用水户统计年内 6 月的计划用水量，计量单位为 10^4 m^3，计至两位小数。

11）7 月计划指标量：该用水户统计年内 7 月的计划用水量，计量单位为 10^4 m^3，计至两位小数。

12）8 月计划指标量：该用水户统计年内 8 月的计划用水量，计量单位为 10^4 m^3，计至两位小数。

13）9 月计划指标量：该用水户统计年内 9 月的计划用水量，计量单位为 10^4 m^3，计至两位小数。

14）10 月计划指标量：该用水户统计年内 10 月的计划用水量，计量单位为 10^4 m^3，计至两位小数。

15）11 月计划指标量：该用水户统计年内 11 月的计划用水量，计量单位为 10^4 m^3，计至两位小数。

16）12 月计划指标量：该用水户统计年内 12 月的计划用水量，计量单位为 10^4 m^3，计至两位小数。

20．（管理）区域用水情况管理表

[1] 表编号：010301074

[2] 表标识：QYYSQKGLB

[3] 表说明：本表为区域用水情况管理表，属管理表，表用于存储行政区划用水情况的信息。统计的时间单元为年，空间单元为行政区，统计的主要指标为各行业的水价。

序号	含义	字段名	数据类型	单位	必填	主键	外键
1	行政区划代码	XZQHDM	C（10）		Y	Y	Y
2	行政区名称	XZQMC	C（32）				
3	日期	RQ	D（4）		Y	Y	
4	人口	RK	N（6，2）	万人			
5	国内生产总值	GNSCZZ	N（12，2）	万元			
6	管网漏损率	GWLSL	N（3，1）	%			
7	节水器具普及率	JSQJPJL	N（3，1）	%			
8	计划用水率	JHYSL	N（3，1）	%			
9	综合水价	ZHSJ	N（6，2）	元/m^3			
10	污水处理费	WSCLF	N（6，2）	元/m^3			
11	居民生活水价	JMSHSJ	N（6，2）	元/m^3			
12	工业水价	GYSJ	N（6，2）	元/m^3			
13	行政事业水价	XZSYSJ	N（6，2）	元/m^3			
14	经营服务业水价	JYFWYSJ	N（6，2）	元/m^3			
15	特殊行业水价	TSHYSJ	N（6，2）	元/m^3			

[4] 填写说明：

1）行政区划代码：引用行政区划基本信息表，指水量统计的行政区单元，精确至市。

2）行政区名称：行政区划的代码对应的中文名称，由行政区划基本信息表带入。

3）日期：观测、调查和统计资料的日期，计至年。

4）人口：以《中国人口统计年鉴》中的人口统计口径为准，计量单位为万人，计至两位小数。

5）国内生产总值：按市场价格计算的国内生产总值的简称，它是一个国家（地区）所有常住单位在一定时期内生产活动的最终成果，以城市统计年鉴中的值为准，计量单位为万元，计至两位小数。

6）管网漏损率：供水过程中，由于管道本身的结构所引起必然损耗及一定的沿程和局部损耗所造成的水量损失，以及由于管线老化所带来的其他损失所有供水量的比例，计量单位为%，计至一位小数。

7）节水器具普及率：指在用用水器具中节水型器具数量与在用用水器具的比例，计量单位为%，计至一位小数。

8）计划用水率：指年度实行计划用水量与总用水量的比值，计量单位为%，计至一位小数。

9）综合水价：指各行业用水量为权重，加权平均各行业用水水价得出的水价，计量单位为元/m^3，计至两位小数。

10）污水处理费：指综合水价中用于污水处理的费用，计量单位为元/m^3，计至两位小数。

11）居民生活水价：指居民日常生活使用单位自来水需缴纳的费用，计量单位为元/m^3，计至两位小数。

12）工业水价：指工业生产取用单位新水需缴纳的费用，计量单位为元/m^3，计至两位小数。

13）行政事业水价：指行政事业使用单位自来水需缴纳的费用，计量单位为元/m^3，计至两位小数。

14）经营服务业水价：指经营服务业使用单位自来水需缴纳的费用，计量单位为元/m^3，计至两位小数。

15）特殊行业水价：洗车、洗浴、纯净水、矿泉水、地热水等特殊行业使用单位水需缴纳的费用，计量单位为元/m^3，计至两位小数。

21.（管理）区域用水量月报表

[1] 表编号：010301075

[2] 表标识：QYYSLYBB

[3] 表说明：本表为区域用水量月报表，属管理表，存储行政区划月用水量信息。统计的时间单元为月，空间单元为行政区，统计指标为用水量。

序号	含义	字段名	数据类型	单位	必填	主键	外键
1	行政区划代码	XZQHDM	C（10）		Y	Y	Y
2	行政区名称	XZQMC	C（32）				
3	日期	RQ	D（6）		Y	Y	
4	用水用途代码	YSYTDM	C（3）		Y	Y	Y
5	用水量	YSL	N（10，2）	10^4 m^3			

[4] 填写说明：

1）行政区划代码：引用行政区划基本信息表，指水量统计的行政区单元，精确至市。

2）行政区名称：行政区划的代码对应的中文名称，由行政区划基本信息表带入。

3）日期：指统计的日期，计至月。

4）用水用途代码：指该取水户的用水用途，取值及其含义见用水用途代码表。

5）用水量：行政区划内行业在统计日期内的用水总量，计量单位为 10^4 m^3，计至两位小数。

22.（管理）按产业统计用水量数据表

[1] 表编号：010301076

[2] 表标识：ACYTJYSLSJB

[3] 表说明：本表为按产业统计用水量数据表，属管理表，存储各个行政区按产业统计的用水量数据。统计的时间单元为年，空间单元为行政区，统计的主要指标为不同产业大类的用水量。

序号	含义	字段名	数据类型	单位	必填	主键	外键
1	行政区划代码	XZQHDM	C（10）		Y	Y	Y
2	行政区名称	XZQMC	C（32）				
3	日期	RQ	D（4）		Y	Y	
4	水源种类	SYZL	C（16）		Y	Y	
5	总用水量	ZYSL	N（10，2）	10^4 m^3			
6	第一产业用水量	DYCYYSL	N（10，2）	10^4 m^3			
7	第二产业用水量	DECYYSL	N（10，2）	10^4 m^3			
8	第三产业用水量	DSCYYSL	N（10，2）	10^4 m^3			

[4] 填写说明：

1）行政区划代码：引用行政区划基本信息表，指水量统计的行政区单元，精确至市。

2）行政区名称：行政区划的代码对应的中文名称，由行政区划基本信息表带入。

3）日期：指统计的日期，计至年。

4）水源种类：填写地下水或地表水。

5）总用水量：该行政区该年该水源类总的用水量，计量单位为 $10^4\ m^3$，计至两位小数。

6）第一产业用水量：该行政区第一产业该年该水源类的用水量，计量单位为 $10^4\ m^3$，计至两位小数。

7）第二产业用水量：该行政区第二产业该年该水源类的用水量，计量单位为 $10^4\ m^3$，计至两位小数。

8）第三产业用水量：该行政区第三产业该年该水源类的用水量，计量单位为 $10^4\ m^3$，计至两位小数。

23.（管理）典型灌区用水信息表

[1] 表编号：010301077

[2] 表标识：DXGQYSXXB

[3] 表说明：描述典型灌区每年的用水情况信息。

序号	含义	字段名	数据类型	单位	必填	主键	外键
1	灌区代码	GQDM	C（11）		Y	Y	Y
2	灌区名称	GQMC	C（40）				
3	日期	RQ	D（4）		Y	Y	
4	行政区划代码	XZQHDM	C（10）		Y		Y
5	配套灌溉面积	PTGGMJ	N（12，2）	万亩			
6	灌区用水总量	GQYSZL	N（12，2）	$10^4\ m^3$			
7	水稻亩均净灌溉用水量	SDMJJGGYSL	N（7，2）	m^3/亩			
8	小麦亩均净灌溉用水量	XMMJJGGYSL	N（7，2）	m^3/亩			
9	玉米亩均净灌溉用水量	YMMJJGGYSL	N（7，2）	m^3/亩			
10	棉花亩均净灌溉用水量	MHMJJGGYSL	N（7，2）	m^3/亩			
11	蔬菜亩均净灌溉用水量	SCMJJGGYSL	N（7，2）	m^3/亩			
12	油料亩均净灌溉用水量	YLMJJGGYSL	N（7，2）	m^3/亩			
13	甘蔗亩均净灌溉用水量	GZMJJGGYSL	N（7，2）	m^3/亩			
14	香蕉亩均净灌溉用水量	XJMJJGGYSL	N（7，2）	m^3/亩			
15	综合亩均净灌溉用水量	ZHMJJGGYSL	N（7，2）	m^3/亩			
16	渠系水利用系数	QXSLYXS	N（5，3）				
17	粮食作物水价	LSZWSJ	N（6，2）	元/m^3			
18	经济作物水价	JJZWSJ	N（6，2）	元/m^3			
19	农作物综合水价	NZWZHSJ	N（6，2）	元/m^3			
20	备注	BZ	C（255）				

[4] 填写说明：

1）灌区代码：灌区的识别代码。引用灌区基本信息表。

2）灌区名称：灌区的名称，由灌区基本信息表带入。

3）日期：指统计的日期，计至年。

4）行政区划代码：引用行政区划基本信息表，灌区所在的行政区划识别代码，精确至乡级。

5）配套灌溉面积：指灌溉工程或设备已经配套条件下的实际灌溉面积，计量单位为万亩，计至两位小数。

6）灌区用水总量：指分配给灌区的包括输水损失在内的毛用水量，计量单位为 $10^4\ m^3$，计至两位小数。

7）水稻亩均净灌溉用水量：水稻亩均净灌溉用水量=水稻田间净灌溉年用水量/水稻的种植面积，计量单位为 m^3/亩，计至两位小数。

8）小麦亩均净灌溉用水量：小麦亩均净灌溉用水量=小麦田间净灌溉年用水量/小麦的种植面积，计量单位为 m^3/亩，计至两位小数。

9）玉米亩均净灌溉用水量：玉米亩均净灌溉用水量=玉米田间净灌溉年用水量/玉米的种植面积，计量单位为 m^3/亩，计至两位小数。

10）棉花亩均净灌溉用水量：棉花亩均净灌溉用水量=棉花田间净灌溉年用水量/棉花的种植面积，计量单位为 m^3/亩，计至两位小数。

11）蔬菜亩均净灌溉用水量：蔬菜亩均净灌溉用水量=蔬菜田间净灌溉年用水量/蔬菜的种植面积，计量单位为 m^3/亩，计至两位小数。

12）油料亩均净灌溉用水量：油料亩均净灌溉用水量=油料田间净灌溉年用水量/油料的种植面积，计量单位为 m^3/亩，计至两位小数。

13）甘蔗亩均净灌溉用水量：甘蔗亩均净灌溉用水量=甘蔗田间净灌溉年用水量/甘蔗的种植面积，计量单位为 m^3/亩，计至两位小数。

14）香蕉亩均净灌溉用水量：香蕉亩均净灌溉用水量=香蕉田间净灌溉年用水量/香蕉的种植面积，计量单位为 m^3/亩，计至两位小数。

15）综合亩均净灌溉用水量：综合亩均净灌溉用水量=从取水口计量的毛灌溉年用水量/灌区实灌面积，计量单位为 m^3/亩，计至两位小数。

16）渠系水利用系数：指从取水口到田间渠系综合利用系数，计算公式：渠系水利用系数=灌区末级渠道引出的流量总和/灌区首级渠道渠首的引水流量。

17）粮食作物水价：指灌溉粮食作物使用单位水需缴纳的费用，计量单位为元/m^3，计至两位小数。

18）经济作物水价：指灌溉经济作物使用单位水需缴纳的费用，计量单位为元/m^3，计至两位小数。

19）农作物综合水价：指以粮食作物和经济作物的用水量为权重，加权平均粮食作物水价和经济作物水价得出的水价，计量单位为元/m^3，计至两位小数。

20）备注：其他需要说明的情况。

（四）耗水

1. （管理）流域、区域耗水量统计表

[1] 表编号：010301078

[2] 表标识：LYQYHSLTJB

[3] 表说明：本表为流域、区域耗水量统计表，属管理表，存储流域、区域耗水量统计数据。统计的时间单元为年，空间单元为水资源分区，统计指标为不同行业类型的耗水量和耗水率。

序号	含义	字段名	数据类型	单位	必填	主键	外键
1	水资源分区代码	SZYFQDM	C（12）		Y	Y	Y
2	水资源分区名称	SZYFQMC	C（64）				
3	日期	RQ	D（4）		Y	Y	
4	城镇生活耗水量	CZSHHSL	N（12，2）	10^4 m^3			
5	城镇生活耗水率	CZSHHSLV	N（5，2）	%			
6	农村生活耗水量	NCSHHSL	N（12，2）	10^4 m^3			
7	农村生活耗水率	NCSHHSLV	N（5，2）	%			
8	水电耗水量	SDHSL	N（12，2）	10^4 m^3			
9	水电耗水率	SDHSLV	N（5，2）	%			

序号	含义	字段名	数据类型	单位	必填	主键	外键
10	规模以上工业耗水量	GMYSGMHSL	N（12，2）	10^4 m^3			
11	规模以上工业耗水率	GMYSGMHSLV	N（5，2）	%			
12	规模以下工业耗水量	GMYXGMHSL	N（12，2）	10^4 m^3			
13	规模以下工业耗水率	GMYXGMHSLV	N（5，2）	%			
14	水田耗水量	STHSL	N（12，2）	10^4 m^3			
15	水田耗水率	STHSLV	N（5，2）	%			
16	水浇地耗水量	SJDHSL	N（12，2）	10^4 m^3			
17	水浇地耗水率	SJDHSLV	N（5，2）	%			
18	菜田耗水量	CTHSL	N（12，2）	10^4 m^3			
19	菜田耗水率	CTHSLV	N（5，2）	%			
20	林牧渔耗水量	LMYHSL	N（12，2）	10^4 m^3			
21	林牧渔耗水率	LMYHSLV	N（5，2）	%			
22	总耗水量	ZHSL	N（12，2）	10^4 m^3			
23	总耗水率	ZHSLV	N（5，2）	%			
24	备注	BZ	C（255）				

[4] 填写说明：

1）水资源分区代码：引用水资源分区基本信息表，水资源计算的分区，精确至三级区。

2）水资源分区名称：水资源分区的名称，由水资源分区基本信息表带入。

3）日期：水量统计的日期，计至年。

4）城镇生活耗水量：指城镇生活用水量与生活污水排放量之差，计量单位为 10^4 m^3，计至两位小数。

5）城镇生活耗水率：耗水率=耗水量/用水量×100%，计量单位为%，计至两位小数。

6）农村生活耗水量：农村一般没有给排水设施，用水定额低，耗水率较高，计量单位为 10^4 m^3，计至两位小数。

7）农村生活耗水率：耗水率=耗水量/用水量×100%，计量单位为%，计至两位小数。

8）水电耗水量：指水电扣除冷却水量和废污水排放量，计量单位为 10^4 m^3，计至两位小数。

9）水电耗水率：耗水率=耗水量/用水量×100%，计量单位为%，计至两位小数。

10）规模以上工业耗水量：指规模以上工业用水量扣掉工业贯流水和废污水排放量，计量单位为 10^4 m^3，计至两位小数。

11）规模以上工业耗水率：耗水率=耗水量/用水量×100%，计量单位为%，计至两位小数。

12）规模以下工业耗水量：指规模以下工业用水量扣掉工业贯流水和废污水排放量，计量单位为 10^4 m^3，计至两位小数。

13）规模以下工业耗水率：耗水率=耗水量/用水量×100%，计量单位为%，计至两位小数。

14）水田耗水量：指水田的用水量与灌溉回归水、渠灌渗漏水水量之差，计量单位为 10^4 m^3，计至两位小数。

15）水田耗水率：耗水率=耗水量/用水量×100%，计量单位为%，计至两位小数。

16）水浇地耗水量：指水浇地的用水量与灌溉回归水、渠灌渗漏水水量之差，计量单位为 10^4 m^3，计至两位小数。

17）水浇地耗水率：耗水率=耗水量/用水量×100%，计量单位为%，计至两位小数。

18）菜田耗水量：指菜田的用水量与灌溉回归水、渠灌渗漏水水量之差，计量单位为 10^4 m^3，计至两位小数。

19）菜田耗水率：耗水率=耗水量/用水量×100%，计量单位为%，计至两位小数。

20）林牧渔耗水量：指林牧渔业的用水量与灌溉回归水、渠灌渗漏水水量之差，计量单位为 10^4 m^3，计至两位小数。

21）林牧渔耗水率：耗水率=耗水量/用水量×100%，计量单位为%，计至两位小数。

22）总耗水量：指总用水量与废污水排放总量之差，计量单位为 10^4 m^3，计至两位小数。

23）总耗水率：耗水率=耗水量/用水量×100%，计量单位为%，计至两位小数。

24）备注：主要用来保存对该记录进行简短描述的文字，或者是有关信息（文字、表格、图片和录像等）的超链接。

（五）排水

1. （实体）排水户基本信息表

[1] 表编号：010301079

[2] 表标识：PSHJBXXB

[3] 表说明：描述排水户的基本属性信息，是指向排水管网排放生产经营活动产生的污水的排水单位和个人。

序号	含义	字段名	数据类型	单位	必填	主键	外键
1	排水户代码	PSHDM	C（18）		Y	Y	
2	排水户名称	PSHMC	C（32）		Y		
3	详细地址	XXDZ	C（64）				
4	联系方式	LXFS	C（128）				
5	单位代码	DWDM	C（18）				Y
6	经度	JD	N（10，6）	（°）			
7	纬度	WD	N（10，6）	（°）			
8	排水户类型	PSHLX	C（10）				
9	排放主要污水类型	PFZYWSLX	C（64）				
10	水资源分区代码	SZYFQDM	C（12）		Y		Y
11	行政区划代码	XZQHDM	C（10）		Y		Y
12	流域代码	LYDM	C（10）		Y		Y
13	是否排污单位	SFPWDW	C（1）				
14	主要污染物项目及排放标准	ZYWRWXMJPFBZ	C（100）				
15	水口编号	SKBH	C（50）				
16	项目名称	XMMC	C（20）				
17	排放指标	PFZB	C（100）				
18	管线名称	GXMC	C（20）				
19	所属水务局	SSSWJ	C（20）				
20	化粪池数量	HFCSL	N（5）	个			
21	隔油池数量	GYCSL	N（5）	个			
22	隔油沉砂池数量	GYCSCSL	N（5）	个			
23	医疗污水设施数量	YLWSSSSL	N（5）	个			
24	污水专用检查井数量	WSZYJCJSL	N（5）	个			
25	污水接入检查井数量	WSJRJCJSL	N（5）	个			
26	雨水接入检查井数量	YSJRJCJSL	N（5）	个			
27	污水具体来源	WSJTLY	C（10）				

[4] 填写说明：

1）排水户代码：排水户的代码。作为其唯一身份代表码。取其统一社会信用代码。

2）排水户名称：作为排水户的单位名称或户主名称。

3）详细地址：排水户的详细地址。

4）联系方式：包括联系人姓名、电话、传真、信箱等。

5）单位代码：排水户的管理单位识别代码，引用单位基本信息表。

6）经度：指排水户所在位置的经度，采用2000国家大地坐标系（CGCS2000）。

7）纬度：指排水户所在点的纬度，采用2000国家大地坐标系（CGCS2000）。

8）排水户类型：填写居民排水户、非居民排水户。

9）排放主要污水类型：指排水户排放的主要污水类型。如工业废水、生活污水、养殖废水等。

10）水资源分区代码：引用水资源分区基本信息表，排水户所在水资源分区的代码，精确至三级区。

11）行政区划代码：引用行政区划基本信息表，排水户所在行政区的代码，精确至乡级。

12）流域代码：引用流域基本信息表，排水户所在流域的代码，按最小包含原则填写。

13）是否排污单位：是否排污单位。填写1表示是，0表示否。

14）主要污染物项目及排放标准：主要的污染物项目以及排放标准。

15）水口编号：排水口的编号。

16）项目名称：项目的具体名称。

17）排放指标：排放的指标。

18）管线名称：管线的名称。

19）所属水务局：排水户的所属管辖水务局。

20）化粪池数量：化粪池的数量。计量单位为个，计至整数。

21）隔油池数量：隔油池的数量。计量单位为个，计至整数。

22）隔油沉砂池数量：隔油沉砂池的数量。计量单位为个，计至整数。

23）医疗污水设施数量：医疗污水设施的数量。计量单位为个，计至整数。

24）污水专用检查井数量：污水专用检查井的数量。计量单位为个，计至整数。

25）污水接入检查井数量：污水接入检查井的数量。计量单位为个，计至整数。

26）雨水接入检查井数量：雨水接入检查井的数量。计量单位为个，计至整数。

27）污水具体来源：污水的具体来源行业名称。

2.（关系）用水户与排水户关系表

[1] 表编号：010301080

[2] 表标识：YSHYPSHGXB

[3] 表说明：描述用水户与排水户的关系。当用水户同时作为排水户时，需建立本表关系。用水户-排水户，多对多关系，因用水户与排水户管理颗粒度不一致，存在多个用水户作为一个排水户的情况，也存在一个用水户有多个分支，分别作为一个排水户的情况。

序号	含义	字段名	数据类型	单位	必填	主键	外键
1	用水户代码	YSHDM	C（18）		Y	Y	Y
2	排水户代码	PSHDM	C（18）		Y	Y	Y

[4] 填写说明：

1）用水户代码：引用用水户基本信息表。

2）排水户代码：指与用水户有关联的排水户代码，引用排水户基本信息表。

3.（载体）排水许可证基本信息表

[1] 表编号：010301081

[2] 表标识：PSXKZJBXXB

[3] 表说明：描述排水户排水许可证的基本属性信息。

序号	含义	字段名	数据类型	单位	必填	主键	外键
1	排水许可证代码	PSXKZDM	C（20）		Y	Y	
2	排水户名称	PSHMC	C（32）				
3	排水户代码	PSHDM	C（18）		Y		Y
4	联系人	LXR	C（16）				
5	电话	DH	C（32）				
6	许可排水量	XKPSL	N（7，2）	m^3/d	Y		
7	生效日期	SXRQ	D（8）		Y		
8	到期日期	DQRQ	D（8）		Y		
9	发证日期	FZRQ	D（8）				
10	发证单位	FZDW	C（36）				
11	排水户的申请许可情况	PSHDSQXKQK	C（10）				
12	许可证编号	XKZBH	C（10）				
13	许可证副本序号	XKZFBXH	C（10）				
14	许可证序号	XKZXH	C（10）				
15	许可证是否有效	XKZSFYX	C（1）				
16	决定书	JDS	B				
17	许可证	XKZ	B				
18	许可证副本	XKZFB	B				
19	撤销日期	CXRQ	D（8）				

[4] 填写说明：

1）排水许可证代码：根据取得的排水证进行填写。

2）排水户名称：作为排水户的单位名称或户主名称，由排水户基本信息表带入。

3）排水户代码：排水证获取的排水户代码，引用排水户基本信息表。

4）联系人：排水户排水证管理人。

5）电话：联系人电话。

6）许可排放量：指允许排水户排放水每日的排放量，计量单位为 m^3/d，计至两位小数。

7）生效日期：排水证允许开始排放的日期，计至日。

8）到期日期：排放证允许排放结束的日期，计至日。

9）发证日期：发放排水证的日期，计至日。

10）发证单位：批准排放证的单位名称。

11）排水户的申请许可情况：排水户的申请许可情况。

12）许可证编号：排水许可证的编号。

13）许可证副本序号：排水许可证副本的序号。

14）许可证序号：排水许可证的序号。

15）许可证是否有效：排水许可证是否有效，填写 1 表示是，0 表示否。

16）决定书：关于排水许可证的决定书。

17）许可证：排水许可证的图片。

18）许可证副本：排水许可证副本的图片。

19）撤销日期：排水的撤销日期，计至日。

4. （实体）污水处理设施基本信息表

[1] 表编号：010301082

[2] 表标识：WSCLSSJBXXB

[3] 表说明：描述污水处理设施的基本属性信息。在城市称为污水处理厂或污水厂，设在工厂的常称处理站，出水放入城市排水管道时，处理站实际上是一种预处理设施。

序号	含义	字段名	数据类型	单位	必填	主键	外键
1	污水处理设施代码	WSCLSSDM	C（18）		Y	Y	
2	工程代码	GCDM	C（11）		Y		Y
3	污水处理设施名称	WSCLSSMC	C（50）		Y		
4	详细地址	XXDZ	C（64）				
5	区域类型	QYLX	C（6）				
6	行政区划代码	XZQHDM	C（10）				Y
7	经度	JD	N（10，6）	（°）			
8	纬度	WD	N（10，6）	（°）			
9	法人代表	FRDB	C（10）				
10	联系方式	LXFS	C（100）				
11	投入运行时间	TRYXSJ	D（8）				
12	污水设施等级	WSSSDJ	C（2）				
13	设计负荷	SJFH	N（10，3）	10^4 m^3/d			
14	处理单耗	CLDH	N（4，2）	Wh/m^3			
15	污水处理工艺	WSCLGY	C（100）				
16	建设规模代码	JSGMDM	C（1）				Y
17	水质监管单位	SZJGDW	C（50）				
18	占地面积	ZDMJ	N（8，2）	m^2			
19	规划服务面积	GHFWMJ	N（8，2）	m^2			
20	规划服务人口	GHFWRK	N（8，4）	万人			
21	污水设计进水 COD	WSSJJSCOD	N（8，2）	mg/L			
22	污水设计出水 COD	WSSJCSCOD	N（8，2）	mg/L			
23	污水设计 COD 削减量	WSSJCODXJL	N（8，2）	t			
24	污水设计进水氨氮	WSSJJSNH4N	N（8，2）	mg/L			
25	污水设计出水氨氮	WSSJCSNH4N	N（8，2）	mg/L			
26	污水设计氨氮削减量	WSSJNH4NXJL	N（8，2）	t			
27	是否有再生水处理设施	SFYZSSCLSS	C（1）				
28	厂区平面图	CQPMT	B				
29	工艺流程图	GYLCT	B				
30	污泥处理处置设施代码	WNCLCZSSDM	C（18）				Y
31	设计单位名称	SJDWMC	C（50）				
32	施工单位名称	SGDWMC	C（50）				

序号	含义	字段名	数据类型	单位	必填	主键	外键
33	处理规模范围	CLGMFW	C（20）				
34	运营养护单位	YYYHDW	C（20）				
35	运营养护单位负责人	YYYHDWFZR	C（20）				
36	运营养护单位联系电话	YYYHDWLXDH	C（20）				
37	类型	LX	C（6）				
38	备注	BZ	C（255）				

[4] 填写说明：

1）污水处理设施代码：污水处理设施的代码，是污水处理设施的身份代码。取其统一社会信用代码。

2）工程代码：污水处理设施建设工程的代码。引用水利工程基本信息表。

3）污水处理设施名称：污水处理设施的名称。

4）详细地址：污水处理设施的详细地址。

5）区域类型：指该污水处理设施所在区类型，填写中心城区或郊区。

6）行政区划代码：指该污水处理设施所在行政区划代码，引用行政区划基本信息表，精确至乡级。

7）经度：污水处理设施的经度，采用 2000 国家大地坐标系（CGCS2000）。

8）纬度：污水处理设施的纬度，采用 2000 国家大地坐标系（CGCS2000）。

9）法人代表：企业法人姓名。

10）联系方式：包括联系人姓名、电话、信箱等。

11）投入运行时间：指污水处理厂投入生产的时间。

12）污水设施等级：指污水处理设施归属管理等级。填写市管、区管、镇管或其他。

13）设计负荷：指污水处理厂每日能够处理废污水量的最大值，计量单位为 10^4 m^3/d，计至三位小数。

14）处理单耗：指污水处理厂处理废污水平均消耗的单位电量，计量单位为 Wh/m^3，计至两位小数。

15）污水处理工艺：指污水处理流程的选择，如物理法和生化法。

16）建设规模代码：指污水处理设施的建设规模，引用污水处理设施建设规模代码表。

17）水质监管单位：污水处理设施的水质监管单位名称。

18）占地面积：指污水处理设施的占地面积，计量单位为 m^2，计至两位小数。

19）规划服务面积：指污水处理设施处理废污水的区域面积，计量单位为 m^2，计至两位小数。

20）规划服务人口：指有污水处理设施地区的人口数，计量单位为万人，计至四位小数。

21）污水设计进水 COD：指该污水处理设施设计进水 COD 浓度，计量单位为 mg/L，计至两位小数。

22）污水设计出水 COD：指该污水处理设施设计出水 COD 浓度，计量单位为 mg/L，计至两位小数。

23）污水设计 COD 削减量：指该污水处理设施处理设计 COD 削减量，计量单位为 t，计至两位小数。

24）污水设计进水氨氮：指该污水处理设施设计进水氨氮浓度，计量单位为 mg/L，计至两位小数。

25）污水设计出水氨氮：指该污水处理设施设计出水氨氮浓度，计量单位为 mg/L，计至两位小数。

26）污水设计氨氮削减量：指该污水处理设施处理设计氨氮削减量，计量单位为 t，计至两位小数。

27）是否有再生水处理设施：该污水处理设施是否具有再生水处理设施，填写是或否。

28）厂区平面图：存储厂区平面图。

29）工艺流程图：存储工艺流程图。

30）污泥处理处置设施代码：指该污水处理设施的污泥取向，引用污泥处理处置设施基本信息表。

31）设计单位名称：指设计污水处理设施的单位名称。

32）施工单位名称：指建设污水处理设施的单位名称。

33）处理规模范围：污水处理设施的处理规模。

34）运营养护单位：污水处理设施的运营养护单位。

35）运营养护单位负责人：污水处理设施的运营养护单位负责人。

36）运营养护单位联系电话：污水处理设施的运营养护单位联系电话。

37）类型：污水处理设施的类型，填写城镇污水处理厂、污水处理装置或者农村污水处理站。

38）备注：主要用来保存对该记录进行简短描述的文字，或者是有关信息（文字、表格、图片和录像等）的超级链接。

5. （实体）污水处理设施再生水设施表

[1] 表编号：010301083

[2] 表标识：WSCLSSZSSSSB

[3] 表说明：描述污水处理设施所具有的再生水设施信息。

序号	含义	字段名	数据类型	单位	必填	主键	外键
1	污水处理设施代码	WSCLSSDM	C（18）		Y	Y	Y
2	污水处理设施名称	WSCLSSMC	C（50）				
3	再生水设计处理能力	ZSSSJCLNL	N（8，3）	10^4 m^3/d			
4	再生水设计进水 COD	ZSSSJJSCOD	N（6，2）	mg/L			
5	再生水设计出水 COD	ZSSSJCSCOD	N（6，2）	mg/L			
6	再生水设计 COD 削减量	ZSSSJCODXJL	N（6，2）	t			
7	再生水厂类型	ZSSCLX	C（1）				
8	是否是六要素统计	SFSLYSTJ	C（1）				
9	备注	BZ	C（255）				

[4] 填写说明：

1）污水处理设施代码：引用污水处理设施基本信息表。

2）污水处理设施名称：污水处理设施的名称，由污水处理设施基本信息表带入。

3）再生水设计处理能力：指再生水设施每日能够处理废污水量的最大值，计量单位为 10^4 m^3/d，计至三位小数。

4）再生水设计进水 COD：指再生水处理设施设计进水 COD 浓度，计量单位为 mg/L，计至两位小数。

5）再生水设计出水 COD：指再生水处理设施设计出水 COD 浓度，计量单位为 mg/L，计至两位小数。

6）污水设计 COD 削减量：指再生水处理设施处理设计 COD 削减量，计量单位为 t，计至两位小数。

7）再生水厂类型：再生水厂的类型，填写 1 表示城镇进厂、2 表示城镇出厂、3 表示污水处理量日。

8）是否是六要素统计：是否是按照六要素统计，填写 1 表示是，0 表示否。

9）备注：填写相关必要的信息，如果污水处理设施附带有再生水处理设施，需要填写该表。

6. （实体）污水处理设施入水口基本信息表

[1] 表编号：010301084

[2] 表标识：WSCLSSRSKJBXXB

[3] 表说明：描述污水处理设施入水口的基本属性信息。

序号	含义	字段名	数据类型	单位	必填	主键	外键
1	污水处理设施入水口名称	WSCLSSRSKMC	C（26）		Y	Y	
2	污水处理设施代码	WSCLSSDM	C（18）				Y
3	入水管网个数	RSGWGS	N（2）	个			

[4] 填写说明：

1）污水处理设施入水口名称：污水处理设施的入水口名称，一般为污水处理设施代码+入水口+编号。

2）污水处理设施代码：入水口所属污水处理设施的代码，引用污水处理设施基本信息表。

3）入水管网个数：该入水口入水管网的个数，计量单位为个，计至整数。

7.（实体）污水处理设施出水口基本信息表

[1] 表编号：010301085

[2] 表标识：WSCLSSCSKJBXXB

[3] 表说明：描述污水处理设施出水口的基本属性信息。

序号	含义	字段名	数据类型	单位	必填	主键	外键
1	污水处理设施出水口名称	WSCLSSCSKMC	C（26）		Y	Y	
2	污水处理设施代码	WSCLSSDM	C（18）				Y
3	排水管网个数	PSGWGS	N（2）	个			

[4] 填写说明：

1）污水处理设施出水口名称：污水处理设施的出水口名称，一般为污水处理设施代码+出水口+编号。

2）污水处理设施代码：出水口所属污水处理设施的代码，引用污水处理设施基本信息表。

3）排水管网个数：该出水口排水管网的个数，计量单位为个，计至整数。

8.（关系）污水处理设施入水口与水表关系表

[1] 表编号：010301086

[2] 表标识：WSCLSSRSKYSBGXB

[3] 表说明：描述污水处理设施入水口与水表的关系信息。

序号	含义	字段名	数据类型	单位	必填	主键	外键
1	污水处理设施入水口名称	WSCLSSRSKMC	C（26）		Y	Y	Y
2	水表代码	SBDM	C（18）		Y	Y	Y

[4] 填写说明：

1）污水处理设施入水口名称：污水处理设施的入水口名称，引用污水处理设施入水口基本信息表。

2）水表代码：测量该入水口水量的水表代码，引用水表基本信息表。

9.（关系）污水处理设施入水口与水质测站关系表

[1] 表编号：010301087

[2] 表标识：WSCLSSRSKYSZCZGXB

[3] 表说明：描述污水处理设施入水口与水质测站的关系信息。

序号	含义	字段名	数据类型	单位	必填	主键	外键
1	污水处理设施入水口名称	WSCLSSRSKMC	C（26）		Y	Y	Y
2	测站代码	CZDM	C（8）		Y	Y	Y

[4] 填写说明：

1）污水处理设施入水口名称：污水处理设施的入水口名称，引用污水处理设施入水口基本信息表。

2）测站代码：指入水口关联的水质测站代码，引用水质测站基本信息表。

10. （关系）污水处理设施出水口与水表关系表

[1] 表编号：010301088

[2] 表标识：WSCLSSCSKYSBGXB

[3] 表说明：描述污水处理设施出水口与水表的关系信息。

序号	含义	字段名	数据类型	单位	必填	主键	外键
1	污水处理设施出水口名称	WSCLSSCSKMC	C（26）		Y	Y	Y
2	水表代码	SBDM	C（18）		Y	Y	Y

[4] 填写说明：

1）污水处理设施出水口名称：污水处理设施的出水口名称，引用污水处理设施出水口基本信息表。

2）水表代码：测量该出水口水量的水表代码，引用水表基本信息表。

11. （关系）污水处理设施出水口与水质测站关系表

[1] 表编号：010301089

[2] 表标识：WSCLSSCSKYSZCZGXB

[3] 表说明：描述污水处理设施出水口与水质测站关系信息。

序号	含义	字段名	数据类型	单位	必填	主键	外键
1	污水处理设施出水口名称	WSCLSSCSKMC	C（26）		Y	Y	Y
2	测站代码	CZDM	C（8）		Y	Y	Y

[4] 填写说明：

1）污水处理设施出水口名称：污水处理设施的出水口名称，引用污水处理设施出水口基本信息表。

2）测站代码：指出水口关联的水质测站代码，引用水质测站基本信息表。

12. （关系）排水户与污水处理设施入水口关系表

[1] 表编号：010301090

[2] 表标识：PSHYWSCLSSRSKGXB

[3] 表说明：描述排水户与污水处理设施入水口的关系。存在多个排水户排入一个入水口，也存在一个排水户排入多个入水口，因此，排水户和入水口为多对多关系。

序号	含义	字段名	数据类型	单位	必填	主键	外键
1	排水户代码	PSHDM	C（18）		Y	Y	Y
2	污水处理设施入水口名称	WSCLSSRSKMC	C（26）		Y	Y	Y

[4] 填写说明：

1）排水户代码：排水户的代码，引用排水户基本信息表。

2）污水处理设施入水口名称：污水处理设施的入水口名称，引用污水处理设施入水口基本信息表。

13. （监测）污水处理设施入水口监测信息表

[1] 表编号：010301091

[2] 表标识：WSCLSSRSKJCXXB

[3] 表说明：描述污水处理设施入水口各监测要素的统计信息。

序号	含义	字段名	数据类型	单位	必填	主键	外键
1	污水处理设施入水口名称	WSCLSSRSKMC	C（26）		Y	Y	Y
2	测定时间	CDSJ	T（14）		Y	Y	
3	污水处理设施代码	WSCLSSDM	C（18）				Y
4	COD	COD	N（5，2）	mg/L			
5	氨氮	NH4N	N（5，2）	mg/L			
6	pH 值	pH	N（3，1）				
7	水温	SW	N（4，1）	℃			
8	进水水压	JSSY	N（4，2）	MPa			
9	瞬时流量	SSLL	N（4，2）	m^3/s			
10	累计流量	LJLL	N（6，2）	m^3			
11	跨越口瞬时流量	KYKSSLL	N（4，2）	m^3/s			
12	跨越口累计流量	KYKLJLL	N（6，2）	m^3			
13	栅前液位	ZQYW	N（5，2）	m			
14	进水 BOD_5	JSBOD5	N（5，2）	mg/L			
15	进水氨氮	JSNH4N	N（5，2）	mg/L			
16	进水 SS	JSSS	N（5，2）	mg/L			
17	进水总氮	JSZD	N（5，2）	mg/L			
18	进水总磷	JSZL	N（5，2）	mg/L			
19	BOD_5 处理率	BOD5CLL	N（5，2）	%			
20	COD 处理率	CODCLL	N（5，2）	%			
21	SS 处理率	SSCLL	N（5，2）	%			
22	总磷处理率	ZLCLL	N（5，2）	%			
23	浊度	ZHUOD	N（3）	度			
24	电导率	DDL	N（5）	μS/cm			

[4] 填写说明：

1）污水处理设施入水口名称：污水处理设施入水口名称，引用污水处理设施入水口基本信息表。

2）测定时间：测量的时间，计至秒。

3）污水处理设施代码：污水处理设施入水口所属污水处理设施代码，引用污水处理设施基本信息表。

4）COD：入水中 COD 含量，计量单位为 mg/L，计至两位小数。

5）氨氮：入水中氨氮的含量，计量单位为 mg/L，计至两位小数。

6）pH 值：入水的 pH 值，计至一位小数。

7）水温：入水的温度，计量单位为℃，计至一位小数。

8）进水水压：入水口的水压，计量单位为 MPa，计至两位小数。

9）瞬时流量：入水口处的瞬时流量，计量单位为 m^3/s，计至两位小数。

10）累计流量：入水口处的累计流量，计量单位为 m^3，计至两位小数。

11）跨越口瞬时流量：跨越口处的瞬时流量，计量单位为 m^3/s，计至两位小数。

12）跨越口累计流量：跨越口处的累计流量，计量单位为 m^3，计至两位小数。

13）栅前液位：入水口的格栅前水位，计量单位为 m，计至两位小数。

14）进水 BOD_5：入水中的 BOD_5 含量，计量单位为 mg/L，计至两位小数。

15）进水氨氮：入水中的氨氮含量，计量单位为 mg/L，计至两位小数。

16）进水 SS：入水中的 SS 含量，计量单位为 mg/L，计至两位小数。

17）进水总氮：入水中的总氮含量，计量单位为 mg/L，计至两位小数。

18）进水总磷：入水中的总磷含量，计量单位为 mg/L，计至两位小数。

19）BOD_5 处理率：入水口的 BOD_5 的处理率，计量单位为%，计至两位小数。

20）COD 处理率：入水口的 COD 处理率，计量单位为%，计至两位小数。

21）SS 处理率：入水口的 SS 处理率，计量单位为%，计至两位小数。

22）总磷处理率：入水口的总磷处理率，计量单位为%，计至两位小数。

23）浊度：指由于水体存在微细分散的悬浮性颗粒，使水的透明度降低的程度，计量单位为度，计至整数。

24）电导率：在特定条件下，规定尺寸的单位立方体的水溶液相对面之间测得的电阻倒数，计量单位为 μS/cm，计至整数。

14. （监测）污水处理设施出水口监测信息表

[1] 表编号：010301092

[2] 表标识：WSCLSSCSKJCXXB

[3] 表说明：描述污水处理设施出水口各监测要素的统计信息。

序号	含义	字段名	数据类型	单位	必填	主键	外键
1	污水处理设施出水口名称	WSCLSSCSKMC	C（26）		Y	Y	Y
2	测定时间	CDSJ	T（14）		Y	Y	
3	污水处理设施代码	WSCLSSDM	C（18）				Y
4	COD	COD	N（5，2）	mg/L			
5	氨氮	NH4N	N（5，2）	mg/L			
6	总磷	ZL	N（5，2）	mg/L			
7	总氮	ZD	N（5，2）	mg/L			
8	pH 值	pH	N（3，1）				
9	水温	SW	N（4，1）	℃			
10	出水水压	CSSY	N（4，2）	MPa			
11	瞬时流量	SSLL	N（4，2）	m^3/s			
12	累计流量	LJLL	N（6，2）	m^3			
13	跨越口瞬时流量	KYKSSLL	N（4，2）	m^3/s			
14	跨越口累计流量	KYKLJLL	N（6，2）	m^3			
15	栅前液位	ZQYW	N（5，2）	m			
16	出水 BOD_5	CSBOD5	N（5，2）	mg/L			
17	出水氨氮	CSNH4N	N（5，2）	mg/L			
18	出水 SS	CSSS	N（5，2）	mg/L			
19	BOD_5 处理率	BOD5CLL	N（5，2）	%			
20	COD 处理率	CODCLL	N（5，2）	%			
21	SS 处理率	SSCLL	N（5，2）	%			
22	总磷处理率	ZLCLL	N（5，2）	%			
23	浊度	ZHUOD	N（3）	度			
24	电导率	DDL	N（5）	μS/cm			

[4] 填写说明：

1）污水处理设施出水口名称：污水处理设施出水口名称，引用污水处理设施出水口基本信息表。

2）测定时间：测量的时间，计至秒。

3）污水处理设施代码：污水处理设施出水口所属污水处理设施代码，引用污水处理设施基本信息表。

4）COD：出水中 COD 含量，计量单位为 mg/L，计至两位小数。

5）氨氮：出水中氨氮的含量，计量单位为 mg/L，计至两位小数。

6）总磷：出水中总磷含量，计量单位为 mg/L，计至两位小数。

7）总氮：出水中总氮的含量，计量单位为 mg/L，计至两位小数。

8）pH 值：出水的 pH 值，计至一位小数。

9）水温：出水的温度，计量单位为℃，计至一位小数。

10）出水水压：出水口的水压，计量单位为 MPa，计至两位小数。

11）瞬时流量：出水口处的瞬时流量，计量单位为 m^3/s，计至两位小数。

12）累计流量：出水口处的累计流量，计量单位为 m^3，计至两位小数。

13）跨越口瞬时流量：跨越口处的瞬时流量，计量单位为 m^3/s，计至两位小数。

14）跨越口累计流量：跨越口处的累计流量，计量单位为 m^3，计至两位小数。

15）栅前液位：出水口的格栅前水位，计量单位为 m，计至两位小数。

16）出水 BOD_5：出水中的 BOD_5 含量，计量单位为 mg/L，计至两位小数。

17）出水氨氮：出水中的氨氮含量，计量单位为 mg/L，计至两位小数。

18）出水 SS：出水中的 SS 含量，计量单位为 mg/L，计至两位小数。

19）BOD_5 处理率：出水口的 BOD_5 处理率，计量单位为%，计至两位小数。

20）COD 处理率：出水口的 COD 处理率，计量单位为%，计至两位小数。

21）SS 处理率：出水口的 SS 处理率，计量单位为%，计至两位小数。

22）总磷处理率：出水口的总磷处理率，计量单位为%，计至两位小数。

23）浊度：指由于水体存在微细分散的悬浮性颗粒，使水的透明度降低的程度，计量单位为度，计至整数。

24）电导率：在特定条件下，规定尺寸的单位立方体的水溶液相对面之间测得的电阻倒数，计量单位为 μS/cm，计至整数。

15. （监测）厂前溢流情况监测信息表

[1] 表编号：010301093

[2] 表标识：CQYLQKJCXXB

[3] 表说明：存储污水处理设施的厂前溢流情况监测信息。厂前指污水处理厂的行政、生产、技术管理的中心，是厂内外联系的枢纽，通常位于厂前部主要出入口方向，与城市干道和居住区有方便的联系。污水溢流指水量超过污水处理设施的运输或处理能力，导致污水系统运行水位过高，污水通过系统溢流设计外溢直接排放。

序号	含义	字段名	数据类型	单位	必填	主键	外键
1	污水处理设施代码	WSCLSSDM	C（18）		Y	Y	Y
2	污水处理设施名称	WSCLSSMC	C（50）				
3	计量设施代码	JLSSDM	C（18）		Y		Y
4	测定时间	CDSJ	T（14）		Y	Y	
5	流量	LL	N（7，2）	m^3/s			
6	是否出现厂前溢流	SFCXCQYL	C（1）				

[4] 填写说明：

1）污水处理设施代码：污水处理厂的识别代码，引用污水处理设施基本信息表。

2）污水处理设施名称：污水处理设施的名称，由污水处理设施基本信息表带入。

3）计量设施代码：计量设施的识别代码，引用计量设施基本信息表。

4）测定时间：测定的时间，计至秒。

5）流量：厂前溢流测定时间的水流量，计量单位为 m^3/s，计至两位小数。

6）是否出现厂前溢流：是否出现厂前溢流的情况，填写 1 表示是，0 表示否。

16. （管理）日污水水量数据表

[1] 表编号：010301094

[2] 表标识：RWSSLSJB

[3] 表说明：本表为日污水水量数据表，属管理表，存储污水处理设施日污水处理量相关信息。统计的时间单元为日，空间单元为污水处理设施，统计指标为日污水处理量。

序号	含义	字段名	数据类型	单位	必填	主键	外键
1	污水处理设施代码	WSCLSSDM	C（18）		Y	Y	Y
2	污水处理设施名称	WSCLSSMC	C（50）				
3	日期	RQ	D（8）		Y	Y	
4	日污水处理量	RWSCLL	N（7，2）	m^3			

[4] 填写说明：

1）污水处理设施代码：引用污水处理设施基本信息表。

2）污水处理设施名称：污水处理设施的名称，由污水处理设施基本信息表带入。

3）日期：指统计的日期，计至日。

4）日污水处理量：统计时间内污水处理总量，计量单位为 m^3，计至两位小数。

17. （管理）日再生水水量数据表

[1] 表编号：010301095

[2] 表标识：RZSSSLSJB

[3] 表说明：本表为日再生水水量数据表，属管理表，存储污水处理设施日再生水生产量相关信息。统计的时间单元为目，空间单元为污水处理设施，统计指标为再生水的生产量、水压、流速、补水去向等。

序号	含义	字段名	数据类型	单位	必填	主键	外键
1	污水处理设施代码	WSCLSSDM	C（18）		Y	Y	Y
2	污水处理设施名称	WSCLSSMC	C（50）				
3	日期	RQ	D（8）		Y	Y	
4	日再生水生产量	RZSSSCL	N（7，2）	m^3			
5	平均进水 COD	PJJSCOD	N（6，1）	mg/L			
6	平均出水 COD	PJCSCOD	N（6，1）	mg/L			
7	COD 削减量	CODXJL	N（7，2）	t			
8	平均进水氨氮浓度	PJJSNH4NND	N（6，1）	mg/L			
9	平均出水氨氮浓度	PJCSNH4NND	N（6，1）	mg/L			
10	氨氮削减量	NH4NXJL	N（7，2）	t			
11	日再生水配置量	RZSSPZL	N（7，2）	m^3			
12	再生水水压	ZSSSY	N（7，2）	MPa			

序号	含义	字段名	数据类型	单位	必填	主键	外键
13	再生水流速	ZSSLS	N（7，2）	m^3/s			
14	再生水补水去向	ZSSBSQX	C（10）				

[4] 填写说明：

1）污水处理设施代码：指具有再生水处理功能的污水处理设施，引用污水处理设施再生水设施表。

2）污水处理设施名称：污水处理设施的名称，由污水处理设施基本信息表带入。

3）日期：指统计的日期，计至日。

4）日再生水生产量：指统计日该再生水设施的再生水生产量，计量单位为 m^3，计至两位小数。

5）平均进水化学需氧量：指统计日该再生水设施的平均进水化学需氧量，计量单位为 mg/L，计至一位小数。

6）平均出水化学需氧量：指统计日该再生水设施的平均出水化学需氧量，计量单位为 mg/L，计至一位小数。

7）化学需氧量削减量：指统计日该再生水厂的实际化学需氧量削减量，计量单位为 t，计至两位小数。

8）平均进水氨氮浓度：指统计日该再生水厂的平均进水氨氮浓度，计量单位为 mg/L，计至一位小数。

9）平均出水氨氮浓度：指统计日该再生水厂的平均出水氨氮浓度，计量单位为 mg/L，计至一位小数。

10）氨氮削减量：指统计日该再生水厂的实际氨氮削减量，计量单位为 t，计至两位小数。

11）日再生水配置量：指统计日该再生水厂的实际再生水配置量，计量单位为 m^3，计至两位小数。

12）再生水水压：再生水的水压，计量单位为 MPa，计至两位小数。

13）再生水流速：再生水的流速，计量单位为 m^3/s，计至两位小数。

14）再生水补水去向：再生水补水的具体去向。

18. （管理）污水处理水量极值情况表

[1] 表编号：010301096

[2] 表标识：WSCLSLJZQKB

[3] 表说明：存储污水处理设施日污水处理量的最高、最低、平均值以及极值情况相关信息。

序号	含义	字段名	数据类型	单位	必填	主键	外键
1	污水处理设施代码	WSCLSSDM	C（18）		Y	Y	Y
2	污水处理设施名称	WSCLSSMC	C（50）				
3	日期	RQ	D（8）		Y	Y	
4	观测开始时间	GCKSSJ	T（14）				
5	观测结束时间	GCJSSJ	T（14）				
6	最高水量	ZGSL	N（7，2）	m^3/h			
7	最低水量	ZDSL	N（7，2）	m^3/h			
8	时段平均水量	SDPJSL	N（7，2）	m^3/h			
9	日累计水量	RLJSL	N（7，2）	m^3			
10	日累计电量	RLJDL	N（7，2）	kW·h			
11	极值情况	JZQK	C（100）				

[4] 填写说明：

1）污水处理设施代码：引用污水处理设施基本信息表。

2）污水处理设施名称：污水处理设施的名称，由污水处理设施基本信息表带入。

3）日期：指统计的日期，计至日。

4）观测开始时间：观测开始的时间，计至秒。

5）观测结束时间：观测结束的时间，计至秒。

6）最高水量：观测时段内单位时间的最高处理水量，计量单位为 m^3/h，计至两位小数。

7）最低水量：观测时段内单位时间的最低处理水量，计量单位为 m^3/h，计至两位小数。

8）时段平均水量：观测时段内单位时间的平均处理水量，计量单位为 m^3/h，计至两位小数。

9）日累计水量：观测日的处理污水总量，计量单位为 m^3，计至两位小数。

10）日累计电量：观测日的处理污水时所消耗的总电量，计量单位为 kW·h，计至两位小数。

11）极值情况：限定的污水处理水量的极限值情况，描述最高以及最低处理水量的极限值。

19. （管理）排水户排污信息表

[1] 表编号：010301097

[2] 表标识：PSHPWXXB

[3] 表说明：本表为排水户排污信息表，属管理表，存储排水户的排污信息。统计的时间单元为年，空间单元为排水户，统计指标为不同类型污染物的排放量。

序号	含义	字段名	数据类型	单位	必填	主键	外键
1	排水户代码	PSHDM	C（18）		Y	Y	Y
2	排水户名称	PSHMC	C（64）				
3	日期	RQ	D（4）		Y	Y	
4	排污去向	PWQX	C（100）				
5	废污水排放量	FWSPFL	N（8，2）	10^4 m^3			
6	允许核定的排放量	YXHDDPFL	N（8，2）	10^4 m^3			
7	COD 排放量	CODPFL	N（8，2）	t			
8	BOD 排放量	BODPFL	N（8，2）	t			
9	氨氮排放量	NH4NPFL	N（8，2）	t			
10	挥发酚排放量	HFFPFL	N（8，2）	t			
11	总氮排放量	ZDPFL	N（8，2）	t			
12	总磷排放量	ZLPFL	N（8，2）	t			
13	备注	BZ	C（255）				

[4] 填写说明：

1）排水户代码：引用排水户基本信息表。

2）排水户名称：作为排水户的单位名称或户主名称，由排水户基本信息表带入。

3）日期：观测、调查和统计资料的年份，计至年。

4）排污去向：说明排污单位排放污水的去向。

5）废污水排放量：指被评价区域内由工业生产、居民生活等产生并排放的废污水总量，以排放口的实际观测的日平均流量与日数的乘积计算，计量单位为 10^4 m^3，计至两位小数。

6）允许核定的排放量：允许核定的排放量，计量单位为 10^4 m^3，计至两位小数。

7）COD 排放量：指被评价区域内由工业生产、居民生活等产生并排放的 COD 总量，计量单位为 t，计至两位小数。

8）BOD 排放量：指被评价区域内由工业生产、居民生活等产生并排放的 BOD 总量，计量单位为 t，计至两位小数。

9）氨氮排放量：指被评价区域内由工业生产、居民生活等产生并排放的氨氮总量，计量单位为 t，计至两位小数。

10）挥发酚排放量：指被评价区域内由工业生产、居民生活等产生并排放的挥发酚总量，计量单位为 t，计至两位小数。

11）总氮排放量：指被评价区域内由工业生产、居民生活等产生并排放的总氮总量，计量单位为 t，计至两位小数。

12）总磷排放量：指被评价区域内由工业生产、居民生活等产生并排放的总磷总量，计量单位为 t，计至两位小数。

13）备注：主要用来保存对该记录进行简短描述的文字，或者是有关信息（文字、表格、图片和录像等）的超级链接。

20. （管理）污水处理费征收信息表

[1] 表编号：010301098

[2] 表标识：WSCLFZSXXB

[3] 表说明：本表为污水处理费征收信息表，属管理表，存储排水户的污水处理费管理信息。统计的时间单元为年，空间单元为排水户，统计指标包括应征额、实征额、拖欠额。

序号	含义	字段名	数据类型	单位	必填	主键	外键
1	排水户代码	PSHDM	C（18）		Y	Y	Y
2	排水户名称	PSHMC	C（64）				
3	日期	RQ	D（4）		Y	Y	
4	应征额	YZE	N（8，3）	万元			
5	实征额	SZE	N（8，3）	万元			
6	拖欠额	TQE	N（8，3）	万元			

[4] 填写说明：

1）排水户代码：涉及污水处理费征收的排水户的代码，引用排水户基本信息表。

2）排水户名称：作为排水户的单位名称或户主名称，由排水户基本信息表带入。

3）日期：指统计的日期，计至年。

4）应征额：指应征收的污水处理费总额，计量单位为万元，计至三位小数。

5）实征额：指实际征收的污水处理费总额，计量单位为万元，计至三位小数。

6）拖欠额：指拖欠的污水处理费用总额，计量单位为万元，计至三位小数。

21. （实体）污泥处理处置设施基本信息表

[1] 表编号：010301099

[2] 表标识：WNCLCZSSJBXXB

[3] 表说明：描述污泥处理处置设施的基本属性信息。污泥处理是对污泥进行浓缩、调质、脱水、稳定、干化或焚烧等减量化、稳定化、无害化的加工过程。污泥经处理后，犁入土壤（肥田）、投海、填地（掩埋）或弃置。

序号	含义	字段名	数据类型	单位	必填	主键	外键
1	污泥处理处置设施代码	WNCLCZSSDM	C（18）		Y	Y	
2	所属工程代码	SSGCDM	C（11）		Y		Y
3	污泥处理处置设施名称	WNCLCZSSMC	C（50）		Y		
4	详细地址	XXDZ	C（64）				
5	经度	JD	N（10，6）	（°）			
6	纬度	WD	N（10，6）	（°）			
7	单位代码	DWDM	C（18）				Y
8	处理工艺	CLGY	C（128）				
9	处理后污泥去向	CLHWNQX	C（128）				

序号	含义	字段名	数据类型	单位	必填	主键	外键
10	设计进入污泥含水率	SJJRWNHSL	N（3，1）	%			
11	设计处理后污泥含水率	SJCLHWNHSL	N（3，1）	%			
12	注册登记类型	ZCDJLX	C（30）				
13	设计污泥处理能力	SJWNCLNL	N（7，2）	t/d			
14	污泥来源	WNLY	C（30）				

[4] 填写说明：

1）污泥处理处置设施代码：污泥处理处置设施的代码，是污泥处理处置设施的身份代码。取统一社会信用代码。

2）所属工程代码：污泥处理处置设施建设工程的代码。引用水利工程基本信息表。

3）污泥处理处置设施名称：污泥处理处置设施的名称。

4）详细地址：污泥处理处置设施的详细地址。

5）经度：污泥处理处置设施的经度，采用 2000 国家大地坐标系（CGCS2000）。

6）纬度：污泥处理处置设施的纬度，采用 2000 国家大地坐标系（CGCS2000）。

7）单位代码：污泥处理处置设施的管理单位识别代码，引用单位基本信息表。

8）处理工艺：指污泥的处理流程。

9）处理后污泥去向：指污泥处理后的处置方式。

10）设计进入污泥含水率：设计进入处理的污泥含水率，计量单位为%，计至一位小数。

11）设计处理后污泥含水率：设计处理以后的污泥含水率，计量单位为%，计至一位小数。

12）注册登记类型：污水处理设施的注册登记类型。

13）设计污泥处理能力：污水处理设施的设计污泥处理能力，计量单位为 t/d，计至两位小数。

14）污泥来源：污水处理设施的污泥来源情况。

22. （关系）污水处理设施与污泥处理设施关系表

[1] 表编号：010301100

[2] 表标识：WSCLSSYWNCLSSGXB

[3] 表说明：描述污水处理设施与污泥处理设施的关系信息。

序号	含义	字段名	数据类型	单位	必填	主键	外键
1	污水处理设施代码	WSCLSSDM	C（18）		Y	Y	Y
2	污泥处理处置设施代码	WNCLCZSSDM	C（18）		Y	Y	Y

[4] 填写说明：

1）污水处理设施代码：污水处理设施的识别代码，引用污水处理设施基本信息表。

2）污泥处理处置设施代码：污泥处理处置设施的代码，引用污泥处理处置设施基本信息表。

23. （监测）污泥产生情况监测信息表

[1] 表编号：010301101

[2] 表标识：WNCSQKJCXXB

[3] 表说明：存储污水处理设施的污泥产生情况监测信息。

序号	含义	字段名	数据类型	单位	必填	主键	外键
1	污水处理设施代码	WSCLSSDM	C（18）		Y	Y	Y
2	污水处理设施名称	WSCLSSMC	C（50）				
3	日期	RQ	D（8）		Y	Y	
4	污泥产生量	WNCSL	N（5，2）	t			

[4] 填写说明：

1）污水处理设施代码：污水处理设施的代码，引用污水处理设施基本信息表。

2）污水处理设施名称：污水处理设施的名称，由污水处理设施基本信息表带入。

3）日期：污泥产生情况测量的日期，计至日。

4）污泥产生量：指污水处理厂在污水处理过程中干污泥的最终产生量。干污泥是指污水处理过程中分离出来的固体，含水率不大于80%，计量单位为t，计至两位小数。

24. （管理）污泥产生量月报表

[1] 表编号：010301102

[2] 表标识：WNCSLYBB

[3] 表说明：本表为污泥产生量月报表，属管理表，存储每个月污泥产生量的统计信息。统计的时间单元为月，空间单元为污水处理设施，统计指标为污泥产生量。

序号	含义	字段名	数据类型	单位	必填	主键	外键
1	污水处理设施代码	WSCLSSDM	C（18）		Y	Y	Y
2	污水处理设施名称	WSCLSSMC	C（50）				
3	日期	RQ	D（6）		Y	Y	
4	污泥产生量	WNCSL	N（5，2）	t			

[4] 填写说明：

1）污水处理设施代码：污水处理设施的代码，引用污水处理设施基本信息表。

2）污水处理设施名称：污水处理设施的名称，由污水处理设施基本信息表带入。

3）日期：指统计的日期，计至月。

4）污泥产生量：指污水处理厂在污水处理过程中干污泥的最终产生量。干污泥是指污水处理过程中分离出来的固体，含水率不大于80%，计量单位为t，计至两位小数。

25. （管理）污泥处理量月报表

[1] 表编号：010301103

[2] 表标识：WNCLLYBB

[3] 表说明：本表为污泥处理量月报表，属管理表，存储每个月污泥处理量的统计信息。统计的时间单元为月，空间单元为污泥处理处置设施，统计指标为污泥处理量。

序号	含义	字段名	数据类型	单位	必填	主键	外键
1	污泥处理处置设施代码	WNCLCZSSDM	C（18）		Y	Y	Y
2	污泥处理处置设施名称	WNCLCZSSMC	C（50）				
3	日期	RQ	D（6）		Y	Y	
4	污泥处理量	WNCLL	N（5，2）	t			

[4] 填写说明：

1）污泥处理处置设施代码：污泥处理处置设施的代码，引用污泥处理处置设施基本信息表。

2）污泥处理处置设施名称：污泥处理处置设施的名称，由污泥处理处置设施基本信息表带入。

3）日期：指统计的日期，计至月。

4）污泥处理量：指污泥处理处置设施本月实际处理的污泥量。包括物理处理量、生物处理量和化学处理量，计量单位为t，计至两位小数。

26. （实体）暗沟基本信息表

[1] 表编号：010301104

[2] 表标识：AGJBXXB

[3] 表说明：描述暗沟的基本属性信息，是指地面以下引导水流的沟（管），无渗水和汇水的功能。沟底必须埋入不透水层内。

序号	含义	字段名	数据类型	单位	必填	主键	外键
1	暗沟代码	AGDM	C（18）		Y	Y	
2	暗沟名称	AGMC	C（18）		Y		
3	行政区划代码	XZQHDM	C（10）		Y		Y
4	起点经度	QDJD	N（10，6）	（°）			
5	起点纬度	QDWD	N（10，6）	（°）			
6	终点经度	ZDJD	N（10，6）	（°）			
7	终点纬度	ZDWD	N（10，6）	（°）			
8	暗沟所在位置	AGSZWZ	C（50）				
9	暗沟长度	AGCD	N（7，2）	m			
10	设计流量	SJLL	N（7，2）	m^3/s			
11	单位代码	DWDM	C（18）				Y
12	分公司名称	FGSMC	C（30）				
13	备注	BZ	C（100）				

[4] 填写说明：

1）暗沟代码：暗沟的代码。

2）暗沟名称：暗沟的名称。

3）行政区划代码：暗沟所在的行政区划代码，引用行政区划基本信息表，精确至乡级。

4）起点经度：暗沟的起始点经度。

5）起点纬度：暗沟的起始点纬度。

6）终点经度：暗沟的终点经度。

7）终点纬度：暗沟的终点纬度。

8）暗沟所在位置：暗沟所在的位置的详细地址。

9）暗沟长度：暗沟的总长度，计量单位为 m，计至两位小数。

10）设计流量：暗沟的设计流量，计量单位为 m^3/s，计至两位小数。

11）单位代码：暗沟的管理单位识别代码，引用单位基本信息表。

12）分公司名称：负责暗沟管理的分公司的名称，如果没有可以不填。

13）备注：其他补充说明信息。

27. （关系）暗沟与采集点关系表

[1] 表编号：010301105

[2] 表标识：AGYCJDGXB

[3] 表说明：描述暗沟与采集点的关系信息。

序号	含义	字段名	数据类型	单位	必填	主键	外键
1	暗沟代码	AGDM	C（18）		Y	Y	Y
2	采集点代码	CJDDM	C（16）		Y	Y	

[4] 填写说明：

1）暗沟代码：暗沟的识别代码，引用暗沟基本信息表。

2）采集点代码：指所属该暗沟的采集点代码，引用采集点基本信息表。

28. （监测）暗沟流量监测信息表

[1] 表编号：010301106

[2] 表标识：AGLLJCXXB

[3] 表说明：描述暗沟的流量监测信息。

序号	含义	字段名	数据类型	单位	必填	主键	外键
1	暗沟代码	AGDM	C（18）		Y	Y	Y
2	暗沟名称	AGMC	C（18）				
3	测定时间	CDSJ	T（14）		Y	Y	
4	计量设施代码	JLSSDM	C（18）		Y		Y
5	流量	LL	N（7，2）	m^3/s			

[4] 填写说明：

1）暗沟代码：暗沟的识别代码，引用暗沟基本信息表。

2）暗沟名称：暗沟的名称，由暗沟基本信息表带入。

3）测定时间：测定的时间，计至秒。

4）计量设施代码：计量设施的识别代码，引用计量设施基本信息表。

5）流量：通过暗沟的水流量，计量单位为 m^3/s，计至两位小数。

29. （监测）暗沟液位监测信息表

[1] 表编号：010301107

[2] 表标识：AGYWJCXXB

[3] 表说明：描述暗沟的液位监测信息。液位是指暗沟中液位的高低。液位测量分为连续测量和位式测量两大类。

序号	含义	字段名	数据类型	单位	必填	主键	外键
1	暗沟代码	AGDM	C（18）		Y	Y	Y
2	暗沟名称	AGMC	C（18）				
3	测定时间	CDSJ	T（14）		Y	Y	
4	计量设施代码	JLSSDM	C（18）		Y		Y
5	液位	YW	N（7，2）	m			

[4] 填写说明：

1）暗沟代码：暗沟的识别代码。引用暗沟基本信息表。

2）暗沟名称：暗沟的名称，由暗沟基本信息表带入。

3）测定时间：测定的时间，计至秒。

4）计量设施代码：计量设施的识别代码，引用计量设施基本信息表。

5）液位：暗沟的液位，计量单位为 m，计至两位小数。

30.（实体）排水管段基本信息表

[1] 表编号：010301108

[2] 表标识：PSGDJBXXB

[3] 表说明：填写各排水管段的基本信息。排水管网指汇集和排放污水、废水和雨水的管渠及其附属设施所组成的系统，包括干管、支管以及通往处理厂的管段，无论修建在街道上或其他任何地方，只要是起排水作用的管段，都应作为排水管段统计，一个管段填写一条。

序号	含义	字段名	数据类型	单位	必填	主键	外键
1	管段代码	GDDM	C（12）		Y	Y	
2	管段名称	GDMC	C（20）		Y		
3	行政区划代码	XZQHDM	C（10）				Y
4	管线类型	GXLX	C（6）				
5	所属管理区域	SSGLQY	C（20）				
6	详细地址	XXDZ	C（64）				
7	长度	CD	N（7，2）	km			
8	管径	GJ	N（5，2）	m			
9	材质	CZ	C（4）				
10	建成年度	JCND	D（4）				
11	报废年度	BFND	D（4）				
12	管段结构	GDJG	C（2）				
13	起点经度	QDJD	N（10，6）	（°）			
14	起点纬度	QDWD	N（10，6）	（°）			
15	终点经度	ZDJD	N（10，6）	（°）			
16	终点纬度	ZDWD	N（10，6）	（°）			

[4] 填写说明：

1）管段代码：排水管段的代码。

2）管段名称：排水管段的名称。

3）行政区划代码：排水管段所处的行政区划的识别代码，引用行政区划基本信息表，精确至县级。

4）管线类型：排水管段的管线类型，填写污水管段、雨水管段或者雨污合流管段。

5）所属管理区域：排水管段所属的管理区域。

6）详细地址：排水管段的具体地址，详细填写到街道。

7）长度：该排水管段的长度，计量单位为 km，计至两位小数。

8）管径：该排水管段的管道直径，计量单位为 m，计至两位小数。

9）材质：排水管段的材质，填写混凝土、塑料、砖砌或者其他。

10）建成年度：该排水管段的建成年份，计至年。

11）报废年度：该排水管道的报废年份，计至年。

12）管段结构：排水管段的管段结构，填写管段或者方沟。

13）起点经度：排水管段的起点东经度数，采用 2000 国家大地坐标系（CGCS2000）。

14）起点纬度：排水管段的起点北纬度数，采用 2000 国家大地坐标系（CGCS2000）。

15）终点经度：排水管段的终点东经度数，其他规定同“起点经度”。

16）终点纬度：排水管段的终点北纬度数，其他规定同“起点纬度”。

31. （关系）排水管段与计量设施关系表

[1] 表编号：010301109

[2] 表标识：PSGDYJLSSGXB

[3] 表说明：存储排水管段与计量设施的关系信息。排水管段与计量设施为多对多的关系，一个排水管段可能对应多个计量设施，一个计量设施可能对应多个排水管段。

序号	含义	字段名	数据类型	单位	必填	主键	外键
1	管段代码	GDDM	C（12）		Y	Y	Y
2	计量设施代码	JLSSDM	C（18）		Y	Y	Y

[4] 填写说明：

1）管段代码：排水管段的识别代码，引用排水管段基本信息表。

2）计量设施代码：引用计量设施基本信息表。

32. （监测）排水管段流量监测信息表

[1] 表编号：010301110

[2] 表标识：PSGDLLJCXXB

[3] 表说明：存储排水管段的流量实时监测信息。

序号	含义	字段名	数据类型	单位	必填	主键	外键
1	管段代码	GDDM	C（12）		Y	Y	Y
2	管段名称	GDMC	C（20）				
3	计量设施代码	JLSSDM	C（18）		Y	Y	Y
4	时间	SJ	T（14）		Y	Y	
5	流量	LL	N（7，2）	m^3/s			
6	流速	LS	N（7，2）	m/s			

[4] 填写说明：

1）管段代码：排水管段的识别代码，引用排水管段基本信息表。

2）管段名称：排水管段的名称，由排水管段基本信息表带入。

3）计量设施代码：监测管段流量信息的计量设施代码，引用计量设施基本信息表。

4）时间：观测时间，计至秒。

5）流量：流体流经管段的流量，计量单位为 m^3/s，计至两位小数。

6）流速：管内的流速，计量单位为 m/s，计至两位小数。

33. （监测）排水管段液位监测信息表

[1] 表编号：010301111

[2] 表标识：PSGDYWJCXXB

[3] 表说明：存储排水管段的液位实时监测信息。

序号	含义	字段名	数据类型	单位	必填	主键	外键
1	管段代码	GDDM	C（12）		Y	Y	Y
2	管段名称	GDMC	C（20）				
3	计量设施代码	JLSSDM	C（18）		Y	Y	Y

序号	含义	字段名	数据类型	单位	必填	主键	外键
4	时间	SJ	T（14）		Y	Y	
5	液位	YW	N（7，2）	m			

[4] 填写说明：

1）管段代码：排水管段的识别代码，引用排水管段基本信息表。

2）管段名称：排水管段的名称，由排水管段基本信息表带入。

3）计量设施代码：监测管段液位信息的计量设施代码，引用计量设施基本信息表。

4）时间：观测时间，计至秒。

5）液位：流体流经管段时候会产生一个液面高度，计量单位为 m，计至两位小数。

34. （管理）排水管段水质监测信息表

[1] 表编号：010301112

[2] 表标识：PSGDSZJCXXB

[3] 表说明：存储排水管段水质的监测信息。

序号	含义	字段名	数据类型	单位	必填	主键	外键
1	管段代码	GDDM	C（12）		Y	Y	Y
2	管段名称	GDMC	C（20）				
3	计量设施代码	JLSSDM	C（18）		Y	Y	Y
4	采样时间	CYSJ	T（14）		Y	Y	
5	测定时间	CDSJ	T（14）				
6	采集方法	CJFF	C（64）				
7	水质测定方法	SZCDFF	C（64）				
8	水温	SW	N（5，2）	℃			
9	色度	SD	N（5，2）	倍			
10	易沉固体	YCGT	N（5，2）	mL/（L·15 min）			
11	悬浮物	XFW	N（5，2）	mg/L			
12	溶解性总固体	TDS	N（5，2）	mg/L			
13	动植物油	DZWY	N（5，2）	mg/L			
14	石油类	SYL	N（5，2）	mg/L			
15	pH 值	pH	N（5，1）				
16	生化需氧量	BOD	N（5，2）	mg/L			
17	化学需氧量	COD	N（5，2）	mg/L			
18	氨氮	NH4N	N（5，2）	mg/L			
19	总氮	ZD	N（5，2）	mg/L			
20	总磷	ZL	N（5，2）	mg/L			
21	阴离子表面活性剂	YLZBMHXJ	N（5，2）	mg/L			
22	总氰化物	ZQHW	N（5，2）	mg/L			
23	总余氯	ZYL	N（5，2）	mg/L			
24	硫化物	LHW	N（5，2）	mg/L			
25	氟化物	FHW	N（5，2）	mg/L			
26	氯化物	LVHW	N（5，2）	mg/L			
27	硫酸盐	LSY	N（5，2）	mg/L			
28	总汞	Hg	N（5，2）	mg/L			

序号	含义	字段名	数据类型	单位	必填	主键	外键
29	总镉	Cd	N（5，2）	mg/L			
30	总铬	Cr	N（5，2）	mg/L			
31	六价铬	LJCr	N（5，2）	mg/L			
32	总砷	As	N（5，2）	mg/L			
33	总铅	Pb	N（5，2）	mg/L			
34	总镍	Ni	N（5，2）	mg/L			
35	总铍	Be	N（5，2）	mg/L			
36	总银	Ag	N（5，2）	mg/L			
37	总硒	Se	N（5，2）	mg/L			
38	总铜	Cu	N（5，2）	mg/L			
39	总锌	Zn	N（5，2）	mg/L			
40	总锰	Mn	N（5，2）	mg/L			
41	总铁	Fe	N（5，2）	mg/L			
42	挥发酚	HFF	N（5，2）	mg/L			
43	苯系物	BXW	N（5，2）	mg/L			
44	苯胺类	BAL	N（5，2）	mg/L			
45	硝基苯类	XJBL	N（5，2）	mg/L			
46	甲醛	JQ	N（5，2）	mg/L			
47	三氯甲烷	SLJW	N（5，2）	mg/L			
48	四氯化碳	SLHT	N（5，2）	mg/L			
49	三氯乙烯	SLYX	N（5，2）	mg/L			
50	四氯乙烯	SILYX	N（5，2）	mg/L			
51	可吸附有机卤化物	KXFYJLHW	N（5，2）	mg/L			
52	有机磷农药	YJLNY	N（5，2）	mg/L			
53	五氯酚	WLF	N（5，2）	mg/L			
54	备注	BZ	C（255）				

[4] 填写说明：

1）管段代码：采样点排水管段的识别代码，引用排水管段基本信息表。

2）管段名称：排水管段的名称，由排水管段基本信息表带入。

3）计量设施代码：监测管段水质信息的计量设施代码，引用计量设施基本信息表。

4）采样时间：指水质样品采集的时间，计至秒。

5）测定时间：指水质样品测定的时间，计至秒。

6）采集方法：简要说明水质样品的采集方法。

7）水质测定方法：简要说明测定各项目指标值的计算方法或试验方法。

8）水温：指排水管段水质样品的温度，计量单位为℃，计至两位小数。

9）色度：指排水管段水质样品的色度，计量单位为倍，计至两位小数。

10）易沉固体：指排水管段水质样品的易沉固体的含量，计量单位为 mL/（L • 15 min），计至两位小数。

11）悬浮物：指排水管段水质样品的悬浮物的含量，计量单位为 mg/L，计至两位小数。

12）溶解性总固体：指排水管段水质样品的溶解性总固体的含量，计量单位为 mg/L，计至两位小数。

13）动植物油：指排水管段水质样品的动植物油的含量，计量单位为 mg/L，计至两位小数。

14）石油类：指排水管段水质样品的石油类的含量，计量单位为 mg/L，计至两位小数。

15）pH 值：指排水管段水质样品的 pH 值，计至一位小数。

16）生化需氧量：指排水管段水质样品的生化需氧量（BOD_5）的含量，计量单位为 mg/L，计至两位小数。

17）化学需氧量：指排水管段水质样品的化学需氧量（COD）的含量，计量单位为 mg/L，计至两位小数。

18）氨氮：指排水管段水质样品的氨氮（以 N 计）的含量，计量单位为 mg/L，计至两位小数。

19）总氮：指排水管段水质样品的总氮（以 N 计）的含量，计量单位为 mg/L，计至两位小数。

20）总磷：指排水管段水质样品的总磷（以 P 计）的含量，计量单位为 mg/L，计至两位小数。

21）阴离子表面活性剂：指排水管段水质样品的阴离子表面活性剂（LAS）的含量，计量单位为 mg/L，计至两位小数。

22）总氰化物：指排水管段水质样品的总氰化物的含量，计量单位为 mg/L，计至两位小数。

23）总余氯：指排水管段水质样品的总余氯（以 Cl_2 计）的含量，计量单位为 mg/L，计至两位小数。

24）硫化物：指排水管段水质样品的硫化物的含量，计量单位为 mg/L，计至两位小数。

25）氟化物：指排水管段水质样品的氟化物的含量，计量单位为 mg/L，计至两位小数。

26）氯化物：指排水管段水质样品的氯化物的含量，计量单位为 mg/L，计至两位小数。

27）硫酸盐：指排水管段水质样品的硫酸盐的含量，计量单位为 mg/L，计至两位小数。

28）总汞：指排水管段水质样品的总汞的含量，计量单位为 mg/L，计至两位小数。

29）总镉：指排水管段水质样品的总镉的含量，计量单位为 mg/L，计至两位小数。

30）总铬：指排水管段水质样品的总铬的含量，计量单位为 mg/L，计至两位小数。

31）六价铬：指排水管段水质样品的六价铬的含量，计量单位为 mg/L，计至两位小数。

32）总砷：指排水管段水质样品的总砷的含量，计量单位为 mg/L，计至两位小数。

33）总铅：指排水管段水质样品的总铅的含量，计量单位为 mg/L，计至两位小数。

34）总镍：指排水管段水质样品的总镍的含量，计量单位为 mg/L，计至两位小数。

35）总铍：指排水管段水质样品的总铍的含量，计量单位为 mg/L，计至两位小数。

36）总银：指排水管段水质样品的总银的含量，计量单位为 mg/L，计至两位小数。

37）总硒：指排水管段水质样品的总硒的含量，计量单位为 mg/L，计至两位小数。

38）总铜：指排水管段水质样品的总铜的含量，计量单位为 mg/L，计至两位小数。

39）总锌：指排水管段水质样品的总锌的含量，计量单位为 mg/L，计至两位小数。

40）总锰：指排水管段水质样品的总锰的含量，计量单位为 mg/L，计至两位小数。

41）总铁：指排水管段水质样品的总铁的含量，计量单位为 mg/L，计至两位小数。

42）挥发酚：指排水管段水质样品的挥发酚的含量，计量单位为 mg/L，计至两位小数。

43）苯系物：指排水管段水质样品的苯系物的含量，计量单位为 mg/L，计至两位小数。

44）苯胺类：指排水管段水质样品的苯胺类的含量，计量单位为 mg/L，计至两位小数。

45）硝基苯类：指排水管段水质样品的硝基苯类的含量，计量单位为 mg/L，计至两位小数。

46）甲醛：指排水管段水质样品的甲醛的含量，计量单位为 mg/L，计至两位小数。

47）三氯甲烷：指排水管段水质样品的三氯甲烷的含量，计量单位为 mg/L，计至两位小数。

48）四氯化碳：指排水管段水质样品的四氯化碳的含量，计量单位为 mg/L，计至两位小数。

49）三氯乙烯：指排水管段水质样品的三氯乙烯的含量，计量单位为 mg/L，计至两位小数。

50）四氯乙烯：指排水管段水质样品的四氯乙烯的含量，计量单位为 mg/L，计至两位小数。

51）可吸附有机卤化物：指排水管段水质样品的可吸附有机卤化物（AOX，以 Cl 计）的含量，计量单位为 mg/L，计至两位小数。

52）有机磷农药：指排水管段水质样品的有机磷农药（以 P 计）的含量，计量单位为 mg/L，计至两位小数。

53）五氯酚：指排水管段水质样品的五氯酚的含量，计量单位为mg/L，计至两位小数。

54）备注：填写需要注明的内容。

（六）水力发电

1. （管理）水力发电工程用水情况表

[1] 表编号：010301113

[2] 表标识：SLFDGCYSQKB

[3] 表说明：本表为水力发电工程用水情况表，属管理表，存储水力发电工程年用水量信息。统计的时间颗粒度为年，空间颗粒度为水力发电工程，统计管理指标包括水力发电工程的发电量、工业产值、用水量、耗水量等。

序号	含义	字段名	数据类型	单位	必填	主键	外键
1	工程代码	GCDM	C（11）		Y	Y	Y
2	工程名称	GCMC	C（64）				
3	日期	RQ	D（4）		Y	Y	
4	装机容量	ZJRL	N（4，1）	万kW			
5	年发电量	NFDL	N（6，2）	亿kW·h			
6	工业产值	GYCZ	N（12，2）	万元			
7	工业增加值	GYZJZ	N（12，2）	万元			
8	取用的新水量	QYDXSL	N（12，2）	10^4 m^3/a			
9	重复利用水量	CFLYSL	N（12，2）	10^4 m^3/a			
10	冷却水排放量	LQSPFL	N（8，2）	10^4 m^3/a			
11	冷却方式	LQFS	C（128）				
12	单位发电量耗水量	DWFDLHSL	N（5，2）	kg/（kW·h）			
13	备注	BZ	C（255）				

[4] 填写说明：

1）工程代码：引用水利工程基本信息表。

2）工程名称：工程的名称，由水利工程基本信息表带入。

3）日期：观测、调查和统计资料的年份，计至年。

4）装机容量：指电厂的所有发电机组的额定容量的总和，计量单位为万kW，计至一位小数。

5）年发电量：指电厂统计年度的累计发电量，计量单位为亿kW·h，计至两位小数。

6）工业产值：指以货币表现的工业企业在统计年度内生产的工业产品总量，以城市统计年鉴中的值为准，计量单位为万元，计至两位小数。

7）工业增加值：指以货币表现的工业企业在统计年度内工业生产活动的最终成果，计算公式：工业增加值=工业总产值-工业中间投入，计量单位为万元，计至两位小数。

8）取用的新水量：指为使企业生产正常进行，保证生产过程对水的需要，而实际从各种水源引取的、为任何目的所用的新鲜水量，包括间接冷却水新鲜用水量、工艺水新鲜用水量、锅炉新鲜用水量及其他新鲜用水量，计量单位为10^4 m^3/a，计至两位小数。

9）重复利用水量：指企业内部生活及生产用水中，循环利用的水量和直接经过处理后回收再利用的水量之和，计量单位为10^4 m^3/a，计至两位小数。

10）冷却水排放量：为带走生产过程中产生的废热所用冷却水的排放量，不计入电厂废污水排放量中，计量单位为 10^4 m^3/a，计至两位小数。

11）冷却方式：说明水利发电厂发电采用的冷却方式。

12）单位发电量耗水量：单位发电量耗水量=年发电总耗水量/发电量，计量单位为 kg/（kW·h），计至两位小数。

13）备注：主要用来保存对该记录进行简短描述的文字，或者是有关信息（文字、表格、图片和录像等）的超级链接。

（七）内河航运

1. （实体）航道基本信息表

[1] 表编号：010301114

[2] 表标识：HDJBXXB

[3] 表说明：存储航道基本信息，是指在江、河、湖、海等水域中，为船舶航行所规定或设置（包括建设）的船舶航行通道。

序号	含义	字段名	数据类型	单位	必填	主键	外键
1	航道代码	HDDM	C（11）		Y	Y	
2	航道名称	HDMC	C（18）		Y		
3	流域代码	LYDM	C（10）				Y
4	河流代码	HLDM	C（8）				Y
5	行政区划代码	XZQHDM	C（10）				Y
6	水资源分区代码	SZYFQDM	C（12）				Y
7	单位代码	DWDM	C（18）				Y
8	详细位置	XXWZ	C（128）				
9	航道起点经度	HDQDJD	N（10，6）	（°）			
10	航道起点纬度	HDQDWD	N（10，6）	（°）			
11	航道终点经度	HDZDJD	N（10，6）	（°）			
12	航道终点纬度	HDZDWD	N（10，6）	（°）			
13	航道规模	HDGM	C（128）				
14	航道等级	HDDJ	C（2）				
15	通航能力	THNL	N（6，2）	万 t			
16	备注	BZ	C（255）				

[4] 填写说明：

1）航道代码：唯一标识一个航道的编号。

2）航道名称：航道代码所对应的航道名称。

3）流域代码：指该航道所属流域代码，引用流域基本信息表，按最小包含原则填写。

4）河流代码：指该航道所属河流代码，引用河流基本信息表。

5）行政区划代码：引用行政区划基本信息表，航道所在行政区划代码，按最小包含原则填写。

6）水资源分区代码：指该航道所在的水资源分区代码，引用水资源分区基本信息表，精确至三级区。

7）单位代码：指该航道的管理单位代码，引用单位基本信息表。

8）详细位置：指该航道的详细位置描述。

9）航道起点经度：指该航道起点的经度，采用 2000 国家大地坐标系（CGCS2000）。

10）航道起点纬度：指该航道起点的纬度，采用 2000 国家大地坐标系（CGCS2000）。

11）航道终点经度：指该航道终点的经度，采用 2000 国家大地坐标系（CGCS2000）。

12）航道终点纬度：指该航道终点的纬度，采用 2000 国家大地坐标系（CGCS2000）。

13）航道规模：航道设施规模描述。

14）航道等级：航道通航能力等级，填写一级、二级、三级、四级、五级、六级或七级。

15）通航能力：一次通过船只的最大吨位，计量单位为万 t，计至两位小数。

16）备注：需补充说明的文字。

2. （实体）码头基本信息表

[1] 表编号：010301115

[2] 表标识：MTJBXXB

[3] 表说明：存储码头基本信息，是海边、江边、河边专供轮船或渡船停泊，让乘客上下、货物装卸的建筑物。

序号	含义	字段名	数据类型	单位	必填	主键	外键
1	工程代码	GCDM	C（11）		Y	Y	Y
2	码头编号	MTBH	C（8）		Y	Y	
3	行政区划代码	XZQHDM	C（10）				Y
4	货场个数	HCGS	N（3）	个			
5	对外连接道路	DWLJDL	C（128）				
6	码头用途	MTYT	C（2）				
7	客运规模	KYGM	N（4，2）	万人（次）/a			
8	货运规模	HYGM	N（4，2）	万 t/a			
9	汽运规模	QYGM	N（4，2）	万辆/a			
10	水位运行范围	SWYXFW	C（30）				
11	建筑型式	JZXS	C（2）				
12	建筑结构	JZJG	C（6）				
13	靠泊能力	KBNL	N（8）	t			
14	泊位	BW	N（4）	个			
15	引道长度	YDCD	N（6，2）	m			
16	引道宽度	YDKD	N（5，2）	m			
17	备注	BZ	C（255）				

[4] 填写说明：

1）工程代码：码头所属水利工程代码，引用水利工程基本信息表。

2）码头编号：唯一标识一个水利工程的一个设施或专业项目的编号，取值为 1～9 999 999 999，顺序使用。

3）行政区划代码：引用行政区划基本信息表，码头所在行政区划代码，按最小包含原则填写。

4）货场个数：该码头货场的个数，计量单位为个，计至整数。

5）对外连接道路：码头对外连接道路点位置、数量、连接公路名称、等级等描述。

6）码头用途：码头用途类别，填写客运、货运或汽渡。

7）客运规模：客运规模数量，计量单位为万人（次）/a，计至两位小数。

8）货运规模：货运规模数量，计量单位为万 t/a，计至两位小数。

9）汽运规模：汽运规模数量，计量单位为万辆/a，计至两位小数。

10）水位运行范围：码头水位运行范围。

11）建筑型式：码头建筑型式，填写直立或斜坡。

12）建筑结构：码头建筑结构，填写浆砌石或混凝土。

13）靠泊能力：码头最大靠泊能力，计量单位为t，计至整数。

14）泊位：码头泊位数量，计量单位为个，计至整数。

15）引道长度：码头引道长度，计量单位为m，计至两位小数。

16）引道宽度：码头引道宽度，计量单位为m，计至两位小数。

17）备注：需补充说明的文字。

3. （实体）港口基本信息表

[1] 表编号：010301116

[2] 表标识：GKJBXXB

[3] 表说明：存储港口基本信息，是位于海、江、河、湖、水库沿岸，具有水陆联运设备以及条件以供船舶安全进出和停泊的运输枢纽。

序号	含义	字段名	数据类型	单位	必填	主键	外键
1	工程代码	GCDM	C（11）		Y	Y	Y
2	港口编号	GKBH	N（8）		Y	Y	
3	行政区划代码	XZQHDM	C（10）				Y
4	水深	SS	N（7，2）	m			
5	最大停泊能力	ZDTBNL	N（8）	t			
6	仓库面积	CKMJ	N（7，2）	m^2			
7	货棚面积	HPMJ	N（7，2）	m^2			
8	住房面积	ZFMJ	N（7，2）	m^2			
9	杂房面积	ZAFMJ	N（7，2）	m^2			
10	房屋固定资产原值	FWGDZCYZ	N（8，2）	万元			
11	房屋固定资产净值	FWGDZCJZ	N（8，2）	万元			
12	备注	BZ	C（255）				

[4] 填写说明：

1）工程代码：该港口所属的工程代码，引用水利工程基本信息表。

2）港口编号：唯一标识一个水利工程的一个设施或专业项目的编号，取值为1～9 999 999 999，顺序使用。

3）行政区划代码：引用行政区划基本信息表，港口所在行政区划代码，按最小包含原则填写。

4）水深：港口最大水深，计量单位为m，计至两位小数。

5）最大停泊能力：港口最大可停泊船只吨位，计量单位为t，计至整数。

6）仓库面积：港口仓库面积，计量单位为m^2，计至两位小数。

7）货棚面积：港口货棚面积，计量单位为m^2，计至两位小数。

8）住房面积：港口住房面积，计量单位为m^2，计至两位小数。

9）杂房面积：港口杂房面积，计量单位为m^2，计至两位小数。

10）房屋固定资产原值：房屋固定资产原价值，计量单位为万元，计至两位小数。

11）房屋固定资产净值：房屋固定资产折旧价值，计量单位为万元，计至两位小数。

12）备注：需补充说明的文字。

4. （实体）港口库场基本信息表

[1] 表编号：010301117

[2] 表标识：GKKCJBXXB

[3] 表说明：存储港口库场基本信息，是指港口为装卸和存储货物的仓库、货棚、堆场、货囤、筒仓、油槽（库）等建筑物的总称。

序号	含义	字段名	数据类型	单位	必填	主键	外键
1	工程代码	GCDM	C（11）		Y	Y	Y
2	港口编号	GKBH	N（8）		Y	Y	Y
3	库场编号	KCBH	N（8）		Y	Y	
4	库场名称	KCMC	C（50）				
5	建筑结构代码	JZJGDM	C（2）				Y
6	库场长度	KCCD	N（6，2）	m			
7	库场宽度	KCKD	N（6，2）	m			
8	可堆积重量	KDJZL	N（8，2）	t			
9	可堆积容量	KDJRL	N（8，2）	m^3			

[4] 填写说明：

1）工程代码：该港口所属的工程代码，引用水利工程基本信息表。

2）港口编号：库场所属港口代码，引用港口基本信息表。

3）库场编号：唯一标识一个水利工程的一个设施或专业项目的编号，取值为 1～9 999 999 999，顺序使用。

4）库场名称：库场的中文名称。

5）建筑结构代码：库场建筑结构类别代码，取值及其含义见房屋建筑结构分类代码表。

6）库场长度：库场建筑长度，计量单位为 m，计至两位小数。

7）库场宽度：库场建筑宽度，计量单位为 m，计至两位小数。

8）可堆积重量：最大可堆积物的重量，计量单位为 t，计至两位小数。

9）可堆积容量：最大可堆积物的容量，计量单位为 m^3，计至两位小数。

二、水资源保护

（一）水资源总量保护

1. （关系）水文测站与水源地关系表

[1] 表编号：010302001

[2] 表标识：SWCZYSYDGXB

[3] 表说明：存储水文测站与地表水源地的关系信息。

序号	含义	字段名	数据类型	单位	必填	主键	外键
1	水文测站代码	SWCZDM	C（8）		Y	Y	Y
2	水源地代码	SYDDM	C（12）		Y	Y	Y

[4] 填写说明：

1）水文测站代码：引用水文测站基本信息表。

2）水源地代码：引用水源地基本信息表。

2. （管理）地表水源地来水量日报表

[1] 表编号：010302002

[2] 表标识：DBSYDLSLRBB

[3] 表说明：本表为地表水源地来水量日报表，属管理表，存储地表水源地日来水量信息。统计的时间单元为日，空间单元为地表水源地，统计指标为来水量。

序号	含义	字段名	数据类型	单位	必填	主键	外键
1	水源地代码	SYDDM	C（12）		Y	Y	Y
2	水源地名称	SYDMC	C（64）				
3	日期	RQ	D（8）		Y	Y	
4	降水量	JSL	N（6，1）	mm			
5	平均流量	PJLL	N（9，1）	m^3/s			
6	蓄水量	XSL	N（10，3）	10^4 m^3			

[4] 填写说明：

1）水源地代码：引用水源地基本信息表。

2）水源地名称：水源地代码对应的中文名称，由水源地基本信息表带入。

3）日期：指统计的日期，计至日。

4）降水量：指统计时段内累计的降水量。有雨无量取 0。计量单位为 mm，计至一位小数。

5）平均流量：指统计时段内水源地所有测流断面的平均流量，对一个测流断面流入水源地取正，流出取负。计量单位为 m^3/s，计至一位小数。

6）蓄水量：指统计时段内平均水位下的蓄水量，计量单位为 10^4 m^3，计至三位小数。

3. （管理）地表水源地来水量月报表

[1] 表编号：010302003

[2] 表标识：DBSYDLSLYBB

[3] 表说明：本表为地表水源地来水量月报表，属管理表，存储地表水源地月来水量信息。统计的时间单元为月，空间单元为地表水源地，统计指标为来水量。

序号	含义	字段名	数据类型	单位	必填	主键	外键
1	水源地代码	SYDDM	C（12）		Y	Y	Y
2	水源地名称	SYDMC	C（64）				
3	日期	RQ	D（6）		Y	Y	
4	降水量	JSL	N（6，1）	mm			
5	平均流量	PJLL	N（9，1）	m^3/s			
6	蓄水量	XSL	N（10，3）	10^4 m^3			

[4] 填写说明：

1）水源地代码：引用水源地基本信息表。

2）水源地名称：水源地代码对应的中文名称，由水源地基本信息表带入。

3）日期：指统计的日期，计至月。

4）降水量：指统计时段内累计的降水量。有雨无量取 0，计量单位为 mm，计至一位小数。

5）平均流量：指统计时段内水源地所有测流断面的平均流量，对一个测流断面流入水源地取正，流出取负，计量单位为 m^3/s，计至一位小数。

6）蓄水量：指统计时段内平均水位下的蓄水量，计量单位为 10^4 m^3，计至三位小数。

4. （管理）地表水源地来水量年报表

[1] 表编号：010302004

[2] 表标识：DBSYDLSLNBB

[3] 表说明：本表为地表水源地来水量年报表，属管理表，存储地表水源地年来水量信息。统计的时间单元为年，空间单元为地表水源地，统计指标为来水量。

序号	含义	字段名	数据类型	单位	必填	主键	外键
1	水源地代码	SYDDM	C（12）		Y	Y	Y
2	水源地名称	DBSYDMC	C（64）				
3	日期	RQ	D（4）		Y	Y	
4	降水量	JSL	N（6，1）	mm			
5	平均流量	PJLL	N（9，3）	m^3/s			
6	蓄水量	XSL	N（10，3）	10^4 m^3			

[4] 填写说明：

1）水源地代码：引用水源地基本信息表。

2）水源地名称：水源地代码对应的中文名称，由水源地基本信息表带入。

3）日期：指统计的日期，计至年。

4）降水量：指统计时段内累计的降水量。有雨无量取 0，计量单位为 mm，计至一位小数。

5）平均流量：指统计时段内水源地所有测流断面的平均流量。对一个测流断面流入水源地取正，流出取负，计量单位为 m^3/s，计至三位小数。

6）蓄水量：指统计时段内平均水位下的蓄水量，计量单位为 10^4 m^3，计至三位小数。

5. （管理）地表水源地开采量日报表

[1] 表编号：010302005

[2] 表标识：DBSYDKCLRBB

[3] 表说明：本表为地表水源地开采量日报表，属管理表，存储地表水源地日开采水量信息。统计的时间单元为日，空间单元为水源地，统计指标为开采量。

序号	含义	字段名	数据类型	单位	必填	主键	外键
1	水源地代码	SYDDM	C（12）		Y	Y	Y
2	水源地名称	SYDMC	C（64）				
3	日期	RQ	D（8）		Y	Y	
4	日开采量	RKCL	N（10，2）	m^3			

[4] 填写说明：

1）水源地代码：引用水源地基本信息表。

2）水源地名称：水源地代码对应的中文名称，由水源地基本信息表带入。

3）日期：水量统计的日期，计至日。

4）日开采量：统计日地表水源地的开采水量，计量单位为 m^3，计至两位小数。

6. （管理）地表水源地开采量月报表

[1] 表编号：010302006

[2] 表标识：DBSYDKCLYBB

[3] 表说明：本表为地表水源地开采量月报表，属管理表，存储地表水源地月开采水量信息。统计的时间单元为月，空间单元为水源地，统计指标为开采量及其特征值。

序号	含义	字段名	数据类型	单位	必填	主键	外键
1	水源地代码	SYDDM	C（12）		Y	Y	Y
2	水源地名称	SYDMC	C（64）				
3	日期	RQ	D（6）		Y	Y	
4	月开采量	YKCL	N（10，2）	10^2 m^3			
5	日开采量均值	RKCLJZ	N（10，2）	m^3			
6	日开采量最大值	RKCLZDZ	N（10，2）	m^3			
7	日开采量最小值	RKCLZXZ	N（10，2）	m^3			

[4] 填写说明：

1）水源地代码：引用水源地基本信息表。

2）水源地名称：水源地代码对应的中文名称，由水源地基本信息表带入。

3）日期：水量统计的日期，计至月。

4）月开采量：统计月地表水源地的累计开采水量，计量单位为 10^2 m^3，计至两位小数。

5）日开采量均值：统计月地表水源地日开采量均值，计量单位为 m^3，计至两位小数。

6）日开采量最大值：统计月地表水源地日开采量最大值，计量单位为 m^3，计至两位小数。

7）日开采量最小值：统计月地表水源地日开采量最小值，计量单位为 m^3，计至两位小数。

7. （管理）地表水源地开采量年报表

[1] 表编号：010302007

[2] 表标识：DBSYDKCLNBB

[3] 表说明：本表为地表水源地开采量年报表，属管理表，存储地表水源地年开采水量信息。统计的时间单元为年，空间单元为水源地，统计指标为开采量及其特征值。

序号	含义	字段名	数据类型	单位	必填	主键	外键
1	水源地代码	SYDDM	C（12）		Y	Y	Y
2	水源地名称	SYDMC	C（64）				
3	日期	RQ	D（4）		Y	Y	
4	年开采量	NKCL	N（10，2）	10^4 m^3			
5	月开采量均值	YKCLJZ	N（10，2）	m^3			
6	月开采量最大值	YKCLZDZ	N（10，2）	m^3			
7	月开采量最小值	YKCLZXZ	N（10，2）	m^3			

[4] 填写说明：

1）水源地代码：引用水源地基本信息表。

2）水源地名称：水源地代码对应的中文名称，由水源地基本信息表带入。

3）日期：水量统计的日期，计至年。

4）年开采量：统计年地表水源地的累计开采水量，计量单位为 10^4 m^3，计至两位小数。

5）月开采量均值：统计年地表水源地月开采量均值，计量单位为 m^3，计至两位小数。

6）月开采量最大值：统计年地表水源地月开采量最大值，计量单位为 m^3，计至两位小数。

7）月开采量最小值：统计年地表水源地月开采量最小值，计量单位为 m^3，计至两位小数。

8. （管理）地下水源地来水量日报表

[1] 表编号：010302008

[2] 表标识：DXSYDLSLRBB

[3] 表说明：本表为地下水源地来水量日报表，属管理表，存储地下水源地日水量情况信息。统计的时间单元为日，空间单元为水源地，统计指标包括水位、水温、埋深、水量等。

序号	含义	字段名	数据类型	单位	必填	主键	外键
1	水源地代码	SYDDM	C（12）		Y	Y	Y
2	水源地名称	SYDMC	C（64）				
3	日期	RQ	D（8）		Y	Y	
4	平均水位	PIJSW	N（7，3）	m			
5	平均水温	PJSW	N（3，1）	℃			
6	平均埋深	PJMS	N（6，2）	m			
7	地下水量	DXSL	N（10，3）	10^4 m^3			

[4] 填写说明：

1）水源地代码：引用水源地基本信息表。

2）水源地名称：水源地代码对应的中文名称，由水源地基本信息表带入。

3）日期：指水量统计的日期，计至日。

4）平均水位：指统计时段内水位的平均值，计量单位为 m，计至三位小数。

5）平均水温：指统计时段内水温的平均值，计量单位为℃，计至一位小数。

6）平均埋深：指统计时段内地下水埋深（地面某固定点至地下水水面的距离）的平均值，计量单位为 m，计至两位小数。

7）地下水量：指统计时段内该地下水源地水资源总量的平均值，计量单位为 10^4 m^3，计至三位小数。

9. （管理）地下水源地来水量月报表

[1] 表编号：010302009

[2] 表标识：DXSYDLSLYBB

[3] 表说明：本表为地下水源地来水量月报表，属管理表，存储地下水源地月水量信息。统计的时间单元为月，空间单元为水源地，统计指标包括水位、水温、埋深、水量等。

序号	含义	字段名	数据类型	单位	必填	主键	外键
1	水源地代码	SYDDM	C（12）		Y	Y	Y
2	水源地名称	SYDMC	C（64）				
3	日期	RQ	D（6）		Y	Y	
4	平均水位	PIJSW	N（7，3）	m			
5	平均水温	PJSW	N（3，1）	℃			
6	地下水埋深	DXSMS	N（6，2）	m			
7	地下水量	DXSL	N（10，3）	10^4 m^3			

[4] 填写说明：

1）水源地代码：引用水源地基本信息表。

2）水源地名称：水源地代码对应的中文名称，由水源地基本信息表带入。

3）日期：指水量统计的日期，计至月。

4）平均水位：指统计时段内水位的平均值，计量单位为 m，计至三位小数。

5）平均水温：指统计时段内水温的平均值，计量单位为℃，计至一位小数。

6）地下水埋深：指统计时段内地下水埋深的平均值，计量单位为 m，计至两位小数。

7）地下水量：指统计时段内该地下水源地水资源总量的平均值，计量单位为 $10^4\,m^3$，计至三位小数。

10. （管理）地下水源地来水量年报表

[1] 表编号：010302010

[2] 表标识：DXSYDLSLNBB

[3] 表说明：本表为地下水源地来水量年报表，属管理表，存储地下水源地年水量信息。统计的时间单元为年，空间单元为水源地，统计指标包括水位、水温、埋深、水量等。

序号	含义	字段名	数据类型	单位	必填	主键	外键
1	水源地代码	SYDDM	C（12）		Y	Y	Y
2	水源地名称	SYDMC	C（64）				
3	日期	RQ	D（4）		Y	Y	
4	平均水位	PIJSW	N（7，3）	m			
5	平均水温	PJSW	N（3，1）	℃			
6	平均埋深	PJMS	N（7，3）	m			
7	地下水量	DXSL	N（10，3）	$10^4\,m^3$			

[4] 填写说明：

1）水源地代码：引用水源地基本信息表。

2）水源地名称：水源地代码对应的中文名称，由水源地基本信息表带入。

3）日期：指统计的日期，计至年。

4）平均水位：指统计时段内水位的平均值，计量单位为 m，计至三位小数。

5）平均水温：指统计时段内水温的平均值，计量单位为℃，计至一位小数。

6）平均埋深：指统计时段内地下水埋深的平均值，计量单位为 m，计至三位小数。

7）地下水量：指统计时段内该地下水源地水资源总量的平均值，计量单位为 $10^4\,m^3$，计至三位小数。

11. （管理）地下水源地超采状况表

[1] 表编号：010302011

[2] 表标识：DXSYDCCZKB

[3] 表说明：本表为地下水源地超采状况表，属管理表，存储地下水源地的超采情况信息。统计的时间单元为年，空间单元为超采的地下水源地，统计指标包括超采区的地质灾害情况。

序号	含义	字段名	数据类型	单位	必填	主键	外键
1	水源地代码	SYDDM	C（12）		Y	Y	Y
2	水源地名称	SYDMC	C（64）				
3	评价时间	PJSJ	D（4）		Y	Y	
4	面积	MJ	N（4，1）	km^2			

序号	含义	字段名	数据类型	单位	必填	主键	外键
5	可开采量	KKCL	N（4，1）	10^4 m^3			
6	超采程度	CCCD	N（4，1）				
7	年实际开采量	NSJKCL	N（4，1）	10^4 m^3			
8	年开采系数	NKCXS	N（7，3）				
9	漏斗中心年均水位下降速率	LDZXNJSWXJSL	N（4，1）	%			
10	地面沉降面积	DMCJMJ	N（4，1）	km^2			
11	累计沉降量	LJCJL	N（4，1）	m			
12	年均沉降速率	NJCJSL	N（7，3）	%			
13	地面塌陷个数	DMTXGS	N（10）	个			
14	塌陷最大深度	TXZDSD	N（6，2）	m			
15	地裂缝总长度	DLFZCD	N（6，2）	km			
16	地裂缝条数	DLFTS	N（10）	条			
17	地裂缝最大深度	DLFZDSD	N（6，2）	m			
18	草原或绿洲退化面积	CYHLZTHMJ	N（4，1）	km^2			
19	土地沙化面积	TDSHMJ	N（4，1）	km^2			
20	海水入侵面积	HSRQMJ	N（4，1）	km^2			
21	咸水入侵面积	XSRQMJ	N（4，1）	km^2			

[4] 填写说明：

1）水源地代码：指评价的水源地代码，引用水源地基本信息表。

2）水源地名称：水源地代码对应的中文名称，由水源地基本信息表带入。

3）评价时间：指地下水源地超采状况的评价时间，计至年。

4）面积：指地下水超采区面积，计量单位为 km^2，计至一位小数。

5）可开采量：指在一定区域内，一定储存、补给及开采条件下，统计时段内允许开采利用的最大地下水量，计量单位为 10^4 m^3，计至两位小数。

6）超采程度：描述地下水超采区的超采程度。

7）年实际开采量：年实际开采量，计量单位为 10^4 m^3，计至一位小数。

8）年开采系数：年开采系数，计至三位小数。

9）漏斗中心年均水位下降速率：漏斗中心年均水位下降速率，计量单位为%，计至一位小数。

10）地面沉降面积：超采区地面沉降的面积，计量单位为 km^2，计至一位小数。

11）累计沉降量：指该地下水超采区产生以来的累计沉降量，计量单位为 m，计至一位小数。

12）年均沉降速率：年均沉降速率，计量单位为%，计至三位小数。

13）地面塌陷个数：地下水超采区中地面塌陷的个数，计量单位为个，计至整数。

14）塌陷最大深度：塌陷最大深度，计量单位为 m，计至两位小数。

15）地裂缝总长度：地裂缝总长度，计量单位为 km，计至两位小数。

16）地裂缝条数：地裂缝条数，计量单位为条，计至整数。

17）地裂缝最大深度：地裂缝最大深度，计量单位为 m，计至两位小数。

18）草原或绿洲退化面积：草原或绿洲退化面积，计量单位为 km^2，计至一位小数。

19）土地沙化面积：土地沙化面积，计量单位为 km^2，计至一位小数。

20）海水入侵面积：海水入侵面积，计量单位为 km^2，计至一位小数。

21）咸水入侵面积：咸水入侵面积，计量单位为 km^2，计至一位小数。

12. （管理）地下水源地超采情况评价表

[1] 表编号：010302012

[2] 表标识：DXSYDCCQKPJB

[3] 表说明：本表为地下水源地超采情况评价表，属管理表，存储地下水源地超采情况的评价信息。评价的时间单元为年，空间单元为水源地，评价内容为地下水源地超采情况相关指标。

序号	含义	字段名	数据类型	单位	必填	主键	外键
1	水源地代码	SYDDM	C（12）		Y	Y	Y
2	水源地名称	SYDMC	C（64）				
3	日期	RQ	D（4）		Y	Y	
4	当年实际开采量	DNSJKCL	N（12，2）	10^4 m^3			
5	当年可开采量	DNKKCL	N（12，2）	10^4 m^3			
6	地下水位最大埋深	DXSWZDMS	N（6，2）	m			
7	水位最大埋深地点	SWZDMSDD	C（128）				
8	包含行政区名称	BHXZQMC	C（64）				
9	主要环境地质问题	ZYHJDZWT	C（1）				Y
10	是否存在超采区	SFCZCCQ	C（2）				
11	详细位置	XXWZ	C（128）				
12	管理方式	GLFS	C（8）				
13	划分依据	HFYJ	C（128）				
14	超采区面积	CCQMJ	N（8，2）	km^2			
15	主采层	ZCC	C（16）				
16	备注	BZ	C（255）				

[4] 填写说明：

1）水源地代码：指评价的水源地代码，引用水源地基本信息表。

2）水源地名称：指评价的水源地中文名称，由水源地基本信息表带入。

3）日期：指评价年度，计至年。

4）当年实际开采量：超采区地下水当年实际开采水资源量，计量单位为 10^4 m^3，计至两位小数。

5）当年可开采量：按照超采区评价或规划给定值填写，计量单位为 10^4 m^3，计至两位小数。

6）地下水位最大埋深：地下水水面与地面之间垂线的最大距离，计量单位为 m，计至两位小数。

7）水位最大埋深地点：出现最大埋深的位置，填写地址或用经纬度说明。

8）包含行政区名称：超采区内所包含的行政区的名称。

9）主要环境地质问题：填写地下水超采造成的环境地质问题代码，取值及其含义见环境地质问题代码表。

10）是否存在超采区：指该水源地在评价年度是否存在超采现象。

11）详细位置：该水源地地下水超采区位置的详细描述，若存在多个超采区则描述间用“，”隔开。

12）管理方式：填写管理方式代码，填写按压采区管理、按限采区管理、按禁采区管理或其他管理方式。

13）划分依据：划分为超采区的评价依据。

14）超采区面积：填写超采区面积，计量单位为 km^2，计至两位小数。

15）主采层：主要开采的含水层名称。

16）备注：其他信息的补充说明。

13. （实体）地下水降落漏斗基本信息表

[1] 表编号：010302013

[2] 表标识：DXSJLLDJBXXB

[3] 表说明：存储地下水降落漏斗基本信息。区域地下水降落漏斗也称区域地下水漏斗，是由于集中开采地下水，导致集中开采区的地下水位下降，从而使周边地下水流场发生改变，周边的地下水向集中开区流动，形成区域性漏斗状凹面。地下水漏斗区的水位明显低于周围地区，潜水面呈现漏斗状曲面的地区。

序号	含义	字段名	数据类型	单位	必填	主键	外键
1	地下水降落漏斗代码	DXSJLLDDM	C（7）		Y	Y	
2	漏斗名称	LDMC	C（64）				
3	行政区划代码	XZQHDM	C（10）		Y		Y
4	漏斗性质	LDXZ	C（6）				
5	漏斗中心位置	LDZXWZ	C（128）				
6	漏斗周边埋深	LDZBMS	N（6，1）	m			
7	漏斗最大埋深	LDZDMS	N（6，1）	m			
8	漏斗面积	LDMJ	N（8，2）	m^2			
9	备注	BZ	C（255）				

[4] 填写说明：

1）地下水降落漏斗代码：地下水降落漏斗代码：按《国家水资源监控能力建设项目标准——信息分类及编码规定》第5章执行。

2）漏斗名称：填写地下水降落漏斗名称。

3）行政区划代码：引用行政区划基本信息表，该地下水降落漏斗所处行政区，按最小包含原则。

4）漏斗性质：填写漏斗性质，填写浅层漏斗或深层漏斗。

5）漏斗中心位置：漏斗范围内地下水位最低点所处位置。

6）漏斗周边埋深：漏斗区最外闭合圈地下水埋深值，计量单位为m，计至一位小数。

7）漏斗最大埋深：漏斗范围内地下水最大埋深，计量单位为m，计至一位小数。

8）漏斗面积：根据评价结果确定的漏斗范围面积，计量单位为m^2，计至两位小数。

9）备注：其他信息的补充说明。

（二）水资源质量保护

1. （关系）水质测站与井关系表

[1] 表编号：010302014

[2] 表标识：SZCZYJGXB

[3] 表说明：本表为水质测站与井关系表，属管理表，由于一个观测井可能存在多个或多种测站，水质测站也对应多种监测主体，本表描述水质测站与井的关系信息。

序号	含义	字段名	数据类型	单位	必填	主键	外键
1	测站代码	CZDM	C（8）		Y	Y	Y
2	井代码	JDM	C（12）		Y	Y	Y

[4] 填写说明：

1）测站代码：引用水质测站基本信息表。

2）井代码：引用井基本信息表。

2. （监测）水质自动监测数据表

[1] 表编号：010302015

[2] 表标识：SZZDJCSJB

[3] 表说明：本表为水质自动监测数据表，属监测表，监测指标为水质，存储地表水与地下水水质自动监测数据。

序号	含义	字段名	数据类型	单位	必填	主键	外键
1	测站代码	CZDM	C（8）		Y	Y	Y
2	测站名称	CZMC	C（30）				
3	日期	RQ	D（8）		Y	Y	
4	水体类型	STLX	C（2）				Y
5	水位	SHUIW	N（7，3）	m			
6	水温	SW	N（4，1）	℃			
7	pH	pH	N（3，1）				
8	硝酸盐	XSY	N（5，2）	mg/L			
9	氨氮	NH4N	N（5，2）	mg/L			
10	溶解氧	RJY	N（5，2）	mg/L			
11	高锰酸盐指数	GMSYZS	N（5，2）	mg/L			
12	总有机碳	ZYJT	N（5，2）	mg/L			
13	化学需氧量	COD	N（5，2）	mg/L			
14	氟化物	FHW	N（5，2）	mg/L			
15	氧化还原电位	YHHYDW	N（4）	mV			
16	电导率	DDL	N（5，2）	μS/cm			
17	悬浮物	XFW	N（5，2）	mg/L			
18	浊度	ZHUOD	N（3）	kW·h			
19	含盐量	HYL	N（5，2）	mg/L			
20	总磷	ZL	N（5，2）	mg/L			
21	总氮	ZD	N（5，2）	mg/L			
22	备注	BZ	C（255）				

[4] 填写说明：

1）测站代码：引用水质测站基本信息表。

2）测站名称：测站代码所代表测站的中文名称，由水质测站基本信息表带入。

3）日期：数据监测时间，计至日。

4）水体类型：水质测站监测的水体类型，取值及其含义见水体类型代码表。

5）水位：观测的水位数据，计量单位为 m，计至三位小数。

6）水温：观测的水温数据，计量单位为℃，计至一位小数。

7）pH：水中氢离子活度（H^+）的负对数，计至一位小数。

8）硝酸盐：观测水体中硝酸盐的含量，计量单位为 mg/L，计至两位小数。

9）氨氮：水中的游离氨和铵盐含量，以 N 计，计量单位为 mg/L，计至两位小数。

10）溶解氧：溶解在水中的分子氧含量，计量单位为 mg/L，计至两位小数。

11）高锰酸盐指数：以高锰酸钾为氧化剂所能氧化的物质含量，计量单位为 mg/L，计至两位小数。

12）总有机碳：观测日总有机碳的含量，计量单位为 mg/L，计至两位小数。

13）化学需氧量：在规定条件下，用氧化剂处理水样时，在水样中溶解性或悬浮性物质消耗的该氧化剂的量，计量单位为 mg/L，计至两位小数。

14）氟化物：观测水体中氟化物的含量，计量单位为 mg/L，计至两位小数。

15）氧化还原电位：观测水体中所有物质表现出来的宏观氧化-还原性，计量单位为 mV，计至整数。

16）电导率：在特定条件下，规定尺寸的单位立方体的水溶液相对面之间测得的电阻倒数，计量单位为 μS/cm，计至两位小数。

17）悬浮物：水样在规定条件下，经过滤或离心可去除的固体的总含量，计量单位为 mg/L，计至两位小数。

18）浊度：指由于水体存在微细分散的悬浮性颗粒，使水的透明度降低的程度，计量单位为 kW·h，计至整数。

19）含盐量：指水体中无机盐离子的含量，计量单位为 mg/L，计至两位小数。

20）总磷：指水中经过强氧化后转变成正磷酸盐的各种无机磷和有机磷总量，计量单位为 mg/L，计至两位小数。

21）总氮：指水样中能被过硫酸钾氧化的无机氮和有机氮化合物总量，计量单位为 mg/L，计至两位小数。

22）备注：填写其他补充信息。

3. （监测）大气降水水质监测数据表

[1] 表编号：010302016

[2] 表标识：DQJSSZJCSJB

[3] 表说明：本表为大气降水水质监测数据表，属监测表，监测指标为水质，存储大气降水水质自动监测数据。

序号	含义	字段名	数据类型	单位	必填	主键	外键
1	测站代码	CZDM	C（8）		Y	Y	Y
2	测站名称	CZMC	C（30）				
3	采样时间	CYSJ	T（14）		Y	Y	
4	日降水量	RJSL	N（5，1）	mm			
5	分析时间	FXSJ	T（14）				
6	pH 值	pH	N（3，1）				
7	电导率	DDL	N（5，2）	μS/cm			
8	总钾	K	N（5，2）	mg/L			
9	总钠	Na	N（5，2）	mg/L			
10	总钙	Ca	N（5，2）	mg/L			
11	总镁	Mg	N（5，2）	mg/L			
12	氨氮	NH4N	N（5，2）	mg/L			
13	氯化物	LVHW	N（5，2）	mg/L			
14	硫酸盐	LSY	N（5，2）	mg/L			
15	总铅	Pb	N（5，2）	mg/L			
16	硝酸盐	XSY	N（5，2）	mg/L			
17	亚硝酸盐	YXSY	N（5，2）	mg/L			
18	高锰酸盐指数	GMSYZS	N（5，2）	mg/L			
19	总硬度	ZYD	N（5，2）	mg/L			
20	挥发酚	HFF	N（5，2）	mg/L			
21	氟化物	FHW	N（5，2）	mg/L			

序号	含义	字段名	数据类型	单位	必填	主键	外键
22	总磷	ZL	N（5，2）	mg/L			
23	总氮	ZD	N（5，2）	mg/L			
24	备注	BZ	C（255）				

[4] 填写说明：

1）测站代码：引用水质测站基本信息表。

2）测站名称：测站代码所代表测站的中文名称，由水质测站基本信息表带入。

3）采样时间：水体样品的采样时间，计至秒。

4）日降水量：采样当日的日降水量，计量单位为 mm，计至一位小数。

5）分析时间：水体样品的分析日期，计至秒。

6）pH 值：水中氢离子活度（H^+）的负对数，计至一位小数。

7）电导率：在特定条件下，规定尺寸的单位立方体的水溶液相对面之间测得的电阻倒数，计量单位为 μS/cm，计至两位小数。

8）总钾：观测水体中钾离子的含量，计量单位为 mg/L，计至两位小数。

9）总钠：观测水体中钠离子的含量，计量单位为 mg/L，计至两位小数。

10）总钙：观测水体中钙离子的含量，计量单位为 mg/L，计至两位小数。

11）总镁：观测水体中镁离子的含量，计量单位为 mg/L，计至两位小数。

12）氨氮：水中的游离氨和铵盐含量，以 N 计，计量单位为 mg/L，计至两位小数。

13）氯化物：观测水体中氯化物的含量，计量单位为 mg/L，计至两位小数。

14）硫酸盐：观测水体中硫酸盐的含量，计量单位为 mg/L，计至两位小数。

15）总铅：观测水体中铅的含量，计量单位为 mg/L，计至两位小数。

16）硝酸盐：观测水体中硝酸盐的含量，计量单位为 mg/L，计至两位小数。

17）亚硝酸盐：观测水体中亚硝酸盐的含量，计量单位为 mg/L，计至两位小数。

18）高锰酸盐指数：以高锰酸钾为氧化剂所能氧化的物质含量，计量单位为 mg/L，计至两位小数。

19）总硬度：观测水体中钙、镁离子的总浓度，计量单位为 mg/L，计至两位小数。

20）挥发酚：观测水体中挥发酚的总浓度，计量单位为 mg/L，计至两位小数。

21）氟化物：观测水体中氟化物的含量，计量单位为 mg/L，计至两位小数。

22）总磷：指水中经过强氧化后转变成正磷酸盐的各种无机磷和有机磷总量，计量单位为 mg/L，计至两位小数。

23）总氮：指水样中能被过硫酸钾氧化的无机氮和有机氮化合物总量，计量单位为 mg/L，计至两位小数。

24）备注：填写其他补充信息。

三、水资源评价

（一）总量评价

1. （管理）水资源分区水资源量表

[1] 表编号：010303001

[2] 表标识：SZYFQSZYLB

[3] 表说明：本表为水资源分区水资源量表，属管理表，存储水资源分区水资源量信息。统计的时间单元为

年，空间单元为水资源分区，统计指标为不同类型的水资源量。

序号	含义	字段名	数据类型	单位	必填	主键	外键
1	水资源分区代码	SZYFQDM	C（12）		Y	Y	Y
2	水资源分区名称	SZYFQMC	C（64）				
3	日期	RQ	D（4）		Y	Y	
4	地表水资源总量	DBSZYZL	N（10，3）	10^4 m^3			
5	其中蓄水量	QZXSL	N（10，3）	10^4 m^3			
6	其中引水量	QZYSL	N（10，3）	10^4 m^3			
7	其中提水量	QZTSL	N（10，3）	10^4 m^3			
8	其中跨流域调水量	QZKLYDSL	N（10，3）	10^4 m^3			
9	调水流域名称	DSLYMC	C（64）				
10	地下水资源总量	DXSZYZL	N（10，3）	10^4 m^3			
11	其中浅层水量	QZQCSL	N（10，3）	10^4 m^3			
12	其中深层承压水量	QZSCCYSL	N（10，3）	10^4 m^3			
13	其他水资源总量	QTSZYL	N（10，3）	10^4 m^3			
14	污水处理回用量	WSCLHYL	N（10，3）	10^4 m^3			
15	雨水可利用量	YSKLYL	N（10，3）	10^4 m^3			
16	微咸水可利用量	WXSKLYL	N（10，3）	10^4 m^3			
17	海水淡化量	HSDHL	N（10，3）	10^4 m^3			
18	长距离输水损失量	CJLSSSSL	N（10，3）	10^4 m^3			
19	海水直接可利用量	HSZJKLYL	N（10，3）	10^4 m^3			
20	备注	BZ	C（255）				

[4] 填写说明：

1）水资源分区代码：引用水资源分区基本信息表，指水资源计算分区，精确至水资源三级区。

2）水资源分区名称：水资源分区的名称，由水资源分区基本信息表带入。

3）日期：观测、调查和统计资料的年份，计至年。

4）地表水资源总量：指统计年度统计区内地表水全部水量，计量单位为 10^4 m^3，计至三位小数。

5）其中蓄水量：指统计年度蓄水的全部水量，计量单位为 10^4 m^3，计至三位小数。

6）其中引水量：指统计年度引水调入的全部水量，计量单位为 10^4 m^3，计至三位小数。

7）其中提水量：统计年度提水调入的全部水量，计量单位为 10^4 m^3，计至三位小数。

8）其中跨流域调水量：指统计年度跨流域调水调入的全部水量，计量单位为 10^4 m^3，计至三位小数。

9）调水流域名称：调水流域名称，按最小包含原则填写。

10）地下水资源总量：指统计年度统计区内地下水全部水量，计量单位为 10^4 m^3/a，计至三位小数。

11）其中浅层水量：指统计年度浅层地下水的全部水量，计量单位为 10^4 m^3，计至三位小数。

12）其中深层承压水量：指统计年度深层承压水的全部水量，计量单位为 10^4 m^3，计至三位小数。

13）其他水资源总量：指统计年度其他水源全部水量，计量单位为 10^4 m^3，计至三位小数。

14）污水处理回用量：指生活污水、工业废水经过处理达标后再利用的水量，包括用于农业灌溉、绿地浇灌、工业冷却和城市杂用（洗涤、冲渣和生活冲厕、洗车等）等方面的水量，计量单位为 10^4 m^3，计至三位小数。

15）雨水可利用量：指用于人工收集储存屋顶、场院、道路等场所径流的微型蓄水工程的水量，计量单位为 10^4 m^3，计至三位小数。

16）微咸水可利用量：指直接利用微咸水可用于农业灌溉等方面的水量，计量单位为 10^4 m^3，计至三位小数。

17）海水淡化量：指海水淡化后可用于生产和生活的水量，计量单位为 10^4 m^3，计至三位小数。

18）长距离输水损失量：指估算的长距离输水损失的水量，计量单位为 10^4 m^3，计至三位小数。

19）海水直接可利用量：指直接可利用海水作为工业冷却水及城市环卫用水等的水量，计量单位为 10^4 m^3，计至三位小数。

20）备注：主要用来保存对该记录进行简短描述的文字，或者是有关信息（文字、表格、图片和录像等）的超级链接。

2. （管理）行政区水资源量表

[1] 表编号：010303002

[2] 表标识：XZQSZYLB

[3] 表说明：本表为行政区水资源量表，属管理表，存储区县级行政区水资源量信息。统计的时间单元为年，空间单元为行政区，统计指标为不同类型的水资源量。

序号	含义	字段名	数据类型	单位	必填	主键	外键
1	行政区划代码	XZQHDM	C（10）		Y	Y	Y
2	行政区名称	XZQMC	C（32）				
3	日期	RQ	D（4）		Y	Y	
4	年初水资源总量	NCSZYZL	N（15，3）	10^4 m^3			
5	年初地表水资源总量	NCDBSZYZL	N（10，3）	10^4 m^3			
6	其中年初水库水量	QZSKSL	N（10，3）	10^4 m^3			
7	其中年初湖泊水量	QZNCHPSL	N（10，3）	10^4 m^3			
8	其中年初河流水量	QZNCHLSL	N（10，3）	10^4 m^3			
9	其中年初蓄水量	QZNCXSL	N（10，3）	10^4 m^3			
10	其中引水量	QZYSL	N（10，3）	10^4 m^3			
11	其中提水量	QZTSL	N（10，3）	10^4 m^3			
12	其中跨流域调水量	QZKLYDSL	N（10，3）	10^4 m^3			
13	调水流域名称	DSLYMC	C（64）				
14	地下水资源总量	DXSZYZL	N（10，3）	10^4 m^3			
15	其中浅层水量	QZQCSL	N（10，3）	10^4 m^3			
16	深层承压水量	SCCYSL	N（10，3）	10^4 m^3			
17	其他水资源总量	QTSZYZL	N（10，3）	10^4 m^3			
18	污水处理回用量	WSCLHYL	N（10，3）	10^4 m^3			
19	雨水可利用量	YSKLYL	N（10，3）	10^4 m^3			
20	微咸水可利用量	WXSKLYL	N（10，3）	10^4 m^3			
21	海水淡化量	HSDHL	N（10，3）	10^4 m^3			
22	长距离输水损失量	CJLSSSL	N（10，3）	10^4 m^3			
23	海水直接可利用量	HSZJKLYL	N（10，3）	10^4 m^3			
24	年末水资源总量	NMSZYZL	N（15，3）	10^4 m^3			
25	其中年末地表水量	QZNMDBSL	N（10，3）	10^4 m^3			
26	其中年末水库水量	QZNMSKSL	N（10，3）	10^4 m^3			
27	其中年末湖泊水量	QZNMHPSL	N（10，3）	10^4 m^3			
28	其中年末河流水量	QZNMHLSL	N（10，3）	10^4 m^3			

序号	含义	字段名	数据类型	单位	必填	主键	外键
29	其中年末地下水量	QZNMDXSL	N（10，3）	10^4 m^3			
30	本年度用水计划量	BNDYSJHL	N（15，3）	10^4 m^3			
31	单位代码	DWDM	C（18）				Y
32	单位负责人	DWFZR	C（65）				
33	备注	BZ	C（255）				

[4] 填写说明：

1）行政区划代码：引用行政区划基本信息表，水资源量统计的行政区划单元，精确至县级。

2）行政区名称：行政区划的代码对应的中文名称，由行政区划基本信息表带入。

3）日期：观测、调查和统计资料的日期，计至年。

4）年初水资源总量：指统计年度统计区内年初的水资源总量，包括地表水资源量和地下水资源量，指降水形成的地表和地下产水量，是当地自产水资源，未包括入境水量，计量单位为 10^4 m^3，计至三位小数。

5）年初地表水资源总量：指统计年度统计区内地表水资源总量，计量单位为 10^4 m^3，计至三位小数。

6）其中年初水库水量：指统计年度统计区内年初的水库水资源存量，计量单位为 10^4 m^3，计至三位小数。

7）其中年初湖泊水量：指统计年度统计区内年初的湖泊水资源存量，计量单位为 10^4 m^3，计至三位小数。

8）其中年初河流水量：指统计年度统计区内年初的河流水资源存量，计量单位为 10^4 m^3，计至三位小数。

9）其中年初蓄水量：指统计年度蓄水的全部水量，计量单位为 10^4 m^3，计至三位小数。

10）其中引水量：指统计年度引水调入的全部水量，计量单位为 10^4 m^3，计至三位小数。

11）其中提水量：统计年度提水调入的全部水量，计量单位为 10^4 m^3，计至三位小数。

12）其中跨流域调水量：指统计年度跨流域调水调入的全部水量，计量单位为 10^4 m^3，计至三位小数。

13）调水流域名称：调水流域名称，按最小包含原则填写。

14）地下水资源总量：指统计年度统计区内地下水全部水量，计量单位为 10^4 m^3，计至三位小数。

15）其中浅层水量：指统计年度浅层地下水的全部水量，计量单位为 10^4 m^3，计至三位小数。

16）深层承压水量：指统计年度深层承压水的全部水量，计量单位为 10^4 m^3，计至三位小数。

17）其他水资源总量：指统计年度其他水源全部水量，计量单位为 10^4 m^3，计至三位小数。

18）污水处理回用量：指生活污水、工业废水经过处理达标后再利用的水量，包括用于农业灌溉、绿地浇灌、工业冷却和城市杂用（洗涤、冲渣和生活冲厕、洗车等）等方面的水量，计量单位为 10^4 m^3，计至三位小数。

19）雨水可利用量：指用于人工收集储存屋顶、场院、道路等场所径流的微型蓄水工程的水量，计量单位为 10^4 m^3，计至三位小数。

20）微咸水可利用量：指直接利用微咸水可用于农业灌溉等方面的水量，计量单位为 10^4 m^3，计至三位小数。

21）海水淡化量：指海水淡化后可用于生产和生活的水量，计量单位为 10^4 m^3，计至三位小数。

22）长距离输水损失量：指估算的长距离输水损失的水量，计量单位为 10^4 m^3，计至三位小数。

23）海水直接可利用量：指直接可利用海水作为工业冷却水及城市环卫用水等的水量，计量单位为 10^4 m^3，计至三位小数。

24）年末水资源总量：指统计年度统计区内年末的水资源总量，计量单位为 10^4 m^3，计至三位小数。

25）其中年末地表水量：指统计年度统计区内年末的地表水量，计量单位为 10^4 m^3，计至三位小数。

26）其中年末水库水量：指统计年度统计区内年末的水库水量，计量单位为 10^4 m^3，计至三位小数。

27）其中年末湖泊水量：指统计年度统计区内年末的湖泊水量，计量单位为 10^4 m^3，计至三位小数。

28）其中年末河流水量：指统计年度统计区内年末的河流水量，计量单位为10^4 m^3，计至三位小数。

29）其中年末地下水量：指统计年度统计区内年末的地下水量，计量单位为10^4 m^3，计至三位小数。

30）本年度用水计划量：指统计年度统计区内本年度计划用水总量，计量单位为10^4 m^3，计至三位小数。

31）单位代码：指该数据负责单位的代码，引用单位基本信息表。

32）单位负责人：指该数据报出单位的负责人姓名。

33）备注：主要用来保存对该记录进行简短描述的文字，或者是有关信息（文字、表格、图片和录像等）的超级链接。

3．（管理）重点流域水资源量表

[1] 表编号：010303003

[2] 表标识：ZDLYSZYLB

[3] 表说明：本表为重点流域水资源量表，属管理表，存储重点流域水资源量信息。统计的时间单元为年，空间单元为重点流域，统计指标为不同类型的水资源量。

序号	含义	字段名	数据类型	单位	必填	主键	外键
1	流域代码	LYDM	C（10）		Y	Y	Y
2	流域名称	LYMC	C（50）				
3	日期	RQ	N（4）		Y	Y	
4	地表水资源总量	DBSZYZL	N（10，3）	10^4 m^3			
5	其中蓄水量	QZXSL	N（10，3）	10^4 m^3			
6	其中引水量	QZYSL	N（10，3）	10^4 m^3			
7	其中提水量	QZTSL	N（10，3）	10^4 m^3			
8	其中跨流域调水量	QZKLYDSL	N（10，3）	10^4 m^3			
9	调水流域名称	DSLYMC	C（64）				
10	地下水资源总量	DXSZYZL	N（10，3）	10^4 m^3			
11	其中浅层水量	QZQCSL	N（10，3）	10^4 m^3			
12	其中深层承压水量	QZSCCYSL	N（10，3）	10^4 m^3			
13	其他水资源总量	QTSZYZL	N（10，3）	10^4 m^3			
14	污水处理回用量	WSCLHYL	N（10，3）	10^4 m^3			
15	雨水可利用量	YSKLYL	N（10，3）	10^4 m^3			
16	微咸水可利用量	WXSKLYL	N（10，3）	10^4 m^3			
17	海水淡化量	HSDHL	N（10，3）	10^4 m^3			
18	长距离输水损失量	CJLSSSL	N（10，3）	10^4 m^3			
19	海水直接可利用量	HSZJKLYL	N（10，3）	10^4 m^3			
20	备注	BZ	C（255）				

[4] 填写说明：

1）流域代码：引用流域基本信息表，水量统计的流域，按最小包含原则填写。

2）流域名称：指流域代码所代表流域的中文名称，由流域基本信息表带入。

3）日期：观测、调查和统计资料的年份，计至年。

4）地表水资源总量：指统计年度统计区内地表水全部水量，计量单位为10^4 m^3，计至三位小数。

5）其中蓄水量：指统计年度蓄水的全部水量，计量单位为10^4 m^3，计至三位小数。

6）其中引水量：指统计年度引水调入的全部水量，计量单位为10^4 m^3，计至三位小数。

7）其中提水量：统计年度提水调入的全部水量，计量单位为10^4 m^3，计至三位小数。

8）其中跨流域调水量：指统计年度跨流域调水调入的全部水量，计量单位为 $10^4\ m^3$，计至三位小数。

9）调水流域名称：调水流域名称，按最小包含原则填写。

10）地下水资源总量：指统计年度统计区内地下水全部水量，计量单位为 $10^4\ m^3$，计至三位小数。

11）其中浅层水量：指统计年度浅层地下水的全部水量，计量单位为 $10^4\ m^3$，计至三位小数。

12）其中深层承压水量：指统计年度深层承压水的全部水量，计量单位为 $10^4\ m^3$，计至三位小数。

13）其他水资源总量：指统计年度其他水源全部水量，计量单位为 $10^4\ m^3$，计至三位小数。

14）污水处理回用量：指生活污水、工业废水经过处理达标后再利用的水量，包括用于农业灌溉、绿地浇灌、工业冷却和城市杂用（洗涤、冲渣和生活冲厕、洗车等）等方面的水量，计量单位为 $10^4\ m^3$，计至三位小数。

15）雨水可利用量：指人工收集储存的屋顶、场院、道路等场所径流的微型蓄水工程的水量，计量单位为 $10^4\ m^3$，计至三位小数。

16）微咸水可利用量：指直接利用微咸水可用于农业灌溉等方面的水量，计量单位为 $10^4\ m^3$，计至三位小数。

17）海水淡化量：指海水淡化后可用于生产和生活的水量，计量单位为 $10^4\ m^3$，计至三位小数。

18）长距离输水损失量：指估算的长距离输水损失的水量，计量单位为 $10^4\ m^3$，计至三位小数。

19）海水直接可利用量：指直接可利用海水作为工业冷却水及城市环卫用水等的水量，计量单位为 $10^4\ m^3$，计至三位小数。

20）备注：主要用来保存对该记录进行简短描述的文字，或者是有关信息（文字、表格、图片和录像等）的超级链接。

4. （管理）水资源分区年地表水资源量特征值表

[1] 表编号：010303004

[2] 表标识：SZYFQNDBSZYLTZZB

[3] 表说明：本表为水资源分区年地表水资源量特征值表，属管理表，存储水资源分区年地表水资源量特征值信息。统计的时间单元为年，空间单元为重点流域，统计指标为不同类型的水资源量。

序号	含义	字段名	数据类型	单位	必填	主键	外键
1	水资源分区代码	SZYFQDM	C（12）		Y	Y	Y
2	水资源分区名称	SZYFQMC	C（64）				
3	计算面积	JSMJ	N（7，2）	km^2			
4	日期	RQ	D（4）		Y	Y	
5	年数	NS	N（2）	a	Y	Y	
6	年均值	NJZ	N（10，3）	$10^4\ m^3$			
7	变差系数 Cv	BCXSCv	N（5，2）				
8	偏变比 Rsv	PBBRsv	N（3，1）				
9	20%频率年地表水资源量	PL20NDBSZYL	N（12，2）	$10^4\ m^3$			
10	50%频率年地表水资源量	PL50NDBSZYL	N（12，2）	$10^4\ m^3$			
11	75%频率年地表水资源量	PL75NDBSZYL	N（12，2）	$10^4\ m^3$			
12	90%频率年地表水资源量	PL90NDBSZYL	N（12，2）	$10^4\ m^3$			
13	95%频率年地表水资源量	PL95NDBSZYL	N（12，2）	$10^4\ m^3$			

[4] 填写说明：

1）水资源分区代码：引用水资源分区基本信息表，至水资源计算分区，精确至三级区。

2）水资源分区名称：水资源分区的名称，由水资源分区基本信息表带入。

3）计算面积：计算面积按地表水资源评价面积，计量单位为 km^2，计至两位小数。

4）日期：调查统计终止年度，计至年。

5）年数：调查统计年数，计量单位为 a，计至整数。

6）年均值：调查统计水资源分区水资源量年均值，计量单位为 $10^4 m^3$，计至三位小数。

7）变差系数 Cv：采用 P-III型曲线，经优选后采用的变差系数，计至两位小数。

8）偏变比 Rsv：采用 P-III型曲线，经优选后采用的偏变比，Rsv=Cs/Cv，其中，Cs 为偏差系数，计至一位小数。

9）20%频率年地表水资源量：20%频率年地表水资源量，计量单位为 $10^4 m^3$，计至两位小数。

10）50%频率年地表水资源量：50%频率年地表水资源量，计量单位为 $10^4 m^3$，计至两位小数。

11）75%频率年地表水资源量：75%频率年地表水资源量，计量单位为 $10^4 m^3$，计至两位小数。

12）90%频率年地表水资源量：90%频率年地表水资源量，计量单位为 $10^4 m^3$，计至两位小数。

13）95%频率年地表水资源量：95%频率年地表水资源量，计量单位为 $10^4 m^3$，计至两位小数。

5. （管理）水资源量年内分配表

[1] 表编号：010303005

[2] 表标识：SZYLNNFPB

[3] 表说明：本表为水资源量年内分配表，属管理表，存储水资源分区水资源量年内分配情况。统计的时间单元为年，空间单元为水资源分区，统计指标为水资源量。

序号	含义	字段名	数据类型	单位	必填	主键	外键
1	水资源分区代码	SZYFQDM	C（12）		Y	Y	Y
2	水资源分区名称	SZYFQMC	C（64）				
3	日期	RQ	D（4）		Y	Y	
4	1 月水资源量	SZYL1Y	N（10，2）	$10^4 m^3$			
5	2 月水资源量	SZYL2Y	N（10，2）	$10^4 m^3$			
6	3 月水资源量	SZYL3Y	N（10，2）	$10^4 m^3$			
7	4 月水资源量	SZYL4Y	N（10，2）	$10^4 m^3$			
8	5 月水资源量	SZYL5Y	N（10，2）	$10^4 m^3$			
9	6 月水资源量	SZYL6Y	N（10，2）	$10^4 m^3$			
10	7 月水资源量	SZYL7Y	N（10，2）	$10^4 m^3$			
11	8 月水资源量	SZYL8Y	N（10，2）	$10^4 m^3$			
12	9 月水资源量	SZYL9Y	N（10，2）	$10^4 m^3$			
13	10 月水资源量	SZYL10Y	N（10，2）	$10^4 m^3$			
14	11 月水资源量	SZYL11Y	N（10，2）	$10^4 m^3$			
15	12 月水资源量	SZYL12Y	N（10，2）	$10^4 m^3$			
16	最大水资源量	ZDSZYL	N（10，2）	$10^4 m^3$			
17	出现月份	CXYF	D（6）				
18	备注	BZ	C（255）				

[4] 填写说明：

1）水资源分区代码：引用水资源分区基本信息表，水量统计的水资源计算分区，精确至三级区。

2）水资源分区名称：水资源分区的名称，由水资源分区基本信息表带入。

3）日期：计划年度，计至年。

4）1 月水资源量：评价区域 1 月的水资源总量，计量单位为 10^4 m^3，计至两位小数。

5）2 月水资源量：评价区域 2 月的水资源总量，计量单位为 10^4 m^3，计至两位小数。

6）3 月水资源量：评价区域 3 月的水资源总量，计量单位为 10^4 m^3，计至两位小数。

7）4 月水资源量：评价区域 4 月的水资源总量，计量单位为 10^4 m^3，计至两位小数。

8）5 月水资源量：评价区域 5 月的水资源总量，计量单位为 10^4 m^3，计至两位小数。

9）6 月水资源量：评价区域 6 月的水资源总量，计量单位为 10^4 m^3，计至两位小数。

10）7 月水资源量：评价区域 7 月的水资源总量，计量单位为 10^4 m^3，计至两位小数。

11）8 月水资源量：评价区域 8 月的水资源总量，计量单位为 10^4 m^3，计至两位小数。

12）9 月水资源量：评价区域 9 月的水资源总量，计量单位为 10^4 m^3，计至两位小数。

13）10 月水资源量：评价区域 10 月的水资源总量，计量单位为 10^4 m^3，计至两位小数。

14）11 月水资源量：评价区域 11 月的水资源总量，计量单位为 10^4 m^3，计至两位小数。

15）12 月水资源量：评价区域 12 月的水资源总量，计量单位为 10^4 m^3，计至两位小数。

16）最大水资源量：评价区域 12 个月的水资源量最大值，计量单位为 10^4 m^3，计至两位小数。

17）出现月份：最大水资源量出现月份。

18）备注：主要用来保存对该记录进行简短描述的文字，或者是有关信息（文字、表格、图片和录像等）的超级链接。

6. （管理）多年地下水均衡分析表

[1] 表编号：010303006

[2] 表标识：DNDXSJHFXB

[3] 表说明：本表为多年地下水均衡分析表，属管理表，存储多年地下水均衡分析状况。统计的时间单元为年，空间单元为水资源分区，统计指标为水资源量。

序号	含义	字段名	数据类型	单位	必填	主键	外键
1	水资源分区代码	SZYFQDM	C（12）		Y	Y	Y
2	水资源分区名称	SZYFQMC	C（64）				
3	日期	RQ	D（4）		Y	Y	
4	分析时段	FXSD	N（10）	a	Y	Y	
5	面积	MIANJ	N（7，2）	km^2			
6	地下水总补给量	DXSZBJL	N（6，2）	10^4 m^3			
7	地下水总排泄量	DXSZPXL	N（6，2）	10^4 m^3			
8	地下水蓄变量	DXSXBL	N（6，2）	10^4 m^3			
9	相对均衡差	XDJHC	N（4，2）	%			
10	备注	BZ	C（255）				

[4] 填写说明：

1）水资源分区代码：引用水资源分区基本信息表，水量统计的水资源计算分区，精确至三级区。

2）水资源分区名称：水资源分区的名称，由水资源分区基本信息表带入。

3）日期：指地下水均衡分析时段的开始年份，计至年。

4）分析时段：指地下水均衡分析年数，计量单位为 a，计至整数。

5）面积：指地下水均衡评价的面积，计量单位为 km^2，计至两位小数。

6）地下水总补给量：评价期内地下水的总补给量，计量单位为 10^4 m^3，计至两位小数。

7）地下水总排泄量：评价期内地下水的总排泄量，计量单位为 10^4 m^3，计至两位小数。

8）地下水蓄变量：评价期内地下水储量的变化量，计量单位为 10^4 m^3，计至两位小数。

9）相对均衡差：相对均衡差=（地下水总补给量-地下水总排泄量-地下水蓄变量）/总补给量×100%，计量单位为%，计至两位小数。

10）备注：主要用来保存对该记录进行简短描述的文字，或者是有关信息（文字、表格、图片和录像等）的超级链接。

（二）质量评价

1. （管理）水质目标评价表

[1] 表编号：010303007

[2] 表标识：SZMBPJB

[3] 表说明：存储各种水质目标评价标准所界定水质类别和类别限值。

序号	含义	字段名	数据类型	单位	必填	主键	外键
1	项目标识	XMBS	C（10）		Y	Y	
2	水体类型	STLX	C（2）		Y	Y	Y
3	水质类别	SZLB	C（4）		Y	Y	Y
4	类别上限值	LBSXZ	N（10，3）				
5	类别下限值	LBXXZ	N（10，3）				
6	量纲	LG	C（16）				

[4] 填写说明：

1）项目标识：指所评价的水质目标名称。

2）水体类型：评价水体的类型，取值及其含义见水体类型代码表。

3）水质类别：根据水域功能和保护目标，按功能高低依次划分为Ⅰ～Ⅴ类。地表水符合《地表水环境质量标准》（GB 3838—2002），地下水符合《地下水质量标准》（GB/T 14848—2017），取值及其含义见水质类别代码表。

4）类别上限值：某一水质项目，水质标准给定的水质类（级）别的上限值。地表水符合《地表水环境质量标准》（GB 3838—2002），地下水符合《地下水质量标准》（GB/T 14848—2017）。

5）类别下限值：某一水质项目，水质标准给定的水质类（级）别的下限值。地表水符合《地表水环境质量标准》（GB 3838—2002），地下水符合《地下水质量标准》（GB/T 14848—2017）。

6）量纲：指该水质项目限值的计量单位。

2. （管理）水源地水质评价结果表

[1] 表编号：010303008

[2] 表标识：SYDSZPJJGB

[3] 表说明：本表为水源地水质评价结果表，属管理表，存储水源地水质评价结果。统计的时间单元为日，空间单元为水源地，统计指标为现状水质类别、综合污染指数、超标物质描述等内容。

序号	含义	字段名	数据类型	单位	必填	主键	外键
1	水源地代码	SYDDM	C（12）		Y	Y	Y
2	水源地名称	SYDMC	C（64）				
3	评价起始日期	PJQSRQ	D（8）		Y	Y	
4	评价结束日期	PJJSRQ	D（8）		Y	Y	

序号	含义	字段名	数据类型	单位	必填	主键	外键
5	评价标准	PJBZ	C（16）				
6	评价方法	PJFF	C（16）				
7	现状水质类别	XZSZLB	C（4）				
8	综合污染指数	ZHWRZS	N（5，2）				
9	超标物质描述	CBWZMS	C（255）				
10	测站代码	CZDM	C（8）				Y
11	备注	BZ	C（255）				

[4] 填写说明：

1）水源地代码：评价水源地的代码，引用水源地基本信息表。

2）水源地名称：水源地代码对应的中文名称，由水源地基本信息表带入。

3）评价起始日期：某一水源地进行水质监测、评价的开始日期，计至日。

4）评价结束日期：某一水源地进行水质监测、评价的结束日期，计至日。

5）评价标准：本次评价的标准，填写地表水环境质量标准或地下水质量标准。

6）评价方法：水质评价方法，填写单因子评价（地表水）、单项组分评价（地下水）或综合评价（地下水）。

7）现状水质类别：指相应测站、河段、河流或地下水监测井的某次水质检测结果。

8）综合污染指数：综合评价水质的计算结果。

9）超标物质描述：导致某一测站水质评价结果项目的监测值和超标倍数，多项超标需分别列出，之间用“，”隔开。

10）测站代码：评价代表测站，决定某一河段、河流水质评价结果的测站代码，引用水质测站基本信息表。

11）备注：填写其他补充信息。

（三）承载能力评价

1. （管理）需水预测信息表

[1] 表编号：010303009

[2] 表标识：XSYCXXB

[3] 表说明：本表为需水预测信息表，属管理表，存储需水预测信息。统计的时间单元为年，空间单元为行政区，统计指标为城镇、农村、工业、大型灌区的Ⅰ类、Ⅱ类、Ⅲ类、Ⅳ类、Ⅴ类、劣Ⅴ类的需水量。

序号	含义	字段名	数据类型	单位	必填	主键	外键
1	行政区划代码	XZQHDM	C（10）		Y	Y	Y
2	行政区名称	XZQMC	C（32）				
3	日期	RQ	D（4）		Y	Y	
4	城镇生活Ⅰ类需水量	CZSHYLXSL	N（12，2）	10^4 m^3			
5	城镇生活Ⅱ类需水量	CZSHELXSL	N（12，2）	10^4 m^3			
6	城镇生活Ⅲ类需水量	CZSHSLXSL	N（12，2）	10^4 m^3			
7	城镇生活Ⅳ类需水量	CZSHSILXSL	N（12，2）	10^4 m^3			
8	城镇生活Ⅴ类需水量	CZSHWLXSL	N（12，2）	10^4 m^3			
9	城镇生活劣Ⅴ类需水量	CZSHLWLXSL	N（12，2）	10^4 m^3			
10	符合农村生活需水量	FHNCSHXSL	N（12，2）	10^4 m^3			

序号	含义	字段名	数据类型	单位	必填	主键	外键
11	不符合农村生活需水量	BFHNCSHXSL	N（12，2）	10^4 m^3			
12	工业Ⅰ类需水量	GYYLXSL	N（12，2）	10^4 m^3			
13	工业Ⅱ类需水量	GYELXSL	N（12，2）	10^4 m^3			
14	工业Ⅲ类需水量	GYSLXSL	N（12，2）	10^4 m^3			
15	工业Ⅳ类需水量	GYSILXSL	N（12，2）	10^4 m^3			
16	工业Ⅴ类需水量	GYWLXSL	N（12，2）	10^4 m^3			
17	工业劣Ⅴ类需水量	GYLWLXSL	N（12，2）	10^4 m^3			
18	大型灌区Ⅰ类需水量	DXGQYLXSL	N（12，2）	10^4 m^3			
19	大型灌区Ⅱ类需水量	DXGQELXSL	N（12，2）	10^4 m^3			
20	大型灌区Ⅲ类需水量	DXGQSLXSL	N（12，2）	10^4 m^3			
21	大型灌区Ⅳ类需水量	DXGQSILXSL	N（12，2）	10^4 m^3			
22	大型灌区Ⅴ类需水量	DXGQWLXSL	N（12，2）	10^4 m^3			
23	大型灌区劣Ⅴ类需水量	DXGQLWLXSL	N（12，2）	10^4 m^3			
24	符合其他农业需水量	FHQTNYXSL	N（12，2）	10^4 m^3			
25	不符合其他农业需水量	BFHQTNYXSL	N（12，2）	10^4 m^3			
26	备注	BZ	C（255）				

[4] 填写说明：

1）行政区划代码：引用行政区划基本信息表，至需水预测评价行政区，精确至乡级。

2）行政区名称：行政区划的代码对应的中文名称，由行政区划基本信息表带入。

3）日期：需水预测年份，计至年。

4）城镇生活Ⅰ类需水量：预测区预测年份城镇生活Ⅰ类需水总量，计量单位为 10^4 m^3，计至两位小数。

5）城镇生活Ⅱ类需水量：预测区预测年份城镇生活Ⅱ类需水总量，计量单位为 10^4 m^3，计至两位小数。

6）城镇生活Ⅲ类需水量：预测区预测年份城镇生活Ⅲ类需水总量，计量单位为 10^4 m^3，计至两位小数。

7）城镇生活Ⅳ类需水量：预测区预测年份城镇生活Ⅳ类需水总量，计量单位为 10^4 m^3，计至两位小数。

8）城镇生活Ⅴ类需水量：预测区预测年份城镇生活Ⅴ类需水总量，计量单位为 10^4 m^3，计至两位小数。

9）城镇生活劣Ⅴ类需水量：预测区预测年份城镇生活劣Ⅴ类需水总量，计量单位为 10^4 m^3，计至两位小数。

10）符合农村生活需水量：预测区预测年份符合农村生活需水总量，计量单位为 10^4 m^3，计至两位小数。

11）不符合农村生活需水量：预测区预测年份不符合农村生活需水总量，计量单位为 10^4 m^3，计至两位小数。

12）工业Ⅰ类需水量：预测区预测年份工业Ⅰ类需水总量，计量单位为 10^4 m^3，计至两位小数。

13）工业Ⅱ类需水量：预测区预测年份工业Ⅱ类需水总量，计量单位为 10^4 m^3，计至两位小数。

14）工业Ⅲ类需水量：预测区预测年份工业Ⅲ类需水总量，计量单位为 10^4 m^3，计至两位小数。

15）工业Ⅳ类需水量：预测区预测年份工业Ⅳ类需水总量，计量单位为 10^4 m^3，计至两位小数。

16）工业Ⅴ类需水量：预测区预测年份生活Ⅴ类需水总量，计量单位为 10^4 m^3，计至两位小数。

17）工业劣Ⅴ类需水量：预测区预测年份工业劣Ⅴ类需水总量，计量单位为 10^4 m^3，计至两位小数。

18）大型灌区Ⅰ类需水量：预测区预测年份大型灌区Ⅰ类需水总量，计量单位为 10^4 m^3，计至两位小数。

19）大型灌区Ⅱ类需水量：预测区预测年份大型灌区Ⅱ类需水总量，计量单位为 10^4 m^3，计至两位小数。

20）大型灌区Ⅲ类需水量：预测区预测年份大型灌区Ⅲ类需水总量，计量单位为 10^4 m^3，计至两位小数。

21）大型灌区Ⅳ类需水量：预测区预测年份大型灌区Ⅳ类需水总量，计量单位为 10^4 m^3，计至两位小数。

22）大型灌区Ⅴ类需水量：预测区预测年份大型灌区Ⅴ类需水总量，计量单位为 10^4 m^3，计至两位小数。

23）大型灌区劣Ⅴ类需水量：预测区预测年份大型灌区劣Ⅴ类需水总量，计量单位为 10^4 m^3，计至两位小数。

24）符合其他农业需水量：预测区预测年份其他农业需水总量，计量单位为 $10^4\ m^3$，计至两位小数。

25）不符合其他农业需水量：预测区预测年份不符合其他农业需水总量，计量单位为 $10^4\ m^3$，计至两位小数。

26）备注：其他补充说明信息。

2. （管理）水资源承载能力指标表

[1] 表编号：010303010

[2] 表标识：SZYCZNLZBB

[3] 表说明：本表为水资源承载能力指标表，属管理表，存储不同类水资源总量信息。统计的时间单元为年，空间单元为行政区，统计指标为Ⅰ类、Ⅱ类、Ⅲ类、Ⅳ类、Ⅴ类、劣Ⅴ类的水资源量。

序号	含义	字段名	数据类型	单位	必填	主键	外键
1	行政区划代码	XZQHDM	C（10）		Y	Y	Y
2	行政区名称	XZQMC	C（32）				
3	日期	RQ	D（4）		Y	Y	
4	Ⅰ类水资源量	SZYL1	N（10，2）	$10^4\ m^3$			
5	Ⅱ类水资源量	SZYL2	N（10，2）	$10^4\ m^3$			
6	Ⅲ类水资源量	SZYL3	N（10，2）	$10^4\ m^3$			
7	Ⅳ类水资源量	SZYL4	N（10，2）	$10^4\ m^3$			
8	Ⅴ类水资源量	SZYL5	N（10，2）	$10^4\ m^3$			
9	劣Ⅴ类水资源量	SZYLL5	N（10，2）	$10^4\ m^3$			
10	备注	BZ	C（255）				

[4] 填写说明：

1）行政区划代码：引用行政区划基本信息表，水资源承载能力指标评价所采用的行政区划单元，精确至乡级。

2）行政区名称：行政区划的代码对应的中文名称，由行政区划基本信息表带入。

3）日期：评价年度，计至年。

4）Ⅰ类水资源量：评价年度内评价单元的Ⅰ类可开采水资源总量，计量单位为 $10^4\ m^3$，计至两位小数。

5）Ⅱ类水资源量：评价年度内评价单元的Ⅱ类可开采水资源总量，计量单位为 $10^4\ m^3$，计至两位小数。

6）Ⅲ类水资源量：评价年度内评价单元的Ⅲ类可开采水资源总量，计量单位为 $10^4\ m^3$，计至两位小数。

7）Ⅳ类水资源量：评价年度内评价单元的Ⅳ类可开采水资源总量，计量单位为 $10^4\ m^3$，计至两位小数。

8）Ⅴ类水资源量：评价年度内评价单元的Ⅴ类可开采水资源总量，计量单位为 $10^4\ m^3$，计至两位小数。

9）劣Ⅴ类水资源量：评价年度内评价单元的劣Ⅴ类可开采水资源总量，计量单位为 $10^4\ m^3$，计至两位小数。

10）备注：其他补充说明信息。

3. （管理）水资源承载能力评价结果表

[1] 表编号：010303011

[2] 表标识：SZYCZNLPJJGB

[3] 表说明：本表为水资源承载能力评价结果表，属管理表，存储水资源承载能力评价结果信息。统计的时间单元为年，空间单元为行政区，统计指标为评价指标和评价结果。

序号	含义	字段名	数据类型	单位	必填	主键	外键
1	行政区划代码	XZQHDM	C（10）		Y	Y	Y
2	行政区名称	XZQMC	C（32）				
3	日期	RQ	D（4）		Y	Y	
4	评价指标	PJZB	C（16）		Y	Y	
5	评价结果	PJJG	C（32）				
6	备注	BZ	C（255）				

[4] 填写说明：

1）行政区划代码：引用行政区划基本信息表，水资源承载能力评价所采用的行政区划单元，精确至乡级。

2）行政区名称：行政区划的代码对应的中文名称，由行政区划基本信息表带入。

3）日期：评价年度，计至年。

4）评价指标：评价指标名称，取值参考水资源承载能力指标表。

5）评价结果：评价结果描述，评价依据来自需水预测信息表和水资源承载能力指标表中的数据信息。

6）备注：其他补充说明信息。

四、水资源配置

（一）河道内外水资源配置

1. （管理）地表水源不同水质供水量统计表

[1] 表编号：010304001

[2] 表标识：DBSYBTSZGSLTJB

[3] 表说明：本表为地表水源不同水质供水量统计表，属管理表，存储地表水源不同水质供水情况信息。统计的时间单元为年，空间单元为行政区划，统计指标包括不同水质类别和不同用途的供水量。

序号	含义	字段名	数据类型	单位	必填	主键	外键
1	行政区划代码	XZQHDM	C（10）		Y	Y	Y
2	行政区名称	XZQMC	C（32）				
3	日期	RQ	D（4）		Y	Y	
4	城镇生活Ⅰ类供水量	CZSH1LGSL	N（12，2）	10^4 m^3			
5	城镇生活Ⅱ类供水量	CZSH2LGSL	N（12，2）	10^4 m^3			
6	城镇生活Ⅲ类供水量	CZSH3LGSL	N（12，2）	10^4 m^3			
7	城镇生活Ⅳ类供水量	CZSH4LGSL	N（12，2）	10^4 m^3			
8	城镇生活Ⅴ类供水量	CZSH5LGSL	N（12，2）	10^4 m^3			
9	城镇生活劣Ⅴ类供水量	CZSHL5LGSL	N（12，2）	10^4 m^3			
10	符合农村生活供水量	FHNCSHGSL	N（12，2）	10^4 m^3			
11	不符合农村生活供水量	BFHNCSHGSL	N（12，2）	10^4 m^3			
12	工业Ⅰ类供水量	GY1LGSL	N（12，2）	10^4 m^3			
13	工业Ⅱ类供水量	GY2LGSL	N（12，2）	10^4 m^3			
14	工业Ⅲ类供水量	GY3LGSL	N（12，2）	10^4 m^3			
15	工业Ⅳ类供水量	GY4LGSL	N（12，2）	10^4 m^3			
16	工业Ⅴ类供水量	GY5LGSL	N（12，2）	10^4 m^3			
17	工业劣Ⅴ类供水量	GYL5LGSL	N（12，2）	10^4 m^3			

序号	含义	字段名	数据类型	单位	必填	主键	外键
18	大型灌区Ⅰ类供水量	DXGQ1LGSL	N（12，2）	10^4 m^3			
19	大型灌区Ⅱ类供水量	DXGQ2LGSL	N（12，2）	10^4 m^3			
20	大型灌区Ⅲ类供水量	DXGQ3LGSL	N（12，2）	10^4 m^3			
21	大型灌区Ⅳ类供水量	DXGQ4LGSL	N（12，2）	10^4 m^3			
22	大型灌区Ⅴ类供水量	DXGQ5LGSL	N（12，2）	10^4 m^3			
23	大型灌区劣Ⅴ类供水量	DXGQL5LGSL	N（12，2）	10^4 m^3			
24	符合其他农业供水量	FHQTNYGSL	N（12，2）	10^4 m^3			
25	不符合其他农业供水量	BFHQTNYGSL	N（12，2）	10^4 m^3			
26	备注	BZ	C（255）				

[4] 填写说明：

1）行政区划代码：引用行政区划基本信息表，地表水源统计所采用的行政区划，精确至乡镇。

2）行政区名称：行政区划的代码对应的中文名称，由行政区划基本信息表带入。

3）日期：观测、调查和统计资料的年份，计至年。

4）城镇生活Ⅰ类供水量：指在不同来水条件下，供水工程根据需水要求向城镇生活提供的Ⅰ类水地表水量，计量单位为 10^4 m^3，计至两位小数。地表水源供水水质按《地表水环境质量标准》（GB 3838—2002）评价。

5）城镇生活Ⅱ类供水量：指在不同来水条件下，供水工程根据需水要求向城镇生活提供的Ⅱ类水地表水量，计量单位为 10^4 m^3，计至两位小数。

6）城镇生活Ⅲ类供水量：指在不同来水条件下，供水工程根据需水要求向城镇生活提供的Ⅲ类水地表水量，计量单位为 10^4 m^3，计至两位小数。

7）城镇生活Ⅳ类供水量：指在不同来水条件下，供水工程根据需水要求向城镇生活提供的Ⅳ类水地表水量，计量单位为 10^4 m^3，计至两位小数。

8）城镇生活Ⅴ类供水量：指在不同来水条件下，供水工程根据需水要求向城镇生活提供的Ⅴ类水地表水量，计量单位为 10^4 m^3，计至两位小数。

9）城镇生活劣Ⅴ类供水量：指在不同来水条件下，供水工程根据需水要求向城镇生活提供的劣Ⅴ类水地表水量，计量单位为 10^4 m^3，计至两位小数。

10）符合农村生活供水量：指符合或优于Ⅲ类水水质标准的农村生活供水量，计量单位为 10^4 m^3，计至两位小数。

11）不符合农村生活供水量：指不符合或劣于Ⅲ类水水质标准的农村生活供水量，计量单位为 10^4 m^3，计至两位小数。

12）工业Ⅰ类供水量：指在不同来水条件下，供水工程根据需求向工业提供的Ⅰ类水地表水量，计量单位为 10^4 m^3，计至两位小数。

13）工业Ⅱ类供水量：指在不同来水条件下，供水工程根据需求向工业提供的Ⅱ类水地表水量，计量单位为 10^4 m^3，计至两位小数。

14）工业Ⅲ类供水量：指在不同来水条件下，供水工程根据需求向工业提供的Ⅲ类水地表水量，计量单位为 10^4 m^3，计至两位小数。

15）工业Ⅳ类供水量：指在不同来水条件下，供水工程根据需求向工业提供的Ⅳ类水地表水量，计量单位为 10^4 m^3，计至两位小数。

16）工业Ⅴ类供水量：指在不同来水条件下，供水工程根据需求向工业提供的Ⅴ类水地表水量，计量单位为 10^4 m^3，计至两位小数。

17）工业劣Ⅴ类供水量：指在不同来水条件下，供水工程根据需求向工业提供的劣Ⅴ类水地表水量，计量单位为 $10^4 m^3$，计至两位小数。

18）大型灌区Ⅰ类供水量：指在不同来水条件下，供水工程根据需求向大型灌区提供的Ⅰ类水地表水量，计量单位为 $10^4 m^3$，计至两位小数。

19）大型灌区Ⅱ类供水量：指在不同来水条件下，供水工程根据需求向大型灌区提供的Ⅱ类水地表水量，计量单位为 $10^4 m^3$，计至两位小数。

20）大型灌区Ⅲ类供水量：指在不同来水条件下，供水工程根据需求向大型灌区提供的Ⅲ类水地表水量，计量单位为 $10^4 m^3$，计至两位小数。

21）大型灌区Ⅳ类供水量：指在不同来水条件下，供水工程根据需求向大型灌区提供的Ⅳ类水地表水量，计量单位为 $10^4 m^3$，计至两位小数。

22）大型灌区Ⅴ类供水量：指在不同来水条件下，供水工程根据需求向大型灌区提供的Ⅴ类水地表水量，计量单位为 $10^4 m^3$，计至两位小数。

23）大型灌区劣Ⅴ类供水量：指在不同来水条件下，供水工程根据需求向大型灌区提供的劣Ⅴ类水地表水量，计量单位为 $10^4 m^3$，计至两位小数。

24）符合其他农业供水量：农业供水中的“其他”包括中小型灌区和林牧渔用水面积的供水，符合或优于Ⅴ类水水质标准的作为符合中小型灌区和林果草灌溉的供水量，鱼塘补水采用渔业用水相应的标准。计量单位为 $10^4 m^3$，计至两位小数。

25）不符合其他农业供水量：劣于Ⅴ类水水质标准的作为不符合中小型灌区和林果草灌溉的供水量，鱼塘补水采用渔业用水相应的标准，计量单位为 $10^4 m^3$，计至两位小数。

26）备注：其他补充说明信息。

2．（管理）地下水源不同水质供水量统计表

[1] 表编号：010304002

[2] 表标识：DXSYBTSZGSLTJB

[3] 表说明：本表为地下水源地不同水质供水量统计表，属管理表，存储地下水源不同水质供水情况信息。统计的时间单元为年，空间单元为行政区划，统计指标包括不同水质类别和不同用途的供水量。

序号	含义	字段名	数据类型	单位	必填	主键	外键
1	行政区划代码	XZQHDM	C（10）		Y	Y	Y
2	行政区名称	XZQMC	C（32）				
3	日期	RQ	D（4）		Y	Y	
4	统计时段	TJSD	C（6）		Y	Y	
5	城镇生活Ⅰ类供水量	CZSH1LGSL	N（12，2）	$10^4 m^3$			
6	城镇生活Ⅱ类供水量	CZSH2LGSL	N（12，2）	$10^4 m^3$			
7	城镇生活Ⅲ类供水量	CZSH3LGSL	N（12，2）	$10^4 m^3$			
8	城镇生活Ⅳ类供水量	CZSH4LGSL	N（12，2）	$10^4 m^3$			
9	城镇生活Ⅴ类供水量	CZSH5LGSL	N（12，2）	$10^4 m^3$			
10	符合农村生活供水量	FHNCSHGSL	N（12，2）	$10^4 m^3$			
11	不符合农村生活供水量	BFHNCSHGSL	N（12，2）	$10^4 m^3$			
12	工业Ⅰ类供水量	GY1LGSL	N（12，2）	$10^4 m^3$			
13	工业Ⅱ类供水量	GY2LGSL	N（12，2）	$10^4 m^3$			
14	工业Ⅲ类供水量	GY3LGSL	N（12，2）	$10^4 m^3$			

序号	含义	字段名	数据类型	单位	必填	主键	外键
15	工业Ⅳ类供水量	GY4LGSL	N（12，2）	10^4 m^3			
16	工业Ⅴ类供水量	GY5LGSL	N（12，2）	10^4 m^3			
17	符合农业供水量	FHNYGSL	N（12，2）	10^4 m^3			
18	不符合农业供水量	BFHNYGSL	N（12，2）	10^4 m^3			
19	备注	BZ	C（255）				

[4] 填写说明：

1）行政区划代码：引用行政区划基本信息表，地下水源统计所采用的行政区划，精确至乡镇。

2）行政区名称：行政区划的代码对应的中文名称，由行政区划基本信息表带入。

3）日期：观测、调查和统计资料的年份，计至年。

4）统计时段：供水量统计时段，填写全年、汛期或非汛期。

5）城镇生活Ⅰ类供水量：指不同来水条件下，水源井根据需水要求向城镇生活提供的Ⅰ类地下水量，计量单位为 10^4 m^3，计至两位小数。地下水源供水水质应按照《地下水质量标准》（GB/T 14848—2017）评价。

6）城镇生活Ⅱ类供水量：指不同来水条件下，水源井根据需水要求向城镇生活提供的Ⅱ类地下水量，计量单位为 10^4 m^3，计至两位小数。

7）城镇生活Ⅲ类供水量：指不同来水条件下，水源井根据需水要求向城镇生活提供的Ⅲ类地下水量，计量单位为 10^4 m^3，计至两位小数。

8）城镇生活Ⅳ类供水量：指不同来水条件下，水源井根据需水要求向城镇生活提供的Ⅳ类地下水量，计量单位为 10^4 m^3，计至两位小数。

9）城镇生活Ⅴ类供水量：指不同来水条件下，水源井根据需水要求向城镇生活提供的Ⅴ类地下水量，计量单位为 10^4 m^3，计至两位小数。

10）符合农村生活供水量：指符合或优于Ⅲ类水水质标准的农村生活供水量，计量单位为 10^4 m^3，计至两位小数。

11）不符合农村生活供水量：指不符合或劣于Ⅲ类水水质标准的农村生活供水量，计量单位为 10^4 m^3，计至两位小数。

12）工业Ⅰ类供水量：指在不同来水条件下，水源井根据需求向工业提供的Ⅰ类水地下水量，计量单位为 10^4 m^3，计至两位小数。

13）工业Ⅱ类供水量：指在不同来水条件下，水源井根据需求向工业提供的Ⅱ类水地下水量，计量单位为 10^4 m^3，计至两位小数。

14）工业Ⅲ类供水量：指在不同来水条件下，水源井根据需求向工业提供的Ⅲ类水地下水量，计量单位为 10^4 m^3，计至两位小数。

15）工业Ⅳ类供水量：指在不同来水条件下，水源井根据需求向工业提供的Ⅳ类水地下水量，计量单位为 10^4 m^3，计至两位小数。

16）工业Ⅴ类供水量：指在不同来水条件下，水源井根据需求向工业提供的Ⅴ类水地下水量，计量单位为 10^4 m^3，计至两位小数。

17）符合农业供水量：指符合或优于Ⅴ类水水质标准的农业供水量，计量单位为 10^4 m^3，计至两位小数。

18）不符合农业供水量：指不符合或劣于Ⅴ类水水质标准的农业供水量，计量单位为 10^4 m^3，计至两位小数。

19）备注：其他补充说明信息。

（二）区域水资源配置

1. （管理）出入省境水量表

[1] 表编号：010304003

[2] 表标识：CRSJSLB

[3] 表说明：本表为出入省境水量表，属管理表，存储出入省水量信息。统计的时间单元为年，空间单元为省。

序号	含义	字段名	数据类型	单位	必填	主键	外键
1	行政区划代码	XZQHDM	C（10）		Y	Y	Y
2	行政区名称	XZQMC	C（32）				
3	水资源分区代码	SZYFQDM	C（12）		Y	Y	
4	水资源分区名称	SZYFQMC	C（64）		Y	Y	
5	日期	RQ	D（4）		Y	Y	
6	入境上游省名称	RJSYSMC	C（255）				
7	入省水量	RSSL	N（5，2）	10^4 m^3			
8	入境河流名称	RJHLMC	C（255）				
9	出境下游省名称	CJXYSMC	C（255）				
10	出境河流名称	CJHLMC	C（255）				
11	出省水量	CSSL	N（5，2）	10^4 m^3			

[4] 填写说明：

1）行政区划代码：引用行政区划基本信息表，水资源量统计所采用的行政区划单元，根据统计单元填写。

2）行政区名称：行政区划的代码对应的中文名称，由行政区划基本信息表带入。

3）水资源分区代码：引用水资源分区基本信息表。

4）水资源分区名称：水资源分区代码对应的水资源分区名称，由水资源分区基本信息表带入。

5）日期：水量统计年度，计至年。

6）入境上游省名称：入境上游省名称，当填写多个省名称时，中间用“，”隔开。

7）入省水量：入省的水量，计量单位为 10^4 m^3，计至两位小数。

8）入境河流名称：入境河流名称，当填写多个河流名称时，与入境上游省名称顺序对应，中间用“，”隔开。

9）出境下游省名称：出境下游省名称，当填写多个省名称时，中间用“，”隔开。

10）出境河流名称：出境河流名称，当填写多个河流名称时，与出境下游省名称顺序对应，中间用“，”隔开。

11）出省水量：出省的水量，计量单位为 10^4 m^3，计至两位小数。

2. （管理）出入国境水量及海水量表

[1] 表编号：010304004

[2] 表标识：CRGJSLJHSLB

[3] 表说明：本表为出入国境水量及海水量表，属管理表，存储出入国境海水量信息。统计的时间单元为年，空间单元为国家。

序号	含义	字段名	数据类型	单位	必填	主键	外键
1	行政区划代码	XZQHDM	C（10）		Y	Y	Y
2	行政区名称	XZQMC	C（32）				
3	水资源分区代码	SZYFQDM	C（12）		Y	Y	

序号	含义	字段名	数据类型	单位	必填	主键	外键
4	水资源分区名称	SZYFQMC	C（64）		Y	Y	
5	日期	RQ	D（4）		Y	Y	
6	入境上游国家名称	RJSYGJMC	C（255）				
7	入境水量	RJSL	N（5，2）	10^4 m^3			
8	入境河流名称	RJHLMC	C（255）				
9	出境下游国家名称	CJXYGJMC	C（255）				
10	出境河流名称	CJHLMC	C（255）				
11	出境水量	CJSL	N（5，2）	10^4 m^3			
12	流入海域名称	LRHYMC	C（64）				
13	流入海域水量	LRHYSL	N（5，2）	10^4 m^3			
14	入海河流名称	RHHLMC	C（64）				

[4] 填写说明：

1）行政区划代码：引用行政区划基本信息表，水资源量统计所采用的行政区划单元，根据统计单元填写。

2）行政区名称：行政区划的代码对应的中文名称，由行政区划基本信息表带入。

3）水资源分区代码：引用水资源分区基本信息表。

4）水资源分区名称：水资源分区代码对应的水资源分区名称，由水资源分区基本信息表带入。

5）日期：水量统计年度，计至年。

6）入境上游国家名称：入境上游单元名称，当填写多个单元名称时，中间用“，”隔开。

7）入省水量：入省的水量，计量单位为 10^4 m^3，计至两位小数。

8）入境河流名称：入境河流名称，当填写多个河流名称时，与入境上游单元名称顺序对应，中间用“，”隔开。

9）出境下游国家名称：出境下游单元名称，当填写多个单元名称时，中间用“，”隔开。

10）出境河流名称：出境河流名称，当填写多个河流名称时，与出境下游单元名称顺序对应，中间用“，”隔开。

11）出境水量：出境的水量，计量单位为 10^4 m^3，计至两位小数。流入省际界河对岸省名称。

12）流入海域名称：跨境河流汇入的海域中文名称。

13）流入海域水量：跨境汇入海域总水量，计量单位为 10^4 m^3，计至两位小数。

14）入海河流名称：跨境汇入海域的河流名称。

3. （管理）重点流域出入境水量表

[1] 表编号：010304005

[2] 表标识：ZDLYCRJSLB

[3] 表说明：存储重点流域出入境水量信息。

序号	含义	字段名	数据类型	单位	必填	主键	外键
1	流域代码	LYDM	C（10）		Y	Y	Y
2	流域名称	LYMC	C（50）				
3	日期	RQ	D（4）		Y	Y	
4	入境水量上游国家	RJSLSYGJ	C（50）				
5	入境水量	RJSL	N（6，2）	10^4 m^3			
6	入境河流名称	RJHLMC	C（50）				

序号	含义	字段名	数据类型	单位	必填	主键	外键
7	出境水量下游国家	CJSLXYGJ	C（50）				
8	出境水量	CJSL	N（6，2）	10^4 m^3			
9	出境河流名称	CJHLMC	C（50）				
10	流入海域名称	LRHYMC	C（50）				
11	流入海域水量	LRHYSL	N（6，2）	10^4 m^3			
12	入海河流名称	RHHLMC	C（50）				
13	流入上一级河流名称	LRSYJHLMC	C（50）				
14	流入上一级河流水量	LRSYJHLSL	N（6，2）	10^4 m^3			
15	备注	BZ	C（255）				

[4] 填写说明：

1）流域代码：引用流域基本信息表，水资源统计的流域单元，按最小包含原则填写。

2）流域名称：指流域代码所代表流域的中文名称，由流域基本信息表带入。

3）日期：调查统计年度，计至年。

4）入境水量上游国家：入境水量上游国家。

5）入境水量：入境水量，计量单位为 10^4 m^3，计至两位小数。

6）入境河流名称：入境河流名称。

7）出境水量下游国家：出境水量下游国家。

8）出境水量：出境水量，计量单位为 10^4 m^3，计至两位小数。

9）出境河流名称：出境河流名称。

10）流入海域名称：流入海域名称。

11）流入海域水量：流入海域水量，计量单位为 10^4 m^3，计至两位小数。

12）入海河流名称：入海河流名称。

13）流入上一级河流名称：流入上一级河流名称。

14）流入上一级河流水量：流入上一级河流水量，计量单位为 10^4 m^3，计至两位小数。

15）备注：填写补充说明信息。

（三）不同水源水资源配置

1. （管理）不同水源配置量基本信息表

[1] 表编号：010304006

[2] 表标识：BTSYPZLJBXXB

[3] 表说明：本表为不同水源配置量基本信息表，属管理表，存储统计区域不同水源的配置量数据。统计的时间单元为年，空间单元为行政区划，统计指标为不同水源配置量。

序号	含义	字段名	数据类型	单位	必填	主键	外键
1	行政区划代码	XZQHDM	C（10）		Y	Y	Y
2	行政区名称	XZQMC	C（32）				
3	日期	RQ	D（4）		Y	Y	
4	地表水资源配置量	DBSZYPZL	N（10，3）	10^4 m^3			
5	地下水资源配置量	DXSZYPZL	N（10，3）	10^4 m^3			
6	外调水资源配置量	WDSZYPZL	N（10，3）	10^4 m^3			

序号	含义	字段名	数据类型	单位	必填	主键	外键
7	再生水资源配置量	ZSSZYPZL	N（10，3）	10^4 m^3			
8	海水配置量	HSPZL	N（10，3）	10^4 m^3			
9	水资源配置总量	SZYPZZL	N（10，3）	10^4 m^3			
10	备注	BZ	C（255）				

[4] 填写说明：

1）行政区划代码：引用行政区划基本信息表，水资源配置量统计的行政区划单元。

2）行政区名称：行政区划的代码对应的中文名称，由行政区划基本信息表带入。

3）日期：指统计年度，计至年。

4）地表水资源配置量：统计年统计区域地表水资源的配置总量，计量单位为 10^4 m^3，计至三位小数。

5）地下水资源配置量：统计年统计区域地下水资源的配置总量，计量单位为 10^4 m^3，计至三位小数。

6）外调水资源配置量：统计年统计区域外调水资源的配置总量，计量单位为 10^4 m^3，计至三位小数。

7）再生水资源配置量：统计年统计区域再生水资源的配置总量，计量单位为 10^4 m^3，计至三位小数。

8）海水配置量：统计年统计区域海水资源的配置总量，计量单位为 10^4 m^3，计至三位小数。

9）水资源配置总量：统计年度统计区水资源配置总量，计量单位为 10^4 m^3，计至三位小数。

10）备注：填写补充说明信息。

（四）不同用水行业水资源配置

1. （管理）不同用水行业水资源配置表

[1] 表编号：010304007

[2] 表标识：BTYSHYSZYPZB

[3] 表说明：不同用水行业水资源配置指按照用水总量控制目标和区域间及水源间的水资源配置方案，制定行业水资源配置方案，统筹调配不同用水行业用水量的过程。

序号	含义	字段名	数据类型	单位	必填	主键	外键
1	行政区划代码	XZQHDM	C（10）		Y	Y	Y
2	行政区名称	XZQMC	C（32）				
3	日期	RQ	D（4）		Y	Y	
4	城镇居民生活用水资源配置量	CZJMSHYSZYPZL	N（10，3）	10^4 m^3			
5	建筑业用水资源配置量	JZYYSZYPZL	N（10，3）	10^4 m^3			
6	服务业用水资源配置量	FWYYSZYPZL	N（10，3）	10^4 m^3			
7	农村居民生活用水资源配置量	NCJMSHYSZYPZL	N（10，3）	10^4 m^3			
8	农业灌溉用水资源配置量	NYGGYSZYPZL	N（10，3）	10^4 m^3			
9	养殖业用水资源配置量	YZYYSZYPZL	N（10，3）	10^4 m^3			
10	水力发电用水资源配置量	SLFDYSZYPZL	N（10，3）	10^4 m^3			
11	规模以上工业用水资源配置量	GMYSGYYSZYPZL	N（10，3）	10^4 m^3			
12	规模以下工业用水资源配置量	GMYXGYYSZYPZL	N（10，3）	10^4 m^3			
13	城镇生态用水资源配置量	CZSTYSZYPZL	N（10，3）	10^4 m^3			
14	农村生态用水资源配置量	NCSTYSZYPZL	N（10，3）	10^4 m^3			
15	总用水资源配置量	ZYSZYPZL	N（10，3）	10^4 m^3			
16	备注	BZ	C（255）				

[4] 填写说明：

1）行政区划代码：引用行政区划基本信息表，水资源配置量统计的行政区划单元。

2）行政区名称：行政区划的代码对应的中文名称，由行政区划基本信息表带入。

3）日期：指统计年度，计至年。

4）城镇居民生活用水资源配置量：统计年度统计区城镇居民生活用水资源配置总量，计量单位为 10^4 m^3，计至三位小数。

5）建筑业用水资源配置量：统计年度统计区建筑业用水资源配置总量，计量单位为 10^4 m^3，计至三位小数。

6）服务业用水资源配置量：统计年度统计区服务业用水资源配置总量，计量单位为 10^4 m^3，计至三位小数。

7）农村居民生活用水资源配置量：统计年度统计区农村居民生活用水资源配置总量，计量单位为 10^4 m^3，计至三位小数。

8）农业灌溉用水资源配置量：统计年度统计区农业灌溉用水资源配置总量，计量单位为 10^4 m^3，计至三位小数。

9）养殖业用水资源配置量：统计年度统计区养殖业用水资源配置总量，计量单位为 10^4 m^3，计至三位小数。

10）水力发电用水资源配置量：统计年度统计区水力发电用水资源配置总量，计量单位为 10^4 m^3，计至三位小数。

11）规模以上工业用水资源配置量：统计年度统计区规模以上工业用水资源配置总量，计量单位为 10^4 m^3，计至三位小数。

12）规模以下工业用水资源配置量：统计年度统计区规模以下工业用水资源配置总量，计量单位为 10^4 m^3，计至三位小数。

13）城镇生态用水资源配置量：统计年度统计区城镇生态用水资源配置总量，计量单位为 10^4 m^3，计至三位小数。

14）农村生态用水资源配置量：统计年度统计区农村生态用水资源配置总量，计量单位为 10^4 m^3，计至三位小数。

15）总用水资源配置量：统计年度统计区水资源配置总量，计量单位为 10^4 m^3，计至三位小数。

16）备注：填写补充说明信息。

五、水资源管理

（一）水权管理

1．（管理）水权交易基本信息表

[1] 表编号：010305001

[2] 表标识：SQJYJBXXB

[3] 表说明：本表为水权交易基本信息表，属管理表，存储取水权人水权交易基本信息。

序号	含义	字段名	数据类型	单位	必填	主键	外键
1	项目代码	XMDM	C（20）		Y	Y	Y
2	项目名称	XMMC	C（64）				

序号	含义	字段名	数据类型	单位	必填	主键	外键
3	交易标的	JYBD	C（64）				
4	交易买方主体	JYMFZT	C（64）				
5	交易卖方主体	JYMFZT	C（64）				
6	交易价格	JYJG	N（10，2）	元/m^3			
7	交易时间	JYSJ	D（8）				
8	交易期限	JYQX	N（3）	月			
9	交易金额	JYJE	N（10，3）	万元			

[4] 填写说明：

1）项目代码：水权交易项目代码，引用工程项目基本信息表。

2）项目名称：指水权交易项目对应的中文名称，由工程项目基本信息表带入。

3）交易标的：指交易标的名称。

4）交易买方主体：交易买方主体名称。

5）交易卖方主体：交易卖方主体名称。

6）交易价格：水权交易价格，计量单位为元/m^3，计至两位小数。

7）交易时间：水权交易时间，计至日。

8）交易期限：水权交易期限，计量单位为月，计至整数。

9）交易金额：水权交易总金额，计量单位为万元，计至三位小数。

（二）水执法管理

1. （管理）个人违法记录表

[1] 表编号：010305002

[2] 表标识：GRWFJLB

[3] 表说明：本表为个人违法记录表，属管理表，存储个人违法记录信息。

序号	含义	字段名	数据类型	单位	必填	主键	外键
1	有效证件号	YXZJH	C（18）		Y	Y	Y
2	姓名	XM	C（32）				
3	日期	RQ	D（8）		Y	Y	
4	相关文号	XGWH	C（20）				
5	处罚对象	CFDX	C（50）				
6	判决主要内容	PJZYNR	C（255）				
7	法院判决结果	FYPJJG	C（255）				
8	判决机关	PJJG	C（50）				
9	执行期限	ZXQX	N（4）	d			
10	生效时间	SXSJ	D（8）				
11	判决时间	PJSJ	D（8）				

[4] 填写说明：

1）有效证件号：该违法人员的有效证件号，引用人员基本信息表。

2）姓名：该违法人员姓名，由人员基本信息表带入。

3）日期：指个人违法记录的日期，计至日。

4）相关文号：指违法处理决定文件的编号。

5）处罚对象：指被处罚的个人姓名。

6）判决主要内容：指法院判决书上的主要内容。

7）法院判决结果：自法院判决书上载明的结果。

8）判决机关：指对单位违法行为实施判决的法院全称。

9）执行期限：指法院判决书上载明的执行期限，计量单位为 d，计至整数。

10）生效时间：指不良行为处理决定上载明的处理生效时间，计至日。

11）判决时间：指法院对单位违法行为作出最终宣判的日期，计至日。

2．（管理）个人行政处理决定记录表

[1] 表编号：010305003

[2] 表标识：GRXZCLJDJLB

[3] 表说明：存储个人行政处理决定记录信息。

序号	含义	字段名	数据类型	单位	必填	主键	外键
1	有效证件号	YXZJH	C（18）		Y	Y	Y
2	姓名	XM	C（32）				
3	相关文号	XGWH	C（20）		Y	Y	
4	处罚对象	CFDX	C（20）				
5	处理事由	CLSY	C（100）				
6	处理依据	CLYJ	C（100）				
7	处理机关	CLJG	C（50）				
8	处理内容	CLNR	C（100）				
9	处理时间	CLSJ	D（8）				
10	生效时间	SXSJ	D（8）				
11	有效期至	YXQZ	D（8）				

[4] 填写说明：

1）有效证件号：该违法人员的有效证件号，引用个人违法记录表。

2）姓名：该违法人员姓名，由人员基本信息表带入。

3）相关文号：指行政处理决定文件的编号。

4）处罚对象：指受到行政处理人的姓名。

5）处理事由：应对个人行政处理原因简要描述。

6）处理依据：指对个人行政处理所依据的法律、法规及规章制度条款的简要描述。

7）处理机关：指单位对不良行为作出行政处理决定的部门或单位全称。

8）处理内容：指对个人行政处理的具体内容，要求用简要语言描述。

9）处理时间：指单位对不良行为作出处理决定的日期，计至日。

10）生效时间：指不良行为处理决定上载明的处理生效时间，计至日。

11）有效期至：指不良行为处理决定上载明的有效时间截止日期，计至日。

六、节约用水

（一）节水

1. （管理）用水主体节水建设情况统计表

[1] 表编号：010306001

[2] 表标识：YSZTJSJSQKTJB

[3] 表说明：本表为用水主体节水建设情况统计表，属管理表，存储用水主体节水建设情况统计信息。统计的时间单元为年，空间单元为行政区，统计指标为不同类型的节水型机构的个数。

序号	含义	字段名	数据类型	单位	必填	主键	外键
1	行政区划代码	XZQHDM	C（10）		Y	Y	Y
2	行政区名称	XZQMC	C（32）				
3	日期	RQ	D（4）		Y	Y	
4	节水型灌区个数	JSXGQGS	N（5）	个			
5	节水型企业个数	JSXQYGS	N（5）	个			
6	节水型机关个数	JSXJGGS	N（5）	个			
7	节水型学校个数	JSXXXGS	N（5）	个			
8	节水型社区个数	JSXSQGS	N（5）	个			
9	其他	QT	N（5）	个			

[4] 填写说明：

1）行政区划代码：引用行政区划基本信息表，用水主体统计的行政区划单元，精确至县级。

2）行政区名称：行政区划的代码对应的中文名称，由行政区划基本信息表带入。

3）日期：观测、调查和统计资料的年份，计至年。

4）节水型灌区个数：节水型灌区累计个数，计量单位为个，计至整数。

5）节水型企业个数：节水型企业累计个数，计量单位为个，计至整数。

6）节水型机关个数：节水型机关累计个数，计量单位为个，计至整数。

7）节水型学校个数：节水型学校累计个数，计量单位为个，计至整数。

8）节水型社区个数：节水型社区累计个数，计量单位为个，计至整数。

9）其他：其他节水型主体的累计个数，计量单位为个，计至整数。

2. （管理）节水技改工程建设统计表

[1] 表编号：010306002

[2] 表标识：JSJGGCJSTJB

[3] 表说明：本表为节水技改工程建设统计表，属管理表，存储节水技改工程建设统计信息。统计的时间单元为年，空间单元为行政区，统计指标为灌溉面积、节水器具的普及率和各行业的节水资金的投入情况等。

序号	含义	字段名	数据类型	单位	必填	主键	外键
1	行政区划代码	XZQHDM	C（10）		Y	Y	Y
2	行政区名称	XZQMC	C（32）				
3	日期	RQ	D（4）		Y	Y	
4	农业水行政部门节水资金投入	NYSXZBMJSZJTR	N（8，3）	万元			

序号	含义	字段名	数据类型	单位	必填	主键	外键
5	农业其他部门节水资金投入	NYQTBMJSZJTR	N（8，3）	万元			
6	有效灌溉面积	YXGGMJ	N（8，3）	万亩			
7	新增灌溉面积	XZGGMJ	N（8，3）	万亩			
8	节水灌溉面积	JSGGMJ	N（8，3）	万亩			
9	工业水行政部门节水资金投入	GYSXZBMJSZJTR	N（8，3）	万元			
10	工业其他部门节水资金投入	GYQTBMJSZJTR	N（8，3）	万元			
11	工业用水重复利用率	GYYSCFLYL	N（3，1）	%			
12	城镇生活和服务业水行政部门节水资金投入	CZSHHFWYSXZBMJSZJTR	N（8，3）	万元			
13	城镇生活和服务业其他部门节水资金投入	CZSHHFWYQTBMJSZJTR	N（8，3）	万元			
14	城镇节水器具普及率	CZJSQJPJL	N（3，1）	%			

[4] 填写说明：

1）行政区划代码：引用行政区划基本信息表，节水技改工程统计的行政区划单元，精确至县级。

2）行政区名称：行政区划的代码对应的中文名称，由行政区划基本信息表带入。

3）日期：观测、调查和统计资料的年份，计至年。

4）农业水行政部门节水资金投入：农业水行政部门本年度节水资金投入，计量单位为万元，计至三位小数。

5）农业其他部门节水资金投入：农业其他部门本年度节水资金投入，计量单位为万元，计至三位小数。

6）有效灌溉面积：本年度有效灌溉面积，计量单位为万亩，计至三位小数。

7）新增灌溉面积：本年度新增灌溉面积，计量单位为万亩，计至三位小数。

8）节水灌溉面积：本年度节水灌溉面积，计量单位为万亩，计至三位小数。

9）工业水行政部门节水资金投入：工业水行政部门本年度节水资金投入，计量单位为万元，计至三位小数。

10）工业其他部门节水资金投入：工业其他部门本年度节水资金投入，计量单位为万元，计至三位小数。

11）工业用水重复利用率：本年度工业用水重复利用率，计量单位为%，计至一位小数。

12）城镇生活和服务业水行政部门节水资金投入：城镇生活和服务业水行政部门本年度节水资金投入，计量单位为万元，计至三位小数。

13）城镇生活和服务业其他部门节水资金投入：城镇生活和服务业其他部门本年度节水资金投入，计量单位为万元，计至三位小数。

14）城镇节水器具普及率：本年度城镇节水器具普及率，计量单位为%，计至一位小数。

3. （管理）节水型社会建设评价指标体系表

[1] 表编号：010306003

[2] 表标识：JSXSHJSPJZBTXB

[3] 表说明：本表为节水型社会建设评价指标体系表，属管理表，存储用水主体节水建设情况统计信息。

序号	含义	字段名	数据类型	单位	必填	主键	外键
1	行政区划代码	XZQHDM	C（10）		Y	Y	Y
2	行政区名称	XZQMC	C（32）				
3	日期	RQ	D（4）		Y	Y	
4	人均 GDP 增长率	RJGDPZZLV	N（5，2）	%			
5	人均综合用水量	RJZHYSL	N（12，2）	10^4 m^3			

序号	含义	字段名	数据类型	单位	必填	主键	外键
6	万元 GDP 取水量及下降率	WYGDPQSUJXJLV	N（5，2）	%			
7	三产用水比例	SCYSBL	N（5，2）	%			
8	计划用水率	JHYSL	N（5，2）	%			
9	自备水源供水计量率	ZBSYGSJLLV	N（5，2）	%			
10	其他水源替代水资源利用比例	QTSYTDSZYLYBL	N（5，2）	%			
11	管理体制与管理机构	GLTZYGLJG	C（64）				
12	制度法规	ZDFG	C（64）				
13	节水型社会建设规划	JSXSHJSGH	C（64）				
14	用水总量控制与定额管理两套指标体系的建立与实施	YSZLKZYDEGLLTZBTXDJSYSS	C（64）				
15	促进节水防污的水价机制	CJJSFWDSJJZ	C（64）				
16	节水投入保障	JSTRBZ	C（64）				
17	节水宣传	JSXC	C（64）				
18	城镇居民人均生活用水量	CZJMRJSHYSL	N（12，2）	10^4 m^3			
19	节水器具普及率（含公共生活用水）	JSQJPJLVHGGSHYS	N（5，2）	%			
20	居民生活用水户表率	JMSHYSHBLV	N（5，2）	%			
21	灌溉水利用系数	GGSLYXS	N（5，2）	%			
22	节水灌溉工程面积率	JSGGGCMJLV	N（5，2）	%			
23	农田灌溉亩均用水量	NTGGMJYSL	N（12，2）	10^4 m^3			
24	主要农作物用水定额	ZYNZWYSDE	N（12，2）	10^4 m^3			
25	万元工业增加值取水量	WYGYZJZQSL	N（12，2）	10^4 m^3			
26	工业用水重复利用率	GYYSCFLYLV	N（5，2）	%			
27	主要工业行业产品用水定额	ZYGYHYCPYSDE	N（12，2）	10^4 m^3			
28	自来水厂供水损失率	ZLSCGSSSLV	N（5，2）	%			
29	第三产业万元增加值取水量	DSCYWYZJZQSL	N（12，2）	10^4 m^3			
30	污水处理回用率	WSCLHYLV	N（5，2）	%			
31	工业废水达标排放率	GYFSDBPFLV	N（5，2）	%			
32	城市生活污水处理率	CSSHWSCLLV	N（5，2）	%			
33	地表水水功能区达标率	DBSSGNQDBLV	N（5，2）	%			
34	地下水超采程度（地下水超采区使用）	DXSCCCDDXSCCQSY	C（128）				
35	地下水水质Ⅲ类以上比例	DXSSZSLYSBL	N（5，2）	%			

[4] 填写说明：

1）行政区划代码：引用行政区划基本信息表，节水型社会建设评价的行政区划单元，精确至县级。

2）行政区名称：行政区划的代码对应的中文名称，由行政区划基本信息表带入。

3）日期：观测、调查和统计资料的年份。计至年。

4）人均 GDP 增长率：地区评价期内人均 GDP 年平均增长率，计量单位为%，计至两位小数。

5）人均综合用水量：地区取水资源量的人口平均值，计量单位为 10^4 m^3，计至两位小数。

6）万元 GDP 取水量及下降率：地区评价期内万元 GDP 用水量年平均下降率，计量单位为%，计至两位小数。

7）三产用水比例：第一、第二、第三产业用水比例，计量单位为%，计至两位小数。

8）计划用水率：评价年列入计划的实际取水量占总取水量的百分比，计量单位为%，计至两位小数。

9）自备水源供水计量率：所有企事业单位自建供水设施计量供水量占自备水源总供水量百分比，计量单位为%，计至两位小数。

10）其他水源替代水资源利用比例：海水、苦咸水、雨水、再生水等其他水源利用量折算成的替代常规水资源量占水资源总取用量的百分比，计量单位为%，计至两位小数。

11）管理体制与管理机构：涉水事物一体化管理；县级及县级以上政府都有节水管理机构，县以下政府有专人负责，企业、单位有专人管理，建立农民用水者协会。

12）制度法规：用水权分配、转让和管理制度；取水许可制度和水资源有偿使用制度；水资源论证制度；排污许可和污染者付费制度；节水产品认证和市场准入制度；用水计量与统计制度等；具有系统性的水资源管理法规、规章，特别是计划用水、节约用水的法规与规章。

13）节水型社会建设规划：县级及县级以上政府制订节水型社会建设规划。

14）用水总量控制与定额管理两套指标体系的建立与实施：具有取用水总量控制指标，具有科学适用的用水定额，两套指标的贯彻落实情况。

15）促进节水防污的水价机制：建立充分体现水资源紧缺、水污染严重状况，促进节水防污的水价机制。

16）节水投入保障：政府要保障节水型社会建设的稳定的投入；拓宽融资渠道，积极鼓励民间资本投入。

17）节水宣传：将水资源节约保护纳入教育培训体系，利用多种形式开展宣传；节水意识深入人心，全社会形成节水光荣的风尚；加强舆论监督，建立健全举报机制。

18）城镇居民人均生活用水量：评价年地区城镇居民生活用水量的城镇人口平均值，计量单位为 $10^4\ m^3$，计至两位小数。

19）节水器具普及率（含公共生活用水）：第三产业和居民生活用水使用节水器具数与总用水器具之比，计量单位为%，计至两位小数。

20）居民生活用水户表率：居民家庭自来水装表户占总用水户的百分比，计量单位为%，计至两位小数。

21）灌溉水利用系数：作物生长实际需要水量占灌溉水量的比例，计量单位为%，计至两位小数。

22）节水灌溉工程面积率：节水灌溉工程面积占有效灌溉面积的百分比，计量单位为%，计至两位小数。

23）农田灌溉亩均用水量：农业实际灌溉面积上的亩均用水量，计量单位为 $10^4\ m^3$，计至两位小数。

24）主要农作物用水定额：地区（平水年）每种主要农作物实际灌溉亩均用水量，计量单位为 $10^4\ m^3$，计至两位小数。

25）万元工业增加值取水量：地区评价年工业每产生一万元增加值的取水量，计量单位为 $10^4\ m^3$，计至两位小数。

26）工业用水重复利用率：工业用水重复利用量占工业总用水的百分比，计量单位为%，计至两位小数。

27）主要工业行业产品用水定额：地区主要工业行业产品实际用水定额，计量单位为 $10^4\ m^3$，计至两位小数。

28）自来水厂供水损失率：自来水厂产水总量与收费水量之差占产水总量的百分比，计量单位为%，计至两位小数。

29）第三产业万元增加值取水量：地区评价年第三产业每产生一万元增加值的取水量，计量单位为 $10^4\ m^3$，计至两位小数。

30）污水处理回用率：污水处理后回用量占污水处理总量的百分比，计量单位为%，计至两位小数。

31）工业废水达标排放率：达标排放的工业废水量占工业废水排放总量的百分比，计量单位为%，计至两位小数。

32）城市生活污水处理率：城市处理的生活污水量占城市生活污水总量的百分比，计量单位为%，计至两位小数。

33）地表水水功能区达标率：水功能区达标数占水功能区总数的百分比，计量单位为%，计至两位小数。

34）地下水超采程度（地下水超采区使用）：对地下水超采进行评价。

35）地下水水质III类以上比例：地下水III类以上（Ⅰ、Ⅱ、III类）水面积占地下水评价面积的比例，计量单位为%，计至两位小数。

（二）非常规水资源

1. （管理）再生水利用统计表

[1] 表编号：010306004

[2] 表标识：ZSSLYTJB

[3] 表说明：本表为再生水利用统计表，属管理表，存储再生水利用统计信息。统计的时间单元为年，空间单元为行政区，统计指标为再生水厂的数量、生产能力、年利用量以及再生水的回用率等。

序号	含义	字段名	数据类型	单位	必填	主键	外键
1	行政区划代码	XZQHDM	C（10）		Y	Y	Y
2	行政区名称	XZQMC	C（32）				
3	日期	RQ	D（4）		Y	Y	
4	再生水厂数量	ZSSCSL	N（10）	座			
5	再生水厂生产能力	ZSSCSCNL	N（10，3）	10^4 m^3/d			
6	再生水厂年实际生产量	ZSSCNSJSCL	N（12，2）	10^4 m^3			
7	工业再生水年利用量	GYZSSNLYL	N（12，2）	10^4 m^3			
8	景观环境再生水年利用量	JGHJZSSNLYL	N（12，2）	10^4 m^3			
9	城市非饮用水再生水年利用量	CSFYYSZSSNLYL	N（12，2）	10^4 m^3			
10	地下水补充再生水年利用量	DXSBCZSSNLYL	N（12，2）	10^4 m^3			
11	农林牧业再生水年利用量	NLMYZSSNLYL	N（12，2）	10^4 m^3			
12	再生水年利用量合计	ZSSNLYLHJ	N（12，2）	10^4 m^3			
13	再生水回用率	ZSSHYLV	N（12，2）	%			
14	再生水管道长度	ZSSGDCD	N（12，2）	km			
15	海水淡化	HSDH	N（12，2）	10^4 m^3			
16	雨水利用	YSLY	N（12，2）	10^4 m^3			
17	其他水源	QTSY	N（12，2）	10^4 m^3			

[4] 填写说明：

1）行政区划代码：引用行政区划基本信息表，再生水利用统计的行政区划单元。精确至县级。

2）行政区名称：行政区划的代码对应的中文名称，由行政区划基本信息表带入。

3）日期：观测、调查和统计资料的年份。计至年。

4）再生水厂数量：指出厂水质符合《再生水水质标准》（SL 368—2006）规定，能够满足不同用户水质需求的处理厂，包括：（1）以生活污水为水源，包含深度处理工艺，出水符合《再生水水质标准》（SL 368—2006）规定的污水处理厂；（2）以污水处理厂出水为水源，进行深度处理的再生水厂；（3）工业企业内自建的，出水符合《再生水水质标准》（SL 368—2006）规定的小型污水处理厂或污水处理回用工程，计量单位为座，计至整数。

5）再生水厂生产能力：再生水厂生产能力，计量单位为 10^4 m^3/d，计至三位小数。

6）再生水厂年实际生产量：再生水厂年实际生产量，计量单位为 10^4 m^3，计至两位小数。

7）工业再生水年利用量：指用于冷却（直流式、循环式）、洗涤（冲渣、充灰、消烟除尘、清洗）、锅炉（中压、低压）、工艺产品用水等污水处理回用量，计量单位为 10^4 m^3，计至两位小数。

8）景观环境再生水年利用量：指用于娱乐性景观环境（娱乐性景观河道、景观湖泊及水景）、观赏性景观环境（娱乐性景观河道、景观湖泊及水景）、湿地环境（恢复自然湿地、营造人工湿地）用水等污水处理回用量，污水处理厂直接排放的出水，若不是用作补充景观用水，或水质标准未达到《再生水水质标准》（SL 368—2006）规定的，不算作景观环境用水，计量单位为 10^4 m^3，计至两位小数。

9）城市非饮用水再生水年利用量：指用于园林绿化、冲厕、街道清扫、消防、车辆冲洗、建筑施工用水等污水处理回用量，计量单位为 10^4 m^3，计至两位小数。

10）地下水补充再生水年利用量：指用于补充地下水（水源补给、防止海水入侵、防止地面沉降）的污水处理回用量，计量单位为 10^4 m^3，计至两位小数。

11）农林牧业再生水年利用量：指用于农业（粮食作物、经济作物的灌溉、种植与育苗）、林业（林木、观赏植物的灌溉、种植与育苗）、牧业（家畜、家禽用水）等污水处理回用量，计量单位为 10^4 m^3，计至两位小数。

12）再生水年利用量合计：再生水利用量包括：（1）以生活污水为水源，包含深度处理工艺，出水符合《再生水水质标准》（SL 368—2006）规定的污水处理厂的水；（2）污水处理厂的二级处理出水，根据用途不同，再经再生水厂进一步处理达到《再生水水质标准》（SL 368—2006）后，分别应用于工业用水、景观环境用水（不包括污水处理厂出水排入河道后，由下游间接引用的）、城市非饮用水、地下水补充、农林牧业用水的水量；（3）通过专用供水管线将污水处理厂出水引入用水企业，由用水企业进行深度处理使用的水量，计量单位为 10^4 m^3，计至两位小数。

13）再生水回用率：指年再生水利用量与年污水处理总量的比值，计算公式：再生水利用率＝年再生水利用量/年污水处理总量×100%，计量单位为%，计至两位小数。

14）再生水管道长度：指输送再生水的管道长度，为总管、干管、支管长度之和，包括集中输送给用户的管道和某些工业企业自建的深度处理设施连接管道，计量单位为 km，计至两位小数。

15）海水淡化：海水淡化利用量，计量单位为 10^4 m^3，计至两位小数。

16）雨水利用：雨水利用利用量，计量单位为 10^4 m^3，计至两位小数。

17）其他水源：其他水源利用量，计量单位为 10^4 m^3，计至两位小数。

2. （管理）再生水厂项目表

[1] 表编号：010306005

[2] 表标识：ZSSCXMB

[3] 表说明：本表为再生水厂项目表，属管理表，存储再生水厂项目相关信息。统计的时间单元为年，空间单元为污水处理设施，统计的主要指标为生成能力。

序号	含义	字段名	数据类型	单位	必填	主键	外键
1	污水处理设施代码	WSCLSSDM	C（18）		Y	Y	Y
2	污水处理设施名称	WSCLSSMC	C（50）				
3	项目名称	XMMC	C（64）		Y	Y	
4	日期	RQ	D（8）				
5	设计生产能力	SHEJSCNL	N（12，2）	10^4 m^3/d			
6	实际生产能力	SHIJSCNL	N（12，2）	10^4 m^3/d			
7	工艺	GONGY	C（128）				

序号	含义	字段名	数据类型	单位	必填	主键	外键
8	成本	CHENGB	N（10，3）	万元			
9	完成时间	WCSJ	D（8）				

[4] 填写说明：

1）污水处理设施代码：引用污水处理设施基本信息表。

2）污水处理设施名称：污水处理设施的名称，由污水处理设施基本信息表带入。

3）项目名称：指项目对应的中文名称。

4）日期：项目建设日期，计至日。

5）设计生产能力：设计生产能力，计量单位为 10^4 m^3/d，计至两位小数。

6）实际生产能力：实际生产能力，计量单位为 10^4 m^3/d，计至两位小数。

7）工艺：污水/再生水处理工艺。

8）成本：再生水厂项目成本，计量单位为万元，计至三位小数。

9）完成时间：项目完成时间，计至日。

3．（管理）再生水厂相关政策制度建设情况表

[1] 表编号：010306006

[2] 表标识：ZSSCXGZCZDJSQKB

[3] 表说明：本表为再生水厂相关政策制度建设情况表，属管理表，存储再生水厂相关政策制度建设情况信息。统计的时间单元为日，空间单元为污水处理设施，统计的主要指标为发布的文件具体情况。

序号	含义	字段名	数据类型	单位	必填	主键	外键
1	污水处理设施代码	WSCLSSDM	C（18）		Y	Y	Y
2	污水处理设施名称	WSCLSSMC	C（50）				
3	文件代码	WJDM	C（6）		Y	Y	Y
4	文件名称	WJMC	C（64）				
5	发布部门	FBBM	C（64）				
6	颁布时间	BBSJ	D（8）				
7	内容概述	NRGS	C（255）				

[4] 填写说明：

1）污水处理设施代码：引用污水处理设施基本信息表。

2）污水处理设施名称：污水处理设施的名称，由污水处理设施基本信息表带入。

3）文件代码：指相关政策制度的文件代码，引用文件基本信息表。

4）文件名称：文件名称。

5）发布部门：发布部门。

6）颁布时间：颁布时间，计至日。

7）内容概述：内容概述。

4．（管理）污水处理及利用统计表

[1] 表编号：010306007

[2] 表标识：WSCLJLYTJB

[3] 表说明：本表为污水处理及利用统计表，属管理表，存储污水处理及利用统计信息。统计的时间单元为年，空间单元为行政区，统计的主要指标为污水处理量、处理率、处理能力和利用量等。

序号	含义	字段名	数据类型	单位	必填	主键	外键
1	行政区划代码	XZQHDM	C（10）		Y	Y	Y
2	行政区名称	XZQMC	C（32）				
3	日期	RQ	D（4）		Y	Y	
4	城镇年用水总量	CZNYSZL	N（12，2）	10^4 m^3			
5	年废污水排放总量	NFWSPFZL	N（12，2）	10^4 m^3			
6	污水处理厂数量	WSCLCSL	N（12）	座			
7	污水处理厂处理能力	WSCLCCLNL	N（12，2）	10^4 m^3/d			
8	年污水处理总量	NWSCLZL	N（12，2）	10^4 m^3			
9	污水处理率	WSCLL	N（12，2）	%			
10	年污水直接利用量	NWSZJLYL	N（12，2）	10^4 m^3			
11	排水管道长度	PSGDCD	N（12，2）	km			

[4] 填写说明：

1）行政区划代码：引用行政区划基本信息表，污水处理及利用统计的行政区划单元，精确至县级。

2）行政区名称：行政区划的代码对应的中文名称，由行政区划基本信息表带入。

3）日期：观测、调查和统计资料的年份，计至年。

4）城镇年用水总量：为城镇居民生活用水量、工业（包括建筑业）用水量（不包括企业内部重复利用量）和第三产业（餐饮住宿、金融、仓储、文教卫生、机关团体等服务业）用水量之和，计量单位为 10^4 m^3，计至两位小数。

5）年废污水排放总量：指城镇居民生活、工业和第三产业等用水户排放的废水总量，包括从排水管道和排水沟（渠）排出的污水量，不包括火电直流冷却水排放量和矿坑排水量。排水管道和排水沟（渠）排出的污水量按每条管道、沟（渠）排放口实际观测的日平均流量与报告期日历日数的乘积计算；如无观测值，可按当地供水总量乘以污水排放系数确定，系数取值建议：城市污水为 0.7～0.8，城市综合生活污水为 0.8～0.9，城市工业废水为 0.7～0.9。用户废污水排放量一般应根据用户排水量实测资料求得，但在缺乏实测水量资料时，可通过典型调查估算用户消耗水量和输水损失量进行估算：废污水排放量=水源地取水量−输水损失水量（含消耗和回归量）−用户消耗水量，计量单位为 10^4 m^3，计至两位小数。

6）污水处理厂数量：指采用各种物理、化学、生物的处理方法对进入污水收集系统的污水进行净化处理，使污水水质达到《城镇污水处理厂污染物排放标准》（GB 18918—2002）要求的工厂，污水处理厂处理深度可分为一级、二级、三级或深度处理，计量单位为座，计至整数。

7）污水处理厂处理能力：指已建成的污水处理厂设计的日处理污水规模，计量单位为 10^4 m^3/d，计至两位小数。

8）年污水处理总量：指污水处理厂实际处理的污水量，包括物理处理量、生物处理量和化学处理量，计量单位为 10^4 m^3，计至两位小数。

9）污水处理率：指年污水处理总量与年污水排放总量的比率，计算公式：污水处理率＝年污水处理总量/年污水排放总量×100%，计量单位为%，计至两位小数。

10）年污水直接利用量：指当城镇污水处理厂出水，水质符合《城镇污水处理厂污染物排放标准》（GB 18918—2002）一级标准 A 水质要求时，未经过深度处理达到再生水水质标准，并直接用于城镇景观用水和一般回用水等用途时的水量，计量单位为 10^4 m^3，计至两位小数。

11）排水管道长度：指所有排水总管、干管、支管、检查井及连接井进出口等长度之和。计算时应按单管计算，即在同一条街道上如有两条或两条以上并排的排水管道时，应按每条排水管道的长度累加计算，计量单位为 km，计至两位小数。

5. （管理）废污水处理再利用信息表

[1] 表编号：010306008

[2] 表标识：FWSCLZLYXXB

[3] 表说明：本表为废污水处理再利用信息表，属管理表，存储废污水处理后再利用情况。统计的时间单元为年，空间单元为行政区，统计的主要指标为污水处理量、污水处理率和再利用量等。

序号	含义	字段名	数据类型	单位	必填	主键	外键
1	行政区划代码	XZQHDM	C（10）		Y	Y	Y
2	行政区名称	XZQMC	C（32）				
3	日期	RQ	D（4）		Y	Y	
4	处理废污水量	CLFWSL	N（8，2）	10^4 m^3			
5	一级处理量	YJCLL	N（8，2）	10^4 m^3			
6	二级处理量	EJCLL	N（8，2）	10^4 m^3			
7	工业废污水处理率	GYFWSCLL	N（3，1）	%			
8	生活废污水处理率	SHFWSCLL	N（3，1）	%			
9	农业再利用量	NYZLYL	N（8，2）	10^4 m^3			
10	工业再利用量	GYZLYL	N（8，2）	10^4 m^3			
11	生态再利用量	STZLYL	N（8，2）	10^4 m^3			
12	生活再利用量	SHZLYL	N（8，2）	10^4 m^3			

[4] 填写说明：

1）行政区划代码：引用行政区划基本信息表，废污水处理再利用统计区域所在行政区划代码，精确至县级。

2）行政区名称：行政区划的代码对应的中文名称，由行政区划基本信息表带入。

3）日期：指统计的日期，计至年。

4）处理废污水量：指在评价区域内污水集中处理厂和污水处理设施处理的生活污水和工业废污水总和，计量单位为 10^4 m^3，计至两位小数。

5）一级处理量：指一级污水处理厂处理的污水总量，计量单位为 10^4 m^3，计至两位小数。

6）二级处理量：指二级污水处理厂处理的污水总量，计量单位为 10^4 m^3，计至两位小数。

7）工业废污水处理率：工业废污水处理率=工业废污水处理量/工业废污水排放总量，计量单位为%，计至两位小数。

8）生活废污水处理率：生活废污水处理率=生活污水处理量/生活污水排放总量，计量单位为%，计至两位小数。

9）农业再利用量：指利用经过处理的废污水用于农业生产的水量，计量单位为 10^4 m^3，计至两位小数。

10）工业再利用量：指利用经过处理的废污水用于工业生产的水量，计量单位为 10^4 m^3，计至两位小数。

11）生态再利用量：指利用经过处理的废污水用于生态环境的水量，计量单位为 10^4 m^3，计至两位小数。

12）生活再利用量：指中水用于日常生活的水量，计量单位为 10^4 m^3，计至两位小数。

6. （管理）其他水源供水设施统计表

[1] 表编号：010306009

[2] 表标识：QTSYGSSSTJB

[3] 表说明：本表为其他水源供水设施统计表，属管理表，存储其他水源供水统计的信息。统计的时间单元为年，空间单元为行政区，统计的主要指标为污水处理能力和不同水源类型的再生水利用情况。

序号	含义	字段名	数据类型	单位	必填	主键	外键
1	行政区划代码	XZQHDM	C（10）		Y	Y	Y
2	行政区名称	XZQMC	C（32）				
3	日期	RQ	D（4）		Y	Y	
4	污水处理再利用设施数量	WSCLZLYSSSL	N（10）	处			
5	污水处理能力	WSCLNL	N（10，3）	10^4 m^3/d			
6	污水再生利用量	WSZSLYL	N（12，2）	10^4 m^3			
7	集雨工程数量	JYGCSL	N（10）	处			
8	集雨利用量	JYLYL	N（12，2）	10^4 m^3			
9	海水直接利用工程数量	HSZJLYGCSL	N（10）	处			
10	海水直接利用量	HSZJLYL	N（12，2）	10^4 m^3			
11	海水直接利用折合淡水量	HSZJLYZHDSL	N（12，2）	10^4 m^3			
12	海水淡化工程数量	HSDHGCSL	N（10）	处			
13	海水淡化利用量	HSDHLYL	N（12，2）	10^4 m^3			
14	微咸水利用工程数量	WXSLYGCSL	N（10）	处			
15	微咸水利用量	WXSLYL	N（12，1）	10^4 m^3			
16	备注	BZ	C（255）				

[4] 填写说明：

1）行政区划代码：引用行政区划基本信息表，水源供水设施统计的行政区划单元，精确至市级。

2）行政区名称：行政区划的代码对应的中文名称，由行政区划基本信息表带入。

3）日期：指统计的年份，计至年。

4）污水处理再利用设施数量：指城市污水集中处理厂处理后的污水回用设施的数量，计量单位为处，计至整数。

5）污水处理能力：指污水处理厂（或处理装置）每昼夜处理污水再利用的水量，包括用于农业灌溉、绿地灌溉、工业冷却和城市杂用（洗涤、冲渣和生活冲厕、洗车等）等方面的水量，计量单位为 10^4 m^3/d，计至三位小数。

6）污水再生利用量：指生活污水、工业废水经过处理达标后再利用的水量，包括用于农业灌溉、绿地浇灌、工业冷却和城市杂用（洗涤、冲渣和生活冲厕、洗车等）等方面的水量，计量单位为 10^4 m^3，计至两位小数。

7）集雨工程数量：指利用人工收集储存屋顶、场院、道路等场所产生的微型蓄水工程的数量，计量单位为处，计至整数。

8）集雨利用量：指用于人工收集储存屋顶、场院、道路等场所径流的微型蓄水工程的水量，计量单位为 10^4 m^3，计至两位小数。

9）海水直接利用工程数量：指直接利用海水作为工业冷却水及城市环卫用水等的工程数量，计量单位为处，计至整数。

10）海水直接利用量：指直接利用海水作为工业冷却水及城市环卫用水等的水量，计量单位为 10^4 m^3，计至两位小数。

11）海水直接利用折合淡水量：指直接利用的海水量折合成淡水的水量，计量单位为 10^4 m^3，计至两位小数。

12）海水淡化工程数量：指采用先进技术措施把海水转化为淡水，已达到使用标准的工程数量，计量单位为处，计至整数。

13）海水淡化利用量：指海水淡化后用于生产和生活的水量，计量单位为 10^4 m^3，计至两位小数。

14）微咸水利用工程数量：指开采利用微咸水的工程数量，计量单位为处，计至整数。

15）微咸水利用量：指直接利用微咸水用于农业灌溉等方面的水量，计量单位为 10^4 m^3，计至两位小数。

16）备注：主要用来保存对该记录进行简短描述的文字，或者是有关信息（文字、表格、图片和录像等）的超链接。

7. （管理）海水利用统计表

[1] 表编号：010306010

[2] 表标识：HSLYTJB

[3] 表说明：本表为海水利用统计表，属管理表，存储每年海水利用相关的信息。统计的时间单元为年，空间单元为行政区，统计指标为不同类型的海水利用量。

序号	含义	字段名	数据类型	单位	必填	主键	外键
1	行政区划代码	XZQHDM	C（10）		Y	Y	Y
2	行政区名称	XZQMC	C（32）				
3	日期	RQ	D（4）		Y	Y	
4	海水淡化厂数量	HSDHCSL	N（4）	处			
5	海水淡化厂生产能力	HSDHCSCNL	N（10，3）	10^4 m^3/a			
6	海水淡化厂年实际生产量	HSDHCNSJSCL	N（10，3）	10^4 m^3			
7	电力淡化海水利用量	DLDHHSLYL	N（10，3）	10^4 m^3			
8	生活淡化海水利用量	SHDHHSLYL	N（10，3）	10^4 m^3			
9	石化淡化海水利用量	SHIHDHHSLYL	N（10，3）	10^4 m^3			
10	钢铁淡化海水利用量	GTDHHSLYL	N（10，3）	10^4 m^3			
11	其他淡化海水利用量	QTDHHSLYL	N（10，3）	10^4 m^3			
12	海水淡化管道长度	HSDHGDCD	N（10，2）	m			
13	海水直接利用量	HSZJLYL	N（10，3）	10^4 m^3			
14	海水淡化占供水量百分比	HSDHZGSLBFB	N（5，3）	%			
15	直接利用占供水量百分比	ZJLYZGSLBFB	N（5，3）	%			

[4] 填写说明：

1）行政区划代码：引用行政区划基本信息表，海水利用统计的行政区划单元，精确至市级。

2）行政区名称：行政区划的代码对应的中文名称，由行政区划基本信息表带入。

3）日期：指统计的日期，计至年。

4）海水淡化厂数量：海水淡化厂数量，计量单位为处，计至整数。

5）海水淡化厂生产能力：海水淡化厂生产能力，计量单位为 10^4 m^3/a，计至三位小数。

6）海水淡化厂年实际生产量：海水淡化厂年实际生产量，计量单位为 10^4 m^3，计至三位小数。

7）电力淡化海水利用量：电力淡化海水利用量，计量单位为 10^4 m^3，计至三位小数。

8）生活淡化海水利用量：生活淡化海水利用量，计量单位为 10^4 m^3，计至三位小数。

9）石化淡化海水利用量：石化淡化海水利用量，计量单位为 10^4 m^3，计至三位小数。

10）钢铁淡化海水利用量：钢铁淡化海水利用量，计量单位为 10^4 m^3，计至三位小数。

11）其他淡化海水利用量：其他淡化海水利用量，计量单位为 10^4 m^3，计至三位小数。

12）海水淡化管道长度：海水淡化管道长度，计量单位为 m，计至两位小数。

13）海水直接利用量：海水直接利用量，计量单位为 10^4 m^3，计至三位小数。

14）海水淡化占供水量百分比：海水淡化占供水量百分比，计量单位为%，计至三位小数。

15）直接利用占供水量百分比：直接利用占供水量百分比，计量单位为%，计至三位小数。

8. （管理）海水利用相关政策制度建设情况表

[1] 表编号：010306011

[2] 表标识：HSLYXGZCZDJSQKB

[3] 表说明：本表为海水利用相关政策制度建设情况表，属管理表，存储海水利用相关政策制度信息。海水利用包括海水直接利用和海水淡化工程，其中海水淡化工程是指将海水淡化的处理设施，海水直接利用是指直接利用海水作为工业冷却水及城市环卫用水等。统计的时间单元为日，空间单元为行政区，统计指标为发布的文件情况。

序号	含义	字段名	数据类型	单位	必填	主键	外键
1	行政区划代码	XZQHDM	C（10）		Y	Y	Y
2	行政区名称	XZQMC	C（32）				
3	文件代码	WJDM	C（6）		Y	Y	Y
4	单位代码	DWDM	C（18）				Y
5	颁布时间	BBSJ	D（8）				
6	内容概述	NRGS	C（255）				

[4] 填写说明：

1）行政区划代码：引用行政区划基本信息表，海水利用相关政策统计的行政区划单元，精确至市级。

2）行政区名称：行政区划的代码对应的中文名称，由行政区划基本信息表带入。

3）文件代码：指各印发机关某年度在系统的发文顺序流水号，引用文件基本信息表。

4）单位代码：文件颁布单位代码，引用单位基本信息表。

5）颁布时间：文件颁布时间，计至日。

6）内容概述：简单描述政策制度的基本内容。

9. （管理）城镇雨水利用工程建设情况年报表

[1] 表编号：010306012

[2] 表标识：CZYSLYGCJSQKNBB

[3] 表说明：本表为城镇雨水利用工程建设情况年报表，属管理表，存储城镇雨水利用工程建设情况信息。统计的时间单元为年，空间单元为行政区，统计的主要指标为综合利用能力以及综合利用量。

序号	含义	字段名	数据类型	单位	必填	主键	外键
1	行政区划代码	XZQHDM	C（10）		Y	Y	Y
2	行政区名称	XZQMC	C（32）				
3	日期	RQ	D（4）		Y	Y	
4	区域类型	QYLX	C（6）				
5	总处数	ZCS	N（12）	处			
6	综合利用能力	ZHLYNL	N（12，3）	10^4 m^3			
7	综合利用量	ZHLYL	N（12，3）	10^4 m^3			
8	备注	BZ	C（255）				

[4] 填写说明：

1）行政区划代码：行政区划代码：引用行政区划基本信息表，雨水利用工程统计的行政区划单元，精确至县级。

2）行政区名称：行政区划的代码对应的中文名称，由行政区划基本信息表带入。

3）日期：指统计的日期，计至年。

4）区域类型：指该统计区域的类型，填写中心城区或郊区。

5）总处数：指统计区内雨水利用工程的总处数，计量单位为处，计至整数。

6）综合利用能力：指统计区内雨水利用工程的年综合利用能力，计量单位为 10^4 m^3，计至三位小数。

7）综合利用量：指统计区内雨水利用工程的年综合利用量，计量单位为 10^4 m^3，计至三位小数。

8）备注：其他补充说明信息。

10. （管理）城镇雨水利用工程集蓄模式年报表

[1] 表编号：010306013

[2] 表标识：CZYSLYGCJXMSNBB

[3] 表说明：本表为城镇雨水利用工程集蓄模式年报表，属管理表，存储城镇雨水利用工程集蓄模式情况信息。统计的时间单元为年，空间单元为行政区，统计指标为不同的城镇雨水利用工程集蓄模式的处数。

序号	含义	字段名	数据类型	单位	必填	主键	外键
1	行政区划代码	XZQHDM	C（10）		Y	Y	Y
2	行政区名称	XZQMC	C（32）				
3	日期	RQ	D（4）		Y	Y	
4	区域类型	QYLX	C（6）				
5	总处数	ZCS	N（10）	处			
6	蓄水池处数	XSCCS	N（10）	处			
7	透水砖处数	TSZCS	N（10）	处			
8	下凹式绿地处数	XASLDCS	N（10）	处			
9	备注	BZ	C（255）				

[4] 填写说明：

1）行政区划代码：行政区划代码：引用行政区划基本信息表，雨水利用工程统计的行政区划单元，精确至县级。

2）行政区名称：行政区划的代码对应的中文名称，由行政区划基本信息表带入。

3）日期：指统计的日期，计至年。

4）区域类型：指该统计区域的类型，填写中心城区或郊区。

5）总处数：指统计区内雨水利用工程的所有集蓄模式总处数，计量单位为处，计至整数。

6）蓄水池处数：指统计区内蓄水池（集蓄利用工程）的处数，计量单位为处，计至整数。

7）透水砖处数：指统计区内透水砖（渗透利用工程）的处数，计量单位为处，计至整数。

8）下凹式绿地处数：指统计区内下凹式绿地（综合利用工程）的处数，计量单位为处，计至整数。

9）备注：其他补充说明信息。

11. （管理）农村雨水利用工程情况表

[1] 表编号：010306014

[2] 表标识：NCYSLYGCQKB

[3] 表说明：本表为农村雨水利用工程情况表，属管理表，存储农村雨水利用工程情况的信息。统计的时间单元为年，空间单元为行政区，统计指标为不同类型的农村雨水利用工程的数量。

序号	含义	字段名	数据类型	单位	必填	主键	外键
1	行政区划代码	XZQHDM	C（10）		Y	Y	Y
2	行政区名称	XZQMC	C（32）				
3	日期	RQ	D（4）		Y	Y	
4	工程处数	GCCS	N（12）	处			
5	综合利用能力	ZHLYNL	N（8，2）	10^4 m^3			
6	综合利用量	ZHLYL	N（8，2）	10^4 m^3			
7	塘坝	TB	N（10）	处			
8	窖池	JC	N（10）	处			
9	沟道	GD	N（10）	处			
10	庭院	TY	N（10）	处			
11	膜面	MM	N（10）	处			
12	渗沟（井）	SGJ	N（10）	处			
13	坑塘	KT	N（10）	处			
14	备注	BZ	C（255）				

[4] 填写说明：

1）行政区划代码：行政区划代码：引用行政区划基本信息表，雨水利用工程统计的行政区划单元，精确至市。

2）行政区名称：行政区划的代码对应的中文名称，由行政区划基本信息表带入。

3）日期：指统计的日期，计至年。

4）工程处数：指统计区内雨水利用工程的总处数，计量单位为处，计至整数。

5）综合利用能力：指统计区内雨水利用工程的年综合利用能力，计量单位为 10^4 m^3，计至三位小数。

6）综合利用量：指统计区内雨水利用工程的年综合利用量，计量单位为 10^4 m^3，计至三位小数。

7）塘坝：指统计区内塘坝雨水利用工程的总处数，计量单位为处，计至整数。

8）窖池：指统计区内窖池雨水利用工程的总处数，计量单位为处，计至整数。

9）沟道：指统计区内沟道雨水利用工程的总处数，计量单位为处，计至整数。

10）庭院：指统计区内庭院雨水利用工程的总处数，计量单位为处，计至整数。

11）膜面：指统计区内膜面雨水利用工程的总处数，计量单位为处，计至整数。

12）渗沟（井）：指统计区内渗沟（井）雨水利用工程的总处数，计量单位为处，计至整数。

13）坑塘：指统计区内坑塘雨水利用工程的总处数，计量单位为处，计至整数。

14）备注：其他补充说明信息。

12. （管理）雨水泵站基本情况年报表

[1] 表编号：010306015

[2] 表标识：YSBZJBQKNBB

[3] 表说明：本表为雨水泵站基本情况年报表，属管理表，存储每年的雨水泵站基本情况信息。统计的时间单元为年，空间单元为行政区，统计的主要指标为雨水泵和污水泵的设计排水能力、安装数量、抽升范围以及设计重现期等。

序号	含义	字段名	数据类型	单位	必填	主键	外键
1	行政区划代码	XZQHDM	C（10）		Y	Y	Y
2	行政区名称	XZQMC	C（32）				

序号	含义	字段名	数据类型	单位	必填	主键	外键
3	日期	RQ	D（4）		Y	Y	
4	雨水泵设计排水能力	YSBSJPSNL	N（10，3）	m^3/s			
5	污水泵设计排水能力	WSBSJPSNL	N（10，3）	m^3/s			
6	设计重现期	SJCXQ	N（4）	a			
7	雨水泵安装数量	YSBAZSL	N（4）	处			
8	污水泵安装数量	WSBAZSL	N（4）	处			
9	泵站抽升范围	BZCSFW	N（10，3）	km^2			
10	供电方式	GDFS	C（16）				
11	审核单位	SHDW	C（64）				
12	备注	BZ	C（255）				

[4] 填写说明：

1）行政区划代码：行政区划代码：引用行政区划基本信息表，雨水泵站统计的行政区划单元，精确至县级。

2）行政区名称：行政区划的代码对应的中文名称，由行政区划基本信息表带入。

3）日期：指统计的日期，计至年。

4）雨水泵设计排水能力：指统计区内雨水泵的设计排水能力，计量单位为 m^3/s，计至三位小数。

5）污水泵设计排水能力：指统计区内污水泵的设计排水能力，计量单位为 m^3/s，计至三位小数。

6）设计重现期：指统计区内雨水泵的设计降水重现期，计量单位为 a，计至整数。

7）雨水泵安装数量：指统计区内雨水泵的安装数量，计量单位为处，计至整数。

8）污水泵安装数量：指统计区内污水泵的安装数量，计量单位为处，计至整数。

9）泵站抽升范围：指统计区内所有雨污泵站的总抽升范围，计量单位为 km^2，计至三位小数。

10）供电方式：指统计区内雨污泵站的供电方式，需填写多种供电方式时，多种供电方式名称之间用“，”隔开。

11）审核单位：指该统计信息的审核单位名称。

12）备注：其他补充说明信息。

13. （管理）雨水利用基础数据统计年报表

[1] 表编号：010306016

[2] 表标识：YSLYJCSJTJNBB

[3] 表说明：本表为雨水利用基础数据统计年报表，属管理表，存储每年的雨水利用基础数据信息。统计的时间单元为年，空间单元为行政区，统计指标为不同区域的防洪标准、降雨重现区和达到海绵城市要求的面积等。

序号	含义	字段名	数据类型	单位	必填	主键	外键
1	行政区划代码	XZQHDM	C（10）		Y	Y	Y
2	行政区名称	XZQMC	C（32）				
3	日期	RQ	D（4）		Y	Y	
4	防洪标准	FHBZ	N（4）	a			
5	中心城区防洪标准	ZXCQFHBZ	N（4）	a			
6	城市副中心防洪标准	CSFZXFHBZ	N（4）	a			
7	局部特别重要地区防洪标准	JBTBZYDQFHBZ	N（4）	a			
8	降雨重现期	JYCXQ	N（4）	a			

序号	含义	字段名	数据类型	单位	必填	主键	外键
9	重要及特别重要地区降雨重现期	ZYJTBZYDQJYCXQ	N（4）	a			
10	达到海绵城市要求面积	DDHMCSYQMJ	N（10，3）	km^2			
11	建成区易涝区段面积	JCQYLQDMJ	N（10，3）	km^2			
12	实现降雨 70%就地消纳和利用的城市建成区比重	SXJY70JDXNHLYDCSJCQBZ	N（5，2）	%			
13	备注	BZ	C（255）				

[4] 填写说明：

1）行政区划代码：引用行政区划基本信息表，雨水利用工程统计的行政区划单元，精确至市。

2）行政区名称：行政区划的代码对应的中文名称，由行政区划基本信息表带入。

3）日期：指统计的日期，计至年。

4）防洪标准：指统计区的设计防洪标准，计量单位为 a，计至整数。

5）中心城区防洪标准：中心城区的防洪标准，计量单位为 a，计至整数。

6）城市副中心防洪标准：城市副中心的防洪标准，计量单位为 a，计至整数。

7）局部特别重要地区防洪标准：局部特别重要地区的防洪标准，计量单位为 a，计至整数。

8）降雨重现期：降雨重现期，计量单位为 a，计至整数。

9）重要及特别重要地区降雨重现期：重要及特别重要地区的降雨重现期，计量单位为 a，计至整数。

10）达到海绵城市要求面积：达到海绵城市的要求面积，计量单位为 km^2，计至三位小数。

11）建成区易涝区段面积：建成区易涝区段面积，计量单位为 km^2，计至三位小数。

12）实现降雨 70%就地消纳和利用的城市建成区比重：实现降雨 70%就地消纳和利用的城市建成区的比重，计量单位为%，计至两位小数。

13）备注：其他补充说明信息。

14. （管理）雨水利用量统计表

[1] 表编号：010306017

[2] 表标识：YSLYLTJB

[3] 表说明：本表为雨水利用量统计表，属管理表，存储每年雨水利用量的信息。统计的时间单元为年，空间单元为行政区，统计指标为不同类型的雨水利用工程的数量。

序号	含义	字段名	数据类型	单位	必填	主键	外键
1	行政区划代码	XZQHDM	C（10）		Y	Y	Y
2	行政区名称	XZQMC	C（32）				
3	日期	RQ	D（4）		Y	Y	
4	雨水集蓄利用工程数	YSJXLYGCS	N（10）	处			
5	雨水渗透利用工程数	YSSTLYGCS	N（10）	处			
6	雨水综合利用工程数	YSZHLYGCS	N（10）	处			
7	雨水利用工程数合计	YSLYGCSHJ	N（10）	处			
8	地下水补充雨水利用量	DXSBCYSLYL	N（10，3）	$10^4\ m^3$			
9	城市非饮用水雨水利用量	CSFYYSYSLYL	N（10，3）	$10^4\ m^3$			
10	景观环境雨水利用量	JGHJYSLYL	N（10，3）	$10^4\ m^3$			
11	农林牧业雨水利用量	NLMYYSLYL	N（10，3）	$10^4\ m^3$			
12	雨水利用调控排放量	YSLYTKPFL	N（10，3）	$10^4\ m^3$			
13	雨水利用量合计	YSLYLHJ	N（10，3）	$10^4\ m^3$			

序号	含义	字段名	数据类型	单位	必填	主键	外键
14	占供水量百分比	ZGSLBFB	N（5，3）	%			
15	占降雨量百分比	ZJYLBFB	N（5，3）	%			

[4] 填写说明：

1）行政区划代码：雨水利用工程统计的行政区划单元，引用行政区划基本信息表，精确至市。

2）行政区名称：行政区划的代码对应的中文名称，由行政区划基本信息表带入。

3）日期：指统计的日期，计至年。

4）雨水集蓄利用工程数：雨水集蓄利用工程数，计量单位为处，计至整数。

5）雨水渗透利用工程数：雨水渗透利用工程数，计量单位为处，计至整数。

6）雨水综合利用工程数：雨水综合利用工程数，计量单位为处，计至整数。

7）雨水利用工程数合计：雨水利用工程数合计，计量单位为处，计至整数。

8）地下水补充雨水利用量：地下水补充雨水利用量，计量单位为 10^4 m^3，计至三位小数。

9）城市非饮用水雨水利用量：城市非饮用水雨水利用量，计量单位为 10^4 m^3，计至三位小数。

10）景观环境雨水利用量：景观环境雨水利用量，计量单位为 10^4 m^3，计至三位小数。

11）农林牧业雨水利用量：农林牧业雨水利用量，计量单位为 10^4 m^3，计至三位小数。

12）雨水利用调控排放量：雨水利用调控排放量，计量单位为 10^4 m^3，计至三位小数。

13）雨水利用量合计：雨水利用量合计，计量单位为 10^4 m^3，计至三位小数。

14）占供水量百分比：占供水量百分比，计量单位为%，计至三位小数。

15）占降雨量百分比：占降雨量百分比，计量单位为%，计至三位小数。

15. （管理）雨水利用相关政策制度建设情况表

[1] 表编号：010306018

[2] 表标识：YSLYXGZCZDJSQKB

[3] 表说明：本表为雨水利用相关政策制度建设情况表，属管理表，存储雨水利用相关政策制度信息。统计的时间单元为日，空间单元为行政区，统计指标为发布文件的具体情况。

序号	含义	字段名	数据类型	单位	必填	主键	外键
1	行政区划代码	XZQHDM	C（10）		Y	Y	Y
2	行政区名称	XZQMC	C（32）				
3	文件代码	WJDM	C（6）		Y	Y	Y
4	单位代码	DWDM	C（18）				Y
5	颁布时间	BBSJ	D（8）				
6	内容概述	NRGS	C（255）				

[4] 填写说明：

1）行政区划代码：雨水利用相关政策统计的行政区划单元，引用行政区划基本信息表，精确至市。

2）行政区名称：行政区划的代码对应的中文名称，由行政区划基本信息表带入。

3）文件代码：指各印发机关某年度在系统的发文顺序流水号，引用文件基本信息表。

4）单位代码：文件颁布单位代码，引用单位基本信息表。

5）颁布时间：文件颁布时间，计至日。

6）内容概述：简单描述政策制度的基本内容。

16. （管理）矿井水利用统计表

[1] 表编号：010306019

[2] 表标识：KJSLYTJB

[3] 表说明：存储矿井水利用量信息，矿井水指流入露天矿坑和井下巷道中的各种水。

序号	含义	字段名	数据类型	单位	必填	主键	外键
1	行政区划代码	XZQHDM	C（10）		Y	Y	Y
2	行政区名称	XZQMC	C（32）				
3	日期	RQ	D（4）		Y	Y	
4	矿井水利用量	KJSLYL	N（10，3）	10^4 m^3/a			

[4] 填写说明：

1）行政区划代码：其他非常规水源统计的行政区划单元，引用行政区划基本信息表，精确至市。

2）行政区名称：行政区划的代码对应的中文名称，由行政区划基本信息表带入。

3）日期：指统计的日期，计至日。

4）矿井水利用量：矿井水利用量，计量单位为 10^4 m^3/a，计至三位小数。

17. （管理）其他非常规水源利用统计表

[1] 表编号：010306020

[2] 表标识：QTFCGSYLYTJB

[3] 表说明：存储其他非常规水源利用量信息，疏干水指在采煤过程中从煤层中涌出的污水。

序号	含义	字段名	数据类型	单位	必填	主键	外键
1	行政区划代码	XZQHDM	C（10）		Y	Y	Y
2	行政区名称	XZQMC	C（32）				
3	日期	RQ	D（4）		Y	Y	
4	疏干水利用量	SGSLYL	N（10，3）	10^4 m^3/a			
5	苦咸水利用量	KXSLYL	N（10，3）	10^4 m^3/a			
6	合计利用量	HJLYL	N（10，3）	10^4 m^3/a			

[4] 填写说明：

1）行政区划代码：其他非常规水源统计的行政区划单元，引用行政区划基本信息表，精确至市。

2）行政区名称：行政区划的代码对应的中文名称，由行政区划基本信息表带入。

3）日期：指统计的日期，计至日。

4）疏干水利用量：计量单位为 10^4 m^3/a，计至三位小数。

5）苦咸水利用量：计量单位为 10^4 m^3/a，计至三位小数。

6）合计利用量：计量单位为 10^4 m^3/a，计至三位小数。

主要参考资料

[1] 国家水资源监控能力建设项目办公室. 监测数据库表结构及标识符[S]：SZY 302—2018，2018.

[2] 国家水资源监控能力建设项目办公室. 基础数据库表结构与标识符[S]：SZY 301—2013，2014.

[3] 国家质量监督检验检疫总局，中国国家标准化管理委员会. 污水排入城镇下水道水质标准[S]：GB/T 31962—

2015，2016.
[4] 国家质量监督检验检疫总局，中国国家标准化管理委员会. 城镇供水服务[S]：GB/T 32063—2015，2016.
[5] 国家质量监督检验检疫总局，中国国家标准化管理委员会. 国民经济行业分类[S]：GB/T 4754—2017.
[6] 国家质量监督检验检疫总局，中国国家标准化管理委员会. 用水定额编制技术导则[S]：GB/T 32716—2016，2017.
[7] 住房和城乡建设部，国家质量监督检验检疫总局. 水资源规划规范[S]：GB/T 51051—2014，2015.
[8] 国家质量监督检验检疫总局，中国国家标准化管理委员会. 节水型社会评价指标体系和评价方法[S]：GB/T 28284—2012，2012.
[9] 水利部. 水资源监控管理数据库表结构及标识符标准[S]：SL 380—2007，2007.
[10] 水利部. 水质数据库表结构及标识符[S]：SL 325—2014，2014.
[11] 水利部. 大中型水利水电工程移民数据库表结构及标识符[S]：SL 603—2013.
[12] 水利部. 水利建设市场主体信用信息数据库表结构及标识符[S]：SL 691—2014，2014.
[13] 水利部. 水利对象基础数据库表结构及标识符[S]：SL/T 809—2021，2021.
[14] 水利部. 基础水文数据库表结构及标识符[S]：SL 324—2005，2005.
[15] 水利部. 实时雨水情数据库表结构与标识符[S]：SL 323—2011，2011.
[16] 水利部. 水利政务信息数据库表结构及标识符[S]：SL 707—2015，2015.
[17] 水利部. 电子证照取水许可证[S]：SL/T 816—2021，2022.
[18] 北京市市场监督管理局. 节水评价规范[S]：DB11/T 936. 1—2020，2021.
[19] 水利部. 水利对象分类与编码总则[S]：SL/T 2013—2020，2020.
[20] 水利部. 水资源保护规划编制规程[S]：SL 613—2013，2013.
[21] 水利部. 水资源管理信息代码编制规定[S]：SL 457—2009，2010.
[22] 国家质量监督检验检疫总局，中国国家标准化管理委员会. 水资源管理信息对象代码编制规范[S]：GB/T 33113—2016，2017.
[23] 国家市场监督管理局，国家标准化管理委员会. 节约用水术语[S]：GB/T 31534—2021，2022.
[24] 水利部. 地下水资源勘察规范[S]：SL 454—2010，2010.
[25] 国家质量监督检验检疫总局，中国国家标准化管理委员会. 取水计量技术导则[S]：GB/T 28714—2012，2013.
[26] 国家质量监督检验检疫总局，中国国家标准化管理委员会. 地下水超采区评价导则[S]：GB/T 34968—2017，2018.
[27] 国家质量监督检验检疫总局，中国国家标准化管理委员会. 项目节水评估技术导则[S]：GB/T 34147—2017，2018.
[28] 国家质量监督检验检疫总局，中国国家标准化管理委员会. 节水型机关评价导则[S]：GB/T 29118—2016，2013.
[29] 国家市场监督管理局，国家标准化管理委员会. 节水型企业评价导则[S]：GB/T 7119—2018，2019.
[30] 国家质量监督检验检疫总局，中国国家标准化管理委员会. 地下水质量标准[S]：GB/T 14848—2017，2018.
[31] 水利部. 规划水资源论证技术导则[S]：SL/T 813—2021，2022.

第四节 水旱灾害防御

水旱灾害泛指洪水泛滥、暴雨积水、降水少等对人类社会造成的灾害，分为洪涝灾害和干旱灾害。

洪涝灾害是指因降雨、降融雪、冰凌、风暴潮、热带气旋、冰雹、龙卷风、地震等引发江河湖泊洪水、渍涝、山洪等造成的灾害。主要按照防洪规划、汛情监测、凌汛监测、河道洪水预报、枯季径流预报、洪水影响评价、洪水风险图、应急预案、防洪调度、应急管理、灾情评估、防洪工程经济效益分析等综合情况进行分析梳理。

干旱灾害是指因降水少、水资源短缺，对城乡居民生活、工农业生产造成直接影响的旱情，以及旱情发生后给工农业生产造成的旱灾损失。主要按照抗旱规划、旱情监测、旱情预测、干旱风险评价、应急预案、抗旱调度、应急管理、灾情评估、旱情分析、旱灾损失及抗旱效益评价等综合情况进行分析梳理。

本章围绕水旱灾害防御业务，从规划、监测、预报、调度、管理、评价全链条过程进行梳理分析，归纳整理了 67 张表，834 个字段。水旱灾害防御实体关系如图 1-4 所示。

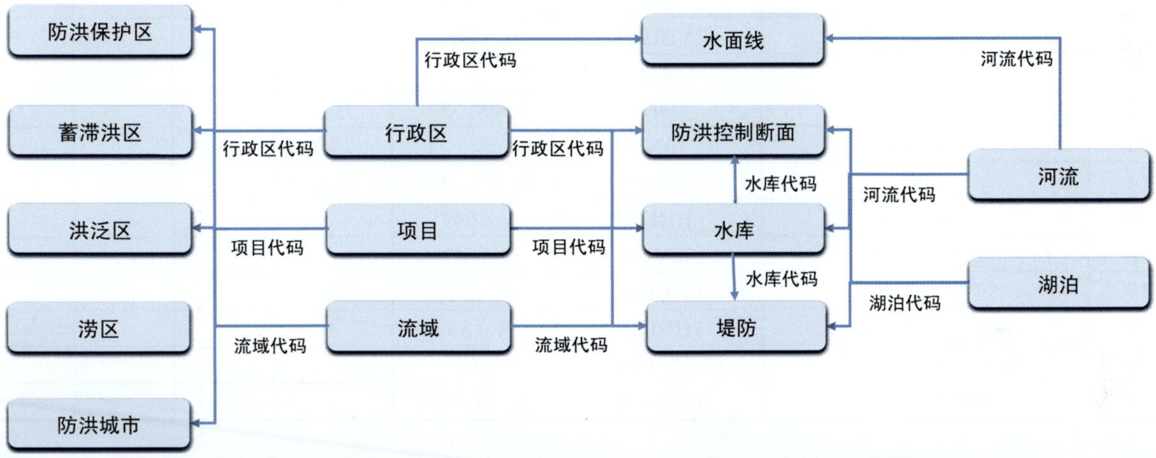

图 1-4 水旱灾害防御实体关系

一、防灾规划

（一）防洪规划

1. （实体）主要防洪保护区规划成果表

[1] 表编号：010401001

[2] 表标识：ZYFHBHQGHCGB

[3] 表说明：描述主要防洪保护区规划成果的基本信息。防洪保护区是指在防洪标准内受防洪工程设施保护的地区。

序号	含义	字段名	数据类型	单位	必填	主键	外键
1	规划保护区名称	GHBHQMC	C（64）		Y	Y	
2	项目代码	XMDM	C（20）		Y	Y	Y
3	流域代码	LYDM	C（10）		Y		Y
4	行政区划代码	XZQHDM	C（10）		Y		Y
5	保护区范围	BHQFW	C（128）				
6	原保护区名称	YBHQMC	C（64）				
7	中心经度	ZXJD	N（10，6）	（°）			
8	中心纬度	ZXWD	N（10，6）	（°）			
9	面积	MJ	N（7，2）	km^2			
10	主要保护对象	ZYBHDX	C（64）				
11	人口	RK	N（7，2）	万人			
12	耕地	GD	N（8，2）	万亩			
13	基本农田	JBNT	N（8，2）	万亩			
14	GDP	GDP	N（7，2）	亿元			
15	保护类型	BHLX	C（64）				
16	所防御洪水	SFYHS	C（64）				
17	防洪标准现状	FHBIXZ	N（3）	a			
18	防洪标准规划	FHBIGH	N（3）	a			
19	规划主要防护措施	GHZYFHCS	C（64）				
20	现状达标情况	XZDBQK	C（128）				

[4] 填写说明：

1）规划保护区名称：规划防洪保护区的中文名称，按《水利对象分类与编码总则》（SL/T 213—2020）的规定编制并填写。

2）项目代码：指本次规划项目的识别代码，引用规划工程项目信息表。

3）流域代码：防洪保护区所属流域的识别代码，按最小包含原则填写，引用流域基本信息表。

4）行政区划代码：防洪保护区所属的行政区划代码，按最小包含原则填写，引用行政区划基本信息表。

5）保护区范围：防洪保护区的涉及范围。

6）原保护区名称：防洪保护区的原中文名称。

7）中心经度：防洪保护区中心点的经度，采用 2000 国家大地坐标系（CGCS2000）。

8）中心纬度：防洪保护区中心点的纬度，采用 2000 国家大地坐标系（CGCS2000）。

9）面积：防洪保护区的面积，计量单位为 km^2，计至两位小数。

10）主要保护对象：包括城市、乡村、工矿企业、交通运输设施等。

11）人口：经济社会指标预测人口，计量单位为万人，计至两位小数。

12）耕地：经济社会指标预测耕地，计量单位为万亩，计至两位小数。

13）基本农田：经济社会指标预测基本农田，计量单位为万亩，计至两位小数。

14）GDP：经济社会指标预测 GDP，计量单位为亿元，计至两位小数。

15）保护类型：主要根据洪水威胁来源，可填写防洪、防潮等。

16）所防御洪水：按防洪重要性由高到低填写防御的江河洪水来源以及风暴潮等，要求分别注明所防御目标洪水，如××河流 20 年一遇洪水。

17）防洪标准现状：指该防洪保护区现状防洪标准与本轮规划防洪标准之间的比较，计量单位为年，计至整数。

18）防洪标准规划：指本次规划防洪标准，计量单位为年，计至整数。

19）规划主要防护措施：指防洪保护区所依托的堤防、水库、蓄滞洪区等工程措施，例如“依靠××堤防达到 20 年一遇，结合××水库，达到 50 年一遇”。

20）现状达标情况：简要说明。

2. （实体）主要蓄滞洪区规划成果表

[1] 表编号：010401002

[2] 表标识：ZYXZHQGHCGB

[3] 表说明：描述主要蓄滞洪区规划成果的基本信息。蓄滞洪区是指包括分洪口在内的河堤背水面以外临时贮存洪水的低洼地区及湖泊等。

序号	含义	字段名	数据类型	单位	必填	主键	外键
1	规划蓄滞洪区名称	GHXZHQMC	C（64）		Y	Y	
2	项目代码	XMDM	C（20）		Y	Y	Y
3	流域代码	LYDM	C（10）		Y		Y
4	行政区划代码	XZQHDM	C（10）		Y		Y
5	类型	LX	C（4）				
6	分类	FL	C（16）				
7	原蓄滞洪区名称	YXZHQMC	C（64）				
8	中心经度	ZXJD	N（10，6）	（°）			
9	中心纬度	ZXWD	N（10，6）	（°）			
10	蓄滞洪区面积	XZHQMJ	N（7，2）	km^2			
11	蓄洪容积	XHRJ	N（6，2）	亿 m^3			
12	规划安全区面积	GHAQQMJ	N（7，2）	万 m^2			
13	规划安全区安置人口	GHAQQAZRK	N（7，2）	万人			
14	防洪任务	FHRW	C（64）				
15	调度权限	DDQX	C（64）				
16	启用标准	QYBZ	N（3）	a			
17	启用条件	QYTJ	C（64）				
18	人口	RK	N（7，2）	万人			
19	耕地	GD	N（8，2）	万亩			
20	基本农田	JBNT	N（8，2）	万亩			
21	GDP	GDP	N（7，2）	亿元			

[4] 填写说明：

1）规划蓄滞洪区名称：蓄滞洪区的中文名称，按《水利对象分类与编码总则》（SL 213—2020）的规定编制并填写。

2）项目代码：指本次规划项目的识别代码，引用规划工程项目信息表。

3）流域代码：蓄滞洪区所属流域的识别代码，按最小包含原则填写，引用流域基本信息表。

4）行政区划代码：蓄滞洪区所属的行政区划代码，按最小包含原则填写，引用行政区划基本信息表。

5）类型：蓄滞洪区类型，国家、地方。

6）分类：填写重要、一般或保留。

7）原蓄滞洪区名称：蓄滞洪区原中文名称。

8）中心经度：蓄滞洪区中心点的经度，采用 2000 国家大地坐标系（CGCS2000）。

9）中心纬度：蓄滞洪区中心点的纬度，采用 2000 国家大地坐标系（CGCS2000）。

10）蓄滞洪区面积：规划蓄滞洪区面积，计量单位为 km^2，计至两位小数。

11）蓄洪容积：规划蓄滞洪区的容积，计量单位为亿 m^3，计至两位小数。

12）规划安全区面积：规划安全区面积，计量单位为万 m^2，计至两位小数。

13）规划安全区安置人口：规划安全区安置人口，计量单位为万人，计至两位小数。

14）防洪任务：简要说明。

15）调度权限：填写具体调度部门，如××省防指挥中心。

16）启用标准：指该蓄滞洪区目前启用的防洪标准，计量单位为 a，计至整数。

17）启用条件：简要说明该防洪标准的启用条件。

18）人口：经济社会指标预测人口，计量单位为万人，计至两位小数。

19）耕地：经济社会指标预测耕地，计量单位为万亩，计至两位小数。

20）基本农田：经济社会指标预测基本农田，计量单位为万亩，计至两位小数。

21）GDP：经济社会指标预测 GDP，计量单位为亿元，计至两位小数。

3. （实体）洪泛区（洲滩民垸）规划成果表

[1] 表编号：010401003

[2] 表标识：HFQZTMYGHCGB

[3] 表说明：描述洪泛区规划成果的基本信息。洪泛区是指尚无工程设施保护的洪水泛滥所及的地区。

序号	含义	字段名	数据类型	单位	必填	主键	外键
1	规划洪泛区名称	GHHFQMC	C（64）		Y	Y	
2	项目代码	XMDM	C（20）		Y	Y	Y
3	行政区划代码	XZQHDM	C（10）		Y		Y
4	流域代码	LYDM	C（10）		Y		Y
5	中心经度	ZXJD	N（10，6）	（°）			
6	中心纬度	ZXWD	N（10，6）	（°）			
7	分类	FL	C（16）				
8	原洪泛区名称	YHFQMC	C（16）				
9	洪泛区面积	HFQMJ	N（7，2）	km^2			
10	人口	RK	N（7，2）	万人			
11	耕地	GD	N（8，2）	万亩			
12	基本农田	JBNT	N（8，2）	万亩			
13	GDP	GDP	N（7，2）	亿元			
14	分洪容积	FHRJ	N（7，2）	$10^4\ m^3$			

[4] 填写说明：

1）规划洪泛区名称：洪泛区的中文名称，按《水利对象分类与编码总则》（SL 213—2020）的规定编制并填写。

2）项目代码：指本次规划项目的识别代码，引用规划工程项目信息表。

3）行政区划代码：洪泛区所属的行政区划代码，按最小包含原则填写，引用行政区划基本信息表。

4）流域代码：洪泛区所属流域的识别代码，按最小包含原则填写，引用流域基本信息表。

5）中心经度：洪泛区中心点的经度，采用 2000 国家大地坐标系（CGCS2000）。

6）中心纬度：洪泛区中心点的纬度，采用 2000 国家大地坐标系（CGCS2000）。

7）分类：洪泛区类型。

8）原洪泛区名称：原洪泛区名称。

9）洪泛区面积：经济社会指标预测建成区面积，计量单位为 km^2，计至两位小数。

10）人口：经济社会指标预测人口，计量单位为万人，计至两位小数。

11）耕地：经济社会指标预测耕地，计量单位为万亩，计至两位小数。

12）基本农田：经济社会指标预测基本农田，计量单位为万亩，计至两位小数。

13）GDP：经济社会指标预测 GDP，计量单位为亿元，计至两位小数。

14）分洪容积：计量单位为 10^4 m^3，计至两位小数。

4.（实体）重点涝区规划成果表

[1] 表编号：010401004

[2] 表标识：ZDLQGHCGB

[3] 表说明：描述重点涝区规划成果的基本信息。涝区是长期阴雨或暴雨后，由于地表积水，地面径流不能及时排除，农田积水超过作物耐淹能力，造成农业减产灾害的地势低洼、地形闭塞的地区。

序号	含义	字段名	数据类型	单位	必填	主键	外键
1	规划涝区名称	GHLQMC	C（64）		Y	Y	
2	项目代码	XMDM	C（20）		Y	Y	Y
3	流域代码	LYDM	C（10）		Y		Y
4	行政区划代码	XZQHDM	C（10）		Y		Y
5	原涝区名称	YLQMC	C（64）				
6	中心经度	ZXJD	N（10，6）	（°）			
7	中心纬度	ZXWD	N（10，6）	（°）			
8	涝灾成因	LZCY	C（64）				
9	人口	RK	N（7，2）	万人			
10	耕地	GD	N（8，2）	万亩			
11	基本农田	JBNT	N（8，2）	万亩			
12	GDP	GDP	N（7，2）	亿元			
13	现状排涝标准	XZPLBZ	C（64）				
14	规划排涝标准	GHPLBZ	C（64）				
15	现状排涝能力	XZPLNL	N（7，2）	m^3/s			
16	规划排涝能力	GHPLNL	N（7，2）	m^3/s			

[4] 填写说明：

1）规划涝区名称：涝区的中文名称，按《水利对象分类与编码总则》（SL 213—2020）的规定编制并填写。

2）项目代码：指本次规划项目的识别代码，引用规划工程项目信息表。

3）流域代码：涝区所属流域的识别代码，按最小包含原则填写，引用流域基本信息表。

4）行政区划代码：涝区所属的行政区划代码，按最小包含原则填写，引用行政区划基本信息表。

5）原涝区名称：原涝区的名称。

6）中心经度：涝区中心点的经度，采用 2000 国家大地坐标系（CGCS2000）。

7）中心纬度：涝区中心点的纬度，采用 2000 国家大地坐标系（CGCS2000）。

8）涝灾成因：涝区形成的原因，简要说明。

9）人口：经济社会指标预测人口，计量单位为万人，计至两位小数。

10）耕地：经济社会指标预测耕地，计量单位为万亩，计至两位小数。

11）基本农田：经济社会指标预测基本农田，计量单位为万亩，计至两位小数。

12）GDP：经济社会指标预测 GDP，计量单位为亿元，计至两位小数。

13）现状排涝标准：简要说明，计量单位为 a，计至整数。

14）规划排涝标准：简要说明，计量单位为 a，计至整数。

15）现状排涝能力：现状排涝能力，计量单位为 m^3/s，计至两位小数。

16）规划排涝能力：规划排涝能力，计量单位为 m^3/s，计至两位小数。

5. （实体）防洪城市规划成果表

[1] 表编号：010401005

[2] 表标识：FHCSGHCGB

[3] 表说明：描述防洪城市规划成果的基本信息。防洪城市是受洪水威胁的城市。

序号	含义	字段名	数据类型	单位	必填	主键	外键
1	规划防洪城市代码	GHFHCSDM	C（10）		Y	Y	Y
2	项目代码	XMDM	C（20）		Y	Y	Y
3	流域代码	LYDM	C（10）		Y		Y
4	中心经度	ZXJD	N（10，6）	（°）			
5	中心纬度	ZXWD	N（10，6）	（°）			
6	城市类型	CSLX	C（11）				
7	建成区面积	JCQMJ	N（7，2）	km^2			
8	人口	RK	N（7，2）	万人			
9	GDP	GDP	N（7，2）	亿元			
10	现状防洪标准	XZFHBZ	N（3）	a			
11	规划防洪标准	GHFHBZ	N（3）	a			
12	现状排涝标准	XZPLBZ	N（3）	a			
13	规划排涝标准	GHPLBZ	N（3）	a			
14	所防御洪水	SFYHS	N（3）	a			
15	规划主要防护措施	GHZYFHCS	C（64）				
16	现状防洪达标情况	XZFHDBQK	C（128）				
17	现状排涝达标情况	XZPLDBQK	C（128）				

[4] 填写说明：

1）规划防洪城市代码：防洪城市所在的行政区划代码，引用行政区划基本信息表。

2）项目代码：指本次规划项目的识别代码，引用规划工程项目信息表。

3）流域代码：防洪城市所属流域的识别代码，按最小包含原则填写，引用流域基本信息表。

4）中心经度：防洪城市中心点的经度，采用2000国家大地坐标系（CGCS2000）。

5）中心纬度：防洪城市中心点的纬度，采用2000国家大地坐标系（CGCS2000）。

6）城市类型：城市类型。

7）建成区面积：经济社会指标预测建成区面积，计量单位为km^2，计至两位小数。

8）人口：经济社会指标预测人口，计量单位为万人，计至两位小数。

9）GDP：经济社会指标预测GDP，计量单位为亿元，计至两位小数。

10）现状防洪标准：计量单位为a，计至整数。

11）规划防洪标准：计量单位为a，计至整数。

12）现状排涝标准：计量单位为a，计至整数。

13）规划排涝标准：计量单位为a，计至整数。

14）所防御洪水：指防御的江河洪水、风暴潮等，并注明所防御的标准，如××河流20年一遇洪水。

15）规划主要防护措施：指防洪城市所依托的堤防、水库、蓄滞洪区等工程措施与非工程措施，如依靠××堤防达到20年一遇，结合××水库，达到50年一遇。

16）现状防洪达标情况：指该城市现状防洪标准与本轮规划的防洪标准之间的比较。

17）现状排涝达标情况：指该城市现状排涝标准与本轮规划的排涝标准之间的比较。

6. （实体）主要防洪水库规划成果表

[1] 表编号：010401006

[2] 表标识：ZYFHSKGHCGB

[3] 表说明：描述主要防洪水库规划成果的基本信息。一般水库都是综合性运用的水库，防洪是其综合性运用目标之一（有的也可能是其主要目标）。水库用于防洪，主要是用来调蓄洪水，即起滞洪、缓洪或蓄水的作用，从而可以有效地降低水库大坝下游的洪水水位。

序号	含义	字段名	数据类型	单位	必填	主键	外键
1	规划水库名称	GHSKMC	C（16）		Y	Y	
2	项目代码	XMDM	C（20）		Y	Y	Y
3	流域代码	LYDM	C（10）		Y		Y
4	行政区划代码	XZQHDM	C（10）				Y
5	中心经度	ZXJD	N（10，6）	（°）			
6	中心纬度	ZXWD	N（10，6）	（°）			
7	所在位置	SZWZ	C（64）				
8	原水库名称	YSKMC	C（16）				
9	建设内容	JSNR	C（16）				
10	坝址控制流域面积	BZKZLYMJ	N（7，2）	km^2			
11	总库容	ZKR	N（5，2）	亿m^3			
12	防洪库容	FHKR	N（5，2）	亿m^3			
13	恢复防洪库容	HFFHKR	N（5，2）	亿m^3			
14	增加防洪库容	ZJFHKR	N（5，2）	亿m^3			
15	防洪作用	FHZY	C（64）				

[4] 填写说明：

1）规划水库名称：规划水库的中文名称。

2）项目代码：指本次规划项目的识别代码，引用规划工程项目信息表。

3）流域代码：水库所属流域的识别代码，按最小包含原则填写，引用流域基本信息表。

4）行政区划代码：水库所属的行政区划代码，按最小包含原则填写，引用行政区划基本信息表。

5）中心经度：水库中心点的经度，采用 2000 国家大地坐标系（CGCS2000）。

6）中心纬度：水库中心点的纬度，采用 2000 国家大地坐标系（CGCS2000）。

7）所在位置：水库主坝所在地详细地址，精确至乡镇。

8）原水库名称：原水库的中文名称。

9）建设内容：填写新建水库、加高扩容、清淤疏浚、除险加固等，可填多项，根据工程建设实际进行细化描述。

10）坝址控制流域面积：坝址控制流域面积，计量单位为 km^2，计至两位小数。

11）总库容：校核洪水位以下的水库容积，计量单位为亿 m^3，计至两位小数。

12）防洪库容：防洪高水位至防洪限制水位之间的水库容积，计量单位为亿 m^3，计至两位小数。

13）恢复防洪库容：仅针对开展清淤疏浚、除险加固的水库填写，计量单位为亿 m^3，计至两位小数。

14）增加防洪库容：仅针对开展加高扩容的水库填写，计量单位为亿 m^3，计至两位小数。

15）防洪作用：描述工程对流域、区域防洪或下游保护对象防洪标准提高等起到的作用等。

7. （实体）重要堤防规划成果表

[1] 表编号：010401007

[2] 表标识：ZYDFGHCGB

[3] 表说明：描述重要堤防规划成果的基本信息。堤防是指拦水的堤坝。

序号	含义	字段名	数据类型	单位	必填	主键	外键
1	规划堤防段名称	GHDFDMC	C（16）		Y	Y	
2	项目代码	XMDM	C（20）		Y	Y	Y
3	流域代码	LYDM	C（10）		Y		Y
4	行政区划代码	XZQHDM	C（10）				Y
5	河流代码	HLDM	C（8）				Y
6	水库代码	SKDM	C（11）				Y
7	湖泊代码	HPDM	C（7）				Y
8	起始断面经度	QSDMJD	N（10，6）	（°）			
9	起始断面纬度	QSDMWD	N（10，6）	（°）			
10	终止断面经度	ZZDMJD	N（10，6）	（°）			
11	终止断面纬度	ZZDMWD	N（10，6）	（°）			
12	岸别	AB	C（1）				
13	原堤防名称	YDFMC	C（16）				
14	现状堤防级别	XZDFJB	C（16）				
15	规划堤防级别	GHDFJB	C（16）				
16	现状防洪标准	XZFHBZ	N（3）	a			
17	规划防洪标准	GHFHBZ	N（3）	a			
18	人口	RK	N（7，2）	万人			
19	耕地	GD	N（8，2）	万亩			
20	基本农田	JBNT	N（8，2）	万亩			
21	GDP	GDP	N（7，2）	亿元			

[4] 填写说明：

1）规划堤防段代码：规划堤防的名称。

2）项目代码：指本次规划项目的识别代码，引用规划工程项目信息表。

3）流域代码：堤防所属流域的识别代码，按最小包含原则填写，引用流域基本信息表。

4）行政区划代码：堤防所属的行政区划代码，按最小包含原则填写，引用行政区划基本信息表。

5）河流代码：堤防所属的河流代码，引用河流基本信息表。

6）水库代码：堤防所属的水库代码，按最小包含原则填写，引用水库基本信息表。

7）湖泊代码：堤防所属的湖泊代码，按最小包含原则填写，引用湖泊基本信息表。

8）起始断面经度：起始断面经度，采用 2000 国家大地坐标系（CGCS2000）。

9）起始断面纬度：起始断面纬度，采用 2000 国家大地坐标系（CGCS2000）。

10）终止断面经度：终止断面经度，采用 2000 国家大地坐标系（CGCS2000）。

11）终止断面纬度：终止断面纬度，采用 2000 国家大地坐标系（CGCS2000）。

12）岸别：河流岸别，填写左岸或右岸。

13）原堤防名称：原堤防的中文名称。

14）现状堤防级别：现状的堤防级别。

15）规划堤防级别：规划的堤防级别。

16）现状防洪标准：为堤防现状标准，区别保护对象防洪标准，填写具体重现期，如 10、20、50、100、200，或某一具体典型年洪水，计量单位为 a，计至整数。

17）规划防洪标准：为堤防规划标准，区别保护对象防洪标准，填写具体重现期，如 10、20、50、100、200，或某一具体典型年洪水，计量单位为 a，计至整数。

18）人口：经济社会指标预测人口，计量单位为万人，计至两位小数。

19）耕地：经济社会指标预测耕地，计量单位为万亩，计至两位小数。

20）基本农田：经济社会指标预测基本农田，计量单位为万亩，计至两位小数。

21）GDP：经济社会指标预测 GDP，计量单位为亿元，计至两位小数。

8. （实体）重要防洪控制断面规划成果表

[1] 表编号：010401008

[2] 表标识：ZYFHKZDMGHCGB

[3] 表说明：描述主要河流重要控制断面规划成果的基本信息。

序号	含义	字段名	数据类型	单位	必填	主键	外键
1	断面名称	DMMC	C（16）		Y	Y	
2	项目代码	XMDM	C（20）		Y	Y	Y
3	行政区划代码	XZQHDM	C（10）		Y		Y
4	流域代码	LYDM	C（10）				Y
5	河流代码	HLDM	C（8）				Y
6	水库代码	SKDM	C（11）				Y
7	湖泊代码	HPDM	C（7）				Y
8	断面经度	DMJD	N（10，6）	（°）			
9	断面纬度	DMWD	N（10，6）	（°）			
10	原控制断面名称	YKZDMMC	C（16）				
11	原规划控制水位	YGHKZSW	N（7，2）	m			

序号	含义	字段名	数据类型	单位	必填	主键	外键
12	原规划相应流量	YGHXYLL	N（7，2）	m^3/s			
13	原规划设防流量	YGHSFLL	N（7，2）	m^3/s			
14	原规划对应重现期	YGHDYCXQ	N（3）	a			
15	现状实际行洪能力	XZSJXHNL	N（7，2）	m^3/s			
16	历史最高实测水位	LSZGSCSW	N（7，2）	m			
17	历史最高水位相应流量	LSZGSWXYLL	N（7，2）	m^3/s			
18	历史最大实测流量	LSZDSCLL	N（7，2）	m^3/s			
19	历史最大实测值出现时间	LSZDSCZCXSJ	D（8）				
20	规划控制水位	GHKZSW	N（7，2）	m			
21	规划控制水位相应流量	GHKZSWXYLL	N（7，2）	m^3/s			
22	规划控制设防流量	GHKZSFLL	N（7，2）	m^3/s			
23	规划控制对应重现期	GHKZDYCXQ	N（3）	a			

[4] 填写说明：

1）断面名称：规划控制断面的名称。

2）项目代码：指本次规划项目的识别代码，引用规划工程项目信息表。

3）行政区划代码：断面所属的行政区划代码，引用行政区划基本信息表。

4）流域代码：断面所属流域的识别代码，引用流域基本信息表。

5）河流代码：断面所属的河流代码，引用河流基本信息表。

6）水库代码：断面所属的水库代码，引用水库基本信息表。

7）湖泊代码：断面所属的湖泊代码，引用湖泊基本信息表。

8）断面经度：断面经度，采用 2000 国家大地坐标系（CGCS2000）。

9）断面纬度：断面纬度，采用 2000 国家大地坐标系（CGCS2000）。

10）原控制断面名称：原控制断面的中文名称。

11）原规划控制水位：在较高水位间隔不宜大于 20 cm，且应包含断面防洪控制水位等特征水位、超标准洪水和小洪水对应水位，计量单位为 m，计至两位小数。

12）原规划相应流量：控制水位对应的流量，计量单位为 m^3/s，计至两位小数。

13）原规划设防流量：原规划的设防流量，计量单位为 m^3/s，计至两位小数。

14）原规划对应重现期：指原规划对应的重现期，计量单位为 a，计至整数。

15）现状实际行洪能力：计量单位为 m^3/s，计至两位小数。

16）历史最高实测水位：计量单位为 m，计至两位小数。

17）历史最高水位相应流量：计量单位为 m^3/s，计至两位小数。

18）历史最大实测流量：计量单位为 m^3/s，计至两位小数。

19）历史最大实测值出现时间：计至日。

20）规划控制水位：计量单位为 m，计至两位小数。

21）规划控制水位相应流量：计量单位为 m^3/s，计至两位小数。

22）规划控制设防流量：计量单位为 m^3/s，计至两位小数。

23）规划控制对应重现期：指规划控制对应的重现期，计量单位为年，计至整数。

（二）抗旱规划

1. （管理）抗旱应急水源工程规划成果表

[1] 表编号：010401009

[2] 表标识：KHYJSYGCGHCGB

[3] 表说明：本表为抗旱应急水源工程规划成果表，属管理表，存储规划抗旱应急水源工程规划成果信息。

序号	含义	字段名	数据类型	单位	必填	主键	外键
1	工程名称	GCMC	C（16）		Y	Y	
2	项目代码	XMDM	C（20）		Y	Y	Y
3	行政区划代码	XZQHDM	C（10）				Y
4	流域代码	LYDM	C（10）				Y
5	水源类型	SYLX	C（2）				Y
6	建设内容及规模	JSNRJGM	C（100）				
7	效益	XY	C（100）				
8	年新增供水量	NXZGSL	N（13，3）	10^4 m^3			
9	投资估算	TZGS	N（10，3）	亿元			
10	实施周期	SSZQ	C（20）				

[4] 填写说明：

1）工程代码：规划工程的名称。

2）项目代码：指本次规划项目的识别代码，引用规划工程项目信息表。

3）行政区划代码：抗旱应急水源工程所属的行政区划，引用行政区划基本信息表。

4）流域代码：抗旱应急水源工程所属流域的识别代码，引用流域基本信息表。

5）水源类型：抗旱应急水源工程所属水资源的类型，取值及其含义见水源类型代码表。

6）建设内容及规模：抗旱应急水源工程的具体类型和规模情况，简要说明。

7）效益：抗旱应急水源工程建设带来的经济效益，简要说明。

8）年新增供水量：抗旱应急水源工程年新增供水量，计量单位为 10^4 m^3，计至三位小数。

9）投资估算：抗旱应急水源工程投资估算值，计量单位为亿元，计至三位小数。

10）实施周期：抗旱应急水源工程建设实施的周期。

二、灾情监测

（一）汛情监测

1. （载体）洪水基本信息表

[1] 表编号：010402001

[2] 表标识：HSJBXXB

[3] 表说明：描述洪水相关的基本信息。洪水是由暴雨、急骤融冰化雪、风暴潮等自然因素引起的江河湖海水量迅速增加或水位迅猛上涨的水流现象。

序号	含义	字段名	数据类型	单位	必填	主键	外键
1	洪水代码	HSDM	C（10）		Y	Y	
2	洪水名称	HSMC	C（150）		Y		
3	河流代码	HLDM	C（8）		Y		Y
4	行政区划代码	XZQHDM	C（10）				Y
5	降雨开始时间	JYKSSJ	T（14）				
6	降雨结束时间	JYJSSJ	T（14）				
7	洪水开始时间	HSKSSJ	T（14）				
8	洪水结束时间	HSJSSJ	T（14）				
9	持续时间	CXSJ	N（10，2）	h			

[4] 填写说明：

1）洪水代码：用于标识每一场历史大洪水的代码，洪水代码由 10 位英文字符和数字组成。洪水代码格式为 LSXXXXYYSN。其中，LS 为流域和水系代码，以洪水主要发生水系进行编码，发生在三级及三级以下水系的洪水，编码统一到二级水系，水系的编码采用《中国河流代码》（SL 249—2012）的相关规定；XXXX 为洪水发生的年份，用 4 位数表示；YY 为洪水发生的月份，用 2 位数表示；SN 为水系所在年月洪水发生次数的序号。

2）洪水名称：洪水代码对应的中文名称。

3）河流代码：洪水发生所属河流代码，引用河流基本信息表。

4）行政区划代码：洪水发生所属行政区划代码，按最小包含原则填写，引用行政区划基本信息表。

5）降雨开始时间：产生历史大洪水的降雨起始时间，计至秒。时间中不清楚的部分，填最小的数字，如不清楚小时数，填 0 时。

6）降雨结束时间：产生历史大洪水的降雨结束时间，计至秒。时间中不清楚的部分，填最小的数字，如不清楚小时数，填 0 时。

7）洪水开始时间：历史大洪水的起始时间，计至秒。时间中不清楚的部分，填最小的数字，如不清楚小时数，填 0 时。

8）洪水结束时间：历史大洪水的结束时间，计至秒。时间中不清楚的部分，填最小的数字，如不清楚小时数，填 0 时。

9）持续时间：指该洪水持续的时间，计量单位为 h，计至两位小数。

2. （管理）洪水传播时间表

[1] 表编号：010402002

[2] 表标识：HSCBSJB

[3] 表说明：本表为洪水传播时间表，属管理表，存储洪水传播时间信息。信息统计的载体对象为洪水，统计指标为该洪水的传播时间。

序号	含义	字段名	数据类型	单位	必填	主键	外键
1	洪水代码	HSDM	C（10）		Y	Y	Y
2	洪水名称	HSMC	C（150）				
3	上游测站代码	SYCZDM	C（8）		Y	Y	Y
4	下游测站代码	XYCZDM	C（8）		Y	Y	Y
5	河段长	HDC	N（3）	km			
6	安全泄量	AQXL	N（9，3）	m^3/s			

序号	含义	字段名	数据类型	单位	必填	主键	外键
7	流量量级	LLLJ	N（5）	m^3/s			
8	最小传播时间	ZXCBSJ	N（5，2）	h			
9	最大传播时间	ZDCBSJ	N（5，2）	h			
10	平均传播时间	PJCBSJ	N（5，2）	h			

[4] 填写说明：

1）洪水代码：引用洪水基本信息表。

2）洪水名称：洪水代码对应的中文名称，由洪水基本信息表带入。

3）上游测站代码：洪水发生河段上游测站的测站代码，引用水文测站基本信息表。

4）下游测站代码：洪水发生河段下游测站的测站代码，引用水文测站基本信息表。

5）河段长：从上游测站到下游测站的河道长度，计量单位为 km，计至整数。

6）安全泄量：上游测站和下游测站之间河道确保安全允许通过的最大流量，计量单位为 m^3/s，计至三位小数。

7）流量量级：传播时间对应的洪水流量量级，计量单位为 m^3/s，计至整数。

8）最小传播时间：相应量级洪水从上游测站传播到下游测站的最小时间，计量单位为 h，计至两位小数。

9）最大传播时间：相应量级洪水从上游测站传播到下游测站的最大时间，计量单位为 h，计至两位小数。

10）平均传播时间：相应量级洪水从上游测站传播到下游测站耗用时间的平均值，计量单位为 h，计至两位小数。

3.（管理）洪峰水位流量表

[1] 表编号：010402003

[2] 表标识：HFSWLLB

[3] 表说明：本表为洪峰水位流量表，属管理表，存储洪水的洪峰特征信息。信息统计的载体对象为洪水，统计指标包括洪水的洪峰水位、洪峰流量等。

序号	含义	字段名	数据类型	单位	必填	主键	外键
1	洪水代码	HSDM	C（10）		Y	Y	Y
2	洪水名称	HSMC	C（150）				
3	测站代码	CZDM	C（8）		Y	Y	Y
4	最大洪峰流量	ZDHFLL	N（10，3）	m^3/s			
5	最大洪峰流量发生时间	ZDHFLLFSSJ	T（12）				
6	最高洪峰水位	ZGHFSW	N（7，3）	m			
7	最高洪峰水位出现时间	ZGHFSWCXSJ	T（12）				

[4] 填写说明：

1）洪水代码：引用洪水基本信息表。

2）洪水名称：洪水代码对应的中文名称，由洪水基本信息表带入。

3）测站代码：记录洪水信息的测站，引用水文测站基本信息表。

4）最大洪峰流量：整个洪水过程中，水文测站出现的最大洪峰流量，计量单位为 m^3/s，计至三位小数。

5）最大洪峰流量发生时间：相应测站发生最大洪峰流量的时间。

6）最高洪峰水位：整个洪水过程中，水文测站出现的最高洪峰水位，计量单位为 m，计至三位小数。

7）最高洪峰水位出现时间：最高洪峰水位出现的相应时间。

4. （管理）最大洪量统计表

[1] 表编号：010402004

[2] 表标识：ZDHLTJB

[3] 表说明：本表为最大洪量统计表，属管理表，存储洪水发生过程中洪量特征值信息。信息统计的时间单元为时段，通过“统计天数”和“开始日期”确定，统计的载体对象为洪水，统计指标为洪量相关特征值。

序号	含义	字段名	数据类型	单位	必填	主键	外键
1	洪水代码	HSDM	C（10）		Y	Y	Y
2	洪水名称	HSMC	C（150）				
3	测站代码	CZDM	C（8）		Y	Y	Y
4	统计天数	TJTS	N（2）	d	Y	Y	
5	开始日期	KSRQ	D（8）		Y	Y	
6	日最大洪量	RZDHL	N（10，2）	10^4 m^3			
7	均值	JZ	N（10，3）	m^3/s			
8	变差系数（Cv）	BCXSCv	N（5，2）				
9	偏变比（Rsv）	PBBRsv	N（3，1）				
10	资料长度	ZLCD	N（3）				

[4] 填写说明：

1）洪水代码：引用洪水基本信息表。

2）洪水名称：洪水代码对应的中文名称，由洪水基本信息表带入。

3）测站代码：记录洪水的测站代码，引用水文测站基本信息表。

4）统计天数：最大洪量的统计天数，计量单位为 d，计至整数。

5）开始日期：对应统计天数的起始日期，计至日。

6）日最大洪量：统计天数内日最大洪量，计量单位为 10^4 m^3，计至两位小数。

7）均值：指统计时段内水文测站测得的洪峰流量的平均值，计量单位为 m^3/s，计至三位小数。

8）变差系数（Cv）：采用 P-III型曲线，经优选后采用的变差系数，计至两位小数。

9）偏变比（Rsv）：采用 P-III型曲线，经优选后采用的偏变比，Rsv=Cs/Cv，计至一位小数。

10）资料长度：计算统计参数用到的年最大洪峰流量资料系列长度，不计历史调查洪水，计量单位为 a，计至整数。

5. （管理）水库洪水水文要素摘录表

[1] 表编号：010402005

[2] 表标识：SKHSSWYSZLB

[3] 表说明：本表为水库洪水水文要素摘录表，属管理表，存储水库洪水水文情况的信息。信息统计时间精确至分，统计的空间载体对象为测站，统计指标为水位、流量等。

序号	含义	字段名	数据类型	单位	必填	主键	外键
1	洪水代码	HSDM	C（10）		Y	Y	Y
2	洪水名称	HSMC	C（150）				
3	测站代码	CZDM	C（8）		Y	Y	Y

序号	含义	字段名	数据类型	单位	必填	主键	外键
4	时间	SJ	T（12）		Y	Y	
5	水库代码	SKDM	C（11）		Y		Y
6	库水位	KSW	N（7，3）	m			
7	出库流量	CKLL	N（10，3）	m^3/s			
8	入库流量	RKLL	N（10，3）	m^3/s			
9	蓄水量	XSL	N（13，3）	$10^4 m^3$			

[4] 填写说明：

1）洪水代码：引用洪水基本信息表。

2）洪水名称：洪水代码对应的中文名称，由洪水基本信息表带入。

3）测站代码：记录洪水的代表测站代码，引用水文测站基本信息表。

4）时间：统计时间，计至分。

5）水库代码：洪水发生相关水库的代码，引用水库基本信息表。

6）库水位：指水库相应时间的水位，计量单位为 m，计至三位小数。

7）出库流量：指水库相应时间的出库流量，计量单位为 m^3/s，计至三位小数。

8）入库流量：指水库相应时间的入库流量，计量单位为 m^3/s，计至三位小数。

9）蓄水量：指水库相应时间的蓄水量，计量单位为 $10^4 m^3$，计至三位小数。

6．（管理）水闸洪水水文要素摘录表

[1] 表编号：010402006

[2] 表标识：SZHSSWYSZLB

[3] 表说明：本表为水闸洪水水文要素摘录表，属管理表，存储水闸洪水水文情况信息。信息统计时间精确至分，统计的空间载体对象为测站，统计指标为水位、流量等。

序号	含义	字段名	数据类型	单位	必填	主键	外键
1	洪水代码	HSDM	C（10）		Y	Y	Y
2	洪水名称	HSMC	C（150）				
3	测站代码	CZDM	C（8）		Y	Y	Y
4	时间	SJ	T（12）		Y	Y	
5	水闸代码	SZDM	C（11）		Y		Y
6	闸上水位	ZSSW	N（7，3）	m			
7	闸下水位	ZXSW	N（7，3）	m			
8	下泄流量	XXLL	N（10，3）	m^3/s			

[4] 填写说明：

1）洪水代码：引用洪水基本信息表。

2）洪水名称：洪水代码对应的中文名称，由洪水基本信息表带入。

3）测站代码：记录洪水的测站代码，引用水文测站基本信息表。

4）时间：统计时间，计至分。

5）水闸代码：洪水发生相关水闸的代码，引用水闸基本信息表。

6）闸上水位：闸上水位观测断面的水位，计量单位为 m，计至三位小数。

7）闸下水位：闸下水位观测断面的水位，计量单位为 m，计至三位小数。

8）下泄流量：通过水闸断面的总流出流量，等于断面各出口流量之和，与通常的流向相反时为负数，计量

单位为 m^3/s，计至三位小数。

7. （管理）水闸水文特征表

[1] 表编号：010402007

[2] 表标识：SZSWTZB

[3] 表说明：本表为水闸水文特征表，属管理表，存储水闸水文特征值信息。信息统计时间精确至日，统计的空间载体对象为水闸，统计指标为水位、流量等。

序号	含义	字段名	数据类型	单位	必填	主键	外键
1	水闸代码	SZDM	C（11）		Y	Y	Y
2	水闸名称	SZMC	C（40）				
3	日期	RQ	D（8）		Y	Y	
4	河道宽度	HDKD	N（7，2）	m			
5	河道比降	HDBJ	N（6，2）	‰			
6	多年平均径流量	DNPJJLL	N（10，3）	10^4 m^3			
7	多年平均输沙量	DNPJSSL	N（10，3）	万 t			
8	多年平均最低气温	DNPJZDQW	N（4，1）	℃			
9	设计重现期	SJCXQ	N（5）	a			
10	设计洪峰流量	SJHFLL	N（10，3）	m^3/s			
11	校核重现期	JHCXQ	N（5）	a			
12	校核洪峰流量	JHHFLL	N（10，3）	m^3/s			
13	设计过闸流量	SJGZLL	N（10，3）	m^3/s			
14	设计闸上水位	SJZSSW	N（7，3）	m			
15	设计闸下水位	SJZXSW	N（7，3）	m			
16	校核过闸流量	JHGZLL	N（10，3）	m^3/s			
17	校核闸上水位	JHZSSW	N（7，3）	m			
18	校核闸下水位	JHZXSW	N（7，3）	m			

[4] 填写说明：

1）水闸代码：水闸工程的识别代码。引用水闸基本信息表。

2）水闸名称：水闸的名称，由水闸基本信息表带入。

3）日期：统计日期，计至日。

4）河道宽度：水闸所在河道的宽度，计量单位为 m，计至两位小数。

5）河道比降：水闸所在河道的比降，计量单位为‰，计至两位小数。

6）多年平均径流量：水闸所属流域范围内年径流量的多年平均值，计量单位为 10^4 m^3，计至三位小数。

7）多年平均输沙量：每年经过悬移质泥沙的总质量的多年平均值，计量单位为万 t，计至三位小数。

8）多年平均最低气温：水闸区或近水闸区范围内最低气温的多年平均值，计量单位为℃，计至一位小数。

9）设计重现期：设计标准洪水或潮水重现期，计量单位为 a，计至整数。

10）设计洪峰流量：闸址处设计洪水或潮水标准相应的洪峰流量，计量单位为 m^3/s，计至三位小数。

11）校核重现期：校核标准洪水或潮水重现期，计量单位为 a，计至整数。

12）校核洪峰流量：闸址处校核洪水或潮水标准相应的洪峰流量，计量单位为 m^3/s，计至三位小数。

13）设计过闸流量：指水闸设计运用过闸流量，计量单位为 m^3/s，计至三位小数。

14）设计闸上水位：水闸遇设计标准洪水时，最高闸上水位，计量单位为 m，计至三位小数。

15）设计闸下水位：水闸遇设计标准洪水时，最高闸下水位，计量单位为 m，计至三位小数。

16）校核过闸流量：指水闸非常运用期过闸流量，计量单位为 m^3/s，计至三位小数。

17）校核闸上水位：水闸遇设计标准洪水时，最高站上水位，计量单位为 m，计至三位小数。

18）校核闸下水位：水闸遇设计标准洪水时，最高闸下水位，计量单位为 m，计至三位小数。

8. （管理）测站超过警戒水位、保证水位持续时间表

[1] 表编号：010402008

[2] 表标识：CZCGJJSWBZSWCXSJB

[3] 表说明：本表为测站超过警戒水位、保证水位持续时间表，属管理表，存储河道测站超过警戒水位、保证水位持续时间相关信息。信息统计的载体对象为洪水测站，统计指标为测站超过警戒水位、保证水位持续时间。

序号	含义	字段名	数据类型	单位	必填	主键	外键
1	洪水代码	HSDM	C（10）		Y	Y	Y
2	洪水名称	HSMC	C（150）				
3	测站代码	CZDM	C（8）		Y	Y	Y
4	设防水位	SFSW	N（7，3）	m			
5	警戒水位	JJSW	N（7，3）	m			
6	保证水位	BZSW	N（7，3）	m			
7	超设防水位开始时间	CSFSWKSSJ	T（10）				
8	超设防水位天数	CSFSWTS	N（5，1）	d			
9	超警戒水位开始时间	CJJSWKSSJ	T（10）				
10	超警戒水位天数	CJJSWTS	N（5，1）	d			
11	超保证水位开始时间	CBZSWKSSJ	T（10）				
12	超保证水位天数	CBZSWTS	N（5，1）	d			

[4] 填写说明：

1）洪水代码：引用洪水基本信息表。

2）洪水名称：洪水代码对应的中文名称，由洪水基本信息表带入。

3）测站代码：记录洪水信息的测站，引用水文测站基本信息表。

4）设防水位：考虑堤基和滩区设施的安全，当洪水漫滩以后，堤防开始临水时的洪水水位，计量单位为 m，计至三位小数。

5）警戒水位：测站测验断面临河防洪大堤，根据堤防质量、渗流现象以及历年防汛情况，有可能出险的洪水水位，计量单位为 m，计至三位小数。

6）保证水位：测站测验断面的防洪设计水位或历史上防御过的最高洪水位，计量单位为 m，计至三位小数。

7）超设防水位开始时间：河道水位超过设防水位的开始时间，计至小时。

8）超设防水位天数：道水位超过设防水位的天数，计量单位为 d，计至一位小数。

9）超警戒水位开始时间：道水位超过警戒水位的开始时间，计至小时。

10）超警戒水位天数：道水位超过警戒水位的天数，计量单位为 d，计至一位小数。

11）超保证水位开始时间：河道水位超过保证水位的开始时间，计至小时。

12）超保证水位天数：河道水位超过保证水位的天数，计量单位为 d，计至一位小数。

9. （管理）测站超过警戒流量、保证流量持续时间表

[1] 表编号：010402009

[2] 表标识：CZCGJJLLBZLLCXSJB

[3] 表说明：本表为测站超过警戒流量、保证流量持续时间表，属管理表，存储河道测站超过警戒流量、保证流量的持续时间相关信息。信息统计的载体对象为洪水测站，统计指标为测站超过警戒流量、保证流量持续时间。

序号	含义	字段名	数据类型	单位	必填	主键	外键
1	洪水代码	HSDM	C（10）		Y	Y	Y
2	洪水名称	HSMC	C（150）				
3	测站代码	CZDM	C（8）		Y	Y	Y
4	警戒流量	JJLL	N（10，3）	m^3/s			
5	保证流量	BZLL	N（10，3）	m^3/s			
6	超过警戒流量开始日期	CGJJLLKSRQ	D（8）				
7	超过警戒流量的天数	CGJJLLDTS	N（5，1）	d			
8	超过保证流量开始日期	CGBZLLKSRQ	D（8）				
9	超过保证流量的天数	CGBZLLDTS	N（5，1）	d			

[4] 填写说明：

1）洪水代码：引用洪水基本信息表。

2）洪水名称：洪水代码对应的中文名称，由洪水基本信息表带入。

3）测站代码：记录洪水信息的测站，引用水文测站基本信息表。

4）警戒流量：河道站设置的警戒流量，计量单位为 m^3/s，计至三位小数。

5）保证流量：河道站设置的保证流量，计量单位为 m^3/s，计至三位小数。

6）超过警戒流量开始日期：河道站超过警戒流量的开始日期。

7）超过警戒流量的天数：河道站持续超过警戒流量的累计天数，计量单位为 d，计至一位小数。

8）超过保证流量开始日期：河道站超过保证流量的开始日期。

9）超过保证流量的天数：河道站持续超过保证流量的累计天数，计量单位为 d，计至一位小数。

（二）旱情监测

1. （管理）农业旱情统计表

[1] 表编号：010402010

[2] 表标识：NYHQTJB

[3] 表说明：本表为农业旱情统计表，属管理表，存储农业旱情相关信息。信息统计时间精确至日，统计的空间单元为行政区划，统计指标为农业旱情。

序号	含义	字段名	数据类型	单位	必填	主键	外键
1	行政区划代码	XZQHDM	C（10）		Y	Y	Y
2	行政区名称	XZQMC	C（32）				
3	日期	RQ	D（8）		Y	Y	
4	在田作物面积	ZTZWMJ	N（7，2）	$10^3\ hm^2$			
5	无抗旱条件面积	WKHTJMJ	N（7，2）	$10^3\ hm^2$			

序号	含义	字段名	数据类型	单位	必填	主键	外键
6	轻旱面积	QHMJ	N（7，2）	10^3 hm^2			
7	重旱面积	ZHMJ	N（7，2）	10^3 hm^2			
8	干枯面积	GKMJ	N（7，2）	10^3 hm^2			
9	水田缺水面积	STQSMJ	N（7，2）	10^3 hm^2			
10	旱地缺墒面积	HDQSMJ	N（7，2）	10^3 hm^2			
11	牧区受旱面积	MQSHMJ	N（7，2）	10^3 hm^2			
12	因旱饮水困难人口	YHYSKNRK	N（8，2）	万人			
13	因旱饮水困难大牲畜	YHYSKNDSC	N（8，2）	万头			
14	水利工程蓄水总量	SLGCXSZL	N（13，4）	亿 m^3			
15	比多年同期增减	BDNTQZJ	N（3，1）	%			
16	河道断流	HDDL	N（6）	条			
17	水库干涸	SKGH	N（6）	座			
18	机电井出水不足	JDJCSBZ	N（6）	眼			
19	备注	BZ	C（255）				

[4] 填写说明：

1）行政区划代码：按照行政区划进行统计，最小至区县级，引用行政区划基本信息表。

2）行政区名称：行政区划的代码对应的中文名称，由行政区划基本信息表带入。

3）日期：指该信息统计的日期，计至日。

4）在田作物面积：所辖区域内在田作物的面积，计量单位为 10^3 hm^2，计至两位小数。

5）无抗旱条件面积：在田作物受旱面积，计量单位为 10^3 hm^2，计至两位小数。

6）轻旱面积：对作物正常生长有影响。旱作区：作物在播种后或生长期间，土壤墒情低于作物的需水量造成出苗率低于 80%，作物叶子出现萎蔫或 20 cm 耕作层土壤相对湿度低于 60%，但大于等于 40%。水稻区：插秧后各生育期内不能及时按需供水，稻田脱水，禾苗出现萎蔫。计量单位为 10^3 hm^2，计至两位小数。

7）重旱面积：对作物生长和作物产量有较大影响。旱作区：出苗率低于 60%；叶片枯萎或有死苗现象；20 cm 耕作层土壤相对湿度小于 40%。水稻区：田间严重缺水，稻田发生龟裂，禾苗出现枯萎死苗。计量单位为 10^3 hm^2，计至两位小数。

8）干枯面积：出苗率低于 30%，作物大面积枯死或需毁种。计量单位为 10^3 hm^2，计至两位小数。

9）水田缺水面积：既无灌溉水源，又无灌溉设施，无法实施抗旱浇灌的作物受旱面积。计量单位为 10^3 hm^2，计至两位小数。

10）旱地缺墒面积：在水稻栽插季节，因水源不足造成适时泡田、整田或栽插秧苗困难。水田秧苗栽插后受旱，应视为作物受旱。水田缺水只针对稻田。计量单位为 10^3 hm^2，计至两位小数。

11）牧区受旱面积：旱地播种期，种子出苗前，待播种或已播种的耕地 20 cm 耕作层土壤相对湿度低于 60%，影响适时播种或需要造墒播种，或播种后未能及时出苗的。出苗率低，应视为作物受旱。计量单位为 10^3 hm^2，计至两位小数。

12）因旱饮水困难人口：牧区因降水不足影响牧草正常生长的草场面积。计量单位为万人，计至两位小数。

13）因旱饮水困难大牲畜：因干旱造成的人、畜饮用水困难。因旱人饮困难标准参考《旱情等级标准》（SL 424—2008），即由于干旱，导致人、畜饮水的取水地点被迫改变或基本生活用水量北方地区低于 20 L/（人·d）、南方地区低于 35 L/（人·d），且持续 15 天以上。因旱牲畜饮水困难标准可参考其他标准。在统计牲畜饮水困难时要将羊单位按 5∶1 比例换算为大牲畜单位。计量单位为万头，计至两位小数。

14）水利工程蓄水总量：统计时段内各类水利工程总蓄水量。计量单位为亿 m^3，计至四位小数。

15）比多年同期增减：统计时段内各类水利工程蓄水总量与多年同期相比较增减的百分数，计量单位为%，计至一位小数。

16）河道断流：因降水持续偏少使得来水严重不足，导致发生断流的河道条数。计量单位为条，计至整数。

17）水库干涸：因旱水干见底的水库个数。计量单位为座，计至整数。

18）机电井出水不足：因旱地下水位下降，造成水泵出水不足或抽不上水的机电井数。计量单位为眼，计至整数。

19）备注：其他补充说明信息。

2. （管理）农业抗旱情况统计表

[1] 表编号：010402011

[2] 表标识：NYKHQKTJB

[3] 表说明：本表为农业抗旱情况统计表，属管理表，存储农业抗旱情况相关信息。信息统计的时间单元为时段，通过“统计起始时间”和“统计结束时间”确定。统计的空间单元为行政区划，统计指标为时段抗旱情况。

序号	含义	字段名	数据类型	单位	必填	主键	外键
1	行政区划代码	XZQHDM	C（10）		Y	Y	Y
2	行政区名称	XZQMC	C（32）				
3	统计起始时间	TJQSSJ	D（8）		Y	Y	
4	统计结束时间	TJJSSJ	D（8）		Y	Y	
5	投入抗旱人数	TRKHRS	N（6，2）	万人			
6	投入机电井数	TRJDJS	N（6，2）	万眼			
7	投入泵站数	TRBZS	N（6）	处			
8	投入机动抗旱设备数	TRJDKHSBS	N（6，2）	万台（套）			
9	投入装机容量	TRZJRL	N（6，2）	万 kW			
10	投入机动运水车辆数	TRJDYSCLS	N（6，2）	万辆			
11	中央拨款	ZYBK	N（10，3）	万元			
12	省级财政拨款	SJCZBK	N（10，3）	万元			
13	地市级财政拨款	DSJCZBK	N（10，3）	万元			
14	群众自筹	QZZC	N（10，3）	万元			
15	抗旱用电	KHYD	N（6，2）	万 kW·h			
16	抗旱用油	KHYY	N（6，2）	t			
17	抗旱浇灌面积	KHJGMJ	N（7，2）	10^3 hm^2			
18	临时解决饮水困难人口	LSJJYSKNRK	N（8，2）	万人			
19	临时解决饮水困难大牲畜	LSJJYSKNDSC	N（8，2）	万头			
20	备注	BZ	C（255）				

[4] 填写说明：

1）行政区划代码：按照行政区划进行统计，最小至区县级，引用行政区划基本信息表。

2）行政区名称：行政区划的代码对应的中文名称，由行政区划基本信息表带入。

3）统计起始时间：农业抗旱情况统计的起始时间，计至日。

4）统计结束时间：农业抗旱情况统计的结束时间，计至日。

5）投入抗旱人数：统计期内投入抗旱人数的最大值。计量单位为万人，计至两位小数。

6）投入机电井数：统计时段内投入抗旱的各类机电井数量最大值。计量单位为万眼，计至两位小数。

7）投入泵站数：统计时段内投入抗旱的泵站数量最大值。计量单位为处，计至整数。

8）投入机动抗旱设备数：统计时段内投入抗旱的各类非固定抗旱设备数量的最大值。计量单位为万台（套），计至两位小数。

9）投入装机容量：统计时段内投入抗旱的机电井、泵站、流动抗旱设备及其他抗旱设备装机容量合计数的最大值。计量单位为万 kW，计至两位小数。

10）投入机动运水车辆数：统计时段内投入抗旱的各种机动运水车辆最大值，包括给饮水困难群众送水的车辆。计量单位为万辆，计至两位小数。

11）中央拨款：本年度中央财政针对农业抗旱拨付的资金。计量单位为万元，计至三位小数。

12）省级财政拨款：本年度省级财政针对农业抗旱拨付的资金。计量单位为万元，计至三位小数。

13）地市级财政拨款：本年度地市级财政针对农业抗旱拨付的资金。计量单位为万元，计至三位小数。

14）群众自筹：本年度群众针对农业抗旱自筹的资金。计量单位为万元，计至三位小数。

15）抗旱用电：本年度开始以来累计抗旱用电量。计量单位为万 kW·h，计至两位小数。

16）抗旱用油：本年度开始以来累计抗旱用油量。计量单位为 t，计至两位小数。

17）抗旱浇灌面积：本年度以来实际抗旱浇地面积累计数（正常灌溉面积不列入统计范围）。同一块耕地一季作物抗旱浇灌多次，按面积统计时只计一次，按面积•次统计时计多次。计量单位为 10^3 hm^2，计至两位小数。

18）临时解决饮水困难人口：本年度以来，针对已经发生因干旱饮水困难的人，通过采取应急抗旱措施累计解决的饮水困难的人数。多次解决的同一人的饮水困难，只算一人。计量单位为万人，计至两位小数。

19）临时解决饮水困难大牲畜：本年度以来，针对已经发生因干旱饮水困难的畜，通过采取应急抗旱措施累计解决的饮水困难的大牲畜头数。多次解决的同一畜的饮水困难，只算一头畜。计量单位为万头，计至两位小数。

20）备注：其他补充说明信息。

3. （管理）干旱缺水城市供水水源基本情况统计表

[1] 表编号：010402012

[2] 表标识：GHQSCSGSSYJBQKTJB

[3] 表说明：本表为干旱缺水城市供水水源基本情况统计表，属管理表，存储城市干旱缺水及抗旱情况相关信息。信息统计的时间单元为时段，通过“统计起始时间”和“统计结束时间”确定。统计的空间单元为干旱缺水城市，统计指标为供水水源情况。

序号	含义	字段名	数据类型	单位	必填	主键	外键
1	行政区划代码	XZQHDM	C（10）		Y	Y	Y
2	行政区名称	XZQMC	C（32）				
3	统计起始时间	TJQSSJ	D（8）		Y	Y	
4	统计结束时间	TJJSSJ	D（8）		Y	Y	
5	年供水量	NGSL	N（13，3）	10^4 m^3			
6	总库容	ZKR	N（13，3）	10^4 m^3			
7	设计取水能力	SJQSNL	N（13，3）	10^4 m^3/a			
8	最低取水水位	ZDQSSW	N（7，3）	m			
9	地表水供水量	DBSGSL	N（13，3）	10^4 m^3			
10	地下水供水量	DXSGSL	N（13，3）	10^4 m^3			

序号	含义	字段名	数据类型	单位	必填	主键	外键
11	地下水超采量	DXSCCL	N（13，3）	10^4 m^3			
12	中水回用	ZSHY	N（13，3）	10^4 m^3			
13	海水淡化量	HSDHL	N（13，3）	10^4 m^3			

[4] 填写说明：

1）行政区划代码：按照行政区划进行统计，只统计存在干旱缺水情况的城市行政区划代码，精确至区县级，引用行政区划基本信息表。

2）行政区名称：行政区划的代码对应的中文名称，由行政区划基本信息表带入。

3）统计起始时间：干旱缺水城市供水水源统计的起始时间，计至日。

4）统计结束时间：干旱缺水城市供水水源统计的结束时间，计至日。

5）年供水量：在正常年份下该城市的年度供水总量，计量单位为 10^4 m^3，计至三位小数。

6）总库容：校核洪水以下的水库库容，计量单位为 10^4 m^3，计至三位小数。

7）设计取水能力：正常年份下为该城市供水的江河湖泊取水工程。“设计取水能力”指该工程在设计条件下的取水能力，计量单位为 10^4 m^3/a，计至三位小数。

8）最低取水水位：指能够保证该工程正常取水的水源最低水位，计量单位为 m，计至三位小数。

9）地表水供水量：指统计时段内该城市地表水供应总量，计量单位为 10^4 m^3，计至三位小数。

10）地下水供水量：指统计时段内该城市地下水供应总量，计量单位为 10^4 m^3，计至三位小数。

11）地下水超采量：指统计时段内该城市超采的地下水量，计量单位为 10^4 m^3，计至三位小数。

12）中水回用：中水回用量，计量单位为 10^4 m^3，计至三位小数。

13）海水淡化量：指海水淡化后用于生产和生活的水量，计量单位为 10^4 m^3，计至三位小数。

4.（管理）干旱缺水城市基本情况及用水情况统计表

[1] 表编号：010402013

[2] 表标识：GHQSCSJBQKJYSQKTJB

[3] 表说明：本表为干旱缺水城市基本情况及用水情况统计表，属管理表，存储干旱缺水城市基本情况及用水情况统计信息。信息统计的时间单元为时段，通过“统计起始时间”和“统计结束时间”确定。统计的空间单元为干旱缺水城市，统计指标为用水情况。

序号	含义	字段名	数据类型	单位	必填	主键	外键
1	行政区划代码	XZQHDM	C（10）		Y	Y	Y
2	行政区名称	XZQMC	C（32）				
3	统计起始时间	TJQSSJ	D（8）		Y	Y	
4	统计结束时间	TJJSSJ	D（8）		Y	Y	
5	城市名称	CSMC	C（40）				
6	城市级别	CSJB	C（12）				
7	城区总人口	CQZRK	N（8，2）	万人			
8	GDP	GDP	N（8，2）	万元			
9	年工业总产值	NGYZCZ	N（12，2）	万元			
10	万元 GDP 用水量	WYGDPYSL	N（12，2）	10^4 m^3			
11	万元工业产值用水量	WYGYCZYSL	N（12，2）	10^4 m^3			
12	生活用水量	SHYSL	N（12，2）	10^4 m^3			
13	工业用水量	GYYSL	N（12，2）	10^4 m^3			

序号	含义	字段名	数据类型	单位	必填	主键	外键
14	生态用水量	STYSL	N（12，2）	10^4 m^3			
15	其他用水量	QTYSL	N（12，2）	10^4 m^3			
16	人均生活用水量	RJSHYSL	N（12，2）	m^3/人			

[4] 填写说明：

1）行政区划代码：按照行政区划进行统计，只统计存在干旱缺水情况的城市行政区划代码，精确至区县级，引用行政区划基本信息表。

2）行政区名称：行政区划的代码对应的中文名称，由行政区划基本信息表带入。

3）统计起始时间：干旱缺水城市基本情况及用水情况统计的起始时间，计至日。

4）统计结束时间：干旱缺水城市基本情况及用水情况统计的结束时间，计至日。

5）城市名称：行政区划代码对应的城市中文名称。

6）城市级别：所在城市行政区划级别。

7）城区总人口：该城市生活在市区范围的人口总数，计量单位为万人，计至两位小数。

8）GDP：该城市本年的国内生产总值，计量单位为万元，计至两位小数。

9）年工业总产值：该城市上年的工业总产值，计量单位为万元，计至两位小数。

10）万元 GDP 用水量：该城市每产生一万元 GDP 所耗用的水量，计量单位为 10^4 m^3，计至两位小数。

11）万元工业产值用水量：该城市每产生一万元工业产值所耗用的水量，计量单位为 10^4 m^3，计至两位小数。

12）生活用水量：指统计时段内该城市生活总用水量，计量单位为 10^4 m^3，计至两位小数。

13）工业用水量：指统计时段内该城市工业总用水量，计量单位为 10^4 m^3，计至两位小数。

14）生态用水量：指统计时段内该城市生态总用水量，计量单位为 10^4 m^3，计至两位小数。

15）其他用水量：指统计时段内该城市其他总用水量，计量单位为 10^4 m^3，计至两位小数。

16）人均生活用水量：该城市每人每天平均生活用水量，计量单位为 m^3/人，计至两位小数。

（三）凌汛监测

1. （载体）凌汛基本信息表

[1] 表编号：010402014

[2] 表标识：LXJBXXB

[3] 表说明：描述凌汛相关信息。凌汛俗称“冰排”。冰凌堵塞河道，对水流产生阻力而引起的江河水位明显上涨的水文现象。

序号	含义	字段名	数据类型	单位	必填	主键	外键
1	洪水代码	HSDM	C（10）		Y	Y	Y
2	洪水名称	HSMC	C（150）				
3	河流代码	HLDM	C（8）		Y	Y	Y
4	行政区划代码	XZQHDM	C（10）		Y		Y
5	流域代码	LYDM	C（10）		Y		Y
6	纵、横断面特征	ZHDMTZ	C（200）				
7	河相系数	HXXS	N（4，2）				
8	河道弯曲系数	HDWQXS	N（4，2）				
9	束窄系数	SZXS	N（4，2）				

序号	含义	字段名	数据类型	单位	必填	主键	外键
10	分汊系数	FCXS	N（4，2）				
11	设计河段支流汇入	SJHDZLHR	C（100）				
12	河道工程阻水、阻冰	HDGCZSZB	C（100）				
13	凌汛类型	LXLX	C（2）				

[4] 填写说明：

1）洪水代码：引用洪水基本信息表。

2）洪水名称：洪水代码对应的中文名称，由洪水基本信息表带入。

3）河流代码：凌汛发生所属河流代码，引用河流基本信息表。

4）行政区划代码：凌汛发生所属行政区划代码，按最小包含原则填写，引用行政区划基本信息表。

5）流域代码：凌汛发生所属流域代码，按最小包含原则填写，引用流域基本信息表。

6）纵、横断面特征：河道纵、横断面应根据河道地形和水流特性等因素选定。

7）河相系数：河相系数根据鲁什科夫（1924）提出的计算公式，式中为河相系数对于砾石河床取 1.4，一般沙质河床取 2.75，极易冲刷的细沙河床取 5.5。

8）河道弯曲系数：某河段的实际长度与该河段直线长度之比，称为该河段的河流弯曲系数。

9）束窄系数：*K* 值一般为 40%～60%；当覆盖层比较厚时，可为 30%～50%。

10）分汊系数：任一级河流的数目与低一级河流的数目之比值，一般为 2.0～4.0。

11）设计河段支流汇入：设计河段支流汇入情况。

12）河道工程阻水、阻冰：河道工程阻水、阻冰情况。

13）凌汛类型：冰塞、冰坝、融冰。

2. （载体）冰塞洪水信息表

[1] 表编号：010402015

[2] 表标识：BSHSXXB

[3] 表说明：描述冰塞洪水相关信息，冰塞洪水是指河流封冻后，冰盖下冰花、碎冰大量堆积，堵塞部分过水断面，造成上游河段水位显著壅高。当冰塞融化时，蓄水下泄形成洪水过程。

序号	含义	字段名	数据类型	单位	必填	主键	外键
1	洪水代码	HSDM	C（10）		Y	Y	Y
2	洪水名称	HSMC	C（150）				
3	来水流量	LSLL	N（10，3）	m^3/s			
4	流冰花总量	LBHZL	N（10，3）	10^4 m^3			
5	热力条件	RLTJ	C（100）				
6	动力条件	DLTJ	C（100）				
7	河道边界条件	HDBJTJ	C（100）				
8	冰塞洪水水位	BSHSSW	N（7，3）	m			
9	冰塞规模及影响范围	BSGMJYXFW	C（100）				

[4] 填写说明：

1）洪水代码：引用洪水基本信息表。

2）洪水名称：洪水代码对应的中文名称，由洪水基本信息表带入。

3）来水流量：指本次洪水的平均来水流量，计量单位为 m^3/s，计至三位小数。

4）流冰花总量：冰厚计算、流冰花总量计算及零温断面位置计算，计量单位为 10^4 m^3，计至三位小数。

5）热力条件：包括气温、水温、水流热平衡因素。凌汛期多年平均月、旬、日平均气温、水温，相应时段最高及最低平均气温、水温，极端最高、最低气温、水温和出现时间。

6）动力条件：冰塞形成的动力条件可用冰盖前缘水流的临界佛汝德数（Fr）或临界流速判别。

7）河道边界条件：河道边界条件情况。

8）冰塞洪水水位：当实测冰塞洪水水位资料短缺时，可用相似类比法、水力学法或经验相关法计算。在用相似类比法计算时，对借用的参证站气象条件、河道边界条件、水力条件等应与设计站相似，计量单位为m，计至两位小数。

9）冰塞规模及影响范围：冰塞规模及影响范围可通过水力学法计算确定，也可通过模型试验进行模拟。

3. （载体）冰坝洪水信息表

[1] 表编号：010402016

[2] 表标识：BBHSXXB

[3] 表说明：描述冰坝洪水相关信息，冰坝洪水一般发生在开河期，大量流冰在河道内受阻，冰块上爬下插，堆积成横跨断面的坝状冰体，严重堵塞过水断面，使坝的上游水位显著壅高，当冰坝突然破坏时，原来的蓄冰和槽蓄水量迅速下泄，形成凌峰向下游演进。

序号	含义	字段名	数据类型	单位	必填	主键	外键
1	洪水代码	HSDM	C（10）		Y	Y	Y
2	洪水名称	HSMC	C（150）				
3	来水流量	LSLL	N（10，3）	m^3/s			
4	流冰总量	LBZL	N（10，3）	10^4 m^3			
5	热力条件	RLTJ	C（100）				
6	动力条件	DLTJ	C（100）				
7	河道边界条件	HDBJTJ	C（100）				
8	冰坝洪水水位	BBHSSW	N（7，3）	m			
9	冰坝规模及影响范围	BBGMJYXFW	C（100）				

[4] 填写说明：

1）洪水代码：引用洪水基本信息表。

2）洪水名称：洪水代码对应的中文名称，由洪水基本信息表带入。

3）来水流量：河段槽蓄水增量，可根据资料条件采用水量平衡法、断面法或流量差积法计算。根据形成冰坝最不利的情况，确定冰坝稳定期的流量，计量单位为m^3/s，计至三位小数。

4）流冰总量：冰厚计算、流冰花总量计算及零温断面位置计算，计量单位为10^4 m^3，计至三位小数。

5）热力条件：包括气温、水温、水流热平衡因素。凌汛期多年平均月、旬、日平均气温、水温，相应时段最高及最低平均气温、水温，极端最高、最低气温、水温和出现时间。

6）动力条件：冰坝形成的动力条件可用冰盖前缘水流的临界佛汝德数（Fr）或临界流速判别。

7）河道边界条件：河道边界条件情况。

8）冰坝洪水水位：冰坝洪水位计算成果宜通过对计算中采用的经验参数及冰坝规模、形态等进行综合分析，检查其合理性，也可通过模型试验进行验证，计量单位为m，计至三位小数。

9）冰坝规模及影响范围：冰坝规模及影响范围可通过水力学法计算确定，也可通过模型试验进行模拟。

4. （载体）融冰洪水信息表

[1] 表编号：010402017

[2] 表标识：RBHSXXB

[3] 表说明：描述融冰洪水相关信息，融冰洪水是指封冻河流或河段因热力作用，使冰盖逐渐融化，河槽蓄水缓慢下泄而形成的洪水。

序号	含义	字段名	数据类型	单位	必填	主键	外键
1	洪水代码	HSDM	C（10）		Y	Y	Y
2	洪水名称	HSMC	C（150）				
3	凌峰流量	LFLL	N（10，3）	m^3/s			
4	凌峰洪量	LFHL	N（10，3）	$10^4 m^3$			
5	融冰洪水最高水位	RBHSZGSW	N（7，3）	m			

[4] 填写说明：

1）洪水代码：引用洪水基本信息表。

2）洪水名称：洪水代码对应的中文名称，由洪水基本信息表带入。

3）凌峰流量：凌峰流量，计量单位为 m^3/s，计至三位小数。

4）凌峰洪量：凌峰洪量，计量单位为 $10^4 m^3$，计至三位小数。

5）融冰洪水最高水位：设计断面所在河段河势较为稳定，河道冲淤变化、人类活动等因素对水位影响较小，且有 30 年以上水位资料时，可根据实测资料分析确定设计断面融冰洪水最高水位，计量单位为 m，计至三位小数。

三、灾情预报

（一）河道洪水预报

1. （管理）河道站防洪指标表

[1] 表编号：010403001

[2] 表标识：HDZFHZBB

[3] 表说明：本表为河道站防洪指标表，属管理表，存储河道站防洪指标及相关信息。信息评价的时间单元为时段，通过“起始时间”和“结束时间”确定，统计的实体对象为河道站，统计指标为河道站防洪指标，包括警戒水位、警戒流量、保证水位、保证流量等。

序号	含义	字段名	数据类型	单位	必填	主键	外键
1	测站代码	CZDM	C（8）		Y	Y	Y
2	测站名称	CZMC	C（30）				
3	日期	RQ	D（8）		Y	Y	
4	左堤高程	ZDGC	N（7，3）	m			
5	右堤高程	YDGC	N（7，3）	m			
6	警戒水位	JJSW	N（7，3）	m			
7	警戒流量	JJLL	N（9，3）	m^3/s			
8	保证水位	BZSW	N（7，3）	m			
9	保证流量	BZLL	N（9，3）	m^3/s			

序号	含义	字段名	数据类型	单位	必填	主键	外键
10	平滩流量	PTLL	N（9，3）	m^3/s			
11	实测最高水位	SCZGSW	N（7，3）	m			
12	实测最高水位出现时间	SCZGSWCXSJ	T（10）				
13	调查最高水位	DCZGSW	N（7，3）	m			
14	调查最高水位出现时间	DCZGSWCXSJ	T（10）				
15	实测最大流量	SCZDLL	N（9，3）	m^3/s			
16	实测最大流量出现时间	SCZDLLCXSJ	T（10）				
17	调查最大流量	DCZDLL	N（9，3）	m^3/s			
18	调查最大流量出现时间	DCZDLLCXSJ	T（10）				
19	历史最大含沙量	LSZDHSL	N（9，3）	kg/m^3			
20	历史最大含沙量出现时间	LSZDHSLCXSJ	T（10）				
21	历史最大断面平均流速	LSZDDMPJLS	N（9，3）	m/s			
22	历史最大断面平均流速出现时间	LSZDDMPJLSCXSJ	T（10）				
23	历史最低水位	LSZDSW	N（7，3）	m			
24	历史最低水位出现时间	LSZDSWCXSJ	T（10）				
25	历史最小流量	LSZXLL	N（9，3）	m^3/s			
26	历史最小流量出现时间	LSZXLLCXSJ	T（10）				
27	高水位告警值	GSWGJZ	N（7，3）	m			
28	大流量告警值	DLLGJZ	N（9，3）	m^3/s			
29	低水位告警值	DSWGJZ	N（7，3）	m			
30	小流量告警值	XLLGJZ	N（9，3）	m^3/s			
31	启动预报水位标准	QDYBSWBZ	N（7，3）	m			
32	启动预报流量标准	QDYBLLBZ	N（9，3）	m^3/s			

[4] 填写说明：

1）测站代码：引用水文测站基本信息表。

2）测站名称：测站代码所代表测站的中文名称，由水文测站基本信息表带入。

3）日期：指本次防洪指标发布日期，计至日。

4）左堤高程：测站测验断面左岸防洪大堤与水位同基面的堤顶高程，计量单位为 m，计至三位小数。

5）右堤高程：测站测验断面右岸防洪大堤与水位同基面的堤顶高程，计量单位为 m，计至三位小数。

6）警戒水位：指评价时段内测站测验断面临河防洪大堤，根据堤防质量、渗流现象以及历年防汛情况，有可能出险的洪水水位，计量单位为 m，计至三位小数。

7）警戒流量：指评价时段内测站测验断面，根据堤防质量、渗流现象以及历年防汛情况，有可能出险的通过流量，计量单位为 m^3/s，计至三位小数。

8）保证水位：指评价时段内测站测验断面的防洪设计水位或历史上防御过的最高洪水位，计量单位为 m，计至三位小数。

9）保证流量：指评价时段内测站测验断面的防洪设计通过流量或历史上防御过的最大通过流量，计量单位为 m^3/s，计至三位小数。

10）平滩流量：指评价时段内在有河槽和滩地分布的河段，河水上涨出槽开始漫滩的临界流量，计量单位为 m^3/s，计至三位小数。

11）实测最高水位：指评价时段内测站测验断面历史上实测到的最高洪水位，计量单位为 m，计至三位小数。

12）实测最高水位出现时间：指评价时段内实测最高洪水位的发生时间，计至分。

13）调查最高水位：指评价时段内调查到的测站测验断面历史上曾经发生洪水的最高水位，计量单位为 m。

14）调查最高水位出现时间：指评价时段内调查最高水位的发生时间，计至分。

15）实测最大流量：指评价时段内测站测验断面历史上实测到的最大流量，计量单位为 m^3/s，计至三位小数。

16）实测最大流量出现时间：指评价时段内实测最大流量的发生时间，计至分。

17）调查最大流量：调查到的测站测验断面历史上曾经发生洪水的最大流量，计量单位为 m^3/s，计至三位小数。

18）调查最大流量出现时间：调查最大流量的发生时间，计至分。

19）历史最大含沙量：测站测验断面历史上实测到的最大含沙量，计量单位为 kg/m^3，计至三位小数。

20）历史最大含沙量出现时间：历史最大含沙量的发生时间，计至分。

21）历史最大断面平均流速：测站测验断面历史上实测到的最大断面平均流速，计量单位为 m/s，计至三位小数。

22）历史最大断面平均流速出现时间：发生历史最大断面平均流速的时间，计至分。

23）历史最低水位：测站测验断面历史上曾经发生的最低水位，计量单位为 m，计至三位小数。

24）历史最低水位出现时间：历史最低水位的发生时间，计至分。

25）历史最小流量：测站测验断面历史上实测到的最小流量，计量单位为 m^3/s，计至三位小数。

26）历史最小流量出现时间：历史最小流量的发生时间。

27）高水位告警值：指评价时段内为汛情监视应用设定的测站高水位值，一般取高于该测站警戒水位，低于保证水位，计量单位为 m，计至三位小数。

28）大流量告警值：指评价时段内为汛情监视应用设定的测站大流量值，一般取大于该测站警戒流量，小于该测站保证流量，计量单位为 m^3/s，计至三位小数。

29）低水位告警值：指评价时段内为旱情监视应用设定的测站低水位值，计量单位为 m，计至三位小数。

30）小流量告警值：指评价时段内为旱情监视应用设定的测站小流量值，计量单位为 m^3/s，计至三位小数。

31）启动预报水位标准：指评价时段内为开展洪水作业预报设定的测站水位标准值。当测站水位超过该水位标准值时，应开展洪水作业预报。该水位标准值一般取低于测站警戒水位，计量单位为 m，计至三位小数。

32）启动预报流量标准：指评价时段内为开展洪水作业预报设定的测站流量标准值。当测站流量超过该流量标准值时，应开展洪水作业预报。该流量标准值一般取小于测站警戒流量，计量单位为 m^3/s，计至三位小数。

2. （管理）洪水预报表

[1] 表编号：010403002

[2] 表标识：HSYBB

[3] 表说明：本表为洪水预报表，属管理表，存储洪水预报相关信息。信息预测时间单元为暴雨发生时间，预测的空间单元为雨量测站，预测内容为降雨总量。

序号	含义	字段名	数据类型	单位	必填	主键	外键
1	测站代码	CZDM	C（8）		Y	Y	Y
2	测站名称	CZMC	C（30）				
3	发布时间	FBSJ	T（12）		Y	Y	
4	暴雨发生时间	BYFSSJ	T（12）				
5	暴雨历时	BYLS	N（4）	h			
6	降雨总量	JYZL	N（13，3）	$10^4\ m^3$			

[4] 填写说明：

1）测站代码：预报洪水信息的测站，引用雨量站基本信息表。

2）测站名称：测站代码所代表测站的中文名称，由雨量站基本信息表带入。

3）发布时间：发布暴雨预报时间，计至时。

4）暴雨发生时间：预报暴雨发生时间，计至时。

5）暴雨历时：暴雨历时，计量单位为 h，计至整数。

6）降雨总量：降雨总量，计量单位为 10^4 m^3，计至三位小数。

（二）洪水风险图

1. （管理）洪水风险信息表

[1] 表编号：010403003

[2] 表标识：HSFXXXB

[3] 表说明：本表为洪水风险信息表，属管理表，存储洪水风险预测信息。信息预测时间为时段，预测的空间单元为行政区划，预测内容为洪水。

序号	含义	字段名	数据类型	单位	必填	主键	外键
1	行政区划代码	XZQHDM	C（10）		Y	Y	Y
2	行政区名称	XZQMC	C（32）				
3	预测时间	YCSJ	T（12）		Y	Y	
4	预测时段长	YCSDC	N（5）	min	Y	Y	
5	洪水演进路线	HSYJLX	C（100）				
6	到达时间	DDSJ	T（12）				
7	淹没水深	YMSS	N（7，3）	m			
8	淹没范围	YMFW	C（100）				
9	流量	LL	N（10，3）	m^3/s			

[4] 填写说明：

1）行政区划代码：预测的行政区划单元，最小至区县级，引用行政区划基本信息表。

2）行政区名称：行政区划的代码对应的中文名称，由行政区划基本信息表带入。

3）预测时间：洪水演进预测的开始时间，计至分。

4）预测时段长：洪水演进预测时段长，计量单位为 min，计至整数。

5）洪水演进路线：洪水演进路线情况，简要说明。

6）到达时间：预计洪水到达该区的时间，计至 min。

7）淹没水深：预计洪水的最大淹没深度，计量单位为 m，计至三位小数。

8）淹没范围：预计洪水淹没的范围，精确至乡镇。

9）流量：预计洪水通过时的总流出流量，计量单位为 m^3/s，计至三位小数。

（三）洪水影响评价

1. （管理）山洪灾害影响情况表

[1] 表编号：010403004

[2] 表标识：SHZHYXQKB

[3] 表说明：本表为山洪灾害影响情况表，属管理表，存储评价区内山洪灾害影响情况信息。信息评价时间精确至日，评价的空间单元为行政区划，评价内容为山洪灾害对评价区人口和基础设施的影响情况。

序号	含义	字段名	数据类型	单位	必填	主键	外键
1	行政区划代码	XZQHDM	C（10）		Y	Y	Y
2	行政区名称	XZQMC	C（32）				
3	日期	RQ	D（8）		Y	Y	
4	历史洪水线下人口	LSHSXXRK	N（8）	人			
5	历史洪水线下家庭	LSHSXXJT	N（8）	户			
6	历史洪水线下房屋	LSHSXXFW	N（8）	间			
7	历史洪水线下农田	LSHSXXNT	N（9）	亩			
8	可能受山体滑坡、泥石流影响人口	KNSSTHPNSLYXRK	N（8）	人			
9	可能受山体滑坡、泥石流影响家庭	KNSSTHPNSLYXJT	N（8）	户			
10	可能受山体滑坡、泥石流影响房屋	KNSSTHPNSLYXFW	N（8）	间			

[4] 填写说明：

1）行政区划代码：按照行政区划进行统计，最小至区县级，引用行政区划基本信息表。

2）行政区名称：行政区划的代码对应的中文名称，由行政区划基本信息表带入。

3）日期：山洪灾害影响情况评价的日期，计至日。

4）历史洪水线下人口：历史洪水线下人口，计量单位为人，计至整数。

5）历史洪水线下家庭：历史洪水线下家庭，计量单位为户，计至整数。

6）历史洪水线下房屋：历史洪水线下房屋，计量单位为间，计至整数。

7）历史洪水线下农田：历史洪水线下农田，计量单位为亩，计至整数。

8）可能受山体滑坡、泥石流影响人口：可能受山体滑坡、泥石流影响人口，计量单位为人，计至整数。

9）可能受山体滑坡、泥石流影响家庭：可能受山体滑坡、泥石流影响家庭，计量单位为户，计至整数。

10）可能受山体滑坡、泥石流影响房屋：可能受山体滑坡、泥石流影响房屋，计量单位为间，计至整数。

（四）枯季径流预报

1．（管理）枯季径流预报表

[1] 表编号：010403005

[2] 表标识：KJJLYBB

[3] 表说明：本表为枯季径流预报表，属管理表，存储预报的本年 10 月至次年 5 月，每月河道径流量相关信息。径流预报的时间单元为年，空间单元为河流，预报指标为径流量

序号	含义	字段名	数据类型	单位	必填	主键	外键
1	河流代码	HLDM	C（8）		Y	Y	Y
2	河流名称	HLMC	C（30）				
3	日期	RQ	D（4）		Y	Y	
4	10 月径流量	YJLL10	N（9，3）	m^3/s			
5	11 月径流量	YJLL11	N（9，3）	m^3/s			
6	12 月径流量	YJLL12	N（9，3）	m^3/s			
7	1 月径流量	YJLL1	N（9，3）	m^3/s			
8	2 月径流量	YJLL2	N（9，3）	m^3/s			

序号	含义	字段名	数据类型	单位	必填	主键	外键
9	3 月径流量	YJLL3	N（9，3）	m^3/s			
10	4 月径流量	YJLL4	N（9，3）	m^3/s			
11	5 月径流量	YJLL5	N（9，3）	m^3/s			

[4] 填写说明：

1）河流代码：按照河流进行统计，引用河流基本信息表。

2）河流名称：指该测站所属的河流名称，由河流基本信息带入。

3）日期：预报数据的日期，计至年。

4）10 月径流量：本年 10 月预报河道径流量，主要是水库可来水量，计量单位为 m^3/s，计至三位小数。

5）11 月径流量：本年 11 月预报河道径流量，主要是水库可来水量，计量单位为 m^3/s，计至三位小数。

6）12 月径流量：本年 12 月预报河道径流量，主要是水库可来水量，计量单位为 m^3/s，计至三位小数。

7）1 月径流量：次年 1 月预报河道径流量，主要是水库可来水量，计量单位为 m^3/s，计至三位小数。

8）2 月径流量：次年 2 月预报河道径流量，主要是水库可来水量，计量单位为 m^3/s，计至三位小数。

9）3 月径流量：次年 3 月预报河道径流量，主要是水库可来水量，计量单位为 m^3/s，计至三位小数。

10）4 月径流量：次年 4 月预报河道径流量，主要是水库可来水量，计量单位为 m^3/s，计至三位小数。

11）5 月径流量：次年 5 月预报河道径流量，主要是水库可来水量，计量单位为 m^3/s，计至三位小数。

（五）干旱风险评价

1. （管理）干旱风险估算表

[1] 表编号：010403006

[2] 表标识：GHFXGSB

[3] 表说明：本表为干旱风险估算表，属管理表，存储估算的因干旱造成的作物减产损失相关信息。信息估算时间精确至日，估算的空间单元为行政区划，估算内容为干旱风险。

序号	含义	字段名	数据类型	单位	必填	主键	外键
1	行政区划代码	XZQHDM	C（10）		Y	Y	Y
2	行政区名称	XZQMC	C（32）				
3	日期	RQ	D（8）		Y	Y	
4	气候情况	QHQK	C（100）				
5	作物种植结构	ZWZZJG	C（100）				
6	作物供水情况	ZWGSQK	C（100）				
7	作物需水情况	ZWXSQK	C（100）				
8	干旱灾害严重程度	GHZHYZCD	C（2）				
9	作物因旱减产损失	ZWYHJCSS	N（8，2）	万 t			

[4] 填写说明：

1）行政区划代码：估算的行政区划单元，最小至乡镇级，引用行政区划基本信息表。

2）行政区名称：行政区划的代码对应的中文名称，由行政区划基本信息表带入。

3）日期：估算数据的日期，计至日。

4）气候情况：评价区域的气候条件，简要说明。

5）作物种植结构：单位内各种作物种植面积的比例关系。

6）作物供水情况：作物不同生长阶段的需水量数据，应根据当地作物灌溉试验资料确定。在缺乏试验资料的地区，可参照类似地区资料确定。

7）作物需水情况：根据各农业区的特点，作物不同生长阶段的实际供水量，在雨养农业区为有效降水量，在灌溉农业区为有效降水量和灌溉供水量之和。有效降水量为实际降水量与本地区有效利用系数之积；灌溉供水量为蓄水、引水和提水工程设施的实际供水量。

8）干旱灾害严重程度：按照旱灾损失率划分为轻度、中度、重度和特大 4 个级别。

9）作物因旱减产损失：用减产率相对指标来度量，可依据作物不同生长阶段的缺水量，应用作物水分生产力模型进行估算，计量单位为万 t，计至两位小数。

四、防灾调度

（一）应急预案

1. （载体）风险应急预案信息表

[1] 表编号：010404001

[2] 表标识：FXYJYAXXB

[3] 表说明：本表为风险应急预案信息表，属载体表，存储风险应急预案的信息。

序号	含义	字段名	数据类型	单位	必填	主键	外键
1	风险预案名称	FXYAMC	C（64）		Y	Y	
2	日期	RQ	D（8）				
3	风险类型	FXLX	C（20）				
4	预案施行范围	YASXFW	C（64）				
5	预案执行负责单位	YAZXFZDW	C（64）				
6	负责单位职责	FZDWZZ	C（100）				
7	第二执行单位	DEZXDW	C（64）				
8	第二执行单位职责	DEZXDWZZ	C（100）				
9	第三执行单位	DSZXDW	C（64）				
10	第三执行单位职责	DSZXDWZZ	C（100）				
11	其他参与单位	QTCYDW	C（128）				

[4] 填写说明：

1）风险预案名称：针对风险情况确定的预案名称，建议命名规则为×××行政区×××时间制定的×××预案，确定唯一性。

2）日期：风险预案制定的时间，计至日。

3）风险类型：发生风险的具体类型情况。

4）预案施行范围：预案施行范围，精确至乡镇。

5）预案执行负责单位：预案执行负责单位名称。

6）负责单位职责：负责单位的职责，简要说明。

7）第二执行单位：第二执行单位的名称。

8）第二执行单位职责：第二执行单位职责，简要说明。

9）第三执行单位：第三执行单位的名称。

10）第三执行单位职责：第三执行单位职责，简要说明。

11）其他参与单位：其他参与单位的名称。

（二）防洪调度

1. （管理）防洪形势分析信息表

[1] 表编号：010404002

[2] 表标识：FHXSFXXXB

[3] 表说明：本表为防洪形势分析信息表，属管理表，存储防洪形势分析相关信息。统计的时间单元为日，空间单元为行政区，统计指标为历史的洪水量、洪水频率、最高洪水位以及预测的洪峰水位、洪水频率、洪峰流量。

序号	含义	字段名	数据类型	单位	必填	主键	外键
1	行政区划代码	XZQHDM	C（10）		Y	Y	Y
2	行政区名称	XZQMC	C（32）				
3	日期	RQ	D（8）		Y	Y	
4	历史最大洪量	LSZDHL	N（13，3）	10^4 m^3			
5	历史洪水频率	LSHSPL	N（4，2）				
6	历史最高洪位	LSZGHW	N（7，3）	m			
7	预测洪峰流量	YCHFLL	N（10，3）	m^3/s			
8	预测洪水频率	YCHSPL	N（4，2）				
9	预测洪峰水位	YCHFSW	N（7，3）	m			

[4] 填写说明：

1）行政区划代码：按照行政区划进行统计，最小至乡镇级，引用行政区划基本信息表。

2）行政区名称：行政区划的代码对应的中文名称，由行政区划基本信息表带入。

3）日期：指防洪形势分析的日期，计至日。

4）历史最大洪量：历史最大洪量，计量单位为 10^4 m^3，计至三位小数。

5）历史洪水频率：历史洪水频率。

6）历史最高洪位：历史最高洪位，计量单位为 m，计至三位小数。

7）预测洪峰流量：预测洪峰流量，计量单位为 m^3/s，计至三位小数。

8）预测洪水频率：预测洪水频率。

9）预测洪峰水位：预测洪峰水位，计量单位为 m，计至三位小数。

2. （管理）洪水相关站来水量信息表

[1] 表编号：010404003

[2] 表标识：HSXGZLSLXXB

[3] 表说明：本表为洪水相关站来水量信息表，属管理表，存储洪水相关站的来水量信息。

序号	含义	字段名	数据类型	单位	必填	主键	外键
1	洪水代码	HSDM	C（10）		Y	Y	Y
2	洪水名称	HSMC	C（150）				
3	测站代码	CZDM	C（8）		Y	Y	Y
4	测站名称	CZMC	C（30）				
5	测站位置属性	CZWZSX	C（2）				
6	集水面积	JSMJ	N（7，2）	km^2			

序号	含义	字段名	数据类型	单位	必填	主键	外键
7	集水面积所占百分比	JSMJSZBFB	N（5，2）	%			
8	统计天数	TJTS	N（3）	d			
9	相关站洪量	XGZHL	N（13，3）	10^4 m^3			
10	洪量所占百分比	HLSZBFB	N（5，2）	%			

[4] 填写说明：

1）洪水代码：指洪水的相关站代码，引用洪水基本信息表。

2）洪水名称：洪水代码对应的中文名称，由洪水基本信息表带入。

3）测站代码：记录洪水信息的主测站，引用水文测站基本信息表。

4）测站名称：测站代码所代表测站的中文名称，由水文测站基本信息表带入。

5）测站位置属性：指示相关站的位置属性，1 为干流，2 为支流，3 为区间。

6）集水面积：指测站上游由该站控制的汇水区域面积或区间面积，计量单位为 km^2，计至两位小数。

7）集水面积所占百分比：相关站或区间的集水面积占代表站集水面积的百分比，计量单位为%，计至两位小数。

8）统计天数：相关站或区间整个洪水期间的天数。计量单位为 d，计至整数。

9）相关站洪量：相关站或区间整个洪水期间的洪水量，计量单位为 10^4m^3，计至三位小数。

10）洪量所占百分比：相关站或区间整个洪水期间的来水量占代表站洪量的百分比，计量单位为%，计至两位小数。

3. （管理）水库运用水情特征表

[1] 表编号：010404004

[2] 表标识：SKYYSQTZB

[3] 表说明：本表为水库运用水情特征表，属管理表，存储每次洪水水库水情相关信息。统计的空间单元为水库，统计指标为最大蓄水量、最大蓄水量出现时间、最大入库流量等内容。

序号	含义	字段名	数据类型	单位	必填	主键	外键
1	洪水代码	HSDM	C（10）		Y	Y	Y
2	洪水名称	HSMC	C（150）				
3	水库代码	SKDM	C（11）		Y	Y	Y
4	水库名称	SKMC	C（40）				
5	最高库水位	ZGKSW	N（7，3）	m			
6	最高库水位出现时间	ZGKSWCXSJ	T（12）				
7	最大蓄水量	ZDXSL	N（13，3）	10^4 m^3			
8	最大蓄水量出现时间	ZDXSLCXSJ	T（12）				
9	最大入库流量	ZDRKLL	N（10，3）	m^3/s			
10	最大入库流量出现时间	ZDRKLLCXSJ	T（12）				
11	最大出库流量	ZDCKLL	N（10，3）	m^3/s			
12	最大出库流量出现时间	ZDCKLLCXSJ	T（12）				
13	削峰量	XFL	N（4，2）	m^3/s			
14	拦蓄洪量	LXHL	N（10，3）	10^4 m^3			

[4] 填写说明：

1）洪水代码：引用洪水基本信息表。

2）洪水名称：洪水代码对应的中文名称，由洪水基本信息表带入。

3）水库代码：洪水发生相关的水库代码，引用水库基本信息表。

4）水库名称：指测站所属的水库名称，由水库基本信息带入。

5）最高库水位：本次洪水期间水库出现的最高库水位，计量单位为 m，计至三位小数。

6）最高库水位出现时间：最高库水位出现的相应时间，计至分。

7）最大蓄水量：本次洪水期间水库出现的最大蓄水量，计量单位为 10^4 m^3，计至三位小数。

8）最大蓄水量出现时间：最大蓄水量出现的相应时间，计至分。

9）最大入库流量：本次洪水期间水库出现的最大出库流量，计量单位为 m^3/s，计至三位小数。

10）最大入库流量出现时间：最大入库流量出现的相应时间，计至分。

11）最大出库流量：本次洪水期间水库出现的最大出库流量，计量单位为 m^3/s，计至三位小数。

12）最大出库流量出现时间：最大出库流量出现的相应时间，计至分。

13）削峰率：本次洪水期间最大入库流量与最大出库流量之差，计量单位为 m^3/s，计至两位小数。

14）拦蓄洪量：本次洪水过程中，水库从调洪起始水位至水库拦洪错峰、削峰最高水位之间拦蓄的洪水总量，计量单位为 10^4 m^3，计至三位小数。

4. （管理）水闸运用水情特征表

[1] 表编号：010404005

[2] 表标识：SZYYSQTZB

[3] 表说明：本表为水闸运用水情特征表，属管理表，存储每次洪水水闸水情相关信息。统计的空间单元为水闸，统计指标为最高闸上水位、最高闸上水位出现时间、最大下泄流量等内容。

序号	含义	字段名	数据类型	单位	必填	主键	外键
1	洪水代码	HSDM	C（10）		Y	Y	Y
2	洪水名称	HSMC	C（150）				
3	水闸代码	SZDM	C（11）		Y	Y	Y
4	水闸名称	SZMC	C（40）				
5	最高闸上水位	ZGZSSW	N（7，3）	m			
6	最高闸上水位出现时间	ZGZSSWCXSJ	T（10）				
7	最大下泄流量	ZDXXLL	N（10，3）	m^3/s			
8	最大下泄流量出现时间	ZDXXLLCXSJ	T（10）				

[4] 填写说明：

1）洪水代码：引用洪水基本信息表。

2）洪水名称：洪水代码对应的中文名称，由洪水基本信息表带入。

3）水闸代码：洪水发生相关水闸的代码，引用水闸基本信息表。

4）水闸名称：水闸的名称，由水闸基本信息表带入。

5）最高闸上水位：整个洪水期间闸坝站出现的最高水位，计量单位为 m，计至三位小数。

6）最高闸上水位出现时间：闸坝站出现最高水位的相应时间。计至分。

7）最大下泄流量：整个洪水期间闸坝站出现的最大下泄流量，计量单位为 m^3/s，计至三位小数。

8）最大下泄流量出现时间：闸坝站出现最大下泄流量的相应时间。计至分。

5. （管理）堤防设防标准表

[1] 表编号：010404006

[2] 表标识：DFSFBZB

[3] 表说明：本表为堤防设防标准表，属管理表，存储堤防设防的标准信息。统计的时间单元为日，空间单元为堤防，统计指标为防洪标准、设计洪水位、设计洪峰流量等内容。

序号	含义	字段名	数据类型	单位	必填	主键	外键
1	堤防段代码	DFDDM	C（11）		Y	Y	Y
2	堤防段名称	DFDMC	C（40）				
3	日期	RQ	D（8）		Y	Y	
4	防洪标准	FHBZ	N（5）	a			
5	设计洪水位	SJHSW	N（6，2）	m			
6	设计洪峰流量	SJHFLL	N（7，2）	m^3/s			
7	设防水位	SFSW	N（6，2）	m			
8	警戒水位	JJSW	N（6，2）	m			
9	分洪水位	FHSW	N（6，2）	m			

[4] 填写说明：

1）堤防段代码：堤防工程的识别代码，引用堤防段基本信息表。

2）堤防段名称：堤防（段）的名称，由堤防段基本信息表带入。

3）日期：数据更新的日期，计至日。

4）防洪标准：堤防在设计标准下可以抵御的洪水频率，用洪水重现期表示，计量单位为 a，计至整数。

5）设计洪水位：堤防遇到设计洪水时，在临水坡达到的最高水位，计量单位为 m，计至两位小数。

6）设计洪峰流量：设计标准洪水的洪峰流量，计量单位为 m^3/s，计至两位小数。

7）设防水位：设防水位是指汛期河道堤防开始进入防汛阶段的水位，计量单位为 m，计至两位小数。

8）警戒水位：警戒水位是指堤防临水到一定深度有可能出现险情，要加以警惕戒备的水位，计量单位为 m，计至两位小数。

9）分洪水位：河道上采取分洪起始位置，计量单位为 m，计至两位小数。

6. （管理）山洪灾害防御情况统计表

[1] 表编号：010404007

[2] 表标识：SHZHFYQKTJB

[3] 表说明：本表为山洪灾害防御情况统计表，属管理表，存储山洪灾害防御相关信息。统计的时间单元为年，空间单元为行政区，统计指标为发布预警的县数、发生山洪灾害的次数、发布预警次数等内容。

序号	含义	字段名	数据类型	单位	必填	主键	外键
1	行政区划代码	XZQHDM	C（10）		Y	Y	Y
2	行政区名称	XZQMC	C（32）				
3	日期	RQ	D（4）		Y	Y	
4	发布预警的县数	FBYJDXS	N（5）	个			
5	发生山洪灾害的次数	FSSHZHDCS	N（5）	次			
6	发布预警次数	FBYJCS	N（5）	次			
7	向责任人发布预警短信	XZRRFBYJDX	N（7，2）	万条			
8	向社会公众发布预警短信	XSHGZFBYJDX	N（7，2）	万条			
9	启动预警广播	QDYJGB	N（5）	站次			
10	预警发布服务人数	YJFBFWRS	N（7，2）	万人			
11	转移人数	ZYRS	N（7，2）	万人			

[4] 填写说明：

1）行政区划代码：按照行政区划进行统计，引用行政区划基本信息表，精确至市级。

2）行政区名称：行政区划的代码对应的中文名称，由行政区划基本信息表带入。

3）日期：山洪灾害防御情况统计日期，计至年。

4）发布预警的县数：发布过预警信息的县数，计量单位为个，计至整数。

5）发生山洪灾害的次数：统计时段内本辖区发生山洪灾害的次数，无论是否发布预警，是否造成人员、财产损失，均应纳入统计，计量单位为次，计至整数。

6）发布预警次数：通过县级山洪灾害监测预警平台发布山洪灾害预警的次数，计量单位为次，计至两位小数。

7）向责任人发布预警短信：县级通过各种终端向县、乡、村、组责任人发送山洪灾害预警短信条数。县级以上逐级汇总，计量单位为万条，计至两位小数。

8）向社会公众发布预警短信：依托基础电信企业向社会公众发布预警信息条数。县级以上逐级汇总，计量单位为万条，计至两位小数。

9）启动预警广播：因山洪启动无线预警广播的次数，计量单位为站次，计至整数。

10）预警发布服务人数：发布山洪灾害预警信息服务的人数，包括各级责任人和社会公众以及预警广播服务人数，计量单位为万人，计至两位小数。

11）转移人数：因山洪转移的人数，计量单位为万人，计至两位小数。

7. （管理）蓄滞洪区运行状况表

[1] 表编号：010404008

[2] 表标识：XZHQYXZKB

[3] 表说明：本表为蓄滞洪区运行状况表，属管理表，存储蓄滞洪区运行状况相关信息。统计的空间单元为蓄滞洪区，统计指标为进洪流量、蓄洪水位、蓄洪水量等内容。

序号	含义	字段名	数据类型	单位	必填	主键	外键
1	蓄滞洪区代码	XZHQDM	C（11）		Y	Y	Y
2	蓄滞洪区名称	XZHQMC	C（40）				
3	开始日期	KSRQ	D（8）		Y	Y	
4	结束日期	JSRQ	D（8）				
5	分蓄洪控制站水位	FXHKZZSW	N（7，3）	m			
6	进洪流量	JHLL	N（10，3）	m^3/s			
7	蓄洪水位	XHSW	N（7，3）	m			
8	蓄洪水量	XHSL	N（10，3）	$10^4 m^3$			
9	转移人口	ZYRK	N（8，2）	万人			
10	退洪流量	THLL	N（10，3）	m^3/s			

[4] 填写说明：

1）蓄滞洪区代码：引用蓄滞洪区基本信息表。

2）蓄滞洪区名称：蓄滞洪区的名称，由蓄滞洪区基本信息表带入。

3）开始日期：本次蓄洪开始日期，计至日。

4）结束日期：本次蓄洪结束日期，计至日。

5）分蓄洪控制站水位：实时测量的分蓄洪区控制区站的水位，计量单位为 m，计至三位小数。

6）进洪流量：统计时段内最大进洪流量，计量单位为 m^3/s，计至三位小数。

7）蓄洪水位：统计时段内最大蓄洪水位，计量单位为 m，计至三位小数。

8）蓄洪水量：统计时段内蓄滞区内的当前蓄水量或过水量，计量单位为 10^4 m^3，计至三位小数。

9）转移人口：蓄滞洪区当前转移的人口总数，计量单位为万人，计至两位小数。

10）退洪流量：退洪流量，计量单位为 m^3/s，计至三位小数。

8.（管理）除涝措施统计表

[1] 表编号：010404009

[2] 表标识：CLCSTJB

[3] 表说明：本表为除涝措施统计表，属管理表，存储农业除涝措施相关信息。统计的时间单元为年，空间单元为行政区，统计指标为开挖沟网、开挖墒网、涝区分片等内容。

序号	含义	字段名	数据类型	单位	必填	主键	外键
1	行政区划代码	XZQHDM	C（10）		Y	Y	Y
2	行政区名称	XZQMC	C（32）				
3	日期	RQ	D（4）		Y	Y	
4	巩固堤防	GGDF	N（8）	处			
5	巩固水库大坝	GGSKDB	N（8）	座			
6	开挖沟网	KWGW	N（8）	处			
7	开挖墒网	KWSW	N（8）	处			
8	涝区分片	LQFP	N（8）	个			
9	抽水设施	CSSS	N（8）	套（台）			
10	其他措施	QTCS	C（50）				

[4] 填写说明：

1）行政区划代码：按照行政区划进行统计，最小至乡镇级，引用行政区划基本信息表。

2）行政区名称：行政区划的代码对应的中文名称，由行政区划基本信息表带入。

3）日期：统计除涝措施的日期，计至年。

4）巩固堤防：当年累计巩固堤防情况，计量单位为处，计至整数。

5）巩固水库大坝：当年累计巩固水库大坝情况，计量单位为座，计至整数。

6）开挖沟网：当年累计开挖沟网情况，计量单位为处，计至整数。

7）开挖墒网：当年累计开挖墒网情况，计量单位为处，计至整数。

8）涝区分片：当年累计涝区分片情况，计量单位为个，计至整数。

9）抽水设施：当年累计抽水设施情况，计量单位为套（台），计至整数。

10）其他措施：当年累计其他的措施，简要说明。

（三）抗旱调度

1.（管理）土壤墒情分析表

[1] 表编号：010404010

[2] 表标识：TRSQFXB

[3] 表说明：本表为土壤墒情分析表，属管理表，存储影响作物生育的土壤水分条件信息。统计的时间单元为日，空间单元为行政区，统计指标为土壤含水量、田间持水量、土壤相对湿度、作物类型等内容。

序号	含义	字段名	数据类型	单位	必填	主键	外键
1	行政区划代码	XZQHDM	C（10）		Y	Y	Y
2	行政区名称	XZQMC	C（32）				
3	日期	RQ	D（8）		Y	Y	
4	土壤含水量	TRHSL	N（3，1）	%			
5	田间持水量	TJCSL	N（3，1）	%			
6	土壤相对湿度	TRXDSD	N（5，2）	%			
7	作物类型	ZWLX	C（10）				
8	作物生育期	ZWSYQ	C（10）				
9	评价深度	PJSD	N（3）	cm			
10	土壤墒情等级	TRSQDJ	C（10）				
11	土壤墒情评价方法	TRSQPJFF	C（100）				
12	土壤墒情评价指标	TRSQPJZB	C（10）				

[4] 填写说明：

1）行政区划代码：评价的行政区划代码，最小至乡镇级，引用行政区划基本信息表。

2）行政区名称：行政区划的代码对应的中文名称，由行政区划基本信息表带入。

3）日期：土壤墒情分析日期，计至日。

4）土壤含水量：土壤中水的重量除以干土重量，以重量百分率表示，计量单位为%，计至一位小数。

5）田间持水量：土壤毛管悬着水达到最大数量时的土壤含水量，以重量百分率表示，计量单位为%，计至一位小数。

6）土壤相对湿度：土壤含水量与田间持水量的比值，计量单位为%，计至两位小数。

7）作物类型：指评价土壤的主要作物类型。

8）作物生育期：评价时间作物所处生育期。

9）评价深度：根据作物的生育期不同，一般选取 10 cm、20 cm 和 40 cm 深度的土壤层进行墒情评价。计量单位为 cm，计至整数。

10）土壤墒情等级：土壤水分条件改变影响作物生育的程度。

11）土壤墒情评价方法：根据作物的生育期不同，一般选取 10 cm、20 cm 和 40 cm 深度的土壤层进行墒情评价，以土壤墒情评价深度的土壤层相对湿度作为墒情评价依据。以我国主要作物各生育期作为评价阶段。土壤评价层平均含水量与平均田间持水量之比，得出的土壤相对湿度作为土壤墒情评价指标。

12）土壤墒情评价指标：土壤墒情评价指标，按照《土壤墒情评价指标》（SL 568—2012）标准执行。

2. （管理）抗旱应急调水情况表

[1] 表编号：010404011

[2] 表标识：KHYJDSQKB

[3] 表说明：本表为抗旱应急调水情况表，属管理表，存储抗旱应急调水情况相关信息。统计的空间单元为行政区，统计指标为调水线路、调水目的、计划调水规模等内容。

序号	含义	字段名	数据类型	单位	必填	主键	外键
1	行政区划代码	XZQHDM	C（10）		Y	Y	Y
2	行政区名称	XZQMC	C（32）				
3	调水开始时间	DSKSSJ	D（8）		Y	Y	
4	调水结束时间	DSJSSJ	D（8）		Y	Y	

序号	含义	字段名	数据类型	单位	必填	主键	外键
5	风险预案名称	FXYAMC	C（64）				Y
6	调水线路	DSXL	C（50）				
7	调水目的	DSMD	C（50）				
8	计划调水规模	JHDSGM	N（10，3）	10^4 m^3			
9	计划调水起始时间	JHDSQSSJ	T（10）				
10	计划调水截止时间	JHDSJZSJ	T（10）				
11	取水流量	QSLL	N（10，3）	m^3/s			
12	累计取水量	LJQSL	N（10，3）	10^4 m^3			
13	受水流量	SSLL	N（10，3）	m^3/s			
14	累计受水量	LJSSL	N（10，3）	10^4 m^3			
15	应急调水实施效果描述	YJDSSSXGMS	C（255）				

[4] 填写说明：

1）行政区划代码：按照行政区划进行统计，最小至区县级，引用行政区划基本信息表。

2）行政区名称：行政区划的代码对应的中文名称，由行政区划基本信息表带入。

3）调水开始时间：指本次调水开始的时间，计至日。

4）调水结束时间：指本次调水结束的时间，计至日。

5）风险预案名称：引用风险应急预案信息表。

6）调水线路：经批准的《抗旱应急调水实施方案》确定的应急调水线路名称，一个地区可能有多条调水路线，分别统计。

7）调水目的：实施抗旱应急调水的目的，包括四类：保障城市供水；提供农业灌溉；保护江河、湖泊、湿地等生态环境；其他（满足水路航运、水污染应急处置等）。

8）计划调水规模：经批准的《抗旱应急调水实施方案》确定的应急调水总量，计量单位为 10^4 m^3，计至三位小数。

9）计划调水起始时间：经批准的《抗旱应急调水实施方案》确定的应急调水起始时间，计至小时。

10）计划调水截止时间：经批准的《抗旱应急调水实施方案》确定的应急调水截止时间，计至小时。

11）取水流量：从水源地取水口或取水建筑物引水、提水的平均取水流量，计量单位为 m^3/s，计至三位小数。

12）累计取水量：从水源地取水口或取水建筑物引水、提水的累计取水量，计量单位为 10^4 m^3，计至三位小数。

13）受水流量：扣除调水沿途损耗后，调水目的地实际收到的平均受水流量，计量单位为 m^3/s，计至三位小数。

14）累计受水量：扣除调水沿途损耗后，调水目的地实际收到的累计受水量，计量单位为 10^4 m^3，计至三位小数。

15）应急调水实施效果描述：简要描述本次应急调水实施效果。

五、应急管理

（一）抗灾人员管理

1. （管理）抗灾人才队伍建设情况表

[1] 表编号：010405001

[2] 表标识：KZRCDWJSQKB

[3] 表说明：本表为抗灾人才队伍建设情况表，属管理表，存储抗灾人才队伍建设相关信息。统计的时间单元

为年，空间单元为行政区，统计指标为群防队伍、解放军、武警部队的数量等内容。

序号	含义	字段名	数据类型	单位	必填	主键	外键
1	行政区划代码	XZQHDM	C（10）		Y	Y	Y
2	行政区名称	XZQMC	C（32）				
3	日期	RQ	D（4）		Y	Y	
4	防汛机动抢险队	FXJDQXD	N（7）	人			
5	地方专业抢险队	DFZYQXD	N（7）	人			
6	群防队伍	QFDW	N（7）	人			
7	解放军	JFJ	N（7）	人			
8	武警部队	WJBD	N（7）	人			
9	抢险能力	QXNL	C（100）				
10	设备情况	SBQK	C（100）				

[4] 填写说明：

1）行政区划代码：按照行政区划进行统计，最小至区县级，引用行政区划基本信息表。

2）行政区名称：行政区划的代码对应的中文名称，由行政区划基本信息表带入。

3）日期：指抗灾人才队伍信息统计的时间单元，计至年。

4）防汛机动抢险队：防汛机动抢险队人数，计量单位为人，计至整数。

5）地方专业抢险队：地方专业抢险队人数，计量单位为人，计至整数。

6）群防队伍：群防队伍人数，计量单位为人，计至整数。

7）解放军：解放军人数，计量单位为人，计至整数。

8）武警部队：武警部队人数，计量单位为人，计至整数。

9）抢险能力：简要说明。

10）设备情况：简要说明。

2. （管理）抗洪抢险技术支撑情况表

[1] 表编号：010405002

[2] 表标识：KHQXJSZCQKB

[3] 表说明：本表为抗洪抢险技术支撑情况表，属管理表，存储抗洪抢险技术支撑相关信息。统计的空间单元为行政区，统计指标为技术支撑投入、减淹城镇、减淹耕地等内容。

序号	含义	字段名	数据类型	单位	必填	主键	外键
1	行政区划代码	XZQHDM	C（10）		Y	Y	Y
2	行政区名称	XZQMC	C（32）				
3	开始时间	KSSJ	D（8）		Y	Y	
4	结束时间	JSSJ	D（8）		Y	Y	
5	巡堤查检	XDCJ	N（5，2）	人天			
6	省专家组	SZJZ	N（5，2）	人天			
7	市专家组	SHIZJZ	N（5，2）	人天			
8	县专家组	XZJZ	N（5，2）	人天			
9	水利救灾资金投入	SLJZZJTR	N（10，3）	亿元			
10	技术支撑投入	JSZCTR	N（10，3）	亿元			

序号	含义	字段名	数据类型	单位	必填	主键	外键
11	减淹城镇	JYCZ	N（4，2）	个			
12	减淹耕地	JYGD	N（8，2）	万亩			
13	减淹人口	JYRK	N（8，2）	万人			

[4] 填写说明：

1）行政区划代码：按照行政区划进行统计，最小至区县级，引用行政区划基本信息表。

2）行政区名称：行政区划的代码对应的中文名称，由行政区划基本信息表带入。

3）开始时间：指本次技术支撑开始的时间，计至日。

4）结束时间：指本次技术支撑结束的时间，计至日。

5）巡堤查检：开展巡堤查检工作投入的工作量，计量单位为人天，计至两位小数。

6）省专家组：省专家工作组开展抗洪抢险技术支撑的人天数，计量单位为人天，计至两位小数。

7）市专家组：市专家工作组开展抗洪抢险技术支撑的人天数，计量单位为人天，计至两位小数。

8）县专家组：县专家工作组开展抗洪抢险技术支撑的人天数，计量单位为人天，计至两位小数。

9）水利救灾资金投入：指省级及以下用于洪涝救灾的财政性拨款，计量单位为亿元，计至三位小数。

10）技术支撑投入：指技术支撑过程中省级及以下财政部门投入的资金，计量单位为亿元，计至三位小数。

11）减淹城镇：指减淹的县级及以上城镇个数，计量单位为个，计至两位小数。

12）减淹耕地：指减淹的耕地面积，计量单位为万亩，计至两位小数。

13）减淹人口：指减淹的人口数量，计量单位为万人，计至两位小数。

（二）抗灾经费管理

1. （管理）抗灾经费统计表

[1] 表编号：010405003

[2] 表标识：KZJFTJB

[3] 表说明：本表为抗灾经费统计表，属管理表，存储抗灾经费情况相关信息。统计的时间单元为年，空间单元为行政区，统计指标为中央拨款、省级财政拨款、地市级财政拨款等内容，一次灾情填写一条记录。

序号	含义	字段名	数据类型	单位	必填	主键	外键
1	行政区划代码	XZQHDM	C（10）		Y	Y	Y
2	行政区名称	XZQMC	C（32）				
3	开始时间	KSSJ	D（8）		Y	Y	
4	结束时间	JSSJ	D（8）		Y	Y	
5	灾情类型	ZQLX	C（10）				
6	中央拨款	ZYBK	N（10，3）	万元			
7	省级财政拨款	SJCZBK	N（10，3）	万元			
8	地市级财政拨款	DSJCZBK	N（10，3）	万元			
9	群众自筹	QZZC	N（10，3）	万元			

[4] 填写说明：

1）行政区划代码：按照行政区划进行统计，最小至区县级，引用行政区划基本信息表。

2）行政区名称：行政区划的代码对应的中文名称，由行政区划基本信息表带入。

3）开始时间：指该灾情开始的时间，计至日。

4）结束时间：指该灾情结束的时间，计至日。

5）灾情类型：灾情类型，简要说明。

6）中央拨款：本年度中央财政针对农业抗旱拨付的资金。计量单位为万元，计至三位小数。

7）省级财政拨款：本年度省级财政针对农业抗旱拨付的资金。计量单位为万元，计至三位小数。

8）地市级财政拨款：本年度地市级财政针对农业抗旱拨付的资金。计量单位为万元，计至三位小数。

9）群众自筹：本年度群众针对农业抗旱自筹的资金。计量单位为万元，计至三位小数。

（三）抗灾物资管理

1. （管理）防汛抗旱物资情况表

[1] 表编号：010405004

[2] 表标识：FXKHWZQKB

[3] 表说明：本表为防汛抗旱物资情况表，属管理表，存储抗灾物资情况相关信息。统计的时间单元为年，空间单元为行政区，统计指标为货车、木桩、大锤的数量等内容。

序号	含义	字段名	数据类型	单位	必填	主键	外键
1	行政区划代码	XZQHDM	C（10）		Y	Y	Y
2	行政区名称	XZQMC	C（32）				
3	日期	RQ	D（4）		Y	Y	
4	客车	KC	N（6）	辆			
5	货车	HC	N（6）	辆			
6	木桩	MZ	N（6）	根			
7	大锤	DC	N（6）	个			
8	铁丝	TS	N（6，2）	kg			
9	铁锹	TQ	N（6）	把			
10	编织袋	BZD	N（6）	条			
11	洋镐	YG	N（6）	把			

[4] 填写说明：

1）行政区划代码：按照行政区划进行统计，最小至区县级，引用行政区划基本信息表。

2）行政区名称：行政区划的代码对应的中文名称，由行政区划基本信息表带入。

3）日期：指统计年度，计至年。

4）客车：储备客车情况，计量单位为辆，计至整数。

5）货车：储备货车情况，计量单位为辆，计至整数。

6）木桩：储备木桩情况，计量单位为根，计至整数。

7）大锤：储备大锤情况，计量单位为个，计至整数。

8）铁丝：储备铁丝情况，计量单位为 kg，计至两位小数。

9）铁锹：储备铁锹情况，计量单位为把，计至整数。

10）编织袋：储备编织袋情况，计量单位为条，计至整数。

11）洋镐：储备洋镐情况，计量单位为把，计至整数。

（四）抗灾文档管理

1. （载体）洪水图信息表

[1] 表编号：010405005

[2] 表标识：HSTXXB

[3] 表说明：描述灾情图相关信息。

序号	含义	字段名	数据类型	单位	必填	主键	外键
1	洪水代码	HSDM	C（10）		Y	Y	Y
2	洪水名称	HSMC	C（150）				
3	图序号	TXH	N（3）		Y	Y	
4	图名称	TMC	C（100）				
5	图格式	TGS	C（16）				
6	栅格图	SGT	B				

[4] 填写说明：

1）洪水代码：引用洪水基本信息表。

2）洪水名称：洪水代码对应的中文名称，由洪水基本信息表带入。

3）图序号：洪水相关的灾情图的序号。

4）图名称：洪水相关的灾情图的中文名称。

5）图格式：洪水相关的灾情图的格式，填写 BMP 位图格式、JPG 位图格式、GIF 位图格式、TIFI 位图格式或其他格式。

6）栅格图：灾情图片文件。

2. （载体）洪水灾情音像信息表

[1] 表编号：010405006

[2] 表标识：HSZQYXXXB

[3] 表说明：描述每次洪水灾情中各次的音像资料。

序号	含义	字段名	数据类型	单位	必填	主键	外键
1	洪水代码	HSDM	C（10）		Y	Y	Y
2	洪水名称	HSMC	C（150）				
3	音像序号	YXXH	N（3）		Y	Y	
4	时间	SJ	T（12）				
5	音像名称	YXMC	C（20）				
6	音像格式	YXGS	C（8）				
7	音像文件	YXWJ	B				
8	摘要	ZY	C（100）				

[4] 填写说明：

1）洪水代码：引用洪水基本信息表。

2）洪水名称：洪水代码对应的中文名称，由洪水基本信息表带入。

3）音像序号：灾情音像的序号，可按发生时间先后排序。

4）时间：灾情音像所反映的灾情发生时间，计至分。

5）音像名称：灾情音像的中文名称。

6）音像格式：音像的数据格式，填写 MP3 音频、WAV 音频、AVI 音频、MPG 视频或其他格式。

7）音像文件：灾情音像的音频和视频文件。

8）摘要：主要包括灾情发生的时间、地点、受灾情况等。

3. （管理）洪水调查访问资料摘要表

[1] 表编号：010405007

[2] 表标识：HSDCFWZLZYB

[3] 表说明：本表为洪水调查访问资料摘要表，属管理表，存储洪水调查访问相关信息。统计的时间单元为日，统计指标为被调查人的姓名、年龄、职业等内容。

序号	含义	字段名	数据类型	单位	必填	主键	外键
1	洪水代码	HSDM	C（10）		Y	Y	Y
2	洪水名称	HSMC	C（150）				
3	有效证件号	YXZJH	C（18）		Y	Y	
4	日期	RQ	D（8）		Y	Y	
5	被调查人姓名	BDCRXM	C（20）				
6	被调查人年龄	BDCRNL	N（3）				
7	被调查人职业	BDCRZY	C（20）				
8	被调查人住址	BDCRZZ	C（128）				
9	填报单位名称	TBDWMC	C（100）				
10	填报单位负责人	TBDWFZR	C（50）				
11	填报人	TBR	C（10）				

[4] 填写说明：

1）洪水代码：引用洪水基本信息表。

2）洪水名称：洪水代码对应的中文名称，由洪水基本信息表带入。

3）有效证件号：被调查人员的身份证号码。多个人员时，填写第 1 人身份证号码。

4）日期：指被调查日期，计至日。

5）被调查人姓名：被调查人员的姓名。多个人员时，填写第 1 人姓名。

6）被调查人年龄：被调查人员的年龄。多个人员时，填写第 1 人年龄。

7）被调查人职业：被调查人员的职业。多个人员时，填写第 1 人职业。

8）被调查人住址：被调查人员的住址。多个人员时，填写第 1 人住址，计至村。

9）填报单位名称：指填报单位的名称全称。

10）填报单位负责人：单位负责信息采集、传输等业务的领导或单位领导。

11）填报人：指该登记信息的填报人姓名。

4. （载体）洪水评论文献表

[1] 表编号：010405008

[2] 表标识：HSPLWXB

[3] 表说明：描述洪水评论文献相关信息。

序号	含义	字段名	数据类型	单位	必填	主键	外键
1	洪水代码	HSDM	C（10）		Y	Y	Y

序号	含义	字段名	数据类型	单位	必填	主键	外键
2	洪水名称	HSMC	C（150）				
3	文献序号	WXXH	N（3）		Y	Y	
4	文献名称	WXMC	C（60）				
5	发表刊物	FBKW	C（60）				
6	发表日期	FBRQ	D（8）				
7	作者	ZUOZ	C（10）				
8	作者单位	ZZDW	C（20）				
9	摘要	ZHAIY	C（255）				

[4] 填写说明：

1）洪水代码：引用洪水基本信息表。

2）洪水名称：洪水代码对应的中文名称，由洪水基本信息表带入。

3）文献序号：与本次洪水相关的总结评论文献的序号，宜按时间先后排序。

4）文献名称：文献的中文名称。

5）发表刊物：发表文献完整的报纸、杂志、书籍、研究报告等名称。

6）发表日期：期刊杂志的年期号、报纸的年月日、书籍的发行日期或研究报告的完成日期，计至日。

7）作者：发表文献的作者。多个作者时，各作者之间用西文逗号隔开。

8）作者单位：文献作者所在单位。多个单位时，各单位之间用西文逗号隔开。

9）摘要：文献的简短摘要，一般摘录其对洪水的综合评价的主要内容。

六、灾情评估

（一）灾情调查

1．（管理）洪涝灾害情况统计表

[1] 表编号：010406001

[2] 表标识：HLZHQKTJB

[3] 表说明：本表为洪涝灾害情况统计表，属管理表，存储洪涝灾害基本信息。统计的空间单元为行政区，统计指标为失踪人口、转移人口、倒塌房屋、直接经济损失等内容。

序号	含义	字段名	数据类型	单位	必填	主键	外键
1	行政区划代码	XZQHDM	C（10）		Y	Y	Y
2	行政区名称	XZQMC	C（32）				
3	开始日期	KSRQ	D（8）		Y	Y	
4	结束日期	JSRQ	D（8）		Y	Y	
5	灾情概述	ZQGS	C（255）				
6	农作物受灾面积	NZWSZMJ	N（7，3）	10^3 hm^2			
7	受灾人口	SZRK	N（7）	人			
8	死亡人口	SWRK	N（5）	人			
9	失踪人口	SHIZRK	N（5）	人			
10	转移人口	ZYRK	N（7）	人			
11	倒塌房屋	DTFW	N（8）	间			
12	直接经济损失	ZJJSS	N（10，3）	亿元			

序号	含义	字段名	数据类型	单位	必填	主键	外键
13	水利工程经济损失	SLGCJJSS	N（10，3）	亿元			
14	实测最大降雨量 1 小时	SCZDJYL1XS	N（6，1）	mm			
15	实测最大降雨量 3 小时	SCZDJYL3XS	N（6，1）	mm			
16	灾害类型	ZHLX	C（100）				
17	是否发布预警	SFFBYJ	C（1）				

[4] 填写说明：

1）行政区划代码：按照行政区划进行统计，最小至区县级，引用行政区划基本信息表。

2）行政区名称：行政区划的代码对应的中文名称，由行政区划基本信息表带入。

3）开始日期：指本次统计开始的时间，计至日。

4）结束日期：指本次统计结束的日期，计至日。

5）灾情概述：以简短的文字描述灾情的总体情况。

6）农作物受灾面积：因洪涝灾害减产 10%（含 10%）以上的农作物播种面积（含成灾、绝收面积）。同一地块的当季农作物多次受灾的，在年报中只计算受灾最重的一次，剔除重复受灾面积；同一地块不同季农作物分别受灾的，应累计统计，计量单位为 10^3 hm^2，计至三位小数。

7）受灾人口：因洪涝灾害遭受损失的人员数量（含非常住人口）。包括因洪涝灾害直接造成的伤亡人口、因洪涝灾害造成房屋倒损或其他家庭财产损失的人口、因洪涝灾害直接原因造成生产生活遭受损失或影响的人口等，计量单位为人，计至整数。

8）死亡人口：以洪涝灾害为直接原因导致死亡的人员数量（含非常住人口），对于救援过程中因洪涝灾害导致牺牲的工作人员，应一并统计在内，计量单位为人，计至整数。

9）失踪人口：以洪涝灾害为直接原因导致下落不明，暂时无法确定死亡的人员数量（含非常住人口），对于救灾救援过程中因洪涝灾害导致失踪的工作人员，应一并统计在内，计量单位为人，计至整数。

10）转移人口：因生命财产受到洪涝灾害威胁而暂时转移到安全地区的人口。包括紧急避险转移人口和紧急转移安置人口，计量单位为人，计至整数。

11）倒塌房屋：以洪涝灾害为直接原因导致坍塌的房屋，计量单位为间，计至整数。

12）直接经济损失：指受灾体在遭受洪涝灾害后，其自身价值降低或者丧失所造成的损失。包括房屋及家庭财产损失、农林牧渔业损失、工矿商贸业损失、基础设施损失、公共服务损失以及其他损失造成的直接经济损失的总和。救援救灾所发生的费用不计入直接经济损失。因洪涝灾害导致停产、停业等所造成的产值、营业额损失为间接经济损失，不计入直接经济损失，计量单位为亿元，计至三位小数。

13）水利工程经济损失：洪涝灾害对水利工程造成的直接经济损失，计量单位为亿元，计至三位小数。

14）实测最大降雨量 1 小时：本次山洪灾害事件历时 1 小时实测最大降雨量，计量单位为 mm，计至一位小数。

15）实测最大降雨量 3 小时：本次山洪灾害事件历时 3 小时实测最大降雨量，计量单位为 mm，计至一位小数。

16）灾害类型：灾害类型包括强降雨引发的山丘区“溪沟洪水、泥石流、滑坡灾害”等，非降雨引发的滑坡等地质灾害不统计在内。

17）是否发布预警：本次山洪灾害事件是否发送预警信息，发送填“1”，未发送填“0”。

2.（管理）水利工程设施受损情况统计表

[1] 表编号：010406002

[2] 表标识：SLGCSSSSQKTJB

[3] 表说明：本表为水利工程设施受损情况统计表，属管理表，存储水利工程设施因洪涝灾害而造成损失的基本情况。统计的空间单元为行政区，统计指标为损坏水库经济损失、水库溃坝数量、水库溃坝经济损失、损坏堤防数量等内容。

序号	含义	字段名	数据类型	单位	必填	主键	外键
1	行政区划代码	XZQHDM	C（10）		Y	Y	Y
2	行政区名称	XZQMC	C（32）				
3	开始日期	KSRQ	D（8）		Y	Y	
4	结束日期	JSRQ	D（8）		Y	Y	
5	损坏水库数量	SHSKSL	N（4）	座			
6	损坏水库经济损失	SHSKJJSS	N（10，3）	亿元			
7	水库溃坝数量	SKKBSL	N（4）	座			
8	水库溃坝经济损失	SKKBJJSS	N（10，3）	亿元			
9	损坏堤防数量	SHDFSL	N（4）	处			
10	损坏堤防经济损失	SHDFJJSS	N（10，3）	亿元			
11	堤防决口数量	DFJKSL	N（8）	处			
12	堤防决口经济损失	DFJKJJSS	N（10，3）	亿元			
13	损坏护岸数量	SHHASL	N（4）	个			
14	损坏护岸经济损失	SHHAJJSS	N（10，3）	亿元			
15	损坏水闸数量	SHSZSL	N（4）	个			
16	损坏水闸经济损失	SHSZJJSS	N（10，3）	亿元			
17	损坏塘坝数量	SHTBSL	N（5）	个			
18	损坏塘坝经济损失	SHTBJJSS	N（10，3）	亿元			
19	损坏灌排设施数量	SHGPSSSL	N（4）	个			
20	损坏灌排设施经济损失	SHGPSSJJSS	N（10，3）	亿元			
21	损坏机电井数量	SHJDJSL	N（5）	眼			
22	损坏机电井经济损失	SHJDJJJSS	N（10，3）	亿元			
23	损坏机电泵站数量	SHJDBZSL	N（4）	个			
24	损坏机电泵站经济损失	SHJDBZJJSS	N（10，3）	亿元			
25	损坏测站数量	SHCZSL	N（4）	个			
26	损坏测站经济损失	SHCZJJSS	N（10，3）	亿元			
27	损坏水电站数量	SHSDZSL	N（4）	个			
28	损坏水电站经济损失	SHSDZJJSS	N（10，3）	亿元			

[4] 填写说明：

1）行政区划代码：统计的行政区划单元，引用行政区划基本信息表。

2）行政区名称：行政区划的代码对应的中文名称，由行政区划基本信息表带入。

3）开始日期：指本次统计开始的时间，计至日。

4）结束日期：指本次统计结束的日期，计至日。

5）损坏水库数量：损坏水库的数量。计量单位为座，计至整数。

6）损坏水库经济损失：损坏水库经济损失的金额。计量单位为亿元，计至三位小数。

7）水库溃坝数量：水库溃坝的数量。计量单位为座，计至整数。

8）水库溃坝经济损失：水库溃坝经济损失的金额。计量单位为亿元，计至三位小数。

9）损坏堤防数量：损坏堤防的数量。计量单位为处，计至整数。

10）损坏堤防经济损失：损坏堤防经济损失的金额。计量单位为亿元，计至三位小数。

11）堤防决口数量：堤防决口的数量。计量单位为处，计至整数。

12）堤防决口经济损失：堤防决口经济损失的金额。计量单位为亿元，计至三位小数。

13）损坏护岸数量：损坏护岸的数量。计量单位为个，计至整数。

14）损坏护岸经济损失：损坏护岸经济损失的金额。计量单位为亿元，计至三位小数。

15）损坏水闸数量：损坏水闸的数量。计量单位为个，计至整数。

16）损坏水闸经济损失：损坏水闸经济损失的金额。计量单位为亿元，计至三位小数。

17）损坏塘坝数量：损坏塘坝的数量。计量单位为个，计至整数。

18）损坏塘坝经济损失：损坏塘坝经济损失的金额。计量单位为亿元，计至三位小数。

19）损坏灌排设施数量：损坏灌排设施的数量。计量单位为个，计至整数。

20）损坏灌排设施经济损失：损坏灌排设施经济损失的金额。计量单位为亿元，计至三位小数。

21）损坏机电井数量：损坏机电井的数量。计量单位为眼，计至整数。

22）损坏机电井经济损失：损坏机电井经济损失的金额。计量单位为亿元，计至三位小数。

23）损坏机电泵站数量：损坏机电泵站的数量。计量单位为个，计至整数。

24）损坏机电泵站经济损失：损坏机电泵站经济损失的金额。计量单位为亿元，计至三位小数。

25）损坏测站数量：损坏测站的数量。计量单位为个，计至整数。

26）损坏测站经济损失：损坏测站经济损失的金额。计量单位为亿元，计至三位小数。

27）损坏水电站数量：损坏水电站的数量。计量单位为个，计至整数。

28）损坏水电站经济损失：损坏水电站经济损失的金额。计量单位为亿元，计至三位小数。

3. （管理）较大重大水毁工程信息表

[1] 表编号：010406003

[2] 表标识：JDZDSHGCXXB

[3] 表说明：本表为较大重大水毁工程信息表，属管理表，存储较大重大水毁工程相关信息。统计的时间单元为日，空间单元为水毁工程，统计指标为工程类型、工程级别、水毁等级等内容。

序号	含义	字段名	数据类型	单位	必填	主键	外键
1	工程代码	GCDM	C（11）		Y	Y	Y
2	发生日期	FSRQ	D（8）		Y	Y	
3	洪水代码	HSDM	C（10）				Y
4	工程类型	GCLX	C（10）				
5	工程级别	GCJB	C（2）				
6	所在位置	SZWZ	C（100）				
7	水毁等级	SHDJ	C（2）				
8	损毁描述	SHMS	C（100）				
9	损毁原因	SHYY	C（128）				
10	水毁损失	SHSS	N（10，3）	亿元			

[4] 填写说明：

1）工程代码：洪水造成较大重大水毁工程的代码，引用水利工程基本信息表。

2）发生日期：指较大重大水毁工程灾害发日期，计至日。

3）洪水代码：指与水毁工程相关的洪水代码，引用洪水基本信息表。

4）工程类型：按水库、堤防、护岸、水闸、塘坝、灌溉设施、水文测站、机电井、机电泵站、水电站、其他等类别进行填写。

5）工程级别：按工程类别所对应的分级标准填写“Ⅰ、Ⅱ、Ⅲ、Ⅳ、Ⅴ”5个等级。

6）所在位置：描述水毁工程发生具体位置，计至乡镇。

7）水毁等级：“水毁等级”分重大、较大和一般三级。“重大”等级指单处水利工程设施水毁损失在200万元以上（含200万元）；“较大”等级指单处水利工程设施水毁损失在50万元以上（含50万元）200万元以下（不含200万元）；“一般”等级指单处水利工程水毁损失在50万元以下（不含50万元）。

8）损毁描述：对工程遭受损坏的部位及损毁程度进行说明。

9）损毁原因：造成工程损毁的具体原因，包括超标准、工程出险、调度、其他等。

10）水毁损失：填写工程因水毁造成的直接经济损失值，计量单位为亿元，计至三位小数。

4．（管理）水库垮坝信息表

[1] 表编号：010406004

[2] 表标识：SKKBXXB

[3] 表说明：本表为水库垮坝信息表，属管理表，存储水库垮坝相关信息。统计的空间单元为水库垮坝，统计指标为垮坝时间、原因、人口等内容。

序号	含义	字段名	数据类型	单位	必填	主键	外键
1	水库代码	SKDM	C（11）		Y	Y	Y
2	水库名称	SKMC	C（40）				
3	垮坝位置	KBWZ	C（100）		Y	Y	
4	垮坝时间	KBSJ	T（10）		Y	Y	
5	垮坝原因	KBYY	C（100）				
6	垮坝形式	KBXS	C（4）				
7	受灾人口	SZRK	N（6）	人			

[4] 填写说明：

1）水库代码：发生垮坝的水库，引用水库基本信息表。

2）水库名称：指测站所属的水库名称，由水库基本信息表带入。

3）垮坝位置：描述垮坝发生具体位置，计至乡镇。

4）垮坝时间：垮坝发生具体时间，计至小时。

5）垮坝原因：描述造成垮坝的原因，分超标准、工程出险、调度、其他4种原因，可多选。“超标准”是指因发生超过校核洪水而导致的溃坝；“工程出险”是指因水库工程出险导致溃坝，“调度”是指因调度不当导致垮坝；“其他”是指除上述原因外造成的垮坝；填报时须在“备注”栏内注明具体原因。

6）垮坝形式：分漫决和溃决两种形式。“漫决”是指洪水位超出坝顶高程，从坝顶漫水并导致垮坝；“溃决”是指由于坝身或坝基存有隐患，或出现管涌、渗漏、沉陷、滑坡等险情导致垮坝。

7）受灾人口：参考洪涝灾害基本情况统计表。

5. （管理）堤防决口信息表

[1] 表编号：010406005

[2] 表标识：DFJKXXB

[3] 表说明：本表为堤防决口信息表，属管理表，存储堤防决口相关信息。统计的空间单元为堤防决口，统计指标为决口的时间、原因、受灾人口等内容。

序号	含义	字段名	数据类型	单位	必填	主键	外键
1	堤防段代码	DFDDM	C（11）		Y	Y	Y
2	堤防段名称	DFDMC	C（40）				
3	决口位置	JKWZ	C（100）		Y	Y	
4	决口时间	JKSJ	T（10）		Y	Y	
5	起始桩号	QSZH	C（100）				
6	决口宽度	JKKD	N（5，2）	m			
7	决口原因	JKYY	C（100）				
8	决口形式	JKXS	C（4）				
9	受灾人口	SZRK	N（6）	人			

[4] 填写说明：

1）堤防段代码：堤防段的识别代码，引用堤防段基本信息表。

2）堤防段名称：堤防段的名称，由堤防段基本信息表带入。

3）决口位置：描述决口发生具体位置，计至乡镇。

4）决口时间：描述决口发生具体时间，计至时。

5）起始桩号：指决口上游端所对应桩号，中小河流无桩号信息的可不填写。

6）决口宽度：决口宽度，计量单位为 m，计至两位小数。

7）决口原因：描述造成决口的原因，分超标准、工程出险、调度、其他 4 种原因，可多选。“超标准”是指发生超过堤防设计洪水导致决口；“工程出险”是指因工程出现险情导致决口；“调度”是指因调度不当导致决口；“其他”是指除上述原因外造成的决口，填报时须在“备注”栏内注明具体原因。

8）决口形式：分漫决、溃决和冲决 3 种形式。“漫决”是指洪水位超出堤顶高程，从堤顶漫水导致大堤决口；“溃决”是指由于堤身或堤基存有隐患，出现险情导致决口；“冲决”是指因河道主流直冲大堤导致决口。

9）受灾人口：参考洪涝灾害基本情况统计表。

6. （管理）城镇受淹情况统计表

[1] 表编号：010406006

[2] 表标识：CZSYQKTJB

[3] 表说明：本表为城镇受淹情况统计表，属管理表，存储城镇受淹情况相关信息。统计的时间单元为日，空间单元为行政区，统计指标为受淹面积、受淹比例、进水时间、淹没历时等内容。

序号	含义	字段名	数据类型	单位	必填	主键	外键
1	行政区划代码	XZQHDM	C（10）		Y	Y	Y
2	行政区名称	XZQMC	C（32）				
3	日期	RQ	D（8）		Y	Y	
4	城镇名称	CZMC	C（50）				

序号	含义	字段名	数据类型	单位	必填	主键	外键
5	受淹面积	SYMJ	N（7，2）	km^2			
6	受淹比例	SYBL	N（4，2）	%			
7	进水时代表站水位	JSSDBZSW	N（7，3）	m			
8	进水时间	JSSJ	T（10）				
9	淹没历时	YMLS	N（4）	h			
10	主要街区最大水深	ZYJQZDSS	N（5，3）	m			

[4] 填写说明：

1）行政区划代码：统计城镇的行政区划代码，最小至区县级，引用行政区划基本信息表。

2）行政区名称：行政区划的代码对应的中文名称，由行政区划基本信息表带入。

3）日期：城镇受淹情况统计日期，计至日。

4）城镇名称：行政区划对应的城镇中文名称。

5）受淹面积：江河洪水进入城区淹没面积，计量单位为 km^2，计至两位小数。

6）受淹比例：江河洪水进入城区淹没面积占城区总面积的比例，计量单位为%，计至两位小数。

7）进水时代表站水位：江河洪水进入城区时主要河道代表站的水位，计量单位为 m，计至三位小数。

8）进水时间：江河洪水进入城区的时间，计至时。

9）淹没历时：江河洪水进入城区至洪水消退时的时间间隔，计量单位为 h，计至整数。

10）主要街区最大水深：城区进水受淹造成城区主干道及重要街道、居民区积水深度最大值，计量单位为 m，计至三位小数。

（二）灾情评估

1. （管理）洪水灾情评估表

[1] 表编号：010406007

[2] 表标识：HSZQPGB

[3] 表说明：本表为洪水灾情评估表，属管理表，存储估算洪水影响相关的信息。统计指标为洪水强度、洪水影响范围、农作物受灾面积等内容。

序号	含义	字段名	数据类型	单位	必填	主键	外键
1	洪水代码	HSDM	C（10）		Y	Y	Y
2	洪水名称	HSMC	C（150）				
3	评估时间	PGSJ	T（10）		Y	Y	
4	评估完成时间	PGWCSJ	T（10）				
5	评估方式	PGFS	C（50）				
6	洪水强度	HSQD	C（50）				
7	洪水影响范围	HSYXFW	C（50）				
8	农作物受灾面积	NZWSZMJ	N（7，2）	10^3 hm^2			
9	受灾人口	SZRK	N（8，2）	万人			
10	倒塌房屋	DTFW	N（8）	间			
11	直接经济损失	ZJJJSS	N（10，3）	亿元			
12	水利工程经济损失	SLGCJJSS	N（10，3）	亿元			

[4] 填写说明：

1）洪水代码：引用洪水基本信息表。

2）洪水名称：洪水代码对应的中文名称，由洪水基本信息表带入。

3）评估时间：评估开始时间，计至小时。

4）评估完成时间：评估完成时间，计至小时。

5）评估方式：简要说明。

6）洪水强度：简要说明。

7）洪水影响范围：预计洪水影响范围，精确至乡镇。

8）农作物受灾面积：预计农作物受灾面积，计量单位为 10^3 hm^2，计至两位小数。

9）受灾人口：预计受灾人口，计量单位为万人，计至两位小数。

10）倒塌房屋：预计倒塌房屋，计量单位为间，计至整数。

11）直接经济损失：预计直接经济损失，计量单位为亿元，计至三位小数。

12）水利工程经济损失：预计水利工程经济损失，计量单位为亿元，计至三位小数。

2. （管理）应急预案评价结果表

[1] 表编号：010406008

[2] 表标识：YJYAPJJGB

[3] 表说明：本表为应急预案评价结果表，属管理表，存储应急预案评价结果相关信息。统计指标为综合特征值、评价结论、最优方案等内容。

序号	含义	字段名	数据类型	单位	必填	主键	外键
1	风险预案名称	FXYAMC	C（64）		Y	Y	Y
2	评价时间	PJSJ	T（10）		Y	Y	
3	行政区划代码	XZQHDM	C（10）				Y
4	评价人	PJR	C（10）				
5	综合特征值	ZHTZZ	C（10）				
6	评价结论	PJJL	C（100）				
7	最优方案	ZYFA	C（100）				

[4] 填写说明：

1）风险预案名称：针对风险情况确定的预案中文名称，引用风险应急预案信息表。

2）评价时间：评价起始时间，计至小时。

3）行政区划代码：评价区域所属的行政区划代码，引用行政区划基本信息表。

4）评价人：评价人的姓名。

5）综合特征值：综合特征值。

6）评价结论：简要说明。

7）最优方案：简要说明。

（三）防洪工程经济效益分析

1. （管理）水库工程调度信息表

[1] 表编号：010406009

[2] 表标识：SKGCDDXXB

[3] 表说明：本表为水库工程调度信息表，属管理表，存储水库工程调度相关信息。统计的时间单元为日，空间单元为水库，统计指标为洪峰流量、削峰率、拦蓄洪量等内容。

序号	含义	字段名	数据类型	单位	必填	主键	外键
1	洪水代码	HSDM	C（10）		Y	Y	Y
2	洪水名称	HSMC	C（150）				
3	水库代码	SKDM	C（11）		Y	Y	Y
4	水库名称	SKMC	C（40）				
5	日期	RQ	D（8）				
6	洪峰流量	HFLL	N（7，2）	m^3/s			
7	削峰率	XFL	N（4，2）	%			
8	拦蓄洪量	LXHL	N（10，3）	$10^4\ m^3$			
9	降低下游控制站水位	JDXYKZZSW	N（7，3）	m			
10	减淹城镇	JYCZ	N（4，2）	个			
11	减淹耕地	JYGD	N（8，2）	万亩			
12	减淹人口	JYRK	N（8，2）	万人			

[4] 填写说明：

1）洪水代码：引用洪水基本信息表。

2）洪水名称：洪水代码对应的中文名称，由洪水基本信息表带入。

3）水库代码：防洪调度相关水库，引用水库基本信息表。

4）水库名称：指测站所属的水库名称，由水库基本信息表带入。

5）日期：水库调度信息统计日期，计至日。

6）洪峰流量：指入库洪峰流量，计量单位为 m^3/s，计至两位小数。

7）削峰率：按削减的洪峰流量（最大入库流量–最大出库流量）与最大入库流量之比来计算，计量单位为%，计至两位小数。

8）拦蓄洪量：本次洪水过程中，水库从调洪起始水位至水库拦洪错峰、削峰最高水位之间拦蓄的洪水总量，计量单位为 $10^4\ m^3$，计至三位小数。

9）降低下游控制站水位：降低下游控制站水位，计量单位为 m，计至三位小数。

10）减淹城镇：指减淹的县级及以上城镇个数，计量单位为个，计至整数。

11）减淹耕地：指减淹的耕地面积，计量单位为万亩，计至两位小数。

12）减淹人口：指减淹的人口数量，计量单位为万人，计至两位小数。

2. （管理）水库防洪效益信息表

[1] 表编号：010406010

[2] 表标识：SKFHXYXXB

[3] 表说明：本表为水库防洪效益信息表，属管理表，存储水库针对某次洪水防洪效益情况相关信息。统计的空间单元为水库，统计指标为防洪保护乡镇、耕地、铁路、公路等情况的内容。

序号	含义	字段名	数据类型	单位	必填	主键	外键
1	水库代码	SKDM	C（11）		Y	Y	Y
2	水库名称	SKMC	C（40）				
3	洪水代码	HSDM	C（10）		Y	Y	Y
4	洪水名称	HSMC	C（150）				
5	河道安全泄量	HDAQXL	N（7，2）	m^3/s			
6	防洪保护面积	FHBHMJ	N（7，2）	km^2			

序号	含义	字段名	数据类型	单位	必填	主键	外键
7	防洪保护人口	FHBHRK	N（8）	人			
8	防洪保护县以上城镇	FHBHXYSCZ	C（100）				
9	防洪保护乡镇	FHBHXZ	C（100）				
10	防洪保护耕地	FHBHGD	N（8，2）	万亩			
11	防洪保护铁路	FHBHTL	C（100）				
12	防洪保护公路	FHBHGL	C（100）				
13	设计灌溉面积	SJGGMJ	N（7，2）	km^2			
14	有效灌溉面积	YXGGMJ	N（7，2）	km^2			
15	最大实灌面积	ZDSGMJ	N（7，2）	km^2			
16	设计年供水量	SJNGSL	N（10，2）	$10^4\ m^3$			
17	多年平均供水量	DNPJGSL	N（10，2）	$10^4\ m^3$			
18	城镇多年平均供水量	CZDNPJGSL	N（10，2）	$10^4\ m^3$			
19	工业多年平均供水量	GYDNPJGSL	N（10，2）	$10^4\ m^3$			
20	人畜多年平均供水量	RCDNPJGSL	N（10，2）	$10^4\ m^3$			
21	总装机容量	ZZJRL	N（8，4）	万 kW			
22	多年平均发电量	DNPJFDL	N（12，4）	GW·h			
23	航运条件改善	HYTJGS	C（255）				
24	水利风景区级别	SLFJQJB	C（6）				
25	环境效益	HJXY	C（255）				

[4] 填写说明：

1）水库代码：水库的识别代码。引用水库基本信息表。

2）水库名称：指测站所属的水库名称，由水库基本信息表带入。

3）洪水代码：引用洪水基本信息表。

4）洪水名称：洪水代码对应的中文名称，由洪水基本信息表带入。

5）河道安全泄量：符合下游河道堤防防洪标准或安全要求的下泄流量，计量单位为 m^3/s，计至两位小数。

6）防洪保护面积：水库防洪功能设计的防洪保护范围面积，计量单位为 km^2，计至两位小数。

7）防洪保护人口：水库防洪功能设计的防洪保护范围内的人口数量，计量单位为人，计至整数。

8）防洪保护县以上城镇：水库防洪功能设计的防洪保护的县以上城镇名称。可填写多个，用“、”分开。

9）防洪保护乡镇：水库防洪功能设计的防洪保护的建制乡镇的名称。可填写多个，用“、”分开。

10）防洪保护耕地：水库防洪功能设计的防洪保护耕地面积，计量单位为万亩，计至两位小数。

11）防洪保护铁路：水库防洪功能设计的防洪保护的重要铁路的名称。可填写多个，用“、”分开。

12）防洪保护公路：水库防洪功能设计的防洪保护的重要公路的名称。可填写多个，用“、”分开。

13）设计灌溉面积：按设计保证率确定的灌溉面积，计量单位为 km^2，计至两位小数。

14）有效灌溉面积：依据水库供水能力、灌区条件，水库常年可以达到的灌溉面积，计量单位为 km^2，计至两位小数。

15）最大实灌面积：水库历年实际达到的最大灌溉面积，计量单位为 km^2，计至两位小数。

16）设计年供水量：按设计保证率确定的用于城镇、工业和人畜的供水量总和，计量单位为 $10^4\ m^3$，计至两位小数。

17）多年平均供水量：水库多年城镇、工业河人畜年供水量平均值，计量单位为 $10^4\ m^3$，计至两位小数。

18）城镇多年平均供水量：水库历年城镇供水量多年平均值，计量单位为 $10^4\ m^3$，计至两位小数。

19）工业多年平均供水量：水库历年工业供水量多年平均值，计量单位为 $10^4\ m^3$，计至两位小数。

20）人畜多年平均供水量：水库历年农村人畜饮水供水量多年平均值，计量单位为 $10^4\ m^3$，计至两位小数。

21）总装机容量：水库水电站的总装机容量，计量单位为万 kW，计至四位小数。

22）多年平均发电量：水库水电站的多年平均发电量，计量单位为 GW·h，计至四位小数。

23）航运条件改善：水库提供的航运条件改善情况。包括改善航道长度、通航船舶吨位、年过坝货运量等。

24）水利风景区级别：水库被认定的水利风景区级别，填写国家级水利风景区、省级水利风景区、非水利风景区或其他。

25）环境效益：水库对环境的改善情况，包括生态改善、湿地功能等。

3. （管理）水库下游影响表

[1] 表编号：010406011

[2] 表标识：SKXYYXB

[3] 表说明：本表为水库下游影响表，属管理表，存储水库对下游的影响数据相关信息。统计的空间单元为水库，统计指标为受影响的乡镇、耕地、公路等情况的内容。

序号	含义	字段名	数据类型	单位	必填	主键	外键
1	水库代码	SKDM	C（11）		Y	Y	Y
2	水库名称	SKMC	C（40）				
3	日期	RQ	D（8）		Y	Y	
4	影响面积	YXMJ	N（7，2）	km^2			
5	影响人口	YXRK	N（8，2）	万人			
6	影响县以上城镇	YXXYSCZ	C（128）				
7	影响乡镇	YXXZ	C（128）				
8	影响耕地	YXGD	N（8，2）	万亩			
9	影响铁路	YXTL	C（128）				
10	影响公路	YXGL	C（128）				
11	影响经济总量	YXJJZL	N（8，2）	万元			

[4] 填写说明：

1）水库代码：水库的识别代码。引用水库基本信息表。

2）水库名称：指测站所属的水库名称，由水库基本信息表带入。

3）日期：分析评价的日期，计至日。

4）影响面积：溃坝分析影响范围的面积，计量单位为 km^2，计至两位小数。

5）影响人口：溃坝分析影响范围内的人口数量，计量单位为万人，计至两位小数。

6）影响县以上城镇：溃坝分析影响范围内的县以上城镇名称。可填写多个，用“、”分开。

7）影响乡镇：溃坝分析影响范围内的建制乡镇名称。可填写多个，用“、”分开。

8）影响耕地：溃坝分析影响范围内的耕地面积，计量单位为万亩，计至两位小数。

9）影响铁路：溃坝分析影响范围内的重要铁路的名称。可填写多个，用“、”分开。

10）影响公路：溃坝分析影响范围内的重要公路名称。可填写多个，用“、”分开。

11）影响经济总量：溃坝分析影响的经济总量，计量单位为万元，计至两位小数。

4. （管理）水闸效益指标数据表

[1] 表编号：010406012

[2] 表标识：SZXYZBSJB

[3] 表说明：本表为水闸效益指标数据表，属管理表，存储洪水过程中水闸效益的相关信息。统计的空间单元为水闸，统计指标为发电效益、综合效益、环境效益等情况的内容。

序号	含义	字段名	数据类型	单位	必填	主键	外键
1	水闸代码	SZDM	C（11）		Y	Y	Y
2	水闸名称	SZMC	C（40）				
3	洪水代码	HSDM	C（10）		Y	Y	Y
4	洪水名称	HSMC	C（150）				
5	防洪排涝效益	FHPLXY	C（255）				
6	航运效益	HYXY	C（255）				
7	灌溉供水效益	GGGSXY	C（255）				
8	发电效益	FDXY	C（255）				
9	环境效益	HJXY	C（255）				
10	综合效益	ZHXY	C（255）				

[4] 填写说明：

1）水闸代码：水闸工程的识别代码，引用水闸基本信息表。

2）水闸名称：水闸的名称，由水闸基本信息表带入。

3）洪水代码：引用洪水基本信息表。

4）洪水名称：洪水代码对应的中文名称，由洪水基本信息表带入。

5）防洪排涝效益：水闸在防洪排涝方面发挥的效益。

6）航运效益：水闸在航运方面发挥的效益。

7）灌溉供水效益：水闸在灌溉供水方面发挥的效益。

8）发电效益：水闸在发电方面发挥的效益。

9）环境效益：水闸在环境方面发挥的效益。

10）综合效益：水闸的综合效益。

5. （管理）堤防效益信息表

[1] 表编号：010406013

[2] 表标识：DFXYXXB

[3] 表说明：本表为堤防效益信息表，属管理表，存储洪水过程中堤防效益的相关信息。统计的空间单元为堤防，统计指标为保护铁路、保护公路、保护城镇数等情况的内容。

序号	含义	字段名	数据类型	单位	必填	主键	外键
1	堤防段代码	DFDDM	C（11）		Y	Y	Y
2	堤防段名称	DFDMC	C（40）				
3	洪水代码	HSDM	C（10）		Y	Y	Y
4	保护总面积	BHZMJ	N（7，2）	km^2			
5	保护总人口	BHZRK	N（8，2）	万人			
6	保护铁路	BHTL	N（6）	km			

序号	含义	字段名	数据类型	单位	必填	主键	外键
7	保护公路	BHGL	N（6）	km			
8	保护城镇数	BHCZS	N（5）	个			
9	保护耕地面积	BHGDMJ	N（8，2）	万亩			
10	保护经济总量	BHJJZL	N（12，4）	万元			

[4] 填写说明：

1）堤防段代码：引用堤防段基本信息表。

2）堤防段名称：堤防段的名称，由堤防段基本信息表带入。

3）洪水代码：引用洪水基本信息表。

4）保护总面积：堤防段防洪保护范围的总面积，计量单位为 km^2，计至两位小数。

5）保护总人口：堤防段防洪保护范围内的总人口数量，计量单位为万人，计至两位小数。

6）保护铁路：堤防段防洪保护范围内的铁路总里程数，计量单位为 km，计至整数。

7）保护公路：堤防段防洪保护范围内的公路总里程数，计量单位为 km，计至整数。

8）保护城镇数：堤防段防洪保护范围内的城镇数量，计量单位为个，计至整数。

9）保护耕地面积：堤防段防洪保护范围内的耕地面积，计量单位为万亩，计至两位小数。

10）保护经济总量：堤防段防洪保护范围内的经济总量，计量单位为万元，计至四位小数。

（四）旱情分析

1. （管理）旱情分析结果信息表

[1] 表编号：010406014

[2] 表标识：HQFXJGXXB

[3] 表说明：本表为旱情分析结果信息表，属管理表，存储旱情分析结果相关的信息。统计指标为模型方法、缺水因子、蒸发因子等内容。

序号	含义	字段名	数据类型	单位	必填	主键	外键
1	行政区划代码	XZQHDM	C（10）		Y	Y	Y
2	行政区名称	XZQMC	C（32）				
3	分析起始时间	FXQSSJ	T（10）		Y	Y	
4	分析截止时间	FXJZSJ	T（10）		Y		
5	模型方法	MXFF	C（50）				
6	缺水因子	QSYZ	C（50）				
7	可用水量	KYSL	N（12，2）	10^4 m^3			
8	蒸发因子	ZFYZ	C（50）				

[4] 填写说明：

1）行政区划代码：分析评价的行政区划代码，最小至乡镇级，引用行政区划基本信息表。

2）行政区名称：行政区划的代码对应的中文名称，由行政区划基本信息表带入。

3）分析起始时间：分析起始时间，计至小时。

4）分析截止时间：分析截止时间，计至小时。

5）模型方法：模型方法情况，简要说明。

6）缺水因子：缺水因子情况，简要说明。

7）可用水量：可用水量，计量单位为 10^4 m^3，计至两位小数。

8）蒸发因子：蒸发因子情况，简要说明。

（五）旱灾损失及抗旱效益评价

1. （管理）抗灾投入及抗旱效益表

[1] 表编号：010406015

[2] 表标识：KZTRJKHXYB

[3] 表说明：本表为抗灾投入及抗旱效益表，属管理表，存储抗灾投入及抗旱效益相关信息。统计的空间单元为行政区，统计指标为解决饮水困难人口、解决饮水困难大牲畜、挽回粮食损失、挽回经济作物损失等内容。

序号	含义	字段名	数据类型	单位	必填	主键	外键
1	行政区划代码	XZQHDM	C（10）		Y	Y	Y
2	行政区名称	XZQMC	C（32）				
3	开始日期	KSRQ	D（8）		Y	Y	
4	结束日期	JSRQ	D（8）		Y	Y	
5	响应级别	XYJB	C（2）				
6	投入抗旱人数	TRKHRS	N（6）	人			
7	机电井	JDJ	N（5）	眼			
8	泵站	BZ	N（5）	处			
9	机动抗旱设备	JDKHSB	N（6）	台（套）			
10	机动运水车辆	JDYSCL	N（5）	辆			
11	各级财政拨款	GJCZBK	N（10，3）	万元			
12	群众自筹	QZZC	N（10，3）	万元			
13	抗旱浇灌面积	KHJGMJ	N（7，3）	10^3 hm^2			
14	解决饮水困难人口	JJYSKNRK	N（6）	人			
15	解决饮水困难大牲畜	JJYSKNDSC	N（6）	头			
16	挽回粮食损失	WHLSSS	N（8，2）	万 t			
17	挽回经济作物损失	WHJJZWSS	N（10，3）	万元			

[4] 填写说明：

1）行政区划代码：分析评价的行政区划代码，最小至乡镇级，引用行政区划基本信息表。

2）行政区名称：行政区划的代码对应的中文名称，由行政区划基本信息表带入。

3）开始日期：分析评价时段的开始日期，计至日。

4）结束日期：分析评价时段的结束日期，计至日。

5）响应级别：本行政区域启动防御响应的等级，仅在启动响应期间填报。

6）投入抗旱人数：统计时段内投入抗旱人数的最大值，计量单位为人，计至整数。

7）机电井：统计时段内投入抗旱机电井数的最大值，计量单位为眼，计至整数。

8）泵站：统计时段内投入抗旱泵站数的最大值，计量单位为处，计至整数。

9）机动抗旱设备：统计时段内投入抗旱的各类非固定抗旱设备数量的最大值，计量单位为台（套），计至整数。

10）机动运水车辆：统计时段内投入抗旱的各种机动运水车辆数最大值，包括给饮水困难群众拉水送水的车辆，计量单位为辆，计至整数。

11）各级财政拨款：本年度以来各级财政拨款资金累计数量，计量单位为万元，计至三位小数。

12）群众自筹：本年度以来群众投入抗旱的资金累计数量，不包括群众投劳折算资金，计量单位为万元，计至三位小数。

13）抗旱浇灌面积：本年度以来实际完成的抗旱浇地面积累计数。同一块耕地一季作物抗旱浇灌多次，按面积统计时只计一次，按面积×次统计时计多次，计量单位为 10^3 hm^2，计至三位小数。

14）解决饮水困难人口：本年度以来，针对已经发生因旱饮水困难的人，通过采取临时性抗旱应急措施解决的饮水困难人数。多次解决的同一人的饮水困难，只算一人，计量单位为万人，计至整数。

15）解决饮水困难大牲畜：本年度以来，针对已经发生因旱饮水困难的牲畜，通过采取临时性抗旱应急措施解决的饮水困难牲畜头数。多次解决的同一畜的饮水困难，只算一畜，计量单位为万头，计至整数。

16）挽回粮食损失：挽回粮食损失，计量单位为万 t，计至两位小数。

17）挽回经济作物损失：挽回经济作物损失，计量单位为万元，计至三位小数。

2.（管理）城市干旱缺水及抗旱情况统计表

[1] 表编号：010406016

[2] 表标识：CSGHQSJKHQKTJB

[3] 表说明：本表为城市干旱缺水及抗旱情况统计表，属管理表，存储城市干旱缺水及抗旱情况相关信息。统计的空间单元为行政区，统计指标为缺水量、主要缺水时段、影响人口、影响工业产值等内容。

序号	含义	字段名	数据类型	单位	必填	主键	外键
1	行政区划代码	XZQHDM	C（10）		Y	Y	Y
2	行政区名称	XZQMC	C（32）				
3	开始日期	KSRQ	D（8）		Y	Y	
4	结束日期	JSRQ	D（8）		Y	Y	
5	实际供水量	SJGSL	N（12，2）	10^4 m^3			
6	缺水量	QSL	N（12，2）	10^4 m^3			
7	主要缺水时段	ZYQSSD	C（100）				
8	影响人口	YXRK	N（8，2）	万人			
9	影响工业产值	YXGYCZ	N（10，3）	万元			
10	节约水量	JYSL	N（12，2）	10^4 m^3			
11	应急水源投入资金	YJSYTRZJ	N（10，3）	万元			
12	新增供水能力	XZGSNL	N（6，2）	10^4 m^3			
13	减少影响人口	JSYXRK	N（8，2）	万人			
14	减少工业损失	JSGYSS	N（10，3）	万元			

[4] 填写说明：

1）行政区划代码：分析评价的行政区划代码，最小至区县级，引用行政区划基本信息表。

2）行政区名称：行政区划的代码对应的中文名称，由行政区划基本信息表带入。

3）开始日期：分析评价时段的开始日期，计至日。

4）结束日期：分析评价时段的结束日期，计至日。

5）实际供水量：该统计年度内城市实际供水总量，计量单位为 10^4 m^3，计至两位小数。

6）缺水量：该统计年度内城市因旱造成的缺水总量，可通过缺水天数乘以相应的日缺水量来计算，计量单位为 10^4 m^3，计至两位小数。

7）主要缺水时段：该统计年度内城市因旱缺水的主要时段，不同时段用“，”分开。

8）影响人口：该统计年度内受定时、定量、减压等限水措施影响的人口总数。缺水影响人口不重复计算，计量单位为万人，计至两位小数。

9）影响工业产值：该统计年度内城市因旱缺水所造成的工业产值损失，计量单位为万元，计至三位小数。

10）节约水量：采取各种节水措施后，该统计年度内节约的水量，计量单位为 10^4 m^3，计至两位小数。

11）应急水源投入资金：为保障供水，干旱缺水城市采取各种途径进行应急水源建设，如打井、区域内（流域内）或跨区域（跨流域）应急调水等。“投入资金”是指建设该应急水源所投入的资金，计量单位为万元，计至三位小数。

12）新增供水能力：指该统计年度内通过建设该应急水源新增加的供水能力，计量单位为 10^4 m^3，计至两位小数。

13）减少影响人口：指采取各种抗旱措施后，该统计年度内所减少的影响人口数，计量单位为万人，计至两位小数。

14）减少工业损失：指采取各种抗旱措施后，该统计年度内所减少的工业产值损失，计量单位为万元，计至三位小数。

主要参考资料

[1] 水利部. 历史大洪水数据库表结构及标识符[S]：SL 591—2014，2014.
[2] 水利部. 实时雨水情数据库表结构与标识符[S]：SL 323—2011，2011.
[3] 水利部. 凌汛计算规范[S]：SL 428—2008，2008.
[4] 水利部. 山洪灾害调查与评价技术规范[S]：SL 767—2018，2019.
[5] 水利部. 水利工程建设与管理数据库表结构及标识符[S]：SL 700—2015，2015.
[6] 水利部. 实时工情数据库表结构及标识符[S]：SL 577—2013，2013.
[7] 水利部. 土壤墒情评价指标[S]：SL 568—2012，2012.
[8] 水利部. 水利对象基础数据库表结构及标识符[S]：SL/T 809—2021，2021.
[9] 水利部. 基础水文数据库表结构及标识符[S]：SL 324—2005，2005.
[10] 水利部. 水利政务信息数据库表结构及标识符[S]：SL 707—2015，2015.
[11] 水利部. 水文应急监测技术导则[S]：SL/T 784—2019，2019.
[12] 水利部. 旱情信息分类[S]：SL 546—2013，2013.
[13] 水利部. 防洪排涝规划技术规程[S]：SL 699—2014，2014.
[14] 水利部. 河道采砂规划编制及实施监督管理技术规范[S]：SL/T 423—2021，2022.
[15] 国家质量监督检验检疫总局，住房和城乡建设部. 河道整治设计规范[S]：GB 50707—2011，2012.
[16] 国家质量监督检验检疫总局，住房和城乡建设部. 蓄滞洪区设计规范[S]：GB 50773—2012，2012.
[17] 国家质量监督检验检疫总局，住房和城乡建设部. 城市防洪工程设计规范[S]：GB/T 50805—2012，2012.
[18] 水利部. 山洪灾害监测预报预警系统技术导则[S]：SL 675—2014，2014.
[19] 水利部. 洪水风险图编制导则[S]：SL 483—2017，2017.
[20] 水利部. 河道管理范围内建设项目防洪评价报告编制导则[S]：SL 808—2021，2021.
[21] 水利部. 山洪沟防洪治理工程技术规范[S]：SL 778—2019，2019.
[22] 水利部. 堰塞湖风险等级划分及应急处置技术规范[S]：SL 450—2021，2022.
[23] 水利部. 蓄滞洪区运用预案技术导则[S]：SL 488—2010，2010.
[24] 水利部. 抗旱预案技术导则[S]：SL 590—2013，2013.
[25] 水利部. 城市防洪应急预案编制导则[S]：SL 754—2017，2017.
[26] 水利部. 洪水调度方案技术导则[S]：SL 596—2012，2012.

[27] 水利部. 流域防洪工程联合调度方案编制导则[S]：SL/T 818—2023，2023.
[28] 水利部. 山洪灾害预警设备技术条件[S]：SL 762—2018，2018.
[29] 水利部. 防洪风险评价导则[S]：SL 602—2013，2013.
[30] 水利部. 洪涝灾情评估标准[S]：SL 579—2012，2012.
[31] 国家质量监督检验检疫总局，中国国家标准化管理委员会. 区域旱情等级[S]：GB/T 32135—2015，2016.
[32] 国家质量监督检验检疫总局，中国国家标准化管理委员会. 干旱灾害等级标准[S]：GB/T 34306—2017，2018.
[33] 水利部. 抗旱效益评估技术导则[S]：SL/T 817—2021，2022.
[34] 国家质量监督检验检疫总局，住房和城乡建设部. 防洪标准[S]：GB 50201—2014，2015.
[35] 水利部. 治涝标准[S]：SL 723—2016，2016.
[36] 水利部水利水电规划设计总院. 流域防洪规划修编技术大纲[R]：2022.
[37] 水利部水利水电规划设计总院. 全国抗旱规划技术大纲[R]：2008.
[38] 国家防汛抗旱总指挥部. 水旱灾害统计报表制度[R]：2011.

第五节 水利工程

水利工程指用于控制和调配自然界的地表水和地下水，达到除害兴利目的而修建的各类工程设施。水利工程建设程序一般分为项目建议书、可行性研究报告、初步设计、施工准备（包括招投标）、建设实施、生产准备、竣工验收、后期评价等阶段。本节依据水利工程建设程序设置了规划计划、基建投资、工程移民、项目建设、工程信息和安全运行 6 部分，整理了 128 张表 1 737 个字段。水利工程实体关系如图 1-5 所示。

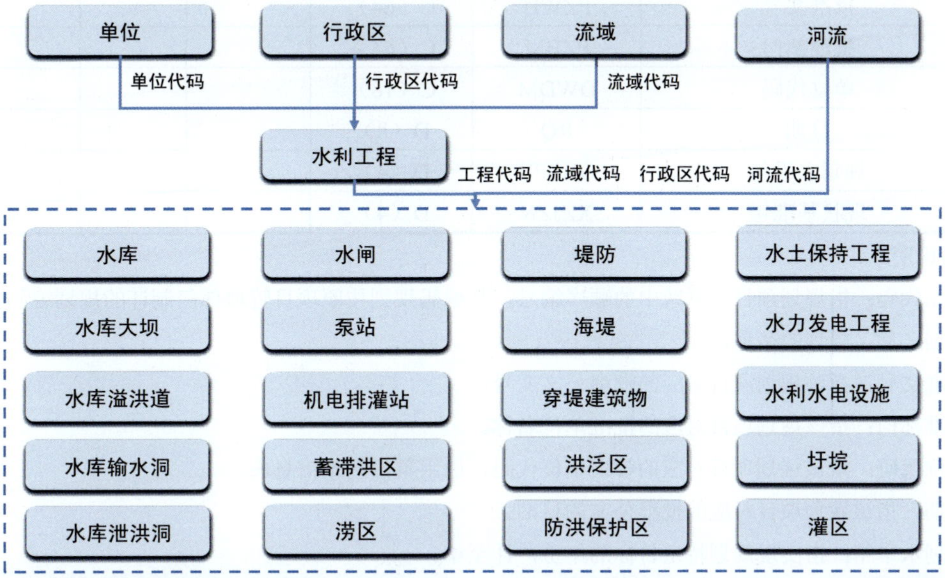

图 1-5 水利工程实体关系

一、规划计划

1. （载体）规划基本信息表

[1] 表编号：010501001

[2] 表标识：GHJBXXB

[3] 表说明：本表为规划基本信息表，属载体表，存储水利规划基本属性信息。水资源规划指在一定区域内，为未来合理开发利用和保护水资源而制定的总体安排。

序号	含义	字段名	数据类型	单位	必填	主键	外键
1	规划代码	GHDM	C（10）		Y	Y	
2	规划名称	GHMC	C（255）				
3	批准文号	PZWH	C（64）				
4	批准部门	PZBM	C（64）				
5	单位代码	DWDM	C（18）				Y
6	日期	RQ	D（8）				
7	规划水平年	GHSPN	D（4）				
8	现状基准年	XZJZN	D（4）				

[4] 填写说明：

1）规划代码：指规划项目在系统中的顺序编号，其编码规则按照项目管理部门制订的规划编码规则确定。

2）规划名称：规划的名称。

3）批准文号：指该规划项目对应的批准公文文号。

4）批准部门：指该规划项目对应的批准单位名称。

5）单位代码：指该规划项目对应的管理单位代码，引用单位基本信息表。

6）日期：指该规划项目对应的批准公文的日期。

7）规划水平年：指实现规划特定目标的年份，计至年。

8）现状基准年：指开始规划项目时能够收集到最完整资料的年份。

2. （载体）规划工程项目信息表

[1] 表编号：010501002

[2] 表标识：GHGCXMXXB

[3] 表说明：本表为规划工程项目信息表，属载体表，存储规划工程项目基本属性信息。

序号	含义	字段名	数据类型	单位	必填	主键	外键
1	项目代码	XMDM	C（20）		Y	Y	Y
2	项目名称	XMMC	C（128）		Y		
3	任务来源	RWLY	C（6）				
4	规划分类	GHFL	C（1）				Y
5	规划性质	GHXZ	C（1）				
6	水平年	SPN	D（4）				
7	规划范围	GHFW	C（6）				
8	规划功能	GHGN	C（6）				

序号	含义	字段名	数据类型	单位	必填	主键	外键
9	规划期限	GHQX	C（50）				
10	隶属关系	LSGX	C（2）				Y
11	流域机构	LYJG	C（128）				
12	行政区划代码	XZQHDM	C（10）				Y
13	流域代码	LYDM	C（10）				Y
14	批复经费	PFJF	N（12，2）	万元			
15	开始时间	KSSJ	D（8）				
16	完成时间	WCSJ	D（8）				
17	主要目标和任务	ZYMBHRW	C（255）				

[4] 填写说明：

1）项目代码：指该项目的识别代码，引用工程项目基本信息表。

2）项目名称：指规划项目对应的中文名称。

3）任务来源：指该规划项目的任务产生来源，包括上级下达、领导审批、本级计划、下级申请、其他单位或其他来源。

4）规划分类：指该项水利规划所属的类别，取值及其含义见规划类别代码表。

5）规划性质：指水利规划的性质，其取值为 1 新编规划，2 修编规划。

6）水平年：以现状为基准年的目标年，计至年。

7）规划范围：该规划项目所对应的范围，包括全国规划、流域规划和区域规划。

8）规划功能：指该规划项目产生的作用类别，包括基础规划、发展规划、战略规划或其他规划。

9）规划期限：指该规划项目确定的时间期限，以 YYYY 年至 YYYY 年进行描述，其中 YYYY 表示 4 位年份。

10）隶属关系：该规划项目所属的行政单位或级别，取值及其含义见党组织隶属关系代码表。

11）流域机构：该规划项目对应的流域机构，若该项目同属于两个或以上流域机构，本字段以“，”将各领域机构名称并列存储。

12）行政区划代码：引用行政区划基本信息表，该规划项目的所属行政区，按最小包含原则填写。

13）流域代码：引用流域基本信息表。该规划项目所处流域代码，按最小规则填写。

14）批复经费：指该规划项目最终审批后批复的投资金额，计量单位为万元，计至两位小数。

15）开始时间：指该规划项目的开始时间。

16）完成时间：指该规划项目的完成时间。

17）主要目标和任务：指该规划项目主要完成的目标和建设任务的描述信息。

3. （载体）工程项目基本信息表

[1] 表编号：010501003

[2] 表标识：GCXMJBXXB

[3] 表说明：本表为工程项目基本信息表，属载体表，存储项目前期工作阶段项目的基本信息。项目是创造独特产品、服务或其他成果的一次性工作任务。

序号	含义	字段名	数据类型	单位	必填	主键	外键
1	项目代码	XMDM	C（20）		Y	Y	
2	项目名称	XMMC	C（64）				
3	项目类型	XMLX	C（4）				Y

序号	含义	字段名	数据类型	单位	必填	主键	外键
4	建设性质	JSXZ	C（2）				Y
5	项目规模	XMGM	C（2）				
6	项目分区	XMFQ	C（2）				
7	隶属关系	LSGX	C（2）				Y
8	流域机构	LYJG	C（128）				
9	行政区划代码	XZQHDM	C（10）				Y
10	流域代码	LYDM	C（10）				Y
11	河流代码	HLDM	C（8）				Y
12	开工日期	KGRQ	D（8）				
13	完工日期	WGRQ	D（8）				
14	工程位置	GCWZ	C（255）				
15	国务院已批规划	GWYYPGH	C（255）				
16	水利部已批规划	SLBYPGH	C（255）				
17	地方已批规划	DFYPGH	C（255）				
18	其他规划	QTGH	C（255）				
19	项目目标和任务	XMMBHRW	C（255）				
20	总投资	ZTZ	N（12，2）	万元			
21	单位代码	DWDM	C（18）				Y
22	登记注册类型代码	DJZCLXDM	C（3）				Y
23	项目负责人	XMFZR	C（10）				
24	联系电话	LXDH	C（11）				
25	项目行业代码	XMHYDM	C（2）				Y
26	控股情况	KGQK	C（8）				
27	项目类别	XMLB	C（8）				
28	项目投资主体单位注册地代码	XMTZZTDWZCDDM	C（2）				

[4] 填写说明：

1）项目代码：指该项目的代码编号，其编码规则按照项目管理部门制定的项目编码规则确定。

2）项目名称：指规划项目对应的中文名称。

3）项目类型：指该项目对应的类型，取值及其含义见项目类型代码表。

4）建设性质：指项目对应的建设性质说明，取值及其含义见建设性质代码表。

5）项目规模：指该项目的建设规模分类，填写大型、中型、小型或其他。

6）项目分区：指该项目所属地域分区，填写东部、中部、西部、东北或其他。

7）隶属关系：该项目所属的行政单位或级别，取值及其含义见党组织隶属关系代码表。

8）流域机构：该项目对应的流域机构名称，若该项目同属于两个或以上流域机构，本字段以“，”将各流域机构名称并列存储。

9）行政区划代码：引用行政区划基本信息表，该项目的所属行政区，按最小包含原则填写。

10）流域代码：引用流域基本信息表。该项目所处流域代码，按最小包含原则填写。

11）河流代码：引用河流基本信息表，该项目所在河流，精确至最小支流。

12）开工日期：指本项目开工的对应日期，计至日。

13）完工日期：指本项目完工的对应日期，计至日。

14）工程位置：指本项目实施所在地的说明。

15）国务院已批规划：指本项目对应的国务院已批规划意见书的名称。

16）水利部已批规划：指本项目对应的水利部已批规划意见书的名称。

17）地方已批规划：指本项目对应的地方已批规划意见书的名称。

18）其他规划：指本项目对应的其他规划意见书的名称。

19）项目目标和任务：指本项目主要完成的目标和建设任务的描述内容。

20）总投资：指本项目批复的总投资金额，计量单位为万元，计至两位小数。

21）单位代码：指该项目负责单位代码，引用单位基本信息表。

22）登记注册类型代码：企业法人的登记注册类型，依据在工商行政管理机关登记注册的类型填写。机关、事业单位和社会团体及其他组织的登记注册类型，依据主要经费来源和管理方式，根据实际情况，比照《关于划分企业登记注册类型的规定》确定。取值及其含义见登记注册类型代码表。

23）项目负责人：指该项目的主要负责人姓名。

24）联系电话：指项目负责人的联系电话。

25）项目行业代码：指根据《国民经济行业分类》（GB/T 4754—2017）的规定，对照本企业生产活动的性质，填写企业对应的行业小（中、大）类代码。取值及其含义见行业类别代码表。

26）控股情况：根据投资项目建设单位实收资本中某种经济成分的出资人的实际投资情况，或出资人对企业资产的实际控制、支配程度进行分类。具体分为国有控股、集体控股、私人控股、港澳台商控股、外商控股和其他六类。

27）项目类别：填写改造项目和涉农项目。

28）项目投资主体单位注册地代码：指项目主要投资主体的单位工商注册地代码。按《项目投资主体单位注册地代码目录》填报。

4. （管理）工程项目审批信息表

[1] 表编号：010501004

[2] 表标识：GCXMSPXXB

[3] 表说明：本表为工程项目审批信息表，属管理表，存储规划项目各阶段的审批结果信息。信息统计的时间单元精确至日，统计的载体对象为项目，统计指标为项目审批情况。

序号	含义	字段名	数据类型	单位	必填	主键	外键
1	项目审批代码	XMSPDM	C（18）		Y	Y	
2	项目代码	XMDM	C（20）		Y		Y
3	项目名称	XMMC	C（18）				
4	报批事项	BPSX	C（16）				
5	项目审批	XMSP	C（255）				
6	批准文号	PZWH	C（64）				
7	批准部门	PZBM	C（255）				
8	项目在线审批监管平台统一代码	XMZXSPJGPTTYDM	C（24）				
9	日期	RQ	D（8）				

[4] 填写说明：

1）项目审批代码：指固定资产投资项目建设周期唯一身份标识，原项目代码长度为 13 位，新项目代码长度为 18 位，依次为年份代码（4 位）、地区代码（2 位）、赋码部门代码（3 位）、行业代码（2 位）、建设性质代码（1 位）、项目类型代码（1 位）、流水号（5 位）。

2）项目代码：指该项目的代码编号。引用工程项目基本信息表。

3）项目名称：指项目的名称。根据项目代码，由工程项目基本信息表带入。

4）报批事项：指该项目审批的内容，根据情况填写项目建议书、可行性研究、初步设计、设计变更、概算调整或其他。

5）项目审批：指该项目的审批情况的描述。

6）批准文号：指该项目对应的批准公文文号。

7）批准部门：指该项目对应的批准单位名称。

8）项目在线审批监管平台统一代码：投资项目在线审批监管平台统一代码是根据项目审批、核准、备案机关不同，该代码由各级发改系统投资项目在线审批监管平台生成，该代码一旦生成，将跟随项目建设全周期使用。

9）日期：指该项目对应的批准公文的签发日期，计至日。

二、基建投资

（一）项目投资

1.（管理）项目投资信息表

[1] 表编号：010502001

[2] 表标识：XMTZXXB

[3] 表说明：本表为项目投资信息表，属载体表，存储项目投资相关的基本属性信息。项目投资是一种以特定建设项目为对象，直接与新建项目或更新改造项目有关的长期投资行为。本表信息统计的时间单元为年，载体对象为项目，统计指标为该项目本年度各来源资金占比。

序号	含义	字段名	数据类型	单位	必填	主键	外键
1	项目代码	XMDM	C（20）		Y	Y	Y
2	项目名称	XMMC	C（18）				
3	日期	RQ	D（4）		Y	Y	
4	报表类别	BBLB	C（1）				
5	本年全部投产日期	BNQBTCRQ	D（8）				
6	期末项目建设状态	QMXMJSZT	C（6）				
7	政府投资占比	ZFTZZB	N（4，2）	%			
8	国有投资占比	GYTZZB	N（4，2）	%			
9	民间投资占比	MJTZZB	N（4，2）	%			
10	港澳台商投资占比	GATTZZB	N（4，2）	%			
11	外商投资占比	WSTZZB	N（4，2）	%			

[4] 填写说明：

1）项目代码：项目的识别代码，引用工程项目基本信息表。

2）项目名称：指项目的名称。根据项目代码，由工程项目基本信息表带入。

3）日期：指项目投资情况统计日期，计至年。

4）报表类别：由 1 位数字组成，根据项目申报时的填写的项目所属类型确定（审批类项目为 1、核准类项目为 2、备案类项目为 3、敏感涉密项目为 4）。

5）本年全部投产日期：指建设项目按计划规定的生产能力（或效益）在本年内按合同规定全部建成，经验收合格或达到竣工验收标准（引进项目并应按合同规定经过试生产考核达到验收标准，经双方签字确认）正式移交生产或交付使用的时间，计至日。

6）期末项目建设状态：指报告期末建设项目状态情况。填写在建、全部投产或全部停缓建。

7）政府投资占比：指项目本年完成投资的资金来源中政府投资的资金所占比重，计量单位为%，计至两位小数。

8）国有投资占比：指项目本年完成投资的资金来源中国有投资的资金所占比重，计量单位为%，计至两位小数。

9）民间投资占比：指项目本年完成投资的资金来源中民间投资的资金所占比重，计量单位为%，计至两位小数。

10）港澳台商投资占比：指项目本年完成投资的资金来源中港澳台商投资的资金所占比重，计量单位为%，计至两位小数。

11）外商投资占比：指项目本年完成投资的资金来源中外商投资的资金所占比重，计量单位为%，计至两位小数。

2.（管理）500万～5 000万元固定资产投资项目情况表

[1] 表编号：010502002

[2] 表标识：YWGDZCTZXMQKB

[3] 表说明：本表为500万～5 000万元固定资产投资项目情况表，属管理表，存储500万～5 000万元固定资产投资项目情况信息。信息统计日期精确至日，统计的载体对象为500万～5 000万元固定资产投资项目，统计指标为项目投资。

序号	含义	字段名	数据类型	单位	必填	主键	外键
1	项目代码	XMDM	C（20）		Y	Y	Y
2	项目名称	XMMC	C（18）				
3	日期	RQ	D（8）				
4	投资单位	TZDW	C（128）				
5	总投资	ZTZ	N（10，3）	万元			
6	建筑安装工程投资	JZAZGCTZ	N（10，3）	万元			
7	在安装设备投资	ZAZSBTZ	N（10，3）	万元			
8	待摊支出投资	DTZCTZ	N（10，3）	万元			
9	固定资产原价投资	GDZCYJTZ	N（10，3）	万元			
10	不需安装的设备、工器具投资	BXAZDSBGQJTZ	N（10，3）	万元			
11	旧设备及工器具投资	JSBJGQJTZ	N（10，3）	万元			
12	土地使用权投资	TDSYQTZ	N（10，3）	万元			
13	其他资产投资	QTZCTZ	N（10，3）	万元			
14	房屋施工面积	FWSGMJ	N（6，3）	m^2			
15	房屋竣工面积	FWJGMJ	N（6，3）	m^2			
16	房屋竣工价值	FWJGJZ	N（10，3）	万元			

[4] 填写说明：

1）项目代码：指该项目的代码编号。引用工程项目基本信息表。

2）项目名称：指项目的名称。根据项目代码，由工程项目基本信息表带入。

3）日期：指该信息统计的日期，计至日。

4）投资单位：该项目涉及的投资单位名称，当涉及多个投资单位时，单位名称之间用“，”隔开。

5）总投资：项目的总投资金额，计量单位为万元，计至三位小数。

6）建筑安装工程投资：建筑安装工程的投资金额，计量单位为万元，计至三位小数。

7）在安装设备投资：正在安装设备的投资金额，计量单位为万元，计至三位小数。

8）待摊支出投资：待摊支出的投资金额，计量单位为万元，计至三位小数。

9）固定资产原价投资：固定资产原价的投资金额，计量单位为万元，计至三位小数。

10）不需安装的设备、工器具投资：不需安装的设备、工器具的投资金额，计量单位为万元，计至三位小数。

11）旧设备及工器具投资：旧设备及工器具的投资金额，计量单位为万元，计至三位小数。

12）土地使用权投资：土地使用权的投资金额，计量单位为万元，计至三位小数。

13）其他资产投资：其他资产的投资金额，计量单位为万元，计至三位小数。

14）房屋施工面积：房屋施工的面积，计量单位为 m^2，计至三位小数。

15）房屋竣工面积：房屋竣工的面积，计量单位为 m^2，计至三位小数。

16）房屋竣工价值：房屋竣工的价值，计量单位为万元，计至三位小数。

3. （管理）5 000 万元及以上固定资产投资项目情况表

[1] 表编号：010502003

[2] 表标识：WYJYSGDZCTZXMQKB

[3] 表说明：本表为 5 000 万元及以上固定资产投资项目情况表，属管理表，存储 5 000 万元及以上固定资产投资项目情况信息。信息统计日期精确至日，统计的载体对象为 5 000 万元及以上固定资产投资项目，统计指标为项目投资。

序号	含义	字段名	数据类型	单位	必填	主键	外键
1	项目代码	XMDM	C（20）		Y	Y	Y
2	项目名称	XMMC	C（18）				
3	日期	RQ	D（8）				
4	投资单位	TZDW	C（128）				
5	总投资	ZTZ	N（10，3）	万元			
6	建筑工程投资	JZGCTZ	N（10，3）	万元			
7	安装工程投资	AZGCTZ	N（10，3）	万元			
8	设备工器具购置投资	SBGQJGZTZ	N（10，3）	万元			
9	购置旧设备投资	GZJSBTZ	N（10，3）	万元			
10	旧建筑物购置费投资	JJZWGZFTZ	N（10，3）	万元			
11	建设用地费投资	JSYDFTZ	N（10，3）	万元			
12	新增固定资产投资	XZGDZCTZ	N（10，3）	万元			
13	房屋施工面积投资	FWSGMJTZ	N（10，3）	万元			

[4] 填写说明：

1）项目代码：指该项目的代码编号。引用工程项目基本信息表。

2）项目名称：指项目的名称。根据项目代码，由工程项目基本信息表带入。

3）日期：信息统计时间，计至日。

4）投资单位：该项目涉及的投资单位名称，当涉及多个投资单位时，单位名称之间用“，”隔开。

5）总投资：项目的总投资金额，计量单位为万元，计至三位小数。

6）建筑工程投资：建筑工程的投资金额，计量单位为万元，计至三位小数。

7）安装工程投资：安装工程的投资金额，计量单位为万元，计至三位小数。

8）设备工器具购置投资：设备工器具购置的投资金额，计量单位为万元，计至三位小数。

9）购置旧设备投资：购置旧设备的投资金额，计量单位为万元，计至三位小数。

10）旧建筑物购置费投资：旧建筑物购置费的投资金额，计量单位为万元，计至三位小数。

11）建设用地费投资：建设用地费的投资金额，计量单位为万元，计至三位小数。

12）新增固定资产投资：新增固定资产的投资金额，计量单位为万元，计至三位小数。

13）房屋施工面积投资：房屋施工面积的投资金额，计量单位为万元，计至三位小数。

（二）资金管理

1. （管理）水利建设投资进展情况表

[1] 表编号：010502004

[2] 表标识：SLJSTZJZQKB

[3] 表说明：本表为水利建设投资进展情况表，属管理表，存储水利建设项目年投资完成情况信息。信息统计的时间单元为年，统计的载体对象为水利建设项目，统计指标为投资进展情况。

序号	含义	字段名	数据类型	单位	必填	主键	外键
1	项目代码	XMDM	C（20）		Y	Y	Y
2	项目名称	XMMC	C（18）				
3	日期	RQ	D（8）		Y	Y	
4	自开工至报告期累计完成投资	ZKGZBGQLJWCTZ	N（8，3）	万元			
5	自开工至报告期累计新增固定资产	ZKGZBGQLJXZGDZC	N（8，3）	万元			
6	本年完成投资合计	BNWCTZHJ	N（8，3）	万元			
7	建筑工程投资	JZGCTZ	N（8，3）	万元			
8	安装工程投资	AZGCTZ	N（8，3）	万元			
9	设备工器具购置投资	SBGQJGZTZ	N（8，3）	万元			
10	移民征地费投资	YMZDFTZ	N（8，3）	万元			
11	防洪投资	FHTZ	N（8，3）	万元			
12	灌溉投资	GGTZ	N（8，3）	万元			
13	除涝投资	CLTZ	N（8，3）	万元			
14	供水投资	GSTZ	N（8，3）	万元			
15	发电投资	FDTZ	N（8，3）	万元			
16	水保及生态投资	SBJSTTZ	N（8，3）	万元			
17	机构能力建设投资	JGNLJSTZ	N（8，3）	万元			
18	前期工作投资	QQGZTZ	N（8，3）	万元			
19	其他投资	QTTZ	N（8，3）	万元			

[4] 填写说明：

1）项目代码：项目的识别代码，引用工程项目基本信息表。

2）项目名称：指项目的名称。根据项目代码，由工程项目基本信息表带入。

3）日期：水利建设投资进展情况统计日期，计至日。

4）自开工至报告期累计完成投资：指建设项目从开始建设到报告期止累计完成的全部投资。计量单位为万元，计至三位小数。

5）自开工至报告期累计新增固定资产：指建设项目从开始建设到报告期止交付使用的固定资产价值。计量单位为万元，计至三位小数。

6）本年完成投资合计：指从本年 1 月 1 日起至报告期最后一天止完成的全部投资额。计量单位为万元，计至三位小数。

7）建筑工程投资：指各种房屋、建筑物的建造工程的投资金额，计量单位为万元，计至三位小数。

8）安装工程投资：指各种设备、装置的安装工程的投资金额，计量单位为万元，计至三位小数。

9）设备工器具购置投资：指把工业企业生产的产品转为固定资产的购置活动，包括建设单位或企业、事业单位购置或自制达到固定资产标准的设备、工具、器具的价值。计量单位为万元，计至三位小数。

10）移民征地费投资：指由于水库淹没、工程建设占地等原因需要通过划拨方式或出让方式取得土地使用权核定的各项费用。计量单位为万元，计至三位小数。

11）防洪投资：指用于防洪应急项目的投资，计量单位为万元，计至三位小数。

12）灌溉投资：指用于农业灌溉项目的投资。农业灌溉项目是指用于灌溉工程建设所完成的投资。包括以灌溉工程为主的水库工程投资、灌区、引水枢纽、渠道、土地平整等投资。计量单位为万元，计至三位小数。

13）除涝投资：指用于除涝项目的投资。计量单位为万元，计至三位小数。

14）供水投资：指用于供水项目的投资，供水项目指提高供水保障能力的改建、新建水厂及配套工程项目。计量单位为万元，计至三位小数。

15）发电投资：指用于发电项目的投资，计量单位为万元，计至三位小数。

16）水保及生态投资：指用于水保及生态项目的投资，水土保持项目及生态项目指水土保持及生态清洁小流域治理工程项目。计量单位为万元，计至三位小数。

17）机构能力建设投资：指用于机构能力建设的投资，机构能力建设指用于机构能力建设所完成的投资。包括房屋建设和科研设备购置等。计量单位为万元，计至三位小数。

18）前期工作投资：指用于前期工作项目的投资，前期项目指工程的调研、研究、规划项目。计量单位为万元，计至三位小数。

19）其他投资：指用于其他项目的投资，其他项目指不在上述范围之内的项目。计量单位为万元，计至三位小数。

2. （管理）水利建设投资统计表

[1] 表编号：010502005

[2] 表标识：SLJSTZTJB

[3] 表说明：本表为水利建设投资统计表，属管理表，存储水利建设项目的投资组成及基本情况。信息统计的载体对象为水利建设项目，统计指标为建设项目的投资情况。

序号	含义	字段名	数据类型	单位	必填	主键	外键
1	项目代码	XMDM	C（20）		Y	Y	Y
2	项目名称	XMMC	C（18）				
3	总投资	ZTZ	N（10，3）	万元			
4	中央拨款	ZYBK	N（10，3）	万元			
5	省级财政拨款	SJCZBK	N（10，3）	万元			
6	省级财政性资金	SJCZXZJ	N（10，3）	万元			
7	省级政府一般债券	SJZFYBZQ	N（10，3）	万元			
8	省级政府专项债券	SJZFZXZQ	N（10，3）	万元			
9	省级贷款	SJDK	N（10，3）	万元			
10	省级利用外资	SJLYWZ	N（10，3）	万元			

序号	含义	字段名	数据类型	单位	必填	主键	外键
11	省级企业和私人投资	SJQYHSRTZ	N（10，3）	万元			
12	省级其他	SJQT	N（10，3）	万元			
13	地市级财政拨款	DSJCZBK	N（10，3）	万元			
14	地市级财政性资金	DSJCZXZJ	N（10，3）	万元			
15	地市级一般性债券	DSJYBXZQ	N（10，3）	万元			
16	地市级政府专项债券	DSJZFZXZQ	N（10，3）	万元			
17	地市级贷款	DSJDK	N（10，3）	万元			
18	地市级利用外资	DSJLYWZ	N（10，3）	万元			
19	地市级企业和私人投资	DSJQYHSRTZ	N（10，3）	万元			
20	地市级其他	DSJQT	N（10，3）	万元			
21	吸纳农村劳动力	XNNCLDL	N（6）	人			
22	发放劳务报酬	FFLWBC	N（10，3）	万元			
23	吸纳就业人口	XNJYRK	N（6）	人			
24	发放报酬	FFBC	N（10，3）	万元			
25	备注	BZ	C（255）				

[4] 填写说明：

1）项目代码：指该项目的代码编号。引用工程项目基本信息表。

2）项目名称：指项目的名称。根据项目代码，由工程项目基本信息表带入。

3）总投资：项目的总投资金额，计量单位为万元，计至三位小数。

4）中央拨款：中央的拨款金额，计量单位为万元，计至三位小数。

5）省级财政拨款：省级财政的拨款金额，计量单位为万元，计至三位小数。

6）省级财政性资金：省级财政性资金的拨款金额，计量单位为万元，计至三位小数。

7）省级政府一般债券：省级政府一般债券，计量单位为万元，计至三位小数。

8）省级政府专项债券：省级政府专项债券，计量单位为万元，计至三位小数。

9）省级贷款：省级贷款金额，计量单位为万元，计至三位小数。

10）省级利用外资：省级利用外资金额，计量单位为万元，计至三位小数。

11）省级企业和私人投资：省级企业和私人投资金额，计量单位为万元，计至三位小数。

12）省级其他：省级其他投资金额，计量单位为万元，计至三位小数。

13）地市级财政拨款：地市级财政拨款金额，计量单位为万元，计至三位小数。

14）地市级财政性资金：地市级财政性资金，计量单位为万元，计至三位小数。

15）地市级一般性债券：地市级一般性债券，计量单位为万元，计至三位小数。

16）地市级政府专项债券：地市级政府专项债券，计量单位为万元，计至三位小数。

17）地市级贷款：地市级贷款金额，计量单位为万元，计至三位小数。

18）地市级利用外资：地市级利用外资，计量单位为万元，计至三位小数。

19）地市级企业和私人投资：地市级企业和私人投资金额，计量单位为万元，计至三位小数。

20）地市级其他：地市级其他投资金额，计量单位为万元，计至三位小数。

21）吸纳农村劳动力：吸纳农村劳动力的人数，计量单位为人，计至整数。

22）发放劳务报酬：发放劳务报酬的金额，计量单位为万元，计至三位小数。

23）吸纳就业人口：吸纳就业的人口数量，计量单位为人，计至整数。

24）发放报酬：发放报酬的金额，计量单位为万元，计至三位小数。

25）备注：其他补充说明信息。

3. （管理）项目投资单位资金下达情况表

[1] 表编号：010502006

[2] 表标识：XMTZDWZJXDQKB

[3] 表说明：本表为项目投资单位资金下达情况表，属管理表，存储项目投资单位相关资金下达情况信息。信息统计时间精确至日，统计的载体对象为水利建设项目投资单位，统计指标为单位资金下达情况。

序号	含义	字段名	数据类型	单位	必填	主键	外键
1	项目代码	XMDM	C（20）		Y	Y	Y
2	项目名称	XMMC	C（18）				
3	单位代码	DWDM	C（18）		Y	Y	Y
4	日期	RQ	D（8）		Y	Y	
5	单位级别	DWJB	C（6）				
6	计划总投资	JHZTZ	N（10，3）	万元			
7	下达资金总额	XDZJZE	N（10，3）	万元			
8	备注	BZ	C（255）				

[4] 填写说明：

1）项目代码：指该项目的代码编号。引用工程项目基本信息表。

2）项目名称：指项目的名称。根据项目代码，由工程项目基本信息表带入。

3）单位代码：涉及单位的代码，引用单位基本信息表。

4）日期：指该信息登记的日期，计至日。

5）单位级别：指该投资单位的级别，填写中央、省级或地市级。

6）计划总投资：该项目的计划的总投资金额。计量单位为万元，计至三位小数。

7）下达资金总额：截至信息登记日期该项目已下达资金的总金额，计量单位为万元，计至三位小数。

8）备注：其他补充说明信息。

（三）工程量核算

1. （管理）水务建设项目工程量表

[1] 表编号：010502007

[2] 表标识：SWJSXMGCLB

[3] 表说明：本表为水务建设项目工程量表，属管理表，存储水务建设项目的工程量信息。信息统计的载体对象为水务建设项目，统计指标为项目工程量。

序号	含义	字段名	数据类型	单位	必填	主键	外键
1	项目代码	XMDM	C（20）		Y	Y	Y
2	项目名称	XMMC	C（18）				
3	土方工程量	TFGCL	N（10，2）	10^4 m^3			
4	石方工程量	SFGCL	N（10，2）	10^4 m^3			
5	砼工程量	TGCL	N（10，2）	10^4 m^3			
6	金属结构工程量	JSJGGCL	N（10，2）	t			
7	移民安置人数	YMAZRS	N（8）	人			
8	备注	BZ	C（255）				

[4] 填写说明：

1）项目代码：指该项目的识别代码。引用工程项目基本信息表。

2）项目名称：指项目的名称。根据项目代码，由工程项目基本信息表带入。

3）土方工程量：土方的工程量，计量单位为 10^4 m^3，计至两位小数。

4）石方工程量：石方的工程量，计量单位为 10^4 m^3，计至两位小数。

5）砼工程量：砼工的程量，计量单位为 10^4 m^3，计至两位小数。

6）金属结构工程量：金属结构的工程量，计量单位为 t，计至两位小数。

7）移民安置人数：移民安置的人数，计量单位为人，计至整数。

8）备注：其他补充说明信息。

2. （管理）工程项目建设进度表

[1] 表编号：010502008

[2] 表标识：GCXMJSJDB

[3] 表说明：描述项目工程项目建设进度信息。

序号	含义	字段名	数据类型	单位	必填	主键	外键
1	项目代码	XMDM	C（20）		Y	Y	Y
2	项目名称	XMMC	C（18）				
3	开工日期	KGRQ	D（8）		Y		
4	截至日期	JZRQ	D（8）		Y	Y	
5	重大设计变更次数	ZDSJBGCS	N（3）	次			
6	累计下达资金数	LJXDZJS	N（10，3）	万元			
7	资金到位数	ZJDWS	N（10，3）	万元			
8	进度情况描述	JDQKMS	C（255）				
9	完成土方工程量	WCTFGCL	N（10，2）	10^4 m^3			
10	完成石方工程量	WCSFGCL	N（10，2）	10^4 m^3			
11	完成砼工程量	WCTGCL	N（10，2）	10^4 m^3			
12	完成金属结构工程量	WCJSJGGCL	N（10，2）	t			
13	完成移民安置人数	WCYMAZRS	N（8）	人			
14	备注	BZ	C（255）				

[4] 填写说明：

1）项目代码：指该项目的识别代码。引用工程项目基本信息表。

2）项目名称：指项目的名称。根据项目代码，由工程项目基本信息表带入。

3）开工日期：指该项目的开工日期，计至日。

4）截至日期：指该工程项目进度统计的截至日期，计至日。

5）重大设计变更次数：指该工程项目自开工日期至截至日期时段内重大设计变更次数，计量单位为次，计至整数。

6）累计下达资金数：指该工程项目自开工日期至截至日期时段内累计下达资金数，计量单位为万元，计至三位小数。

7）资金到位数：指该工程项目自开工日期至截至日期时段内下达资金到位数，计量单位为万元，计至三位小数。

8）进度情况描述：指该工程项目自开工日期至截至日期时段内的进度情况描述。

9）完成土方工程量：指该工程项目自开工日期至截至日期时段所完成的土方的工程量，计量单位为 10^4 m^3，计至两位小数。

10）完成石方工程量：指该工程项目自开工日期至截至日期时段所完成的石方的工程量，计量单位为 10^4 m^3，计至两位小数。

11）完成砼工程量：指该工程项目自开工日期至截至日期时段所完成的砼工的程量，计量单位为 10^4 m^3，计至两位小数。

12）完成金属结构工程量：指该工程项目自开工日期至截至日期时段所完成的金属结构的工程量，计量单位为 t，计至两位小数。

13）完成移民安置人数：指该工程项目自开工日期至截至日期时段所完成的移民安置的人数，计量单位为人，计至整数。

14）备注：其他补充说明信息。

（四）工程效益

1. （管理）水务建设项目工程效益表

[1] 表编号：010502009

[2] 表标识：SWJSXMGCXYB

[3] 表说明：本表为水务建设项目工程效益表，属管理表，存储水务工程项目效益信息。信息统计的载体对象为水务建设项目，统计指标为项目工程效益。

序号	含义	字段名	数据类型	单位	必填	主键	外键
1	项目代码	XMDM	C（20）		Y	Y	Y
2	项目名称	XMMC	C（18）				
3	水库总库容	SKZKR	N（10，3）	10^8 m^3			
4	耕地灌溉面积	GDGGMJ	N（7，2）	万亩			
5	除涝面积	CLMJ	N（7，2）	万亩			
6	发电装机容量	FDZJRL	N（6）	kVA			
7	排灌装机容量	PGZJRL	N（6）	kVA			
8	供水能力	GSNL	N（8，2）	m^3/d			
9	改善灌溉面积	GSGGMJ	N（7，2）	万亩			
10	改善除涝面积	GSCLMJ	N（7，2）	万亩			
11	新建及加固堤防长度	XJJGDFCD	N（4，2）	km			
12	水保治理面积	SBZLMJ	N（7，2）	万亩			
13	节水灌溉面积	JSGGMJ	N（7，2）	万亩			
14	渠道防渗长度	QDFSCD	N（4，2）	km			
15	河道整治长度	HDZZCD	N（4，2）	km			
16	改善或恢复库容	GSHHFKR	N（10，3）	10^4 m^3			
17	备注	BZ	C（255）				

[4] 填写说明：

1）项目代码：指该项目的识别代码。引用工程项目基本信息表。

2）项目名称：指项目的名称。根据项目代码，由工程项目基本信息表带入。

3）水库总库容：水库的总库容，计量单位为 10^8 m^3，计至三位小数。

4）耕地灌溉面积：耕地的灌溉面积，计量单位为万亩，计至两位小数。

5）除涝面积：除涝的面积，计量单位为万亩，计至两位小数。

6）发电装机容量：发电装机的容量，计量单位为 kVA，计至整数。

7）排灌装机容量：排灌装机的容量，计量单位为 kVA，计至整数。

8）供水能力：供水的能力，计量单位为 m^3/d，计至两位小数。

9）改善灌溉面积：改善灌溉的面积，计量单位为万亩，计至两位小数。

10）改善除涝面积：改善除涝的面积，计量单位为万亩，计至两位小数。

11）新建及加固堤防长度：新建及加固堤防的长度，计量单位为 km，计至两位小数。

12）水保治理面积：水保治理的面积，计量单位为万亩，计至两位小数。

13）节水灌溉面积：节水灌溉的面积，计量单位为万亩，计至两位小数。

14）渠道防渗长度：渠道防渗的长度，计量单位为 km，计至两位小数。

15）河道整治长度：河道整治的长度，计量单位为 km，计至两位小数。

16）改善或恢复库容：改善或恢复的库容，计量单位为 $10^4\ m^3$，计至三位小数。

17）备注：其他补充说明信息。

三、工程移民

（一）移民调查

1. （实体）调查范围基本信息表

[1] 表编号：010503001

[2] 表标识：DCFWJBXXB

[3] 表说明：描述调查范围基本信息。本表中，调查范围按照行政区划划分。

序号	含义	字段名	数据类型	单位	必填	主键	外键
1	行政区划代码	XZQHDM	C（10）		Y	Y	Y
2	行政区名称	XZQMC	C（32）				
3	工程代码	GCDM	C（11）		Y	Y	Y
4	工程名称	GCMC	C（64）				
5	日期	RQ	D（8）		Y	Y	
6	工作阶段代码	GZJDDM	C（3）				Y
7	所属调查范围代码	SSDCFWDM	C（4）				Y
8	总面积	ZMJ	N（9，2）	亩			
9	土地面积	TDMJ	N（9，2）	亩			
10	耕地面积	GDMJ	N（9，2）	亩			
11	库岸长度	KACD	N（3）	km			
12	备注	BZ	C（255）				

[4] 填写说明：

1）行政区划代码：引用行政区划基本信息表，该调查范围的行政区划，精确至乡镇。

2）行政区名称：行政区划的代码对应的中文名称，由行政区划基本信息表带入。

3）工程代码：工程的代码。引用水利工程基本信息表。

4）工程名称：工程代码对应的中文名称，由水利工程基本信息表带入。

5）日期：调查数据产生日期，计至日。

6）工作阶段代码：调查所属移民管理工作阶段代码。取值及其含义见移民管理工作阶段代码表。

7）所属调查范围代码：被调查行政区所属调查范围代码，取值及其含义见调查范围代码表。

8）总面积：对应调查范围内的总面积，包括土地、水域等，计量单位为亩，计至两位小数。

9）土地面积：对应调查范围内的土地面积，计量单位为亩，计至两位小数。

10）耕地面积：对应调查范围内的耕地面积，计量单位为亩，计至两位小数。

11）库岸长度：对应调查范围内的库岸长度，计量单位为 km，计至整数。

12）备注：需补充说明的文字。

2. （管理）人口调查表

[1] 表编号：010503002

[2] 表标识：RKDCB

[3] 表说明：本表为人口调查表，属管理表，存储移民调查人口关于移民事务方面的基本信息。调查的空间单元为人，调查时间精确至日，调查指标包括移民人口的身份证号、所属工程及工作阶段等。

序号	含义	字段名	数据类型	单位	必填	主键	外键
1	有效证件号	YXZJH	C（18）		Y	Y	Y
2	姓名	XM	C（32）				
3	工程代码	GCDM	C（11）		Y	Y	Y
4	工程名称	GCMC	C（64）				
5	所属工作阶段代码	SSGZJDDM	C（3）		Y		Y
6	现居住地	XJZD	C（64）				
7	文化程度	WHCD	C（16）				
8	户口性质	HKXZ	C（16）				
9	是否集体经济组织成员	SFJTJJZZCY	C（1）				
10	移民标识	YMBS	C（1）				
11	所属调查范围代码	SSDCFWDM	C（4）				Y
12	所属专业大类	SSZYDL	C（6）				
13	日期	RQ	D（8）				
14	备注	BZ	C（255）				

[4] 填写说明：

1）有效证件号：填写该水利工程移民的身份证号，引用人员基本信息表。

2）姓名：该水利工程移民的姓名，由人员基本信息表带入。

3）工程代码：指该移民所属的工程代码，引用水利工程基本信息表。

4）工程名称：工程代码对应的中文名称，由水利工程基本信息表带入。

5）所属工作阶段代码：调查所属移民管理工作阶段代码。引用移民管理工作阶段代码表。

6）现居住地：指该调查人目前的居住地址，精确至村/街道。

7）文化程度：指该调查人的文化程度，填写文盲、学龄前、小学、初中、高中或高中以上。

8）户口性质：指该调查人的户口性质，填写农业户口、非农业户口、毕业学生或其他。

9）是否集体经济组织成员：被调查人确认为集体组织成员的标识。是 1，否 0。

10）移民标识：被调查人经公示确认为移民的标识。是 1，否 0。

11）所属调查范围代码：被调查人所属调查范围的代码。取值及其含义见调查范围代码表。

12）所属专业大类：被调查人调查所属移民安置规划专业大类，填写农村、城（集）镇、工业企业或专业项目。

13）日期：调查日期，计至日。

14）备注：需要补充的其他说明文字。

3. （管理）居民户调查表

[1] 表编号：010503003

[2] 表标识：JMHDCB

[3] 表说明：本表为居民户调查表，属管理表，存储移民调查户关于移民事务方面的基本信息。调查的空间单元为户，调查时间精确至日，调查指标包括户人口、家庭收入及来源、所属调查范围、所属专业大类等。

序号	含义	字段名	数据类型	单位	必填	主键	外键
1	户编号	HBH	C（18）		Y	Y	Y
2	工程代码	GCDM	C（11）		Y	Y	Y
3	工程名称	GCMC	C（64）				
4	所属工作阶段代码	SSGZJDDM	C（3）		Y		Y
5	户口所在地代码	HKSZDDM	C（10）				Y
6	现居住地代码	XJZDDM	C（10）				Y
7	详细住址	XXZZ	C（64）				
8	第一产业人口	DYCYRK	N（2）	人			
9	第二产业人口	DECYRK	N（2）	人			
10	第三产业人口	DSCYRK	N（2）	人			
11	家庭年收入	JTNSR	N（8，2）	元			
12	主要收入来源	ZYSRLY	C（128）				
13	所属调查范围代码	SSDCFWDM	C（4）				
14	所属专业大类	SSZYDL	C（6）				
15	日期	RQ	D（8）				
16	备注	BZ	C（255）				

[4] 填写说明：

1）户编号：户的唯一标识编号。引用户基本信息表。

2）工程代码：工程的代码。引用水利工程基本信息表。

3）工程名称：工程代码对应的中文名称，由水利工程基本信息表带入。

4）所属工作阶段代码：调查所属移民管理工作阶段代码。取值及其含义见移民管理工作阶段代码表。

5）户口所在地代码：调查时该户户口所在地的行政区划代码，引用行政区划基本信息表，精确至街道（乡镇）。

6）现居住地代码：调查时该户现居住地的行政区划代码，引用行政区划基本信息表，精确至街道（乡镇）。

7）详细住址：调查时刻该户的详细住址。

8）第一产业人口：该户从事第一产业的人口数，计量单位为人，计至整数。

9）第二产业人口：该户从事第二产业的人口数，计量单位为人，计至整数。

10）第三产业人口：该户从事第三产业的人口数，计量单位为人，计至整数。

11）家庭年收入：该户家庭年收入水平，计量单位为元，计至两位小数。

12）主要收入来源：该户家庭主要收入来源描述。

13）所属调查范围代码：该户所属调查范围代码。取值及其含义见调查范围代码表。

14）所属专业大类：该户所属移民安置规划设计专业大类，填写农村、城（集）镇、工业企业或专业项目。

15）日期：调查日期，计至日。

16）备注：需补充说明的文字。

4. （实体）居民迁移线表

[1] 表编号：010503004

[2] 表标识：JMQYXB

[3] 表说明：本表为居民迁移线表，属实体表，存储居民迁移线基本属性信息。以水库建设移民为例，居民迁移线指水库区按人口迁移设计频率洪水标准的回水线与水库正常蓄水位的水平线相连，并在正常蓄水位水平段加风浪、船行波超高值所组成的外包高程界线。

序号	含义	字段名	数据类型	单位	必填	主键	外键
1	工程代码	GCDM	C（11）		Y	Y	Y
2	工程名称	GCMC	C（64）				
3	断面编号	DMBH	N（3）		Y	Y	
4	工作阶段代码	GZJDDM	C（3）		Y		Y
5	洪水频率	HSPL	C（10）				
6	洪水流量	HSLL	N（10，3）	m^3/s			
7	设计洪水回水位	SJHSHSW	N（7，3）	m			
8	天然洪水位	TRHSW	N（7，3）	m			
9	居民迁移线高程	JMQYXGC	N（7，3）	m			
10	备注	BZ	C（255）				

[4] 填写说明：

1）工程代码：指该居民迁移线所属工程代码，引用水利工程基本信息表。

2）工程名称：工程代码对应的中文名称，由水利工程基本信息表带入。

3）断面编号：工程中唯一标识一个断面。取值为1～999，顺序使用。

4）工作阶段代码：调查信息所属移民管理工作阶段代码。引用移民管理工作阶段代码表。

5）洪水频率：工程枢纽建筑物的设计洪水频率。

6）洪水流量：根据设计洪水频率推算出的该频率相应洪水的洪峰流量，计量单位为m^3/s，计至三位小数。

7）设计洪水回水位：设计洪水回水到达的水位，计量单位为m，计至三位小数。

8）天然洪水位：与设计洪水同频率的坝址上天然洪水水位，计量单位为m，计至三位小数。

9）居民迁移线高程：断面在某洪水频率下的居民迁移线水位，计量单位为m，计至三位小数。

10）备注：需补充说明的文字。

5. （实体）土地征收线表

[1] 表编号：010503005

[2] 表标识：TDZSXB

[3] 表说明：描述土地征收线的信息，土地征收线是指工程建筑物的淹没界线和水库清理界线，以及淹没、防护、利用的界线进行测量的工作总称，即征用土地的边界线。

序号	含义	字段名	数据类型	单位	必填	主键	外键
1	工程代码	GCDM	C（11）		Y	Y	Y
2	工程名称	GCMC	C（64）				
3	断面编号	DMBH	N（3）		Y	Y	
4	工作阶段代码	GZJDDM	C（3）		Y		Y
5	洪水频率	HSPL	C（10）				
6	洪水流量	HSLL	N（10，3）	m^3/s			
7	设计洪水回水位	SJHSHSW	N（7，3）	m			
8	天然洪水位	TRHSW	N（7，3）	m			
9	土地征收线高程	TDZSXGC	N（7，3）	m			
10	备注	BZ	C（255）				

[4] 填写说明：

1）工程代码：工程的代码。引用水利工程基本信息表。

2）工程名称：工程代码对应的中文名称，由水利工程基本信息表带入。

3）断面编号：工程中唯一标识一个断面。取值为 1～999，顺序使用。

4）工作阶段代码：调查所属移民管理工作阶段代码。引用移民管理工作阶段代码表。

5）洪水频率：工程枢纽建筑物的设计洪水频率。

6）洪水流量：根据设计洪水频率推算出的该频率相应洪水的洪峰流量，计量单位为 m^3/s，计至三位小数。

7）设计洪水回水位：设计洪水回水到达的水位，计量单位为 m，计至三位小数。

8）天然洪水位：与设计洪水同频率的坝址上天然洪水水位，计量单位为 m，计至三位小数。

9）土地征收线高程：洪水频率下的土地征收线高程，计量单位为 m，计至三位小数。

10）备注：需补充说明的文字。

（二）移民安置

1. （载体）规划处理项目基本信息表

[1] 表编号：010503006

[2] 表标识：GHCLXMJBXXB

[3] 表说明：描述规划处理项目基本信息。

序号	含义	字段名	数据类型	单位	必填	主键	外键
1	项目代码	XMDM	C（20）		Y	Y	Y
2	项目名称	XMMC	C（18）				
3	工程代码	GCDM	C（11）		Y	Y	Y
4	工程名称	GCMC	C（64）				
5	工作阶段代码	GZJDDM	C（3）		Y	Y	Y
7	项目类别	XMLB	C（64）				
8	行政区划代码	XZQHDM	C（10）				Y
9	处理方式代码	CLFSDM	C（1）				Y
10	所属专业大类	SSZYDL	C（6）				
11	所属安置点编号	SSAZDBH	N（12）				

序号	含义	字段名	数据类型	单位	必填	主键	外键
12	工程量类别代码	GCLLBDM	C（2）		Y	Y	Y
13	工程量	GCL	N（8，2）	m^3、m、t			
14	备注	BZ	C（255）				

[4] 填写说明：

1）项目代码：项目的识别代码。引用工程项目基本信息表。

2）项目名称：指项目的名称。根据项目代码，由工程项目基本信息表带入。

3）工程代码：工程的代码。引用水利工程基本信息表。

4）工程名称：工程代码对应的中文名称，由水利工程基本信息表带入。

5）工作阶段代码：调查所属移民管理工作阶段代码。取值及其含义见移民管理工作阶段代码表。

7）项目类别：移民安置任务（项目）类别的类别。

8）行政区划代码：引用行政区划基本信息表，项目的所属行政区，按最小包含原则填写。

9）处理方式代码：项目处理方式的代码。取值及其含义见项目处理方式代码表。

10）所属专业大类：项目所属专业大类，填写农村、城（集）镇、工业企业或专业项目。

11）所属安置点编号：当规划项目为某安置点建设项目时填写该安置点编号。

12）工程量类别代码：规划处理项目工程量类别代码，取值及其含义见工程量类别代码表。

13）工程量：对应工程量类别的规划处理项目工程量，依据工程量类别选择的不同，计量单位可以为 m^3、m、t，计至两位小数。

14）备注：需补充说明的文字。

2. （载体）移民安置规划大纲及规划基本信息表

[1] 表编号：010503007

[2] 表标识：YMAZGHDGJGHJBXXB

[3] 表说明：本表为移民安置规划大纲及规划基本信息表，属载体表，存储移民安置规划大纲及规划的基本信息。移民安置规划大纲在大中型水利水电工程可行性研究阶段编制并经依法批准，作为移民安置规划编制依据的指导性文件。主要包括移民安置的任务、去向、标准和农村移民生产安置方式以及移民生活水平评价和搬迁后生活水平预测、水库移民后期扶持政策、淹没线以上受影响范围的划定原则、移民安置规划编制原则等内容。

序号	含义	字段名	数据类型	单位	必填	主键	外键
1	规划代码	GHDM	C（10）		Y	Y	Y
2	规划名称	GHMC	C（255）				
3	工程代码	GCDM	C（11）		Y	Y	Y
4	工程名称	GCMC	C（64）				
5	工作阶段代码	GZJDDM	C（3）		Y		Y
6	规划基准年	GHJZN	D（4）				
7	规划水平年	GHSPN	D（4）				
8	审核时间	SHSJ	D（8）				
9	审核单位	SHDW	C（32）				
10	审批时间	SPSJ	D（8）				
11	审批单位	SPDW	C（32）				

序号	含义	字段名	数据类型	单位	必填	主键	外键
12	编制单位	BZDW	C（32）				
13	备注	BZ	C（255）				

[4] 填写说明：

1）规划代码：指规划项目在系统中的顺序编号，引用规划基本信息表。

2）规划名称：规划的名称，由规划基本信息表带入。

3）工程代码：工程的代码。引用水利工程基本信息表。

4）工程名称：工程代码对应的中文名称，由水利工程基本信息表带入。

5）工作阶段代码：调查所属移民管理工作阶段代码。取值及其含义见移民管理工作阶段代码表。

6）规划基准年：规划的基准年，计至年。

7）规划水平年：一次性蓄水水库，为下闸蓄水的当年；分期蓄水水库，分别为分期蓄水的年份，中间以“，”隔开；枢纽工程建设区和其他水利工程，为工程征收（用）土地的当年，计至年。

8）审核时间：规划审核时间，仅当存储移民安置规划时填写，计至日。

9）审核单位：规划审核单位，仅当存储移民安置规划时填写。

10）审批时间：规划大纲或规划审批时间，计至日。

11）审批单位：规划大纲或规划审批单位名称。

12）编制单位：规划大纲或规划编制单位名称。

13）备注：需补充说明的文字。

3. （管理）移民安置总投资规划表

[1] 表编号：010503008

[2] 表标识：YMAZZTZGHB

[3] 表说明：本表为移民安置总投资规划表，属管理表，存储移民安置总投资规划信息。信息统计的空间单元细化至投资类别，即某项工程某个工作阶段某类投资的规划，统计指标为规划总投资。

序号	含义	字段名	数据类型	单位	必填	主键	外键
1	行政区划代码	XZQHDM	C（10）		Y	Y	Y
2	行政区名称	XZQMC	C（32）				
3	工程代码	GCDM	C（11）		Y	Y	Y
4	工程名称	GCMC	C（64）				
5	工作阶段代码	GZJDDM	C（3）		Y	Y	Y
6	投资类别	TZLB	C（64）		Y	Y	
7	规划投资	GHTZ	N（12，2）	万元			

[4] 填写说明：

1）行政区划代码：县级行政区划的代码。引用行政区划基本信息表。

2）行政区名称：行政区划的代码对应的中文名称，由行政区划基本信息表带入。

3）工程代码：工程的代码。引用水利工程基本信息表。

4）工程名称：工程代码对应的中文名称，由水利工程基本信息表带入。

5）工作阶段代码：调查所属移民管理工作阶段代码。取值及其含义见移民管理工作阶段代码表。

6）投资类别：补偿投资概（估）算费用类别，取值参考《大中型水利水电工程移民数据库表结构及标识符》（SL 603—2013）中表 A.74 移民安置补偿投资费用类别编码表中“类别名称”。

7）规划投资：该工程在相应阶段，针对相应的行政区，其对应的投资类别的投资额，计量单位为万元，计至两位小数。

4. （管理）移民安置分年投资规划表

[1] 表编号：010503009

[2] 表标识：YMAZFNTZGHB

[3] 表说明：本表为移民安置分年投资规划表，属管理表，存储移民安置分年投资规划信息。信息统计的时间单元为年，空间单元细化至投资类别，即某项工程某个工作阶段某类投资的规划，统计指标为规划分年投资。

序号	含义	字段名	数据类型	单位	必填	主键	外键
1	行政区划代码	XZQHDM	C（10）		Y	Y	Y
2	行政区名称	XZQMC	C（32）				
3	工程代码	GCDM	C（11）		Y	Y	Y
4	工程名称	GCMC	C（64）				
5	工作阶段代码	GZJDDM	C（3）		Y	Y	Y
6	投资类别	TZLB	C（64）		Y	Y	
7	日期	RQ	D（4）		Y	Y	
8	规划投资	GHTZ	N（12，2）	万元			

[4] 填写说明：

1）行政区划代码：县级行政区划的代码。引用行政区划基本信息表。

2）行政区名称：行政区划的代码对应的中文名称，由行政区划基本信息表带入。

3）工程代码：工程的代码。引用水利工程基本信息表。

4）工程名称：工程代码对应的中文名称，由水利工程基本信息表带入。

5）工作阶段代码：调查所属移民管理工作阶段代码。取值及其含义见移民管理工作阶段代码表。

6）投资类别：补偿投资概（估）算费用类别，取值参考《大中型水利水电工程移民数据库表结构及标识符》（SL 603—2013）中表 A.74 移民安置补偿投资费用类别编码表中“类别名称”。

7）日期：分年投资的各年份，计至年。

8）规划投资：该工程在相应阶段，针对相应的行政区相应年度，其对应的投资类别的投资额，计量单位为万元，计至两位小数。

5. （管理）移民安置补偿标准规划表

[1] 表编号：010503010

[2] 表标识：YMAZBCBZGHB

[3] 表说明：本表为移民安置补偿标准规划表，属管理表，存储移民安置补偿标准规划信息。空间单元细化至投资类别，即某项工程某个工作阶段某类投资的补偿标准规划，统计指标为规划补偿差价标准。

序号	含义	字段名	数据类型	单位	必填	主键	外键
1	行政区划代码	XZQHDM	C（10）		Y	Y	Y
2	行政区名称	XZQMC	C（32）				
3	工程代码	GCDM	C（11）		Y	Y	Y
4	工程名称	GCMC	C（64）				
5	工作阶段代码	GZJDDM	C（3）		Y	Y	Y

序号	含义	字段名	数据类型	单位	必填	主键	外键
6	投资类别	TZLB	C（64）		Y	Y	
7	补偿差价标准	BCCJBZ	N（5，1）	元			
8	价差系数	JCXS	N（12，2）				
9	备注	BZ	C（255）				

[4] 填写说明：

1）行政区划代码：引用行政区划基本信息表。移民迁出地的行政区划，精确至县。

2）行政区名称：行政区划的代码对应的中文名称，由行政区划基本信息表带入

3）工程代码：工程的代码。引用水利工程基本信息表。

4）工程名称：工程代码对应的中文名称，由水利工程基本信息表带入。

5）工作阶段代码：调查所属移民管理工作阶段代码。取值及其含义见移民管理工作阶段代码表。

6）投资类别：补偿投资概（估）算费用类别，取值参考《大中型水利水电工程移民数据库表结构及标识符》（SL 603—2013）中表 A.74 移民安置补偿投资费用类别编码表中“类别名称”。

7）补偿差价标准：特定补偿类别的补偿单价标准，计量单位为元，计至一位小数。

8）价差系数：单价标准的折扣系数，计至两位小数。

9）备注：需补充说明的文字。

6. （管理）移民安置分户补偿投资规划表

[1] 表编号：010503011

[2] 表标识：YMAZFHBCTZGHB

[3] 表说明：本表为移民安置分户补偿投资规划表，属管理表，存储移民安置补偿到户的投资规划信息。信息统计的空间单元为到户的投资类别，即某项工程某个工作阶段某户某类投资类别的补偿规划，统计指标为补偿投资。

序号	含义	字段名	数据类型	单位	必填	主键	外键
1	户编号	HBH	C（18）		Y	Y	Y
2	工程代码	GCDM	C（11）		Y	Y	Y
3	工程名称	GCMC	C（64）				
4	工作阶段代码	GZJDDM	C（3）		Y	Y	Y
5	投资类别	TZLB	C（64）		Y	Y	
6	补偿投资	BCTZ	N（8，2）	元			
7	备注	BZ	C（255）				

[4] 填写说明：

1）户编号：户的唯一标识编号。引用户基本信息表。

2）工程代码：工程的代码。引用水利工程基本信息表。

3）工程名称：工程代码对应的中文名称，由水利工程基本信息表带入。

4）工作阶段代码：调查所属移民管理工作阶段代码。取值及其含义见移民管理工作阶段代码表。

5）投资类别：补偿投资概（估）算费用类别，取值参考《大中型水利水电工程移民数据库表结构及标识符》（SL 603—2013）中表 A.74 移民安置补偿投资费用类别编码表中“类别名称”。

6）补偿投资：该工程在相应阶段，相应移民户，其对应的投资类别的补偿投资额，计量单位为元，计至两位小数。

7）备注：需补充说明的文字。

7. （管理）移民搬迁安置规划表

[1] 表编号：010503012

[2] 表标识：YMBQAZGHB

[3] 表说明：本表为移民搬迁安置规划表，属管理表，存储移民搬迁安置规划信息。信息统计的空间单元为安置地行政区划，统计指标包括移民搬迁安置去向、安置方式以及生产安置实施等。

序号	含义	字段名	数据类型	单位	必填	主键	外键
1	迁出地行政区划代码	QCDXZQHDM	C（10）		Y	Y	Y
2	安置地行政区划代码	AZDXZQHDM	C（10）		Y	Y	Y
3	工程代码	GCDM	C（11）		Y	Y	Y
4	工程名称	GCMC	C（64）				
5	工作阶段代码	GZJDDM	C（3）		Y	Y	Y
6	所属专业大类	SSZYDL	C（6）		Y	Y	
7	搬迁安置去向代码	BQAZQXDM	C（2）		Y		Y
8	大类安置去向意愿人数	DLAZQXYYRS	N（7）	人			
9	大类安置去向规划人数	DLAZQXGHRS	N（7）	人			
10	搬迁安置人口类别	BQAZRKLB	C（16）				
11	规划集中安置人口	GHJZAZRK	N（8）	人			
12	规划集中安置户数	GHJZAZHS	N（8）	户			
13	规划集中安置用地面积	GHJZAZYDMJ	N（6，2）	km^2			
14	规划集中安置建房面积	GHJZAZJFMJ	N（8）	m^2			
15	规划分散安置人口	GHFSAZRK	N（8）	人			
16	规划分散安置户数	GHFSAZHS	N（8）	户			
17	规划分散安置建房面积	GHFSAZJFMJ	N（8）	m^2			
18	生产安置方式代码	SCAZFSDM	C（2）		Y		Y
19	生产安置方式意愿人数	SCAZFSYYRS	N（7）	人			
20	生产安置方式规划人数	SCAZFSGHRS	N（7）	人			
21	备注	BZ	C（255）				

[4] 填写说明：

1）迁出地行政区划代码：引用行政区划基本信息表，迁出地的行政区划，精确至乡镇。

2）安置地行政区划代码：引用行政区划基本信息表，安置地的行政区划，精确至乡镇。

3）工程代码：工程的代码。引用水利工程基本信息表。

4）工程名称：工程代码对应的中文名称，由水利工程基本信息表带入。

5）工作阶段代码：调查所属移民管理工作阶段代码。取值及其含义见移民管理工作阶段代码表。

6）所属专业大类：项目所属专业大类，填写农村、城（集）镇、工业企业或专业项目。

7）搬迁安置去向代码：移民搬迁安置去向代码，取值及其含义见搬迁安置去向代码表。

8）大类安置去向意愿人数：特定专业大类内特定搬迁安置去向的意愿人数，计量单位为人，计至整数。

9）大类安置去向规划人数：特定专业大类内特定搬迁安置去向的规划人数，计量单位为人，计至整数。

10）搬迁安置人口类别：搬迁安置人口类别，填写征地人口、影响人口或其他需搬迁人口。

11）规划集中安置人口：在特定专业大类下规划采取集中安置方式的移民数，计量单位为人，计至整数。

12）规划集中安置户数：在特定专业大类下规划采取集中安置方式的移民户数，计量单位为户，计至整数。

13）规划集中安置用地面积：在特定专业大类下规划采取集中安置方式的居民点面积，计量单位为 km^2，计至两位小数。

14）规划集中安置建房面积：在特定专业大类下规划采取集中安置方式的房屋建筑面积，计量单位为 m^2，计至整数。

15）规划分散安置人口：在特定专业大类下规划采取分散安置方式的移民数，计量单位为人，计至整数。

16）规划分散安置户数：在特定专业大类下规划采取分散安置方式的移民户数，计量单位为户，计至整数。

17）规划分散安置建房面积：在特定专业大类下规划采取分散安置方式的房屋建筑面积，计量单位为 m^2，计至整数。

18）生产安置方式代码：生产安置方式的代码，取值及其含义见生产安置方式代码表。

19）生产安置方式意愿人数：该安置地特定生产安置方式的意愿人数，计量单位为人，计至整数。

20）生产安置方式规划人数：该安置地特定生产安置方式的规划人数，计量单位为人，计至整数。

21）备注：其他补充说明信息。

8. （管理）移民搬迁建房计划表

[1] 表编号：010503013

[2] 表标识：YMBQJFJHB

[3] 表说明：本表为移民搬迁建房计划表，属管理表，存储移民搬迁建房分户的详细计划信息。统计的空间单元为户，即某项工程某个工作阶段某户的建房计划，统计指标包括户计划所建住宅的属性信息。

序号	含义	字段名	数据类型	单位	必填	主键	外键
1	户编号	HBH	C（18）		Y	Y	Y
2	工程代码	GCDM	C（11）		Y	Y	Y
3	工程名称	GCMC	C（64）				
4	工作阶段代码	GZJDDM	C（3）		Y	Y	Y
5	安置去向代码	AZQXDM	C（2）				Y
6	安置地代码	AZDDM	C（10）				Y
7	安置点名称	AZDMC	C（128）				
8	建筑面积	JZMJ	N（5，2）	m^2			
9	人均面积	RJMJ	N（4，2）	m^2/人			
10	住宅户型	ZZHX	C（6）				
11	所属专业大类	SSZYDL	C（6）				
12	所属计划项目编号	SSJHXMBH	N（8）				
13	所属计划项目变更编号	SSJHXMBGBH	N（2）				
14	备注	BZ	C（255）				

[4] 填写说明：

1）户编号：户的唯一标识编号。引用户基本信息表。

2）工程代码：工程的代码。引用水利工程基本信息表。

3）工程名称：工程代码对应的中文名称，由水利工程基本信息表带入。

4）工作阶段代码：调查所属移民管理工作阶段代码。取值及其含义见移民管理工作阶段代码表。

5）安置去向代码：人口安置去向代码，取值及其含义见搬迁安置去向代码表。

6）安置地代码：安置地所在行政区划的代码。取值及其含义见行政区划基本信息表。

7）安置点名称：安置点的名称描述。

8）建筑面积：移民户计划搬迁建房建筑面积，计量单位为 m^2，计至两位小数。

9）人均面积：移民户计划搬迁建房人均面积，计量单位为 m^2/人，计至两位小数。

10）住宅户型：移民户计划搬迁建房住宅户型，根据情况填写一室一厅、二室一厅、二室二厅或三室二厅。

11）所属专业大类：该移民户搬迁安置任务所属的专业大类，填写农村、城（集）镇、工业企业或专业项目。

12）所属计划项目编号：该移民户搬迁安置所属的计划项目编号。

13）所属计划项目变更编号：该移民户进行搬迁安置所属的计划项目变更编号。

14）备注：需补充说明的文字。

9. （实体）农村移民安置点建设基本信息规划表

[1] 表编号：010503014

[2] 表标识：NCYMAZDJSJBXXGHB

[3] 表说明：本表为农村移民安置点建设基本信息规划表，属实体表，存储各农村移民安置点的规划基本信息。

序号	含义	字段名	数据类型	单位	必填	主键	外键
1	安置点编号	AZDBH	C（12）		Y	Y	
2	工程代码	GCDM	C（11）		Y	Y	Y
3	工程名称	GCMC	C（64）				
4	工作阶段代码	GZJDDM	C（3）		Y	Y	Y
5	安置点名称	AZDMC	C（64）				
6	行政区划代码	XZQHDM	C（10）		Y		Y
7	详细地址	XXDZ	C（64）				
8	中心经度	ZXJD	N（10，6）	（°）			
9	中心纬度	ZXWD	N（10，6）	（°）			
10	规划建设占地面积	GHJSZDMJ	N（9，2）	hm^2			
11	安置点性质	AZDXZ	C（8）				
12	地质灾害危险性	DZZHWXX	C（128）				
13	场平挖石方量	CPWSFL	N（8）	m^3			
14	场平填石方量	CPTSFL	N（8）	m^3			
15	场平挖土方量	CPWTFL	N（8）	m^3			
16	场平填土方量	CPTTFL	N（8）	m^3			
17	规划进点户数	GHJDHS	N（6）	户			
18	规划进点人数	GHJDRS	N（6）	人			
19	主街条数	ZJTS	N（2）	条			
20	主街长度	ZJCD	N（4，2）	km			
21	次街条数	CJTS	N（2）	条			
22	次街长度	CJCD	N（4，2）	km			
23	规划对外连接道路	GHDWLJDL	C（128）				
24	规划供电方式	GHGDFS	C（128）				
25	规划变压器数量	GHBYQSL	N（3）	台			
26	规划配电设备容量	GHPDSBRL	N（6）	kVA			
27	规划 10 kV 线路长度	GH10KVXLCD	N（6，2）	km			
28	规划 380V 线路长度	GH380VXLCD	N（6，2）	km			
29	规划 220V 线路长度	GH220VXLCD	N（6，2）	km			
30	规划日用水量	GHRYSL	N（6）	t/d			
31	规划水源	GHSY	C（128）				

序号	含义	字段名	数据类型	单位	必填	主键	外键
32	规划供水系统形式	GHGSXTXS	C（6）				
33	规划供水管道长度	GHGSGDCD	N（6，2）	km			
34	规划供水管网分布	GHGSGWFB	C（128）				
35	规划日排水量	GHRPSL	N（6）	t/d			
36	规划排水体制	GHPSTZ	C（6）				
37	规划排水管道长度	GHPSGDCD	N（6，2）	km			
38	规划排水管网分布	GHPSGWFB	C（128）				
39	规划电信线路长度	GHDXXLCD	N（6，2）	km			
40	规划广电线路长度	GHGDXLCD	N（6，2）	km			
41	规划村委会数量	GHCWHSL	N（3）	个			
42	规划卫生所数量	GHWSSSL	N（3）	个			
43	规划小学数量	GHXXSL	N（3）	个			
44	备注	BZ	C（255）				

[4] 填写说明：

1）安置点编号：指安置点的唯一标识，取值为 1～99 999，顺序编号。

2）工程代码：工程的代码。引用水利工程基本信息表。

3）工程名称：工程代码对应的中文名称，由水利工程基本信息表带入。

4）工作阶段代码：调查所属移民管理工作阶段代码。取值及其含义见移民管理工作阶段代码表。

5）安置点名称：安置点的名称描述。

6）行政区划代码：引用行政区划基本信息表，安置地的行政区划，精确至乡镇。

7）详细地址：安置点详细地址描述。

8）中心经度：安置地中心点的经度，采用 2000 国家大地坐标系（CGCS2000）。

9）中心纬度：安置地中心点的纬度，采用 2000 国家大地坐标系（CGCS2000）。

10）规划建设占地面积：安置点规划建设占地面积，计量单位为 hm^2，计至两位小数。

11）安置点性质：安置点的性质，根据安置点情况填写小型村、中型村、大型村或特大型村。

12）地质灾害危险性：对安置点地灾危害性、场地稳定性、建筑适应性等进行的评估描述。

13）场平挖石方量：安置点场地平整挖石方量，计量单位为 m^3，计至整数。

14）场平填石方量：安置点场地平整填石方量，计量单位为 m^3，计至整数。

15）场平挖土方量：安置点场地平整挖土方量，计量单位为 m^3，计至整数。

16）场平填土方量：安置点场地平整填土方量，计量单位为 m^3，计至整数。

17）规划进点户数：规划进安置点的户数，计量单位为户，计至整数。

18）规划进点人数：规划进安置点的人数，计量单位为人，计至整数。

19）主街条数：安置点内主街条数，计量单位为条，计至整数。

20）主街长度：安置点内主街长度之和，计量单位为 km，计至两位小数。

21）次街条数：安置点内次街条数，计量单位为条，计至整数。

22）次街长度：安置点内次街长度之和，计量单位为 km，计至两位小数。

23）规划对外连接道路：安置点对外连接道路条数、连接点位置、连接等级公路名称等的描述。

24）规划供电方式：供电方式规划描述信息。

25）规划变压器数量：安置点规划变压器数量，计量单位为台，计至整数。

26）规划配电设备容量：规划计算的安置点配电设备负荷，计量单位为 kVA，计至整数。

27）规划 10 kV 线路长度：规划 10 kV 供电线路长度，计量单位为 km，计至两位小数。

28）规划 380V 线路长度：规划 380V 供电线路长度，计量单位为 km，计至两位小数。

29）规划 220V 线路长度：规划 220V 供电线路长度，计量单位为 km，计至两位小数。

30）规划日用水量：规划安置点日用水量，计量单位为 t/d，计至整数。

31）规划水源：安置点水源规划描述信息。

32）规划供水系统形式：规划安置点供水形式，填写集中供水、分散供水或其他。

33）规划供水管道长度：安置点供水管道长度，计量单位为 km，计至两位小数。

34）规划供水管网分布：安置点供水管网分布规划描述信息。

35）规划日排水量：安置点日排水量计算值，计量单位为 t/d，计至整数。

36）规划排水体制：安置点排水体制，填写雨污分流或雨污合流。

37）规划排水管道长度：安置点排水管道长度，计量单位为 km，计至两位小数。

38）规划排水管网分布：安置点排水管网分布规划描述信息。

39）规划电信线路长度：安置点电信线路长度之和，计量单位为 km，计至两位小数。

40）规划广电线路长度：安置点广播电视线路长度之和，计量单位为 km，计至两位小数。

41）规划村委会数量：规划建设村委会数量，计量单位为个，计至整数。

42）规划卫生所数量：规划建设安置点卫生所数量，计量单位为个，计至整数。

43）规划小学数量：规划建设安置点小学数量，计量单位为个，计至整数。

44）备注：需补充说明的文字。

10. （管理）农村移民安置点对接规划表

[1] 表编号：010503015

[2] 表标识：NCYMAZDDJGHB

[3] 表说明：本表为农村移民安置点对接规划表，属管理表，存储各农村移民安置点对接规划信息。数据统计的空间单元为安置点，统计指标包括该安置点的规划安置户数、人数及随迁人数。

序号	含义	字段名	数据类型	单位	必填	主键	外键
1	安置点编号	AZDBH	C（12）		Y	Y	Y
2	行政区划代码	XZQHDM	C（10）		Y	Y	Y
3	行政区划名称	XZQHMC	C（32）				
4	工程代码	GCDM	C（11）		Y	Y	Y
5	工程名称	GCMC	C（64）				
6	工作阶段代码	GZJDDM	C（3）				Y
7	规划安置户数	GHAZHS	N（8）	户			
8	规划安置人数	GHAZRS	N（8）	人			
9	其中随迁人数	QZSQRS	N（6）	人			

[4] 填写说明：

1）安置点编号：安置点的唯一标识。引用农村移民安置点建设基本信息规划表。

2）行政区划代码：迁出地的行政区划代码，引用行政区划基本信息表。

3）行政区划名称：迁出地行政区划代码对应的行政区划名称，由行政区划基本信息表带入。

4）工程代码：工程的代码。引用水利工程基本信息表。

5）工程名称：工程代码对应的中文名称，由水利工程基本信息表带入。

6）工作阶段代码：调查所属移民管理工作阶段代码。引用移民管理工作阶段代码表。

7）规划安置户数：自迁出地前往安置点规划安置的移民户数，计量单位为户，计至整数。

8）规划安置人数：自迁出地前往安置点规划安置的移民人数，计量单位为人，计至整数。

9）其中随迁人数：自迁出地前往安置点规划安置人数中的随迁人口数，计量单位为人，计至整数。

11．（管理）农村移民安置点建设总体规划表

[1] 表编号：010503016

[2] 表标识：NCYMAZDJSZTGHB

[3] 表说明：本表为农村移民安置点建设总体规划表，属管理表，存储各行政区划农村移民安置点建设数量、占地等总体规划信息。信息统计的空间单元为行政区划，统计指标为安置点个数、面积及规划安置人数等。

序号	含义	字段名	数据类型	单位	必填	主键	外键
1	安置地行政区划代码	AZDXZQHDM	C（10）		Y	Y	Y
2	工程代码	GCDM	C（11）		Y	Y	Y
3	工程名称	GCMC	C（64）				
4	工作阶段代码	GZJDDM	C（3）		Y		Y
5	安置点个数	AZDGS	N（3）	个			
6	用地类型代码	YDLXDM	C（3）				Y
7	规划总用地面积	GHZYDMJ	N（9，2）	hm^2			
8	规划安置户数	GHAZHS	N（8）	户			
9	规划安置人数	GHAZRS	N（8）	人			
10	备注	BZ	C（255）				

[4] 填写说明：

1）安置地行政区划代码：引用行政区划基本信息表，安置地的行政区划，精确至乡镇。

2）工程代码：工程的代码。引用水利工程基本信息表。

3）工程名称：工程代码对应的中文名称，由水利工程基本信息表带入。

4）工作阶段代码：调查所属移民管理工作阶段代码。取值及其含义见移民管理工作阶段代码表。

5）安置点个数：安置地行政区划内规划建设的安置点个数，计量单位为个，计至整数。

6）用地类型代码：城（集）镇功能区用地类型代码，取值及其含义见土地利用现状代码表。

7）规划总用地面积：安置点规划用地面积之和，计量单位为 hm^2，计至两位小数。

8）规划安置户数：规划进安置点安置的移民户数，计量单位为户，计至整数。

9）规划安置人数：规划进安置点安置的移民人数，计量单位为人，计至整数。

10）备注：需补充说明的文字。

12．（管理）农村移民安置土地资源容量分析表

[1] 表编号：010503017

[2] 表标识：NCYMAZTDZYRLFXB

[3] 表说明：本表为农村移民安置土地资源容量分析表，属管理表，存储农村移民安置环境容量分析中土地资源容量分析详细规划信息。信息统计的空间单元为行政区划，精确至乡镇，统计指标包括安置地土地资源的容量相关要素。

序号	含义	字段名	数据类型	单位	必填	主键	外键
1	安置地行政区划代码	AZDXZQHDM	C（10）		Y	Y	Y
2	工程代码	GCDM	C（11）		Y	Y	Y
3	工程名称	GCMC	C（64）				
4	工作阶段代码	GZJDDM	C（3）		Y	Y	Y
5	地类号	DLH	C（3）		Y	Y	
6	现状数量	XZSL	N（9，2）	亩			
7	淹没数量	YMSL	N（9，2）	亩			
8	可调整数量	KTZSL	N（9，2）	亩			
9	可开发数量	KKFSL	N（9，2）	亩			
10	可改造数量	KGZSL	N（9，2）	亩			
11	规划标准数量	GHBZSL	N（3，2）	亩/人			
12	备注	BZ	C（255）				

[4] 填写说明：

1）安置地行政区划代码：引用行政区划基本信息表，安置地的行政区划，精确至乡镇。

2）工程代码：该安置地所属工程的代码，引用水利工程基本信息表。

3）工程名称：工程代码对应的中文名称，由水利工程基本信息表带入。

4）工作阶段代码：调查所属移民管理工作阶段代码。取值及其含义见移民管理工作阶段代码表。

5）地类号：参见《水利水电工程建设征地移民实物调查范围》（SL 442—2009）表 C-4 土地面积的“地类号”。在水域及水利设施用地类别下增加“养殖水面”类，编号为 110。

6）现状数量：特定类别土地资源的现状数量，计量单位为亩，计至两位小数。

7）淹没数量：特定类别土地资源的淹没数量，计量单位为亩，计至两位小数。

8）可调整数量：安置地可调整的特定类别土地资源数量，计量单位为亩，计至两位小数。

9）可开发数量：安置地可开发的特定类别土地资源数量，计量单位为亩，计至两位小数。

10）可改造数量：安置地可改造的特定类别土地资源数量，计量单位为亩，计至两位小数。

11）规划标准数量：安置地规划人均的特定类别土地资源数量，计量单位为亩/人，计至两位小数。

12）备注：需补充说明的文字。

13. （管理）农村移民安置环境容量分析基本信息表

[1] 表编号：010503018

[2] 表标识：NCYMAZHJRLFXJBXXB

[3] 表说明：本表为农村移民安置环境容量分析基本信息表，属管理表，存储农村移民安置环境容量分析基本信息。信息统计的空间单元为行政区划，精确至乡镇，统计指标为安置地的环境容量。

序号	含义	字段名	数据类型	单位	必填	主键	外键
1	安置地行政区划代码	AZDXZQHDM	C（10）		Y	Y	Y
2	工程代码	GCDM	C（11）		Y	Y	Y
3	工程名称	GCMC	C（64）				
4	工作阶段代码	GZJDDM	C（3）		Y	Y	Y
5	农业人口	NYRK	N（7）	人			
6	粮食总产量	LSZCL	N（9，2）	kg			
7	线上不淹房面积	XSBYFMJ	N（9，2）	m^2			
8	可供水总量	KGSZL	N（7，2）	t/d			

序号	含义	字段名	数据类型	单位	必填	主键	外键
9	规划人均水资源占有量	GHRJSZYZYL	N（4，2）	t/（人·d）			
10	规划人均用水标准	GHRJYSBZ	N（4，2）	t/（人·d）			
11	农业可安置移民人数	NYKAZYMRS	N（7）	人			
12	二三产业安置移民人数	ESCYAZYMRS	N（7）	人			
13	其他方式安置移民人数	QTFSAZYMRS	N（7）	人			
14	备注	BZ	C（255）				

[4] 填写说明：

1）安置地行政区划代码：引用行政区划基本信息表，安置地的行政区划，精确至乡镇。

2）工程代码：工程的代码。引用水利工程基本信息表。

3）工程名称：工程代码对应的中文名称，由水利工程基本信息表带入。

4）工作阶段代码：调查所属移民管理工作阶段代码。取值及其含义见移民管理工作阶段代码表。

5）农业人口：指安置地所能容纳的农业人口数量分析值，计量单位为人，计至整数。

6）粮食总产量：安置地年粮食总产量，计量单位为 kg，计至两位小数。

7）线上不淹房面积：安置地淹没线上淹地不淹房情况的房屋面积，计量单位为 m^2，计至两位小数。

8）可供水总量：安置地日可供水总量，计量单位为 t/d，计至两位小数。

9）规划人均水资源占有量：规划的安置地人均日水资源占有量，计量单位为 t/（人·d），计至两位小数。

10）规划人均用水标准：规划的安置地人均最大日用水量，计量单位为 t/（人·d），计至两位小数。

11）农业可安置移民人数：安置区域农业安置可安置移民人数，计量单位为人，计至整数。

12）二三产业安置移民人数：安置区域第二、三产业安置可安置移民人数，计量单位为人，计至整数。

13）其他方式安置移民人数：安置区域其他方式安置可安置移民人数，计量单位为人，计至整数。

14）备注：需补充说明的文字。

14．（管理）农村移民生产安置实施基本情况表

[1] 表编号：010503019

[2] 表标识：NCYMSCAZSSJBQKB

[3] 表说明：本表为农村移民生产安置实施基本情况表，属管理表，存储农村移民生产安置实施到人的实施基本情况信息。信息统计的空间单元为人，统计指标包括该移民的安置去向、方式及实施情况等。

序号	含义	字段名	数据类型	单位	必填	主键	外键
1	有效证件号	YXZJH	N（18）		Y	Y	
2	姓名	XM	C（32）				
3	工程代码	GCDM	C（11）		Y	Y	Y
4	工程名称	GCMC	C（64）				
5	工作阶段代码	GZJDDM	C（3）		Y		Y
6	生产安置方式代码	SCAZFSDM	C（2）				Y
7	安置去向代码	AZQXDM	C（2）				Y
8	生产安置合同号	SCAZHTH	C（30）				
9	签订合同时间	QDHTSJ	D（8）				
10	实施项目编号	SSXMBH	N（10）				
11	备注	BZ	C（255）				

[4] 填写说明：

1）有效证件号：填写被安置人员的身份证号，引用人员基本信息表。

2）姓名：该水利工程移民的姓名，由人员基本信息表带入。

3）工程代码：工程的代码。引用水利工程基本信息表。

4）工程名称：工程代码对应的中文名称，由水利工程基本信息表带入。

5）工作阶段代码：调查所属移民管理工作阶段代码。取值及其含义见移民管理工作阶段代码表。

6）生产安置方式代码：人口生产安置方式代码，取值及其含义见生产安置方式代码表。

7）安置去向代码：人口安置去向代码，取值及其含义见搬迁安置去向代码表。

8）生产安置合同号：安置实施单位与安置移民签订的生产安置合同号。

9）签订合同时间：生产安置合同签订时间，计至日。

10）实施项目编号：该移民生产安置任务所属实施项目编号。

11）备注：需补充说明的文字。

15. （管理）农村移民生产安置实施土地资源配置表

[1] 表编号：010503020

[2] 表标识：NCYMSCAZSSTDZYPZB

[3] 表说明：本表为农村移民生产安置实施土地资源配置表，属管理表，存储农村移民生产安置实施到人的各类土地资源配置信息。信息统计的空间单元为人，统计指标包括配置土地资源的数量、质量和配置时间。

序号	含义	字段名	数据类型	单位	必填	主键	外键
1	有效证件号	YXZJH	N（18）		Y	Y	Y
2	姓名	XM	C（32）				
3	工程代码	GCDM	C（11）		Y	Y	Y
4	工程名称	GCMC	C（64）				
5	工作阶段代码	GZJDDM	C（3）		Y	Y	Y
6	地类号	DLH	N（3）		Y	Y	Y
7	配置数量	PZSL	N（5，2）	亩			
8	资源质量	ZYZL	C（128）				
9	配置时间	PZSJ	D（8）				
10	备注	BZ	C（255）				

[4] 填写说明：

1）有效证件号：被安置人员的有效证件号。引用人员基本信息表。

2）姓名：该水利工程移民的姓名，由人员基本信息表带入。

3）工程代码：工程的代码。引用水利工程基本信息表。

4）工程名称：工程代码对应的中文名称，由水利工程基本信息表带入。

5）工作阶段代码：调查所属移民管理工作阶段代码。取值及其含义见移民管理工作阶段代码表。

6）地类号：引用土地利用类型代码表。

7）配置数量：为该移民配置的特定类别土地资源数量，计量单位为亩，计至两位小数。

8）资源质量：为该移民配置的特定类别土地资源质量。

9）配置时间：为该移民配置特定类别土地资源的时间，计至日。

10）备注：需补充说明的文字。

16. （管理）农村移民生活水平预测表

[1] 表编号：010503021

[2] 表标识：NCYMSHSPYCB

[3] 表说明：本表为农村移民生活水平预测表，属管理表，存储农村移民生活水平预测规划信息。信息统计的空间单元为行政区划，精确至乡镇，统计指标包括移民的人均耕地、纯收入、住房面积等。

序号	含义	字段名	数据类型	单位	必填	主键	外键
1	行政区划代码	XZQHDM	C（10）		Y	Y	Y
2	行政区名称	XZQMC	C（32）				
3	工程代码	GCDM	C（11）		Y	Y	Y
4	工程名称	GCMC	C（64）				
5	工作阶段代码	GZJDDM	C（3）		Y	Y	Y
6	移民人均耕地	YMRJGD	N（5，2）	亩/人			
7	移民人均粮食	YMRJLS	N（5，2）	kg/（人·a）			
8	移民人均纯收入	YMRJCSR	N（8，2）	元/（人·a）			
9	移民人均住房面积	YMRJZFMJ	N（4，2）	m^2/人			
10	备注	BZ	C（255）				

[4] 填写说明：

1）行政区划代码：引用行政区划基本信息表，迁出地的行政区划，精确至乡镇。

2）行政区名称：行政区划的代码对应的中文名称，由行政区划基本信息表带入。

3）工程代码：工程的代码。引用水利工程基本信息表。

4）工程名称：工程代码对应的中文名称，由水利工程基本信息表带入。

5）工作阶段代码：调查所属移民管理工作阶段代码。取值及其含义见移民管理工作阶段代码表。

6）移民人均耕地：安置地移民人均占有耕地预测数，计量单位为亩/人，计至两位小数。

7）移民人均粮食：安置地移民人均收获粮食预测数，计量单位为 kg/（人·a），计至两位小数。

8）移民人均纯收入：安置地移民人均纯收入预测数，计量单位为元/（人·a），计至两位小数。

9）移民人均住房面积：安置地移民人均住房面积预测数，计量单位为 m^2/人，计至两位小数。

10）备注：需补充说明的文字。

17. （实体）城（集）镇新址基本信息规划表

[1] 表编号：010503022

[2] 表标识：CJZXZJBXXGHB

[3] 表说明：本表为城（集）镇新址基本信息规划表，属实体表，存储城（集）镇迁建新址基本属性信息。

序号	含义	字段名	数据类型	单位	必填	主键	外键
1	新址代码	XZDM	C（10）		Y	Y	Y
2	工程代码	GCDM	C（11）		Y	Y	Y
3	工程名称	GCMC	C（64）				
4	工作阶段代码	GZJDDM	C（3）		Y	Y	Y
5	原址代码	YZDM	C（10）				Y
6	迁建方式	QJFS	C（6）				
7	地理位置	DLWZ	C（64）				
8	地形地貌	DXDM	C（255）				

序号	含义	字段名	数据类型	单位	必填	主键	外键
9	地质概况	DZGK	C（255）				
10	场地标高	CDBG	N（6，2）	m			
11	水准基面代码	SZJMDM	C（2）				Y
12	中心经度	ZXJD	N（10，6）	（°）			
13	中心纬度	ZXWD	N（10，6）	（°）			
14	规划建设占地面积	GHJSZDMJ	N（9，2）	hm^2			
15	人均用地标准	RJYDBZ	N（3，2）	hm^2/人			
16	场平挖石方量	CPWSFL	N（8）	m^3			
17	场平填石方量	CPTSFL	N（8）	m^3			
18	场平挖土方量	CPWTFL	N（8）	m^3			
19	场平填土方量	CPTTFL	N（8）	m^3			
20	主街条数	ZJTS	N（2）	条			
21	主街长度	ZJCD	N（4，2）	km			
22	次街条数	CJTS	N（2）	条			
23	次街长度	CJCD	N（4，2）	km			
24	对外连接道路	DWLJDL	C（128）				
25	对外公路行政等级代码	DWGLXZDJDM	C（1）				
26	对外公路技术等级代码	DWGLJSDJDM	C（2）				Y
27	对外铁路站点等级	DWTLZDDJ	C（6）				
28	对外铁路站点数量	DWTLZDSL	N（1）	个			
29	港口数量	GKSL	N（2）	个			
30	最大停泊能力	ZDTBNL	N（8）	t			
31	机场数量	JCSL	N（1）	个			
32	规划供电方式	GHGDFS	C（128）				
33	规划变电站电压等级代码	GHBDZDYDJDM	C（2）				Y
34	规划变电站数量	GHBDZSL	N（2）	座			
35	规划变压器数量	GHBYQSL	N（5）	台			
36	规划配电设备容量	GHPDSBRL	N（6）	kVA			
37	规划 10 kV 线路长度	GH10KVXLCD	N（6，2）	km			
38	规划日用水量	GHRYSL	N（6）	t/d			
39	规划水源	GHSY	C（255）				
40	规划水厂数量	GHSCSL	N（2）	个			
41	规划水厂供水能力	GHSCGSNL	N（6）	t/d			
42	规划供水系统形式	GHGSXTXS	C（6）				
43	规划供水管道长度	GHGSGDCD	N（6，2）	km			
44	规划日排水量	GHRPSL	N（6）	t/d			
45	规划排水体制	GHPSTZ	C（6）				
46	规划污水处理厂数量	GHWSCLCSL	N（2）	个			
47	规划污水处理厂处理能力	GHWSCLCCLNL	N（6）	t/d			
48	规划排水管道长度	GHPSGDCD	N（6，2）	km			
49	规划电信线路长度	GHDXXLCD	N（6，2）	km			
50	规划广电线路长度	GHGDXLCD	N（6，2）	km			
51	防洪标准	FHBZ	N（3）	a			
52	备注	BZ	C（255）				

[4] 填写说明：

1）新址代码：新址的唯一标识码，即新址行政区划代码，引用行政区划基本信息表，精确至乡镇。

2）工程代码：工程的代码。引用水利工程基本信息表。

3）工程名称：工程代码对应的中文名称，由水利工程基本信息表带入。

4）工作阶段代码：调查所属移民管理工作阶段代码。取值及其含义见移民管理工作阶段代码表。

5）原址代码：原址的唯一标识码，即原址行政区划代码，引用行政区划基本信息表，精确至乡镇。

6）迁建方式：城（集）镇迁建方式，填写易地迁建、后靠复建、工程防护、合并或其他。

7）地理位置：新址地理位置描述。

8）地形地貌：新址地形地貌描述。

9）地质概况：迁建新址地质概况描述。

10）场地标高：新址场地标高，计量单位为 m，计至两位小数。

11）水准基面代码：水位高程所参照的水准基面代码。取值及其含义见水准基面代码表。

12）中心经度：新址中心点的经度，采用 2000 国家大地坐标系（CGCS2000）。

13）中心纬度：新址中心点的纬度，采用 2000 国家大地坐标系（CGCS2000）。

14）规划建设占地面积：规划新址规划建设占地面积，计量单位为 hm^2，计至两位小数。

15）人均用地标准：新址人均用地标准，计量单位为 hm^2/人，计至两位小数。

16）场平挖石方量：规划新址场地平整挖石方量，计量单位为 m^3，计至整数。

17）场平填石方量：规划新址场地平整填石方量，计量单位为 m^3，计至整数。

18）场平挖土方量：规划新址场地平整挖土方量，计量单位为 m^3，计至整数。

19）场平填土方量：规划新址场地平整填土方量，计量单位为 m^3，计至整数。

20）主街条数：规划新址内主街条数，计量单位为条，计至整数。

21）主街长度：规划新址内主街长度之和，计量单位为 km，计至两位小数。

22）次街条数：规划新址内次街条数，计量单位为条，计至整数。

23）次街长度：规划新址内次街长度之和，计量单位为 km，计至两位小数。

24）对外连接道路：码头对外连接道路点位置、数量、连接公路名称、等级等描述。

25）对外公路行政等级代码：城（集）镇对外公路最高行政等级代码。引用《公路路线标识规则和国道编号》（GB/T 917—2017）第 5.1.2 条规定的行政等级标识符。

26）对外公路技术等级代码：城（集）镇对外公路最高技术等级代码，取值及其含义见公路技术等级代码表。

27）对外铁路站点等级：城（集）镇对外铁路站点最高等级，填写特等站、一等站、二等站、三等站、四等站、五等站或其他。

28）对外铁路站点数量：对外铁路站点数量，计量单位为个，计至整数。

29）港口数量：新址港口数量，计量单位为个，计至整数。

30）最大停泊能力：新址港口最大停泊能力，计量单位为 t，计至整数。

31）机场数量：新址机场数量，计量单位为个，计至整数。

32）规划供电方式：供电方式规划描述信息。

33）规划变电站电压等级代码：城（集）镇变电站最大电压等级代码，取值及其含义见电压等级代码表。

34）规划变电站数量：城（集）镇规划变电站数量，计量单位为个，计至整数。

35）规划变压器数量：城（集）镇规划变压器数量，计量单位为个，计至整数。

36）规划配电设备容量：规划计算的新址配电设备负荷，计量单位为 kVA，计至整数。

37）规划 10 kV 线路长度：规划 10 kV 供电线路长度，计量单位为 km，计至两位小数。

38）规划日用水量：规划新址日用水量，计量单位为 t/d，计至整数。

39）规划水源：规划新址水源规划描述信息。

40）规划水厂数量：规划新址水厂数量，计量单位为个，计至整数。

41）规划水厂供水能力：规划水厂最大供水能力，计量单位为 t/d，计至整数。

42）规划供水系统形式：规划新址供水形式，根据情况填写集中供水、分散供水或其他。

43）规划供水管道长度：规划新址供水管道长度，计量单位为 km，计至两位小数。

44）规划日排水量：规划新址日排水量计算值，计量单位为 t/d，计至整数。

45）规划排水体制：规划新址排水体制，根据情况填写雨污分流或雨污合流。

46）规划污水处理厂数量：规划新址污水处理厂数量，计量单位为个，计至整数。

47）规划污水处理厂处理能力：规划新址污水处理厂最大处理能力，计量单位为 t/d，计至整数。

48）规划排水管道长度：规划新址排水管道长度，计量单位为 km，计至两位小数。

49）规划电信线路长度：规划新址电信线路长度之和，计量单位为 km，计至两位小数。

50）规划广电线路长度：规划新址广播电视线路长度之和，计量单位为 km，计至两位小数。

51）防洪标准：规划新址建设防洪标准，计量单位为 a，计至整数。

52）备注：需补充说明的文字。

18. （管理）城（集）镇住宅户型规划表

[1] 表编号：010503023

[2] 表标识：CJZZZHXGHB

[3] 表说明：本表为城（集）镇住宅户型规划表，属管理表，存储城（集）镇住宅户型规划信息。信息统计的空间单元为城（集）镇新址，统计指标包括新址的户型、建筑面积、户数等。

序号	含义	字段名	数据类型	单位	必填	主键	外键
1	新址代码	XZDM	C（10）		Y	Y	Y
2	工程代码	GCDM	C（11）		Y	Y	Y
3	工程名称	GCMC	C（64）				
4	工作阶段代码	GZJDDM	C（3）		Y	Y	Y
5	住宅户型	ZZHX	C（6）		Y	Y	
6	户均建筑面积	HJJZMJ	N（3）	m^2			
7	户数	HS	N（5）	户			
8	比重	BIZ	N（4，2）	%			
9	备注	BZ	C（255）				

[4] 填写说明：

1）新址代码：新址的唯一标识码。引用城（集）镇新址基本信息规划表。

2）工程代码：工程的代码。引用水利工程基本信息表。

3）工程名称：工程代码对应的中文名称，由水利工程基本信息表带入。

4）工作阶段代码：调查所属移民管理工作阶段代码。取值及其含义见移民管理工作阶段代码表。

5）住宅户型：住宅户型分类，根据情况填写一室一厅、二室一厅、二室二厅或三室二厅。

6）户均建筑面积：特定住宅户型的平均每户建筑面积，计量单位为 m^2，计至整数。

7）户数：特定住宅户型的户数，计量单位为户，计至整数。

8）比重：该类户型房屋数占房屋总户数的比重，计量单位为%，计至两位小数。

9）备注：需补充说明的文字。

19. （管理）城（集）镇人口规模规划表

[1] 表编号：010503024

[2] 表标识：CJZRKGMGHB

[3] 表说明：本表为城（集）镇人规模规划表，属管理表，存储城（集）镇迁建人口规模规划信息。信息统计的空间单元为城（集）镇新址，统计指标为新址人口规模。

序号	含义	字段名	数据类型	单位	必填	主键	外键
1	新址代码	XZDM	C（10）		Y	Y	Y
2	工程代码	GCDM	C（11）		Y	Y	Y
3	工程名称	GCMC	C（64）				
4	工作阶段代码	GZJDDM	C（3）		Y	Y	Y
5	人口类别代码	RKLBDM	C（16）		Y	Y	
6	人口规模	RKGM	N（8）	人			
7	备注	BZ	C（255）				

[4] 填写说明：

1）新址代码：新址的唯一标识码。引用城（集）镇新址基本信息规划表。

2）工程代码：工程的代码。引用水利工程基本信息表。

3）工程名称：工程代码对应的中文名称，由水利工程基本信息表带入。

4）工作阶段代码：调查所属移民管理工作阶段代码。取值及其含义见移民管理工作阶段代码表。

5）人口类别代码：规划城镇迁建人口类别，根据情况填写征地人口、影响人口或其他需要搬迁人口。

6）人口规模：对应安置人口类别的人口数量，计量单位为人，计至整数。

7）备注：需补充说明的文字。

20. （管理）城（集）镇用地功能区规划表

[1] 表编号：010503025

[2] 表标识：CJZYDGNQGHB

[3] 表说明：本表为城（集）镇用地功能区规划表，属管理表，存储城（集）镇用地功能区规划信息。信息统计的空间单元为城（集）镇新址，统计指标为不同用地类型的规划用地面积。

序号	含义	字段名	数据类型	单位	必填	主键	外键
1	新址代码	XZDM	C（10）		Y	Y	Y
2	工程代码	GCDM	C（11）		Y	Y	Y
3	工程名称	GCMC	C（64）				
4	工作阶段代码	GZJDDM	C（3）		Y	Y	Y
5	用地类型代码	YDLXDM	C（3）		Y	Y	Y
6	规划用地面积	GHYDMJ	N（8，2）	hm^2			
7	备注	BZ	C（255）				

[4] 填写说明：

1）新址代码：新址的唯一标识码。引用城（集）镇新址基本信息规划表。

2）工程代码：工程的代码。引用水利工程基本信息表。

3）工程名称：工程代码对应的中文名称，由水利工程基本信息表带入。

4）工作阶段代码：调查所属移民管理工作阶段代码。取值及其含义见移民管理工作阶段代码表。

5）用地类型代码：用地类型代码。取值及其含义见土地利用现状代码表。

6）规划用地面积：规划特定用地类型的用地面积，计量单位为 hm^2，计至两位小数。

7）备注：需补充说明的文字。

21. （管理）移民搬迁安置实施情况表

[1] 表编号：010503026

[2] 表标识：YMBQAZSSQKB

[3] 表说明：本表为移民搬迁安置实施情况表，属管理表，存储移民搬迁安置实施到户的实施情况。信息统计的空间单元为户，即某项工程某个工作阶段某户的搬迁安置实施情况，统计内容包括移民户搬迁安置地的详细情况。

序号	含义	字段名	数据类型	单位	必填	主键	外键
1	户编号	HBH	C（18）		Y	Y	Y
2	工程代码	GCDM	C（11）		Y	Y	Y
3	工程名称	GCMC	C（64）				
4	工作阶段代码	GZJDDM	C（3）				Y
5	搬迁安置人口类别	BQAZRKLB	C（16）				
6	安置去向代码	AZQXDM	C（2）				Y
7	行政区划代码	XZQHDM	C（10）				Y
8	详细地址	XXDZ	C（32）				
9	宅基地面积	ZJDMJ	N（5，2）	m^2			
10	分配时间	FPSJ	D（8）				
11	建筑面积	JZMJ	N（5，2）	m^2			
12	建房开工时间	JFKGSJ	D（8）				
13	建房完成时间	JFWCSJ	D（8）				
14	住宅户型	ZZHX	C（6）				
15	合同号	HTH	C（32）				
16	合同签订时间	HTQDSJ	D（8）				
17	土地使用证号	TDSYZH	C（30）				
18	房屋产权证号	FWCQZH	C（30）				
19	所属专业大类	SSZYDL	C（6）				
20	实施项目编号	SSXMBH	N（10）				
21	备注	BZ	C（255）				

[4] 填写说明：

1）户编号：户的唯一标识编号。引用户基本信息表。

2）工程代码：工程的代码。引用水利工程基本信息表。

3）工程名称：工程代码对应的中文名称，由水利工程基本信息表带入。

4）工作阶段代码：调查所属移民管理工作阶段代码。取值及其含义见移民管理工作阶段代码表。

5）搬迁安置人口类别：该户所属搬迁安置人口类别代码，根据情况填写征地人口、影响人口或其他需要搬迁人口。

6）安置去向代码：人口安置去向代码，取值及其含义见搬迁安置去向代码表。

7）行政区划代码：引用行政区划基本信息表，安置地的行政区划，精确至乡镇。

8）详细地址：移民户计划安置地详细地址，到村（组）级。

9）宅基地面积：安置宅基地面积，计量单位为 m^2，计至两位小数。

10）分配时间：分配宅基地时间，计至日。

11）建筑面积：安置房屋建筑面积，计量单位为 m^2，计至两位小数。

12）建房开工时间：安置房屋建设开工时间，计至日。

13）建房完成时间：安置房屋建设完工时间，计至日。

14）住宅户型：安置房屋户型，根据情况填写一室一厅、二室一厅、二室二厅或三室二厅。

15）合同号：搬迁安置合同号。

16）合同签订时间：搬迁安置合同签订时间，计至日。

17）土地使用证号：房屋土地使用证号。

18）房屋产权证号：房屋产权证号。

19）所属专业大类：项目所属专业大类，填写农村、城（集）镇、工业企业或专业项目。

20）实施项目编号：该实施项目的编号。

21）备注：需补充说明的文字。

22. （管理）移民安置销号情况表

[1] 表编号：010503027

[2] 表标识：YMAZXHQKB

[3] 表说明：本表为移民安置销号情况表，属管理表，存储安置设施完成的移民户销号情况。信息统计空间单元为户，统计指标包括移民安置销号的标识、时间等。

序号	含义	字段名	数据类型	单位	必填	主键	外键
1	户编号	HBH	C（18）		Y	Y	Y
2	工程代码	GCDM	C（11）		Y	Y	Y
3	工程名称	GCMC	C（64）				
4	工作阶段代码	GZJDDM	C（3）		Y	Y	Y
5	销号标识	XHBS	C（1）				
6	销号时间	XHSJ	D（8）				
7	销号合同号	XHHTH	C（32）				
8	所属专业大类	SSZYDL	C（16）				
9	备注	BZ	C（255）				

[4] 填写说明：

1）户编号：户的唯一标识编号。引用户基本信息表。

2）工程代码：工程的代码。引用水利工程基本信息表。

3）工程名称：工程代码对应的中文名称，由水利工程基本信息表带入。

4）工作阶段代码：调查所属移民管理工作阶段代码。取值及其含义见移民管理工作阶段代码表。

5）销号标识：该移民户安置实施完成销号标识，是填 1，否填 0。

6）销号时间：该移民安置实施完成销号时间，计至日。

7）销号合同号：该移民户安置实施完成销号签订的合同号。

8）所属专业大类：项目所属专业大类，填写农村、城（集）镇、工业企业或专业项目。

9）备注：需补充说明的文字。

（三）资金管理

1. （载体）移民资金拨付申请基本信息表

[1] 表编号：010503028

[2] 表标识：YMZJBFSQJBXXB

[3] 表说明：本表为移民资金拨付申请基本信息表，属载体表，存储移民安置资金拨付申请基本信息，主要指政府（移民）信息。

序号	含义	字段名	数据类型	单位	必填	主键	外键
1	申请编号	SQBH	N（8）		Y	Y	
2	工程代码	GCDM	C（11）		Y	Y	Y
3	工程名称	GCMC	C（64）				
4	申请标题	SQBT	C（128）				
5	申请单位	SQDW	C（32）				
6	受理单位	SLDW	C（32）				
7	申请文号	SQWH	C（30）				
8	申请金额	SQJE	N（10，2）	万元			
9	申请时间	SQSJ	D（8）				
10	资金使用年度	ZJSYND	D（4）				
11	依据年度计划编号	YJNDJHBH	C（5）				
12	依据年度计划变更编号	YJNDJHBGBH	C（2）				
13	备注	BZ	C（255）				

[4] 填写说明：

1）申请编号：唯一标识在一个水利水电工程的一份资金拨付申请记录的编号。

2）工程代码：工程的代码。引用水利工程基本信息表。

3）工程名称：工程代码对应的中文名称，由水利工程基本信息表带入。

4）申请标题：资金拨付申请文件标题。

5）申请单位：提出资金拨付申请的单位名称。

6）受理单位：受理资金拨付申请的单位名称。

7）申请文号：资金拨付申请文号。

8）申请金额：资金拨付申请金额，计量单位为万元，计至两位小数。

9）申请时间：提交申请的时间，计至日。

10）资金使用年度：申请的资金实际使用年度，计至年。

11）依据年度计划编号：申请依据的年度计划编号。

12）依据年度计划变更编号：申请依据的年度计划变更编号。

13）备注：需补充说明的文字。

2. （管理）移民资金拨付申请管理表

[1] 表编号：010503029

[2] 表标识：YMZJBFSQGLB

[3] 表说明：本表为移民资金拨付申请管理表，属管理表，存储移民资金拨付申请相关的管理信息。信息统计的载体对象为移民资金拨付申请，统计指标包括申请的批次、类别、金额等。

序号	含义	字段名	数据类型	单位	必填	主键	外键
1	申请编号	SQBH	C（8）		Y	Y	Y
2	批次	PC	C（2）		Y	Y	
3	工程代码	GCDM	C（11）		Y	Y	Y
4	工程名称	GCMC	C（64）				
5	投资类别	TZLB	C（64）				
6	申请金额	SQJE	N（10，2）	万元			
7	计划项目编号	JHXMBH	C（8）				
8	计划项目变更编号	JHXMBGBH	C（2）				
9	备注	BZ	C（255）				

[4] 填写说明：

1）申请编号：唯一标识在一个水利水电工程的一份资金拨付申请记录的编号。引用移民资金拨付申请基本信息表。

2）批次：申请拨付批次号。

3）工程代码：工程的代码。引用水利工程基本信息表。

4）工程名称：工程代码对应的中文名称，由水利工程基本信息表带入。

5）投资类别：补偿投资概（估）算费用类别，取值参考《大中型水利水电工程移民数据库表结构及标识符》（SL 603—2013）中表 A.74 移民安置补偿投资费用类别编码表中“类别名称”。

6）申请金额：本批次资金拨付申请金额，计量单位为万元，计至两位小数。

7）计划项目编号：申请批次相关的计划项目编号。

8）计划项目变更编号：申请批次相关的计划项目变更编号。

9）备注：需补充说明的文字。

3. （载体）移民资金拨付基本信息表

[1] 表编号：010503030

[2] 表标识：YMZJBFJBXXB

[3] 表说明：本表为移民资金拨付基本信息表，属载体表，存储移民安置资金实际拨付基本信息。

序号	含义	字段名	数据类型	单位	必填	主键	外键
1	拨付编号	BFBH	C（8）		Y	Y	
2	工程代码	GCDM	C（11）		Y	Y	Y
3	工程名称	GCMC	C（64）				
4	拨付标题	BFBT	C（128）				
5	拨付单位	BFDW	C（32）				
6	下拨对象	XBDX	C（32）				
7	拨付文号	BFWH	C（30）				
8	拨付金额	BFJE	N（10，2）	万元			
9	拨付时间	BFSJ	D（8）				
10	对应申请编号	DYSQBH	C（8）				Y
11	对应申请批次	DYSQPC	C（2）				Y
12	到账时间	DZSJ	D（8）				

序号	含义	字段名	数据类型	单位	必填	主键	外键
13	拨款凭证号	BKPZH	C（30）				
14	所属实施项目编号	SSSSXMBH	N（10）				
15	备注	BZ	C（255）				

[4] 填写说明：

1）拨付编号：唯一标识在一个水利水电工程的一份资金拨付记录的编号。

2）工程代码：工程的代码。引用水利工程基本信息表。

3）工程名称：工程代码对应的中文名称，由水利工程基本信息表带入。

4）拨付标题：拨付文件标题。

5）拨付单位：拨付单位名称。

6）下拨对象：下拨对象名称。

7）拨付文号：拨付文号。

8）拨付金额：拨付总金额，计量单位为万元，计至两位小数。

9）拨付时间：拨付单位拨付资金时间，计至日。

10）对应申请编号：拨付对应的申请编号。引用移民资金拨付申请批次信息表。

11）对应申请批次：拨付对应的申请批次号。引用移民资金拨付申请批次信息表。

12）到账时间：下拨对象收到资金时间，计至日。

13）拨款凭证号：支付拨款凭证号码。

14）所属实施项目编号：支付针对的实施项目编号。

15）备注：需补充说明的文字。

4. （管理）移民资金拨付投资费用组成表

[1] 表编号：010503031

[2] 表标识：YMZJBFTZFYZCB

[3] 表说明：本表为移民资金拨付投资费用组成表，属管理表，存储移民安置资金实际拨付投资费用组成详细信息。信息统计的载体对象为移民资金拨付，统计指标为不同类别资金拨付金额。

序号	含义	字段名	数据类型	单位	必填	主键	外键
1	拨付编号	BFBH	C（8）		Y	Y	Y
2	工程代码	GCDM	C（11）		Y	Y	Y
3	工程名称	GCMC	C（64）				
4	投资类别	TZLB	C（64）		Y	Y	
5	拨付金额	BFJE	N（10，2）	万元			
6	备注	BZ	C（255）				

[4] 填写说明：

1）拨付编号：唯一标识在一个水利水电工程的一份资金拨付记录的编号。引用移民资金拨付基本信息表。

2）工程代码：工程的代码。引用水利工程基本信息表。

3）工程名称：工程代码对应的中文名称，由水利工程基本信息表带入。

4）投资类别：补偿投资概（估）算费用类别，取值参考《大中型水利水电工程移民数据库表结构及标识符》（SL 603—2013）中表 A.74 移民安置补偿投资费用类别编码表中“类别名称”。

5）拨付金额：拨付总金额，计量单位为万元，计至两位小数。

6）备注：需补充说明的文字。

5. （载体）移民资金支付基本信息表

[1] 表编号：010503032

[2] 表标识：YMZJZFJBXXB

[3] 表说明：描述移民资金支付基本信息数据。

序号	含义	字段名	数据类型	单位	必填	主键	外键
1	支付编号	ZFBH	C（10）		Y	Y	
2	工程代码	GCDM	C（11）		Y	Y	Y
3	工程名称	GCMC	C（64）				
4	支付事由	ZFSY	C（100）				
5	支付单位代码	ZFDWDM	C（9）				
6	支付对象代码	ZFDXDM	C（9）				
7	支付金额	ZFJE	N（10，2）	万元			
8	支付时间	ZFSJ	D（8）				
9	到账时间	DZSJ	D（8）				
10	拨款凭证号	BKPZH	C（30）				
11	所属实施项目编号	SSSSXMBH	N（10）				
12	备注	BZ	C（255）				

[4] 填写说明：

1）支付编号：唯一标识一个水利水电工程的一份资金支付记录的编号，取值为 1～99 999 999。

2）工程代码：工程的代码。引用水利工程基本信息表。

3）工程名称：工程代码对应的中文名称，由水利工程基本信息表带入。

4）支付事由：资金支付的事由。

5）支付单位代码：支付单位代码。

6）支付对象代码：支付对象代码。

7）支付金额：支付金额。计量单位为万元，计至两位小数。

8）支付时间：支付年、月、日。计至日。

9）到账时间：实际到账年、月、日。计至日。

10）拨款凭证号：支付拨款凭证号码。

11）所属实施项目编号：支付针对的实施项目编号。

12）备注：需补充说明的文字。

6. （管理）移民补偿补助资金兑付情况表

[1] 表编号：010503033

[2] 表标识：YMBCBZZJDFQKB

[3] 表说明：本表为移民补偿补助资金兑付情况表，属管理表，存储移民个人补偿补助资金兑付情况。信息统计的实体单元精确到人，统计指标为移民补偿资金兑付情况。

序号	含义	字段名	数据类型	单位	必填	主键	外键
1	身份证号	SFZH	C（18）		Y	Y	
2	支付编号	ZFBH	C（10）		Y	Y	Y
3	工程代码	GCDM	C（11）		Y	Y	Y

序号	含义	字段名	数据类型	单位	必填	主键	外键
4	工程名称	GCMC	C（64）				
5	工作阶段代码	GZJDDM	C（3）		Y	Y	Y
6	投资类别	TZLB	C（64）		Y	Y	
7	兑付金额	DFJE	N（9，2）	万元			
8	兑付时间	DFSJ	D（8）				
9	备注	BZ	C（255）				

[4] 填写说明：

1）身份证号：填写被支付人的身份证号。

2）支付编号：唯一标识一个水利水电工程的一份资金支付记录的编号，引用移民资金支付基本信息表。

3）工程代码：工程的代码。引用水利工程基本信息表。

4）工程名称：工程代码对应的中文名称，由水利工程基本信息表带入。

5）工作阶段代码：调查所属移民管理工作阶段代码。取值及其含义见移民管理工作阶段代码表。

6）投资类别：补偿投资概（估）算费用类别，取值参考《大中型水利水电工程移民数据库表结构及标识符》（SL 603—2013）中表 A.74 移民安置补偿投资费用类别编码表中“类别名称”。

7）兑付金额：该移民特定类别补偿补助资金兑付金额，计量单位为万元，计至两位小数。

8）兑付时间：该移民特定类别补偿补助资金兑付时间，计至日。

9）备注：需补充说明的文字。

7. （载体）移民安置实施验收基本信息表

[1] 表编号：010503034

[2] 表标识：YMAZSSYSJBXXB

[3] 表说明：本表为移民资金拨付申请基本信息表，属载体表，存储移民安置实施验收基本属性信息。

序号	含义	字段名	数据类型	单位	必填	主键	外键
1	验收编号	YSBH	C（1）		Y	Y	
2	工程代码	GCDM	C（11）		Y	Y	Y
3	工程名称	GCMC	C（64）				
4	验收名称	YSMC	C（128）		Y		
5	验收类型代码	YSLXDM	C（3）				Y
6	验收阶段	YSJD	C（2）				
7	验收主持（组织）单位	YSZCZZDW	C（128）				
8	验收行政区划代码	YSXZQHDM	C（10）				Y
9	验收时间	YSSJ	D（8）				
10	验收依据	YSYJ	C（64）				
11	验收文件文号	YSWJWH	C（10）				
12	验收结论	YSJL	C（255）				
13	备注	BZ	C（255）				

[4] 填写说明：

1）验收编号：唯一标识一个实施项目的一次验收的编号，取值为 1～9。

2）工程代码：移民安置实施验收所属工程代码，引用水利工程基本信息表。

3）工程名称：工程代码对应的中文名称，由水利工程基本信息表带入。

4）验收名称：移民安置项目验收具体名称。

5）验收类型代码：验收类型代码，取值及其含义见验收类型代码表。

6）验收阶段：验收阶段代码，根据情况填写自验、初验或验收。

7）验收主持（组织）单位：验收主持（组织）单位名称。

8）验收行政区划代码：被验收的行政区划代码。引用行政区划基本信息表。

9）验收时间：该项目验收的时间，计至日。

10）验收依据：验收依据描述。

11）验收文件文号：验收文件文号。

12）验收结论：验收结论描述。

13）备注：需补充说明的文字。

8. （管理）移民安置征地验收评定表

[1] 表编号：010503035

[2] 表标识：YMAZZDYSPDB

[3] 表说明：本表为移民安置征地验收评定表，属管理表，存储移民安置征地验收信息。信息统计的载体对象为移民安置征地验收，统计指标为移民安置征地验收评定信息。

序号	含义	字段名	数据类型	单位	必填	主键	外键
1	验收编号	YSBH	C（1）		Y	Y	
2	土地证号	TDZH	C（30）		Y	Y	
3	工程代码	GCDM	C（11）		Y	Y	Y
4	工程名称	GCMC	C（64）				
5	征地类别代码	ZDLBDM	C（3）				Y
6	批准文号	PZWH	C（64）				
7	批准机关	PZJG	C（128）				
8	批准时间	PZSJ	D（8）				
9	验收结果	YSJG	C（6）				
10	备注	BZ	C（255）				

[4] 填写说明：

1）验收编号：唯一标识一个实施项目的一次验收的编号，取值为1～9。

2）土地证号：土地使用权证号。

3）工程代码：工程的代码。引用水利工程基本信息表。

4）工程名称：工程代码对应的中文名称，由水利工程基本信息表带入。

5）征地类别代码：征地类别代码。取值及其含义见土地利用类型代码表。

6）批准文号：指该项目对应的批准公文文号。

7）批准机关：指该项目对应的批准单位名称。

8）批准时间：指该项目对应的批准公文的签发日期，计至日。

9）验收结果：项目验收结果，填写合格或不合格。

10）备注：需补充说明的文字。

9. （管理）移民安置实施情况验收评定表

[1] 表编号：010503036

[2] 表标识：YMAZSSQKYSPDB

[3] 表说明：本表为移民安置实施情况验收评定表，属管理表，存储移民安置实施各项内容验收信息。信息统计的载体单元为移民安置征地验收实施，统计指标为移民安置征地验收实施情况。

序号	含义	字段名	数据类型	单位	必填	主键	外键
1	工程代码	GCDM	C（11）		Y	Y	Y
2	工程名称	GCMC	C（64）				
3	验收编号	YSBH	C（1）		Y	Y	Y
4	验收内容类别代码	YSNRLBDM	C（10）		Y	Y	Y
5	规划规模	GHGM	N（8）	个			
6	完成规模	WCGM	N（8）	个			
7	验收结果	YSJG	C（8）				

[4] 填写说明：

1）工程代码：工程的代码。引用水利工程基本信息表。

2）工程名称：工程代码对应的中文名称，由水利工程基本信息表带入。

3）验收编号：唯一标识一个实施项目的一次验收的编号，引用移民安置实施验收基本信息表。

4）验收内容类别代码：验收内容类别代码，取值及其含义见移民安置验收内容类别代码表。

5）规划规模：验收内容规划时的规模量，计量单位为个，计至整数。

6）完成规模：验收内容验收时的规模量，计量单位为个，计至整数。

7）验收结果：项目验收结果，填写合格或不合格。

10. （管理）移民安置资金使用情况验收评定表

[1] 表编号：010503037

[2] 表标识：YMAZZJSYQKYSPDB

[3] 表说明：本表为移民安置资金使用情况验收评定表，属管理表，存储移民安置资金使用情况验收评定信息。信息评定的载体对象为移民安置资金，评定内容为移民安置资金使用情况验收评定情况。

序号	含义	字段名	数据类型	单位	必填	主键	外键
1	工程代码	GCDM	C（11）		Y	Y	Y
2	工程名称	GCMC	C（64）				
3	验收编号	YSBH	C（1）		Y	Y	Y
4	投资类别	TZLB	C（64）		Y	Y	
5	规划标准	GHBZ	N（8，2）	元			
6	执行标准	ZXBZ	N（8，2）	元			
7	规划金额	GHJE	N（10，2）	万元			
8	完成金额	WCJE	N（10，2）	万元			
9	验收结果	YSJG	C（16）				

[4] 填写说明：

1）工程代码：工程的代码。引用水利工程基本信息表。

2）工程名称：工程代码对应的中文名称，由水利工程基本信息表带入。

3）验收编号：唯一标识一个实施项目的一次验收的编号，引用移民安置实施验收基本信息表。

4）投资类别：补偿投资概（估）算费用类别，取值参考《大中型水利水电工程移民数据库表结构及标识符》（SL 603—2013）中表 A.74 移民安置补偿投资费用类别编码表中“类别名称”。

5）规划标准：规划标准金额，计量单位为元，计至两位小数。

6）执行标准：实际执行标准金额，计量单位为元，计至两位小数。

7）规划金额：特定类别资金规划金额，计量单位为万元，计至两位小数。

8）完成金额：特定类别资金实际完成金额，计量单位为万元，计至两位小数。

9）验收结果：项目验收结果，填写合格或不合格。

11. （管理）移民资金拨付申请批次信息表

[1] 表编号：010503038

[2] 表标识：YMZJBFSQPCXXB

[3] 表说明：本表为移民资金拨付申请批次信息表，属管理表，存储移民安置资金拨付申请各批次投资费用信息。信息统计的载体单元为移民资金拨付，统计指标为移民资金拨付申请批次信息。

序号	含义	字段名	数据类型	单位	必填	主键	外键
1	工程代码	GCDM	C（11）		Y	Y	Y
2	工程名称	GCMC	C（64）				
3	申请编号	SQBH	C（8）		Y	Y	Y
4	批次	PC	C（2）				
5	申请金额	SQJE	N（10，2）	万元			
6	备注	BZ	C（255）				

[4] 填写说明：

1）工程代码：工程的代码。引用水利工程基本信息表。

2）工程名称：工程代码对应的中文名称，由水利工程基本信息表带入。

3）申请编号：唯一标识在一个水利水电工程的一份资金拨付申请记录的编号，引用移民资金拨付申请基本信息表。

4）批次：申请拨付批次号。

5）申请金额：资金拨付申请金额。计量单位为万元，计至两位小数。

6）备注：需补充说明的文字。

12. （载体）后期扶持移民户基本信息表

[1] 表编号：010503039

[2] 表标识：HQFCYMHJBXXB

[3] 表说明：本表为后期扶持移民户基本信息表，属载体表，存储后期扶持移民户基本属性信息。

序号	含义	字段名	数据类型	单位	必填	主键	外键
1	户编号	HBH	C（18）		Y	Y	Y
2	工程代码	GCDM	C（11）		Y	Y	Y
3	工程名称	GCMC	C（64）				
4	工作阶段代码	GZJDDM	C（3）		Y	Y	Y
5	迁出地代码	QCDDM	C（10）				Y
6	安置地代码	AZDDM	C（10）				Y
7	详细地址	XXDZ	C（64）				
8	现有人口	XYRK	N（2）	人			
9	原迁人口	YQRK	N（2）	人			
10	后期扶持人数	HQFCRS	N（2）	人			
11	扶持方式	FCFS	C（6）				
12	备注	BZ	C（255）				

[4] 填写说明：

1）户编号：户的唯一标识编号。引用户基本信息表。

2）工程代码：指该移民户所属水利工程代码，引用水利工程基本信息表。

3）工程名称：工程代码对应的中文名称，由水利工程基本信息表带入。

4）工作阶段代码：指该移民户所属水利工程工作阶段代码，取值及其含义见移民管理工作阶段代码表。

5）迁出地代码：引用行政区划基本信息表，该户原居住行政区划代码，精确至村。

6）安置地代码：引用行政区划基本信息表，该户现居住行政区划代码，精确至村。

7）详细地址：该户现居住地详细地址信息。

8）现有人口：移民家庭现有人口数，计量单位为人，计至整数。

9）原迁人口：移民家庭原迁移民人数，指工程完工时实际动迁的移民人口数，计量单位为人，计至整数。

10）后期扶持人数：移民户纳入后期扶持范围的人口数，计量单位为人，计至整数。

11）扶持方式：移民户扶持方式代码，根据情况填写资金直补、项目扶持或两者结合。

12）备注：需补充说明的文字。

13. （管理）后期扶持移民信息表

[1] 表编号：010503040

[2] 表标识：HQFCYMXXB

[3] 表说明：本表为后期扶持移民信息表，属管理表，存储后期扶持移民基本信息。信息统计的载体对象为后期扶持移民，统计指标为后期扶持移民扶持情况相关信息。

序号	含义	字段名	数据类型	单位	必填	主键	外键
1	身份证号	SFZH	N（18）		Y	Y	
2	工程代码	GCDM	C（11）		Y	Y	Y
3	工程名称	GCMC	C（64）				
4	文化程度代码	WHCDDM	C（1）				Y
5	就业类别代码	JYLBDM	C（2）				Y
6	迁出地代码	QCDDM	C（10）				Y
7	安置地代码	AZDDM	C（10）				Y
8	搬迁时间	BQSJ	D（8）				
9	是否原迁	SFYQ	C（1）				
10	核定年度	HDND	D（4）				
11	核定类型代码	HDLXDM	C（1）				
12	核增时间	HZSJ	D（8）				
13	核增原因	HZYY	C（128）				
14	核减时间	HJSJ	D（8）				
15	核减原因	HJYY	C（128）				
16	发放起始日期	FFQSRQ	D（8）				
17	发放标准	FFBZ	N（3）	元/a			
18	开户银行	KHYH	C（50）				
19	银行账号	YHZH	N（25）				
20	备注	BZ	C（255）				

[4] 填写说明：

1）身份证号：填写该被扶持人员的身份证号。

2）工程代码：工程的代码。引用水利工程基本信息表。

3）工程名称：工程代码对应的中文名称，由水利工程基本信息表带入。

4）文化程度代码：该人口文化程度代码，取值及其含义见文化程度代码表。

5）就业类别代码：移民所从事行业的代码。取值及其含义见行业类别代码表。

6）迁出地代码：引用行政区划基本信息表，该人原居住行政区划代码，精确至村。

7）安置地代码：引用行政区划基本信息表，该人现居住行政区划代码，精确至村。

8）搬迁时间：搬迁的时间，计至日。

9）是否原迁：移民是否为工程完工时实际动迁的移民。是填 1，否填 0。

10）核定年度：核定该移民为后期扶持移民的年度，计至年。

11）核定类型代码：核定的类型代码。

12）核增时间：移民核增为后期扶持人口的时间，计至日。

13）核增原因：移民核增为后期扶持人口的原因描述。

14）核减时间：移民核减为后期扶持人口的时间，计至日。

15）核减原因：移民核减为后期扶持人口的原因描述。

16）发放起始日期：移民后期扶持直补资金发放开始日期，计至日。

17）发放标准：移民后期扶持直补资金发放标准，计量单位为元/a，计至整数。

18）开户银行：移民领取后期扶持直补资金的开户银行名称。

19）银行账号：移民领取后期扶持直补资金的银行账号。

20）备注：需补充说明的文字。

四、项目建设

1. （载体）项目招标投标信息表

[1] 表编号：010504001

[2] 表标识：XMZBTBXXB

[3] 表说明：本表为项目招标投标信息表，属载体表，存储水利工程建设项目进行招标和投标的基本属性信息。水利工程建设项目招投标指在水利工程建设和服务的采购行为中，招标人通过事先公布的采购要求，吸引众多的投标人按照同等条件进行平等竞争，按照规定程序并组织技术、经济和法律等方面专家对众多的投标人进行综合评审，从中择优选定项目的中标人的行为过程。

序号	含义	字段名	数据类型	单位	必填	主键	外键
1	项目代码	XMDM	C（20）		Y	Y	Y
2	项目名称	XMMC	C（18）				
3	招标日期	ZBRQ	D（8）				
4	招标编号	ZBBH	C（20）		Y	Y	
5	招标名称	ZBMC	C（100）				
6	投标方式	TBFS	C（1）				
7	招标代理机构	ZBDLJG	C（128）				
8	招标单位代码	ZBDWDM	C（18）				Y

序号	含义	字段名	数据类型	单位	必填	主键	外键
9	中标单位名称	ZBDWMC	C（64）				
10	中标单位代码	ZHBDWDM	C（18）				Y
11	招标投标概况	ZBTBGK	C（255）				
12	合同编号	HTBH	C（20）				

[4] 填写说明：

1）项目代码：指该项目的识别代码。引用工程项目基本信息表。

2）项目名称：指项目的名称。根据项目代码，由工程项目基本信息表带入。

3）招标日期：项目招投标发布的日期，计至日。

4）招标编号：指该项目的某项招标文件的编号。

5）招标名称：指该项目对应该项招标文件的名称。

6）投标方式：指该项招标采取的招标方式，其取值为 1（公开招标）或 2（邀请招标）。

7）招标代理机构：指该招标受招标人委托，代为从事招标组织活动的中介机构的名称。

8）招标单位代码：指招标单位的统一社会信用代码，引用单位基本信息表。

9）中标单位名称：指参与招标并赢得招标委员会评审的投标单位名称。

10）中标单位代码：指中标单位的社会统一信用代码，引用单位基本信息表。

11）招标投标概况：指对该招标过程进行描述的概况信息。

12）合同编号：指该招标项目对应的合同编号。

2. （管理）项目参建单位信息表

[1] 表编号：010504002

[2] 表标识：XMCJDWXXB

[3] 表说明：本表为项目参建单位信息表，属管理表，存储水利工程建设项目参与建设的单位的基本信息。信息统计的实体对象为参建单位，统计指标包括项目参见单位的类型、资质、负责人等。

序号	含义	字段名	数据类型	单位	必填	主键	外键
1	项目代码	XMDM	C（20）		Y	Y	Y
2	项目名称	XMMC	C（18）				
3	单位代码	DWDM	C（18）		Y	Y	Y
4	参建单位类型	CJDWLX	C（2）		Y	Y	Y
5	单位名称	DWMC	C（64）				
6	单位资质	DWZZ	C（128）				
7	项目负责人	XMFZR	C（36）				
8	联系方式	LXFS	C（128）				
9	备注	BZ	C（255）				

[4] 填写说明：

1）项目代码：指该项目的代码编号。引用工程项目基本信息表。

2）项目名称：指项目的名称。根据项目代码，由工程项目基本信息表带入。

3）单位代码：涉及单位的代码，引用单位基本信息表。

4）参建单位类型：指参建单位在项目中角色分类说明。取值及其含义见参建单位类型代码表。

5）单位名称：指参建单位的名称。

6）单位资质：指参建单位的资质说明。

7）项目负责人：参建单位设在该项目的负责人。

8）联系方式：指参建单位的联系人及联系方式说明。

9）备注：需补充说明的文字。

3. （载体）工程项目合同表

[1] 表编号：010504003

[2] 表标识：GCXMHTB

[3] 表说明：本表为工程项目合同表，属载体表，存储水利工程建设项目合同的基本属性信息。项目合同指项目执行机构与项目实施各个阶段提供货物、服务及工程的对方当事人之间缔结的合同。

序号	含义	字段名	数据类型	单位	必填	主键	外键
1	合同编号	HTBH	C（20）		Y	Y	
2	项目代码	XMDM	C（20）		Y		Y
3	项目名称	XMMC	C（18）				
4	合同名称	HTMC	C（100）				
5	日期	RQ	D（8）				
6	甲方单位代码	JFDWDM	C（18）				Y
7	甲方单位名称	JFDWMC	C（64）				
8	乙方单位代码	YFDWDM	C（18）				Y
9	乙方单位名称	YFDWMC	C（64）				
10	合同总金额	HTZJE	N（10，2）	万元			
11	合同起始日期	HTQSRQ	D（8）				
12	合同结束日期	HTJSRQ	D（8）				
13	主要建设内容	ZYJSNR	C（255）				

[4] 填写说明：

1）合同编号：指该项目涉及合同的编号。

2）项目代码：指该项目的代码编号。引用工程项目基本信息表。

3）项目名称：指项目的名称。根据项目代码，由工程项目基本信息表带入。

4）合同名称：合同的名称。

5）日期：指该项目合同签订的日期，计至日。

6）甲方单位代码：指合同甲方单位的统一社会信用代码，引用单位基本信息表。

7）甲方单位名称：指该项合同甲方单位的名称。

8）乙方单位代码：指合同乙方单位的统一社会信用代码，引用单位基本信息表。

9）乙方单位名称：指该项目合同乙方单位的名称。

10）合同总金额：合同的总金额，计量单位为万元，计至两位小数。

11）合同起始日期：合同中约定的履行起始日期，计至日。

12）合同结束日期：合同中约定的履行结束日期，计至日。

13）主要建设内容：合同中约定的主要建设内容。

4. （管理）项目征地拆迁信息表

[1] 表编号：010504004

[2] 表标识：XMZDCQXXB

[3] 表说明：本表为项目征地拆迁信息表，属管理表，存储项目征地拆迁情况信息。信息统计时间精确至日，统计的载体对象为项目征地，统计指标为征地拆迁的基本情况。

序号	含义	字段名	数据类型	单位	必填	主键	外键
1	项目代码	XMDM	C（20）		Y	Y	Y
2	项目名称	XMMC	C（18）				
3	日期	RQ	D（8）		Y	Y	
4	征地拆迁负责人	ZDCQFZR	C（36）				
5	征地拆迁负责人联系方式	ZDCQFZRLXFS	C（64）				
6	项目用地审批单位	XMYDSPDW	C（128）				
7	项目用地审批文号	XMYDSPWH	C（64）				
8	项目涉及征地	XMSJZD	C（255）				
9	拆迁公告	CQGG	C（255）				
10	工作方法和原则	GZFFHYZ	C（255）				
11	已支付的拆迁补偿费用	YZFDCQBCFY	N（10，2）	万元			
12	备注	BZ	C（255）				

[4] 填写说明：

1）项目代码：指该项目的代码编号。引用工程项目基本信息表。

2）项目名称：指项目的名称。根据项目代码，由工程项目基本信息表带入。

3）日期：指信息统计的日期，计至日。

4）征地拆迁负责人：指该项目征地拆迁的负责人姓名。

5）征地拆迁负责人联系方式：指该负责人的联系电话号码。

6）项目用地审批单位：指该项目征地拆迁的用地审批单位名称。

7）项目用地审批文号：指该项目征地拆迁用地的审批公文的文号。

8）项目涉及征地：指对该项目涉及的征地情况和数量进行描述的信息。

9）拆迁公告：指经审核通过的项目征地拆迁向社会公众发布的公告。

10）工作方法和原则：指该项目征地拆迁的工作方法和原则描述信息。

11）已支付的拆迁补偿费用：指项目开始至今已经支付给被拆迁户的拆迁补偿的费用，计量单位为万元，计至两位小数。

12）备注：关于项目征地拆迁还需补充的其他信息。

5. （管理）项目重大设计变更表

[1] 表编号：010504005

[2] 表标识：XMZDSJBGB

[3] 表说明：本表为项目重大设计变更表，属管理表，存储水利工程建设项目在建设过程中出现的重大设计变更的基本信息。信息统计的载体对象为项目设计变更，变更时间精确至日，统计指标包括项目设计变更的依据、原因、变更内容等。

序号	含义	字段名	数据类型	单位	必填	主键	外键
1	项目代码	XMDM	C（20）		Y	Y	Y
2	项目名称	XMMC	C（18）				
3	设计变更编号	SJBGBH	N（4）		Y	Y	
4	设计变更管理依据	SJBGGLYJ	C（255）				

序号	含义	字段名	数据类型	单位	必填	主键	外键
5	项目变更时间	XMBGSJ	D（8）				
6	变更原因	BGYY	C（255）				
7	资金变更	ZJBG	N（8，2）	万元			
8	变更内容	BGNR	C（255）				
9	审批文号	SPWH	C（64）				
10	审批单位	SPDW	C（128）				

[4] 填写说明：

1）项目代码：指该项目的代码编号。引用工程项目基本信息表。

2）项目名称：指项目的名称。根据项目代码，由工程项目基本信息表带入。

3）设计变更编号：指该项目的重大设计变更的顺序编号。

4）设计变更管理依据：指该项目重大设计变更的管理依据的描述信息。

5）项目变更时间：指该项目重大设计变更发生的时间，计至日。

6）变更原因：指该项目重大设计变更发生的原因的描述信息。

7）资金变更：指该项目设计变更涉及的资金变更数额，计量单位为万元，计至两位小数。

8）变更内容：指该项目设计变更的主要变更内容的描述信息。

9）审批文号：指该项目设计变更对应的审批文号。

10）审批单位：指该项目设计变更的审批单位的名称。

6. （管理）项目施工管理信息表

[1] 表编号：010504006

[2] 表标识：XMSGGLXXB

[3] 表说明：本表为项目施工管理信息表，属管理表，存储水利工程建设项目有关施工管理的基本信息。信息统计时间精确至分钟，统计的载体对象为水利工程建设项目，统计指标为统计时间的项目进展和完成情况。

序号	含义	字段名	数据类型	单位	必填	主键	外键
1	项目代码	XMDM	C（20）		Y	Y	Y
2	项目名称	XMMC	C（18）				
3	日期	RQ	D（8）		Y	Y	
4	项目进展情况	XMJZQK	C（255）				
5	项目完成情况	XMWCQK	C（255）				

[4] 填写说明：

1）项目代码：指该项目的代码编号。引用工程项目基本信息表。

2）项目名称：指项目的名称。根据项目代码，由工程项目基本信息表带入。

3）日期：指对该项目施工进行管理的信息填报日期，计至日。

4）项目进展情况：指该项目各施工任务的进展情况描述信息。

5）项目完成情况：指该项目的各项任务的完成情况描述信息。

7. （管理）实施项目工程进度表

[1] 表编号：010504007

[2] 表标识：SSXMGCJDB

[3] 表说明：本表为实施项目工程进度表，属管理表，存储实施项目工程进度信息。信息统计的时间为时段，通过“起始时间”和“截止时间”确定，统计的载体对象为水利建设工程项目，统计指标为项目工程建设进度。

序号	含义	字段名	数据类型	单位	必填	主键	外键
1	项目代码	XMDM	C（20）		Y	Y	Y
2	项目名称	XMMC	C（18）				
3	计量类别代码	JLLBDM	C（2）		Y	Y	Y
4	起始日期	QSRQ	D（8）		Y	Y	
5	截止日期	JZRQ	D（8）		Y	Y	
6	完成数量	WCSL	N（12，2）				
7	备注	BZ	C（255）				

[4] 填写说明：

1）项目代码：指该项目的代码编号。引用工程项目基本信息表。

2）项目名称：指项目的名称。根据项目代码，由工程项目基本信息表带入。

3）计量类别代码：计量类别代码，取值及其含义见计量类别代码表。

4）起始日期：进度统计起始时间，计至日。

5）截止日期：进度统计截止时间，计至日。

6）完成数量：实施项目在时间段内完成的工程进度规模数量。填写数量时计量单位名称根据计量类别代码表的规定填写，计至两位小数。

7）备注：需补充说明的文字。

8. （管理）项目质量安全信息表

[1] 表编号：010504008

[2] 表标识：XMZLAQXXB

[3] 表说明：本表为项目质量安全信息表，属管理表，存储项目实施管理过程中的质量安全管理信息。信息统计时间精确至日，统计的载体对象为水利建设工程项目，统计指标为项目工程建设质量和安全情况。

序号	含义	字段名	数据类型	单位	必填	主键	外键
1	项目代码	XMDM	C（20）		Y	Y	Y
2	项目名称	XMMC	C（18）				
3	日期	RQ	D（8）		Y	Y	
4	工程质量监督机构	GCZLJDJG	C（128）				
5	工程安全监督机构	GCAQJDJG	C（128）				
6	质量安全负责人信息	ZLAQFZRXX	C（128）				
7	质量监督检查内容及结果	ZLJDJCNRJJG	C（255）				
8	安全监督检查内容及结果	AQJDJCNRJJG	C（255）				

[4] 填写说明：

1）项目代码：指该项目的代码编号。引用工程项目基本信息表。

2）项目名称：指项目的名称。根据项目代码，由工程项目基本信息表带入。

3）日期：监督时间，计至日。

4）工程质量监督机构：工程质量监督机构名称。

5）工程安全监督机构：工程安全监督机构名称。

6）质量安全负责人信息：简要描述。

7）质量监督检查内容及结果：简要描述。

8）安全监督检查内容及结果：简要描述。

9. （管理）实施项目验收规模信息表

[1] 表编号：010504009

[2] 表标识：SSXMYSGMXXB

[3] 表说明：本表为实施项目验收规模信息表，属管理表，存储实施项目验收时完成的规模信息。信息统计的载体对象为水利建设工程项目，统计指标为项目验收规模。

序号	含义	字段名	数据类型	单位	必填	主键	外键
1	项目代码	XMDM	C（20）		Y	Y	Y
2	项目名称	XMMC	C（18）				
3	验收编号	YSBH	N（1）		Y	Y	
4	计量类别代码	JLLBDM	C（2）		Y	Y	Y
5	完成规模	WCGM	N（12，2）				
6	备注	BZ	C（255）				

[4] 填写说明：

1）项目代码：指该项目的代码编号。引用工程项目基本信息表。

2）项目名称：指项目的名称。根据项目代码，由工程项目基本信息表带入。

3）验收编号：唯一标识一个实施项目的一次验收的编号，取值为1～9。

4）计量类别代码：计量类别代码，取值及其含义见计量类别代码表。

5）完成规模：对应验收时计量类别的完成规模数量。填写数量时计量单位名称根据计量类别代码表的规定填写，计至两位小数。

6）备注：需补充说明的文字。

10. （管理）实施项目验收基本信息表

[1] 表编号：010504010

[2] 表标识：SSXMYSJBXXB

[3] 表说明：本表为实施项目验收基本信息表，属管理表，存储实施项目验收基本信息。信息统计的载体对象为水利建设工程项目，统计指标为项目验收情况。

序号	含义	字段名	数据类型	单位	必填	主键	外键
1	项目代码	XMDM	C（20）		Y	Y	Y
2	项目名称	XMMC	C（18）				
3	验收编号	YSBH	N（1）		Y	Y	
4	验收时间	YSSJ	D（8）				
5	验收名称	YSMC	C（100）				
6	验收主持（组织）单位	YSZCZZDW	C（100）				
7	完成投资	WCTZ	N（8，2）	万元			
8	验收结论	YSJL	C（255）				
9	备注	BZ	C（255）				

[4] 填写说明：

1）项目代码：指该项目的代码编号。引用工程项目基本信息表。

2）项目名称：指项目的名称。根据项目代码，由工程项目基本信息表带入。

3）验收编号：唯一标识一个实施项目的一次验收的编号，取值为1～9。

4）验收时间：项目验收签字日期，计至日。

5）验收名称：验收具体名称。

6）验收主持（组织）单位：验收主持（组织）单位名称。

7）完成投资：验收时项目完成投资，计量单位为万元，计至两位小数。

8）验收结论：验收结论描述。

9）备注：需补充说明的文字。

11．（管理）项目合同履约信息表

[1] 表编号：010504011

[2] 表标识：XMHTLYXXB

[3] 表说明：本表为项目合同履约信息表，属管理表，存储水利工程建设项目有关合同履约方面的基本信息。信息统计时间精确至日，统计的载体对象为水利建设工程项目，统计指标为项目合同履约情况。

序号	含义	字段名	数据类型	单位	必填	主键	外键
1	合同编号	HTBH	C（20）		Y	Y	Y
2	日期	RQ	D（8）		Y	Y	
3	项目代码	XMDM	C（20）		Y		Y
4	项目名称	XMMC	C（18）				
5	合同名称	HTMC	C（100）				
6	施工单位名称	SGDWMC	C（128）				
7	施工单位项目考核	SGDWXMKH	C（100）				
8	参建单位名称	CJDWMC	C（64）				
9	参建单位相关人员按合同履约到场信息	CJDWXGRYAHTLYDCXX	C（255）				
10	参建单位按合同支付资金信息	CJDWAHTZFZJXX	C（255）				
11	设备采购资金使用情况	SBCGZJSYQK	C（255）				
12	材料采购资金使用情况	CLCGZJSYQK	C（255）				

[4] 填写说明：

1）合同编号：指该项目涉及合同的编号。引用工程项目合同表。

2）日期：指对该项目合同履约情况进行管理的信息填报时间，计至日。

3）项目代码：指该合同项目的代码编号。引用工程项目基本信息表。

4）项目名称：指项目的名称。根据项目代码，由工程项目基本信息表带入。

5）合同名称：指该项合同的合同名称。根据合同编号由工程项目合同表带入。

6）施工单位名称：指该项合同对应的施工单位的名称。

7）施工单位项目考核：指对该施工单位的项目考核意见和评价。

8）参建单位名称：指该项目合同涉及的其他参建单位的名称。

9）参建单位相关人员按合同履约到场信息：描述各参建单位相关人员是否按合同要求现场工作。

10）参建单位按合同支付资金信息：描述各参建单位按合同要求进行资金支付的情况。

11）设备采购资金使用情况：描述该项目进行设备采购而花费资金的使用情况。

12）材料采购资金使用情况：描述该项目进行材料采购而花费资金的使用情况。

五、工程信息

1. （实体）水利工程基本信息表

[1] 表编号：010505001

[2] 表标识：SLGCJBXXB

[3] 表说明：描述水利工程的基本属性信息。水利工程指用于控制和调配自然界的地表水和地下水，达到除害兴利目的而修建的各类工程设施，如水库、大坝、堤防、海堤、蓄滞洪区、防洪保护区、洪泛区、灌区、水土保持工程等。

序号	含义	字段名	数据类型	单位	必填	主键	外键
1	工程代码	GCDM	C（11）		Y	Y	
2	工程名称	GCMC	C（64）		Y		
3	工程状态	GCZT	C（2）				
4	单位代码	DWDM	C（18）				Y
5	主管单位代码	ZGDWDM	C（18）				Y
6	归属部门	GSBM	C（1）				Y
7	行政区划代码	XZQHDM	C（10）				Y
8	流域代码	LYDM	C（10）				Y
9	河流代码	HLDM	C（8）				Y
10	日期	RQ	D（4）				
11	控制面积	KZMJ	N（10，2）	km^2			
12	工程地址	GCDZ	C（64）				
13	中心经度	ZXJD	N（10，6）	（°）			
14	中心纬度	ZXWD	N（10，6）	（°）			
15	水准基面代码	SZJMDM	C（2）				Y

[4] 填写说明：

1）工程代码：工程的识别代码。按《水利对象分类与编码总则》（SL/T 213—2020）的规定编制并填写。

2）工程名称：工程的名称。

3）工程状态：工程的建设与管理状态，填写在建、已建或其他。

4）单位代码：工程管理单位的代码。引用单位基本信息表。

5）主管单位代码：工程的主管单位或部门的代码。引用单位基本信息表。

6）归属部门：工程归口或所属行业主管部门。取值及其含义见归属部门代码表。

7）行政区划代码：引用行政区划基本信息表，该工程所属行政区，按最小包含原则填写。

8）流域代码：引用流域基本信息表。该工程所处流域代码，按最小包含原则填写。

9）河流代码：引用河流基本信息表，该工程所在处河流的代码。

10）日期：工程的建设完成年份，计至年。

11）控制面积：水利工程所控制的集水面积，按《水文资料整编规范》（SL/T 247—2020）的规定填入，计量单位为 km^2，计至两位小数。

12）工程地址：水利工程所在位置的详细描述。

13）中心经度：水利工程中心点的经度，采用 2000 国家大地坐标系（CGCS2000）。

14）中心纬度：水利工程中心点的纬度，采用 2000 国家大地坐标系（CGCS2000）。

15）水准基面代码：指该水利工程高程计算采用的高程水准基面的代码。取值及其含义见水准基面代码表。

2.（实体）水库基本信息表

[1] 表编号：010505002

[2] 表标识：SKJBXXB

[3] 表说明：描述水库的基本属性信息。水库为拦洪蓄水和调节水流的水利工程建筑物，可以利用来灌溉、发电、防洪和养鱼。指在山沟或河流的狭口处建造拦河坝形成的人工湖泊。

序号	含义	字段名	数据类型	单位	必填	主键	外键
1	水库代码	SKDM	C（11）		Y	Y	
2	工程代码	GCDM	C（11）		Y		Y
3	水库名称	SKMC	C（40）				
4	曾用名	CYM	C（40）				
5	行政区划代码	XZQHDM	C（10）				Y
6	流域代码	LYDM	C（10）				Y
7	工程状态	GCZT	C（2）				
8	工程规模	GZGM	C（1）				Y
9	工程等别	GCDB	C（2）				
10	主要建筑物级别	ZYJZWJB	C（2）				
11	详细地址	XXDZ	C（64）				
12	河流代码	HLDM	C（8）				Y
13	中心经度	ZXJD	N（10，6）	（°）			
14	中心纬度	ZXWD	N（10，6）	（°）			
15	地震动峰值加速度	DZDFZJSD	C（1）				Y
16	地震基本烈度	DZJBLD	C（1）				Y
17	设防地震烈度	SFDZLD	C（1）				Y
18	水准基面代码	SZJMDM	C（2）				Y
19	是否注册登记	SFZCDJ	C（1）				
20	水库概况	SKGK	C（255）				
21	水库功能	SKGN	C（60）				
22	建成年份	JCNF	D（4）				
23	集水面积	JSMJ	N（8，2）	km^2			
24	设计洪水位	SJHSW	N（7，3）	m			
25	总库容	ZKR	N（10，3）	$10^6 m^3$			
26	调洪库容	DHKR	N（9，3）	$10^6 m^3$			
27	正常蓄水位	ZCXSW	N（7，3）	m			
28	校核洪水位	JHHSW	N（7，3）	m			
29	兴利库容	XLKR	N（9，3）	$10^6 m^3$			
30	防洪限制水位	FHXZSW	N（7，3）	m			
31	防洪限制水位库容	FHXZSWKR	N（9，3）	$10^6 m^3$			
32	死水位	SSW	N（7，3）	m			

序号	含义	字段名	数据类型	单位	必填	主键	外键
33	死库容	SKR	N（9，3）	10^6 m^3			
34	水库调节方式	SKTJFS	C（16）				
35	最小下泄流量	ZXXXLL	N（9，1）	m^3/s			
36	单位代码	DWDM	C（18）				Y
37	发电引水口至尾水口河道长度	FDYSKZWSHDKCD	N（6）	m			
38	水库枢纽建筑物组成	SKSNJZWZC	C（255）				

[4] 填写说明：

1）水库代码：水库的识别代码。按《中国河流代码》（SL 249—2012）的规定填写，未列入《中国河流代码》（SL 249—2012）的水库，按《水利对象分类与编码总则》（SL/T 213—2020）的规定编制并填写。

2）工程代码：水库建设工程的代码。引用水利工程基本信息表。

3）水库名称：水库的名称。

4）曾用名：水库与现用的不同名称及工程的名称，或更名前的名称。有多个时，用“、”分开。

5）行政区划代码：引用行政区划基本信息表，该工程所属行政区，精确至乡级。

6）流域代码：引用流域基本信息表。该工程所处流域代码，按最小包含原则填写。

7）工程状态：工程的建设与管理状态，填写在建、已建或其他。

8）工程规模：工程的规模。取值及其含义见工程规模分类代码表。

9）工程等别：工程的等别。填写“Ⅰ、Ⅱ、Ⅲ、Ⅳ、Ⅴ”5个等级。

10）主要建筑物级别：水库工程的主要建筑物级别。填写“Ⅰ、Ⅱ、Ⅲ、Ⅳ、Ⅴ”5个等级。

11）详细地址：水库工程所在乡镇和村的名称。如××乡（镇、街道）××村（居委会）。

12）河流代码：引用河流基本信息表，该水库所在处河流的代码。

13）中心经度：水库中心点的经度，采用2000国家大地坐标系（CGCS2000）。

14）中心纬度：水库中心点的纬度，采用2000国家大地坐标系（CGCS2000）。

15）地震动峰值加速度：坝址区地震峰值加速度值。取值及其含义见地震峰值加速度代码表。

16）地震基本烈度：坝址区地震基本烈度值。取值及其含义见地震基本烈度代码表。

17）设防地震烈度：水库工程主要建筑物设防地震烈度。取值及其含义见设防地震烈度代码表。

18）水准基面代码：采用的高程水准基面的代码。取值及其含义见水准基面代码表。

19）是否注册登记：1为已注册，0为未注册。

20）水库概况：概述水库的基本情况。

21）水库功能：水库的功能，按照重要性依次排序填写，第一项为最重要的，水库的功能分类包括防洪、养殖、调沙、灌溉、航运、防凌、供水、环境、其他、发电以及旅游。

22）建成年份：指水库工程最后建成的年份，计至年。

23）集水面积：是指坝址以上的流域面积，计量单位为 km^2，计至两位小数。

24）设计洪水位：是指水库遇设计标准洪水时，在坝前达到的最高水位，计量单位为m，计至三位小数。

25）总库容：水库总库容，计量单位为 10^6 m^3，计至三位小数。

26）调洪库容：校核洪水位至汛期限制水位之间的水库容积，计量单位为 10^6 m^3，计至三位小数。

27）正常蓄水位：水库在正常运用情况下，为满足设计的兴利要求在供水期开始时应蓄到的最高水位，计量单位为m，计至三位小数。

28）校核洪水位：当遇到大坝校核标准洪水时，水库经调洪后，坝前达到的最高水位，计量单位为m，计至三位小数。

29）兴利库容：正常蓄水位至死水位之间的水库容积，计量单位为 10^6 m^3，计至三位小数。

30）防洪限制水位：水库在汛期允许蓄水的上限水位，计量单位为 m，计至三位小数。

31）防洪限制水位库容：水库在防洪限制水位下的库容，计量单位为 10^6 m^3，计至三位小数。

32）死水位：水库在正常运用情况下，允许消落到的最低水位，计量单位为 m，计至三位小数。

33）死库容：死水位以下的水库容积，计量单位为 10^6 m^3，计至三位小数。

34）水库调节方式：指水库的调节方式，填写无调节、日调节、周调节、年调节、多年调节、不完全年调节、不完全多年调节。

35）最小下泄流量：为保证下游生态、航运或其他特定需求的最小下泄流量，计量单位为 m^3/s，计至一位小数。

36）单位代码：指水库管理单位的代码，引用单位基本信息表。

37）发电引水口至尾水口河道长度：水电站发电引水口到尾水口的河道长度，计量单位为 m，计至整数。

38）水库枢纽建筑物组成：水库工程的建筑物及其布置情况。

3. （实体）水库大坝基本信息表

[1] 表编号：010505003

[2] 表标识：SKDBJBXXB

[3] 表说明：描述水库大坝的基本属性信息。水库大坝指截河拦水的堤堰，一般水库大坝主要由主坝、副坝、正常溢洪道、非常溢洪道、新增非常溢洪道、灵正渠涵管及电站组成。

序号	含义	字段名	数据类型	单位	必填	主键	外键
1	水库代码	SKDM	C（11）		Y	Y	Y
2	坝编号	BBH	C（2）		Y	Y	
3	工程代码	GCDM	C（11）		Y		Y
4	大坝名称	DBMC	C（40）				
5	坝基地质条件	BJDZTJ	C（255）				
6	坝型	BX	C（2）				Y
7	最大坝高	ZDBG	N（5，2）	m			
8	坝顶高程	BDGC	N（6，2）	m			
9	防浪墙顶高程	FLQDGC	N（6，2）	m			
10	坝顶长度	BDCD	N（7，2）	m			
11	坝顶宽度	BDKD	N（5，2）	m			
12	防渗体形式	FSTXS	C（1）				Y
13	防渗体顶高程	FSTDGC	N（6，2）	m			
14	坝基防渗措施	BJFSCS	C（1）				Y
15	排水体型式	PSTXS	C（1）				Y

[4] 填写说明：

1）水库代码：水库的识别代码。引用水库基本信息表。

2）坝编号：坝的编号。坝在一个水库的顺序号。

3）工程代码：水库大坝建设工程的代码。引用水利工程基本信息表。

4）大坝名称：大坝的名称。只有一个大坝，填写“××大坝”。

5）坝基地质条件：描述大坝基础岩石性质、风化程度、覆盖层的最大厚度、坝基断层、节理、岩脉等。

6）坝型：大坝的坝型。取值及其含义见坝型代码表。

7）最大坝高：大坝建基面的最低点至坝顶的高度，计量单位为 m，计至两位小数。

8）坝顶高程：按水准基面测定的大坝坝顶高程，计量单位为 m，计至两位小数。

9）防浪墙顶高程：大坝挡水前沿设置用于防风浪的墙体结构的顶面高程，计量单位为 m，计至两位小数。

10）坝顶长度：坝顶两端之间沿坝轴线的长度，计量单位为 m，计至两位小数。

11）坝顶宽度：最大坝高断面大坝顶面上、下游两边缘间的宽度值，计量单位为 m，计至两位小数。

12）防渗体形式：大坝的防渗体形式。取值及其含义见防渗体形式代码表。

13）防渗体顶高程：大坝防渗体顶面的高程。对于均质坝，以坝顶高程为防渗体顶高程，计量单位为 m，计至两位小数。

14）坝基防渗措施：坝基的防渗措施。取值及其含义见基础防渗措施代码表。

15）排水体型式：排水体的结构型式。取值及其含义见排水体型式代码表。

4. （实体）水库溢洪道基本信息表

[1] 表编号：010505004

[2] 表标识：SKYHDJBXXB

[3] 表说明：描述水库溢洪道的基本信息。溢洪道是水库等水利建筑物的防洪设备，多筑在水坝的一侧，像一个大槽，当水库里水位超过安全限度时，水就从溢洪道向下游流出，防止水坝被毁坏。包括进水渠控制段泄槽出水渠。

序号	含义	字段名	数据类型	单位	必填	主键	外键
1	水库代码	SKDM	C（11）		Y	Y	Y
2	溢洪道编号	YHDBH	C（2）		Y	Y	
3	工程代码	GCDM	C（11）		Y		Y
4	溢洪道名称	YHDMC	C（40）				
5	布置位置	BZWZ	C（40）				
6	控制方式	KZFS	C（1）				
7	堰顶高程	YDGC	N（6，2）	m			
8	堰顶净宽	YDJK	N（5，2）	m			
9	溢洪道长度	YHDCD	N（5，1）	m			
10	溢流堰型式	YLYXS	C（6）				
11	闸门型式	ZMXS	C（1）				Y
12	闸门尺寸	ZMCC	C（60）				
13	闸门数量	ZMSL	N（3）	个			
14	最大泄量	ZDXL	N（9，1）	m^3/s			
15	消能型式	XNXS	C（6）				
16	启闭设备	QBSB	C（16）				
17	启闭机数量	QBJSL	N（3）	个			
18	电源条件	DYTJ	C（200）				
19	竣工日期	JGRQ	D（6）				

[4] 填写说明：

1）水库代码：水库的识别代码。引用水库基本信息表。

2）溢洪道编号：水库各溢洪道编号。

3）工程代码：溢洪道建设工程的代码。引用水利工程基本信息表。

4）溢洪道名称：溢洪道的名称。只有一个溢洪道，填写“溢洪道”。

5）布置位置：溢洪道的布置位置。

6）控制方式：1 为有闸控制，0 为无闸控制。

7）堰顶高程：溢流堰顶或溢流口底高程，计量单位为 m，计至两位小数。

8）堰顶净宽：溢流堰顶净宽或溢流口最小宽度，计量单位为 m，计至两位小数。

9）溢洪道长度：溢洪道的长度，计量单位为 m，计至一位小数。

10）溢流堰型式：溢流堰堰型。根据情况填写宽顶堰、实用堰、驼峰堰或其他。

11）闸门型式：溢洪道闸门结构型式特征。取值及其含义见闸门型式代码表。

12）闸门尺寸：闸门的宽度与垂直高度。填写格式：闸门宽度×闸门高度。

13）闸门数量：溢洪道的闸门数量，计量单位为个，计至整数。

14）最大泄量：在校核洪水位条件下溢洪道闸门全部打开时的下泄流量，计量单位为 m^3/s，计至一位小数。

15）消能型式：溢洪道出口消能型式。填写底流消能、面流消能、挑流消能或其他。

16）启闭设备：溢洪道闸门启闭机特征，根据情况填写卷扬式启闭机、螺杆式启闭机、液压式启闭机、无启闭设备或其他。

17）启闭机数量：溢洪道闸门启闭机数量，计量单位为个，计至整数。

18）电源条件：描述启闭机主电源、备用电源情况。

19）竣工日期：溢洪道竣工的年月，计至月。

5. （实体）水库输水洞基本信息表

[1] 表编号：010505005

[2] 表标识：SKSSDJBXXB

[3] 表说明：描述水库输水洞的基本属性信息。输水洞既放水又泄洪排沙。

序号	含义	字段名	数据类型	单位	必填	主键	外键
1	水库代码	SKDM	C（11）		Y	Y	Y
2	输水洞编号	SSDBH	C（2）		Y	Y	
3	工程代码	GCDM	C（11）		Y		Y
4	输水洞名称	SSDMC	C（40）				
5	输水洞功能	SSDGN	C（40）				
6	布置位置	BZWZ	C（6）				
7	结构型式	JGXS	C（1）				Y
8	洞长	DC	N（6，2）	m			
9	断面尺寸	DMCC	C（60）				
10	进口底高程	JKDGC	N（6，2）	m			
11	出口底高程	CKDGC	N（6，2）	m			
12	消能型式	XNXS	C（6）				
13	闸门型式	ZMXS	C（1）				Y
14	最大泄量	ZDXL	N（9，1）	m^3/s			
15	启闭设备	QBSB	C（16）				
16	电源条件	DYTJ	C（200）				

[4] 填写说明：

1）水库代码：水库的识别代码。引用水库基本信息表。

2）输水洞编号：水库各输水洞的编号。

3）工程代码：水库输水洞建设工程的代码。引用水利工程基本信息表。

4）输水洞名称：输水洞的名称。只有一个输水洞，填写“输水洞”。

5）输水洞功能：输水洞的功能。如发电、灌溉、城市供水等。

6）布置位置：输水洞的布置位置。填写坝内埋涵、近坝隧洞、库区隧洞或其他。

7）结构型式：输水洞材质、形状和承压等特征。取值及其含义见结构型式代码表。

8）洞长：输水洞的长度，计量单位为m，计至两位小数。

9）断面尺寸：输水洞的内部断面尺寸。圆形洞填写格式：ϕ内径；矩形洞填写格式：宽×高；其他形状填写最大内部尺寸，填写格式：宽×高。

10）进口底高程：输水洞进口底面高程，计量单位为m，计至两位小数。

11）出口底高程：输水洞出口底面高程，计量单位为m，计至两位小数。

12）消能型式：输水洞出口消能型式。填写底流消能、面流消能、挑流消能或其他。

13）闸门型式：输水洞闸门结构型式特征。取值及其含义见闸门型式代码表。

14）最大泄量：输水洞的设计输水流量，或在正常蓄水位条件输水洞闸门全部打开时的过水流量，计量单位为m^3/s，计至一位小数。

15）启闭设备：输水洞闸门启闭机特征，根据情况填写卷扬式启闭机、螺杆式启闭机、液压式启闭机、无启闭设备或其他。

16）电源条件：描述启闭机主电源、备用电源情况。

6. （实体）水库泄洪洞基本信息表

[1] 表编号：010505006

[2] 表标识：SKXHDJBXXB

[3] 表说明：描述泄洪洞的基本属性信息。泄洪洞是指排泄洪水的隧洞。

序号	含义	字段名	数据类型	单位	必填	主键	外键
1	水库代码	SKDM	C（11）		Y	Y	Y
2	泄洪洞编号	XHDBH	C（2）		Y	Y	
3	工程代码	GCDM	C（11）		Y		Y
4	泄洪洞名称	XHDMC	C（40）				
5	布置位置	BZWZ	C（6）				
6	结构型式	JGXS	C（1）				Y
7	洞长	DC	N（6，2）	m			
8	断面尺寸	DMCC	C（60）				
9	进口底高程	JKDGC	N（6，2）	m			
10	出口底高程	CKDGC	N（6，2）	m			
11	消能型式	XNXS	C（6）				
12	闸门型式	ZMXS	C（1）				Y
13	最大泄量	ZDXL	N（9，1）	m^3/s			
14	启闭设备	QBSB	C（16）				
15	电源条件	DYTJ	C（200）				

[4] 填写说明：

1）水库代码：水库的识别代码。引用水库基本信息表。

2）泄洪洞编号：水库各泄洪洞（孔）的编号。

3）工程代码：水库泄洪洞建设工程的代码。引用水利工程基本信息表。

4）泄洪洞名称：泄洪洞（孔）的名称。只有一个泄洪洞，填写“泄洪洞”。

5）布置位置：泄洪洞的布置位置。填写坝内埋涵、近坝隧洞、库区隧洞或其他。

6）结构型式：泄洪洞材质、结构和承压等洞型特征。取值及其含义见结构型式代码表。

7）洞长：泄洪洞长度，计量单位为 m，计至两位小数。

8）断面尺寸：泄洪洞的内部断面尺寸。圆形洞填写格式：ϕ内径；矩形洞填写格式：宽×高；其他形状填写内部最大内部尺寸，填写格式：宽×高。

9）进口底高程：泄洪洞进口底面高程，计量单位为 m，计至两位小数。

10）出口底高程：泄洪洞出口底面高程，计量单位为 m，计至两位小数。

11）消能型式：泄洪洞出口消能型式。填写底流消能、面流消能、挑流消能或其他。

12）闸门型式：泄洪洞闸门结构型式特征。取值及其含义见闸门型式代码表。

13）最大泄量：在校核洪水水位条件下泄洪洞闸门全部打开时的下泄流量，计量单位为 m^3/s，计至一位小数。

14）启闭设备：泄洪洞闸门启闭机特征，根据情况填写卷扬式启闭机、螺杆式启闭机、液压式启闭机、无启闭设备或其他。

15）电源条件：描述启闭机主电源、备用电源情况。

7. （实体）水库非常溢洪道基本信息表

[1] 表编号：010505007

[2] 表标识：SKFCYHDJBXXB

[3] 表说明：描述非常溢洪道的基本属性信息。非常溢洪道是指当遭遇非常洪水，为确保大坝安全方才启用的泄水建筑物。

序号	含义	字段名	数据类型	单位	必填	主键	外键
1	水库代码	SKDM	C（11）		Y	Y	Y
2	工程代码	GCDM	C（11）		Y		Y
3	结构型式	JGXS	C（6）				
4	启用洪水标准	QYHSBZ	N（5）	a			
5	启用水位	QYSW	N（7，3）	m			
6	最大泄量	ZDXL	N（9，1）	m^3/s			

[4] 填写说明：

1）水库代码：水库的识别代码。引用水库基本信息表。

2）工程代码：水库非常溢洪道建设工程的代码。引用水利工程基本信息表。

3）结构型式：非常溢洪道结构的型式。填写自溃式、爆破式或其他。

4）启用洪水标准：非常溢洪道设计启用条件对应的洪水标准（洪水重现期），计量单位为 a，计至整数。

5）启用水位：非常溢洪道设计启用时的水库水位，计量单位为 m，计至三位小数。

6）最大泄量：在校核水位条件下非常溢洪道的下泄流量，计量单位为 m^3/s，计至一位小数。

8. （实体）水闸基本信息表

[1] 表编号：010505008

[2] 表标识：SZJBXXB

[3] 表说明：描述水闸的基本属性信息。水闸是修建在河道和渠道上利用闸门控制流量和调节水位的低水头水工建筑物。关闭闸门可以拦洪、挡潮或抬高上游水位，以满足灌溉、发电、航运、水产、环保、工业和生活用水等需要；开启闸门，可以宣泄洪水、涝水、弃水或废水，也可对下游河道或渠道供水。在水利工程中，水闸作为挡水、泄水或取水的建筑物，应用广泛。

序号	含义	字段名	数据类型	单位	必填	主键	外键
1	水闸代码	SZDM	C（11）		Y	Y	
2	工程代码	GCDM	C（11）		Y		Y
3	水闸名称	SZMC	C（40）		Y		
4	曾用名	CYM	C（40）				
5	行政区划代码	XZQHDM	C（10）				Y
6	流域代码	LYDM	C（10）				Y
7	水闸类型	SZLX	C（6）				
8	工程状态	GCZT	C（2）				
9	工程规模	GCGM	C（1）				Y
10	工程等别	GCDB	C（2）				
11	主要建筑物级别	ZYJZWJB	C（2）				
12	详细地址	XXDZ	C（64）				
13	河流代码	HLDM	C（8）				Y
14	工程位置	GCWZ	C（40）				
15	中心经度	ZXJD	N（10，6）	（°）			
16	中心纬度	ZXWD	N（10，6）	（°）			
17	地震动峰值加速度	DZDFZJSD	C（1）				Y
18	地震基本烈度	DZJBLD	C（1）				Y
19	设防地震烈度	SFDZLD	C（1）				Y
20	最大过闸流量	ZDGZLL	N（9，1）	m^3/s			
21	水准基面代码	SZJMDM	C（2）				Y
22	水闸概况	SZGK	C（255）				
23	水闸功能	SZGN	C（60）				

[4] 填写说明：

1）水闸代码：水闸的识别代码。按《中国水闸名称代码》（SL 262—2020）的规定填写，未列入《中国水闸名称代码》（SL 262—2020）的水闸，按《水利对象分类与编码总则》（SL 213—2020）的规定编制并填写。

2）工程代码：水闸建设工程的代码。引用水利工程基本信息表。

3）水闸名称：水闸的名称。

4）曾用名：水闸现用的不同于工程名称的名称，或更名前的名称。有多个时，用“、”分开。

5）行政区划代码：引用行政区划基本信息表，该工程所属行政区，精确至乡级。

6）流域代码：引用流域基本信息表。该工程所处流域代码，按最小包含原则填写。

7）水闸类型：水闸的类型，根据情况填写进水闸、退水闸、节制闸、挡潮闸、船闸或其他。

8）工程状态：工程的建设与管理状态，填写在建、已建或其他。
9）工程规模：工程的规模。取值及其含义见工程规模分类代码表。
10）工程等别：工程的等别。填写“Ⅰ、Ⅱ、Ⅲ、Ⅳ、Ⅴ”5 个等级。
11）主要建筑物级别：水闸工程的主要建筑物级别。填写“Ⅰ、Ⅱ、Ⅲ、Ⅳ、Ⅴ”5 个等级。
12）详细地址：水闸所在的乡镇或村的名称。
13）河流代码：引用河流基本信息表，该水闸所在处河流的代码。
14）工程位置：水闸所在堤防（段）、圩垸、海堤、河流、水库的名称。
15）中心经度：水闸中心点的经度，采用 2000 国家大地坐标系（CGCS2000）。
16）中心纬度：水闸中心点的纬度，采用 2000 国家大地坐标系（CGCS2000）。
17）地震动峰值加速度：坝址区地震峰值加速度值。取值及其含义见地震峰值加速度代码表。
18）地震基本烈度：坝址区地震基本烈度值。取值及其含义见地震基本烈度代码表。
19）设防地震烈度：水闸工程主要建筑物设防地震烈度。取值及其含义见设防地震烈度代码表
20）最大过闸流量：闸门运行过程中，允许的最大过闸流量，计量单位为 m^3/s，计至一位小数。
21）水准基面代码：水闸的高程基准面代码。取值及其含义见水准基面代码表。
22）水闸概况：概述水闸的过程情况。
23）水闸功能：水闸的功能，按照重要性依次排序填写，第一项为最重要的，水闸的功能分类包括防洪、分凌、航运、泄洪、拦污、蓄水、其他、分洪以及供水。

9. （实体）堤防段基本信息表

[1] 表编号：010505009
[2] 表标识：DFDJBXXB
[3] 表说明：描述堤防段的基本属性信息。堤防是拦水的堤坝。

序号	含义	字段名	数据类型	单位	必填	主键	外键
1	堤防段代码	DFDDM	C（11）		Y	Y	
2	工程代码	GCDM	C（11）		Y		Y
3	堤防段名称	DFDMC	C（40）				
4	行政区划代码	XZQHDM	C（10）				Y
5	流域代码	LYDM	C（10）				Y
6	工程状态	GCZT	C（2）				
7	堤防段级别	DFDJB	C（2）				
8	堤防段类型	DFDLX	C（1）				Y
9	河流代码	HLDM	C（8）				Y
10	岸别	AB	C（2）				
11	堤防段起点位置	DFDQDWZ	C（80）				
12	堤防段起点桩号	DFDQDZH	C（8）				
13	堤防段起点高程	DFDQDGC	N（6，2）	m			
14	堤防段终点位置	DFDZDWZ	C（80）				
15	堤防段终点桩号	DFDZDZH	C（8）				
16	堤防段终点高程	DFDZDGC	N（6，2）	m			
17	堤防段长度	DFDCD	N（6，2）	km			
18	最大堤高	ZDDG	N（5，2）	m			

序号	含义	字段名	数据类型	单位	必填	主键	外键
19	临水面护岸情况	LSMHAQK	C（1）				Y
20	背水面护坡情况	BSMHPQK	C（1）				Y
21	地震基本烈度	DZJBLD	C（1）				Y
22	设防地震烈度	SFDZLD	C（1）				Y
23	水准基面代码	SZJMDM	C（2）				Y
24	堤防段概况	DFDGK	C（255）				
25	中心经度	ZXJD	N（10，6）	（°）			
26	中心纬度	ZXWD	N（10，6）	（°）			

[4] 填写说明：

1）堤防段代码：堤防段的识别代码。按《水利对象分类与编码总则》（SL 213—2020）的规定编制并填写。

2）工程代码：堤防建设工程的代码。引用水利工程基本信息表。

3）堤防段名称：堤防段的名称。

4）行政区划代码：引用行政区划基本信息表，该工程所属行政区，精确至乡镇。

5）流域代码：引用流域基本信息表。该工程所处流域代码，按最小包含原则填写。

6）工程状态：工程的建设与管理状态，填写在建、已建或其他。

7）堤防段级别：堤防段工程的级别。填写“Ⅰ、Ⅱ、Ⅲ、Ⅳ、Ⅴ”5 个等级。

8）堤防段类型：堤防段工程的分类类型。取值及其含义见堤防段类型代码表。

9）河流代码：引用河流基本信息表，该堤防段所处河流的代码。

10）岸别：堤防段所在河流的岸别，填写左岸或右岸。

11）堤防段起点位置：堤防段起点的所在位置。按行政区划逐级填写，宜填至区县或乡镇，如××省××市××县××乡镇。

12）堤防段起点桩号：堤防段起点的桩号。以千米数+米数表示。

13）堤防段起点高程：堤防段起点的堤顶高程，计量单位为 m，计至两位小数。

14）堤防段终点位置：堤防段终点的所在位置，填写格式同堤防段起点位置。

15）堤防段终点桩号：堤防段终点的桩号。以千米数+米数表示。

16）堤防段终点高程：堤防段终点的堤顶高程，计量单位为 m，计至两位小数。

17）堤防段长度：堤防段的长度，计量单位为 km，计至两位小数。

18）最大堤高：堤防段的建基面到堤顶高度的最大值，计量单位为 m，计至两位小数。

19）临水面护岸情况：堤防段临水面的护岸情况。取值及其含义见护岸（坡）情况代码表。

20）背水面护坡情况：堤防段背水面的护坡情况。取值及其含义见护岸（坡）情况代码表。

21）地震基本烈度：堤防段区域地震基本烈度。取值及其含义见地震基本烈度代码表。

22）设防地震烈度：堤防段工程设防地震烈度。取值及其含义见设防地震烈度代码表。

23）水准基面代码：堤防段的高程基准面代码。取值及其含义见水准基面代码表。

24）堤防段概况：概述堤防段的工程情况。

25）中心经度：堤防段中心点的经度，采用 2000 国家大地坐标系（CGCS2000）。

26）中心纬度：堤防段中心点的纬度，采用 2000 国家大地坐标系（CGCS2000）。

10．（实体）海堤基本信息表

[1] 表编号：010505010

[2] 表标识：HDJBXXB

[3] 表说明：描述海堤的基本信息。海堤是围海工程的水工建筑物。

序号	含义	字段名	数据类型	单位	必填	主键	外键
1	海堤代码	HDDM	C（11）		Y	Y	
2	工程代码	GCDM	C（11）		Y		Y
3	海堤名称	HDMC	C（40）				
4	行政区划代码	XZQHDM	C（10）				Y
5	流域代码	LYDM	C（10）				Y
6	海堤级别	HDJB	C（2）				
7	海堤类别	HDLB	C（1）				Y
8	海堤起点位置	HDQDWZ	C（80）				
9	海堤起点高程	HDQDGC	N（6，2）	m			
10	海堤终点位置	HDZDWZ	C（80）				
11	海堤终点高程	HDZDGC	N（6，2）	m			
12	海堤长度	HDCD	N（6，2）	km			
13	最大堤高	ZDDG	N（5，2）	m			
14	水准基面代码	SZJMDM	C（2）				Y
15	海堤概况	HDGK	C（255）				
16	中心经度	ZXJD	N（10，6）	（°）			
17	中心纬度	ZXWD	N（10，6）	（°）			

[4] 填写说明：

1）海堤代码：海堤的识别代码。按《水利对象分类与编码总则》（SL 213—2020）的规定编制并填写。

2）工程代码：海堤建设工程的代码。引用水利工程基本信息表。

3）海堤名称：海堤的名称。

4）行政区划代码：引用行政区划基本信息表，该工程所属行政区，按最小包含原则填写。

5）流域代码：引用流域基本信息表。该工程所处流域代码，按最小包含原则填写。

6）海堤级别：海堤工程的级别。填写“Ⅰ、Ⅱ、Ⅲ、Ⅳ、Ⅴ”5个等级。

7）海堤类别：海堤工程的分类类别。取值及其含义见堤防段类型代码表。

8）海堤起点位置：海堤起点的所在位置。按行政区划逐级填写，宜填至区县或乡镇，如××省××市××县××乡镇。

9）海堤起点高程：海堤起点的堤顶高程，计量单位为m，计至两位小数。

10）海堤终点位置：海堤终点的所在位置，填写格式同海堤起点位置。

11）海堤终点高程：海堤起点的堤顶高程，计量单位为m，计至两位小数。

12）海堤长度：海堤的长度，计量单位为km，计至两位小数。

13）最大堤高：海堤的建基面到堤顶高度最大值，计量单位为m，计至两位小数。

14）水准基面代码：海堤的高程基准面代码。取值及其含义见水准基面代码表。

15）海堤概况：概述海堤的工程情况。

16）中心经度：海堤中心点的经度，采用2000国家大地坐标系（CGCS2000）。

17）中心纬度：海堤中心点的纬度，采用2000国家大地坐标系（CGCS2000）。

11．（实体）穿堤建筑物基本信息表

[1] 表编号：010505011

[2] 表标识：CDJZWJBXXB

[3] 表说明：描述穿堤建筑物的基本属性信息。穿堤建筑物属于堤防的一部分，同堤防的御洪功能一样，穿堤建筑物也承担拦洪作用。

序号	含义	字段名	数据类型	单位	必填	主键	外键
1	穿堤建筑物代码	CDJZWDM	C（14）		Y	Y	
2	工程代码	GCDM	C（11）		Y		Y
3	穿堤建筑物名称	CDJZWMC	C（40）				
4	穿堤建筑物类别	CDJZWLB	C（6）				
5	行政区划代码	XZQHDM	C（10）				Y
6	流域代码	LYDM	C（10）				Y
7	详细地址	XXDZ	C（64）				
8	河流代码	HLDM	C（8）				Y
9	堤防段代码	DFDDM	C（11）				Y
10	岸别	AB	C（2）				
11	经度	JD	N（10，6）	（°）			
12	纬度	WD	N（10，6）	（°）			
13	桩号	ZH	C（10）				
14	引水流量	YSLL	N（9，1）	m^3/s			
15	断面形式	DMXS	C（2）				
16	穿堤建筑物概况	CDJZWGK	C（255）				

[4] 填写说明：

1）穿堤建筑物代码：穿堤建筑物的识别代码。按《水利对象分类与编码总则》（SL 213—2020）的规定编制并填写。

2）工程代码：穿堤建筑物建设工程的代码。引用水利工程基本信息表。

3）穿堤建筑物名称：穿堤建筑物的名称。

4）穿堤建筑物类别：穿堤建筑物的分类类别，填写涵洞、水闸、倒虹吸或其他。

5）行政区划代码：引用行政区划基本信息表，该工程所属行政区，按最小包含原则填写。

6）流域代码：引用流域基本信息表。该工程所处流域代码，按最小包含原则填写。

7）详细地址：工程所在乡镇和村的名称。如××乡（镇、街道）××村（居委会）。

8）河流代码：引用河流基本信息表，该穿堤建筑物所在处河流的代码。

9）堤防段代码：穿堤建筑物所在堤防段的识别表示码。引用堤防段基本信息表。

10）岸别：穿堤建筑物所在河流的岸别，填写左岸或右岸。

11）经度：工程所在的位置经度，采用 2000 国家大地坐标系（CGCS2000）。

12）纬度：工程所在的位置纬度，采用 2000 国家大地坐标系（CGCS2000）。

13）桩号：穿堤建筑物处河流或堤防的桩号。用千米数+米数表示。

14）引水流量：穿堤建筑物的引水流量，计量单位为 m^3/s，计至一位小数。

15）断面形式：穿堤建筑物的断面形式。填写圆形、拱形、箱形或其他。

16）穿堤建筑物概况：概述穿堤建筑物的工程情况。

12．（实体）圩垸基本信息表

[1] 表编号：010505012

[2] 表标识：WYJBXXB

[3] 表说明：描述圩垸的基本属性信息。圩垸是指沿江、滨湖低地四周有圩堤围护，内有灌排系统的农业区。在长江下游叫作“圩”，中游叫作“垸”，统称“圩垸”。若干个圩垸连成一片，叫作圩区或圩垸地区。

序号	含义	字段名	数据类型	单位	必填	主键	外键
1	圩垸代码	WYDM	C（11）		Y	Y	
2	工程代码	GCDM	C（11）		Y		Y
3	圩垸名称	WYMC	C（40）				
4	行政区划代码	XZQHDM	C（10）				Y
5	流域代码	LYDM	C（10）				Y
6	圩垸类别	WYLB	C（6）				
7	详细地址	XXDZ	C（64）				
8	河流代码	HLDM	C（8）				Y
9	圩垸面积	WYMJ	N（8，2）	km^2			
10	圩垸内村庄数	WYNCZS	N（8）	个			
11	圩垸内人口	WYNRK	N（8）	人			
12	圩垸内固定资产	WYNGDZC	N（8，2）	万元			
13	圩垸概况	WYGK	C（255）				
14	中心经度	ZXJD	N（10，6）	（°）			
15	中心纬度	ZXWD	N（10，6）	（°）			

[4] 填写说明：

1）圩垸代码：圩垸的识别代码。按《水利对象分类与编码总则》（SL 213—2020）的规定编制并填写。

2）工程代码：圩垸建设工程的代码。引用水利工程基本信息表。

3）圩垸名称：圩垸的名称。

4）行政区划代码：引用行政区划基本信息表，该工程所属行政区，按最小包含原则填写。

5）流域代码：引用流域基本信息表。该工程所处流域代码，按最小包含原则填写。

6）圩垸类别：圩垸的分类类别，填写重点圩垸、一般圩垸、村庄圩或其他。

7）详细地址：圩垸所在的详细地址。

8）河流代码：引用河流基本信息表，该圩垸所在处河流的代码。

9）圩垸面积：圩垸保护范围总面积，计量单位为 km^2，计至两位小数。

10）圩垸内村庄数：圩垸内行政村数量，计量单位为个，计至整数。

11）圩垸内人口：居住在圩垸内的总人口，计量单位为人，计至整数。

12）圩垸内固定资产：圩垸内的近 5 年平均固定资产总值，计量单位为万元，计至两位小数。

13）圩垸概况：概述圩垸的情况。

14）中心经度：圩垸中心点的经度，采用 2000 国家大地坐标系（CGCS2000）。

15）中心纬度：圩垸中心点的纬度，采用 2000 国家大地坐标系（CGCS2000）。

13. （实体）蓄滞洪区基本信息表

[1] 表编号：010505013

[2] 表标识：XZHQJBXXB

[3] 表说明：描述蓄滞洪区的基本属性信息。蓄滞洪区，是指包括分洪口在内的河堤背水面以外临时贮存洪水的低洼地区及湖泊等。蓄滞洪区包括行洪区、分洪区、蓄洪区和滞洪区。

序号	含义	字段名	数据类型	单位	必填	主键	外键
1	蓄滞洪区代码	XZHQDM	C（11）		Y	Y	
2	工程代码	GCDM	C（11）		Y		Y
3	蓄滞洪区名称	XZHQMC	C（40）				
4	行政区划代码	XZQHDM	C（10）				Y
5	流域代码	LYDM	C（10）				Y
6	蓄滞洪区类别	XZHQLB	C（8）				
7	详细地址	XXDZ	C（64）				
8	河流代码	HLDM	C（8）				Y
9	蓄滞洪区面积	XZHQMJ	N（8，3）	km^2			
10	蓄滞洪区围堤长度	XZHQWDCD	N（6，2）	km			
11	设计蓄滞洪水位	SJXZHSW	N（7，3）	m			
12	设计蓄滞洪量	SJXZHL	N（10，2）	$10^4 m^3$			
13	口门名称	KMMC	C（160）				
14	区内居住人口	QNJZRK	N（6，2）	万人			
15	区内固定资产	QNGDZC	N（9，2）	万元			
16	设计启用频率	SJQYPL	C（1）				Y
17	蓄滞洪区概况	XZHQGK	C（255）				
18	中心经度	ZXJD	N（10，6）	（°）			
19	中心纬度	ZXWD	N（10，6）	（°）			

[4] 填写说明：

1）蓄滞洪区代码：蓄滞洪区的识别代码。按《中国蓄滞洪区名称代码》（SL 263—2000）的规定填写，未列入《中国蓄滞洪区名称代码》（SL 263—2000）的蓄滞洪区，按《水利对象分类与编码总则》（SL 213—2020）的规定编制并填写。

2）工程代码：蓄滞洪区建设工程的代码。引用水利工程基本信息表。

3）蓄滞洪区名称：蓄滞洪区的名称。

4）行政区划代码：引用行政区划基本信息表，该工程所属行政区，按最小包含原则填写。

5）流域代码：引用流域基本信息表。该工程所处流域代码，按最小包含原则填写。

6）蓄滞洪区类别：蓄滞洪区的分类类别。填写蓄滞洪区、行洪区、滩区或其他。

7）详细地址：蓄滞洪区所在的详细地址。

8）河流代码：引用河流基本信息表，该蓄滞洪区所在处河流的代码。

9）蓄滞洪区面积：蓄滞洪区围堤内总面积，计量单位为 km^2，计至三位小数。

10）蓄滞洪区围堤长度：蓄滞洪区围堤的总长度，计量单位为 km，计至两位小数。

11）设计蓄滞洪水位：蓄滞洪区符合设计标准下的蓄滞洪水位，计量单位为 m，计至三位小数。

12）设计蓄滞洪量：设计蓄洪水位的蓄滞洪区洪水总量或设计洪水位下的行洪洪水总量，计量单位为 $10^4 m^3$，计至两位小数。

13）口门名称：蓄滞洪区洪水进出口门的名称。有多个时，用“、”分开。

14）区内居住人口：居住在蓄滞洪区内的总人口，计量单位为万人，计至两位小数。

15）区内固定资产：蓄滞洪区内近 5 年平均固定资产总值，计量单位为万元，计至两位小数。

16）设计启用频率：蓄滞洪区的设计启用频率。取值及其含义见设计启用频率代码表。

17）蓄滞洪区概况：概述蓄滞洪区的工程情况。

18）中心经度：蓄滞洪区中心点的经度，采用 2000 国家大地坐标系（CGCS2000）。

19）中心纬度：蓄滞洪区中心点的纬度，采用 2000 国家大地坐标系（CGCS2000）。

14. （实体）防洪保护区基本信息表

[1] 表编号：010505014

[2] 表标识：FHBHQJBXXB

[3] 表说明：描述防洪保护区的基本属性信息。防洪保护区是指由堤坝，水工建筑物，自然山丘或填高陆地围合的封闭区域。

序号	含义	字段名	数据类型	单位	必填	主键	外键
1	保护区名称	BHQMC	C（64）		Y	Y	
2	流域代码	LYDM	C（10）		Y		Y
3	行政区划代码	XZQHDM	C（10）		Y		Y
4	工程代码	GCDM	C（11）		Y		Y
5	面积	MJ	N（9，2）	km^2			
6	主要保护对象	ZYBHDX	C（64）				
7	人口	RK	N（7，2）	万人			
8	耕地	GD	N（8，2）	万亩			
9	基本农田	JBNT	N（8，2）	万亩			
10	GDP	GDP	N（7，2）	亿元			
11	保护类型	BHLX	C（64）				
12	所防御洪水	SFYHS	C（64）				
13	防洪标准	FHBZ	N（3）	a			
14	主要防护措施	ZYFHCS	C（64）				
15	中心经度	ZXJD	N（10，6）	（°）			
16	中心纬度	ZXWD	N（10，6）	（°）			

[4] 填写说明：

1）保护区名称：防洪保护区中文名称。

2）流域代码：引用流域基本信息表。该保护区所处流域代码，按最小包含原则填写。

3）行政区划代码：引用行政区划基本信息表，保护区的所属行政区，按最小包含原则填写。

4）工程代码：保护区工程的代码。引用水利工程基本信息表。

5）面积：防洪保护区的面积，计量单位为 km^2，计至两位小数。

6）主要保护对象：包括城市、乡村、工矿企业、交通运输设施等。

7）人口：防洪保护区的人口，计量单位为万人，计至两位小数。

8）耕地：防洪保护区的耕地，计量单位为万亩，计至两位小数。

9）基本农田：防洪保护区的基本农田，计量单位为万亩，计至两位小数。

10）GDP：计量单位为亿元，计至两位小数。

11）保护类型：主要根据洪水威胁来源，可填写防洪、防潮等。

12）所防御洪水：按防洪重要性由高到低填写防御的江河洪水来源以及风暴潮等，要求分别注明所防御目标洪水，如××河流 20 年一遇洪水。

13）防洪标准：防洪保护区的防洪标准是由上述围合元素中最薄弱的环节所决定的，具体则取决于每个防洪保护区的海拔高度，经济重要性，人口密度和潜在洪灾的可预报性。填写具体重现期，或某一具体典型年洪水，计量单位为 a，计至整数。

14）主要防护措施：指防洪保护区所依托的堤防、水库、蓄滞洪区等工程措施，如“依靠××堤防达到 20 年一遇，结合××水库，达到 50 年一遇”。

15）中心经度：防洪保护区中心点的经度，采用 2000 国家大地坐标系（CGCS2000）。

16）中心纬度：防洪保护区中心点的纬度，采用 2000 国家大地坐标系（CGCS2000）。

15. （实体）涝区基本信息表

[1] 表编号：010505015

[2] 表标识：LQJBXXB

[3] 表说明：描述涝区的基本属性信息。涝区是长期阴雨或暴雨后，由于地表积水，地面径流不能及时排出，农田积水超过作物耐淹能力，造成农业减产的灾害的地势低洼、地形闭塞的地区。

序号	含义	字段名	数据类型	单位	必填	主键	外键
1	涝区名称	LQMC	C（64）		Y	Y	
2	工程代码	GCDM	C（11）		Y		Y
3	流域代码	LYDM	C（10）		Y		Y
4	行政区划代码	XZQHDM	C（10）		Y		Y
5	撇洪沟条数	PHGTS	N（3）	条	Y		
6	撇洪沟长度	PHGCD	N（6，2）	km			
7	排涝河道条数	PLHDTS	N（3）	条			
8	排涝河道长度	PLHDCD	N（6，2）	km			
9	排涝渠系条数	PLQXTS	N（3）	条			
10	排涝渠系长度	PLQXCD	N（6，2）	km			
11	排涝涵闸数量	PLHZSL	N（2）	座			
12	排涝泵站设计流量	PLBZSJLL	N（9，1）	m^3/s			
13	排涝泵站装机	PLBZZJ	N（7，2）	万 kW			
14	滞涝区面积	ZLQMJ	N（7，2）	m^2			
15	滞涝区容积	ZLQRJ	N（7，2）	$10^4 m^3$			
16	排涝标准	PLBZ	C（32）				
17	中心经度	ZXJD	N（10，6）	（°）			
18	中心纬度	ZXWD	N（10，6）	（°）			

[4] 填写说明：

1）涝区名称：涝区的中文名称。

2）工程代码：涝工程的代码。引用水利工程基本信息表。

3）流域代码：引用流域基本信息表。该涝区所处流域代码，按最小包含原则填写。

4）行政区划代码：引用行政区划基本信息表，涝区的所属行政区，按最小包含原则填写。

5）撇洪沟条数：撇洪沟的条数，计量单位为条，计至整数。

6）撇洪沟长度：撇洪沟的长度，计量单位为 km，计至两位小数。

7）排涝河道条数：排涝河道的条数，计量单位为条，计至整数。

8）排涝河道长度：排涝河道的长度，计量单位为 km，计至两位小数。

9）排涝渠系条数：排涝渠系的条数，计量单位为条，计至整数。

10）排涝渠系长度：排涝渠系的长度，计量单位为 km，计至两位小数。

11）排涝涵闸数量：排涝涵闸的数量，计量单位为座，计至整数。

12）排涝泵站设计流量：排涝泵站设计的流量，计量单位为 m^3/s，计至一位小数。

13）排涝泵站装机：排涝泵站装机，计量单位为万 kW，计至两位小数。

14）滞涝区面积：滞涝区的面积，计量单位为 m^2，计至两位小数。

15）滞涝区容积：滞涝区的容积，计量单位为 $10^4\ m^3$，计至两位小数。

16）排涝标准：填写具体重现期，或某一具体典型年洪水。

17）中心经度：滞涝区中心点的经度，采用 2000 国家大地坐标系（CGCS2000）。

18）中心纬度：滞涝区中心点的纬度，采用 2000 国家大地坐标系（CGCS2000）。

16. （实体）洪泛区基本信息表

[1] 表编号：010505016

[2] 表标识：HFQJBXXB

[3] 表说明：描述洪泛区（洲滩民垸）的基本属性信息。洪泛区是指尚无工程设施保护的洪水泛滥所及的地区。

序号	含义	字段名	数据类型	单位	必填	主键	外键
1	洪泛区名称	HFQMC	C（64）		Y	Y	
2	所属工程代码	SSGCDM	C（11）		Y		Y
3	流域代码	LYDM	C（10）		Y		Y
4	行政区划代码	XZQHDM	C（10）		Y		Y
5	中心经度	ZXJD	N（10，6）	（°）			
6	中心纬度	ZXWD	N（10，6）	（°）			
7	人口	RK	N（7，2）	万人			
8	耕地	GD	N（8，2）	万亩			
9	基本农田	JBNT	N（8，2）	万亩			
10	GDP	GDP	N（7，2）	亿元			
11	运用规则	YYGZ	C（255）				
12	分洪容积	FHRJ	N（7，2）	$10^4\ m^3$			

[4] 填写说明：

1）洪泛区名称：洪泛区的中文名称。

2）所属工程代码：洪泛区建设工程的代码。引用水利工程基本信息表。

3）流域代码：引用流域基本信息表。该洪泛区所处流域代码，按最小包含原则填写。

4）行政区划代码：引用行政区划基本信息表，洪泛区的所属行政区，按最小包含原则填写。

5）中心经度：洪泛区中心点的经度，采用 2000 国家大地坐标系（CGCS2000）。

6）中心纬度：洪泛区中心点的纬度，采用 2000 国家大地坐标系（CGCS2000）。

7）人口：洪泛区的人口，计量单位为万人，计至两位小数。

8）耕地：洪泛区的耕地，计量单位为万亩，计至两位小数。

9）基本农田：洪泛区的基本农田，计量单位为万亩，计至两位小数。

10）GDP：计量单位为亿元，计至两位小数。

11）运用规则：填写现行防御洪水方案中明确的运用规则，无规则可不填。

12）分洪容积：分洪容积，填写可分入洪水的体积，分类属于“其他”的可不填写分洪容积，计量单位为 $10^4\ m^3$，计至两位小数。

17. （实体）灌区基本信息表

[1] 表编号：010505017

[2] 表标识：GQJBXXB

[3] 表说明：描述灌区的基本属性信息。灌区是指有可靠水源和引、输、配水渠道系统和相应排水沟道的灌溉区域，是人类经济活动的产物，随社会经济的发展而发展。

序号	含义	字段名	数据类型	单位	必填	主键	外键
1	灌区代码	GQDM	C（11）		Y	Y	
2	工程代码	GCDM	C（11）		Y		Y
3	灌区名称	GQMC	C（40）				
4	流域代码	LYDM	C（10）		Y		Y
5	行政区划代码	XZQHDM	C（10）		Y		Y
6	灌区水源工程类别	GQSYGCLB	C（1）				Y
7	灌区规模	GQGM	C（8）				
8	灌溉范围	GGFW	C（255）				
9	所在地点	SZDD	C（80）				
10	设计灌区面积	SJGQMJ	N（8）	亩			
11	实际灌区面积	SHJGQMJ	N（8）	亩			
12	渠首建筑物位置	QSJZWWZ	C（36）				
13	渠首建筑物名称	QSJZWMC	C（40）				
14	渠首设计引水流量	QSSJYSLL	N（9，1）	m^3/s			
15	总干渠长度	ZGQCD	N（7，2）	km			
16	灌区概况	GQGK	C（255）				
17	中心经度	ZXJD	N（10，6）	（°）			
18	中心纬度	ZXWD	N（10，6）	（°）			

[4] 填写说明：

1）灌区代码：灌区的识别代码。按《水利对象分类与编码总则》（SL 213—2020）的规定编制并填写。

2）工程代码：灌区建设工程的代码。引用水利工程基本信息表。

3）灌区名称：灌区的名称。

4）流域代码：引用流域基本信息表。该涝区所处流域代码，按最小包含原则填写。

5）行政区划代码：引用行政区划基本信息表，涝区的所属行政区，按最小包含原则填写。

6）灌区水源工程类别：灌区的水源工程类别。取值及其含义见水源工程类别代码表。

7）灌区规模：灌区的规模。根据规模大小填写面积 30 万亩以上、面积 1 万～30 万亩、面积 1 万亩以下或其他。

8）灌溉范围：灌区的灌溉范围。按行政区划填写。

9）所在地点：灌区的所在地点名称。

10）设计灌区面积：灌区设计灌溉总面积，计量单位为亩，计至整数。

11）实际灌区面积：灌区的实际最大灌溉总面积，计量单位为亩，计至整数。

12）渠首建筑物位置：渠首取水建筑物的所在地点位置。

13）渠首建筑物名称：渠首取水建筑物的名称。

14）渠首设计引水流量：设计标准下渠首的引水流量，计量单位为 m^3/s，计至一位小数。

15）总干渠长度：灌区总干渠的总长度，计量单位为 km，计至两位小数。

16）灌区概况：概述灌区的过程情况。

17）中心经度：灌区中心点的经度，采用 2000 国家大地坐标系（CGCS2000）。

18）中心纬度：灌区中心点的纬度，采用 2000 国家大地坐标系（CGCS2000）。

18. （实体）机电排灌站基本信息表

[1] 表编号：010505018

[2] 表标识：JDPGZJBXXB

[3] 表说明：描述机电排灌站的基本属性信息。机电排灌站是利用动力机械驱动水泵提水，进行排灌的工程设施。由泵站工程、电气工程和灌溉排水工程组成。

序号	含义	字段名	数据类型	单位	必填	主键	外键
1	机电排灌站代码	JDPGZDM	C（11）		Y	Y	
2	工程代码	GCDM	C（11）		Y		Y
3	机电排灌站名称	JDPGZMC	C（40）				
4	流域代码	LYDM	C（10）		Y		Y
5	行政区划代码	XZQHDM	C（10）		Y		Y
6	机电排灌站类别	JDPGZLB	C（1）				Y
7	详细地址	XXDZ	C（64）				
8	河流代码	HLDM	C（8）				Y
9	经度	JD	N（10，6）	（°）			
10	纬度	WD	N（10，6）	（°）			
11	主要用途	ZYYT	C（80）				
12	装机功率	ZJGL	N（8，1）	kW			
13	装机流量	ZJLL	N（9，1）	m^3/s			
14	机组台数	JZTS	N（3）	台			
15	泵型	BX	C（6）				
16	排涝面积	PLMJ	N（8）	亩			
17	灌溉面积	GGMJ	N（8）	亩			
18	泵站设计扬程	BZSJYC	N（6，2）	m			
19	机电排灌站概况	JDPGZGK	C（255）				

[4] 填写说明：

1）机电排灌站代码：机电排灌站的识别代码。按《水利对象分类与编码总则》（SL 213—2020）的规定编制并填写。

2）工程代码：机电排灌站建设工程的代码。引用水利工程基本信息表。

3）机电排灌站名称：机电排灌站的名称。

4）流域代码：引用流域基本信息表。该工程所处流域代码，按最小包含原则填写。

5）行政区划代码：引用行政区划基本信息表，工程的所属行政区，精确至乡级。

6）机电排灌站类别：机电排灌站的分类类别。取值及其含义见机电排灌站类别代码表。

7）详细地址：机电排灌站所在乡镇和村的名称。

8）河流代码：引用河流基本信息表，该机电排灌站所在处河流的代码。

9）经度：机电排灌站所在位置的经度。采用 2000 国家大地坐标系（CGCS2000）。

10）纬度：机电排灌站所在位置的纬度。采用 2000 国家大地坐标系（CGCS2000）。

11）主要用途：可填写机电排灌站功能（排、灌、排灌结合）以及服务对象。

12）装机功率：机电排灌站的装机功率，计量单位为 kW，计至一位小数。

13）装机流量：机电排灌站的装机流量，计量单位为 m^3/s，计至一位小数。

14）机组台数：机电排灌站的水泵组的台（套）量，计量单位为台，计至整数。

15）泵型：机电排灌站主要的水泵机组的泵型，填写离心泵、轴流泵、混流泵或其他。

16）排涝面积：机电排灌站的排涝面积，计量单位为亩，计至整数。

17）灌溉面积：机电排灌站的灌溉面积，计量单位为亩，计至整数。

18）泵站设计扬程：机电排灌站的泵站的设计扬程，计量单位为 m，计至两位小数。

19）机电排灌站概况：概述机电排灌站的情况。

19. （实体）水土保持工程基本信息表

[1] 表编号：010505019

[2] 表标识：STBCGCJBXXB

[3] 表说明：描述水土保持工程的基本属性信息。水土保持工程是应用工程学原理以防治水土流失的一项措施。包括山坡防护工程、山沟治理工程、山洪排导工程和小型蓄水用水工程。

序号	含义	字段名	数据类型	单位	必填	主键	外键
1	水土保持工程代码	STBCGCDM	C（11）		Y	Y	Y
2	水土保持工程名称	STBCGCMC	C（40）				
3	流域代码	LYDM	C（10）		Y		Y
4	行政区划代码	XZQHDM	C（10）		Y		Y
5	水土保持工程类别	STBCGCLB	C（1）				Y
6	详细地址	XXDZ	C（64）				
7	水土保持工程措施	STBCGCCS	C（100）				
8	水土保持工程概况	STBCGCGK	C（255）				
9	中心经度	ZXJD	N（10，6）	（°）			
10	中心纬度	ZXWD	N（10，6）	（°）			

[4] 填写说明：

1）水土保持工程代码：水土保持工程识别代码。引用水利工程基本信息表。

2）水土保持工程名称：水土保持工程的名称。

3）流域代码：引用流域基本信息表。该工程所处流域代码，按最小包含原则填写。

4）行政区划代码：引用行政区划基本信息表，工程的所属行政区，按最小包含原则填写。

5）水土保持工程类别：水土保持工程的分类类别。取值及其含义见水土保持工程类别代码表。

6）详细地址：水土保持工程所在乡镇和村的名称。

7）水土保持工程措施：为防止水土流失，保护、改良和合理利用水土资源而修建的工程设施。按《水土保持综合治理》（GB/T 16453.1—2008）的规定填写。

8）水土保持工程概况：水土保工程的工程情况。

9）中心经度：灌区中心点的经度，采用 2000 国家大地坐标系（CGCS2000）。

10）中心纬度：灌区中心点的纬度，采用 2000 国家大地坐标系（CGCS2000）。

20. （实体）水力发电工程基本信息表

[1] 表编号：010505020

[2] 表标识：SLFDGCJBXXB

[3] 表说明：描述水力发电工程的基本情况。水力发电工程是指将水能转换为电能的综合工程设施。

序号	含义	字段名	数据类型	单位	必填	主键	外键
1	水力发电工程代码	SLFDGCDM	C（11）		Y	Y	Y
2	水力发电工程名称	SLFDGCMC	C（50）				
3	河流代码	HLDM	C（8）				Y
4	行政区划代码	XZQHDM	C（10）		Y		Y
5	工程类别代码	GCLBDM	C（1）				Y
6	管理区域代码	GLQYDM	C（1）				Y
7	建设属性	JSSX	C（2）				
8	功能	GN	C（100）				
9	控制流域面积	KZLLMJ	N（9，2）	km^2			
10	多年平均径流量	DNPJJLL	N（9，1）	m^3/s			
11	正常蓄水位	ZCXSW	N（7，3）	m			
12	设计洪水位	SJHSW	N（7，3）	m			
13	校核洪水位	JHHSW	N（7，3）	m			
14	水准基面代码	SZJMDM	C（2）				Y
15	总库容	ZKR	N（10，3）	亿 m^3			
16	防洪库容	FHKR	N（10，3）	亿 m^3			
17	兴利库容	XLKR	N（10，3）	亿 m^3			
18	水库面积	SKMJ	N（7，2）	km^2			
19	坝型代码	BXDM	C（2）				Y
20	最大坝高	ZDBG	N（6，2）	m			
21	装机容量	ZJRL	N（7，2）	MW			
22	多年平均发电量	DNPJFDL	N（5，2）	亿 kW·h			
23	防洪保护面积	FHBHMJ	N（10，2）	万亩			
24	设计灌溉面积	SJGGMJ	N（10，2）	万亩			
25	设计年供水量	SJNGSL	N（8，2）	10^4 m^3			
26	中心经度	ZXJD	N（10，6）	（°）			
27	中心纬度	ZXWD	N（10，6）	（°）			
28	备注	BZ	C（255）				

[4] 填写说明：

1）水力发电工程代码：水力发电工程的标识码。引用水利工程基本信息表。

2）水力发电工程名称：水力发电工程的名称。

3）河流代码：引用河流基本信息表，该水力发电工程所在处河流的代码。

4）行政区划代码：引用行政区划基本信息表，该工程所属行政区，按最小包含原则填写。

5）工程类别代码：水力发电工程类别识别代码。取值及其含义见水力发电工程类别代码表。

6）管理区域代码：水力发电工程的管理区域类别代码。取值及其含义见工程管理区域代码表。

7）建设属性：水力发电工程的建设属性，填写在建、已建或其他。

8）功能：水力发电工程主要功能描述。

9）控制流域面积：坝址控制的上游流域总面积，计量单位为 km^2，计至两位小数。

10）多年平均径流量：多年径流量的算术平均值，计量单位为 m^3/s，计至一位小数。

11）正常蓄水位：水库在正常运行情况下所蓄到的最高水位，计量单位为 m，计至三位小数。

12）设计洪水位：设计洪水情况下挡水建筑物前的水位，计量单位为 m，计至三位小数。

13）校核洪水位：遇到大坝校核洪水时，坝前水库达到的最高水位，计量单位为 m，计至三位小数。

14）水准基面代码：各类水位高程所参照的水准基面代码。取值及其含义见水准基面代码表。

15）总库容：校核洪水位以下的水库容积，计量单位为亿 m^3，计至三位小数。

16）防洪库容：水库设计洪水位至汛期限制水位或正常蓄水位之间的水库容积，计量单位为亿 m^3，计至三位小数。

17）兴利库容：正常蓄水位（兴利蓄水位）与死水位之间的水库容积，计量单位为亿 m^3，计至三位小数。

18）水库面积：正常蓄水位时水库水平面面积，计量单位为 km^2，计至两位小数。

19）坝型代码：主坝坝型代码。取值及其含义见坝型代码表。

20）最大坝高：坝底至坝顶高度，计量单位为 m，计至两位小数。

21）装机容量：一座水电站全部发电机组的额定出力之和，计量单位为 MW，计至两位小数。

22）多年平均发电量：水力发电工程多年运行时间内，各年发电量的算术平均值，计量单位为亿 kW·h，计至两位小数。

23）防洪保护面积：工程某一防洪标准下，免受该洪水影响的被保护区域面积，计量单位为万亩，计至两位小数。

24）设计灌溉面积：按规定的保证率设计的灌区面积，计量单位为万亩，计至两位小数。

25）设计年供水量：水力发电工程设计的每年为用户提供的包括输水损失在内的毛水量，计量单位为 10^4 m^3，计至两位小数。

26）中心经度：水力发电工程中心点所在的位置经度，采用 2000 国家大地坐标系（CGCS2000）。

27）中心纬度：水力发电工程中心点所在的位置纬度，采用 2000 国家大地坐标系（CGCS2000）。

28）备注：需补充说明的文字。

21. （实体）水利水电设施基本信息表

[1] 表编号：010505021

[2] 表标识：SLSDSSJBXXB

[3] 表说明：描述水利水电设施基本属性信息。

序号	含义	字段名	数据类型	单位	必填	主键	外键
1	水利水电设施代码	SLSDSSDM	C（20）		Y	Y	
2	水利水电设施名称	SLSDSSMC	C（32）				
3	工程代码	GCDM	C（11）				Y
4	行政区划代码	XZQHDM	C（10）				Y
5	详细地点	XXDD	C（64）				
6	主管单位	ZGDW	C（64）				
7	建成日期	JCRQ	D（8）				
8	坝型代码	BXDM	C（2）				Y
9	总库容	ZKR	N（10，3）	亿 m^3			
10	装机容量	ZJRL	N（7，2）	MW			
11	引提水流量	YTSLL	N（9，1）	m^3/s			
12	扬程	YC	N（4）	m			
13	渠道	QD	N（3）	km			
14	灌溉面积	GGMJ	N（8，2）	亩			

序号	含义	字段名	数据类型	单位	必填	主键	外键
15	多年平均发电量	DNPJFDL	N（5，2）	亿 kW·h			
16	供水人口	GSRK	N（6）	人			
17	建筑土方量	JZTFL	N（7）	m^3			
18	建筑石方量	JZSFL	N（7）	m^3			
19	建筑混凝土方量	JZHNTFL	N（7）	m^3			
20	建筑其他材质方量	JZQTCZFL	N（7）	m^3			
21	电力线	DLX	N（6，2）	km			
22	职工人数	ZGRS	N（5）	人			
23	正式工人数	ZSGRS	N（5）	人			
24	房屋总面积	FWZMJ	N（7）	m^2			
25	框架结构房屋面积	KJJGFWMJ	N（7）	m^2			
26	混合结构房屋面积	HHJGFWMJ	N（7）	m^2			
27	砖混结构房屋面积	ZHJGFWMJ	N（7）	m^2			
28	砖木结构房屋面积	ZMJGFWMJ	N（7）	m^2			
29	经度	JD	N（10，6）	（°）			
30	纬度	WD	N（10，6）	（°）			
31	备注	BZ	C（255）				

[4] 填写说明：

1）水利水电设施代码：水利水电设施的标识码。按《水利对象分类与编码总则》（SL 213—2020）的规定编制并填写。

2）水利水电设施名称：水利水电设施的名称。

3）工程代码：指该水利水电设施所属水力发电工程代码，引用水利工程基本信息表。

4）行政区划代码：引用行政区划基本信息表，该水利水电设施的所属行政区，按最小包含原则填写。

5）详细地点：水利水电设施地点描述。

6）主管单位：建设项目法人单位的上级主管单位或部门名称。

7）建成日期：设施或专业项目建成的日期，计至日。

8）坝型代码：坝的型状代码。取值及其含义见坝型代码表。

9）总库容：校核洪水位以下的水库容积，计量单位为亿 m^3，计至三位小数。

10）装机容量：一座水电站全部发电机组的额定出力之和，计量单位为 MW，计至两位小数。

11）引提水流量：引提水工程每秒引提水量，计量单位为 m^3/s，计至一位小数。

12）扬程：单位重量液体通过泵所获得的能量，计量单位为 m，计至整数。

13）渠道：渠道长度，计量单位为 km，计至整数。

14）灌溉面积：按规定的保证率设计的灌区面积，计量单位为亩，计至两位小数。

15）多年平均发电量：水利水电工程多年运行时间内，各年发电量的算术平均值，计量单位为亿 kW·h，计至两位小数。

16）供水人口：工程可供水人口数，计量单位为人，计至整数。

17）建筑土方量：坝填筑土方工程量，计量单位为 m^3，计至整数。

18）建筑石方量：坝填筑石方填筑工程量，计量单位为 m^3，计至整数。

19）建筑混凝土方量：坝填筑混凝土工程量，计量单位为 m^3，计至整数。

20）建筑其他材质方量：坝填筑其他材质工程量，计量单位为 m^3，计至整数。

21）电力线：设施电力线长度，计量单位为 km，计至两位小数。

22）职工人数：设施管理单位职工人数，计量单位为人，计至整数。

23）正式工人数：其中正式工人数，计量单位为人，计至整数。

24）房屋总面积：设施内房屋总面积，计量单位为 m^2，计至整数。

25）框架结构房屋面积：设施内混合结构房屋面积，计量单位为 m^2，计至整数。

26）混合结构房屋面积：设施内混合结构房屋面积，计量单位为 m^2，计至整数。

27）砖混结构房屋面积：设施拥有框架结构房屋面积，计量单位为 m^2，计至整数。

28）砖木结构房屋面积：设施拥有砖木结构房屋面积，计量单位为 m^2，计至整数。

29）经度：水利水电设施所在位置的经度。采用 2000 国家大地坐标系（CGCS2000）。

30）纬度：水利水电设施所在位置的纬度。采用 2000 国家大地坐标系（CGCS2000）。

31）备注：需补充说明的文字。

22.（实体）跨河工程基本信息表

[1] 表编号：010505022

[2] 表标识：KHGCJBXXB

[3] 表说明：描述跨河工程的基本属性信息。

序号	含义	字段名	数据类型	单位	必填	主键	外键
1	跨河工程代码	KHGCDM	C（11）		Y	Y	Y
2	跨河工程名称	KHGCMC	C（40）		Y		
3	跨河工程类别	KHGCLB	C（1）				Y
4	行政区划代码	XZQHDM	C（10）		Y		Y
5	详细地址	XXDZ	C（64）				
6	河流代码	HLDM	C（8）				Y
7	中心经度	ZXJD	N（10，6）	（°）			
8	中心纬度	ZXWD	N（10，6）	（°）			
9	左岸桩号	ZAZH	C（10）				
10	右岸桩号	YAZH	C（10）				
11	跨河工程底部高程	KHGCDBGC	N（6，2）	m			
12	引用流量	YYLL	N（9，1）	m^3/s			
13	水准基面代码	SZJMDM	C（2）				Y
14	跨河工程概况	KHGCGK	C（255）				

[4] 填写说明：

1）跨河工程代码：跨河工程的识别代码。引用水利工程基本信息表。

2）跨河工程名称：跨河工程的名称。

3）跨河工程类别：跨河工程的分类类别。取值及其含义见跨河工程类别代码表。

4）行政区划代码：引用行政区划基本信息表，该工程所属行政区，按最小包含原则填写。

5）详细地址：跨河工程所在乡镇和村的名称。

6）河流代码：引用河流基本信息表，该工程所处河流的代码。

7）中心经度：工程中心点所在的位置经度，采用 2000 国家大地坐标系（CGCS2000）。

8）中心纬度：工程中心点所在的位置纬度，采用 2000 国家大地坐标系（CGCS2000）。

9）左岸桩号：跨河工程左岸的河流堤防的桩号。用千米数+米数表示。

10）右岸桩号：跨河工程右岸的河流堤防的桩号。用千米数+米数表示。

11）跨河工程底部高程：跨河工程的建设基面或最低点高程，计量单位为 m，计至两位小数。

12）引用流量：除桥梁、缆线外的跨河工程的设计运行流量，计量单位为 m^3/s，计至一位小数。

13）水准基面代码：跨河工程的高程基准面代码。取值及其含义见水准基面代码表。

14）跨河工程概况：跨河工程的工程情况。

23. （实体）引调水工程基本信息表

[1] 表编号：010505023

[2] 表标识：YDSGCJBXXB

[3] 表说明：描述引调水工程的基本属性信息。引调水工程一般包括引水和调水两部分，引水是借重力作用把水资源从源地输送到用户的措施，调水指修建跨越两个或两个以上区域的工程，将水资源较丰富区域的水调到水资源紧缺的区域。

序号	含义	字段名	数据类型	单位	必填	主键	外键
1	引调水工程代码	YDSGCDM	C（11）		Y	Y	Y
2	引调水工程名称	YDSGCMC	C（100）				
3	引调水行政区划代码	YDSXZQHDM	C（10）				Y
4	受水行政区划代码	SSXZQHDM	C（10）				Y
5	地表水水源地代码	DBSSYDDM	C（12）				Y
6	输水线路区	SSXLQ	C（255）				
7	输水干线总长	SSGXZC	N（7，3）	km			
8	受水区范围	SSQFW	C（255）				
9	引调水方式	YDSFS	C（16）				
10	建设状况	JSZK	C（16）				
11	设计引调水流量	SJYDSLL	N（9，1）	m^3/s			
12	设计年引调水量	SJNYDSL	N（10，3）	$10^6 m^3$			
13	运行状况	YXZK	C（6）				
14	单位代码	DWDM	C（18）				Y
15	备注	BZ	C（255）				

[4] 填写说明：

1）引调水工程代码：引调水工程的代码。引用水利工程基本信息表。

2）引调水工程名称：引调水工程的名称。

3）引调水行政区划代码：指该引调水工程引调水的行政区划代码，引用行政区划基本信息表。

4）受水行政区划代码：指该引调水工程受水的行政区划代码，引用行政区划基本信息表。

5）地表水水源地代码：地表水水源地代码。引用水源地基本信息表。

6）输水线路区：输水线路区。

7）输水干线总长：输水干线总长，计量单位为 km，计至三位小数。

8）受水区范围：受水区范围。

9）引调水方式：引调水方式。

10）建设状况：建设的状况。

11）设计引调水流量：设计的引调水流量，计量单位为 m^3/s，计至一位小数。

12）设计年引调水量：设计的年引调水量，计量单位为 $10^6 m^3$，计至三位小数。

13）运行状况：运行状况。

14）单位代码：引（调）水工程管理责任单位代码。引用单位基本信息表。

15）备注：需补充说明的内容。

24. （实体）治河工程基本信息表

[1] 表编号：010505024

[2] 表标识：ZHGCJBXXB

[3] 表说明：描述治河工程的基本属性信息。

序号	含义	字段名	数据类型	单位	必填	主键	外键
1	治河工程代码	ZHGCDM	C（11）		Y	Y	Y
2	治河工程名称	ZHGCMC	C（40）				
3	行政区划代码	XZQHDM	C（10）		Y		Y
4	治河工程类别	ZHGCLB	C（1）				Y
5	详细地址	XXDZ	C（64）				
6	河流代码	HLDM	C（8）				Y
7	中心经度	ZXJD	N（10，6）	（°）			
8	中心纬度	ZXWD	N（10，6）	（°）			
9	起点桩号	QDZH	C（10）				
10	终点桩号	ZDZH	C（10）				
11	治理处数	ZLCS	N（3）	个			
12	工程长度	GCCD	N（6）	m			
13	裹护长度	GHCD	N（6）	m			
14	治河工程概况	ZHGCGK	C（255）				

[4] 填写说明：

1）治河工程代码：治河工程的识别代码。引用水利工程基本信息表。

2）治河工程名称：治河工程的名称。

3）行政区划代码：引用行政区划基本信息表，该工程所属行政区，按最小包含原则填写。

4）治河工程类别：治河工程的分类类别。取值及其含义见治河工程类别代码表。

5）详细地址：治河工程所在乡镇和村的名称。

6）河流代码：引用河流基本信息表，该工程所在处河流的代码。

7）中心经度：工程中心点所在的位置经度，采用 2000 国家大地坐标系（CGCS2000）。

8）中心纬度：工程中心点所在的位置纬度，采用 2000 国家大地坐标系（CGCS2000）。

9）起点桩号：治河工程起点处河流或堤防的桩号。用千米数+米数表示。

10）终点桩号：治河工程终点处河流或堤防的桩号。用千米数+米数表示。

11）治理处数：治河工程的主要建设治理处数，计量单位为个，计至整数。

12）工程长度：治河工程治理的河流（段）总长度，计量单位为 m，计至整数。

13）裹护长度：治河工程的裹护长度，计量单位为 m，计至整数。

14）治河工程概况：概述治河工程的情况。

25. （实体）泵站基本信息表

[1] 表编号：010505025

[2] 表标识：BZJBXXB

[3] 表说明：描述泵站的基本属性信息。泵站是指能提供有一定压力和流量的液压动力和气压动力的装置和工程称泵和泵站工程。排灌泵站的进水、出水、泵房等建筑物的总称。

序号	含义	字段名	数据类型	单位	必填	主键	外键
1	泵站代码	BZDM	C（11）		Y	Y	
2	泵站名称	BZMC	C（64）		Y		
3	工程代码	GCDM	C（11）		Y		Y
4	中心经度	ZXJD	N（10，6）	（°）			
5	中心纬度	ZXWD	N（10，6）	（°）			
6	行政区划代码	XZQHDM	C（10）				Y
7	流域代码	LYDM	C（10）				Y
8	水资源分区代码	SZYFQDM	C（12）				Y
9	河流代码	HLDM	C（8）				Y
10	单位代码	DWDM	C（18）				Y
11	日期	RQ	D（8）				
12	工程任务	GCRW	C（64）				
13	装机流量	ZJLL	N（9，1）	m^3/s			
14	装机功率	ZJGL	N（10，4）	kW			
15	设计扬程	SJYC	N（5，2）	m			
16	详细地址	XXDZ	C（64）				
17	工程规模	GCGM	C（1）				
18	泵站类型	BZLX	C（10）				
19	水泵数量	SBSL	N（3）	个			
20	设备总取水能力	SBZQSNL	N（5，3）	m^3/s			

[4] 填写说明：

1）泵站代码：泵站的代码。

2）泵站名称：泵站的中文名称。

3）工程代码：泵站工程的代码。引用水利工程基本信息表。

4）中心经度：泵站中心点的经度，采用 2000 国家大地坐标系（CGCS2000）。

5）中心纬度：泵站中心点的纬度，采用 2000 国家大地坐标系（CGCS2000）。

6）行政区划代码：所在行政区的代码。引用行政区划基本信息表。精确至乡镇。

7）流域代码：所在流域的代码。引用流域基本信息表。

8）水资源分区代码：所在水资源分区的代码。引用水资源分区基本信息表。

9）河流代码：所在河流的代码。引用河流基本信息表。

10）单位代码：泵站管理责任单位。引用单位基本信息表。

11）日期：工程验收通过的日期，计至日。

12）工程任务：开展此工程的主要任务。

13）装机流量：泵站的装机流量，计量单位为 m^3/s，计至一位小数。

14）装机功率：泵站的装机功率，计量单位为 kW，计至四位小数。

15）设计扬程：泵站的设计扬程，计量单位为 m，计至两位小数。

16）详细地址：泵站工程的所在地的详细地址。

17）工程规模：泵站工程的规模，引用工程规模分类代码表。

18）泵站类型：泵站的类型，填写排水泵站、供水泵站或者供排结合泵站。

19）水泵数量：泵站工程的水泵数量，计量单位为个，计至整数。

20）设备总取水能力：泵站所有水泵取水能力的总和，计量单位为 m^3/s，计至三位小数。

六、安全运行

（一）工程运行

1. （监测）水库工情监测项目表

[1] 表编号：010506001

[2] 表标识：SKGQJCXMB

[3] 表说明：本表为水库工情监测项目表，属监测表，存储水库工情监测项目的信息。工情是国家防汛指挥系统的组成部分，工情信息作为描述和反映水利工程运行状况的手段，是指挥决策的重要依据。

序号	含义	字段名	数据类型	单位	必填	主键	外键
1	水库代码	SKDM	C（11）		Y	Y	Y
2	水库名称	SKMC	C（40）				
3	日期	RQ	D（8）		Y	Y	
4	工情监测项目	GQJCXM	C（2）		Y	Y	Y
5	监测断面	JCDM	C（128）				
6	测点数量	CDSL	N（5）	个			
7	监测设备	JCSB	C（128）				

[4] 填写说明：

1）水库代码：水库的识别代码。引用水库基本信息表。

2）水库名称：指测站所属的水库名称，由水库基本信息表带入。

3）日期：水库工情监测项目信息的更新日期，计至日。

4）工情监测项目：水库工情要素监测的作业项目。取值及其含义见工情监测项目代码表。

5）监测断面：测点所布置或组成的监测断面，填写监测断面的桩号，当有多个监测断面时，断面桩号之间用“，”隔开。

6）测点数量：监测项目对应的测点数量，计量单位为个，计至整数。

7）监测设备：监测项目采用的监测设施设备。

2. （管理）水库运行管理表

[1] 表编号：010506002

[2] 表标识：SKYXGLB

[3] 表说明：本表为水库运行管理表，属管理表，存储水库运行过程的管理信息。统计的时间单元为日，空间单元为水库，统计指标为已淤积库容、坝前淤积面高程、淤积测量日期等与水库运行相关的信息。

序号	含义	字段名	数据类型	单位	必填	主键	外键
1	水库代码	SKDM	C（11）		Y	Y	Y
2	水库名称	SKMC	C（40）				
3	日期	RQ	D（8）		Y	Y	
4	已淤积库容	YYJKR	N（10，2）	10^4 m^3			
5	坝前淤积面高程	BQYJMGC	N（6，2）	m			
6	淤积测量日期	YJCLRQ	D（8）				
7	历年最高洪水位	LNZGHSW	N（7，3）	m			
8	历年最高洪水位发生日期	LNZGHSWFSRQ	D（8）				
9	历年最大下泄流量	LNZDXXLL	N（5，1）	m^3/s			
10	历年最低库水位	LNZDKSW	N（7，3）	m			
11	历年最低库水位发生日期	LNZDKSWFSRQ	D（8）				
12	历年最高蓄水位	LNZGXSW	N（7，3）	m			
13	历年最大蓄水量	LNZDXSL	N（10，3）	10^4 m^3			
14	运行管理大事记	YXGLDSJ	C（255）				
15	水情监测方式	SQJCFS	C（1）				Y
16	水情自动监测系统建设状况	SQZDJCXTJSZK	C（6）				
17	工情监测方式	GQJCFS	C（1）				Y
18	工情自动监测系统建设状况	GQZDJCXTJSZK	C（6）				
19	最大渗流量	ZDSLL	N（6，2）	m^3/s			
20	总沉降量	ZCJL	N（4，1）	mm			
21	防汛公路长度	FXGLCD	N（6）	m			
22	道路状况	DLZK	C（6）				
23	道路连接情况	DLLJQK	C（6）				
24	管理用房面积	GLYFMJ	N（6）	m^2			
25	工程管理区面积	GCGLQMJ	N（6）	亩			
26	工程保护区面积	GCBHQMJ	N（6）	亩			
27	确权土地面积	QQTDMJ	N（6）	m^2			
28	库区重大滑坡体	KQZDHPT	C（255）				
29	水库水质类别	SKSZLB	C（1）				Y
30	主要污染源	ZYWRY	C（64）				

[4] 填写说明：

1）水库代码：水库的识别代码。引用水库基本信息表。

2）水库名称：指测站所属的水库名称，由水库基本信息表带入。

3）日期：指信息统计填报的时间，计至日。

4）已淤积库容：自建库至最新测量时的水库累计淤积所占库容或泥沙总量，计量单位为 10^4 m^3，计至两位小数。

5）坝前淤积面高程：坝前淤积泥沙沉淀物的顶面高程，计量单位为 m，计至两位小数。

6）淤积测量日期：最新水库淤积测量的日期，计至日。

7）历年最高洪水位：水库运行期间短时间达到的最高洪水位，计量单位为 m，计至三位小数。

8）历年最高洪水位发生日期：历年最高洪水位的发生时间，计至日。

9）历年最大下泄流量：水库运行期间发生的最大下泄流量，计量单位为 m^3/s，计至一位小数。

10）历年最低库水位：水库运行期间发生的最低库水位，计量单位为 m，计至三位小数。

11）历年最低库水位发生日期：历年最低库水位大的发生日期，计至日。

12）历年最高蓄水位：水库运行期间非汛期蓄水达到的最高水位，计量单位为 m，计至三位小数。

13）历年最大蓄水量：历年最高蓄水位对应于最高蓄水位的蓄水量，计量单位为 10^4 m^3，计至三位小数。

14）运行管理大事记：水库运行期间高程发生过的重要事项记录。主要记录运行水位破纪录、工程病险异常及其处理情况等。

15）水情监测方式：水库水情监测手段。取值及其含义见监测方式代码表。

16）水情自动监测系统建设状况：水库水情自动化监测系统的建设情况，填写在建、未建或已建。

17）工情监测方式：水库工情监测手段。取值及其含义见监测方式代码表。

18）工情自动监测系统建设状况：大坝安全监测自动化系统的建设情况，填写在建、未建或已建。

19）最大渗流量：大坝运行期间观测到的最大渗流量，计量单位为 m^3/s，计至两位小数。

20）总沉降量：大坝坝顶观测到的累计沉降量，或当前坝顶高程与工程竣工时坝顶高程的差值计量单位为 mm，计至一位小数。

21）防汛公路长度：供防汛使用的进库公路和上坝公路的总长度，计量单位为 m，计至整数。

22）道路状况：防汛公路的道路状况。填写行车通畅、通车困难、不能通车或其他。

23）道路连接情况：防汛公路与主要建筑物的连接情况。填写连接主要建筑物、不连接大坝、不连接溢洪道或其他。

24）管理用房面积：水库管理单位办公、监测、仓库等工程管理的房屋建筑面积之和，计量单位为 m^2，计至整数。

25）工程管理区面积：按照有关规定划定的工程管理区面积，计量单位为亩，计至整数。

26）工程保护区面积：按照有关法规规定划定的工程保护区面积，计量单位为亩，计至整数。

27）确权土地面积：经国土资源主管部门确认并取得土地使用权证的工程及工程管理保护区土地面积，计量单位为 m^2，计至整数。

28）库区重大滑坡体：记录库区与蓄水相关的主要滑坡体。

29）水库水质类别：水库水体的水质分类类别。取值及其含义见水质类别代码表。

30）主要污染源：反映水库水质的主要或潜在污染情况，根据污染源类型填写工业废水废渣、农业化肥农药、生活污水垃圾、多源综合污染或其他。

3. （管理）水库运行状况表

[1] 表编号：010506003

[2] 表标识：SKYXZKB

[3] 表说明：本表为水库运行状况表，属管理表，存储水库运行状况的信息。统计的时间单元为日，空间单元为水库，统计指标为水位、库容、入库流量等与水库运行状况相关的信息。

序号	含义	字段名	数据类型	单位	必填	主键	外键
1	水库代码	SKDM	C（11）		Y	Y	Y
2	水库名称	SKMC	C（40）				
3	采集时间	CJSJ	D（8）		Y	Y	
4	大坝安全等级	DBAQDJ	C（1）				Y
5	水位	SHUIW	N（7，3）	m			
6	库容	KR	N（10，3）	10^4 m^3			
7	入库流量	RKLL	N（10，3）	m^3/s			

序号	含义	字段名	数据类型	单位	必填	主键	外键
8	出库流量	CKLL	N（10，3）	m^3/s			
9	备注	BZ	C（255）				

[4] 填写说明：

1）水库代码：水库的识别代码。引用水库基本信息表。

2）水库名称：指测站所属的水库名称，由水库基本信息表带入。

3）采集时间：工程巡视检查的时间或特定险情信息获得的时间，计至日。

4）大坝安全等级：大坝的安全状态，取值及其含义见大坝安全类别代码表。

5）水位：水库的水位，计量单位为 m，计至三位小数。

6）库容：水库的容量，计量单位为 10^4 m^3，计至三位小数。

7）入库流量：实时测量的入库洪水流量，一般指水库上游控制性水文站的洪水流量数据，计量单位为 m^3/s，计至三位小数。

8）出库流量：指水库总下泄流量，计量单位为 m^3/s，计至三位小数。

9）备注：对大坝、泄洪道、发电等工程或设施的运行状况进行说明，特别对出险状况进行说明；对大坝安全监测的安全状况进行说明；其他需要说明的信息。

4．（管理）水库大坝安全鉴定表

[1] 表编号：010506004

[2] 表标识：SKDBAQJDB

[3] 表说明：本表为水库大坝安全鉴定表，属管理表，存储水库大坝安全鉴定的信息。统计的时间单元为日，空间单元为水库，统计指标为防洪安全鉴定意见、结构安全鉴定意见、渗流安全鉴定意见等与水库大坝安全鉴定相关的信息。

序号	含义	字段名	数据类型	单位	必填	主键	外键
1	水库代码	SKDM	C（11）		Y	Y	Y
2	水库名称	SKMC	C（40）				
3	坝编号	BBH	C（2）		Y	Y	Y
4	鉴定日期	JDRQ	D（8）		Y	Y	
5	大坝安全类别	DBAQLB	C（1）				Y
6	鉴定组织单位	JDZZDW	C（32）				
7	安全评价单位	AQPJDW	C（32）				
8	安全评价单位资质	AQPJDWZZ	C（6）				
9	审定部门	SDBM	C（32）				
10	审定部门级别	SDBMJB	C（2）				
11	防洪安全鉴定意见	FHAQJDYJ	C（6）				
12	结构安全鉴定意见	JGAQJDYJ	C（6）				
13	渗流安全鉴定意见	SLAQJDYJ	C（6）				
14	抗震安全鉴定意见	KZAQJDYJ	C（1）				Y
15	金属结构安全鉴定意见	JSJGAQJDYJ	C（6）				
16	其他工程问题	QTGCWT	C（255）				
17	鉴定工程存在的主要问题	JDGCCZDZYWT	C（255）				
18	大坝安全鉴定报告书	DBAQJDBGS	B				

[4] 填写说明：

1）水库代码：水库的识别代码。引用水库基本信息表。

2）水库名称：指测站所属的水库名称，由水库基本信息表带入。

3）坝编号：指大坝在水库的顺序号，引用水库大坝基本信息表。

4）鉴定日期：水库大坝安全鉴定日期，计至日。

5）大坝安全类别：经大坝安全鉴定认定的大坝安全类别。取值及其含义见大坝安全类别代码表。

6）鉴定组织单位：申请安全鉴定的单位，一般为水库主管单位。

7）安全评价单位：承担水库大坝安全评价的单位名称。

8）安全评价单位资质：安全评价单位从事大坝安全评价的专业资质，填写符合要求、不符合要求或其他。

9）审定部门：鉴定部门，审定鉴定意见和认定大坝安全类别的行政主管部门。

10）审定部门级别：审定部门的级别分类，填写部级、省级、市级、县级或其他。

11）防洪安全鉴定意见：水库大坝防洪标准鉴定意见，填写满足要求、基本满足要求、不满足要求或其他。

12）结构安全鉴定意见：水库大坝结构安全鉴定意见，填写满足要求、基本满足要求、不满足要求或其他。

13）渗流安全鉴定意见：水库大坝渗流安全鉴定意见，填写满足要求、基本满足要求、不满足要求或其他。

14）抗震安全鉴定意见：水库大坝抗震安全鉴定意见。取值及其含义见抗震安全鉴定意见代码表。

15）金属结构安全鉴定意见：水库大坝金属结构安全鉴定意见，填写满足要求、基本满足要求、不满足要求或其他。

16）其他工程问题：安全鉴定结论之外的其他工程问题。

17）鉴定工程存在的主要问题：安全鉴定指出的工程存在的主要问题。简明填写，填写顺序为：防洪、抗震、结构、渗流、金结、其他。

18）大坝安全鉴定报告书：大坝安全鉴定报告书文档。

5. （管理）水库降等报废表

[1] 表编号：010506005

[2] 表标识：SKJDBFB

[3] 表说明：本表为水库降等报废表，属管理表，存储水库降等报废情况信息。统计的时间单元为日，空间单元为水库，统计指标为工程完工日期、主要原因、论证单位等与水库降等报废相关的信息。

序号	含义	字段名	数据类型	单位	必填	主键	外键
1	水库代码	SKDM	C（11）		Y	Y	Y
2	水库名称	SKMC	C（40）				
3	日期	RQ	D（8）		Y	Y	
4	降等报废类别	JDBFLB	C（6）				
5	工程完工日期	GCWGRQ	D（8）				
6	主要原因	ZYYY	C（1）				Y
7	论证单位	LZDW	C（32）				
8	论证单位资质	LZDWZZ	C（2）				
9	审批部门	SPBM	C（50）				
10	审批日期	SPRQ	D（8）				
11	审批意见	SPYJ	C（255）				
12	善后工程情况	SHGCQK	C（6）				

[4] 填写说明：

1）水库代码：水库的识别代码。引用水库基本信息表。

2）水库名称：指测站所属的水库名称，由水库基本信息表带入。

3）日期：水库降等报废论证日期，计至日。

4）降等报废类别：水库降等与报废的分类类别，填写降等、报废或其他。

5）工程完工日期：水库降等与报废完工日期，计至日。

6）主要原因：水库降等与报废的主要原因。取值及其含义见降等报废原因代码表。

7）论证单位：水库降等与报废论证单位名称。

8）论证单位资质：水库降等与报废论证单位资质。填写特级、一级、二级、三级或其他。

9）审批部门：水库降等与报废审批部门名称。

10）审批日期：水库降等与报废审批日期，计至日。

11）审批意见：水库降等与报废主要审批结论和意见。

12）善后工程情况：水库降等与报废主要善后工程情况，根据善后工作情况填写工程改造、工程拆除、未作处理或其他。

6. （管理）水闸特性表

[1] 表编号：010506006

[2] 表标识：SZTXB

[3] 表说明：本表为水闸特性表，属管理表，存储水闸的特性信息。统计的时间单元为年，空间单元为水闸，统计指标为水闸型式、翼墙型式、平均引水角等与水闸相关的信息。

序号	含义	字段名	数据类型	单位	必填	主键	外键
1	水闸代码	SZDM	C（11）		Y	Y	Y
2	水闸名称	SZMC	C（40）				
3	闸组号	ZZH	N（3）		Y	Y	
4	日期	RQ	D（4）		Y	Y	
5	测站代码	CZDM	C（8）				Y
6	水闸型式	SZXS	C（20）				
7	翼墙型式	YQXS	C（20）				
8	平均引水角	PJYSJ	N（9，3）	（°）			
9	闸上河宽	ZSHK	N（9，3）	m			
10	闸下河宽	ZXHK	N（9，3）	m			
11	闸门型式	ZMXS	C（10）				
12	闸底高程	ZDGC	N（7，3）	m			
13	堰顶高程	YDGC	N（7，3）	m			
14	堰顶形状	YDXZ	C（20）				
15	总孔数	ZKS	N（3）	个			
16	单孔宽	DKK	N（7，3）	m			
17	平均孔宽	PJKK	N（7，3）	m			
18	总孔宽	ZKK	N（7，3）	m			
19	闸门高度	ZMGD	N（7，3）	m			
20	平均开度	PJKD	N（7，3）	m			
21	闸墩厚	ZDH	N（7，3）	m			

序号	含义	字段名	数据类型	单位	必填	主键	外键
22	闸基地质条件	ZJDZTJ	C（255）				
23	近闸边坡稳定性	JZBPWDX	C（255）				
24	水闸堰型	SZYX	C（6）				
25	闸孔净高	ZKJG	N（6，2）	m			
26	闸孔净宽	ZKJK	N（5，2）	m			
27	闸身总宽	ZSZK	N（5，2）	m			
28	闸身总长	ZSZC	N（6，2）	m			
29	消能型式	XNXS	C（20）				
30	闸门尺寸	ZMCC	C（60）				
31	闸门自重	ZMZZ	N（5，2）	t			
32	闸基防渗措施	ZJFSCC	C（1）				Y
33	工作桥面宽度	GZQMKD	N（5，2）	m			
34	工作桥面高程	GZQMGC	N（6，2）	m			
35	检修桥面宽度	JXQMKD	N（5，2）	m			
36	检修桥面高程	JXQMGC	N（6，2）	m			
37	交通桥标准	JTQBZ	C（1）				Y
38	交通桥面宽度	JTQMKD	N（5，2）	m			
39	交通桥面高程	JTQMGC	N（6，2）	m			

[4] 填写说明：

1）水闸代码：水闸的识别代码。引用水闸基本信息表。

2）水闸名称：水闸的名称，由水闸基本信息表带入。

3）闸组号：进水口和出水口都在同一河渠的尺寸、闸门型式、运行参数相同且相互邻接的所有闸门或孔洞称为一个闸组，闸组在断面上的自然数编号叫闸组号，各闸组按出水口从左岸到右岸的顺序从 1 开始递增编号，有上下叠置的闸组时，各层闸组分别编号，均按出水口从（闸组控制断面）左岸到右岸的顺序从 1 开始递增编号，第二层的闸组号应加 100，第三层的闸组号加 200，以此类推。

4）日期：观测、调查和统计资料的年份，计至年。

5）测站代码：该闸组设立的测站代码。引用水文测站基本信息表。

6）水闸型式：整个水闸的水闸类型或底部结构的型式，如分水闸（平底闸）等，水库站的涵洞填输水洞。

7）翼墙型式：填水闸的翼墙型式，两岸翼墙型式不同时用“左岸”“右岸”字样区分。

8）平均引水角：水闸横断面与河流主泓线的交角，计量单位为（°），计至三位小数。

9）闸上河宽：闸上河道在测流断面处的宽度，计量单位为 m，计至三位小数。

10）闸下河宽：闸组所控制的下游河渠在测流断面处的宽度，计量单位为 m，计至三位小数。

11）闸门型式：闸门结构型式特征。

12）闸底高程：闸组的闸底板高程，也可取河底高程值，计量单位为 m，计至三位小数。

13）堰顶高程：闸组的堰顶高程，计量单位为 m，计至三位小数。

14）堰顶形状：闸组的堰顶形状，填堰顶水流横断面的形状，如矩形、梯形等。

15）总孔数：闸组的总孔数，计量单位为个，计至整数。

16）单孔宽：闸组的单孔宽，涵洞填孔径，计量单位为 m，计至三位小数。

17）平均孔宽：各孔净宽的平均值，涵洞填平均孔径，计量单位为 m，计至三位小数。

18）总孔宽：各孔净宽之和，涵洞填各孔孔径之和，计量单位为 m，计至三位小数。

19）闸门高度：闸组的闸门高度，涵洞填孔径，计量单位为 m，计至三位小数。

20）平均开度：年内各闸门开度的平均值，计量单位为 m，计至三位小数。

21）闸墩厚：闸墩的厚度，无闸墩取 0，各闸墩厚度不一致时取平均厚度，计量单位为 m，计至三位小数。

22）闸基地质条件：描述水闸基础岩石性质、风化程度、覆盖层的最大厚度、坝基断层、节理、岩脉等。

23）近闸边坡稳定性：反映影响近闸边坡稳定情况，记述重要滑坡体或潜在滑坡体。

24）水闸堰型：水闸的堰型，填写宽顶堰、实用堰、胸墙孔口堰和其他。

25）闸孔净高：依次列出水闸各类闸孔的净高，计量单位为 m，计至两位小数。

26）闸孔净宽：依次列出水闸各类闸孔的净宽，计量单位为 m，计至两位小数。

27）闸身总宽：岩水闸轴线，左右岸边墩之间的距离，计量单位为 m，计至两位小数。

28）闸身总长：顺水流方向，水闸过程上游边缘至下游边缘的长度，计量单位为 m，计至两位小数。

29）消能型式：水闸出口消能型式。

30）闸门尺寸：闸门的宽度与垂直高度。填写格式：闸门宽度×闸门高度。

31）闸门自重：单孔闸门自重，计量单位为 t，计至两位小数。

32）闸基防渗措施：闸基防渗体的措施。取值及其含义见基础防渗措施代码表。

33）工作桥面宽度：工作桥的桥面宽度，计量单位为 m，计至两位小数。

34）工作桥面高程：工作桥的桥面高程，计量单位为 m，计至两位小数。

35）检修桥面宽度：检修桥的桥面宽度，计量单位为 m，计至两位小数。

36）检修桥面高程：检修桥的桥面高程，计量单位为 m，计至两位小数。

37）交通桥标准：交通桥的标准。取值及其含义见交通桥类型标准代码表。

38）交通桥面宽度：交通桥的桥面宽度，计量单位为 m，计至两位小数。

39）交通桥面高程：交通桥的桥面高程，计量单位为 m，计至两位小数。

7. （管理）水闸流量率定成果表

[1] 表编号：010506007

[2] 表标识：SZLLLDCGB

[3] 表说明：本表为水闸流量率定成果表，属管理表，存储水闸流量的率定成果信息。统计的时间单元为测定的起止时间段，空间单元为水闸，统计指标为闸上水位、闸下水位、闸上水头、闸下水头、水位差、闸门开启平均高度、闸门开启孔数、闸门开启总宽、平均堰宽等与水闸相关的信息。

序号	含义	字段名	数据类型	单位	必填	主键	外键
1	水闸代码	SZDM	C（11）		Y	Y	Y
2	水闸名称	SZMC	C（40）				
3	闸组号	ZZH	C（3）		Y	Y	
4	测流起始时间	CLQSSJ	T（14）		Y	Y	
5	测流终止时间	CLZZSJ	T（14）		Y	Y	
6	率定次序号	LDCXH	C（4）				
7	测站代码	CZDM	C（8）				Y
8	闸上水位	ZSSW	N（7，3）	m			
9	闸下水位	ZXSW	N（7，3）	m			
10	闸上水头	ZSST	N（7，3）	m			
11	闸下水头	ZXST	N（7，3）	m			
12	水位差	SWC	N（7，3）	m			
13	闸门开启平均高度	ZMKQPJGD	N（7，3）	m			

序号	含义	字段名	数据类型	单位	必填	主键	外键
14	闸门开启孔数	ZMKQKS	N（3）	个			
15	闸门开启总宽	ZMKQZK	N（8，3）	m			
16	平均堰宽	PJYK	N（8，3）	m			
17	闸孔过水面积	ZKGSMJ	N（8，2）	m^2			
18	实测流量	SCLL	N（10，3）	m^3/s			
19	流态	LIUT	C（10）				
20	流量计算公式编号	LLJSGSBH	C（32）				
21	自变量名	ZBLM	C（30）				
22	自变量值	ZBLZ	N（10，3）				
23	流量系数	LLXS	N（4，3）				
24	测流断面位置	CLDMWZ	C（60）				
25	测流方法	CLFF	C（12）				
26	断面过水面积	DMGSMJ	N（7，2）	m^2			
27	断面平均流速	DMPJLS	N（5，3）	m/s			
28	测次说明	CCSM	C（50）				

[4] 填写说明：

1）水闸代码：水闸的识别代码。引用水闸基本信息表。

2）水闸名称：水闸的名称，由水闸基本信息表带入。

3）闸组号：进水口和出水口都在同一河渠的尺寸、闸门型式、运行参数相同且相互邻接的所有闸门或孔洞称为一个闸组，闸组在断面上的自然数编号叫闸组号，各闸组按出水口从左岸到右岸的顺序从 1 开始递增编号，有上下叠置的闸组时，各层闸组分别编号，均按出水口从（闸组控制断面）左岸到右岸的顺序从 1 开始递增编号，第二层的闸组号应加 100，第三层的闸组号加 200，以此类推。

4）测流起始时间：测流开始的时间，要求精确到分钟，只有测流平均时间的取测流平均时间，用比降面积法推算流量的测次，测流起始时间是观测水面比降的时间，计至秒。

5）测流终止时间：测流终止的时间，要求精确至分钟，只有测流平均时间的取测流平均时间，用比降面积法推算流量的测次，测流终止时间应取当年 1 月 1 日 0 时 0 分 0 秒，计至秒。

6）率定次序号：率定的次序编号，各站每年从 1 开始递增编号，不能计算或不能准确计算流量系数的测次，不列入本表，也不编率定次序号。

7）测站代码：该闸组设立的测站代码。引用水文测站基本信息表。

8）闸上水位：闸上率定有关水尺的水位，率定需要才填，计量单位为 m，计至三位小数。

9）闸下水位：闸组所控制的下游河渠在率定有关水尺的水位，率定需要才填，计量单位为 m，计至三位小数。

10）闸上水头：等于闸上水位减去堰顶高程，率定需要才填，计量单位为 m，计至三位小数。

11）闸下水头：等于闸下水位减去河底高程，率定需要才填，计量单位为 m，计至三位小数。

12）水位差：等于闸上水位减去闸下水位，率定需要才填，计量单位为 m，计至三位小数。

13）闸门开启平均高度：闸组各闸门开启的平均垂直高度，无闸门取 5 555，提出水面取 8 888，全开取 9 999，微开取 0.01，全关取 0，未知用空值表示，其他高度据实表示，计量单位为 m，计至三位小数。

14）闸门开启孔数：闸组所开闸门的总孔数，微开的闸门也计入总孔数，计量单位为个，计至整数。

15）闸门开启总宽：指闸组开启各孔总净宽，计量单位为 m，计至三位小数。

16）平均堰宽：堰顶宽与堰上水面宽之平均值，计量单位为 m，计至三位小数。

17）闸孔过水面积：水流通过闸组各闸口的总面积，以开启总宽乘以开启高度得出，计量单位为 m^2，计至两位小数。

18）实测流量：填闸组所控制的下游河渠的实测流量，负流量用负值表示，计量单位为 m^3/s，计至三位小数。

19）流态：填测流时的出流情况，入自由式堰流填“由堰”，淹没式孔流填“淹孔”等。

20）流量计算公式编号：采用推流公式的编号，如需用无公式标识的公式时，可由复审汇编单位确定编号，或直接将公式填入此例。

21）自变量名：定线的相关因素自变量的中文名称，描述自变量的特征和要素类型，如“水位”“流量”“洪峰水位”等，如果自变量名是一个表达式，宜用中文表示，如果自变量的站不是当前记录的站码对应的站，则自变量名中应以站码为前缀，如果自变量的站是当前记录的站码对应的站，则自变量名不应含站码，自变量名的命名应以本标准中的字段名的全称为准，一般为表类名接字段名，本标准中没有的名称用户可以自行命名，但要保证库中表内的同义自变量名完全相同。

22）自变量值：定线的相关因素自变量数值，计量单位应与本标准中的同义字段的水位相同，在本标准中没有同义字段的自变量采用的计量单位可以自行确定，但要保持计量单位的统一和一致性，既要使计量单位与相应公式一致，又要使同一自变量的计量单位在库内各处统一。

23）流量系数：由实测资料代入所采用的公式计算得出，计至三位小数。

24）测流断面位置：在基本水尺断面测流者填“基”，不在基本水尺断面者，填与基本水尺断面的相对位置。

25）测流方法：测次流量采用的测验方法，取值为（浮标|流速仪|水工建筑|推算|比降面积法|多普勒流速仪|其他）。

26）断面过水面积：不计死水、回流面积的水道断面面积，有水浸冰时，断面过水面积还不能包括水浸冰和冰花面积，计量单位为 m^2，计至两位小数。

27）断面平均流速：断面过水面的平均流速，由断面流量除以断面过水面积得之，如流量为负，平均流速应为负值，计量单位为 m/s，计至三位小数。

28）测次说明：用简要文字注明水流异常情况（如漫滩、分流、死水、回流等），水利措施情况（如修堤、筑坝、疏浚、决口等），冰情发生情况（如岸冰、封冻、冰坝等），若测站既有基本水尺水位又有测流断面水位时，可填入测流断面水位。

8. （监测）水闸工情监测项目表

[1] 表编号：010506008

[2] 表标识：SZGQJCXMB

[3] 表说明：描述水闸工情的监测项目信息。

序号	含义	字段名	数据类型	单位	必填	主键	外键
1	水闸代码	SZDM	C（11）		Y	Y	Y
2	水闸名称	SZMC	C（40）				
3	日期	RQ	D（8）		Y	Y	
4	工情监测项目	GQJCXM	C（2）		Y	Y	Y
5	监测断面	JCDM	C（7）				
6	测点数量	CDSL	N（5）	个			
7	监测设备	JCSB	C（128）				

[4] 填写说明：

1）水闸代码：水闸的识别代码。引用水闸基本信息表。

2）水闸名称：水闸的名称，由水闸基本信息表带入。

3）日期：水闸工情监测项目信息的更新日期，计至日。

4）工情监测项目：水闸工情要素监测的作业项目。取值及其含义见工情监测项目代码表。

5）监测断面：测点所布置或组成的监测断面。填写监测断面的桩号。

6）测点数量：监测项目对应的测点数量，计量单位为个，计至整数。

7）监测设备：监测项目采用的监测设施设备。

9. （管理）水闸运行管理表

[1] 表编号：010506009

[2] 表标识：SZYXGLB

[3] 表说明：本表为水闸运行管理表，属管理表，存储水闸运行管理的信息。统计的时间单元为日，空间单元为水闸，统计指标为运行管理大事记、水情监测方式、水情自动监测系统建设状况、工情监测方式等与水闸运行相关的信息。

序号	含义	字段名	数据类型	单位	必填	主键	外键
1	水闸代码	SZDM	C（11）		Y	Y	Y
2	水闸名称	SZMC	C（40）				
3	日期	RQ	D（8）		Y	Y	
4	历年最大过闸流量	LNZDGZLL	N（10，3）	m^3/s			
5	历年最大过闸流量发生日期	LNZDGZLLFSRQ	D（8）				
6	历年最高闸上水位	LNZGZSSW	N（7，3）	m			
7	历年最高闸上水位发生日期	LNZGZSSWFSRQ	D（8）				
8	运行管理大事记	YXGLDSJ	C（255）				
9	水情监测方式	SQJCFS	C（1）				Y
10	水情自动监测系统建设状况	SQZDJCXTJSZK	C（6）				
11	工情监测方式	GQJCFS	C（1）				Y
12	工情自动监测系统建设状况	GQZDJCXTJSZK	C（6）				
13	总沉降量	ZCJL	N（4）	mm			
14	水闸专用道路长度	SZZYDLCD	N（6）	m			
15	道路状况	DLZK	C（6）				
16	道路连接情况	DLLJQK	C（6）				
17	管理用房面积	GLYFMJ	N（6）	m^2			
18	工程管理区面积	GCGLQMJ	N（6）	亩			
19	工程保护区面积	GCBHQMJ	N（6）	亩			
20	确权土地面积	QQTDMJ	N（9）	m^2			

[4] 填写说明：

1）水闸代码：水闸工程的识别代码。引用水闸基本信息表。

2）水闸名称：水闸的名称，由水闸基本信息表带入。

3）日期：水闸运行管理信息的更新日期，计至日。

4）历年最大过闸流量：水闸运行期间发生过的最大过闸流量，计量单位为 m^3/s，计至三位小数。

5）历年最大过闸流量发生日期：历年下泄最大过闸流量的发生时间，计至日。

6）历年最高闸上水位：水闸运行期间层发生的最高闸上水位，计量单位为 m，计至三位小数。

7）历年最高闸上水位发生日期：历年最高闸上水位的发生日期，计至日。

8）运行管理大事记：水闸运行期间工程发生过的重要事项记录。主要记录运行水位破纪录、工程病险异常及其处理情况等。

9）水情监测方式：水闸水情监测手段。取值及其含义见监测方式代码表。

10）水情自动监测系统建设状况：反映水闸水情自动化监测系统的建设情况，填写在建、未建或已建。

11）工情监测方式：水闸工情监测手段。取值及其含义见监测方式代码表。

12）工情自动监测系统建设状况：映水闸安全监测自动化系统的建设情况，填写在建、未建或已建。

13）总沉降量：观测的累计沉降量，或当前闸顶高程与工程竣工时的差值，计量单位为 mm，计至整数。

14）水闸专用道路长度：水闸专用道路的长度，计量单位为 m，计至整数。

15）道路状况：防汛公路的道路状况。填写行车通畅、通车困难、不能通车或其他。

16）道路连接情况：防汛公路与主要建筑物的连接情况。填写连接主要建筑物、不连接大坝、不连接溢洪道或其他。

17）管理用房面积：水闸管理办公、监测、仓库等工程管理的房屋建筑面积之和，计量单位为 m^2，计至整数。

18）工程管理区面积：按照《水闸设计规范》（SL 265—2016）或有关法规规定的工程管理区面积，计量单位为 m^2，计至整数。

19）工程保护区面积：按照《水闸设计规范》（SL 265—2016）或有关法规规定的工程保护区面积，计量单位为 m^2，计至整数。

20）确权土地面积：经国土资源主管部门确认并取得土地使用权证的工程及工程管理保护区土地面积，计量单位为 m^2，计至整数。

10. （管理）水闸运行状况表

[1] 表编号：010506010

[2] 表标识：SZYXZKB

[3] 表说明：本表为水闸运行状况表，属管理表，存储水闸运行状况的信息。空间单元为水闸，统计指标为闸上水位、闸下水位、过闸流量、开启孔数、开启高度等与水闸运行状况相关的信息。

序号	含义	字段名	数据类型	单位	必填	主键	外键
1	水闸代码	SZDM	C（11）		Y	Y	Y
2	水闸名称	SZMC	C（40）				
3	采集时间	CJSJ	T（14）		Y	Y	
4	闸上水位	ZSSW	N（7，3）	m			
5	闸下水位	ZXSW	N（7，3）	m			
6	过闸流量	GZLL	N（10，3）	m^3/s			
7	测流方法	CLFF	C（16）				
8	开启孔数	KQKS	N（3）	个			
9	开启高度	KQGD	N（5，2）	m			
10	闸上水势	ZSSS	C（2）				
11	闸下水势	ZXSS	C（2）				
12	备注	BZ	C（128）				

[4] 填写说明：

1）水闸代码：水闸的识别代码。引用水闸基本信息表。

2）水闸名称：水闸的名称，由水闸基本信息表带入。

3）采集时间：工程巡视检查的时间或特定险情信息获得的时间，计至秒。

4）闸上水位：指水闸上游的水位，计量单位为 m，计至三位小数。

5）闸下水位：指水闸下游的水位，计量单位为 m，计至三位小数。

6）过闸流量：指实时测量、估测或计算的通过闸门的洪水流量，计量单位为 m^3/s，计至三位小数。

7）测流方法：过闸流量的测验方法。

8）开启孔数：闸门开启泄流的闸门孔的数目，计量单位为个，计至整数。

9）开启高度：设备编号所指定的闸门的开启高度，计量单位为 m，计至两位小数。

10）闸上水势：指水势的涨、落、平。

11）闸下水势：指水势的涨、落、平。

12）备注：对水闸的闸基、消能工、电气设备运行状况的说明，特别对工程的出险状况进行说明及其他需要说明的信息。

11. （管理）水闸安全鉴定表

[1] 表编号：010506011

[2] 表标识：SZAQJDB

[3] 表说明：本表为水闸安全鉴定表，属管理表，存储水闸安全鉴定的信息。统计的时间单元为日，空间单元为水闸，统计指标为抗震能力鉴定意见、消能防冲鉴定意见、水闸过水能力鉴定意见、混凝土结构鉴定意见、闸门、启闭机鉴定意见等与水闸安全鉴定相关的信息。

序号	含义	字段名	数据类型	单位	必填	主键	外键
1	水闸代码	SZDM	C（11）		Y	Y	Y
2	水闸名称	SZMC	C（40）				
3	鉴定日期	JDRQ	D（8）		Y	Y	
4	水闸安全类别	SZAQLB	C（6）				
5	鉴定组织单位	JDZZDW	C（64）				
6	现场安全检测单位	XCAQJCDW	C（64）				
7	现场安全检测单位资质	XCAQJCDWZZ	C（6）				
8	安全评价单位	AQPJDW	C（64）				
9	安全评价单位资质	AQPJDWZZ	C（6）				
10	审定部门	SDBM	C（64）				
11	审定部门级别	SDBMJB	C（2）				
12	水闸稳定性和抗渗稳定性鉴定意见	SZWDXHKSWDXJDYJ	C（1）				Y
13	抗震能力鉴定意见	KZNLJDYJ	C（1）				Y
14	消能防冲鉴定意见	XNFCJDYJ	C（1）				Y
15	水闸过水能力鉴定意见	SZGSNLJDYJ	C（1）				Y
16	混凝土结构鉴定意见	HNTJGJDYJ	C（1）				Y
17	闸门、启闭机鉴定意见	ZMQBJJDYJ	C（1）				Y
18	电气设备鉴定意见	DQSBJDYJ	C（1）				Y

序号	含义	字段名	数据类型	单位	必填	主键	外键
19	观测设施鉴定意见	GCSSJDYJ	C（1）				Y
20	其他工程问题	QTGCWT	C（255）				
21	鉴定工程存在的主要问题	JDGCCZDZYWT	C（255）				
22	水闸安全鉴定报告书	SZAQJDBGS	B				

[4] 填写说明：

1）水闸代码：水闸的识别代码。引用水闸基本信息表。

2）水闸名称：水闸的名称，由水闸基本信息表带入。

3）鉴定日期：水闸安全鉴定日期，计至日。

4）水闸安全类别：经水闸安全鉴定认定的水闸安全类别，填写一类闸、二类闸、三类闸、四类闸或其他。

5）鉴定组织单位：申请安全鉴定的单位名称。一般为水闸管理单位。

6）现场安全检测单位：现场安全检测单位的名称。

7）现场安全检测单位资质：现场安全检测单位资质，填写符合要求、不符合要求或其他。

8）安全评价单位：承担水闸安全评价的单位名称。

9）安全评价单位资质：安全评价单位从事水闸安全评价的专业资质，填写符合要求、不符合要求或其他。

10）审定部门：审定鉴定意见并认定水闸安全类别的水行政主管部门。

11）审定部门级别：审定部门的级别分类，填写部级、省级、市级、县级或其他。

12）水闸稳定性和抗渗稳定性鉴定意见：安全鉴定结论中的稳定性和抗渗稳定性鉴定意见。取值及其含义见鉴定意见代码表。

13）抗震能力鉴定意见：安全鉴定结论中的抗震能力鉴定意见。取值及其含义见抗震安全鉴定意见代码表。

14）消能防冲鉴定意见：安全鉴定结论中的消能防冲鉴定意见。取值及其含义见鉴定意见代码表。

15）水闸过水能力鉴定意见：安全鉴定结论中的水闸过水能力鉴定意见。取值及其含义见鉴定意见代码表。

16）混凝土结构鉴定意见：安全鉴定结论中的混凝土结构鉴定意见。取值及其含义见鉴定意见代码表。

17）闸门、启闭机鉴定意见：安全鉴定结论中的闸门、启闭机鉴定意见。取值及其含义见鉴定意见代码表。

18）电气设备鉴定意见：安全鉴定结论中的电气设备鉴定意见。取值及其含义见鉴定意见代码表。

19）观测设施鉴定意见：安全鉴定结论中的观测设施鉴定意见。取值及其含义见鉴定意见代码表。

20）其他工程问题：安全鉴定结论之外的其他工程问题。

21）鉴定工程存在的主要问题：安全鉴定指出的工程存在的主要问题。简明填写，填写顺序为水闸稳定性和抗渗稳定性、抗震、消能防冲、水闸过水能力、混凝土结构、闸门及启闭机、电气设备、观测设施、其他。

22）水闸安全鉴定报告书：水闸安全鉴定报告书文档。

12. （管理）水闸降等报废表

[1] 表编号：010506012

[2] 表标识：SZJDBFB

[3] 表说明：本表为水闸降等报废表，属管理表，存储水闸降等报废情况信息。统计的时间单元为日，空间单元为水闸，统计指标为降等报废类别、工程完工日期、主要原因、善后工程情况等与水闸降等报废相关的信息。

序号	含义	字段名	数据类型	单位	必填	主键	外键
1	水闸代码	SZDM	C（11）		Y	Y	Y
2	水闸名称	SZMC	C（40）				
3	日期	RQ	D（8）		Y	Y	
4	降等报废类别	JDBFLB	C（6）				
5	工程完工日期	GCWGRQ	D（8）				
6	主要原因	ZYYY	C（1）				Y
7	论证单位	LZDW	C（64）				
8	论证单位资质	LZDWZZ	C（6）				
9	审批部门	SPBM	C（64）				
10	审批日期	SPRQ	D（8）				
11	审批意见	SPYJ	C（255）				
12	善后工程情况	SHGCQK	C（8）				

[4] 填写说明：

1）水闸代码：水闸的识别代码。引用水闸基本信息表。

2）水闸名称：水闸代码对应的水闸名称，由水闸基本信息表带入。

3）日期：水闸降等报废论证日期，计至日。

4）降等报废类别：水闸降等与报废的分类类别，填写降等、报废或其他。

5）工程完工日期：水闸降等与报废完工日期，计至日。

6）主要原因：水闸降等与报废的主要原因。取值及其含义见降等报废原因代码表。

7）论证单位：水闸降等与报废单位名称。

8）论证单位资质：水闸降等与报废单位资质。填写特级、一级、二级、三级或其他。

9）审批部门：水闸降等与报废审批部门名称。

10）审批日期：水闸降等与报废审批日期，计至日。

11）审批意见：水闸降等与报废主要审批结论和意见。

12）善后工程情况：水闸降等与报废主要善后工程情况，根据善后工作情况填写工程改造、工程拆除、未作处理或其他。

13. （管理）水闸机电设备表

[1] 表编号：010506013

[2] 表标识：SZJDSBB

[3] 表说明：本表为水闸机电设备表，属管理表，存储水闸机电设备的信息。空间单元为水闸，统计指标为启闭设备类型、启闭机数量、单机启闭力、电源条件等与水闸机电设备相关的信息。

序号	含义	字段名	数据类型	单位	必填	主键	外键
1	水闸代码	SZDM	C（11）		Y	Y	Y
2	水闸名称	SZMC	C（40）				
3	启闭设备类型	QBSBLX	C（128）				
4	启闭机数量	QBJSL	N（3）	个			
5	单机启闭力	DJQBL	N（5，2）	t			
6	电源条件	DYTJ	C（255）				
7	电动启门速度	DDQMSD	N（3，2）	m/min			
8	闸门全开时间	ZMQKSJ	N（3，1）	min			

序号	含义	字段名	数据类型	单位	必填	主键	外键
9	检修闸门型式	JXZMXS	C（1）				Y
10	检修闸门数量	JXZMSL	N（3）	个			
11	总装机容量	ZZJRL	N（8，4）	万 kW			

[4] 填写说明：

1）水闸代码：水闸工程的识别代码。引用水闸基本信息表。

2）水闸名称：水闸的名称，由水闸基本信息表带入。

3）启闭设备类型：启闭设备的类型，根据情况填写卷扬式启闭机、螺杆式启闭机、液压式启闭机、无启闭设备或其他，当有多种启闭设备类型时，类型名称之间用“，”隔开。

4）启闭机数量：水闸启闭机的总数量，计量单位为个，计至整数。

5）单机启闭力：闸门单机的启闭力，计量单位为 t，计至整数。

6）电源条件：描述启闭机主电源、备用电源情况。

7）电动启门速度：水闸电动启门速度，计量单位为 m/min，计至两位小数。

8）闸门全开时间：单孔闸门全开所需的时间，计量单位为 min，计至一位小数。

9）检修闸门型式：检修闸门结构型式特征。取值及其含义见闸门型式代码表。

10）检修闸门数量：水闸检修闸门的总数量，计量单位为个，计至整数。

11）总装机容量：水闸水电站的总装机容量，计量单位为万 kW，计至四位小数。

14. （管理）水电泵站特性表

[1] 表编号：010506014

[2] 表标识：SDBZTXB

[3] 表说明：本表为水电泵站特性表，属管理表，存储水电泵站的特性信息。统计的时间单元为年，空间单元为水电站泵站，统计指标为机型、装机台数、出水管路断面面积、标定转速等与水电站泵站相关的信息。

序号	含义	字段名	数据类型	单位	必填	主键	外键
1	泵站代码	BZDM	C（11）		Y	Y	Y
2	泵站名称	BZMC	C（64）				
3	机组号	JZH	C（3）		Y	Y	
4	日期	RQ	D（4）		Y	Y	
5	测站代码	CZDM	C（8）				Y
6	机型	JX	C（20）				
7	装机台数	ZJTS	N（3）	台			
8	出水管路断面面积	CSGLDMMJ	N（9，3）	m^2			
9	标定转速	BDZS	N（9，3）	m/s			
10	单机额定功率	DJEDGL	N（9，3）	kW			
11	单机设计流量	DJSJLL	N（10，3）	m^3/s			
12	设计扬程	SJYC	N（7，3）	m			
13	驼峰底高	TFDG	N（7，3）	m			
14	起排水位	QPSW	N（7，3）	m			

[4] 填写说明：

1）泵站代码：泵站的识别代码。引用泵站基本信息表。

2）泵站名称：泵站的名称，由泵站基本信息表带入。

3）机组号：进水口和出水口都在同一河渠的机型、额定功率、运行参数相同的所有水泵或水力发电机称为一个机组，机组在断面上的自然数编号叫机组号，各机组按出水口（机组控制断面）从左岸到右岸的顺序从 1 开始递增编号。

4）日期：观测、调查和统计资料的年份，计至年。

5）测站代码：该机组设立的测站代码。引用水文测站基本信息表。

6）机型：机组水力发电机或泵类型。

7）装机台数：机组安装水力发电机或泵的数量，计量单位为台，计至整数。

8）出水管路断面面积：机组各机器的出水管路断面面积之和，几个水泵共用一个出水管路时为该出水管路的断面面积，多级泵取最后一个出水管路断面面积，计量单位为 m^2，计至三位小数。

9）标定转速：机组机器名牌上标定的转速，计量单位为 m/s，计至三位小数。

10）单机额定功率：机组每台机器的标定功率，计量单位为 kW，计至三位小数。

11）单机设计流量：机组每台机器的设计流量，计量单位为 m^3/s，计至三位小数。

12）设计扬程：机组每台机器的设计扬程。扬程时单位重力的水从水泵进口到水泵出口所增加的能量。设计扬程按泵站进出水池在设计水位时的水位差，加相应的水头损失求得。在此扬程下，泵站的提水流量应满足设计流量的要求。计量单位为 m，计至三位小数。

13）驼峰底高：机组每台机器的驼峰底部高程，计量单位为 m，计至三位小数。

14）起排水位：内江水位达到一定高度时，原则上应开机排除涝水，该水位就是起排水位，计量单位为 m，计至三位小数。

15. （管理）水电站泵站流量率定成果表

[1] 表编号：010506015

[2] 表标识：SDZBZLLLDCGB

[3] 表说明：本表为水电泵站流量率定成果表，属管理表，存储水电泵站流量率定的成果信息。统计的时间单元为测流的起止时间，空间单元为水电泵站，统计指标为站上水头、开机功率、开机台数、开机叶片角度、叶轮直径、实际转速、出水阀过水面积、实测流量、效率计算公式编号等与水电泵站流量率定相关的信息。

序号	含义	字段名	数据类型	单位	必填	主键	外键
1	泵站代码	BZDM	C（11）		Y	Y	Y
2	泵站名称	BZMC	C（64）				
3	机组号	JZH	C（3）		Y	Y	
4	测流起始时间	CLQSSJ	T（14）		Y	Y	
5	测流终止时间	CLZZSJ	T（14）		Y		
6	率定次序号	LDCXH	C（4）				
7	测站代码	CZDM	C（8）				Y
8	站上水位	ZSSW	N（7，3）	m			
9	站下水位	ZXSW	N（7，3）	m			
10	水位差	SWC	N（7，3）	m			
11	站上水头	ZSST	N（7，3）	m			
12	开机功率	KJGL	N（5）	kW			
13	开机台数	KJTS	N（3）	台			
14	开机叶片角度	KJYPJD	N（4，1）	（°）			

序号	含义	字段名	数据类型	单位	必填	主键	外键
15	叶轮直径	YLZJ	N（7，3）	m			
16	实际转速	SJZS	N（7，3）	m/s			
17	出水阀过水面积	CSFGSMJ	N（7，3）	m^2			
18	实测流量	SCLL	N（11，3）	m^3/s			
19	效率计算公式编号	XLJSGSBH	C（32）				
20	自变量名	ZBLM	C（30）				
21	自变量值	ZBLZ	N（10，3）				
22	效率值	XLZ	N（6，3）				
23	测次说明	CCSM	C（64）				

[4] 填写说明：

1）泵站代码：泵站的识别代码。引用泵站基本信息表。

2）泵站名称：泵站的名称，由泵站基本信息表带入。

3）机组号：进水口和出水口都在同一河渠的机型、额定功率、运行参数相同的所有水泵或水力发电机称为一个机组，机组在断面上的自然数编号叫机组号，各机组按出水口（机组控制断面）从左岸到右岸的顺序从 1 开始递增编号。

4）测流起始时间：测流开始的时间，要求精确至分钟，只有测流平均时间的取测流平均时间，用比降面积法推算流量的测次，测流起始时间是观测水面比降的时间，计至秒。

5）测流终止时间：测流终止的时间，要求精确至分钟，只有测流平均时间的取测流平均时间，用比降面积法推算流量的测次，测流终止时间应取当年 1 月 1 日 0 时 0 分 0 秒，计至秒。

6）率定次序号：率定的次序编号，各站每年从 1 开始递增编号，不能计算或不能准确计算流量系数的测次，不列入本表，也不编率定次序号。

7）测站代码：该机组设立的测站代码。引用水文测站基本信息表。

8）站上水位：率定有关水尺的水电（泵）站上水位或内江水位，计量单位为 m，计至三位小数。

9）站下水位：机组所控制的下游（或外江）河渠在率定有关水尺的水位，计量单位为 m，计至三位小数。

10）水位差：填站上水位减去站下水位差值，计量单位为 m，计至三位小数。

11）站上水头：水电站填水头值，泵站填扬程值，计量单位为 m，计至三位小数。

12）开机功率：测流时机组的总电功率，计算效率时，均按有效功率填入，计量单位为 kW，计至整数。

13）开机台数：测流机组开机的总台数，计量单位为台，计至整数。

14）开机叶片角度：测流时机组叶片泵开机的叶片角度，非轴流泵也非混流泵填 0，计量单位为（°），计至一位小数。

15）叶轮直径：测流机组开机水泵的叶轮外径，计量单位为 m，计至三位小数。

16）实际转速：测流机组开机水泵的实际转速，计量单位为 m/s，计至三位小数。

17）出水阀过水面积：表示测流时出水闸阀的开启度对应的过水面积，计量单位为 m^2，计至三位小数。

18）实测流量：填机组所控制的下游（或外江）河渠的实测流量，不含不受开机影响的自然流量，负流量用负值表示，计量单位为 m^3/s，计至三位小数。

19）效率计算公式编号：采用的水电站、泵站推流公式的编号，如需用无公式的编号时，可由复审汇编单位确定编号，或直接将公式填入。

20）自变量名：定线的相关因素自变量的中文名称，描述自变量的特征和要素类型，如“水位”“流量”“洪峰水位”等，如果自变量名是一个表达式，宜用中文表示，如果自变量的站不是当前记录的站码对应的站，则自变量名中应以站码为前缀，如果自变量的站是当前记录的站码对应的站，则自变量名不应含站码，自变量名的命名应以本标准中的字段名的全称为准，一般为表类名接字段名，本标准中没有的名称用户可以自行命名，但要保证库中表内的同义自变量名完全相同。

21）自变量值：定线的相关因素自变量数值，计量单位应与本标准中的同义字段的水位相同，在本标准中没有同义字段的自变量采用的计量单位可以自行确定，但要保持计量单位的统一和一致性，既要使计量单位与相应公式一致，又要使同一自变量的计量单位在库内各处统一。

22）效率值：由实测资料代入所采用的公式计算得出，计至三位小数。

23）测次说明：用简要文字注明水流异常情况（如漫滩、分流、死水、回流等），水利措施情况（如修堤、筑坝、疏浚、决口等），冰情发生情况（如岸冰、封冻、冰坝等），若测站既有基本水尺水位又有测流断面水位时，可填入测流断面水位。

16. （管理）堤防特性表

[1] 表编号：010506016

[2] 表标识：DFTXB

[3] 表说明：本表为堤防特性表，属管理表，存储堤防工程结构的信息。空间单元为堤防，统计指标为堤防高程、防洪墙顶高程、堤顶宽度、防渗体形式、防渗体顶高程等与堤防工程结构相关的信息。

序号	含义	字段名	数据类型	单位	必填	主键	外键
1	堤防段代码	DFDDM	C（11）		Y	Y	Y
2	堤防段名称	DFDMC	C（40）				
3	堤防高程	DFGC	N（6，2）	m			
4	防洪墙顶高程	FHQDGC	N（6，2）	m			
5	堤顶宽度	DDKD	N（5，2）	m			
6	防渗体形式	FSTXS	C（1）				Y
7	防渗体顶高程	FSTDGC	N（6，2）	m			
8	防渗体高度	FSTGD	N（5，2）	m			
9	堤基防渗措施	DJFSCS	C（64）				
10	临水坡比例	LSPBL	C（10）				
11	临水面堤脚高程	LSMDJGC	N（6，2）	m			
12	背水坡比例	BSPBL	C（10）				
13	背水面堤脚高程	BSMDJGC	N（6，2）	m			
14	有无前戗	YWQQ	C（1）				
15	有无后戗	YWHQ	C（1）				

[4] 填写说明：

1）堤防段代码：堤防段的识别代码。引用堤防段基本信息表。

2）堤防段名称：堤防段的名称，由堤防段基本信息表带入。

3）堤防高程：相较于高程基准面测定的堤防顶面高程。堤顶高程不一致的，填写最低段的堤顶高程，以现状实际为准，计量单位为 m，计至两位小数。

4）防洪墙顶高程：堤防防浪墙的顶面高程，计量单位为 m，计至两位小数。

5）堤顶宽度：堤防顶面上下两边缘间的宽度值。堤型不一致或堤顶宽度不一致的，填写最大堤高断面的堤顶高度，计量单位为 m，计至两位小数。

6）防渗体形式：堤防防渗体材料形式。取值及其含义见防渗体形式代码表。

7）防渗体顶高程：堤防防渗体顶面的高程。均质堤填写堤顶高程，计量单位为 m，计至两位小数。

8）防渗体高度：堤防防渗体的最大高度，计量单位为 m，计至两位小数。

9）堤基防渗措施：堤防基础的防渗体采取的防渗措施描述。

10）临水坡比例：堤防段临水面的坡比。以 1∶×形式表示。

11）临水面堤脚高程：临水面堤坡与河滩交会处的高程，计量单位为 m，计至两位小数。

12）背水坡比例：堤防段背水面的坡比。以 1∶×形式表示。

13）背水面堤脚高程：背水面堤坡与河滩交会处的高程，计量单位为 m，计至两位小数。

14）有无前戗：1 为有前戗，0 为无前戗。

15）有无后戗：1 为有后戗，0 为无后戗。

17. （监测）堤防段工情监测项目表

[1] 表编号：010506017

[2] 表标识：DFDGQJCXMB

[3] 表说明：本表为堤防段工情监测项目表，属监测表，存储堤防段工情监测项目的信息。

序号	含义	字段名	数据类型	单位	必填	主键	外键
1	堤防段代码	DFDDM	C（11）		Y	Y	Y
2	堤防段名称	DFDMC	C（40）				
3	日期	RQ	D（8）		Y	Y	
4	工情监测项目	GQJCXM	C（2）		Y	Y	Y
5	监测断面	JCDM	C（7）				
6	测点数量	CDSL	N（3）	个			
7	监测设备	JCSB	C（100）				

[4] 填写说明：

1）堤防段代码：堤防段的识别代码。引用堤防段基本信息表。

2）堤防段名称：堤防段的名称，由堤防段基本信息表带入。

3）日期：工情监测项目数据更新日期，计至日。

4）工情监测项目：工情监测的项目。取值及其含义见工情监测项目代码表。

5）监测断面：测点所布置或组成的监测断面。填写监测断面的桩号。

6）测点数量：监测项目对应的测点数量，计量单位为个，计至整数。

7）监测设备：监测项目采用的监测设施设备。

18. （管理）堤防段运行管理表

[1] 表编号：010506018

[2] 表标识：DFDYXGLB

[3] 表说明：本表为堤防段运行管理表，属管理表，存储堤防段运行管理的信息。统计的时间单元为日，空间单元为堤防段，统计指标为工情监测方式、工情自动监测系统建设状况、上堤公路数量、上堤公路总长等与堤防段运行管理相关的信息。

序号	含义	字段名	数据类型	单位	必填	主键	外键
1	堤防段代码	DFDDM	C（11）		Y	Y	Y
2	堤防段名称	DFDMC	C（40）				
3	日期	RQ	D（8）		Y	Y	

序号	含义	字段名	数据类型	单位	必填	主键	外键
4	历年最高水位	LNZGSW	N（7，3）	m			
5	历年最高水位时间	LNZGSWSJ	T（12）				
6	历年最大流量	LNZDLL	N（10，3）	m^3/s			
7	历年最大流量时间	LNZDLLSJ	T（12）				
8	工情监测方式	GQJCFS	C（1）				Y
9	工情自动监测系统建设状况	GQZDJCXTJSZK	C（6）				
10	上堤公路数量	SDGLSL	N（2）	条			
11	上堤公路总长	SDGLZC	N（8，3）	km			
12	上堤公路等级	SDGLDJ	C（6）				
13	交通工具数量	JTGJSL	N（3）	个			

[4] 填写说明：

1）堤防段代码：堤防段的识别代码。引用堤防段基本信息表。

2）堤防段名称：堤防段的名称，由堤防段基本信息表带入。

3）日期：堤防段运行管理信息的更新日期，计至日。

4）历年最高水位：堤防段建成后曾经发生的最高水位，计量单位为 m，计至三位小数。

5）历年最高水位时间：历年最高水位的发生时间，计至分钟。

6）历年最大流量：堤防段建成后遭遇的最大流量，计量单位为 m^3/s，计至三位小数。

7）历年最大流量时间：历年最大流量的发生时间，计至分钟。

8）工情监测方式：堤防段安全监测的方式。取值及其含义见监测方式代码表。

9）工情自动监测系统建设状况：反映堤防段安全监测自动化系统的建设情况。根据建设情况填写已建、在建、拟建、暂无计划或其他。

10）上堤公路数量：上堤公路的条数，计量单位为条，计至整数。

11）上堤公路总长：上堤公路的总长度，计量单位为 km，计至三位小数。

12）上堤公路等级：上堤公路的等级。填写高速公路、一级公路、二级公路、三级公路、四级公路或其他。

13）交通工具数量：堤防段管理单位拥有可以上堤的交通工具总数量，计量单位为个，计至整数。

19. （管理）堤防段运行状况表

[1] 表编号：010506019

[2] 表标识：DFDYXZKB

[3] 表说明：本表为堤防段运行状况表，属管理表，存储堤防段运行状况的信息。空间单元为堤防段，统计指标为水位、流量、水面距堤顶高差等与堤防段运行状况相关的信息。

序号	含义	字段名	数据类型	单位	必填	主键	外键
1	堤防段代码	DFDDM	C（11）		Y	Y	Y
2	堤防段名称	DFDMC	C（40）				
3	采集时间	CJSJ	T（12）		Y	Y	
4	水文控制站代码	SWKZZDM	C（8）				Y
5	经度	JD	N（10，6）	（°）			
6	纬度	WD	N（10，6）	（°）			
7	采集点地名	CJDDM	C（32）				
8	采集点桩号	CJDZH	C（32）				

序号	含义	字段名	数据类型	单位	必填	主键	外键
9	水位	SHUIW	N（7，3）	m			
10	流量	LIUL	N（10，3）	m^3/s			
11	水面距堤顶高差	SMJDDGC	N（7，3）	m			
12	备注	BZ	C（255）				

[4] 填写说明：

1）堤防段代码：堤防段的识别代码。引用堤防段基本信息表。

2）堤防段名称：堤防段的名称，由堤防段基本信息表带入。

3）采集时间：对工程巡视或检查的时间，计至分钟。

4）水文控制站代码：控制该段堤防水位、流量的水文站（参证站）代码。引用水文测站基本信息表。

5）经度：采集点经度位置。采用 2000 国家大地坐标系（CGCS2000）。

6）纬度：采集点纬度位置。采用 2000 国家大地坐标系（CGCS2000）。

7）采集点地名：当地或防汛等政府部门对采集点选用的名称。

8）采集点桩号：观测点位于整个堤防的起始里程数，用工千米数+米数或桩号的范围表示。示例：5+750 或 5+750～5+850。

9）水位：堤防水位，计量单位为 m，计至三位小数。

10）流量：堤防过闸流量，计量单位为 m^3/s，计至三位小数。

11）水面距堤顶高差：观测点堤顶高程与水位的差值，计量单位为 m，计至三位小数。

12）备注：对堤防的穿堤建筑物、护坡、护岸等运行状况进行说明，特别对出险状况进行说明；对河道、湖泊、海堤的水位，以及水位的状态和持续时间进行说明；其他需要说明的信息。

20. （管理）治河工程运行状况表

[1] 表编号：010506020

[2] 表标识：ZHGCYXZKB

[3] 表说明：本表为治河工程运行状况表，属管理表，存储河工程的运行状况信息。空间单元为治河工程，统计指标为所在岸别、水流状况、河势状况等与治河工程运行状况相关的信息。

序号	含义	字段名	数据类型	单位	必填	主键	外键
1	治河工程代码	ZHGCDM	C（11）		Y	Y	Y
2	治河工程名称	ZHGCMC	C（40）				
3	时间	SJ	T（12）		Y	Y	
4	所在岸别	SZAB	C（16）				
5	水流状况	SLZK	C（128）				
6	河势状况	HSZK	C（128）				
7	备注	BZ	C（128）				

[4] 填写说明：

1）治河工程代码：治河工程的唯一识别码，引用治河工程基本信息表。

2）治河工程名称：治河工程的名称，由治河工程基本信息表带入。

3）时间：工程巡视检查的时间或特定险情信息获得的时间，计至分钟。

4）所在岸别：工程位于河流的左、右岸河道中间等位置信息。

5）水流状况：观测范围内河道的水流状况，从水位、流量、流速、含沙量、主流位置、水流形态等多方面进行描述。

6）河势状况：河道水流的平面形势及其发展趋势。

7）备注：对各类工程的运行状况进行说明，特别对工程的出险状况进行说明；其他需要说明的信息。

（二）险情管理

1. （载体）工程险情基本信息表

[1] 表编号：010506021

[2] 表标识：GCXQJBXXB

[3] 表说明：本表为工程险情基本信息表，属载体表，存储所有工程险情的基本信息。险情是指水利工程在运行过程中出现的决口、漫溢、管涌、陷坑、滑坡、裂缝、崩岸、滑动、闸门损毁、渗水、淘刷、溃坝、倾覆、坍塌、控导工程冲毁以及河流堰塞湖等现象。本节其他表，都是在此基础上针对不同类型的险情进行进一步的描述。

序号	含义	字段名	数据类型	单位	必填	主键	外键
1	险情代码	XQDM	C（25）		Y	Y	
2	行政区划代码	XZQHDM	C（10）		Y		Y
3	单位代码	DWDM	C（18）		Y		Y
4	出险时间	CXSJ	T（12）				
5	工程代码	GCDM	C（11）				Y
6	工程名称	GCMC	C（32）				
7	险情分类代码	XQFLDM	C（4）				Y
8	险情等级	XQDJ	C（1）				Y
9	出现部位	CXBW	C（255）				
10	经度	JD	N（10，6）	（°）			
11	纬度	WD	N（10，6）	（°）			
12	险情原因分析	XQYYFX	C（255）				
13	抢护措施	QHCS	C（255）				
14	险情预测	XQYC	C（255）				
15	备注	BZ	C（255）				

[4] 填写说明：

1）险情代码：唯一标识每次险情的顺序编码，编码方式为填报单位代码（18 位）+年代（4 位）+顺序码（3 位）。

2）行政区划代码：该工程险情发生所在行政区划代码，按最小包含原则，引用行政区划基本信息表。

3）单位代码：指填报单位的代码，引用单位基本信息表。

4）出险时间：险情发生的时间。如果不能获取准确的险情发生时间，则上报最早检查出该险情的时间。计至分钟。

5）工程代码：工程唯一标识码，可以引用水利工程基本信息表。对于没有工程代码的水利工程，按《水利对象分类与编码总则》（SL/T 213—2020）的规定进行编码。

6）工程名称：工程的名称。

7）险情分类代码：险情类别的唯一标识，取值及其含义见险情分类代码表。

8）险情等级：反映险情的严重程度，取值及其含义见险情级别代码表。

9）出现部位：表示险情出现在水利工程上的具体位置，如堤防的桩号、迎水坡、堤顶、背水坡、水库大坝的坝段编号等位置描述性信息。

10）经度：实际测量的险情发生地点的经度。采用 2000 国家大地坐标系（CGCS2000）。

11）纬度：实际测量的险情发生地点的纬度。采用 2000 国家大地坐标系（CGCS2000）。

12）险情原因分析：导致防洪工程出现险情的主要原因。

13）抢护措施：针对险情所采取的抢护措施。

14）险情预测：结合未来短期水文气象预测、工程的实际情况、目前的抢险状态，对险情的进一步发展趋势做出的判断。

15）备注：工程险情可能造成的社会经济影响。

2. （载体）决口险情信息表

[1] 表编号：010506022

[2] 表标识：JKXQXXB

[3] 表说明：描述决口险情的信息。

序号	含义	字段名	数据类型	单位	必填	主键	外键
1	险情代码	XQDM	C（25）		Y	Y	Y
2	时间	SJ	T（12）		Y	Y	
3	决口宽度	JKKD	N（6，2）	m			
4	决口处流速	JKCLS	N（5，2）	m/s			
5	决口流量	JKLL	N（10，3）	m^3/s			
6	决口处内外水头差	JKCNWSTC	N（7，3）	m			
7	地形地质条件	DXDZTJ	C（255）				
8	影响范围	YXFW	C（255）				
9	其他	QT	C（255）				

[4] 填写说明：

1）险情代码：每次险情唯一标识。引用工程险情基本信息表。

2）时间：工程巡视检查的时间或特定险情信息获得的时间，计至分。

3）决口宽度：口门两边的水平距离，计量单位为 m，计至两位小数。

4）决口处流速：口门处的当前流速，计量单位为 m/s，计至两位小数。

5）决口流量：当前决口流量，计量单位为 m^3/s，计至三位小数。

6）决口处内外水头差：口门内外的水位差，计量单位为 m，计至三位小数。

7）地形地质条件：决口出现部位地形和地质描述性文字，特别需要描述险情的发展或救灾有重大影响的信息。

8）影响范围：决口影响的主要范围、面积、人数和重要设施等灾情信息。

9）其他：其他未尽事宜。

3. （载体）漫溢险情信息表

[1] 表编号：010506023

[2] 表标识：MYXQXXB

[3] 表说明：描述漫溢险情的信息。

序号	含义	字段名	数据类型	单位	必填	主键	外键
1	险情代码	XQDM	C（25）		Y	Y	Y
2	时间	SJ	T（12）		Y	Y	

序号	含义	字段名	数据类型	单位	必填	主键	外键
3	漫溢长度	MYCD	N（6，2）	m			
4	漫顶高度	MDGD	N（4，2）	m			
5	其他	QT	C（255）				

[4] 填写说明：

1）险情代码：每次险情唯一标识。引用工程险情基本信息表。

2）时间：工程巡视检查的时间或特定险情信息获得的时间，计至分。

3）漫溢长度：堤顶、坝顶水流漫溢范围的长度，计量单位为 m，计至两位小数。

4）漫顶高度：漫溢处水位超过堤顶或坝顶的高度，计量单位为 m，计至两位小数。

5）其他：其他未尽事宜。

4. （载体）管涌险情信息表

[1] 表编号：010506024

[2] 表标识：GYXQXXB

[3] 表说明：描述管涌险情的信息。

序号	含义	字段名	数据类型	单位	必填	主键	外键
1	险情代码	XQDM	C（25）		Y	Y	Y
2	时间	SJ	T（12）		Y	Y	
3	出口特征	CKTZ	C（100）				
4	管涌口直径	GYKZJ	N（3，2）	m			
5	涌水流量	YSLL	N（10，3）	10^4 m^3/s			
6	涌水水柱高	YSSZG	N（4，1）	cm			
7	涌水浑浊度	YSHZD	C（100）				
8	管涌数目	GYSM	N（2）	个			
9	管涌群的面积	GYQDMJ	N（2）	m^2			
10	其他	QT	C（255）				

[4] 填写说明：

1）险情代码：每次险情唯一标识。引用工程险情基本信息表。

2）时间：工程巡视检查的时间或特定险情信息获得的时间，计至分。

3）出口特征：描述管涌发生在工程上的位置，距堤脚的距离，出口的地物特征等。

4）管涌口直径：反映出沙口的大小，取管涌群的最大水柱高，计量单位为 m，计至两位小数。

5）涌水流量：涌水口出水量的多少，取管涌群的总流量，计量单位为 10^4 m^3/s，计至三位小数。

6）涌水水柱高：涌水的高度，计量单位为 cm，计至一位小数。

7）涌水浑浊度：描述涌水的浑浊程度，涌水中包含的是粗沙还是细沙。

8）管涌数目：管涌群中管涌的个数，计量单位为个，计至整数。

9）管涌群的面积：管涌群区域的分布面积，计量单位为 m^2，计至整数。

10）其他：其他未尽事宜。

5. （载体）陷坑险情信息表

[1] 表编号：010506025

[2] 表标识：XKXQXXB

[3] 表说明：描述陷坑险情的信息。

序号	含义	字段名	数据类型	单位	必填	主键	外键
1	险情代码	XQDM	C（25）		Y	Y	Y
2	时间	SJ	T（12）		Y	Y	
3	陷坑深度	XKSD	N（3，2）	m			
4	陷坑面积	XKMJ	N（4，2）	m^2			
5	其他	QT	C（255）				

[4] 填写说明：

1）险情代码：每次险情唯一标识。引用工程险情基本信息表。

2）时间：工程巡视检查的时间或特定险情信息获得的时间，计至分。

3）陷坑深度：发生陷坑处建筑物表面至陷坑底部的垂直距离，计量单位为 m，计至两位小数。

4）陷坑面积：陷坑表面的大小，计量单位为 m^2，计至两位小数。

5）其他：其他未尽事宜。

6. （载体）滑坡险情信息表

[1] 表编号：010506026

[2] 表标识：HPXQXXB

[3] 表说明：描述滑坡险情的信息。

序号	含义	字段名	数据类型	单位	必填	主键	外键
1	险情代码	XQDM	C（25）		Y	Y	Y
2	时间	SJ	T（12）		Y	Y	
3	滑坡体挫高	HPTCG	N（5，1）	m			
4	滑坡长度	HPCD	N（6，1）	m			
5	滑坡体积	HPTJ	N（10，1）	m^3			
6	滑坡面角度	HPMJD	N（4，2）	（°）			
7	其他	QT	C（255）				

[4] 填写说明：

1）险情代码：每次险情唯一标识。引用工程险情基本信息表。

2）时间：工程巡视检查的时间或特定险情信息获得的时间，计至分。

3）滑坡体挫高：滑坡体原位置与现位置的最大高差，计量单位为 m，计至一位小数。

4）滑坡长度：滑坡面沿堤防方向的长度，计量单位为 m，计至一位小数。

5）滑坡体积：滑坡体的体积，计量单位为 m^3，计至一位小数。

6）滑坡面角度：滑坡面与水平方向的夹角，计量单位为（°），计至两位小数。

7）其他：其他未尽事宜。

7. （载体）裂缝险情信息表

[1] 表编号：010506027

[2] 表标识：LFXQXXB

[3] 表说明：描述裂缝险情的信息。

序号	含义	字段名	数据类型	单位	必填	主键	外键
1	险情代码	XQDM	C（25）		Y	Y	Y
2	时间	SJ	T（12）		Y	Y	
3	裂缝类型	LFLX	C（100）				
4	裂缝长度	LFCD	N（5，2）	m			
5	裂缝宽度	LFKD	N（5，2）	cm			
6	裂缝深度	LFSD	N（5，2）	cm			
7	裂缝条数	LFTS	N（3）	条			
8	其他	QT	C（255）				

[4] 填写说明：

1）险情代码：每次险情唯一标识。引用工程险情基本信息表。

2）时间：工程巡视检查的时间或特定险情信息获得的时间，计至分。

3）裂缝类型：指发生的裂缝属于纵缝、横缝、局部龟裂和贯穿性裂等描述信息。

4）裂缝长度：最长裂缝的长度，计量单位为 m，计至两位小数。

5）裂缝宽度：裂缝最宽部位的宽度，计量单位为 cm，计至两位小数。

6）裂缝深度：裂缝延伸至堤防（坝）及建筑物内部的最大深度，计量单位为 cm，计至两位小数。

7）裂缝条数：观测范围内的所有裂缝条数，计量单位为条，计至整数。

8）其他：其他未尽事宜。

8. （载体）崩岸险情信息表

[1] 表编号：010506028

[2] 表标识：BAXQXXB

[3] 表说明：描述崩岸险情的信息。

序号	含义	字段名	数据类型	单位	必填	主键	外键
1	险情代码	XQDM	C（25）		Y	Y	Y
2	时间	SJ	T（12）		Y	Y	
3	距堤脚的距离	JDJDJL	N（6，2）	m			
4	崩塌长度	BTCD	N（6，2）	m			
5	崩塌宽度	BTKD	N（4，2）	m			
6	崩塌体积	BTTJ	N（10，2）	m^3			
7	其他	QT	C（255）				

[4] 填写说明：

1）险情代码：每次险情唯一标识。引用工程险情基本信息表。

2）时间：工程巡视检查的时间或特定险情信息获得的时间，计至分。

3）距堤脚的距离：距堤脚的距离，计量单位为 m，计至两位小数。

4）崩塌长度：沿堤防或河流方向的长度，计量单位为 m，计至两位小数。

5）崩塌宽度：崩塌体垂直水流方向的最大距离，计量单位为 m，计至两位小数。

6）崩塌体积：崩塌体积，计量单位为 m^3，计至两位小数。

7）其他：其他未尽事宜。

9. （载体）滑动险情信息表

[1] 表编号：010506029

[2] 表标识：HDXQXXB

[3] 表说明：描述滑动险情的信息。

序号	含义	字段名	数据类型	单位	必填	主键	外键
1	险情代码	XQDM	C（25）		Y	Y	Y
2	时间	SJ	T（12）		Y	Y	
3	滑动类型	HDLX	C（100）				
4	滑动面角度	HDMJD	N（4，2）	（°）			
5	滑动位移	HDWY	N（6，2）	cm			
6	地形地质条件	DXDZTJ	C（255）				
7	其他	QT	C（255）				

[4] 填写说明：

1）险情代码：每次险情唯一标识。引用工程险情基本信息表。

2）时间：工程巡视检查的时间或特定险情信息获得的时间，计至分。

3）滑动类型：滑动类型描述。

4）滑动面角度：滑动面与水平方向的夹角，计量单位为（°），计至两位小数。

5）滑动位移：建筑物岩滑动面的移动距离，计量单位为 cm，计至两位小数。

6）地形地质条件：地形地质条件描述。

7）其他：其他未尽事宜。

10. （载体）闸门损毁险情信息表

[1] 表编号：010506030

[2] 表标识：ZMSHXQXXB

[3] 表说明：描述闸门损毁险情的信息。

序号	含义	字段名	数据类型	单位	必填	主键	外键
1	险情代码	XQDM	C（25）		Y	Y	Y
2	时间	SJ	T（12）		Y	Y	
3	损毁状况	SHZK	C（255）				
4	闸门损毁时的开启状态	ZMSHSDKQZT	C（100）				
5	过闸流量	GZLL	N（10，3）	m^3/s			
6	其他	QT	C（255）				

[4] 填写说明：

1）险情代码：每次险情唯一标识。引用工程险情基本信息表。

2）时间：工程巡视检查的时间或特定险情信息获得的时间，计至分。

3）损毁状况：描述闸门的损毁状况、位置、特点和严重性，入闸门能否开启或关闭。

4）闸门损毁时的开启状态：闸门损毁时的开启状态。

5）过闸流量：闸门失事时水的过闸流量，计量单位为 m^3/s，计至三位小数。

6）其他：其他未尽事宜。

11. （载体）渗水险情信息表

[1] 表编号：010506031

[2] 表标识：SSXQXXB

[3] 表说明：描述渗水险情的信息。

序号	含义	字段名	数据类型	单位	必填	主键	外键
1	险情代码	XQDM	C（25）		Y	Y	Y
2	时间	SJ	T（12）		Y	Y	
3	渗水面积	SSMJ	N（8，2）	m^2			
4	渗水量	SSL	N（6，4）	m^3/s			
5	其他	QT	C（255）				

[4] 填写说明：

1）险情代码：每次险情唯一标识。引用工程险情基本信息表。

2）时间：工程巡视检查的时间或特定险情信息获得的时间，计至分。

3）渗水面积：渗水区域的大小，计量单位为 m^2，计至两位小数。

4）渗水量：渗水流量的大小，计量单位为 m^3/s，计至四位小数。

5）其他：其他未尽事宜。

12. （载体）淘刷险情信息表

[1] 表编号：010506032

[2] 表标识：TSXQXXB

[3] 表说明：描述淘刷险情的信息。

序号	含义	字段名	数据类型	单位	必填	主键	外键
1	险情代码	XQDM	C（25）		Y	Y	Y
2	时间	SJ	T（12）		Y	Y	
3	距堤（坝）顶距离	JDBDJL	N（5，2）	m			
4	淘刷面积	TSMJ	N（4，2）	m^2			
5	淘刷深度	TSSD	N（4，2）	m			
6	淘刷长度	TSCD	N（6，2）	m			
7	其他	QT	C（255）				

[4] 填写说明：

1）险情代码：每次险情唯一标识。引用工程险情基本信息表。

2）时间：工程巡视检查的时间或特定险情信息获得的时间，计至分。

3）距堤（坝）顶距离：淘刷部位岩堤（坝）面距堤（坝）顶的距离，计量单位为 m，计至两位小数。

4）淘刷面积：淘刷部位的大小，计量单位为 m^2，计至两位小数。

5）淘刷深度：堤防（坝）的表面至被淘刷处的距离，计量单位为 m，计至两位小数。

6）淘刷长度：淘刷险情沿堤防（坝）方向的长度，计量单位为 m，计至两位小数。

7）其他：其他未尽事宜。

13. （载体）溃坝险情信息表

[1] 表编号：010506033

[2] 表标识：KBXQXXB

[3] 表说明：描述溃坝险情的信息。

序号	含义	字段名	数据类型	单位	必填	主键	外键
1	险情代码	XQDM	C（25）		Y	Y	Y
2	时间	SJ	T（12）		Y	Y	
3	溃口宽度	KKKD	N（6，2）	m			
4	溃口深度	KKSD	N（5，2）	m			
5	工程现状	GCXZ	C（255）				
6	溃坝库水位	KBKSW	N（7，3）	m			
7	溃坝时蓄量	KBSXL	N（12，3）	10^6 m^3			
8	溃口流量	KKLL	N（10，3）	m^3/s			
9	地形地质条件	DXDZTJ	C（255）				
10	影响范围	YXFW	C（255）				
11	其他	QT	C（255）				

[4] 填写说明：

1）险情代码：每次险情唯一标识。引用工程险情基本信息表。

2）时间：工程巡视检查的时间或特定险情信息获得的时间，计至分。

3）溃口宽度：溃坝门口的宽度，计量单位为 m，计至两位小数。

4）溃口深度：坝顶至溃口底部的最大距离，计量单位为 m，计至两位小数。

5）工程现状：描述溃口处的工程破坏和遗存情况。

6）溃坝库水位：溃坝发生时，水库的坝前水位，计量单位为 m，计至三位小数。

7）溃坝时蓄量：溃坝发生时，水库中蓄水量，计量单位为 10^6 m^3，计至三位小数。

8）溃口流量：实测或估测的溃口最大瞬时流量，计量单位为 m^3/s，计至三位小数。

9）地形地质条件：地形地质条件描述。

10）影响范围：影响的主要范围、面积、人数和重要设施等灾情信息。

11）其他：其他未尽事宜。

14. （载体）倾覆险情信息表

[1] 表编号：010506034

[2] 表标识：QFXQXXB

[3] 表说明：描述倾覆险情的信息。

序号	含义	字段名	数据类型	单位	必填	主键	外键
1	险情代码	XQDM	C（25）		Y	Y	Y
2	时间	SJ	T（12）		Y	Y	
3	倾覆方向	QFFX	C（50）				
4	倾覆角度	QFJD	N（4，2）	（°）			
5	其他	QT	C（255）				

[4] 填写说明：

1）险情代码：每次险情唯一标识。引用工程险情基本信息表。

2）时间：工程巡视检查的时间或特定险情信息获得的时间，计至分。

3）倾覆方向：工程或建筑物偏离原位置向上游或下游转动的方向。

4）倾覆角度：工程或建筑物偏离原位置旋转的角度，计量单位为（°），计至两位小数。

5）其他：其他未尽事宜。

15. （载体）坍塌险情信息表

[1] 表编号：010506035

[2] 表标识：TTXQXXB

[3] 表说明：描述坍塌险情的信息。

序号	含义	字段名	数据类型	单位	必填	主键	外键
1	险情代码	XQDM	C（25）		Y	Y	Y
2	时间	SJ	T（12）		Y	Y	
3	坍塌长度	TTCD	N（6，2）	m			
4	坍塌面积	TTMJ	N（8，2）	m^2			
5	坍塌体积	TTTJ	N（10，2）	m^3			
6	其他	QT	C（255）				

[4] 填写说明：

1）险情代码：每次险情唯一标识。引用工程险情基本信息表。

2）时间：工程巡视检查的时间或特定险情信息获得的时间，计至分。

3）坍塌长度：坍塌沿其发展方向的长度，计量单位为 m，计至两位小数。

4）坍塌面积：坍塌发生的表面面积，计量单位为 m^2，计至两位小数。

5）坍塌体积：坍塌块体的大小，计量单位为 m^3，计至两位小数。

6）其他：其他未尽事宜。

16. （载体）控导工程冲毁险情信息表

[1] 表编号：010506036

[2] 表标识：KDGCCHXQXXB

[3] 表说明：描述控导工程冲毁险情的信息。

序号	含义	字段名	数据类型	单位	必填	主键	外键
1	险情代码	XQDM	C（25）		Y	Y	Y
2	时间	SJ	T（12）		Y	Y	
3	冲毁体积	CHTJ	N（10，2）	m^3			
4	冲毁长度	CHCD	N（6，2）	m			
5	冲毁深度	CHSD	N（4，2）	m			
6	其他	QT	C（255）				

[4] 填写说明：

1）险情代码：每次险情唯一标识。引用工程险情基本信息表。

2）时间：工程巡视检查的时间或特定险情信息获得的时间，计至分。

3）冲毁体积：控导工程冲毁处的大小，计量单位为 m^3，计至两位小数。

4）冲毁长度：被冲毁的控导工程的长度，计量单位为 m，计至两位小数。

5）冲毁深度：控导工程最大冲毁深度，计量单位为 m，计至两位小数。

6）其他：其他未尽事宜。

17. （载体）堰塞湖险情信息表

[1] 表编号：010506037

[2] 表标识：YSHXQXXB

[3] 表说明：描述堰塞湖险情的信息。

序号	含义	字段名	数据类型	单位	必填	主键	外键
1	险情代码	XQDM	C（25）		Y	Y	Y
2	时间	SJ	T（12）		Y	Y	
3	堰塞体位置	YSTWZ	C（255）				
4	堰塞体构成	YSTGC	C（255）				
5	堰塞体高度	YSTGD	N（5，2）	m			
6	顺河方向长度	SHFXCD	N（6，2）	m			
7	横河方向长度	HHFXCD	N（8，2）	m			
8	堰塞体体积	YSTTJ	N（12，2）	10^5 m^3			
9	堰塞湖最大库容	YSHZDKR	N（10，3）	10^6 m^3			
10	蓄水量	XSL	N（10，3）	10^6 m^3			
11	水面距堰塞体顶的距离	SMJYSTDDJL	N（5，2）	m			
12	上游来水流量	SYLSLL	N（10，3）	m^3/s			
13	堰塞体过水流量	YSTGSLL	N（10，3）	m^3/s			
14	影响范围	YXFW	C（255）				
15	其他	QT	C（255）				

[4] 填写说明：

1）险情代码：每次险情唯一标识。引用工程险情基本信息表。

2）时间：工程巡视检查的时间或特定险情信息获得的时间，计至分。

3）堰塞体位置：指发生的河流、行政区和地点等描述性文字。

4）堰塞体构成：堰塞体的组成和粒径构成等描述性信息。

5）堰塞体高度：从河床最低点算起，至堰塞体顶部的最大距离，计量单位为 m，计至两位小数。

6）顺河方向长度：堰塞体顶沿水流方向的最大长度，计量单位为 m，计至两位小数。

7）横河方向长度：堰塞体顶横跨河床两端的最大距离，计量单位为 m，计至两位小数。

8）堰塞体体积：堰塞体的体积，计量单位为 10^5 m^3，计至三位小数。

9）堰塞湖最大库容：堰塞湖的最大库容量，计量单位为 10^6 m^3，计至三位小数。

10）蓄水量：堰塞湖的当前蓄水容量，计量单位为 10^6 m^3，计至三位小数。

11）水面距堰塞体顶的距离：水面距堰塞体顶的最小距离，计量单位为 m，计至两位小数。

12）上游来水流量：上游各河流汇入堰塞湖的流量总和，计量单位为 m^3/s，计至三位小数。

13）堰塞体过水流量：堰塞湖下泄的流量，计量单位为 m^3/s，计至三位小数。

14）影响范围：影响的主要范围、面积、人数和重要设施等灾情信息。

15）其他：泄流道、过水通道和堰塞体的稳定性评价等情况描述。

18. （载体）其他险情信息表

[1] 表编号：010506038

[2] 表标识：QTXQXXB

[3] 表说明：描述其他险情的信息。

序号	含义	字段名	数据类型	单位	必填	主键	外键
1	险情代码	XQDM	C（25）		Y	Y	Y
2	时间	SJ	T（12）		Y	Y	
3	险情名称	XQMC	C（20）				
4	险情描述	XQMS	C（255）				

[4] 填写说明：

1）险情代码：每次险情唯一标识。引用工程险情基本信息表。

2）时间：工程巡视检查的时间或特定险情信息获得的时间，计至分。

3）险情名称：如接触冲刷、冰湖溃决和风浪等险情的名称。

4）险情描述：对险情特征、位置、规模和影响等的描述。

19. （管理）险情处理信息表

[1] 表编号：010506039

[2] 表标识：XQCLXXB

[3] 表说明：描述险情处理情况的信息。

序号	含义	字段名	数据类型	单位	必填	主键	外键
1	险情代码	XQDM	C（25）		Y	Y	Y
2	抢险开始时间	QXKSSJ	T（12）		Y	Y	
3	抢险方案	QXFA	C（255）				
4	人员投入	RYTR	C（255）				
5	动用设备	DYSB	C（255）				
6	消耗物资	XHWZ	C（255）				
7	折合资金	ZHZJ	N（12，2）	万元			
8	进展情况及结果	JZQKJJG	C（255）				
9	其他	QT	C（255）				

[4] 填写说明：

1）险情代码：每次险情唯一标识。引用工程险情基本信息表。

2）抢险开始时间：抢险方案开始实施的时间，计至分。

3）抢险方案：为抢险当前采取的措施或方案。

4）人员投入：参与抢险的人员、主要组织单位和参加单位。

5）动用设备：投入抢险的大小型设备。

6）消耗物资：抢险物资的消耗情况。

7）折合资金：包括直接的资金投入和各类救灾物资、设备的折合资金总和，计量单位为万元，计至两位小数。

8）进展情况及结果：对险情发展和险情控制情况的描述。

9）其他：其他未尽事宜。

主要参考资料

[1] 国家水资源监控能力建设项目办公室. 基础数据库表结构及标识符[S]：SZY 301—2013，2014.
[2] 水利部. 水利工程建设与管理数据库表结构及标识符[S]：SL 700—2015，2105.
[3] 水利部. 实时工情数据库表结构及标识符[S]：SL 577—2013，2013.
[4] 水利部. 基础水文数据库表结构及标识符标准[S]：SL 324—2005，2005.
[5] 水利部. 水资源监控管理数据库表结构及标识符标准[S]：SL 380—2007，2007.
[6] 水利部. 水利对象基础数据库表结构及标识符[S]：SL/T 809—2021，2021.
[7] 国家水资源监控能力建设项目办公室. 基础数据库表结构与标识符[S]：SZY 301—2013，2014.
[8] 水利部. 水利政务信息数据库表结构及标识符[S]：SL 707—2015，2015.
[9] 水利部. 大中型水利水电工程移民数据库表结构及标识符[S]：SL 603—2013，2013.
[10] 水利部. 水库调度规程编制导则[S]：SL 706—2015，2015.
[11] 水利部. 中国水库名称代码[S]：SL 259—2000，2001.
[12] 水利部. 中国水闸名称代码[S]：SL 262—2000，2001.
[13] 水利部. 水利对象分类与编码总则[S]：SL/T 213—2020，2020.
[14] 水利部. 水利水电工程施工与验收通用规范[S]：SL 223—2008，2008.
[15] 水利部，住房和城乡建设部. 水利水电工程建设与运行安全通用规范[S]（征求意见稿）.
[16] 水利部. 水利水电工程技术术语[S]：SL 26—2012，2012.
[17] 水利部. 水利水电工程等级划分及洪水标准[S]：SL 252—2017，2017.
[18] 国家质量监督检验检疫总局，住房和城乡建设部. 堤防工程设计规范[S]：GB 50286—2013，2013.
[19] 水利部. 堤防工程管理设计规范[S]：SL/T 171—2020，2021.
[20] 国家质量监督检验检疫总局，住房和城乡建设部. 海堤工程设计规范[S]：GB/T 51015—2014，2015.
[21] 水利部. 水闸设计规范[S]：SL 265—2016，2017.
[22] 水利部，住房和城乡建设部. 泵站设计规范[S]：GB 50265—2010，2011.
[23] 水利部. 溢洪道设计规范[S]：SL 253—2018，2018.
[24] 水利部. 水工隧洞设计规范[S]：SL 279—2016，2016.
[25] 水利部. 水库工程管理设计规范[S]：SL 10—2017，2017.
[26] 水利部. 水利水电建设工程验收规程[S]：SL 223—2008，2008.
[27] 水利部. 水利水电工程施工质量检验与评定规程[S]：SL 176—2007，2007.
[28] 国家能源局. 混凝土坝安全监测技术规范[S]：DL/T 5178—2016，2016.
[29] 水利部. 土石坝安全监测技术规[S]：SL 551—2012，2012.
[30] 水利部. 堤防工程安全监测技术规程[S]：SL/T 794—2020，2020.
[31] 水利部. 水闸安全监测技术规范[S]：SL 768—2018，2019.
[32] 水利部. 水库大坝安全管理应急预案编制导则[S]：SL/Z 720—2015，2015.
[33] 水利部. 水库降等与报废标准[S]：SL 605—2013，2014.
[34] 水利部. 水闸安全评价导则[S]：SL 214—2015，2015.
[35] 水利部. 水库大坝安全评价导则[S]：SL 258—2017，2017.
[36] 水利部. 水库降等与报废评估导则[S]：SL/T 791—2019，2020.

第六节　水生态环境

本章为水生态环境的信息，存储涉及水生态环境的相关信息表。水生态环境是指以水为核心的围绕人群空间，可直接或间接影响人类生存和发展的各种天然的和经过人工改造的其正常功能发挥的自然因素和有关人为因素所形成的统一体。水生态环境的内容包括地表水、地下水、人工设施以及与人类生活相关的各个方面。

水生态环境章节建立了 4 张实体表，1 张载体表，1 张关系表，4 张监测表，35 张管理表。实现了对水生态、水环境业务环节的基本属性信息以及业务属性信息的管理，包括湿地、小流域、水功能区监测断面、入河排污口、退水口、污染事件、水质评价、水生态情况、营养状态情况、面源污染情况、污染源信息、水域纳污能力等内容，共梳理了 45 张表，564 个字段。水生态环境实体关系如图 1-6 所示。

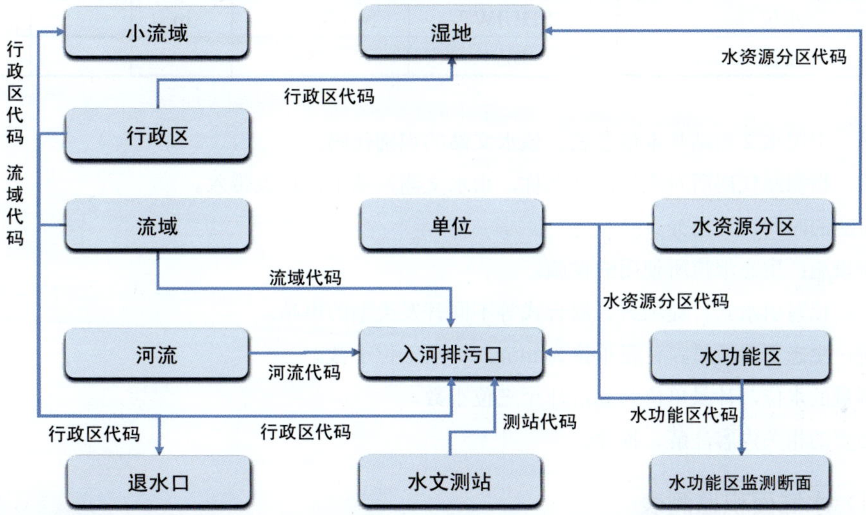

图 1-6　水生态环境实体关系

一、水生态

（一）水生态监测

1. （监测）水生态流量监测表

[1] 表编号：010601001

[2] 表标识：SSTLLJCB

[3] 表说明：本表为水生态流量监测表，属监测表，存储水生态流量的监测情况相关信息。

序号	含义	字段名	数据类型	单位	必填	主键	外键
1	测站代码	CZDM	C（8）		Y	Y	Y
2	测站名称	CZMC	C（30）				
3	时间	SJ	T（12）		Y	Y	
4	生态泄流设施	STXLSS	C（12）				
5	开发类型	KFLX	C（12）				
6	下泄流量	XXLL	N（9，1）	m^3/s			
7	水位	SHUIW	N（7，3）	m			
8	备注	BZ	C（255）				

[4] 填写说明：

1）测站代码：引用水文测站基本信息表。该水文站的识别代码。

2）测站名称：指测站代码所对应的测站名称，由水文测站基本信息表带入。

3）时间：监测的时间，计至分。

4）生态泄流设施：生态泄流所使用的设施。

5）开发类型：填写引水式、堤坝式、混合式等不同开发类型的电站。

6）下泄流量：生态下泄流量，计量单位为 m^3/s，计至一位小数。

7）水位：测量的水位，计量单位为 m，计至三位小数。

8）备注：必要的相关内容注解、描述。

2. （监测）水域面积监测表

[1] 表编号：010601002

[2] 表标识：SYMJJCB

[3] 表说明：本表为水域面积监测表，属监测表，存储各个区域水域面积的监测结果。

序号	含义	字段名	数据类型	单位	必填	主键	外键
1	行政区划代码	XZQHDM	C（10）		Y	Y	Y
2	行政区名称	XZQMC	C（32）				
3	日期	RQ	D（8）		Y	Y	
4	实际水面面积	SJSMMJ	N（9，2）	km^2	Y		
5	行政区域面积	XZQYMJ	N（9，2）	km^2			
6	河湖水面率	HHSML	N（9，2）	%			
7	备注	BZ	C（255）				

[4] 填写说明：

1）行政区划代码：引用行政区划基本信息表，行政区的识别码，精确至市。

2）行政区名称：行政区划的代码对应的中文名称，由行政区划基本信息表带入。

3）日期：监测的具体日期，计至日。

4）实际水面面积：行政区的实际水面面积，计量单位为 km^2，计至两位小数。

5）行政区域面积：行政区域的面积，计量单位为 km^2，计至两位小数。

6）河湖水面率：指河道、湖泊常水位的水域面积占行政区域面积（不考虑邻近海域面积）的比例。河湖水面率（%）＝河湖水面面积/行政区域面积×100%，计量单位为%，计至两位小数。

7）备注：必要的相关内容注解、描述。

3.（监测）水生生物采样点监测情况表

[1] 表编号：010601003

[2] 表标识：SSSWCYDJCQKB

[3] 表说明：用于存储水域水生生物监测点监测情况信息。

序号	含义	字段名	数据类型	单位	必填	主键	外键
1	采样编号	CYBH	C（10）		Y	Y	
2	日期	RQ	D（4）		Y	Y	
3	行政区划代码	XZQHDM	C（10）				Y
4	河流代码	HLDM	C（8）				Y
5	湖泊代码	HPDM	C（7）				Y
6	天气	TQ	C（4）				
7	经度	JD	N（10，6）	（°）			
8	纬度	WD	N（10，6）	（°）			
9	海拔高度	HBGD	N（9，2）	m			
10	生境信息	SJXX	C（100）				
11	湿地类型	SDLX	C（100）				
12	优势植被类型	YSZBLX	C（100）				
13	植被覆盖度	ZBFGD	N（6，2）	%			
14	水体长度	STCD	N（6，2）	m			
15	水体宽度	STKD	N（6，2）	m			
16	水深	SS	N（6，2）	m			
17	透明度	TMD	N（6，2）	cm			
18	水温	SW	N（6，2）	℃			
19	水体 pH 值	STPH	N（6，2）				
20	溶氧量	RYL	N（6，2）	mg/L			
21	电导率	DDL	N（6，2）	μS/cm			
22	水体气味	STQW	C（2）				
23	水体颜色	STYS	C（2）				
24	水面漂浮物	SMPFW	C（100）				
25	流速	LS	N（6，2）	m/s			
26	河道特征	HDTZ	C（100）				
27	水生植被覆盖度	SSZBFGD	N（6，2）	%			

[4] 填写说明：

1）采样编号：建议采用“采样日期”+“两位顺序号”，顺序号从01开始，如2023101301。

2）日期：监测的日期，计至日。

3）河流代码：引用河流基本信息表，采样点所在河流的识别代码。

4）湖泊代码：引用湖泊基本信息表，采样点所在湖泊的识别代码。

5）行政区划代码：引用行政区划基本信息表，采样点所在行政区的识别代码，按最小包含原则填写。

6）天气：当日的天气情况。

7）经度：采样点的经度，采用2000国家大地坐标系（CGCS2000）。

8）纬度：采样点的纬度，采用2000国家大地坐标系（CGCS2000）。

9）海拔高度：采样点的海拔高度，计量单位为m，计至两位小数。

10）生境信息：采样点的生境信息。生境又称栖息地，是由生物和非生物因子综合形成的，在这里描述一个生物群落的生境时，只包括非生物的环境。

11）湿地类型：采样点所属湿地的类型。

12）优势植被类型：原始/次生/被干扰。

13）植被覆盖度：采样点的植被覆盖度。

14）水体长度：监测点采样的水体长度，计量单位为m，计至两位小数。

15）水体宽度：监测点采样的水体宽度，计量单位为m，计至两位小数。

16）水深：监测点采样的水深，计量单位为m，计至两位小数。

17）透明度：监测点采样的水体透明度，计量单位为cm，计至两位小数。

18）水温：监测点采样的水体水温，计量单位为℃，计至两位小数。

19）水体pH值：监测点采样的水体pH值。

20）溶氧量：监测点采样的水体溶氧量，计量单位为mg/L，计至两位小数。

21）电导率：监测点采样的水体电导率，计量单位为μS/cm，计至两位小数。

22）水体气味：监测点采样的水体气味。

23）水体颜色：监测点采样的水体颜色。

24）水面漂浮物：监测点采样的水体漂浮物。

25）流速：监测点采样的水体水流速度，计量单位为m/s，计至两位小数。

26）河道特征：监测点的河道特征。

27）水生植被覆盖度：采样点采样的水体中植被覆盖度，计量单位为%，计至两位小数。

4. （管理）水域鱼类采样情况表

[1] 表编号：010601004

[2] 表标识：SYYLCYQKB

[3] 表说明：用于存储水域水生生物监测点采样的鱼类情况信息。

序号	含义	字段名	数据类型	单位	必填	主键	外键
1	采样编号	CYBH	C（10）		Y	Y	Y
2	日期	RQ	D（8）		Y	Y	
3	行政区划代码	XZQHDM	C（10）				Y
4	河流代码	HLDM	C（8）				Y
5	经度	JD	N（10，6）	（°）			

序号	含义	字段名	数据类型	单位	必填	主键	外键
6	纬度	WD	N（10，6）	（°）			
7	海拔高度	HBGD	N（9，2）	m			
8	开始时间	KSSJ	T（14）				
9	结束时间	JSSJ	T（14）				
10	采样网次	CYWC	N（4）	次			
11	采集方法	CJFF	C（20）				
12	中文名	ZWM	C（10）				
13	学名	XM	C（10）				
14	数量	SL	N（8）	尾			
15	重量	ZL	N（6，2）	g			

[4] 填写说明：

1）采样编号：采用采样日期+两位顺序号，顺序号从 01 开始，如 2023101301。

2）日期：采样日期，计至日。

3）行政区划代码：引用行政区划基本信息表，行政区的识别代码，精确至市。

4）河流代码：引用河流基本信息表，采样点所在河流的识别代码。

5）经度：采样点的经度，采用 2000 国家大地坐标系（CGCS2000）。

6）纬度：采样点的纬度，采用 2000 国家大地坐标系（CGCS2000）。

7）海拔高度：采样点的海拔高度，计量单位为 m，计至两位小数。

8）开始时间：采样开始时间，计至秒。

9）结束时间：采样结束时间，计至秒。

10）采样网次：采样的次数，计量单位为次，计至整数。

11）采集方法：网捕法、垂钓法、光诱法、电捕鱼法和其他采集法。

12）中文名：采样鱼类的中文名称。

13）学名：采样鱼类的学名。

14）数量：采样的鱼总数量，计量单位为尾，计至整数。

15）重量：采样的鱼总重量，计量单位为 g，计至两位小数。

（二）水生态调查

1. （管理）河流断流（干涸）情况表

[1] 表编号：010601005

[2] 表标识：HLDLGHQKB

[3] 表说明：本表为河流断流（干涸）情况表，属管理表，存储河流断流（干涸）情况信息。统计的时间单元为年，空间单元为统计的河流，统计指标为最大断流河段长、最大断流天数。

序号	含义	字段名	数据类型	单位	必填	主键	外键
1	河流代码	HLDM	C（8）		Y	Y	Y
2	河流名称	HLMC	C（30）				
3	日期	RQ	D（4）		Y	Y	
4	最大断流河段长	ZDDLHDC	N（6，1）	km			
5	最大断流天数	ZDDLTS	N（2）	d			

[4] 填写说明：

1）河流代码：引用河流基本信息表，河流的识别代码。统计到八级支流。

2）河流名称：指该河流的名称，由河流基本信息表带入。

3）日期：断流（干涸）的年份，计至年。

4）最大断流河段长：调查年份内的最大断流河段长，计量单位为 km，计至一位小数。

5）最大断流天数：调查年份内的最大断流天数，计量单位为 d，计至整数。

2. （管理）河湖湿地水域岸线被侵占情况表

[1] 表编号：010601006

[2] 表标识：HHSDSYAXBQZQKB

[3] 表说明：本表为河湖湿地水域岸线被侵占情况表，属管理表，存储河湖湿地水域岸线被侵占情况相关信息。统计的时间单元为年，空间单元为行政区，统计指标为不同类型的水域面积以及被侵占的面积。

序号	含义	字段名	数据类型	单位	必填	主键	外键
1	行政区划代码	XZQHDM	C（10）		Y	Y	Y
2	行政区划名称	XZQHMC	C（32）				
3	日期	RQ	D（4）		Y	Y	
4	河流现状面积	HLXZMJ	N（6，2）	km^2			
5	湖泊现状面积	HPXZMJ	N（6，2）	km^2			
6	湿地现状面积	SDXZMJ	N（6，2）	km^2			
7	河流被侵占面积	HLBQZMJ	N（6，2）	km^2			
8	湖泊被侵占面积	HPBQZMJ	N（6，2）	km^2			
9	湿地被侵占面积	SDBQZMJ	N（6，2）	km^2			
10	备注	BZ	C（255）				

[4] 填写说明：

1）行政区划代码：引用行政区划基本信息表，行政区识别码，精确至市。

2）行政区划名称：行政区划的代码对应的中文名称，由行政区划基本信息表带入。

3）日期：调查时间，计至年。

4）河流现状面积：调查年度年末河流现状面积，计量单位为 km^2，计至两位小数。

5）湖泊现状面积：调查年度年末湖泊现状面积，计量单位为 km^2，计至两位小数。

6）湿地现状面积：调查年度年末湿地现状面积，计量单位为 km^2，计至两位小数。

7）河流被侵占面积：指截至调查年度年末相较第一次全国河流资源调查或其他成果所减少的面积，计量单位为 km^2，计至两位小数。

8）湖泊被侵占面积：指截至调查年度年末相较第一次全国湖泊资源调查或其他成果所减少的面积，计量单位为 km^2，计至两位小数。

9）湿地被侵占面积：指截至调查年度年末相较第一次全国湿地资源调查或其他成果所减少的面积，计量单位为 km^2，计至两位小数。

10）备注：各地可根据需要，开展河湖连通情况调查，对拦河工程的位置、类型和主要功能进行调查统计，在备注中说明。

3. （管理）主要河流生态敏感区和水域岸线被侵占情况表

[1] 表编号：010601007

[2] 表标识：ZYHLSTMGQHSYAXBQZQKB

[3] 表说明：本表为主要河流生态敏感区和水域岸线被侵占情况表，属管理表，存储主要河流生态敏感区和水域岸线被侵占情况相关信息。统计的时间单元为年，空间单元为行政区，统计指标为水域岸线侵占情况、涉及生态敏感区、生态敏感区河段长度。

序号	含义	字段名	数据类型	单位	必填	主键	外键
1	河流代码	HLDM	C（8）		Y	Y	Y
2	河流名称	HLMC	C（30）				
3	日期	RQ	D（8）		Y	Y	
4	水域岸线侵占情况	SYAXQZQK	C（255）				
5	涉及生态敏感区	SJSTMGQ	C（60）				
6	生态敏感区河段长度	STMGQHDCD	N（8，1）	m			

[4] 填写说明：

1）河流代码：引用河流基本信息表，该生态敏感区和水域岸线所处河流的识别代码。

2）河流名称：指该河流的名称，由河流基本信息表带入。

3）日期：统计的日期，计至日。

4）水域岸线侵占情况：包括建筑物侵占、围垦侵占、垃圾侵占、非法采砂侵占、土方侵占等。

5）涉及生态敏感区：涉及的生态敏感区。涉及多个生态敏感区填写时用“、”分开。

6）生态敏感区河段长度：应填写所涉及所有的河长总长度，按相关划定范围如实填写，计量单位为 m，计至一位小数。

4. （管理）湖泊水生态情况表

[1] 表编号：010601008

[2] 表标识：HPSSTQKB

[3] 表说明：本表为湖泊水生态情况表，属管理表，存储湖泊水生态调查情况的相关信息。统计的时间单元为年，空间单元为统计的湖泊，统计指标为湖泊水位、湖泊水量、湖泊面积等。

序号	含义	字段名	数据类型	单位	必填	主键	外键
1	湖泊代码	HPDM	C（7）		Y	Y	Y
2	湖泊名称	HPMC	C（64）				
3	日期	RQ	D（4）		Y	Y	
4	入湖水量	RHSL	N（6，2）	10^4 m^3			
5	出湖水量	CHSL	N（6，2）	10^4 m^3			
6	湖泊水位	HPSW	N（10，2）	m			
7	湖泊水量	HPSL	N（10，2）	10^4 m^3			
8	湖泊面积	HPMJ	N（10，2）	km^2			
9	相较上一年变化原因	XJSYNBHYY	C（255）				
10	备注	BZ	C（255）				

[4] 填写说明：

1）湖泊代码：引用湖泊基本信息表，湖泊的识别代码。

2）湖泊名称：湖泊代码所代表的中文名称，由湖泊基本信息表带入。

3）日期：统计日期，计至年。

4）入湖水量：调查年度的累计入湖水量，计量单位为 10^4 m^3，计至两位小数。

5）出湖水量：调查年度的累计出湖水量，计量单位为 10^4 m^3，计至两位小数。

6）湖泊水位：调查年度湖泊的平均水位，计量单位为 m，计至两位小数。

7）湖泊水量：调查年度年末湖泊的蓄水量，计量单位为 10^4 m^3，计至两位小数。

8）湖泊面积：调查年度年末湖泊的面积，计量单位为 km^2，计至两位小数。

9）相较上一年变化原因：包括但不限于导致湖泊水生态退化的城市建设和围垦活动等原因或导致湖泊水生态改善的退耕还湖、生态补水等。

10）备注：相关的文字描述。若湖干涸，需填写具体的干涸年代，表里其余内容可不填。

5. （实体）湿地基本信息表

[1] 表编号：010601009

[2] 表标识：SDJBXXB

[3] 表说明：用于存储湿地的基本信息。湿地一般被认为是陆地与水域之间的过渡地带，广义上被定为地球上除海洋（水深 6 m 以上）外的所有大面积水体。按照广义定义湿地覆盖地球表面仅有 6%，中国湿地面积占世界湿地的 10%，位居亚洲第一位，世界第四位。

序号	含义	字段名	数据类型	单位	必填	主键	外键
1	湿地名称	SDMC	C（40）		Y	Y	
2	湿地类型代码	SDLXDM	C（1）		Y		Y
3	行政区划代码	XZQHDM	C（10）				Y
4	水资源分区代码	SZYFQDM	C（12）				Y
5	中心经度	ZXJD	N（10，6）	（°）			
6	中心纬度	ZXWD	N（10，6）	（°）			
7	湿地面积	SDMJ	N（10，2）	km^2			
8	是否为湿地保护区	SFWSDBHQ	C（1）				
9	备注	BZ	C（255）				

[4] 填写说明：

1）湿地名称：湿地的名称。

2）湿地类型代码：湿地的类型。引用湿地类型代码表。

3）行政区划代码：引用行政区划基本信息表，湿地的所属行政区，按最小包含原则填写。

4）水资源分区代码：引用水资源分区基本信息表，按最小包含原则填写。该湿地所在的水资源分区代码，精确至三级区。

5）中心经度：湿地中心点的经度，采用 2000 国家大地坐标系（CGCS2000）。

6）中心纬度：湿地中心点的纬度，采用 2000 国家大地坐标系（CGCS2000）。

7）湿地面积：湿地的面积，计量单位为 km^2，计至两位小数。

8）是否为湿地保护区：是为 1，否为 0。

9）备注：必要的相关内容注解、描述。

6. （管理）湿地水生态情况表

[1] 表编号：010601010

[2] 表标识：SDSSTQKB

[3] 表说明：本表为湿地水生态情况表，属管理表，存储湿地水生态调查情况的相关信息。统计的时间单元为年，空间单元为统计的湿地，统计指标为不同类型的湿地变化的原因。

序号	含义	字段名	数据类型	单位	必填	主键	外键
1	湿地名称	SDMC	C（40）		Y	Y	Y
2	湿地类型代码	SDLXDM	C（1）		Y		Y
3	日期	RQ	D（4）		Y	Y	
4	相较上一年变化原因	XJSYNBHYY	C（255）				
5	备注	BZ	C（255）				

[4] 填写说明：

1）湿地名称：湿地的名称。引用湿地基本信息表。

2）湿地类型代码：湿地的类型。引用湿地类型代码表。

3）日期：统计时间，计至年，若湿地干涸，只填写“干涸年代”项，表里其余内容可不填。

4）相较上一年变化原因：包括但不限于导致湿地萎缩退化的城市建设和围垦活动等原因或导致湿地水生态改善的退耕还湿、生态补水等原因。

5）备注：必要的相关内容注解、描述。

7. （管理）水生生物多样性统计表

[1] 表编号：010601011

[2] 表标识：SSSWDYXTJB

[3] 表说明：用于存储不同年份水域生物多样性的监测统计结果。

序号	含义	字段名	数据类型	单位	必填	主键	外键
1	行政区划代码	XZQHDM	C（10）		Y	Y	Y
2	行政区名称	XZQMC	C（32）				
3	日期	RQ	D（4）		Y	Y	
4	鱼类	YL	N（6）	种			
5	大型底栖生物	DXDQSW	N（6）	种			
6	浮游生物	FYSW	N（6）	种			
7	着生藻类	ZSZL	N（6）	种			
8	备注	BZ	C（255）				

[4] 填写说明：

1）行政区划代码：引用行政区划基本信息表，行政区的识别代码，精确至市。

2）行政区名称：行政区划的代码对应的中文名称，由行政区划基本信息表带入。

3）日期：统计年度，计至年。

4）鱼类：鱼类的分类采用纳尔逊第五版《世界鱼类》（J.S.Nelson，2016）的分类系统，计量单位为种，计至整数。

5）大型底栖生物：底栖动物分类采用《中国动物志》无脊椎动物各卷中的系统，计量单位为种，计至整数。

6）浮游生物：浮游生物中的藻类及着生藻类分类系统参照《中国淡水藻志》中的系统。浮游生物尽量鉴定到种，难以鉴定到种的，尽量鉴定到属，计量单位为种，计至整数。

7）着生藻类：与浮游生物一致。

8）备注：其他补充说明信息。

（三）水生态治理

1．（管理）小流域生态清洁情况统计表

[1] 表编号：010601012

[2] 表标识：XLYSTQJQKTJB

[3] 表说明：本表为小流域生态清洁情况汇总表，属管理表，存储不同年份的各个区域的生态清洁小流域情况。统计的时间单元为年，空间单元为统计的小流域，统计指标为清洁小流域的数量、面积和达标率。

序号	含义	字段名	数据类型	单位	必填	主键	外键
1	行政区划代码	XZQHDM	C（10）		Y	Y	Y
2	行政区名称	XZQMC	C（32）				
3	日期	RQ	D（4）		Y	Y	
4	清洁小流域数量	QJXLYSL	N（7）	个			
5	清洁小流域面积	QJXLYMJ	N（9，2）	km^2			
6	达标率	DBL	N（9，2）	%			
7	备注	BZ	C（255）				

[4] 填写说明：

1）行政区划代码：引用行政区划基本信息表，行政区识别码，精确至县级。

2）行政区名称：行政区划的代码对应的中文名称，由行政区划基本信息表带入。

3）日期：统计年度，计至年。

4）清洁小流域数量：按生态清洁小流域标准完成的小流域个数。计量单位为个，计至整数。

5）清洁小流域面积：已建成的生态清洁小流域面积，计量单位为 km^2，计至两位小数。

6）达标率：生态清洁小流域达标率，已建成生态清洁小流域面积与中华人民共和国成立以来的水土流失面积之比，计量单位为%，计至两位小数。

7）备注：必要的相关内容注解、描述。

（四）水生态评价

1．（管理）水生态健康评价表

[1] 表编号：010601013

[2] 表标识：SSTJKPJB

[3] 表说明：本表为水生态健康评价表，属管理表，存储不同年份的各个区域水生态健康评价结果。统计的时间单元为年，空间单元为统计的行政区，统计指标为健康综合指数和健康等级。

序号	含义	字段名	数据类型	单位	必填	主键	外键
1	行政区划代码	XZQHDM	C（10）		Y	Y	Y
2	行政区名称	XZQMC	C（32）				
3	日期	RQ	D（4）		Y	Y	

序号	含义	字段名	数据类型	单位	必填	主键	外键
4	健康综合指数	JKZHZS	N（9，2）				
5	健康等级	JKDJ	N（9，2）				
6	备注	BZ	C（255）				

[4] 填写说明：

1）行政区划代码：引用行政区划基本信息表，行政区识别码，精确至乡级。

2）行政区名称：行政区划的代码对应的中文名称，由行政区划基本信息表带入。

3）日期：评价年度，计至年。

4）健康综合指数：水生态健康综合指数，根据评价指标单项评价，加权求和得到水生态健康综合指数。

5）健康等级：水生态健康等级，依据水生态系统水量、水质及水生物特点，将地表水域水生态健康状况分为健康、亚健康、不健康 3 个等级，对应水生态健康综合指数分别为健康［80（含）～100］、亚健康［60（含）～80］、不健康（≤60）。

6）备注：必要的相关内容注解、描述。

2. （管理）水生生物多样性评估表

[1] 表编号：010601014

[2] 表标识：SSSWDYXPGB

[3] 表说明：用于存储对水域生物多样性的监测信息评估结果。

序号	含义	字段名	数据类型	单位	必填	主键	外键
1	行政区划代码	XZQHDM	C（10）		Y	Y	Y
2	行政区名称	XZQMC	C（32）				
3	日期	RQ	D（4）		Y	Y	
4	种类组成	ZLZC	C（255）				
5	分布	FB	C（255）				
6	区划类型	QHLX	C（255）				
7	物种丰富度	WBSFD	C（255）				
8	物种多度	WZDD	C（255）				
9	物种多样性	WZDYX	C（255）				
10	重点保护物种比例	ZDBHWZBL	C（255）				
11	物种濒危等级	WZBWDJ	C（255）				
12	主要威胁因子	ZYWXYZ	C（255）				
13	外来入侵物种种类与分布	WLRQWZZLYFB	C（255）				
14	保护空缺	BHKQ	C（255）				

[4] 填写说明：

1）行政区划代码：引用行政区划基本信息表，行政区的识别代码，精确至市。

2）行政区名称：行政区划的代码对应的中文名称，由行政区划基本信息表带入。

3）日期：评估日期，计至日。

4）种类组成：统计分析该地区鱼类或同类群各目、科、属所属物种数目占总种数的比例及各高级分类阶元的组成。

5）分布：统计分析鱼类空间分布，分析各采样河段鱼类相似性。

6）区划类型：对调查区域的鱼类进行地理区划分析，分析该地区物种所占分区的多样性及每个分区中物种比例。

7）物种丰富度：以调查河段为统计单元，统计调查河段内的水生生物物种总数。

8）物种多度：即物种在调查区域内出现的频率，以包含该物种个体的抽样单元数占全部抽样单元数的百分比统计。

9）物种多样性：计算 Shannon-Wiener 多样性指数或 Simpson 多样性指数。

10）重点保护物种比例：建立重点保护物种识别方法，建立重点保护区物种名录。以调查河段为统计单元，统计重点保护物种总数及所占比例。

11）物种濒危等级：在水生生物红色名录评估的基础上，开展补充评估，特别是原来评级中为“数据缺乏”的物种。

12）主要威胁因子：识别影响调查河段水生生物物种多样性的主要威胁因子及其影响程度。

13）外来入侵物种种类与分布：建立调查河段外来入侵物种名录，绘制调查河段外来入侵物种分布图。

14）保护空缺：基于水生生物物种多样性区域分布与自然保护区分布，识别未纳入自然保护区管护范围的高多样性区域；基于重点保护区物种名录，以及对调查河段物种保护情况的了解，识别亟待进行保护的物种及其种群。

3. （管理）流域重点河流水质状况评价成果表

[1] 表编号：010601015

[2] 表标识：LYZDHLSZZKPJCGB

[3] 表说明：本表为流域重点河流水质状况评价成果表，属管理表，存储流域重点河流不同时段的水质状况评价成果信息。统计的时间单元为年，空间单元为统计的河流，统计指标为清洁小流域的数量、面积和达标率。

序号	含义	字段名	数据类型	单位	必填	主键	外键
1	河流代码	HLDM	C（8）		Y	Y	Y
2	河流名称	HLMC	C（30）				
3	日期	RQ	D（4）		Y	Y	
4	评价时段	PJSD	C（6）		Y	Y	
5	评价河长	PJHC	C（6）		Y		
6	水质类别	SZLB	C（1）				Y
7	主要污染物数目	ZYWRWSM	N（2）				
8	污染倍数	WRBS	N（2）				
9	备注	BZ	C（255）				

[4] 填写说明：

1）河流代码：引用河流基本信息表，河流的识别码。

2）河流名称：指该河流的名称，由河流基本信息表带入。

3）日期：评价年度，计至年。

4）评价时段：评价的时间段，填写汛期、非汛期、全年。每次只填写一个评价时间段的内容。

5）评价河长：河流在水利工程建设与管理中的评价河长。

6）水质类别：水质的类别，取值及其含义见水质类别代码表。

7）主要污染物数目：主要污染物的数目。

8）污染倍数：污染倍数。

9）备注：必要的相关内容注解、描述。

4．（管理）河流水质状况评价成果统计表

[1] 表编号：010601016

[2] 表标识：HLSZZKPJCGTJB

[3] 表说明：本表为河流水质状况评价成果统计表，属管理表，存储河流不同时段的水质状况评价成果及其河流长度的统计信息。统计的时间单元为年，空间单元为统计的河流，统计指标为不同水质类型的河流长度以及主要污染项目。

序号	含义	字段名	数据类型	单位	必填	主键	外键
1	河流代码	HLDM	C（8）		Y	Y	Y
2	河流名称	HLMC	C（30）				
3	评价河长	PJHC	C（6）				
4	日期	RQ	D（4）		Y	Y	
5	评价时段	PJSD	C（6）		Y	Y	
6	河流Ⅰ类水质长度	HLYLSZCD	N（8，1）	km			
7	河流Ⅱ类水质长度	HLELSZCD	N（8，1）	km			
8	河流Ⅲ类水质长度	HLSLSZCD	N（8，1）	km			
9	河流Ⅳ类水质长度	HLSILSZCD	N（8，1）	km			
10	河流Ⅴ类水质长度	HLWLSZCD	N（8，1）	km			
11	河流劣Ⅴ类水质长度	HLLWLSZCD	N（8，1）	km			
12	主要污染项目	ZYWRXM	C（100）				
13	备注	BZ	C（255）				

[4] 填写说明：

1）河流代码：引用河流基本信息表，河流的识别码。

2）河流名称：指该河流的名称，由河流基本信息表带入。

3）评价河长：河流在水利工程建设与管理中的评价河长。

4）日期：评价的年份，计至年。

5）评价时段：评价的时间段，填写汛期、非汛期、全年。每次只填写一个评价时间段的内容。

6）河流Ⅰ类水质长度：应填写所涉及所有的河长总长度，按相关划定范围如实填写，计量单位为 km，计至一位小数。

7）河流Ⅱ类水质长度：应填写所涉及所有的河长总长度，按相关划定范围如实填写，计量单位为 km，计至一位小数。

8）河流Ⅲ类水质长度：应填写所涉及所有的河长总长度，按相关划定范围如实填写，计量单位为 km，计至一位小数。

9）河流Ⅳ类水质长度：应填写所涉及所有的河长总长度，按相关划定范围如实填写，计量单位为 km，计至一位小数。

10）河流Ⅴ类水质长度：应填写所涉及所有的河长总长度，按相关划定范围如实填写，计量单位为 km，计至一位小数。

11）河流劣Ⅴ类水质长度：应填写所涉及所有的河长总长度，按相关划定范围如实填写，计量单位为 km，计至一位小数。

12）主要污染项目：主要的污染物。可以填写多个污染物。

13）备注：必要的相关内容注解、描述。

5. （管理）湖泊水质状况评价成果统计表

[1] 表编号：010601017

[2] 表标识：HPSZZKPJCGTJB

[3] 表说明：本表为湖泊水质状况评价成果统计表，属管理表，存储湖泊不同时段的水质状况评价成果及其湖泊面积的相关数据。统计的时间单元为年，空间单元为统计的湖泊，统计指标为不同水质类型的湖泊面积以及主要污染项目。

序号	含义	字段名	数据类型	单位	必填	主键	外键
1	湖泊代码	HPDM	C（7）		Y	Y	Y
2	湖泊名称	HPMC	C（64）				
3	日期	RQ	D（4）		Y	Y	
4	总氮是否参评	ZDSFCP	C（2）		Y		
5	评价时段	PJSD	C（6）		Y	Y	
6	湖泊Ⅰ类水质面积	HPYLSZMJ	N（6，1）	km^2			
7	湖泊Ⅱ类水质面积	HPELSZMJ	N（6，1）	km^2			
8	湖泊Ⅲ类水质面积	HPSLSZMJ	N（6，1）	km^2			
9	湖泊Ⅳ类水质面积	HPSILSZMJ	N（6，1）	km^2			
10	湖泊Ⅴ类水质面积	HPWLSZMJ	N（6，1）	km^2			
11	湖泊劣Ⅴ类水质面积	HPLWLSZMJ	N（6，1）	km^2			
12	主要污染项目	ZYWRXM	C（100）				
13	备注	BZ	C（255）				

[4] 填写说明：

1）湖泊代码：引用湖泊基本信息表，湖泊的识别码。

2）湖泊名称：湖泊代码所代表的中文名称，由湖泊基本信息表带入。

3）日期：评价的年份，计至年。

4）总氮是否参评：是为1，否为0。

5）评价时段：评价的时间段，填写汛期、非汛期、全年。每次只填写一个评价时间段的内容。

6）湖泊Ⅰ类水质面积：湖泊Ⅰ类水质面积，计量单位为km^2，计至一位小数。

7）湖泊Ⅱ类水质面积：湖泊Ⅱ类水质面积，计量单位为km^2，计至一位小数。

8）湖泊Ⅲ类水质面积：湖泊Ⅲ类水质面积，计量单位为km^2，计至一位小数。

9）湖泊Ⅳ类水质面积：湖泊Ⅳ类水质面积，计量单位为km^2，计至一位小数。

10）湖泊Ⅴ类水质面积：湖泊Ⅴ类水质面积，计量单位为km^2，计至一位小数。

11）湖泊劣Ⅴ类水质面积：湖泊劣Ⅴ类水质面积，计量单位为km^2，计至一位小数。

12）主要污染项目：主要的污染物。可以填写多个污染物。

13）备注：必要的相关内容注解、描述。

6. （管理）水库水质状况评价成果表

[1] 表编号：010601018

[2] 表标识：SKSZZKPJCGB

[3] 表说明：本表为水库水质状况评价成果表，属管理表，存储水库不同时段的水质状况以及污染物数目的信息。统计的时间单元为年，空间单元为统计的水库，统计指标为不同水质类型的河流长度以及主要污染项目。

序号	含义	字段名	数据类型	单位	必填	主键	外键
1	水库代码	SKDM	C（11）		Y	Y	Y
2	水库名称	SKMC	C（40）				
3	日期	RQ	D（4）		Y	Y	
4	评价时段	PJSD	C（6）		Y	Y	
5	平均蓄水量	PJXSL	N（10，3）	10^6 m^3			
6	水质类别	SZLB	C（1）				Y
7	主要污染物数目	ZYWRWSM	N（2）	个			
8	备注	BZ	C（255）				

[4] 填写说明：

1）水库代码：引用水库基本信息表，水库的识别代码。

2）水库名称：指水库代码对应的水库名称，由水库基本信息表带入。

3）日期：水质状况评价的时间，计至年。

4）评价时段：评价的时间段，填写汛期、非汛期、全年。每次只填写一个评价时间段的内容。

5）平均蓄水量：评价时段内水库的平均蓄水量，计量单位为 10^6 m^3，计至三位小数。

6）水质类别：评价时段内水库的水质类别。取值及其含义见水质类别代码表。

7）主要污染物数目：评价时段内水库的主要污染物数目，计量单位为个，计至整数。

8）备注：必要的相关内容注解、描述。

二、水环境

（一）水环境监测

1. （实体）水功能区监测断面基本信息表

[1] 表编号：010602001

[2] 表标识：SGNQJCDMJBXXB

[3] 表说明：本表为水功能区监测断面基本信息表，属实体表，存储水功能区监测断面基本信息。水功能区是指根据流域或区域的水资源条件与水环境状况，考虑水资源开发利用现状和经济社会发展对水量和水质的需求，在相应水域内划定的具有特定功能的区域。

序号	含义	字段名	数据类型	单位	必填	主键	外键
1	断面代码	DMDM	C（8）		Y	Y	Y
2	断面名称	DMMC	C（32）				
3	水功能区代码	SGNQDM	C（14）		Y		Y
4	监测内容	JCNR	C（100）				
5	日期	RQ	D（8）				
6	备注	BZ	C（255）				

[4] 填写说明：

1）断面代码：引用河道断面基本信息表。河道断面的识别代码。

2）断面名称：断面的中文名称。取最近行政村名称，由河道断面基本信息表带入。

3）水功能区代码：引用水功能区基本信息表。该断面所处的水功能区，水功能区的识别代码。

4）监测内容：监测的内容。

5）日期：该断面作为水功能区监测断面的开始日期，计至日。

6）备注：针对该记录或对象进行简短描述的其他文字内容。

2. （管理）流域地表水质监测规划站点统计表

[1] 表编号：010602002

[2] 表标识：LYDBSZJCGHZDTJB

[3] 表说明：用于存储发布规划的年份时各个流域不同监测规划站点的数目。基本站的具体设置和功能因地区和应用程序而异。在一些地区或应用中，基本站可能负责收集和报告基本的、重要的环境数据，如温度、湿度、气压等。

序号	含义	字段名	数据类型	单位	必填	主键	外键
1	流域代码	LYDM	C（10）		Y	Y	Y
2	流域名称	LYMC	C（50）				
3	日期	RQ	D（8）		Y	Y	
4	现有测站总数	XYCZZS	N（4）	个			
5	规划新增测站总数	GHXZCZZS	N（4）	个			
6	调整测站总数	TZCZZS	N（4）	个			
7	现有基本站个数	XYJBZGS	N（4）	个			
8	规划新增基本站个数	GHXZJBZGS	N（4）	个			
9	现有水资源质量站个数	XYSZYZLZGS	N（4）	个			
10	规划新增水资源质量站个数	GHXZSZYZLZGS	N（4）	个			
11	调整水资源质量站个数	TZSZYZLZGS	N（4）	个			
12	现有省界断面个数	XYSJDMGS	N（4）	个			
13	规划新增省界断面个数	GHXZSJDMGS	N（4）	个			
14	现有供水水源地站个数	XYGSSYDZGS	N（4）	个			
15	规划新增供水水源地站个数	GHXZGSSYDZGS	N（4）	个			
16	现有入河排污口站个数	XYRHPWKZGS	N（4）	个			
17	规划新增入河排污口站个数	GHXZRHPWKZGS	N（4）	个			
18	现有水利工程站个数	XYSLGCZGS	N（4）	个			
19	规划新增水利工程站个数	GHXZSLGCZGS	N（4）	个			
20	国家级站点个数	GJJZDGS	N（6）	个			
21	省级站点个数	SJZDGS	N（6）	个			
22	备注	BZ	C（255）				

[4] 填写说明：

1）流域代码：引用流域基本信息表，该地表水体评价范围所处流域，流域的识别代码，按最小包含原则填写。

2）流域名称：指流域代码所代表流域的中文名称，由流域基本信息表带入。

3）日期：统计日期，计至日。

4）现有测站总数：现有的观测站点总数，计量单位为个，计至整数。

5）规划新增测站总数：截至统计日期时的规划新增的观测站点总数，计量单位为个，计至整数。

6）调整测站总数：调整的观测站点总数，计量单位为个，计至整数。

7）现有基本站个数：现有的基本站点个数，计量单位为个，计至整数。

8）规划新增基本站个数：截至统计日期时的规划新增的基本站点个数，计量单位为个，计至整数。

9）现有水资源质量站个数：现有的水资源质量站点个数，计量单位为个，计至整数。

10）规划新增水资源质量站个数：截至统计日期时的规划新增的水资源质量站点个数，计量单位为个，计至整数。

11）调整水资源质量站个数：调整的水资源质量站点个数，计量单位为个，计至整数。

12）现有省界断面个数：现有的省界监测断面个数，计量单位为个，计至整数。

13）规划新增省界断面个数：截至统计日期时的规划新增的省界监测断面个数，计量单位为个，计至整数。

14）现有供水水源地站个数：现有的供水水源地站的个数，计量单位为个，计至整数。

15）规划新增供水水源地站个数：截至统计日期时的规划新增的供水水源地站的个数，计量单位为个，计至整数。

16）现有入河排污口站个数：现有的入河排污口站的个数，计量单位为个，计至整数。

17）规划新增入河排污口站个数：截至统计日期时的规划新增的入河排污口站的个数，计量单位为个，计至整数。

18）现有水利工程站个数：现有的水利工程站的个数，计量单位为个，计至整数。

19）规划新增水利工程站个数：截至统计日期时的规划新增的水利工程站的个数，计量单位为个，计至整数。

20）国家级站点个数：国家级流域地表水质自动监测规划站点数，计量单位为个，计至整数。

21）省级站点个数：省级流域地表水质自动监测规划站点数，计量单位为个，计至整数。

22）备注：必要的相关内容注解、描述。

3. （管理）小流域地表径流水质观测表

[1] 表编号：010602003

[2] 表标识：XLYDBJLSZGCB

[3] 表说明：本表为小流域地表径流水质观测表，属管理表，存储小流域地表径流水质观测和化验数据。空间单元为统计的小流域，统计指标为径流量、总氮含量、总氮流失量、总磷含量、总磷流失量、COD 含量、BOD 含量等。

序号	含义	字段名	数据类型	单位	必填	主键	外键
1	小流域代码	XLYDM	C（16）		Y	Y	Y
2	小流域名称	XLYMC	C（40）				
3	采样时间	CYSJ	T（12）		Y	Y	
4	水土保持测站代码	STBCCZDM	C（12）		Y		Y
5	径流量	JLL	N（5，2）	m^3/s			
6	总氮含量	ZDHL	N（5，2）	mg/L			
7	总氮流失量	ZDLSL	N（5，3）	kg/km^2			
8	总磷含量	ZLHL	N（5，2）	mg/L			
9	总磷流失量	ZLLSL	N（5，3）	kg/km^2			
10	COD 含量	CODHL	N（5，2）	mg/L			
11	BOD 含量	BODHL	N（5，2）	mg/L			
12	COD 流失量	CODLSL	N（5，3）	kg/km^2			
13	其他污染物含量	QTWRWHL	N（5，2）	mg/L			
14	其他污染物流失量	QTWRWLSL	N（5，3）	kg/km^2			
15	水质监测方法	SZJCFF	C（30）				
16	水质化验单位	SZHYDW	C（60）				
17	备注	BZ	C（255）				

[4] 填写说明：

1）小流域代码：该测站所处小流域，小流域的识别代码，引用小流域基本信息表。

2）小流域名称：小流域的识别代码对应的小流域名称，由小流域基本信息表带入。

3）采样时间：取样的时间，计至分。

4）水土保持测站代码：小流域地表径流水质观测的水土保持测站代码，引用水土保持测站基本信息表。

5）径流量：单位时间内汇集的水体体积或在某时段内通过控制站的总水量，计量单位为 m^3/s，计至两位小数。

6）总氮含量：水样中能被过硫酸钾氧化的无机氮和有机氮化合物的含量，计量单位为 mg/L，计至两位小数。

7）总氮流失量：径流量中的总氮含量，以 N 计，计量单位为 kg/km^2，计至三位小数。

8）总磷含量：水样中经过强氧化后转变为正磷酸盐的各种无机磷和有机磷的总量，以 P 计，计量单位为 mg/L，计至两位小数。

9）总磷流失量：径流量中的总磷含量，计量单位为 kg/km^2，计至三位小数。

10）COD 含量：水样中的 COD 的总量，计量单位为 mg/L，计至两位小数。

11）BOD 含量：水样中 BOD 的含量，计量单位为 mg/L，计至两位小数。

12）COD 流失量：径流量中的 COD 含量，计量单位为 kg/km^2，计至三位小数。

13）其他污染物含量：水样中除上述污染物外的其他污染物含量，计量单位为 mg/L，计至两位小数。

14）其他污染物流失量：径流量中的其他污染物的总量，计量单位为 kg/km^2，计至三位小数。

15）水质监测方法：在线监测仪设备或取样方法。

16）水质化验单位：指进行水质化验单位的名称。

17）备注：必要的相关内容注解、描述。

4．（管理）水源地富营养化信息表

[1] 表编号：010602004

[2] 表标识：SYDFYYHXXB

[3] 表说明：本表为水源地富营养化信息表，属管理表，存储水源地富营养化的信息。空间单元为统计的水源地，统计指标为高锰酸盐指数、总磷、总氮、叶绿素 a、透明度、营养状态级别等。

序号	含义	字段名	数据类型	单位	必填	主键	外键
1	水源地代码	SYDDM	C（12）		Y	Y	Y
2	水源地名称	SYDMC	C（64）				
3	采样时间	CYSJ	T（12）		Y	Y	
4	测定时间	CDSJ	T（12）				
5	测站代码	CZDM	C（8）		Y		Y
6	高锰酸盐指数	GMSYZS	N（5，2）	mg/L			
7	高锰酸盐指数评分值	GMSYZSPFZ	N（2）				
8	总磷	ZL	N（5，2）	mg/L			
9	总磷评分值	ZLPFZ	N（2）				
10	总氮	ZD	N（5，2）	mg/L			
11	总氮评分值	ZDPFZ	N（2）				
12	叶绿素 a	YLSA	N（5，2）	mg/L			
13	叶绿素 a 评分值	YLSAPFZ	N（2）				

序号	含义	字段名	数据类型	单位	必填	主键	外键
14	透明度	TMD	N（5，2）	m			
15	透明度评分值	TMDPFZ	N（2）				
16	营养状态指数 EI	YYZTZSEI	N（3）				
17	营养状态级别	YYZTJB	C（2）				Y
18	备注	BZ	C（255）				

[4] 填写说明：

1）水源地代码：水源地的识别代码，引用水源地基本信息表。

2）水源地名称：水源地代码对应的中文名称，由水源地基本信息表带入。

3）采样时间：指样品采集的时刻，计至分。

4）测定时间：指对样品施测的时间，计至分。

5）测站代码：湖库类水源地的测站识别码，引用水文测站基本信息表。

6）高锰酸盐指数：指高锰酸钾为氧化剂所能氧化的物质含量，计量单位为 mg/L，计至两位小数。

7）高锰酸盐指数评分值：根据各测点高锰酸盐的实测值的平均值，求得高锰酸盐指数的评分值，计至整数。

8）总磷：指水中经过强氧化后转变成正磷酸盐的各种无机磷和有机磷总量，以 P 计，计量单位为 mg/L，计至两位小数。

9）总磷评分值：根据各测点总磷的实测值的平均值，求得总磷的评分值，计至整数。

10）总氮：指水样中能被过硫酸钾氧化的无机氮和有机氮化合物总量，以 N 计，计量单位为 mg/L，计至两位小数。

11）总氮评分值：根据各测点总氮的实测值的平均值，求得总氮的评分值，计至整数。

12）叶绿素 a：指水中藻类的光合作用色素叶绿素 a 含量，计量单位为 mg/L，计至两位小数。

13）叶绿素 a 评分值：根据各测点叶绿素 a 的实测值的平均值，求得叶绿素 a 的评分值，计至整数。

14）透明度：指水的澄清程度，计量单位为 m，计至两位小数。

15）透明度评分值：根据各测点透明度的实测值的平均值，求得透明度的评分值，计至整数。

16）营养状态指数 EI：指对水体中各类富营养化指标进行综合评价，并给出定量的分值，以衡量相应指标的富营养化程度。

$$\mathrm{EI}=\sum_{n=1}^{N}E_n/N$$

式中：EI——营养状态指数；

E_n——评价项目赋分值；

N——评价项目个数。

17）营养状态级别：湖泊营养状态，取值及其含义见营养状态分级代码表。

18）备注：主要用来保存对该记录进行简短描述的文字，或者是有关信息（文字、表格、图片和录像等）的超级链接。

5. （管理）水源地面源污染情况表

[1] 表编号：010602005

[2] 表标识：SYDMYWRQKB

[3] 表说明：本表为水源地面源污染情况表，属管理表，存储水源地的面源污染调查信息。空间单元为统计的水源地，统计指标为不同类型的 COD、氨氮、总氮、总磷的含量。

序号	含义	字段名	数据类型	单位	必填	主键	外键
1	水源地代码	SYDDM	C（12）		Y	Y	Y
2	水源地名称	SYDMC	C（64）				
3	日期	RQ	D（4）		Y	Y	
4	涉及县名称	SJXMC	C（60）				
5	城镇地表径流中 COD	CZDBJLZCOD	N（8，2）	t/a			
6	城镇地表径流中氨氮	CZDBJLZNH4N	N（8，2）	t/a			
7	城镇地表径流中总氮	CZDBJLZZD	N（8，2）	t/a			
8	城镇地表径流中总磷	CZDBJLZZL	N（8，2）	t/a			
9	化肥使用 COD	HFSYCOD	N（8，2）	t/a			
10	化肥使用氨氮	HFSYNH4N	N（8，2）	t/a			
11	化肥使用总氮	HFSYZD	N（8，2）	t/a			
12	化肥使用总磷	HFSYZL	N（8，2）	t/a			
13	农村生活污水及固体废物 COD	NCSHWSJGTFWCOD	N（8，2）	t/a			
14	农村生活污水及固体废物氨氮	NCSHWSJGTFWNH4N	N（8，2）	t/a			
15	农村生活污水及固体废物总氮	NCSHWSJGTFWZD	N（8，2）	t/a			
16	农村生活污水及固体废物总磷	NCSHWSJGTFWZL	N（8，2）	t/a			
17	水土流失 COD	STLSCOD	N（8，2）	t/a			
18	水土流失氨氮	STLSNH4N	N（8，2）	t/a			
19	水土流失总氮	STLSZD	N（8，2）	t/a			
20	水土流失总磷	STLSZL	N（8，2）	t/a			
21	分散式畜禽养殖污水 COD	FSSCQYZWSCOD	N（8，2）	t/a			
22	分散式畜禽养殖污水氨氮	FSSCQYZWSNH4N	N（8，2）	t/a			
23	分散式畜禽养殖污水总氮	FSSCQYZWSZD	N（8，2）	t/a			
24	分散式畜禽养殖污水总磷	FSSCQYZWSZL	N（8，2）	t/a			
25	COD 合计	CODHJ	N（8，2）	t/a			
26	氨氮合计	NH4NHJ	N（8，2）	t/a			
27	总氮合计	ZDHJ	N（8，2）	t/a			
28	总磷合计	ZLHJ	N（8，2）	t/a			
29	备注	BZ	C（255）				

[4] 填写说明：

1）水源地代码：水源地的识别代码，引用水源地基本信息表。

2）水源地名称：水源地代码对应的中文名称，由水源地基本信息表带入。

3）日期：统计的年份，计至年。

4）涉及县名称：指湖库型水源地面源污染调查所涉及的县名称。

5）城镇地表径流中 COD：指城镇地表径流中的 COD 含量，计量单位为 t/a，计至两位小数。

6）城镇地表径流中氨氮：指城镇地表径流中的氨氮含量，计量单位为 t/a，计至两位小数。

7）城镇地表径流中总氮：指城镇地表径流中的总氮含量，计量单位为 t/a，计至两位小数。

8）城镇地表径流中总磷：指城镇地表径流中的总磷含量，计量单位为 t/a，计至两位小数。

9）化肥使用 COD：指使用化肥产生的 COD 总量，计量单位为 t/a，计至两位小数。

10）化肥使用氨氮：指使用化肥产生的氨氮总量，计量单位为 t/a，计至两位小数。

11）化肥使用总氮：指使用化肥产生的总氮总量，计量单位为 t/a，计至两位小数。

12）化肥使用总磷：指使用化肥产生的总磷总量，计量单位为 t/a，计至两位小数。

13）农村生活污水及固体废物 COD：指农村生活污水及固体废物中的 COD 含量，计量单位为 t/a，计至两位小数。

14）农村生活污水及固体废物氨氮：指农村生活污水及固体废物中的氨氮含量，计量单位为 t/a，计至两位小数。

15）农村生活污水及固体废物总氮：指农村生活污水及固体废物中的总氮含量，计量单位为 t/a，计至两位小数。

16）农村生活污水及固体废物总磷：指农村生活污水及固体废物中的总磷含量，计量单位为 t/a，计至两位小数。

17）水土流失 COD：指水土流失中的 COD 总量，计量单位为 t/a，计至两位小数。

18）水土流失氨氮：指水土流失中的氨氮总量，计量单位为 t/a，计至两位小数。

19）水土流失总氮：指水土流失中的总氮总量，计量单位为 t/a，计至两位小数。

20）水土流失总磷：指水土流失中的总磷总量，计量单位为 t/a，计至两位小数。

21）分散式畜禽养殖污水 COD：指分散式畜禽养殖污水中的 COD 总量，计量单位为 t/a，计至两位小数。

22）分散式畜禽养殖污水氨氮：指分散式畜禽养殖污水中的氨氮总量，计量单位为 t/a，计至两位小数。

23）分散式畜禽养殖污水总氮：指分散式畜禽养殖污水中的总氮总量，计量单位为 t/a，计至两位小数。

24）分散式畜禽养殖污水总磷：指分散式畜禽养殖污水中的总磷总量，计量单位为 t/a，计至两位小数。

25）COD 合计：指湖库型水源地面源污染中的 COD 总量，计量单位为 t/a，计至两位小数。

26）氨氮合计：指湖库型水源地面源污染中的氨氮总量，计量单位为 t/a，计至两位小数。

27）总氮合计：指湖库型水源地面源污染中的总氮总量，计量单位为 t/a，计至两位小数。

28）总磷合计：指湖库型水源地面源污染中的总磷总量，计量单位为 t/a，计至两位小数。

29）备注：主要用来保存对该记录进行简短描述的文字，或者是有关信息（文字、表格、图片和录像等）的超级链接。

6. （实体）入河排污口基本信息表

[1] 表编号：010602006

[2] 表标识：RHPWKJBXXB

[3] 表说明：存储入河排污口基本信息。入河排污口包括直接或者通过沟、渠、管道等设施向河流、湖泊（含渠道、水库等水域）排放污水的排污口。

序号	含义	字段名	数据类型	单位	必填	主键	外键
1	入河排污口代码	RHPWKDM	C（10）		Y	Y	
2	入河排污口名称	RHPWKMC	C（50）		Y		
3	日期	RQ	D（8）				
4	行政区划代码	XZQHDM	C（10）				Y
5	流域代码	LYDM	C（10）				Y
6	详细地址	XXDZ	C（64）				
7	经度	JD	N（10，6）	（°）			
8	纬度	WD	N（10，6）	（°）			
9	水资源分区代码	SZYFQDM	C（12）				Y
10	水功能区代码	SGNQDM	C（18）				Y
11	设计排污能力	SJPWNL	N（10，3）	t/d			
12	排入水体名称	PRSTMC	C（40）				

序号	含义	字段名	数据类型	单位	必填	主键	外键
13	排污口平面图	PWKPMT	B				
14	入河排污口设置单位	RHPWKSZDW	C（40）				
15	排污口运用情况	PWKYYQK	C（2）				
16	单位代码	DWDM	C（18）				Y
17	审批单位	SPDW	C（40）				
18	监测单位	JCDW	C（40）				
19	备注	BZ	C（255）				

[4] 填写说明：

1）入河排污口代码：用 10 位十进制数字表示，前 6 位为入河排污口所在行政区划代码，第 7 位为排污口性质代码，最后后 3 位为序号。其中排污口性质代码用一位字符表示，1 代表企业，2 代表市政，3 代表其他。

2）入河排污口名称：是指对应入河排污口代码的中文名称。

3）日期：建成时间，是指入河排污口建设完成的时间，计至日。

4）行政区划代码：引用行政区划基本信息表，入河排污口的所属行政区代码，精确至乡镇。

5）流域代码：引用流域基本信息表，入河排污口所属流域代码。

6）详细地址：指入河排污口的具体地址，精确至村。

7）经度：入河排污口的经度，采用 2000 国家大地坐标系（CGCS2000）。

8）纬度：入河排污口的纬度，采用 2000 国家大地坐标系（CGCS2000）。

9）水资源分区代码：所在的水资源分区的识别码。引用水资源分区基本信息表。

10）水功能区代码：水功能区的识别代码。引用水功能区基本信息表。

11）设计排污能力：指入河排污口设计的排污水量，计量单位为 t/d，计至三位小数。

12）排入水体名称：填写直接排入的河流、湖泊、水库名称。

13）排污口平面图：入河排污口的平面图。

14）入河排污口设置单位：指入河排污口的设置单位的中文名称。

15）排污口运用情况：排污口运用情况，填写已登记、在用、废弃、审核中或其他。

16）单位代码：入河排污口行政管理隶属单位的代码，引用单位基本信息表。

17）审批单位：指审批部门的中文全称。

18）监测单位：指实施监测的机构中文名称。

19）备注：主要用来保存对该记录进行简短描述的文字，或者是有关信息（文字、表格、图片和录像等）的超级链接。

7. （关系）入河排污口与水文测站关系表

[1] 表编号：010602007

[2] 表标识：RHPWKYSWCZGXB

[3] 表说明：存储入河排污口与水文测站关系信息。

序号	含义	字段名	数据类型	单位	必填	主键	外键
1	入河排污口代码	RHPWKDM	C（10）		Y	Y	Y
2	测站代码	CZDM	C（8）		Y	Y	Y

[4] 填写说明：

1）入河排污口代码：入河排污口的识别代码。引用入河排污口基本信息表。

2）测站代码：入河排污口周边范围水文站的识别代码。引用水文测站基本信息表。

8．（监测）入河排污口监测信息表

[1] 表编号：010602008

[2] 表标识：RHPWKJCXXB

[3] 表说明：本表为入河排污口监测信息表，属监测表，存储入河排污口的水质监测信息。

序号	含义	字段名	数据类型	单位	必填	主键	外键
1	测站代码	CZDM	C（8）		Y	Y	Y
2	测站名称	CZMC	C（64）				
3	采样时间	CYSJ	T（12）		Y	Y	
4	测定时间	CDSJ	T（12）		Y		
5	流量	LL	N（9，1）	m^3/s			
6	污水流量的测定方法	WSLLDCDFF	C（40）				
7	水质测定方法	SZCDFF	C（100）				
8	pH 值	PH	N（5，2）				
9	色度	SD	N（3）	度			
10	悬浮物	XFW	N（5，2）	mg/L			
11	COD	COD	N（5，2）	mg/L			
12	BOD_5	BOD5	N（5，2）	mg/L			
13	挥发酚	HFF	N（5，2）	mg/L			
14	氰化物	QHW	N（5，2）	mg/L			
15	氨氮	NH4N	N（5，2）	mg/L			
16	总磷	ZL	N（5，2）	mg/L			
17	阴离子表面活性剂	YLZBMHXJ	N（5，2）	mg/L			
18	游离余氯	YLYL	N（5，2）	mg/L			
19	总大肠菌群数	ZDCJQS	N（10）	个			
20	细菌总数	XJZS	N（10）	个			
21	备注	BZ	C（255）				

[4] 填写说明：

1）测站代码：入河排污口周边范围水质测站的识别代码。引用水文测站基本信息表。

2）测站名称：指测站代码所对应的测站名称，由水文测站基本信息表带入。

3）采样时间：指样品采集的时刻，计至分。

4）测定时间：指对样品施测的时间，计至分。

5）流量：指测定时间通过测验断面的流量，计量单位为 m^3/s，计至一位小数。

6）污水流量的测定方法：包括流速仪法、浮标法、三角形薄壁堰、矩形薄壁堰、容积法等。

7）水质测定方法：简要说明测定各项目指标值的计算方法或试验方法。

8）pH 值：指水中氢离子活度（H^+）的付对数，计至两位小数。

9）色度：值水体的着色程度，它影响水体的透光性和水生生物的生长，计量单位为度，计至整数。

10）悬浮物：指水样在规定条件下，经过滤或离心可去除的固体的含量，计量单位为 mg/L，计至两位小数。

11）COD：指以重铬酸钾为氧化剂所能氧化的物质含量，计量单位为 mg/L，计至两位小数。

12）BOD_5：指 5 天 20℃水中有机物和无机物在微生物氧化作用下所消耗水中溶解的量，计量单位为 mg/L，计至两位小数。

13）挥发酚：指随水蒸气馏出的，并和 4-氨基安替比林反应生成有色化合物的挥发性酚类化合物含量，计量单位为 mg/L，计至两位小数。

14）氰化物：指水样中简单的氰化物和绝大部分络合氰化物总量，不包括钴氰络合物，计量单位为 mg/L，计至两位小数。

15）氨氮：指水中的游离氨和铵盐含量，以 N 计，计量单位为 mg/L，计至两位小数。

16）总磷：指水中经过强氧化后转变成正磷酸盐的各种无机磷和有机磷总量，以 P 计，计量单位为 mg/L，计至两位小数。

17）阴离子表面活性剂：指能与亚甲蓝反应的直链烷基苯磺酸盐含量，计量单位为 mg/L，计至两位小数。

18）游离余氯：指水样中以次氯酸、次氯酸盐和溶解的单质氯形式存在的氯总量，计量单位为 mg/L，计至两位小数。

19）总大肠菌群数：指水中的总大肠杆菌群数量，计量单位为个，计至整数。

20）细菌总数：指水中的细菌总数，计量单位为个，计至整数。

21）备注：主要用来保存对该记录进行简短描述的文字，或者是有关信息（文字、表格、图片和录像等）的超级链接。

9. （管理）入河排污口排污月（旬）报表

[1] 表编号：010602009

[2] 表标识：RHPWKPWYBB

[3] 表说明：本表为入河排污口排污月（旬）报表，属管理表，存储水源地入河排污口的月排污量信息。统计的时间单元为月，空间单元为入河排污口，统计指标为不同类型的污染物排放量。

序号	含义	字段名	数据类型	单位	必填	主键	外键
1	入河排污口代码	RHPWKDM	C（10）		Y	Y	Y
2	入河排污口名称	RHPWKMC	C（50）				
3	日期	RQ	D（6）		Y	Y	
4	旬别	XB	C（2）		Y	Y	
5	累计排放时间	LJPFSJ	N（4）	h			
6	废污水排放量	FWSPFL	N（8，2）	10^4 m^3			
7	COD 排放量	CODPFL	N（8，2）	t			
8	BOD 排放量	BODPFL	N（8，2）	t			
9	氨氮排放量	NH4NPFL	N（8，2）	t			
10	挥发酚排放量	HFFPFL	N（8，2）	t			
11	总氮排放量	ZDPFL	N（8，2）	t			
12	总磷排放量	ZLPFL	N（8，2）	t			
13	达标排放量	DBPFL	N（8，2）	10^4 m^3			
14	生活废污水排放量	SHFWSPFL	N（8，2）	10^4 m^3			
15	工业废污水排放量	GYFWSPFL	N（8，2）	10^4 m^3			
16	备注	BZ	C（255）				

[4] 填写说明：

1）入河排污口代码：入河排污口的识别代码。引用入河排污口基本信息表。

2）入河排污口名称：是指对应入河排污口代码的中文名称。

3）日期：统计的日期，计至月。

4）旬别：用于区分统计时段是全月或上旬、中旬、下旬的断面，填写上旬、中旬、下旬或全月。

5）累计排放时间：在统计时段内，排污口排放废污水的累计排放时间，计量单位为 h，计至整数。

6）废污水排放量：指被评价区域内由工业生产、居民生活等产生并排放的废污水总量，以排放口的实际观测的日平均流量与日数的乘积计算，计量单位为 10^4 m^3，计至两位小数。

7）COD 排放量：指被评价区域内由工业生产、居民生活等产生并排放的 COD 总量，计量单位为 t，计至两位小数。

8）BOD 排放量：指被评价区域内由工业生产、居民生活等产生并排放的 BOD 总量，计量单位为 t，计至两位小数。

9）氨氮排放量：指被评价区域内由工业生产、居民生活等产生并排放的氨氮总量，计量单位为 t，计至两位小数。

10）挥发酚排放量：指被评价区域内由工业生产、居民生活等产生并排放的挥发酚总量，计量单位为 t，计至两位小数。

11）总氮排放量：指被评价区域内由工业生产、居民生活等产生并排放的总氮总量，计量单位为 t，计至两位小数。

12）总磷排放量：指被评价区域内由工业生产、居民生活等产生并排放的总磷总量，计量单位为 t，计至两位小数。

13）达标排放量：指全面达到国家排放标准的外排废污水量，包括经过处理和未经处理的，但不包括虽经过处理，仍未达到国家排放标准的外排废污水量，计量单位为 10^4 m^3，计至两位小数。

14）生活废污水排放量：指生活年实际排放的废污水量，计量单位为 10^4 m^3，计至两位小数。

15）工业废污水排放量：指工业生产实际排放的废污水量，计量单位为 10^4 m^3，计至两位小数。

16）备注：主要用来保存对该记录进行简短描述的文字，或者是有关信息（文字、表格、图片和录像等）的超级链接。

10. （管理）入河排污口排污年报表

[1] 表编号：010602010

[2] 表标识：RHPWKPWNBB

[3] 表说明：本表为入河排污口排污年报表，属管理表，存储水源地入河排污口的年排污量信息。统计的时间单元为年，空间单元为入河排污口，统计指标为不同类型的污染物排放量。

序号	含义	字段名	数据类型	单位	必填	主键	外键
1	入河排污口代码	RHPWKDM	C（10）		Y	Y	Y
2	入河排污口名称	RHPWKMC	C（50）				
3	日期	RQ	D（4）		Y	Y	
4	累计排放时间	LJPFSJ	N（4）	h			
5	废污水排放量	FWSPFL	N（8，2）	10^4 m^3			
6	COD 排放量	CODPFL	N（8，2）	t			
7	BOD 排放量	BODPFL	N（8，2）	t			

序号	含义	字段名	数据类型	单位	必填	主键	外键
8	氨氮排放量	NH4NPFL	N（8，2）	t			
9	挥发酚排放量	HFFPFL	N（8，2）	t			
10	总氮排放量	ZDPFL	N（8，2）	t			
11	总磷排放量	ZLPFL	N（8，2）	t			
12	达标排放量	DBPFL	N（8，2）	10^4 m^3			
13	生活废污水排放量	SHFWSPFL	N（8，2）	10^4 m^3			
14	工业废污水排放量	GYFWSPFL	N（8，2）	10^4 m^3			
15	备注	BZ	C（255）				

[4] 填写说明：

1）入河排污口代码：入河排污口的识别代码。引用入河排污口基本信息表。

2）入河排污口名称：是指对应入河排污口代码的中文名称。

3）日期：统计的年份，计至年。

4）累计排放时间：在统计时段内，排污口排放废污水的累计排放时间，计量单位为 h，计至整数。

5）废污水排放量：指被评价区域内由工业生产、居民生活等产生并排放的废污水总量，以排放口的实际观测的日平均流量与日数的乘积计算，计量单位为 10^4 m^3，计至两位小数。

6）COD 排放量：指被评价区域内由工业生产、居民生活等产生并排放的 COD 总量，计量单位为 t，计至两位小数。

7）BOD 排放量：指被评价区域内由工业生产、居民生活等产生并排放的 BOD 总量，计量单位为 t，计至两位小数。

8）氨氮排放量：指被评价区域内由工业生产、居民生活等产生并排放的氨氮总量，计量单位为 t，计至两位小数。

9）挥发酚排放量：指被评价区域内由工业生产、居民生活等产生并排放的挥发酚总量，计量单位为 t，计至两位小数。

10）总氮排放量：指被评价区域内由工业生产、居民生活等产生并排放的总氮总量，计量单位为 t，计至两位小数。

11）总磷排放量：指被评价区域内由工业生产、居民生活等产生并排放的总磷总量，计量单位为 t，计至两位小数。

12）达标排放量：指全面达到国家排放标准的外排废污水量，包括经过处理和未经处理的，但不包括虽经过处理，仍未达到国家排放标准的外排废污水量，计量单位为 10^4 m^3，计至两位小数。

13）生活废污水排放量：指生活年实际排放的废污水量，计量单位为 10^4 m^3，计至两位小数。

14）工业废污水排放量：指工业生产实际排放的废污水量，计量单位为 10^4 m^3，计至两位小数。

15）备注：主要用来保存对该记录进行简短描述的文字，或者是有关信息（文字、表格、图片和录像等）的超级链接。

11. （管理）入河排污口管理统计表

[1] 表编号：010602011

[2] 表标识：RHPWKGLTJB

[3] 表说明：本表为入河排污口管理统计表，属管理表，存储入河排污口管理的统计信息。统计的时间单元为年，空间单元为行政区，统计指标为不同类型以及减少的排污口的数量。

序号	含义	字段名	数据类型	单位	必填	主键	外键
1	行政区划代码	XZQHDM	C（10）		Y	Y	Y
2	行政区名称	XZQMC	C（32）				
3	日期	RQ	D（4）		Y	Y	
4	设置工业单位个数	SZGYDWGS	N（4）	个			
5	设置市政单位个数	SZSZDWGS	N（4）	个			
6	单位个数合计	DWGSHJ	N（4）	个			
7	上年工业排污口个数	SNGYPWKGS	N（6）	个			
8	上年市政排污口个数	SNSZPWKGS	N（6）	个			
9	上年排污口合计	SNPWKHJ	N（6）	个			
10	新设工业排污口个数	XSGYPWKGS	N（6）	个			
11	新设市政排污口个数	XSSZPWKGS	N（6）	个			
12	新设排污口合计	XSPWKHJ	N（6）	个			
13	减少工业排污口个数	JSGYPWKGS	N（6）	个			
14	减少市政排污口个数	JSSZPWKGS	N（6）	个			
15	减少排污口合计	JSPWKHJ	N（6）	个			
16	本年排污口个数合计	BNPWKGSHJ	N（6）	个			
17	达标率	DBL	N（3，1）	%			
18	备注	BZ	C（255）				

[4] 填写说明：

1）行政区划代码：入河排污口的所属行政区，精确至乡级，引用行政区划基本信息表。

2）行政区名称：行政区划的代码对应的中文名称，由行政区划基本信息表带入。

3）日期：观测、调查和统计资料的年份，填公元纪年，计至年。

4）设置工业单位个数：指设置有入河排污口的工业单位的个数，计量单位为个，计至整数。

5）设置市政单位个数：指设置有入河排污口的市政单位的个数，计量单位为个，计至整数。

6）单位个数合计：指设置有入河排污口的所有单位的总和，计量单位为个，计至整数。

7）上年工业排污口个数：指上年度设置的工业排污口的总数，计量单位为个，计至整数。

8）上年市政排污口个数：指上年度设置的市政排污口的总数，计量单位为个，计至整数。

9）上年排污口合计：指上年度设置的所有排污口的总数，计量单位为个，计至整数。

10）新设工业排污口个数：指本年度新增的工业排污口的个数，计量单位为个，计至整数。

11）新设市政排污口个数：指本年度新增的市政排污口的个数，计量单位为个，计至整数。

12）新设排污口合计：指本年度新增的所有排污口的个数，计量单位为个，计至整数。

13）减少工业排污口个数：指本年度减少的工业排污口的个数，计量单位为个，计至整数。

14）减少市政排污口个数：指本年度减少的市政排污口的个数，计量单位为个，计至整数。

15）减少排污口合计：指本年度减少的所有排污口的个数，计量单位为个，计至整数。

16）本年排污口个数合计：指本年度现有的所有排污口的总数，计量单位为个，计至整数。

17）达标率：达标率=达标排放的入河排污口个数/入河排污口个数×100%，计量单位为%，计至一位小数。

18）备注：主要用来保存对该记录进行简短描述的文字，或者是有关信息（文字、表格、图片和录像等）的超级链接。

12. （实体）退水口基本信息表

[1] 表编号：010602012

[2] 表标识：TSKJBXXB

[3] 表说明：本表为退水口基本信息表，属实体表，存储退水口的基本属性信息。

序号	含义	字段名	数据类型	单位	必填	主键	外键
1	退水口代码	TSKDM	C（16）		Y	Y	
2	退水口名称	TSKMC	C（32）		Y		
3	日期	RQ	D（8）		Y		
4	经度	JD	N（10，6）	（°）			
5	纬度	WD	N（10，6）	（°）			
6	详细地址	XXDZ	C（64）				
7	排入水域类别	PRSYLB	C（8）				
8	退水口性质	TSKXZ	C（8）				
9	退排水分类	TPSFL	C（8）				
10	排污方式	PWFS	C（8）				
11	设计年排污能力	SJNPWNL	N（12，2）	t			
12	设计日排污能力	SJRPWNL	N（8，2）	t			
13	退水总量	TSZL	N（9，3）	$10^4\ m^3$			
14	污水主要来源	WSZYLY	C（8）				
15	主要污染物	ZYWRW	C（255）				
16	排污许可证代码	PWXKZDM	C（255）				
17	行政区划代码	XZQHDM	C（10）		Y		Y
18	备注	BZ	C（255）				

[4] 填写说明：

1）退水口代码：退水口的代码，是退水口的唯一识别代码。

2）退水口名称：退水口的名称。一般取地点名。

3）日期：建成时间，是指退水口建设完成的时间，计至日。

4）经度：退水口的经度，采用 2000 国家大地坐标系（CGCS2000）。

5）纬度：退水口的纬度，采用 2000 国家大地坐标系（CGCS2000）。

6）详细地址：退水口的详细地址，精确至村。

7）排入水域类别：污水的退排水域类别，填写水库、湖泊、河流、浅层地下水、深层承压水、其他。

8）退水口性质：退水口的性质，填写企业、市政、其他。

9）退排水分类：退排水分类，填写工业废水、生活污水、混合废污水、退排清水。

10）排污方式：排污的方式，填写明渠、涵闸、暗管、潜没、泵站、其他。

11）设计年排污能力：退水口设计的每年能够排污水量；计量单位为 t，计至两位小数。

12）设计日排污能力：退水口设计的每日能够排污水量；计量单位为 t，计至两位小数。

13）退水总量：退水口的年退排水污总量；计量单位为 $10^4\ m^3$，计至三位小数。

14）污水主要来源：污水的主要来源，填写工业企业直排、城镇污水处理厂、生活直排、市政直排、其他。

15）主要污染物：污水中主要污染物的名称，用文本描述。

16）排污许可证代码：该退排水口的许可证号码，如长许可〔2016〕8 号；当有多个许可证时用“，”分割填写。

17）行政区划代码：引用行政区划基本信息表，退水口的所属行政区代码，精确至乡镇。

18）备注：必要的相关内容注解、描述。

13. （管理）退水口排污月报表

[1] 表编号：010602013

[2] 表标识：TSKPWYBB

[3] 表说明：本表为退水口排污月报表，属管理表，存储退水口月排污情况的信息。统计的时间单元为月，空间单元为退水口，统计指标为不同类型的污染物排放量。

序号	含义	字段名	数据类型	单位	必填	主键	外键
1	退水口代码	TSKDM	C（16）		Y	Y	Y
2	退水口名称	TSKMC	C（32）				
3	日期	RQ	D（6）		Y	Y	
4	累计排放时间	LJPFSJ	N（4）	h			
5	废污水排放量	FWSPFL	N（8，2）	10^4 m^3			
6	工业废污水排放量	GYFWSPFL	N（8，2）	10^4 m^3			
7	生活废污水排放量	SHFWSPFL	N（8，2）	10^4 m^3			
8	达标排放量	DBPFL	N（8，2）	10^4 m^3			
9	COD 排放量	CODPFL	N（8，2）	t			
10	氨氮排放量	NH4NPFL	N（8，2）	t			
11	总磷排放量	ZLPFL	N（8，2）	t			
12	总氮排放量	ZDPFL	N（8，2）	t			
13	BOD 排放量	BODPFL	N（8，2）	t			
14	挥发酚排放量	HFFPFL	N（8，2）	t			

[4] 填写说明：

1）退水口代码：退水口的识别代码，引用退水口基本信息表。

2）退水口名称：退水口的名称。一般取地点名。

3）日期：统计的日期，计至月。

4）累计排放时间：是指在统计时段内，退水口排放废污水的累计排放时间，计量单位为 h，计至整数。

5）废污水排放量：是指退水口统计时间内排放污水总量。以退水口的实际观测的日平均流量与日数的乘积计算。计量单位为 10^4 m^3，计至两位小数。

6）工业废污水排放量：是指退水口排放的工业废污水量，计量单位为 10^4 m^3，计至两位小数。

7）生活废污水排放量：是指退水口排放的生活废污水量，计量单位为 10^4 m^3，计至两位小数。

8）达标排放量：是指全面达到国家排放标准的外排废污水量，包括经过处理和未经处理的，但不包括虽经处理，仍未达到国家排放标准的外排废污水量。计量单位为 10^4 m^3，计至两位小数。

9）COD 排放量：是指退水口排放 COD 的量，计量单位为 t，计至两位小数。

10）氨氮排放量：是指退水口排放氨氮的量，计量单位为 t，计至两位小数。

11）总磷排放量：是指退水口排放总磷的量，计量单位为 t，计至两位小数。

12）总氮排放量：是指退水口排放总氮的量，计量单位为 t，计至两位小数。

13）BOD 排放量：是指退水口排放 BOD 的量，计量单位为 t，计至两位小数。

14）挥发酚排放量：是指退水口排放挥发酚的量，计量单位为 t，计至两位小数。

14.（管理）退水口排污年报表

[1] 表编号：010602014

[2] 表标识：TSKPWNBB

[3] 表说明：本表为退水口排污年报表，属管理表，存储退水口年排污情况的信息。统计的时间单元为年，空间单元为退水口，统计指标为不同类型的污染物排放量。

序号	含义	字段名	数据类型	单位	必填	主键	外键
1	退水口代码	TSKDM	C（16）		Y	Y	Y
2	退水口名称	TSKMC	C（32）				
3	日期	RQ	D（4）		Y	Y	
4	累计排放时间	LJPFSJ	N（4）	h			
5	废污水排放量	FWSPFL	N（8，2）	10^4 m^3			
6	工业废污水排放量	GYFWSPFL	N（8，2）	10^4 m^3			
7	生活废污水排放量	SHFWSPFL	N（8，2）	10^4 m^3			
8	达标排放量	DBPFL	N（8，2）	10^4 m^3			
9	COD 排放量	CODPFL	N（8，2）	t			
10	氨氮排放量	NH4NPFL	N（8，2）	t			
11	总磷排放量	ZLPFL	N（8，2）	t			
12	总氮排放量	ZDPFL	N（8，2）	t			
13	BOD 排放量	BODPFL	N（8，2）	t			
14	挥发酚排放量	HFFPFL	N（8，2）	t			

[4] 填写说明：

1）退水口代码：退水口的识别代码，引用退水口基本信息表。

2）退水口名称：退水口的名称。一般取地点名。

3）日期：统计的日期，计至年。

4）累计排放时间：是指在统计时段内，退水口排放废污水的累计排放时间，计量单位为 h，计至整数。

5）废污水排放量：是指退水口统计时间内排放污水总量。以退水口的实际观测的日平均流量与日数的乘积计算。计量单位为 10^4 m^3，计至两位小数。

6）工业废污水排放量：是指退水口排放的工业废污水量，计量单位为 10^4 m^3，计至两位小数。

7）生活废污水排放量：是指退水口排放的生活废污水量，计量单位为 10^4 m^3，计至两位小数。

8）达标排放量：是指全面达到国家排放标准的外排废污水量，包括经过处理和未经处理的，但不包括虽经处理，仍未达到国家排放标准的外排废污水量。计量单位为 10^4 m^3，计至两位小数。

9）COD 排放量：是指退水口排放 COD 的量，计量单位为 t，计至两位小数。

10）氨氮排放量：是指退水口排放氨氮的量，计量单位为 t，计至两位小数。

11）总磷排放量：是指退水口排放总磷的量，计量单位为 t，计至两位小数。

12）总氮排放量：是指退水口排放总氮的量，计量单位为 t，计至两位小数。

13）BOD 排放量：是指退水口排放 BOD 的量，计量单位为 t，计至两位小数。

14）挥发酚排放量：是指退水口排放挥发酚的量，计量单位为 t，计至两位小数。

（二）水环境调查

1. （管理）小流域村庄污水调查表

[1] 表编号：010602015

[2] 表标识：XLYCZWSDCB

[3] 表说明：本表为小流域村庄污水调查表，属管理表，存储小流域村庄污水调查数据。统计的时间单元为月，空间单元为入河排污口，统计指标为污染源名称、污染源数量、年用水量、年排放量等内容。

序号	含义	字段名	数据类型	单位	必填	主键	外键
1	小流域代码	XLYDM	C（16）		Y	Y	Y
2	小流域名称	XLYMC	C（40）				
3	日期	RQ	D（4）		Y	Y	
4	行政区划代码	XZQHDM	C（10）		Y		Y
5	村庄名称	CZMC	C（60）		Y	Y	
6	详细地址	XXDZ	C（64）				
7	调查开始时间	DCKSSJ	D（8）				
8	调查结束时间	DCJSSJ	D（8）				
9	污染源类型	WRYLX	C（60）				
10	污染源数量	WRYSL	N（5，2）	t			
11	年用水量	NYSL	N（8，2）	t/a			
12	年排放量	NPFL	N（8，2）	t/a			
13	污水处理方式	WSCLFS	C（15）				
14	年污水处理量	NWSCLL	N（8，2）	t/a			
15	调查部门	DCBM	C（60）				
16	备注	BZ	C（255）				

[4] 填写说明：

1）小流域代码：村庄所处小流域，小流域的识别代码，引用小流域基本信息表。

2）小流域名称：小流域的识别代码对应的小流域名称，由小流域基本信息表带入。

3）日期：调查的年份，计至年。

4）行政区划代码：村庄的所属行政区，精确至乡镇，引用行政区划基本信息表。

5）村庄名称：小流域内，进行污水调查村庄的中文名称。

6）详细地址：村庄所在的具体地址。

7）调查开始时间：调查开始的具体日期，计至日。

8）调查结束时间：调查结束的具体日期，计至日。

9）污染源类型：指农村生活污水、饭店污染、养殖污水、厂矿污水、其他污染源。

10）污染源数量：导致污水产生的污染物的重量，计量单位为 t，计至两位小数。

11）年用水量：该村庄工农业和居民生活用水量，计量单位为 t/a，计至两位小数。

12）年排放量：该村庄工农业和居民生活污水排放总量，计量单位为 t/a，计至两位小数。

13）污水处理方式：包括无处理自由排放、小型污水处理设施处理、收集后送污水处理厂处理等。

14）年污水处理量：该村庄每年进行污水处理的数量，计量单位为 t/a，计至两位小数。

15）调查部门：实施该调查的单位。

16）备注：必要的相关内容注解、描述。

2. （管理）水源地污染源信息表

[1] 表编号：010602016

[2] 表标识：SYDWRYXXB

[3] 表说明：本表为水源地污染源信息表，属管理表，存储水源地污染源相关信息。统计的时间单元为年，空间单元为水源地，统计指标为污染源名称、类型、位置以及不同类型的污染物排放量。

序号	含义	字段名	数据类型	单位	必填	主键	外键
1	水源地代码	SYDDM	C（12）		Y	Y	Y
2	水源地名称	SYDMC	C（64）				
3	日期	RQ	D（4）		Y	Y	
4	污染源名称	WRYMC	C（60）		Y	Y	
5	污染源类型	WRYLX	C（16）				
6	污染源位置	WRYWZ	C（128）				
7	废污水排放量	FWSPFL	N（8，2）	10^4 m^3			
8	COD 排放量	CODPFL	N（8，2）	t			
9	氨氮排放量	NH4NPFL	N（8，2）	t			
10	其他污染物排放量	QTWRWPFL	N（8，2）	t			

[4] 填写说明：

1）水源地代码：污染源水源地的识别代码，包括地表和地下水源地，引用水源地基本信息表。

2）水源地名称：水源地代码对应的中文名称，由水源地基本信息表带入。

3）日期：统计的日期，计至年。

4）污染源名称：划定饮水保护区的水源地的污染源是指 1、2 级保护区内的现有污染源，未划定饮水保护区的污染源是指直接进入该饮用水取水口所在水功能区的污染源。若同时有多个污染源存在的情况，一次只填写一个污染源的相关信息。

5）污染源类型：污染源类型，分为工矿企业污染源、城镇生活、垃圾填埋场、畜禽养殖场等类。

6）污染源位置：填写与水源地取水口的距离（单位 km）和上下游方位。

7）废污水排放量：指被评价区域内由于工业生产、居民生活等产生并排放的废污水总量，以排放口的实际观测的日平均流量与日数的乘积计算。计量单位为 10^4 m^3，计至两位小数。

8）COD 排放量：指被评价区域内由于工业生产、居民生活等产生并排放的 COD 总量，计量单位为 t，计至两位小数。

9）氨氮排放量：指被评价区域内由于工业生产、居民生活等产生并排放的氨氮总量，计量单位为 t，计至两位小数。

10）其他污染物排放量：指被评价区域内由于工业生产、居民生活等产生并排放的其他污染源总量，计量单位为 t，计至两位小数。

3. （管理）水源地入河排污口及内源污染调查表

[1] 表编号：010602017

[2] 表标识：SYDRHPWKJNYWRDCB

[3] 表说明：本表为水源地入河排污口及内源污染调查表，属管理表，存储水源地入河排污口及内源污染调查情况信息。统计的时间单元为年，空间单元为水源地入河排污口，统计指标为不同类型的污染物排放量、网箱养殖水面面积、占水源地水面面积比例、饵料投放量等。

序号	含义	字段名	数据类型	单位	必填	主键	外键
1	入河排污口代码	RHPWKDM	C（10）		Y	Y	Y
2	入河排污口名称	RHPWKMC	C（50）				
3	日期	RQ	D（4）		Y	Y	
4	废污水排放量	FWSPFL	N（8，2）	10^4 m^3			
5	COD 排放量	CODPFL	N（8，2）	t			
6	氨氮排放量	NH4NPFL	N（8，2）	t			
7	网箱养殖水面面积	WXYZSMMJ	N（9，1）	km^2			
8	占水源地水面面积比例	ZSYDSMMJBL	N（4，2）	%			
9	饵料投放量	ELTFL	N（8，2）	t			
10	底泥污染程度	DNWRCD	C（2）				

[4] 填写说明：

1）入河排污口代码：水源地入河排污口的识别代码，引用入河排污口基本信息表。

2）入河排污口名称：指对应入河排污口代码的中文名称。

3）日期：统计的日期，计至年。

4）废污水排放量：入河排污口处由于工业生产、居民生活等产生并排放的废污水总量。计量单位为 10^4 m^3，计至两位小数。

5）COD 排放量：指被评价区域内由于工业生产、居民生活等产生并排放的化学需氧量（COD）总量，计量单位为 t，计至两位小数。

6）氨氮排放量：指被评价区域内由于工业生产、居民生活等产生并排放的氨氮总量，计量单位为 t，计至两位小数。

7）网箱养殖水面面积：针对同时具有水产养殖的水库湖泊类水源地，计量单位为 km^2，计至一位小数。

8）占水源地水面面积比例：指网箱养殖水面面积占水源地水面面积的比例，计量单位为%，计至两位小数。

9）饵料投放量：指供水产养殖的饵料投放量，计量单位为 t，计至两位小数。

10）底泥污染程度：针对有底泥污染现象的湖泊水库型水源地，污染程度填写轻微、一般或严重。

4. （载体）污染事件信息表

[1] 表编号：010602018

[2] 表标识：WRSJXXB

[3] 表说明：本表为污染事件信息表，属载体表，存储污染事件情况的信息。

序号	含义	字段名	数据类型	单位	必填	主键	外键
1	污染事件名称	WRSJMC	C（40）		Y	Y	
2	发生时间	FSSJ	T（14）		Y		
3	发生地点	FSDD	C（64）				
4	行政区划代码	XZQHDM	C（10）				Y
5	流域代码	LYDM	C（10）				Y
6	测站代码	CZDM	C（8）		Y		Y
7	污染河段	WRHD	C（30）				
8	分析情况	FXQK	C（255）				
9	主要污染物	ZYWRW	C（255）				
10	污染范围及危害	WRFWJWH	C（255）				

序号	含义	字段名	数据类型	单位	必填	主键	外键
11	污染事故原因	WRSGYY	C（255）				
12	直接经济损失	ZJJJSS	N（8，2）	万元			
13	影响的水功能区	YXDSGNQ	C（14）				
14	影响的取水口个数	YXDQSKGS	N（3）	个			
15	水体功能影响	STGNYX	C（255）				
16	处理单位	CLDW	C（50）				
17	处理情况	CLQK	C（255）				
18	赔款	PK	N（8，2）	万元			
19	罚款	FK	N（8，2）	万元			

[4] 填写说明：

1）污染事件名称：指水污染事故的中文名称。污染事件按照年份、地区以及具体事件名称的方式来命名，以确保污染事件名称的唯一性。

2）发生时间：指发生水污染事故的时间，计至秒。

3）发生地点：指发生水污染事故的具体地点，精确至村。

4）行政区划代码：引用行政区划基本信息表，发生地点所属行政区代码，精确至乡镇。

5）流域代码：引用流域基本信息表，发生地点所属流域代码，按最小包含原则填写。

6）测站代码：引用水质测站基本信息表。污染事件涉及的代表性水质测站的识别代码。

7）污染河段：指水污染事故造成水体污染的流域、水系和河段名称。

8）分析情况：在水污染事故发生的区域内对水体进行水质分析评价的情况。

9）主要污染物：指排放污水中主要污染物的名称。

10）污染范围及危害：指水污染事故的污染范围及造成的危害与影响。

11）污染事故原因：指造成水污染事故的主要原因。

12）直接经济损失：指水污染事故造成的直接经济损失。计量单位为万元，计至两位小数。

13）影响的水功能区：指受污染事件影响的水功能区的名称。

14）影响的取水口个数：指受污染事件影响的取水口的数量，计量单位为个，计至整数。

15）水体功能影响：说明水污染事故对水体功能的影响。

16）处理单位：指对水污染事故进行处理的各有关单位。

17）处理情况：说明对水污染事故的处理意见和结果。

18）赔款：指对造成水污染事故的单位或个人的罚款金额。计量单位为万元，计至两位小数。

19）罚款：指对造成水污染事故的单位或个人的罚款金额。计量单位为万元，计至两位小数。

（三）水环境治理

1. （管理）水域纳污能力及污染物限制排放量表

[1] 表编号：010602019

[2] 表标识：SYNWNLJWRWXZPFLB

[3] 表说明：本表为水域纳污能力及污染物限制排放量表，属管理表，存储流域水功能区的纳污能力及主要污染物的限制排放量信息。统计的时间单元为年，空间单元为水功能区，统计指标为不同类型的污染物限排总量。

序号	含义	字段名	数据类型	单位	必填	主键	外键
1	水功能区代码	SGNQDM	C（14）		Y	Y	Y
2	水功能区名称	SGNQMC	C（100）				
3	日期	RQ	D（4）		Y	Y	
4	废污水限制排放总量	FWSXZPFZL	N（8，2）	10^4 m^3			
5	COD 限排总量	CODXPZL	N（8，2）	t			
6	氨氮限排总量	NH4NXPZL	N（8，2）	t			
7	总磷限排总量	ZLXPZL	N（8，2）	t			
8	总氮限排总量	ZDXPZL	N（8，2）	t			
9	BOD 限排总量	BODXPZL	N（8，2）	t			
10	挥发酚限排总量	HFFXPZL	N（8，2）	t			
11	备注	BZ	C（255）				

[4] 填写说明：

1）水功能区代码：该水域所处的水功能区，水功能区的识别代码。引用水功能区基本信息表。

2）水功能区名称：指水功能区代码所对应的水功能区名称，由水功能区基本信息表带入。

3）日期：规定限制的日期。填公元纪年，计至年。

4）废污水限制排放总量：废污水限制排放总量，计量单位为 10^4 m^3，计至两位小数。

5）COD 限排总量：COD 限排总量，计量单位为 t，计至两位小数。

6）氨氮限排总量：氨氮限排总量，计量单位为 t，计至两位小数。

7）总磷限排总量：总磷限排总量，计量单位为 t，计至两位小数。

8）总氮限排总量：总氮限排总量，计量单位为 t，计至两位小数。

9）BOD 限排总量：BOD 限排总量，计量单位为 t，计至两位小数。

10）挥发酚限排总量：挥发酚限排总量，计量单位为 t，计至两位小数。

11）备注：必要的相关内容注解、描述。

（四）水环境评价

1. （管理）流域水功能区全因子评价成果表

[1] 表编号：010602020

[2] 表标识：LYSGNQQYZPJCGB

[3] 表说明：本表为流域水功能区全因子评价成果表，属管理表，存储流域水功能区评价成果信息。统计的时间单元为年，空间单元为水功能区，统计指标为水质达标评价方法、汛期水质类别、非汛期水质类别、年度水质类别、年评价次数、年达标次数等内容。

序号	含义	字段名	数据类型	单位	必填	主键	外键
1	水功能区代码	SGNQDM	C（14）		Y	Y	Y
2	水功能区名称	SGNQMC	C（100）				
3	日期	RQ	D（4）		Y	Y	
4	营养状况评价结果结论	YYZKPJJGJL	C（255）				
5	水质达标评价方法	SZDBPJFF	C（40）				
6	汛期水质类别	XQSZLB	C（1）				Y
7	非汛期水质类别	FXQSZLB	C（1）				Y

序号	含义	字段名	数据类型	单位	必填	主键	外键
8	年度水质类别	NDSZLB	C（1）				Y
9	年评价次数	NPJCS	N（2）	次			
10	年达标次数	NDBCS	N（2）	次			
11	年度达标率	NDDBL	N（3，1）	%			
12	达标评价结论	DBPJJL	C（255）				
13	主要超标项目	ZYCBXM	C（255）				
14	总氮是否参评	ZDSFCP	C（2）		Y		
15	备注	BZ	C（255）				

[4] 填写说明：

1）水功能区代码：引用水功能区基本信息表。水功能区的识别代码。

2）水功能区名称：指水功能区代码所对应的水功能区名称，由水功能区基本信息表带入。

3）日期：评价日期，计至年。

4）营养状况评价结果结论：营养状况评价结果结论。

5）水质达标评价方法：包括年均值达标评价与频次达标评价 2 种方法。

6）汛期水质类别：汛期水质类别。取值及其含义见水质类别代码表。

7）非汛期水质类别：非汛期水质类别。取值及其含义见水质类别代码表。

8）年度水质类别：年度水质类别。取值及其含义见水质类别代码表。

9）年评价次数：年评价次数，计量单位为次，计至整数。

10）年达标次数：年达标次数，计量单位为次，计至整数。

11）年度达标率：年度达标率，计量单位为%，计至一位小数。

12）达标评价结论：满足断流条件的水功能区，填写“断流”。

13）主要超标项目：一般化学指标包括色（度）、嗅和味、浑浊度、肉眼可见物、pH、总硬度（以 $CaCO_3$ 计）、溶解性总固体、硫酸盐、氯化物、铁、锰、铜、锌、挥发酚（以苯酚计）、阴离子合成洗涤剂、高锰酸盐指数、氨氮（NH4N）；按年均值统计超标倍数由高到低，选取前 3 项，填写超标项目时，同时填写超标倍数（除以Ⅲ类标准值），如高锰酸盐指数（3.2）。

14）总氮是否参评：指总氮是否参与因子评价，填写是或否。

15）备注：受背景值、上游缓冲区、潮汐影响的水功能区应按水质实际监测浓度进行达标评价，在备注填写注明受影响原因。

2. （管理）水功能区质量变化趋势分析成果表

[1] 表编号：010602021

[2] 表标识：SGNQZLBHQSFXCGB

[3] 表说明：本表为水功能区质量变化趋势分析成果表，属管理表，存储水功能区质量变化趋势分析成果信息。统计的时间单元为年，空间单元为水功能区，统计指标为高锰酸盐指数变化趋势、氨氮浓度变化趋势、总磷浓度变化趋势、总氮浓度变化趋势。

序号	含义	字段名	数据类型	单位	必填	主键	外键
1	水功能区代码	SGNQDM	C（14）		Y	Y	Y
2	水功能区名称	SGNQMC	C（100）				
3	日期	RQ	D（4）		Y	Y	
4	高锰酸盐指数变化趋势	GMSYZSBHQS	C（1）				Y

序号	含义	字段名	数据类型	单位	必填	主键	外键
5	氨氮浓度变化趋势	NH4NNDBHQS	C（1）				Y
6	总磷浓度变化趋势	ZLNDBHQS	C（1）				Y
7	总氮浓度变化趋势	ZDNDBHQS	C（1）				Y
8	备注	BZ	C（255）				

[4] 填写说明：

1）水功能区代码：水功能区的识别代码。引用水功能区基本信息表。

2）水功能区名称：指水功能区代码所对应的水功能区名称，由水功能区基本信息表带入。

3）日期：评价日期，计至年。

4）高锰酸盐指数变化趋势：取值及其含义见污染物浓度变化趋势代码表。

5）氨氮浓度变化趋势：取值及其含义见污染物浓度变化趋势代码表。

6）总磷浓度变化趋势：取值及其含义见污染物浓度变化趋势代码表。

7）总氮浓度变化趋势：取值及其含义见污染物浓度变化趋势代码表。

8）备注：必要的相关内容注解、描述。水质变化趋势分析时段不应低于 5 年，每年监测次数不应低于 4 次。

3. （管理）河流水质评价结果表

[1] 表编号：010602022

[2] 表标识：HLSZPJJGB

[3] 表说明：本表为河流水质评价结果表，属管理表，存储每条河流的水质评价结果。统计的时间单元为年，空间单元为河流，统计指标为现状水质类别、综合污染指数、超标物质描述等内容。

序号	含义	字段名	数据类型	单位	必填	主键	外键
1	测站代码	CZDM	C（8）		Y	Y	Y
2	测站名称	CZMC	C（64）				
3	日期	RQ	D（4）		Y	Y	
4	河流代码	HLDM	C（8）				Y
5	评价标准	PJBZ	C（50）				
6	评价方法	PJFF	C（20）				
7	现状水质类别	XZSZLB	C（1）				Y
8	综合污染指数	ZHWRZS	N（5，2）				
9	超标物质描述	CBWZMS	C（80）				
10	评价起始日期	PJQSRQ	D（8）				
11	评价结束日期	PJJSRQ	D（8）				
12	备注	BZ	C（255）				

[4] 填写说明：

1）测站代码：引用水质测站基本信息表。评价代表测站，决定某一河段、河流水质评价结果的水质测站代码。

2）测站名称：指测站代码所对应的测站名称，由水质测站基本信息表带入。

3）日期：评价年度，计至年。

4）河流代码：引用河流基本信息表，该评价范围所处河流的识别代码。

5）评价标准：代表某一种水质评价标准，填写《地表水环境质量标准》（GB 3838—2002）、《地下水质量标准》（GB/T 14848—2017）。

6）评价方法：代表某一种水质评价方法，填写单因子评价（地表水）、单项组分评价（地下水）、综合评价（地下水）。

7）现状水质类别：相应测站、河段、河流或地下水监测井的某次水质检测结果。取值及其含义见水质类别代码表。

8）综合污染指数：综合评价水质的计算结果，计至两位小数。

9）超标物质描述：导致某一测站水质评价结果项目的监测值和超标倍数，多项超标，分别列出。

10）评价起始日期：某一水域进行水质监测、评价的开始日期，计至日。

11）评价结束日期：某一水域进行水质监测、评价的结束日期，计至日。

12）备注：必要的相关内容注解、描述。

4. （管理）地表水考核断面水质考核状况年报表

[1] 表编号：010602023

[2] 表标识：DBSKHDMSZKHZKNBB

[3] 表说明：本表为地表水考核断面水质考核状况年报表，属管理表，存储不同年份地表水考核断面水质考核状况的信息。统计的时间单元为年，空间单元为断面，统计指标为断面性质、考核目标、水质类别等内容。

序号	含义	字段名	数据类型	单位	必填	主键	外键
1	断面代码	DMDM	C（8）		Y	Y	Y
2	断面名称	DMMC	C（32）				
3	日期	RQ	D（4）		Y	Y	
4	河流代码	HLDM	C（8）		Y		Y
5	断面性质	DMXZ	C（8）				
6	考核目标	KHMB	C（8）				
7	水质类别	SZLB	C（16）				
8	考核结果	KHJG	C（2）				
9	备注	BZ	C（255）				

[4] 填写说明：

1）断面代码：地表水考核断面的识别代码。引用河道断面基本信息表。

2）断面名称：断面的中文名称。取最近行政村名称，由河道断面基本信息表带入。

3）日期：统计的年度，计至年。

4）河流代码：河流的识别码，引用河流基本信息表。

5）断面性质：考核断面的性质划分。水利国考断面是指水利部水功能区考核断面；环保国考断面是指生态环境部考核断面；环保市考断面是指地市生态环境局考核断面。

6）考核目标：考核断面达到的目标，填写某类水质类别。

7）水质类别：指评价年该监测断面的水质类别。

8）考核结果：指评价年该监测断面的水质类别是否达标。填写是或者否。

9）备注：必要的相关内容注解、描述。

5. （管理）湖泊水质评价情况年表

[1] 表编号：010602024

[2] 表标识：HPSZPJQKNB

[3] 表说明：本表为湖泊水质评价情况年表，属管理表，存储不同年份湖泊水质评价结果。统计的时间单元为年，空间单元为湖泊，统计指标为总氮评分值、总磷评分值、透明度评分值等内容。

序号	含义	字段名	数据类型	单位	必填	主键	外键
1	湖泊代码	HPDM	C（7）		Y	Y	Y
2	湖泊名称	HPMC	C（64）				
3	日期	RQ	D（4）		Y	Y	
4	叶绿素 a 评分值	YLSAPFZ	N（2）				
5	高锰酸盐评分值	GMSYPFZ	N（2）				
6	总氮评分值	ZDPFZ	N（2）				
7	总磷评分值	ZLPFZ	N（2）				
8	透明度评分值	TMDPFZ	N（2）				
9	营养状态指数	YYZTZS	N（2）				
10	营养状态级别	YYZTJB	C（2）				Y
11	水质类别	SZLB	C（1）				Y
12	备注	BZ	C（255）				

[4] 填写说明：

1）湖泊代码：该评价范围所在处的湖泊，按最小包含原则填写，引用湖泊基本信息表。

2）湖泊名称：湖泊代码所代表的中文名称，由湖泊基本信息表带入。

3）日期：评价年度，计至年。

4）叶绿素 a 评分值：根据各测点叶绿素 a 的实测值的平均值，求得叶绿素 a 的评分值，计至整数。

5）高锰酸盐评分值：根据各测点高锰酸盐的实测值的平均值，求得高锰酸盐指数的评分值，计至整数。

6）总氮评分值：根据各测点总氮的实测值的平均值，求得总氮的评分值，计至整数。

7）总磷评分值：根据各测点总磷的实测值的平均值，求得总磷的评分值，计至整数。

8）透明度评分值：根据各测点透明度的实测值的平均值，求得透明度的评分值，计至整数。

9）营养状态指数：指对水体中各类富营养化指标进行综合评价，并给出定量的分值，以衡量相应指标的富营养化程度。

$$\mathrm{EI} = \sum_{n=1}^{N} E_n / N$$

式中：EI——营养状态指数；

E_n——评价项目赋分值；

N——评价项目个数。

10）营养状态级别：湖泊营养状态，取值及其含义见营养状态分级代码表。

11）水质类别：根据水质评价结果对水质质量进行的分类，取值及其含义见水质类别代码表。

12）备注：必要的相关内容注解、描述。

6. （管理）湖泊营养状态评价结果表

[1] 表编号：010602025

[2] 表标识：HPYYZTPJJGB

[3] 表说明：本表为湖泊营养状态评价结果表，属管理表，存储湖泊营养状态的评价结果。统计的时间单元为日，空间单元为湖泊，统计指标为水质类别、超标项目与倍数、营养状态指数 EI 等内容。

序号	含义	字段名	数据类型	单位	必填	主键	外键
1	湖泊代码	HPDM	C（7）		Y	Y	Y
2	湖泊名称	HPMC	C（64）				
3	日期	RQ	D（8）		Y	Y	
4	评价时段	PJSD	C（6）		Y	Y	
5	水质类别	SZLB	C（1）		Y		Y
6	超标项目与倍数	CBXMYBS	C（255）				
7	营养状态指数 EI	YYZTZS	N（3）				
8	营养状态级别	YYZTJB	C（2）				Y
9	备注	BZ	C（255）				

[4] 填写说明：

1）湖泊代码：该评价范围所在处的湖泊识别代码，引用湖泊基本信息表。

2）湖泊名称：湖泊代码所代表的中文名称，由湖泊基本信息表带入。

3）日期：湖泊营养状态的评价时间，计至日。

4）评价时段：对于单个监测频次的评价和评价时段内的评价，填写全年、汛期或非汛期。

5）水质类别：水质标准界定的类别，用 1 位字符表示，取值及其含义见水质类别代码表。

6）超标项目与倍数：以字符串方式描述的水质项目浓度超过标准限值的项目及其超标倍数，如主要超标项目为氨氮和 COD，其对应超标倍数为 1.2 和 1.5，则表述为“氨氮（1.2），COD（1.5）”。

7）营养状态指数（EI）：指对水体中各类富营养化指标进行综合评价，并给出定量的分值，以衡量相应指标的富营养化程度。

$$\mathrm{EI}=\sum_{n=1}^{N}E_n/N$$

式中：EI——营养状态指数；

E_n——评价项目赋分值；

N——评价项目个数。

8）营养状态级别：湖泊营养状态，取值及其含义见营养状态分级代码表。

9）备注：必要的相关内容注解、描述。

7. （管理）水库水质评价情况年表

[1] 表编号：010602026

[2] 表标识：SKSZPJQKNB

[3] 表说明：本表为水库水质评价情况年表，属管理表，存储不同年份水库水质各项指标具体的评价结果。统计的时间单元为日，空间单元为水库，统计指标为总氮评分值、总磷评分值、透明度评分值等内容。

序号	含义	字段名	数据类型	单位	必填	主键	外键
1	水库代码	SKDM	C（11）		Y	Y	Y
2	水库名称	SKMC	C（40）				
3	日期	RQ	D（4）		Y	Y	
4	叶绿素 a 评分值	YLSAPFZ	N（2）				
5	高锰酸盐评分值	GMSYPFZ	N（2）				
6	总氮评分值	ZDPFZ	N（2）				
7	总磷评分值	ZLPFZ	N（2）				

序号	含义	字段名	数据类型	单位	必填	主键	外键
8	透明度评分值	TMDPFZ	N（2）				
9	营养状态指数 EI	YYZTZS	N（3）				
10	营养状态级别	YYZTJB	C（2）				Y
11	水质类别	SZLB	C（1）				Y
12	备注	BZ	C（255）				

[4] 填写说明：

1）水库代码：引用水库基本信息表。该评价范围内所属的水库识别代码。

2）水库名称：指水库代码对应的水库名称，由水库基本信息表带入。

3）日期：评价年度，计至年。

4）叶绿素 a 评分值：根据各测点叶绿素 a 的实测值的平均值，求得叶绿素 a 的评分值，计至整数。

5）高锰酸盐评分值：根据各测点高锰酸盐的实测值的平均值，求得高锰酸盐指数的评分值，计至整数。

6）总氮评分值：根据各测点总氮的实测值的平均值，求得总氮的评分值，计至整数。

7）总磷评分值：根据各测点总磷的实测值的平均值，求得总磷的评分值，计至整数。

8）透明度评分值：根据各测点透明度的实测值的平均值，求得透明度的评分值，计至整数。

9）营养状态指数（EI）：指对水体中各类富营养化指标进行综合评价，并给出定量的分值，以衡量相应指标的富营养化程度。

$$\mathrm{EI}=\sum_{n=1}^{N}E_n/N$$

式中：EI——营养状态指数；

E_n——评价项目赋分值；

N——评价项目个数。

10）营养状态级别：水库的营养状态，取值及其含义见营养状态分级代码表。

11）水质类别：根据水质评价结果对水质质量进行的分类，取值及其含义见水质类别代码表。

12）备注：必要的相关内容注解、描述。

8．（管理）水库营养状态评价结果表

[1] 表编号：010602027

[2] 表标识：SKYYZTPJJGB

[3] 表说明：本表为水库营养状态评价结果表，属管理表，存储水库营养状态的评价结果。统计的时间单元为日，空间单元为水库，统计指标为水质类别、超标项目与倍数、营养状态指数 EI 等内容。

序号	含义	字段名	数据类型	单位	必填	主键	外键
1	水库代码	SKDM	C（11）		Y	Y	Y
2	水库名称	SKMC	C（40）				
3	日期	RQ	D（8）		Y	Y	
4	评价时段	PJSD	C（6）		Y	Y	
5	水质类别	SZLB	C（1）		Y		Y
6	超标项目与倍数	CBXMYBS	C（255）				
7	营养状态指数 EI	YYZTZS	N（3）				
8	营养状态级别	YYZTJB	C（2）				Y
9	备注	BZ	C（255）				

[4] 填写说明：

1）水库代码：引用水库基本信息表，该评价范围内所在处的水库识别代码。

2）水库名称：指水库代码对应的水库名称，由水库基本信息表带入。

3）日期：水库营养状态的评价时间，计至日。

4）评价时段：对于单个监测频次的评价和评价时段内的评价，填写全年、汛期或非汛期。

5）水质类别：水质标准界定的类别，用 1 位字符表示，取值及其含义见水质类别代码表。

6）超标项目与倍数：以字符串方式描述的水质项目浓度超过标准限值的项目及其超标倍数，如主要超标项目为氨氮和 COD，其对应超标倍数为 1.2 和 1.5，则表述为“氨氮（1.2），COD（1.5）”。

7）营养状态指数 EI：指对水体中各类富营养化指标进行综合评价，并给出定量的分值，以衡量相应指标的富营养化程度。

$$\mathrm{EI} = \sum_{n=1}^{N} E_n / N$$

式中：EI——营养状态指数；

E_n——评价项目赋分值；

N——评价项目个数。

8）营养状态级别：水库营养状态，取值及其含义见营养状态分级代码表。

9）备注：必要的相关内容注解、描述。

主要参考资料

[1] 水利部. 水利对象基础数据库表结构及标识符[S]：SL/T 809—2021，2021.

[2] 水利部. 水资源监控管理数据库表结构及标识符标准[S]：SL 380—2007，2007.

[3] 水利部. 水质数据库表结构及标识符[S]：SL 325—2014，2014.

[4] 水利部. 实时雨水情数据库表结构与标识符[S]：SL 323—2011，2011.

[5] 水利部. 水利政务信息数据库表结构及标识符[S]：SL 707—2015，2015.

[6] 国家水资源监控能力建设项目办公室. 基础数据库表结构与标识符[S]：SZY 301—2013，2014.

[7] 水利部. 小流域划分及编码规范[S]：SL 653—2013，2014.

[8] 水利部. 水环境监测规范[S]：SL 219—2013，2014.

[9] 水利部. 河湖生态保护与修复规划导则[S]：SL 709—2015，2015.

[10] 水利部. 河湖生态环境需水计算规范[S]：SL/Z 712—2014，2015.

[11] 水利部. 河湖健康评估技术导则[S]：SL/T 793—2020，2020.

[12] 国家质量监督检验检疫总局，中国国家标准化管理委员会. 水土保持术语[S]：GB/T 20465—2006，2006.

[13] 水利部. 土壤侵蚀分类分级标准[S]：SL 190—2007，2008.

[14] 陕西省市场监督管理局. 生态清洁小流域建设技术规范[S]：DB61/T 1544—2022，2022.

[15] 住房和城乡建设部，国家市场监督管理总局. 水土保持工程调查与勘测标准[S]：GB/T 51297—2018，2019.

第七节 水土保持

水土保持，是防治水土流失，保护、改良与合理利用水土资源，提高土地生产力，建立良好生态环境的事业。其运用农、林、牧、水利等综合措施，如修筑梯田，实行等高耕作、带状种植，进行封山育林、植树种草，以及修筑谷坊、塘坝和开挖环山沟等，借以涵养水源，减少地表径流，增加地面覆盖，防止土壤侵蚀，促进农、林、牧、副业的全面发展。对于发展山丘区和风沙区的生产和建设、减免下游河床淤积、削减洪峰、保障水利设施的正常运行和保证交通运输、工矿建设、城镇安全，具有重大意义。

水土保持章节围绕水土保持业务，从规划、管理、监测、治理、评价全链条过程进行梳理分析，建立了 5 张实体表、3 张载体表、12 张监测表、23 张管理表，共归纳整理了 43 张表，523 个字段。水土保持实体关系如图 1-7 所示。

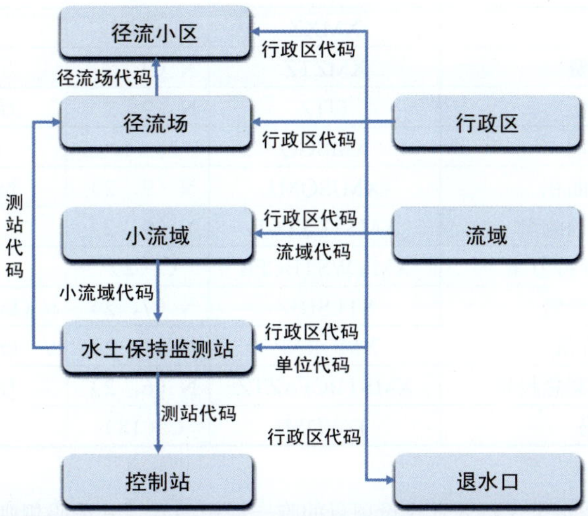

图 1-7 水土保持实体关系

一、水土保持规划

1. （载体）水土保持开发建设项目基本信息表

[1] 表编号：010701001

[2] 表标识：STBCKFJSXMJBXXB

[3] 表说明：用于存储实施水土保持方案工作的开发建设项目及其建设单位的基本信息。水土保持是指防止山区、丘陵区水土流失的工作。

序号	含义	字段名	数据类型	单位	必填	主键	外键
1	开发建设项目代码	KFJSXMDM	C（20）		Y	Y	
2	开发建设项目名称	KFJSXMMC	C（60）				
3	行政区划代码	XZQHDM	C（10）		Y		Y
4	项目开工时间	XMKGSJ	D（8）				
5	项目完工时间	XMWGSJ	D（8）				
6	项目规模	XMGM	C（255）				
7	项目等级	XMDJ	C（10）				
8	项目性质	XMXZ	C（200）				
9	项目总投资	XMZTZ	N（9，2）	万元			
10	土建投资	TJTZ	N（9，2）	万元			
11	项目施工期	XMSGQ	N（4）	d			
12	项目建设区面积	XMJSQMJ	N（9，2）	hm^2			
13	项目水土流失预测量	XMSTLSYCL	N（9，2）	t			
14	项目有无水土保持方案	XMYWSTBCFA	C（2）				
15	水土流失背景值	STLSBJZ	N（7，2）	t/（km^2·a）			
16	项目区容许值	XMQRXZ	N（9，2）	t/（km^2·a）			
17	项目水土保持方案总投资	XMSTBCFAZTZ	N（6，2）	万元			
18	单位代码	DWDM	C（18）				Y

[4] 填写说明：

1）开发建设项目代码：水土保持开发建设项目的唯一标识编号。其编码规则按照开发建设项目管理部门制定的开发建设项目编码规则确定。

2）开发建设项目名称：水土保持开发建设项目的名称。

3）行政区划代码：引用行政区划基本信息表，水土保持开发建设项目的所属行政区，精确至县。

4）项目开工时间：开发建设项目开始动工的时间，计至日。

5）项目完工时间：开发建设项目建设验收完毕的时间，计至日。

6）项目规模：开发建设项目的总体规模描述。

7）项目等级：开发建设项目属于国家级、省级、地市级、县级项目立项行政等级。

8）项目性质：是指开发建设项目属于新建、改建、扩建的种类。

9）项目总投资：经审批开发建设项目的投资总额，计量单位为万元，计至两位小数。

10）土建投资：项目总投资中土木建筑工程的投资，计量单位为万元，计至两位小数。

11）项目施工期：开发建设项目实施的持续时间长度，计量单位为 d，计至整数。

12）项目建设区面积：项目征地、租地和管辖范围，计量单位为 hm^2，计至两位小数。

13）项目水土流失预测量：责任范围内若不采取水土保持措施时，可能造成的水土流失总量，计量单位为

t，计至两位小数。

14）项目有无水土保持方案：该项目有无编制开发建设项目水土保持方案。

15）水土流失背景值：项目区原始地貌的土壤侵蚀模数，计量单位为 t/（$km^2 \cdot a$），计至两位小数。

16）项目区容许值：该地貌类型区在长时期内能保持土壤的肥力和维持土地生产力基本稳定的最大土壤流失量，计量单位为 t/（$km^2 \cdot a$），计至两位小数。

17）项目水土保持方案总投资：主体工程已列入水土保持投资与水土保持新增投资之和，计量单位为万元，计至两位小数。

18）单位代码：涉及的单位的代码，引用单位基本信息表。

2. （载体）水土保持方案编制基本信息表

[1] 表编号：010701002

[2] 表标识：STBCFABZJBXXB

[3] 表说明：用于存储水土保持方案编制基本情况及编制单位的信息。

序号	含义	字段名	数字类型	单位	必填	主键	外键
1	水土保持方案代码	STBCFADM	C（20）		Y	Y	
2	水土保持方案名称	STBCFAMC	C（60）		Y		
3	日期	RQ	D（8）				
4	开发建设项目代码	KFJSXMDM	C（20）				Y
5	方案编制单位	FABZDW	C（100）				
6	编制单位资质等级	BZDWZZDJ	C（10）				
7	法人代表	FRDB	C（10）				
8	法人代表电话	FRDBDH	C（20）				
9	单位代码	DWDM	C（18）				Y
10	方案原文	FAYW	B				
11	备注	BZ	C（255）				

[4] 填写说明：

1）水土保持方案代码：开发建设项目水土保持方案的唯一编号。

2）水土保持方案名称：开发建设项目水土保持方案的名称。

3）日期：水土保持方案编制结束时间，即水土保持方案行政批复时间，计至日。

4）开发建设项目代码：引用水土保持开发建设项目基本信息表。该开发建设项目的唯一标识编号。

5）方案编制单位：具有编制资质的水土保持方案编制单位的名称。

6）编制单位资质等级：编制水土保持方案的单位的开发建设项目水土保持方案资质等级，主要分为甲级、乙级和丙级。

7）法人代表：单位法人代表姓名。

8）法人代表电话：单位法定代表人的联系电话。

9）单位代码：涉及的单位的代码，引用单位基本信息表。

10）方案原文：水土保持方案的文档格式全文。

11）备注：必要的相关内容注解、描述。

3. （管理）水土保持方案特性表

[1] 表编号：010701003

[2] 表标识：STBCFATXB

[3] 表说明：用于存储开发建设项目水土保持方案中项目区背景环境、水土流失预测、防治目标、投资等主要特性信息。

序号	含义	字段名	数据类型	单位	必填	主键	外键
1	水土保持方案代码	STBCFADM	C（20）		Y	Y	Y
2	水土保持方案名称	STBCFAMC	C（60）				
3	方案设计水平年	FASJSPN	D（4）		Y		
4	项目建设区面积	XMJSQMJ	N（8，2）	hm^2			
5	直接影响区面积	ZJYXQMJ	N（8，2）	hm^2			
6	防治责任范围面积	FZZRFWMJ	N（8，2）	hm^2			
7	原地貌土壤侵蚀模数	YDMTRQSMS	N（7，2）	t/（km^2·a）			
8	容许土壤流失量	RXTRLSL	N（8，2）	t/（km^2·a）			
9	扰动地表面积	RDDBMJ	N（8，2）	hm^2			
10	破坏水土保持设施面积	PHSTBCSSMJ	N（8，2）	hm^2			
11	建设期水土流失预测总量	JSQSTLSYCZL	N（8，2）	t			
12	新增水土流失量	XZSTLSL	N（9，2）	t			
13	新增水土流失主要区域	XZSTLSZYQY	C（300）				
14	土壤类型代码	TRLXDM	C（8）				
15	气候类型	QHLX	C（10）				
16	植被类型	ZBLX	C（10）				
17	地貌类型	DMLX	C（10）				
18	国家级重点防治区类型	GJJZDFZQLX	C（100）				
19	省级重点防治区类型	SJZDFZQLX	C（100）				
20	扰动土地整治率	RDTDZZL	N（4，2）	%			
21	水土流失总治理度	STLSZZLD	N（4，2）	%			
22	土壤流失控制比	TRLSKZB	N（4，2）				
23	拦渣率	LZL	N（4，2）	%			
24	植被恢复系数	ZBHFXS	N（4，2）	%			
25	林草覆盖率	LCFGL	N（4，2）	%			
26	水土保持总投资	STBCZTZ	N（6，2）	万元			
27	水土保持独立费用	STBCDLFY	N（6，2）	万元			
28	水土保持监理费	STBCJLF	N（6，2）	万元			
29	水土保持监测费	STBCJCF	N（6，2）	万元			
30	水土保持设施补偿费	STBCSSBCF	N（6，2）	万元			

[4] 填写说明：

1）水土保持方案代码：水土保持方案的识别代码，引用水土保持方案编制基本信息表。

2）水土保持方案名称：开发建设项目水土保持方案的名称，由土保持方案编制基本信息表带入。

3）方案设计水平年：建设类项目为主体工程完工后的当年或后一年，建设生产类项目为主体工程完工后投入生产之年或后一年。

4）项目建设区面积：项目征地、租地和管辖范围，计量单位为 hm^2，计至两位小数。

5）直接影响区面积：在项目建设过程中可能对项目建设以外造成水土流失危害的地域范围，计量单位为 hm^2，计至两位小数。

6）防治责任范围面积：项目建设区和直接影响区之和，即本项目水土保持防治责任范围面积，计量单位为

hm^2，计至两位小数。

7）原地貌土壤侵蚀模数：在项目实施之前，项目区原地貌土壤侵蚀模数，计量单位为 t/（km^2·a），计至两位小数。

8）容许土壤流失量：该地貌类型区容许的土壤侵蚀模数，计量单位为t/（km^2·a），计至两位小数。

9）扰动地表面积：因为工程建设而破坏了原有地貌情况的占地面积，包括工程的永久占地和临时占地，计量单位为 hm^2，计至两位小数。

10）破坏水土保持设施面积：破坏具有防治水土流失功能的各类人工建筑物、自然和人工植被以及自然地物的总面积，计量单位为 hm^2，计至两位小数。

11）建设期水土流失预测总量：建设期责任范围内若不采取水土保持措施时，可能造成的水土流失总量（含背景值），计量单位为 t，计至两位小数。

12）新增水土流失量：由于建设项目本身的实施，造成新增水土流失的总量，计量单位为 t，计至两位小数。

13）新增水土流失主要区域：根据水土流失预测情况，描述新增加的水土流失量的分布区域。

14）土壤类型代码：该地块的土壤类型取值及其含义参考《中国土壤分类与代码》（GB/T 17296—2009）。

15）气候类型：该地区的气候类型，填写温带大陆性气候、温带季风气候、亚热带季风气候、热带季风气候、高原高寒气候。

16）植被类型：该地块的植被类型取值及其含义参考《中国植被分类与代码》（GB/T 14467—2021）的规定。

17）地貌类型：该区域地貌类型，主要为山地、丘陵、高原、平原、平地五类。

18）国家级重点防治区类型：按国家级公告的水土流失重点治理区、重点监督区、重点预防保护区填写。

19）省级重点防治区类型：按省（直辖市、自治区）级公告的水土流失重点治理区、重点监督区、重点预防保护区填写。

20）扰动土地整治率：水土保持措施防治面积、永久建筑物面积和水面面积之和与扰动地表面积之比，计量单位为%，计至两位小数。

21）水土流失总治理度：项目建设区内水土流失治理达标面积占水土流失总面积的百分比，计量单位为%，计至两位小数。

22）土壤流失控制比：项目建设区内，容许土壤流失量与治理后的平均土壤流失强度之比，计至两位小数。

23）拦渣率：项目建设区内采取措施实际拦挡的弃土（石、渣）总量的百分比，计量单位为%，计至两位小数。

24）植被恢复系数：项目建设区内，林草植被面积占可恢复林草植被（在目前经济、技术条件下适宜恢复林草植被）面积的百分比，计量单位为%，计至两位小数。

25）林草覆盖率：林草植被面积占项目建设面积的百分比，计量单位为%，计至两位小数。

26）水土保持总投资：建设项目中，用于水土保持各类措施费用总和，包括主体工程水土保持投资和水土保持方案中新增投资，计量单位为万元，计至两位小数。

27）水土保持独立费用：除去水土保持工程、植物和临时措施费用外的其他费用，主要包括建设管理费、监测、监理、工程质量监督和科研设计费等，计量单位为万元，计至两位小数。

28）水土保持监理费：用于该项目水土保持监理工作的费用，计量单位为万元，计至两位小数。

29）水土保持监测费：用于该项目水土保持监测工作的费用，计量单位为万元，计至两位小数。

30）水土保持设施补偿费：主要是企业事业单位和个人，在开发、生产建设过程中损坏了原有的水土保持设施和具有一定保持水土功能，所必须为此补偿的费用。费用多少根据地方有关规定计算，计量单位为万元，计至两位小数。

4. （管理）水土保持方案项目组成表

[1] 表编号：010701004

[2] 表标识：STBCFAXMZCB

[3] 表说明：用于存储开发建设项目水土保持方案中建设项目区域组成特性信息。

序号	含义	字段名	数字类型	单位	必填	主键	外键
1	水土保持方案代码	STBCFADM	C（20）		Y	Y	Y
2	水土保持方案名称	STBCFAMC	C（60）				
3	建设区域	JSQY	C（80）		Y		
4	建设长度	JSCD	N（8）	m			
5	建设面积	JSMJ	N（8，2）	km^2			
6	挖方量	WFL	N（6，2）	$10^4 m^3$			
7	填方量	TFL	N（6，2）	$10^4 m^3$			

[4] 填写说明：

1）水土保持方案代码：引用水土保持方案编制基本信息表，水土保持方案的识别代码。

2）水土保持方案名称：开发建设项目水土保持方案的名称，由土保持方案编制基本信息表带入。

3）建设区域：建设项目主体工程的分区。

4）建设长度：建设项目主体工程分区的长度，计量单位为 m，计至整数。

5）建设面积：建设项目主体工程分区的面积，计量单位为 km^2，计至两位小数。

6）挖方量：建设项目主体工程的土石挖方量，计量单位为 $10^4 m^3$，计至两位小数。

7）填方量：建设项目主体工程的土石填方量，计量单位为 $10^4 m^3$，计至两位小数。

5. （管理）水土保持方案防治措施表

[1] 表编号：010701005

[2] 表标识：STBCFAFZCSB

[3] 表说明：用于存储开发建设项目水土保持方案中水土保持防治措施特性信息。

序号	含义	字段名	数字类型	单位	必填	主键	外键
1	水土保持方案代码	STBCFADM	C（20）		Y	Y	Y
2	水土保持方案名称	STBCFAMC	C（60）				
3	分区	FENQ	C（80）		Y		
4	工程措施	GZCS	C（80）				
5	植物措施	ZWCS	C（255）				
6	临时措施	LSCS	C（255）				
7	工程措施投资	GCCSTZ	N（6，2）	万元			
8	植物措施投资	ZWCSTZ	N（6，2）	万元			
9	临时措施投资	LSCSTZ	N（6，2）	万元			

[4] 填写说明：

1）水土保持方案代码：水土保持方案的识别代码，引用水土保持方案编制基本信息表。

2）水土保持方案名称：开发建设项目水土保持方案的名称，由土保持方案编制基本信息表带入。

3）分区：水土保持方案中所设计的措施分区。当有多个分区需要填写时，用“、”隔开。

4）工程措施：水土保持方案中所设计的工程措施名称和数量。

5）植物措施：水土保持方案中所设计的植物措施名称和数量。

6）临时措施：水土保持方案中所设计的临时措施名称和数量。

7）工程措施投资：水土保持方案中所设计的工程措施投资量，计量单位为万元，计至两位小数。

8）植物措施投资：水土保持方案中所设计的植物措施投资量，计量单位为万元，计至两位小数。

9）临时措施投资：水土保持方案中所设计的临时措施投资量，计量单位为万元，计至两位小数。

6. （管理）水土保持设施验收信息表

[1] 表编号：010701006

[2] 表标识：STBCSSYSXXB

[3] 表说明：用于存储开发建设项目水土保持设施竣工验收过程和结果的信息。

序号	含义	字段名	数字类型	单位	必填	主键	外键
1	开发建设项目代码	KFJSXMDM	C（20）		Y	Y	Y
2	开发建设项目名称	KFJSXMMC	C（60）				
3	业主单位	YZDW	C（60）				
4	技术评估单位	JSPGDW	C（60）				
5	日期	RQ	D（8）				
6	验收主持单位	YSZCDW	C（60）				
7	验收意见印发文号	YSYJYFWH	C（40）				
8	验收意见印发时间	YSYJYFSJ	D（8）				
9	验收意见文件	YSYJWJ	B				
10	水土保持工程设计和设计工作报告	STBCGCSJHSJGZBG	B				
11	历次监督检查意见	LCJDJCYJ	B				
12	水土保持施工总结报告	STBCSGZJBG	B				
13	水土保持设施工程质量评定报告	STBCSSGCZLPDBG	B				
14	监理报告	JLBG	B				
15	监测报告	JCBG	B				
16	水土保持方案实施工作总结报告	STBCFASSGZZJBG	B				
17	水土保持设施竣工验收技术报告	STBCSSJGYSJSBG	B				
18	水土保持设施验收技术评估报告	STBCSSYSJSPGBG	B				
19	备注	BZ	C（255）				

[4] 填写说明：

1）开发建设项目代码：引用水土保持开发建设项目基本信息表。该水土保持开发建设项目的唯一标识编号。

2）开发建设项目名称：水土保持开发建设项目的名称，由水土保持开发建设项目基本信息表带入。

3）业主单位：开发建设项目建设单位名称。

4）技术评估单位：竣工验收前对水土保持设施提出技术评估报告的水土保持咨询机构。

5）日期：召开水土保持设施验收会议的时间，计至日。

6）验收主持单位：召开水土保持设施验收会议的主持单位。

7）验收意见印发文号：水行政主管部门对水土保持设施印发验收文件的文号。

8）验收意见印发时间：水行政主管部门对水土保持设施印发验收文件的时间，计至日。

9）验收意见文件：水行政主管部门对水土保持设施印发的验收文件。

10）水土保持工程设计和设计工作报告：水土保持施工单位针对项目所做的水土保持工程设计文件以及设计

工作报告。

11）历次监督检查意见：各级水行政主管部门历次监督、检查及整改等的书面意见。

12）水土保持施工总结报告：水土保持施工单位对该项目水土保持方案实施所做的总结报告。

13）水土保持设施工程质量评定报告：水土保持质量监督部门或监理单位对该项目水土保持工程所做的质量评定报告。

14）监理报告：监理报告全文，包括文字、图标、图片，以及其他的多媒体文件等。

15）监测报告：监测报告全文，包括文字、图标、图片，以及其他的多媒体文件等。

16）水土保持方案实施工作总结报告：建设项目业主单位对该项目水土保持方案整体施工工作所做的总结报告。

17）水土保持设施竣工验收技术报告：建设项目业主单位对该项目水土保持设施实施工作所做的技术总结报告。

18）水土保持设施验收技术评估报告：水土保持设施技术评估单位在项目验收时对水土保持设施所做的技术评估报告。

19）备注：必要的相关内容注解、描述。

二、水土保持管理

1. （实体）水土保持测站基本信息表

[1] 表编号：010702001

[2] 表标识：STBCCZJBXXB

[3] 表说明：描述土保持工程基本属性信息，用于存储水土保持常规测站的基本情况信息。

序号	含义	字段名	数据类型	单位	必填	主键	外键
1	水土保持测站代码	STBCCZDM	C（12）		Y	Y	
2	水土保持测站名称	STBCCZMC	C（64）		Y		
3	详细地址	XXDZ	C（64）				
4	测站类型	CZLX	C（4）		Y		
5	行政区划代码	XZQHDM	C（10）		Y		Y
6	小流域代码	XLYDM	C（16）		Y		Y
7	土壤侵蚀类型区代码	TRQSLXQDM	C（2）		Y		Y
8	所属监测管理机构	SSJCGLJG	C（40）		Y		
9	日期	RQ	D（8）				
10	监测项目	JCXM	C（50）				
11	经度	JD	N（10，6）	（°）			
12	纬度	WD	N（10，6）	（°）			
13	单位代码	DWDM	C（18）				Y
14	负责人	FZR	C（36）				
15	负责人联系方式	FZRLXFS	C（80）				
16	设施设备照片	SSSBZP	B				
17	备注	BZ	C（255）				

[4] 填写说明：

1）水土保持测站代码：水土保持测站代码，参照《水土保持监测点代码》（SL 452—2009）填写。

2）水土保持测站名称：测站的中文名称，参照《水土保持监测点代码》（SL 452—2009）标准填写，没有列入标准中的测站，依据标准中确定的命名原则进行命名填写。

3）详细地址：测站所在的行政区划详细地址。一般按省（自治区、直辖市）、县（市、区、旗）、乡（镇）、村四级填入。

4）测站类型：测站所观测的主要土壤侵蚀类型的简要中文表述。按水蚀、风蚀、冻融、重力侵蚀填入。

5）行政区划代码：引用行政区划基本信息表，水土保持测站的所属行政区，精确至乡镇。

6）小流域代码：引用小流域基本信息表，小流域的识别代码。

7）土壤侵蚀类型区代码：按照《土壤侵蚀分类分级标准》（SL 190—2007）的划分规定，填写到二级类型区。取值及其含义见土壤侵蚀类型区代码表。

8）所属监测管理机构：指测站所属直接上级管理机构的中文名称，填写机构法人的全称。

9）日期：建站时间，站点设立的时间，计至日。

10）监测项目：测站开展的主要检测项目。按照《水土保持监测技术规程》（SL 277—2002）的要求，可填多项。

11）经度：水土保持常规测站的经度，采用 2000 国家大地坐标系（CGCS2000）。

12）纬度：水土保持常规测站的纬度，采用 2000 国家大地坐标系（CGCS2000）。

13）单位代码：指测站所属直接上级管理机构的代码，引用单位基本信息表。

14）负责人：负责人姓名，如果有多个负责人可填多个人名字。

15）负责人联系方式：站点负责人的详细联系方式，主要包括通信地址和电话等。

16）设施设备照片：测站设施设备整体布局或具体状况照片。

17）备注：必要的相关内容注解、描述。

2. （实体）水土保持控制站基本信息表

[1] 表编号：010702002

[2] 表标识：STBCKZZJBXXB

[3] 表说明：存储水土保持控制站的地理位置、主要特性等信息。

序号	含义	字段名	数据类型	单位	必填	主键	外键
1	控制站代码	KZZDM	C（12）		Y	Y	Y
2	控制站名称	KZZMC	C（64）		Y		
3	水土保持测站代码	STBCCZDM	C（12）				Y
4	控制站位置	KZZWZ	C（128）				
5	经度	JD	N（10，6）	（°）			
6	纬度	WD	N（10，6）	（°）			
7	控制流域面积	KZLYMJ	N（6，2）	km^2			
8	观测项目	GCXM	C（128）				
9	日期	RQ	D（8）				
10	堰槽类型	YCLX	C（64）				
11	设计最大测流水位	SJZDCLSW	N（7，3）	m			
12	设计最小测流水位	SJZXCLSW	N（7，3）	m			
13	设计最大测流流量	SJZDCLLL	N（9，1）	m^3/s			
14	设计最小测流流量	SJZXCLLL	N（9，1）	m^3/s			
15	设备名称	SBMC	C（64）				
16	备注	BZ	C（255）				

[4] 填写说明：

1）控制站代码：指作为控制站的水土保持测站代码，引用水土保持监测站基本信息表。

2）控制站名称：利用设置在完整闭合小流域沟口出处，对径流、泥沙和水质进行测试的设施、设备的总称。

3）水土保持测站代码：引用水土保持测站基本信息表，测站的识别代码。

4）控制站位置：控制站所在行政区的具体位置地点。

5）经度：控制站的经度，采用 2000 国家大地坐标系（CGCS2000）。

6）纬度：控制站的纬度，采用 2000 国家大地坐标系（CGCS2000）。

7）控制流域面积：所在河道断面的集水面积，计量单位为 km^2，计至两位小数。

8）观测项目：观测要求的观测项目。

9）日期：控制站的建站时间，计至日。

10）堰槽类型：描述控制站的测流堰型是哪一种堰型。参照《水土保持监测设施通用技术条件》（SL 342—2006）有关规定填写。

11）设计最大测流水位：量水堰有效量程内最大允许的测流水位，计量单位为 m，计至三位小数。

12）设计最小测流水位：量水堰有效量程内最小允许的测流水位，计量单位为 m，计至三位小数。

13）设计最大测流流量：量水堰有效量程内最大允许的测流流量，计量单位为 m^3/s，计至一位小数。

14）设计最小测流流量：量水堰有效量程内最小允许的测流流量，计量单位为 m^3/s，计至一位小数。

15）设备名称：测量流速使用的测量设备名称和型号等。

16）备注：其他补充说明信息。

3. （实体）径流小区基本信息表

[1] 表编号：010702003

[2] 表标识：JLXQJBXXB

[3] 表说明：用于存储径流小区的编码、名称、面积、坡度、坡长等情况，径流小区是对坡地水土流失规律和小流域水土流失规律进行定量研究的一种测验设施，一般由边埂、边埂围成的小区、集流槽、径流和泥沙集蓄设备、保护带及排水系统组成。

序号	含义	字段名	数据类型	单位	必填	主键	外键
1	径流小区代码	JLXQDM	C（12）		Y	Y	
2	径流小区名称	JLXQMC	C（40）		Y		
3	径流场代码	JLCDM	C（12）		Y		Y
4	行政区划代码	XZQHDM	C（10）		Y		Y
5	小区面积	XQMJ	N（5，2）	m^2			
6	土质	TZ	C（2）				Y
7	坡度	PD	N（4，2）	（°）			
8	坡长	PC	N（5，2）	m			
9	坡宽	PK	N（4，1）	m			
10	措施类型	CSLX	C（20）		Y		
11	微地形特征	WDXTZ	C（80）				
12	设备名称	SBMC	C（60）				
13	日期	RQ	D（8）				
14	开始观测时间	KSGCSJ	D（8）				

序号	含义	字段名	数据类型	单位	必填	主键	外键
15	中心经度	ZXJD	N（10，6）	（°）			
16	中心纬度	ZXWD	N（10，6）	（°）			
17	备注	BZ	C（255）				

[4] 填写说明：

1）径流小区代码：径流小区的唯一标识码。可由计算机自动生成或人工编写填入。

2）径流小区名称：径流小区的中文名称。一般用不同的编号、治理措施类型、坡度等来命名。

3）径流场代码：引用径流场基本信息表。径流场的识别代码。

4）行政区划代码：引用行政区划基本信息表，径流小区的所属行政区，精确至乡镇。

5）小区面积：径流小区的平面几何投影面积，计量单位为 m^2，计至两位小数。

6）土质：按照土壤机械组成组合特征对土壤进行的分类命名。取值及其含义见土壤质地代码表。

7）坡度：该空间对象的平均坡度，采用度数法填写，计量单位为（°），计至两位小数。

8）坡长：径流小区坡面的实际长度，计量单位为 m，计至两位小数。

9）坡宽：径流小区坡面的实际宽度，计量单位为 m，计至一位小数。

10）措施类型：径流小区的表面的处理方式及采取的治理措施。

11）微地形特征：径流场所在位置坡面的地面形状，如呈凹形或地面平整等。

12）设备名称：径流小区测验的设备名称。

13）日期：建立时间，径流小区设立的时间，计至日。

14）开始观测时间：径流小区开始观测的时间，计至日。

15）中心经度：径流小区的中心点的经度，采用 2000 国家大地坐标系（CGCS2000）。

16）中心纬度：径流小区的中心点的纬度，采用 2000 国家大地坐标系（CGCS2000）。

17）备注：必要的相关内容注解、描述。

4. （实体）径流场基本信息表

[1] 表编号：010702004

[2] 表标识：JLCJBXXB

[3] 表说明：用于存储水土保持监测径流场的地理位置、类型等信息，径流场是由一组径流小区组成，这一组径流小区的名字是径流场名称。

序号	含义	字段名	数据类型	单位	必填	主键	外键
1	径流场代码	JLCDM	C（12）		Y	Y	
2	径流场名称	JLCMC	C（60）		Y		
3	水土保持测站代码	STBCCZDM	C（12）				Y
4	行政区划代码	XZQHDM	C（10）		Y		Y
5	日期	RQ	D（8）				
6	径流场位置	JLCWZ	C（80）				
7	设备配置	SBPZ	C（255）				
8	观测项目	GCXM	C（80）				
9	坡位	PW	C（80）				
10	微地形特征	WDXTZ	C（255）				
11	岩基种类	YJZL	C（80）				
12	土质	TZ	C（2）				Y

序号	含义	字段名	数据类型	单位	必填	主键	外键
13	有机质含量	YJZHL	N（5，2）	g			
14	中心经度	ZXJD	N（10，6）	(°)			
15	中心纬度	ZXWD	N（10，6）	(°)			
16	备注	BZ	C（255）				

[4] 填写说明：

1）径流场代码：参见《水土保持监测点代码》（SL 452—2009）标准填写，径流场的识别代码。

2）径流场名称：径流场由一组径流小区组成，这一组径流小区的名字是径流场名称。

3）水土保持测站代码：引用水土保持测站基本信息表，水土保持测站的代码。

4）行政区划代码：引用行政区划基本信息表，径流场的所属行政区，精确至乡级。

5）日期：建立日期，径流观测设施的建立时间，计至日。

6）径流场位置：径流场所处测站相对位置描述。

7）设备配置：径流场的设备配置情况。

8）观测项目：观测要求的观测项目。

9）坡位：径流场的坡位。

10）微地形特征：径流场所在位置坡面的地面形状，如呈凹形或地面平整等。

11）岩基种类：岩基种类的描述。

12）土质：按照土壤机械组成组合特征对土壤进行的分类命名。取值及其含义见土壤质地代码表。

13）有机质含量：样品中有机质含量，计量单位为 g，计至两位小数。

14）中心经度：径流场的中心点的经度，采用 2000 国家大地坐标系（CGCS2000）。

15）中心纬度：径流场的中心点的纬度，采用 2000 国家大地坐标系（CGCS2000）。

16）备注：必要的相关内容注解、描述。

三、水土保持监测

1. （监测）水土保持控制站水质观测表

[1] 表编号：010703001

[2] 表标识：STBCKZZSZGCB

[3] 表说明：本表为水土保持控制站水质观测表，属管理表，存储控制站水质观测数据。统计的空间单元为控制站，统计指标为总氮含量、总氮流失量、总磷含量、总磷流失量等内容。

序号	含义	字段名	数据类型	单位	必填	主键	外键
1	控制站代码	KZZDM	C（12）		Y	Y	Y
2	控制站名称	KZZMC	C（64）				
3	水样编号	SYBH	C（12）		Y	Y	
4	采样时间	CYSJ	T（12）		Y	Y	
5	降水时间	JSSJ	T（12）				
6	总氮含量	ZDHL	N（5，2）	mg/L			
7	总氮流失量	ZDLSL	N（5，3）	kg/km^2			
8	总磷含量	ZLHL	N（5，2）	mg/L			
9	总磷流失量	ZLLSL	N（5，3）	kg/km^2			
10	COD 含量	CODHL	N（5，2）	mg/L			

序号	含义	字段名	数据类型	单位	必填	主键	外键
11	COD 流失量	CODLSL	N（5，3）	kg/km^2			
12	其他污染物含量	QTWRWHL	N（5，2）	mg/L			
13	其他污染物流失量	QTWRWLSL	N（5，3）	kg/km^2			
14	水质监测方法	SZJCFF	C（30）				
15	水质化验单位	SZHYDW	C（60）				
16	备注	BZ	C（255）				

[4] 填写说明：

1）控制站代码：引用水土保持控制站基本信息表，控制站的识别代码。

2）控制站名称：利用设置在完整闭合小流域沟口出处，对径流、泥沙和水质进行测试的设施、设备的总称，由水土保持控制站基本信息表带入。

3）水样编号：进行水质观测所采水样的编号。

4）采样时间：指该水质样品的采样时间，计至分。

5）降水时间：产流降雨时间，计至分。

6）总氮含量：水样中能被过硫酸钾氧化的无机氮和有机氮化合物的总量，以 N 计，计量单位为 mg/L，计至两位小数。

7）总氮流失量：径流量中的总氮含量，计量单位为 kg/km^2，计至三位小数。

8）总磷含量：水样中经过强氧化后转变为正磷酸盐的各种无机磷和有机磷的总量，以 P 计，计量单位为 mg/L，计至两位小数。

9）总磷流失量：径流量中的总磷含量，计量单位为 kg/km^2，计至三位小数。

10）COD 含量：水样中 COD 的总量，计量单位为 mg/L，计至两位小数。

11）COD 流失量：径流量中的 COD 的总量，计量单位为 kg/km^2，计至三位小数。

12）其他污染物含量：水样中除上述污染物外的其他污染物含量，计量单位为 mg/L，计至两位小数。

13）其他污染物流失量：径流量中的其他污染物的总量，计量单位为 kg/km^2，计至三位小数。

14）水质监测方法：在线监测仪器设备或取样方法。

15）水质化验单位：指进行水质化验单位的名称。

16）备注：必要的相关内容注解、描述等。

2. （监测）径流小区水质观测表

[1] 表编号：010703002

[2] 表标识：JLXQSZGCB

[3] 表说明：本表为径流小区水质观测表，属管理表，存储径流小区水质观测数据。统计的空间单元为径流小区，统计指标为总氮含量、总氮流失量、总磷含量、总磷流失量等内容。

序号	含义	字段名	数据类型	单位	必填	主键	外键
1	径流小区代码	JLXQDM	C（12）		Y	Y	Y
2	径流小区名称	JLXQMC	C（40）				
3	水样编号	SYBH	C（12）		Y	Y	
4	径流场代码	JLCDM	C（12）		Y		Y
5	采样时间	CYSJ	T（12）		Y		
6	总氮含量	ZDHL	N（5，2）	mg/L			
7	总氮流失量	ZDLSL	N（5，3）	kg/km^2			

序号	含义	字段名	数据类型	单位	必填	主键	外键
8	总磷含量	ZLHL	N（5，2）	mg/L			
9	总磷流失量	ZLLSL	N（5，3）	kg/km^2			
10	COD 含量	CODHL	N（5，2）	mg/L			
11	COD 流失量	CODLSL	N（5，3）	kg/km^2			
12	其他污染物含量	QTWRWHL	N（5，2）	mg/L			
13	其他污染物流失量	QTWRWLSL	N（5，3）	kg/km^2			
14	水质监测方法	SZJCFF	C（30）				
15	水质化验单位	SZHYDW	C（60）				
16	备注	BZ	C（255）				

[4] 填写说明：

1）径流小区代码：径流小区的识别代码。引用径流小区基本信息表。

2）径流小区名称：径流小区的中文名称，由径流小区基本信息表带入。

3）水样编号：进行水质监测所采水样的编号。

4）径流场代码：径流场的识别代码。引用径流场基本信息表。

5）采样时间：取样的时间，计至分。

6）总氮含量：水样中能被过硫酸钾氧化的无机氮和有机氮化合物的总量，计量单位为 mg/L，计至两位小数。

7）总氮流失量：径流量中的总氮含量，以 N 计，计量单位为 kg/km^2，计至三位小数。

8）总磷含量：水样中经过强氧化后转变为正磷酸盐的各种无机磷和有机磷的总量，以 P 计，计量单位为 mg/L，计至两位小数。

9）总磷流失量：径流量中的总磷含量，计量单位为 kg/km^2，计至三位小数。

10）COD 含量：水样中的 COD 的总量，计量单位为 mg/L，计至两位小数。

11）COD 流失量：径流量中的 COD 的总量，计量单位为 kg/km^2，计至三位小数。

12）其他污染物含量：水样中除上述污染物外的其他污染物含量，计量单位为 mg/L，计至两位小数。

13）其他污染物流失量：径流量中的其他污染物的总量，计量单位为 kg/km^2，计至三位小数。

14）水质监测方法：在线监测仪设备或取样方法。

15）水质化验单位：指进行水质化验单位的名称。

16）备注：必要的相关内容注解、描述。

3. （监测）滑坡降水要素、地下水位监测记录表

[1] 表编号：010703003

[2] 表标识：HPJSYSDXSWJCJLB

[3] 表说明：本表为滑坡降水要素、地下水位监测记录表，属监测表，存储滑坡监测过程中的降水要素、地下水位等数据。

序号	含义	字段名	数据类型	单位	必填	主键	外键
1	水土保持测站代码	STBCCZDM	C（12）		Y	Y	Y
2	水土保持测站名称	STBCCZMC	C（64）				
3	滑坡编号	HPBH	C（10）		Y	Y	
4	观测开始时间	GCKSSJ	T（12）		Y		
5	观测结束时间	GCJSSJ	T（12）		Y		

序号	含义	字段名	数据类型	单位	必填	主键	外键
6	日期	RQ	D（8）		Y	Y	
7	前期降水量	QQJSL	N（5，1）	mm			
8	观测前地下水位	GCQADXSW	N（7，3）	m			
9	观测期地下水位	GCQIDXSW	N（7，3）	m			
10	观测期降水量	GCQJSL	N（5，1）	mm			
11	备注	BZ	C（255）				

[4] 填写说明：

1）水土保持测站代码：测站的识别代码，引用水土保持测站基本信息表。

2）水土保持测站名称：测站的中文名称，由水土保持测站基本信息表带入。

3）滑坡编号：滑坡监测的统一编号，从 01 开始。

4）观测开始时间：进行监测记录的开始时间，计至分。

5）观测结束时间：进行监测记录的结束时间，计至分。

6）日期：前期降水日期，本次观测前期最晚一次降水发生的日期，计至日。

7）前期降水量：本次观测前最晚一次降水量，计量单位为 mm，计至一位小数。

8）观测前地下水位：滑坡观测初始时间的地下水位，计量单位为 m，计至三位小数。

9）观测期地下水位：滑坡观测过程中的平均地下水位，计量单位为 m，计至三位小数。

10）观测期降水量：观测过程中的降水总量，计量单位为 mm，计至一位小数。

11）备注：必要的相关内容注解、描述。

4．（监测）滑坡体位移监测记录表

[1] 表编号：010703004

[2] 表标识：HPTWYJCJLB

[3] 表说明：本表为滑坡体位移监测记录表，属监测表，存储滑坡体位移等数据。

序号	含义	字段名	数据类型	单位	必填	主键	外键
1	水土保持测站代码	STBCCZDM	C（12）		Y	Y	Y
2	水土保持测站名称	STBCCZMC	C（64）				
3	滑坡体编号	HPTBH	C（10）		Y	Y	
4	桩编号	ZBH	C（20）		Y		
5	日期	RQ	D（8）		Y	Y	
6	观测前桩位置	GCQZWZ	N（3，1）	mm			
7	观测后桩位置	GCHZWZ	N（3，1）	mm			
8	岩性	YX	C（40）				
9	土层厚度	TCHD	N（5，2）	cm			
10	备注	BZ	C（255）				

[4] 填写说明：

1）水土保持测站代码：测站的识别代码，引用水土保持测站基本信息表。

2）水土保持测站名称：测站的中文名称，由水土保持测站基本信息表带入。

3）滑坡体编号：滑坡监测的统一编号，从 01 开始。

4）桩编号：进行滑坡观测的统一桩号。

5）日期：观测日期，进行观测记录的日期，计至日。

6）观测前桩位置：以建桩的原始位置做参考点，滑坡发生前观测桩的位置与参考点的距离，计量单位为mm，计至一位小数。

7）观测后桩位置：以建桩的原始位置做参考点，滑坡观测期间观测桩的位置与参考点的距离，计量单位为mm，计至一位小数。

8）岩性：基岩种类的描述。

9）土层厚度：地表以下土壤的厚度，计量单位为cm，计至两位小数。

10）备注：必要的相关内容注解、描述。

5. （监测）泥石流要素监测记录表

[1] 表编号：010703005

[2] 表标识：NSLYSJCJLB

[3] 表说明：本表为泥石流要素监测记录表，属监测表，存储泥石流监测过程中的泥石流要素数据。

序号	含义	字段名	数据类型	单位	必填	主键	外键
1	水土保持测站代码	STBCCZDM	C（12）		Y	Y	Y
2	水土保持测站名称	STBCCZMC	C（64）				
3	观测断面编号	GCDMBH	C（4）		Y	Y	
4	观测开始时间	GCKSSJ	T（12）		Y	Y	
5	观测结束时间	GCJSSJ	T（12）		Y		
6	泥深	NS	N（6，2）	cm			
7	流态	LT	C（20）				
8	泥面宽度	NMKD	N（7，2）	cm			
9	泥石流容重	NSLRZ	N（7，2）	g/cm^3			
10	流速	LS	N（5，2）	m/s			
11	沟床纵比降	GCZBJ	N（4，2）	%			
12	流动压力	LDYL	N（7，2）	N/cm^3			
13	冲击力	CJL	N（9，2）	N			
14	泥石流流量	NSLLL	N（9，3）	L/s			
15	泥沙类径流量	NSLJLL	N（9，3）	m^3/s			
16	泥沙类输沙量	NSLSSL	N（7，2）	t			
17	冲洪积扇面积	CHJSMJ	N（7，2）	m^2			
18	冲洪积扇厚度	CHJSHD	N（7，2）	cm			
19	备注	BZ	C（255）				

[4] 填写说明：

1）水土保持测站代码：测站的识别代码，引用水土保持测站基本信息表。

2）水土保持测站名称：测站的中文名称，由水土保持测站基本信息表带入。

3）观测断面编号：观测断面的唯一编号。

4）观测开始时间：进行监测记录的开始时间，计至分。

5）观测结束时间：进行监测记录的结束时间，计至分。

6）泥深：观测断面的最大泥深，计量单位为cm，计至两位小数。

7）流态：泥石流流动形态的描述。

8）泥面宽度：泥石流泥面平均宽度，计量单位为cm，计至两位小数。

9）泥石流容重：泥石流的湿容重，计量单位为g/cm^3，计至两位小数。

10）流速：泥石流运动的速度，计量单位为 m/s，计至两位小数。

11）沟床纵比降：泥石流发生沟道的河床纵比降，计量单位为%，计至两位小数。

12）流动压力：泥石流运动过程中断面上受到的压力，计量单位为 N/cm^3，计至两位小数。

13）冲击力：泥石流运动过程中泥流冲击力的大小，计量单位为 N，计至两位小数。

14）泥石流流量：单位时间泥石流发生的体积量，计量单位为 L/s，计至三位小数。

15）泥沙类径流量：泥石流发生的总体积，计量单位为 m^3/s，计至三位小数。

16）泥沙类输沙量：泥石流搬运物质的总量，包括土壤、成土母质和岩石等，不包括生物量和水量，计量单位为 t，计至两位小数。

17）冲洪积扇面积：泥石流形成的冲洪积扇的面积，计量单位为 m^2，计至两位小数。

18）冲洪积扇厚度：泥石流形成的冲洪积扇的平均厚度，计量单位为 cm，计至两位小数。

19）备注：必要的相关内容注解、描述。

6. （监测）控制站悬移质观测数据表

[1] 表编号：010703006

[2] 表标识：KZZXYZGCSJB

[3] 表说明：本表为控制站悬移质观测数据表，属监测表，存储控制站悬移质的观测数据。悬移质是指受水流的紊动作用悬浮于水中并随水流移动的泥沙。

序号	含义	字段名	数据类型	单位	必填	主键	外键
1	控制站代码	KZZDM	C（12）		Y	Y	Y
2	控制站名称	KZZMC	C（64）				
3	观测编号	GCBH	N（4）		Y		
4	采样时间	CYSJ	T（12）		Y	Y	
5	水样重	SYZ	N（6，1）	g			
6	干沙重	GSZ	N（6，1）	g			
7	水样含沙率	SYHSL	N（4，2）	%			
8	平均流速	PJLS	N（8，2）	m/s			
9	单宽输沙率	DKSSL	N（8，2）	kg/s			
10	备注	BZ	C（255）				

[4] 填写说明：

1）控制站代码：控制站的识别代码，引用控制站基本信息表。

2）控制站名称：利用设置在完整闭合小流域沟口出处，对径流、泥沙和水质进行测试的设施、设备的总称，由水土保持控制站基本信息表带入。

3）观测编号：进行实测次序的标识编码。

4）采样时间：取样的时间，计至分。

5）水样重：采集到的用于计算的水样总重量，计量单位为 g，计至一位小数。

6）干沙重：水样中测量得到的干沙重量，计量单位为 g，计至一位小数。

7）水样含沙率：单位水样中的干沙重，计量单位为%，计至两位小数。

8）平均流速：通过水流横断面水流速度的平均值，计量单位为 m/s，计至两位小数。

9）单宽输沙率：单位时间测量位置单宽断面的输沙量，计量单位为 kg/s，计至两位小数。

10）备注：必要的相关内容注解、描述。

7. （监测）控制站推移质观测数据表

[1] 表编号：010703007

[2] 表标识：KZZTYZGCSJB

[3] 表说明：本表为控制站推移质观测数据表，属监测表，存储控制站推移质的观测数据。推移质是指受水流拖曳力作用沿河床滚动、滑动、跳跃或层移的泥沙。

序号	含义	字段名	数据类型	单位	必填	主键	外键
1	控制站代码	KZZDM	C（12）		Y	Y	Y
2	控制站名称	KZZMC	C（64）				
3	观测编号	GCBH	N（4）		Y	Y	
4	降水开始时间	JSKSSJ	T（12）				
5	降水结束时间	JSJSSJ	T（12）				
6	降水量	JSL	N（5，1）	mm			
7	采样开始时间	CYKSSJ	T（12）				
8	采样结束时间	CYJSSJ	T（12）				
9	干沙重	GSZ	N（6，1）	g			
10	备注	BZ	C（255）				

[4] 填写说明：

1）控制站代码：控制站的识别代码，引用控制站基本信息表。

2）控制站名称：利用设置在完整闭合小流域沟口出处，对径流、泥沙和水质进行测试的设施、设备的总称，由水土保持控制站基本信息表带入。

3）观测编号：进行实测次序的标识编码。

4）降水开始时间：某场降水发生时段的起始时刻，计至分。

5）降水结束时间：某场降水发生时段的终止时刻，计至分。

6）降水量：降水开始时间到结束时间的降水量，计量单位为 mm，计至一位小数。

7）采样开始时间：开始测量的时间，计至分。

8）采样结束时间：结束测量的时间，计至分。

9）干沙重：水样中测量得到的干沙重量，计量单位为 g，计至一位小数。

10）备注：必要的相关内容注解、描述。

8. （管理）控制站日输沙特征值表

[1] 表编号：010703008

[2] 表标识：KZZRSSTZZB

[3] 表说明：本表为控制站日输沙特征值表，属管理表，存储控制站每日全沙、悬移质或者推移质的输沙情况。统计的时间单元为日，空间单元为控制站，统计指标为输沙量、输沙率、监测类型。

序号	含义	字段名	数据类型	单位	必填	主键	外键
1	控制站代码	KZZDM	C（12）		Y	Y	Y
2	控制站名称	KZZMC	C（64）				
3	日期	RQ	D（8）		Y	Y	
4	监测类型	JCLX	C（3）		Y	Y	
5	日输沙量	RSSL	N（9，2）	kg			

序号	含义	字段名	数据类型	单位	必填	主键	外键
6	日输沙率	RSHSL	N（9，2）	kg/s			
7	备注	BZ	C（255）				

[4] 填写说明：

1）控制站代码：控制站的识别代码，引用控制站基本信息表。

2）控制站名称：利用设置在完整闭合小流域沟口出处，对径流、泥沙和水质进行测试的设施、设备的总称，由水土保持控制站基本信息表带入。

3）日期：观测日期，进行观测记录的日期，计至日。

4）监测类型：控制站监测输沙特征值的不同类型，填写全沙、悬移质、推移质，每次只填写一项。

5）日输沙量：日通过测验断面输沙的总量，计量单位为kg，计至两位小数。

6）日输沙率：日通过单位面积的输沙量，计量单位为kg/s，计至两位小数。

7）备注：必要的相关内容注解、描述。

9. （管理）控制站月输沙特征值表

[1] 表编号：010703009

[2] 表标识：KZZYSSTZZB

[3] 表说明：本表为控制站月输沙特征值表，属管理表，存储控制站每月全沙、悬移质或者推移质的输沙情况。统计的时间单元为月，空间单元为控制站，统计指标为输沙量、输沙率、监测类型等。

序号	含义	字段名	数据类型	单位	必填	主键	外键
1	控制站代码	KZZDM	C（12）		Y	Y	Y
2	控制站名称	KZZMC	C（64）				
3	日期	RQ	D（6）		Y	Y	
4	监测类型	JCLX	C（3）		Y	Y	
5	月平均输沙率	YPJSSL	N（9，2）	kg/s			
6	月最大日输沙率	YZDRSSL	N（9，2）	kg/s			
7	月最大日输沙率日期	YZDRSSLRQ	D（8）				
8	月最小日输沙率	YZXRSSL	N（9，2）	kg/s			
9	月最小日输沙率日期	YZXRSSLRQ	D（8）				
10	月输沙量	YSSL	N（9，2）	kg			
11	备注	BZ	C（255）				

[4] 填写说明：

1）控制站代码：控制站的识别代码，引用控制站基本信息表。

2）控制站名称：利用设置在完整闭合小流域沟口出处，对径流、泥沙和水质进行测试的设施、设备的总称，由水土保持控制站基本信息表带入。

3）日期：观测、调查和统计资料的日期。计至月。

4）监测类型：控制站监测输沙特征值的不同类型，填写全沙、悬移质、推移质，每次只填写一项。

5）月平均输沙率：该月日平均输沙率之和除以全月的天数，计量单位为kg/s，计至两位小数。

6）月最大日输沙率：该月日平均输沙率中的最大值，计量单位为kg/s，计至两位小数。

7）月最大日输沙率日期：月最大日输沙量出现的日期，计至日。

8）月最小日输沙率：该月日平均输沙率中的最小值，计量单位为kg/s，计至两位小数。

9）月最小日输沙率日期：月最小输沙量出现的日期，计至日。

10）月输沙量：当月通过控制站输送沙的总量，计量单位为 kg，计至两位小数。

11）备注：必要的相关内容注解、描述。

10. （管理）控制站年输沙特征值表

[1] 表编号：010703010

[2] 表标识：KZZNSSTZZB

[3] 表说明：本表为控制站年输沙特征值表，属管理表，存储控制站每年全沙、悬移质或者推移质的输沙情况。统计的时间单元为年，空间单元为控制站，统计指标为输沙量、输沙率、监测类型等。

序号	含义	字段名	数据类型	单位	必填	主键	外键
1	控制站代码	KZZDM	C（12）		Y	Y	Y
2	控制站名称	KZZMC	C（64）				
3	日期	RQ	D（4）		Y	Y	
4	监测类型	JCLX	C（3）		Y	Y	
5	年最大日输沙量	NZDRSSL	N（9，2）	kg			
6	年最大日输沙率	NZDRSHSL	N（9，2）	kg/s			
7	年最大日输沙率日期	NZDRSSLRQ	D（8）				
8	年最大月输沙量	NZDYSSL	N（9，2）	kg			
9	年最大月输沙率	NZDYSHSL	N（9，2）	kg/s			
10	年最大月输沙率月份	NZDYSSLYF	D（6）				
11	年输沙量	NSSL	N（9，2）	kg			
12	年平均输沙率	NPJSSL	N（6，2）	kg/s			
13	年输沙模数	NSSMS	N（7，2）	t/（km^2·a）			
14	备注	BZ	C（255）				

[4] 填写说明：

1）控制站代码：控制站的识别代码，引用控制站基本信息表。

2）控制站名称：利用设置在完整闭合小流域沟口出处，对径流、泥沙和水质进行测试的设施、设备的总称，由水土保持控制站基本信息表带入。

3）日期：观测、调查和统计资料的年份。计至年。

4）监测类型：控制站监测输沙特征值的不同类型，填写全沙、悬移质、推移质，每次只填写一项。

5）年最大日输沙量：该年日输沙量中的最大值，计量单位为 kg，计至两位小数。

6）年最大日输沙率：该年日输沙率中的最大值，计量单位为 kg/s，计至两位小数。

7）年最大日输沙率日期：年最大日输沙率出现的日期，计至日。

8）年最大月输沙量：该年月输沙量中的最大值，计量单位为 kg，计至两位小数。

9）年最大月输沙率：该年月输沙率中的最大值，计量单位为 kg/s，计至两位小数。

10）年最大月输沙率月份：年最大月输沙率出现的月份，计至月。

11）年输沙量：当年通过控制站输送沙的总量，计量单位为 kg，计至两位小数。

12）年平均输沙率：当年日平均输沙率之和除以全年的天数，计量单位为 kg/s，计至两位小数。

13）年输沙模数：年输沙量除以集水面积，计量单位为 t/（km^2·a），计至两位小数。

14）备注：必要的相关内容注解、描述。

11. （管理）径流小区径流和泥沙逐次观测成果表

[1] 表编号：010703011

[2] 表标识：JLXQJLHNSZCGCCGB

[3] 表说明：本表为径流小区径流和泥沙逐次观测成果表，属管理表，存储径流小区的每场降雨结束后产生的径流泥沙量的观测成果数据。统计的空间单元为径流小区，统计指标为径流量、含沙量、侵蚀量、径流系数等内容。

序号	含义	字段名	数据类型	单位	必填	主键	外键
1	径流小区代码	JLXQDM	C（12）		Y	Y	Y
2	径流小区名称	JLXQMC	C（40）				
3	降水开始时间	JSKSSJ	T（12）		Y	Y	
4	降水结束时间	JSJSSJ	T（12）				
5	降水量	JSL	N（5，1）	mm			
6	径流起流时间	JLQLSJ	T（12）				
7	径流止流时间	JLZLSJ	T（12）				
8	径流量	JLL	N（5，2）	m^3			
9	含沙量	HSL	N（5，2）	kg/m^3			
10	侵蚀量	QSL	N（5，2）	t/km^2			
11	径流系数	JLXS	N（4，2）	%			
12	备注	BZ	C（255）				

[4] 填写说明：

1）径流小区代码：径流小区的识别代码。引用径流小区基本信息表。

2）径流小区名称：径流小区的中文名称，由径流小区基本信息表带入。

3）降水开始时间：某场降水发生时段的起始时刻，计至分。

4）降水结束时间：某场降水发生时段的终止时刻，计至分。

5）降水量：降水开始时间到结束时间的降水量，计量单位为 mm，计至一位小数。

6）径流起流时间：观测到的某场降水产流的开始时间，计至分。

7）径流止流时间：观测到的某场降水径流终止时间，计至分。

8）径流量：单位时间内汇集的水体体积或在某时段内通过控制站的总水量，计量单位为 m^3，计至两位小数。

9）含沙量：单位体积浑水中所含干沙的重量，计量单位为 kg/m^3，计至两位小数。

10）侵蚀量：在外营力的作用下，单位面积内产生的含沙量，计量单位为 t/km^2，计至两位小数。

11）径流系数：时段径流量与相应降水量的比值，计量单位为%，计至两位小数。

12）备注：必要的相关内容注解、描述。

12. （管理）径流小区土壤含水率实测成果表

[1] 表编号：010703012

[2] 表标识：JLXQTRHSLSCCGB

[3] 表说明：本表为径流小区土壤含水率实测成果表，属管理表，存储土壤含水率的观测成果数据。统计的空间单元为径流小区，统计指标为取样深度、采样点含水率、两测次间降水量等内容。

序号	含义	字段名	数据类型	单位	必填	主键	外键
1	径流小区代码	JLXQDM	C（12）		Y	Y	Y
2	径流小区名称	JLXQMC	C（40）				
3	取样地编号	QYDBH	N（4）		Y	Y	
4	观测编号	GCBH	N（4）		Y	Y	
5	采样时间	CYSJ	T（12）		Y	Y	
6	取样地位置	QYDWZ	C（128）				
7	经度	JD	N（10，6）	（°）			
8	纬度	WD	N（10，6）	（°）			
9	取样深度	QYSD	N（3）	cm			
10	采样点含水率	CYDHSL	N（4，2）	%			
11	两测次间降水量	LCCJJSL	N（5，1）	mm			
12	备注	BZ	C（255）				

[4] 填写说明：

1）径流小区代码：径流小区的识别代码。引用径流小区基本信息表。

2）径流小区名称：径流小区的中文名称，由径流小区基本信息表带入。

3）取样地编号：取样样地的唯一标识码。

4）观测编号：进行实测次序的标识编码。

5）采样时间：取样的时间，计至分。

6）取样地位置：指径流小区取样地编号对应的取样地位置。

7）经度：取样地所在位置的经度，采用 2000 国家大地坐标系（CGCS2000）。

8）纬度：取样地所在位置的纬度，采用 2000 国家大地坐标系（CGCS2000）。

9）取样深度：采样时采样点距离地表的距离，计量单位为 cm，计至整数。

10）采样点含水率：该采样点的土壤含水率，计量单位为%，计至两位小数。

11）两测次间降水量：相邻两测次间的降水量，计量单位为 mm，计至一位小数。

12）备注：必要的相关内容注解、描述。

13. （监测）风蚀监测（风蚀量）定位插针法记录表

[1] 表编号：010703013

[2] 表标识：FSJCFSLDWCZFJLB

[3] 表说明：本表为风蚀监测（风蚀量）定位插针法记录表，属管理表，存储采用定位插针法采集的监测站的降水要素、风力要素、植被状况、风蚀量等数据。统计的时间单元为日，空间单元为水土保持监测站，统计指标为前期降水量、风速、风向、前期插针上余量等。

序号	含义	字段名	数据类型	单位	必填	主键	外键
1	水土保持测站代码	STBCCZDM	C（12）		Y	Y	Y
2	水土保持测站名称	STBCCZMC	C（64）				
3	观测开始时间	GCKSSJ	T（12）		Y	Y	
4	观测结束时间	GCJSSJ	T（12）		Y	Y	
5	日期	RQ	D（8）		Y		
6	前期降水量	QQJSL	N（5，1）	mm			
7	风速	FS	N（5，2）	m/s			
8	风向	FX	C（20）				

序号	含义	字段名	数据类型	单位	必填	主键	外键
9	前期插针上余量	QQCZSYL	N（6，2）	cm			
10	后期插针上余量	HQCZSYL	N（6，2）	cm			
11	植被覆盖度	ZBFGD	N（4，2）	%			
12	备注	BZ	C（255）				

[4] 填写说明：

1）水土保持测站代码：测站的识别代码，引用水土保持测站基本信息表。

2）水土保持测站名称：测站的中文名称，由水土保持测站基本信息表带入。

3）观测开始时间：进行监测记录的开始时间，计至分。

4）观测结束时间：进行监测记录的结束时间，计至分。

5）日期：前期降水日期，本次观测前期最晚一次降水发生的日期，计至日。

6）前期降水量：本次观测前最晚一次降水量，计量单位为 mm，计至一位小数。

7）风速：风蚀过程的平均风速，计量单位为 m/s，计至两位小数。

8）风向：侵蚀风的来向。

9）前期插针上余量：风蚀发生前插针的上部读数，计量单位为 cm，计至两位小数。

10）后期插针上余量：风蚀结束后插针的上部读数，计量单位为 cm，计至两位小数。

11）植被覆盖度：符合一定标准的乔木林、灌木林和草本植物的土地面积占该区域土地总面积的百分比，计量单位为%，计至两位小数。

12）备注：必要的相关内容注解、描述。

14.（监测）风蚀监测（表层土壤含水量）定位插针法记录表

[1] 表编号：010703014

[2] 表标识：FSJCBCTRHSLDWCZFJLB

[3] 表说明：本表为风蚀监测（表层土壤含水量）定位插针法记录表，属管理表，存储采用定位插针法采集的表层土壤含水量数据信息。统计的时间单元为日，空间单元为水土保持监测站，统计指标为取样深度、含水量、植被覆盖度等。

序号	含义	字段名	数据类型	单位	必填	主键	外键
1	水土保持测站代码	STBCCZDM	C（12）		Y	Y	Y
2	水土保持测站名称	STBCCZMC	C（64）				
3	日期	RQ	D（8）		Y	Y	
4	取样深度	QYSD	N（3）	cm			
5	含水量	HSL	N（4，2）	%			
6	植被覆盖度	ZBFGD	N（4，2）	%			
7	备注	BZ	C（255）				

[4] 填写说明：

1）水土保持测站代码：测站的识别代码，引用水土保持测站基本信息表。

2）水土保持测站名称：测站的中文名称，由水土保持测站基本信息表带入。

3）日期：观测的日期，进行观测记录的日期，计至日。

4）取样深度：采样时采样点距离地表的距离，计量单位为 cm，计至整数。

5）含水量：采集测量土壤含水量占总重量的比例，计量单位为%，计至两位小数。

6）植被覆盖度：符合一定标准的乔木林、灌木林和草本植物的土地面积占该区域土地总面积的百分比，计量单位为%，计至两位小数。

7）备注：必要的相关内容注解、描述。

15. （监测）风蚀监测（风蚀量）降尘管法记录表

[1] 表编号：010703015

[2] 表标识：FSJCFSLJCGFJLB

[3] 表说明：本表为风蚀监测（风蚀量）降尘管法记录表，属管理表，存储采用降尘管法采集的监测站的降水要素、风力要素、植被状况、风蚀量等数据。统计的时间单元为日，空间单元为水土保持监测站，统计指标为降沙量、异常现象、植被覆盖度等。

序号	含义	字段名	数据类型	单位	必填	主键	外键
1	水土保持测站代码	STBCCZDM	C（12）		Y	Y	Y
2	水土保持测站名称	STBCCZMC	C（64）				
3	观测开始时间	GCKSSJ	T（12）		Y	Y	
4	观测结束时间	GCJSSJ	T（12）		Y	Y	
5	日期	RQ	D（8）		Y		
6	前期降水量	QQJSL	N（5，1）	mm			
7	风速	FS	N（5，2）	m/s			
8	风向	FX	C（20）				
9	观测开始时的沙尘量	GCKSSDSCL	N（6，2）	kg			
10	观测结束时的沙尘量	GCJSSDSCL	N（6，2）	kg			
11	降沙量	JSL	N（5，2）	kg			
12	异常现象	YCXX	C（60）				
13	植被覆盖度	ZBFGD	N（4，2）	%			
14	备注	BZ	C（255）				

[4] 填写说明：

1）水土保持测站代码：测站的识别代码，引用水土保持测站基本信息表。

2）水土保持测站名称：测站的中文名称，由水土保持测站基本信息表带入。

3）观测开始时间：进行监测记录的开始时间，计至分。

4）观测结束时间：进行监测记录的结束时间，计至分。

5）日期：前期降水日期，本次观测前期最晚一次降水发生的日期，计至日。

6）前期降水量：本次观测前最晚一次降水量，计量单位为 mm，计至一位小数。

7）风速：风蚀过程的平均风速，计量单位为 m/s，计至两位小数。

8）风向：侵蚀风的来向。

9）观测开始时的沙尘量：风蚀开始时降尘管中的沙尘重量，计量单位为 kg，计至两位小数。

10）观测结束时的沙尘量：风蚀结束后降尘管中的沙尘重量，计量单位为 kg，计至两位小数。

11）降沙量：观测后沙尘量与观测前沙尘量之差，计量单位为 kg，计至两位小数。

12）异常现象：监测过程中出现的不正常现象。

13）植被覆盖度：符合一定标准的乔木林、灌木林和草本植物的土地面积占该区域土地总面积的百分比，计量单位为%，计至两位小数。

14）备注：必要的相关内容注解、描述。

16. （监测）风蚀监测（表层土壤含水量）降尘管法记录表

[1] 表编号：010703016

[2] 表标识：FSJCBCTRHSLJCGFJLB

[3] 表说明：本表为风蚀监测（表层土壤含水量）降尘管法记录表，属管理表，存储采用降尘管法采集的表层土壤含水量数据。统计的时间单元为日，空间单元为水土保持监测站，统计指标为取样深度、含水量、植被覆盖度等。

序号	含义	字段名	数据类型	单位	必填	主键	外键
1	水土保持测站代码	STBCCZDM	C（12）		Y	Y	Y
2	水土保持测站名称	STBCCZMC	C（64）				
3	日期	RQ	D（8）		Y	Y	
4	取样深度	QYSD	N（3）	cm			
5	含水量	HSL	N（4，2）	%			
6	植被覆盖度	ZBFGD	N（4，2）	%			
7	备注	BZ	C（255）				

[4] 填写说明：

1）水土保持测站代码：测站的识别代码，引用水土保持测站基本信息表。

2）水土保持测站名称：测站的中文名称，由水土保持测站基本信息表带入。

3）日期：观测日期，进行观测记录的日期，计至日。

4）取样深度：采样时采样点距离地表的距离，计量单位为 cm，计至整数。

5）含水量：采集测量土壤含水量占总重量的比例，计量单位为%，计至两位小数。

6）植被覆盖度：符合一定标准的乔木林、灌木林和草本植物的土地面积占该区域土地总面积的百分比，计量单位为%，计至两位小数。

7）备注：必要的相关内容注解、描述。

17. （监测）风蚀监测集沙仪记录表

[1] 表编号：010703017

[2] 表标识：FSJCJSYJLB

[3] 表说明：本表为风蚀监测（风蚀量）定位插针法记录表，属管理表，存储风蚀量监测集沙仪的观测数据。统计的空间单元为水土保持监测站，统计指标为集沙仪层数、集沙仪朝向、集沙口总面积、集沙仪风蚀量等。

序号	含义	字段名	数据类型	单位	必填	主键	外键
1	水土保持测站代码	STBCCZDM	C（12）		Y	Y	Y
2	水土保持测站名称	STBCCZMC	C（64）				
3	采样时间	CYSJ	T（12）		Y	Y	
4	集沙仪类型	JSYLX	C（10）				
5	集沙仪层数	JSYCS	N（4）	层			
6	集沙仪朝向	JSYCX	C（10）				
7	集沙口总面积	JSKZMJ	N（6，2）	cm^2			
8	集沙仪风蚀量	JSYFSL	N（6，2）	g	Y		
9	备注	BZ	C（255）				

[4] 填写说明：

1）水土保持测站代码：测站的识别代码，引用水土保持测站基本信息表。

2）水土保持测站名称：测站的中文名称，由水土保持测站基本信息表带入。

3）采样时间：指样品采集的时刻，计至分。

4）集沙仪类型：描述是固定风向的集沙仪或是瞬时风向的集沙仪，计至两位小数。

5）集沙仪层数：集沙仪在不同高度上由几层集沙格组成，计量单位为层，计至整数。

6）集沙仪朝向：固定风向的集沙仪填写测试时集沙仪集沙口朝向；瞬时风向集沙仪作简要描述。

7）集沙口总面积：集沙仪集沙口总面积，计量单位为 cm^2，计至两位小数。

8）集沙仪风蚀量：本次测试集沙仪收集的沙子总质量，计量单位为 g，计至两位小数。

9）备注：必要的相关内容注解、描述。

四、土壤侵蚀管理

1. （管理）侵蚀土壤程度统计表

[1] 表编号：010704001

[2] 表标识：QSTRCDTJB

[3] 表说明：本表为侵蚀土壤程度统计表，属管理表，存储行政区划单元各种类型的侵蚀土壤程度的面积统计情况。统计的时间单元为年，空间单元为行政区，统计指标为土壤侵蚀程度分级、侵蚀情况分类、侵蚀面积等。

序号	含义	字段名	数据类型	单位	必填	主键	外键
1	行政区划代码	XZQHDM	C（10）		Y	Y	Y
2	行政区名称	XZQMC	C（32）				
3	日期	RQ	D（4）		Y	Y	
4	无明显侵蚀面积	WMXQSMJ	N（9，2）	km^2			
5	轻度侵蚀面积	QDQSMJ	N（9，2）	km^2			
6	中度侵蚀面积	ZDQSMJ	N（9，2）	km^2			
7	强烈侵蚀面积	QLQSMJ	N（9，2）	km^2			
8	剧烈侵蚀面积	JLQSMJ	N（9，2）	km^2			

[4] 填写说明：

1）行政区划代码：引用行政区划基本信息表，侵蚀土壤程度评价区域的所属行政区，精确至乡镇。

2）行政区名称：行政区划的代码对应的中文名称，由行政区划基本信息表带入。

3）日期：统计数据的年度，计至年。

4）无明显侵蚀面积：统计年度统计区年末无明显侵蚀统计面积值，计量单位为 km^2，计至两位小数。

5）轻度侵蚀面积：统计年度统计区年末轻度侵蚀统计面积值，计量单位为 km^2，计至两位小数。

6）中度侵蚀面积：统计年度统计区年末中度侵蚀统计面积值，计量单位为 km^2，计至两位小数。

7）强烈侵蚀面积：统计年度统计区年末强烈侵蚀统计面积值，计量单位为 km^2，计至两位小数。

8）剧烈侵蚀面积：统计年度统计区年末剧烈侵蚀统计面积值，计量单位为 km^2，计至两位小数。

2. （管理）土壤侵蚀类型统计表

[1] 表编号：010704002

[2] 表标识：TRQSLXTJB

[3] 表说明：本表为土壤侵蚀类型统计表，属管理表，存储不同类型的土壤侵蚀类型的面积统计情况。统计的时间单元为年，空间单元为行政区，统计指标为水蚀面积、风蚀面积、冻融侵蚀面积等。

序号	含义	字段名	数据类型	单位	必填	主键	外键
1	行政区划代码	XZQHDM	C（10）		Y	Y	
2	行政区名称	XZQMC	C（32）				
3	日期	RQ	D（4）		Y	Y	
4	水蚀面积	SFMJ	N（9，2）	km^2			
5	风蚀面积	FSMJ	N（9，2）	km^2			
6	冻融侵蚀面积	DRQSMJ	N（9，2）	km^2			

[4] 填写说明：

1）行政区划代码：土壤侵蚀类型评价区域的所属行政区，精确至乡镇，引用行政区划基本信息表。

2）行政区名称：行政区划的代码对应的中文名称，由行政区划基本信息表带入。

3）日期：统计数据的年度，计至年。

4）水蚀面积：水力侵蚀统计面积值，计量单位为 km^2，计至两位小数。

5）风蚀面积：风力侵蚀统计面积值，计量单位为 km^2，计至两位小数。

6）冻融侵蚀面积：冻融侵蚀统计面积值，计量单位为 km^2，计至两位小数。

3. （管理）土壤侵蚀强度统计表

[1] 表编号：010704003

[2] 表标识：TRQSQDTJB

[3] 表说明：本表为土壤侵蚀强度统计表，属管理表，存储土壤侵蚀强度的面积统计情况。统计的时间单元为年，空间单元为行政区，统计指标为土壤侵蚀类型、土壤侵蚀强度分级、侵蚀面积等。

序号	含义	字段名	数据类型	单位	必填	主键	外键
1	行政区划代码	XZQHDM	C（10）		Y	Y	Y
2	行政区名称	XZQMC	C（32）				
3	日期	RQ	D（4）		Y	Y	
4	微度面积	WDMJ	N（9，2）	km^2			
5	轻度面积	QDMJ	N（9，2）	km^2			
6	中度面积	ZDMJ	N（9，2）	km^2			
7	强烈面积	QLMJ	N（9，2）	km^2			
8	极强烈面积	JQLMJ	N（9，2）	km^2			
9	剧烈面积	JLMJ	N（9，2）	km^2			

[4] 填写说明：

1）行政区划代码：土壤侵蚀强度评价区域的所属行政区，精确至乡镇，引用行政区划基本信息表。

2）行政区名称：行政区划的代码对应的中文名称，由行政区划基本信息表带入。

3）日期：统计数据的年度，计至年。

4）微度面积：统计年度统计区年末微度侵蚀统计面积值，计量单位为 km^2，计至两位小数。

5）轻度面积：统计年度统计区年末轻度侵蚀统计面积值，计量单位为 km^2，计至两位小数。

6）中度面积：统计年度统计区年末中度侵蚀统计面积值，计量单位为 km^2，计至两位小数。

7）强烈面积：统计年度统计区年末强烈侵蚀统计面积值，计量单位为 km^2，计至两位小数。

8）极强烈面积：统计年度统计区年末极强烈侵蚀统计面积值，计量单位为 km^2，计至两位小数。

9）剧烈面积：统计年度统计区年末剧烈侵蚀统计面积值，计量单位为 km^2，计至两位小数。

4. （管理）土壤侵蚀潜在危险度统计表

[1] 表编号：010704004

[2] 表标识：TRQSQZWXDTJB

[3] 表说明：本表为土壤侵蚀潜在危险度统计表，属管理表，存储土壤侵蚀潜在危险度的统计信息。统计的时间单元为年，空间单元为行政区，统计指标为土壤侵蚀潜在危险分级、统计面积。

序号	含义	字段名	数据类型	单位	必填	主键	外键
1	行政区划代码	XZQHDM	C（10）		Y	Y	Y
2	行政区名称	XZQMC	C（32）				
3	日期	RQ	D（4）		Y	Y	
4	土壤侵蚀潜在危险分级代码	TRQSQZWXFJDM	C（2）		Y	Y	Y
5	统计面积	TJMJ	N（9，2）	km^2			

[4] 填写说明：

1）行政区划代码：土壤侵蚀潜在危险度评价区域的所属行政区，精确至乡镇，引用行政区划基本信息表。

2）行政区名称：行政区划的代码对应的中文名称，由行政区划基本信息表带入。

3）日期：统计数据的年度，计至年。

4）土壤侵蚀潜在危险分级代码：潜在危险度级别，参考《土壤侵蚀分类分级标准》（SL 190—2007）的规定。取值及其含义见土壤侵蚀潜在危险分级代码表。

5）统计面积：不同危险类型的统计面积值，计量单位为 km^2，计至两位小数。

5. （管理）黑土含量统计表

[1] 表编号：010704005

[2] 表标识：HTHLTJB

[3] 表说明：用于存储江河泥沙中黑土的含量统计信息。

序号	含义	字段名	数据类型	单位	必填	主键	外键
1	断面名称	DMMC	C（32）		Y	Y	Y
2	日期	RQ	D（4）		Y	Y	
3	河流名称	HLMC	C（30）				Y
4	行政区划代码	XZQHDM	C（10）				Y
5	河段长度	HDCD	N（9，2）	m			
6	黑土含量	HTHL	N（9，3）	kg/m^3			

[4] 填写说明：

1）断面名称：统计位置的河道断面的中文名称。取最近行政村名称，引用河道断面基本信息表。

2）日期：统计数据的年度，计至年。

3）河流名称：本次统计的河流名称，引用河流基本信息表。

4）行政区划代码：引用行政区划基本信息表，统计，精确至乡镇。

5）断面长度：统计河道断面的长度，计量单位为 m，计至两位小数。

6）黑土含量：统计河段断面泥沙中黑土的含量，计量单位为 kg/m^3，计至三位小数。

五、水土保持治理

1. （实体）水土保持防治区划基本信息表

[1] 表编号：010705001

[2] 表标识：STBCFZQHJBXXB

[3] 表说明：本表为水土保持防治区划基本信息表，属实体表，存储各级水土保持防治区的分布信息。水土保持区划是指在综合分析不同地区水土流失发生发展演化过程以及地域分异规律的基础上，根据区划的原则依据和有关指标，按照区内相似性和区间差异性把侵蚀区划为各具特色的区块，以阐明水土流失综合特征，并因地制宜地对各个类型分别提出不同的生产发展方向和水土保持治理要求，以便指导各地科学地开展水土保持，做到扬长避短，发挥优势。使水土资源能得到充分合理的利用，水土流失得到有效的控制，收到最好的经济效益、社会效益和生态效益。

序号	含义	字段名	数据类型	单位	必填	主键	外键
1	水土保持防治区名称	STBCFZQMC	C（40）		Y	Y	
2	行政区划代码	XZQHDM	C（10）		Y		Y
3	行政区名称	XZQMC	C（32）				
4	防治区级别	FZQJB	C（10）		Y		
5	防治区类型	FZQLX	C（10）		Y		
6	中心经度	ZXJD	N（10，6）	（°）			
7	中心纬度	ZXWD	N（10，6）	（°）			
8	日期	RQ	D（8）				

[4] 填写说明：

1）水土保持防治区名称：描述水土保持防治区的名称。

2）行政区划代码：水土保持防治区的所属行政区，按最小包含原则填写，引用行政区划基本信息表。

3）行政区名称：行政区划的代码对应的中文名称，由行政区划基本信息表带入。

4）防治区级别：水土保持防治区级别，按国家级、省级、地市级、县级填写。

5）防治区类型：用于存储防治区的类别，按重点预防区、重点治理区、其他区域填写。

6）中心经度：水土保持防治区的中心点的经度，采用 2000 国家大地坐标系（CGCS2000）。

7）中心纬度：水土保持防治区的中心点的纬度，采用 2000 国家大地坐标系（CGCS2000）。

8）日期：记录时间，计至日。

2. （载体）治理措施规划基本信息表

[1] 表编号：010705002

[2] 表标识：ZLCSGHJBXXB

[3] 表说明：本表为治理措施规划基本信息表，属载体表，存储水土保持综合治理项目中治理措施规划的基本信息。

序号	含义	字段名	数据类型	单位	必填	主键	外键
1	水土保持防治区名称	STBCFZQMC	C（40）		Y	Y	Y
2	治理措施名称	ZLCSMC	C（30）		Y	Y	
3	日期	RQ	D（8）		Y	Y	
4	单位代码	DWDM	C（18）				Y

序号	含义	字段名	数据类型	单位	必填	主键	外键
5	规划措施数量	GHCSSL	N（9，2）	hm^2，座，个			
6	设计土方	SJTF	N（6，2）	m^3			
7	设计石方	SJSF	N（6，2）	m^3			
8	设计投工定额	SJTGDE	N（6，2）	工日/hm^2，工日/座			
9	设计投资定额	SJTZDE	N（6，2）	元/hm^2，元/座			
10	保水定额	BSDE	N（6，2）	m^3/hm^2，m^3/座			
11	保土定额	BTDE	N（6，2）	t/hm^2，t/座			
12	粮食增产定额	LSZCDE	N（6，2）	kg/hm^2			
13	经济效益定额	JJXYDE	N（6，2）				
14	规划措施保存率	GHCSBCL	N（4，2）	%			
15	质量评价等级	ZLPJDJ	C（3）				

[4] 填写说明：

1）水土保持防治区名称：描述水土保持防治区的名称，引用水土保持防治区划基本信息表。

2）治理措施名称：水土保持治理措施名称遵循水土保持信息分类与编码标准。

3）日期：治理措施规划方案编制的时间，计至日。

4）单位代码：水土保持治理的行政管理隶属单位的代码，引用单位基本信息表。

5）规划措施数量：规划的水土保持治理措施数量，计量单位为 hm^2 或座或个，计至两位小数。

6）设计土方：设计时治理措施的工程土方量，计量单位为 m^3，计至两位小数。

7）设计石方：设计时治理措施的工程石方量，计量单位为 m^3，计至两位小数。

8）设计投工定额：设计时治理措施的投工定额，计量单位为工日/hm^2 或工日/座，计至两位小数。

9）设计投资定额：设计时治理措施的投资定额，计量单位为元/hm^2 或元/座，计至两位小数。

10）保水定额：治理措施的保水定额，计量单位为 m^3/hm^2 或 m^3/座，计至两位小数。

11）保土定额：治理措施的保土定额，计量单位为 t/hm^2 或 t/座，计至两位小数。

12）粮食增产定额：治理措施的粮食增产定额，计量单位为 kg/hm^2，计至两位小数。

13）经济效益定额：治理措施的经济效益定额，计至两位小数。

14）规划措施保存率：符合规定的治理措施的治理面积占累计治理措施的面积百分比，计量单位为%，计至两位小数。

15）质量评价等级：对工程项目的质量进行评价，分为不合格、合格、优良，具体评价内容参考《水土保持工程质量评定规程》（SL 336—2006）。

3. （管理）规费征收信息表

[1] 表编号：010705003

[2] 表标识：GFZSXXB

[3] 表说明：本表为规费征收信息表，属管理表，存储开发建设项目水土保持设施补偿费和水土流失防治费征收、使用方面的有关信息。

序号	含义	字段名	数据类型	单位	必填	主键	外键
1	开发建设项目代码	KFJSXMDM	C（20）		Y	Y	Y
2	开发建设项目名称	KFJSXMMC	C（60）				
3	日期	RQ	D（8）		Y	Y	
4	交费单位	JFDW	C（60）				

序号	含义	字段名	数据类型	单位	必填	主键	外键
5	收费单位	SFDW	C（60）				
6	水土保持设施补偿费	STBCSSBCF	N（6，2）	万元			
7	水土流失防治费	STLSFZF	N（6，2）	万元			
8	资金使用情况	ZJSYQK	C（255）				
9	备注	BZ	C（255）				

[4] 填写说明：

1）开发建设项目代码：该开发建设项目的唯一标识编号。引用水土保持开发建设项目基本信息表。

2）开发建设项目名称：水土保持开发建设项目的名称，由水土保持开发建设项目基本信息表带入。

3）日期：交费时间，规费缴纳的时间，计至日。

4）交费单位：规费缴纳单位的全称。

5）收费单位：规费征收单位的全称，规费征收单位一般为水行政管理机构。

6）水土保持设施补偿费：单次缴纳的水土保持设施补偿费。主要是企业事业单位和个人，在开发、生产建设过程中损坏了原有的水土保持设施和具有一定保持水土功能，所必须为此补偿的费用。费用多少根据地方有关规定计算，计量单位为万元，计至两位小数。

7）水土流失防治费：单次缴纳的水土流失防治费。对造成水土流失而无力治理或不治理的企业事业单位或个人征收其在建设和生产过程中对水土流失采取防治措施所需的费用，计量单位为万元，计至两位小数。

8）资金使用情况：征收水土保持设施补偿费和水土流失防治费的使用情况，包括返还治理的投资、返还治理的面积和返还治理措施的数量等。

9）备注：必要的相关内容注解、描述。

4. （管理）治理措施现状信息表

[1] 表编号：010705004

[2] 表标识：ZLCSXZXXB

[3] 表说明：本表为治理措施现状信息表，属管理表，存储水土保持综合治理项目中各项治理措施现状的信息。统计的时间单元为日，空间单元为水土保持防治区，统计指标为已有措施数量、保水定额、保土定额积等。

序号	含义	字段名	数据类型	单位	必填	主键	外键
1	水土保持防治区名称	STBCFZQMC	C（40）		Y	Y	Y
2	单位代码	DWDM	C（18）		Y		Y
3	治理措施名称	ZLCSMC	C（30）		Y	Y	
4	已有措施数量	YYCSSL	N（9，2）	hm^2，座，个	Y		
5	保水定额	BSDE	N（6，2）	m^3/hm^2，m^3/座			
6	保土定额	BTDE	N（6，2）	t/hm^2，t/座			
7	粮食增产定额	LSZCDE	N（6，2）	kg/hm^2			
8	经济效益定额	JJXYDE	N（6，2）				
9	日期	RQ	D（8）		Y	Y	

[4] 填写说明：

1）水土保持防治区名称：描述水土保持防治区的名称，引用水土保持防治区划基本信息表。

2）单位代码：水土保持治理的行政管理隶属单位的代码，引用单位基本信息表。

3）治理措施名称：水土保持治理措施名称遵循水土保持信息分类与编码标准。

4）已有措施数量：治理措施在治理前的原有保存数量，计量单位为 hm^2 或座或个，计至两位小数。

5）保水定额：治理措施的保水定额，计量单位为 m^3/hm^2 或 m^3/座，计至两位小数。

6）保土定额：治理措施的保土定额，计量单位为 t/hm^2 或 t/座，计至两位小数。

7）粮食增产定额：治理措施的粮食增产定额，计量单位为 kg/hm^2，计至两位小数。

8）经济效益定额：治理措施的经济效益定额，计至两位小数。

9）日期：该数据调查的日期，计至日。

5. （管理）治理措施验收信息表

[1] 表编号：010705005

[2] 表标识：ZLCSYSXXB

[3] 表说明：本表为治理措施验收信息表，属管理表，存储水土保持综合治理项目中治理措施验收的信息。统计的时间单元为日，空间单元为水土保持防治区，统计指标为实际土方、实际石方、实际投工定额等。

序号	含义	字段名	数据类型	单位	必填	主键	外键
1	水土保持防治区名称	STBCFZQMC	C（40）		Y	Y	Y
2	治理措施名称	ZLCSMC	C（30）		Y	Y	
3	日期	RQ	D（8）		Y	Y	
4	单位代码	DWDM	C（18）				Y
5	实际措施数量	SJCSSL	N（9，2）	hm^2，座，个			
6	实际土方	SHJTF	N（6，2）	m^3			
7	实际石方	SHJSF	N（6，2）	m^3			
8	实际投工定额	SHJTGDE	N（6，2）	工日/hm^2，工日/座			
9	实际投资定额	SHJTZDE	N（6，2）	元/hm^2，元/座			
10	保水定额	BSDE	N（6，2）	m^3/hm^2，m^3/座			
11	保土定额	BTDE	N（6，2）	t/hm^2，t/座			
12	粮食增产定额	LSZCDE	N（6，2）	kg/hm^2			
13	经济效益定额	JJXYDE	N（6，2）				
14	实际措施保存率	SJCSBCL	N（4，2）	%			
15	质量评价等级	ZLPJDJ	C（1）				

[4] 填写说明：

1）水土保持防治区名称：描述水土保持防治区的名称，引用水土保持防治区划基本信息表。

2）治理措施名称：水土保持治理措施名称遵循水土保持信息分类与编码标准。

3）日期：验收时间，计至日。

4）单位代码：水土保持治理的行政管理隶属单位的代码，引用单位基本信息表。

5）实际措施数量：治理措施的实际完成面积或数量，计量单位为 hm^2 或座或个，计至两位小数。

6）实际土方：验收时对应一项治理措施的工程土方量，计量单位为 m^3，计至两位小数。

7）实际石方：验收时对应一项治理措施的工程石方量，计量单位为 m^3，计至两位小数。

8）实际投工定额：验收时对应治理措施的投工定额，计量单位为工日/hm^2 或工日/座，计至两位小数。

9）实际投资定额：验收时对应治理措施的投资定额，计量单位为元/hm^2 或元/座，计至两位小数。

10）保水定额：治理措施的保水定额，计量单位为 m^3/hm^2 或 m^3/座，计至两位小数。

11）保土定额：治理措施的保土定额，计量单位为 t/hm^2 或 t/座，计至两位小数。

12）粮食增产定额：治理措施的粮食增产定额，计量单位为 kg/hm^2，计至两位小数。

13）经济效益定额：治理措施的经济效益定额，计至两位小数。

14）实际措施保存率：治理措施验收后的实际保存率，计量单位为%，计至两位小数。

15）质量评价等级：对工程项目的质量进行评价，分为不合格、合格、优良，具体评价内容参考《水土保持工程质量评定规程》（SL 336—2006）。

6. （管理）水土流失治理面积统计年表

[1] 表编号：010705006

[2] 表标识：STLSZLMJTJNB

[3] 表说明：本表为水土流失治理面积统计年表，属管理表，存储不同年份的各个区域的水土流失面积情况。统计的时间单元为年，空间单元为行政区，统计指标为水土流失治理累计面积、小流域治理面积、当年新增改善水土流失治理面积等。

序号	含义	字段名	数据类型	单位	必填	主键	外键
1	行政区划代码	XZQHDM	C（10）		Y	Y	Y
2	行政区名称	XZQMC	C（32）				
3	日期	RQ	D（4）		Y	Y	
4	水土流失治理累计面积	STLSZLLJMJ	N（9，2）	km^2			
5	小流域治理面积	XLYZLMJ	N（9，2）	km^2			
6	当年新增改善水土流失治理面积	DNXZGSSTLSZLMJ	N（9，2）	km^2			
7	梯田	TT	N（9，2）	km^2	Y		
8	水保林	SBL	N（9，2）	km^2	Y		
9	经济林	JJL	N（9，2）	km^2	Y		
10	种草	ZC	N（9，2）	km^2	Y		
11	封禁治理	FJZL	N（9，2）	km^2	Y		
12	其他	QT	N（9，2）	km^2			
13	备注	BZ	C（255）				

[4] 填写说明：

1）行政区划代码：引用行政区划基本信息表，水土流失治理区域的所属行政区，精确至乡镇。

2）行政区名称：行政区划的代码对应的中文名称，由行政区划基本信息表带入。

3）日期：统计年度，计至年。

4）水土流失治理累计面积：指统计年度按照综合治理的原则，对水土流失区域采取各种治理措施，以及按小流域综合治理措施所治理的水土流失累计的面积总和，计量单位为 km^2，计至两位小数。

5）小流域治理面积：指统计年度以小流域为单元，根据流域内的自然条件，按照土壤侵蚀的类型特点和农业区划方向，在全面规划的基础上，合理安排农、林、牧、副各业用地，布置水土保持农业技术措施，林草措施与工程措施，相互协调、相互促进形成综合的水土流失防治体系的治理面积，计量单位为 km^2，计至两位小数。

6）当年新增改善水土流失治理面积：指统计年度在水土流失地区，为保护、改良及合理利用水土资源，采用各种措施对水土流失面积进行治理，通过治理达到治理要求的水土流失面积称本年新增水土流失治理面积。采取的措施主要有人为措施（农业技术措施、林草措施、工程措施）和自然措施（生态修复措施）两类，计量单位为 km^2，计至两位小数。

7）梯田：指在坡面上沿等高线修建的田面水平平整，纵断面呈台阶状的田块，按其断面形式可分为水平梯田、坡式梯田、隔坡梯田，该处填写本年度通过梯田新增改善水土流失治理面积，计量单位为 km^2，计至两位小数。

8）水保林：指以防治水土流失为主要功能营造的人工林。根据其功能的不同，可分为坡面防护林、沟头防护林、沟底防护林、塬边防护林、护岸林、水库防护林、防风固沙林、海岸防护林等，该处填写本年度通过水保林新增改善水土流失治理面积，计量单位为 km^2，计至两位小数。

9）经济林：指为利用林木的果实、叶片、皮层、树液等林产品供人食用，或作为工业原料，或作为药材等为主要目的而培育和经营的人工林，该处填写本年度通过经济林新增改善水土流失治理面积，计量单位为 km^2，计至两位小数。

10）种草：指经人工种植或培育，覆盖度达到 70%及以上的草地，该处填写本年度通过种草新增改善水土流失治理面积，计量单位为 km^2，计至两位小数。

11）封禁治理：指采取禁伐禁砍，实施封育管护等的水土流失治理措施，该处填写本年度通过封禁治理新增改善水土流失治理面积，计量单位为 km^2，计至两位小数。

12）其他：指本年度通过除上述措施以外采用其他治理的水土流失方式，包括保土耕作、地埂植物带、改垄等措施新增改善水土流失治理面积，计量单位为 km^2，计至两位小数。

13）备注：必要的相关内容注解、描述。

7. （管理）节水灌溉及水土保持建设基础数据统计表

[1] 表编号：010705007

[2] 表标识：JSGGJSTBCJSJCSJTJB

[3] 表说明：本表为节水灌溉及水土保持建设基础数据统计表，属管理表，存储不同年份的各个区域的节水灌溉及水土保持建设基础数据情况。统计的时间单元为年，空间单元为行政区，统计指标为节水灌溉面积比率、农业灌溉供水量、农业井数量等。

序号	含义	字段名	数据类型	单位	必填	主键	外键
1	行政区划代码	XZQHDM	C（10）		Y	Y	Y
2	行政区名称	XZQMC	C（32）				
3	日期	RQ	D（4）		Y	Y	
4	总灌溉面积	ZGGMJ	N（9，2）	km^2			
5	耕地灌溉面积	GDGGMJ	N（9，2）	km^2			
6	本年新增耕地灌溉面积	BNXZGDGGMJ	N（9，2）	km^2			
7	节水灌溉工程面积	JSGGGCMJ	N（9，2）	km^2			
8	本年新增节水灌溉工程面积	BNXZJSGGGCMJ	N（9，2）	km^2			
9	高效节水灌溉工程面积	GXJSGGGCMJ	N（9，2）	km^2			
10	新增高效节水灌溉工程面积	XZGXJSGGGCMJ	N（9，2）	km^2			
11	节水灌溉面积比率	JSGGMJBL	N（9，2）	%			
12	农业灌溉供水量	NYGGGSL	N（9，2）	10^4 m^3			
13	农业井数量	NYJSL	N（9）	眼			
14	农业用水计量设施覆盖率	NYYSJLSSFGL	N（9，2）	%			
15	水土流失累计综合治理面积	STLSLJZHZLMJ	N（9，2）	km^2			
16	本年新增改善水土流失综合治理面积	BNXZGSSTLSZHZLMJ	N（9，2）	km^2			
17	累计建成生态清洁小流域数量、面积	LJJCSTQJXLYSLMJ	N（9，2）	条/km^2			
18	山区生态清洁小流域达标率	SQSTQJXLYDBL	N（9，2）	%			
19	备注	BZ	C（255）				

[4] 填写说明：

1）行政区划代码：引用行政区划基本信息表，行政区识别码，精确至乡镇。

2）行政区名称：行政区划的代码对应的中文名称，由行政区划基本信息表带入。

3）日期：统计年度，计至年。

4）总灌溉面积：填写统计年度统计区内总灌溉面积。灌溉面积指一个地区当年农、林、牧等灌溉面积的总和。总灌溉面积=有效灌溉面积（耕地）+林地灌溉面积+园地灌溉面积+牧草地灌溉面积，计量单位为 km^2，计至两位小数。

5）耕地灌溉面积：填写统计年度统计区内的耕地灌溉面积。耕地灌溉面积指灌区内灌溉工程设施基本配套，且水源具有一定保证率的、可以灌溉的面积，也称有效灌溉面积，计量单位为 km^2，计至两位小数。

6）本年新增耕地灌溉面积：填写统计年度统计区内新增的耕地灌溉面积。新增耕地灌溉面积指由于兴建新的水利设施或加强管理，在原来有效灌溉面积之外，扩大的“有效灌溉面积”。这个面积，不能被理解为净增（或纯增）灌溉面积，因为净增（或纯增）是新增数与减少数抵消以后的“实际增加数”。所谓新增，就是以往年度还未具备有效灌溉面积条件，也未统计为有效灌溉面积，而在报告期内新达到有效灌溉面积要求的耕地面积，计量单位为 km^2，计至两位小数。

7）节水灌溉工程面积：填写统计年度统计区内采用喷灌、微灌、管道输水灌溉、渠道防渗输水灌溉等工程技术措施，提高用水效率和效益的灌溉面积，计量单位为 km^2，计至两位小数。

8）本年新增节水灌溉工程面积：填写统计年度统计区内因为喷灌、微灌、管道输水灌溉、渠道防渗输水灌溉等节水灌溉工程建设当年增加的节水灌溉工程面积，计量单位为 km^2，计至两位小数。

9）高效节水灌溉工程面积：填写统计年度统计区内依靠工程技术手段，最大限度地减少输灌水过程中水的损失，提高水分利用效率的灌溉工程高效节水灌溉面积，计量单位为 km^2，计至两位小数。

10）新增高效节水灌溉工程面积：填写统计年度统计区内因为喷灌、微灌、低压管道输水节水灌溉工程建设投资而增加的高效节水灌溉面积，计量单位为 km^2，计至两位小数。

11）节水灌溉面积比率：填写统计年度统计区内节水灌溉面积与总灌溉面积之比，计量单位为%，计至两位小数。

12）农业灌溉供水量：填写统计年度统计区内水利工程为农田、林地、果园、牧草灌溉实际毛供水量的总和。计量单位为 10^4 m^3，计至两位小数。

13）农业井数量：填写统计年度统计区内包括用于农业灌溉、鱼塘补水、牲畜用水的供水井的数量，计量单位为眼，计至整数。

14）农业用水计量设施覆盖率：填写统计年度统计区内已安装计量设施的井数/总农业机井数，计量单位为%，计至两位小数。

15）水土流失累计综合治理面积：填写统计年度统计区内指按照综合治理的原则，对水土流失区域采取各种治理措施，以及按小流域综合治理措施所治理的水土流失累计面积总和。计量单位为 km^2，计至两位小数。

16）本年新增改善水土流失综合治理面积：填写统计年度统计区内在水土流失地区，为保护、改良及合理利用水土资源，采用各种措施对水土流失面积进行治理，通过治理达到治理要求的水土流失面积。采取的措施主要有人为措施（农业技术措施、林草措施、工程措施）和自然措施（生态修复措施）两类，计量单位为 km^2，计至两位小数。

17）累计建成生态清洁小流域数量、面积：填写统计年度统计区内按生态清洁小流域标准累计建成的小流域条数、面积，计量单位为条/km^2，计至两位小数。

18）山区生态清洁小流域达标率：填写统计年度统计区内山区中已建成生态清洁小流域面积与中华人民共和国成立以来的水土流失面积之比，计量单位为%，计至两位小数。

19）备注：必要的相关内容注解、描述。

8. （管理）分区梯田保持土壤量和减少总氮、总磷流失量情况年报表

[1] 表编号：010705008

[2] 表标识：FQTTBCTRLHJSZDZLLSLQKNBB

[3] 表说明：本表为分区梯田保持土壤量和减少总氮、总磷流失量情况年报表，属管理表，存储不同年份的各个区域的梯田保持土壤量和减少的总磷、总氮流失量的情况。统计的时间单元为年，空间单元为行政区，统计指标为保土量、减少总氮流失量、减少总磷流失量等。

序号	含义	字段名	数据类型	单位	必填	主键	外键
1	行政区划代码	XZQHDM	C（10）		Y	Y	Y
2	行政区名称	XZQMC	C（32）				
3	日期	RQ	D（4）		Y	Y	
4	单位代码	DWDM	C（18）				Y
5	保土量	BTL	N（7，2）	万 t			
6	减少总氮流失量	JSZDLSL	N（5，3）	kg/km^2			
7	减少总磷流失量	JSZLLSL	N（5，3）	kg/km^2			
8	备注	BZ	C（255）				

[4] 填写说明：

1）行政区划代码：行政区的识别码，精确到乡级，引用行政区划基本信息表。

2）行政区名称：行政区划的代码对应的中文名称，由行政区划基本信息表带入。

3）日期：统计的年度，计至年。

4）单位代码：梯田保持的行政管理隶属单位的代码，引用单位基本信息表。

5）保土量：保土量或称减蚀量，即统计年度统计区内减少损失的土量。计量单位为万 t，计至两位小数。

6）减少总氮流失量：指无水保措施的土地总氮流失量与有水保措施的土地总氮流失量的差值，计量单位为 kg/km^2，计至三位小数。

7）减少总磷流失量：指无水保措施的土地总磷流失量与有水保措施的土地总磷流失量的差值，计量单位为 kg/km^2，计至三位小数。

8）备注：必要的相关内容注解、描述。

六、水土保持评价

1. （管理）综合治理项目基础效益信息表

[1] 表编号：010706001

[2] 表标识：ZHZLXMJCXYXXB

[3] 表说明：本表为综合治理项目基础效益信息表，属管理表，存储水土保持综合治理项目的基础效益，主要包括保土量、保水量和增加林草覆盖率等。统计的时间单元为年，空间单元为行政区，统计指标为保土量、保水量和增加林草覆盖率等。

序号	含义	字段名	数据类型	单位	必填	主键	外键
1	行政区划代码	XZQHDM	C（10）		Y	Y	Y
2	行政区名称	XZQMC	C（32）				
3	日期	RQ	D（4）		Y	Y	
4	单位代码	DWDM	C（18）				Y
5	保土量	BTL	N（7，2）	万 t			
6	保水量	BSL	N（7，2）	10^4 m^3			
7	增加林草覆盖率	ZJLCFGL	N（4，2）	%			
8	综合评价	ZHPJ	C（255）				
9	备注	BZ	C（255）				

[4] 填写说明：

1）行政区划代码：引用行政区划基本信息表，综合治理项目区域的所属行政区，按最小包含原则填写。

2）行政区名称：行政区划的代码对应的中文名称，由行政区划基本信息表带入。

3）日期：观测、调查和统计资料的年份，计至年。

4）单位代码：水土保持治理的行政管理隶属单位的代码，引用单位基本信息表。

5）保土量：保土量或称减蚀量，即统计年度统计区内减少损失的土量，计量单位为万 t，计至两位小数。

6）保水量：统计年度统计区内减少损失的水量，计量单位为 10^4 m^3，计至两位小数。

7）增加林草覆盖率：增加林草覆盖率，计量单位为%，计至两位小数。

8）综合评价：对项目治理的综合评价内容。

9）备注：必要的相关内容注解、描述。

2. （管理）综合治理项目经济效益信息表

[1] 表编号：010706002

[2] 表标识：ZHZLXMJJXYXXB

[3] 表说明：本表为综合治理项目经济效益信息表，属管理表，存储水土保持综合治理项目的经济效益，主要包括粮食增产能力、增加经济产值等。统计的时间单元为年，空间单元为行政区，统计指标为年增产粮食、年粮食单产增加量、年增加收入等。

序号	含义	字段名	数据类型	单位	必填	主键	外键
1	行政区划代码	XZQHDM	C（10）		Y	Y	Y
2	行政区名称	XZQMC	C（32）				
3	日期	RQ	D（4）		Y	Y	
4	单位代码	DWDM	C（18）				Y
5	年增产粮食	NZCLS	N（5，1）	万 t			
6	年粮食单产增加量	NLSDCZJL	N（6，2）	kg/hm^2			
7	年增加收入	NZJSR	N（7，2）	万元			
8	年人均增加收入	NRJZJSR	N（7，2）	万元			
9	备注	BZ	C（255）				

[4] 填写说明：

1）行政区划代码：综合治理项目区域的所属行政区，按最小包含原则填写，引用行政区划基本信息表。

2）行政区名称：行政区划的代码对应的中文名称，由行政区划基本信息表带入。

3）日期：观测、调查和统计资料的年份，计至年。

4）单位代码：水土保持治理的行政管理隶属单位的代码，引用单位基本信息表。

5）年增产粮食：每年增产的粮食产量，计量单位为万 t，计至一位小数。

6）年粮食单产增加量：单位面积的粮食年增加的产量，计量单位为 kg/hm^2，计至两位小数。

7）年增加收入：每年增加的收入，计量单位为万元，计至两位小数。

8）年人均增加收入：每年的人均增加的收入，计量单位为万元，计至两位小数。

9）备注：必要的相关内容注解、描述。

3. （管理）水土保持监督管理情况年表

[1] 表编号：010706003

[2] 表标识：STBCJDGLQKNB

[3] 表说明：本表为水土保持监督管理情况年表，属管理表，存储不同年份的各个区域的水土保持监督管理情况。统计的时间单元为年，空间单元为行政区，统计指标为水土保持总投资、防治责任范围、拦挡弃土弃渣、植被恢复、减少水土流失量等。

序号	含义	字段名	数据类型	单位	必填	主键	外键
1	行政区划代码	XZQHDM	C（10）		Y	Y	Y
2	行政区名称	XZQMC	C（32）				
3	日期	RQ	D（4）		Y	Y	
4	地方性法规、规章、规范性文件发布	DFXFGGZGFXWJFB	N（4）	个			
5	查处违法案件	CCWFAJ	N（4）	起			
6	开发建设项目水土保持方案情况	KFJSXMSTBCFAQK	C（255）				
7	计划水土保持总投资	JHSTBCZTZ	N（9，2）	万元			
8	设计防治责任范围	SJFZZRFW	N（9，2）	hm^2			
9	设计拦挡弃土弃渣	SJLDQTQZ	N（9，2）	10^4 m^3			
10	设计植被恢复	SJZBHF	N（9，2）	hm^2			
11	预测减少水土流失量	YCJSSTLSL	N（9，2）	万 t			
12	验收报备水土保持设施的开发建设项目	YSBBSTBCSSDKFJSXM	N（4）	个			
13	开发建设项目水土保持措施落实情况	KFJSXMSTBCCSLSQK	C（255）				
14	水土保持总投资	STBCZTZ	N（9，2）	万元			
15	防治责任范围	FZZRFW	N（9，2）	hm^2			
16	拦挡弃土弃渣	LDQTQZ	N（9，2）	10^4 m^3			
17	植被恢复	ZBHF	N（9，2）	hm^2			
18	减少水土流失量	JSSTLSL	N（9，2）	万 t			
19	备注	BZ	C（255）				

[4] 填写说明：

1）行政区划代码：水土保持治理区域的所属行政区，按最小包含原则填写，引用行政区划基本信息表。

2）行政区名称：行政区划的代码对应的中文名称，由行政区划基本信息表带入。

3）日期：统计年度，计至年。

4）地方性法规、规章、规范性文件发布：地方性法规、规章、规范性文件发布情况，计量单位为个，计至整数。

5）查处违法案件：查处的违法案件数量，计量单位为起，计至整数。

6）开发建设项目水土保持方案情况：开发建设项目水土保持方案的具体情况。

7）计划水土保持总投资：计划的水土保持投资总金额，计量单位为万元，计至两位小数。

8）设计防治责任范围：设计水土保持防治的责任范围，计量单位为 hm^2，计至两位小数。

9）设计拦挡弃土弃渣：设计的拦挡弃土弃渣数量，计量单位为 10^4 m^3，计至两位小数。

10）设计植被恢复：设计的植被恢复数量，计量单位为 hm^2，计至两位小数。

11）预测减少水土流失量：预测将会减少的水土流失量，计量单位为万 t，计至两位小数。

12）验收报备水土保持设施的开发建设项目：验收报备水土保持设施的开发建设项目的数量，计量单位为个，计至整数。

13）开发建设项目水土保持措施落实情况：开发建设项目水土保持措施落实的具体情况。

14）水土保持总投资：用于水土保持的投资总金额，计量单位为万元，计至两位小数。

15）防治责任范围：防治的责任范围，计量单位为 hm^2，计至两位小数。

16）拦挡弃土弃渣：实际拦挡弃土弃渣的数量，计量单位为 10^4 m^3，计至两位小数。

17）植被恢复：实际植被恢复的数量，计量单位为 hm^2，计至两位小数。

18）减少水土流失量：实际减少的水土流失量，计量单位为万 t，计至两位小数。

19）备注：必要的相关内容注解、描述。

主要参考资料

[1] 水利部. 水土保持数据库表结构及标识符[S]：SL 513—2011，2011.
[2] 水利部. 水利对象基础数据库表结构及标识符[S]：SL/T 809—2021，2021.
[3] 水利部. 水资源监控管理数据库表结构及标识符标准[S]：SL 380—2007，2007.
[4] 水利部. 水质数据库表结构及标识符[S]：SL 325—2014，2014.
[5] 水利部. 实时雨水情数据库表结构与标识符[S]：SL 323—2011，2011.
[6] 水利部. 水利政务信息数据库表结构及标识符[S]：SL 707—2015，2015.
[7] 国家水资源监控能力建设项目办公室. 基础数据库表结构与标识符[S]：SZY 301—2013，2014.
[8] 水利部. 水土保持监测点代码[S]：SL 452—2009，2009.
[9] 水利部. 小流域划分及编码规范[S]：SL 653—2013，2014.
[10] 水利部. 水环境监测规范[S]：SL 219—2013，2014.
[11] 水利部. 河湖生态保护与修复规划导则[S]：SL 709—2015，2015.
[12] 水利部. 河湖生态环境需水计算规范[S]：SL/Z 712—2014，2015.
[13] 水利部. 河湖健康评估技术导则[S]：SL/T 793—2020，2020.
[14] 国家质量监督检验检疫总局，中国国家标准化管理委员会. 水土保持术语[S]：GB/T 20465—2006，2006.
[15] 水利部. 土壤侵蚀分类分级标准[S]：SL 190—2007，2008.
[16] 陕西省市场监督管理局. 生态清洁小流域建设技术规范[S]：DB 61/T 1544—2022，2022.
[17] 水利部. 水土保持规划编制规范[S]：SL 335—2014，2014.
[18] 住房和城乡建设部，国家市场监督管理总局. 水土保持工程调查与勘测标准[S]：GB/T 51297—2018，2019.
[19] 国家质量监督检验检疫总局，住房和城乡建设部. 水土保持工程设计规范[S]：GB/T 51018—2014，2015.
[20] 水利部，住房和城乡建设部. 生产建设项目水土保持技术标准[S]：GB 50433—2018，2019.
[21] 住房和城乡建设部，国家市场监督管理总局. 生产建设项目水土流失防治标准[S]：GB/T 50434—2018，2019.
[22] 水利部. 水土保持监测技术规范[S]：SL 277—2002，2002.

第八节　水文化及景观

水文化是以水和水事活动为载体人们创造的一切与水有关文化现象的总和，包含水利文化的全部内容。物质层面的水文化主要包括水形态、水工程、水工具、水环境、水景观等。

水文化及景观章节建立了 2 张实体表。实现了水文化遗产、景观等的基础属性信息以及业务属性信息的管理，包括遗产的类型、年代、保护级别、埋藏深度、水文化路线的名称、起始点、水文化景观的名称、价值、保护级别等内容。共整理了 2 张表，15 个字段。水文化及景观实体关系如图 1-8 所示。

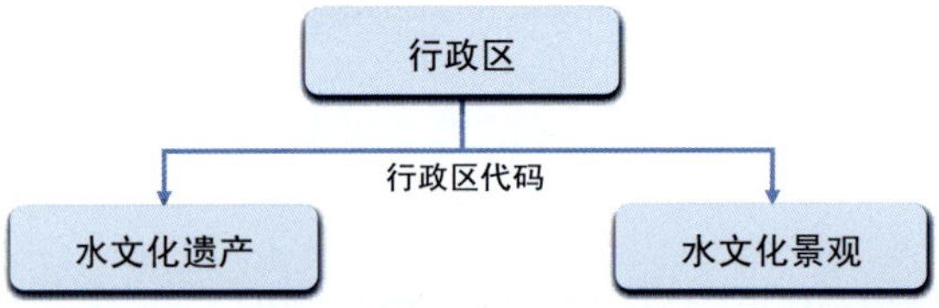

图 1-8　水文化及景观实体关系

1．（实体）水文化遗产信息表

[1] 表编号：010801001

[2] 表标识：SWHYCXXB

[3] 表说明：本表为水文化遗产信息表，属实体表，存储水文化遗产相关的信息。

序号	含义	字段名	数据类型	单位	必填	主键	外键
1	遗产名称	YCMC	C（10）		Y	Y	
2	行政区划代码	XZQHDM	C（10）				Y
3	水文化遗产类型	SWHYCLX	C（16）				
4	遗产年代	YCND	C（30）				
5	文物类别	WWLB	C（16）				
6	规模数量	GMSL	C（30）				
7	埋藏深度	MCSD	N（5，2）	m			
8	遗产价值	YCJZ	N（8，2）	万元			
9	保护级别	BHJB	C（6）				

[4] 填写说明：

1）遗产名称：水文化遗产名称。

2）行政区划代码：引用行政区划基本信息表。水文化遗产所属行政区划，按最小包含原则填写。

3）水文化遗产类型：指该水文化遗产的类型，填写工程类或管理类。

4）遗产年代：遗产考古年代。

5）文物类别：水文化遗产所属类别，填写历史文物或革命文物。

6）规模数量：水文化遗产规模数量描述。

7）埋藏深度：水文化遗产埋藏深度，仅当设施为地下遗产时填写，计量单位为 m，计至两位小数。

8）遗产价值：水文化遗产价值估价，计量单位为万元，计至两位小数。

9）保护级别：文物保护级别，填写一级、二级、三级、一般级别或其他。

2．（实体）水文化景观信息表

[1] 表编号：010802001

[2] 表标识：SWHJGXXB

[3] 表说明：本表为水文化景观信息表，属实体表，存储水文化景观相关的信息。

序号	含义	字段名	数据类型	单位	必填	主键	外键
1	景观名称	JGMC	C（20）		Y	Y	
2	行政区划代码	XZQHDM	C（10）				Y
3	文物类别	WWLB	C（16）				
4	规模数量	GMSL	C（30）				
5	景观价值	JGJZ	N（8，2）	万元			
6	保护级别	BHJB	C（6）				

[4] 填写说明：

1）景观名称：景观名称。

2）行政区划代码：引用行政区划基本信息表。

3）文物类别：水文化景观所属类别，填写历史文物或革命文物。

4）规模数量：文物规模数量描述。

5）景观价值：景观价值估价，计量单位为万元，计至两位小数。

6）保护级别：文物保护级别，填写一级、二级、三级、一般级别或其他。

主要参考资料

[1] 水利部. 大中型水利水电工程移民数据库表结构及标识符[S]：SL 603—2013，2013.

[2] 水利部. 水资源监控管理数据库表结构及标识符标准[S]：SL 380—2007，2007.

[3] 水利部. 水利对象基础数据库表结构及标识符[S]：SL/T 809—2021，2021.

[4] 水利部. 水利政务信息数据库表结构及标识符[S]：SL 707—2015，2015.

[5] 水利部. 水利风景区规划编制导则[S]：SL 471—2010，2010.

[6] 水利部. 水利风景区评价规范[S]：SL 300—2013，2014.

[7] 水利部. 水利信息分类[S]：SL 701—2014，2015.

[8] 水利部. 水利对象分类与编码总则[S]：SL/T 2013—2020，2020.

第二章 政务数据

水利水务政务数据，是指水行政主管部门工作中产生或获取的信息，即具有动态性、政策性、倾向性等特征，可作为领导了解情况、制定决策、指导工作依据和各单位进行情况交流的各类信息。水利水务政务信息分为公文信息、信访信息、行政许可信息、政务公开信息、电子监察信息、规划计划信息、水利财务信息、人事机构信息、安全监督信息等。

本章围绕水利水务政务数据的主要内容设置了人事教育、国际合作与科技管理、安全监督、纪检监察、综合办公、机关管理、财务审计、政策公开、行政许可 9 个部分，整理了 53 张表，782 个字段。水利水务政务实体关系如图 2-1 所示。

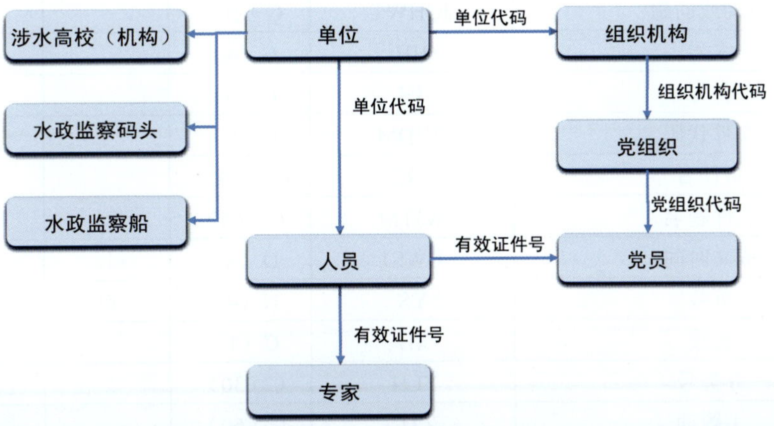

图 2-1 水利水务政务实体关系

第一节　人事教育

1.（载体）人员档案文件信息表

[1] 表编号：020101001

[2] 表标识：RYDAWJXXB

[3] 表说明：本表为人员档案文件信息表，属管理表，存储人员档案及案卷级目录信息。信息统计的载体对象为人员档案，统计指标包括档案基础信息及案卷目录信息。

序号	含义	字段名	数据类型	单位	必填	主键	外键
1	有效证件号	YXZJH	C（18）		Y	Y	Y
2	姓名	XM	C（32）				
3	档号	DH	C（40）		Y	Y	
4	全宗号	QZH	C（4）				
5	保管期限	BGQX	C（2）				
6	日期	RQ	D（4）				
7	立档单位名称	LDDWMC	C（64）				
8	机构或问题	JGHWT	C（10）				
9	盒号	HH	C（4）				
10	件号	JH	C（5）				
11	文件代码	WJDM	C（6）				
12	责任者	ZRZ	C（128）				
13	文件题名	WJTM	C（64）				
14	成文时间	CWSJ	D（8）				
15	页数	YS	N（4）	页			
16	密级	MJ	C（1）				Y
17	分类号	FLH	C（30）				
18	主题词	ZTC	C（60）				
19	提要	TY	C（255）				
20	稿本	GB	C（10）				
21	文种	WZ	C（8）				
22	载体类型	ZTLX	C（20）				
23	载体数量	ZTSL	N（3）	个			
24	载体单位	ZTDW	C（10）				
25	载体规格	ZTGG	C（20）				
26	存放位置	CFWZ	C（100）				
27	电子文件号	DZWJH	C（40）				
28	电子原文	DZYW	B				
29	目录号	MLH	C（3）				

序号	含义	字段名	数据类型	单位	必填	主键	外键
30	案卷号	AJH	C（4）				
31	案卷题名	AJTM	C（255）				
32	起始时间	QSSJ	D（8）				
33	终止时间	ZZSJ	D（8）				
34	件数	JS	N（4）	件			
35	立卷时间	LJSJ	D（8）				
36	备注	BZ	C（255）				

[4] 填写说明：

1）有效证件号：该档案所属人员的有效证件号，引用人员基本信息表。

2）姓名：该人员姓名，由人员基本信息表带入。

3）档号：指以字符形式赋予档案实体的用以固定和反映档案排列顺序的一组代码，其编码规则根据各档案馆（室）管理规定编制。

4）全宗号：是档案馆（室）给定每个全宗的代码，其编码规则为 1 位用汉语拼音字母+3 位流水号，汉语拼音字母标识全宗属性，后 3 位用阿拉伯数字标识某一类全宗的顺序号。

5）保管期限：指根据档案价值确定的档案应该保存的时间，其取值为：Y 永久，C 长期，D 短期，10 年，30 年。

6）日期：指文件形成日期，计至年。

7）立档单位名称：指形成全宗的单位名称。

8）机构或问题：问题作为文件分类方案的问题名称或规范化简称；机构作为文件分类方案的文件形成或承办机构的名称或规范化简称。

9）盒号：指档案盒上架排列的顺序号，采用 4 位顺序流水号表示。

10）件号：指文件排列的顺序号，采用 5 位顺序流水号表示。

11）文件代码：指文件制发过程中由制发机关、团体赋予文件的统一编号。

12）责任者：指对档案内容进行创造、负有责任的团体。

13）文件题名：指表达文件中心内容、形式特征的名称。

14）成文时间：指文件形成的签发时间，计至日。

15）页数：本份文件的页数，计量单位为页，计至整数。

16）密级：指文件保密程度的等级。存储《文献保密等级代码与标识》（GB/T 7156—2003）规定的文献保密等级数字代码，其取值及其含义见文献保密等级代码表。

17）分类号：指档案所居类目的代码，依据《中国档案分类法》的有关规定著录。

18）主题词：是表达档案主题内容的规范化的词或词组。

19）提要：指对文件内容的简介和评述，应力求反映其主题内容。

20）稿本：指文件的文稿、文本和版本。稿本依据实际情况著录为草稿、定稿、手稿、正本、副本、试行本、修订本等。

21）文种：指文件种类的名称。文种项依据实际情况著录为命令、决议、指示、通知、报告、批复、函、会议纪要、说明书、协议书、鉴定书、任务书、判决书、国书、照会、诰、敕、奏折等。

22）载体类型：指档案载体物质形态的种类。档案的载体类型分为纸质、照片、唱片、胶片、胶卷、印信、缩微制品、录音磁带、录像磁带、磁带、磁盘、光盘等。

23）载体数量：指档案载体物质形态的数量，计量单位为个，计至整数。

24）载体单位：指档案载体物质形态的统计单位。包括“页”“卷”“册”“张”“片”“盘”“盒”“米”等。

25）载体规格：指档案载体的尺寸及型号。

26）存放位置：指移交档案馆归档的档案存放在档案馆库房中的具体位置。

27）电子文件号：指该份文件对应的电子文件的编号，其编码规则根据各档案馆（室）管理规定编制。

28）电子原文：存储档案的电子原文信息。

29）目录号：指全宗内案卷所属目录的代码。

30）案卷号：指案卷排列的顺序号，采用 4 位顺序流水号表示。

31）案卷题名：指表达案卷内文件的中心内容、形式特征的名称。

32）起始时间：指案卷内文件最早形成的时间。

33）终止时间：指案卷内文件最迟形成的时间。

34）件数：指案卷内文件的数量，计量单位为件，计至整数。

35）立卷时间：指本案卷形成的时间，计至日。

36）备注：关于档案信息需要补充的其他信息。

2. （载体）人员工作履历信息表

[1] 表编号：020101002

[2] 表标识：RYGZLLXXB

[3] 表说明：本表为人员工作履历信息表，属管理表，存储人员工作履历信息。信息统计的实体对象为人员，统计指标为人员的工作履历。

序号	含义	字段名	数据类型	单位	必填	主键	外键
1	有效证件号	YXZJH	C（18）		Y	Y	Y
2	姓名	XM	C（32）				
3	工作履历编号	GZLLBH	N（2）		Y	Y	
4	起始日期	QSRQ	D（8）				
5	终止日期	ZZRQ	D（8）				
6	单位代码	DWDM	C（18）				Y
7	所在部门	SZBM	C（64）				
8	从事工作	CSGZ	C（64）				
9	担任职务	DRZW	C（40）				
10	证明人	ZMR	C（35）				
11	办公电话	BGDH	C（11）				
12	电子邮箱	DZYX	C（32）				
13	备注	BZ	C（255）				

[4] 填写说明：

1）有效证件号：该人员的有效证件号，引用人员基本信息表。

2）姓名：该人员姓名，由人员基本信息表带入。

3）工作履历编号：该人员的工作履历编号，按照工作履历的时间顺序从 1 开始编号。

4）起始日期：该人员在该单位的入职日期，参照标准《数据元和交换格式 信息交换 日期和时间表示法》（GB/T 7408—2005）。

5）终止日期：该人员在该单位的离职日期，参照标准《数据元和交换格式 信息交换 日期和时间表示法》（GB/T 7408—2005）。

6）单位代码：该人员曾经工作过的单位的代码，引用单位基本信息表。

7）所在部门：该人员在该单位工作时的部门名称。

8）从事工作：该人员在该单位从事的工作。

9）担任职务：该人员在该单位中所担任的行政职务的代码，参照《人才管理数据库表结构及标识符标准》（SL 453—2009）。

10）证明人：证明该人员以上信息的人的姓名。

11）办公电话：该人员在该单位任职期间的办公电话。

12）电子邮箱：该人员在该单位任职期间的电子邮箱。

13）备注：其他补充说明信息。

3. （管理）人员业绩信息表

[1] 表编号：020101003

[2] 表标识：RYYJXXB

[3] 表说明：本表为人员业绩信息表，属管理表，存储水利行业工作人员的业绩及参与项目信息。信息统计的实体对象为人员，统计指标包括该人员在统计时段内的所有业绩及参与项目情况。

序号	含义	字段名	数据类型	单位	必填	主键	外键
1	有效证件号	YXZJH	C（18）		Y	Y	Y
2	姓名	XM	C（32）				
3	业绩编号	YJBH	N（2）		Y	Y	
4	起始时间	QSSJ	D（8）				
5	截止时间	JZSJ	D（8）				
6	业绩名称	YJMC	C（32）				
7	业绩领域类别	YJLYLB	C（7）				
8	业绩简述	YJJS	C（255）				

[4] 填写说明：

1）有效证件号：引用人员基本信息表。

2）姓名：该人员姓名，由人员基本信息表带入。

3）业绩编号：该人员的业绩编号。

4）起始时间：指人员业绩统计的起始日期，计至日。

5）截止时间：指人员业绩统计的截止日期，计至日。

6）业绩名称：该人员在该工作领域为国家作出贡献的工作和事业的名称。

7）业绩领域类别：该人员工作业绩的专业领域分类，参照《学科分类与代码》（GB/T 13745—2009）。

8）业绩简述：该人员工作业绩和贡献的简要说明。

4. （管理）调整交流信息表

[1] 表编号：020101004

[2] 表标识：TZJLXXB

[3] 表说明：本表为调整交流信息表，属管理表，存储水利行业工作人员跨单位、跨部门等的调整交流信息。信息统计的实体对象为人员，统计指标为该人员调整、交流相关信息。

序号	含义	字段名	数据类型	单位	必填	主键	外键
1	有效证件号	YXZJH	C（18）		Y	Y	Y
2	姓名	XM	C（32）				
3	调整交流编号	TZJLBH	N（2）		Y	Y	
4	原单位	YDW	C（18）				Y
5	新单位	XDW	C（18）				Y
6	原部门	YBM	C（64）				
7	新部门	XBM	C（64）				
8	原职务	YZW	C（64）				
9	新职务	XZW	C（64）				
10	原职务级别	YZWJB	C（16）				
11	新职务级别	XZWJB	C（16）				
12	原职务类别	YZWLB	C（16）				
13	新职务类别	XZWLB	C（16）				
14	变动日期	BDRQ	D（8）				
15	变动类别	BDLB	C（16）				
16	职务升降	ZWSJ	C（16）				
17	是否达到任职年限	SFDDRZNX	C（2）				

[4] 填写说明：

1）有效证件号：指调整交流人员的身份证号，引用人员基本信息表。

2）姓名：该人员姓名，由人员基本信息表带入。

3）调整交流编号：指该人员调整交流的编号，为两位数字。

4）原单位：该人员原任职单位的单位代码，引用单位基本信息表。

5）新单位：该人员新任职单位的单位代码，引用单位基本信息表。

6）原部门：该人员原任职工作部门名称。

7）新部门：该人员新任职工作部门名称。

8）原职务：该人员原任职职务名称。

9）新职务：该人员新任职职务名称。

10）原职务级别：该人员原任职务等级。

11）新职务级别：该人员新任职务等级。

12）原职务类别：该人员原任职务在相应工作机构领导班子中的职务类别。

13）新职务类别：该人员新任职务在相应工作机构领导班子中的职务类别。

14）变动日期：该人员职务变动发生的日期，一般为由具有法定管理权限的机构所签发文件确定的该职务任职或免职的日期，参照《数据元和交换格式　信息交换　日期和时间表示法》（GB/T 7408—2005）。

15）变动类别：该人员新任职务相对于原任职务变动的类别划分。

16）职务升降：该人员新任职务相对于原任职务变动情况，填写升职、降职或无升降。

17）是否达到任职年限：该人员职务变动是否达到任职年限，填写是或否。

5. （载体）专业技术职务（资格）信息表

[1] 表编号：020101005

[2] 表标识：ZYJSZWZGXXB

[3] 表说明：存储人员专业技术职务（资格）信息。

序号	含义	字段名	数据类型	单位	必填	主键	外键
1	有效证件号	YXZJH	C（18）		Y	Y	Y
2	姓名	XM	C（32）				
3	专业技术职务（资格）代码	ZYJSZWZGDM	C（64）		Y	Y	
4	取得途径	QDTJ	C（64）				
5	取得日期	QDRQ	D（8）				
6	任职起始日期	RZQSRQ	D（8）				
7	任职终止日期	RZZZRQ	D（8）				
8	聘任单位代码	PRDWDM	C（18）				Y
9	聘任情况	PRQK	C（64）				
10	职称级别	ZCJB	C（16）				
11	备注	BZ	C（255）				

[4] 填写说明：

1）有效证件号：指该人员的有效证件号，引用人员基本信息表。

2）姓名：该人员姓名，由人员基本信息表带入。

3）专业技术职务（资格）代码：该人员由专业技术职务任职资格评审委员会评审并正式批准或参加国家统一专业技术职务资格考试合格而取得的专业技术。

4）取得途径：参照《取得专业技术职务任职资格途径代码》（ZRB24—2006/QDTJ）。

5）取得日期：该人员取得专业技术任职资格正式批准日期，以资格证书为准，参照《数据元和交换格式 信息交换 日期和时间表示法》（GB/T 7408—2005）。

6）任职起始日期：专业技术职务聘任通知书和聘书所认定的聘任开始日期，参照《数据元和交换格式 信息交换 日期和时间表示法》（GB/T 7408—2005）。

7）任职终止日期：专业技术职务聘任通知书和聘书所认定的聘任终止日期，参照《数据元和交换格式 信息交换 日期和时间表示法》（GB/T 7408—2005）。

8）聘任单位代码：给该人员颁发聘任通知书的单位代码，引用单位基本信息表。

9）聘任情况：指该人员被聘任的情况，参照《聘任情况代码》（RB016—2006/PRQK）。

10）职称级别：指该人员取得的专业技术职务任职资格的级别，参照《职称级别》（RB017—2006/ZCJB）。

11）备注：其他补充说明信息。

6. （载体）人员资质信息表

[1] 表编号：020101006

[2] 表标识：RYZZXXB

[3] 表说明：存储人员取得的专业资质信息。

序号	含义	字段名	数据类型	单位	必填	主键	外键
1	有效证件号	YXZJH	C（18）		Y	Y	Y
2	姓名	XM	C（32）				
3	资质类型	ZZLX	C（1）		Y	Y	Y
4	资格证书号	ZGZSH	C（64）		Y	Y	
5	单位代码	DWDM	C（18）		Y		Y
6	注册编号	ZCBH	C（64）				
7	资质等级	ZZDJ	C（6）				

序号	含义	字段名	数据类型	单位	必填	主键	外键
8	专业技术职务任职资格	ZYJSZWRZZG	C（64）				
9	注册专业	ZCZY	C（64）				
10	有效期至	YXQZ	D（8）				
11	发证机关	FZJG	C（64）				

[4] 填写说明：

1）有效证件号：指该人员的有效证件号，引用人员基本信息表。

2）姓名：该人员姓名，由人员基本信息表带入。

3）资质类型：指该人员取得资质类型，取值及其含义见资质类型代码表。

4）资格证书号：指该人员资质的资格证书上载明的证书编号。

5）单位代码：指该人员资质证书所注册单位的组织机构代码，引用单位基本信息表。

6）注册编号：指该人员资质的注册证书上载明的证书编号。

7）资质等级：指该人员资质资格证书上载明的等级。

8）专业技术职务任职资格：专业技术职务是根据实际工作需要设置的，有明确职责、任职条件和任期，并且需要具备专门的业务知识和技术水平才能担负的工作岗位，该处填写专业技术职务任职资格名称。

9）注册专业：指该人员资质注册证书上载明的执业类别。

10）有效期至：指该人员资质注册证书上载明的有效期限。

11）发证机关：指该人员资质证书的发证机关名称。

7. （管理）任职公示信息表

[1] 表编号：020101007

[2] 表标识：RZGSXXB

[3] 表说明：存储各级组织部门研究决定的对干部人员进行任职前的公示信息。

序号	含义	字段名	数据类型	单位	必填	主键	外键
1	公示代码	GSDM	C（10）		Y	Y	
2	公示时间	GSSJ	D（8）		Y		
3	公示内容	GSNR	C（255）		Y		
4	公示说明	GSSM	C（255）				

[4] 填写说明：

1）公示代码：任职公示在系统中的编号。

2）公示时间：指对干部人选任职进行公示的时间，计至日。

3）公示内容：指将拟提拔担任地（厅）、司（局）级以下领导职务的干部人选，在党委（党组）讨论决定后下发的任职前公示通知。

4）公示说明：指对任职公示的说明。

8. （管理）人员离（退）休信息数据表

[1] 表编号：020101008

[2] 表标识：RYLTXXXSJB

[3] 表说明：本表为人员离（退）休信息数据表，属管理表，存储人员离（退）休信息。信息统计的实体对象为人员，统计指标为人员离（退）休基本信息。

序号	含义	字段名	数据类型	单位	必填	主键	外键
1	有效证件号	YXZJH	C（18）		Y	Y	Y
2	姓名	XM	C（32）				
3	离退休类别	LTXLB	C（2）				
4	离退休时间	LTXSJ	D（8）				
5	离退休后享受的待遇级别	LTXHXSDDYJB	C（2）				
6	离退休费支付单位	LTXFZFDW	C（3）				
7	离退休费	LTXF	N（5）	元			
8	离退休后现管理单位	LTXHXGLDW	C（64）				
9	返聘情况	FPQK	C（64）				
10	死亡时间	SWSJ	D（8）				

[4] 填写说明：

1）有效证件号：引用人员基本信息表。

2）姓名：该人员姓名，由人员基本信息表带入。

3）离退休类别：该人员离退休的类别划分，填写离休、退休、退职、退养或其他。

4）离退休时间：经组织、干部、人事部门批准的该人员离退休日期，参照《数据元和交换格式 信息交换 日期和时间表示法》（GB/T 7408—2005），计至日。

5）离退休后享受的待遇级别：经组织、干部、人事部门批准，该人员离退休后，现享有待遇的类别划分，参照国家相关标准。

6）离退休费支付单位：该人员离退休后离退休费的支付单位名称。

7）离退休费：指按国家有关规定每个月发给离退休人员的基本离退休费，计量单位为元，计至整数。

8）离退休后现管理单位：该人员离退休后的管理单位名称。

9）返聘情况：该人员离退休后的返聘的情况。

10）死亡时间：该人员的死亡日期，参照《数据元和交换格式 信息交换 日期和时间表示法》（GB/T 7408—2005），计至日。

9. （管理）水利行业状况表

[1] 表编号：020101009

[2] 表标识：SLHYZKB

[3] 表说明：存储年度年末水利行业相关数据基本状况。

序号	含义	字段名	数据类型	单位	必填	主键	外键
1	行政区划代码	XZQHDM	C（18）		Y	Y	Y
2	行政区划名称	XZQHMC	C（32）				
3	日期	RQ	D（4）		Y	Y	
4	水利单位总数	SLDWZS	N（5）	个			
5	从业人员总数	CYRYZS	N（4，2）	万人			
6	机关单位总数	JGDWZS	N（5）	个			
7	机关单位从业人员数	JGDWCYRYS	N（4，2）	万人			
8	事业单位总数	SYDWZS	N（5）	个			
9	事业单位从业人员数	SYDWCYRYS	N（4，2）	万人			
10	企业总数	QYZS	N（5）	个			
11	企业从业人员数	QYCYRYS	N（4，2）	万人			

序号	含义	字段名	数据类型	单位	必填	主键	外键
12	社团及其他组织总数	STJQTZZZS	N（5）	个			
13	社团及其他组织从业人员数	STJQTZZCYRYS	N（4，2）	万人			
14	水利系统从业人员总数	SLXTCYRYZS	N（4，2）	万人			
15	水利系统在岗职工总数	SLXTZGZGZS	N（4，2）	万人			
16	部直属单位在岗职工总数	BZSDWZGZGZS	N（4，2）	万人			
17	地方水利系统在岗职工总数	DFSLXTZGZGZS	N（4，2）	万人			
18	水利系统在岗职工工资总额	SLXTZGZGGZZE	N（4，2）	亿元			
19	水利系统在岗职工年均工资	SLXTZGZGNJGZ	N（3，1）	万元			

[4] 填写说明：

1）行政区划代码：指水利行业状况统计的行政区划单元，引用行政区划基本信息表。

2）行政区名称：行政区划的代码对应的中文名称，由行政区划基本信息表带入。

3）日期：指信息统计的时间单元，计至年。

4）水利单位总数：指统计年统计区内从事水利活动的各类县级及以上独立核算法人单位的个数，计量单位为个，计至整数。

5）从业人员总数：指统计年统计区内水利单位从业人员总数，计量单位为万人，计至两位小数。

6）机关单位总数：指统计年统计区内水利机关单位总数，计量单位为个，计至整数。

7）机关单位从业人员数：指统计年统计区内水利机关单位从业人员总数，计量单位为万人，计至两位小数。

8）事业单位总数：指统计年统计区内水利事业单位总数，计量单位为个，计至整数。

9）事业单位从业人员数：指统计年统计区内水利事业单位从业人员总数，计量单位为万人，计至两位小数。

10）企业总数：指统计年统计区内涉水企业总数，计量单位为个，计至整数。

11）企业从业人员数：指统计年统计区内涉水企业从业人员总数，计量单位为万人，计至两位小数。

12）社团及其他组织总数：指统计年统计区内涉水社团及其他组织总数，计量单位为个，计至整数。

13）社团及其他组织从业人员数：指统计年统计区内涉水社团及其他组织从业人员总数，计量单位为万人，计至两位小数。

14）水利系统从业人员总数：指统计年统计区内水利系统从业人员总数，计量单位为万人，计至两位小数。

15）水利系统在岗职工总数：指统计年统计区内水利系统在岗职工总数，计量单位为万人，计至两位小数。

16）部直属单位在岗职工总数：指统计年统计区内部直属单位在岗职工总数，计量单位为万人，计至两位小数。

17）地方水利系统在岗职工总数：指统计年统计区内地方水利系统在岗职工总数，计量单位为万人，计至两位小数。

18）水利系统在岗职工工资总额：指统计年统计区内水利系统在岗职工工资总额，计量单位为亿元，计至两位小数。

19）水利系统在岗职工年均工资：指统计年统计区内水利系统在岗职工年均工资，计量单位为万元，计至一位小数。

10. （实体）涉水高等教育学校（机构）基本信息表

[1] 表编号：020101010

[2] 表标识：SSGDJYXXJGJBXXB

[3] 表说明：存储涉及水利专业的高等教育学校（机构）基本属性信息。

序号	含义	字段名	数据类型	单位	必填	主键	外键
1	涉水高等教育学校机构代码	SSGDJYXXJGDM	C（18）		Y	Y	Y
2	涉水高等教育学校机构名称	SSGDJYXXJGMC	C（64）				
3	行政区划代码	XZQHDM	C（10）				Y
4	经度	JD	N（10，6）	（°）			
5	纬度	WD	N（10，6）	（°）			
6	详细地址	XXDZ	C（64）				
7	学校机构类型	XXJGLX	C（4）				Y
8	是否培养研究生	SFPYYJS	C（2）				
9	成立时间	CLSJ	D（8）				
10	销户时间	XHSJ	D（8）				

[4] 填写说明：

1）涉水高等教育学校机构代码：指涉水高等教育学校（机构）的组织机构代码，引用单位基本信息表。

2）涉水高等教育学校机构名称：指涉水高等教育学校（机构）的中文名称。

3）行政区划代码：指该学校机构所属的行政区划代码，引用行政区划基本信息表。

4）经度：指该学校（机构）所在位置的经度，采用 2000 国家大地坐标系（CGCS2000）。

5）纬度：指该学校（机构）所在位置的纬度，采用 2000 国家大地坐标系（CGCS2000）。

6）详细地址：指该学校（机构）所在位置的详细地址。

7）学校（机构）类型：指学校（机构）的类型，其取值及其含义见学校（机构）类型代码表。

8）是否培养研究生：指学校（机构）是否培养研究生，填写是或否。

9）成立时间：指学校（机构）的成立时间，计至日。

10）销户时间：指学校（机构）的销户时间，计至日。

11. （管理）涉水高等教育学校（机构）人才培养统计信息表

[1] 表编号：020101011

[2] 表标识：SSGDJYXXJGRCPYTJXXB

[3] 表说明：存储涉水高等教育学校（机构）年度人才培养统计信息。

序号	含义	字段名	数据类型	单位	必填	主键	外键
1	涉水高等教育学校机构代码	SSGDJYXXJGDM	C（18）		Y	Y	Y
2	涉水高等教育学校机构名称	SSGDJYXXJGMC	C（64）		Y		
3	日期	RQ	D（4）		Y	Y	
4	博士研究生毕业人数	BSYJSBYRS	N（5）	人			
5	硕士研究生毕业人数	SSYJSBYRS	N（5）	人			
6	普通本科生毕业人数	PTBKSBYRS	N（5）	人			
7	专科学生毕业人数	ZKXSBYRS	N（5）	人			
8	博士研究生招生人数	BSYJSZSRS	N（5）	人			
9	硕士研究生招生人数	SSYJSZSRS	N（5）	人			
10	普通本科生招生人数	PTBKSZSRS	N（5）	人			
11	专科学生招生人数	ZKXSZSRS	N（5）	人			
12	博士研究生在校生人数	BSYJSZXSRS	N（5）	人			
13	硕士研究生在校生人数	SSYJSZXSRS	N（5）	人			
14	普通本科生在校生人数	PTBKSZXSRS	N（5）	人			

序号	含义	字段名	数据类型	单位	必填	主键	外键
15	专科学生在校生人数	ZKXSZXSRS	N（5）	人			
16	博士研究生预计毕业生数	BSYJSYJBYSS	N（5）	人			
17	硕士研究生毕业生数	SSYJSYJBYSS	N（5）	人			

[4] 填写说明：

1）涉水高等教育学校机构代码：指信息统计的涉水高等教育学校（机构）代码，引用涉水高等教育学校（机构）基本信息表。

2）涉水高等教育学校机构名称：指信息统计的涉水高等教育学校（机构）名称。

3）日期：信息统计日期，计至年。

4）博士研究生毕业人数：指统计年度该涉水高等教育学校（机构）的博士研究生毕业人数，计量单位为人，计至整数。

5）硕士研究生毕业人数：指统计年度该涉水高等教育学校（机构）的硕士研究生毕业人数，计量单位为人，计至整数。

6）普通本科生毕业人数：指统计年度该涉水高等教育学校（机构）的普通本科生毕业人数，计量单位为人，计至整数。

7）专科学生毕业人数：指统计年度该涉水高等教育学校（机构）的专科学生毕业人数，计量单位为人，计至整数。

8）博士研究生招生人数：指统计年度该涉水高等教育学校（机构）的博士研究生招生人数，计量单位为人，计至整数。

9）硕士研究生招生人数：指统计年度该涉水高等教育学校（机构）的硕士研究生招生人数，计量单位为人，计至整数。

10）普通本科生招生人数：指统计年度该涉水高等教育学校（机构）的普通本科生招生人数，计量单位为人，计至整数。

11）专科学生招生人数：指统计年度该涉水高等教育学校（机构）的专科学生招生人数，计量单位为人，计至整数。

12）博士研究生在校生人数：指统计年度该涉水高等教育学校（机构）的博士研究生在校生人数，计量单位为人，计至整数。

13）硕士研究生在校生人数：指统计年度该涉水高等教育学校（机构）的硕士研究生在校生人数，计量单位为人，计至整数。

14）普通本科生在校生人数：指统计年度该涉水高等教育学校（机构）的普通本科生在校生人数，计量单位为人，计至整数。

15）专科学生在校生人数：指统计年度该涉水高等教育学校（机构）的专科学生在校生人数，计量单位为人，计至整数。

16）博士研究生预计毕业生数：指统计年度该涉水高等教育学校（机构）的博士研究生预计毕业生数，计量单位为人，计至整数。

17）硕士研究生预计毕业生数：指统计年度该涉水高等教育学校（机构）的硕士研究生预计毕业生数，计量单位为人，计至整数。

12. （管理）水利教育体系信息表

[1] 表编号：020101012

[2] 表标识：SLJYTXXXB

[3] 表说明：存储统计年度年末培养水利相关专业学生的高等教育学校（机构）数据信息。

序号	含义	字段名	数据类型	单位	必填	主键	外键
1	行政区划代码	XZQHDM	C（18）		Y	Y	Y
2	行政区名称	XZQMC	C（32）				
3	日期	RQ	D（4）		Y	Y	
4	科研机构总数	KYJGZS	N（4）	所			
5	科研机构在职教职工数	KYJGZZJZGS	N（5，2）	万人			
6	普通本科学校总数	PTBKXXZS	N（4）	所			
7	普通本科学校在职教职工数	PTBKXXZZJZGS	N（5，2）	万人			
8	本科层次职业学校数	BKCCZYXXS	N（4）	所			
9	本科层次职业学校在职教职工数	BKCCZYXXZZJZGS	N（5，2）	万人			
10	高职或专科学校总数	GZHZKXXZS	N（4）	所			
11	高职或专科学校在职教职工数	GZHZKXXZZJZGS	N（5，2）	万人			
12	成人高等学校总数	CRGDXXZS	N（4）	所			
13	成人高等学校在职教职工数	CRGDXXZZJZGS	N（5，2）	万人			
14	其他普通高教机构总数	QTPTGJJGZS	N（4）	所			
15	其他普通高教机构在职教职工数	QTPTGJJGZZJZGS	N（5，2）	万人			

[4] 填写说明：

1）行政区划代码：指水利教育体系信息统计的行政区划单元，引用行政区划基本信息表。

2）行政区名称：行政区划的代码对应的中文名称，由行政区划基本信息表带入。

3）日期：信息统计日期，计至年。

4）科研机构总数：指统计年统计区内培养水利相关专业研究生的科研机构总数，计量单位为所，计至整数。

5）科研机构在职教职工数：指统计年统计区内培养水利相关专业研究生的科研机构在职教职工数，计量单位为万人，计至两位小数。

6）普通本科学校总数：指统计年统计区内普通本科学校总数，计量单位为所，计至整数。

7）普通本科学校在职教职工数：指统计年统计区内普通本科学校在职教职工数，计量单位为万人，计至两位小数。

8）本科层次职业学校数：指统计年统计区内本科层次职业学校数，计量单位为所，计至整数。

9）本科层次职业学校在职教职工数：指统计年统计区内本科层次职业学校在职教职工数，计量单位为万人，计至两位小数。

10）高职或专科学校总数：指统计年统计区内高职或专科学校总数，计量单位为所，计至整数。

11）高职或专科学校在职教职工数：指统计年统计区内高职或专科学校在职教职工数，计量单位为万人，计至两位小数。

12）成人高等学校总数：指统计年统计区内成人高等学校总数，计量单位为所，计至整数。

13）成人高等学校在职教职工数：指统计年统计区内成人高等学校在职教职工数，计量单位为万人，计至两位小数。

14）其他普通高教机构总数：指统计年统计区内其他普通高教机构总数，计量单位为所，计至整数。

15）其他普通高教机构在职教职工数：指统计年统计区内其他普通高教机构在职教职工数，计量单位为万人，计至两位小数。

第二节 国际合作与科技管理

1. （载体）科技项目信息表

[1] 表编号：020201001

[2] 表标识：KJXMXXB

[3] 表说明：存储国内涉水科技项目基本属性信息。

序号	含义	字段名	数据类型	单位	必填	主键	外键
1	项目编号	XMBH	C（15）		Y	Y	
2	项目名称	XMMC	C（64）		Y		
3	实施地区	SSDQ	C（64）				
4	学科分类	XKFL	C（2）				Y
5	起始时间	QSSJ	D（8）				
6	结束时间	JSSJ	D（8）				
7	批准年份	PZNF	D（4）				
8	任务来源	RWLY	C（2）				Y
9	承担单位	CDDW	C（64）				
10	邮政编码	YZBM	C（6）				
11	项目负责人	XMFZR	C（30）				
12	联系人	LXR	C（30）				
13	联系电话	LXDH	C（18）				
14	手机号码	SJHM	C（11）				
15	联系地址	LXDZ	C（64）				
16	电子邮箱	DZYX	C（32）				
17	组织验收机构	ZZYSJG	C（64）				
18	验收时间	YSSJ	D（8）				
19	验收委员会主任委员	YSWYHZRWY	C（32）				
20	验收委员会组成人员	YSWYHZCRY	C（255）				
21	主题词	ZTC	C（64）				
22	内容摘要	NRZY	C（255）				
23	项目报告	XMBG	B				

[4] 填写说明：

1）项目编号：项目编号应为任务书、合同书或其他文件确定的该项目的编号。

2）项目名称：任务书、合同书或其他文件确定的该项目的名称。

3）实施地区：项目实施的地区，一般用省（自治区、直辖市）表示，多个省（自治区、直辖市）用“；”隔开。

4）学科分类：项目的学科类别，取值及其含义见学科分类代码表。

5）起始时间：任务书、合同书或其他文件确定的该项目的起始时间，按照《数据元和交换格式 信息交换日期和时间表示法》（GB/T 7408—2005）的规定执行。

6）结束时间：任务书、合同书或其他文件确定的该项目的结束时间，按照《数据元和交换格式 信息交换 日期和时间表示法》（GB/T 7408—2005）的规定执行。

7）批准年份：项目下达或批准的年份，计至年。

8）任务来源：下达该项目任务的机构名称，取值及其含义见任务来源类别代码表。

9）承担单位：承担该项目的单位或团体名称。

10）邮政编码：该项目第一承担单位所在地的邮政编码。

11）项目负责人：该项目的项目负责人姓名。

12）联系人：该项目联系人姓名。

13）联系电话：该项目联系人的电话号码。

14）手机号码：该项目联系人的手机号码。

15）联系地址：该项目所在地的具体联系地址。

16）电子邮箱：该项目用于工作对外的具体电子邮箱地址。

17）组织验收机构：组织该项目验收工作的机构或对外名称。

18）验收时间：该项目验收的时间，按照《数据元和交换格式 信息交换 日期和时间表示法》（GB/T 7408—2005）的规定执行。

19）验收委员会主任委员：该项目验收委员会主任委员姓名。

20）验收委员会组成人员：该项目验收委员会成员姓名，多个用“；”隔开。

21）主题词：该项目的主要关键词。

22）内容摘要：该项目研究、开发的内容摘要。

23）项目报告：该项目的报告全文，用二进制存储。

2. （载体）国际合作项目信息表

[1] 表编号：020201002

[2] 表标识：GJHZXMXXB

[3] 表说明：存储国际涉水科技项目基本属性信息。

序号	含义	字段名	数据类型	单位	必填	主键	外键
1	项目编号	XMBH	C（15）		Y	Y	
2	项目名称	XMMC	C（64）		Y		
3	实施地区	SSDQ	C（64）				
4	学科分类	XKFL	C（2）				Y
5	起始时间	QSSJ	D（8）				
6	结束时间	JSSJ	D（8）				
7	保密级别	BMJB	C（2）				Y
8	批准年份	PZNF	D（4）				
9	任务来源	RWLY	C（2）				Y
10	承担单位	CDDW	C（64）				
11	邮政编码	YZBM	C（6）				
12	项目负责人	XMFZR	C（32）				
13	联系人	LXR	C（32）				
14	联系电话	LXDH	C（18）				
15	电子邮箱	DZYX	C（32）				
16	国际合作对外名称	GJHZDWMC	C（128）				

序号	含义	字段名	数据类型	单位	必填	主键	外键
17	国别	GB	C（12）				
18	合作对外负责人	HZDWFZR	C（32）				
19	合作单位联系人	HZDWLXR	C（32）				
20	合作对外联系人电话	HZDWLXRDH	C（18）				
21	合作单位联系人电子邮箱	HZDWLXRDZYX	C（32）				
22	组织验收机构	ZZYSJG	C（64）				
23	验收时间	YSSJ	D（8）				
24	验收委员会主任委员	YSWYHZRWY	C（32）				
25	验收委员会组成人员	YSWYHZCRY	C（128）				
26	主题词	ZTC	C（64）				
27	内容摘要	NRZY	C（255）				
28	项目报告	XMBG	B				

[4] 填写说明：

1）项目编号：项目编号应为任务书、合同书或其他文件确定的该项目的编号。

2）项目名称：任务书、合同书或其他文件确定的该项目的名称。

3）实施地区：项目在中国境内实施的地区，一般用省（自治区、直辖市）表示，多个省（自治区、直辖市）用“；”隔开。

4）学科分类：项目的学科类别，取值及其含义见学科分类代码表。

5）起始时间：任务书、合同书或其他文件确定的该项目的起始时间，按照《数据元和交换格式　信息交换　日期和时间表示法》（GB/T 7408—2005）的规定执行。

6）结束时间：任务书、合同书或其他文件确定的该项目的结束时间，按照《数据元和交换格式　信息交换　日期和时间表示法》（GB/T 7408—2005）的规定执行。

7）保密级别：该项目的保密级别，取值及其含义见文献保密等级代码表。

8）批准年份：项目下达或批准的年份。

9）任务来源：下达该项目任务的机构名称，取值及其含义见任务来源类别代码表。

10）承担单位：承担该项目的单位或团体名称。

11）邮政编码：该项目第一承担单位所在地的邮政编码。

12）项目负责人：该项目的项目负责人姓名。

13）联系人：该项目联系人姓名。

14）联系电话：该项目联系人的电话号码。

15）电子邮箱：该项目用于工作对外的具体电子邮箱地址。

16）国际合作对外名称：参与该项目的国际组织、公司或机构的名称，多个单位用“；”隔开。

17）国别：参与该项目的国外单位所在国家代码，多个国家用“；”隔开，按照《世界各国和地区及其行政区划名称代码》（GB/T 2659.1—2022）的规定执行。

18）合作对外负责人：该项目国际合作单位的项目负责人姓名。

19）合作单位联系人：该项目国际合作单位的项目联系人姓名。

20）合作对外联系人电话：该项目国际合作单位联系人的办公电话。

21）合作单位联系人电子邮箱：该项目国际合作单位联系人常用的电子邮箱地址。

22）组织验收机构：组织该项目验收工作的机构或对外名称。

23）验收时间：该项目验收的时间，按照《数据元和交换格式　信息交换　日期和时间表示法》

（GB/T 7408—2005）的规定执行。

24）验收委员会主任委员：该项目验收委员会主任委员姓名。

25）验收委员会组成人员：该项目验收委员会成员名单，多个用“；”隔开。

26）主题词：该项目的主要关键词。

27）内容摘要：该项目研究、开发的内容摘要。

28）项目报告：该项目的报告全文，用二进制存储。

3.（管理）出国（境）信息数据表

[1] 表编号：020201003

[2] 表标识：CGJXXSJB

[3] 表说明：描述人员出国或出境相关信息。

序号	含义	字段名	数据类型	单位	必填	主键	外键
1	有效证件号	YXZJH	C（18）		Y	Y	Y
2	姓名	XM	C（32）				
3	出国或出境时间	CGHCJSJ	D（8）		Y	Y	
4	回国或入境时间	HGHRJSJ	D（8）				
5	出国或出境目的	CGHCJMD	C（2）				
6	所去国家或地区	SQGJHDQ	C（3）				
7	所去单位	SQDW	C（128）				
8	派出单位	PCDW	C（128）				
9	团组名称	TZMC	C（128）				
10	审批单位	SPDW	C（128）				
11	审批文号	SPWH	C（32）				
12	审批日期	SPRQ	D（8）				

[4] 填写说明：

1）有效证件号：该人的有效证件号，引用人员基本信息表。

2）姓名：该人员姓名，由人员基本信息表带入。

3）出国或出境时间：该人员出国（出境）的时间，计至日。

4）回国或入境时间：该人员回国（入境）的时间，计至日。

5）出国或出境目的：该人员此次出国（境）的目的。

6）所去国家或地区：该人员此次出国（境）所到的国家（地区）代码，参照《世界各国和地区及其行政区划名称代码》（GB/T 2659.1—2022）。

7）所去单位：该人员此次出国（境）所到的单位名称。

8）派出单位：该人员此次出国（境）派出单位的名称。

9）团组名称：组织该人员此次出国（境）的团组名称。

10）审批单位：审批该人员此次出国（境）的单位单位名称。

11）审批文号：该人员此次出国（境）审批文号。

12）审批日期：该人员此次出国（境）的审批日期，计至日。

4. （载体）成果基本信息表

[1] 表编号：020201004

[2] 表标识：CGJBXXB

[3] 表说明：存储水利行业科研（科技）成果基本信息。

序号	含义	字段名	数据类型	单位	必填	主键	外键
1	成果编号	CGBH	C（10）		Y	Y	
2	成果名称	CGMC	C（64）		Y		
3	成果英文名称	CGYWMC	C（64）				
4	单位代码	DWDM	C（18）				Y
5	主要负责人	ZYFZR	C（18）				Y
6	实施地区	SSDQ	C（128）				
7	申报单位	SBDW	C（64）				
8	学科分类	XKFL	C（2）				Y
9	完成人	WCR	C（128）				
10	完成单位	WCDW	C（128）				
11	任务来源	RWLY	C（64）				
12	起始时间	QSSJ	D（8）				
13	完成时间	WCSJ	D（8）				
14	科研投资	KYTZ	N（12，4）	万元			
15	国家投资	GJTZ	N（12，4）	万元			
16	配套投资	PTTZ	N（12，4）	万元			
17	组织评价机构	ZZPJJG	C（64）				
18	评价时间	PJSJ	D（8）				
19	评价委员会主任委员	PJWYHZRWY	C（30）				
20	评价委员会组成人员	PJWYHZCRY	C（180）				
21	评价形式	PJXS	C（2）				Y
22	研究类别	YJLB	C（2）				Y
23	成果水平	CGSP	C（16）				
24	成果密级	CGMJ	C（2）				Y
25	应用情况	YYQK	C（255）				
26	经济效益	JJXY	N（12，4）	万元			
27	主题词	ZTC	C（30）				
28	成果简介	CGJJ	C（255）				
29	成果报告	CGBG	B				
30	获奖情况	HJQK	C（255）				

[4] 填写说明：

1）成果编号：该科技成果的唯一标识。

2）成果名称：该科技成果的名称。

3）成果英文名称：该科技成果的英文名称。

4）单位代码：该科技成果所属的单位代码，引用单位基本信息表。

5）主要负责人：该科技成果的主要负责人代码，引用人员基本信息表。

6）实施地区：项目实施的地区名称，一般用省（自治区、直辖市）表示，多个省（自治区、直辖市）用

"；"隔开。

7）申报单位：申报该科技成果的具体单位名称。

8）学科分类：项目的学科类别，取值及其含义见学科分类代码表。

9）完成人：该科技成果完成人的姓名，多个姓名用"；"隔开，按照成果申报人员的顺序排序。

10）完成单位：该科技成果完成单位的名称，多个单位用"；"隔开，按照成果申报单位的顺序排序。

11）任务来源：下达该项目任务的机构名称。

12）起始时间：该科技成果研究的起始时间，计至日。

13）完成时间：该科技成果研究的结束时间，计至日。

14）科研投资：该科技成果的科研总投资额，计量单位为万元，计至四位小数。

15）国家投资：该科技成果的中央政府投资额，计量单位为万元，计至四位小数。

16）配套投资：该科技成果的地方或部门配套投资额，计量单位为万元，计至四位小数。

17）组织评价机构：组织该项目验收工作的机构或对外名称。

18）评价时间：该项目验收的时间，计至日。

19）评价委员会主任委员：该科技成果评价工作评价委员会主任委员姓名。

20）评价委员会组成人员：该科技成果评价工作评价委员会成员名单。

21）评价形式：该科技成果所采用的方式，取值及其含义见评价形式代码表。

22）研究类别：该科技成果所属的研究类别，取值及其含义见研究类别代码表。

23）成果水平：该科技成果所属的先进程度，填写国际领先、国际先进、国内领先、国内先进或国内一般。

24）成果密级：该科技成果所属的秘密等级，取值及其含义见文献保密等级代码表。

25）应用情况：该科技成果的应用情况介绍。

26）经济效益：该科技成果所获得的经济效益，计量单位为万元，计至四位小数。

27）主题词：该科技成果的主题词，多个主题词用"；"隔开。

28）成果简介：该科技成果的简要介绍。

29）成果报告：该科技成果的报告全文。

30）获奖情况：该科技成果获得各种奖励的信息。

5.（载体）技术标准基本信息表

[1] 表编号：020201005

[2] 表标识：JSBZJBXXB

[3] 表说明：存储水利相关技术标准信息，包括国家标准和行业标准。

序号	含义	字段名	数据类型	单位	必填	主键	外键
1	标准号	BZH	C（20）		Y	Y	
2	标准名称	BZMC	C（64）		Y		
3	英文名称	YWMC	C（64）				
4	标准类别	BZLB	C（2）				Y
5	替代标准	TDBZ	C（20）				
6	专业分类	ZYFL	C（2）				
7	发布日期	FBRQ	D（8）				
8	实施日期	SSRQ	D（8）				
9	批准部门	PZBM	C（64）				

序号	含义	字段名	数据类型	单位	必填	主键	外键
10	主持机构	ZCJG	C（64）				
11	解释单位	JSDW	C（64）				
12	主编单位	ZBDW	C（64）				
13	参编单位	CBDW	C（64）				
14	起草人员	QCRY	C（64）				
15	发布单位	FBDW	C（64）				
16	分类号	FLH	C（30）				
17	主题词	ZTC	C（128）				
18	内容摘要	NRZY	C（255）				
19	全文文件	QWWJ	B				
20	出版发行单位	CBFXDW	C（64）				

[4] 填写说明：

1）标准号：由标准的代号、编号、发布年代 3 部分组成，如 GB 2604—1999，其中 GB 是代号，2604 是编号，1999 是发布时间。

2）标准名称：为该技术标准的名称。

3）英文名称：为该技术标准的英文全称。

4）标准类别：为该技术标准所属的类别，取值及其含义见标准类别代码表。

5）替代标准：为该技术标准代替的原标准的名称。

6）专业分类：为该技术标准所在的专业分类。

7）发布日期：为该技术标准发布的日期，计至日。

8）实施日期：为该技术标准实施的日期，计至日。

9）批准部门：为该技术标准的批准部门，多个单位用“；”分隔。

10）主持机构：为该技术标准的主持编写机构名称，多个单位用“；”分隔。

11）解释单位：为该技术标准的条款解释单位名称，多个单位用“；”分隔。

12）主编单位：为该技术标准的主编单位名称。

13）参编单位：为参与起草该技术标准的单位名称，多个单位用“；”分隔。

14）起草人员：为该技术标准起草人员的名单，其中多个姓名用“；”分隔。

15）发布单位：为发布该技术标准单位的名称。

16）分类号：采用中国图书资料分类法。

17）主题词：为该技术标准的主题词，多个主题词用“；”分隔。

18）内容摘要：为该技术标准的内容摘要。

19）全文文件：为该技术标准全文文件。

20）出版发行单位：为出版发行该技术标准的单位名称。

6. （实体）专家基本信息表

[1] 表编号：020201006

[2] 表标识：ZJJBXXB

[3] 表说明：存储人员基本信息表基础上水利行业专家的补充信息。

序号	含义	字段名	数据类型	单位	必填	主键	外键
1	有效证件号	YXZJH	C（18）		Y	Y	Y

序号	含义	字段名	数据类型	单位	必填	主键	外键
2	姓名	XM	C（32）				
3	专业类别	ZYLB	C（2）				Y
4	岗位类别	GWLB	C（4）				
5	专家称号	ZJCH	C（2）				Y
6	最高奖励	ZGJL	C（32）				
7	是否在岗	SFZG	C（2）				
8	职务	ZW	C（40）				
9	职称	ZC	C（40）				

[4] 填写说明：

1）有效证件号：该人员的有效证件号，引用人员基本信息表。

2）姓名：该专家姓名，由人员基本信息表带入。

3）专业类别：该专家的专业类别，取值及其含义见专业类别代码表。

4）岗位类别：该人员所属的岗位的类别。

5）专家称号：该人员获得的由主管部门授予的专家称号，取值及其含义见专家称号代码表。

6）最高奖励：该专家所获得的最高奖励名称。

7）是否在岗：该专家是否在岗。

8）职务：该专家的职务名称。

9）职称：该专家的职称名称。

7．（管理）管理体系认证表

[1] 表编号：020201007

[2] 表标识：GLTXRZB

[3] 表说明：描述单位相关管理体系认证情况信息。

序号	含义	字段名	数据类型	单位	必填	主键	外键
1	单位代码	DWDM	C（18）		Y	Y	Y
2	单位名称	DWMC	C（64）				
3	认证类别	RZLB	C（20）		Y	Y	
4	有效期至	YXQZ	D（8）				
5	监督审核日期	JDSHRQ	D（8）				

[4] 填写说明：

1）单位代码：管理体系认证单位代码，引用单位基本信息表。

2）单位名称：管理体系认证单位代码对应的单位名称，由单位基本信息表带入。

3）认证类别：包括 ISO 9001：2008、ISO 14001：2004 和《职业健康安全管理体系　要求及使用指南》（GB/T 45001—2020）。

4）有效期至：指电子登记证上载明的有效期限，计至日。

5）监督审核日期：指认证机构对证书持有管理体系的监督审核日期，计至日。

第三节　安全监督

1. （载体）水利重大安全隐患信息表

[1] 表编号：020301001

[2] 表标识：SLZDAQYHXXB

[3] 表说明：描述各单位水利重大安全隐患登记信息。

序号	含义	字段名	数据类型	单位	必填	主键	外键
1	隐患编号	YHBH	C（6）		Y	Y	
2	单位代码	DWDM	C（18）		Y	Y	Y
3	单位名称	DWMC	C（64）				
4	行政区划代码	XZQHDM	C（10）		Y		Y
5	隐患类别代码	YHLBDM	C（2）				Y
6	所在地	SZD	C（64）				
7	基本情况	JBQK	C（255）				
8	整改措施和要求	ZGCSHYQ	C（255）				
9	整改目标和计划	ZGMBHJH	C（255）				
10	责任单位和责任人	ZRDWHZRR	C（128）				
11	所需整改资金和来源	SXZGZJHLY	C（255）				
12	安全防范和应急措施	AQFFHYJCS	C（255）				
13	排查日期	PCRQ	D（8）				

[4] 填写说明：

1）隐患编号：隐患的编号。格式前 4 位为隐患发现的年份，后 2 位为该单位当年发现隐患的序号。

2）单位代码：指该水利隐患排查并统计的负责单位，引用单位基本信息表。

3）单位名称：指该水利隐患排查并统计的负责单位代码对应的单位名称，由单位基本信息表带入。

4）行政区划代码：隐患发生所在行政区划代码，精确到乡镇，引用行政区划基本信息表。

5）隐患类别代码：指水利安全隐患的类别代码，其取值及其含义见隐患类别代码表。

6）所在地：指安全隐患发生地的详细位置。

7）基本情况：指已发生水利重大安全隐患的基本情况的描述信息。

8）整改措施和要求：指该安全隐患的整改措施和要求的描述信息。

9）整改目标和计划：指该安全隐患的整改目标和计划的描述信息。

10）责任单位和责任人：指该安全隐患整改的责任单位和责任人。

11）所需整改资金和来源：指对该安全隐患进行整改所需要的整改资金和来源的描述信息。

12）安全防范和应急措施：指该安全隐患整改的安全防范和应急措施的描述信息。

13）排查日期：指该隐患排查和确定的日期，计至日。

2. （管理）水利安全生产隐患排查治理表

[1] 表编号：020301002

[2] 表标识：SLAQSCYHPCZLB

[3] 表说明：描述安全生产隐患排查治理情况信息。

序号	含义	字段名	数据类型	单位	必填	主键	外键
1	单位代码	DWDM	C（18）		Y	Y	Y
2	单位名称	DWMC	C（64）				
3	起始日期	QSRQ	D（8）		Y	Y	
4	终止日期	ZZRQ	D（8）		Y	Y	
5	排查治理隐患数量	PCZLYHSL	N（5）	个			
6	排查一般隐患数量	PCYBYHSL	N（5）	项			
7	已整改数量	YZGSL	N（5）	项			
8	一般隐患整改率	YBYHZGL	N（5，2）	%			
9	排查重大隐患数量	PCZDYHSL	N（5）	项			
10	已整改销号	YZGXH	N（5）	项			
11	重大隐患整改率	ZDYHZGL	N（5，2）	%			
12	列入治理计划的重大隐患	LRZLJHDZDYH	N（5）	项			
13	落实治理目标任务	LSZLMBRW	N（5）	项			
14	落实治理经费物资	LSZLJFWZ	N（5）	项			
15	落实治理机构人员	LSZLJGRY	N（5）	项			
16	落实治理时间要求	LSZLSJYQ	N（5）	项			
17	落实安全措施应急预案	LSAQCSYJYA	N（5）	项			
18	累计落实治理资金	LJLSZLZJ	N（12，2）	万元			

[4] 填写说明：

1）单位代码：隐患调查所在单位，引用单位基本信息表。

2）单位名称：隐患调查所在单位代码对应的单位名称，由单位基本信息表带入。

3）起始日期：指该登记信息的起始统计日期，计至日。

4）终止日期：指该登记信息的终止统计日期，计至日。

5）排查治理隐患数量：指水利安全生产隐患排查的隐患数量，计量单位为个，计至整数。

6）排查一般隐患数量：指排查的一般隐患数量，计量单位为项，计至整数。

7）已整改数量：指一般隐患已整改的数量，计量单位为项，计至整数。

8）一般隐患整改率：指一般隐患的整改率，计量单位为%，计至两位小数。

9）排查重大隐患数量：指排查的重大安全隐患数量，计量单位为项，计至整数。

10）已整改销号：指在排查治理过程中已整改并销号的数量，计量单位为项，计至整数。

11）重大隐患整改率：指重大隐患整改率，计量单位为%，计至两位小数。

12）列入治理计划的重大隐患：指列入治理计划的重大隐患的数量，计量单位为项，计至整数。

13）落实治理目标任务：指列入治理计划的重大隐患中已落实治理目标任务的数量，计量单位为项，计至整数。

14）落实治理经费物资：指列入治理计划的重大隐患中已落实治理经费物资的数量，计量单位为项，计至整数。

15）落实治理机构人员：指列入治理计划的重大隐患中已落实治理竣工人员的数量，计量单位为项，计至整数。

16）落实治理时间要求：指列入治理计划的重大隐患中已落实治理时间要求的数量，计量单位为项，计至整数。

17）落实安全措施应急预案：指列入治理计划的重大隐患中已落实安全措施应急预案的数量，计量单位为项，计至整数。

18）累计落实治理资金：指列入治理计划的重大隐患中累计落实治理资金金额，计量单位为万元，计至两位小数。

3. （载体）水利行业安全生产事故信息表

[1] 表编号：020301003

[2] 表标识：SLHYAQSCSGXXB

[3] 表说明：描述各单位安全生产事故登记信息。

序号	含义	字段名	数据类型	单位	必填	主键	外键
1	事故编号	SGBH	C（6）		Y	Y	
2	单位代码	DWDM	C（18）		Y	Y	Y
3	单位名称	DWMC	C（64）				
4	行政区划代码	XZQHDM	C（10）		Y		Y
5	事故发生日期	SGFSRQ	D（8）				
6	死亡人数	SWRS	N（5）	人			
7	重伤人数	ZSRS	N（5）	人			
8	直接经济损失	ZJJSS	N（10，2）	万元			
9	事故类别	SGLB	C（2）				Y
10	事故原因	SGYY	C（200）				
11	事故简要情况	SGJYQK	C（255）				

[4] 填写说明：

1）事故编号：事故的编号。格式前4位为事故发生的年份，后2位为该单位当年发生事故的序号。

2）单位代码：事故发生所在单位，引用单位基本信息表。

3）单位名称：事故发生所在单位代码对应的单位名称，由单位基本信息表带入。

4）行政区划代码：事故发生所在行政区划代码，精确到乡镇，引用行政区划基本信息表。

5）事故发生时间：事故发生起始时间，计至日。

6）死亡人数：指本安全生产事故中死亡人员的数量，计量单位为人，计至整数。

7）重伤人数：指本安全生产事故中重伤人员的数量，计量单位为人，计至整数。

8）直接经济损失：指本安全生产事故导致的直接经济损失金额数量，计量单位为万元，计至两位小数。

9）事故类别：指本次安全生产事故的类别，取值及其含义见事故类别代码表。

10）事故原因：描述事故发生的原因。

11）事故简要情况：简要描述事故发生的经过和损失情况。

4. （管理）水利安全生产执法行动统计表

[1] 表编号：020301004

[2] 表标识：SLAQSCZFXDTJB

[3] 表说明：描述安全生产执法行动统计信息。

序号	含义	字段名	数据类型	单位	必填	主键	外键
1	单位代码	DWDM	C（18）		Y	Y	Y
2	单位名称	DWMC	C（64）				
3	起始日期	QSRQ	D（8）		Y	Y	
4	终止日期	ZZRQ	D（8）		Y	Y	
5	开展执法行动合计	KZZFXDHJ	N（8）	处，起			
6	违反市场准入条件建设	WFSCZRTJJS	N（5）	起			
7	违反“三同时”规定	WFSTSGD	N（5）	起			
8	存在“四无”现象	CZSWXX	N（5）	起			
9	违反强制性条文规定建设	WFQZXTWGDJS	N（5）	起			
10	谎报、瞒报安全事故	HBMBAQSG	N（5）	起			
11	隐瞒重大隐患	YMZDYH	N（5）	起			
12	安全培训不到位	AQPXBDW	N（5）	起			
13	抗拒安全执法	KJAQZF	N（5）	起			
14	其他违法违规行为	QTWFWGXW	N（5）	起			

[4] 填写说明：

1）单位代码：水利重大安全隐患填报单位的社会统一信用代码，引用单位基本信息表。

2）单位名称：指各水利重大安全隐患填报单位的名称，由单位基本信息表带入。

3）起始日期：指该水利安全生产执法行动统计起始计算日期，计至日。

4）终止日期：指该水利安全生产执法行动统计终止计算日期，计至日。

5）开展执法行动合计：指开展的执法行动的总数，计量单位为处或起，计至整数。

6）违反市场准入条件建设：指开展执法行动中发现的违反安全生产市场准入条件，从事水利工程建设统计数，计量单位为起，计至整数。

7）违反“三同时”规定：指开展执法行动中发现的前期工作不到位，违反建设项目“三同时”规定的统计数，计量单位为起，计至整数。

8）存在“四无”现象：指开展执法行动中发现的违规从事小水电建设，存在“四无”现象的统计数，计量单位为起，计至整数。

9）违反强制性条文规定建设：指开展执法行动中发现的违反水利技术标准强制性条文规定建设的统计数，计量单位为起，计至整数。

10）谎报、瞒报安全事故：指开展执法行动中发现的谎报、瞒报生产安全事故的统计数，计量单位为起，计至整数。

11）隐瞒重大隐患：指开展执法行动中发现的对重大隐患隐瞒不报或不按规定期限予以整治的统计数，计量单位为起，计至整数。

12）安全培训不到位：指开展执法行动中发现的不按规定进行安全培训或无证上岗的统计数，计量单位为起，计至整数。

13）抗拒安全执法：指开展执法行动中发现的拒不执行监管指令、抗拒安全执法的统计数，计量单位为起，计至整数。

14）其他违法违规行为：指开展执法行动中发现的其他违法违规生产、经营、建设的行为的统计数，计量单位为起，计至整数。

第四节　纪检监察

1. （实体）水政监察码头基本信息表

[1] 表编号：020401001

[2] 表标识：SZJCMTJBXXB

[3] 表说明：描述水政监察设备中的水库码头基本属性信息。

序号	含义	字段名	数据类型	单位	必填	主键	外键
1	码头编号	MTBH	C（8）		Y	Y	Y
2	码头名称	MTMC	C（64）		Y		
3	结构形式	JGXS	C（64）				
4	长度	CD	N（3）	m			
5	宽度	KD	N（3）	m			
6	泊位数量	BWSL	N（4）	个			
7	适应水政监察船长度范围	SYSZJCCCDFW	C（64）				
8	适应水政监察快艇长度范围	SYSZJCKTCDFW	C（64）				
9	备注	BZ	C（255）				

[4] 填写说明：

1）码头编号：指水政监察码头的编号，引用码头基本信息表。

2）码头名称：指该码头的中文名称。

3）结构形式：指该码头的结构形式描述。

4）长度：指该码头的长度，计量单位为 m，计至整数。

5）宽度：指该码头的宽度，计量单位为 m，计至整数。

6）泊位数量：指该码头的泊位数量，计量单位为个，计至整数。

7）适应水政监察船长度范围：指该码头能够停泊的水政监察船长度范围描述，如“小于 20 m”。

8）适应水政监察快艇长度范围：指该码头能够停泊的水政监察快艇的长度范围描述。

9）备注：其他补充说明信息。

2. （实体）水政监察船基本信息表

[1] 表编号：020401002

[2] 表标识：SZJCCJBXXB

[3] 表说明：描述水政监察设备中水政监察船的基本属性信息。

序号	含义	字段名	数据类型	单位	必填	主键	外键
1	船只编号	CZBH	C（36）		Y	Y	
2	船只名称	CZMC	C（64）		Y		
3	单位代码	DWDM	C（18）				Y
4	船长	CC	N（3）	m			
5	船宽	CK	N（3）	m			

序号	含义	字段名	数据类型	单位	必填	主键	外键
6	型深	XS	N（3）	m			
7	乘员	CY	N（3）	人			
8	航区	HQ	C（64）				
9	航速	HS	N（5，2）	km/h			
10	深度范围	SDFW	C（36）				
11	告警种类	GJZL	C（128）				
12	发动机型号	FDJXH	C（36）				
13	卫星定位仪型号	WXDWYXH	C（36）				
14	测深仪型号	CSYXH	C（36）				
15	建造单位	JZDW	C（64）				
16	建造日期	JZRQ	D（8）				
17	使用年限	SYNX	N（3）	a			
18	备注	BZ	C（255）				

[4] 填写说明：

1）船只编号：指水政监察船的列编编号。

2）船只名称：指该水政监察船的中文名称。

3）单位代码：指该水政监察船所属的单位代码，引用单位基本信息表。

4）船长：指该水政监察船的长度，计量单位为 m，计至整数。

5）船宽：指该水政监察船的宽度，计量单位为 m，计至整数。

6）型深：指该水政监察船舱口至舱底的深度，计量单位为 m，计至整数。

7）乘员：指该水政监察船设计乘员人数，计量单位为人，计至整数。

8）航区：指该水政监察船的内河航区类型，如河道航区、水库航区、港口航区、船闸航区等。

9）航速：指该水政监察船航行时的设计最大航速，计量单位为 km/h，计至两位小数。

10）深度范围：指该水政监察船测深仪测量深度范围描述。

11）告警种类：指该水政监察船的告警种类，如鱼群、过深、过浅、电压不足等。

12）发动机型号：指该水政监察船的发动机型号。

13）卫星定位仪型号：指该水政监察船的卫星定位仪型号。

14）测深仪型号：指该水政监察船的测深仪型号。

15）建造单位：指该水政监察船的建造单位名称。

16）建造日期：指该水政监察船的建造时间，计至日。

17）使用年限：指该水政监察船的设计使用年限，计量单位为 a，计至整数。

18）备注：其他补充说明信息。

3. （管理）行政执法情况表

[1] 表编号：020401003

[2] 表标识：XZZFQKB

[3] 表说明：描述行政执法相关信息。

序号	含义	字段名	数据类型	单位	必填	主键	外键
1	有效证件号	YXZJH	C（18）		Y	Y	Y
2	姓名	XM	C（32）				

序号	含义	字段名	数据类型	单位	必填	主键	外键
3	单位代码	DWDM	C（18）		Y	Y	Y
4	相关文号	XGWH	C（20）		Y	Y	
5	处罚对象	CFDX	C（20）				
6	处理事由	CLSY	C（100）				
7	处理依据	CLYJ	C（100）				
8	判决机关	PJJIG	C（50）				
9	判决结果	PJJG	C（100）				
10	处理内容	CLNR	C（100）				
11	处理时间	CLSJ	D（8）				
12	有效期至	YXQZ	D（8）				

[4] 填写说明：

1）有效证件号：该行政执法人员的有效证件号，引用人员基本信息表。

2）姓名：该行政执法人员的姓名，由人员基本信息表带入。

3）单位代码：行政执法单位代码，引用单位基本信息表。

4）相关文号：指行政处理决定文件的编号。

5）处罚对象：指受到行政人的姓名。

6）处理事由：指对个人行政处理原因简要描述。

7）处理依据：指对个人行政处理所依据的法律、法规及规章制度条款的简要描述。

8）判决机关：指单位对不良行为作出行政处理决定的部门或单位全称。

9）判决结果：指该行政处罚的判决结果。

10）处理内容：指对个人行政处理的具体内容，要求用简要语言描述。

11）处理时间：指单位对不良行为作出处理决定的日期，计至日。

12）有效期至：指不良行为处理决定上载明的有效期限，计至日。

4. （管理）普通水事纠纷信息表

[1] 表编号：020401004

[2] 表标识：PTSSJFXXB

[3] 表说明：描述普通水事纠纷相关信息。

序号	含义	字段名	数据类型	单位	必填	主键	外键
1	单位代码	DWDM	C（18）		Y	Y	Y
2	事件名称	SJMC	C（20）		Y	Y	
3	纠纷开始时间	JFKSSJ	D（8）				
4	纠纷结束时间	JFJSSJ	D（8）				
5	纠纷发生地点	JFFSDD	C（128）				
6	纠纷原因	JFYY	C（128）				
7	纠纷甲方	JFJF	C（20）				
8	纠纷乙方	JFYF	C（20）				
9	调解结果	TJJG	C（255）				

[4] 填写说明：

1）单位代码：指水事纠纷调节方的单位代码，引用单位基本信息表。

2）事件名称：指调节事件的名称。

3）纠纷开始时间：指纠纷发生的时间，计至日。

4）纠纷结束时间：指纠纷结束的时间，计至日。

5）纠纷发生地点：填写纠纷发生的地点，明确纠纷涉及的河湖或其他涉水对象。

6）纠纷原因：指事件纠纷原因的描述。

7）纠纷甲方：甲方单位或个人的名称。

8）纠纷乙方：乙方单位或个人的名称。

9）调解结果：水事纠纷调解结果描述。

5.（管理）边界水事纠纷信息表

[1] 表编号：020401005

[2] 表标识：BJSSJFXXB

[3] 表说明：描述边界水事纠纷相关信息。

序号	含义	字段名	数据类型	单位	必填	主键	外键
1	单位代码	DWDM	C（18）		Y	Y	Y
2	事件名称	SJMC	C（20）		Y	Y	
3	边界纠纷类型	BJJFLX	C（16）				
4	纠纷开始时间	JFKSSJ	D（8）				
5	纠纷结束时间	JFJSSJ	D（8）				
6	纠纷发生地点	JFFSDD	C（128）				
7	纠纷主体	JFZT	C（128）				
8	纠纷原因	JFYY	C（128）				
9	调解结果	TJJG	C（128）				

[4] 填写说明：

1）单位代码：指水事纠纷调节方的单位代码，引用单位基本信息表。

2）事件名称：指调节事件的名称。

3）边界纠纷类型：指边界水事纠纷类型，这里将水事纠纷类型分为部门间水事纠纷、省际水事纠纷和地区水事纠纷。边界水事纠纷指部门、省（自治区、直辖市）之间在水资源的开发利用和防治水害过程中涉及两省间的利害关系而产生的矛盾。其中，部门间水事纠纷指不同水行政主管部门间的水事纠纷事件，省际纠纷指两省或多省间的水事纠纷事件，地区水事纠纷指省级以下地区间的水事纠纷事件。

4）纠纷开始时间：指纠纷发生的时间，计至日。

5）纠纷结束时间：指纠纷结束的时间，计至日。

6）纠纷发生地点：填写纠纷发生的地点，明确纠纷涉及的河湖或其他涉水对象。

7）纠纷主体：指边界水事纠纷涉及的主体名称，当涉及多个纠纷主体时，主体名称之间用“；”隔开。

8）纠纷原因：指边界水事纠纷事件原因的描述。

9）调解结果：边界水事纠纷调解结果描述。

6.（管理）行政审批监察信息表

[1] 表编号：020401006

[2] 表标识：XZSPJCXXB

[3] 表说明：存储行政审批监察信息，包括时限监察、逻辑监察、异常结果监察等。

序号	含义	字段名	数据类型	单位	必填	主键	外键
1	监察代码	JCDM	C（10）		Y	Y	
2	行政区划代码	XZQHDM	C（10）				Y
3	监察类型	JCLX	C（2）				Y
4	受理机关	SLJG	C（20）				
5	决定机关	JDJG	C（20）				
6	审批事项代码	SPSXDM	C（12）				
7	审批事项子项代码	SPSXZXDM	C（3）				
8	事项受理代码	SXSLDM	C（24）				
9	项目名称	XMMC	C（128）				
10	监察时间	JCSJ	D（8）				
11	已办理节点列表	YBLJDLB	C（255）				
12	监察结果类型	JCJGLX	C（1）				
13	监察信息	JCXX	C（255）				
14	业务办理状态	YWBLZT	C（1）				
15	受理时间	SLSJ	D（8）				
16	办结时间	BJSJ	D（8）				
17	特赦说明	TSSM	C（255）				

[4] 填写说明：

1）监察代码：指行政审批监察事项的唯一识别号。

2）行政区划代码：引用行政区划基本信息表，行政审批单位所属行政区划代码，按最小包含原则填写。

3）监察类型：指行政审批被监察的类型，取值及其含义见监察类型代码表。

4）受理机关：指该审批事项的受理机关的代码。

5）决定机关：指该审批事项的决定机关的代码。

6）审批事项代码：指行政许可审批事项的顺序编号，其编码规则为 9 位单位组织机构代码+3 位顺序流水号。其中单位组织机构代码采用《全国组织机构代码编制规则》（GB 11714—1997）规定的机构代码。

7）审批事项子项代码：指行政许可审批事项子项的顺序编号，采用 3 位顺序流水号表示。如果没有子项，则其编号为 000。

8）事项受理代码：指行政许可审批事项受理的顺序编号，其编码规则为审批事项代码+审批事项子项代码+4 位年份+5 位顺序流水号。

9）项目名称：指申请行政审批项目的详细名称。

10）监察时间：指本次时限监察的时间。

11）已办理节点列表：存储当前监察时间下该项受理事项已处理完毕的节点编号，按处理完毕时间顺序依次存储，以“，”分隔。

12）监察结果类型：指本次监察在系统中的监察结果类型，其取值为：1 正常，2 预警，3 黄牌，4 红牌。

13）监察信息：对本次监察结果信息进行描述。

14）业务办理状态：指本项审批事项的业务办理状态，其取值为：1 办结，2 在办。

15）受理时间：指本项审批事项的受理时间。

16）办结时间：指本项审批事项的办结时间。

17）特赦说明：指对于一些因为审批编码人为操作不当或失误及其他特殊情况出现黄牌、红牌的业务，由审批编码出具说明材料，经核实可以在系统中对此业务取消黄牌、红牌的说明。

第五节 综合办公

1. （载体）文件基本信息表

[1] 表编号：020501001

[2] 表标识：WJJBXXB

[3] 表说明：本表为文件基本信息表，属载体表，存储公文的基本属性信息。公文是法定机关或其他组织在公务活动中，具有法律效力和规范的文体。

序号	含义	字段名	数据类型	单位	必填	主键	外键
1	文件代码	WJDM	C（6）		Y	Y	
2	收文单位代码	SWDWDM	C（18）		Y	Y	Y
3	收文日期	SWRQ	D（8）				
4	发文单位代码	FWDWDM	C（18）				Y
5	发文日期	FWRQ	D（8）				
6	签发人	QFR	C（100）				
7	秘密等级	MMDJ	C（1）				Y
8	保密期限	BMQX	N（2）	a			
9	公文文种	GWWZ	C（1）				
10	紧急程度	JJCD	C（1）				
11	发文机关代字	FWJGDZ	C（30）				
12	发文序号	FWXH	C（4）				
13	公文标题	GWBT	C（255）				
14	主送机关	ZSJG	C（255）				
15	抄送机关	CSJG	C（255）				
16	正文	ZW	B				
17	附件说明	FJSM	C（255）				
18	来文意见	LWYJ	C（100）				
19	成文日期	CWRQ	D（8）				
20	印发机关	YFJG	C（20）				
21	印发日期	YFRQ	D（8）				
22	主办单位	ZBDW	C（20）				
23	附注	FZ	C（255）				
24	拟稿人	NGR	C（10）				
25	拟稿人电话	NGRDH	C（14）				
26	拟稿时间	NGSJ	D（8）				
27	正文印制份数	ZWYZFS	N（4）	份			
28	附件印制份数	FJYZFS	N（4）	份			
29	内容摘要	NRZY	C（255）				
30	文件类别	WJLB	C（1）				

[4] 填写说明：

1）文件代码：指各印发机关某年度的发文顺序流水号，其编码规则为 6 位发文顺序流水号。

2）收文单位代码：指该文件收文单位的代码，引用单位基本信息表。当同一份文件下发到多个单位时，每个收文单位填写一条记录。

3）收文日期：指该文件收文日期，计至日。

4）发文单位代码：指该文件发文单位的代码，引用单位基本信息表。

5）发文日期：指该文件的发文日期，计至日。

6）签发人：指该文件的发件人和签收人，填写格式为“发件人；签收人”。

7）秘密等级：取值及其含义见文献保密等级代码表。

8）保密期限：指党和国家行政机关文件保密期限，计量单位为 a，计至整数。

9）公文文种：指党和国家行政机关代字，用代号或数字表示。

10）紧急程度：指对应公文处理的紧急要求的分类，填写特急、急件或平件。

11）发文机关代字：指该公文的发文机关代字，用代号或数字表示。

12）发文序号：指印发机关在发文年度内公文发文的顺序号，采用 4 位数字表示。

13）公文标题：指该公文的标题，一般由发文机关、发文事由和公文种类 3 部分组成，也可根据实际情况只保留发文事由。

14）主送机关：指该公文的主要受理单位。

15）抄送机关：指除主送机关外需要执行或知晓公文的其他机关。

16）正文：存储已盖章的公文正文内容。

17）附件说明：描述附件的内容与文件类型等信息。

18）来文意见：指该文件的发文单位提出的文件处理要求。

19）成文时间：指签发人签发的日期，当签发人为多人时，采用最后一个签发人签发的日期，计至日。

20）印发机关：指该公文的印刷主管部门。

21）印发日期：指该公文付印的日期，计至日。

22）主办单位：指该公文的主要办理单位或部门。

23）附注：指该公文的发放范围或使用时需注意的事项。

24）拟稿人：指文件拟稿人在系统中的人员代码。

25）拟稿人电话：指该文件拟稿人的联系电话。

26）拟稿时间：指该文件拟稿的时间，计至日。

27）正文印制份数：指该公文正文缮印的份数，计量单位为份，计至整数。

28）附件印制份数：指该公文附件缮印的份数，计量单位为份，计至整数。

29）内容摘要：指该公文的主要内容描述。

30）文件类别：指该公文的类别，填写发文、收文或签报。

2. （载体）附件基本信息表

[1] 表编号：020501002

[2] 表标识：FJJBXXB

[3] 表说明：本表为附件基本信息表，存储每个公文所有附件的基本属性信息。公文附件指附属于正文的其他文字、图表等材料，是公文的重要组成部分。

序号	含义	字段名	数据类型	单位	必填	主键	外键
1	文件代码	WJDM	C（6）		Y	Y	Y
2	附件顺序号	FJSXH	C（2）		Y	Y	
3	附件名称	FJMC	C（128）				
4	附件内容	FJNR	B				

[4] 填写说明：

1）文件代码：指该附件所属公文的文件代码，引用文件基本信息表。

2）附件顺序号：指该公文附件在系统登记的顺序号。

3）附件名称：指该公文附件名称或标题。

4）附件内容：指该公文附件内容。

3. （管理）信访登记表

[1] 表编号：020501003

[2] 表标识：LFDJB

[3] 表说明：本表为来访信息登记表，属管理表，存储信访工作中对人员来访进行登记的基本信息。信息统计的实体对象为来访人员，统计指标为人员来访的基本信息，包括来访时间、来访单位、来访反映内容等。

序号	含义	字段名	数据类型	单位	必填	主键	外键
1	信访代码	XFDM	C（28）		Y	Y	
2	信访形式	XFXS	C（6）				
3	有效证件号	YXZJH	C（18）				Y
4	姓名	XM	C（6）				
5	性别	XB	C（2）				
6	来信属地	LXSD	C（12）				Y
7	是否重访	SFCF	C（2）				
8	重访编号	CFBH	C（2）				
9	单位代码	DWDM	C（18）				Y
10	信访日期	XFRQ	D（8）				
11	离开日期	LKRQ	D（8）				
12	问题意向	WTYX	C（2）				
13	信访反映内容	XFFYNR	C（255）				
14	是否受理	SFSL	C（2）				
15	受理日期	SLRQ	D（8）				
16	限办时间	XBSJ	N（3）	d			
17	是否转送	SFZS	C（2）				
18	登记人	DJR	C（10）				
19	登记日期	DJRQ	D（8）				
20	登记人部门	DJRBM	C（255）				
21	受理方式	SLFS	C（2）				
22	承办单位	CBDW	C（28）				Y
23	经办人	JBR	C（10）				
24	办理结果	BLJG	C（255）				
25	办完日期	BWRQ	D（8）				

序号	含义	字段名	数据类型	单位	必填	主键	外键
26	发文序号	FWXH	C（4）				
27	发文标题	FWBT	C（255）				
28	发文日期	FWRQ	D（8）				
29	信访附件	XFFJ	B				

[4] 填写说明：

1）信访代码：指该次信访的代码，由信访人员有效证件号+日期+该日期的信访编号组成，如有效证件号+1990010101 指该人员 1990 年 1 月 1 日第一次信访，编号规则为流水号。

2）信访形式：指该次信访采取的形式，填写来访、来电或来信。

3）有效证件号：填写信访人员的身份证号，若信访人员为多人，填写主要负责人员的身份证号，引用人员基本信息表。

4）姓名：指信访人的姓名，填写身份证号所对应的中文名称。

5）性别：指信访人的性别，填写身份证号所对应的人员性别。

6）来信属地：指来信者所在地的行政区划代码，精确至乡镇，引用行政区划基本信息表。

7）是否重访：指本次信访是否为以前某次信访的重新访问。其取值为 0（否），1（是）。

8）重访编号：指该信访问题在系统中已经登记为重复访问时对应的首次信访编号。

9）单位代码：指信访人员所在或所代表的单位代码，引用单位基本信息表。

10）信访日期：指该次信访发生的日期，计至日。

11）离开日期：若信访形式为来访，填写来访人离开日期，计至日。

12）问题意向：指信访者信访反映问题的意向分类，其取值为 10（反映建议），11（检举揭发），12（申诉），13（求决），19（其他）。

13）信访反映内容：指本次信访反映问题的内容描述。

14）是否受理：指本次信访是否已经受理，其取值为 0（不受理），1（受理）。

15）受理日期：指本次信访的受理日期，计至日。

16）限办时间：指处理本次信访工作规定的办理持续时间，计量单位为 d，计至整数。

17）是否转送：指本次信访的详细是否要求转送到相关部门受理，其取值为 0（否），1（是）。

18）登记人：对本次信访的登记人姓名。

19）登记日期：指登记本次信访信访登记的日期，计至日。

20）登记人部门：对本次信访的登记人所在单位或部门名称。

21）受理方式：对本次信访的受理方式进行定义，其取值为 10（自办），20（转中央部委），21（申诉），22（求决），30（存信）。

22）承办单位：指处理本次信访反映问题的承办单位代码，引用单位基本信息表。

23）经办人：指处理本次信访登记的经手人的人员姓名。

24）办理结果：指本次信访登记问题的处理结果描述信息。

25）办完日期：指本次信访登记问题最后处理完毕的日期，计至日。

26）发文序号：指本次信访进行处理后对应的发文字号。

27）发文标题：指对应本次信访处理进行发文的发文标题。

28）发文日期：指对应本次信访处理进行发文的发文日期，计至日。

29）信访附件：指该次信访的所有附件信息，存储为二进制文件。

第六节　机关管理

1. （实体）组织机构基本信息表

[1] 表编号：020601001

[2] 表标识：ZZJGJBXXB

[3] 表说明：描述水利相关组织机构的基本信息。组织机构是指组织发展、完善到一定程度，在其内部形成的结构严密、相对独立，并彼此传递或转换能量、物质和信息的系统。

序号	含义	字段名	数据类型	单位	必填	主键	外键
1	组织机构代码	ZZJGDM	C（18）		Y	Y	Y
2	组织机构名称	ZZJGMC	C（64）		Y		
3	组织机构性质	ZZJGXZ	C（2）				Y
4	组织机构级别	ZZJGJB	C（2）				Y
5	负责人	FZR	C（8）				
6	法人代表	FRDB	C（10）				
7	详细地址	XXDZ	C（64）				
8	经度	JD	N（10，6）	（°）			
9	纬度	WD	N（10，6）	（°）			
10	行政区划代码	XZQHDM	C（10）				Y
11	所属行业	SSHY	C（5）				Y
12	隶属关系	LSGX	C（2）				
13	主管单位	ZGDW	C（64）				
14	邮政编码	YZBM	C（6）				
15	传真	CZ	C（12）				
16	网址	WZ	C（64）				
17	联系人	LXR	C（8）				
18	联系电话	LXDH	C（11）				
19	手机号码	SJHM	C（11）				
20	电子邮箱	DZYX	C（32）				
21	单位状态	DWZT	C（2）				
22	备注	BZ	C（255）				

[4] 填写说明：

1）组织机构代码：该组织机构代码，引用单位基本信息表。

2）组织机构名称：组织机构名称。

3）组织机构性质：该组织机构的性质类别，取值及其含义见单位性质代码表。

4）组织机构级别：指组织机构的级别，取值及其含义见单位级别代码表。

5）负责人：组织机构负责人的姓名。

6）法人代表：组织机构法人的名字。

7）详细地址：组织机构所在地的详细地址，精确到门牌号。

8）经度：组织机构中心点的经度，采用 2000 国家大地坐标系（CGCS2000）。

9）纬度：组织机构中心点的纬度，采用 2000 国家大地坐标系（CGCS2000）。

10）行政区划代码：组织机构所在行政区划代码，按最小包含原则，引用行政区划基本信息表。

11）所属行业：该组织机构所属的国民经济行业类别，参照《国民经济行业分类》（GB/T 4754—2017）。取值及其含义见行业类别代码表。

12）隶属关系：该组织机构按国家性质分级管理的系统隶属层次，参照标准 ZRB03—2006/DWJB。

13）主管单位：该组织机构在行政关系上所隶属的上级主管单位名称。

14）邮政编码：该组织机构或组织机构所在地的邮政编码。

15）传真：组织机构传真号码。

16）网址：组织机构网址。

17）联系人：组织机构联系人姓名。

18）联系电话：组织机构联系人的电话号码。

19）手机号码：组织机构联系人的手机号码。

20）电子邮箱：组织机构的电子邮箱。

21）单位状态：指该组织机构目前的经营状态，填写已注销或正常运营。

22）备注：填写该组织机构的其他补充说明信息。

2. （实体）党组织基本信息表

[1] 表编号：020601002

[2] 表标识：DZZJBXXB

[3] 表说明：本表为党组织基本信息表，属实体表，存储涉水单位各级党组织的基本信息。

序号	含义	字段名	数据类型	单位	必填	主键	外键
1	党组织代码	DZZDM	C（24）		Y	Y	
2	党组织名称	DZZMC	C（36）		Y		
3	党组织类别	DZZLB	C（3）				Y
4	党组织隶属关系	DZZLSGX	C（2）				Y
5	所属组织机构代码	SSZZJGDM	C（18）				Y
6	建立党组织日期	JLDZZRQ	D（8）				
7	党组织关联单位	DZZGLDW	C（255）				
8	联系人姓名	LXRXM	C（36）				
9	联系人电话	LXRDH	C（11）				
10	通信地址	TXDZ	C（255）				
11	邮政编码	YZBM	C（6）				
12	备注	BZ	C（255）				

[4] 填写说明：

1）党组织代码：指国家对中国共产党组织统一的编号，为数字或字母组合，每 3 位为一层，每一层表示一层组织，最后 3 位为上级党组织为本级党组织分配的编码。

2）党组织名称：指该党组织的全称或者规范简称。

3）党组织类别：指按照人数划分的党组织类型，取值及其含义见党组织类别代码表。

4）党组织隶属关系：指党组织的所在地、管辖区关系，取值及其含义见党组织隶属关系代码表。

5）所属组织机构代码：指该党组织所属组织机构代码，引用组织机构基本信息表。

6）建立党组织日期：指该党组织经上级党委批准建立的日期，以上级党组织批准文件为准，计至日。

7）党组织关联单位：指与该党组织相关联的行政、事业、企业、民办非企业单位的全称或规范简称。

8）联系人姓名：指该党组织的联系人姓名。

9）联系人电话：指该党组织的联系人电话号码。

10）通信地址：指党组织的详细通信地址。

11）邮政编码：指该党组织所在地区的邮政编码。

12）备注：其他补充说明信息。

3. （实体）党员基本信息表

[1] 表编号：020601003

[2] 表标识：DYJBXXB

[3] 表说明：本表为党员基本信息表，属实体表，存储涉水单位各级党组织党员的基本属性信息。

序号	含义	字段名	数据类型	单位	必填	主键	外键
1	有效证件号	YXZJH	C（18）		Y	Y	Y
2	姓名	XM	C（32）				
3	党组织代码	DZZDM	C（24）				Y
4	参加工作日期	CJGZRQ	D（8）				
5	入党日期	RDRQ	D（8）				
6	入党类型	RDLX	C（1）				
7	转正日期	ZZRQ	D（8）				
8	转正情况	ZZQK	C（1）				
9	离开党组织日期	LKDZZRQ	D（8）				
10	离开党组织类型	LKDZZLX	C（1）				

[4] 填写说明：

1）有效证件号：该人员的有效证件号，引用人员基本信息表。

2）姓名：该人员的姓名，由人员基本信息表带入。

3）党组织代码：该党员所属党组织代码，引用党组织基本信息表。

4）参加工作日期：参加工作日期，计至日。

5）入党日期：指该党员入党的日期或被追认为党员的日期，如重新入党只能填写再次入党的日期，计至日。

6）入党类型：指该党员加入党组织的类别，其取值为 1 首次吸收为中共预备党员，2 团员推优，3 特殊情况下发展，4 直接批准为中共正式党员，5 恢复党籍。

7）转正日期：指该党员由预备党员转为正式党员的日期，计至日。

8）转正情况：指该党员按照章程规定转为正式党员的具体情况，其取值为 1 按期转正，2 延长预备期满转正，3 预备期满尚未讨论或审批，4 延长预备期。

9）离开党组织日期：该党员死亡或党组织批准该党员出党、停止党籍的日期，计至日。

10）离开党组织类型：指该党员离开中国共产党党组织涉及减员的类型，其取值为 1 自行脱党除名，2 退党除名，3 劝退不退除名，5 停止党籍，9 其他。

4. （管理）行政、党派职务信息表

[1] 表编号：020601004

[2] 表标识：XZDPZWXXB

[3] 表说明：本表为行政、党派职务信息表，属管理表，存储人员行政、党派职务信息。信息统计的实体对象为党员，统计指标包括其行政职务的基本信息。

序号	含义	字段名	数据类型	单位	必填	主键	外键
1	有效证件号	YXZJH	C（18）		Y	Y	Y
2	姓名	XM	C（32）				
3	单位代码	DWDM	C（18）		Y	Y	Y
4	职务名称	ZWMC	C（80）		Y	Y	
5	职务级别	ZWJB	C（4）				
6	职务类别	ZWLB	C（50）				
7	任职日期	RZRQ	D（8）				
8	任职批准单位	RZPZDW	C（120）				
9	任职文号	RZWH	C（24）				
10	主管或从事工作	ZGHCSGZ	C（120）				
11	任职年限	RZNX	N（2）	a			
12	职务变动类别	ZWBDLB	C（2）				
13	当前任职状态	DQRZZT	C（6）				
14	免职日期	MZRQ	D（8）				
15	免职文号	MZWH	C（24）				
16	是否兼职	SFJZ	C（2）				

[4] 填写说明：

1）有效证件号：该人员的有效证件号，引用人员基本信息表。

2）姓名：该人员的姓名，由人员基本信息表带入。

3）单位代码：与该人员所任职务相对应的工作机构代码，引用单位基本信息表。

4）职务名称：该人员在该单位担任职务的具体名称。

5）职务级别：该人员担任该职务的等级。

6）职务类别：该人员担任职务在相应的工作机构的领导班子中的职务类别。

7）任职日期：该人员担任该职务的起始时间，参照《数据元和交换格式　信息交换　日期和时间表示法》（GB/T 7408—2005）。计至日。

8）任职批准单位：批准该任职的单位名称。

9）任职文号：由具有法定管理权限的机关签发的有关该人员的任职通知、会议决定、命令或公告任职的文件编号及有关会议的名称与届次。

10）主管或从事工作：该人员分管工作的范围或从事工作的领域及岗位名称。

11）任职年限：该职务的任职年限。计量单位为 a，计至整数。

12）职务变动类别：该人员当前新任的该职务和原职务的相对变动的类别划分。

13）当前任职状态：当前的任职状态，参照《数据元和交换格式　信息交换　日期和时间表示法》（GB/T 7408—2005）。

14）免职日期：由具有法定管理权限的机关签发的有关该人员的免职通知、会议决定、命令或公告任职的文件编号及有关的名称与届次。免职的时间，计至日。

15）免职文号：由具有法定管理权限的机关签发的有关该人员的免职通知、会议决定、命令或公告任职的文件编号及有关的名称与届次。

16）是否兼职：是否兼职，填写是或者否。

5. （管理）党群信息发布表

[1] 表编号：020601005

[2] 表标识：DQXXFBB

[3] 表说明：存储发布的党群工作基本信息。

序号	含义	字段名	数据类型	单位	必填	主键	外键
1	信息代码	XXDM	C（10）		Y	Y	
2	信息类别	XXLB	C（20）				
3	标题	BT	C（64）				
4	发布日期	FBRQ	D（8）				
5	发布单位	FBDW	C（18）				Y
6	内容	NR	C（255）				
7	附件	FJ	B				

[4] 填写说明：

1）信息代码：指党群发布信息的唯一识别号。

2）信息类别：指党群工作信息的类别。

3）标题：指党群工作信息的标题。

4）发布日期：指党群工作信息发布的日期，计至日。

5）发布单位：指发布党群工作信息的单位代码，引用单位基本信息表。

6）内容：指党群工作信息的内容。

7）附件：指党群工作信息的相关附件。

第七节　财务审计

1. （管理）收入预算表

[1] 表编号：020701001

[2] 表标识：SRYSB

[3] 表说明：存储水利财务预算报表收入预算录入表的基本信息。

序号	含义	字段名	数据类型	单位	必填	主键	外键
1	单位代码	DWDM	C（20）		Y	Y	Y
2	单位名称	DWMC	C（64）				
3	日期	RQ	D（4）		Y	Y	
4	科目编码	KMBM	C（7）		Y	Y	
5	科目名称	KMMC	C（128）				
6	单位名称	DWMC	C（255）				
7	单位类型	DWLX	C（1）				
8	是否冲抵行	SFCDH	N（20，2）	万元			
9	合计	HJ	N（20，2）	万元			

序号	含义	字段名	数据类型	单位	必填	主键	外键
10	上年结转小计	SNJZXJ	N（20，2）	万元			
11	上年财政拨款转结和结余资金	SNCZBKZJHJYZJ	N（20，2）	万元			
12	上年结转教育收费	SNJZJYSF	N（20，2）	万元			
13	上年结转其他资金	SNJZQTZJ	N（20，2）	万元			
14	财政拨款	CZBK	N（20，2）	万元			
15	上级补助收入	SJBZSR	N（20，2）	万元			
16	事业收入金额	SYSRJE	N（20，2）	万元			
17	事业收入教育收费	SYSRJYSF	N（20，2）	万元			
18	事业单位经营收入	SYDWJYSR	N（20，2）	万元			
19	下级单位上缴收入	XJDWSJSR	N（20，2）	万元			
20	其他收入	QTSR	N（20，2）	万元			
21	用事业基金弥补收支差额	YSYJJMBSZCE	N（20，2）	万元			
22	备注	BZ	C（255）				

[4] 填写说明：

1）单位代码：指收入预算录入的填报单位代码，其取值为按财政部统一对外编码体系规定的该单位代码，引用单位基本信息表。

2）单位名称：收入预算录入的填报单位代码对应的单位名称，由单位基本信息表带入。

3）日期：指收入预算的日期，计至年。

4）科目编码：指收入预算录入的科目编码，其取值为财政部编制的当年《政府收支分类科目》中列出的编码值。

5）科目名称：指科目编码所对应的科目名称，其取值为财政部编制的当年《政府收支分类科目》中列出的名称。

6）单位名称：指收入预算录入的填报单位名称，其取值为按财政部统一对外编码体系规定的该单位名称。

7）单位类型：指收入预算录入的填报对外类型，其取值为 1（行政单位），2（参照公务员法规管理事业单位），3（事业单位），9（其他）。

8）是否冲抵行：指本预算单位用于冲抵内部往来的收支负数，计量单位为万元，计至两位小数。

9）合计：指本年度预算单位的收入预算总计数，计量单位为万元，计至两位小数。

10）上年结转小计：指预计结转到本年度的财政拨款结转和结余资金、教育收费和其他资金的总数，计量单位为万元，计至两位小数。

11）上年财政拨款转结和结余资金：指以前年度结转到本年度的财政拨款结转与结余资金数额，计量单位为万元，计至两位小数。

12）上年结转教育收费：指以前年度结转到本年度可由部门安排使用的教育收费收入数额，计量单位为万元，计至两位小数。

13）上年结转其他资金：指以前年度财政拨款结转与结余资金以及教育收费以外，其他结转到本年度的资金数额，计量单位为万元，计至两位小数。

14）财政拨款：指本年度申请中央财政预算内财政拨款数额，计量单位为万元，计至两位小数。

15）上级补助收入：指本单位从主管部门和上级单位取得的非财政补助收入，计量单位为万元，计至两位小数。

16）事业收入金额：指事业单位开展专业业务活动及辅助活动取得的收入总额，计量单位为万元，计至两位小数。

17）事业收入教育收费：指财政专户核拨给部门及辅助活动取得的收入总额，计量单位为万元，计至两位小数。

18）事业单位经营收入：指事业单位在专业业务活动及辅助活动之外开展非独立核算经营活动取得的收入数额，计量单位为万元，计至两位小数。

19）下级单位上缴收入：指本单位所属下级单位上缴给本单位的全部收入金额，计量单位为万元，计至两位小数。

20）其他收入：指除上述收入以外的其他各项收入，计量单位为万元，计至两位小数。

21）用事业基金弥补收支差额：指预计用事业基金弥补本年度收支差额的数额，计量单位为万元，计至两位小数。

22）备注：其他补充说明信息。

2. （管理）支出预算表

[1] 表编号：020701002

[2] 表标识：ZCYSB

[3] 表说明：存储水利财务预算报表的基本支出预算录入表的基本信息。

序号	含义	字段名	数据类型	单位	必填	主键	外键
1	单位代码	DWDM	C（20）		Y	Y	Y
2	单位名称	DWMC	C（64）				
3	日期	RQ	D（4）		Y	Y	
4	科目编码	KMBM	C（7）		Y	Y	
5	科目名称	KMMC	C（128）				
6	单位名称	DWMC	C（255）				
7	单位类型	DWLX	C（2）				
8	支出分类	ZCFL	C（7）				
9	支出合计	ZCHJ	N（20，2）	万元			
10	资金来源合计	ZJLYHJ	N（20，2）	万元			
11	资金来源财政拨款	ZJLYCZBK	N（20，2）	万元			
12	以前年度财政拨款结转资金	YQNDCZBKJZZJ	N（20，2）	万元			
13	以前年度财政拨款结余资金	YQNDCZBKJYZJ	N（20，2）	万元			
14	教育收费安排支出	JYSFAPZC	N（20，2）	万元			
15	其他资金	QTZJ	N（20，2）	万元			
16	备注	BZ	C（255）				

[4] 填写说明：

1）单位代码：指基本支出预算录入的填报单位代码，其取值为按财政部统一对外编码体系规定的该单位代码，引用单位基本信息表。

2）单位名称：指基本支出预算录入的填报单位代码对应的单位名称，由单位基本信息表带入。

3）日期：指收入预算的日期，计至年。

4）科目编码：指收入预算录入的科目编码，其取值为财政部编制的当年《政府收支分类科目》中列出的编码值。

5）科目名称：指科目编码所对应的科目名称，其取值为财政部编制的当年《政府收支分类科目》中列出的名称。

6）单位名称：指基本支出预算录入的填报单位名称，其取值为按财政部统一对外编码体系规定的该单位名称。

7）单位类型：指收入预算录入的填报对外类型，其取值为 1（行政单位），2（参照公务员法规管理事业单位），3（事业单位），9（其他）。

8）支出分类：按照当年《政府收支分类科目》中支出的经济分类科目，指部门的基本支出人员经费和日常公用经费支出。

9）支出合计：指本年度各支出经济分类的基本支出的预算合计金额，计量单位为万元，计至两位小数。

10）资金来源合计：指支出预算的资金来源总额，计量单位为万元，计至两位小数。

11）资金来源财政拨款：指本年用财政预算内资金安排的基本支出预算数，计量单位为万元，计至两位小数。

12）以前年度财政拨款结转资金：指本年使用以前年度财政拨款基本支出结转资金安排基本支出数，计量单位为万元，计至两位小数。

13）以前年度财政拨款结余资金：指本年使用以前年度财政拨款基本支出结余资金安排基本支出数，计量单位为万元，计至两位小数。

14）教育收费安排支出：指用财政专户核拨的教育收费收入安排的基本支出预算数，计量单位为万元，计至两位小数。

15）其他资金：指本年除上述两项资金之外的其他资金安排的基本支出预算数，计量单位为万元，计至两位小数。

16）备注：指其他需要补充的信息。

3. （管理）收入决算表

[1] 表编号：020701003

[2] 表标识：SRJSB

[3] 表说明：本表为收入决算表，属管理表，存储水利财务决算报表的收入决算表的基本信息。信息统计的时间单元为年，统计的空间载体对象为单位的某项收入科目，统计指标为该科目在统计年的收入情况。

序号	含义	字段名	数据类型	单位	必填	主键	外键
1	单位代码	DWDM	C（18）		Y	Y	Y
2	单位名称	DWMC	C（64）				
3	日期	RQ	D（4）		Y	Y	
4	收入功能科目编码	SRGNKMBM	C（7）		Y	Y	
5	科目名称	KMMC	C（128）				
6	本年收入合计	BNSRHJ	N（11，4）	万元			
7	财政拨款	CZBK	N（11，4）	万元			
8	行政单位预算外资金收入	XZDWYSWZJSR	N（11，4）	万元			
9	上级补助收入	SJBZSR	N（11，4）	万元			
10	事业收入小计	SYSRXJ	N（11，4）	万元			
11	事业单位预算外收入	SYDWYSWSR	N（11，4）	万元			
12	经营收入	JYSR	N（11，4）	万元			
13	下级单位缴款	XJDWJK	N（11，4）	万元			
14	其他收入小计	QTSRXJ	N（11，4）	万元			
15	从其他部门获得的财政拨款	CQTBMHDDCZBK	N（11，4）	万元			
16	非本级财政拨款	FBJCZBK	N（11，4）	万元			

[4] 填写说明：

1）单位代码：收入统计单位的单位代码，引用单位基本信息表。

2）单位名称：收入统计单位的单位代码对应的单位名称，由单位基本信息表带入。

3）日期：统计年度，计至年。

4）收入功能科目编码：指收入决算的科目编码，其科目分为类、款、项三级。

5）科目名称：指收入功能科目编码对应的科目名称，其取值为财政部编制的当年《政府收支分类科目》中列出的名称。

6）本年收入合计：指单位本年度取得的本级财政拨款数额，计量单位为万元，计至四位小数。

7）财政拨款：指单位本年度取得的本级财政拨款数额，计量单位为万元，计至四位小数。

8）行政单位预算外资金收入：指行政单位收到的财政预算外专户实际核拨数，计量单位为万元，计至四位小数。

9）上级补助收入：指本单位从主管部门和上级单位取得的非财政补助收入，计量单位为万元，计至四位小数。

10）事业收入小计：指事业单位开展专业业务活动及辅助活动取得的收入总额，计量单位为万元，计至四位小数。

11）事业单位预算外收入：指事业单位收到的财政预算外专户实际核拨数，计量单位为万元，计至四位小数。

12）经营收入：指本单位在专业业务活动及辅助活动之外开展非独立核算经营活动取得的收入金额，计量单位为万元，计至四位小数。

13）下级单位缴款：指本单位所属下级单位上缴给本单位的金额，计量单位为万元，计至四位小数。

14）其他收入小计：指本单位从其他部门获取的财政拨款总额，计量单位为万元，计至四位小数。

15）从其他部门获得的财政拨款：指本单位获得的非本级财政拨款总额，计量单位为万元，计至四位小数。

16）非本级财政拨款：指本单位获得的非本级财政拨款总额。

4．（管理）支出决算表

[1] 表编号：020701004

[2] 表标识：ZCJSB

[3] 表说明：本表为支出决算表，属管理表，存储水利财务决算报表的收入决算表的基本信息。信息统计的时间单元为年，统计的空间载体对象为单位的某项收入科目，统计指标为该科目在统计年的收入情况。

序号	含义	字段名	数据类型	单位	必填	主键	外键
1	单位代码	DWDM	C（18）		Y	Y	Y
2	单位名称	DWMC	C（64）				
3	日期	RQ	D（4）		Y	Y	
4	支出功能科目编码	ZCGNKMBM	C（7）		Y	Y	
5	科目名称	KMMC	C（128）				
6	本年收入合计	BNSRHJ	N（11，4）	万元			
7	基本支出	JBZC	N（11，4）	万元			
8	项目支出	XMZC	N（11，4）	万元			
9	上缴上级支出	SJSJZC	N（11，4）	万元			
10	经营支出	JYZC	N（11，4）	万元			
11	对附属单位补助支出	DFSDWBZZC	N（11，4）	万元			

[4] 填写说明：

1）单位代码：支出统计的单位代码，引用单位基本信息表。

2）单位名称：支出统计的单位代码对应的单位名称，由单位基本信息表带入。

3）日期：统计年度，计至年。

4）支出功能科目编码：指支出决算的科目编码，其科目分为类、款、项三级。

5）科目名称：指支出功能科目编码所对应的科目名称，其取值为财政部编制的当年《政府收支分类科目》中列出的名称。

6）本年收入合计：指单位本年度各支出总数额，计量单位为万元，计至四位小数。

7）基本支出：指单位为保障其机构正常运转、完成日常工作任务而发生的各项支出，计量单位为万元，计至四位小数。

8）项目支出：指单位在基本支出之外发生的各项项目支出总额，计量单位为万元，计至四位小数。

9）上缴上级支出：指单位按规定的定额或比例上缴上级单位的支出总额，计量单位为万元，计至四位小数。

10）经营支出：指单位在专业获得及辅助获得之外开展非独立核算经营活动发生的支出总额，计量单位为万元，计至四位小数。

11）对附属单位补助支出：指单位发生的用财政预算资金对附属单位的补助支出，计量单位为万元，计至四位小数。

5. （管理）利润表

[1] 表编号：020701005

[2] 表标识：LRB

[3] 表说明：本表为利润表，属管理表，存储年度利润相关信息。信息统计的时间单元为年，空间实体对象为单位，统计指标单位本年度的收入和利润等。

序号	含义	字段名	数据类型	单位	必填	主键	外键
1	单位代码	DWDM	C（18）		Y	Y	Y
2	单位名称	DWMC	C（64）				
3	日期	RQ	D（4）		Y	Y	
4	主营业收入	ZYYSR	N（11，4）	万元			
5	净利润	JLR	N（11，4）	万元			
6	报表扫描件	BBSMJ	B				

[4] 填写说明：

1）单位代码：利润统计的单位代码，引用单位基本信息表。

2）单位名称：利润统计的单位代码对应的单位名称，由单位基本信息表带入。

3）日期：统计年度，计至年。

4）主营业收入：指单位经常性的、主要业务所产生的基本收入，计量单位为万元，计至四位小数。

5）净利润：指在利润总额中按规定缴纳了所得税后公司的利润留成，计量单位为万元，计至四位小数。

6）报表扫描件：应用 JPG 或者 BMP 格式，图片大小应为 20（含）～50（含）kB，分辨率应不小于 72 DPI。

6. （管理）现金流量表

[1] 表编号：020701006

[2] 表标识：XJLLB

[3] 表说明：本表为现金流量表，属管理表，存储单位年度现金流量信息。信息统计的时间单元为年，空间实体对象为单位，统计指标为单位年度净现金金额。

序号	含义	字段名	数据类型	单位	必填	主键	外键
1	单位代码	DWDM	C（18）		Y	Y	Y
2	单位名称	DWMC	C（64）				
3	日期	RQ	D（4）		Y	Y	
4	净现金金额	JXJJE	N（11，4）	万元			
5	报表扫描件	BBSMJ	B				

[4] 填写说明：

1）单位代码：引用单位基本信息表。

2）单位名称：单位代码对应的单位名称，由单位基本信息表带入。

3）日期：统计年度，计至年。

4）净现金金额：指现金流入量和流出量的差额。计量单位为万元，计至四位小数。

5）报表扫描件：应用 JPG 或者 BMP 格式，图片大小应为 20（含）～50（含）kB，分辨率应不小于 72 DPI。

7. （管理）资产负债表

[1] 表编号：020701007

[2] 表标识：ZCFZB

[3] 表说明：本表为资产负债表，属管理表，存储单位年度资产负债信息。信息统计的时间单元为年，空间实体对象为单位，统计指标包括单位年度资金状况。

序号	含义	字段名	数据类型	单位	必填	主键	外键
1	单位代码	DWDM	C（18）		Y	Y	Y
2	单位名称	DWMC	C（64）				
3	日期	RQ	D（4）		Y	Y	
4	年初应收账款余额	NCYSZKYE	N（11，4）	万元			
5	年末应收账款余额	NMYSZKYE	N（11，4）	万元			
6	年末流动资产合计	NMLDZCHJ	N（11，4）	万元			
7	年初资产总额	NCZCZE	N（11，4）	万元			
8	年末资产总额	NMZCZE	N（11，4）	万元			
9	年末流动负债合计	NMLDFZHJ	N（11，4）	万元			
10	年末负债合计	NMFZHJ	N（11，4）	万元			
11	年初所有者权益	NCSYZQY	N（11，4）	万元			
12	年末所有者权益	NMSYZQY	N（11，4）	万元			
13	报表扫描件	BBSMJ	B				

[4] 填写说明：

1）单位代码：资产统计单位，引用单位基本信息表。

2）单位名称：资产统计单位代码对应的单位名称，由单位基本信息表带入。

3）日期：统计年度，计至年。

4）年初应收账款余额：指单位对上一年度因销售产品、材料、提供劳务等业务而应向购货方、接受劳务的单位或个人收取的款项金额，计量单位为万元，计至四位小数。

5）年末应收账款余额：指单位对当年度因销售产品、材料、提供劳务等业务而应向购货方、接受劳务的单位或个人收取的款项金额，计量单位为万元，计至四位小数。

6）年末流动资产合计：指企业在当年营业周期内可以变现或者耗用的资产总和，计量单位为万元，计至四位小数。

7）年初资产总额：指财务会计上的每年年初的资产价值，计量单位为万元，计至四位小数。

8）年末资产总额：指财务会计上的每年年末的资产价值，计量单位为万元，计至四位小数。

9）年末流动负债合计：指在一年内或超过一年的一个营业周期内需要偿还的债务，计量单位为万元，计至四位小数。

10）年末负债合计：指企业年末结算剩下的负债，是期末总资产减去所有者权益后的余额，计量单位为万元，计至四位小数。

11）年初所有者权益：指年初资产扣除负债后由所有者应享的剩余利益，计量单位为万元，计至四位小数。

12）年末所有者权益：指年末资产扣除负债后由所有者应享的剩余利益，计量单位为万元，计至四位小数。

13）报表扫描件：应用 JPG 或者 BMP 格式，图片大小应为 20（含）～50（含）kB，分辨率应不小于 72 DPI。

8. （管理）设备状况表

[1] 表编号：020701008

[2] 表标识：SBZKB

[3] 表说明：本表为设备状况表，属管理表，存储设备状况信息。状态记录时间精确至日，统计的空间实体对象为单位的设备，统计指标包括设备的类型、型号等。

序号	含义	字段名	数据类型	单位	必填	主键	外键
1	单位代码	DWDM	C（18）		Y	Y	Y
2	单位名称	DWMC	C（64）				
3	设备编号	SBBH	C（36）		Y	Y	
4	日期	RQ	D（8）		Y	Y	
5	设备类型	SBLX	C（1）				
6	型号	XH	C（50）				
7	生产厂家	SCCJ	C（50）				
8	出厂日期	CCRQ	D（8）				
9	服务期限	FWQX	N（3）	a			
10	状态	ZT	C（1）				

[4] 填写说明：

1）单位代码：设备状况统计的单位代码，引用单位基本信息表。

2）单位名称：设备状况统计的单位代码对应的单位名称，由单位基本信息表带入。

3）设备编号：填写某种固定资产设备的编号。

4）日期：指该设备状态记录日期，计至日。

5）设备类型：用 1 个字符表示，其中“1”表示“大型”，“2”表示“中型”，“3”表示“小型”。

6）型号：指某种固定资产设备的型号。

7）生产厂家：指某种固定资产设备的生产工厂名称。

8）出厂日期：指某种固定资产设备出厂的日期，计至日。

9）服务期限：指某种固定资产设备寿命年限，计量单位为 a，计至整数。

10）状态：指某种固定资产设备目前使用情况，用 1 个字符表示，其中“1”表示“良好待机”，“2”表示“工程占用”，“3”表示“待检待验”，“4”表示“正在维修”。

第八节 政务公开

1. （载体）政务公开信息表

[1] 表编号：020801001

[2] 表标识：ZWGKXXB

[3] 表说明：存储政务公开的基本信息，包括公开信息目录、公开基本内容及告知书等信息。

序号	含义	字段名	数据类型	单位	必填	主键	外键
1	索引号	SYH	C（27）		Y	Y	
2	分类代码	FLDM	C（6）		Y		Y
3	标题	BT	C（128）				
4	文号	WH	C（44）				
5	信息发布机构	XXFBJG	C（255）				
6	公开形式	GKXS	C（1）				
7	公开范围	GKFW	C（1）				
8	公开时限	GKSX	C（1）				
9	生成日期	SCRQ	D（8）				
10	公开程序	GKCX	C（100）				
11	内容概述	NRGS	C（255）				
12	单位代码	DWDM	C（18）				Y
13	责任部门	ZRBM	C（40）				
14	发布载体	FBZT	C（40）				
15	告知内容	GZNR	C（255）				
16	告知日期	GZRQ	D（8）				
17	公开内容	GKNR	C（255）				
18	备注	BZ	C（255）				

[4] 填写说明：

1）索引号：指每条政务公开信息唯一不变的标识符，不因发布机构变更而更改。

2）分类代码：指政务公开目录分类的编号，其编码规则采用 3 级表示，第一级表示大类，采用 2 位大写字母表示，大类的取值及其含义见政务公开目录大类代码表。第二级和第三级表示子分类，分别采用 2 位流水号表示，第二级和第三级各单位可自行定义。如该分类为大类，则用第一级+0000 表示。如规划计划用 GH0000 表示，规划计划下的流域规划用 GH0200 表示，该分类下的综合规划采用 GH0204 表示。

3）标题：指本条政务公开信息的标题。

4）文号：指本条政务公开信息对应的公文编号。

5）信息发布机构：指发布本条政务公开信息的机构名称。

6）公开形式：指本条政务公开信息的种类，其取值为 1 主动公开，2 依申请公开。

7）公开范围：指政务信息公开的界限，其取值为 1 面向全社会，2 面向限时申请人。

8）公开时限：指政务公开信息的期限类型，其取值为 1 长期公开，2 限时公开。

9）生成日期：指本条政务公开信息的生成的日期。计至日。

10）公开程序：指本条政务公开信息的审核程序的描述信息，如本单位审核后公开、其他单位审核后公开。

11）内容概述：指对发布的政务公开信息内容进行简单描述的信息。

12）单位代码：指该政务公开目录信息制定的单位，引用单位基本信息表。

13）责任部门：指该政务公开目录分类在公开单位对应的公开部门。

14）发布载体：指该类政务公开子项对应的信息发布载体名称，包括网站、报刊、电视等。

15）告知内容：指该项政务公开申请告知情况说明。

16）告知日期：指该项政务公开申请告知时间，计至日。

17）公开内容：指政务公开文件内容。

18）备注：关于公开信息还需补充的其他信息。

2. （载体）政策法规基本信息表

[1] 表编号：020801002

[2] 表标识：ZCFGJBXXB

[3] 表说明：本表为政策法规基本信息表，属载体表，存储政务公开中政策法规类的基本信息。政策法规是党政机关制定的关于处理党内和政府事务工作的文件，水利行业政策法规指水利部门制定的规定、办法、准则以及行业的规范和条例规章等。

序号	含义	字段名	数据类型	单位	必填	主键	外键
1	政法代码	ZFDM	C（9）		Y	Y	
2	政法名称	ZFMC	C（64）				
3	英文名称	YWMC	C（64）				
4	政法分类	ZFFL	C（2）				Y
5	颁布单位	BBDW	C（64）				
6	颁布日期	BBRQ	D（8）				
7	实施日期	SSRQ	D（8）				
8	废止日期	FZRQ	D（8）				
9	国家地区	GJDQ	C（3）				
10	主题词	ZTC	C（64）				
11	内容摘要	NRZY	C（255）				
12	全文文件	QWWJ	B				

[4] 填写说明：

1）政法代码：指该政策法规的发文编号。

2）政法名称：指该政策法规的中文名称。

3）英文名称：指该政策法规的英文名称。

4）政法分类：指该政策、法规所属的类别，取值及其含义见政策法规代码表。

5）颁布单位：指颁布该政策、法规的单位名称。

6）颁布日期：指该政策、法规颁布的日期，计至日。

7）实施日期：指该政策、法规实施的日期，计至日。

8）废止日期：指该政策、法规废止的日期，计至日。

9）国家地区：指颁布该政策、法规的国家或地区代码，国家或国际地区代码采用《世界各国和地区及其行政区划名称代码》（GB/T 2659.1—2022）规定的国家或地区代码。国内地区代码采用《中华人民共和国行政区划代码》（GB/T 2260—2007）规定的代码。

10）主题词：指该政策、法规的关键词。

11）内容摘要：指该政策、法规的内容摘要。

12）全文文件：指该政策、法规的全文文件。

3. （管理）公民、法人或其他组织政务公开申请表

[1] 表编号：020801003

[2] 表标识：GMFRHQTZZZWGKSQB

[3] 表说明：本表为公民、法人或其他组织政务公开申请表，属管理表，存储存储公民、法人或其他组织政务公开申请表信息。信息统计的载体对象为公民、法人或其他组织的政务公开申请表，统计指标包括申请表的申请人、申请内容和附件信息等。

序号	含义	字段名	数据类型	单位	必填	主键	外键
1	申请主体代码	SQZTDM	C（18）		Y	Y	
2	申请编号	SQBH	C（36）		Y	Y	
3	申请主体名称	SQZTMC	C（36）				
4	申请类别	SQLB	C（2）				
5	申请单位	SQDW	C（64）				
6	通信地址	TXDZ	C（128）				
7	邮政编码	YZBM	C（6）				
8	联系人姓名	LXRXM	C（36）				
9	营业执照信息	YYZZXX	C（255）				
10	申请人代码	SQRDM	C（18）				Y
11	联系电话	LXDH	C（11）				
12	传真	CZ	C（20）				
13	电子邮箱	DZYX	C（64）				
14	申请时间	SQSJ	D（8）				
15	申请信息内容描述	SQXXNRMS	C（255）				
16	申请信息用途	SQXXYT	C（255）				
17	是否申请减免费用	SFSQJMFY	C（2）				
18	所需信息提供方式	SXXXTGFS	C（2）				
19	获取信息方式	HQXXFS	C（32）				
20	附件个数	FJGS	N（3）	个			
21	附件名称	FJMC	C（128）				
22	附件说明	FJSM	C（255）				
23	附件内容	FJNR	B				

[4] 填写说明：

1）申请主体代码：指公民、法人或其他组织的有效代码，公民填写身份证号，法人或其他组织填写统一社会信用代码。

2）申请编号：指每条政务公开信息申请表唯一不变的标识符，不因发布机构变更而更改。

3）申请主体名称：指申请政务公开的申请主体的名称。

4）申请类别：指政务公开申请的类别，其取值为：1 法人（其他组织），2 公民。

5）申请单位：指进行公民、法人或其他组织政务公开申请的单位名称，当申请主体为个人时，填写个人的工作单位名称。

6）通信地址：指该个人、法人单位或组织的详细通信地址。

7）邮政编码：指该个人、法人单位或组织所在地址的邮政编码。

8）联系人姓名：当申请主体为法人或其他单位时，填写单位联系人姓名。

9）营业执照信息：当申请主体为法人或其他单位时，指该法人单位或组织的营业登记信息，包括名称、地址、负责人、资金数额、经济成分、经营范围、经营方式等内容。

10）申请人代码：指该申请表的申请人的有效证件号，引用人员基本信息表。

11）联系电话：填写申请主体的联系电话。

12）传真：填写申请主体的传真。

13）电子邮箱：填写申请主体的电子邮箱。

14）申请时间：指政务公开申请表提交的时间，计至日。

15）申请信息内容描述：指该申请主体申请政务公开详细的内容描述。

16）申请信息用途：指申请该政务公开信息的用途描述。

17）是否申请减免费用：指该项申请是否需要减免费用，其取值为 0（否），1（是）。

18）所需信息提供方式：指该申请主体希望获得该项公开信息所提供的方式，其取值为：1 纸质，2 电子文档，3 光盘。

19）获取信息方式：指获取公开信息的途径，包括邮寄、快递、电子邮件、传真、自行领取、当场阅读、抄录、复印等。

20）附件个数：指该申请文件中附件的个数，计量单位为个，计至整数。

21）附件名称：指附件的中文名称，当附件为多个时中间用“，”隔开。

22）附件说明：指附件内容信息的简要说明，当附件为多个时中间用回车符号隔开。

23）附件内容：指附件文件。

第九节　行政许可

1. （载体）行政许可事项基本信息表

[1] 表编号：020901001

[2] 表标识：XZXKSXJBXXB

[3] 表说明：存储各级水利行政机关根据公民、法人或其他组织的申请，经依法审查，准予其从事特定活动事项的目录信息。

序号	含义	字段名	数据类型	单位	必填	主键	外键
1	事项代码	SXDM	C（12）		Y	Y	
2	事项子项代码	SXZXDM	C（3）		Y	Y	

序号	含义	字段名	数据类型	单位	必填	主键	外键
3	事项名称	SXMC	C（64）				
4	事项子项名称	SXZXMC	C（64）				
5	事项办理时限	SXBLSX	N（4）	d			
6	规定收费	GDSF	C（16）				
7	是否发证	SFFZ	C（2）				
8	证照名称	ZZMC	C（32）				
9	法律依据	FLYJ	C（64）				
10	审批内容	SPNR	C（255）				
11	受理机关	SLJG	C（64）				
12	决定机关	JDJG	C（64）				
13	法律效力	FLXL	C（255）				
14	申请人范围	SQRFW	C（255）				
15	准许行政许可条件	ZXXZXKTJ	C（255）				
16	受理材料	SLCL	C（255）				
17	审批时限	SPSX	N（4）	d			
18	是否收费	SFSF	C（2）				
19	办事流程	BSLC	C（255）				
20	申请书格式	SQSGS	B				

[4] 填写说明：

1）事项代码：指行政许可审批事项的顺序编号，其编码规则为 9 位单位组织机构代码+3 位顺序流水号。其中单位组织机构代码采用《全国组织机构代码编制规则》（GB 11714—1997）规定的机构代码。

2）事项子项代码：指行政许可审批事项子项的顺序编号，采用 3 位顺序流水号表示。如果没有子项，则其编号为 000。

3）事项名称：指行政许可审批事项的名称全称。

4）事项子项名称：指行政许可审批事项子项名称全称。

5）事项办理时限：指按法律、法规规定的办理此项审批事项的时限，计量单位为 d，计至整数。

6）规定收费：指按法律、法规规定的收费情况。

7）是否发证：指该项审批事项是否颁发证书，填写是或否。

8）证照名称：指该项审批事项颁发的证书或执照名称。

9）法律依据：指该项审批事项对应的法律依据说明。

10）审批内容：描述该项审批事项的审批内容。

11）受理机关：指该项审批事项对应的受理机关的名称。

12）决定机关：指该项审批事项对应的审批决定机关的名称。

13）法律效力：指该项审批事项的法律效力进行说明的描述信息。

14）申请人范围：指该项审批事项对应的申请人范围的说明信息，如申请建设项目水资源论证机构资质认定的申请人范围为从事建设项目水资源论证的单位。

15）准许行政许可条件：指该项审批事项的申请人提交申请时应具备的条件说明。

16）受理材料：指该项审批事项所提交的材料说明。

17）审批时限：指该项审批事项的审批时限，计量单位为 d，计至整数。

18）是否收费：指该项审批事项是否收费，填写是或否。

19）办事流程：指该项审批事项的办事流程的描述信息。

20）申请书格式：以附件的方式提供该审批时限的申请书格式。

2. （管理）行政许可事项办理信息表

[1] 表编号：020901002

[2] 表标识：XZXKSXBLXXB

[3] 表说明：存储某项行政许可事项受理后的办理结果信息。

序号	含义	字段名	数据类型	单位	必填	主键	外键
1	受理代码	SLDM	C（24）		Y	Y	
2	事项代码	SXDM	C（12）		Y	Y	Y
3	事项子项代码	SXZXDM	C（3）		Y	Y	Y
4	项目名称	XMMC	C（64）				
5	法律规定管辖地	FLGDGXD	C（20）				
6	发生业务管辖地	FSYWGXD	C（20）				
7	申请人单位名称	SQRDWMC	C（64）				
8	申请单位经办人姓名	SQDWJBRXM	C（36）				
9	申请单位联系电话	SQDWLXDH	C（20）				
10	申请单位传真	SQDWCZ	C（20）				
11	申请单位经办人手机	SQDWJBRSJ	C（15）				
12	申请单位经办人邮件	SQDWJBRYJ	C（32）				
13	受理单位组织机构代码	SLDWZZJGDM	C（9）				
14	受理单位名称	SLDWMC	C（64）				
15	受理单位办理人姓名	SLDWBLRXM	C（30）				
16	受理地点	SLDD	C（64）				
17	受理时间	SLSJ	D（8）				
18	回执编号	HZBH	C（128）				
19	受理与否	SLYF	C（1）				
20	不受理原因	BSLYY	C（255）				
21	提交方式	TJFS	C（1）				
22	办结时间	BJSJ	D（8）				
23	办结结果	BJJG	C（1）				
24	办结文号	BJWH	C（64）				
25	办理结果描述	BLJGMS	C（255）				
26	证件或盖章名称	ZJHGZMC	C（64）				
27	证件代码	ZJDM	C（64）				
28	证件有效期限	ZJYXQX	C（30）				
29	证件	ZJ	B				
30	收费金额	SFJE	N（16，2）	元			
31	备注	BZ	C（255）				

[4] 填写说明：

1）受理代码：指行政许可审批事项受理的顺序编号，其编码规则为审批事项代码+审批事项子项代码+4 位年份+5 位顺序流水号。

2）事项代码：指该受理信息所属的行政许可审批事项的代码，引用行政许可事项基本信息表。

3）事项子项代码：指该受理信息所属的行政许可审批子事项的代码，引用行政许可事项基本信息表。

4）项目名称：指审批行政许可的项目的具体名称。

5）法律规定管辖地：指按法律、法规规定此业务所属行政单位所在的管辖地，其取值为《中华人民共和国行政区划代码》（GB/T 2260—2007）规定的名称。

6）发生业务管辖地：指实际发生此业务的行政单位所在的管辖地，其取值为《中华人民共和国行政区划代码》（GB/T 2260—2007）规定的名称。

7）申请人（单位）名称：指该审批事项业务的申请单位的名称或申请人名称。

8）申请单位经办人姓名：指申请单位经办人业务人员的姓名。

9）申请单位联系电话：指申请单位经办人的联系电话。

10）申请单位传真：指申请单位的传真号码。

11）申请单位经办人手机：指申请单位经办人的手机号码。

12）申请单位经办人邮件：指申请单位经办人的电子邮件地址。

13）受理单位组织机构代码：指该审批事项的受理单位的组织机构代码，其取值为按《全国组织机构代码编制规则》（GB 11714—1997）中的规定编制的机构代码。

14）受理单位名称：指该审批事项的受理单位的全称。

15）受理单位办理人姓名：指受理单位承办此受理业务人员的姓名。

16）受理地点：指受理单位承办此受理业务人员所在的办公地点，精确到房间号或者窗口号。

17）受理时间：受理此业务的具体时间。

18）回执编号：指此业务受理回执的编号，其编码规则按各单位管理要求编写。

19）受理与否：指本业务是否受理，填写不受理或受理。

20）不受理原因：指该项业务不受理的原因的描述信息。

21）提交方式：指该项业务的资料提交方式。取值及其含义见提交方式代码表。

22）办结时间：指办结此业务的具体时间。

23）办结结果：指该项业务的办结结果，取值及其含义见办结结果代码表。

24）办结文号：指该项行政许可审批事项办结对应的公文文号。

25）办理结果描述：对该项业务的办理结果进行描述。

26）证件或盖章名称：指办结后提供证件或盖章的名称，当办理结果是 0（出证办结）时必须填写。

27）证件代码：指提供办结证件的编号，当办理结果是 0（出证办结）时必须填写。

28）证件有效期限：指提供的办结证件的有效期限，当办理结果是 0（出证办结）时必须填写。

29）证件：存储证件的扫描件，当办理结果是 0（出证办结）时进行录入。

30）收费金额：指该项业务办理收费的金额，计量单位为元，计至两位小数。

31）备注：关于行政许可审批事项受理还需要补充的其他信息。

3. （载体）行政许可受理材料表

[1] 表编号：020901003

[2] 表标识：XZXKSLCLB

[3] 表说明：存储某项行政许可事项在受理时应提交的材料的基本信息。

序号	含义	字段名	数据类型	单位	必填	主键	外键
1	受理代码	SLDM	C（24）		Y	Y	Y

序号	含义	字段名	数据类型	单位	必填	主键	外键
2	事项代码	SXDM	C（12）		Y	Y	Y
3	事项子项代码	SXZXDM	C（3）		Y	Y	Y
4	受理材料代码	SLCLDM	C（3）		Y	Y	
5	受理材料名称	SLCLMC	C（64）				
6	受理材料类别	SLCLLB	C（16）				
7	受理材料说明	SLCLSM	C（255）				
8	受理材料内容	SLCLNR	B				
9	份数	FS	N（4）	份			

[4] 填写说明：

1）受理代码：指该受理材料所属的行政许可审批事项受理的代码，引用行政许可事项办理信息表。

2）事项代码：指该受理信息所属的行政许可审批事项的代码，引用行政许可事项基本信息表。

3）事项子项代码：指该受理信息所属的行政许可审批子事项的代码，引用行政许可事项基本信息表。

4）受理材料代码：指某项行政许可受理事项提交的受理材料在系统中的编号，其编码规则为 3 位顺序流水号。

5）受理材料名称：指该项业务的申请单位或申请人提交的受理材料名称。

6）受理材料类别：指提交的受理材料类别说明，填写原件、复印件或电子文档。

7）受理材料说明：对该份受理材料的内容和文件类别进行说明。

8）受理材料内容：如果该份材料为电子文档，则存放电子文件内容。

9）份数：指提交的该份受理材料的数目，计量单位为份，计至整数。

4. （管理）行政许可办理流程表

[1] 表编号：020901004

[2] 表标识：XZXKBLLCB

[3] 表说明：存储某项行政许可事项办理流程的说明信息。

序号	含义	字段名	数据类型	单位	必填	主键	外键
1	受理代码	SLDM	C（24）		Y	Y	Y
2	事项代码	SXDM	C（12）		Y	Y	Y
3	事项子项代码	SXZXDM	C（3）		Y	Y	Y
4	办理节点编号	BLJDBH	C（2）		Y	Y	
5	办理节点名称	BLJDMC	C（64）				
6	办理意见	BLYJ	C（255）				
7	备注	BZ	C（255）				

[4] 填写说明：

1）受理代码：指行政许可审批事项受理的顺序编号，其编码规则为审批事项代码+审批事项子项代码+4 位年份+5 位顺序流水号。

2）事项代码：指该受理信息所属的行政许可审批事项的代码，引用行政许可事项基本信息表。

3）事项子项代码：指该受理信息所属的行政许可审批子事项的代码，引用行政许可事项基本信息表。

4）办理节点编号：指某项行政许可事项受理后，完成该项审批所涉及的办理环节的顺序编号。

5）办理节点名称：指该项行政许可事项办理环节的节点名称。

6）办理意见：指该项行政许可事项办理节点对应的所有办理意见，包括办理单位、办理人、办理意见及办完时间等内容。

7）备注：关于行政许可审批事项受理还需要补充的其他信息。

5. （管理）行政许可公示表

[1] 表编号：020901005

[2] 表标识：XZXKGSB

[3] 表说明：存储行政许可事项办理结果的公示信息。

序号	含义	字段名	数据类型	单位	必填	主键	外键
1	受理代码	SLDM	C（24）		Y	Y	Y
2	事项代码	SXDM	C（12）		Y	Y	Y
3	事项子项代码	SXZXDM	C（3）		Y	Y	Y
4	公告代码	GGDM	C（10）		Y	Y	
5	公告标题	GGBT	C（128）				
6	公告内容	GGNR	C（255）				
7	公告时间	GGSJ	D（8）				

[4] 填写说明：

1）受理代码：指行政许可审批事项受理的顺序编号，其编码规则为审批事项代码+审批事项子项代码+4 位年份+5 位顺序流水号。

2）事项代码：指该受理信息所属的行政许可审批事项的代码，引用行政许可事项基本信息表。

3）事项子项代码：指该受理信息所属的行政许可审批子事项的代码，引用行政许可事项基本信息表。

4）公告代码：行政许可公示的顺序号，其编码规则为 4 位年份+6 位顺序流水号。

5）公告标题：对应该编号的公告标题。

6）公告内容：对应该编号的公告内容。

7）公告时间：指该公示发布的时间，计至日。

主要参考资料

[1] 国家水资源监控能力建设项目办公室. 基础数据库表结构与标识符[S]：SZY 301—2013，2014.

[2] 水利部. 水利政务信息数据库表结构及标识符[S]：SL 707—2015，2015.

[3] 水利部. 人才管理数据库表结构及标识符[S]：SL 453—2009，2009.

[4] 水利部. 水利建设市场主体信用信息数据库表结构及标识符[S]：SL 691—2014.

[5] 水利部. 水资源监控管理数据库表结构及标识符标准[S]：SL 380—2007，2007.

[6] 水利部. 水利对象基础数据库表结构及标识符[S]：SL/T 809—2021，2021.

[7] 水利部. 大中型水利水电工程移民数据库表结构及标识符[S]：SL 603—2013，2013.

[8] 水利部. 水利对象分类与编码总则[S]：SL/T 2013—2020，2020.

[9] 水利部. 水利信息分类[S]：SL 701—2014，2015.

[10] 水利部. 水利数据交换规约[S]：SL/T 783—2019，2019.

[11] 水利部. 水利工程建设与管理数据库表结构及标识符[S]：SL 700—2015，2015.

[12] 水利部. 水利固定资产分类与代码[S]：SL 731—2015，2016.

[13] 水利部. 水利单位管理体系要求[S]：SL/Z 530—2016，2016.

[14] 水利部. 水利信息数据库表结构及标识符编制规范[S]：SL 478—2010，2010.

[15] 水利部. 水利科技信息数据库表结构及标识符标准[S]：SL 458—2009，2010.

[16] 水利部. 水利统计基础数据采集技术规范[S]：SL 620—2013，2013.

第三章　公共数据

本章是涉水业务公共数据，包括基础地理和经济社会相关信息。基础地理涉及行政区划、基础设施等相关基础信息，经济社会包括国民经济与社会发展等涉水领域相关信息。

第一节建立了 14 张实体表和 2 张管理表，实现了对行政区划、基础设施、道路交通、地质地貌、土壤植被等的基本属性信息以及业务属性信息的管理，包括房屋性质、土地使用证、房屋产权证号、供电范围、电压等级、房屋总面积、行政区划、路段长度、技术等级、投产时间、路基宽度、桥梁长度、桥梁宽度、桥梁类别、桥梁结构、桥面宽度、矿产资源类别、矿产品位、矿产储量、土地利用类型、土壤类别、林果木类别、林果木规格、林果木数量等内容。共整理了 16 张表，173 个字段。

第二节建立了 8 张实体表和 7 张管理表，实现了以人为核心，涉及水务行业与国民经济和社会发展的基本属性信息以及业务属性信息的管理，保留了工业、农业、企业、人、户、城镇等内容。共整理了 15 张表，211 个字段。公共数据实体关系如图 3-1 所示。

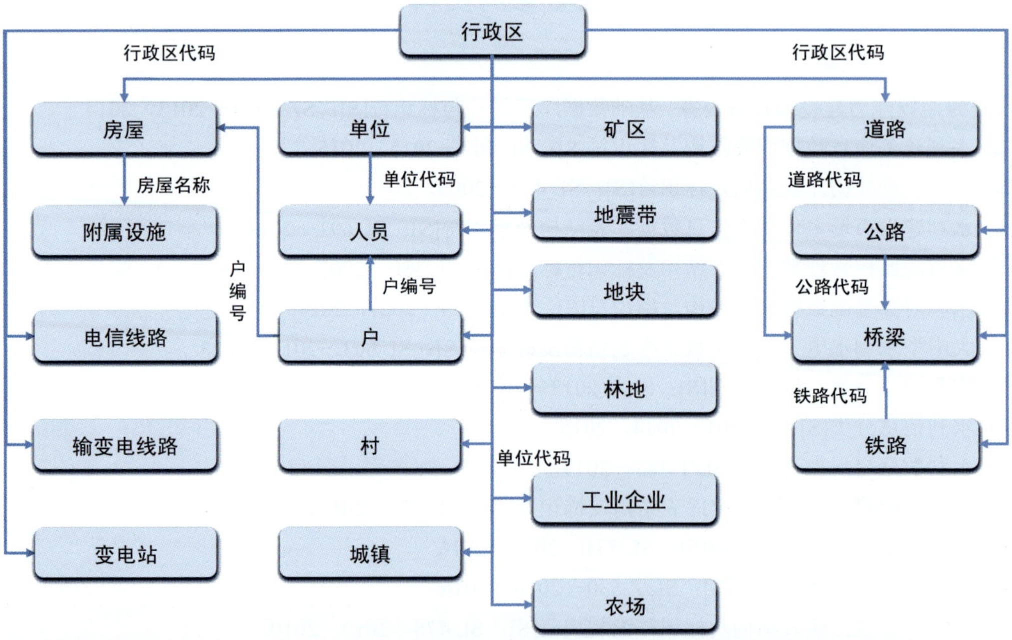

图 3-1　公共数据实体关系

第一节 基础地理

一、行政区划

1. （实体）行政区划基本信息表

[1] 表编号：030101001

[2] 表标识：XZQHJBXXB

[3] 表说明：本表为行政区划基本信息表，属实体表，存储行政区的基本属性信息。我国《宪法》规定，行政区划有省（自治区、直辖市）、县（自治县、市）、乡（镇、街道）三级。乡镇和街道是中国的基层行政单位。自治区、自治州、自治县是少数民族聚居地区的民族自治区域，它们都是祖国不可分割的部分。国家根据需要，可以设立特别行政区。

序号	含义	字段名	数据类型	单位	必填	主键	外键
1	行政区划代码	XZQHDM	C（10）		Y	Y	
2	行政区名称	XZQMC	C（32）		Y		
3	行政区简称	XZQJC	C（16）				
4	行政区级别代码	XZQJBDM	C（1）				Y
5	所属行政区划代码	SSXZQHDM	C（10）				Y
6	描述	MS	C（250）				
7	行政区划面积	XZQHMJ	N（10，2）	km^2			

[4] 填写说明：

1）行政区划代码：行政区划的代码，按《中华人民共和国行政区划代码》（GB/T 2260—2007）填写。

2）行政区名称：行政区划的代码对应的中文名称。

3）行政区简称：行政区划的简称。

4）行政区级别代码：行政区划的级别代码，取值及其含义见行政区划级别代码表。

5）所属行政区划代码：上一级行政区划代码，引用本表。

6）描述：对行政区基本情况的简单概述。

7）行政区划面积：行政区管理所辖面积，计量单位为 km^2，计至两位小数。

2. （管理）土地确权划界信息表

[1] 表编号：030101002

[2] 表标识：TDQQHJXXB

[3] 表说明：描述土地确权划界信息。确权是依照法律、政策的规定，经过房地产申报、权属调查、地籍勘丈、审核批准、登记注册、发放证书等登记规定程序，确认某一房地产的所有权、使用权的隶属关系和他项权利。

序号	含义	字段名	数据类型	单位	必填	主键	外键
1	地块代码	DKDM	C（10）		Y	Y	Y
2	行政区划代码	XZQHDM	C（10）		Y		Y

序号	含义	字段名	数据类型	单位	必填	主键	外键
3	土地利用类型代码	TDLYLXDM	C（3）				Y
4	占地面积	ZDMJ	N（10，2）	km^2			
5	土地所有权	TDSYQ	C（36）				
6	土地使用权	TDSYQ	C（36）				

[4] 填写说明：

1）地块代码：经过确权的地块代码，引用地块基本信息表。

2）行政区划代码：地块所在行政区划代码。按最小包含原则填写，引用行政区划基本信息表。

3）土地利用类型代码：功能区用地类型代码，取值及其含义见土地利用类型代码表。

4）面积：地块面积，计量单位为 km^2，计至两位小数。

5）土地所有权：指土地所有者依法对土地占有、使用、收益、处分的权利，填写国家机关、企事业单位、农民集体和公民个人名称。

6）土地使用权：指国家机关、企事业单位、农民集体和公民个人，以及三资企业，凡具备法定条件者，依照法定程序或依约定对国有土地或农民集体土地所享有的占有、利用、收益和有限处分的权利。填写国家机关、企事业单位、农民集体和公民个人名称。

二、基础设施

1. （实体）房屋基本信息表

[1] 表编号：030102001

[2] 表标识：FWJBXXB

[3] 表说明：描述房屋调查情况的信息。房屋是住人或存放东西的钢筋混凝土构成的建筑物。

序号	含义	字段名	数据类型	单位	必填	主键	外键
1	房屋名称	FWMC	C（20）		Y	Y	
2	户编号	HBH	C（18）		Y	Y	Y
3	行政区划代码	XZQHDM	C（10）		Y		Y
4	详细地址	XXDZ	C（64）				
5	中心经度	ZXJD	N（10，6）	（°）			
6	中心纬度	ZXWD	N（10，6）	（°）			
7	结构	JG	C（64）				
8	房屋性质	FWXZ	C（6）				
9	用途代码	YTDM	C（2）				Y
10	土地使用证	TDSYZ	C（30）				
11	房屋产权证号	FWCQZH	C（30）				
12	宅基地面积	ZJDMJ	N（7，2）	m^2			
13	建筑面积	JZMJ	N（7，2）	m^2			
14	丈量面积	ZLMJ	N（7，2）	m^2			
15	层数	CS	C（30）	层			
16	所在高程	SZGC	N（6，2）	m			

[4] 填写说明：

1）房屋名称：房屋的中文名称。

2）户编号：房屋所属户的编号，引用户基本信息表。

3）行政区划代码：房屋所在行政区划代码，按最小包含原则填写，引用行政区划基本信息表。

4）详细地址：房屋的详细地址，精确到门牌号。

5）中心经度：房屋中心点的经度，采用 2000 国家大地坐标系（CGCS2000）。

6）中心纬度：房屋中心点的纬度，采用 2000 国家大地坐标系（CGCS2000）。

7）结构：房屋的结构。

8）房屋性质：房屋所有权性质，填写公有、集体所有、私有或其他。

9）用途代码：房屋用途代码，取值及其含义见房屋用途分类代码表。

10）土地使用证：房屋土地使用证号。

11）房屋产权证号：指房屋产权证号。

12）宅基地面积：非单元楼房屋宅基地面积，计量单位为 m^2，计至两位小数。

13）建筑面积：房屋建筑面积，需与产权证上建筑面积一致，计量单位为 m^2，计至两位小数。

14）丈量面积：实际丈量房屋面积，应按《水利水电工程建设征地移民实物调查范围规范》（SL 442—2009）规定的调查方法进行丈量，计量单位为 m^2，计至两位小数。

15）层数：房屋的层数，计量单位为层，计至整数。

16）所在高程：该房屋一楼所在地面最低高程，计量单位为 m，计至两位小数。

2. （管理）房屋装修情况表

[1] 表编号：030102002

[2] 表标识：FWZXQKB

[3] 表说明：本表为房屋装修情况表，属管理表，描述房屋装修情况信息。

序号	含义	字段名	数据类型	单位	必填	主键	外键
1	房屋名称	FWMC	C（20）		Y	Y	
2	户编号	HBH	C（18）		Y	Y	Y
3	日期	RQ	D（8）		Y	Y	
4	装修名称	ZXMC	C（32）				
5	装修类别代码	ZXLBDM	C（4）				Y
6	装修规模	ZXGM	C（16）				
7	装修级别	ZXJB	C（2）				

[4] 填写说明：

1）房屋名称：房屋的中文名称。

2）户编号：房屋所属户的编号，引用户基本信息表。

3）日期：房屋装修日期，计至日。

4）装修名称：装修项目的名称。

5）装修类别代码：装修项目所属的类别代码，取值及其含义见装修类别代码表。

6）装修规模：装修项目的规模。

7）装修级别：装修达到的档次级别，填写一级、二级或三级。

3. （实体）附属设施信息表

[1] 表编号：030102003

[2] 表标识：FSSSXXB

[3] 表说明：本表为附属设施信息表，属实体表，描述房屋附属设施信息。房屋附属设施包括电梯、空调、安防设备、照明设备、消防设备、监控设备、综合布线、弱电系统、给排水设备等。

序号	含义	字段名	数据类型	单位	必填	主键	外键
1	附属设施名称	FSSSMC	C（20）		Y	Y	
2	房屋名称	FWMC	C（20）		Y	Y	Y
3	户编号	HBH	C（18）		Y	Y	Y
4	设施类别代码	SSLBDM	C（2）				Y
5	设施材质代码	SSCZDM	C（1）				Y
6	设施规模	SSGM	N（8，2）				
7	规格尺寸	GZCC	C（30）				
8	所在高程	SZGC	N（6，2）	m			

[4] 填写说明：

1）附属设施名称：附属设施的中文名称。

2）房屋名称：设施所属的房屋的名称，引用房屋基本信息表。

3）户编号：房屋所属户的编号，引用户基本信息表。

4）设施类别代码：附属设施所属类别代码，取值及其含义见附属设施类别代码表。

5）设施材质代码：附属设施材质代码，取值及其含义见附属设施材质代码表。

6）设施规模：附属设施的规模数量。

7）规格尺寸：附属设施的规格尺寸描述。

8）所在高程：附属设施所在最低高程，计量单位为 m，计至两位小数。

4. （实体）电信线路信息表

[1] 表编号：030102004

[2] 表标识：DXXLXXB

[3] 表说明：本表为电信线路信息表，属实体表，描述电信线路信息。

序号	含义	字段名	数据类型	单位	必填	主键	外键
1	电信线路代码	DXXLDM	C（12）		Y	Y	
2	电信线路名称	DXXLMC	C（32）				
3	行政区划代码	XZQHDM	C（10）		Y		Y
4	起点地点	QDDD	C（64）				
5	终点地点	ZDDD	C（64）				
6	线路长度	XLCD	N（6，2）	km			
7	线路等级	XLDJ	C（64）				
8	线路类别	XLLB	C（64）				
9	线路带宽	XLDK	N（5）	Mbit/s			
10	线路容量	XLRL	N（2）	芯			
11	敷设方法	FSFF	C（64）				

[4] 填写说明：

1）电信线路代码：电信线路的标识代码。

2）电信线路名称：电信线路的名称。

3）行政区划代码：该电信线路所在行政区划的代码，按最小包含原则填写，引用行政区划基本信息表。

4）起点地点：电信线路起始地点描述。

5）终点地点：电信线路终止地点描述。

6）线路长度：调查线路的长度，计量单位为 km，计至两位小数。

7）线路等级：电信线路等级描述。

8）线路类别：电信线路类别描述。

9）线路带宽：电信线路传输带宽，计量单位为 Mbit/s，计至整数。

10）线路容量：电信新路芯数，计量单位为芯，计至整数。

11）敷设方法：线路敷设方式描述。

5.（实体）输变电线路信息表

[1] 表编号：030102005

[2] 表标识：SBDXLXXB

[3] 表说明：本表为输变电线路信息表，属实体表，描述输变电线路信息。

序号	含义	字段名	数据类型	单位	必填	主键	外键
1	输变电线路代码	SBDXLDM	C（10）		Y	Y	
2	输变电线路名称	SBDXLMC	C（32）				
3	行政区划代码	XZQHDM	C（10）				Y
4	起点地点	QDDD	C（64）				
5	终点地点	ZDDD	C（64）				
6	线路长度	XLCD	N（6，2）	km			
7	供电范围	GDFW	C（128）				
8	电压等级代码	DYDJDM	C（2）				Y
9	线质	XZ	C（6）				
10	线径	XJ	N（5，2）	mm			
11	电杆材料	DGCL	C（6）				
12	电杆高度	DGGD	N（4，2）	m			
13	电杆数量	DGSL	N（3）	杆			
14	铁塔高度	TTGD	N（4，2）	m			
15	铁塔数量	TTSL	N（3）	基			

[4] 填写说明：

1）输变电线路编码：输变电线路的标识编码。

2）输变电线路名称：输变电线路的名称。

3）行政区划代码：该输变电线路所在行政区划代码，按最小包含原则填写，引用行政区划基本信息表。

4）起点地点：输变电线路起点的位置描述。

5）终点地点：输变电线路终点的位置描述。

6）线路长度：线路长度，计量单位为 km，计至两位小数。

7）供电范围：线路供电范围描述。

8）电压等级代码：调查线路输送电压等级代码，取值及其含义见电压等级代码表。

9）线质：调查线路线质，填写钢芯铝绞线、铝绞线、铜芯或其他。

10）线径：调查线路切面直径，计量单位为 mm，计至两位小数。

11）电杆材料：调查线路使用电杆材料类别，填写水泥杆、木杆、铁塔或其他。

12）电杆高度：调查线路使用电杆高度，计量单位为 m，计至两位小数。

13）电杆数量：调查线路使用电杆数量，计量单位为杆，计至整数。

14）铁塔高度：线路上铁塔高度，计量单位为 m，计至两位小数。

15）铁塔数量：线路上铁塔数量，计量单位为基，计至整数。

6. （实体）变电站信息表

[1] 表编号：030102006

[2] 表标识：BDZXXB

[3] 表说明：描述变电站信息。变电站是指电力系统中对电压和电流进行变换，接收电能及分配电能的场所。在发电厂内的变电站是升压变电站，其作用是将发电机发出的电能升压后馈送到高压电网中。

序号	含义	字段名	数据类型	单位	必填	主键	外键
1	变电站代码	BDZDM	C（12）		Y	Y	
2	变电站名称	BDZMC	C（32）				
3	行政区划代码	XZQHDM	C（10）		Y		Y
4	详细地址	XXDZ	C（64）				
5	中心经度	ZXJD	N（10，6）	（°）			
6	中心纬度	ZXWD	N（10，6）	（°）			
7	供电范围	GDFW	C（128）				
8	电压等级代码	DYDJDM	C（2）				Y
9	单位总人数	DWZRS	N（3）	人			
10	正式工人数	ZSGRS	N（3）	人			
11	房屋总面积	FWZMJ	N（7，2）	m^2			
12	框架结构房屋面积	KJJGFWMJ	N（7，2）	m^2			
13	砖混结构房屋面积	ZHJGFWMJ	N（7，2）	m^2			
14	砖木结构房屋面积	ZMJGFWMJ	N（7，2）	m^2			

[4] 填写说明：

1）变电站代码：变电站的标识码。

2）变电站名称：变电站代码对应的中文名称。

3）行政区划代码：该变电站所在行政区划的代码，按最小包含原则填写，引用行政区划基本信息表。

4）详细地址：变电站的详细地址。

5）中心经度：变电所中心点的经度，采用 2000 国家大地坐标系（CGCS2000）。

6）中心纬度：变电所中心点的纬度，采用 2000 国家大地坐标系（CGCS2000）。

7）供电范围：变电站供电范围描述。

8）电压等级代码：变电站输送电压等级代码，取值及其含义见电压等级代码表。

9）单位总人数：变电站内职工与家属总人数，计量单位为人，计至整数。

10）正式工人数：变电站内正式工人数，计量单位为人，计至整数。

11）房屋总面积：变电站房屋总面积，计量单位为 m^2，计至两位小数。

12）框架结构房屋面积：变电站内框架结构房屋面积，计量单位为 m^2，计至两位小数。

13）砖混结构房屋面积：变电站内砖混结构房屋面积，计量单位为 m^2，计至两位小数。

14）砖木结构房屋面积：变电站内砖木结构房屋面积，计量单位为 m^2，计至两位小数。

三、道路交通

1. （实体）公路基本信息表

[1] 表编号：030103001

[2] 表标识：GLJBXXB

[3] 表说明：描述公路基本信息。公路是指经交通运输主管部门验收认定的城间、城乡间、乡间能行驶汽车的公共道路，包括已经建成的由交通运输主管部门认定的公路；还应包括按照国家公路工程技术标准进行设计，并经国家有关行政管理部门批准立项由交通运输主管部门组织正在建设中的公路。

序号	含义	字段名	数据类型	单位	必填	主键	外键
1	公路代码	GLDM	C（4）		Y	Y	
2	行政区划代码	XZQHDM	C（10）		Y		Y
3	起始地点经度	QSDDJD	N（10，6）	（°）			
4	起始地点纬度	QSDDWD	N（10，6）	（°）			
5	终止地点经度	ZZDDJD	N（10，6）	（°）			
6	终止地点纬度	ZZDDWD	N（10，6）	（°）			
7	路段长度	LDCD	N（6，2）	km			
8	技术等级代码	JSDJDM	C（2）				Y
9	投产时间	TCSJ	D（8）				
10	路基宽度	LJKD	N（4，2）	m			
11	路面宽度	LMKD	N（4，2）	m			
12	路面材料代码	LMCLDM	C（1）				Y
13	交通流量	JTLL	N（5）	辆/d			
14	最小平曲线半径	ZXPQXBJ	N（5，1）	m			
15	最大纵坡	ZDZP	N（3，1）	（°）			

[4] 填写说明：

1）公路代码：公路的标识编码。采用《公路路线标识规则和国道编号》（GB/T 917—2017）的公路编号规则。

2）行政区划代码：该路段所在行政区划代码，按最小包含原则填写，引用行政区划基本信息表。

3）起始地点经度：公路起始地点经度，采用 2000 国家大地坐标系（CGCS2000）。

4）起始地点纬度：公路起始地点纬度，采用 2000 国家大地坐标系（CGCS2000）。

5）终止地点经度：公路终止地点经度，采用 2000 国家大地坐标系（CGCS2000）。

6）终止地点纬度：公路终止地点纬度，采用 2000 国家大地坐标系（CGCS2000）。

7）路段长度：调查公路路段长度，计量单位为 km，计至两位小数。

8）技术等级代码：公路路段技术等级代码，取值及其含义见公路技术等级代码表。

9）投产时间：公路路段投产时间，计至日。

10）路基宽度：公路路段路基宽度，计量单位为 m，计至两位小数。

11）路面宽度：公路路段路面宽度，计量单位为 m，计至两位小数。

12）路面材料代码：公路路段路面材料类别代码，取值及其含义见路面材料代码表。

13）交通流量：路段每日平均车流量，计量单位为辆/d，计至整数。

14）最小平曲线半径：在规定的计算行车速度、超高横坡度及路面摩擦系数等条件下，保证汽车行驶在道路曲线部分时，产生的离心力等横向力不超过轮胎与路面摩阻力所允许的界限，并使乘车人员感觉良好而计算的半径，计量单位为 m，计至一位小数。

15）最大纵坡：根据道路等级、自然条件、行车要求及临街建筑等因素所限定的纵坡最大值，计量单位为（°），计至一位小数。

2. （实体）铁路基本信息表

[1] 表编号：030103002

[2] 表标识：TLJBXXB

[3] 表说明：描述铁路的基本信息。铁路是供火车等交通工具行驶的轨道线路。

序号	含义	字段名	数据类型	单位	必填	主键	外键
1	铁路名称	TLMC	C（32）		Y	Y	
2	行政区划代码	XZQHDM	C（10）		Y		Y
3	起始地点经度	QSDDJD	N（10，6）	（°）			
4	起始地点纬度	QSDDWD	N（10，6）	（°）			
5	终止地点经度	ZZDDJD	N（10，6）	（°）			
6	起始地点纬度	ZZDDWD	N（10，6）	（°）			
7	路段长度	LDCD	N（6，2）	km			
8	铁路等级	TLDJ	C（6）				
9	设计运输能力	SJYSNL	C（50）				
10	投产日期	TCRQ	D（8）				
11	营运类别	YYLB	C（6）				
12	使用现状	SYXZ	C（6）				
13	路轨类型	LGLX	C（6）				

[4] 填写说明：

1）铁路名称：铁路的名称。

2）行政区划代码：该路段所在行政区划代码，按最小包含原则填写，引用行政区划基本信息表。

3）起始地点经度：铁路起始地点经度，采用 2000 国家大地坐标系（CGCS2000）。

4）起始地点纬度：铁路起始地点纬度，采用 2000 国家大地坐标系（CGCS2000）。

5）终止地点经度：铁路终止地点经度，采用 2000 国家大地坐标系（CGCS2000）。

6）终止地点纬度：铁路终止地点纬度，采用 2000 国家大地坐标系（CGCS2000）。

7）路段长度：调查铁路路段长度，计量单位为 km，计至两位小数。

8）铁路等级：铁路等级，填写Ⅰ级、Ⅱ级或Ⅲ级。

9）设计运输能力：设计运输能力描述。

10）投产日期：铁路路段投入运行日期，计至日。

11）营运类别：铁路营运类别，填写国家营运线、厂矿专用线、地方专用线或其他。

12）使用现状：铁路使用现状，填写正常使用、停用或其他。

13）路轨类型：铁路使用路轨类型，填写标准轨、宽轨和窄轨。

3. （实体）道路基本信息表

[1] 表编号：030103003

[2] 表标识：DLJBXXB

[3] 表说明：描述道路的基本信息。道路是指公路、城市道路和虽在单位管辖范围但允许社会机动车通行的地方，包括广场、公共停车场等用于公众通行的场所。

序号	含义	字段名	数据类型	单位	必填	主键	外键
1	道路名称	DLMC	C（32）		Y	Y	
2	行政区划代码	XZQHDM	C（10）		Y		Y
3	起始地点经度	QSDDJD	N（10，6）	（°）			
4	起始地点纬度	QSDDWD	N（10，6）	（°）			
5	终止地点经度	ZZDDJD	N（10，6）	（°）			
6	终止地点纬度	ZZDDWD	N（10，6）	（°）			
7	红线宽度	HXKD	N（4，2）	m			
8	车行道宽度	CXDKD	N（4，2）	m			
9	车行道面积	CXDMJ	N（7，2）	m^2			
10	道路长度	DLCD	N（10，2）	m			
11	路面材料代码	LMCLDM	C（1）				Y
12	连接干线名称	LJGXMC	C（50）				
13	连接干线编号	LJGXBH	C（4）				
14	连接干线技术等级代码	LJGXJSDJDM	C（2）				Y

[4] 填写说明：

1）道路名称：道路的中文名称。

2）行政区划代码：该道路所属行政区划代码。按最小包含原则填写，引用行政区划基本信息表。

3）起始地点经度：道路起始地点经度，采用 2000 国家大地坐标系（CGCS2000）。

4）起始地点纬度：道路起始地点纬度，采用 2000 国家大地坐标系（CGCS2000）。

5）终止地点经度：道路终止地点经度，采用 2000 国家大地坐标系（CGCS2000）。

6）终止地点纬度：道路终止地点纬度，采用 2000 国家大地坐标系（CGCS2000）。

7）红线宽度：道路两侧建筑用地的分界线间的宽度，为车行道、步行道、绿化带、隔离带等部分宽度之和，计量单位为 m，计至两位小数。

8）车行道宽度：车行道宽度，计量单位为 m，计至两位小数。

9）车行道面积：车行道面积，计量单位为 m^2，计至两位小数。

10）道路长度：道路起止点间长度，计量单位为 m，计至两位小数。

11）路面材料代码：路面材料类别代码，取值及其含义见路面材料代码表。

12）连接干线名称：当道路为对外连接道路时填写连接干线的名称。

13）连接干线编号：当道路为对外连接道路时填写连接干线的编号，采用《公路路线标识规则和国道编号》（GB/T 917—2017）的公路编号编码规则进行编号。

14）连接干线技术等级代码：当道路为对外连接道路时填写连接干线的技术等级编码。取值及其含义见公路技术等级代码表。

4. （实体）桥梁基本信息表

[1] 表编号：030103004

[2] 表标识：QLJBXXB

[3] 表说明：描述桥梁的基本信息。桥梁指架设在江河湖海上，使车辆行人等能顺利通行的构筑物。

序号	含义	字段名	数据类型	单位	必填	主键	外键
1	桥梁名称	QLMC	C（64）		Y	Y	
2	公路代码	GLDM	C（4）				Y
3	铁路名称	TLMC	C（32）				Y
4	行政区划代码	XZQHDM	C（10）				Y
5	中心经度	ZXJD	N（10，6）	（°）			
6	中心纬度	ZXWD	N（10，6）	（°）			
7	桥梁长度	QLCD	N（8，2）	m			
8	桥梁宽度	QLKD	N（5，2）	m			
9	桥梁类别	QLLB	C（6）				
10	桥梁结构	QLJG	C（6）				
11	桥面宽度	QMKD	N（5，2）	m			
12	交通流量	JTLL	N（5）	辆/d			
13	设计载重	SJZZ	N（5）	t			

[4] 填写说明：

1）桥梁名称：桥梁的中文名称。

2）公路代码：桥梁所在公路的代码，按最小包含原则填写，引用公路基本信息表。

3）铁路名称：桥梁所在铁路的名称，按最小包含原则填写，引用铁路基本信息表。

4）行政区划代码：该桥梁所在行政区划代码。按最小包含原则填写，引用行政区划基本信息表。

5）中心经度：桥梁中心点的经度，采用 2000 国家大地坐标系（CGCS2000）。

6）中心纬度：桥梁中心点的纬度，采用 2000 国家大地坐标系（CGCS2000）。

7）桥梁长度：调查桥梁长度，计量单位为 m，计至两位小数。

8）桥梁宽度：调查桥梁宽度，计量单位为 m，计至两位小数。

9）桥梁类别：桥梁类别，填写特大桥、大桥、中桥、小桥或涵洞。

10）桥梁结构：桥梁结构，填写钢筋混凝土、混凝土、石、木或其他。

11）桥面宽度：桥梁桥面宽度，计量单位为 m，计至两位小数。

12）交通流量：路段日平均车流量，计量单位为辆/d，计至整数。

13）设计载重：桥梁设计最大载重量，计量单位为 t，计至整数。

四、地质地貌

1. （实体）矿产资源开采点基本信息表

[1] 表编号：030104001

[2] 表标识：KCZYKCDJBXXB

[3] 表说明：本表为矿产资源开采点基本信息表，属实体表，描述矿产资源的信息。

序号	含义	字段名	数据类型	单位	必填	主键	外键
1	矿区名称	KQMC	C（64）		Y	Y	
2	行政区划代码	XZQHDM	C（10）		Y		Y
3	中心经度	ZXJD	N（10，6）	（°）			
4	中心纬度	ZXWD	N（10，6）	（°）			
5	矿产资源类别代码	KCZYLBDM	C（2）				Y

序号	含义	字段名	数据类型	单位	必填	主键	外键
6	矿产品位	KCPW	C（50）				
7	矿产储量	KCCL	N（12，2）	t			
8	作业点地面高程	ZYDDMGC	N（6，2）	m			
9	开采计划	KCJH	C（255）				
10	开采程度	KCCD	C（100）				

[4] 填写说明：

1）矿区名称：矿区的中文名称。

2）行政区划代码：开采点所在行政区划代码，按最小包含原则填写，引用行政区划基本信息表。

3）中心经度：开采点中心点的经度，采用 2000 国家大地坐标系（CGCS2000）。

4）中心纬度：开采点中心点的纬度，采用 2000 国家大地坐标系（CGCS2000）。

5）矿产资源类别代码：矿产资源类别代码，取值及其含义见矿产资源类别代码表。

6）矿产品位：矿藏品位描述。

7）矿产储量：矿产储量估算，计量单位为 t，计至两位小数。

8）作业点地面高程：开采作业点地面高程，计量单位为 m，计至两位小数。

9）开采计划：矿产资源开采计划描述。

10）开采程度：矿产资源开采程度描述。

2. （实体）地震带基本信息表

[1] 表编号：030104002

[2] 表标识：DZDJBXXB

[3] 表说明：描述地震带的基本信息。地震带是指地震集中分布，且呈有规律的带状的地区。

序号	含义	字段名	数据类型	单位	必填	主键	外键
1	地震带名称	DZDMC	C（50）		Y	Y	
2	行政区划代码	XZQHDM	C（10）				
3	中心经度	ZXJD	N（10，6）	（°）			
4	中心纬度	ZXWD	N（10，6）	（°）			
5	所属地震区	SSDZQ	C（50）				
6	所属地震亚区	SSDZYQ	C（50）				
7	历史最大地震震级	LSZDDZZJ	N（2）	级			

[4] 填写说明：

1）地震带名称：该地震带的中文名称。

2）行政区划代码：引用行政区划基本信息表，该地震带所属行政区划，按最小包含原则填写。

3）中心经度：地震带中心点的经度，采用 2000 国家大地坐标系（CGCS2000）。

4）中心纬度：地震带中心点的纬度，采用 2000 国家大地坐标系（CGCS2000）。

5）所属地震区：该地震带所属的地震区中文名称。

6）所属地震亚区：该地震带所属的地震亚区中文名称。

7）历史最大地震震级：该地震带上历史以来，发生过的最大地震的震级，计量单位为级，计至整数。

五、土壤植被

1. （实体）地块基本信息表

[1] 表编号：030105001

[2] 表标识：DKJBXXB

[3] 表说明：本表为地块基本信息表，属实体表，描述土地地块的基本信息。

序号	含义	字段名	数据类型	单位	必填	主键	外键
1	地块代码	DKDM	C（10）		Y	Y	
2	行政区划代码	XZQHDM	C（10）		Y		Y
3	占地面积	ZDMJ	N（7，2）	km^2			
4	中心经度	ZXJD	N（10，6）	（°）			
5	中心纬度	ZXWD	N（10，6）	（°）			
6	土地利用类型代码	TDLYLXDM	C（3）				Y
7	土壤类别代码	TRLBDM	C（1）				Y

[4] 填写说明：

1）地块代码：按《城市用地分类与规划建设用地标准》（GB 50137—2011）执行。

2）行政区划代码：地块所在行政区划代码，按最小包含原则填写，引用行政区划基本信息表。

3）占地面积：地块面积，计量单位为 km^2，计至两位小数。

4）中心经度：地块中心点的经度，采用 2000 国家大地坐标系（CGCS2000）。

5）中心纬度：地块中心点的纬度，采用 2000 国家大地坐标系（CGCS2000）。

6）土地利用类型代码：功能区用地类型代码，取值及其含义见土地利用类型代码表。

7）土壤类别代码：土壤类别的代码，取值及其含义见土壤类别代码表。

2. （实体）林地基本信息表

[1] 表编号：030105002

[2] 表标识：LDJBXXB

[3] 表说明：描述林地的基本信息。林地是森林的载体，是森林物质生产和生态服务的源泉，是森林资源资产的重要组成部分。

序号	含义	字段名	数据类型	单位	必填	主键	外键
1	地块代码	DKDM	C（10）		Y	Y	Y
2	行政区划代码	XZQHDM	C（10）		Y		Y
3	中心经度	ZXJD	N（10，6）	（°）			
4	中心纬度	ZXWD	N（10，6）	（°）			
5	林果木类别	LGMLB	C（6）				
6	林果木规格代码	LGMGGDM	C（2）				Y
7	林果木数量	LGMSL	N（3）	株			
8	占地面积	ZDMJ	N（7，2）	km^2			
9	最低高程	ZDGC	N（6，2）	m			
10	最高高程	ZGGC	N（6，2）	m			

[4] 填写说明：

1）地块代码：被调查林果木地块的代码，引用地块基本信息表。

2）行政区划代码：被调查林果木地块所在的行政区划代码，引用行政区划基本信息表。

3）中心经度：地块中心点的经度，采用 2000 国家大地坐标系（CGCS2000）。

4）中心纬度：地块中心点的纬度，采用 2000 国家大地坐标系（CGCS2000）。

5）林果木类别：调查林果木类别，填写用材树、经济树、果木树、景观树或其他。

6）林果木规格代码：林果木规格类别代码，取值及其含义见林果木规格代码表。

7）林果木数量：林果木株数，计量单位为株，计至整数。

8）占地面积：林果木占地面积，计量单位为 km^2，计至两位小数。

9）最低高程：林果木所在最低高程，计量单位为 m，计至两位小数。

10）最高高程：林果木所在最高高程，计量单位为 m，计至两位小数。

第二节　经济社会

一、人口

1. （实体）单位基本信息表

[1] 表编号：030201001

[2] 表标识：DWJBXXB

[3] 表说明：描述单位的基本属性信息。单位指机关、团体或属于一个机关、团体的各个部门。

序号	含义	字段名	数据类型	单位	必填	主键	外键
1	单位代码	DWDM	C（18）		Y	Y	
2	单位名称	DWMC	C（64）		Y		
3	单位性质	DWXZ	C（1）				Y
4	单位级别	DWJB	C（2）				Y
5	单位负责人	DWFZR	C（8）				
6	法人代表	FRDB	C（10）				
7	详细地址	XXDZ	C（64）				
8	经度	JD	N（10，6）	（°）			
9	纬度	WD	N（10，6）	（°）			
10	行政区划代码	XZQHDM	C（10）				Y
11	所属行业	SSHY	C（2）				Y
12	隶属关系	LSGX	C（2）				
13	主管单位	ZGDW	C（64）				
14	邮政编码	YZBM	C（6）				
15	传真	CZ	C（12）				
16	网址	WZ	C（64）				
17	联系人	LXR	C（8）				

序号	含义	字段名	数据类型	单位	必填	主键	外键
18	联系电话	LXDH	C（11）				
19	手机号码	SJHM	C（11）				
20	电子邮箱	DZYX	C（32）				
21	单位状态	DWZT	C（2）				
22	备注	BZ	C（255）				

[4] 填写说明：

1）单位代码：指单位的组织机构代码。

2）单位名称：单位名称。

3）单位性质：该单位的性质类别，取值及其含义见单位性质代码表。

4）单位级别：指单位的级别，取值及其含义见单位级别代码表。

5）单位负责人：单位负责人的姓名。

6）法人代表：单位法人的名字。

7）详细地址：单位所在地的详细地址，精确到门牌号。

8）经度：单位中心点的经度，采用 2000 国家大地坐标系（CGCS2000）。

9）纬度：单位中心点的纬度，采用 2000 国家大地坐标系（CGCS2000）。

10）行政区划代码：单位所在行政区划代码，按最小包含原则，引用行政区划基本信息表。

11）所属行业：该单位所属的国民经济行业类别，参照《国民经济行业分类》（GB/T 4754—2017），取值及其含义见行业类别代码表。

12）隶属关系：该单位按国家性质分级管理的系统隶属层次，参照标准 ZRB03—2006/DWJB。

13）主管单位：该单位在行政关系上所隶属的上级主管单位名称。

14）邮政编码：该单位或单位所在地的邮政编码。

15）传真：单位传真号码。

16）网址：单位位置。

17）联系人：单位联系人的姓名。

18）联系电话：单位联系人的电话号码。

19）手机号码：单位联系人的手机号码。

20）电子邮箱：单位的电子邮箱。

21）单位状态：指该单位目前的经营状态，填写已注销或正常运营。

22）备注：填写该单位的其他补充说明信息。

2. （实体）人员基本信息表

[1] 表编号：030201002

[2] 表标识：RYJBXXB

[3] 表说明：描述人员的基本属性信息。

序号	含义	字段名	数据类型	单位	必填	主键	外键
1	有效证件号	YXZJH	C（18）		Y	Y	
2	姓名	XM	C（32）		Y		
3	性别	XB	C（1）				
4	民族	MZ	C（2）				
5	出生日期	CSRQ	D（8）				

序号	含义	字段名	数据类型	单位	必填	主键	外键
6	出生地	CSD	C（6）				
7	行政区划代码	XZQHDM	C（10）				Y
8	籍贯	JG	C（64）				
9	婚姻状况	HYZK	C（2）				
10	最终学历	ZZXL	C（6）				
11	最高学位	ZGXW	C（6）				
12	所学专业	SXZY	C（32）				
13	毕业学校	BYXX	C（32）				
14	从事专业	CSZY	C（2）				
15	行政职务	XZZW	C（4）				
16	专业技术服务	ZYJSFW	C（3）				
17	政治面貌	ZZMM	C（16）				
18	单位代码	DWDM	C（18）				Y
19	所在部门	SZBM	C（64）				
20	参加工作时间	CJGZSJ	D（8）				
21	中文简历	ZWJL	B				
22	英文简历	YWJL	B				
23	简历说明	JLSM	C（200）				
24	家庭住址	JTZZ	C（64）				
25	住址邮政编码	ZZYZBM	C（6）				

[4] 填写说明：

1）有效证件号：指水利行业相关人员的身份证号。

2）姓名：在公安户籍管理部门登记注册、人事档案中记载、正在使用的该人姓名全称。

3）性别：该人在公安户籍管理部门登记注册的性别。

4）民族：该人归属的、国家认可的、在公安户籍管理部门登记注册的民族，参照标准《中华各民族名称的罗马字母拼写法和代码》（GB/T 3304—1991）。

5）出生日期：该人在公安户籍管理部门登记注册的、在人事档案中记载并经组织、干部、人事部门确认的出生年月日，参照《数据元和交换格式 信息交换 日期和时间表示法》（GB/T 7408—2005）。

6）出生地：该人出生时所在地的当前国家政区名称。

7）行政区划代码：引用行政区划基本信息表，该人员籍贯所在行政区代码，按最小包含原则填写。

8）籍贯：该人祖居所在地的当前国家政区名称。

9）婚姻状况：该人目前婚姻状况，参照标准《个人基本信息分类与代码 第 2 部分：婚姻状况代码》（GB/T 2261.2—2003）。

10）最终学历：该人目前已经取得的最终学历代码，参照标准《学历代码》（GB/T 4658—2006）。

11）最高学位：该人目前已经获得的最高学位代码，参照标准《中华人民共和国学位代码》（GB/T 6864—2003）。

12）所学专业：该人取得学历所学专业的分类代码，参照标准《学历代码》（GB/T 4658—2006）。

13）毕业学校：该人最高学历毕业学校或单位的名称。

14）从事专业：该人目前主要时间和精力从事工作的专业代码。

15）行政职务：该人担任的行政职务的代码，参照标准《职务名称代码》（ZRB08—2006/ZWMC）。

16）专业技术服务：该人获取的最高专业技术职务名称。

17）政治面貌：该人目前的政治身份，参照标准《政治面貌代码》（GB/T 4762）。

18）单位代码：该人目前所在的工作单位的代码，引用单位基本信息表。

19）所在部门：该人现工作所在的部门。

20）参加工作时间：经组织、干部、人事、劳动部门审定的该人参加工作起始日期，计至日，参考《数据元和交换格式　信息交换　日期和时间表示法》（GB/T 7408—2005）。

21）中文简历：该人最近的中文简历。

22）英文简历：该人最近的英文简历。

23）简历说明：简历的文字说明。

24）家庭住址：该人目前的家庭住址。

25）住址邮政编码：该人目前家庭住址的邮政编码。

3. （实体）户基本信息表

[1] 表编号：030201003

[2] 表标识：HJBXXB

[3] 表说明：描述户的基本信息。在本表中一个户口本的信息为一户。

序号	含义	字段名	数据类型	单位	必填	主键	外键
1	户编号	HBH	C（18）		Y	Y	
2	户主名称	HZMC	C（32）		Y		
3	行政区划代码	XZQHDM	C（10）				Y
4	详细地址	XXDZ	C（64）				
5	户口性质	HKXZ	C（6）				
6	家庭总人口	JTZRK	N（2）	人			
7	农业人口	NYRK	N（2）	人			
8	非农业人口	FNYRK	N（2）	人			
9	男性人口	NXRK	N（2）	人			
10	女性人口	NVXRK	N（2）	人			
11	文盲人口	WMRK	N（2）	人			
12	小学文化人口	XXWHRK	N（2）	人			
13	中学文化人口	ZXWHRK	N（2）	人			
14	高中文化人口	GZWHRK	N（2）	人			
15	高中以上文化人口	GZYSWHRK	N（2）	人			
16	劳动力	LDL	N（2）	人			
17	外出打工人口	WCDGRK	N（2）	人			
18	非农业生产人口	FNYSCRK	N（2）	人			
19	家庭财产	JTCC	N（5，2）	万元			
20	社会关系	SHGX	C（255）				
21	环境条件	HJTJ	C（255）				

[4] 填写说明：

1）户编号：户的唯一标识编号。

2）户主名称：户主的姓名。

3）行政区划代码：所在行政区划的代码，按最小包含原则，引用行政区划基本信息表。

4）详细地址：所在居住地的详细地址，精确到门牌号。

5）户口性质：该户性质，填写农业户口、非农业户口、毕业学生或其他。

6）家庭总人口：该户调查时家庭总人口数，计量单位为人，计至整数。

7）农业人口：农业人口数量。户籍改革以前，为农业户口的人口数；户籍改革以后，为具有农村经济组织土地经营承包权，且履行农村集体经济组织义务的人口数，计量单位为人，计至整数。

8）非农业人口：非农业人口数量。户籍改革以前，为非农业户的人口数；户籍改革以后，为不具有农村经济组织土地经营承包权的人口数，计量单位为人，计至整数。

9）男性人口：该户男性人口数，计量单位为人，计至整数。

10）女性人口：该户女性人口数，计量单位为人，计至整数。

11）文盲人口：不识文字的人口数，计量单位为人，计至整数。

12）小学文化人口：文化程度为小学的人口数，计量单位为人，计至整数。

13）中学文化人口：文化程度为中学的人口数，计量单位为人，计至整数。

14）高中文化人口：文化程度为高中的人口数，计量单位为人，计至整数。

15）高中以上文化人口：文化程度为高中以上的人口数，计量单位为人，计至整数。

16）劳动力：具有劳动能力的人数，计量单位为人，计至整数。

17）外出打工人口：该户外出打工的人口数，计量单位为人，计至整数。

18）非农业生产人口：该户从事非农业生产的人口数，计量单位为人，计至整数。

19）家庭财产：该户调查时家庭财产总额，计量单位为万元，计至两位小数。

20）社会关系：该户主要亲属等社会关系描述。

21）环境条件：该户拥有生产资源、生活条件等环境条件描述。

4.（关系）户与人关系表

[1] 表编号：030201004

[2] 表标识：HYRGXB

[3] 表说明：描述户与人口的关系信息。

序号	含义	字段名	数据类型	单位	必填	主键	外键
1	有效证件号	YXZJH	C（18）		Y	Y	Y
2	户编号	HBH	C（18）		Y	Y	Y
3	入户日期	RHRQ	D（8）				
4	与户主关系	YHZGX	C（8）				
5	入户原因代码	RHYYDM	C（3）				Y
6	出户日期	CHRQ	D（8）				
7	出户原因代码	CHYYDM	C（2）				Y

[4] 填写说明：

1）有效证件号：人员的身份证号，引用人员基本信息表。

2）户编号：户的唯一标识编号，引用户基本信息表。

3）入户日期：人员进户登记日期，计至日。

4）与户主关系：人口与户主的关系，按照户口本填写。

5）入户原因代码：人口入户原因代码，取值及其含义见入户原因代码表。

6）出户日期：人口出户登记日期，计至日。

7）出户原因代码：人口出户原因代码，取值及其含义见出户原因代码表。

5. （实体）村基本信息表

[1] 表编号：030201005

[2] 表标识：CJBXXB

[3] 表说明：描述村组基本信息。在本表中村即村庄，指行政区划最小单元村级。

序号	含义	字段名	数据类型	单位	必填	主键	外键
1	行政区划代码	XZQHDM	C（10）		Y	Y	Y
2	村名称	CMC	C（32）		Y	Y	
3	总户数	ZHH	N（6）	户			
4	总人口	ZRK	N（6）	人			
5	劳动力	LDL	N（6）	人			
6	农副业总产值	NFYZCZ	N（5，2）	万元			
7	农业总产值	NYZCZ	N（5，2）	万元			
8	粮食总产值	LSZCZ	N（8，2）	万元			
9	农民年人均纯收入	NMNRJCSR	N（8，2）	万元			
10	农民年人均农业收入	NMNRJNYSR	N（8，2）	万元			
11	农民主要收入来源	NMZYSRLY	C（100）				
12	农民年人均生活支出	NMNRJSHZC	N（8，2）	万元			
13	路面硬化比例	LMYHBL	N（5，2）	%			
14	使用自来水户数	SYZLSHS	N（6）	户			
15	集中供水户数	JZGSHS	N（6）	户			
16	分散供水户数	FSGSHS	N（6）	户			
17	旱井供水户数	HJGSHS	N（6）	户			
18	通电户数	TDHS	N（6）	户			
19	有线电话户数	YXDHHS	N（6）	户			
20	有电视机户数	YDSJHS	N（6）	户			
21	适龄学生入学率	SLXSRXL	N（6，2）	%			
22	学校	XX	N（1）	个			
23	医院	YY	N（1）	个			

[4] 填写说明：

1）行政区划代码：按照行政区划进行填写，填写行政村级，引用行政区划基本信息表。

2）村名称：村级行政区划代码对应的中文名称。

3）总户数：村组内总户数，计量单位为户，计至整数。

4）总人口：村组内总人口，计量单位为人，计至整数。

5）劳动力：村组内劳动力，计量单位为人，计至整数。

6）农副业总产值：村组内农副业总产值，计量单位为万元，计至两位小数。

7）农业总产值：村组内农业总产值，计量单位为万元，计至两位小数。

8）粮食总产值：村组内粮食总产值，计量单位为万元，计至两位小数。

9）农民年人均纯收入：村组内农民年人均纯收入，计量单位为万元，计至两位小数。

10）农民年人均农业收入：村组内农民年人均农业收入，计量单位为万元，计至两位小数。

11）农民主要收入来源：村组内农民主要收入来源，简要说明。

12）农民年人均生活支出：村组内农民年人均生活支出，计量单位为万元，计至两位小数。

13）路面硬化比例：村内已硬化路面占全部道路的比例，计量单位为%，计至两位小数。

14）使用自来水户数：村组内使用自来水的户数，计量单位为户，计至整数。

15）集中供水户数：村组内使用集中供水方式的户数，计量单位为户，计至整数。

16）分散供水户数：村组内使用分散供水方式的户数，计量单位为户，计至整数。

17）旱井供水户数：村组内使用旱井供水方式的户数，计量单位为户，计至整数。

18）通电户数：村组通电户数，计量单位为户，计至整数。

19）有线电话户数：村组安装有线电话的户数，计量单位为户，计至整数。

20）有电视机户数：村组有电视机户数，计量单位为户，计至整数。

21）适龄学生入学率：村组适龄学生入学与总适龄人口的比例，计量单位为%，计至两位小数。

22）学校：村组内校舍面积，计量单位为个，计至整数。

23）医院：村组内诊所个数，计量单位为个，计至整数。

6. （实体）城镇基本信息表

[1] 表编号：030201006

[2] 表标识：CZJBXXB

[3] 表说明：描述城镇的基本信息。在本表中城镇是指以非农产业和非农业人口聚集为主要特征的居民点，行政区划乡镇级及以上。

序号	含义	字段名	数据类型	单位	必填	主键	外键
1	行政区划代码	XZQHDM	C（10）		Y	Y	Y
2	建成区面积	JCQMJ	N（9，2）	km^2			
3	农业用地面积	NYYDMJ	N（9，2）	km^2			
4	建设用地面积	JSYDMJ	N（9，2）	km^2			
5	其他用地面积	QTYDMJ	N（9，2）	km^2			
6	房屋总面积	FWZMJ	N（8）	m^2			
7	居民房屋面积	JMFWMJ	N（8）	m^2			
8	行政事业单位房屋面积	XZSYDWFWMJ	N（8）	m^2			
9	工商企业房屋面积	GSQYFWMJ	N（8）	m^2			
10	工业企业房屋面积	GYQYFWMJ	N（8）	m^2			
11	主街条数	ZJTS	N（2）	条			
12	主街长度	ZJCD	N（6，2）	km			
13	次街条数	CJTS	N（3）	条			
14	次街长度	CJCD	N（6，2）	km			
15	最大停泊能力	ZDTBNL	N（8）	t			
16	医院数量	YYSL	N（6）	座			
17	桥梁数量	QLSL	N（2）	座			
18	桥梁长度	QLCD	N（5，2）	km			
19	变电站数量	BDZSL	N（2）	座			

序号	含义	字段名	数据类型	单位	必填	主键	外键
20	10 kV 线路长度	QFXLCD10	N（6，2）	km			
21	街灯数量	JDSL	N（5）	盏			
22	水厂数量	SCSL	N（2）	个			
23	污水处理厂数量	WSCLCSL	N（2）	个			
24	是否是防洪城市	SFSFHCS	C（1）				

[4] 填写说明：

1）行政区划代码：按照行政区划进行填写，最小至乡镇级，引用行政区划基本信息表。

2）建成区面积：城镇建成区面积，计量单位为 km^2，计至两位小数。

3）农业用地面积：城镇农业用地总面积，计量单位为 km^2，计至两位小数。

4）建设用地面积：城镇建设用地总面积，计量单位为 km^2，计至两位小数。

5）其他用地面积：城镇建成区除农业用地和建设用地外其他用地总面积，计量单位为 km^2，计至两位小数。

6）房屋总面积：城镇房屋总面积，计量单位为 m^2，计至整数。

7）居民房屋面积：城镇居民房屋面积，计量单位为 m^2，计至整数。

8）行政事业单位房屋面积：城镇行政事业单位房屋面积，计量单位为 m^2，计至整数。

9）工商企业房屋面积：城镇工商企业房屋面积，计量单位为 m^2，计至整数。

10）工业企业房屋面积：城镇工业企业房屋面积，计量单位为 m^2，计至整数。

11）主街条数：城镇主街条数，计量单位为条，计至整数。

12）主街长度：城镇主街长度之和，计量单位为 km，计至两位小数。

13）次街条数：城镇次街条数，计量单位为条，计至整数。

14）次街长度：城镇次街长度之和，计量单位为 km，计至两位小数。

15）最大停泊能力：城镇港口（码头）最大停泊能力，计量单位为 t，计至两位小数。

16）医院数量：城镇医院数量，计量单位为座，计至整数。

17）桥梁数量：城镇桥梁数量，计量单位为座，计至整数。

18）桥梁长度：城镇桥梁长度之和，计量单位为 km，计至两位小数。

19）变电站数量：城镇变电站数量，计量单位为座，计至整数。

20）10 kV 线路长度：城镇 10 kV 输变电线路长度之和，计量单位为 km，计至两位小数。

21）街灯数量：城镇街灯数量，计量单位为盏，计至整数。

22）水厂数量：城镇水厂数量，计量单位为个，计至整数。

23）污水处理厂数量：城镇污水处理厂数量，计量单位为个，计至整数。

24）是否是防洪城市：是否是防洪城市，其取值为：是 1，否 0。

二、产业

1. （实体）工业企业基本信息表

[1] 表编号：030202001

[2] 表标识：GYQYJBXXB

[3] 表说明：描述工业企业的基本信息。工业企业是指直接从事工业性生产经营活动（或劳务）的营利性经济组织。

序号	含义	字段名	数据类型	单位	必填	主键	外键
1	单位代码	DWDM	C（18）		Y	Y	Y
2	单位名称	DWMC	C（32）				
3	行政区划代码	XZQHDM	C（10）		Y		Y
4	详细地址	XXDZ	C（64）				
5	建设日期	JSRQ	D（4）				
6	设计规模	SJGM	C（128）				
7	占地面积	ZDMJ	N（7，2）	km^2			
8	厂区面积	CQMJ	N（7，2）	km^2			
9	生产用房面积	SCYFMJ	N（8）	m^2			
10	生活用房面积	SHYFMJ	N（8）	m^2			
11	户口在厂人数	HKZCRS	N（5）	人			
12	正式工人数	ZSGRS	N（5）	人			
13	合同工人数	HTGRS	N（5）	人			
14	临时工人数	LSGRS	N（5）	人			
15	账内固定资产	ZNGDZC	N（7，2）	万元			
16	账外固定资产	ZWGDZC	N（7，2）	万元			
17	房屋固定资产原值	FWGDZCYZ	N（7，2）	万元			
18	设施固定资产原值	SSGDZCYZ	N（7，2）	万元			
19	设备固定资产原值	SBGDZCYZ	N（7，2）	万元			

[4] 填写说明：

1）单位代码：工业企业的标识码，引用单位基本信息表。

2）单位名称：工业企业的名称，引用单位基本信息表。

3）行政区划代码：工业企业所在行政区划的代码，按最小包含原则，按照引用行政区划基本信息表。

4）详细地址：所在地的详细地址，精确到门牌号。

5）建设日期：工业企业成立日期，计至日。

6）设计规模：工业企业设计规模描述。

7）占地面积：工业企业占地面积，计量单位为 km^2，计至两位小数。

8）厂区面积：工业企业厂区占地面积，计量单位为 km^2，计至两位小数。

9）生产用房面积：工业企业用于生产的房屋建筑面积，计量单位为 m^2，计至整数。

10）生活用房面积：工业企业用于生活办公的房屋建筑面积，不包括单位内有人居住的住宅，计量单位为 m^2，计至整数。

11）户口在厂人数：户口在单位的人数，计量单位为人，计至整数。

12）正式工人数：工业企业内正式工人数，计量单位为人，计至整数。

13）合同工人数：工业企业内合同工人数，计量单位为人，计至整数。

14）临时工人数：工业企业内临时工人数，计量单位为人，计至整数。

15）账内固定资产：工业企业单位财务部门统一建账、核算的固定资产价值，计量单位为万元，计至两位小数。

16）账外固定资产：没有纳入工业企业固定资产管理的实际固定资产价值，计量单位为万元，计至两位小数。

17）房屋固定资产原值：房屋原价值，计量单位为万元，计至两位小数。

18）设施固定资产原值：设施原价值，计量单位为万元，计至两位小数。

19）设备固定资产原值：设备原价值，计量单位为万元，计至两位小数。

2. （管理）工业企业经营情况表

[1] 表编号：030202002

[2] 表标识：GYQYJYQKB

[3] 表说明：描述工业企业经营情况调查信息。

序号	含义	字段名	数据类型	单位	必填	主键	外键
1	单位代码	DWDM	C（18）		Y	Y	Y
2	单位名称	DWMC	C（32）				
3	日期	RQ	D（4）		Y	Y	
4	年总产值	NZCZ	N（7，2）	万元			
5	年税收	NSS	N（7，2）	万元			
6	年工资总额	NGZZE	N（7，2）	万元			

[4] 填写说明：

1）单位代码：引用工业企业基本信息表。

2）单位名称：工业企业的名称，由工业企业基本信息表带入。

3）日期：统计的日期，计至年。

4）年总产值：统计年度的工业企业年总产值，计量单位为万元，计至两位小数。

5）年税收：统计年度的工业企业年缴纳税金，计量单位为万元，计至两位小数。

6）年工资总额：统计年度的工业企业年职工工资总额，计量单位为万元，计至两位小数。

3. （管理）工业企业主要原料情况表

[1] 表编号：030202003

[2] 表标识：GYQYZYYLQKB

[3] 表说明：本表为工业企业主要原料情况表，属管理表，存储工业企业主要原料情况信息。信息统计的时间单元为年，统计的空间实体对象为工业企业，统计指标包括企业主要原料的来源地、用量等。

序号	含义	字段名	数据类型	单位	必填	主键	外键
1	单位代码	DWDM	C（18）		Y	Y	Y
2	单位名称	DWMC	C（32）				
3	日期	RQ	D（4）		Y	Y	
4	原料名称	YLMC	C（64）		Y	Y	
5	来源地	LYD	C（128）				
6	原料用量	YLYL	N（10，2）	t			

[4] 填写说明：

1）单位代码：引用工业企业基本信息表。

2）单位名称：工业企业的名称，由工业企业基本信息表带入。

3）日期：统计的日期，计至年。

4）原材料名称：主要原材料名称。

5）来源地：工业企业统计年对应的主要原材料来源地。

6）原料用量：工业企业统计年对应的主要原材料用量，计量单位为 t，计至两位小数。

4．（管理）工业企业主要产品生产情况表

[1] 表编号：030202004

[2] 表标识：GYQYZYCPSCQKB

[3] 表说明：本表为工业企业主要产品生产情况表，属管理表，存储工业企业主要产品生产情况信息。信息统计的时间单元为年，统计的空间实体对象为工业企业，统计指标为主要产品年产量。

序号	含义	字段名	数据类型	单位	必填	主键	外键
1	单位代码	DWDM	C（18）		Y	Y	Y
2	单位名称	DWMC	C（32）				
3	日期	RQ	D（4）		Y	Y	
4	产品名称	CPMC	C（64）				
5	年产量	NCL	N（8，2）	t			

[4] 填写说明：

1）单位代码：引用工业企业基本信息表。

2）单位名称：工业企业的名称，由工业企业基本信息表带入。

3）日期：统计的日期，计至年。

4）产品名称：主要产品名称。

5）年产量：被调查工业企业调查年对应的主要产品年产量。计量单位为 t，计至两位小数。

5．（实体）农（林、牧、渔）场基本信息表

[1] 表编号：030202005

[2] 表标识：NLMYCJBXXB

[3] 表说明：描述农（林、牧、渔）场的基本信息。农场指农业生产单位、生产组织或生产企业，以从事农业生产或畜牧养殖为主，经营各种农产品和畜牧产品。

序号	含义	字段名	数据类型	单位	必填	主键	外键
1	场编码	CBM	C（18）		Y	Y	
2	场名称	CMC	C（32）		Y		
3	行政区划代码	XZQHDM	C（10）				Y
4	详细地址	XXDZ	C（64）				
5	经度	JD	N（10，6）	（°）			
6	纬度	WD	N（10，6）	（°）			
7	场类型	CLX	C（4）				
8	总人数	ZRS	N（6）	人			
9	职工人数	ZGRS	N（6）	人			
10	正式工人数	ZSGRS	N（6）	人			
11	正式工家属人数	ZSGJSRS	N（6）	人			
12	场部占地	CBZD	N（7，2）	km^2			
13	农用地面积	NYDMJ	N（7，2）	km^2			
14	水田面积	STMJ	N（7，2）	km^2			
15	水浇地面积	SJDMJ	N（7，2）	km^2			
16	旱地面积	HDMJ	N（7，2）	km^2			
17	房屋总面积	FWZMJ	N（8）	m^2			
18	框架结构房屋面积	KJJGFWMJ	N（8）	m^2			
19	砖混结构房屋面积	ZHJGFWMJ	N（8）	m^2			

序号	含义	字段名	数据类型	单位	必填	主键	外键
20	砖木结构房屋面积	ZMJGFWMJ	N（8）	m^2			

[4] 填写说明：

1）场编码：农场的标识编码，取其社会统一信用代码，如果是个人取身份证号。

2）场名称：农场的名称。

3）行政区划代码：农场所在行政区划代码，引用行政区划基本信息表。

4）详细地址：农场的详细地址。

5）经度：农场中心点的经度，采用 2000 国家大地坐标系（CGCS2000）。

6）纬度：农场中心点的纬度，采用 2000 国家大地坐标系（CGCS2000）。

7）场类型：注明该场为农场、牧场、渔场等。

8）总人数：农场职工及家属人数，计量单位为人，计至整数。

9）职工人数：农场职工人数，计量单位为人，计至整数。

10）正式工人数：农场正式工人数，计量单位为人，计至整数。

11）正式工家属人数：农场正式工家属人数，计量单位为人，计至整数。

12）场部占地：农场占地面积，计量单位为 km^2，计至两位小数。

13）农用地面积：农场用地面积，计量单位为 km^2，计至两位小数。

14）水田面积：农场水田面积，计量单位为 km^2，计至两位小数。

15）水浇地面积：农场水浇地面积，计量单位为 km^2，计至两位小数。

16）旱地面积：农场旱地面积，计量单位为 km^2，计至两位小数。

17）房屋总面积：农场房屋总面积，计量单位为 m^2，计至整数。

18）框架结构房屋面积：农场框架结构房屋面积，计量单位为 m^2，计至整数。

19）砖混结构房屋面积：农场砖混结构房屋面积，计量单位为 m^2，计至整数。

20）砖木结构房屋面积：农场砖木结构房屋面积，计量单位为 m^2，计至整数。

6. （管理）农作物生产情况表

[1] 表编号：030202006

[2] 表标识：NZWSCQKB

[3] 表说明：本表为农作物生产情况表，属管理表，存储农户农作物生产情况信息。信息统计的时间单元为年，空间实体对象为农户农作物，统计指标包括该农作物的种植面积、单产、总产等。

序号	含义	字段名	数据类型	单位	必填	主键	外键
1	户编号	HBH	C（18）		Y	Y	Y
2	日期	RQ	D（4）		Y	Y	
3	农作物类别代码	NZWLBDM	C（3）		Y	Y	Y
4	种植面积	ZZMJ	N（7，2）	km^2			
5	单产量	DCL	N（6，2）	kg/亩			
6	总产量	ZCL	N（9，2）	kg			

[4] 填写说明：

1）户编号：户的唯一标识编号，引用户基本信息表。

2）日期：统计的年度，计至年。

3）农作物类别代码：调查的农作物类别，取值及其含义见农作物类别代码表。

4）种植面积：样本户对应不同农作物类别的种植面积，计量单位为 km^2，计至两位小数。

5）单产量：样本户对应不同农作物类别的单位面积农作物产量，计量单位为 kg/亩，计至两位小数。

6）总产量：样本户对应不同农作物类别的农作物总产量，计量单位为 kg，计至两位小数。

三、经济

1. （管理）经济社会主要发展指标表

[1] 表编号：030203001

[2] 表标识：JJSHZYFZZBB

[3] 表说明：本表为经济社会主要发展指标表，属管理表，存储经济社会主要发展指标值。信息统计的时间单元为日，统计的空间单元为行政区划，统计指标包括人口、GDP、产值等。

序号	含义	字段名	数据类型	单位	必填	主键	外键
1	行政区划代码	XZQHDM	C（10）		Y	Y	Y
2	日期	RQ	D（8）		Y	Y	
3	总人口	ZRK	N（10，2）	万人			
4	城镇常住人口	CZCZRK	N（10，2）	万人			
5	农村常住人口	NCCZRK	N（10，2）	万人			
6	GDP	GDP	N（12，4）	亿元			
7	第一产业生产总值	DYCYSCZZ	N（10，2）	万元			
8	第二产业生产总值	DECYSCZZ	N（10，2）	万元			
9	第三产业生产总值	DSCYSCZZ	N（10，2）	万元			
10	农作物播种面积	NZWBZMJ	N（10，2）	km^2			
11	粮食总产量	LSZCL	N（10，2）	万 t			
12	耕地面积	GDMJ	N（10，2）	km^2			
13	灌溉面积	GGMJ	N（10，2）	km^2			
14	林果地面积	LGDMJ	N（10，2）	km^2			
15	草地面积	CDMJ	N（10，2）	km^2			
16	鱼塘补水面积	YTBSMJ	N（10，2）	km^2			
17	大牲畜数量	DSCSL	N（10，2）	万头			
18	小牲畜数量	XSCSL	N（10，2）	万头			

[4] 填写说明：

1）行政区划代码：按照行政区划进行统计，最小至区县级，引用行政区划基本信息表。

2）日期：统计的日期，计至日。

3）总人口：该行政区划统计年度的总人口数，计量单位为万人，计至两位小数。

4）城镇常住人口：指总人口中城镇人口数，计量单位为万人，计至两位小数。

5）农村常住人口：指总人口中农村人口数，计量单位为万人，计至两位小数。

6）GDP：统计年度统计区内生产总值，计量单位为亿元，计至四位小数。

7）第一产业生产总值：统计年度第一产业生产总值，计量单位为万元，计至两位小数。

8）第二产业生产总值：统计年度第二产业生产总值，计量单位为万元，计至两位小数。

9）第三产业生产总值：统计年度第三产业生产总值，计量单位为万元，计至两位小数。

10）农作物播种面积：统计年度农作物播种面积，计量单位为 km^2，计至两位小数。

11）粮食总产量：统计年度粮食总产量，计量单位为万 t，计至两位小数。

12）耕地面积：统计年度耕地面积，计量单位为 km^2，计至两位小数。

13）灌溉面积：按规定的保证率设计的灌区面积，计量单位为 km^2，计至两位小数。

14）林果地面积：统计年度城市范围内林果地总面积，计量单位为 km^2，计至两位小数。

15）草地面积：统计年度城市范围内牧草总面积，计量单位为 km^2，计至两位小数。

16）鱼塘补水面积：统计年度鱼塘补水面积，计量单位为 km^2，计至两位小数。

17）大牲畜数量：统计年度牲畜总数中牛、马、骡、驴的数量，计量单位为万头，计至两位小数。

18）小牲畜数量：统计年度牲畜总数中猪、羊等牲畜的数量，计量单位为万头，计至两位小数。

2. （管理）农村土地资源情况表

[1] 表编号：030203002

[2] 表标识：NCTDZYQKB

[3] 表说明：本表为农村土地资源情况表，属管理表，存储农村土地资源情况信息。信息统计时间精确至日，统计的载体对象为行政区划的某种土地利用类型，统计指标为该土地利用类型的占地面积。

序号	含义	字段名	数据类型	单位	必填	主键	外键
1	行政区划代码	XZQHDM	C（10）		Y	Y	Y
2	行政区名称	XZQMC	C（32）				
3	日期	RQ	D（8）		Y	Y	
4	土地利用类型代码	TDLYLXDM	C（3）		Y	Y	Y
5	占地面积	ZDMJ	N（7，2）	km^2			

[4] 填写说明：

1）行政区划代码：按照行政区划进行统计，填写行政村级，引用行政区划基本信息表。

2）行政区名称：行政区划的代码对应的中文名称，由行政区划基本信息表带入。

3）日期：统计的日期，计至日。

4）土地利用类型代码：功能区用地类型代码，取值及其含义见土地利用类型代码表。

5）占地面积：地块面积，计量单位为 km^2，计至两位小数。

3. （管理）家庭经营收入支出情况表

[1] 表编号：030203003

[2] 表标识：JTJYSRZCQKB

[3] 表说明：本表为家庭经营收入、支出情况表，属管理表，存储家庭经营收入、支出情况信息。信息统计的时间单元为年，统计的载体对象为户收支情况，统计指标为收支金额等。

序号	含义	字段名	数据类型	单位	必填	主键	外键
1	户编号	HBH	C（18）		Y	Y	Y
2	收入支出类别代码	SRZCLBDM	C（10）		Y	Y	Y
3	日期	RQ	D（4）		Y	Y	
4	数量	SL	N（6，2）				
5	计量单位	JLDW	C（10）				
6	单位数量收入	DWSLSR	N（7，2）	元			
7	金额	JE	N（10，2）	元			

[4] 填写说明：

1）户编号：户的唯一标识编号，引用户基本信息表。

2）收入支出类别代码：家庭经营收入及支出类别代码，取值及其含义见家庭经营收入支出类别代码表。

3）日期：数据统计的时间单元，计至年。

4）数量：对应收入、支出类别的数量。

5）计量单位：对应收入、支出类别数量的计量单位。

6）单位数量收入：对应收入、支出类别的单位数量收入，计量单位为元，计至两位小数。

7）金额：对应收入支出类别的数量与单位数量收入的乘积，计量单位为元，计至两位小数。

主要参考资料

[1] 国家质量监督检验检疫总局，中国国家标准化管理委员会. 国民经济行业分类[S]：GB/T 4754—2017.

[2] 水利部. 大中型水利水电工程移民数据库表结构及标识符[S]：SL 603—2013，2013.

[3] 水利部. 人才管理数据库表结构及标识符[S]：SL 453—2009，2009.

[4] 水利部. 水资源监控管理数据库表结构及标识符标准[S]：SL 380—2007，2007.

[5] 水利部. 水利政务信息数据库表结构及标识符[S]：SL 707—2015，2015.

[6] 水利部. 水利对象基础数据库表结构及标识符[S]：SL/T 809—2021，2021.

[7] 水利部. 水利对象分类与编码总则[S]：SL/T 2013—2020，2020.

[8] 水利部. 水利信息分类[S]：SL 701—2014，2015.

[9] 水利部. 水利一张图空间信息服务规范[S]：SL/T 801—2020，2020.

[10] 水利部. 水利空间数据交换协议[S]：SL/T 797—2020，2020.

[11] 水利部. 水利单位管理体系要求[S]：SL/Z 530—2016，2016.

[12] 水利部. 水利空间要素数据字典[S]：SL 729—2016，2016.

[13] 水利部. 水利统计基础数据采集技术规范[S]：SL 620—2013，2013.

第三篇　业务常量表

业务常量表是数据字典的代码表，描述了水利实体或数据的分类标准，如功能、型号、种类、材质、级别、性能等，是数据规范化所必须遵守的一套数据与数据实体分类的标准。这些数据主要根据是水利行业标准及实际情况编制。结构对应数据字典章节进行编制，共 3 章 15 小节，涉及 138 类数据表，包括 1 687 个数据项。业务常量表分类如下图所示。

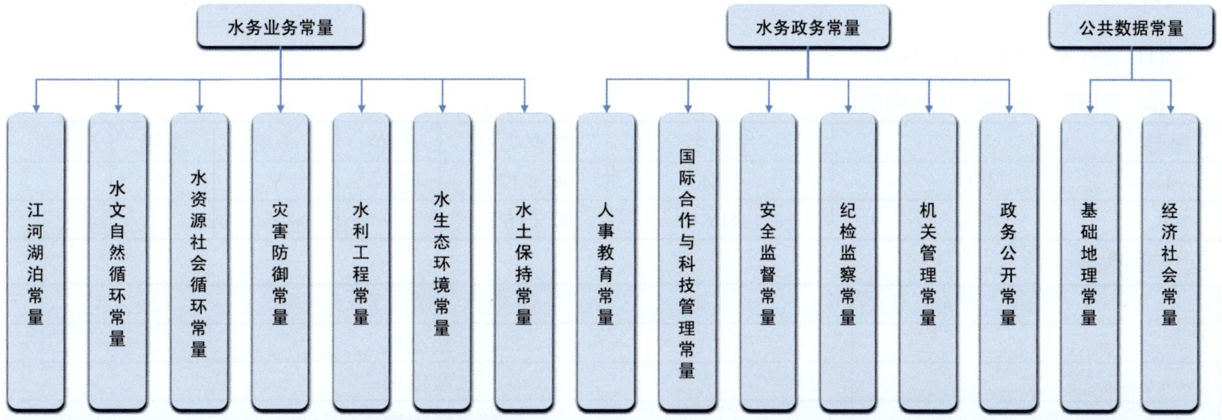

业务常量表分类

第一章　业务数据

第一节　江河湖泊

1. 流域级别代码表

[1] 表标识：DM_LYJBDMB

[2] 表说明：描述流域代码信息。

序号	含义	字段名	数据类型	单位	必填	主键	外键
1	代码	DM	C（1）		Y	Y	
2	含义	HY	C（16）		Y		

[3] 数据：

代码	含义
1	一级流域
2	二级流域
3	三级流域
4	四级流域
5	五级流域

2. 河流类别代码表

[1] 表标识：DM_HLLBDMB

[2] 表说明：描述河流类别信息。

序号	含义	字段名	数据类型	单位	必填	主键	外键
1	代码	DM	C（1）		Y	Y	
2	含义	HY	C（16）		Y		

[3] 数据：

代码	含义
1	独流入海河流
2	国际河流

代码	含义
3	内陆河流
4	运河
9	其他

3. 河流级别代码表

[1] 表标识：DM_HLJBDMB

[2] 表说明：描述河流级别信息。

序号	含义	字段名	数据类型	单位	必填	主键	外键
1	代码	DM	C（2）		Y	Y	
2	含义	HY	C（10）		Y		

[3] 数据：

代码	含义
0	干流
1	一级支流
2	二级支流
3	三级支流
4	四级支流
5	五级支流
6	六级支流
7	七级支流
8	八级支流
99	未定级别

4. 湖泊性质代码表

[1] 表标识：DM_HPXZDMB

[2] 表说明：描述湖泊性质信息。

序号	含义	字段名	数据类型	单位	必填	主键	外键
1	代码	DM	C（1）		Y	Y	
2	含义	HY	C（8）		Y		
3	说明	SM	C（64）				

[3] 数据：

代码	含义	说明
1	淡水湖	湖水矿化度小于 1 g/L
2	微淡水湖	湖水矿化度为 1～35 g/L
3	咸水湖	湖水矿化度为 35～50 g/L
4	盐湖	湖水矿化度大于 50 g/L
5	干盐湖	地下有晶间卤水或固体盐矿，是重要的沉积矿床
6	水化不明湖	
7	时令湖	西部地区季节性蓄水的湖泊

5. 水功能区类型代码表

[1] 表标识：DM_SGNQLXDMB

[2] 表说明：描述水功能区的类型。

序号	含义	字段名	数据类型	单位	必填	主键	外键
1	代码	DM	C（2）		Y	Y	
2	含义	HY	C（32）				

[3] 数据：

代码	含义
10	保护区
20	保留区
30	开发利用区
40	缓冲区
31	饮用水水源区
32	工业用水区
33	农业用水区
34	渔业用水区
35	景观娱乐用水区
36	过渡区
37	排污控制区
50	开发区
60	保护区
70	保留区
51	集中式供水水源区
52	分散式开发利用区
61	生态脆弱区
62	地质灾害易发区
63	地下水水源涵养区
71	不宜开发区
72	储备区
73	应急水源区

6. 水准基面代码表

[1] 表标识：DM_SZJMDMB

[2] 表说明：存储测站所采用的水准基面类型信息。

序号	含义	字段名	数据类型	单位	必填	主键	外键
1	代码	DM	C（2）		Y	Y	
2	基面类型	JMLX	C（32）		Y		

[3] 数据：

代码	基面类型
01	1985 年国家高程基准
02	1954 年黄海高程系

代码	基面类型
03	1956年黄海高程系
04	榆林
05	吴淞基面
06	珠江高程系
07	大沽高程系
08	大连高程系
09	波罗的海水准
10	渤海高程系
11	海防高程系
12	海口秀英港
99	其他

7. 埋藏条件分类代码表

[1] 表标识：DM_MCTJFLDMB

[2] 表说明：描述井所涉及地下水的埋藏条件类型。

序号	含义	字段名	数据类型	单位	必填	主键	外键
1	埋藏条件代码	MCTJDM	C（2）		Y	Y	
2	埋藏条件名称	MCTJMC	C（32）		Y		
3	分类级别	FLJB	C（1）		Y		
4	所属埋藏条件代码	SSMCTJDM	C（2）				Y

[3] 数据：

埋藏条件代码	埋藏条件名称	分类级别	所属埋藏条件代码
10	潜水	1	
20	承压水	1	
21	第Ⅰ含水岩层承压水	2	20
22	第Ⅱ含水岩组承压水	2	20
23	第Ⅲ含水岩组承压水	2	20
24	第Ⅳ含水岩组承压水	2	20
25	第Ⅴ含水岩组承压水	2	20
26	第Ⅴ含水岩组以下承压水	2	20
30	混合水	1	

第二节 水文

1. 报汛级别代码表

[1] 表标识：DM_BXJBDMB

[2] 表说明：存储水文测站的报汛级别标志信息。

序号	含义	字段名	数据类型	单位	必填	主键	外键
1	代码	DM	C（1）		Y	Y	
2	含义	HY	C（16）		Y		

[3] 数据：

代码	含义
1	中央报汛站
2	省级重点报汛站
3	省级一般报汛站
9	其他报汛站

2. 河水特征代码表

[1] 表标识：DM_HSTZDMB

[2] 表说明：描述给定时间河道洪水起涨、流向、干枯、断流和峰值等特征信息。

序号	含义	字段名	数据类型	单位	必填	主键	外键
1	代码	DM	C（1）		Y	Y	
2	河水特征	HSTZ	C（16）		Y		

[3] 数据：

代码	河水特征
1	干涸
2	断流
3	流向不定
4	逆流
5	起涨
6	洪峰
P	水电厂发电量

3. 泉涌水流量测量方法代码表

[1] 表标识：DM_QYSLLCLFFDMB

[2] 表说明：描述泉水涌水流量测验方法。

序号	含义	字段名	数据类型	单位	必填	主键	外键
1	代码	DM	C（1）		Y	Y	
2	测验方法	CYFF	C（16）		Y		

[3] 数据：

代码	测验方法
1	水表法
2	堰槽法
3	流速仪法
4	水泵法
5	定额法
0	其他方法

4. 土壤类别代码表

[1] 表标识：DM_TRLBDMB

[2] 表说明：存储墒情测站所监测土壤的类别信息。

序号	含义	字段名	数据类型	单位	必填	主键	外键
1	代码	DM	C（1）		Y	Y	
2	土壤类别	TRLB	C（8）		Y		

[3] 数据：

代码	土壤类别
1	沙土
2	壤土
3	黏土
4	壤砂土
5	砂壤土
6	黏壤土
0	其他

5. 土壤质地代码表

[1] 表标识：DM_TRZDDMB

[2] 表说明：存储墒情测站所监测土壤的质地信息。

序号	含义	字段名	数据类型	单位	必填	主键	外键
1	代码	DM	C（2）		Y	Y	
2	质地名称	ZDMC	C（8）		Y		
3	级别	JB	N（2）				
4	所属质地代码	SSZDDM	C（2）				Y
5	说明	SM	C（64）				

[3] 数据：

代码	质地名称	级别	所属质地代码	说明
10	砂土	1		
11	极重砂土	2	10	砂粒（1～0.05 mm）＞80%；粉粒（＞0.001 mm）＜30%
12	重砂土	2	10	砂粒（1～0.05 mm）70%～80%；粉粒（＞0.001 mm）＜30%
13	中砂土	2	10	砂粒（1～0.05 mm）60%～70%；粉粒（＞0.001 mm）＜30%
14	轻沙土	2	10	砂粒（1～0.05 mm）50%～60%；粉粒（＞0.001 mm）＜30%
20	粉土	1		
21	砂粉土	2	20	砂粒（1～0.05 mm）≥20%；粗粉粒（0.05～0.01 mm）≥40%；粉粒（＞0.001 mm）＜30%
22	粉土	2	20	砂粒（1～0.05 mm）＜20%；粗粉粒（0.05～0.01 mm）≥40%；粉粒（＞0.001 mm）＜30%
23	砂壤土	2	20	砂粒（1～0.05 mm）≥20%；粗粉粒（0.05～0.01 mm）＜40%；粉粒（＞0.001 mm）＜30%
24	壤土	2	20	砂粒（1～0.05 mm）＜20%；粗粉粒（0.05～0.01 mm）＜40%；粉粒（＞0.001 mm）＜30%

代码	质地名称	级别	所属质地代码	说明
30	黏土	1		
31	轻黏土	2	20	粉粒（>0.001 mm）30%～35%
32	中黏土	2	20	粉粒（>0.001 mm）35%～40%
33	重黏土	2	20	粉粒（>0.001 mm）40%～60%
34	极重黏土	2	20	粉粒（>0.001 mm）>60%

6. 土壤含水率测验方法代码表

[1] 表标识：DM_TRHSLCYFFDMB

[2] 表说明：存储土壤含水率测验方法信息。

序号	含义	字段名	数据类型	单位	必填	主键	外键
1	代码	DM	C（1）		Y	Y	
2	测验方法	CYFF	C（32）		Y		

[3] 数据：

代码	测验方法
1	烘干法
2	张力计法
3	中子水分仪法
4	时域反射仪法
5	频域法
9	其他方法

7. 作物种类代码表

[1] 表标识：DM_ZWZLDMB

[2] 表说明：存储观测土壤含水率地点的作物种类信息。

序号	含义	字段名	数据类型	单位	必填	主键	外键
1	代码	DM	C（1）		Y	Y	
2	作物种类	ZWZL	C（8）		Y		

[3] 数据：

代码	作物种类
1	小麦
2	玉米
3	棉花
4	谷子
5	大豆
6	油菜
7	烟草
0	白地

8. 作物生长期代码表

[1] 表标识：DM_ZWSZQDMB

[2] 表说明：存储土壤墒情观测地点作物的生长阶段信息。

序号	含义	字段名	数据类型	单位	必填	主键	外键
1	代码	DM	C（1）		Y	Y	
2	作物种类	ZWZL	C（8）		Y		
3	生长阶段	SZJD	C（16）		Y		

[3] 数据：

代码	作物种类	生长阶段
11	小麦	播种期
12	小麦	苗期
13	小麦	返青期（冬小麦）
14	小麦	拔节期
15	小麦	孕穗灌浆期
16	小麦	成熟期
21	玉米	播种期
22	玉米	苗期
23	玉米	拔节期
24	玉米	抽雄期
25	玉米	灌浆期
26	玉米	成熟期
31	棉花	播种期
32	棉花	苗期
33	棉花	蕾期
34	棉花	花铃期
35	棉花	吐絮期
41	谷子	播种期
42	谷子	苗期
43	谷子	拔节期
44	谷子	抽穗期
45	谷子	灌浆期
46	谷子	成熟期
51	大豆	播种期
52	大豆	出苗期
53	大豆	分枝期
54	大豆	花荚期
55	大豆	鼓粒期
56	大豆	成熟期
61	油菜	播种期
62	油菜	苗期
63	油菜	返青期
64	油菜	开花期
65	油菜	结荚期
71	烟草	播种期
72	烟草	苗期
73	烟草	团棵期
74	烟草	现蕾期
75	烟草	成熟期

9. 蒸发器类型代码表

[1] 表标识：DM_ZFQLXDMB

[2] 表说明：存储蒸发站的蒸发器类型信息。

序号	含义	字段名	数据类型	单位	必填	主键	外键
1	代码	DM	C（2）		Y	Y	
2	蒸发监测类型	ZFJCLX	C（8）		Y		
3	蒸发器类型	ZFQLX	C（32）		Y		
4	说明	SM	C（128）				

[3] 数据：

代码	蒸发监测类型	蒸发器类型	说明
11	地面蒸发	土壤蒸发器	通过直接称重或净水浮力称重的方法测出土体重量的变化，据此计算出土壤蒸发量
12	地面蒸发	大型蒸渗仪	将原状土装入容器中并埋入土壤中，结合 TDR 或张力计等土壤含水测定仪器测出土壤含水量的变化，从而计算出土壤蒸发量
21	水面蒸发	蒸发皿	口径为 20 cm，高为 10 cm，壁厚为 0.5 mm 的铜质状器皿。为防止鸟兽饮水，器口附有一个上端向外张开呈喇叭状的金属丝网圈
22	水面蒸发	标准水面蒸发器	器口面积为 3 000 cm^2，直径为 618 mm，高为 687 mm。由蒸发桶、水圈、测量装置、溢流桶组成
23	水面蒸发	自记/遥测蒸发器	使用标准水面蒸发器的蒸发桶，增设自动化的量测装置或传感装置

10. 雨量计类型代码表

[1] 表标识：DM_YLJLXDMB

[2] 表说明：存储雨量站雨量计的类型信息。

序号	含义	字段名	数据类型	单位	必填	主键	外键
1	代码	DM	C（1）		Y	Y	
2	含义	HY	C（32）		Y		
3	说明	SM	C（64）				

[3] 数据：

代码	含义	说明
1	雨量器	直接计量，适用于驻守观测的雨量站
2	虹吸式自记雨量计	液柱测量，适用于驻守观测液态降水量
3	翻斗式自记雨量计	翻斗测量，记录周期有日记和长期自记两种

11. 降雨预警级别及标准代码表

[1] 表标识：DM_JYYJJBJBZDMB

[2] 表说明：描述降雨预警级别及标准值的信息。

序号	含义	字段名	数据类型	单位	必填	主键	外键
1	代码	DM	C（2）		Y	Y	
2	预警级别	YJJB	C（16）		Y		
3	标准值	BZZ	N（4）	mm	Y		
4	说明	SM	C（64）				

[3] 数据：

代码	预警级别	标准值	说明
11	1 小时蓝色预警	30	30 mm≤1 h 雨量<50 mm
12	1 小时黄色预警	50	50 mm≤1 h 雨量<70 mm
13	1 小时橙色预警	70	70 mm≤1 h 雨量<100 mm
14	1 小时红色预警	100	100 mm≤1 h 雨量
21	6 小时蓝色预警	50	50 mm≤6 h 雨量<70 mm
22	6 小时黄色预警	70	70 mm≤6 h 雨量<100 mm
23	6 小时橙色预警	100	100 mm≤6 h 雨量<150 mm
24	6 小时红色预警	150	150 mm≤6 h 雨量
31	24 小时蓝色预警	70	70 mm≤24 h 雨量<100 mm
32	24 小时黄色预警	100	100 mm≤24 h 雨量<150 mm
33	24 小时橙色预警	150	150 mm≤24 h 雨量<200 mm
34	24 小时红色预警	200	200 mm≤24 h 雨量

12. 设备类别代码表

[1] 表标识：DM_SBLBDMB

[2] 表说明：存储闸门输水设备的类别信息。

序号	含义	字段名	数据类型	单位	必填	主键	外键
1	代码	DM	C（1）		Y	Y	
2	设备类别	SBLB	C（16）		Y		

[3] 数据：

代码	设备类别
0	非常溢洪道
1	正常溢洪道
2	泄洪闸
3	灌溉设备
4	发电设备
5	供水设备
6	排沙孔
7	船闸
8	调水
9	其他设备

13. 定性冰情现象代码表

[1] 表标识：DM_DXBQXXDMB

[2] 表说明：存储定性冰情现象信息。

序号	含义	字段名	数据类型	单位	必填	主键	外键
1	代码	DM	C（2）		Y	Y	
2	含义	HY	C（32）		Y		

[3] 数据：

代码	含义
10	微冰
11	水内冰
12	清沟
13	清沟消失
14	封冻冰上不能行人
15	封冻冰上可以行人
16	封冻冰上可行马车
17	封冻冰上可行汽车
18	悬冰
19	冰桥
20	冰塞
21	连底冻
22	冰上有水
23	冰上有冰
24	冰层塌陷
25	冰色变白
26	冰色变黄
27	岸边融冰
28	河心融冰
29	冰滑动
30	冰塞被炸毁
31	冰堆被炸毁
32	冰坝被炸毁
33	冰塞自然冲毁
34	冰堆自然冲毁
35	冰坝自然冲毁
36	冰终日期
37	冰缝
38	冰层塌陷
39	冰层浮起
40	层冰层水
41	冰上流水
42	水面无冰
43	岸上有冰

14. 定量冰情现象代码表

[1] 表标识：DM_DLBQXXDMB

[2] 表说明：存储定量冰情现象信息。

序号	含义	字段名	数据类型	单位	必填	主键	外键
1	代码	DM	C（1）		Y	Y	
2	含义	HY	C（32）		Y		

[3] 数据：

代码	含义
1	岸冰
2	流冰花
3	流冰
4	封冻
5	解冻
6	流冰堆积
7	冰坝

15. 高程类型代码表

[1] 表标识：DM_GCLXDMB

[2] 表说明：存储冰坝上游水位的度量基准信息。

序号	含义	字段名	数据类型	单位	必填	主键	外键
1	代码	DM	C（1）		Y	Y	
2	含义	HY	C（32）		Y		

[3] 数据：

代码	含义
1	测站基面
2	堤顶
3	某特定居民点
4	某特定建筑物
5	保证水位

16. 基本类型区代码表

[1] 表标识：DM_JBLXQDMB

[2] 表说明：存储地下水测站所在基本类型区类型信息。

序号	含义	字段名	数据类型	单位	必填	主键	外键
1	代码	DM	C（1）		Y	Y	
2	含义	HY	C（32）		Y		

[3] 数据：

代码	含义
1	一般平原区
2	内陆盆地平原区
3	山间平原区
4	黄土台塬区（典型代表区）
5	沙漠平原区（典型代表区）
6	一般基岩山区（典型代表区）
7	黄土丘陵区（典型代表区）
8	岩溶山区（典型代表区）

17. 特殊类型区代码表

[1] 表标识：DM_TSLXQDMB

[2] 表说明：存储地下水测站所在特殊类型区类型信息。

序号	含义	字段名	数据类型	单位	必填	主键	外键
1	代码	DM	C（1）		Y	Y	
2	含义	HY	C（32）		Y		

[3] 数据：

代码	含义
A	超采区
B	地面沉降区
C	海水入侵区
D	咸水入侵区
E	盐渍化区
F	土地沙化区
G	地下水污染区
H	地面塌陷区
J	地裂缝区

18. 城市内涝风险等级代码表

[1] 表标识：DM_CSNLFXDJDMB

[2] 表说明：存储城市内涝风险等级信息。

序号	含义	字段名	数据类型	单位	必填	主键	外键
1	代码	DM	C（1）		Y	Y	
2	含义	HY	C（32）		Y		
3	说明	SM	C（64）				

[3] 数据：

代码	含义	说明
1	较低风险	积水深度＜27 cm
2	中等风险	27 cm≤积水深度＜40 cm
3	较高风险	40 cm≤积水深度＜60 cm
4	高风险	积水深度＞60 cm

19. 风力等级代码表

[1] 表标识：DM_FLDJDMB

[2] 表说明：存储蒲福氏风力等级信息。

序号	含义	字段名	数据类型	单位	必填	主键	外键
1	代码	DM	C（2）		Y	Y	
2	等级	DJ	C（2）		Y		
3	风速说明	FSSM	C（16）				
4	陆面现象说明	LMXXSM	C（64）				
5	海面状态说明	HMZTSM	C（16）				

[3] 数据：

代码	等级	风速说明/（m/s）	陆面现象说明	海面状态说明
0	无风	0～0.2	静，烟直上	平静如镜
1	软风	0.3～1.5	烟能表示风向，但风向标不能转动	微波
2	轻风	1.6～3.3	人面感觉有风，树叶有微响，但风向标能转动	小波
3	微风	3.4～5.4	树叶及微枝摆动不息，旗帜展开	小波
4	和风	5.5～7.9	能吹起地面灰尘和纸张，树的小枝微动	轻浪
5	清劲风	8.0～10.7	有叶的小树枝摇摆，内陆水面有小波	中浪
6	强风	10.8～13.8	大树枝摇动，电线呼呼有声，举伞困难	大浪
7	疾风	13.9～17.1	全树摇动，迎风步行感觉不便	巨浪
8	大风	17.2～20.7	微枝折毁，人向前行感觉阻力甚大	猛浪
9	烈风	20.8～24.4	建筑物有损坏（烟囱顶部及屋顶瓦片移动）	狂涛
10	狂风	24.5～28.4	陆上少见，见时可使树木拔起，将建筑物损坏较重	狂涛
11	暴风	28.5～32.6	陆上很少，有则必有重大损毁	非凡现象
12	飓风	32.7～36.9	陆上绝少，其摧毁力极大	非凡现象

20．风向代码表

[1] 表标识：DM_FXDMB

[2] 表说明：存储风向信息。

序号	含义	字段名	数据类型	单位	必填	主键	外键
1	代码	DM	C（1）		Y	Y	
2	含义	HY	C（32）		Y		

[3] 数据：

代码	含义
1	北
2	东北
3	东
4	东南
5	南
6	西南
7	西
8	西北

21．测站类型代码表

[1] 表标识：DM_CZLXDMB

[2] 表说明：描述水文测站类型的代码。

序号	含义	字段名	数据类型	单位	必填	主键	外键
1	代码	DM	C（2）		Y	Y	
2	含义	HY	C（16）		Y		

[3] 数据：

代码	含义
MM	气象站
BB	蒸发站

代码	含义
DD	堰闸水文站
TT	潮位站
DP	泵站
SS	墒情站
PP	雨量站
ZQ	河道水文站
ZZ	河道水位站
RR	水库水文站
ZG	地下水站
ZB	分洪水位站
DC	地面沉降测站
WQ	水质站
EL	其他测站

22．水文站监测项目代码表

[1] 表标识：DM_SWZJCXMDMB

[2] 表说明：描述水文测站监测项目代码。

序号	含义	字段名	数据类型	单位	必填	主键	外键
1	代码	DM	C（2）		Y	Y	Y
2	监测项目	JCXM	C（32）		Y		
3	级别	JB	N（2）				
4	所属监测项目代码	SSJCXMDM	C（2）				Y

[3] 数据：

代码	监测项目	级别	所属监测项目代码
A0	降水项目	1	
B0	蒸发及蒸发辅助项目	1	
C0	水位项目	1	
C1	河道水位	2	C0
C2	湖库水位	2	C0
C3	堰闸水位	2	C0
C4	泵站水位	2	C0
C5	地下水位	2	C0
C6	潮水位	2	C0
C7	其他水位	2	C0
D0	流量项目	1	
D1	河道流量	2	D0
D2	湖库进出水流量	2	D0
D3	泵站流量	2	D0
D4	堰闸流量	2	D0
D5	取水流量	2	D0
D6	排水流量	2	D0
D7	泉涌流量	2	D0

代码	监测项目	级别	所属监测项目代码
D8	其他流量	2	D0
E0	地下水埋深项目	1	
F0	水质项目	1	
G0	地面沉降量项目	1	
H0	泥沙项目	1	
I0	冰凌项目	1	
J0	潮汐项目	1	
K0	其他项目	1	

第三节 水资源

1．行业类别代码表

[1] 表标识：DM_HYLBDMB

[2] 表说明：描述国民经济行业类别。

序号	含义	字段名	数据类型	单位	必填	主键	外键
1	代码	DM	C（2）		Y	Y	
2	行业类别	HYLB	C（32）				
3	级别	JB	N（2）				
4	所属行业类别代码	SSHYLBDM	C（2）				Y

[3] 数据：

代码	行业类别	级别	所属行业类别代码
A0	农、林、牧、渔业	1	
A1	农业	2	A0
A2	林业	2	A0
A3	畜牧业	2	A0
A4	渔业	2	A0
A5	农、林、牧、渔专业及辅助性活动	2	A0
B0	采矿业	1	
B1	煤炭开采和洗选业	2	B0
B2	石油和天然气开采业	2	B0
B3	黑色金属矿采选业	2	B0
B4	有色金属矿采选业	2	B0
B5	非金属矿采选业	2	B0
B6	开采专业及辅助性活动	2	B0
B7	其他采矿业	2	B0
C0	制造业	1	
C1	农副食品加工业	2	C0
C2	食品制造业	2	C0
C3	酒、饮料及精制茶制造业	2	C0

代码	行业类别	级别	所属行业类别代码
C4	烟草制品业	2	C0
C5	纺织业	2	C0
C6	纺织服装、服饰业	2	C0
C7	皮革、毛皮、羽毛及其制品和制鞋业	2	C0
C8	木材加工和木、竹、藤、棕、草制品业	2	C0
C9	家具制造业	2	C0
C10	造纸和纸制品业	2	C0
C11	印刷和记录媒介复制业	2	C0
C12	文教、工美、体育和娱乐用品制造业	2	C0
C13	石油、煤炭及其他燃料加工业	2	C0
C14	化学原料和化学制品制造业	2	C0
C15	医药制造业	2	C0
C16	化学纤维制造业	2	C0
C17	橡胶和塑料制品业	2	C0
C18	非金属矿物制品业	2	C0
C19	黑色金属冶炼和压延加工业	2	C0
C20	有色金属冶炼和压延加工业	2	C0
C21	金属制品业	2	C0
C22	通用设备制造业	2	C0
C23	专用设备制造业	2	C0
C24	汽车制造业	2	C0
C25	铁路、船舶、航空航天和其他运输设备制造业	2	C0
C26	电气机械和器材制造业	2	C0
C27	计算机、通信和其他电子设备制造业	2	C0
C28	仪器仪表制造业	2	C0
C29	其他制造业	2	C0
C30	废弃资源综合利用业	2	C0
C31	金属制品、机械和设备修理业	2	C0
D0	电力、热力、燃气及水生产和供应业	1	
D1	电力、热力生产和供应业	2	D0
D2	燃气生产和供应业	2	D0
D3	水的生产和供应业	2	D0
E0	建筑业	1	
E1	房屋建筑业	2	E0
E2	土木工程建筑业	2	E0
E3	建筑安装业	2	E0
E4	建筑装饰、装修和其他建筑业	2	E0
F0	批发和零售业	1	
F1	批发业	2	F0
F2	零售业	2	F0
G0	交通运输、仓储和邮政业	1	
G1	铁路运输业	2	G0
G2	道路运输业	2	G0

代码	行业类别	级别	所属行业类别代码
G3	水上运输业	2	G0
G4	航空运输业	2	G0
G5	管道运输业	2	G0
G6	多式联运和运输代理业	2	G0
G7	装卸搬运和仓储业	2	G0
G8	邮政业	2	G0
H0	住宿和餐饮业	1	
H1	住宿业	2	H0
H2	餐饮业	2	H0
I0	信息传输、软件和信息技术服务业	1	
I1	电信、广播电视和卫星传输服务	2	I0
I2	互联网和相关服务	2	I0
I3	软件和信息技术服务业	2	I0
J0	金融业	1	
J1	货币金融服务	2	J0
J2	资本市场服务	2	J0
J3	保险业	2	J0
J4	其他金融业	2	J0
K0	房地产业	1	
K1	房地产业	2	K0
L0	租赁和商务服务业	1	
L1	租赁业	2	L0
L2	商务服务业	2	L0
M0	科学研究和技术服务业	1	
M1	研究和试验发展	2	M0
M2	专业技术服务业	2	M0
M3	科技推广和应用服务	2	M0
N0	水利、环境和公共设施管理业	1	
N1	水利管理业	2	N0
N2	生态保护和环境治理业	2	N0
N3	公共设施管理业	2	N0
N4	土地管理业	2	N0
O0	居民服务、修理和其他服务业	1	
O1	居民服务业	2	O0
O2	机动车、电子产品和日用产品修理业	2	O0
O3	其他服务业	2	O0
P0	教育	1	
P1	教育	2	P0
Q0	卫生和社会工作	1	
Q1	卫生	2	Q0
Q2	社会工作	2	Q0
R0	文化、体育和娱乐业	1	
R1	新闻和出版业	2	R0

代码	行业类别	级别	所属行业类别代码
R2	广播、电视、电影和影视录音制作业	2	R0
R3	文化艺术业	2	R0
R4	体育	2	R0
R5	娱乐业	2	R0
S0	公共管理、社会保障和社会组织中国共产党机关	1	
S1	国家机构	2	S0
S2	人民政协、民主党派	2	S0
S3	社会保障	2	S0
S4	群众团体、社会团体和其他成员组织	2	S0
S5	基层群众自治组织及其他组织	2	S0
T0	国际组织	1	
T1	国际组织	2	T0

2. 单位性质代码表

[1] 表标识：DM_DWXZDMB

[2] 表说明：描述取水单位的性质。

序号	含义	字段名	数据类型	单位	必填	主键	外键
1	代码	DM	C（1）		Y	Y	
2	含义	HY	C（32）		Y		

[3] 数据：

代码	含义
1	国有
2	集体
3	私营
4	外商独资
5	中外合资
6	中外合作

3. 工程规模分类代码表

[1] 表标识：DM_GCGMFLDMB

[2] 表说明：描述工程规模分类的信息。

序号	含义	字段名	数据类型	单位	必填	主键	外键
1	代码	DM	C（1）		Y	Y	
2	含义	HY	C（16）		Y		

[3] 数据：

代码	含义
1	大（1）型
2	大（2）型
3	中型
4	小（1）型
5	小（2）型

4．水源类型代码表

[1] 表标识：DM_SYLXDMB

[2] 表说明：描述取水来源的类型。

序号	含义	字段名	数据类型	单位	必填	主键	外键
1	代码	DM	C（2）		Y	Y	
2	水源类型	SYLX	C（32）		Y		
3	级别	JB	N（2）				
4	所属水源类型代码	SSSYLXDM	C（2）				Y

[3] 数据：

代码	水源类型	级别	所属水源类型代码
10	地表水源	1	
11	河流	2	10
12	湖泊	2	10
13	水库	2	10
14	塘坝窖池	2	10
15	南水北调	2	10
16	引黄	2	10
17	其他地表水源	2	10
20	地下水源	1	
21	普通地下水	2	20
22	地热水	2	20
23	泉水	2	20
24	其他地下水源	2	20

5．取水用途代码表

[1] 表标识：DM_QSYTDMB

[2] 表说明：描述取水用途。

序号	含义	字段名	数据类型	单位	必填	主键	外键
1	代码	DM	C（2）		Y	Y	
2	取水用途	QSYT	C（64）		Y		

[3] 数据：

代码	取水用途
1	制水供水
2	原水供水
3	水力发电
4	航运
5	河道养殖
6	河道其他
7	生活用水
8	工业用水
9	火（核）电和其他电力生产用水

代码	取水用途
10	农田灌溉用水
11	林业用水
12	畜牧业用水
13	服务业用水
14	建筑业用水
15	生态环境用水
99	其他用水

6. 取水建筑物形式代码表

[1] 表标识：DM_QSJZWXSDMB

[2] 表说明：描述取水建筑物的基本形式。

序号	含义	字段名	数据类型	单位	必填	主键	外键
1	代码	DM	C（1）		Y	Y	
2	含义	HY	C（32）		Y		

[3] 数据：

代码	含义
1	岸边式
2	河床式
3	斗槽式
4	缆车式
5	浮船式
6	低坝式
7	底栏栅式
9	其他

7. 用水用途代码表

[1] 表标识：DM_YSYTDMB

[2] 表说明：描述用水户的用水用途。

序号	含义	字段名	数据类型	单位	必填	主键	外键
1	代码	DM	C（3）		Y	Y	
2	用水用途	YSYT	C（32）		Y		
3	级别	JB	N（2）				
4	所属用水用途代码	SSYSYTDM	C（3）				Y

[3] 数据：

代码	用水用途	级别	所属用水用途代码
100	工业	1	
110	生产纯净水	2	100
200	建筑业	1	
300	服务业	1	
310	公共设施服务业	2	300
320	社会服务业	2	300

代码	用水用途	级别	所属用水用途代码
321	洗浴业	3	320
322	洗车业	3	320
330	批发零售贸易业	2	300
340	餐饮业、旅馆业	2	300
350	卫生事业	2	300
360	文娱体育、文艺业	2	300
370	教育事业	2	300
380	机关、企事业管理机构	2	300
390	其他	2	300
400	居民家庭	1	
410	总水量	2	400
420	抄表到户水量	2	400
500	环卫绿化	1	

8. 污水处理设施建设规模代码表

[1] 表标识：DM_WSCLSSJSGMDMB

[2] 表说明：描述污水处理设施建设规模的信息。

序号	含义	字段名	数据类型	单位	必填	主键	外键
1	代码	DM	C（1）		Y	Y	
2	含义	HY	C（8）		Y		
3	说明	SM	C（32）				

[3] 数据：

代码	含义	说明
1	大型	设计处理能力大于 10 万 m^3/d
2	中型	设计处理能力在 1 万～10 万 m^3/d
3	小型	设计处理能力小于 1 万 m^3/d

9. 环境地质问题代码表

[1] 表标识：DM_HJDZWTDMB

[2] 表说明：存储地下水超采区造成的主要环境地质问题。

序号	含义	字段名	数据类型	单位	必填	主键	外键
1	代码	DM	C（1）		Y	Y	
2	环境地质问题	HJDZWT	C（16）		Y		

[3] 数据：

代码	环境地质问题
1	地面沉降
2	地裂缝
3	供水水质恶化
4	海水入侵
5	咸水入侵
6	其他

10．水体类型代码表

[1] 表标识：DM_STLXDMB

[2] 表说明：存储水质测站监测水体类型信息。

序号	含义	字段名	数据类型	单位	必填	主键	外键
1	代码	DM	C（2）		Y	Y	
2	水体类型	STLX	C（16）		Y		
3	级别	JB	N（2）				
4	所属水体类型	SSSTLX	C（2）				Y

[3] 数据：

代码	水体类型	级别	所属水体类型代码
10	地表水	1	
11	河流	2	10
12	湖泊	2	10
13	水库	2	10
20	地下水	1	
21	潜水	2	20
22	承压水	2	20
23	混合水	2	20
30	大气降水	1	
40	管网水	1	
41	供水管网	2	40
42	雨水管网	2	40
43	污水管网	2	40
44	雨污合流管网	2	40

11．水质类别代码表

[1] 表标识：DM_SZLBDMB

[2] 表说明：存储水质标准界定的类别信息。

序号	含义	字段名	数据类型	单位	必填	主键	外键
1	代码	DM	C（1）		Y	Y	
2	含义	HY	C（8）		Y		

[3] 数据：

水质类别代码	含义
1	Ⅰ
2	Ⅱ
3	Ⅲ
4	Ⅳ
5	Ⅴ
6	劣于Ⅴ

12．提交方式代码表

[1] 表标识：DM_TJFSDMB

[2] 表说明：存储文件提交方式分类信息。

序号	含义	字段名	数据类型	单位	必填	主键	外键
1	代码	DM	C（1）		Y	Y	
2	含义	HY	C（16）		Y		

[3] 数据：

代码	含义
0	窗口提交
1	网上提交
2	信函
3	电报
4	电传
5	传真
6	邮件
7	电子数据交换
9	其他

13．办结结果代码表

[1] 表标识：DM_BJJGDMB

[2] 表说明：存储事项办结结果信息。

序号	含义	字段名	数据类型	单位	必填	主键	外键
1	代码	DM	C（1）		Y	Y	
2	含义	HY	C（16）		Y		

[3] 数据：

代码	含义
0	出证办结
1	退证办结
2	作废办结
3	删除办结
4	转报办结
5	补交不来办结
6	其他办结

14．房屋建筑结构分类代码表

[1] 表标识：DM_FWJZJGFLDMB

[2] 表说明：描述房屋建筑结构分类的代码。

序号	含义	字段名	数据类型	单位	必填	主键	外键
1	代码	DM	C（2）		Y	Y	
2	含义	HY	C（8）		Y		

[3] 数据：

代码	含义
01	排架
02	刚架
03	框架
04	砖混
05	砖木
06	土木
07	木（竹）
08	窑洞
09	石木
10	草木
99	其他

15. 机构规格代码表

[1] 表标识：DM_JGGGDMB

[2] 表说明：描述水行政主管机构的代码。

序号	含义	字段名	数据类型	单位	必填	主键	外键
1	代码	DM	C（2）		Y	Y	Y
2	含义	HY	C（6）		Y		

[3] 数据：

代码	含义
1	正部（省）级
2	副部（省）级
3	正厅级
4	副厅级
5	正处级
6	副处级
7	正科级
8	副科级
9	其他

16. 农村供水工程类型代码表

[1] 表标识：DM_NCGSGCLXDMB

[2] 表说明：描述农村供水工程类型的代码。

序号	含义	字段名	数据类型	单位	必填	主键	外键
1	代码	DM	C（2）		Y	Y	Y
2	类型	LX	C（6）		Y		
3	说明	SM	C（32）				

[3] 数据：

代码	类型	说明
1	集中式Ⅰ型	日供水规模≥10 000 m^3
2	集中式Ⅱ型	10 000 m^3＞日供水规模≥5 000 m^3

代码	类型	说明
3	集中式Ⅲ型	5 000 m^3＞日供水规模≥1 000 m^3
4	集中式Ⅳ型	1 000 m^3＞日供水规模≥200 m^3
5	集中式Ⅴ型	200 m^3＞日供水规模
6	分散式	分散式供水工程

17．嗅和味等级代码表

[1] 表标识：DM_XHWDJDMB

[2] 表说明：描述嗅和味等级信息的代码。

序号	含义	字段名	数据类型	单位	必填	主键	外键
1	代码	DM	C（2）		Y	Y	Y
2	等级	DJ	C（2）		Y		
3	强度	QD	C（6）				
4	说明	SM	C（64）				

[3] 数据：

代码	等级	强度	说明
0	0	无	无任何气味
1	1	微弱	一般饮用者难以察觉，嗅觉灵敏者可以察觉
2	2	弱	一般饮用者刚能察觉
3	3	明显	已能明显察觉，不加处理，不能饮用
4	4	强	有明显臭味
5	5	很强	有强烈的恶臭

18．用水户类型代码表

[1] 表标识：DM_YSHLXDMB

[2] 表说明：描述用水户类型信息的代码。

序号	含义	字段名	数据类型	单位	必填	主键	外键
1	代码	DM	C（2）		Y	Y	Y
2	用水户类型	YSHLX	C（16）		Y		
3	级别	JB	N（2）				
4	所属用水户类型代码	SSYSHLXDM	C（2）				Y

[3] 数据：

代码	用水户类型	级别	所属用水户类型代码
10	非居民用水户	1	
11	公共管网用户	2	10
12	取用水户	2	10
13	再生水用户	2	10
14	无表用户	2	10
20	居民用水户	1	
30	村级用水户	1	
31	农村生活	2	30
32	农业生产	2	30

19. 用水行业代码表

[1] 表标识：DM_YSHYDMB

[2] 表说明：描述用水户用水行业信息的代码。

序号	含义	字段名	数据类型	单位	必填	主键	外键
1	代码	DM	C（2）		Y	Y	Y
2	用水行业	YSHY	C（6）		Y		

[3] 数据：

代码	用水行业
1	居民生活
2	工业
3	农业
4	服务业
5	建筑业
6	园林绿地
7	环境卫生
8	河湖补水

第四节　水旱灾害防御

1. 干旱程度代码表

[1] 表标识：DM_GHCDDMB

[2] 表说明：描述干旱程度信息。

序号	含义	字段名	数据类型	单位	必填	主键	外键
1	代码	DM	C（1）		Y	Y	
2	含义	HY	C（16）		Y		
3	说明	SM	C（128）				

[3] 数据：

代码	含义	说明
1	轻度干旱	当前日供水量低于正常日用水量 5%～10%，出现缺水现象，城市生活、生产用水受到一定程度影响
2	中度干旱	当前日供水量低于正常日用水量 10%～20%，出现明显缺水现象，城市生活、生产用水受到较大影响
3	重度干旱	当前日供水量低于正常日用水量 20%～30%，出现严重缺水现象，城市生活、生产用水受到严重影响
4	极度干旱	当前日供水量低于正常日用水量 30%以上，出现极为严重的缺水局面或发生供水危机，城市生活、生产用水受到极大影响

第五节　水利工程

1．流域机构代码表

[1] 表标识：DM_LYJGDMB

[2] 表说明：描述流域机构的代码。

序号	含义	字段名	数据类型	单位	必填	主键	外键
1	代码	DM	C（1）		Y	Y	
2	含义	HY	C（16）		Y		

[3] 数据：

代码	含义
1	长江水利委员会
2	黄河水利委员会
3	淮河水利委员会
4	海河水利委员会
5	松辽水利委员会
6	珠江水利委员会
7	太湖流域管理局
8	中央直属

2．监测方式代码表

[1] 表标识：DM_JCFSDMB

[2] 表说明：描述监测方式的代码。

序号	含义	字段名	数据类型	单位	必填	主键	外键
1	代码	DM	C（1）		Y	Y	
2	含义	HY	C（16）		Y		

[3] 数据：

代码	含义
1	自动监测
2	自动+人工
3	人工监测
4	无监测设施
9	其他

3．工程类别代码表

[1] 表标识：DM_GCLBDMB

[2] 表说明：描述工程类别的代码。

序号	含义	字段名	数据类型	单位	必填	主键	外键
1	代码	DM	C（1）		Y	Y	
2	含义	HY	C（8）		Y		

[3] 数据：

代码	含义
1	建设
2	勘察
3	设计
4	咨询
5	施工
6	监理
7	质量检测
8	招标代理
9	供货

4. 工程管理区域代码表

[1] 表标识：DM_GCGLQYDMB

[2] 表说明：描述工程管理区域的代码。

序号	含义	字段名	数据类型	单位	必填	主键	外键
1	代码	DM	C（1）		Y	Y	
2	含义	HY	C（8）		Y		

[3] 数据：

代码	含义
1	跨省
2	跨地
3	跨县
4	本县

5. 水力发电工程类别代码表

[1] 表标识：DM_SLFDGCLBDMB

[2] 表说明：描述水力发电工程类别的代码。

序号	含义	字段名	数据类型	单位	必填	主键	外键
1	代码	DM	C（1）		Y	Y	
2	含义	HY	C（32）		Y		

[3] 数据：

代码	含义
1	大（1）型水电站
2	大（2）型水电站
3	中型水电站
4	小（1）型水电站
5	小（2）型水电站
9	其他

6. 水土保持工程类别代码表

[1] 表标识：DM_STBCGCLBDMB

[2] 表说明：描述水土保持工程类别的代码。

序号	含义	字段名	数据类型	单位	必填	主键	外键
1	代码	DM	C（1）		Y	Y	
2	含义	HY	C（64）		Y		

[3] 数据：

代码	含义
1	国家水土保持重点工程小流域综合治理工程
2	国家水土保持重点工程坡耕地水土综合整治工程
3	国家水土保持重点工程淤地坝工程
4	国家水土保持重点工程崩岗治理工程
9	其他

7. 水源工程类别代码表

[1] 表标识：DM_SYGCLBDMB

[2] 表说明：描述水源工程类别的代码。

序号	含义	字段名	数据类型	单位	必填	主键	外键
1	代码	DM	C（1）		Y	Y	
2	含义	HY	C（8）		Y		

[3] 数据：

代码	含义
1	水库
2	塘坝
3	泵站
4	引水坝
5	引水闸
6	机井
9	其他

8. 跨河工程类别代码表

[1] 表标识：DM_KHGCLBDMB

[2] 表说明：描述跨河工程类别的代码。

序号	含义	字段名	数据类型	单位	必填	主键	外键
1	代码	DM	C（1）		Y	Y	
2	含义	HY	C（8）		Y		

[3] 数据：

代码	含义
1	桥梁
2	渡槽
3	管道

代码	含义
4	倒虹吸
5	缆线
6	隧道
9	其他

9. 治河工程类别代码表

[1] 表标识：DM_ZHGCLBDMB

[2] 表说明：描述治河工程类别的代码。

序号	含义	字段名	数据类型	单位	必填	主键	外键
1	代码	DM	C（1）		Y	Y	
2	含义	HY	C（8）		Y		

[3] 数据：

代码	含义
1	护岸
2	护滩
3	丁坝
4	裁弯
5	堵汊
6	倒流排
9	其他

10. 建设性质代码表

[1] 表标识：DM_JSXZDMB

[2] 表说明：描述建设性质的代码。

序号	含义	字段名	数据类型	单位	必填	主键	外键
1	代码	DM	C（2）		Y	Y	
2	含义	HY	C（16）		Y		

[3] 数据：

代码	含义
1	新建
2	改建
3	扩建
4	迁建
5	改扩建
6	恢复
7	单纯购置
8	续建
9	拟建
99	其他

11．坝型代码表

[1] 表标识：DM_BXDMB

[2] 表说明：描述坝型的代码。

序号	含义	字段名	数据类型	单位	必填	主键	外键
1	代码	DM	C（2）		Y	Y	
2	含义	HY	C（32）		Y		

[3] 数据：

代码	含义
01	均质土坝
02	黏土心墙坝
03	黏土斜墙坝
04	混合型土坝
05	混凝土面板堆石坝
06	沥青面板堆石坝
07	沥青心墙堆石坝
08	混凝土重力坝
09	混凝土拱坝
10	混凝土连拱坝
11	混凝土支墩坝
12	浆砌石重力坝
13	浆砌石拱坝
99	其他

12．大坝安全类别代码表

[1] 表标识：DM_DBAQLBDMB

[2] 表说明：描述大坝安全类别的代码。

序号	含义	字段名	数据类型	单位	必填	主键	外键
1	代码	DM	C（1）		Y	Y	
2	含义	HY	C（16）		Y		

[3] 数据：

代码	含义
1	一类坝
2	二类坝
3	三类坝
4	未确定等级
9	其他

13．防渗体形式代码表

[1] 表标识：DM_FSTXSDMB

[2] 表说明：描述防渗体形式的代码。

序号	含义	字段名	数据类型	单位	必填	主键	外键
1	代码	DM	C（1）		Y	Y	
2	含义	HY	C（16）		Y		

[3] 数据：

代码	含义
1	黏土防渗体
2	混凝土防渗墙
3	帷幕灌浆
4	混凝土面板
5	沥青混凝土
6	土工膜
7	混合型防渗体
9	其他

14．工情监测项目代码表

[1] 表标识：DM_GQJCXMDMB

[2] 表说明：描述工情监测项目的代码。

序号	含义	字段名	数据类型	单位	必填	主键	外键
1	代码	DM	C（2）		Y	Y	
2	含义	HY	C（16）		Y		

[3] 数据：

代码	含义
1	表面垂直位移
2	表面水平位移
3	内部位移
4	接缝位移
5	渗流压力
6	渗流水位
7	渗流量
8	应力应变
9	地震
10	水力学
11	环境量
99	其他监测项目

15．移民管理工作阶段代码表

[1] 表标识：DM_YMGLGZJDDMB

[2] 表说明：描述移民管理工作阶段的代码。

序号	含义	字段名	数据类型	单位	必填	主键	外键
1	阶段代码	JDDM	C（3）		Y	Y	
2	阶段名称	JDMC	C（32）				
3	阶段级别	JDJB	C（1）				
4	所属阶段代码	SSJDDM	C（3）				Y

[3] 数据：

阶段代码	阶段名称	阶段级别	所属阶段代码
100	移民安置规划设计阶段	1	
110	项目建议书	2	100
120	可行性研究	2	100
121	规划大纲	3	120
122	批复规划	3	120
130	初步设计	2	100
131	最初批复规划	3	130
132	第一次变更规划	3	130
133	第二次变更规划	3	130
140	技施设计	2	100
200	移民安置实施阶段	1	
300	后期扶持阶段	1	
310	最初批复规划	2	300
320	第一次变更规划	2	300
330	第二次变更规划	2	300

16．调查范围代码表

[1] 表标识：DM_DCFWDMB

[2] 表说明：描述调查范围的代码。

序号	含义	字段名	数据类型	单位	必填	主键	外键
1	范围代码	FWDM	C（4）		Y	Y	
2	范围名称	FWMC	C（32）				
3	范围级别	FWJB	C（1）				
4	所属范围代码	SSFWDM	C（4）				Y

[3] 数据：

代码	名称	级别	所属范围代码
1000	水库淹没影响区	1	
1100	淹没区	2	1000
1110	经常淹没区	3	1100
1120	临时淹没区	3	1100
1200	影响区	2	1000
1210	地质灾害区	3	1200
1211	浸没区	4	1210
1212	坍岸区	4	1210
1213	滑坡区	4	1210
1214	内涝区	4	1210
1215	水库渗漏区	4	1210
1219	其他	4	1210
1290	其他影响区	3	1200
2000	枢纽工程及其他工程建设区	1	
2100	永久占地区	2	2000

代码	名称	级别	所属范围代码
2110	工程建筑物	3	2100
2120	工程永久管理区	3	2100
2200	临时用地区	2	2000
2210	临时用地区（既征地又拆房）	3	2200
2220	安全警戒区（只拆房不征地）	3	2200
3000	新址占地区	1	
3100	城（集）镇迁建新址占地区	2	3000
3200	农村迁建新址占地区	2	3000
3300	工业企业迁建新址占地区	2	3000
3400	专业项目迁建新址占地区	2	3000

17．地震峰值加速度代码表

[1] 表标识：DM_DZFZJSDDMB

[2] 表说明：描述地震峰值加速度的代码。

序号	含义	字段名	数据类型	单位	必填	主键	外键
1	代码	DM	C（1）		Y	Y	
2	含义	HY	C（8）		Y		

[3] 数据：

代码	含义
1	＜0.05g
2	0.05g
3	0.10g
4	0.14g
5	0.20g
6	0.30g
7	≥0.4g

18．地震基本烈度代码表

[1] 表标识：DM_DZJBLDDMB

[2] 表说明：描述地震基本烈度的代码。

序号	含义	字段名	数据类型	单位	必填	主键	外键
1	代码	DM	C（1）		Y	Y	
2	含义	HY	C（8）		Y		

[3] 数据：

代码	含义
5	＜Ⅵ
6	Ⅵ
7	Ⅶ
8	Ⅷ
9	≥Ⅸ

19. 设防地震烈度代码表

[1] 表标识：DM_SFDZLDDMB

[2] 表说明：描述设防地震烈度的代码。

序号	含义	字段名	数据类型	单位	必填	主键	外键
1	代码	DM	C（1）		Y	Y	
2	含义	HY	C（8）		Y		

[3] 数据：

代码	含义
0	未设防
6	Ⅵ
7	Ⅶ
8	Ⅷ
9	≥Ⅸ

20. 基础防渗措施代码表

[1] 表标识：DM_JCFSCSDMB

[2] 表说明：描述基础防渗措施的代码。

序号	含义	字段名	数据类型	单位	必填	主键	外键
1	代码	DM	C（1）		Y	Y	
2	含义	HY	C（16）		Y		

[3] 数据：

代码	含义
1	截水槽
2	黏土铺盖
3	混凝土防渗墙
4	板桩
5	帷幕灌浆
9	其他

21. 险情分类代码表

[1] 表标识：DM_XQFLDMB

[2] 表说明：描述险情分类的代码。

序号	含义	字段名	数据类型	单位	必填	主键	外键
1	代码	DM	C（4）		Y	Y	
2	含义	HY	C（8）		Y		

[3] 数据：

代码	含义
D001	决口
D002	漫溢
D003	管涌
D004	陷坑

代码	含义
D005	滑坡
D006	裂缝
D007	崩岸
D008	滑动
D009	闸门损毁
D010	渗水
D011	淘刷
D012	溃坝
D013	倾覆
D014	坍塌
D015	控导工程冲毁
D016	堰塞湖
D999	其他

22. 险情级别代码表

[1] 表标识：DM_XQJBDMB

[2] 表说明：描述险情级别的代码。

序号	含义	字段名	数据类型	单位	必填	主键	外键
1	代码	DM	C（1）		Y	Y	
2	含义	HY	C（16）		Y		

[3] 数据：

代码	含义
1	特别重大险情
2	重大险情
3	较大险情
4	一般险情
9	其他

23. 鉴定意见代码表

[1] 表标识：DM_JDYJDMB

[2] 表说明：描述安全鉴定结论中鉴定意见的代码。

序号	含义	字段名	数据类型	单位	必填	主键	外键
1	代码	DM	C（1）		Y	Y	
2	含义	HY	C（16）		Y		

[3] 数据：

代码	含义
1	满足要求
2	基本满足要求
3	不满足要求
9	其他

24．抗震安全鉴定意见代码表

[1] 表标识：DM_KZAQJDYJDMB

[2] 表说明：描述抗震安全鉴定意见的代码。

序号	含义	字段名	数据类型	单位	必填	主键	外键
1	代码	DM	C（1）		Y	Y	
2	含义	HY	C（32）		Y		

[3] 数据：

代码	含义
1	满足要求
2	基本满足要求
3	不满足要求
4	按规范允许未复核
9	其他

25．降等报废原因代码表

[1] 表标识：DM_JDBFYYDMB

[2] 表说明：描述降等报废原因的代码。

序号	含义	字段名	数据类型	单位	必填	主键	外键
1	代码	DM	C（1）		Y	Y	
2	含义	HY	C（16）		Y		

[3] 数据：

代码	含义
1	功能变化
2	建设不当
3	需求萎缩
4	功能替代
5	病险严重
6	淤积严重
7	建设占用
9	其他

26．搬迁安置去向代码表

[1] 表标识：DM_BQAZQXDMB

[2] 表说明：描述搬迁安置去向的代码。

序号	含义	字段名	数据类型	单位	必填	主键	外键
1	代码	DM	C（2）		Y	Y	
2	名称	MC	C（8）		Y		
3	级别	JB	N（1）		Y		
4	所属代码	SSDM	C（2）				Y

[3] 数据：

代码	名称	级别	所属代码
10	后靠安置	1	
20	县内近迁	1	
21	出组本村	2	20
22	出村本乡	2	20
23	出乡本县	2	20
30	出县外迁	1	

27. 生产安置方式代码表

[1] 表标识：DM_SCAZFSDMB

[2] 表说明：描述生产安置方式的代码。

序号	含义	字段名	数据类型	单位	必填	主键	外键
1	代码	DM	C（2）		Y	Y	
2	名称	MC	C（16）		Y		
3	级别	JB	N（1）		Y		
4	所属代码	SSDM	C（2）				Y

[3] 数据：

代码	名称	级别	所属代码
10	农业安置	1	
11	种植业安置	2	10
12	养殖业安置	2	10
20	二、三产业安置	1	
30	自谋职业	1	
40	社会保障	1	
50	长效补偿	1	
60	投亲靠友	1	
90	其他安置	1	

28. 移民安置验收内容类别代码表

[1] 表标识：DM_YMAZYSNRLBDMB

[2] 表说明：描述移民安置验收内容类别的代码。

序号	含义	字段名	数据类型	单位	必填	主键	外键
1	类别代码	LBDM	C（10）		Y	Y	
2	类别名称	LBMC	C（64）		Y		
3	类别级别	LBJB	N（1）		Y		
4	所属类别代码	SSLBDM	C（10）				Y
5	计量单位	JLDW	C（16）				

[3] 数据：

类别代码	类别名称	类别级别	所属类别代码	计量单位
0100000000	农村移民安置	1		
0101000000	移民搬迁人数	2	0100000000	人

类别代码	类别名称	类别级别	所属类别代码	计量单位
0102000000	宅基地分配	2	0100000000	户
0103000000	住房建设	2	0100000000	m^2或户
0104000000	安置点建设	2	0100000000	个
0104010000	基础设施	3	0104000000	km
0104010100	供水	4	0104010000	km
0104010200	排水	4	0104010000	km
0104010300	电线	4	0104010000	km
0104010400	道路	4	0104010000	km
0104020000	公共设施	3	0104000000	m^2或个
0104020100	学校	4	0104020000	m^2或个
0104020200	卫生所	4	0104020000	m^2或个
0104020300	村委会	4	0104020000	m^2或个
0105000000	生产用地分配到位	2	0100000000	人或亩
0106000000	生产开发措施落实	2	0100000000	人
0107000000	移民个人补偿费兑付	2	0100000000	户或万元
0108000000	土地补偿补助费和村集体财产补偿费兑付到村组	2	0100000000	个或万元
0109000000	移民安置点地质灾害危险性评估	2	0100000000	个
0200000000	城（集）镇迁建	1		
0201000000	移民搬迁	2	0200000000	人
0202000000	行政及企事业单位搬迁	2	0200000000	个
0203000000	移民及单位房屋建设	2	0200000000	m^2或户
0204000000	基础设施和公共设施建设	2	0200000000	
0204010000	基础设施	3	0204000000	km
0204010100	供水	4	0204010000	km
0204010200	排水	4	0204010000	km
0204010300	电线	4	0204010000	km
0204010400	道路	4	0204010000	km
0204020000	公共设施	3	0204000000	m^2或个
0204020100	卫生院	4	0204020000	m^2或个
0204020200	商贸设施	4	0204020000	m^2或个
0204020300	文化设施	4	0204020000	m^2或个
0205000000	移民个人财产补偿费兑现	2	0200000000	户或万元
0206000000	行政及企事业单位财产补偿费兑现	2	0200000000	个或万元
0207000000	新址地质灾害危险性评估	2	0200000000	个
0208000000	新址占地拆迁人口安置	2	0200000000	人
0300000000	工矿企业迁建	1		
0301000000	工矿企业搬迁	2	0300000000	个
0302000000	工矿企业补偿资金兑付	2	0300000000	个或万元
0303000000	工矿企业职工安置	2	0300000000	人
0400000000	专项设施迁（复）建	1		项
0500000000	库底清理	1		项
0501000000	一般清理项目	2	0500000000	项
0501010000	建（构）筑物清理项目	3	0501000000	处

类别代码	类别名称	类别级别	所属类别代码	计量单位
0501010100	房屋清理项目	4	0501010000	m^2或座
0501010200	附属建筑物	4	0501010000	m^2或个
0501010300	构筑物	4	0501010000	个
0501010301	大中型桥梁	5	0501010300	座
0501010302	线杆	5	0501010300	杆
0501010303	砖（石、混凝土）墙体	5	0501010300	m^2
0501010304	坝（闸）	5	0501010300	座
0501010305	水井	5	0501010300	口
0501010306	烟囱	5	0501010300	个
0501010307	高牌坊	5	0501010300	个
0501010308	地窖	5	0501010300	口
0501010309	隧道	5	0501010300	km
0501010310	井巷	5	0501010300	口
0501010311	人防工程	5	0501010300	个
0501020000	林木清理	3	0501000000	亩
0501020100	林地	4	0501020000	亩
0501020200	迹地	4	0501020000	亩
0501020300	零星树木	4	0501020000	株
0501030000	卫生清理	3	0501000000	m^2
0501030100	油库	4	0501030000	m^2或个
0501030200	有毒固体废物	4	0501030000	m^2或处
0501030300	特殊物品仓储地	4	0501030000	m^2或处
0501030400	医院	4	0501030000	m^2或个
0501030500	卫生所	4	0501030000	m^2或个
0501030600	屠宰场	4	0501030000	m^2或个
0501030700	兽医站	4	0501030000	m^2或个
0501030800	厕所	4	0501030000	m^2或个
0501030900	粪坑（池）	4	0501030000	m^2或个
0501031000	畜厩	4	0501030000	m^2或个
0501031100	污水池	4	0501030000	m^2或个
0501031200	坟墓	4	0501030000	m^2或个
0501031300	垃圾	4	0501030000	m^3
0501031400	易漂浮物质	4	0501030000	m^3
0502000000	特殊清理	2	0500000000	项

29．闸门型式代码表

[1] 表标识：DM_ZMXSDMB

[2] 表说明：描述闸门型式代码。

序号	含义	字段名	数据类型	单位	必填	主键	外键
1	代码	DM	C（1）		Y	Y	
2	含义	HY	C（16）		Y		

[3] 数据：

代码	含义
1	平板钢闸门
2	弧形钢闸门
3	钢筋混凝土闸门
4	木闸门
5	钢木结构叠梁门
6	自动翻板闸门
7	闸阀
8	无闸门
9	其他

30. 工程量类别代码表

[1] 表标识：DM_GCLLBDMB

[2] 表说明：描述规划处理项目工程量类别代码。

序号	含义	字段名	数据类型	单位	必填	主键	外键
1	代码	DM	C（2）		Y	Y	
2	含义	HY	C（16）		Y		
3	计量单位	JLDW	C（6）				

[3] 数据：

代码	含义	计量单位
01	土石方开挖	m^3
02	土石方填筑	m^3
03	砌石工程	m^3
04	防渗墙	m
05	帷幕灌浆	t
06	土工布	m^2
07	草皮护坡	m^3

31. 文化程度代码表

[1] 表标识：DM_WHCDDMB

[2] 表说明：描述文化程度的代码。

序号	含义	字段名	数据类型	单位	必填	主键	外键
1	代码	DM	C（1）		Y	Y	
2	含义	HY	C（8）		Y		

[3] 数据：

代码	含义
1	文盲
2	学龄前
3	小学
4	初中
5	高中
6	高中以上

32．排水体型式代码表

[1] 表标识：DM_PSTXSDMB

[2] 表说明：描述排水体型式的代码。

序号	含义	字段名	数据类型	单位	必填	主键	外键
1	代码	DM	C（1）		Y	Y	
2	含义	HY	C（16）		Y		

[3] 数据：

代码	含义
1	坝体内排水
2	棱体排水
3	贴坡式排水
4	坝基排水
5	综合型排水
0	为设计排水体

33．计量类别代码表

[1] 表标识：DM_JLLBDMB

[2] 表说明：描述计量类别的代码。

序号	含义	字段名	数据类型	单位	必填	主键	外键
1	代码	DM	C（2）		Y	Y	
2	含义	HY	C（8）		Y		
3	计量单位	JLDW	C（4）				

[3] 数据：

代码	含义	计量单位
01	长度	m
02	宽度	m
03	数量	个
04	重量	t
05	容量	m^3
06	流量	m^3/s

34．归属部门代码表

[1] 表标识：DM_GSBMDMB

[2] 表说明：描述归属部门的代码。

序号	含义	字段名	数据类型	单位	必填	主键	外键
1	代码	DM	C（1）		Y	Y	
2	含义	HY	C（8）		Y		

[3] 数据：

代码	含义
1	水利
2	能源

代码	含义
3	交通
4	农业
5	建设
6	国企
9	其他

35. 项目类型代码表

[1] 表标识：DM_XMLXDMB

[2] 表说明：描述项目类型的代码。

序号	含义	字段名	数据类型	单位	必填	主键	外键
1	代码	DM	C（4）		Y	Y	
2	项目类型	XMLX	C（32）		Y		
3	级别	JB	N（1）				
4	所属项目类型代码	SSXMLXDM	C（4）				Y

[3] 数据：

代码	项目类型	级别	所属项目类型代码
1000	水利工程项目	1	
1100	水库及枢纽工程	2	1000
1200	防洪工程	2	1000
1300	灌溉工程	2	1000
1400	除涝工程	2	1000
1500	供水工程	2	1000
1600	水电及农村电气化工程	2	1000
1700	水保及生态工程	2	1000
1800	水利血防工程	2	1000
1900	其他水利工程	2	1000
2000	机构能力建设项目	1	
2100	防汛通信设施	2	2000
2200	水文建设	2	2000
2300	防汛抢险队	2	2000
2400	科研教育设施	2	2000
2500	其他行业发展项目	2	2000
3000	前期工作项目	1	
3100	水利规划	2	3000
3200	专题研究	2	3000
3300	项目前期	2	3000
3400	基础管理	2	3000
3500	其他前期工作	2	3000
4000	其他水利项目	1	

36. 参建单位类型代码表

[1] 表标识：DM_CJDWLXDMB

[2] 表说明：描述参建单位类型的代码。

序号	含义	字段名	数据类型	单位	必填	主键	外键
1	代码	DM	C（2）		Y	Y	
2	含义	HY	C（16）		Y		

[3] 数据：

代码	含义
1	建设单位
2	勘察单位
3	设计单位
4	监理单位
5	咨询单位
6	供货单位
7	施工单位
8	质量检测单位
9	招标代理单位
10	安全评价单位
99	其他单位

37. 规划类别代码表

[1] 表标识：DM_GHLBDMB

[2] 表说明：描述规划类别的代码。

序号	含义	字段名	数据类型	单位	必填	主键	外键
1	代码	DM	C（1）		Y	Y	
2	含义	HY	C（8）		Y		

[3] 数据：

代码	含义
1	综合规划
2	专业规划
3	专项规划
4	战略规划
5	相关规划
6	发展规划
9	其他规划

38. 登记注册类型代码表

[1] 表标识：DM_DJZCLXDMB

[2] 表说明：存储水利建设项目单位的登记注册类型信息。

序号	含义	字段名	数据类型	单位	必填	主键	外键
1	代码	DM	C（3）		Y	Y	
2	登记注册类型	DJZCLX	C（32）		Y		
3	级别	JB	N（1）		Y		
4	所属登记注册类型代码	SSDJZCLXDM	C（3）				Y

[3] 数据：

代码	登记注册类型	级别	所属登记注册类型代码
100	内资	1	
110	国有	2	100
120	集体	2	100
130	股份合作	2	100
141	国有联营	2	100
142	集体联营	2	100
143	国有与集体联营	2	100
149	其他联营	2	100
151	国有独资公司	2	100
159	其他有限责任公司	2	100
160	股份有限公司	2	100
170	私营	2	100
171	私营独资	3	170
172	私营合伙	3	170
173	私营有限责任公司	3	170
174	私营股份有限公司	3	170
190	其他	2	100
200	港澳台商投资	1	
210	与港澳台商合资经营	2	200
220	与港澳台商合作经营	2	200
230	港澳台商独资	2	200
240	港澳台商投资股份有限公司	2	200
290	其他港澳台投资	2	200
300	外商投资	1	
310	中外合资经营	2	300
320	中外合作经营	2	300
330	外资企业	2	300
340	外商投资股份有限公司	2	300
390	其他外商投资	2	300
400	个体经营	1	
410	个体户	2	400
420	个人合伙	2	400

39. 项目处理方式代码表

[1] 表标识：DM_XMCLFSDMB

[2] 表说明：描述项目处理方式的代码。

序号	含义	字段名	数据类型	单位	必填	主键	外键
1	代码	DM	C（1）		Y	Y	
2	含义	HY	C（16）		Y		

[3] 数据：

代码	含义
1	重建
2	复建
3	改建
4	迁建
5	防护
6	一次性补偿
9	其他

40. 验收类型代码表

[1] 表标识：DM_YSLXDMB

[2] 表说明：描述验收类型的代码。

序号	含义	字段名	数据类型	单位	必填	主键	外键
1	类型代码	LXDM	C（3）		Y	Y	
2	类型名称	LXMC	C（16）		Y		
3	类型级别	LXJB	N（1）		Y		
4	所属类型代码	SSLXDM	C（3）				Y

[3] 数据：

类型代码	类型名称	类型级别	所属类型代码
100	阶段性验收	1	
110	导截流验收	2	100
120	分期蓄水验收	2	100
121	下闸蓄水验收	3	120
122	一期蓄水验收	3	120
123	二期蓄水验收	3	120
200	竣工验收	1	

41. 交通桥类型标准代码表

[1] 表标识：DM_JTQLXBZDMB

[2] 表说明：描述交通桥类型标准的代码。

序号	含义	字段名	数据类型	单位	必填	主键	外键
1	代码	DM	C（1）		Y	Y	
2	含义	HY	C（8）		Y		

[3] 数据：

代码	含义
1	特大桥
2	大桥
3	中桥
4	小桥

42. 设计启用频率代码表

[1] 表标识：DM_SJQYPLDMB

[2] 表说明：描述设计启用频率的代码。

序号	含义	字段名	数据类型	单位	必填	主键	外键
1	代码	DM	C（1）		Y	Y	
2	含义	HY	C（16）		Y		

[3] 数据：

代码	含义
1	1～2 年一遇
2	3 年一遇
3	3～5 年一遇
4	5 年一遇
5	5～10 年一遇
6	10 年一遇
7	10 年一遇以上

43. 机电排灌站类别代码表

[1] 表标识：DM_JDPGZLBDMB

[2] 表说明：描述机电排灌站类别的代码。

序号	含义	字段名	数据类型	单位	必填	主键	外键
1	代码	DM	C（1）		Y	Y	
2	含义	HY	C（16）		Y		

[3] 数据：

代码	含义
1	大型机配排灌站
2	中型机配排灌站
3	小型机配排灌站
4	大型电配排灌站
5	中型电配排灌站
6	小型电配排灌站
9	其他

44. 结构型式代码表

[1] 表标识：DM_JGXSDMB

[2] 表说明：描述结构型式的代码。

序号	含义	字段名	数据类型	单位	必填	主键	外键
1	代码	DM	C（1）		Y	Y	
2	含义	HY	C（16）		Y		

[3] 数据：

代码	含义
1	混凝土有压洞
2	混凝土无压洞

代码	含义
3	浆砌石有压洞
4	浆砌石无压洞
5	内衬钢板有压洞
9	其他

45. 堤防段类型代码表

[1] 表标识：DM_DFDLXDMB

[2] 表说明：描述堤防段类型信息的代码。

序号	含义	字段名	数据类型	单位	必填	主键	外键
1	代码	DM	C（1）		Y	Y	
2	堤防段类型	DFDLX	C（16）		Y		

[3] 数据：

代码	堤防段类型
1	土堤
2	石堤
3	混凝土堤
4	土堤加护砌堤
5	混合堤
9	其他

第六节　水生态环境

1. 湿地类型代码表

[1] 表标识：DM_SDLXDMB

[2] 表说明：存储湿地的分类信息。

序号	含义	字段名	数据类型	单位	必填	主键	外键
1	代码	DM	C（1）		Y	Y	
2	含义	HY	C（32）		Y		

[3] 数据：

代码	含义
1	近海与海岸湿地
2	河流湿地
3	湖泊湿地
4	沼泽湿地
5	库塘
9	其他

2. 营养状态分级代码表

[1] 表标识：DM_YYZTFJDMB

[2] 表说明：存储水质的营养状态分类的信息。

序号	含义	字段名	数据类型	单位	必填	主键	外键
1	代码	DM	C（2）		Y	Y	
2	含义	HY	C（16）		Y		
3	说明	SM	C（32）		Y		

[3] 数据：

代码	含义	说明
1	贫营养	营养状态指数（EI）：0≤EI≤20
2	中营养	营养状态指数（EI）：20＜EI≤50
3	轻度富营养	营养状态指数（EI）：50＜EI≤60
4	中度富营养	营养状态指数（EI）：60＜EI≤80
5	重度富营养	营养状态指数（EI）：80＜EI≤100

3. 污染物浓度变化趋势代码表

[1] 表标识：DM_WRWNDBHQSDMB

[2] 表说明：存储污染物浓度变化趋势的信息。

序号	含义	字段名	数据类型	单位	必填	主键	外键
1	代码	DM	C（1）		Y	Y	
2	含义	HY	C（16）		Y		

[3] 数据：

代码	含义
1	高度显著上升
2	显著上升
3	无明显升降趋势
4	显著下降
5	高度显著下降
9	其他

第七节 水土保持

1. 土壤侵蚀类型区代码表

[1] 表标识：DM_TRQSLXQDMB

[2] 表说明：存储不同的土壤侵蚀类型区的信息。

序号	含义	字段名	数据类型	单位	必填	主键	外键
1	代码	DM	C（2）		Y	Y	
2	侵蚀类型区	QSLXQ	C（64）		Y		
3	级别	JB	N（1）		Y		
4	所属侵蚀类型区	SSQSLXQ	C（2）				Y

[3] 数据：

代码	侵蚀类型区	级别	所属侵蚀类型区
10	水力侵蚀为主的类型区	1	
11	西北黄土高原区	2	10
12	东北黑土区	2	10
13	北方土石山区	2	10
14	南方红壤丘陵区	2	10
15	西南土石山区	2	10
20	风力侵蚀为主的类型区	1	
21	三北戈壁沙漠及沙地风沙区	2	20
22	沿河环湖滨海平原风沙区	2	20
30	冻融侵蚀为主的类型区	1	
31	北方冻融土侵蚀区	2	30
32	青藏高原冰川侵蚀区	2	30

2. 水力侵蚀强度分级代码表

[1] 表标识：DM_SLQSQDFJDMB

[2] 表说明：存储水力侵蚀强度的分级信息。

序号	含义	字段名	数据类型	单位	必填	主键	外键
1	代码	DM	C（1）		Y	Y	
2	含义	HY	C（16）		Y		
3	说明	SM	C（255）		Y		

[3] 数据：

代码	含义	说明
1	微度	平均侵蚀模数［t/（km^2·a）］：＜200、＜500、＜1 000 平均流失厚度（mm/a）：＜0.15、＜0.37、＜0.74 注：本表流失厚度系按土的干密度 1.35 g/cm^3 折算，各地可按当地土壤干密度计算
2	轻度	平均侵蚀模数［t/（km^2·a）］：200、500、1 000～2 500 平均流失厚度（mm/a）：0.15、0.37、0.74～1.9 注：本表流失厚度系按土的干密度 1.35 g/cm^3 折算，各地可按当地土壤干密度计算
3	中度	平均侵蚀模数［t/（km^2·a）］：2 500～5 000 平均流失厚度（mm/a）：1.9～3.7 注：本表流失厚度系按土的干密度 1.35 g/cm^3 折算，各地可按当地土壤干密度计算
4	强烈	平均侵蚀模数［t/（km^2·a）］：5 000～8 000 平均流失厚度（mm/a）：3.7～5.9 注：本表流失厚度系按土的干密度 1.35 g/cm^3 折算，各地可按当地土壤干密度计算
5	极强烈	平均侵蚀模数［t/（km^2·a）］：8 000～15 000 平均流失厚度（mm/a）：5.9～11.1 注：本表流失厚度系按土的干密度 1.35 g/cm^3 折算，各地可按当地土壤干密度计算

代码	含义	说明
6	剧烈	平均侵蚀模数［t/（km^2·a）］：＞1 5000 平均流失厚度（mm/a）：＞11.1 注：本表流失厚度系按土的干密度 1.35 g/cm^3 折算，各地可按当地土壤干密度计算

3．重力侵蚀强度分级代码表

[1] 表标识：DM_ZLQSQDFJDMB

[2] 表说明：存储重力侵蚀强度的分级信息。

序号	含义	字段名	数据类型	单位	必填	主键	外键
1	代码	DM	C（1）		Y	Y	
2	含义	HY	C（16）		Y		
3	说明	SM	C（32）		Y		

[3] 数据：

代码	含义	说明
1	轻度	崩塌面积占坡面面积比（%）：＜10
2	中度	崩塌面积占坡面面积比（%）：10～15
3	强烈	崩塌面积占坡面面积比（%）：15～20
4	极强烈	崩塌面积占坡面面积比（%）：20～30
5	剧烈	崩塌面积占坡面面积比（%）：＞30

4．风力侵蚀强度分级代码表

[1] 表标识：DM_FLQSQDFJDMB

[2] 表说明：存储风力侵蚀强度的分级信息。

序号	含义	字段名	数据类型	单位	必填	主键	外键
1	代码	DM	C（1）		Y	Y	
2	含义	HY	C（16）		Y		
3	说明	SM	C（255）		Y		

[3] 数据：

代码	含义	说明
1	微度	床面形态（地表形态）：固定沙丘、沙地和滩地 植被覆盖度（%）（非流沙面积）：＞70 风蚀厚度（mm/a）：＜2 侵蚀模数［t/（km^2·a）］：＜200
2	轻度	床面形态（地表形态）：固定沙丘、半固定沙丘、沙地 植被覆盖度（%）（非流沙面积）：50～70 风蚀厚度（mm/a）：2～10 侵蚀模数［t/（km^2·a）］：200～2 500
3	中度	床面形态（地表形态）：半固定沙丘、沙地 植被覆盖度（%）（非流沙面积）：50～30 风蚀厚度（mm/a）：10～25 侵蚀模数［t/（km^2·a）］：2 500～5 000

代码	含义	说明
4	强烈	床面形态（地表形态）：半固定沙丘、流动沙丘、沙地 植被覆盖度（%）（非流沙面积）：30～10 风蚀厚度（mm/a）：25～50 侵蚀模数［t/（km^2·a）］：5 000～8 000
5	极强烈	床面形态（地表形态）：流动沙丘、沙地 植被覆盖度（%）（非流沙面积）：＜10 风蚀厚度（mm/a）：50～100 侵蚀模数［t/（km^2·a）］：8 000～15 000
6	剧烈	床面形态（地表形态）：大片流动沙丘 植被覆盖度（%）（非流沙面积）：＜10 风蚀厚度（mm/a）：＞100 侵蚀模数［t/（km^2·a）］：＞15 000

5．泥石流侵蚀强度分级代码表

[1] 表标识：DM_NSLQSQDFJDMB

[2] 表说明：存储泥石流侵蚀强度的分级信息。

序号	含义	字段名	数据类型	单位	必填	主键	外键
1	代码	DM	C（1）		Y	Y	
2	含义	HY	C（16）		Y		
3	说明	SM	C（255）		Y		

[3] 数据：

代码	含义	说明
1	轻度	每年每平方千米冲出量（万 m^3）：＜1 固体物质补给形式：由浅层滑坡或零星坍塌补给，由河床质补给时，粗化层不明显 固体物质补给量（万 m^3/km^2）：＜20 沉积特征：沉积物颗粒较细，沉积表面较平坦，很少有大于 10 cm 以上的颗粒 泥石流浆体密度（t/m^3）：1.3～1.6
2	中度	每年每平方千米冲出量（万 m^3）：1～2 固体物质补给形式：由浅层滑坡及中小型坍塌补给，一般阻碍水流，或由大量河床补给，河床有粗化层 固体物质补给量（万 m^3/km^2）：20～50 沉积特征：沉积物细颗粒较少，颗粒间较松散，有岗状筛滤堆积形态，颗粒较粗，多大漂砾 泥石流浆体密度（t/m^3）：1.6～1.8
3	强烈	每年每平方千米冲出量（万 m^3）：2～5 固体物质补给形式：由深层滑坡或大型坍塌补给，沟道中出现半堵塞 固体物质补给量（万 m^3/km^2）：50～100 沉积特征：有舌状堆积形态，一般厚度在 200 m 以下，巨大颗粒较少，表面较平坦 泥石流浆体密度（t/m^3）：1.8～2.1
4	极强烈	每年每平方千米冲出量（万 m^3）：＞5 固体物质补给形式：以深层滑坡和大型集中坍塌为主，沟道中出现全部堵塞情况 固体物质补给量（万 m^3/km^2）：＞100 沉积特征：由垄岗、舌状等黏性泥石流堆积形成，大漂石较多，常形成侧堤 泥石流浆体密度（t/m^3）：2.1～2.2

6. 土壤侵蚀程度分级代码表

[1] 表标识：DM_TRQSCDFJDMB

[2] 表说明：存储不同类型土壤侵蚀程度的分级的信息。

序号	含义	字段名	数据类型	单位	必填	主键	外键
1	代码	DM	C（2）		Y	Y	
2	含义	HY	C（16）		Y		
3	分类	FL	C（16）		Y		
4	说明	SM	C（32）		Y		

[3] 数据：

代码	含义	分类	说明
11	无明显侵蚀	土壤发生层	A、B、C 三层剖面保持完整
12	轻度侵蚀	土壤发生层	A 层保留厚度大于 1/2，B、C 层完整
13	中度侵蚀	土壤发生层	A 层保留厚度大于 1/3，B、C 层完整
14	强烈侵蚀	土壤发生层	A 层无保留，B 层开始裸露，受到剥蚀
15	剧烈侵蚀	土壤发生层	A、B 层全部剥蚀，C 层出露，受到剥蚀
21	无明显侵蚀	活土层	活土层完整
22	轻度侵蚀	活土层	活土层小部分被蚀
23	中度侵蚀	活土层	活土层厚度 50%以上被蚀
24	强烈侵蚀	活土层	活土层全部被蚀
25	剧烈侵蚀	活土层	母质层部分被蚀

7. 土壤侵蚀潜在危险分级代码表

[1] 表标识：DM_TRQSQZWXFJDMB

[2] 表说明：存储不同类型的土壤侵蚀潜在危险的分级信息。

序号	含义	字段名	数据类型	单位	必填	主键	外键
1	代码	DM	C（2）		Y	Y	
2	含义	HY	C（16）		Y		
3	分类	FL	C（16）		Y		
4	说明	SM	C（255）		Y		

[3] 数据：

代码	含义	分类	说明
11	无险型	水蚀区	临界土层的抗蚀年限（a）：＞1 000 注 1：临界土层系指农林牧业中，林草作物种植所需土层厚度的低限值，此处按种草所需最小土层厚度 10 cm 为临界土层厚度； 注 2：抗蚀年限系指大于临界值的有效土层厚度与现状年均侵蚀深度的比值
12	轻险型	水蚀区	临界土层的抗蚀年限（a）：100～1 000 注 1：临界土层系指农林牧业中，林草作物种植所需土层厚度的低限值，此处按种草所需最小土层厚度 10 cm 为临界土层厚度； 注 2：抗蚀年限系指大于临界值的有效土层厚度与现状年均侵蚀深度的比值

代码	含义	分类	说明
13	危险型	水蚀区	临界土层的抗蚀年限（a）：20～100 注 1：临界土层系指农林牧业中，林草作物种植所需土层厚度的低限值，此处按种草所需最小土层厚度 10 cm 为临界土层厚度； 注 2：抗蚀年限系指大于临界值的有效土层厚度与现状年均侵蚀深度的比值
14	极险型	水蚀区	临界土层的抗蚀年限（a）：＜20 注 1：临界土层系指农林牧业中，林草作物种植所需土层厚度的低限值，此处按种草所需最小土层厚度 10 cm 为临界土层厚度； 注 2：抗蚀年限系指大于临界值的有效土层厚度与现状年均侵蚀深度的比值
15	毁坏型	水蚀区	临界土层的抗蚀年限（a）：裸岩、明沙、土层不足 10 cm 注 1：临界土层系指农林牧业中，林草作物种植所需土层厚度的低限值，此处按种草所需最小土层厚度 10 cm 为临界土层厚度； 注 2：抗蚀年限系指大于临界值的有效土层厚度与现状年均侵蚀深度的比值
21	Ⅰ较轻 1 级	滑坡、泥石流	危害孤立房屋、水磨等安全，危及安全人数在 10 人以下
22	Ⅱ中等 2 级	滑坡、泥石流	危及小村庄及非重要公路、水渠等安全，并可能危及 50～100 人的安全
23	Ⅱ中等 3 级	滑坡、泥石流	威胁镇、乡所在地及大村庄，危及铁路、公路、小航道安全，并可能危及 100～1 000 人的安全
24	Ⅲ严重 4 级	滑坡、泥石流	威胁县城及重要镇所在地、一般工厂、矿山、铁路、国道及高速公路，并可能危及 1 000～10 000 人的安全或威胁Ⅳ级航道
25	Ⅲ严重 5 级	滑坡、泥石流	威胁地级行政所在地，重要县城、工厂、矿山、省际干线铁路，有可能危及 10 000 人以上人口安全或威胁 3 级及以上航道安全

第二章 政务数据

第一节 人事教育

1. 文献保密等级代码表

[1] 表标识：DM_WXBMDJDMB

[2] 表说明：存储水利相关文献的保密等级分类信息。

序号	含义	字段名	数据类型	单位	必填	主键	外键
1	代码	DM	C（1）		Y	Y	
2	含义	HY	C（3）		Y		
3	说明	SM	C（64）				

[3] 数据：

代码	含义	说明
1	公开级	文献可在国内外公开发行交换
2	国内级	文献可在国内发行交换
3	内部级	文献可在国内某系统或部门内部发行交换
4	秘密级	文献内容涉及国家和部门的一般秘密
5	机密级	文献内容涉及国家和部门的重要秘密
6	绝密级	文献内容涉及国家和部门的核心秘密
0	不详	文献的密级不明了或密级特定

2. 资质类型代码表

[1] 表标识：DM_ZZLXDMB

[2] 表说明：描述单位资质类型的代码。

序号	含义	字段名	数据类型	单位	必填	主键	外键
1	代码	DM	C（1）		Y	Y	
2	含义	HY	C（8）		Y		

[3] 数据：

代码	含义
1	勘察
2	设计
3	咨询
4	施工
5	监理
6	质量监测
7	招标代理
8	供货
9	安全评价

3. 学校（机构）类型代码表

[1] 表标识：DM_XXJGLXDMB

[2] 表说明：存储水利行业相关高校或科研机构基本信息。

序号	含义	字段名	数据类型	单位	必填	主键	外键
1	类型代码	LXDM	C（3）		Y	Y	
2	类型名称	LXMC	C（32）		Y		
3	类型级别	LXJB	C（1）				
4	所属类型代码	SSLXDM	C（3）				Y

[3] 数据：

类型代码	类型名称	类型级别	所属类型代码
100	科研机构	1	
200	高等教育学校	1	
210	普通本科学校	2	200
220	本科层次职业学院	2	200
230	高职（专科）学校	2	200
240	成人高等学校	2	200
250	其他普通高教机构	2	200

第二节　国际合作与科技管理

1. 学科分类代码表

[1] 表标识：DM_XKFLDMB

[2] 表说明：描述学科分类的代码。

序号	含义	字段名	数据类型	单位	必填	主键	外键
1	代码	DM	C（2）		Y	Y	
2	含义	HY	C（32）		Y		

[3] 数据：

代码	含义
11	水文水资源
12	防洪减灾
13	农田水利
14	水土保持
15	环境保护与生态建设
16	水工结构与材料
17	泥沙及江湖治理
18	工程建设与管理
19	岩土工程
20	水利技术设备
21	信息技术应用
99	其他

2. 任务来源代码表

[1] 表标识：DM_RWLYDMB

[2] 表说明：存储水利行业科技项目任务来源。

序号	含义	字段名	数据类型	单位	必填	主键	外键
1	代码	DM	C（2）		Y	Y	
2	含义	HY	C（32）		Y		

[3] 数据：

代码	含义
1	上级下达
2	领导审批
3	本级计划
4	下级申请
5	其他单位
9	其他来源

3. 评价形式代码表

[1] 表标识：DM_PJXSDMB

[2] 表说明：用于描述评价形式信息。

序号	含义	字段名	数据类型	单位	必填	主键	外键
1	代码	DM	C（1）		Y	Y	
2	含义	HY	C（8）		Y		

[3] 数据：

代码	含义
1	鉴定
2	验收
3	行业准入
4	评估

代码	含义
5	知识产权
9	其他

4．研究类别代码表

[1] 表标识：DM_YJLBDMB

[2] 表说明：用于描述研究类别信息。

序号	含义	字段名	数据类型	单位	必填	主键	外键
1	代码	DM	C（2）		Y	Y	
2	含义	HY	C（16）		Y		

[3] 数据：

代码	含义
11	应用研究
12	应用基础研究
13	基础性研究
14	实验技术研究
15	软科学
16	新技术
17	标准研究
99	其他

5．标准类别代码表

[1] 表标识：DM_BZLBDMB

[2] 表说明：存储涉水相关标准类别信息。

序号	含义	字段名	数据类型	单位	必填	主键	外键
1	代码	DM	C（2）		Y	Y	
2	含义	HY	C（32）		Y		

[3] 数据：

代码	含义
1	国际标准
2	国家标准
3	水利行业标准
4	其他行业标准
5	地方标准
6	企业标准
7	国外标准
9	其他

6．专业类别代码表

[1] 表标识：DM_ZYLBDMB

[2] 表说明：存储专家的专业类别信息。

序号	含义	字段名	数据类型	单位	必填	主键	外键
1	代码	DM	C（2）		Y	Y	
2	含义	HY	C（32）		Y		

[3] 数据：

代码	含义
11	水文水资源
12	水力学
13	河流与海岸动力学
14	工程力学
15	工程结构
16	建筑材料
17	岩石力学
18	土力学
19	岩土工程
20	水利勘测
21	工程地质
22	地质勘探
23	水利规划
24	水工建筑
25	水利工程施工
26	防洪与治河
27	农田水利与灌溉排水
28	水力发电
29	航道与港口
30	水土保持
31	环境水利、水环境
32	水利经济
33	水利管理
34	水利渔业
35	水利管理
36	水务
37	水力机械
38	金属结构
39	水文仪器
40	水文地质
41	给水排水
42	环境工程
43	海洋工程
44	海水利用与淡化
45	水工设备安装
46	水利信息化
47	工程造价
48	“3S”与信息技术
49	生态工程

代码	含义
50	电工
51	水利旅游
52	水文化
53	经济管理
54	新闻出版
55	水信息学
56	水利技术监督
99	其他

7. 专家称号代码表

[1] 表标识：DM_ZJCHDMB

[2] 表说明：存储专家称号信息。

序号	含义	字段名	数据类型	单位	必填	主键	外键
1	代码	DM	C（2）		Y	Y	
2	含义	HY	C（64）		Y		

[3] 数据：

代码	含义
11	中国科学院院士
12	中国工程院院士
13	全国工程勘察设计大师
14	中央直接掌握和联系的专家
15	享受国务院政府特殊津贴专家
16	中国青年科技奖获得者
17	有突出贡献的中青年专家
18	新世纪百千万人才工程国家级人选
19	水利青年科技英才
20	“5151 人才工程”部级人选
99	其他

8. 刊物级别代码表

[1] 表标识：DM_KWJBDMB

[2] 表说明：存储刊物级别分类信息。

序号	含义	字段名	数据类型	单位	必填	主键	外键
1	代码	DM	C（1）		Y	Y	
2	含义	HY	C（32）		Y		

[3] 数据：

代码	含义
1	国际 SCI 期刊
2	国际 EI 期刊
3	国际其他期刊
4	国内一级学会主办学报期刊

代码	含义
5	国内一级学会主办的其他刊物
6	国家级单位主办的期刊
7	省级单位主办的刊物
9	其他期刊

第三节 安全监督

1. 隐患类别代码表

[1] 表标识：DM_YHLBDMB

[2] 表说明：描述隐患类别的代码。

序号	含义	字段名	数据类型	单位	必填	主键	外键
1	代码	DM	C（2）		Y	Y	
2	含义	HY	C（32）		Y		

[3] 数据：

代码	含义
1	水利工程建设
2	水利工程运行
3	农村水电站及配套电网建设
4	农村水电站及配套电网运行
5	河道采砂
6	水文测验
7	水利工程勘察设计
8	水利科学研究实验与检测
9	水利旅游
10	后勤服务
11	综合经营
99	其他

2. 事故类别代码表

[1] 表标识：DM_SGLBDMB

[2] 表说明：描述事故类别的代码。

序号	含义	字段名	数据类型	单位	必填	主键	外键
1	代码	DM	C（2）		Y	Y	
2	含义	HY	C（16）		Y		

[3] 数据：

代码	含义
1	物体打击
2	提升、车辆伤害

代码	含义
3	机械伤害
4	起重伤害
5	触电
6	淹溺
7	灼烫
8	火灾
9	高处坠落
10	坍塌
11	冒顶片帮
12	透水
13	放炮
14	火药爆炸
15	瓦斯煤层爆炸
16	其他爆炸
17	容器爆炸
18	煤与瓦斯突出
19	中毒和窒息
99	其他伤害

第四节　纪检监察

1. 监察类型代码表

[1] 表标识：DM_JCLXDMB

[2] 表说明：存储行政审批监察类型信息。

序号	含义	字段名	数据类型	单位	必填	主键	外键
1	类型代码	LXDM	C（3）		Y	Y	
2	类型名称	LXMC	C（64）		Y		
3	类型级别	LXJB	N（1）				
4	所属类型代码	SSLXDM	C（3）				Y

[3] 数据：

类型代码	类型名称	类型级别	所属类型代码
100	时限监察	1	
110	综合时限监察	2	100
120	业务办理时限监察	2	100
130	补交告知时限监察	2	100
140	特别程序时限监察	2	100
200	逻辑监察	1	

类型代码	类型名称	类型级别	所属类型代码
210	环节完整性	2	200
220	时间逻辑	2	200
300	异常结果监察	1	
310	综合异常情况监察	2	300
320	退回办结监察	2	300
330	删除办结监察	2	300
340	作废办结监察	2	300
350	补交不来办结监察	2	300
360	不受理监察	2	300
370	更正材料监察	2	300

第五节 机关管理

1. 党组织类别代码表

[1] 表标识：DM_DZZLBDMB

[2] 表说明：描述党组织类别信息。

序号	含义	字段名	数据类型	单位	必填	主键	外键
1	代码	DM	C（3）		Y	Y	
2	党组织类别	DZZLB	C（16）		Y		
3	级别	JB	N（1）				
4	所属党组织类别代码	SSDZZLBDM	C（3）				Y

[3] 数据：

代码	党组织类别	级别	所属党组织类别代码
000	中央组织	1	
100	地方组织	1	
600	基层组织	1	
611	党委	2	600
621	党总支	2	600
631	党支部	2	600
999	其他	1	

2. 党组织隶属关系代码表

[1] 表标识：DM_DZZLSGXDMB

[2] 表说明：描述党组织隶属关系类别信息。

序号	含义	字段名	数据类型	单位	必填	主键	外键
1	代码	DM	C（2）		Y	Y	
2	含义	HY	C（32）		Y		

[3] 数据：

代码	含义
10	中央
20	省（自治区、直辖市）
30	市（地、州、盟）
50	县（市、区、旗）
51	城市街道
52	镇
53	乡
60	社区
61	村
99	其他

第六节　政务公开

1. 政务公开目录大类代码表

[1] 表标识：DM_ZWGKMLDLDMB

[2] 表说明：存储政务公开类型大类的分类信息。

序号	含义	字段名	数据类型	单位	必填	主键	外键
1	代码	DM	C（2）		Y	Y	
2	含义	HY	C（16）		Y		

[3] 数据：

代码	含义
ZZ	组织机构
GJ	规划计划
SZ	水资源管理
RS	人事管理
JG	建设与管理
NS	农村水利
ND	农村水电
AJ	安全监督
DJ	水利党建
SW	水文信息
ZW	综合政务
FG	法律法规
CW	财务管理
KW	科技与外事管理
SB	水土保持
SY	综合事业

代码	含义
YM	水利移民
FX	防汛抗旱
BZ	水利标准
QT	其他信息

2．政策法规代码表

[1] 表标识：DM_ZCFGDMB

[2] 表说明：存储政策法规的分类信息。

序号	含义	字段名	数据类型	单位	必填	主键	外键
1	代码	DM	C（2）		Y	Y	
2	政策法规类型	ZCFGLX	C（16）		Y		
3	级别	JB	N（1）				
4	所属政策法规类型代码	SSZCFGLXDM	C（2）				Y

[3] 数据：

代码	政策法规类型	级别	所属政策法规类型代码
10	法律	1	
20	法规	1	
21	国家行政法规	2	20
22	地方性法规	2	20
30	规章	1	
31	部委规章	2	30
32	地方政府规章	2	30
40	规范性文件	1	
99	其他	1	

第三章　公共数据

第一节　基础地理

1. 行政区划级别代码表

[1] 表标识：DM_XZQHJBDMB

[2] 表说明：描述行政区划级别信息。

序号	含义	字段名	数据类型	单位	必填	主键	外键
1	代码	DM	C（1）		Y	Y	
2	含义	HY	C（16）		Y		

[3] 数据：

代码	含义
1	省（自治区、直辖市）
2	市（自治州）
3	县（自治县、区）
4	街道/乡镇
5	社区/村庄

2. 矿产资源类别代码表

[1] 表标识：DM_KCZYLBDMB

[2] 表说明：描述矿产资源类别的代码。

序号	含义	字段名	数据类型	单位	必填	主键	外键
1	类别代码	LBDM	C（2）		Y	Y	
2	类别名称	LBMC	C（8）		Y		
3	类别级别	LBJB	N（1）		Y		
4	所属类别代码	SSLBDM	C（2）				Y

[3] 数据：

类别代码	类别名称	类别级别	所属类别代码
10	非金属	1	
20	金属	1	
21	有色金属	2	20
22	黑色金属	2	20

3．附属设施类别代码表

[1] 表标识：DM_FSSSLBDMB

[2] 表说明：描述附属设施所属的类别代码。

序号	含义	字段名	数据类型	单位	必填	主键	外键
1	代码	DM	C（2）		Y	Y	
2	含义	HY	C（16）		Y		
3	计量单位	JLDW	C（6）				

[3] 数据：

代码	类别	计量单位
01	门楼	m^2
02	围墙	m^2
03	晒场（地坪）	m^2
04	檐坎	m^2
05	（蓄）水池	m^3
06	水管	m
07	水井	眼
08	地窖	m^3
09	粪池	个
10	沼气池	m^3
11	炉灶	个
12	洗衣台	m^2
13	花台	m^2
14	防护栏	个
15	室外走廊	m^2
16	雨篷	m^2
17	禽舍	m^2
18	木柱棚	m^2
19	粮仓	m^2
20	石磨	个
21	天井（院坝）	m^2
22	水缸	口
23	水窖	m^3
24	橱柜	个
25	照明线	m
26	食品加工台	m^2
27	烟囱	个

代码	类别	计量单位
28	蜂桶	个
29	混凝土花架	m^2
30	石桌凳	个
31	打米机	台
32	榨油机	台
33	猪槽	个
34	牛槽	个
35	烧人坪	m^2
36	天锅	个
37	厕所	m^2
38	堆货棚	m^2
39	玉米楼	m^2
40	畜圈	m^2
41	空调	台
42	热水器	台
43	固定电话	部
44	电视接收器	个
45	闭路电视	台
46	宽带	m
47	水池/水塔	m^2
48	绿化地	m^2
49	花坛	m^2
50	零星树木	株
51	道路	m^2
99	其他	

4. 附属设施材质代码表

[1] 表标识：DM_FSSSCZDMB

[2] 表说明：描述附属设施所属材质的代码。

序号	含义	字段名	数据类型	单位	必填	主键	外键
1	代码	DM	C（1）		Y	Y	
2	含义	HY	C（8）		Y		

[3] 数据：

代码	含义
01	水泥
02	石
03	木
04	砖
05	土
99	其他

5．林果木规格代码表

[1] 表标识：DM_LGMGGDMB

[2] 表说明：描述林果木规格的代码。

序号	含义	字段名	数据类型	单位	必填	主键	外键
1	规格代码	GGDM	C（2）		Y	Y	
2	规格名称	GGMC	C（8）		Y		
3	规格级别	GGJB	N（1）		Y		
4	所属规格代码	SSGGDM	C（2）				Y

[3] 数据：

规格代码	规格名称	规格级别	所属规格代码
10	成树	1	
11	特大树	2	10
12	其他	2	10
20	幼树	1	

6．房屋用途分类代码表

[1] 表标识：DM_FWYTFLDMB

[2] 表说明：描述房屋用途分类的代码。

序号	含义	字段名	数据类型	单位	必填	主键	外键
1	分类代码	FLDM	C（2）		Y	Y	
2	分类名称	FLMC	C（16）		Y		
3	分类级别	FLJB	N（1）		Y		
4	所属分类代码	SSFLDM	C（2）				Y

[3] 数据：

分类代码	分类名称	分类级别	所属分类代码
10	住宅	1	
11	主房	2	10
12	杂房	2	10
13	附属房	2	10
20	商贸经营	1	
30	办公科研	1	
40	教育	1	
50	体育演出场馆	1	
60	医疗卫生	1	
70	仓库	1	
80	生产	1	
90	其他	1	

7．装修类别代码表

[1] 表标识：DM_ZXLBDMB

[2] 表说明：描述装修类别的代码。

序号	含义	字段名	数据类型	单位	必填	主键	外键
1	代码	DM	C（4）		Y	Y	
2	装修类别	ZXLB	C（16）		Y		
3	计量单位	JLDW	C（4）				
4	级别	JB	N（1）				
5	所属装修类别	SSZXLB	C（4）				Y

[3] 数据：

代码	装修类别	计量单位	级别	所属装修类别
100	墙面工程		1	
101	外墙工程	m^2	2	100
102	内墙工程	m^2	2	100
200	楼地面工程		1	
201	竹木地面	m^2	2	200
202	石质地面	m^2	2	200
203	水磨石地面	m^2	2	200
204	瓷质地面	m^2	2	200
205	碎砖	m^2	2	200
300	天棚装饰		1	
301	吊顶	m^2	2	300
302	阴角线	m^2	2	300
309	其他		2	300
400	卫厨装修		1	
401	卫生间装修	m^2	2	400
402	厨房装修	m^2	2	400
500	门窗		1	
501	门	扇	2	500
502	窗	扇	2	500
900	其他		1	

8．路面材料代码表

[1] 表标识：DM_LMCLDMB

[2] 表说明：描述路面材料的代码。

序号	含义	字段名	数据类型	单位	必填	主键	外键
1	代码	DM	C（1）		Y	Y	
2	含义	HY	C（64）		Y		

[3] 数据：

代码	含义
1	沥青混凝土
2	水泥混凝土
3	沥青灌入、沥青碎石、沥青表面处置
4	砂石路面

9．公路技术等级代码表

[1] 表标识：DM_GLJSDJDMB

[2] 表说明：描述公路技术等级的代码。

序号	含义	字段名	数据类型	单位	必填	主键	外键
1	等级代码	DJDM	C（2）		Y	Y	
2	等级名称	DJMC	C（8）		Y		
3	等级级别	DJJB	N（1）		Y		
4	所属等级代码	SSDJDM	C（2）				Y

[3] 数据：

等级代码	等级名称	等级级别	所属等级代码
10	一级公路	1	
20	二级公路	1	
30	三级公路	1	
40	四级公路	1	
80	高速公路	1	
90	等外公路	1	
91	汽车便道	2	90
92	机耕道	2	90
93	人行道	2	90

10．电压等级代码表

[1] 表标识：DM_DYDJDMB

[2] 表说明：描述电压等级的代码。

序号	含义	字段名	数据类型	单位	必填	主键	外键
1	等级代码	DJDM	C（2）		Y	Y	
2	等级名称	DJMC	C（8）		Y		
3	等级级别	DJJB	N（1）		Y		
4	所属等级代码	SSDJDM	C（2）				Y

[3] 数据：

等级代码	等级名称	等级级别	所属等级代码
10	特高压	1	
11	1 100 kV	2	10
20	超高压	1	
21	750 kV	2	20
22	500 kV	2	20
23	330 kV	2	20
30	高压	1	
31	110 kV	2	30
32	35 kV	2	30
33	20 kV	2	30

等级代码	等级名称	等级级别	所属等级代码
34	10 kV	2	30
35	6 kV	2	30
36	3 kV	2	30
37	低压	1	
38	400 V	2	40
39	380 V	2	40
40	220 V	2	40
41	110 V	2	40

11．土地利用类型代码表

[1] 表标识：DM_TDLYLXDMB

[2] 表说明：描述土地利用现状的代码。

序号	含义	字段名	数据类型	单位	必填	主键	外键
1	土地类型代码	TDLXDM	C（3）		Y	Y	
2	含义	HY	C（8）		Y		
3	级别	JB	N（1）		Y		
4	所属土地类型代码	SSTDLXDM	C（3）				Y

[3] 数据：

土地类型代码	含义	级别	所属土地类型代码
010	耕地	1	
011	水田	2	010
012	水浇地	2	010
013	旱地	2	010
020	园地	1	
021	果园	2	020
022	茶园	2	020
023	其他园地	2	020
030	林地	1	
031	有林地	2	030
032	灌木林地	2	030
033	其他林地	2	030
040	草地	1	
041	天然牧草地	2	040
042	人工牧草地	2	040
043	其他牧草地	2	040
050	商业用地	1	
051	批发零售用地	2	050
052	住宿餐饮用地	2	050
053	商务金融用地	2	050
054	其他商业用地	2	050
060	工矿仓储用地	1	
061	工业用地	2	060

土地类型代码	含义	级别	所属土地类型代码
062	采矿用地	2	060
063	仓储用地	2	060
070	住宅用地	1	
071	城镇住宅用地	2	070
072	农村宅基地	2	070
080	公共管理与公共服务用地	1	
081	机关团体用地	2	080
082	新闻出版用地	2	080
083	科教用地	2	080
084	医卫慈善用地	2	080
085	文体娱乐用地	2	080
086	公共设施用地	2	080
087	公园与绿地	2	080
088	风景名胜设施用地	2	080
090	特殊用地	1	
091	军事设施用地	2	090
092	使领馆用地	2	090
093	监教场用地	2	090
094	宗教用地	2	090
095	殡葬用地	2	090
100	交通运输用地	1	
101	铁路用地	2	100
102	公路用地	2	100
103	街巷用地	2	100
104	农村道路用地	2	100
105	机场用地	2	100
106	港口码头用地	2	100
107	管道运输用地	2	100
110	水域及水利设施用地	1	
111	河流水面	2	110
112	湖泊水面	2	110
113	水库水面	2	110
114	坑塘水面	2	110
115	沿海滩涂	2	110
116	内陆滩涂	2	110
117	沟渠	2	110
118	水工建筑用地	2	110
119	冰川及永久积雪	2	110
120	其他	1	
121	空闲地	2	120
122	设施农用地	2	120
123	田坎	2	120

土地类型代码	含义	级别	所属土地类型代码
124	盐碱地	2	120
125	沼泽地	2	120
126	沙地	2	120
127	裸地	2	120

第二节　经济社会

1. 单位级别代码表

[1] 表标识：DM_DWJBDMB

[2] 表说明：描述水利行业单位级别的信息。

序号	含义	字段名	数据类型	单位	必填	主键	外键
1	代码	DM	C（2）		Y	Y	
2	含义	HY	C（32）		Y		

[3] 数据：

代码	含义
03	正部级
04	副部级
05	正司级、正局级、正厅级
06	副司级、副局级、副厅级
07	正处级
08	副处级
09	正科级
10	副科级
00	其他级（含无级）

2. 出户原因代码表

[1] 表标识：DM_CHYYDMB

[2] 表说明：描述出户原因的代码。

序号	含义	字段名	数据类型	单位	必填	主键	外键
1	代码	DM	C（2）		Y	Y	
2	含义	HY	C（16）		Y		

[3] 数据：

代码	含义
01	服役迁出
02	服刑迁出
03	在校迁出
04	婚嫁迁出

代码	含义
05	死亡或失踪
06	参加工作调动
99	其他

3. 入户原因代码表

[1] 表标识：DM_RHYYDMB

[2] 表说明：描述入户原因的代码。

序号	含义	字段名	数据类型	单位	必填	主键	外键
1	代码	DM	C（3）		Y	Y	
2	入户原因	RHYY	C（16）		Y		
3	级别	JB	C（32）		Y		
4	所属入户原因代码	SSRHYYDM	C（3）				Y

[3] 数据：

代码	入户原因	级别	所属入户原因代码
100	封库前入户	1	
101	正常入户	2	100
102	婚嫁未迁出	2	100
103	已死亡未销户	2	100
199	其他	2	100
200	封库后入户	1	
201	计划内出生入户	2	200
202	计划外完善手续入户	2	200
203	计划外为完善手续入户	2	200
204	参加工作调动入户	2	200
205	婚迁入户	2	200
206	退役回原籍入户	2	200
207	毕业回原籍入户	2	200
208	刑释入户	2	200
209	合法收养入户	2	200
210	投靠入户	2	200
211	购房入户	2	200
212	买户口入户	2	200
213	退休回原籍入户	2	200
214	下岗回原籍入户	2	200
299	其他	2	200

4. 家庭经营收入支出类别代码表

[1] 表标识：DM_JTJYSRZCLBDMB

[2] 表说明：描述家庭经营收入支出类别的代码。

序号	含义	字段名	数据类型	单位	必填	主键	外键
1	代码	DM	C（10）		Y	Y	
2	名称	MC	C（16）		Y		

序号	含义	字段名	数据类型	单位	必填	主键	外键
3	级别	JB	N（1）		Y		
4	所属代码	SSDM	C（10）				Y
5	计量单位	JLDW	C（4）				

[3] 数据：

代码	名称	级别	所属代码	计量单位
0100000000	家庭收入	1		元/月
0101000000	工资性收入（在外打工收入）	2	0100000000	元/月
0102000000	经营性收入	2	0100000000	元/月
0102010000	农业	3	0102000000	元/月
0102010100	种植业	4	0102010000	亩
0102019900	其他农业	4	0102010000	
0102020000	林业	3	0102000000	亩
0102030000	牧业	3	0102000000	头
0102040000	渔业	3	0102000000	亩
0102050000	工业和建筑业	3	0102000000	元/月
0102060000	运输商业、饮食业、服务业等	3	0102000000	元/月
0103000000	财产性收入	2	0100000000	元/月
0104000000	转移性收入	2	0100000000	元/月
0105000000	政策性补贴	2	0100000000	元/月
0106000000	移民直补	2	0100000000	元/月
0199000000	其他收入	2	0100000000	元/月
0200000000	家庭支出	1		元/月
0201000000	食品支出	2	0200000000	元/月
0202000000	衣着支出	2	0200000000	元/月
0203000000	居住支出	2	0200000000	元/月
0204000000	教育文化娱乐支出	2	0200000000	元/月
0205000000	医疗保险支出	2	0200000000	元/月
0206000000	购置大件商品及偶然性支出	2	0200000000	元/月
0207000000	生产及经营性支出	2	0200000000	元/月
0207010000	农业	3	0207000000	元/月
0207010100	种植业	4	0207010000	亩
0207010101	种子、秧苗	5	0207010100	元/月
0207010102	农家肥	5	0207010100	元/月
0207010103	化肥	5	0207010100	元/月
0207010104	塑料薄膜	5	0207010100	元/月
0207010105	农药	5	0207010100	元/月
0207010106	畜力	5	0207010100	元/月
0207010107	机械作业	5	0207010100	元/月
0207010108	排灌（水费）	5	0207010100	元/月
0207010109	燃料动力（汽柴油、电费）	5	0207010100	元/月
0207010110	棚架材料	5	0207010100	元/月
0207010198	其他直接费用	5	0207010100	元/月
0207010199	简介费用	5	0207010100	元/月

代码	名称	级别	所属代码	计量单位
0207019900	其他农业	4	0207010000	元/月
0207020000	林业	3	0207000000	亩
0207030000	牧业	3	0207000000	头
0207040000	渔业	3	0207000000	亩
0207050000	工业和建筑业	3	0207000000	元/月
0207060000	运输商业、饮食业、服务业等	3	0207000000	元/月
0299000000	其他支出	2	0200000000	元/月

5. 农作物类别代码表

[1] 表标识：DM_NZWLBDMB

[2] 表说明：描述农作物类别的代码。

序号	含义	字段名	数据类型	单位	必填	主键	外键
1	代码	DM	C（3）		Y	Y	
2	农作物类别	NZWLB	C（16）		Y		
3	级别	JB	N（1）		Y		
4	所属农作物类别代码	SSNZWLBDM	C（3）		Y		Y

[3] 数据：

代码	农作物类别	级别	所属农作物类别代码
100	粮食作物	1	
110	稻类	2	100
111	水稻	3	110
112	早稻	3	110
113	中稻	3	110
114	晚稻	3	110
120	小麦	2	100
130	玉米	2	100
140	杂粮	2	100
141	高粱	3	140
142	大麦	3	140
143	豌豆	3	140
144	蚕豆	3	140
145	绿豆	3	140
149	其他	3	140
150	大豆	2	100
160	薯类	2	100
161	红薯	3	160
162	马铃薯	3	160
169	其他	3	160
200	经济作物	1	
210	棉花	2	200
220	麻类	2	200
230	甘蔗	2	200

代码	农作物类别	级别	所属农作物类别代码
240	油料作物	2	200
241	油菜	3	240
242	花生	3	240
249	其他	3	240
250	烟叶	2	200
290	其他	2	200
300	其他作物	1	
310	蔬菜	2	300
320	瓜果	2	300
390	其他	2	300
400	经济林地	1	
410	果园	2	400
420	茶园	2	400
430	桑园	2	400
490	其他	2	400
500	养殖水面	1	
510	养鱼	2	500
520	莲藕	2	500
530	苇草	2	500
590	其他	2	500